令和５年度

品確ハンドブック

一般社団法人　全日本建設技術協会

目　次

法令関係

参考資料

法令関係

新・担い手３法（品確法と建設業法・入契法の一体的改正）について

平成26年に、公共工事品確法と建設業法・入契法を一体として改正※し、適正な利潤を確保できるよう予定価格を適正に設定することや、ダンピング対策を徹底することなど、建設業の担い手の中長期的な育成・確保のための基本理念や具体的措置を規定。

※担い手３法の改正（公共工事の品質確保の促進に関する法律、建設業法及び公共工事の入札及び契約の適正化の促進に関する法律）

新たな課題・引き続き取り組むべき課題

相次ぐ災害を受け地域の「守り手」としての建設業への期待
働き方改革促進による建設業の長時間労働の是正
i-Constructionの推進等による生産性の向上

新たな課題に対応し、５年間の成果をさらに充実する新・担い手３法改正を実施

担い手３法施行(H26)後５年間の成果

予定価格の適正な設定、歩切りの根絶
価格のダンピング対策の強化
建設業の就業者数の減少に歯止め

品確法の改正　～公共工事の発注者・受注者の基本的な責務～　<議員立法※>

働き方改革の推進

○発注者の責務
・適正な工期設定　（休日、準備期間等を考慮）
・施工時期の平準化　（債務負担行為や繰越明許費の活用等）
・適切な設計変更
（工期が翌年度にわたる場合に繰越明許費の活用）

○受注者（下請含む）の責務
・適正な請負代金・工期での下請契約締結

生産性向上への取組

○発注者・受注者の責務
・情報通信技術の活用等による生産性向上

災害時の緊急対応強化　持続可能な事業環境の確保

○発注者の責務
・緊急性に応じた随意契約・指名競争入札等の適切な選択
・災害協定の締結、発注者間の連携
・労災補償に必要な費用の予定価格への反映や、見積り徴収の活用

○調査・設計の品質確保
・「公共工事に関する測量、地質調査その他の調査及び設計」を、基本理念及び発注者・受注者の責務の各規定の対象に追加

建設業法・入契法の改正　～建設工事や建設業に関する具体的なルール～　<政府提出法案>

働き方改革の推進

○工期の適正化
・中央建設業審議会が、工期に関する基準を作成・勧告
・著しく短い工期による請負契約の締結を禁止
（違反者には国土交通大臣等から勧告・公表）
・公共工事の発注者が、必要な工期の確保と施工時期の平準化のための措置を講ずることを努力義務化<入契法>

○現場の処遇改善
・社会保険の加入を許可要件化
・下請代金のうち、労務費相当については現金払い

生産性向上への取組

○技術者に関する規制の合理化
・監理技術者：補佐する者(技士補)を配置する場合、兼任を容認
・主任技術者(下請)：一定の要件を満たす場合は配置不要

災害時の緊急対応強化　持続可能な事業環境の確保

○災害時における建設業者団体の責務の追加
・建設業者と地方公共団体等との連携の努力義務化

○持続可能な事業環境の確保
・経営管理責任者に関する規制を合理化
・建設業の許可に係る承継に関する規定を整備

※平成17年の制定時及び平成26年の改正時も議員立法

●公共工事の品質確保の促進に関する法律の一部を改正する法律　概要

<審議の経緯>
R1.5.28 衆議院本会議可決（全会一致）
R1.6.7 参議院本会議可決（全会一致）
R1.6.14 公布・施行

背景・必要性

1．災害への対応

○全国的に災害が頻発する中、災害からの迅速かつ円滑な復旧・復興のため、災害時の緊急対応の充実強化が急務

2．働き方改革関連法の成立

○「働き方改革関連法」の成立により、公共工事においても長時間労働の是正や処遇改善といった働き方改革の促進が急務

3．生産性向上の必要性

○建設業・公共工事の持続可能性を確保するため、働き方改革の促進と併せ、生産性の向上が急務

4．調査・設計の重要性

○公共工事に関する調査等の品質が公共工事の品質確保を図る上で重要な役割

法案の概要

1．災害時の緊急対応の充実強化

【基本理念】 災害対応の担い手の育成・確保、災害復旧工事等の迅速かつ円滑な実施のための体制整備
【発注者の責務】
①緊急性に応じて随意契約・指名競争入札等適切な入札・契約方法を選択
②建設業者団体等との災害協定の締結、災害時における発注者の連携
③労災補償に必要な保険契約の保険料等の予定価格への反映、災害時の見積り徴収の活用

2．働き方改革への対応

【基本理念】 適正な請負代金・工期による請負契約の締結、公共工事に従事する者の賃金、労働時間その他の労働条件、安全衛生その他の労働環境の適正な整備への配慮
【発注者の責務】
①休日、準備期間、天候等を考慮した適正な工期の設定
②公共工事の施工時期の平準化に向けた、
債務負担行為・繰越明許費の活用による翌年度にわたる工期設定、中長期的な発注見通しの作成・公表等
③設計図書の変更に伴い工期が翌年度にわたる場合の繰越明許費の活用等
【公共工事等を実施する者の責務】 適正な額の請負代金・工期での下請契約の締結

3．生産性向上への取組

【基本理念、発注者・受注者の責務】 情報通信技術の活用等を通じた生産性の向上

4．調査・設計の品質確保

公共工事に関する調査等（測量、地質調査その他の調査（点検及び診断を含む。）及び設計）について広く本法律の対象として位置付け

5．その他

(1)発注者の体制整備
① 発注関係事務を行う職員の育成・確保等の体制整備【発注者の責務】
② 国・都道府県による、発注関係事務に関し助言等を適切に行う能力を有する者の活用促進等
(2)工事に必要な情報（地盤状況）等の適切な把握・活用【基本理念】
(3)公共工事の目的物の適切な維持管理【国・特殊法人等・地方公共団体の責務】

法改正の理念を現場で実現するために、地方公共団体、業界団体等の意見を聴き、基本方針や発注者共通の運用指針を改正

公共工事の品質確保の促進に関する法律の一部を改正する法律要綱

第一　公共工事に関する調査等

一　公共工事に関し、国、特殊法人等又は地方公共団体が発注する測量、地質調査その他の調査（点検及び診断を含む。）及び設計（以下「調査等」という。）を、「公共工事に関する調査等」として定義に追加するものとすること。　（第二条関係）

二　公共工事に関する調査等について、この法律における位置付けを改めるものとすること。

（第三条、第七条、第八条、第十二条から第十六条まで、第十八条及び第二十条から第二十二条まで関係）

第二　基本理念の改正

一　公共工事の品質は、地盤の状況に関する情報その他の工事等（工事及び調査等をいう。以下同じ。）に必要な情報が的確に把握され、より適切な技術又は工夫が活用されることにより、確保されなければならないものとすること。

二　公共工事の品質は、地域の実情を踏まえ地域における公共工事の品質確保の担い手が育成され、及び確保されるとともに、災害応急対策又は災害復旧に関する工事等が迅速かつ円滑に実施される体制が整備されることにより、将来にわたり確保されなければならないものとすること。

三　公共工事の品質は、公共工事等（公共工事及び公共工事に関する調査等をいう。以下同じ。）における請負契約（下請契約を含む。）の当事者が、各々の対等な立場における合意に基づいて、市場における労務の取引価格、健康保険法等の定めるところにより事業主が納付義務を負う保険料（第四の一において単に「保険料」という。）等を的確に反映した適正な額の請負代金及び適正な工期又は調査等の履行期（以下「工期等」という。）を定める公正な契約を締結し、その請負代金をできる限り速やかに支払う等信義に従って誠実にこれを履行するとともに、公共工事等に従事する者の賃金、労働時間その他の労働条件、安全衛生その他の労働環境の適正な整備について配慮がなされることにより、確保されなければならないものとすること。

四　公共工事の品質確保に当たっては、調査等、施工及び維持管理の各段階における情報通信技術の活用等を通じて、その生産性の向上が図られるように配慮されなければならないものとすること。　（第三条関係）

第三　発注者の責務の改正

一　公共工事等の発注者（以下単に「発注者」という。）は、公共工事等の仕様書及び設計書の作成、予定価格の作成、入札及び契約の方法の選択、契約の相手方の決定、工事等の監督及び検査並びに工事等の実施中及び完了時の施工状況又は調査等の状況（以下「施工状況等」という。）の確認及び評価その他の事務（以下「発注関係事務」という。）を、次に定めるところによる等適切に実施しなければならないものとすること。

1　公共工事等を実施する者が、健康保険法等の定めるところにより事業主が納付義務を負う保険料、公共工事等に従事する者の業務上の負傷等に対する補償に必要な金額を担保するための保険契約の保険料、工期等、公共工事等の実施の実態等を的確に反映した積算を行うことにより、予定価格を適正に定めること。

2　災害により通常の積算の方法によっては適正な予定価格の算定が困難と認めるときその他必要があると認めるときは、入札に参加する者から当該入札に係る工事等の全部又は一部の見積書を徴することその他の方法により積算を行うことにより、適正な予定価格を定め、できる限り速やかに契約を締結するよう努めること。

3　災害時においては、手続の透明性及び公正性の確保に留意しつつ、災害応急対策又は緊急性が高い災害復旧に関する工事等にあっては随意契約を、その他の災害復旧に関する工事等にあっては指名競争入札を活用する等緊急性に応じた適切な入札及び契約の方法を選択するよう努めること。

4　地域における公共工事等の実施の時期の平準化を図るため、工期等が一年に満たない公共工事等についての繰越明許費又は国庫債務負担行為若しくは債務負担行為の活用による翌年度にわたる工期等の設定、他の発注者との連携による中長期的な公共工事等の発注の見通しの作成及び公表その他の必要な措置を講ずること。

5　公共工事等に従事する者の労働時間その他の労働条件が適正に確保されるよう、公共工事等に従事する者の休日、工事等の実施に必要な準備期間、天候その他のやむを得ない事由により工事等の実施が困難であると見込まれる日数等を考慮し、適正な工期等を設定すること。

6設計図書（仕様書、設計書及び図面をいう。）の変更に伴う工期等の変更により、工期等が翌年度にわたることとなったときは、繰越明許費の活用その他の必要な措置を適切に講ずること。

7公共工事等の監督及び検査並びに施工状況等の確認及び評価に当たっては、情報通信技術の活用を図るとともに、必要に応じて、発注者及び受注者（公共工事等の受注者をいう。以下同じ。）以外の者であって専門的な知識又は技術を有するものによる、工事等が適正に実施されているかどうかの確認の結果の活用を図るよう努めること。

二　発注者は、発注関係事務を適切に実施するため、その実施に必要な知識又は技術を有する職員の育成及び確保に努めなければならないものとすること。

三　発注者は、災害応急対策又は災害復旧に関する工事等が迅速かつ円滑に実施されるよう、あらかじめ、建設業者団体その他の者との災害応急対策又は災害復旧に関する工事等の実施に関する協定の締結その他必要な措置を講ずるよう努めるとともに、他の発注者と連携を図るよう努めなければならないものとすること。

四　国、特殊法人等及び地方公共団体は、公共工事の目的物の維持管理を行う場合は、その品質が将来にわたり確保されるよう、維持管理の担い手の中長期的な育成及び確保に配慮しつつ、当該目的物について、適切に点検、診断、維持、修繕等を実施するよう努めなければならないものとすること。（第七条関係）

第四　受注者の責務の改正

一　公共工事等を実施する者は、下請契約を締結するときは、下請負人に使用される技術者、技能労働者等の賃金、労働時間その他の労働条件、安全衛生その他の労働環境が適正に整備されるよう、市場における労務の取引価格、保険料等を的確に反映した適正な額の請負代金及び適正な工期等を定める下請契約を締結しなければならないものとすること。

二　受注者（受注者となろうとする者を含む。）は、情報通信技術を活用した公共工事等の実施の効率化等による生産性の向上並びに技術者、技能労働者等の育成及び確保並びにこれらの者に係る賃金、労働時間その他の労働条件、安全衛生その他の労働環境の改善に努めなければならないものとすること。（第八条関係）

第五　発注関係事務に関し援助を適切に行う能力を有する者の活用

国及び都道府県は、発注関係事務に関し助言その他の援助を適切に行う能力を有する者の活用の促進その他の必要な措置を講ずるよう努めなければならないものとすること。（第二十一条関係）

第六　その他

一　この法律は、公布の日から施行するものとすること。（附則第一項関係）

二　政府は、この法律の施行後五年を目途として、この法律による改正後の公共工事の品質確保の促進に関する法律の施行の状況等について検討を加え、必要があると認めるときは、その結果に基づいて所要の措置を講ずるものとすること。（附則第二項関係）

三　その他所要の規定を整備するものとすること。

公共工事の品質確保の促進に関する法律

平成１７年法律第１８号
最終改正：令和元年６月１４日法律第３５号

目　次

第１章　総則

（目　的）

第１条　この法律は、公共工事の品質確保が、良質な社会資本の整備を通じて、豊かな国民生活の実現及びその安全の確保、環境の保全（良好な環境の創出を含む。）、自立的で個性豊かな地域社会の形成等に寄与するものであるとともに、現在及び将来の世代にわたる国民の利益であることに鑑み、公共工事の品質確保に関する基本理念、国等の責務、基本方針の策定等その担い手の中長期的な育成及び確保の促進その他の公共工事の品質確保の促進に関する基本的事項を定めることにより、現在及び将来の公共工事の品質確保の促進を図り、もって国民の福祉の向上及び国民経済の健全な発展に寄与することを目的とする。

（定　義）

第２条　この法律において「公共工事」とは、公共工事の入札及び契約の適正化の促進に関する法律（平成１２年法律第１２７号）第２条第２項に規定する公共工事をいう。

２　この法律において「公共工事に関する調査等」とは、公共工事に関し、国、特殊法人等（公共工事の入札及び契約の適正化の促進に関する法律第２条第１項に規定する特殊法人等をいう。以下同じ。）又は地方公共団体が発注する測量、地質調査その他の調査（点検及び診断を含む。）及び設計（以下「調査等」という。）をいう。

（基本理念）
第３条　公共工事の品質は、公共工事が現在及び将来における国民生活及び経済活動の基盤となる社会資本を整備するものとして社会経済上重要な意義を有することに鑑み、国及び地方公共団体並びに公共工事等（公共工事及び公共工事に関する調査等をいう。以下同じ。）の発注者及び受注者がそれぞれの役割を果たすことにより、現在及び将来の国民のために確保されなければならない。

２　公共工事の品質は、建設工事が、目的物が使用されて初めてその品質を確認できること、その品質が工事等（工事及び調査等をいう。以下同じ。）の受注者の技術的能力に負うところが大きいこと、個別の工事により条件が異なること等の特性を有することに鑑み、経済性に配慮しつつ価格以外の多様な要素をも考慮し、価格及び品質が総合的に優れた内容の契約がなされることにより、確保されなければならない。

３　公共工事の品質は、施工技術及び調査等に関する技術の維持向上が図られ、並びにそれらを有する者等が公共工事の品質確保の担い手として中長期的に育成され、及び確保されることにより、将来にわたり確保されなければならない。

４　公共工事の品質は、公共工事等の発注者（以下単に「発注者」という。）の能力及び体制を考慮しつつ、工事等の性格、地域の実情等に応じて多様な入札及び契約の方法の中から適切な方法が選択されることにより、確保されなければならない。

５　公共工事の品質は、これを確保する上で工事等の効率性、安全性、環境への影響等が重要な意義を有することに鑑み、地盤の状況に関する情報その他の工事等に必要な情報が的確に把握され、より適切な技術又は工夫が活用されることにより、確保されなければならない。

６　公共工事の品質は、完成後の適切な点検、診断、維持、修繕その他の維持管理により、将来にわたり確保されなければならない。

７　公共工事の品質は、地域において災害時における対応を含む社会資本の維持管理が適切に行われるよう、地域の実情を踏まえ地域における公共工事の品質確保の担い手が育成され、及び確保されるとともに、災害応急対策又は災害復旧に関する工事等が迅速かつ円滑に実施される体制が整備されることにより、将来にわたり確保されなければならない。

８　公共工事の品質は、これを確保する上で公共工事等の受注者のみならず下請負人及びこれらの者に使用される技術者、技能労働者等がそれぞれ重要な役割を果たすことに鑑み、公共工事等における請負契約（下請契約を含む。）の当事者が、各々の対等な立場における合意に基づいて、市場における労務の取引価格、健康保険法（大正１１年法律第７０号）等の定めるところにより事業主が納付義務を負う保険料（第８条第２項において単に「保険料」という。）等を的確に反映した適正な額の請負代金及び適正な工期又は調査等の履行期（以下「工期等」という。）を定める公正な契約を締結し、その請負代金をできる限り速やかに支払う等信義に従って誠実にこれを履行するとともに、公共工事等に従事する者の賃金、労働時間その他の労働条件、安全衛生その他の労働環境の適正な整備について配慮がなされることにより、確保されなければならない。

９　公共工事の品質確保に当たっては、公共工事等の入札及び契約の過程並びに契約の内容の透明性並びに競争の公正性が確保されること、談合、入札談合等関与行為その他の不正行為の排除が徹底されること、その請負代金の額によっては公共工事等の適正な実施が通常見込まれない契約の締結が防止されること並びに契約された公共工事等の適正な実施が確保されることにより、公共工事等の受注者（以下単に「受注者」という。）としての適格性を有しない建設業者等が排除されること等の入札及び契約の適正化が図られるように配慮されなければならない。

１０　公共工事の品質確保に当たっては、民間事業者の能力が適切に評価され、並びに公共工事等の入札及び契約に適切に反映されること、民間事業者の積極的な技術提案（公共工事等に関する技術又は工夫についての提案をいう。以下同じ。）及び創意工夫が活用されること等により民間事業者の能力が活用されるように配慮されなければならない。

１１　公共工事の品質確保に当たっては、調査等、施工及び維持管理の各段階における情報通信技術の活用等を通じて、その生産性の向上が図られるように配慮されなければならない。

１２　公共工事の品質確保に当たっては、公共工事に関する調査等の業務の内容に応じて必要な知識又は技術を有する者の能力がその者の有する資格等により適切に評価され、及びそれらの者が十分に活用されなければならない。

（国の責務）

第４条　国は、前条の基本理念（以下「基本理念」という。）にのっとり、公共工事の品質確保の促進に関する施策を総合的に策定し、及び実施する責務を有する。

（地方公共団体の責務）

第５条　地方公共団体は、基本理念にのっとり、その地域の実情を踏まえ、公共工事の品質確保の促進に関する施策を策定し、及び実施する責務を有する。

（国及び地方公共団体の相互の連携及び協力）

第６条　国及び地方公共団体は、公共工事の品質確保の促進に関する施策の策定及び実施に当たっては、基本理念の実現を図るため、相互に緊密な連携を図りながら協力しなければならない。

（発注者等の責務）

第７条　発注者は、基本理念にのっとり、現在及び将来の公共工事の品質が確保されるよう、公共工事の品質確保の担い手の中長期的な育成及び確保に配慮しつつ、公共工事等の仕様書及び設計書の作成、予定価格の作成、入札及び契約の方法の選択、契約の相手方の決定、工事等の監督及び検査並びに工事等の実施中及び完了時の施工状況又は調査等の状況（以下「施工状況等」という。）の確認及び評価その他の事務（以下「発注関係事務」という。）を、次に定めるところによる等適切に実施しなければならない。

一　公共工事等を実施する者が、公共工事の品質確保の担い手が中長期的に育成され及び確保されるための適正な利潤を確保することができるよう、適切に作成された仕様書及び設計書に基づき、経済社会情勢の変化を勘案し、市場における労務及び資材等の取引価格、健康保険法等の定めるところにより事業主が納付義務を負う保険料、公共工事等に従事する者の業務上の負傷等に対する補償に必要な金額を担保するための保険契約の保険料、工期等、公共工事等の実施の実態等を的確に反映した積算を行うことにより、予定価格を適正に定めること。

二　入札に付しても定められた予定価格に起因して入札者又は落札者がなかったと認める場合において更に入札に付するとき、災害により通常の積算の方法によっては適正な予定価格の算定が困難と認めるときその他必要があると認めるときは、入札に参加する者から当該入札に係る工事等の全部又は一部の見積書を徴することその他の方法により積算を行うことにより、適正な予定価格を定め、できる限り速やかに契約を締結するよう努めること。

三　災害時においては、手続の透明性及び公正性の確保に留意しつつ、災害応急対策又は緊急性が高い災害復旧に関する工事等にあっては随意契約を、その他の災害復旧に関する工事等にあっては指名競争入札を活用する等緊急性に応じた適切な入札及び契約の方法を選択するよう努めること。

四　その請負代金の額によっては公共工事等の適正な実施が通常見込まれない契約の締結を防止するため、その入札金額によっては当該公共工事等の適正な実施が通常見込まれない契約となるおそれがあると認められる場合の基準又は最低制限価格の設定その他の必要な措置を講ずること。

五　地域における公共工事等の実施の時期の平準化を図るため、計画的に発注を行うとともに、工期等が１年に満たない公共工事等についての繰越明許費（財政法（昭和２２年法律第３４号）第１４条の３第２項に規定する繰越明許費又は地方自治法（昭和２２年法律第６７号）第２１３条第２項に規定する繰越明許費をいう。第７号において同じ。）又は財政法第１５条に規定する国庫債務負担行為若しくは地方自治法第２１４条に規定する債務負担行為の活用による翌年度にわたる工期等の設定、他の発注者との連携による中長期的な公共工事等の発注の見通しの作成及び公表その他の必要な措置を講ずること。

六　公共工事等に従事する者の労働時間その他の労働条件が適正に確保されるよう、公共工事等に従事する者の休日、工事等の実施必要な準備期間、天候その他のやむを得ない事由により工事等の実施が困難であると見込まれる日数等を考慮し、適正な工期等を設定すること。

七　設計図書（仕様書、設計書及び図面をいう。以下この号において同じ。）に適切に施工条件又は調査等の実施の条件を明示するとともに、設計図書に示された施工条件と実際の工事現場の状態が一致しない場合、設計図書に示されていない施工条件又は調査等の実施の条件について予期することができない特別な状態が生じた場合その他の場合において必要があると認められるときは、適切に設計図書の変更及びこれに伴い必要となる請負代金の額又は工期等の変更を行うこと。この場合において、工期等が翌年度にわたることとなったときは、繰越明許費の活用その他の必要な措置を適切に講ずること。

八　公共工事等の監督及び検査並びに施工状況等の確認及び評価に当たっては、情報通信技術の活用を図るとともに、必要に応じて、発注者及び発注者以外の者であって専門的な知識又は技術を有するものによる、工事等が適正に実施されているかどうかの確認の結果の活用を図るよう努めること。

九　必要に応じて完成後の一定期間を経過した後において施工状況の確認及び評価を実施するよう努めること。

2　発注者は、公共工事等の施工状況等及びその評価に関する資料その他の資料が将来における自らの発注に、及び発注者間においてその発注に相互に、有効に活用されるよう、その評価の標準化のための措置並びにこれらの資料の保存のためのデータベースの整備及び更新その他の必要な措置を講じなければならない。

3　発注者は、発注関係事務を適切に実施するため、その実施に必要な知識又は技術を有する職員の育成及び確保、必要な職員の配置その他の体制の整備に努めるとともに、他の発注者と情報交換を行うこと等により連携を図るよう努めなければならない。

4　発注者は、災害応急対策又は災害復旧に関する工事等が迅速かつ円滑に実施されるよう、あらかじめ、建設業法（昭和２４年法律第１００号）第２７条の３７に規定する建設業者団体その他の者との災害応急対策又は災害復旧に関する工事等の実施に関する協定の締結その他必要な措置を講ずるよう努めるとともに、他の発注者と連携を図るよう努めなければならない。

5　国、特殊法人等及び地方公共団体は、公共工事の目的物の維持管理を行う場合は、その品質が将来にわたり確保されるよう、維持管理の担い手の中長期的な育成及び確保に配慮しつつ、当該目的物について、適切に点検、診断、維持、修繕等を実施するよう努めなければならない。

（受注者等の責務）

第８条　受注者は、基本理念にのっとり、契約された公共工事等を適正に実施しなければならない。

2　公共工事等を実施する者は、下請契約を締結するときは、下請負人に使用される技術者、技能労働者等の賃金、労働時間その他の労働条件、安全衛生その他の労働環境が適正に整備されるよう、市場における労務の取引価格、保険料等を的確に反映した適正な額の請負代金及び適正な工期等を定める下請契約を締結しなければならない。

3　受注者（受注者となろうとする者を含む。）は、契約された又は将来実施することとなる公共工事等の適正な実施のために必要な技術的能力の向上、情報通信技術を活用した公共工事等の実施の効率化等による生産性の向上並びに技術者、技能労働者等の育成及び確保並びにこれらの者に係る賃金、労働時間その他の労働条件、安全衛生その他の労働環境の改善に努めなければならない。

第２章　基本方針等

（基本方針）

第９条　政府は、公共工事の品質確保の促進に関する施策を総合的に推進するための基本的な方針（以下「基本方針」という。）を定めなければならない。

２　基本方針は、次に掲げる事項について定めるものとする。

一　公共工事の品質確保の促進の意義に関する事項

二　公共工事の品質確保の促進のための施策に関する基本的な方針

３　基本方針の策定に当たっては、特殊法人等及び地方公共団体の自主性に配慮しなければならない。

４　政府は、基本方針を定めたときは、遅滞なく、これを公表しなければならない。

５　前二項の規定は、基本方針の変更について準用する。

（基本方針に基づく責務）

第１０条　各省各庁の長（財政法第２０条第２項に規定する各省各庁の長をいう。）、特殊法人等の代表者（当該特殊法人等が独立行政法人（独立行政法人通則法（平成１１年法律第１０３号）第２条第１項に規定する独立行政法人をいう。）である場合にあっては、その長）及び地方公共団体の長は、基本方針に定めるところに従い、公共工事の品質確保の促進を図るため必要な措置を講ずるよう努めなければならない。

（関係行政機関の協力体制）

第１１条　政府は、基本方針の策定及びこれに基づく施策の実施に関し、関係行政機関による協力体制の整備その他の必要な措置を講ずるものとする。

第３章　多様な入札及び契約の方法等

第１節　競争参加者の技術的能力の審査等

（競争参加者の技術的能力の審査）

第１２条　発注者は、その発注に係る公共工事等の契約につき競争に付するときは、競争に参加しようとする者について、工事等の経験、施工状況等の評価、当該公共工事等に配置が予定される技術者の経験又は有する資格その他競争に参加しようとする者の技術的能力に関する事項を審査しなければならない。

（競争参加者の中長期的な技術的能力の確保に関する審査等）

第１３条　発注者は、その発注に係る公共工事等の契約につき競争に付するときは、当該公共工事等の性格、地域の実情等に応じ、競争に参加する者（競争に参加しようとする者を含む。以下同じ。）について、若年の技術者、技能労働者等の育成及び確保の状況、建設機械の保有の状況、災害時における工事等の実施体制の確保の状況等に関する事項を適切に審査し、又は評価するよう努めなければならない。

第２節　多様な入札及び契約の方法

（多様な入札及び契約の方法の中からの適切な方法の選択）

第１４条　発注者は、入札及び契約の方法の決定に当たっては、その発注に係る公共工事等の性格、地域の実情等に応じ、この節に定める方式その他の多様な方法の中から適切な方法を選択し、又はこれらの組合せによることができる。

（競争参加者等の技術提案を求める方式）

第１５条　発注者は、競争に参加する者に対し、技術提案を求めるよう努めなければならない。ただし、発注者が、当該公共工事等の内容に照らし、その必要がないと認めるときは、この限りでない。

2　発注者は、前項の規定により技術提案を求めるに当たっては、競争に参加する者の技術提案に係る負担に配慮しなければならない。

3　発注者は、競争に付された公共工事等につき技術提案がされたときは、これを適切に審査し、及び評価しなければならない。この場合において、発注者は、中立かつ公正な審査及び評価が行われるようこれらに関する当事者からの苦情を適切に処理することその他の必要な措置を講ずるものとする。

4　発注者は、競争に付された公共工事等を技術提案の内容に従って確実に実施することができないと認めるときは、当該技術提案を採用しないことができる。

5　発注者は、競争に参加する者に対し技術提案を求めて落札者を決定する場合には、あらかじめその旨及びその評価の方法を公表するとともに、その評価の後にその結果を公表しなければならない。ただし、公共工事の入札及び契約の適正化の促進に関する法律第４条から第８条までに定める公共工事の入札及び契約に関する情報の公表がなされない公共工事についての技術提案の評価の結果については、この限りでない。

6　発注者は、その発注に係る公共工事に関する調査等の契約につき競争に付さないときは、受注者となろうとする者に対し、技術提案を求めるよう努めなければならない。ただし、発注者が、当該公共工事に関する調査等の内容に照らし、その必要がないと認めるときは、この限りでない。

7　第２項から第５項まで（同項ただし書を除く。）の規定は、前項に規定する場合において、技術提案がされたときについて準用する。この場合において、第２項中「前項」とあるのは「第６項」と、第３項及び第４項中「競争に付された公共工事等」とあるのは「競争に付されなかった公共工事に関する調査等」と、第５項中「落札者」とあるのは「受注者」と読み替えるものとする。

（段階的選抜方式）

第１６条　発注者は、競争に参加する者に対し技術提案を求める方式による場合において競争に参加する者の数が多数であると見込まれるときその他必要があると認めるときは、必要な施工技術又は調査等の技術を有する者が新規に競争に参加することが不当に阻害されることのないように配慮しつつ、当該公共工事等に係る技術的能力に関する事項を評価すること等により一定の技術水準に達した者を選抜した上で、これらの者の中から落札者を決定することができる。

（技術提案の改善）

第１７条　発注者は、技術提案をした者に対し、その審査において、当該技術提案についての改善を求め、又は改善を提案する機会を与えることができる。この場合において、発注者は、技術提案の改善に係る過程について、その概要を公表しなければならない。

２　第１５条第５項ただし書の規定は、技術提案の改善に係る過程の概要の公表について準用する。

（技術提案の審査及び価格等の交渉による方式）

第１８条　発注者は、当該公共工事等の性格等により当該工事等の仕様の確定が困難である場合において自らの発注の実績等を踏まえ必要があると認めるときは、技術提案を公募の上、その審査の結果を踏まえて選定した者と工法、価格等の交渉を行うことにより仕様を確定した上で契約することができる。この場合において、発注者は、技術提案の審査及び交渉の結果を踏まえ、予定価格を定めるものとする。

２　発注者は、前項の技術提案の審査に当たり、中立かつ公正な審査が行われるよう、中立の立場で公正な判断をすることができる学識経験者の意見を聴くとともに、当該審査に関する当事者からの苦情を適切に処理することその他の必要な措置を講ずるものとする。

３　発注者は、第１項の技術提案の審査の結果並びに審査及び交渉の過程の概要を公表しなければならない。この場合においては、第１５条第５項ただし書の規定を準用する。

（高度な技術等を含む技術提案を求めた場合の予定価格）

第１９条　発注者は、前条第１項の場合を除くほか、高度な技術又は優れた工夫を含む技術提案を求めたときは、当該技術提案の審査の結果を踏まえて、予定価格を定めることができる。この場合において、発注者は、当該技術提案の審査に当たり、中立の立場で公正な判断をすることができる学識経験者の意見を聴くものとする。

（地域における社会資本の維持管理に資する方式）

第２０条　発注者は、公共工事等の発注に当たり、地域における社会資本の維持管理の効率的かつ持続的な実施のために必要があると認めるときは、地域の実情に応じ、次に掲げる方式等を活用するものとする。

一　工期等が複数年度にわたる公共工事等を一の契約により発注する方式

二　複数の公共工事等を一の契約により発注する方式

三　複数の建設業者等により構成される組合その他の事業体が競争に参加することができることとする方式

第３節　発注関係事務を適切に実施することができる者の活用及び発注者に対する支援等

（発注関係事務を適切に実施することができる者の活用等）

第２１条　発注者は、その発注に係る公共工事等が専門的な知識又は技術を必要とすることその他の理由により自ら発注関係事務を適切に実施することが困難であると認めるときは、国、地方公共団体その他法令又は契約により発注関係事務の全部又は一部を行うことができる者の能力を活用するよう努めなければならない。この場合において、発注者は、発注関係事務を適正に行うことができる知識及び経験を有する職員が置かれていること、法令の遵守及び秘密の保持を確保できる体制が整備されていることその他発注関係事務を公正に行うことができる条件を備えた者を選定するものとする。

２　発注者は、前項の場合において、契約により発注関係事務の全部又は一部を行うことができる者を選定したときは、その者が行う発注関係事務の公正性を確保するために必要な措置を講ずるものとする。

３　第一項の規定により、契約により発注関係事務の全部又は一部を行う者は、基本理念にのっとり、発注関係事務を適切に実施しなければならない。

４　国及び都道府県は、発注者を支援するため、専門的な知識又は技術を必要とする発注関係事務を適切に実施することができる者の育成及びその活用の促進、発注関係事務を公正に行うことができる条件を備えた者の適切な評価及び選定に関する協力、発注関係事務に関し助言その他の援助を適切に行う能力を有する者の活用の促進、発注者間の連携体制の整備その他の必要な措置を講ずるよう努めなければならない。

（発注関係事務の運用に関する指針）

第２２条　国は、基本理念にのっとり、発注者を支援するため、地方公共団体、学識経験者、民間事業者その他の関係者の意見を聴いて、公共工事等の性格、地域の実情等に応じた入札及び契約の方法の選択その他の発注関係事務の適切な実施に係る制度の運用に関する指針を定めるものとする。

（国の援助）

第２３条　国は、第２１条第４項及び前条に規定するもののほか、地方公共団体が講ずる公共工事の品質確保の担い手の中長期的な育成及び確保の促進その他の公共工事の品質確保の促進に関する施策に関し、必要な助言その他の援助を行うよう努めなければならない。

（公共工事に関する調査等に係る資格等に関する検討）

第２４条　国は、公共工事に関する調査等に関し、その業務の内容に応じて必要な知識又は技術を有する者の能力がその者の有する資格等により適切に評価され、及びそれらの者が十分に活用されるようにするため、これらに係る資格等の評価の在り方等について検討を加え、その結果に基づいて必要な措置を講ずるものとする。

附　則

（施行期日）

１　この法律は、平成１７年４月１日から施行する。

（検　討）

２　政府は、この法律の施行後３年を経過した場合において、この法律の施行の状況等について検討を加え、必要があると認めるときは、その結果に基づいて所要の措置を講ずるものとする。

附　則（平成２６年６月４日法律第５６号）抄

（施行期日）

１　この法律は、公布の日から施行する。

（検　討）

２　政府は、この法律の施行後５年を目途として、この法律による改正後の公共工事の品質確保の促進に関する法律の施行の状況等について検討を加え、必要があると認めるときは、その結果に基づいて必要な措置を講ずるものとする。

附　則（令和元年６月１４日法律第３５号）抄

（施行期日）

１　この法律は、公布の日から施行する。

（検　討）

２　政府は、この法律の施行後５年を目途として、この法律による改正後の公共工事の品質確保の促進に関する法律の施行の状況等について検討を加え、必要があると認めるときは、その結果に基づいて所要の措置を講ずるものとする。

建設業法及び公共工事の入札及び契約の適正化の促進に関する法律の一部を改正する法律
（令和元年法律第三十号）

（令和元年６月５日成立、６月12日公布）

背景・必要性

１．建設業の働き方改革の促進

○ 長時間労働が常態化する中、その是正等が急務。

※ 働き方改革関連法（2018年6月29日成立）による改正労働基準法に基づき、建設業では、2024年度から時間外労働の上限規制（罰則付き）が適用開始。

＜時間外労働の上限規制＞

✓原則、月45時間 かつ 年360時間
✓特別条項でも上回ることの出来ないもの：
・年720時間（月平均60時間）
・2～6ヶ月の平均でいずれも80時間以内
・単月100時間未満
・月45時間を上回る月は年6回を上限

２．建設現場の生産性の向上

○ 現場の急速な高齢化と若者離れが深刻化する中、限りある人材の有効活用と若者の入職促進による将来の担い手の確保が急務。

＜年齢構成別の技能者数＞

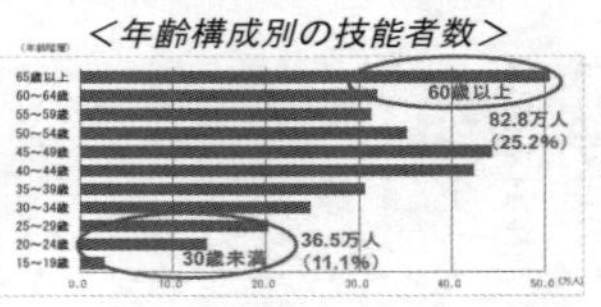

３．持続可能な事業環境の確保

○ 地方部を中心に事業者が減少し、後継者難が重要な経営課題となる中、今後も「守り手」として活躍し続けやすい環境整備が必要。

法案の概要

１．建設業の働き方改革の促進

（1）長時間労働の是正（工期の適正化等）

■ 中央建設業審議会が、工期に関する基準を作成・勧告。
また、著しく短い工期による請負契約の締結を禁止し、違反者には国土交通大臣等から勧告等を実施。

■ 公共工事の発注者に、必要な工期の確保と施工時期の平準化のための方策を講ずることを努力義務化。

（2）現場の処遇改善

■ 建設業許可の基準を見直し、社会保険への加入を要件化。

■ 下請代金のうち、労務費相当分については現金払い。

２．建設現場の生産性の向上

（1）限りある人材の有効活用と若者の入職促進

■ 工事現場の技術者に関する規制を合理化。

（ｉ）元請の監理技術者に関し、これを補佐する制度を創設し、技士補がいる場合は複数現場の兼任を容認。

（ii）下請の主任技術者に関し、一定未満の工事金額等の要件を満たす場合は設置を不要化。

＜元請の監理技術者＞　＜下請の主任技術者＞

現場A　現場B
監理技術者（技士）
技士補　技士補
監理技術者は兼務可能

注文者（元請）
一次下請A社 主任技術者
二次下請B社 主任技術者　二次下請C社 主任技術者
主任技術者の設置を不要化

（2）建設工事の施工の効率化の促進のための環境整備

■ 建設業者が工場製品等の資材の積極活用を通じて生産性を向上できるよう、資材の欠陥に伴い施工不良が生じた場合、建設業者等への指示に併せて、国土交通大臣等は、建設資材製造業者に対して改善勧告・命令できる仕組みを構築。

３．持続可能な事業環境の確保

■ 経営業務に関する多様な人材確保等に資するよう、経営業務管理責任者に関する規制を合理化（※）。

※ 建設業経営に関し過去５年以上の経験者が役員にいないと許可が得られないとする現行の規制を見直し、今後は、事業者全体として適切な経営管理責任体制を有することを求めることとする。

■ 合併・事業譲渡等に際し、事前認可の手続きにより円滑に事業承継できる仕組みを構築。

1.建設業の働き方改革の促進

長時間労働の是正

中央建設業審議会が工期に関する基準を作成

実施を勧告

注文者

通常必要と認められる期間に比して著しく短い工期による請負契約の締結を禁止
・違反した場合、勧告
・従わないときは、その旨を公表
※建設業者の場合は監督処分

工期も含む見積書を交付

工事を施工しない日や時間帯の定めをするときには契約書面に明記

建設業者

工程の細目を明らかにし、工種ごとの作業及びその準備に必要な日数を見積り

＜参考＞
建設業の働き方改革のための関係省庁連絡会議において、「建設工事における適正な工期設定等のためのガイドライン」を策定し、関係省庁に要請。

平準化

＜入契法にて措置＞

入札契約適正化指針に公共発注者が取り組むべき事項として、工期の確保や施工時期の平準化を明記（※）
（※）公共団体等に対する努力義務。地方自治体への要請が可能となる。

建設工事の月別推移
（百万円）
国　都道府県　市区町村
800,000
600,000
400,000
200,000
0
4月 6月 8月 10月 12月 2月（各年度）
平成24年度　平成25年度　平成26年度　平成27年度　平成28年度　平成29年度
出典：建設総合統計　出来高ベース（全国）

処遇改善

下請代金のうち労務費相当分について現金払
⇨ 下請労働者の処遇改善

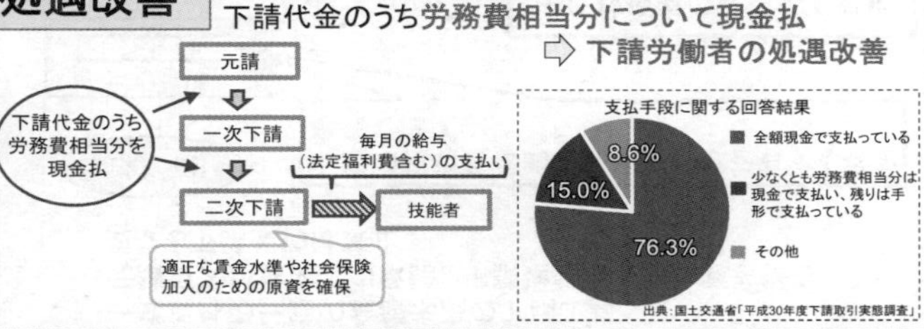

下請の建設企業も含め社会保険加入を徹底するため、社会保険に未加入の建設企業は建設業の許可・更新を認めない仕組みを構築

⇨ 不良・不適格業者の排除や公正な競争を促進

企業別　＜3保険＞
□3保険加入
□3保険いずれか加入
□未加入
※「未加入」には、関係法令上社会保険の加入義務のないケースも含んでいる。
2%　1%　97%
出典：農水省、国交省「公共事業労務費調査」

※省令事項として位置付け

2.建設現場の生産性の向上

限りある人材の有効活用と若者の入職促進

元請

○監理技術者の専任緩和

監理技術者補佐を専任で置いた場合は、元請の監理技術者の複数現場の兼任を可能とする

○元請の監理技術者を補佐する制度の創設

技術検定試験を学科と実地を加味した第1次と第2次検定に再編成。第1次検定の合格者に技士補の資格を付与。

⇨ 若者の現場での早期活躍、入職促進

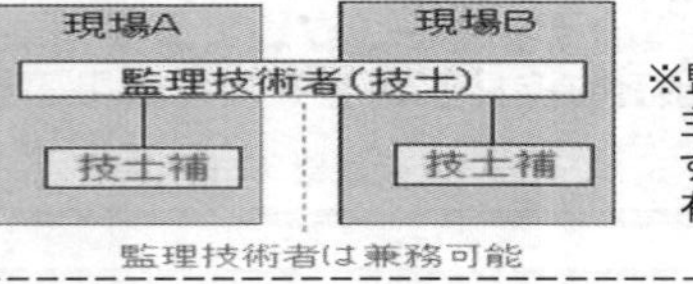

※監理技術者補佐の要件は、主任技術者の要件を満たす者のうち、1級技士補を有する者を想定

<現行制度>

監理技術者もしくは主任技術者は、請負金額が3,500万円(建築一式工事の場合は7,000万円)以上の工事については、工事現場毎に専任が必要。

下請

○専門工事一括管理施工制度の創設

以下の要件を満たす場合、下請の主任技術者の設置を不要とする:

・一式以外の一定の金額未満の下請工事
・元請負人が注文者の承諾と下請建設業者の合意を得る
・更なる下請契約は禁止

注文者(元請)

一次下請A社　主任技術者

一定の指導監督的な実務の経験を有する者を専任で配置

二次下請B社　主任技術者

二次下請C社　主任技術者

主任技術者の設置を不要化

※適用対象は、施工技術が画一的で、技術上の管理の効率化を図る必要がある工種に限定

建設工事の施工の効率化の促進

建設生産物に、資材に起因した不具合が生じた場合、建設業者等への指示に併せて、再発防止のため、建設資材製造業者に対して改善勧告等ができる仕組みを構築し、建設資材の活用促進に向けた環境を整備

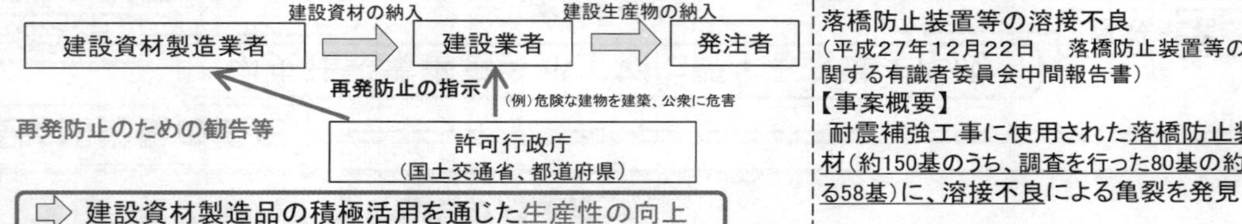

⇨ 建設資材製造品の積極活用を通じた生産性の向上

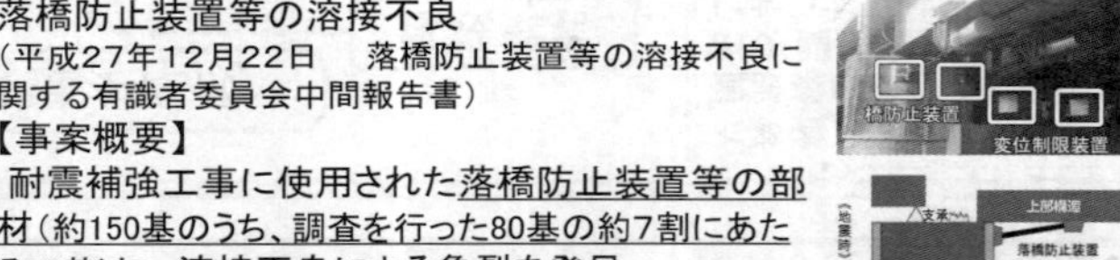

落橋防止装置等の溶接不良

(平成27年12月22日　落橋防止装置等の溶接不良に関する有識者委員会中間報告書)

【事案概要】

耐震補強工事に使用された落橋防止装置等の部材(約150基のうち、調査を行った80基の約7割にあたる58基)に、溶接不良による亀裂を発見

3.持続可能な事業環境の確保　等

経営業務管理責任者に関する規制の合理化

・建設業経営に関し過去5年以上の経験者が役員にいることを必要とする規定を廃止
・下請の建設企業も含め社会保険加入を徹底するため、社会保険に未加入の建設企業は建設業の許可・更新を認めない仕組みを構築（再掲）

【現行の許可制度の要件】

（1）経営の安定性
- 経営能力（経営業務管理責任者）
  ⇒事業者全体として適切な経営管理責任体制を有すること
- 財産的基礎
  （請負契約を履行するに足りる財産的基礎・金銭的信用）

（2）技術力
- 業種ごとの技術力（営業所専任技術者）

（3）適格性
- 誠実性
  （役員や使用人等の、請負契約に関する不正・不誠実さの排除）

円滑な事業承継制度の創設

合併・事業譲渡等に際し、事前認可の手続きにより円滑に事業承継できる仕組みを構築。

⇒ 許可の空白期間なく事業承継が可能に

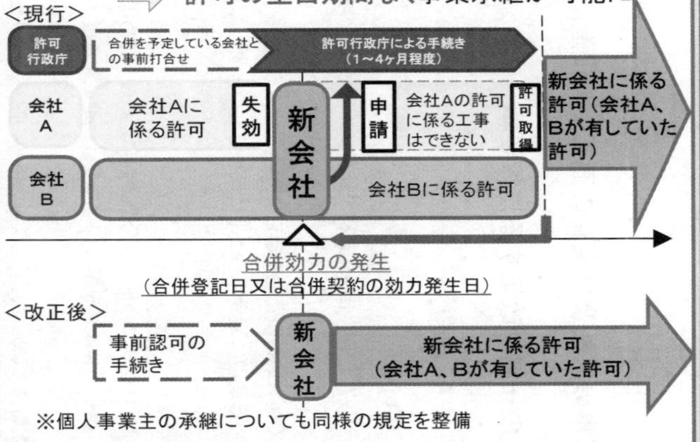

※個人事業主の承継についても同様の規定を整備

その他改正事項

工期等に影響を及ぼすおそれがある事象に関する情報の提供
工事現場におけるリスク発生時の手戻りを減少させるため、注文者が施工上のリスクに関する事前の情報提供を行う

不利益取扱いの禁止
元請負人がその義務に違反した場合に、下請負人がその事実を許可権者等に知らせたことを理由とした不利益な取扱いを禁止

建設業許可証掲示義務緩和
工事現場における下請業者の建設業許可証掲示義務を緩和

施工技術の確保
建設工事を適正に実施するために必要な知識及び技術等の向上の努力義務化

災害時における建設業者団体の責務
迅速な災害復旧の実現のため、建設業者と地方公共団体等との連絡調整等、災害時における公共との連携の努力義務化

建設業法及び公共工事の入札及び契約の適正化の促進に関する法律の一部を改正する法律要綱

第一　建設業法の一部改正

一　許可基準の見直し

建設業の許可基準のうち、五年以上経営業務の管理責任者としての経験を有する者を置くこととする。

基準を、建設業に係る経営業務の管理を適正に行うに足りる能力を有するものとして国土交通省令で定める基準に適合することに改めるものとすること。

（第七条関係）

二　許可を受けた地位の承継

1　建設業の譲渡及び譲受け並びに合併及び分割の際に、あらかじめ国土交通大臣等の認可を受けたときは、譲受人等は建設業の許可を受けた地位を承継するものとすること。（第十七条の二関係）

2　建設業者が死亡した場合において、国土交通大臣等の認可を受けたときは、相続人は建設業の許可を受けた地位を承継するものとすること。（第十七条の三関係）

三　請負契約における書面の記載事項の追加

建設工事の請負契約における書面の記載事項に、工事を施工しない日又は時間帯の定めに関する事項等を追加するものとすること。（第十九条関係）

四　著しく短い工期の禁止

1　注文者は、その注文した建設工事を施工するために通常必要と認められる期間に比して著しく短い期間を工期とする請負契約を締結してはならないものとすること。

（第十九条の五関係）

2　国土交通大臣等は、発注者が1に違反した場合において特に必要があると認めるときは、当該発注者に対して勧告することができるものとし、その者が当該勧告に従わないときは、その旨を公表することができるものとすること。（第十九条の六関係）

五　工期等に影響を及ぼす事象に関する情報の提供

注文者は、契約を締結するまでに、建設業者に対して、その発生のおそれがあると認めるときは、工期又は請負代金の額に影響を及ぼす事象に関する情報を提供しなければならないものとすること。（第二十条の二関係）

六　下請代金の支払方法

元請負人は、下請代金のうち労務費に相当する部分については、現金で支払うよう適切な配慮をしなければならないものとすること。（第二十四条の三関係）

七　不利益な取扱いの禁止

元請負人は、その違反行為について下請負人が国土交通大臣等に通報したことを理

由として、当該下請負人に対して、取引の停止その他の不利益な取扱いをしてはならないものとすること。（第二十四条の五関係）

八　建設工事従事者の知識及び技術又は技能の向上

建設工事に従事する者は、建設工事を適正に実施するために必要な知識及び技術又は技能の向上に努めなければならないものとすること。（第二十五条の二十七関係）

九　監理技術者の専任義務の緩和

工事現場に監理技術者を専任で置くべき建設工事について、当該監理技術者の職務を補佐する者としてこれに準ずる者を専任で置く場合には、当該監理技術者の専任を要しないものとすること。（第二十六条関係）

十　主任技術者の配置義務の合理化

特定の専門工事につき、元請負人が工事現場に専任で置く主任技術者が、下請負人が置くべき主任技術者の職務を併せて行うことができることとし、この場合において、当該下請負人は、主任技術者の配置を要しないものとすること。

（第二十六条の三関係）

十一　技術検定制度の見直し

技術検定を第一次検定及び第二次検定に分け、国土交通大臣はそれぞれの検定の合格者に合格証明書を交付するとともに、合格者は政令で定める称号を称することができるものとすること。（第二十七条関係）

十二　復旧工事の円滑かつ迅速な実施を図るための建設業者団体の責務

建設業者団体は、災害が発生した場合において復旧工事の円滑かつ迅速な実施が図られるよう、建設業者と関係機関との連絡調整その他の必要な措置を講ずるよう努めるものとすること。（第二十七条の四十関係）

十三　工期に関する基準の作成等

中央建設業審議会は、建設工事の工期に関する基準を作成し、その実施を勧告することができるものとすること。（第三十四条関係）

十四　標識の掲示義務の緩和

建設業者が工事現場に標識を掲げなければならない義務について、発注者から直接請け負った建設工事のみを対象とするよう改めるものとすること。（第四十条関係）

十五　建設資材製造業者等に対する勧告及び命令等

1　国土交通大臣等は、建設業者等に指示をする場合において、当該指示に係る違反行為が建設資材に起因するものであると認めるときは、これを引き渡した建設資材製造業者等に対しても、再発防止のため適当な措置をとるべきことを勧告することができるものとすること。

2　国土交通大臣等は、1の勧告を受けた者が当該勧告に従わないときは、その旨を公表し、又は当該勧告に係る措置をとるべきことを命ずることができるものとすること。（第四十一条の二関係）

十六　その他所要の改正を行うものとすること。

第二　公共工事の入札及び契約の適正化の促進に関する法律の一部改正

一　受注者の違反行為に関する事実の通知

各省各庁の長等は、公共工事の受注者である建設業者が著しく短い期間を工期とする下請契約を締結していると疑うに足りる事実があるときは、国土交通大臣等に対し、その事実を通知しなければならないものとすること。（第十一条関係）

二　適正化指針の記載事項の追加

公共工事の施工に必要な工期の確保及び地域における公共工事の施工の時期の平準化を図るための方策に関する事項を、公共工事の入札及び契約の適正化に係る指針の記載事項として追加するものとすること。（第十七条関係）

三　その他所要の改正を行うものとすること。

第三　附則

一　この法律は、一部の規定を除き、公布の日から起算して一年六月を超えない範囲内において政令で定める日から施行するものとすること。（附則第一条関係）

二　所要の経過措置を定めるものとすること。（附則第二条から第五条まで関係）

三　この法律による改正後の建設業法の施行状況に関する検討規定を設けるものとすること。（附則第六条関係）

四　その他所要の改正を行うものとすること。（附則第七条及び第八条関係）

公共工事の入札及び契約の適正化の促進に関する法律

平成１２年法律第１２７号

最終改正：令和３年５月１９日法律第３７号

目　次

第１章　総則

（目的）

第１条　この法律は、国、特殊法人等及び地方公共団体が行う公共工事の入札及び契約について、その適正化の基本となるべき事項を定めるとともに、情報の公表、不正行為等に対する措置、適正な金額での契約の締結等のための措置及び施工体制の適正化の措置を講じ、併せて適正化指針の策定等の制度を整備すること等により、公共工事に対する国民の信頼の確保とこれを請け負う建設業の健全な発達を図ることを目的とする。

（定義）

第２条　この法律において「特殊法人等」とは、法律により直接に設立された法人若しくは特別の法律により特別の設立行為をもって設立された法人（総務省設置法（平成十一年法律第九十一号）第四条第十五号の規定の適用を受けない法人を除く。）、特別の法律により設立され、かつ、その設立に関し行政官庁の認可を要する法人又は独立行政法人（独立

行政法人通則法 （平成十一年法律第百三号）第二条第一項 に規定する独立行政法人をいう。第六条において同じ。）のうち、次の各号に掲げる要件のいずれにも該当する法人であって政令で定めるものをいう。

一　資本金の二分の一以上が国からの出資による法人又はその事業の運営のために必要な経費の主たる財源を国からの交付金若しくは補助金によって得ている法人であること。

二　その設立の目的を実現し、又はその主たる業務を遂行するため、計画的かつ継続的に建設工事（建設業法 （昭和二十四年法律第百号）第二条第一項 に規定する建設工事をいう。次項において同じ。）の発注を行う法人であること。

2　この法律において「公共工事」とは、国、特殊法人等又は地方公共団体が発注する建設工事をいう。

3　この法律において「建設業」とは、建設業法第二条第二項 に規定する建設業をいう。

4　この法律において「各省各庁の長」とは、財政法 （昭和二十二年法律第三十四号）第二十条第二項 に規定する各省各庁の長をいう。

（公共工事の入札及び契約の適正化の基本となるべき事項）

第３条　公共工事の入札及び契約については、次に掲げるところにより、その適正化が図られなければならない。

一　入札及び契約の過程並びに契約の内容の透明性が確保されること。

二　入札に参加しようとし、又は契約の相手方になろうとする者の間の公正な競争が促進されること。

三　入札及び契約からの談合その他の不正行為の排除が徹底されること。

四　その請負代金の額によっては公共工事の適正な施工が通常見込まれない契約の締結が防止されること。

五　契約された公共工事の適正な施工が確保されること。

第２章　情報の公表

（国による情報の公表）

第４条　各省各庁の長は、政令で定めるところにより、毎年度、当該年度の公共工事の発注の見通しに関する事項で政令で定めるものを公表しなければならない。

2　各省各庁の長は、前項の見通しに関する事項を変更したときは、政令で定めるところにより、変更後の当該事項を公表しなければならない。

第５条　各省各庁の長は、政令で定めるところにより、次に掲げる事項を公表しなければならない。

一　入札者の商号又は名称及び入札金額、落札者の商号又は名称及び落札金額、入札の参加者の資格を定めた場合における当該資格、指名競争入札における指名した者の商号又は名称その他の政令で定める公共工事の入札及び契約の過程に関する事項

二　契約の相手方の商号又は名称、契約金額その他の政令で定める公共工事の契約の内容に関する事項

（特殊法人等による情報の公表）

第６条　特殊法人等の代表者（当該特殊法人等が独立行政法人である場合にあっては、その長。以下同じ。）は、前二条の規定に準じて、公共工事の入札及び契約に関する情報を公表するため必要な措置を講じなければならない。

（地方公共団体による情報の公表）

第７条　地方公共団体の長は、政令で定めるところにより、毎年度、当該年度の公共工事の発注の見通しに関する事項で政令で定めるものを公表しなければならない。

２　地方公共団体の長は、前項の見通しに関する事項を変更したときは、政令で定めるところにより、変更後の当該事項を公表しなければならない。

第８条　地方公共団体の長は、政令で定めるところにより、次に掲げる事項を公表しなければならない。

一　入札者の商号又は名称及び入札金額、落札者の商号又は名称及び落札金額、入札の参加者の資格を定めた場合における当該資格、指名競争入札における指名した者の商号又は名称その他の政令で定める公共工事の入札及び契約の過程に関する事項

二　契約の相手方の商号又は名称、契約金額その他の政令で定める公共工事の契約の内容に関する事項

第９条　前二条の規定は、地方公共団体が、前二条に規定する事項以外の公共工事の入札及び契約に関する情報の公表に関し、条例で必要な規定を定めることを妨げるものではない。

第３章　不正行為等に対する措置

（公正取引委員会への通知）

第１０条　各省各庁の長、特殊法人等の代表者又は地方公共団体の長（以下「各省各庁の長等」という。）は、それぞれ国、特殊法人等又は地方公共団体（以下「国等」という。）が発注する公共工事の入札及び契約に関し、私的独占の禁止及び公正取引の確保に関する法律（昭和二十二年法律第五十四号）第三条 又は第八条第一号 の規定に違反する行為があると疑うに足りる事実があるときは、公正取引委員会に対し、その事実を通知しなければならない。

（国土交通大臣又は都道府県知事への通知）

第１１条　各省各庁の長等は、それぞれ国等が発注する公共工事の入札及び契約に関し、当該公共工事の受注者である建設業者（建設業法第二条第三項 に規定する建設業者をいう。次条において同じ。）に次の各号のいずれかに該当すると疑うに足りる事実があるときは、当該建設業者が建設業の許可を受けた国土交通大臣又は都道府県知事及び当該事実に係る営業が行われる区域を管轄する都道府県知事に対し、その事実を通知しなければならない。

一　建設業法第八条第九号、第十号（同条第九号に係る部分に限る。）、第十一号（同条第九号に係る部分に限る。）、第十二号（同条第九号に係る部分に限る。）若しくは第十三号（これらの規定を同法第十七条において準用する場合を含む。）又は第二十八条第一項第三号、第四号（同法第二十二条第一項に係る部分に限る。）若しくは第六号から第八号までのいずれかに該当すること。

二　第十五条第二項若しくは第三項、同条第一項の規定により読み替えて適用される建設業法第二十四条の八第一項、第二項若しくは第四項又は同法第十九条の五、第二十六条第一項から第三項まで、第二十六条の二若しくは第二十六条の三第六項の規定に違反したこと。

第４章　適正な金額での契約の締結等のための措置

（入札金額の内訳の提出）

第１２条　建設業者は、公共工事の入札に係る申込みの際に、入札金額の内訳を記載した書類を提出しなければならない。

（各省各庁の長等の責務）

第１３条　各省各庁の長等は、その請負代金の額によっては公共工事の適正な施工が通常見込まれない契約の締結を防止し、及び不正行為を排除するため、前条の規定により提出された書類の内容の確認その他の必要な措置を講じなければならない。

第５章　施工体制の適正化

（一括下請負の禁止）

第１４条　公共工事については、建設業法第二十二条第三項 の規定は、適用しない。

（施工体制台帳の作成及び提出等）

第１５条　公共工事についての建設業法第二十四条の八第一項、第二項及び第四項の規定の適用については、これらの規定中「特定建設業者」とあるのは「建設業者」と、同条第一項中「締結した下請契約の請負代金の額（当該下請契約が二以上あるときは、それらの請負代金の額の総額）が政令で定める金額以上になる」とあるのは「下請契約を締結した」と、同条第四項中「見やすい場所」とあるのは「工事関係者が見やすい場所及び公衆が見やすい場所」とする。

２　公共工事の受注者（前項の規定により読み替えて適用される建設業法第二十四条の八第一項の規定により同項に規定する施工体制台帳（以下単に「施工体制台帳」という。）を作成しなければならないこととされているものに限る。）は、作成した施工体制台帳（同項 の規定により記載すべきものとされた事項に変更が生じたことに伴い新たに作成されたものを含む。）の写しを発注者に提出しなければならない。この場合においては、同条第三項 の規定は、適用しない。

３　前項の公共工事の受注者は、発注者から、公共工事の施工の技術上の管理をつかさどる者（次条において「施工技術者」という。）の設置の状況その他の工事現場の施工体制が施工体制台帳の記載に合致しているかどうかの点検を求められたときは、これを受けることを拒んではならない。

（各省各庁の長等の責務）

第１６条　公共工事を発注した国等に係る各省各庁の長等は、施工技術者の設置の状況その他の工事現場の施工体制を適正なものとするため、当該工事現場の施工体制が施工体制台帳の記載に合致しているかどうかの点検その他の必要な措置を講じなければならない。

第６章　適正化指針

（適正化指針の策定等）

第１７条　国は、各省各庁の長等による公共工事の入札及び契約の適正化を図るための措置（第二章、第三章、第十三条及び第三章並びに前条に規定するものを除く。）に関する指針（以下「適正化指針」という。）を定めなければならない。

２　適正化指針には、第三条各号に掲げるところに従って、次に掲げる事項を定めるものとする。

一　入札及び契約の過程並びに契約の内容に関する情報（各省各庁の長又は特殊法人等の代表者による措置にあっては第四条及び第五条、地方公共団体の長による措置にあっては第七条及び第八条に規定するものを除く。）の公表に関すること。

二　入札及び契約の過程並びに契約の内容について学識経験を有する者等の第三者の意見を適切に反映する方策に関すること。

三　入札及び契約の過程に関する苦情を適切に処理する方策に関すること。

四　公正な競争を促進し、及びその請負代金の額によっては公共工事の適正な施工が通常見込まれない契約の締結を防止するための入札及び契約の方法の改善に関すること。

五　公共工事の施工に必要な工期の確保及び地域における公共工事の施工の時期の平準化を図るための方策に関すること。

六　将来におけるより適切な入札及び契約のための公共工事の施工状況の評価の方策に関すること

七　前各号に掲げるもののほか、入札及び契約の適正化を図るため必要な措置に関すること。

３　適正化指針の策定に当たっては、特殊法人等及び地方公共団体の自主性に配慮しなければならない。

４　国土交通大臣、総務大臣及び財務大臣は、あらかじめ各省各庁の長及び特殊法人等を所管する大臣に協議した上、適正化指針の案を作成し、閣議の決定を求めなければならない。

５　国土交通大臣は、適正化指針の案の作成に先立って、中央建設業審議会の意見を聴かなければならない。

６　国土交通大臣、総務大臣及び財務大臣は、第四項の規定による閣議の決定があったときは、遅滞なく、適正化指針を公表しなければならない。

７　第三項から前項までの規定は、適正化指針の変更について準用する。

（適正化指針に基づく責務）

第１８条　各省各庁の長等は、適正化指針に定めるところに従い、公共工事の入札及び契約の適正化を図るため必要な措置を講ずるよう努めなければならない。

（措置の状況の公表）

第１９条　国土交通大臣及び財務大臣は、各省各庁の長又は特殊法人等を所管する大臣に対し、当該各省各庁の長又は当該大臣が所管する特殊法人等が適正化指針に従って講じた措置の状況について報告を求めることができる。

２　国土交通大臣及び総務大臣は、地方公共団体に対し、適正化指針に従って講じた措置の状況について報告を求めることができる。

３　国土交通大臣、総務大臣及び財務大臣は、毎年度、前二項の報告を取りまとめ、その概要を公表するものとする。

（要請）

第２０条　国土交通大臣及び財務大臣は、各省各庁の長又は特殊法人等を所管する大臣に対し、公共工事の入札及び契約の適正化を促進するため適正化指針に照らして特に必要があると認められる措置を講ずべきことを要請することができる。

２　国土交通大臣及び総務大臣は、地方公共団体に対し、公共工事の入札及び契約の適正化を促進するため適正化指針に照らして特に必要があると認められる措置を講ずべきことを要請することができる。

第７章　国による情報の収集、整理及び提供等

（国による情報の収集、整理及び提供）

第２１条　国土交通大臣、総務大臣及び財務大臣は、第二章の規定により公表された情報その他その普及が公共工事の入札及び契約の適正化の促進に資することとなる情報の収集、整理及び提供に努めなければならない。

（関係法令等に関する知識の習得等）

第２２条　国、特殊法人等及び地方公共団体は、それぞれその職員に対し、公共工事の入札及び契約が適正に行われるよう、関係法令及び所管分野における公共工事の施工技術に関する知識を習得させるための教育及び研修その他必要な措置を講ずるよう努めなければならない。

2　国土交通大臣及び都道府県知事は、建設業を営む者に対し、公共工事の入札及び契約が適正に行われるよう、関係法令に関する知識の普及その他必要な措置を講ずるよう努めなければならない。

附　則　抄

（施行期日）

第１条　この法律は、公布の日から起算して三月を超えない範囲内において政令で定める日から施行する。ただし、第二章から第四章まで並びに第十六条、第十七条第一項及び第二項、第十八条並びに附則第三条（建設業法第二十八条の改正規定に係る部分に限る。）の規定は平成十三年四月一日から、第十七条第三項の規定は平成十四年四月一日から施行する。

（経過措置）

第２条　第五条及び第八条の規定は、これらの規定の施行前に入札又は随意契約の手続に着手していた場合における当該入札及びこれに係る契約又は当該随意契約については、適用しない。

2　第四章及び次条（建設業法第二十八条の改正規定に係る部分に限る。）の規定は、これらの規定の施行前に締結された契約に係る公共工事については、適用しない。

附　則　（平成２１年６月１０日法律第５１号）　抄

（施行期日）

第１条　この法律は、公布の日から起算して一年を超えない範囲内において政令で定める日（以下「施行日」という。）から施行する。ただし、第八条の改正規定、第八条の二第一項及び第二項の改正規定、第八条の三の改正規定（「第八条第一項第一号」を「第八条第一号」に改める部分に限る。）、第二十四条、第二十五条第一項及び第二十六条第一項の改正規定、第四十三条の次に一条を加える改正規定、第五十九条第二項の改正規定（「第八条第一項第一号」を「第八条第一号」に改める部分に限る。）、第六十六条第四項の改正規定（「第八条第一項」を「第八条」に改める部分に限る。）、第七十条の十三第一項の改正規定（「第八条第一項」を「第八条」に改める部分に限る。）、第七十条の十五に後段を加える改正規定、同条に一項を加える改正規定、第八十四条第一項の改正規定、第八十九条第一項第二号の改正規定、第九十条の改正規定、第九十一条の二の改正規定（同条第一号を削る部分に限る。）、第九十三条の改正規定並びに第九十五条の改正規定（同条第一項第三号中「（第三号を除く。）」を削る部分、同条第二項第三号中「、第九十一条第四号若しくは第五号（第四号に係る部分に限る。）、第九十一条の二第一号」を削る部分（第九十一条の二第一号に係る部分を除く。）及び第九十五条第三項中「前項」を「第二項」に改め、同条第二項の次に二項を加える部分を除く。）並びに附則第九条、第十四条、第十六条から第十九条まで及び第二十条第一項の規定、附則第二十一条中農業協同組合法（昭和二十二年法律第百三十二号）第七十二条の八の二及び第七十三条の二十四の改正規定並びに附則第二十三条及び第二十四条の規定は、公布の日から起算して一月を経過した日から施行する。

附　則　（平成２６年６月４日法律第５５号）　抄

（施行期日）

第１条　この法律は、公布の日から起算して一年を超えない範囲内において政令で定める日から施行する。ただし、次の各号に掲げる規定は、当該各号に定める日から施行する。

一　第一条（建設業法目次、第二十五条の二十七（見出しを含む。）及び第二十七条の三十七の改正規定並びに同法第四章の三中第二十七条の三十八の次に一条を加える改正規定に限る。）及び附則第七条の規定　公布の日

（公共工事の入札及び契約の適正化の促進に関する法律の一部改正に伴う経過措置）

第４条　第二条の規定による改正後の公共工事の入札及び契約の適正化の促進に関する法律（次項において「新入札契約適正化法」という。）第四章の規定は、この法律の施行の際現に入札に付されている公共工事については、適用しない。

２　この法律の施行前に締結された契約に係る公共工事の施工については、新入札契約適正化法第十五条の規定にかかわらず、なお従前の例による。

（政令への委任）

第７条　附則第二条から前条までに定めるもののほか、この法律の施行に関し必要な経過措置（罰則に関する経過措置を含む。）は、政令で定める。

（検討）

第８条　政府は、この法律の施行後五年を経過した場合において、第一条から第四条までの規定による改正後の規定の施行の状況について検討を加え、必要があると認めるときは、その結果に基づいて所要の措置を講ずるものとする。

附　則　（平成２７年９月１１日法律第６６号）　抄

（施行期日）

第１条　この法律は、平成２８年４月１日から施行する。

附　則　（令和元年６月１２日法律第３０号）　抄

（施行期日）

第１条　この法律は、公布の日から起算して一年六月を超えない範囲内において政令で定める日から施行する。ただし、第一条中建設業法第二十七条、第二十七条の二第一項及び第二十七条の十六第一項の改正規定並びに附則第三条及び第八条の規定は、公布の日から起算して二年を超えない範囲内において政令で定める日から施行する。

（政令への委任）

第５条　前三条に定めるもののほか、この法律の施行に関し必要な経過措置は、政令で定める。

附　則　（令和元年６月１４日法律第３７号）　抄

（施行期日）

第１条　この法律は、公布の日から起算して三月を経過した日から施行する。

附　則　（令和３年５月１９日法律第３６号）　抄

（施行期日）

第１条　この法律は、令和３年９月１日から施行する。

附　則　（令和３年５月１９日法律第３７号）　抄

（施行期日）

第１条　この法律は、令和３年９月１日から施行する。

「公共工事の品質確保の促進に関する施策を総合的に推進するための基本的な方針」改正の概要

国土交通省

品確法基本方針とは

- 品確法（※）に基づき、公共工事の品質確保の促進の意義や施策に関する基本的方針を規定（平成17年閣議決定、平成26年改正）
- 国、特殊法人等、地方公共団体は、基本方針に従って必要な措置を講ずる努力義務

（※）公共工事の品質確保の促進に関する法律

災害時の緊急対応の充実強化、働き方改革への対応、生産性向上への取組、調査・設計の品質確保を柱とする品確法の改正（※）を反映

（※）令和元年6月14日公布・施行

改正の全体像

※改正事項は、改正法の４本柱に対応して色分けして記載

第１　公共工事の品質確保の促進の意義に関する事項

- 災害復旧工事等の迅速かつ円滑な実施のための体制整備
- 市場における労務の取引価格、法定福利費等を的確に反映した請負代金・適正な工期等を定める公正な請負契約の締結
- 情報通信技術の活用等を通じた生産性の向上
- 公共工事に関する調査等の品質確保が公共工事の品質確保を図る上で重要

第２　公共工事の品質確保の促進のための施策に関する基本的な方針

発注関係事務の適切な実施

- 災害時の緊急性に応じた随意契約・指名競争入札の活用
- 建設業者団体等との災害協定の締結、災害時の発注者の連携
- 災害時の見積り徴収の活用
- 法定福利費・補償に必要な保険料及び工期を的確に反映した積算による予定価格の適正な設定
- 施工時期の平準化に向けた繰越明許費・債務負担行為の活用による翌年度にわたる工期設定、中長期的な発注見通しの作成・公表
- 休日・準備期間・天候等を考慮した適正な工期の設定
- 設計図書の変更に伴い工期が翌年度にわたる場合の繰越明許費の活用

等

受注者等の責務に関する事項

- 市場における労務の取引価格、法定福利費等を的確に反映した適正な額の請負代金・工期での下請契約の締結
- 情報通信技術の活用等による生産性の向上

等

工事の監督・検査及び施工状況の確認・評価に関する事項

- 工事の監督・検査及び施工状況の確認・評価における情報通信技術の活用

等

調査等の品質確保に関する事項

- 調査等における発注関係事務の適切な実施
  （予定価格の適正な設定、実施の時期の平準化、適正な履行期の設定等）
- 調査等における受注者等の責務に関する事項
  （適正な請負代金・履行期による下請契約の締結、生産性の向上等）
- 調査等の性格等に応じた入札及び契約の方法
  （プロポーザル方式の選択等）

「公共工事の品質確保の促進に関する施策を総合的に推進するための基本的な方針」 国土交通省
改正の概要【詳細版①】

「品確法基本方針」改正のポイント

1　発注関係事務の適切な実施

※改正事項は、改正法の４本柱に対応して色分けして記載

（１）予定価格の適正な設定

- 発注者が予定価格を定めるにあたっては、市場における最新の労務、資材、機材等の取引価格、法定福利費、公共工事に従事する者の業務上の負傷等に対する補償に必要な金額を担保するための保険契約の保険料、適正な工期、施工の実態等を的確に反映した積算を行う。
- 災害により通常の積算の方法によっては適正な予定価格の算定が困難と認めるとき等は、入札参加者から工事の全部又は一部について見積りを徴収し、当該見積りを活用した積算を行うこと等に努める。
- 国は、法定福利費等の支払いに係る実態把握に努め、必要な措置を講ずる。

（２）災害時の緊急対応の充実強化

- 発注者は、災害時においては、手続の透明性及び公正性の確保に留意しつつ、災害応急対策又は緊急性が高い災害復旧に関する工事にあっては随意契約を、その他の災害復旧に関する工事にあっては指名競争入札を活用する等緊急性に応じた適切な入札及び契約の方法を選択するよう努める。
- 発注者は、あらかじめ、建設業者団体等との災害応急対策又は災害復旧に関する工事の施工に関する協定の締結その他必要な措置を講ずるとともに、他の発注者との連携を図るよう努める。

（３）ダンピング受注の防止　（略）

（４）計画的な発注、施工の時期の平準化

- 発注者は、計画的に発注を行うとともに繰越明許費や債務負担行為の活用による翌年度にわたる工期設定を行う等の取組を通して、施工の時期の平準化を図る。
- 国は、発注者ごとの施工の時期の平準化の進捗・取組状況の把握・公表等を行う。

（５）適正な工期設定及び適切な設計変更

- 発注者は、公共工事に従事する者の休日、工事の施工に必要な準備期間、天候その他のやむを得ない事由により工事の施工が困難であると見込まれる日数等を考慮し、適正な工期を設定する。
- 国は、週休２日の確保等を含む適正な工期設定の推進等必要な措置を講ずる。
- 発注者は、設計図書の変更に伴い工期が翌年度にわたることになったときは、繰越明許費の活用等の措置を適切に講ずる。

1

「公共工事の品質確保の促進に関する施策を総合的に推進するための基本的な方針」 国土交通省
改正の概要【詳細版②】

2　受注者等の責務に関する事項

- 全ての下請業者を含む公共工事を実施する者は、下請契約を締結するときは、市場における労務の取引価格、法定福利費等を的確に反映した適正な額の請負代金及び適正な工期を定める下請契約を締結するものとされている。
- 国は、週休２日の確保等を含む適正な工期設定の推進等必要な措置を講ずる。
- 国は、全ての下請業者を含む公共工事を実施する者に対して、労務費、法定福利費等が適切に支払われるようその実態把握に努めるとともに、法定福利費を内訳明示した見積書や請負代金内訳書の活用促進を図る。
- 受注者（受注者となろうとする者を含む。）は、公共工事の適正な実施のために、情報通信技術を活用した公共工事の施工の効率化等による生産性の向上並びに技術者、技能労働者等の育成及び確保とこれらの者に係る賃金、労働時間その他の労働条件、安全衛生その他の労働環境の改善に努めることとされている。
- 国及び地方公共団体等は、技術開発の動向を踏まえ、情報通信技術の活用、新技術、新材料又は新工法の導入等を推進する。
- 「建設キャリアアップシステム」の活用等技能労働者の技能や経験に応じた適切な処遇につながるような労働環境の改善を推進する。

3　技術的能力の審査の実施に関する事項　（略）

4　多様な入札及び契約の方法　（略）

5　中立かつ公正な審査・評価の確保に関する事項　（略）

6　工事の監督・検査及び施工状況の確認・評価に関する事項

- 工事の監督・検査及び施工状況の確認・評価に当たっては、情報通信技術の活用を図るとともに、必要に応じて、専門的な知識や技術を有する第三者による工事が適正に実施されているかどうかの確認の結果の活用を図るよう努める。
- 国及び地方公共団体等は、技術開発の動向を踏まえ、情報通信技術の活用、新技術、新材料又は新工法の導入等を推進する。

7　発注関係事務の環境整備に関する事項　（略）

2

「公共工事の品質確保の促進に関する施策を総合的に推進するための基本的な方針」改正の概要【詳細版③】 国土交通省

8　調査等の品質確保に関する事項（※上記１～７と同様の内容を記載）

（１）調査等における発注関係事務の適切な実施

①予定価格の適正な設定

- 発注者が予定価格を定めるにあたっては、市場における労務、資材、機材等の取引価格、法定福利費、公共工事に関する調査等に従事する者の業務上の負傷等に対する補償に必要な金額を担保するための保険契約の保険料、適正な調査等の履行期、調査等の実施の実態等を的確に反映した積算を行うものとする。
- 災害により通常の積算の方法によっては適正な予定価格の算定が困難と認めるとき等は、入札参加者から調査等の全部又は一部について見積りを徴収し、当該見積りを活用した積算を行う。

②災害時の緊急対応の充実強化

- 発注者は、災害時においては、手続の透明性及び公正性の確保に留意しつつ、災害応急対策又は緊急性が高い災害復旧工事に関する調査等にあっては随意契約を、その他の災害復旧工事に関する調査等にあっては指名競争入札を活用するなど緊急性に応じた適切な入札及び契約の方法を選択するよう努める。
- 発注者は、あらかじめ、調査等を実施する者等との災害応急対策又は災害復旧工事に関する調査等の実施に関する協定の締結その他必要な措置を講ずるとともに、他の発注者との連携を図る。

③ダンピング受注の防止

- 発注者は、ダンピング受注を防止するため、適切に低入札価格調査基準又は最低制限価格を設定する等の必要な措置を講ずる。

④計画的な発注、実施の時期の平準化

- 発注者は、計画的に発注を行うとともに、繰越明許費や債務負担行為の活用による翌年度にわたる調査等の履行期の設定を行う等の取組を通して、調査等の実施の時期の平準化を図る。
- 国は、発注者ごとの調査等の実施の時期の平準化の進捗・取組状況の把握・公表を行う。

⑤適正な履行期の設定及び適切な設計変更

- 発注者は、公共工事に関する調査等に従事する者の休日、調査等の実施に必要な準備期間、天候その他のやむを得ない事由により調査等の実施が困難であると見込まれる日数等を考慮し、適正な調査等の履行期を設定する。
- 国及び地方公共団体等は、週休２日の確保等を含む適正な調査等の履行期の設定を推進する。
- 発注者は、調査等の履行期が翌年度にわたることになったときは、繰越明許費の活用等必要な措置を適切に講ずる。

3

「公共工事の品質確保の促進に関する施策を総合的に推進するための基本的な方針」改正の概要【詳細版④】 国土交通省

（２）調査等における受注者等の責務に関する事項

- 全ての下請業者を含む公共工事を実施する者は、下請契約を締結するときは、市場における労務の取引価格、法定福利費等を的確に反映した適正な額の請負代金及び適正な調査等の履行期を定める下請契約を締結する。
- 国は、週休２日の確保等を含む適正な履行期の設定の推進等必要な措置を講ずる。
- 受注者（受注者となろうとする者を含む。）は必要な技術的能力の向上、**情報通信技術を活用した公共工事に関する調査等の効率化等による生産性の向上**並びに技術者等の育成及び確保とこれらの者に係る賃金、労働時間その他の労働条件、安全衛生その他の労働環境の改善に努める。
- 国及び地方公共団体等は、技術開発の動向を踏まえ、**情報通信技術の活用**、新技術の導入等を推進する。

（３）調査等における技術的な能力の審査の実施、調査等の性格等に応じた入札及び契約の方法等

- 調査等の性格、地域の実情等に応じ、総合評価落札方式やプロポーザル方式等の入札及び契約の方法の中から適切な方法を選択できる。
- 発注者は、完了確認検査等を行うに際し、**情報通信技術の活用**を図る。

9　発注関係事務を適切に実施することができる者の活用

- 各発注者は、発注関係事務を適切に実施することが困難である場合においては、発注者の責任のもと、**発注関係事務に関し助言その他の援助を適切に行う能力を有する者の活用**等に努める。

１０　公共工事の目的物の適切な維持管理の実施

- 国、特殊法人等及び地方公共団体は、維持管理の担い手の中長期的な育成及び確保に配慮しつつ、**公共工事の目的物について、適切に点検、診断、維持、修繕等を実施**するよう努める。

１１　施策の進め方

- 各発注者は、**適切な発注関係事務の実施に必要な知識又は技術を有する職員の育成・確保、必要な職員の配置等体制の整備**に努める。
- 社会インフラの整備及び維持管理の実施や災害の頻発に的確に対応するとともに、公共工事の品質確保に係る取組を推進するため、国及び地方公共団体等は、**技術者の確保、育成を含む体制の強化**を図る。また、**地方公共団体において財源や人材に不足が生じないよう、必要な支援**を行う。

4

公共工事の品質確保の促進に関する施策を総合的に推進するための基本的な方針の一部変更について

（令和元年１０月１８日 閣議決定）

公共工事の品質確保の促進に関する法律（平成１７年法律第１８号）第９条第１項の規定に基づき、公共工事の品質確保の促進に関する施策を総合的に推進するための基本的な方針（平成１７年８月２６日閣議決定）を別紙のとおり変更する。

（別紙）

公共工事の品質確保の促進に関する施策を総合的に推進するための基本的な方針

政府は、公共工事の品質確保の促進に関する法律（平成１７年法律第１８号。以下「法」という。）第９条第１項に基づき、公共工事の品質確保の促進に関する施策を総合的に推進するための基本的な方針（以下「基本方針」という。）を、次のように定め、これに従い、法第１０条に規定する各省各庁の長、特殊法人等の代表者及び地方公共団体の長は、公共工事の品質確保の促進を図るため必要な措置を講ずるよう努めるものとする。

第１　公共工事の品質確保の促進の意義に関する事項

公共工事は、国民生活及び経済活動の基盤となる社会資本を整備するものとして社会経済上重要な意義を有しており、その品質は、現在及び将来の国民のために確保されなければならない。

建設工事は、目的物が使用されて初めてその品質を確認できること、その品質が受注者の技術的能力に負うところが大きいこと、個別の工事により品質に関する条件が異なること等の特性を有している。公共工事に関しては、厳しい財政事情の下、公共投資の減少やその受注をめぐる価格面での競争の激化により、ダンピング受注（その請負代金の額によっては公共工事の適正な施工が通常見込まれない契約の締結をいう。以下同じ。）等が生じてきた。また、通常、年度初めに工事量が少なくなる一方、年度末には工事量が集中する傾向があり、公共工事に従事する者において長時間労働や休日の取得しにくさ等につながることが懸念される。このため、工事中の事故や手抜き工事の発生、地域の建設業者の疲弊や下請業者や技能労働者等へのしわ寄せ、現場の技能労働者等の賃金の低下をはじめとする就労環境の悪化に伴う若手入職者の減少、更には建設生産を支える技術・技能の承継が困難となっているという深刻な問題が発生している。このような状況の下、将来にわたる公共工事の品質確保とその担い手の中長期的な育成及び確保に関する懸念が顕著となっている。予定価格の作成や入札及び契約の方法の選択、競争参加者の技術的能力の審査や工事の監督・検査等の発注関係事務を適切に実施することができない脆弱な体制の発注者や、いわゆる歩切りを行うこと、ダンピング受注を防止するための適切な措置を講じていないこと等により、公共工事の品質確保が困難となるおそれがある低価格での契約の締結を許容している発注者の存在も指摘されており、これも、将来にわたる公共工事の品質確保とその担い手の中長期的な育成及び確保に関する懸念の一つとなっている。さらに、各地で頻発する自然災害からの迅速かつ円滑な復旧・復興、防災・減災、国土強靱化、社会資本の適切な維持管理などの重要性が増してきている中で、これらを担い、地域の守り手となる建設業者が不足し、地域の安全・安心の維持に支障が生じるおそれがあることへの懸念が指摘されている。こうしたことから、将来にわたる公共工事の品質確保とその担い手の中長期的な育成及び確保を促進するための対策を講じる必要がある。

また、我が国の建設業界の潜在的な技術力は高い水準にあることから、公共工事の品質確保を促進するためには、民間企業が有する高い技術力を有効に活用することが必要である。しかし、現在の入札及び契約の方法は、画一的な運用になりがちである、民間の技術やノウハウを必ずしも最大限活用できていない、受注競争の激化による地域の建設産業の疲弊や担い手不足等の構造的な問題に必ずしも十分な対応ができていない等の課題が存在する。

このような観点に立つと、現在及び将来の公共工事の品質確保を図るためには、発注者が、法の基本理念にのっとり、公共工事の品質確保の担い手の中長期的な育成及び確保に配慮しつつ、公共工事の性格、地域の実情等に応じた入札及び契約の方法の選択その他の発注関係事務を適切に実施することが必要である。

また、発注者が主体的に責任を果たすことにより、技術的能力を有する競争参加者による競争が実現され、経済性に配慮しつつ価格以外の多様な要素をも考慮して価格及び品質が総合的に優れた内容の契約がなされることも重要である。こうした契約がなされるためには、発注者が、事業の目的や工事の性格等に応じ、競争参加者の技術的能力の審査を適切に行うとともに、品質の向上に係る技術提案を求めるよう努め、その場合の落札者の決定においては、価格に加えて技術提案の優劣等を総合的に評価することにより、最も評価の高い者を落札者とすることが基本となる。加えて、発注者は、工事の性格、地域の実情等に応じ、競争参加者の中長期的な技術的能力の確保に関する審査等を適切に行うよう努めることも必要である。

さらに、工事完成後の適切な点検、診断、維持、修繕その他の維持管理により、公共工事の目的物の品質を将来にわたって確保する必要がある。加えて、地域において災害対応を含む維持管理が適切に行われるよう、地域の実情を踏まえつつ、地域における担い手が育成され及び確保されるとともに、災害応急対策又は災害復旧に関する工事が迅速かつ円滑に実施される体制が整備されることが必要である。

これらにより、公共工事の施工に必要な技術的能力を有する者が中長期的に確保され、また、これらの者が公共工事を施工することとなることにより、現在及び将来の公共工事の目的物の品質が確保されることとなる。また、競争参加者の技術的能力の審査を行った場合には、必要な技術的能力を持たない建設業者が受注者となることにより生じる施工不良や工事の安全性の低下、一括下請負等の不正行為が未然に防止されることとなる。

さらに、ペーパーカンパニー等の不良・不適格業者が排除され、技術と経営に優れた企業が伸びることのできる環境が整備されることとなる。

加えて、民間企業の高度な技術提案がより的確に活用された場合には、工事目的物の環境の改善への寄与、長寿命化、工期短縮等の施工の効率化等が図られることとなり、一定のコストに対して得られる品質が向上し、公共事業の効率的な執行にもつながる。

さらに、価格以外の多様な要素が考慮された競争が行われることで、談合が行われにくい環境が整備されることも期待される。

公共工事に関する調査等（測量、地質調査その他の調査（点検及び診断を含む。）及び設計をいう。以下同じ。）についても、その品質確保は、公共工事の品質を確保するために必要であり、かつ、建設段階及び維持管理段階を通じた総合的なコストの縮減と品質向上に寄与するものである。このため、公共工事に関する調査等の契約においても、公共工事の品質確保の担い手の中長期的な育成及び確保に配慮しつつ、調査等の性格、地域の実情等に応じた入札及び契約の方法の選択その他の発注関係事務が適切に実施されること、その業務の内容に応じて必要な知識又は技術を有する者の能力がその者の有する資格等により適切に評価され、十分に活用されること、価格のみによって契約相手を決定するのではなく、必要に応じて技術提案を求め、その優劣を評価し、最も適切な者と契約を結ぶこと等を通じ、その品質を確保することが求められる。

公共工事の品質確保の取組を進めるに当たっては、公共工事等（公共工事及び公共工事に関する調査等をいう。以下同じ。）の入札及び契約の過程並びに契約の内容の透明性並びに競争の公正性を確保し、発注者の説明責任を適切に果たすとともに、談合、入札談合等関与行為その他の不正行為の排除が徹底されること、ダンピング受注が防止されること、不良・不適格業者の排除が徹底されること等の入札及び契約の適正化が図られるように配慮されなければならない。

さらに、公共工事の品質確保において、工事等（工事及び調査等をいう。以下同じ。）の効率性、安全性、環境への影響等が重要な意義を有することから、地盤の状況に関する情報その他の工事等に必要な情報が的確に把握され、より適切な技術又は工夫が活用されることも必要である。

また、公共工事の品質確保に当たっては、公共工事等の受注者のみならずその下請業者として工事を施工する専門工事業者や調査等を実施する者、これらの者に使用される技術者、技能労働者等がそれぞれ重要な役割を果たすことから、これらの者の能力が活用されるとともに、賃金その他の労働条件、安全衛生その他の労働環境が改善されるように配慮されなければならない。さらに、発注者と受注者間の請負契約のみならず下請業者に係る請負契約についても、対等な立場で公正に、市場における労務の取引価格、健康保険法（大正１１年法律第７０号）等の定めるところにより事業主が納付義務を負う保険料（以下「法定福利費」という。）等を的確に反映した適正な額の請負代金及び適正な工期又は調査等の履行期で締結され、その代金ができる限り速やかに、かつ、労務費相当分については現金で支払われる等により誠実に履行されるなど元請業者と下請業者の関係の適正化が図られるように配慮されなければならない。

これらに加えて、将来にわたる公共工事の品質確保のためには、より一層の生産性の向上が必要不可欠である。このため、調査等、施工、検査、維持管理の各段階における情報通信技術の活用等のi-Constructionの推進等を通じて建設生産プロセス全体における生産性の向上を図る必要がある。

第２　公共工事の品質確保の促進のための施策に関する基本的な方針

1　発注関係事務の適切な実施

公共工事の発注者は、法第３条の基本理念にのっとり、公共工事の品質確保の担い手の中長期的な育成及び確保に配慮しつつ、競争に参加する資格を有する者の名簿（以下「有資格業者名簿」という。）の作成、仕様書、設計書等の契約図書の作成、予定価格の作成、入札及び契約の方法の選択、契約の相手方の決定、工事の監督及び検査並びに工事中及び完成時の施工状況の確認及び評価その他の発注関係事務（新設の工事だけではなく、維持管理に係る発注関係事務を含む。）を適切に実施しなければならない。

（1）予定価格の適正な設定

公共工事を施工する者が、公共工事の品質確保の担い手となる人材を中長期的に育成し、確保するための適正な利潤の確保を可能とするためには、予定価格が適正に定められることが不可欠である。このため、発注者が予定価格を定めるに当たっては、その元となる仕様書、設計書を現場の実態に即して適切に作成するとともに、経済社会情勢の変化により、市場における最新の労務、資材、機材等の取引価格、法定福利費、公共工事に従事する者の業務上の負傷等に対する補償に必要な金額を担保するための保険契約の保険料、適正な工期、施工の実態等を的確に反映した積算を行うものとする。また、この適正な積算に基づく設計書金額の一部を控除するいわゆる歩切りについては、厳にこれを行わないものとする。

予定価格に起因した入札不調・不落により再入札に付するときや入札に付そうとする工事と同種、類似の工事で入札不調・不落が生じているとき、災害により通常の積算の方法によっては適正な予定価格の算定が困難と認めるときその他必要があると認めるときは、予定価格と実勢価格の乖離に対応するため、入札参加者から工事の全部又は一部について見積りを徴収し、その妥当性を適切に確認しつつ当該見積りを活用した積算を行うなどにより適正な予定価格の設定を図り、できる限り速やかに契約が締結できるよう努めるものとする。

国は、発注者が、最新の取引価格や法定福利費等を的確に反映した積算を行うことができるよう、公共工事に従事する労働者の賃金に関する調査を適切に行い、その結果に基づいて実勢を反映した公共工事設計労務単価を適切に設定するとともに、法定福利費等の支払いに係る実態把握に努め、必要な措置を講ずるものとする。また、国は、公共工事の品質確保の担い手の中長期的な育成及び確保や市場の実態の的確な反映の観点から、予定価格を適正に定めるため、積算基準に関する検討及び必要に応じた見直しを行うものとする。

なお、予定価格の設定に当たっては、経済社会情勢の変化の反映、公共工事に従事する者の労働環境の改善、公共工事の品質確保の担い手が中長期的に育成され及び確保されるための適正な利潤の確保という目的を超えた不当な引上げを行わないよう留意することが必要である。

（２）災害時の緊急対応の充実強化

災害発生後の復旧に当たっては、早期かつ確実な施工が可能な者を短期間で選定し、復旧作業に着手することが求められる。また、その上で手続の透明性及び公正性の確保に努めることが必要である。このため、発注者は、災害時においては、手続の透明性及び公正性の確保に留意しつつ、災害応急対策又は緊急性が高い災害復旧に関する工事にあっては随意契約を、その他の災害復旧に関する工事にあっては指名競争入札を活用する等緊急性に応じた適切な入札及び契約の方法を選択するよう努めるものとする。また、災害復旧工事の緊急性に応じて随意契約等の入札及び契約の方法を選択する場合には、入札及び契約における手続の透明性及び公正性が確保されるよう、国は、運用に関するガイドラインを周知するなど必要な措置を講ずるものとする。

さらに、発注者は、災害応急対策又は災害復旧に関する工事が迅速かつ円滑に実施されるよう、あらかじめ、建設業法（昭和２４年法律第１００号）第２７条の３７に規定する建設業者団体その他の者との災害応急対策又は災害復旧に関する工事の施工に関する協定の締結その他必要な措置を講ずるよう努めるとともに、他の発注者と連携を図るよう努めるものとする。

（３）ダンピング受注の防止

ダンピング受注は、工事の手抜き、下請業者へのしわ寄せ、労働条件の悪化、安全対策の不徹底等につながりやすく、公共工事の品質確保に支障を来すおそれがあるとともに、公共工事を施工する者が公共工事の品質確保の担い手を中長期的に育成・確保するために必要となる適正な利潤を確保できないおそれがある等の問題がある。発注者は、ダンピング受注を防止するため、適切に低入札価格調査基準又は最低制限価格を設定するなどの必要な措置を講ずるものとする。

（４）計画的な発注、施工の時期の平準化

公共工事については、年度初めに工事量が少なくなる一方、年度末には工事量が集中する傾向にある。工事量の偏りが生じることで、工事の閑散期には、仕事が不足し、公共工事に従事する者の収入が減る可能性が懸念される一方、繁忙期には、仕事量が集中することになり、公共工事に従事する者において長時間労働や休日の取得しにくさ等につながることが懸念される。また、資材、機材等についても、閑散期には余剰が生じ、繁忙期には需要が高くなることによって円滑な調達が困難となる等の弊害が見受けられるところである。

公共工事の施工の時期の平準化が図られることは、年間を通じた工事量が安定することで公共工事に従事する者の処遇改善や、人材、資材、機材等の効率的な活用促進による建設業者の経営の健全化等に寄与し、ひいては公共工事の品質確保につながるものである。

このため、発注者は、計画的に発注を行うとともに、工期が１年以上の公共工事のみならず工期が１年に満たない公共工事についても、繰越明許費や債務負担行為の活用により翌年度にわたる工期設定を行う等の取組を通じて、施工の時期の平準化を図るものとする。また、受注者側が計画的に施工体制を確保することができるよう、地域の実情等に応じて、各発注者が連携して公共工事の中長期的な発注見通しを統合して公表する等必要な措置を講ずるものとする。

国は、地域における公共工事の施工の時期の平準化が図られるよう、繰越明許費や債務負担行為の活用による翌年度にわたる工期設定等の取組について地域の実情等に応じた支援を行うとともに、施工の時期の平準化の取組の意義についての周知や好事例の収集・周知、発注者ごとの施工の時期の平準化の進捗・取組状況の把握・公表を行うなど、その取組を強力に支援するものとする。

（５）適正な工期設定及び適切な設計変更

工事の施工に当たっては、用地取得や建築確認等の準備段階から、施工段階、工事の完成検査や仮設工作物の撤去といった後片付け段階まで各工程ごとに考慮されるべき事項があり、根拠なく短い工期が設定されると、無理な工程管理や長時間労働を強いられることから、公共工事に従事する者の疲弊や手抜き工事の発生等につながることとなり、ひいては担い手の確保にも支障が生じることが懸念される。

公共工事の施工に必要な工期の確保が図られることは、長時間労働の是正や週休２日の推進などにつながるのみならず、建設産業が魅力的な産業として将来にわたってその担い手を確保していくことに寄与し、最終的には国民の利益にもつながるものである。

このため、発注者は、公共工事に従事する者の労働時間その他の労働条件が適正に確保されるよう、公共工事に従事する者の休日、工事の施工に必要な準備期間、天候その他のやむを得ない事由により工事の施工が困難であると見込まれる日数、工事の規模及び難易度、地域の実情等を考慮し、適正な工期を設定するものとする。国及び地方公共団体等は、公共工事に従事する者の労働時間その他の労働条件が適正に確保されるよう、週休２日の確保等を含む適正な工期設定を推進するものとする。

また、設計図書に示された施工条件と実際の工事現場の状態が一致しない又は設計図書に示されていない施工条件について予期することができない特別な状態が生じたにもかかわらず、適切に工期の変更等が行われない場合には、公共工事に従事する者の長時間労働につながりかねない。このため、発注者は、設計図書に適切に施工条件を明示するとともに、契約後に施工条件について予期することができない特別な状態が生じる等により、工事内容の変更等が必要となる場合には、適切に設計図書の変更を行い、それに伴い請負代金の額及び工期に変動が生じる場合には、適切にこれらの変更を行うものとする。この場合において、工期が翌年度にわたることになったときは、繰越明許費の活用その他の必要な措置を適切に講ずるものとする。

2　受注者等の責務に関する事項

法第８条において、公共工事の受注者は、基本理念にのっとり、公共工事を適正に実施するとともに、元請業者のみならず全ての下請業者を含む公共工事を実施する者は、下請契約を締結するときは、下請業者に使用される技術者、技能労働者等の賃金、労働時間その他の労働条件、安全衛生その他の労働環境が適正に整備されるよう、市場における労務の取引価格、法定福利費等を的確に反映した適正な額の請負代金及び適正な工期を定める下請契約を締結するものとされている。このため、公共工事を実施する者は、例えば、下請契約において最新の法定福利費を内訳明示した見積書を活用し、これを尊重すること、請負契約において法定福利費の請負代金内訳書を活用し、法定福利費が的確に反映されていることを明確にすること等により、下請契約が適正な請負代金で締結されるようにするものとする。また、元請業者は、下請業者が建設業法等に違反しないよう指導に努めるとともに、下請契約の関係者保護に配慮するものとする。国は、受注者におけるこれらの取組が適切に行われるよう、元請業者と下請業者の契約適正化のための指導、技能労働者の適切な賃金水準の確保や社会保険等への加入の徹底の要請、週休２日の確保等を含む適正な工期設定の推進等必要な措置を講ずるものとする。さらに、国は、元請業者のみならず全ての下請業者を含む公共工事を実施する者に対して、労務費、法定福利費等が適切に支払われるようその実態把握に努めるとともに、法令に違反して社会保険等に加入せず、法定福利費を負担していない建設業者が競争上有利となるような事態を避けるため、法定福利費を内訳明示した見積書や請負代金内訳書の活用促進を図るなど発注者と連携して、このような建設業者の公共工事からの排除及び当該建設業者への指導を徹底するものとする。

また、受注者（受注者となろうとする者を含む。この段落において同じ。）は、契約された又は将来施工されることとなる公共工事の適正な実施のために必要な技術的能力の向上、情報通信技術を活用した公共工事の施工の効率化等による生産性の向上並びに技術者、技能労働者等の育成及び確保とこれらの者に係る賃金、労働時間その他の労働条件、安全衛生その他の労働環境の改善に努めることとされている。国及び地方公共団体等は、建設現場における生産性の向上を図るため、技術開発の動向を踏まえ、情報通信技術や三次元データの活用、新技術、新材料又は新工法の導入等を推進するとともに、国は、地方公共団体、中小企業、小規模事業者を始めとした多くの企業等においても普及・活用されるよう支援するものとする。加えて、公共工事の品質が確保されるよう公共工事の適正な施工を確保するためには、公共工事における請負契約（下請契約を含む。）の当事者が法第３条の基本理念にのっとり、公共工事に従事する者の賃金、労働時間その他の労働条件、安全衛生その他の労働環境の適正な整備に配慮することが求められる。そのため、特に技能労働者の労働環境の適正な整備に当たって受注者は、「建設キャリアアップシステム（ＣＣＵＳ）」について、活用促進に向けた発注者の取組とも連携しつつ、下請業者に対し、その利用を促進すること等により、個々の技能労働者が有する技能や経験に応じた適正な評価や処遇を受けられるよう労働環境の改善に努めるものとする。国は、受注者における技術者、技能労働者等の育成及び確保を促進するため、「建設キャリアアップシステム」の利用環境の充実・向上に努めるなど技能労働者の技能や経験に応じた適切な処遇につながるような労働環境の改善を推進するとともに、関係省庁が連携して、教育訓練機能を充実強化すること、子供たちが土木・建築を含め正しい知識等を得られるよう学校におけるキャリア教育・職業教育への建設業者の協力を促進すること、女性も働きやすい現場環境を整備すること等必要な措置を講ずるものとする。

3　技術的能力の審査の実施に関する事項

競争参加者の選定又は競争参加資格の確認に当たっては、当該工事を施工する上で必要な施工能力や実績等について技術的能力の審査を行う。

技術的能力の審査は、有資格業者名簿の作成に際しての資格審査（以下「資格審査」という。）及び個別の工事に際しての競争参加者の技術審査（以下「技術審査」という。）として実施される。資格審査においては、公共工事の受注を希望する建設業者の施工能力の確認を行うものとし、技術審査においては、当該工事に関するその実施時点における建設業者の施工能力の確認を行うものとする。

（１）有資格業者名簿の作成に際しての資格審査

資格審査では、競争参加希望者の経営状況や施工能力に関し各発注者に共通する事項だけでなく、各発注者ごとに審査する事項を設けることができることとし、経営事項審査の結果や必要に応じ工事実績、工事の施工状況の評価（以下「工事成績評定」という。）の結果（以下「工事成績評定結果」という。）、建設業法（昭和２４年法律第１００号）第１１条第２項に基づき建設業者が国土交通大臣又は都道府県知事に提出する工事経歴書等を活用するものとする。なお、防災活動への取組等により蓄積された経験等の適切な項目を審査項目とすることも考えられるが、項目の選定に当たっては、競争性の低下につながることがないよう留意するものとする。

（２）個別工事に際しての競争参加者の技術審査

技術審査では、建設業者及び当該工事に配置が予定される技術者（以下「配置予定技術者」という。）の同種・類似工事の経験、配置予定技術者の有する資格、簡易な施工計画等の審査を行うとともに、必要に応じ、配置予定技術者に対するヒアリングを行うことにより、不良・不適格業者の排除及び適切な競争参加者の選定等を行うものとする。

同種・類似工事の経験等の要件を付する場合には、発注しようとする工事の目的、種別、規模・構造、工法等の技術特性、地質等の自然条件、周辺地域環境等の社会条件等を踏まえ、具体的に示すものとする。なお、工事の性格等に応じ、競争性の確保及び若年の技術者の配置にも留意するものとする。

また、建設業者や配置予定技術者の経験の確認に当たっては、実績として提出された工事成績評定結果を確認することが重要であり、工事成績評定結果の平均点が一定の評点に満たない建設業者には競争参加を認めないこと、一定の評点に満たない実績は経験と認めないこと等により、施工能力のない建設業者を排除するとともに、建設業者による工事の品質向上の努力を引き出すものとする。

（３）中長期的な技術的能力の確保に関する審査等

将来の公共工事の品質確保のためには、競争参加者（競争に参加しようとする者を含む。以下同じ。）が現時点で技術的能力を有していることに加え、中長期的な技術的能力を確保していることが必要である。そのためには、競争参加者における中長期的な技術的能力確保のための取組状況等に関する事項について、入札及び契約における手続の各段階において、各段階における審査又は評価の趣旨を踏まえ、発注に係る公共工事の性格や地域の実情等に応じ、審査し、又は評価するように努めるものとする。当該審査又は評価の項目としては、若年の技術者、技能労働者等の育成及び確保状況、建設機械の保有状況、災害協定の締結等の災害時の工事実施体制の確保状況等が挙げられるが、発注者は、発注する公共工事の性格、地域の実情等に応じて適切に項目を設定するものとする。

4　多様な入札及び契約の方法

発注者は、入札及び契約の方法の決定に当たっては、その発注に係る公共工事の性格、地域の実情等に応じ、以下に定める方式その他の多様な方法の中から適切な方法を選択し、又はこれらの組み合わせによることができる。

なお、多様な入札及び契約の方法の導入に当たっては、談合などの弊害が生ずることのないようその防止について十分配慮するとともに、入札及び契約の手続における透明性、公正性、必要かつ十分な競争性を確保するなど必要な措置を講ずるものとする。

（１）競争参加者の技術提案を求める方式

①技術提案の求め方

発注者は、競争に参加しようとする者に対し、発注する工事の内容に照らし、必要がないと認める場合を除き、技術提案を求めるよう努めるものとする。

この場合、求める技術提案は必ずしも高度な技術を要するものではなく、技術的な工夫の余地が小さい一般的な工事においては、技術審査において審査した施工計画の工程管理や施工上配慮すべき事項、品質管理方法等についての工夫を技術提案として扱うなど、発注者は、競争参加者の技術提案に係る負担に配慮するものとする。

また、発注者の求める工事内容を実現するための施工上の提案や構造物の品質の向上を図るための高度な技術提案を求める場合には、例えば、設計・施工一括発注方式（デザインビルド方式）等により、工事目的物自体についての提案を認めるなど提案範囲の拡大に努めるものとする。この場合、事業の目的、工事の特性及び工事目的物の使用形態を踏まえ、安全対策、交通・環境への影響及び工期の縮減といった施工上の提案並びに強度、耐久性、維持管理の容易さ、環境の改善への寄与、景観との調和及びライフサイクルコストといった工事目的物の性能等適切な評価項目を設定するよう努めるものとする。

②技術提案の適切な審査・評価

一般的な工事において求める技術提案は、施工計画に関しては、施工手順、工期の設定等の妥当性、地形・地質等の地域特性への配慮を踏まえた提案の適切性等について、品質管理に関しては、工事目的物が完成した後には確認できなくなる部分に係る品質確認頻度や方法等について評価を行うものとする。これらの評価に加えて、競争参加者の同種・類似工事の経験及び工事成績、配置予定技術者の同種・類似工事の経験、配置予定技術者の有する資格、防災活動への取組等により蓄積された経験等についても、技術提案とともに評価を行うことも考えられる。

また、これらの評価に加え、発注者の求める工事内容を実現するための施工上の提案や構造物の品質の向上を図るための高度な技術提案を求める場合には、提案の実現性、安全性等について審査・評価を行うものとする。

技術提案の評価は、事前に提示した評価項目について、事業の目的、工事特性等に基づき、事前に提示した定量的又は定性的な評価基準及び得点配分に従い、評価を行うものとする。

なお、工事目的物の性能等の評価点数について基礎点と評価に応じて与えられる得点のバランスが適切に設定されない場合や、価格評価点に対する技術評価点の割合が適切に設定されない場合には、品質が十分に評価されない結果となることに留意するものとする。

各発注者は、説明責任を適切に果たすという観点から、落札者の決定に際しては、その評価の方法や内容を公表しなければならない。その際、発注者は、民間の技術提案自体が提案者の知的財産であることに鑑み、提案内容に関する事項が他者に知られることのないようにすること、提案者の了承を得ることなく提案の一部のみを採用することのないようにすること等取扱いに留意するものとする。その上で、採用した技術提案や新技術について、評価・検証を行い、公共工事の品質確保の促進に寄与するものと認められる場合には、以後の公共工事の計画、調査等、施工及び管理の各段階に反映させ、継続的な公共工事の品質確保に努めるものとする。

発注者は、競争に付された公共工事を技術提案の内容に従って確実に実施することができないと認めるときは、当該技術提案を採用せず、提案した者を落札者としないことができる。

また、技術提案に基づき、価格に加え価格以外の要素も総合的に評価して落札者を決定する方式（以下「総合評価落札方式」という。）で落札者を決定した場合には、落札者決定に反映された技術提案について、発注者と落札者の責任の分担とその内容を契約上明らかにするとともに、その履行を確保するための措置や履行できなかった場合の措置について契約上取り決めておくものとする。

（２）段階的選抜方式

競争参加者が多数と見込まれる場合においてその全ての者に詳細な技術提案を求めることは、発注者、競争参加者双方の事務負担が大きい。その負担に配慮し、発注者は、競争参加者が多数と見込まれるときその他必要と認めるときは、当該公共工事に係る技術的能力に関する事項を評価すること等により一定の技術水準に達した者を選抜した上で、これらの者の中から落札者を決定することができる。

なお、当該段階的な選抜は、一般競争入札方式の総合評価落札方式における過程の中で行うことができる。

加えて、本方式の実施に当たっては、必要な施工技術を有する者の新規の競争参加が不当に阻害されることのないよう、また、恣意的な選抜が行われることのないよう、案件ごとに事前明示された基準にのっとり、透明性をもって選抜を行うこと等その運用について十分な配慮を行うものとする。

（３）技術提案の改善

発注者は、技術提案の内容の一部を改善することで、より優れた技術提案となる場合や一部の不備を解決できる場合には、技術提案の審査において、提案者に当該技術提案の改善を求め、又は改善を提案する機会を与えることができる。この場合、発注者は、透明性の確保のため、技術提案の改善に係る過程について、その概要を速やかに公表するものとする。

なお、技術提案の改善を求める場合には、同様の技術提案をした者が複数あるにもかかわらず、特定の者だけに改善を求めるなど特定の者のみが有利となることのないようにすることが必要である。

（４）技術提案の審査及び価格等の交渉による方式（技術提案・交渉方式）

技術的難易度が高い工事等仕様の確定が困難である場合において、自らの発注の実績等を踏まえて必要があると認めるときは、技術提案を広く公募の上、その審査の結果を踏まえて選定した者と工法、価格等の交渉を行うことにより仕様を確定した上で契約することができる。この場合において、発注者は、技術提案の審査及び交渉の結果を踏まえて予定価格を定めるものとする。

（５）高度な技術等を含む技術提案を求めた場合の予定価格

競争参加者からの積極的な技術提案を引き出すため、新技術及び特殊な施工方法等の高度な技術又は優れた工夫を含む技術提案を求めた場合には、経済性に配慮しつつ、各々の提案とそれに要する費用が適切であるかを審査し、最も優れた提案を採用できるよう予定価格を作成することができる。この場合、当該技術提案の審査に当たり、中立かつ公正な立場から判断できる学識経験者の意見を聴取するものとする。

（６）地域における社会資本の維持管理に資する方式

災害時における対応を含む社会資本の維持管理が適切に、かつ効率的・持続的に行われるために、発注者は、必要があると認めるときは、地域の実情に応じて、工期が複数年度にわたる公共工事を一の契約により発注する方式、複数の工事を一の契約により発注する方式、災害応急対策、除雪、修繕、パトロールなどの地域維持事業の実施を目的として地域精通度の高い建設業者で構成される事業協同組合や地域維持型建設共同企業体（地域の建設業者が継続的な協業関係を確保することによりその実施体制を安定確保するために結成される建設共同企業体をいう。）が競争に参加することができることとする方式などを活用することとする。

5　中立かつ公正な審査・評価の確保に関する事項

技術提案の審査・評価に当たっては、発注者の恣意を排除し、中立かつ公正な審査・評価を行うことが必要である。このため、国においては、総合評価落札方式の実施方針及び複数の工事に共通する評価方法を定めようとするときは、中立の立場で公正な判断をすることができる学識経験者の意見を聴くとともに、必要に応じ個別工事の評価方法や落札者の決定についても意見を聴くものとする。また、技術提案・交渉方式の実施方針を定めようとするとき及び技術提案・交渉方式における技術提案の審査を行うときは、学識経験者の意見を聴くものとする。

また、地方公共団体においては、落札者決定基準を定めようとするときは、あらかじめ学識経験者の意見を聴くこと等が地方自治法施行令（昭和２２年政令第１６号）第１６７条の１０の２に規定されているが、この場合、各発注者ごとに、又は各発注者が連携し、都道府県等の単位で学識経験者の意見を聴く場を設ける、既存の審査の場に学識経験者を加える、個別に学識経験者の意見を聴くなど運用面の工夫も可能である。なお、学識経験者には、意見を聴く発注者とは別の公共工事の発注者の立場での実務経験を有している者等も含まれる。技術提案・交渉方式を行おうとするとき及び技術提案・交渉方式における技術提案の審査を行うときも同様に学識経験者の意見を聴くなどにより中立かつ公平な審査・評価を確保するものとする。

また、入札及び契約の過程に関する苦情については、各発注者がその苦情を受け付け、適切に説明を行うとともに、さらに不服がある場合には、第三者機関の活用等により、中立かつ公正に処理する仕組みを整備するものとする。

さらに、発注者の説明責任を適切に果たすとともに、手続の透明性を確保する観点から、落札結果については、契約締結後速やかに公表するものとする。また、総合評価落札方式を採用した場合には技術提案の評価結果を、技術提案・交渉方式を採用した場合には技術提案の審査の結果及びその過程の概要並びに交渉の過程の概要を、契約締結後速やかに公表するものとする。

6　工事の監督・検査及び施工状況の確認・評価に関する事項

公共工事の品質が確保されるよう、発注者は、監督及び給付の完了の確認を行うための検査並びに適正かつ能率的な施工を確保するとともに工事に関する技術水準の向上に資するために必要な技術的な検査（以下「技術検査」という。）を行うとともに、工事成績評定を適切に行うために必要な要領や技術基準を策定するものとする。

特に、工事成績評定については、公正な評価を行うとともに、評定結果の発注者間での相互利用を促進するため、国と地方公共団体との連携により、事業の目的や工事特性を考慮した評定項目及び評価方法の標準化を進めるものとする。

監督についても適切に実施するとともに、契約の内容に適合した履行がなされない可能性があると認められる場合には、適切な施工がなされるよう、通常より頻度を増やすことにより重点的な監督体制を整備するなどの対策を実施するものとする。

技術検査については、工事の施工状況の確認を充実させ、施工の節目において適切に実施し、施工について改善を要すると認めた事項や現地における指示事項を書面により受注者に通知するとともに、技術検査の結果を工事成績評定に反映させるものとする。

なお、工事の監督・検査及び施工状況の確認・評価に当たっては、映像など情報通信技術の活用を図るとともに、必要に応じて、第三者による品質証明制度やＩＳＯ９００１認証を活用した品質管理に係る専門的な知識や技術を有する第三者による工事が適正に実施されているかどうかの確認の結果の活用を図るよう努めるものとする。国及び地方公共団体等は、工事の監督・検査及び施工状況の確認・評価に当たっても、生産性の向上を図るため、技術開発の動向を踏まえ、情報通信技術や三次元データの活用、新技術の導入等を推進するとともに、国は、地方公共団体や中小企業・小規模事業者を始めとした多くの企業等においても普及・活用されるよう支援するものとする。

また、工事の性格等を踏まえ、工事目的物の供用後の性能等について、必要に応じて完成後の一定期間を経過した後において、施工状況の確認及び評価を実施するよう努めるものとする。

7　発注関係事務の環境整備に関する事項

各省各庁の長は、各発注者の技術提案の適切な審査・評価、監督・検査、工事成績評定等の円滑な実施に資するよう、これらの標準的な方法や留意事項をとりまとめた資料を作成し、発注者間で共有するなど、公共工事の品質確保に係る施策の実施に向け、発注関係事務の環境整備に努めるものとする。

なお、これらの資料を踏まえて、各発注者は各々の取組に関する基準や要領の整備に努めるとともに、必要に応じ、発注者間でこれらの標準化を進めるものとする。この際、これらを整備することが困難な地方公共団体等に対しては、国及び都道府県が必要に応じて支援を行うよう努めるものとする。

また、新規参入者を含めた建設業者の技術的能力の審査を公正かつ効率的に行うためには、各発注者が発注した工事の施工内容や工事成績評定、当該工事を担当した技術者に関するデータを活用することが必要である。このため、各発注者が発注した工事について、工事の施工内容や工事成績評定等に関する資料をデータベースとして相互利用し、技術的能力の審査において活用できるよう、データベースの整備、データの登録及び更新並びに発注者間でのデータの共有化を進めるものとする。

さらに、各発注者は、民間の技術開発の促進を図るため、民間からの技術情報の収集、技術の評価、さらには新技術の公共事業等への活用を行う取組を進めるとともに、施工現場における技術や工夫を活用するため、必要に応じて関連する技術基準や技術指針、発注仕様書等の見直し等を行うよう努めるものとする。

8　調査等の品質確保に関する事項

公共工事の品質確保に当たっては、公共工事に関する調査等の品質確保が重要な役割を果たしており、その成果は、建設段階及び維持管理段階を通じた総合的なコストや、公共工事の工期、環境への影響、施設の性能・耐久性、利用者の満足度等の品質に大きく影響することとなる。

このような観点から、公共工事に関する調査等についても、公共工事と同様に、法第３条の基本理念にのっとり、公共工事の品質確保の担い手の中長期的な育成及び確保に配慮しつつ、国及び地方公共団体並びに公共工事に関する調査等の発注者及び受注者がそれぞれ下記の役割を果たさなければならない。

（１）調査等における発注関係事務の適切な実施

公共工事に関する調査等の発注者は、法第３条の基本理念にのっとり、公共工事の品質確保の担い手の中長期的な育成及び確保に配慮しつつ、有資格業者名簿の作成、仕様書、設計書等の契約図書の作成、予定価格の作成、入札及び契約の方法の選択、契約の相手方の決定、調査等の実施中及び完了時の調査等の状況の確認及び評価その他の発注関係事務を適切に実施しなければならない。また、国及び地方公共団体等は、公共工事に関する調査等においても、予定価格の適正な設定、災害時の緊急対応の推進、ダンピング受注の防止、調査等の実施の時期の平準化、適正な履行期の設定等に留意した発注がなされるよう必要な措置を講ずるものとする。

①予定価格の適正な設定

公共工事に関する調査等を実施する者が、公共工事の品質確保の担い手となる人材を中長期的に育成し、確保するための適正な利潤の確保を可能とするためには、予定価格が適正に定められることが不可欠である。このため、発注者が予定価格を定めるに当たっては、その元となる仕様書、設計書を現場の実態に即して適切に作成するとともに、経済社会情勢の変化により、市場における最新の労務、資材、機材等の取引価格、法定福利費、公共工事に関する調査等に従事する者の業務上の負傷等に対する補償に必要な金額を担保するための保険契約の保険料、調査等の履行期、調査等の実施の実態等を的確に反映した積算を行うものとする。また、この適正な積算に基づく設計書金額の一部を控除するいわゆる歩切りについては、厳にこれを行わないものとする。

予定価格に起因した入札不調・不落により再入札に付するときや入札に付そうとする調査等と同種、類似の調査等で入札不調・不落が生じているとき、災害により通常の積算の方法によっては適正な予定価格の算定が困難と認めるときその他必要があると認めるときは、予定価格と実勢価格の乖離に対応するため、入札参加者から調査等の全部又は一部について見積りを徴収し、その妥当性を適切に確認しつつ当該見積りを活用した積算を行うなどにより適正な予定価格の設定を図り、できる限り速やかに契約が締結できるよう努めるものとする。

国は、発注者が、最新の取引価格等を的確に反映した積算を行うことができるよう、公共工事に関する調査等に従事する者の賃金に関する調査を適切に行い、その結果に基づいて実勢を反映した技術者単価を適切に設定するものとする。また、国は、公共工事の品質確保の担い手の中長期的な育成及び確保や市場の実態の的確な反映の観点から、予定価格を適正に定めるため、積算基準に関する検討及び必要に応じた見直しを行うものとする。

なお、予定価格の設定に当たっては、経済社会情勢の変化の反映、公共工事に関する調査等に従事する者の労働環境の改善、公共工事の品質確保の担い手が中長期的に育成され及び確保されるための適正な利潤の確保という目的を超えた不当な引上げを行わないよう留意することが必要である。

②災害時の緊急対応の充実強化

災害発生後の復旧に当たっては、早期かつ確実な調査等の実施が可能な者を短期間で選定し、復旧作業に着手することが求められる。また、その上で手続の透明性及び公正性の確保に努めることが必要である。このため、発注者は、災害時においては、手続の透明性及び公正性の確保に留意しつつ、災害応急対策又は緊急性が高い災害復旧工事に関する調査等にあっては随意契約を、その他の災害復旧工事に関する調査等にあっては指名競争入札を活用する等、緊急性に応じた適切な入札及び契約の方法を選択するよう努めるものとする。

さらに、発注者は、災害応急対策又は災害復旧工事に関する調査等が迅速かつ円滑に実施されるよう、あらかじめ、当該調査等を実施しようとする者等との災害応急対策又は災害復旧工事に関する調査等の実施に関する協定の締結その他必要な措置を講ずるよう務めるとともに、他の発注者と連携を図るよう努めるものとする。

③ダンピング受注の防止

ダンピング受注は、調査等の手抜き、下請業者へのしわ寄せ、労働条件の悪化、安全対策の不徹底等につながりやすく、公共工事の品質確保に支障を来すおそれがあるとともに、公共工事に関する調査等を実施する者が公共工事の品質確保の担い手を中長期的に育成・確保するために必要となる適正な利潤を確保できないおそれがある等の問題がある。発注者は、ダンピング受注を防止するため、適切に低入札価格調査基準又は最低制限価格を設定するなどの必要な措置を講ずるものとする。

④調査等における計画的な発注、実施の時期の平準化

公共工事と同様に、公共工事に関する調査等についても、年度初めに業務量が少なくなる一方、年度末には業務量が集中する傾向にある。業務量の偏りが生じることで、繁忙期には、業務量が過大になり、公共工事に関する調査等に従事する者において長時間労働や休日の取得しにくさ等につながることが懸念される。

公共工事に関する調査等の実施の時期の平準化が図られることは、年間を通した業務量が安定することで公共工事に関する調査等に従事する者の処遇改善等に寄与し、ひいては公共工事の品質確保につながるものである。

このため、発注者は、計画的に発注を行うとともに、履行期が1年以上の公共工事に関する調査等のみならず履行期が1年に満たない公共工事に関する調査等についても、繰越明許費や債務負担行為の活用により翌年度にわたって履行期の設定を行う等の取組を通じて、実施の時期の平準化を図るものとする。また、受注者側が計画的に調査等の実施体制を確保することができるよう、地域の実情等に応じて、各発注者が連携して公共工事に関する調査等の中長期的な発注見通しを統合して公表する等必要な措置を講ずるものとする。

国は、地域における公共工事に関する調査等の実施の時期の平準化に当たっては、繰越明許費や債務負担行為の活用による翌年度にわたる履行期の設定等の取組について地域の実情等に応じた支援を行うとともに、好事例の収集・周知、発注者ごとの調査等に関する実施の時期の平準化の進捗・取組状況の把握・公表を行うなど、その取組を強力に支援するものとする。

⑤適正な履行期の設定及び適切な設計変更

調査等の実施に当たって、根拠なく短い調査等の履行期が設定されると、無理な業務管理や長時間労働を強いられることから、公共工事に関する調査等に従事する者の疲弊等につながることとなり、ひいては担い手の確保に支障が生じることが懸念される。

このため、発注者は、公共工事に関する調査等に従事する者の労働時間その他

の労働条件が適正に確保されるよう公共工事に関する調査等に従事する者の休日、調査等の実施に必要な準備期間、天候その他のやむを得ない事由により調査等の実施が困難であると見込まれる日数、調査等の規模及び難易度、地域の実情等を考慮し、適正な調査等の履行期を設定するものとする。国及び地方公共団体等は、公共工事に関する調査等に従事する者の労働時間その他の労働条件が適正に確保されるよう、週休２日の確保等を含む適正な調査等の履行期の設定を推進するものとする。

また、調査等の実施条件について予期することができない特別な状態が生じたにもかかわらず、適切な調査等の履行期の変更等が行われない場合には、公共工事に関する調査等に従事する者の長時間労働につながりかねない。このため、発注者は、適切に調査等の実施条件を明示するとともに、契約後に実施条件について予期することができない状態が生じる等により設計図書の変更等が必要となる場合には、適切に設計図書の変更を行い、それに伴い請負代金の額又は調査等の履行期に変動が生じる場合には、適切にこれらの変更を行うものとする。この場合において、履行期が翌年度にわたることになったときは、繰越明許費の活用その他の必要な措置を適切に講ずるものとする。

（２）調査等における受注者等の責務に関する事項

法第８条において、公共工事に関する調査等の受注者は、基本理念にのっとり、公共工事に関する調査等を適正に実施するとともに、元請業者のみならず全ての下請業者を含む公共工事に関する調査等を実施する者は、下請契約を締結するときは、下請業者に使用される技術者等の賃金、労働時間その他の労働条件、安全衛生その他の労働環境が適正に整備されるよう、市場における労務の取引価格、法定福利費等を的確に反映した適正な額の請負代金及び適正な調査等の履行期を定める下請契約を締結するものとされている。国は、受注者におけるこれらの取組が適切に行われるよう、週休２日の確保等を含む適正な履行期の設定の推進等必要な措置を講ずるものとする。

また、公共工事に関する調査等の受注者（受注者となろうとする者を含む。この段落において同じ。）は、契約された又は将来実施されることとなる公共工事に関する調査等の適正な実施のために必要な技術的能力の向上、情報通信技術を活用した公共工事に関する調査等の効率化等による生産性の向上並びに技術者等の育成及び確保とこれらの者に係る賃金、労働時間その他の労働条件、安全衛生その他の労働環境の改善に努めることとされている。国及び地方公共団体等は、調査等の現場における生産性の向上を図るため、技術開発の動向を踏まえ、情報通信技術や三次元データの活用、新技術の導入等を推進するとともに、国は、地方公共団体や中小企業、小規模事業者を始めとした多くの企業等においても普及・活用されるよう支援するものとする。また、国は、調査等の技術者の育成及び確保を促進するため、就職前の学生等が調査等の業務内容に関して正しい知識等を得られるよう学校におけるキャリア教育・職業教育への調査等を実施する者の協力を促進すること、女性も働きやすい現場環境を整備すること等必要な措置を講ずるものとする。

（３）調査等における技術的な能力の審査の実施、調査等の性

格等に応じた入札及び契約の方法等調査等の契約に当たっては、競争参加者の技術的能力の審査や中長期的な技術的能力の確保に関する審査の実施により、その品質を確保する必要がある。また、発注者は、調査等の内容に照らして技術的な工夫の余地が小さい場合を除き、競争参加者に対して技術提案を求め、価格と品質が総合的に優れた内容の契約がなされるようにすることが必要である。この場合、公共工事に関する調査等は、公共工事の目的や個々の調査等の特性に応じて評価の特性も異なることから、求める品質の確保が可能となるよう、調査等の性格、地域の実情等に応じ、適切な入札及び契約の方式を採用するものとする。

なお、調査等における入札及び契約の方法の導入に当たっては、談合などの弊害が生ずることのないよう、その防止について十分配慮するとともに、入札及び契約の手続における透明性、公正性、必要かつ十分な競争性を確保するなどの必要な措置を講ずるものとする。

また、調査等は、その成果が、調査等を実施する者の能力に影響される特性を有していることから、発注者は、技術的能力の審査や技術提案の審査・評価に際して、当該調査等に配置が予定される技術者の経験又は有する資格、その成績評定結果を適切に審査・評価することが必要である。また、その審査・評価について説明責任を有していることにも留意するものとする。このため、国は、配置が予定される者の能力が、その者の有する資格等により適切に評価され、十分活用されるよう、これらに係る資格等の評価について検討を進め、必要な措置を講ずるものとする。

なお、技術提案が提案者の知的財産であることに鑑み、提案内容に関する事項が他者に知られることのないようにすること、提案者の了承を得ることなく提案の一部のみを採用することのないようにすること等、発注者はその取扱いに留意するものとする。

当該調査等の内容が、工夫の余地が小さい場合や単純な作業に近い場合等必ずしも技術提案を求める必要がない場合においても、競争に参加する者の選定に際し、その業務実績、業務成績、業務を担当する予定の技術者の能力等を適切に審査するものとする。

内容が技術的に高度である調査等又は専門的な技術が要求される調査等であって、提出された技術提案に基づいて仕様を作成する方が優れた成果を期待できる場合等においては、プロポーザル方式を採用するよう努めるとともに、競争に付する場合と同様に技術提案の審査・評価を適切に行い、また、その審査・評価について説明責任を有していることにも留意するものとする。

発注者は、調査等の適正な履行を確保するため、発注者として行う指示、承諾、協議等や完了の確認を行うための検査を適切に行うとともに、業務の履行過程及び

業務の成果を的確に評価し、成績評定を行うものとする。その際、映像や三次元データなど情報通信技術の活用を図るとともに、必要に応じて専門的な知識や技術を有する第三者による調査等が適正に実施されているかどうかの確認の結果の活用を図るよう努めるものとする。成績評定の結果は、業務を遂行するのにふさわしい者を選定するに当たって重要な役割を果たすことから、国と地方公共団体との連携により、調査等の特性を考慮した評定項目及び評価方法の標準化を進めるとともに、発注者は、業務内容や成績評定の結果等のデータベース化を進め、相互に活用するよう努めるものとする。また、調査等の成果は、公共工事の品質確保のため、適切に保存するよう努めるものとする。

なお、落札者の決定に反映された技術提案に基づく成果については、発注者と落札者の責任の分担とその内容を契約上明らかにするとともに、その履行を確保するための措置や履行できなかった場合の措置について契約上取り決めておくものとする。

9　発注関係事務を適切に実施することができる者の活用

（1）国・都道府県による支援

各発注者は、自らの発注体制を十分に把握し、積算、監督・検査、工事成績評定、技術提案の審査等の発注関係事務を適切に実施することができるよう、体制の整備に努めるものとする。また、工事等の内容が高度であるために積算、監督・検査、技術提案の審査ができないなど発注関係事務を適切に実施することが困難である場合においては、発注者の責任のもと、発注関係事務を実施することができる者の活用や発注関係事務に関し助言その他の援助を適切に行う能力を有する者の活用（CM（コンストラクション・マネジメント）方式等の活用）に努めるものとする。

このような発注者に対して、国及び都道府県は、地方公共団体において次のような措置を講ずるよう努めるものとする。

イ　発注関係事務を適切に実施することができる職員を育成するため、講習会の開催や国・都道府県が実施する研修への職員の受入れを行う。

ロ　発注者より要請があった場合には、自らの業務の実施状況を勘案しつつ、可能な限り、その要請に応じて支援を行う。

ハ　発注関係事務を適切に実施することができる者及び発注関係事務に関し助言その他の援助を適切に行う能力を有する者の活用を促進するため、発注者による発注関係事務や当該事務に関する助言その他の援助を公正に行うことができる条件を備えた者の適切な評価及び選定に関して協力するとともに、発注者間での連携体制を整備する。

ニ　発注関係事務を適切に実施するために必要な情報の収集及び提供等を行う。

（2）国・都道府県以外の者の活用

国・都道府県以外の者を活用し、発注関係事務の全部又は一部を行わせる場合は、その者が、公正な立場で、継続して円滑に発注関係事務を遂行することができる組織であること、その職員が発注関係事務を適切に実施することができる知識・経験を有していること等が必要である。

このため、国・都道府県は、公正な立場で継続して円滑に発注関係事務を遂行することができる組織や、発注関係事務を適切に実施することができる知識・経験を有している者を適切に評価することにより、公共工事等を発注する地方公共団体等が発注関係事務の全部又は一部を行うことができる者の選定を支援するものとする。

10　公共工事の目的物の適切な維持管理の実施

各地で頻発する自然災害や老朽化に的確に対応し国民の安全・安心を確保するとともに、公共工事の目的物の中長期的な維持管理等を含めたトータルコストの縮減や予算の平準化を図る観点から、公共工事の品質確保に当たっては、公共工事の目的物に対する点検、診断、維持、修繕等の維持管理を適切に実施することが重要である。

このため、国、特殊法人等及び地方公共団体は、公共工事の目的物の維持管理を行う場合は、その品質が将来にわたり確保されるよう、維持管理の担い手の中長期的な育成及び確保に配慮しつつ、当該目的物について、適切に点検、診断、維持、修繕等を実施するよう努めるものとする。なお、当該目的物の維持管理に関し、他の法令等で規定があるものについては、その規定に従って適切に維持管理を実施するものとする。

11　施策の進め方

基本方針に規定する公共工事の品質確保に関する総合的な施策の策定及びその実施に当たっては、国及び地方公共団体が相互に緊密な連携を図りながら協力し、法第３条の基本理念の実現を図る必要がある。また、その効率的かつ確実な実施のためには、各発注者の体制等に鑑み、これを段階的かつ計画的に着実に推進していくことが必要である。

このため、国は、法第３条の基本理念にのっとり、地方公共団体、学識経験者、民間事業者その他の関係者から現場の課題や制度の運用等に関する意見を聴取し、発注関係事務に関する国、地方公共団体等に共通の運用の指針を定めるとともに、当該指針に基づき発注関係事務が適切に実施されているかについて定期的に調査を行い、その結果をとりまとめ、公表するものとする。

各発注者は、公共工事の品質確保や適切な発注関係事務の実施に向け、その実施に必要な知識又は技術を有する職員の育成・確保、必要な職員の配置その他の体制の整備に努めるとともに、発注者間の協力体制を強化するため、情報交換を行うなど連携を図るよう努めるものとする。

さらには、社会インフラの整備及び維持管理の実施や災害の頻発に的確に対応するとともに、公共工事の品質確保に係る取組を推進するため、国及び地方公共団体等は、技術者の確保、育成を含む体制の強化を図るものとする。

国は、地方公共団体が講ずる公共工事の品質確保の促進に関する施策に関し、必要な助言、情報提供その他の援助を行うよう努めるものとする。また、地方公共団体において財源や人材に不足が生じないよう、必要な支援を行うものとする。

公共工事の入札及び契約の適正化を図るための措置に関する指針（適正化指針）変更の概要

国土交通省

令和4年5月20日一部変更閣議決定

適正化指針とは　入契法※に基づき、国交大臣・総務大臣・財務大臣が案を作成し、閣議決定

○ 発注者（国、地方公共団体、特殊法人等）は、適正化指針に従って必要な措置を講ずる努力義務を負う。

○ 上記3大臣は、各発注者に措置の状況の報告を求め、その概要を公表。

○ 国交大臣及び財務大臣は各省各庁の長等に対し、国交大臣及び総務大臣は地方公共団体に対し、特に必要と認められる措置を講ずべきことを要請。

※ 公共工事の入札及び契約の適正化の促進に関する法律

i ）激甚化・頻発化する災害への対応力の強化が急務。また、建設発生土の適正処理を推進する必要。
ii ）資材等の価格高騰への対応のため、公共工事の受発注者間の価格転嫁を適切に行う必要。
iii ）そのほか、公共工事の円滑な施工の確保や担い手の中長期的な育成・確保、処遇改善のため、ダンピング対策等の入札・契約適正化の取組を一層徹底する必要。

変更のポイント

Ⅰ．復旧・復興JV、建設発生土の適正処理

- 大規模災害の被災地域における施工体制の確保を図るため、共同企業体の類型として復旧・復興JVを追記
- 建設発生土の適正処理の推進のため、
  - 予定価格の設定に当たり適正な積算を行うべきものの例示に建設発生土等の運搬・処分等に要する費用を明記
  - 設計図書に明示するなどして関係者間で共有すべき情報の例示に建設発生土の搬出先に関する情報を明記

Ⅱ．適切な契約変更

- 契約変更の必要性が生じうる事情の例示に資材等の価格の著しい変動、納期遅れ等を明記

Ⅲ．その他

- ダンピング対策の理由として、公共工事を実施する者の適正な利潤の確保について追記
- ダンピング対策の徹底を図るため、低入札価格調査基準等を適正な水準で設定することについて追記
- 技能労働者の育成及び確保に資する労働環境の整備を図るため、国・発注者によるCCUS活用促進の取組について追記

公共工事の入札及び契約の適正化を図るための措置に関する
指針の一部変更について

（令和４年５月２０日
閣　議　決　定）

公共工事の入札及び契約の適正化の促進に関する法律（平成１２年法律第１２７号）第１７条第１項の規定に基づき、公共工事の入札及び契約の適正化を図るための措置に関する指針（平成１３年３月９日閣議決定）を別紙のとおり変更する。

（別紙）

公共工事の入札及び契約の適正化を図るための措置に関する指針

国は、公共工事に対する国民の信頼の確保とこれを請け負う建設業の健全な発達を図るため、公共工事の入札及び契約の適正化を図るための措置に関する指針（以下「適正化指針」という。）を次のように定め、これに従い、公共工事の入札及び契約の適正化の促進に関する法律（平成１２年法律第１２７号。以下「法」という。）に規定する各省各庁の長、特殊法人等の代表者又は地方公共団体の長（以下「各省各庁の長等」という。）は、公共工事の入札及び契約の適正化を図るための措置を講ずるよう努めるものとする。

なお、法第２条第１項に規定する特殊法人等（以下「特殊法人等」という。）は、その主たる業務を遂行するため建設工事を発注することが業務規定から見て明らかであり、かつ、当該主たる業務に係る建設工事の発注を近年実際に行っているものとして公共工事の入札及び契約の適正化の促進に関する法律施行令（平成１３年政令第３４号。以下「令」という。）第１条に定められているものであるが、適正化指針に定める措置が的確に講じられるよう、所管する大臣は当該特殊法人等を適切に監督するとともに、特殊法人等以外の法人が発注する建設工事についても入札及び契約の適正化を図る観点から、当該法人を所管する大臣又は地方公共団体の長は、法の趣旨を踏まえ、法及び適正化指針の内容に沿った取組を要請するものとする。

第１　適正化指針の基本的考え方

公共工事は、その多くが経済活動や国民生活の基盤となる社会資本の整備を行うものであり、その入札及び契約に関していやしくも国民の疑惑を招くことのないようにするとともに、適正な施工を確保し、良質な社会資本の整備が効率的に推進されるようにすることが求められる。公共工事の受注者の選定や工事の施工に関して不正行為が行われれば、公共工事に対する国民の信頼が大きく揺らぐとともに、不良・不適格業者が介在し、公共工事を請け負う建設業の健全な発達にも悪影響を与えかねない。

公共工事に対する国民の信頼は、公共工事の入札及び契約の適正化が各省各庁の長等を通じて統一的、整合的に行われることによって初めて確保しうるものである。また、公共工事の発注は、国、特殊法人等及び地方公共団体といった様々な主体によって行われているが、その受注者はいずれも建設業者（建設業を営む者を含む。以下同じ。）であって、公共工事に係る不正行為の防止に関する建設業者の意識の確立と建設業の健全な発達を図る上では、各発注者が統一的、整合的に入札及び契約の適正化を図っていくことが不可欠である。適正化指針は、こうした考え方の下に、法第１７条第１項の規定に基づき、各省各庁の長等が統一的、整合的に公共工事の入札及び契約の適正化を図るため取り組むべきガイドラインとして定められるものである。

各省各庁の長等は、公共工事の目的物である社会資本等が確実に効用を発揮するよう公共工事の品質を将来にわたって確保すること、限られた財源を効率的に活用し適正な価格で公共工事を実施すること、公共工事に従事する者の労働時間その他の労働条件が適正に確保されるよう必要な工期の確保及び施工の時期の平準化を図ること、受注者の選定等適正な手続により公共工事を実施することを責務として負っており、こうした責務を的確に果たしていくためには、価格と品質で総合的に優れた調達が公正・透明で競争性の高い方式により実現されるよう、各省各庁の長等が一体となって入札及び契約の適正化に取り組むことが不可欠である。

法第３条各号に掲げる、①入札及び契約の過程並びに契約の内容の透明性の確保、②入札に参加しようとし、又は契約の相手方になろうとする者の間の公正な競争の促進、③入札及び契約からの談合その他の不正行為の排除の徹底、④その請負代金の額によっては公共工事の適正な施工が通常見込まれない契約の締結（以下「ダンピング受注」という。）の防止、⑤契約された公共工事の適正な施工の確保は、いずれも、各省各庁の長等がこれらの責務を踏まえた上で一体となって取り組むべき入札及び契約の適正化の基本原則を明らかにしたものであり、法第１７条に定めるとおり、適正化指針は、この基本原則に従って定められるものである。

第２　入札及び契約の適正化を図るための措置

１　主として入札及び契約の過程並びに契約の内容の透明性の確保に関する事項

（１）入札及び契約の過程並びに契約の内容に関する情報の公表に関すること

入札及び契約に関する透明性の確保は、公共工事の入札及び契約に関し不正行為の防止を図るとともに、国民に対してそれが適正に行われていることを明らかにする上で不可欠であることから、入札及び契約に係る情報については、公表することを基本とし、法第２章に定めるもののほか、次に掲げるものに該当するものがある場合（ロに掲げるものにあっては、事後の契約において予定価格を類推させるおそれがないと認められる場合又は各省各庁の長等の事務若しくは事業に支障を生じるおそれがないと認められる場合に限る）。 においては、それについて公表することとする。この場合、各省各庁の長等において、法第２章に定める情報の公表に準じた方法で行うものとする。なお、公表の時期については、令第４条第２項及び第７条第２項において個別の入札及び契約に関する事項は、契約を締結した後に遅滞なく公表することを原則としつつ、令第４条第２項ただし書及び第７条第２項ただし書に掲げるものにあっては契約締結前の公表を妨げないとしていることを踏まえ、適切に行うこととする。

イ　競争参加者の経営状況及び施工能力に関する評点並びに工事成績その他の各発注者による評点並びにこれらの合計点数並びに当該合計点数に応じた競争参加者の順位並びに各発注者が等級区分を定めた場合における区分の基準

ロ　予定価格及びその積算内訳

ハ　低入札価格調査の基準価格及び最低制限価格を定めた場合における当該価格

ニ　低入札価格調査の要領及び結果の概要

ホ　公募型指名競争入札を行った場合における当該競争に参加しようとした者の商号又は名称並びに当該競争入札で指名されなかった者の商号又は名称及びその者を指名しなかった理由

ヘ　入札及び契約の過程並びに契約の内容について意見の具申等を行う第三者からなる機関に係る任務、委員構成、運営方法その他の当該機関の設置及び運営に関すること並びに当該機関において行った審議に係る議事の概要

ト　入札及び契約に関する苦情の申出の窓口及び申し出られた苦情の処理手続その他の苦情処理の方策に関すること並びに苦情を申し出た者の名称、苦情の内容及びその処理の結果

チ　指名停止（一般競争入札において一定期間入札参加を認めない措置を含む。以下同じ。）を受けた者の商号又は名称並びに指名停止の期間及び理由

リ　工事の監督・検査に関する基準

ヌ　工事の技術検査に関する要領

ル　工事の成績の評定要領

ヲ　談合情報を得た場合等の取扱要領

ワ　施工体制の把握のための要領

（2）入札及び契約の過程並びに契約の内容について学識経験を有する者等の第三者の意見を適切に反映する方策に関すること

入札及び契約の過程並びに契約の内容の透明性を確保するためには、第三者の監視を受けることが有効であることから、各省各庁の長等は、競争参加資格の設定・確認、指名及び落札者決定の経緯等について定期的に報告を徴収し、その内容の審査及び意見の具申等ができる入札監視委員会等の第三者機関の活用その他の学識経験者等の第三者の意見を適切に反映する方策を講ずるものとする。

第三者機関の構成員については、その趣旨を勘案し、中立・公正の立場で客観的に入札及び契約についての審査その他の事務を適切に行うことができる学識経験等を有する者とするものとする。

第三者機関においては、各々の各省各庁の長等が発注した公共工事に関し、次に掲げる事務を行うものとする。

イ　入札及び契約手続の運用状況等について報告を受けること。

ロ　当該第三者機関又はその構成員が抽出し、又は指定した公共工事に関し、一般競争参加資格の設定の経緯、指名競争入札に係る指名及び落札者決定の経緯等について審議を行うこと。

ハ　イ及びロの事務に関し、報告の内容又は審議した公共工事の入札及び契約の理由、指名及び落札者決定の経緯等に不適切な点又は改善すべき点があると認めた場合において、必要な範囲で、各省各庁の長等に対して意見の具申を行うこと。

各省各庁の長等は、第三者機関が公共工事の入札及び契約に関し意見の具申を行

ったときは、これを尊重し、その趣旨に沿って入札及び契約の適正化のため必要な措置を講ずるよう努めるものとする。

第三者機関の設置又は運営については、あらかじめ各省各庁の長等において明確に定め、これを公表するものとする。また、第三者機関の活動状況については、審議に係る議事の概要その他必要な資料を公表することにより透明性を確保するものとする。

第三者機関については、各省各庁の長等が各々設けることを基本とするが、それが必ずしも効率的とは認められない場合もあるので、状況に応じて、規模の小さい市町村や特殊法人等においては第三者機関を共同で設置すること、地方公共団体においては地方自治法（昭和２２年法律第６７号）第１９５条に規定する監査委員を活用するなど既存の組織を活用すること等により、適切に方策を講ずるものとする。

この場合においては、既存の組織が公共工事の入札及び契約についての審査その他の事務を適切に行えるよう、必要に応じ組織・運営の見直しを行うものとする。

２ 主として入札に参加しようとし、又は契約の相手方になろうとする者の間の公正な競争の促進に関する事項

（１）公正な競争を促進するための入札及び契約の方法の改善に関すること

公共工事の入札及び契約は、その目的物である社会資本等の整備を的確に行うことのできる施工能力を有する受注者を確実に選定するための手続であり、各省各庁の長等は、公正な競争環境のもとで、良質な社会資本の整備が効率的に行われるよう、公共工事の品質確保の促進に関する法律（平成１７年法律第１８号。以下「公共工事品質確保法」という。）等に基づき、工事の性格、地域の実情等を踏まえた適切な入札及び契約の方法の選択と、必要な条件整備を行うものとする。

①一般競争入札の適切な活用

一般競争入札は、手続の客観性が高く発注者の裁量の余地が少ないこと、手続の透明性が高く第三者による監視が容易であること、入札に参加する可能性のある潜在的な競争参加者の数が多く競争性が高いことから、公共工事の入札及び契約において不正が起きにくいなどの特徴を有している。

一般競争入札は、これらの点で大きなメリットを有しているが、一方で、その運用次第では、個別の入札における競争参加資格の確認に係る事務量が大きいこと、不良・不適格業者の排除が困難であり、施工能力に欠ける者が落札し、公共工事の質の低下をもたらすおそれがあること、建設投資の減少と相まって、受注競争を過度に激化させ、ダンピング受注を招いてきたこと等の側面もある。これまで、一般競争入札は、主として一定規模以上の工事を中心に広く拡大してきたところである。各省各庁の長等においては、こうした一般競争入札の性格及び一般競争入札が原則とされていることを踏まえ、対象工事の見直し等により一般競

争入札の適切な活用を図るものとする。

また、指名競争入札については、信頼できる受注者を選定できること、一般競争入札に比して手続が簡易であり早期に契約できること、監督に係る事務を簡素化できること等の利点を有する一方、競争参加者が限定されること、指名が恣意的に行われた場合の弊害も大きいこと等から、指名に係る手続の透明性を高め、公正な競争を促進することが要請される。このため、各省各庁の長等は、引き続き指名競争入札を実施する場合には、公正な競争の促進を図る観点から、指名基準を策定し、及び公表した上で、これに従い適切に指名を行うものとするが、この場合であっても、公共工事ごとに入札参加意欲を確認し、当該公共工事の施工に係る技術的特性等を把握するための簡便な技術資料の提出を求めた上で指名を行う、いわゆる公募型指名競争入札等を積極的に活用するものとする。また、指名業者名の公表時期については、入札前に指名業者名が明らかになると入札参加者間での談合を助長しやすいとの指摘があることを踏まえ、各省各庁の長等は、指名業者名の事後公表の拡大に努めるものとする。

②総合評価落札方式の適切な活用等

総合評価落札方式は、公共工事品質確保法に基づき、価格に加え価格以外の要素も総合的に評価して落札者を決定するものであり、価格と品質が総合的に優れた公共調達を行うことができる落札者決定方式である。一方で、総合評価落札方式の実施に当たっては、発注者による競争参加者の施工能力及び技術提案の審査及び評価における透明性及び公正性の確保が特に求められ、さらには発注者及び競争参加者双方の事務量の軽減を図ることも必要である。各省各庁の長等はこうした総合評価落札方式の性格を踏まえ、工事の性格等に応じた適切な活用を図るものとする。

その際には、評価基準や実施要領の整備、総合評価の結果の公表及び具体的な評価内容の通知を行うほか、落札者決定基準等について、小規模な市町村等においては都道府県が委嘱した第三者の共同活用も図りつつ、効率よく学識経験者等の第三者の意見を反映させるための方策を講ずるものとする。また、公共工事品質確保法第１６条に基づく段階的選抜方式を活用すること等により、技術提案やその審査及び評価に必要な発注者及び競争参加者双方の事務量の軽減を図るなど、総合評価落札方式の円滑な実施に必要な措置を適切に講じるものとする。

総合評価の評価項目としては、当該工事の施工計画や当該工事に係る技術提案等の評価項目のほか、過去の同種・類似工事の実績及び成績、配置予定技術者の資格及び経験などの競争参加者の施工能力、災害時の迅速な対応等の地域及び工事の特性に応じた評価項目など、当該工事の施工に関係するものであって評価項目として採用することが合理的なものについて、必要に応じて設定することとする。

公共工事を受注する建設業者の技術開発を促進し、併せて公正な競争の確保を図るため、民間の技術力の活用により、品質の確保、コスト縮減等を図ることが可能な場合においては、各省各庁の長等は、入札段階で施工方法等の技術提案を受け付ける入札時ＶＥ（バリュー・エンジニアリング）方式、施工段階で施工方法等の技術提案を受け付ける契約後ＶＥ方式、入札時に設計案等の技術提案を受け付け、設計と施工を一括して発注する設計・施工一括発注方式等民間の技術提案を受け付ける入札及び契約の方式の活用に努めるものとする。

③地域維持型契約方式

建設投資の大幅な減少等に伴い、社会資本等の維持管理のために必要な工事のうち、災害応急対策、除雪、修繕、パトロールなどの地域維持事業を担ってきた地域の建設業者の減少・小規模化が進んでおり、このままでは、事業の円滑かつ的確な実施に必要な体制の確保が困難となり、地域における最低限の維持管理までもが困難となる地域が生じかねない。地域の維持管理は、将来にわたって効率的かつ持続的に行われる必要があり、入札及び契約の方式においても担い手確保に資する工夫が必要である。

このため、地域維持業務に係る経費の積算において、事業の実施に実際に要する経費を適切に費用計上するとともに、地域維持事業の担い手の安定的な確保を図る必要がある場合には、人員や機械等の効率的運用と必要な施工体制の安定的な確保を図る観点から、地域の実情を踏まえつつ、公共工事品質確保法第２０条に基づき次のような契約方式を活用するものとする。

１）複数の種類や工区の地域維持事業をまとめた契約単位や、複数年の契約単位とするなど、従来よりも包括的に一の契約の対象とする。

２）実施主体は、迅速かつ確実に現場へアクセスすることが可能な体制を備えた地域精通度の高い建設業者とし、必要に応じ、地域の維持管理に不可欠な事業につき、地域の建設業者が継続的な協業関係を確保することによりその実施体制を安定確保するために結成される建設共同企業体（地域維持型建設共同企業体）や事業協同組合等とする。

④災害復旧等における入札及び契約の方法

災害発生後の復旧に当たっては、早期かつ確実な施工が可能な者を短期間で選定し、復旧作業に着手することが求められる。

このため、災害応急対策又は災害復旧に関する工事においては、公共工事品質確保法第７条第１項第３号に基づき、手続の透明性及び公正性の確保に留意しつつ、次のように会計法（昭和２２年法律第３５号）や地方自治法施行令（昭和２２年政令第１６号）等に規定される随意契約や指名競争入札を活用するなど、緊急性に応じて適切な入札及び契約の方法を選択するものとする。

１）災害応急対策又は緊急性が高い災害復旧に関する工事のうち、被害の最小化や至急の原状復旧の観点から、緊急の必要により競争に付することができないものにあっては、随意契約（会計法第２９条の３第４項又は地方自治法施行令第１６７条の２）を活用する。

２）災害復旧に関する工事のうち、随意契約によらないものであって、一定の期日までに復旧を完了させる必要があるなど、契約の性質又は目的により競争に加わるべき者が少数で一般競争入札に付する必要がないものにあっては、指名競争入札（会計法第２９条の３第３項又は地方自治法施行令第１６７条）を活用する。

また、公共工事品質確保法第７条第４項も踏まえ、発注の時期、箇所、工程等について適宜調整を図るため、他の発注者と情報交換を行うこと等により連携を図るよう努めるものとする。

⑤一般競争入札及び総合評価落札方式の活用に必要な条件整備

公共工事の入札及び契約の方法、とりわけ一般競争入札の活用に伴う諸問題に対応し、公正かつ適切な競争が行われるようにするため、必要な条件整備を行うものとする。

１）適切な競争参加資格の設定等

競争参加資格の設定は、対象工事について施工能力を有する者を適切に選別し、適正な施工の確保を図るとともに、ペーパーカンパニーや暴力団関係企業等の不良・不適格業者を排除するために行うものとする。

具体的には、いたずらに競争性を低下させることがないように十分配慮しつつ、必要に応じ、工事実績、工事成績、工事経歴書等の企業情報を適切に活用するとともに、競争参加資格審査において一定の資格等級区分に認定されている者であることを求めるものとする。

また、工事の性質等、建設労働者の確保、建設資材の調達等を考慮して地域の建設業者を活用することにより円滑かつ効率的な施工が期待できる工事については、災害応急対策や除雪等を含め、地域の社会資本の維持管理や整備を担う中小・中堅建設業者の育成や経営の安定化、品質の確保、将来における維持・管理を適切に行う観点から、過度に競争性を低下させないように留意しつつ、近隣地域内における工事実績や事業所の所在等を競争参加資格や指名基準とする、いわゆる地域要件の適切な活用を図るなど、必要な競争参加資格を適切に設定するものとする。この際、恣意性を排除した整合的な運用を確保する観点から、あらかじめ運用方針を定めるものとする。なお、総合評価落札方式において、競争参加者に加え、下請業者の地域への精通度、貢献度等についても適切な評価を図るものとする。

このほか、暴力団員が実質的に経営を支配している等の建設業者、指名停止措置等を受けている建設業者、工事に係る設計業務等の受託者と関連のある建設業者等について、これらの者が競争に参加することとならないように競争参加資格を設けるものとする。

さらに、公平で健全な競争環境を構築する観点からは、社会保険等（健康保険、厚生年金保険及び雇用保険をいう。以下同じ。）に加入し、健康保険法（大正１１年法律第７０号）等の定めるところにより事業主が納付義務を負う保険料（以下「法定福利費」という。）を適切に負担する建設業者を確実に契約の相手方とすることが重要である。このため、法令に違反して社会保険等に加入していない建設業者（以下「社会保険等未加入業者」という。）について、公共工事の元請業者から排除するため、定期の競争参加資格審査等で、必要な措置を講ずるものとする。

以上のような競争参加資格の設定に当たっては、政府調達に関する協定（平成７年条約第２３号）の対象となる公共工事に係る入札については、供給者が当該入札に係る契約を履行する能力を有していることを確保する上で不可欠な競争参加条件に限定されなければならないこと、及び事業所の所在地に関する要件は設けることはできないことに留意するものとする。なお、官公需についての中小企業者の受注の確保に関する法律（昭和４１年法律第９７号）等に基づき、中小・中堅建設業者の受注機会の確保を図るものとする。

２）入札ボンドの活用その他の条件整備

市場機能の活用により、契約履行能力が著しく劣る建設業者の排除やダンピング受注の抑制等を図るため、入札ボンドの積極的な活用と対象工事の拡大を図るものとする。また、資格審査及び監督・検査の適正化並びにこれらに係る体制の充実、事務量の軽減等を図るものとする。

⑥共同企業体について

共同企業体については、大規模かつ高難度の工事の安定的施工の確保、優良な中小・中堅建設業者の振興など図る上で有効なものであるが、受注機会の配分との誤解を招きかねない場合があること、構成員の規模の格差が大きい場合には施工の効率性を阻害しかねないこと、予備指名制度により談合が誘発されかねないこと等の問題もあることから、各省各庁の長等においては、共同企業体運用基準の策定及び公表を行い、これに基づいて共同企業体を適切に活用するものとする。

共同企業体運用基準においては、共同企業体運用準則（共同企業体の在り方について（昭和６２年中建審発第１２号）別添第二）に従い、大規模かつ技術的難度の高い工事に係る特定建設工事共同企業体、中小・中堅建設業者の継続的協業関係を確保する経常建設共同企業体、地域維持事業の継続的な担い手となる地域維持型建設共同企業体、大規模災害からの復旧・復興工事の担い手となる復旧・復興建設工事共同企業体について適切に定めるものとする。

その際、特定建設工事共同企業体については、大規模かつ技術的難度の高い工事を単独で確実かつ円滑に施工できる有資格業者があるとき等にあっては、適正な競争のための環境整備等の観点から、当該単独の有資格業者も含めて競争が行われることとなるよう努めるものとする。経常建設共同企業体については、継続的協業関係を確保する観点から、一の発注機関における単体企業と当該企業を構成員とする経常建設共同企業体との同時登録は行わないこととするとともに、真に企業合併等に寄与するものを除き経常建設共同企業体への客観点数及び主観点数の加点調整措置は行わないこととする。地域維持型建設共同企業体については、地域の維持管理に不可欠な事業につき、継続的な協業関係を確保することによりその実施体制の安定確保を図る場合に活用することとするとともに、一の発注機関における単体企業と当該企業を構成員とする地域維持型建設共同企業体との同時登録及び同一の構成員を含む経常建設共同企業体又は復旧・復興建設工事共同企業体と地域維持型建設共同企業体との同時登録は行うことができるものとする。復旧・復興建設工事共同企業体については、大規模災害の被災地域における施工体制の確保を図る場合に活用することとするとともに、一の発注機関における単体企業と当該企業を構成員とする復旧・復興建設工事共同企業体との同時登録及び同一の構成員を含む経常建設共同企業体又は地域維持型建設共同企業体と復旧・復興建設工事共同企業体との同時登録は行うことができるものとする。

⑦その他

設備工事等に係る分離発注については、発注者の意向が直接反映され施工の責任や工事に係るコストの明確化が図られる等当該分離発注が合理的と認められる場合において、工事の性質又は種別、発注者の体制、全体の工事のコスト等を考慮し、専門工事業者の育成に資することも踏まえつつ、その活用に努めるものとする。

履行保証については、各省各庁の長等において、談合を助長するおそれ等の問題のある工事完成保証人制度を廃止するとともに、契約保証金、金銭保証人、履行保証保険等の金銭的保証措置と付保割合の高い履行ボンドによる役務的保証措置を適切に選択するものとする。

（2）入札及び契約の過程に関する苦情を適切に処理する方策に関すること

入札及び契約に関し、透明性を高めるとともに公正な競争を確保するため、各省各庁の長等は、入札及び契約の過程についての苦情に対し適切に説明するとともに、さらに不服のある場合には、その苦情を受け付け、中立・公正に処理する仕組みを整備するものとする。

入札及び契約の過程に関する苦情の処理については、まず各省各庁の長等において行うものとする。具体的には、個別の公共工事に係る一般競争入札の競争参加資格の確認の結果、当該競争参加資格を認められなかった者が、公表された資格を認めなかった理由等を踏まえ、競争参加資格があるとの申出をした場合においては、当該申出の内容を検討し、回答することとする。

指名競争入札において、指名されなかった者が、公表された指名理由等を踏まえ、指名されなかった理由の説明を求めた場合は、その理由を適切に説明するとともに、その者が指名されることが適切であるとの申出をした場合においては、当該申出の内容を検討し、回答することとする。

総合評価落札方式において、落札者とならなかった者が、公表された落札理由等を踏まえ、落札者としなかった理由の説明を求めた場合は、その理由を適切に説明するとともに、その者が落札者となることが適切であるとの申出をした場合においては、当該申出の内容を検討し、回答することとする。

発注者による指名停止措置について、指名停止を受けた者が、公表された指名停止の理由等を踏まえ、当該指名停止措置について不服があるとの申出をした場合においては、当該申出の内容を検討し、回答することとする。

加えて、手続の透明性を一層高めるため、これらの説明等に不服のある場合にさらに苦情を処理できることとすべきであり、必要に応じて各省各庁の長等において第三者機関の活用等中立・公正に苦情処理を行う仕組みを整備するものとする。この場合においては、入札及び契約について審査等を行う入札監視委員会等の第三者機関を活用することが適切である。

苦情処理の対象となる公共工事の範囲については、できる限り幅広くすることが適切であるが、不良・不適格業者による苦情の申出の濫用を排除するため、苦情処理の仕組みの整備の趣旨を踏まえた上で、いたずらに苦情申出の道を狭めることとならないよう配慮しつつ、苦情処理の対象となる工事について限定し、又は手続を簡略化する等の措置を講じても差し支えないものとする。

苦情の申出の窓口、申出ができる者、対象の工事その他苦情の処理手続、体制等については、各省各庁の長等においてあらかじめ明確に定め、これを公表するものとする。

なお、政府調達に関する協定の対象となる公共工事については、別途、苦情処理手続が定められているので、それによるものとする。

3　主として入札及び契約からの談合その他の不正行為の排除の徹底に関する事項

（１）談合情報等への適切な対応に関すること

法第１０条は、各省各庁の長等に対し、入札及び契約に関し私的独占の禁止及び公正取引の確保に関する法律（昭和２２年法律第５４号。以下「独占禁止法」という。）第３条又は第８条第１号の規定に違反する行為があると疑うに足りる事実があるときは、公正取引委員会に通知しなければならないこととしている。これは、不正行為の疑いがある場合に発注者がこれを見過ごすことなく毅然とした対応を行うことによって、発生した不正行為に対する処分の実施を促すとともに、再発の防止を図ろうとするものである。各省各庁の長等は、その職員に対し、法の趣旨の徹底を図り、適切な対応に努めるものとする。その際、例えば、法第１３条に基づく入札金額の内訳の確認を行うとともに、入札結果の事後的・統計的分析を活用するなど入札執行時及び入札後の審査内容の充実・改善に努めるものとする。

各省各庁の長等は、法第１０条の規定に基づく公正取引委員会への通知義務の適切な実施のために、談合情報を得た場合等の前記違反行為があると疑うに足りる事実があるときの取扱いについてあらかじめ要領を策定し、職員に周知徹底するとともに、これを公表するものとする。要領においては、談合情報を得た場合等の前記違反行為があると疑うに足りる事実があるときにおける内部での連絡・報告手順、公正取引委員会への通知の手順並びに通知の事実及びその内容の開示のあり方、事実関係が確認された場合の入札手続の取扱い（談合情報対応マニュアル）等について定めるものとする。なお、これらの手順を定めるに当たっては、公正取引委員会が行う審査の妨げとならないよう留意するものとする。

（２）一括下請負等建設業法違反への適切な対応に関すること

法第１１条は、各省各庁の長等に対し、入札及び契約に関し、同条第１号又は第２号に該当すると疑うに足りる事実があるときは、建設業許可行政庁等に通知しなければならないこととしている。これは、不正行為の疑いがある場合に発注者がこれを見過ごすことなく毅然とした対応を行うことによって、発生した不正行為に対する処分の実施を促すとともに、再発の防止を図ろうとするものである。建設業許可行政庁等において、建設業法に基づく処分やその公表等を厳正に実施するとともに、各省各庁の長等において、その職員に対し、法の趣旨の徹底を図り、適切な対応に努めるものとする。

各省各庁の長等は、法第１１条の規定に基づく建設業許可行政庁等への通知義務の適切な実施のために、現場の施工体制の把握のための要領を策定し、公表するとともに、それに従って点検等を行うほか、一括下請負等建設業法（昭和２４年法律第１００号）違反の防止の観点から、建設業許可行政庁との情報交換等の連携を図るものとする。

（３）不正行為の排除のための捜査機関等との連携に関すること

入札及び契約に関する不正行為に関しては、法第１０条及び第１１条に定めるもののほか、各省各庁の長等は、その内容に応じて警察本部その他の機関に通知するなどの連携を確保するものとする。

（４）不正行為が起きた場合の厳正な対応に関すること

公共工事の入札及び契約に関する談合や贈収賄、一括下請負といった不正行為については、刑法（明治４０年法律第４５号）、独占禁止法、建設業法等において、罰則や行政処分が定められている。建設業許可行政庁等において、建設業法に基づく処分やその公表等を厳正に実施することと併せて、各省各庁の長等による指名停止についても、公共工事の適正な執行を確保するとともに、不正行為に対する発注者の毅然とした姿勢を明確にし、再発防止を図る観点から厳正に運用するものとする。

特に、大規模・組織的な談合であって悪質性が際立っている場合において、その態様に応じた厳格な指名停止措置を講ずるものとする。また、独占禁止法違反行為に対する指名停止に当たり、課徴金減免制度の適用があるときは、これを考慮した措置に努めるものとする。

指名停止については、その恣意性を排除し客観的な実施を担保するため、各省各庁の長等は、あらかじめ、指名停止基準を策定し、これを公表するものとする。また、当該基準については、原因事由の悪質さの程度や情状、結果の重大性などに応じて適切な期間が設定されるよう、必要に応じ、適宜見直すものとする。指名停止を行った場合においては、当該指名停止を受けた者の商号又は名称、指名停止の期間及び理由等の必要な事項を公表するものとする。なお、未だ指名停止措置要件には該当していないにもかかわらず、指名停止措置要件に該当する疑いがあるという判断のみをもって事実上の指名回避を行わないようにするものとする。また、予算決算及び会計令（昭和２２年勅令第１６５号）に基づき、競争参加資格を取り消し、一定の期間これを付与しないことについても、談合等の不正行為の再発防止を徹底する観点から、できる限り行うよう努めるものとする。

入札談合については、談合の再発防止を図る観点から、各省各庁の長等は、談合があった場合における請負者の賠償金支払い義務を請負契約締結時に併せて特約すること（違約金特約条項）等により、その不正行為の結果として被った損害額の賠償の請求に努めるものとする。なお、この違約金特約条項の設定に当たっては、裁判例等を基準として、合理的な根拠に基づく適切な金額を定めなければならないことに留意する。

（５）談合に対する発注者の関与の防止に関すること

公共工事は、国民の税金を原資として行われるものであることから、とりわけ公共工事の入札及び契約の事務に携わる職員が談合に関与することはあってはならないことであり、各省各庁の長等は、入札談合等関与行為の排除及び防止並びに職員による入札等の公正を害すべき行為の処罰に関する法律（平成１４年法律第１０１号）を踏まえ、発注者が関与する談合の排除及び防止に取り組むものとする。

併せて、各省各庁の長等は、法及び適正化指針に基づく入札及び契約の手続の透明性を向上させることや、情報管理を徹底すること、予定価格の作成時期を入札書の提出後とするなど外部から入札関係職員に対する不当な働きかけ又は口利き行為が発生しにくい入札契約手続やこれらの行為があった場合の記録・報告・公表の制度を導入すること等により不正行為の発生しにくい環境の整備を進めるものとする。併せて、その職員に対し、公共工事の入札及び契約に関する法令等に関する知識を習得させるための教育、研修等を適切に行うものとする。

また、刑法又は独占禁止法に違反する行為については、発注する側も共犯として処罰され得るものであることから、各省各庁の長等は、警察本部、公正取引委員会等との連携の下に、不正行為の発生に際しては、厳正に対処するものとする。

4 主としてその請負代金の額によっては公共工事の適正な施工が通常見込まれない契約の締結の防止に関する事項

（1）適正な予定価格の設定に関すること

ダンピング受注は、工事の手抜き、下請業者へのしわ寄せ、公共工事に従事する者の賃金その他の労働条件の悪化、安全対策の不徹底等につながりやすく、公共工事の品質確保に支障を来すおそれがあるとともに、公共工事を実施する者が適正な利潤を確保できず、ひいては建設業の若年入職者の減少の原因となるなど、建設工事の担い手の育成及び確保を困難とし、建設業の健全な発達を阻害するものであることから、これを防止するとともに、適正な金額で契約を締結することが必要である。そのためには、まず、予定価格が適正に設定される必要がある。このため、予定価格の設定に当たっては、適切に作成された仕様書及び設計書に基づき、経済社会情勢の変化を勘案し、市場における労務及び資材等の最新の実勢価格を適切に反映させつつ、建設発生土等の建設副産物の運搬・処分等に要する費用や、法定福利費、公共工事に従事する者、法定福利費、公共工事に従事する者の業務上の負傷等に対する補償に必要な金額を担保するための保険契約の保険料等、実際の施工に要する通常妥当な経費について適正な積算を行うものとする。また、予定価格に起因した入札不調・不落により再入札に付するときや入札に付そうとする工事と同種、類似の工事で入札不調・不落が生じているとき、災害により通常の積算の方法によっては適正な予定価格の算定が困難と認めるときその他必要があると認めるときは、入札に参加する者から当該入札に係る工事の全部又は一部の見積書を徴することその他の方法により積算を行うことにより、適正な予定価格を定め、できる限り速やかに契約を締結するよう努めるものとする。加えて、当該積算において適切に反映した法定福利費に相当する額が請負契約において適正に計上されるよう、公共工事標準請負契約約款（昭和２５年2月２１日中央建設業審議会決定・勧告）に沿った契約約款に基づき、受注者に対し法定福利費を内訳明示した請負代金の内訳書を提出させ、当該積算と比較し、法定福利費に相当する額が適切に計上されていることを確認するよう努めるものとする。なお、この適正な積算に基づく設計書金額の一部を控除するいわゆる歩切りについては、公共工事品質確保法第７条第１項第１号の規定に違反すること、予定価格が予算決算及び会計令や財務規則等により取引の実例価格等を考慮して定められるべきものとされていること、公共工事の品質や工事の安全の確保に支障を来すとともに、建設業の健全な発達を阻害するおそれがあることから、これを行わないものとする。

（2）入札金額の内訳書の提出に関すること

公共工事の入札に際しては、見積能力のないような不良・不適格業者の参入を排除し、併せて談合等の不正行為やダンピング受注の防止を図る観点から、各省各庁の長等は、法第１２条に基づき、入札に参加しようとする者に対して、対象となる工事に係る入札金額と併せてその内訳を提出させるものとする。

また、各省各庁の長等は、談合等の不正行為やダンピング受注が疑われる場合には、法第１３条に基づき、入札金額の内訳を適切に確認するものとする。

（３）低入札価格調査制度及び最低制限価格制度の活用に関すること

各省各庁の長等においては、低入札価格調査制度又は最低制限価格制度を導入し、低入札価格調査基準又は最低制限価格を適切な水準で設定するなど制度の適切な活用を徹底することにより、ダンピング受注の排除を図るものとする。この場合、政府調達に関する協定の対象工事における入札及び総合評価落札方式による入札については最低制限価格制度は活用できないこととされていることに留意するものとする。

低入札価格調査制度は、入札の結果、契約の相手方となるべき者の申込みの価格によっては、その者により契約の内容に適合した履行がされないこととなるおそれがあると認められる場合において、そのおそれがあるかどうかについて調査を行うものである。その実施に当たっては、入札参加者の企業努力によるより低い価格での落札の促進と公共工事の品質の確保の徹底の観点から、当該調査に加え、受注者として不可避な費用をもとに、落札率（予定価格に対する契約価格の割合）と工事成績との関係についての調査実績等も踏まえて、適宜、調査基準価格を見直すとともに、あらかじめ設定した調査基準価格を下回った金額で入札した者に対して、法第１２条に基づき提出された内訳書を活用しながら、次に掲げる事項等の調査を適切に行うこと、一定の価格を下回る入札を失格とする価格による失格基準を積極的に導入・活用するとともに、その価格水準を低入札価格調査の基準価格に近づけ、これによって適正な施工への懸念がある建設業者を適切に排除することなどにより、制度の実効を確保するものとする。

イ　当該入札価格で入札した理由は何か

ロ　当該入札価格で対象となる公共工事の適切な施工が可能か

ハ　設計図書で定めている仕様及び数量となっていること、契約内容に適合した履行の確保の観点から、資材単価、労務単価、下請代金の設定が不適切なものでないこと、安全対策が十分であること等見積書又は内訳書の内容に問題はないか

ニ　手持工事の状況等からみて技術者が適正に配置されることとなるか

ホ　手持資材の状況、手持機械の状況等は適切か

ヘ　労働者の確保計画及び配置予定は適切か

ト　建設副産物の搬出予定は適切か

チ　過去に施工した公共工事は適切に行われたか、特に、過去にも低入札価格調査基準価格を下回る価格で受注した工事がある場合、当該工事が適切に施工されたか

リ　経営状況、信用状況に問題はないか

また、各省各庁の長等は、低入札価格調査の基準価格を下回る価格により落札した者と契約を締結したときは、重点的な監督・検査等により適正な施工の確保を図るとともに、下請業者へのしわ寄せ、労働条件の悪化、工事の安全性の低下等の防止の観点から建設業許可行政庁が行う下請企業を含めた建設業者への立入調査との連携を図るものとする。さらに、適正な施工への懸念が認められる場合等には、配置技術者の増員の義務付け、履行保証割合の引き上げ等の措置を積極的に進めるものとする。

これらの低入札価格調査制度については、調査基準価格の設定、調査の内容、監督及び検査の強化等の手続の流れやその具体的内容についての要領をあらかじめ作成し、これを公表するとともに、低入札価格調査を実施した工事に係る調査結果の概要を原則として公表するなど、透明性、公正性の確保に努めるものとする。

（４）入札契約手続における発注者・受注者間の対等性の確保に関すること

不採算工事の受注強制などは建設業法第１９条の３に違反するおそれがあり、行ってはならない行為であり、入札辞退の自由の確保等受注者との対等な関係の確立に努めるものとする。

（５）低入札価格調査の基準価格等の公表時期に関すること

低入札価格調査の基準価格及び最低制限価格を定めた場合における当該価格については、これを入札前に公表すると、当該価格近傍へ入札が誘導されるとともに、入札価格が同額の入札者間のくじ引きによる落札等が増加する結果、適切な積算を行わずに入札を行った建設業者が受注する事態が生じるなど、建設業者の真の技術力・経営力による競争を損ねる弊害が生じうることから、入札の前には公表しないものとする。

予定価格については、入札前に公表すると、予定価格が目安となって競争が制限され、落札価格が高止まりになること、建設業者の見積努力を損なわせること、入札談合が容易に行われる可能性があること、低入札価格調査の基準価格又は最低制限価格を強く類推させ、これらを入札前に公表した場合と同様の弊害が生じかねないこと等の問題があることから、入札の前には公表しないものとする。なお、地方公共団体においては、予定価格の事前公表を禁止する法令の規定はないが、事前公表の実施の適否について十分検討した上で、上記弊害が生じることがないよう取り扱うものとし、弊害が生じた場合には、速やかに事前公表の取りやめを含む適切な対応を行うものとする。

なお、入札前に入札関係職員から予定価格、低入札価格調査の基準価格又は最低制限価格を聞き出して入札の公正を害そうとする不正行為を抑止するため、談合等に対する発注者の関与の排除措置を徹底するものとする。

5　主として契約された公共工事の適正な施工の確保に関する事項

（1）公共工事の施工に必要な工期の確保を図るための方策に関すること

工事の施工に当たっては、用地取得や建築確認等の準備段階から、施工段階、工事の完成検査や仮設工作物の撤去といった後片付け段階まで各工程ごとに考慮されるべき事項があり、根拠なく短い工期が設定されると、無理な工程管理や長時間労働を強いられることから、公共工事に従事する者の疲弊や手抜き工事の発生等につながることとなり、ひいては担い手の確保にも支障が生じることが懸念される。

公共工事の施工に必要な工期の確保が図られることは、長時間労働の是正や週休２日の推進などにつながるのみならず、建設産業が魅力的な産業として将来にわたってその担い手を確保していくことに寄与し、最終的には国民の利益にもつながるものである。

また、公共工事品質確保法第７条第１項第６号においても、公共工事に従事する者の労働時間その他の労働条件が適正に確保されるよう、公共工事に従事する者の休日、工事の実施に必要な準備期間、天候その他のやむを得ない事由により工事の実施が困難であると見込まれる日数等を考慮し、適正な工期を設定することが発注者の責務とされているところである。

そのため、工期の設定に当たっては、工事の規模及び難易度、地域の実情、自然条件、工事内容、施工条件のほか、次に掲げる事項等を適切に考慮するものとする。

イ　公共工事に従事する者の休日（週休２日に加え、祝日、年末年始及び夏季休暇）

ロ　建設業者が施工に先立って行う、労務・資機材の調達、現地調査等、現場事務所の設置等の準備期間

ハ　工事完成後の自主検査、清掃等を含む後片付け期間

ニ　降雨日、降雪・出水期等の作業不能日数

ホ　用地取得や建築確認、道路管理者との調整等、工事着手前に発注者が対応すべき事項がある場合には、その手続に要する期間

ヘ　過去の同種類似工事において当初の見込みよりも長い工期を要した実績が多いと認められる場合には、当該工期の実績

（2）地域における公共工事の施工の時期の平準化を図るための方策に関すること

公共工事については、年度初めに工事量が少なくなる一方、年度末には工事量が多くなる傾向にある。工事量の偏りが生じることで、工事の閑散期には、仕事が不足し、公共工事に従事する者の収入が減る可能性が懸念される一方、繁忙期には、仕事量が集中することになり、公共工事に従事する者において長時間労働や休日の取得しにくさ等につながることが懸念される。また、資材、機材等についても、閑散期には余剰が生じ、繁忙期には需要が高くなることによって円滑な調達が困難と

なる等の弊害が見受けられるところである。

公共工事の施工の時期の平準化が図られることは、年間を通じた工事量が安定することで公共工事に従事する者の処遇改善や、人材、資材、機材等の効率的な活用促進による建設業者の経営の健全化等に寄与し、ひいては公共工事の品質確保につながるものである。

このため、計画的に発注を行うとともに、他の発注者との連携による中長期的な公共工事の発注の見通しの作成及び公表のほか、工期が１年以上の公共工事のみならず工期が１年に満たない公共工事についての繰越明許費や債務負担行為の活用による翌年度にわたる工期設定など次に掲げる措置その他の必要な措置を講ずることにより、施工の時期の平準化を図るものとする。

①債務負担行為の活用

出水期その他の事由により年度当初に施工する必要がある工事のみならず、工期が１年に満たない工事についても、債務負担行為を積極的に活用し、翌年度にわたる工期の設定を行う。

②柔軟な工期の設定（余裕期間制度の活用）

発注者が指定する一定期間内で受注者が工事開始日を選択できる任意着手型の余裕期間制度等を活用し、工期の設定や施工の時期の選択を柔軟にする。

③速やかな繰越手続（繰越明許費の活用）

用地取得等により工期の遅れが生じた場合、工事を実施する中で設計図書に示された施工条件と実際の工事現場の状態が一致しない場合などにおいて設計図書の変更の必要が生じた結果、年度内に工事が終わらないと見込まれるときは、その段階で速やかに繰越明許費を活用する手続を開始し、翌年度にわたる工期の設定を行う。

④積算の前倒し

債務負担行為を活用しない工事であって、年度当初に発注手続を行うものについては、速やかに発注手続を開始できるよう、発注年度の前年度のうちに設計及び積算を完了させる。

⑤早期執行のための目標設定

４月から６月までにおける工事稼働件数や工事稼働金額等の目標を設定し、早期発注など計画的な発注を実施する。

（３）将来におけるより適切な入札及び契約のための公共工事の施工状況の評価の方策に関すること

各省各庁の長等は、契約の適正な履行の確保、給付の完了の確認に加えて、受注者の適正な選定の確保を図るため、その発注に係る公共工事について、原則として技術検査や工事の施工状況の評価（工事成績評定）を行うものとする。技術検査に当たっては、工事の施工状況の確認を充実させ、施工の節目において適切に実施し、技術検査の結果を工事成績評定に反映させるものとする。工事成績評定に当たっては、公共工事の品質を確保する観点から、施工段階での手抜きや粗雑工事に対して厳正に対応するとともに、受注者がその技術力をいかして施工を効率的に行った場合等については積極的な評価を行うものとする。また、公共工事の検査並びに施工状況の確認及び評価に当たっては、情報通信技術の活用を通じて生産性の向上を図るとともに、必要に応じて、発注者及び受注者以外の者であって専門的な知識又は技術を有するものによる、工事が適正に実施されているかどうかの確認の結果の活用を図るよう努めるものとする。

工事成績評定が、評価を行う者によって大きな差を生じることがないよう、各省各庁の長等は、あらかじめ工事成績評定について要領を定め、評価を行う者に徹底するとともに、これを公表するものとする。また、工事成績評定の結果については、工事を行った受注者に対して通知するとともに、原則として公表するものとする。さらに、工事成績評定の結果を発注者間において相互利用できるようにするため、可能な限り発注者間で工事成績評定の標準化に努めるものとする。

工事成績評定に対して苦情の申出があったときは、各省各庁の長等は、苦情の申出を行った者に対して適切な説明をするとともに、さらに不服のある者については、第三者機関に対してさらに苦情申出ができることとする等他の入札及び契約の過程に関するものと同様の苦情処理の仕組みを整備することとする。

なお、工事成績評定を行う公共工事の範囲については、評定の必要性と評定に伴う事務負担等を勘案しつつ、できる限りその対象を拡げるものとする。

（4）適正な施工を確保するための発注者・受注者間の対等性の確保に関すること

公共工事の適正な施工を確保するためには、発注者と受注者が対等な関係に立ち、責任関係を明確化していくことが重要であることから、現場の問題発生に対する迅速な対応を図るとともに、地盤の状況に関する情報、建設発生土の搬出先に関する情報その他の工事に必要な情報について、設計図書において明示することなどにより、発注者、設計者及び施工者等の関係者間での把握・共有等の取組を推進するものとする。

また、設計図書に示された施工条件と実際の工事現場の状態が一致しない場合、用地取得等、工事着手前に発注者が対応すべき事項に要する手続の期間が超過するなど設計図書に示されていない施工条件について予期することができない特別な状態が生じた場合、災害の発生などやむを得ない事由が生じた場合その他の場合において必要があると認められるときは、適切に設計図書の変更を行うものとする。さらに、工事内容の変更等が必要となり、工事費用や工期に変動が生じた場合や、労務及び資材等の価格の著しい変動、資材等の納期遅れ等により工事費用や工期の変更が必要となった場合等には、施工に必要な費用や工期が適切に確保されるよう、公共工事標準請負契約約款に沿った契約約款に基づき、必要な変更契約を適切に締結するものとし、この場合において、工期が翌年度にわたることとなったときは、繰越明許費の活用その他の必要な措置を適切に講ずるものとする。

なお、追加工事又は変更工事が発生したにもかかわらず書面による変更契約を行わないことや、受注者に帰責事由がないにもかかわらず追加工事等に要する費用を受注者に一方的に負担させることは、建設業法第１９条第２項又は第１９条の３に違反するおそれがあるため、これを行わないものとする。

契約変更手続の透明・公正性の向上及び迅速化のため、関係者が一堂に会して契約変更の妥当性等の審議を行う場（設計変更審査会等）の設置・活用を図るとともに、設計変更が可能となる場合やその手続等に関する指針（設計変更ガイドライン）の策定・公表及びこれに基づいた適正な手続の実施に努めるものとする。

（５）施工体制の把握の徹底等に関すること

公共工事の品質を確保し、目的物の整備が的確に行われるようにするためには、工事の施工段階において契約の適正な履行を確保するための監督及び検査を確実に行うことが重要である。特に、監督業務については、監理技術者の専任制等の把握の徹底を図るほか、現場の施工体制が不適切な事案に対しては統一的な対応を行い、その発生を防止し、適正な施工体制の確保が図られるようにすることが重要である。

このため、各省各庁の長等は、監督及び検査についての基準を策定し、公表するとともに、現場の施工体制の把握を徹底するため、次に掲げる事項等を内容とする要領の策定等により統一的な監督の実施に努めるものとする。

イ 現場施工に着手するまでの期間や工事の完成後、検査が終了し、事務手続、後片付け等のみが残っている期間など監理技術者を専任で置く必要がない期間を除き、監理技術者の専任制を徹底するため、工事施工前における監理技術者資格者証の確認及び監理技術者の本人確認並びに工事施工中における監理技術者が専任で置かれていることの点検を行うこと。

ロ 現場の施工体制の把握のため、工事施工中における法第１５条第２項の規定により提出された施工体制台帳及び同条第１項の規定により掲示される施工体系図に基づき点検を行うこと。

ハ その他元請業者の適切な施工体制の確保のため、工事着手前における工事実績を記入した工事カルテの登録の確認、工事施工中の建設業許可を示す標識の掲示、労災保険関係成立票の掲示、建設業退職金共済制度の適用を受ける事業主に係る工事現場であることを示す標識の掲示等の確認を行うこと。

公共工事の適正な施工を確保するためには、元請業者だけではなく、下請業者についても適正な施工体制が確保されていることが重要である。このため、各省各庁の長等においては、施工体制台帳に基づく点検等により、元請下請を含めた全体の施工体制を把握し、必要に応じ元請業者に対して適切な指導を行うものとする。なお、施工体制台帳は、建設工事の適正な施工を確保するために作成されるものであり、公共工事については、法第１５条第１項及び第２項により、下請契約を締結する全ての工事について、その作成及び発注者への写しの提出が義務付けられたところである。各省各庁の長等は、施工体制台帳の作成及び提出を求めるとともに、粗雑工事の誘発を生ずるおそれがある場合等工事の適正な施工を確保するために必要な場合にこれを適切に活用するものとする。

（６）適正な施工の確保のための技能労働者の育成及び確保に関すること

公共工事の品質が確保されるよう公共工事の適正な施工を確保するためには、公共工事に従事する技能労働者がその能力や経験に応じた処遇を受けられるよう、公共工事に従事する技能労働者の育成及び確保に資する労働環境の整備が図られることが重要である。技能労働者の有する資格や現場の就業履歴等を登録・蓄積する建設キャリアアップシステム（ＣＣＵＳ）の活用は、公共工事に従事する技能労働者がその能力や経験に応じた適切な処遇を受けられる労働環境の整備に資するものであることから、公共工事の適正な施工を確保するために、国は、その利用環境の充実・向上や利用者からの理解の増進に向けた必要な措置を講ずるとともに、各省各庁の長等は、公共工事の施工に当たって広く一般にその利用が進められるよう、現場利用に対する工事成績評定における加点措置など、地域の建設企業における利用の状況等に応じて必要な条件整備を講ずるものとする。

６　その他入札及び契約の適正化に関し配慮すべき事項

（１）不良・不適格業者の排除に関すること

不良・不適格業者とは、一般的に、技術力、施工能力を全く有しないいわゆるペーパーカンパニー、経営を暴力団が支配している企業、対象工事の規模や必要とされる技術力からみて適切な施工が行い得ない企業、過大受注により適切な施工が行えない企業、建設業法その他工事に関する諸法令（社会保険等に関する法令を含む。）を遵守しない企業等を指すものであるが、このような不良・不適格業者を放置することは、適正かつ公正な競争を妨げ、公共工事の品質確保、適正な費用による施工等の支障になるだけでなく、技術力・経営力を向上させようとする優良な建設業者の意欲を削ぎ、ひいては建設業の健全な発達を阻害することとなる。

また、建設業許可や経営事項審査の申請に係る虚偽記載を始めとする公共工事の入札及び契約に関する様々な不正行為は、主としてこうした不良・不適格業者によるものである。

このため、建設業許可行政庁等においては、建設業法に基づく処分やその公表等を厳正に実施し、また、各省各庁の長等においては、それらの排除の徹底を図るため、公共工事の入札及び契約に当たり、次に掲げる措置等を講ずるとともに、建設業許可行政庁等に対して処分の実施等の厳正な対応を求めるものとする。

イ　一般競争入札や公募型指名競争入札等における入札参加者の選定及び落札者の決定に当たって、発注者支援データベースの活用等により、入札参加者又は落札者が配置を予定している監理技術者が現場で専任できるかどうかを確認すること。なお、監理技術者の職務を補佐する者として、建設業法施行令（昭和３１年政令第２７３号）で定める者を専任で置いた場合には、監理技術者の兼務が認められることに留意すること。また、営業所に専任で配置されている技術者と監理技術者が兼務をしていないことも確認すること。

ロ　工事の施工に当たって、発注者支援データベースの活用のほか、法第１５条第２項の規定に基づく施工体制台帳の提出、同条第１項の規定に基づく施工体系図の掲示を確実に行わせるとともに、工事着手前に監理技術者資格者証の確認を行うこと。

ハ　工事現場への立入点検により、監理技術者の専任の状況や施工体制台帳、施工体系図が工事現場の実際の施工体制に合致しているかどうか等の点検を行うこと。

ニ　検査に当たって、監理技術者の配置等に疑義が生じた場合は、適正な施工が行われたかどうかの確認をより一層徹底すること。

ホ　経営を暴力団が支配している企業等の暴力団関係企業が公共工事から的確に排除されるよう、各省各庁の長等は、警察本部との緊密な連携の下に十分な情報交換等を行うよう努めるものとする。

　また、暴力団員等による公共工事への不当介入があった場合における警察本部及び発注者への通報・報告等を徹底するとともに、公共工事標準請負契約約款に沿った暴力団排除条項の整備・活用により、その排除の徹底を図るものとする。

ヘ　社会保険等未加入業者については、前述のとおり、定期の競争参加資格審査等により元請業者から排除するほか、元請業者に対し社会保険等未加入業者との契約締結を禁止することや、社会保険等未加入業者を確認した際に建設業許可行政庁又は社会保険等担当部局へ通報すること等の措置を講ずることにより、下請業者も含めてその排除を図るものとする。

（２）入札及び契約のＩＴ化の推進等に関すること

入札及び契約のＩＴ化については、図面や各種情報の電子化、通信ネットワークを利用した情報の共有化、電子入札システム等の導入により、各種情報が効率的に交換できるようになり、また、ペーパーレス化が進むことから、事務の簡素化や入札に係る費用の縮減が期待される。さらに、インターネット上で、一元的に発注の見通しに係る情報、入札公告、入札説明書等の情報を取得できるようにすることにより、競争参加資格を有する者が公共工事の入札に参加しやすくなり、競争性が高まることも期待される。また、これらに加え、電子入札システムの導入は、入札参加者が一堂に会する機会を減少させることから、談合等の不正行為の防止にも一定の効果が期待される。このため、各省各庁の長等においては、政府調達に関する協定との整合を図りつつ、必要なシステムの整備等に取り組み、その具体化を推進するものとする。なお、入札及び契約に関する情報の公表の際には、入札及び契約に係る透明性の向上を図る観点から、インターネットの活用を積極的に図るものとする。

ＩＴ化の推進と併せ、各省各庁の長等は、事務の簡素合理化を図るとともに、入札に参加しようとする者の負担を軽減し、競争性を高める観点から、できるだけ、入札及び契約に関する書類、図面等の簡素化・統一化を図るとともに、競争参加者の資格審査などの入札及び契約の手続の統一化に努めるものとする。

（３）各省各庁の長等相互の連絡、協調体制の強化に関すること

公共工事の受注者の選定に当たっては、当該企業の過去の工事実績に関する情報や保有する技術者に関する情報、施工状況の評価に関する情報等各発注者が保有する具体的な情報を相互に交換することにより、不良・不適格業者を排除し、より適切な受注者の選定が可能となる。また、現場における適正な施工体制の確保の観点から行う点検や指名停止等の措置を行うに際しては、発注者相互が協調してこれらの措置を実施することにより、より高い効果が期待できる。さらに、最新の施工技術に関する情報等について、発注者間で相互に情報交換を行うことにより、技術力によるより公正な競争の促進と併せ適正な施工の確保が期待できる。したがって、各省各庁の長等は、入札及び契約の適正化を図る観点から、相互の連絡、協調体制の一層の強化に努めるものとする。

（４）企業選定のための情報サービスの活用に関すること

発注者支援データベースは、技術と経営に優れた企業を選定するとともに、専任技術者の設置や一括下請負の禁止等に係る違反行為を抑止し、不良・不適格業者の排除を徹底するため効果の高い手段としてその重要性が増していることから、各省各庁の長等は、積極的にその活用を進めるものとする。

また、建設業許可行政庁の保有する工事経歴書や処分履歴等の企業情報の活用も、工事の施工に適した企業の選定や不良・不適格業者の排除のための方策となりうることから、建設業許可行政庁は、その利用環境の向上を図り、各省各庁の長等は、必要に応じ適切に活用するものとする。

第３　適正化指針の具体化に当たっての留意事項

１　特殊法人等及び地方公共団体の自主性の配慮

法第１７条第３項は、適正化指針の策定に当たっては、特殊法人等及び地方公共団体の自主性に配慮しなければならないものとしている。これは、国、特殊法人等及び地方公共団体といった公共工事の発注者には、発注する公共工事の量及び内容、発注者の体制等に大きな差があり、また、従来からそれぞれの発注者の判断により多様な発注形態がとられてきたことに鑑み、適正化指針においても、こうした発注者の多様性に配慮するよう求めたものである。

一方、公共工事の入札及び契約の適正化は、各省各庁の長等を通じて統一的、整合

的に行われることによって初めて公共工事に対する国民の信頼を確保するとともに建設業の健全な発達を図るという効果を上げ得るものであることから、できる限り足並みをそろえた取組が行われることが重要であり、各省各庁の長等ごとに、その置かれている状況等に応じた取組の差異が残ることはあっても、全体としては着実に適正化指針に従った措置が講じられる必要がある。

2 業務執行体制の整備

法及び適正化指針に従って公共工事の入札及び契約の適正化を促進するためには、発注に係る業務執行体制の整備が重要である。このため、各省各庁の長等においては、発注関係事務を適切に実施するため、その実施に必要な知識又は技術を有する職員の育成及び確保が必要である。また、入札及び契約の手続の簡素化・合理化に努めるとともに、必要に応じ、ＣＭ（コンストラクション・マネジメント）方式の活用・拡大等によって業務執行体制の見直し、充実等を行う必要がある。特に、小規模な市町村等においては、技術者が不足していることも少なくなく、発注関係事務を適切に実施できるようにこれを補完・支援する体制の整備が必要である。このため、国及び都道府県の協力・支援も得ながら技術者の養成に積極的に取り組むとともに、事業団等の受託制度や外部機関の活用等を積極的に進めることが必要である。また、国及び都道府県は、このような市町村等の取組が進むよう協力・支援を積極的に行うよう努めるものとする。

「発注関係事務の運用に関する指針(運用指針)」令和元年度改正　説明資料

国土交通省
Ministry of Land, Infrastructure, Transport and Tourism

「発注関係事務の運用に関する指針(運用指針)」改正について

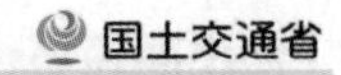

公共工事の品質確保の促進に関する法律における「運用指針」の該当条文

第二十二条　国は、基本理念にのっとり、発注者を支援するため、地方公共団体、学識経験者、民間事業者その他の関係者の意見を聴いて、公共工事等の性格、地域の実情等に応じた入札及び契約の方法の選択その他の**発注関係事務の適切な実施に係る制度の運用に関する指針を定める**ものとする。

運用指針　改正のポイント

①全国的に災害が頻発する中、災害からの迅速かつ円滑な復旧・復興のため、災害時の緊急対応の充実強化
②公共工事の品質確保のため、公共工事に加え、公共工事に関する測量、調査（地質調査その他の調査（点検及び診断を含む。））及び設計が対象として追加
③働き方改革、ICTの推進等による生産性向上の取組に関連する事項の追加

全体の構成

Ⅰ．本指針の位置付け

Ⅱ．発注関係事務の適切な実施のために取り組むべき事項
1 工事
　1－1 工事発注準備段階
　1－2 工事入札契約段階
　1－3 工事施工段階
　1－4 工事完成後
　1－5 その他
2 測量、調査及び設計
　2－1 業務発注準備段階
　2－2 業務入札契約段階
　2－3 業務履行段階
　2－4 業務完了後
　2－5 その他
3 発注体制の強化等
　3－1 発注体制の整備等
　3－2 発注者間の連携強化

Ⅲ．災害時における対応
1 工事
　1－1 災害時における入札契約方式の選定
　1－2 現地の状況等を踏まえた発注関係事務に関する措置
2 測量、調査及び設計
　2－1 災害時における入札契約方式の選定
　2－2 現地の状況等を踏まえた発注関係事務に関する措置
3 建設業者団体・業務に関する各種団体等や他の発注者との連携

Ⅳ．多様な入札契約方式の選択・活用
1 工事
　1－1 多様な入札契約方式の選択の考え方及び留意点
　1－2 工事の品質確保とその担い手の中長期的な育成・確保に資する入札契約方式の活用の例
2 測量、調査及び設計
　2－1 多様な入札契約方式の選択の考え方及び留意点
　2－2 業務の品質確保とその担い手の中長期的な育成・確保に資する入札契約方式の活用の例

Ⅴ．その他配慮すべき事項
1 受注者等の責務
2 その他

「発注関係事務の運用に関する指針（運用指針）」改正の概要①

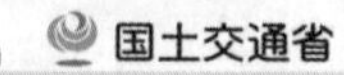

Ⅰ．本指針の位置付け

※改正法の４本柱に対応して色分けして記載
※下線部は改正を行った箇所

令和元年6月に品確法が改正され、災害時の緊急対応の充実強化や働き方改革への対応、情報通信技術（以下「ICT※」という。）の活用等による生産性向上を図るための規定が盛り込まれたとともに、「公共工事に関する調査等」が明確に定義され、法律に広く位置付けられたことから、本指針を見直した。

Ⅱ．発注関係事務の適切な実施のために取り組むべき事項

１ 工事

１－１ 工事発注準備段階

（適正な工期設定）***【取組強化】***

工期の設定に当たっては、工事の内容、規模、方法、施工体制、地域の実情等を踏まえた施工に必要な日数のほか、工事に従事する者の休日、工事の実施に必要な準備・後片付け期間、天候その他のやむを得ない事由により**工事の実施が困難であると見込まれる日数等を考慮**する。また、週休2日を実施する工事については、その分の日数を適正に考慮する。さらに、労働力や資材・機材等の確保のため、**実工期を柔軟に設定できる余裕期間制度の活用といった契約上の工夫を行う**よう努める。

（計画的な発注や施工時期の平準化）***【新規・取組強化】***

工事の施工時期の平準化は、繁忙期と閑散期の工事量の差を少なくし、年間を通して工事量を安定させ、労働者の処遇改善や資材・機材等の効率的な活用促進に寄与するものであるため、発注者は積極的に計画的な発注や施工時期の平準化のための取組を実施する。

（具体的には、）**中長期的な工事の発注見通しについて**（略）、地域ブロック単位等で**統合して公表**する。また、**繰越明許費・債務負担行為の活用**や入札公告の前倒しなどの取組により施工時期の平準化に取り組む。

１－２ 工事入札契約段階

（競争参加者の施工能力の適切な評価項目の設定等）***【取組強化】***

必要に応じて豊富な実績を有していない若手技術者や、女性技術者などの登用、**民間発注工事や海外での施工経験を有する技術者の活用**も考慮して、施工実績の代わりに施工計画を評価するほか、主任技術者又は監理技術者以外の技術者の一定期間の配置や企業によるバックアップ体制、**災害時の活動実績を評価**するなど、適切な評価項目の設定に努める。

「発注関係事務の運用に関する指針（運用指針）」改正の概要②

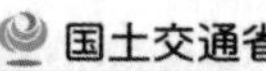

１－３ 工事施工段階

※改正法の４本柱に対応して色分けして記載
※下線部は改正を行った箇所

（施工条件の変化等に応じた適切な設計変更）***【取組強化】***

施工条件を適切に設計図書に明示し、設計図書に示された施工条件と実際の工事現場の状態が一致しない場合、設計図書に明示されていない施工条件について予期することのできない特別な状態が生じた場合、その他受注者の責によらない事由が生じた場合において、必要と認められるときは、設計図書の変更及びこれに伴って必要となる請負代金の額や工期の変更を適切に行う。

その際、工期が翌年度にわたることとなったときは、繰越明許費を活用する。

（工事中の施工状況の確認等）***【取組強化】***

建設業法において、元請負人は下請代金のうち労務費相当については現金で支払うよう適切に配慮することが規定されたことや、品確法において、公共工事等に従事する者の賃金や適正な労働時間の確保等、下請業者を含め適正な労働環境の確保を促進することが規定されたことを踏まえ、発注者は、**下請業者への賃金の支払いや適正な労働時間確保に関し、その実態を把握するよう努める。**

（受注者との情報共有や協議の迅速化等）***【取組強化】***

工事に関する情報の集約化・可視化を図るため、BIM/CIMや3次元データを積極的に活用するとともに、さらに情報を発注者と受注者双方の関係者で共有できるよう、情報共有システム等の活用の推進に努める。また、材料検査や出来形確認などの現場臨場を要する検査については、ウェアラブルカメラ等を活用し、発注者と受注者双方の省力化の積極的な推進に努め、**情報共有が可能となる環境整備を行う。**

１－４ 工事完成後

（工事の目的物の適切な維持管理）***【新規】***

工事の目的物（橋梁、トンネル、河川堤防、公共建築物、港湾施設等（既に完成しているものを含む。）をいう。以下同じ。）**を管理する者は**、その品質が将来にわたり確保されるよう、**適切に点検、診断、維持、修繕等を実施し**、その際3次元データ等、ICTの活用に努めるとともに、**工事の目的物の維持管理に係る計画策定、業務・工事発注準備等の各段階において、発注関係事務を適切に実施する**よう努める。また、権限代行による事業の整備など、工事の発注者と工事の目的物を管理する者が異なる場合においても同様に、工事の目的物を管理する者は発注関係事務を適切に実施するよう努める。

１－５ その他 ***【取組強化】***

発注者及び競争参加者双方の負担を軽減し、競争性を高める観点から、入札及び契約に関するICTの活用の推進、書類・図面等の簡素化及び統一化を図るとともに、競争参加者の資格審査などの手続の統一化に努める。

「発注関係事務の運用に関する指針（運用指針）」改正の概要③

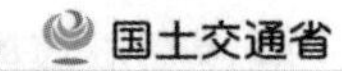

2 測量、調査及び設計

※改正法の４本柱に対応して色分けして記載
※下線部は改正を行った箇所

2－1 業務発注準備段階

（適正な履行期間の設定）***【新規】***

履行期間の設定に当たっては、業務の内容や、規模、方法、地域の実情等を踏まえた業務の履行に必要な日数のほか、必要に応じて準備期間、照査期間や週休2日を前提とした業務に従事する者の休日、天候その他のやむを得ない事由により**業務の履行が困難であると見込まれる日数や関連する別途発注業務の進捗等を考慮**する。

（計画的な発注や履行期間の平準化）***【新規】***

業務の履行期間の平準化は、繁忙期と閑散期の業務量の差を少なくし、年度末の業務の集中を回避させることに寄与するものであるため、発注者は積極的に計画的な発注や履行期間の平準化に取り組む。

（具体的には、）工事に係る業務の中長期的な発注見通しについて（略）、地域ブロック単位等で統合して公表するよう努める。また、繰越明許費・債務負担行為の活用や入札公告の前倒しなどの取組により履行期間の平準化に取り組む。

2－2 業務入札契約段階

（業務の内容に応じた技術提案の評価内容の設定）***【新規】***

発注者は、一定の資格、実績、成績等を競争参加資格条件とすることにより品質を確保できる業務などを除き、技術提案を求めるよう努める。**特に、技術的に高度又は専門的な技術が要求される業務、地域特性を踏まえた検討が必要となる業務においては、プロポーザル方式により技術提案を求める。**

2－3 業務履行段階

（設計条件の変化等に応じた適切な設計変更）***【新規】***

設計条件を適切に設計図書に明示し、関連業務の進捗状況等、業務に係る様々な要因を適宜確認し、設計図書に示された設計条件と実際の条件が一致しない場合、設計図書に明示されていない設計条件について予期することのできない特別な状態が生じた場合、その他受注者の責によらない事由が生じた場合において、必要と認められるときは、設計図書の変更及びこれに伴って必要となる契約額や履行期間の変更を適切に行う。

その際、**履行期間が翌年度にわたることとなったときは、繰越明許費を活用する。**

（履行状況の確認等）***【新規】***

履行期間中においては、業務成果の品質が適切に確保されるよう、適正な業務執行を図るため、休日明け日を依頼の期限日にしない等の**ウイークリースタンスの適用や条件明示チェックシートの活用**、スケジュール管理表の運用の徹底等により、**履行状況の確認を適切に実施**するよう努める。

「発注関係事務の運用に関する指針（運用指針）」改正の概要④

国土交通省

※改正法の４本柱に対応して色分けして記載
※下線部は改正を行った箇所

2－3 業務履行段階

（受注者との情報共有や協議の迅速化等）***【新規】***

業務に関する情報の集約化・可視化を図るため、BIM/CIMや3次元データを積極的に活用するとともに、さらに情報を発注者と受注者双方の関係者で共有できるよう、情報共有システム等の活用の推進に努める。また、テレビ会議や現地調査の臨場を要する確認等におけるウェアラブルカメラの活用などにより、発注者と受注者双方の省力化の積極的な推進に努め、情報共有が可能となる環境整備を行う。

2－4 業務完了後

（適切な検査・業務成績評定等）***【新規】***

受注者から業務完了の通知があった場合には、契約書等に定めるところにより、定められた期限内に業務の完了を確認するための検査を行い、その結果を業務成績評定に反映させ、受注者へ速やかに通知する。

地盤状況に関する情報の把握のための地盤調査（ボーリング等）を行った際には、位置情報、土質区分、試験結果等を確認すると共に、情報を関係者間で共有できるよう努める。

2－5 その他 ***【新規】***

発注者と競争参加者双方の負担を軽減し、競争性を高める観点から、入札及び契約に関するICT活用の推進、書類・図面等の簡素化及び統一化を図るとともに、競争参加者の資格審査などの手続の統一化に努める。

3 発注体制の強化等

3－1 発注体制の整備等

（発注者自らの体制の整備）

各発注者において、自らの発注体制を把握し、体制が十分でないと認められる場合には発注関係事務を適切に実施することができる体制を整備するとともに、国及び都道府県等が実施する講習会や研修を職員に受講させるなど国及び都道府県等の協力・支援も得ながら、発注関係事務を適切に実施することができる職員の育成に積極的に取り組むよう努める。国及び都道府県は、発注体制の整備が困難な発注者に対する必要な支援に努める。

3－2 発注者間の連携強化

（発注者間の連携体制の構築）

各発注者は、本指針を踏まえて発注関係事務を適切かつ効率的に運用できるよう、地域ブロック毎に組織される地域発注者協議会等に協力し、発注者間の情報交換や連絡・調整を行うとともに、発注者共通の課題への対応や各種施策の推進を図る。

「発注関係事務の運用に関する指針(運用指針)」 改正の概要⑤

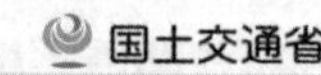

※改正法の4本柱に対応して色分けして記載
※下線部は改正を行った箇所

Ⅲ. 災害時における対応

1 工事

1－1 災害時における入札契約方式の選定 【新規】

災害時の入札契約方式の選定にあたっては、工事の緊急度を勘案し、随意契約等を適用する。

災害協定の締結状況や施工体制、地理的状況、施工実績等を踏まえ、最適な契約の相手を選定するとともに、書面での契約を行う。

災害発生後の緊急対応にあたっては、手続の透明性、公平性の確保に努めつつ、早期かつ確実な施工が可能な者を選定することや、概算数量による発注を行った上で現地状況等を踏まえて契約変更を行うなど、工事の緊急度に応じた対応も可能であることに留意する。

1－2 現地の状況等を踏まえた発注関係事務に関する措置 【新規】

災害応急対策や災害復旧に関する工事の早期実施、発注関係事務の負担軽減、復旧・復興を支える担い手の確保等の観点から、災害の状況や地域の実情に応じて、発注関係事務に関して必要な措置を講じる。

2 測量、調査及び設計

2－1 災害時における入札契約方式の選定 【新規】

災害時の入札契約方式の選定にあたっては、業務の緊急度を勘案し、随意契約等を適用する。

災害協定の締結状況や履行体制、地理的状況、履行実績等を踏まえ、最適な契約の相手を選定するとともに、書面での契約を行う。

災害発生後の緊急対応にあたっては、手続の透明性、公平性の確保に努めつつ、早期かつ確実な履行が可能な者を選定することや、概算数量による発注を行った上で現地状況等を踏まえて契約変更を行うなど、業務の緊急度に応じた対応も可能であることに留意する。

2－2 現地の状況等を踏まえた発注関係事務に関する措置 【新規】

災害応急対策や災害復旧に関する業務の早期実施、発注関係事務の負担軽減、復旧・復興を支える担い手の確保等の観点から、災害の状況や地域の実情に応じて、発注関係事務に関して必要な措置を講じる。

3 建設業者団体・業務に関する各種団体等や他の発注者との連携 【新規】

災害発生時の状況把握や災害応急対策又は災害復旧に関する工事及び業務を迅速かつ円滑に実施するため、あらかじめ、災害時の履行体制を有する建設業者団体や業務に関する各種団体等と災害協定を締結する等の必要な措置を講ずるよう努める。災害協定の締結にあたっては、災害対応に関する工事及び業務の実施や費用負担、訓練の実施等について定める。また、必要に応じて、協定内容の見直しや標準化を進める。

災害による被害は社会資本の所管区分とは無関係に面的に生じるため、その被害からの復旧にあたっても地域内における各発注者が必要な調整を図りながら協働で取り組む。復旧の担い手となる地域企業等による円滑な施工確保対策についても、特定の発注者のみが措置を講じるのではなく、必要に応じて地域全体として取り組む。

地域の状況を踏まえ、必要に応じて、発注機関や各種団体が円滑な施工確保のための情報共有や対応策の検討等を行う場を設置する。

「発注関係事務の運用に関する指針(運用指針)」 改正の概要⑥

国土交通省

※改正法の4本柱に対応して色分けして記載
※下線部は改正を行った箇所

Ⅳ. 多様な入札契約方式の選択・活用

1 工事

1－2 工事の品質確保とその担い手の中長期的な育成・確保に資する入札契約方式の活用の例 【取組強化】

ワーク・ライフ・バランス等推進企業を必要に応じて評価項目に設定。

2 測量、調査及び設計

2－1 多様な入札契約方式の選択の考え方及び留意点

(特定者又は落札者の選定方法の概要) **【新規】**

・プロポーザル方式

内容が技術的に高度な業務や専門的な技術が要求される業務、特に地域特性を踏まえた検討が必要となる業務であって、提出された技術提案に基づいて仕様を作成する方が優れた成果を期待できる業務

・総合評価落札方式

事前に仕様を確定することが可能であるが、競争参加者の提示する技術等によって、調達価格の差異に比して、事業の成果に相当程度の差異が生ずることが期待できる業務

・価格競争方式

発注者が示す仕様に対し、価格提案のみを求め、落札者を決定する方式

・コンペ方式

対象とする施設や空間に求める機能や条件を発注者側から示し、その機能や条件に合致した設計案を募り、最も優秀とみなされた設計案を選ぶ方式

Ⅴ. その他配慮すべき事項

1 受注者等の責務 【新規】

各発注者は、発注関係事務の実施に当たり、品確法第8条に「受注者等の責務」が規定されていることを踏まえ、以下に示す内容等については特に留意する。(略)

2 その他

本指針の記載内容について、各発注者の理解、活用の参考とするため、具体的な取組事例や既存の要領、ガイドライン等を盛り込んだ解説資料を作成することとしており、適宜参照の上、発注関係事務の適切な実施に努める。

「発注関係事務の運用に関する指針（運用指針）」改正の主なポイント

運用指針とは：品確法第22条に基づき、**地方公共団体、学識経験者、民間事業者等の意見を聴いて、国が作成（令和2年）**

- 各発注者が発注関係事務を適切かつ効率的に運用できるよう、**発注者共通の指針**として、体系的にとりまとめ
- **国は、本指針に基づき発注関係事務が適切に実施されているかについて毎年調査を行い、**その**結果をとりまとめ、公表**

	工事	測量、調査及び設計【新】
必ず実施すべき事項	①予定価格の適正な設定 ②歩切りの根絶 ③低入札価格調査基準又は最低制限価格の設定・活用の徹底等 ④施工時期の平準化【新】 ⑤適正な工期設定【新】 ⑥適切な設計変更 ⑦発注者間の連携体制の構築	①予定価格の適正な設定 ②低入札価格調査基準又は最低制限価格の設定・活用の徹底等 ③履行期間の平準化 ④適正な履行期間の設定 ⑤適切な設計変更 ⑥発注者間の連携体制の構築
実施に努める事項	①ICTを活用した生産性向上【新】 ②入札契約方式の選択・活用 ③総合評価落札方式の改善【新】 ④見積りの活用 ⑤余裕期間制度の活用 ⑥工事中の施工状況の確認【新】 ⑦受注者との情報共有、協議の迅速化	①ICTを活用した生産性向上 ②入札契約方式の選択・活用 ③プロポーザル方式・総合評価落札方式の積極的な活用 ④履行状況の確認 ⑤受注者との情報共有、協議の迅速化
災害対応	①随意契約等の適切な入札契約方式の活用 ②現地の状況等を踏まえた積算の導入 ③災害協定の締結等建設業者団体等や、他の発注者との連携	

「発注関係事務の運用に関する指針（運用指針）」改正の主なポイント

必ず実施すべき事項（工事）

① 予定価格の適正な設定

予定価格の設定に当たっては、市場における労務単価及び資材・機材等の取引価格、工期、施工の実態等を**的確に反映した積算を行う。**また労務費、機械経費、間接経費を補正するなどにより、**週休2日等に取り組む際に必要となる経費を適正に計上**する。

② 歩切りの根絶

歩切りは、公共工事の品質確保の促進に関する法律第７条第１項第１号の規定**に違反**すること等から、**これを行わない。**

③ 低入札価格調査基準又は最低制限価格の設定・活用の徹底等

ダンピング受注を防止するため、**低入札価格調査制度**又は**最低制限価格制度の適切な活用を徹底**する。**予定価格は、原則として事後公表**とする。

④ 施工時期の平準化【新】

発注者は積極的に計画的な発注や施工時期の平準化のための取組を実施する。

具体的には、**中長期的な工事の発注見通し**について、地域ブロック単位等で統合して公表する。また、**繰越明許費・債務負担行為の活用**や入札公告の前倒しなどの取組により施工時期の平準化に取り組む。

⑤ 適正な工期設定【新】

工期の設定に当たっては、工事の内容、規模、方法、施工体制、地域の実情等を踏まえた施工に必要な日数のほか、**工事に従事する者の休日**、工事の実施に必要な準備・後片付け期間、天候その他のやむを得ない事由により**工事の実施が困難であると見込まれる日数等を考慮**する。また、週休２日を実施する工事については、その分の日数を適正に考慮する。

⑥ 適切な設計変更

設計図書に示された施工条件と実際の工事現場の状態が一致しない場合等において、**設計図書の変更**及びこれに伴って必要となる**請負代金の額や工期の変更を適切に行う。**その際、工期が翌年度にわたることとなったときは、**繰越明許費を活用**する。

⑦ 発注者間の連携体制の構築

地域発注者協議会等を通じて、各発注者の**発注関係事務の実施状況等を把握**するとともに、各発注者は**必要な連携や調整を行い**、支援を必要とする市町村等の発注者は、地域発注者協議会等を通じて、**国や都道府県の支援を求める。**

「発注関係事務の運用に関する指針（運用指針）」改正の主なポイント

実施に努める事項（工事）

① ICTを活用した生産性向上【新】

工事に関する情報の集約化・可視化を図るため、**BIM/CIMや3次元データ**を積極的に活用するとともに、さらに情報を発注者と受注者双方の関係者で共有できるよう、**情報共有システム等の活用の推進**に努める。また、**ICTの積極的な活用**により、**検査書類等の簡素化や作業の効率化**に努める

② 入札契約方式の選択・活用

工事の発注に当たっては、**工事の性格や地域の実情等に応じ**、価格競争方式、総合評価落札方式、技術提案・交渉方式等の**適切な入札契約方式を選択する**よう努める。

③ 総合評価落札方式の改善【新】

豊富な実績を有していない若手技術者や、**女性技術者**などの登用、**民間発注工事や海外での施工経験**を有する技術者の活用も考慮して、施工実績の代わりに施工計画を評価するほか、**災害時の活動実績**を評価するなど、適切な評価項目の設定に努める。さらに、国土交通省が認定した一定水準の技術力等を証する民間資格を総合評価落札方式における評価の対象とするよう努める。

④ 見積りの活用

入札に付しても入札者又は落札者がなかった場合等、標準積算と現場の施工実態の乖離が想定される場合は、見積りを活用することにより**予定価格を適切に見直す。**

⑤ 余裕期間制度の活用

労働力や資材・機材等の確保のため、実工期を柔軟に設定できる**余裕期間制度の活用**といった契約上の工夫を行うよう努める。

⑥ 工事中の施工状況の確認【新】

下請業者への賃金の支払いや適正な労働時間確保に関し、その**実態を把握**するよう努める。

⑦ 受注者との情報共有、協議の迅速化

各発注者は**受注者からの協議**等について、**速やかかつ適切な回答**に努める。設計変更の手続の迅速化等を目的として、**発注者と受注者双方の関係者**が一堂に会し、**設計変更の妥当性の審議及び工事の中止等の協議・審議等を行う会議**を、必要に応じて開催する。

⑧ 完成後一定期間を経過した後における施工状況の確認・評価

必要に応じて**完成後の一定期間を経過した後において施工状況の確認及び評価**を実施する。

「発注関係事務の運用に関する指針（運用指針）」改正の主なポイント

必ず実施すべき事項（測量、調査及び設計【新】）

① 予定価格の適正な設定

予定価格の設定に当たっては、市場における技術者単価及び資材・機材等の取引価格、履行の実態等を**的確に反映した積算を行う。**

② 低入札価格調査基準又は最低制限価格の設定・活用の徹底等

ダンピング受注を防止するため、**低入札価格調査制度**又は**最低制限価格制度の適切な活用を徹底**する。**予定価格は、原則として事後公表**とする。

③ 履行期間の平準化

発注者は積極的に計画的な発注や施工時期の平準化のための取組を実施する。

具体的には、**繰越明許費・債務負担行為の活用**や入札公告の前倒しなどの取組により施工時期の平準化に取り組む。

④ 適正な履行期間の設定

履行期間の設定に当たっては、業務の内容や、規模、方法、地域の実情等を踏まえた業務の履行に必要な日数のほか、必要に応じて準備期間、**照査期間や週休2日を前提とした業務に従事する者の休日**、天候その他のやむを得ない事由により業務の履行が困難であると見込まれる日数や関連する別途発注業務の進捗等を考慮する。

⑤ 適切な設計変更

設計図書に示された設計条件と実際の条件が一致しない場合等において、**設計図書の変更**及びこれに伴って必要となる**契約額や履行期間の変更を適切に行う。**その際、履行期間が翌年度にわたることとなったときは、**繰越明許費を活用**する。

⑥ 発注者間の連携体制の構築

地域発注者協議会等を通じて、各発注者の**発注関係事務の実施状況等を把握**するとともに、各発注者は**必要な連携や調整を行い**、支援を必要とする市町村等の発注者は、地域発注者協議会等を通じて、**国や都道府県の支援を求める。**

「発注関係事務の運用に関する指針（運用指針）」改正の主なポイント

実施に努める事項（測量、調査及び設計【新】）

① ICTを活用した生産性向上（新）

業務に関する情報の集約化・可視化を図るため、**BIM/CIMや3次元データ**を積極的に活用するとともに、さらに情報を発注者と受注者双方の関係者で共有できるよう、**情報共有システム等の活用の推進**に努める。また、ICTの**積極的な活用**により、**検査書類等の簡素化や作業の効率化**に努める。

② 入札契約方式の選択・活用

業務の発注に当たっては、**業務の内容や地域の実情等に応じ、プロポーザル方式**、総合評価落札方式、価格競争方式、コンペ方式等の**適切な入札契約方式を選択する**よう努める。

③ プロポーザル方式・総合評価落札方式の積極的な活用

技術的に高度又は専門的な技術が要求される業務、地域特性を踏まえた検討が必要となる業務においては、**プロポーザル方式により技術提案**を求める。

また、豊富な実績を有していない若手技術者や、**女性技術者**などの登用、**海外での業務経験を有する技術者の活用**等も考慮するとともに、業務の内容に応じて国土交通省が認定した一定水準の技術力等を証する民間資格を評価の対象とするよう努める。

④ 履行状況の確認

履行期間中においては、業務成果の品質が適切に確保されるよう、適正な業務執行を図るため、休日明け日を依頼の期限日にしない等の**ウイークリースタンスの適用**や**条件明示チェックシートの活用、スケジュール管理表の運用**の徹底等により、履行状況の確認を適切に実施するよう努める。

⑤ 受注者との情報共有、協議の迅速化

設計業務については、設計条件や施工の留意点、関連事業の情報確認及び設計方針の明確化を行い受発注者間で共有するため、**発注者と受注者による合同現地踏査の実施**に努める。**テレビ会議**や現地調査の臨場を要する確認等におけるウェアラブルカメラの活用などにより、**発注者と受注者双方の省力化の積極的な推進に努め**、情報共有が可能となる環境整備を行う。

「発注関係事務の運用に関する指針（運用指針）」改正の主なポイント

災害対応（工事・業務）【新】

① 随意契約等の適切な入札契約方式の活用

災害時の入札契約方式の選定にあたっては、工事の緊急度を勘案し、**随意契約等を適用**する。

災害協定の締結状況や施工体制、地理的状況、施工実績等を踏まえ、最適な契約の相手を選定するとともに、**書面での契約**を行う。

災害発生後の緊急対応にあたっては、手続の透明性、公平性の確保に努めつつ、早期かつ確実な施工が可能な者を選定することや、**概算数量による発注**を行った上で現地状況等を踏まえて**契約変更を行うなど、工事の緊急度に応じた対応も可能**であることに留意する。

② 現地の状況等を踏まえた積算の導入

災害発生後は、一時的に需給がひっ迫し、労働力や資材・機材等の調達環境に変化が生じることがある。このため、**積算に用いる価格が実際の取引価格と乖離**しているおそれがある場合には、**積極的に見積り等を徴収**し、その妥当性を確認した上で適切に予定価格を設定する。

③ 建設業者団体・業務に関する各種団体等や他の発注者との連携

災害発生時の状況把握や災害応急対策又は災害復旧に関する工事及び業務を迅速かつ円滑に実施するため、あらかじめ、**災害時の履行体制を有する建設業者団体や業務に関する各種団体等と災害協定を締結する**等の必要な措置を講ずるよう努める。災害協定の締結にあたっては、**災害対応に関する工事及び業務の実施や費用負担、訓練の実施等について定める**。また、必要に応じて、協定内容の見直しや標準化を進める。

災害による被害は社会資本の所管区分とは無関係に面的に生じるため、その被害からの復旧にあたっても**地域内における各発注者が必要な調整を図りながら協働で取り組む**。

「発注関係事務の運用に関する指針（運用指針）」改正の経緯

国土交通省

R1.6.7　公共工事の品質確保の促進に関する法律の一部を改正する法律　成立

6月～8月　発注者協議会、品確法の改正の趣旨説明会の開催
・地方公共団体・建設業団体に対し、品確法の改正の趣旨説明

R1.8.8　関係省庁連絡会議幹事会にて、改正骨子（案）を提示

8月8日（木）～9月13日（金）運用指針改正骨子（案）への意見照会
・地方公共団体・建設業団体等に対し、運用指針改正骨子（案）に関する意見を収集

R1.10.2　関係省庁連絡会議にて、改正骨子（案）への意見照会結果を報告

R1.10.18　基本方針　閣議決定

10月～11月　発注者協議会の開催
・地方公共団体等に対し、改正運用指針（案）の説明

10月31日（木）～12月2日（月）運用指針改正（案）への意見照会
・地方公共団体・建設業団体等に対し運用指針改正（案）に関する意見を収集・反映

R2.1.30　関係省庁連絡会議にて、運用指針改正（案）の関係省庁申し合わせ

「発注関係事務の運用に関する指針（運用指針）」意見照会の概要

国土交通省

■対象

○発注関係団体　１，８２６団体

（関係省庁（２３）、独立行政法人等（１５）、都道府県（４７）、政令市（２０）、市区町村（１，７２１））

○建設業団体等　　８４０団体

■結果

①骨子案（令和元年８月８日～９月１３日）

		提出団体数	意見数
合計		２５１	２，５２１
	発注関係団体	１４３	９４１
	建設業団体等	１０８	１，５８０

②本文案（令和元年１０月３１日～１２月２日）

		提出団体数	意見数
合計		３２７	１，４９７
	発注関係団体	２５９	８７７
	建設業団体等	６８	６２０

発注関係事務の運用に関する指針

平成 27 年 1 月 30 日
（令和 2 年 1 月 30 日改正）

公共工事の品質確保の促進に関する
関係省庁連絡会議

目次

Ⅰ．本指針の位置付け

本指針は、公共工事の品質確保の促進に関する法律（平成17年法律第18号）（以下「品確法」という。）第22条の規定に基づき、品確法第３条に定める現在及び将来の公共工事の品質確保並びにその担い手の中長期的な育成及び確保等の基本理念にのっとり、公共工事等の発注者（以下「発注者」という。）を支援するために定めるものである。各発注者等が、品確法第７条に規定する「発注者等の責務」等を踏まえて、自らの発注体制や地域の実情等に応じて発注関係事務を適切かつ効率的に運用できるよう、発注者共通の指針として、発注関係事務の各段階で取り組むべき事項や多様な入札契約方式の選択・活用について体系的にまとめたものである。

令和元年６月に品確法が改正され、災害時の緊急対応の充実・強化や働き方改革への対応、情報通信技術（以下「ICT※」という。）の活用等による生産性向上を図るための規定が盛り込まれたとともに、「公共工事に関する調査等」が明確に定義され、法律に広く位置付けられたことから、本指針を見直した。

各発注者に共通する重要課題であるダンピング受注（その請負代金の額によっては公共工事等の適正な実施が通常見込まれない契約の締結をいう。以下同じ。）の防止、入札不調・不落への対応、社会資本の維持管理、中長期的な担い手の育成及び確保等に加えて、令和元年の品確法改正内容を踏まえ、以下の３点を中心に記載内容の充実や追記を図っている。

①公共工事の品質確保のため、公共工事（以下「工事」という。）に加え、工事に関する測量、調査（地質調査その他の調査（点検及び診断を含む。）。以下同じ。）及び設計（以下「業務」という。）に関し、発注関係事務の適切な実施、入札契約方式の選択・活用に関する事項の追記

②全国的に災害が頻発する中、災害からの迅速かつ円滑な復旧・復興のため、災害時の緊急対応の充実強化に関する事項の追記

③工事の目的物について、発注者又は管理者としての国、特殊法人等及び地方公共団体における維持管理の適切な実施に関する内容の充実

なお、国は、地方公共団体等に対し本指針の内容の周知徹底を図るとともに、本指針に基づき、引き続き、発注関係事務が適切に実施されているかについて、地方公共団体等への事務負担に配慮しつつ、毎年調べ、結果をとりまとめて公表する。本指針については、関係する制度改正や社会情勢の変化等により、必要に応じて見直しを行うものとする。

※　Information and Communication Technology の略

Ⅱ. 発注関係事務の適切な実施のために取り組むべき事項

各発注者は、発注関係事務（新設だけでなく維持管理に係る発注関係事務を含む。）を適切に実施するため、工事及び業務について、発注準備、入札契約、工事施工又は業務履行、完成又は完了後の各段階で本項に記載の事項に取り組む。

また、関係機関との調整、住民合意、用地確保、法定手続など、現場の実態に即した条件（自然条件を含む。）を踏まえた事業全体の工程計画を検討するとともに、各段階において事業の進捗に関する情報を把握し、計画的な事業の進捗管理を行う。加えて、業務から工事までの一連の情報の集約化・可視化を図るため、BIM/CIM※（ビムシム）や３次元データ等の積極的な活用に努める[1]。なお、BIM/CIM や３次元データ等の活用に当たっては、最新の基準類を確認の上、設計図書（建築設計業務の場合は設計仕様書を指す。以下同じ。）へ反映する。

さらに、生産性向上と担い手確保に向けて働き方改革を進めるため、各段階において ICT を積極的に活用[2]し、地下埋設物データ等の官民が保有するデータの連携や電子納品（業務や工事の各段階の成果を電子成果品として納品すること。以下同じ。）のオンライン化等の推進に努めるとともに、生産性向上に資する技術についても積極的に活用するよう努める。なお、ICT の活用に当たっては、情報保全を確実に行う。

※ Building/Construction Information Modeling,Management の略

---

[1] 例えば、「CIM 導入ガイドライン（案）」（国土交通省）を参照すること。
[2] 例えば、「ICT の全面的な活用の推進に関する実施方針」（国土交通省）を参照すること。

1　工事

1－1　工事発注準備段階

（工事に必要な情報等の適切な把握・活用）

工事の発注の準備として、地形、地物、地質、地盤、自然環境、工事影響範囲の用地、施工に係る関係者などの工事の施工に必要な情報を適切に把握する。その際、BIM/CIM、３次元データや情報共有システム等 ICT の積極的な活用に努める。

（工事の性格等に応じた入札契約方式の選択）

工事の発注に当たっては、本指針を踏まえ、工事の性格や地域の実情等に応じ、価格競争方式、総合評価落札方式、技術提案・交渉方式等の適切な入札契約方式[1]を選択するよう努める。なお、工事の内容等に応じた入札契約方式の選択・活用については、「Ⅳ．多様な入札・契約方式の選択・活用」に具体的に記載している。

また、自らの発注体制や地域の実情等により、適切な入札契約方式の選択・活用の実施が困難と認められる場合は、国、都道府県や外部の支援体制の活用に努める。

（予算、事業計画等を考慮した工事発注計画の作成）

地域の実情等を踏まえ、予算、事業計画、工事内容、工事費等を考慮した工区割りや発注ロットを適切に設定し、各工事の手続期間や工期を考慮して工事の計画的な発注を行う。

（現場条件等を踏まえた適切な設計図書の作成）

工事に必要な関係機関との調整、住民合意、用地確保、法定手続などの進捗状況を踏まえ、現場の実態に即した施工条件（自然条件を含む。）の明示[2]等により、適切に設計図書を作成し、積算内容との整合を図る。

また、遠隔地から労働力や資材・機材を調達する必要がある場合など、工事の発注準備段階において施工条件を具体的に確定できない場合には、積算上の条件と、当該条件が設計変更の対象となる旨も明示する。

（適正利潤の確保を可能とするための予定価格の適正な設定）

予定価格の設定に当たっては、工事の品質確保の担い手が中長期的に育成及び確保されるために、工事を施工する者が適正な利潤を確保することができるよう、適切に作成した設計図書に基づき、経済社会情勢の変化を勘案し、市場における労務単価及び資材・機材等の取引価格、健康保険法（大正 11 年法律第 70 号）等の定めるところにより事業主が納付義務を負う保険料、工事に従事する者の業務上の負傷等に対する補償に必要な金額を担保するための保険契約の保険料、工期、施工の実態等を的確に反映した積算を行う。

---

[1] 例えば、「公共工事の入札契約方式の適用に関するガイドライン」（国土交通省）を参照すること。
[2] 例えば、「条件明示について」（国土交通省）を参照すること。

積算に当たっては、建設業法（昭和24年法律第100号）第18条に定める建設工事の請負契約の原則を踏まえた適正な工期を前提として、労働環境の改善状況、ICTの活用状況を含めた現場の実態把握に努めるとともに、これに即した施工条件を踏まえた上で最新の積算基準等を適用する[1]。また、週休２日を確保すること等が重要であり、実態を踏まえて、労務費、機械経費、間接経費を補正するなどにより、週休２日等に取り組む際に必要となる経費を適正に計上する。

積算に用いる価格が実勢価格と乖離しないよう、可能な限り、最新の労務単価、入札月における資材・機材等の実勢価格を適切に反映する。積算に用いる価格が実勢価格と乖離しているおそれがある場合には、適宜見積り等を徴収し、その妥当性を確認した上で適切に価格を設定する。さらに、最新の施工実態や地域特性等を踏まえて積算基準を見直すとともに、遅滞なく適用する。当該積算において適切に反映した法定福利費に相当する額が請負契約において適正に計上されるよう、公共工事標準請負契約約款（昭和25年２月21日中央建設業審議会決定・勧告）に沿った契約約款に基づき、受注者に対し法定福利費を内訳明示した請負代金内訳書を提出させ、当該積算と比較し、法定福利費に相当する額が適切に計上されていることを確認するよう努める。

また、適正な積算に基づく設計金額の一部を控除して予定価格とするいわゆる歩切りは、品確法第７条第１項第１号の規定に違反すること等から、これを行わない。

一方、予定価格の設定に当たっては、経済社会情勢の変化の反映、工事に従事する者の労働環境の改善、必要な法定福利費の確保、適正な利潤の確保という目的を超えた不当な引上げを行わない。

（適正な工期設定）

労働基準法（昭和22年法律第49号）に基づき、建設業において令和６年４月１日より罰則付きの時間外労働規制が適用されることを踏まえ、適正な工期設定等の働き方改革への対応を進めていく必要がある。

工期の設定に当たっては、工事の内容、規模、方法、施工体制、地域の実情等を踏まえた施工に必要な日数のほか、工事に従事する者の休日、工事の実施に必要な準備・後片付け期間、天候その他のやむを得ない事由により工事の実施が困難であると見込まれる日数等を考慮する[2]。また、週休２日を実施する工事については、その分の日数を適正に考慮する。さらに、労働力や資材・機材等の確保のため、実工期を柔軟に設定できる余裕期間制度の活用といった契約上の工夫を行うよう努める。

なお、余裕期間制度には、①発注者が工事の始期を指定する方式（発注者指定方式）、②発注者が示した工事着手期限までの間で受注者が工事の始期を選択する方式（任意着手方式）、③発注者が予め設定した全体工期の内で受注者が工事の始期と終期を決定する方式（フレックス方式）があり、これらの活用に際しては、地域の実情や他の工事の進捗状況等を踏まえて、適切な方式を選択する。

---

[1] 例えば、「発注者・受注者間における建設業法令遵守ガイドライン」（国土交通省）を参照すること。
[2] 例えば、「建設工事における適正な工期設定等のためのガイドライン」（国土交通省）を参照すること。

（計画的な発注や施工時期の平準化）

工事の施工時期の平準化は、繁忙期と閑散期の工事量の差を少なくし、年間を通して工事量を安定させ、労働者の処遇改善や資材・機材等の効率的な活用促進に寄与するものであるため、発注者は積極的に以下の取組を実施する。

＜発注見通しの統合・公表の実施＞

計画的な発注を適切に実施するため、中長期的な工事の発注見通しについて、発注者の取組や地域の実情等を踏まえて各発注者と連携して作成し、地域ブロック毎に組織される地域発注者協議会や地方公共工事契約業務連絡協議会等（以下「地域発注者協議会等」という。）を通じて、地域ブロック単位等で統合して公表するよう努める。

さらに、当該年度の工事の詳細な発注見通しについて、原則として四半期毎に、地域ブロック単位等で統合して公表する。

＜繰越明許費・債務負担行為の活用や入札公告の前倒し＞

年度当初からの予算執行の徹底、工期が１年に満たない工事についても繰越明許費の適切な活用や債務負担行為の積極的な活用による年度末の工事の集中を回避するといった予算執行上の工夫等により、適正な工期の確保と工事の施工時期の平準化に取り組む。

また、発注者としての国及び特殊法人等は、年度当初から履行されなければ事業を執行する上で支障をきたす、又は適切な工期の確保が困難となる工事については、条件を明示した上で予算成立を前提とした入札公告の前倒しを行い、計画的な発注に努める。

＜取組状況等の公表＞

地域発注者協議会等において、地域の実情を踏まえ、施工時期の平準化の取組状況等について、先進事例を共有するとともに、他の発注者の状況も把握できるよう公表に努める。

１－２　工事入札契約段階

（適切な競争参加資格の設定）

＜競争に参加する資格を有する者の名簿の作成に際しての競争参加資格審査＞

各発注者において設定する審査項目の選定に当たっては、競争性の低下につながることがないよう留意する。

また、法令に違反して社会保険等（健康保険、厚生年金保険及び雇用保険をいう。以下同じ。）に加入していない建設業者（以下「社会保険等未加入業者」という。）を工事の元請業者から排除するため、定期の競争参加資格審査等で必要な措置を講ずる。

<個別工事に際しての競争参加者の技術審査等>

工事の性格、地域の実情等を踏まえ、工事の経験及び工事成績（以下「施工実績」という。）や地域要件など、競争性の確保に留意しつつ、適切な競争参加資格を設定する。その際、必要に応じて、災害応急対策、除雪、修繕、パトロールなどの地域維持事業の実施を目的として地域精通度の高い建設業者で構成される事業協同組合等（官公需適格組合を含む。）が競争に参加することができる方式を活用する。

また、豊富な施工実績を有していない若手技術者や、女性技術者などの登用、民間発注工事や海外での施工経験を有する技術者の活用も考慮した要件緩和、災害時の施工体制や活動実績の評価など適切な競争参加資格の設定に努める。

施工実績を競争参加資格に設定する場合には、工事の技術特性、自然条件、社会条件等を踏まえて具体的に設定し、施工実績の確認に当たっては、一定の成績評定点に満たないものは施工実績として認めないこと等により施工能力のない者を排除するなど適切な審査を実施する。

また、暴力団員等がその事業活動を支配している企業、建設業法その他工事に関する諸法令（社会保険等に関する法令を含む。）を遵守しない企業等の不良不適格業者の排除の徹底を図る。

さらに、技術者の資格や実績をコリンズ（工事実績情報システム）等へ登録するよう受注者へ促すとともに、技術者の情報を一元的に把握できる取組（技術者情報ネットワーク）の活用を図る等、発注者と競争参加者の負担軽減等に努める。また、所要の知識・技術・資格を備えている者の仕様書への位置付けや、必要に応じた手持ち工事量の制限など、工事の品質を確保する措置を講じる。

（工事の性格等に応じた技術提案の評価内容の設定）

発注者は、発注する工事の内容に照らして必要がないと認める場合を除き、競争に参加しようとする者に対し技術提案を求めるよう努める[1)]。

この場合、求める技術提案は高度な技術を要するものに限らず、技術的な工夫の余地が小さい一般的な工事については、技術審査において審査する施工計画の工程管理や施工上配慮すべき事項、品質管理方法等についての工夫を技術提案として求めることも可能とする。

競争に参加しようとする者に対し高度な技術等を含む技術提案を求める場合は、最も優れた提案を採用できるよう予定価格を作成することができる。この場合、技術提案の評価に当たり、中立かつ公正な立場から判断できる学識経験者の意見を聴取する。

競争に参加しようとする者に対し技術提案を求める場合には、技術提案に係る事務負担に配慮するとともに、工事の性格、地域の実情等を踏まえた適切な評価内容を設定する。その際、過度なコスト負担を要する（いわゆるオーバースペック）と判断される技術提案は、優位に評価しないこととし、評価内容を設定する。

技術提案の評価は、事前に提示した評価項目、評価基準及び得点配分に従い評価を行うとともに、説明責任を適切に果たすという観点から、落札者の決定に際して、評価の方法

[1)] 例えば、「国土交通省直轄工事における総合評価落札方式の運用ガイドライン」（国土交通省）を参照すること。

や内容を公表する。その際、技術提案が提案者の知的財産であることに鑑み、提案内容に関する事項が他者に知られることのないようにすること、提案者の了承を得ることなく提案の一部のみを採用することのないようにすること等その取扱いに留意する。

技術提案の評価において、提案内容の一部を改善することで、より優れたものとなる場合等には、提案を改善する機会を与えることができる。この場合、透明性の確保のため、技術提案の改善に係る過程の概要を速やかに公表する。なお、技術提案の改善を求める場合には、特定の者に対してのみ改善を求めるなど特定の者だけが有利となることのないようにする。

また、落札者を決定した場合には、技術提案について発注者と落札者の責任分担とその内容を契約上明らかにするとともに、履行を確保するための措置、履行できなかった場合の措置及び設計変更に当たっての措置について契約上取り決める。

（競争参加者の施工能力の適切な評価項目の設定等）

総合評価落札方式における施工能力の評価に当たっては、競争参加者や当該工事に配置が予定される技術者（以下「配置予定技術者」という。）の施工実績などを適切に評価項目に設定するとともに、必要に応じて災害時の工事実施体制の確保の状況や近隣地域での施工実績などの企業の地域の精通度や、技能労働者の技能（登録基幹技能者等の資格の保有など）等を評価項目に設定する。

また、必要に応じて、豊富な実績を有していない若手技術者や、女性技術者などの登用、民間発注工事や海外での施工経験を有する技術者の活用も考慮して、施工実績の代わりに施工計画を評価するほか、主任技術者又は監理技術者以外の技術者の一定期間の配置や企業によるバックアップ体制、災害時の活動実績を評価するなど、適切な評価項目の設定に努める。さらに、国土交通省が認定した一定水準の技術力等を証する民間資格を総合評価落札方式における評価の対象とするよう努める。

工事の目的や内容、技術力審査・評価の項目や求める施工計画又は技術提案のテーマが同一であり、かつ施工地域が近接する２以上の工事において、提出を求める技術資料の内容を同一のものとする一括審査方式や、工事の性格、地域の実情等を踏まえ、施工能力や実績等により競争参加者や技術者を評価する総合評価落札方式（施工能力評価型総合評価落札方式）を活用することなどにより、発注者と競争参加者双方の負担軽減に努める。

総合評価落札方式の実施方針や複数の工事に共通する評価方法を定める場合は、学識経験者の意見を聴き、個別工事の評価方法や落札者の決定については、工事の内容等を踏まえて、必要に応じて学識経験者の意見を聴く。地方公共団体における総合評価落札方式に係る学識経験者の意見聴取については、地方自治法施行令（昭和 22 年政令第 16 号）第 167 条の 10 の２第４項等に定める手続により行う。

必要に応じて、配置予定技術者に対するヒアリングを行うこと等により、競争参加者の評価を適切に行う。

また、工事の性格等に応じて、品質確保のための体制やその他の施工体制の確保状況を確認するために入札説明書等に記載された要求要件の確実な実施の可否を審査・評価する総合評価落札方式（施工体制確認型総合評価落札方式）の実施に努める。

（ダンピング受注の防止・予定価格の事後公表）

低入札による受注は、工事の手抜き、下請業者へのしわ寄せ、労働条件の悪化、安全対策の不徹底等につながることが懸念される。ダンピング受注を防止するため、国や他の発注者の取組状況を参考にしながら、適切に低入札価格調査基準又は最低制限価格を設定するなどの必要な措置を講じ、低入札価格調査制度又は最低制限価格制度の適切な活用を徹底する。低入札価格調査制度の実施に当たっては、入札参加者の企業努力による、より低い価格での落札の促進と工事の品質の確保の徹底の観点から、落札率（予定価格に対する契約価格の割合をいう。）と工事成績との関係についての調査実績等も踏まえて、適宜、低入札価格調査基準を見直す。なお、低入札価格調査の基準価格又は最低制限価格を定めた場合には、当該価格について入札の前には公表しないものとする。

予定価格については、入札前に公表すると、入札の際に適切な積算を行わなかった入札参加者が受注する事態が生じるなど、建設業者の真の技術力・経営力による競争を損ねる弊害が生じかねないこと等から、原則として事後公表とする。この際、入札前に入札関係職員から予定価格に関する情報等を得て入札の公正を害そうとする不正行為を抑止するため、談合等に対する発注者の関与を排除するための措置を徹底する。

なお、地方公共団体においては、予定価格の事前公表を禁止する法令の規定はないが、予定価格の事前公表を行う場合には、その適否について十分検討するとともに、入札の際に適切な積算を行わなかった入札参加者がくじ引きの結果により受注するなど、建設業者の技術力や経営力による適正な競争を損ねる弊害が生じないよう適切に取り扱うものとする。弊害が生じた場合には、速やかに事前公表の取りやめ等の適切な措置を講じる。

また、工事の入札に係る申込みの際、入札参加者に対して入札金額の内訳書の提出を求め、書類に不備（例えば内訳書の提出者名の誤記、工事件名の誤記、入札金額と内訳書の総額の相違等）がある場合には、原則として当該内訳書を提出した者の入札を無効とする。

（入札不調・不落時の見積りの活用等）

入札に付しても入札参加者又は落札者がなかった場合等、標準積算と現場の施工条件の乖離が想定される場合は、以下の方法を活用して予定価格や工期を適切に見直すことにより、できる限り速やかに契約を締結するよう努める。

・入札参加者から工事の全部又は一部について見積りを徴収し、その妥当性を適切に確認しつつ、当該見積りを活用することにより、積算内容を見直す方法

・設計図書に基づく数量、施工条件や工期等が施工実態と乖離していると想定される場合はその見直しを行う方法

例えば不落の発生時には、上記の方法を活用し、改めて競争入札を実施することを基本とするが、再度の入札をしても落札者がなく、改めて競争入札を実施することが困難な場合には、談合防止や公正性の確保、発注者としての地位を不当に利用した受注者に不利な条件での契約の防止の観点に留意の上、予算決算及び会計令（昭和 22 年勅令第 165 号）第 99 条の２又は地方自治法施行令第 167 条の２第１項第８号に基づく随意契約（いわゆる不落随契）の活用も検討する。

（公正性・透明性の確保、不正行為の排除）

公共工事標準請負契約約款に沿った契約約款に基づき、公正な契約を締結する。

入札及び契約に係る情報については、公共工事の入札及び契約の適正化の促進に関する法律（平成12年法律第127号）（以下「入契法」という。）第２章及び第17条第１項による公共工事の入札及び契約の適正化を図るための措置に関する指針（平成13年３月９日閣議決定）に基づき、適切に公表することとし、競争参加者に対し技術提案を求めて落札者を決定する場合には、あらかじめ入札説明書等により技術提案の評価の方法等を明らかにするとともに、早期に評価の結果を公表する。

また、入札監視委員会等の第三者機関の活用等により、学識経験者等の第三者の意見の趣旨に沿って、入札及び契約の適正化のため必要な措置を講ずるよう努めることとし、第三者機関の活用等に当たっては、各発注者が連携し、都道府県等の単位で学識経験者の意見を聴く場を設けるなど、運用面の工夫に努める。

入札及び契約の過程に関する苦情は、各発注者が受け付けて適切に説明を行うとともに、さらに不服のある場合の処理のため、入札監視委員会等の第三者機関の活用等により中立かつ公正に苦情処理を行う仕組みを整備するよう努める。

談合や贈収賄、一括下請負といった不正行為については、当該不正行為を行った者に対し指名停止等の措置を厳正に実施すること、談合があった場合における請負者の賠償金支払い義務を請負契約締結時に併せて特約すること（違約金特約条項）等により談合の結果として被った損害額の賠償の請求や建設業許可行政庁等への通知により、発注者の姿勢を明確にし、再発防止を図る。

また、入札及び契約に関し、私的独占の禁止及び公正取引の確保に関する法律（昭和22年法律第54号）第３条又は第８条第１項の規定に違反していると疑うに足りる事実があるときは、入契法第10条の規定に基づき、当該事実を公正取引委員会に通知するとともに、必要に応じて入札金額の内訳書の確認や、入札参加者から事情聴取を行い、その結果を通知する。なお、その実施に当たっては、公正取引委員会が行う審査の妨げとならないよう留意する。

１－３　工事施工段階

（施工条件の変化等に応じた適切な設計変更）

施工条件を適切に設計図書に明示し、設計図書に示された施工条件と実際の工事現場の状態が一致しない場合、設計図書に明示されていない施工条件について予期することのできない特別な状態が生じた場合、その他受注者の責によらない事由が生じた場合において、必要と認められるときは、設計図書の変更及びこれに伴って必要となる請負代金の額や工期の変更を適切に行う。その際、工期が翌年度にわたることとなったときは、繰越明許費を活用する。

また、労務単価、資材・機材等の価格変動を注視し、賃金水準又は物価水準の変動により受注者から請負代金額の変更（いわゆる全体スライド条項、単品スライド条項又はインフレスライド条項等）について請求があった場合は、変更の可否について迅速かつ適切に判断した上で、請負代金額の変更を行う。

（工事中の施工状況の確認等）

入契法第15条第1項の規定により読み替えて適用される建設業法第24条の7[1]（施工体制台帳の作成等）又は建設業法第22条（一括下請負の禁止）若しくは第26条（主任技術者及び監理技術者の設置）等に違反していると疑うに足りる事実があるときは、下請業者等も含め工事中の施工状況を確認の上で、入契法第11条に基づき、建設業許可行政庁等に通知する。

当該通知の適切な実施のために、現場の施工体制の把握のための要領[2]を策定し、必要に応じて公表するとともに、策定した要領に従って現場の施工体制等を適切に確認するほか、一括下請負など建設業法違反の防止の観点から、建設業許可行政庁等との連携を図る。

また、建設業法において、元請負人は下請代金のうち労務費相当については現金で支払うよう適切に配慮することが規定されたことや、品確法において、公共工事等に従事する者の賃金や適正な労働時間の確保等、下請業者を含め適正な労働環境の確保を促進することが規定されたことを踏まえ、発注者は、下請業者への賃金の支払いや適正な労働時間確保に関し、その実態を把握するよう努める。

工事期間中においては、その品質が確保されるよう、監督を適切に実施する。低入札価格調査の基準価格を下回って落札した者と契約した場合等においては、適切な施工がなされるよう、通常より施工状況の確認等の頻度を増やすことにより重点的な監督体制を整備する等の対策を実施する。

適正かつ能率的な施工を確保するとともに工事に関する技術水準の向上に資するため、出来形部分の確認等の検査やその他の施工の節目（不可視となる工事の埋戻しの前など）において、必要な技術的な検査（以下「技術検査」という。）を適切に実施する。

また、ICTを積極的に活用し、検査書類等の簡素化や作業の効率化を実施するとともに、必要に応じて発注者及び受注者以外の者であって品質管理に係る専門的な知識又は技術を有する第三者による品質証明制度やISO9001認証の活用に努める。

技術検査については、施工について改善を要すると認めた事項や現地における指示事項を書面により受注者に通知する。この技術検査の結果は工事の施工状況の評価（以下「工事成績評定」という。）に反映させる。

（施工現場における労働環境の改善）

労働時間の適正化、労働・公衆災害の防止、賃金の適正な支払、退職金制度の確立、社会保険等への加入など労働条件、安全衛生その他の労働環境の改善に努めることについて、必要に応じて元請業者及び下請業者の指導が図られるよう、関係部署と連携する。

こうした観点から、元請業者に対し社会保険等未加入業者との契約締結を禁止する措置や、請負代金内訳書への法定福利費の明示、社会保険等未加入業者を確認した際に建設業許可行政庁又は社会保険等担当部局へ通報すること等の措置を講ずることにより、下請業者も含めてその排除を図る。

---

[1] 建設業法及び公共工事の入札及び契約の適正化の促進に関する法律の一部を改正する法律（令和元年法律第30号）の施行により、令和2年10月1日以降第24条の8に移行。

[2] 例えば、「工事現場等における施工体制の点検要領」（国土交通省）など。

下請業者や労働者等に対する円滑な支払を促進するため、支払限度額の見直し等による前金払制度の適切な運用、中間前金払・出来高部分払制度や下請セーフティネット債務保証事業又は地域建設業経営強化融資制度の活用等により、元請業者の資金調達の円滑化を図る。

既に中間前金払制度を導入している場合には、発注者側からその利用を促すこと及び手続の簡素化・迅速化を図ること等により、受注者にとって当該制度を利用しやすい環境の整備に努める。

受注者へ熱中症対策や寒冷対策の実施、快適トイレの設置、ICT 建設機械等の積極的な導入などを促し、作業の効率化等を実施するよう努める。

（受注者との情報共有や協議の迅速化等）

設計思想の伝達及び情報共有を図るため、設計者、施工者、発注者（設計担当及び工事担当）が一堂に会する会議（地質調査業者、専門工事業者、建築基準法（昭和 25 年法律第 201 号）第２条に規定する工事監理者も適宜参画）を、施工者が設計図書の照査等を実施した後及びその他必要に応じて開催するよう努める。

また、クリティカルパスを明示した工事工程について、受発注者間で共有し、受注者からの協議等について、速やかかつ適切な回答（ワンデーレスポンス等）に努める。

変更手続の円滑な実施を目的として、設計変更が可能になる場合の例、手続の例、工事一時中止が必要な場合の例及び手続に必要となる書類の例等についてとりまとめた指針[1]の策定に努め、これを活用する。

設計変更の手続の迅速化等を目的として、発注者と受注者双方の関係者が一堂に会し、設計変更の妥当性の審議及び工事の中止等の協議・審議等を行う会議を、必要に応じて開催するよう努める。

工事に関する情報の集約化・可視化を図るため、BIM/CIM や３次元データを積極的に活用するとともに、さらに情報を発注者と受注者双方の関係者で共有できるよう、情報共有システム等の活用の推進に努める。また、材料検査や出来形確認などの現場臨場を要する検査については、ウェアラブルカメラ等を活用し、発注者と受注者双方の省力化の積極的な推進に努め、情報共有が可能となる環境整備を行う。

また、受発注者双方の省力化のため、書類の簡素化を積極的に推進する。

１－４　工事完成後

（適切な技術検査・工事成績評定等）

受注者から工事完成の通知があった場合には、契約書等に定めるところにより、定められた期限内に工事の完成を確認するための検査を行うとともに、同時期に技術検査も行い、その結果を工事成績評定に反映させ、受注者へ速やかに通知する。

技術検査については、施工について改善を要すると認めた事項や現地における指示事項を書面により受注者に通知する。

---

[1] 例えば、工事請負契約における設計変更ガイドライン（総合版）」（国土交通省 関東地方整備局）など。

各発注者は、工事成績評定を適切に行うために必要となる要領[1]や技術基準をあらかじめ策定する。

また、ICT の積極的な活用により、検査書類等の簡素化や作業の効率化に努めるとともに、必要に応じて、発注者及び受注者以外の者であって品質管理に係る専門的な知識又は技術を有する第三者による品質証明制度や ISO9001 認証の活用に努める。

工事の実績等については、コリンズを積極的に活用し、発注者間での情報の共有に努める。

さらに工事の成果は、将来の維持管理業務に有効活用出来るようにするとともに、将来の AI 活用等によるデータ利活用環境の構築のため、受注者が適切な形式で保存した電子データを工事の成果品として受領し、適切な期間保存する。その際、オンライン電子納品の推進に努めるとともに、データがクラウド上で簡単にアクセスできる環境を構築するよう努める。

地盤状況に関する情報の把握のための地盤調査（ボーリング等）を行った際には、位置情報、土質区分、試験結果等を確認するとともに、情報を関係者間で共有できるよう努める。

（完成後一定期間を経過した後における施工状況の確認・評価）

工事の性格、地域の実情等を踏まえ、必要に応じて完成後の一定期間を経過した後において施工状況の確認及び評価を実施するよう努める。

（工事の目的物の適切な維持管理）

工事の目的物（橋梁、トンネル、河川堤防、公共建築物、港湾施設等（既に完成しているものを含む。）をいう。以下同じ。）を管理する者は、その品質が将来にわたり確保されるよう、適切に点検、診断、維持、修繕等を実施し、その際３次元データやICTの活用に努めるとともに、工事の目的物の維持管理に係る計画策定、業務・工事発注準備等の各段階において、発注関係事務を適切に実施するよう努める[2]。また、権限代行による事業の整備など、工事の発注者と工事の目的物を管理する者が異なる場合においても同様に、工事の目的物を管理する者は発注関係事務を適切に実施するよう努める。

１－５　その他

発注者と競争参加者双方の負担を軽減し、競争性を高める観点から、入札及び契約に関する ICT の活用の推進、書類・図面等の簡素化及び統一化を図るとともに、競争参加者の資格審査などの手続の統一化に努める。

---

[1] 例えば、「請負工事成績評定要領」（国土交通省）など。

[2] ビルメンテナンス業務については、「ビルメンテナンス業務に係る発注関係事務の運用に関するガイドライン」（厚生労働省）を活用すること。

2　測量、調査及び設計

2－1　業務発注準備段階

（業務に必要な情報等の適切な把握・活用）

業務の発注の準備として、業務の目的を明確にし、地形、地物、地質、地盤、自然環境、関係者などの業務の履行に必要な情報を適切に把握する。その際、BIM/CIM、３次元データや情報共有システム等 ICT の積極的な活用に努める。

（業務の内容等に応じた入札契約方式の選択）

業務の発注に当たっては、本指針を踏まえ、業務の内容や地域の実情等に応じ、プロポーザル方式、総合評価落札方式、価格競争方式、コンペ方式等の適切な入札契約方式[1]を選択するよう努める。なお、業務の内容等に応じた入札契約方式の選択・活用等については、「Ⅳ．多様な入札契約方式の選択・活用」に具体的に記載している。

また、自らの発注体制や地域の実情等により、適切な入札契約方式の選択・活用の実施が困難と認められる場合は、国、都道府県や外部の支援体制の活用に努める。

（予算、事業計画等を考慮した業務発注計画の作成）

地域の実情等を踏まえ、予算、事業計画、工事の発注時期、業務内容等を考慮し、各業務の手続期間や履行期限を考慮して、業務の計画的な発注を行う。

（現場条件等を踏まえた適切な設計図書の作成）

業務の発注に当たっては、業務の履行に必要な諸条件を設計図書へ反映する。また、業務の実施の際に必要となる関係機関との調整や住民合意、現場の実態に即した条件（自然条件を含む。）の明示等により、適切に設計図書を作成し、積算内容との整合を図る。

また、業務の発注段階において履行条件等を具体的に確定できない場合には、積算上の条件と、当該条件が設計変更の対象となる旨も明示する。

（適正利潤の確保を可能とするための予定価格の適正な設定）

予定価格の設定に当たっては、技術者が中長期的に育成及び確保されるために、業務を履行する者が適正な利潤を確保することができるよう、適切に作成された設計図書に基づき、経済社会情勢の変化を勘案し、市場における技術者単価及び資材・機材等の取引価格、履行の実態等を的確に反映した積算を行う。

---

[1] 例えば、「建設コンサルタン業務等におけるプロポーザル方式及び総合評価落札方式の運用ガイドライン」（国土交通省）を参照すること。

積算に当たっては、業務に従事する者の週休２日の確保や労働環境の改善状況、ICT の活用状況を含めた現場の実態把握に努めるとともに、これに即した履行条件を踏まえた上で最新の積算基準等を適用する。
積算に用いる価格が実勢価格と乖離しないよう、可能な限り、最新の技術者単価、入札月における資材・機材等の実勢価格を適切に反映する。積算に用いる価格が実勢価格と乖離しているおそれがある場合には、適宜見積り等を徴収し、その妥当性を確認した上で適切に予定価格を設定する。さらに、最新の業務履行の実態や地域特性等を踏まえて積算基準を見直すとともに、遅滞なく適用する。
また、適正な積算に基づく設計金額の一部を控除して予定価格とするいわゆる歩切りは、品確法第７条第１項第１号の規定に違反すること等から、これを行わない。
一方、予定価格の設定に当たっては、経済社会情勢の変化の反映、業務に従事する者の労働環境の改善、適正な利潤の確保という目的を超えた不当な引上げを行わない。

（適正な履行期間の設定）

労働基準法に基づき、平成 31 年４月１日より順次、罰則付きの時間外労働規制が適用されていることから、適正な履行期間の設定等の働き方改革への対応を進めていく必要がある。
履行期間の設定に当たっては、業務の内容や、規模、方法、地域の実情等を踏まえた業務の履行に必要な日数のほか、必要に応じて、準備期間、照査期間や週休２日を前提とした業務に従事する者の休日、天候その他のやむを得ない事由により業務の履行が困難であると見込まれる日数や関連する別途発注業務の進捗等を考慮する。

（計画的な発注や履行期間の平準化等）

業務の履行期間の平準化は、繁忙期と閑散期の業務量の差を少なくし、年度末の業務の集中を回避させることに寄与するものであるため、発注者は積極的に以下の取組を実施する。

＜発注見通しの統合・公表の実施＞

工事に係る業務の中長期的な発注見通しについて、工事とあわせて、発注者の取組や地域の実情等を踏まえて各発注者と連携して作成し、地域ブロック毎に組織される地域発注者協議会等を通じて、地域ブロック単位等で統合して公表するよう努める。
さらに、当該年度の業務の詳細な発注見通しについて、原則として四半期毎に地域ブロック単位等で統合して公表するよう努める。

＜繰越明許費・債務負担行為の活用や入札公告の前倒し＞

年度当初からの予算執行の徹底、繰越明許費の適切な活用や債務負担行為の積極的な活用による年度末の業務の集中を回避するといった予算執行上の工夫等により、適正な履行期間を確保しつつ、業務の履行期間の平準化や履行期限の分散に取り組む。
また、発注者としての国及び特殊法人等は、年度当初から履行されなければ事業を執行する上で支障をきたす、又は適切な履行期間の確保が困難となる業務については、条件を明示した上で予算成立を前提とした入札公告の前倒しを行い、計画的な発注に努める。

＜取組事例等の情報共有＞

地域発注者協議会等において、履行期間の平準化の取組状況を確認するとともに、国や各地方公共団体における先進事例を共有する。

２－２　業務入札契約段階

（適切な競争参加資格の設定）

＜競争に参加する資格を有する者の名簿の作成に際しての競争参加資格審査＞

各発注者において設定する審査項目の選定に当たっては、競争性の低下につながることがないよう留意する。

＜個別業務の入札に際しての参加資格条件＞

業務の内容、地域の実情等を踏まえ、業務の経験及び成績や地域要件など、競争性の確保に留意しつつ、適切な競争参加資格条件を設定する。その際、必要に応じて、豊富な実績を有していない若手技術者や、女性技術者などの登用、海外での業務経験を有する技術者の活用も考慮した要件緩和など適切な競争参加資格条件の設定に努める。

業務実績を競争参加資格に設定する場合は、業務の技術特性、自然条件、社会条件等を踏まえて具体的に設定し、業務実績の確認に当たっては、同種・類似の実績が無いものは選定又は指名及び技術提案書の提出要請を行わない等により履行能力のない者を排除するなど適切な審査を実施する。

また、暴力団員等がその事業活動を支配している企業、その他業務に関する諸法令を遵守しない企業等の不良不適格業者の排除の徹底を図る。

さらに、技術者の資格や実績をテクリス（業務実績情報システム）やPUBDIS※（公共建築設計者情報システム）等（以下「テクリス等」という。）へ登録するよう受注者へ促すとともに、技術者の情報を一元的に把握できる取組（技術者情報ネットワーク）の活用を図る等、発注者と競争参加者の負担軽減等に努める。また、必要に応じて、所要の知識・技術・資格を備えている技術者の仕様書への位置付けや、手持ち業務量の制限など、業務の品質確保に向けた施策を検討する。

※Public Building Designers Information Systemの略

（業務の内容に応じた技術提案の評価内容の設定）

発注者は、一定の資格、実績、成績等のみを競争参加資格条件とすることにより品質を確保できる業務などを除き、技術提案を求めるよう努める。特に、技術的に高度又は専門的な技術が要求される業務、地域特性を踏まえた検討が必要となる業務においては、プロポーザル方式により技術提案を求める。

技術提案書の特定及び落札者決定に当たり、必要に応じて中立かつ公正な立場から判断できる学識経験者の意見を聴取する。

技術提案を求める場合には、技術提案に係る事務負担に配慮するとともに、業務の内容、地域の実情等を踏まえた適切な評価内容を設定する。

技術提案の評価は、事前に提示した評価項目、評価基準及び得点配分に従い評価を行うとともに、説明責任を適切に果たすという観点から、技術的に最適な者の特定又は落札者の決定に際して、評価の方法や内容を速やかに公表する。その際、技術提案が提案者の知的財産であることに鑑み、提案内容に関する事項が他者に知られることのないようにすること、提案者の了承を得ることなく提案の一部のみを採用することのないようにすること等その取扱いに留意する。

また、プロポーザル方式で特定した技術提案書の内容については、特記仕様書に適切に反映するものとし、総合評価落札方式で落札者を決定した場合には、技術提案について発注者と落札者の責任の分担とその内容を契約上明らかにするとともに、その履行を確保するための措置や履行できなかった場合の措置について契約上取り決める。

（業務内容等に応じた適切な評価項目の設定等）

プロポーザル方式及び総合評価落札方式における技術的要件及び入札の評価に当たっては、参加表明者や当該業務の配置予定技術者の実績などを適切に評価項目に設定するとともに、必要に応じて地域の精通度等を評価項目に設定する。

また、必要に応じて、豊富な実績を有していない若手技術者や、女性技術者などの登用、海外での業務経験を有する技術者の活用等も考慮するとともに、業務の内容に応じて国土交通省が認定した一定水準の技術力等を証する民間資格を評価の対象とするよう努める。

業務の目的や内容、技術力審査・評価の項目や技術提案のテーマが同一である場合は、提出を求める技術資料の内容を同一のものとする一括審査方式などを活用することにより、発注者と競争参加者双方の負担軽減に努める。

プロポーザル方式及び総合評価落札方式の実施方針や複数の業務に共通する評価方法を定める場合は、学識経験者の意見を聴き、個別業務の評価方法については、業務の内容等を踏まえて、必要に応じて学識経験者の意見を聴く。地方公共団体における総合評価落札方式に係る学識経験者の意見聴取については、地方自治法施行令第 167 条の 10 の２第４項等に定める手続により行う。

必要に応じて、配置予定技術者に対するヒアリングを行うこと等により、競争参加者の評価を適切に行う。

また、業務の性格等に応じて、品質確保体制やその他の履行確実性の審査・評価の実施に努める。

（ダンピング受注の防止・予定価格の事後公表）

低入札による受注は、業務の手抜き、下請業者へのしわ寄せ、労働条件の悪化、安全対策の不徹底等につながることが懸念される。ダンピング受注を防止するため、国や他の発注者の取組状況を参考にしながら、適切に低入札価格調査基準又は最低制限価格を設定するなどの必要な措置を講じ、低入札価格調査制度又は最低制限価格制度の適切な活用を徹底する。低入札価格調査制度の実施に当たっては、入札参加者の企業努力による、より低い価格での落札の促進と業務の品質の確保の徹底の観点から、落札率（予定価格に対する契約価格の割合をいう。）と業務成績との関係についての調査実績等も踏まえて、適宜、低入札価格調査基準を見直す。なお、低入札価格調査の基準価格又は最低制限価格を定めた場合には、当該価格について入札の前には公表しないものとする。

予定価格については、入札前に公表すると、入札の際に適切な積算を行わなかった入札参加者が受注する事態が生じるなど、入札参加者の真の技術力・経営力による競争を損ねる弊害が生じかねないこと等から、原則として事後公表とする。この際、入札前に入札関係職員から予定価格に関する情報等を得て入札の公正を害そうとする不正行為を抑止するため、談合等に対する発注者の関与を排除するための措置を徹底する。

なお、地方公共団体においては、予定価格の事前公表を禁止する法令の規定はないが、予定価格の事前公表を行う場合には、その適否について十分検討するとともに、入札の際に適切な積算を行わなかった入札参加者がくじ引きの結果により受注するなど、技術力や経営力による適正な競争を損ねる弊害が生じないよう適切に取り扱うものとする。弊害が生じた場合には、速やかに事前公表の取りやめ等の適切な措置を講じる。

また、業務の入札に係る申込みの際、必要に応じて入札参加者に対して入札金額の内訳書の提出を求め、書類に不備（例えば内訳書の提出者名の誤記、業務件名の誤記、入札金額と内訳書の総額の相違等）がある場合には、原則として当該内訳書を提出した者の入札を無効とする。

（入札不調・不落時の見積りの活用等）

入札に付しても入札参加者又は落札者がなかった場合等、標準積算と業務の履行条件の乖離が想定される場合は、以下の方法を活用して予定価格や履行期間を適切に見直すことにより、できる限り速やかに契約を締結するよう努める。

- ・入札参加者から業務の全部又は一部について見積りを徴収し、その妥当性を適切に確認しつつ、当該見積りを活用することにより、積算内容を見直す方法
- ・設計図書に基づく数量、履行条件や履行期間等が実態と乖離していると想定される場合はその見直しを行う方法

例えば不落の発生時には、上記の方法を活用し、改めて競争入札を実施することを基本とするが、再度の入札をしても落札者がなく、改めて競争入札を実施することが困難な場合には、談合防止や公正性の確保、発注者としての地位を不当に利用した受注者に不利な条件での契約の防止の観点に留意の上、予算決算及び会計令第 99 条の２又は地方自治法施行令第 167 条の２第１項第８号に基づく随意契約（いわゆる不落随契）の活用も検討する。

（公正性・透明性の確保、不正行為の排除）

公共土木設計業務等標準委託契約約款（平成７年５月 26 日建設省経振発第 49 号）又は公共建築設計業務標準委託契約約款（平成８年２月 23 日建設省住指発第 47 号）に沿った

契約約款に基づき、公正な契約を締結する。

入札及び契約に係る情報については、工事に準じて適切に公表することとし、競争参加者に対し技術提案を求めて落札者を決定する場合には、あらかじめ入札説明書等により技術提案の評価の方法等を明らかにするとともに、早期に評価の結果を公表する。

また、入札監視委員会等の第三者機関の活用等により、学識経験者等の第三者の意見の趣旨に沿って、入札及び契約の適正化のため必要な措置を講ずるよう努めることとし、第三者機関の活用等に当たっては、各発注者が連携し、都道府県等の単位で学識経験者の意見を聴く場を設けるなど、運用面の工夫に努める。

入札及び契約の過程に関する苦情は、各発注者が受け付けて適切に説明を行うとともに、さらに不服のある場合の処理のため、入札監視委員会等の第三者機関の活用等により中立かつ公正に苦情処理を行う仕組みを整備するよう努める。

談合や贈収賄等の不正行為については、当該不正行為を行った者に対し指名停止等の措置を厳正に実施すること、談合があった場合における請負者の賠償金支払い義務を請負契約締結時に併せて特約すること（違約金特約条項）等により談合の結果として被った損害額の賠償の請求により、発注者の姿勢を明確にし、再発防止を図る。

2－3　業務履行段階

（設計条件の変化等に応じた適切な設計変更）

設計条件を適切に設計図書に明示し、関連業務の進捗状況等、業務に係る様々な要因を適宜確認し、設計図書に示された設計条件と実際の条件が一致しない場合、設計図書に明示されていない設計条件について予期することのできない特別な状態が生じた場合、その他受注者の責によらない事由が生じた場合において、必要と認められるときは、設計図書の変更及びこれに伴って必要となる契約額や履行期間の変更を適切に行う[1)]。その際、履行期間が翌年度にわたることとなったときは、繰越明許費を活用する。

また、賃金水準又は物価水準の変動により受注者から業務委託料の変更について請求があった場合は、変更の可否について迅速かつ適切に判断した上で、業務委託料の変更を行う。

（履行状況の確認等）

履行期間中においては、業務成果の品質が適切に確保されるよう、適正な業務執行を図るため、休日明け日を依頼の期限日にしない等のウイークリースタンスの適用や条件明示チェックシートの活用[2)]、スケジュール管理表の運用の徹底等により、履行状況の確認を適切に実施するよう努める。

さらに必要に応じて、発注者及び受注者以外の者であって専門的な知識又は技術を有するものの活用に努める。

また、必要に応じて、受注者の照査体制の確保や照査の実施状況について確認する。

[1)] 例えば、「土木設計業務等変更ガイドライン」（国土交通省）を参照すること。
[2)] 例えば、「条件明示ガイドライン（案）」（国土交通省）を参照すること。

（労働環境の改善）

労働時間の適正化や労働・公衆災害の防止、賃金の適正な支払、退職金制度の確立、社会保険等への加入など労働条件、安全衛生その他の労働環境の改善に努めることについて、必要に応じて受注者への指導が図られるよう、関係部署と連携する。

賃金の適正な支払い等を促進するため、前金払制度の活用、既に前金払制度を導入している場合には、支払限度額の見直し等による前金払制度の適切な運用等により、受注者の資金調達の円滑化を図る。

現地調査を行う業務においては、受注者へ熱中症対策や寒冷対策の実施、ICT 等の積極的な導入などを促し、作業の効率化等を実施するよう努める。

（受注者との情報共有や協議の迅速化等）

受注者からの協議等について、迅速かつ適切な回答に努めるとともに、データがクラウド上で簡単にアクセスできる基盤を構築するよう努める。

設計業務については、設計条件や施工の留意点、関連事業の情報確認及び設計方針の明確化を行い受発注者間で共有するため、発注者と受注者による合同現地踏査の実施に努める。

特に地質情報の不確実性が高い現場における業務の合同現地踏査等には、地質調査等の受注者等が参画するよう努める。

変更手続の円滑な実施を目的として、設計変更が可能になる場合の例、手続の例及び手続に必要となる書類の例等についてとりまとめた指針の策定に努め、これを活用する。

業務に関する情報の集約化・可視化を図るため、BIM/CIM や３次元データを積極的に活用するとともに、さらに情報を発注者と受注者双方の関係者で共有できるよう、情報共有システム等の活用の推進に努める。また、テレビ会議や現地調査の臨場を要する確認等におけるウェアラブルカメラの活用などにより、発注者と受注者双方の省力化の積極的な推進に努め、情報共有が可能となる環境整備を行う。

２－４　業務完了後

（適切な検査・業務成績評定等）

受注者から業務完了の通知があった場合には、契約書等に定めるところにより、定められた期限内に業務の完了を確認するための検査を行い、その結果を業務成績評定に反映させ、受注者へ速やかに通知する。

各発注者は業務成績評定を適切に行うために必要となる要領[1]や技術基準の策定に努める。

また、ICT の積極的な活用により、検査書類等の簡素化や作業の効率化に努める。

業務の実績等については、テクリス等を積極的に活用し、発注者間での情報の共有に努める。業務の成果は、将来の AI 活用等によるデータ利活用環境の構築のため、受注者が適切な形式で保存した電子データを業務の成果品として受領し、適切な期間保存する。そ

---

[1] 例えば、「委託業務等成績評定要領」（国土交通省）など

の際、オンライン電子納品の推進に努めるとともに、データがクラウド上で簡単にアクセスできる環境を構築するよう努める。

地盤状況に関する情報の把握のための地盤調査（ボーリング等）を行った際には、位置情報、土質区分、試験結果等を確認するとともに、情報を関係者間で共有できるよう努める。

２－５　その他

発注者と競争参加者双方の負担を軽減し、競争性を高める観点から、入札及び契約に関するICT活用の推進、書類・図面等の簡素化及び統一化を図るとともに、競争参加者の資格審査などの手続の統一化に努める。

3　発注体制の強化等

各発注者は、発注関係事務を適切に実施するための環境整備として、以下の事項に取り組む。

3－1　発注体制の整備等

（発注者自らの体制の整備）

各発注者において、自らの発注体制を把握し、体制が十分でないと認められる場合には発注関係事務を適切に実施することができる体制を整備するとともに、国及び都道府県等が実施する講習会や研修を職員に受講させるなど国及び都道府県等の協力・支援も得ながら、発注関係事務を適切に実施することができる職員の育成に積極的に取り組むよう努める。国及び都道府県は、発注体制の整備が困難な発注者に対する必要な支援に努める。

（外部からの支援体制の活用）

各発注者において発注関係事務を適切に実施することが困難であると認められる場合には、国及び都道府県による協力や助言等を得ることなどにより、発注関係事務を適切に実施することができる者の活用に努める。

また、地方公共団体等において国及び都道府県以外の者を活用し、発注関係事務の全部又は一部を行わせることが可能となるよう、国及び都道府県は、公正な立場で継続して円滑に発注関係事務を遂行することができる組織や、発注関係事務を適切に実施することができる知識・経験を有している者を適切に評価することにより、発注関係事務を適切に実施することができる者の選定を支援するとともに、その者の育成・活用の促進に努める。

3－2　発注者間の連携強化

（工事・業務成績データの共有化・相互活用等）

技術提案の適切な審査・評価、監督・検査、工事・業務成績評定等の円滑な実施に資するため、各発注者間における要領・基準類の標準化・共有化に努めるとともに、その他の入札契約制度に係る要領等についても、その円滑かつ適切な運用に資するため、地域発注者協議会等の場を通じて、各発注者間における共有化に努める。

最新の施工実態や地域特性等を踏まえた積算基準等の各工事や業務への適用が可能となるように、積算システム等の各発注者間における標準化・共有化に努める。また、新規参入を含めた事業者の技術的能力の審査を公正かつ効率的に行えるよう、各発注者が発注した工事・業務の内容や成績評定、当該工事・業務を担当した技術者に関するデータの活用に努める。

工事・業務成績評定については、評定結果の発注者間の相互利用を促進するため、各発注者間の連携により評定項目、評定方法の標準化を進める。

各発注者は工事・業務の性格等を踏まえ、その成績評定に関する資料のデータベースを整備し、データの共有化を進める。

（発注者間の連携体制の構築）

各発注者は、本指針を踏まえて発注関係事務を適切かつ効率的に運用できるよう、地域ブロック毎に組織される地域発注者協議会等に協力し、発注者間の情報交換や連絡・調整を行うとともに、発注者共通の課題への対応や各種施策の推進を図る。

また、地域発注者協議会等を通じて、各発注者の発注関係事務の実施状況等を把握するとともに、それを踏まえて、各発注者は発注関係事務の適切かつ効率的な運用の実施のために必要な連携や調整を行い、支援を必要とする市町村等の発注者は、地域発注者協議会等を通じて、国や都道府県の支援を求める。さらに、国土交通省が全国の事務所等に設置している「品確法運用指針に関する相談窓口」を活用し、実務担当者間での意見交換等を実施するための体制を構築する。

Ⅲ．災害時における対応

1　工事[1)]

1－1　災害時における入札契約方式の選定

災害時の入札契約方式の選定にあたっては、工事の緊急度を勘案し、随意契約等を適用する。

災害協定の締結状況や施工体制、地理的状況、施工実績等を踏まえ、最適な契約の相手を選定するとともに、書面での契約を行う。

災害発生後の緊急対応にあたっては、手続の透明性、公平性の確保に努めつつ、早期かつ確実な施工が可能な者を選定することや、概算数量による発注を行った上で現地状況等を踏まえて契約変更を行うなど、工事の緊急度に応じた対応も可能であることに留意する。

（随意契約）

発災直後から一定の間に対応が必要となる道路啓開、航路啓開、がれき撤去、流木撤去、漂流物撤去等の災害応急対策や、段差解消のための舗装修繕、堤防等河川管理施設の復旧、砂防施設の復旧、岸壁などの港湾施設の復旧、代替路線が限定される橋梁や路面の復旧、官公庁施設や学校施設の復旧などの緊急性が高い災害復旧に関する工事等は、被害の最小化や社会経済の回復等の至急の現状復帰の観点から、随意契約（会計法第 29 条の３第４項又は地方自治法施行令第 167 条の２）を活用するよう努める。

契約の相手方の選定にあたっては、被災地における維持工事等の実施状況、災害協定の締結状況、企業の本支店の所在地の有無、企業の被災状況、近隣での施工実績等を勘案し、早期かつ確実な施工の観点から最も適した者を選定する。

また、必要に応じて、発注者が災害協定を締結している業界団体から会員企業に関する情報提供を受け、施工体制を勘案し契約相手を選定する方法の活用にも努める。

（指名競争入札）

災害復旧に関する工事のうち、随意契約によらないものであって、出水期や降雪期等の一定の期日までに復旧を完了させる必要がある工事など、契約の性質又は目的により競争に加わるべきものが少数で一般競争入札に付する必要がないものにあっては、指名競争入札（会計法第 29 条の３第３項又は地方自治法施行令第 167 条）を活用するよう努める。

指名競争入札を行う際は、有資格者名簿の中から、本支店・営業所の所在地、同種・類似工事の施工実績、手持ち工事の状況、応急復旧工事の施工実績等を考慮して、確実な履行が期待できる者を指名する。その際、過去の指名及び受注の状況を勘案して特定の者に偏らないよう配慮する。また、指名基準の公表等を通じて、透明性・客観性・競争性を向上させ、発注者の恣意性を排除する必要があることに留意する。

また、必要に応じて品質確保のため施工能力を評価する総合評価落札方式を適用する。

[1)] 災害時における対応については、「災害復旧工事における入札契約方式の適用ガイドライン」（国土交通省）を参照すること。

（一般競争入札）

入札参加資格要件の設定にあたっては、工事の性格、地域の実情等を踏まえ、工事の経験及び成績や地域要件などを適切に設定するとともに、総合評価落札方式における施工能力の評価に当たっては、災害応急対策等の実績を評価するなど、適切な評価項目の設定に努める。また、競争参加者が比較的多くなることが見込まれる工事においては、手続期間を考慮した上で、必要に応じて、段階的選抜方式の活用に努める。

１－２　現地の状況等を踏まえた発注関係事務に関する措置

災害応急対策や災害復旧に関する工事の早期実施、発注関係事務の負担軽減、復旧・復興を支える担い手の確保等の観点から、災害の状況や地域の実情に応じて、発注関係事務に関して必要な措置を講じる。

（１）確実な施工確保、不調・不落対策

（実態を踏まえた積算の導入等）

災害発生後は、一時的に需給がひっ迫し、労働力や資材・機材等の調達環境に変化が生じることがある。このため、積算に用いる価格が実際の取引価格と乖離しているおそれがある場合には、積極的に見積り等を徴収し、その妥当性を確認した上で適切に予定価格を設定する。遠隔地から労働力や資材・機材等を調達する必要がある場合など発注準備段階において施工条件を具体的に確定できない場合には、積算上の条件と当該条件が設計変更の対象となる旨も明示する。

災害復旧・復興による急激な工事量の増加により特定の地域において既存の積算基準類と実態に乖離が生じる場合には、不調・不落の発生状況を踏まえ、市場の変化を的確に把握し、必要に応じて復興係数や復興歩掛を設定又は活用する等、実態を踏まえた積算を実施するよう努める。また、必要に応じて不調随契や不落随契の活用も検討する。

また、作業中の二次災害等により負傷、疾病、障害又は死亡等の被害が発生した場合の損害を補償するための保険の経費についても計上するよう努める。

（指名競争入札におけるダンピング対策等）

低入札による受注は、工事の手抜き、下請業者へのしわ寄せ、労働条件の悪化、安全対策の不徹底等につながることが懸念されるとともに、平常時と同等とは言えない競争環境であることも想定されることから、状況を丁寧に把握した上で、確実かつ円滑な施工ができる者のみを対象とする指名競争入札の適用などを検討する。

（前払金限度額の引き上げ等）

復旧事業を円滑に実施するために必要となる労働力や資材・機材等の確保を図るため、速やかに受注者へ前払金を支払うことは重要であり、東日本大震災の復旧事例等も参考にしつつ、現地の状況等を踏まえ、関係機関と連携しながら、前払金限度額の引き上げ等の適切な対応を実施するよう努める。

（２）発注関係事務の効率化

（一括審査方式の活用）

発注者と競争参加者双方の入札事務手続の負担軽減の観点に加え、特定の企業への受注の集中を回避して、技術者や資材が確保された施工体制を整えている複数の企業により確実かつ円滑な施工が行われる観点から、一括審査方式を積極的に活用するよう努める。

（３）災害復旧・復興工事の担い手の確保

（共同企業体等の活用）

工事規模の大型化や工事量の急増により、単体での施工が可能な企業数が相対的に減少することも想定される場合には、必要に応じて地域の建設企業が継続的な協業関係を確保することにより、その実施体制を安定確保するために結成される地域維持型建設共同企業体や事業協同組合等を活用するよう努める。

（参加可能額の拡大）

担い手の確保とロットの大型化による早期の復旧の実現という双方の観点から、今後の等級別の発注の見通しも踏まえ、必要に応じて、等級ごとのバランスに配慮しつつ、工事価格帯の上限を引き上げる措置の実施を検討する。

（４）迅速な事業執行

（政府調達協定対象工事における適用）

平常時における政府調達に関する協定（以下「WTO 協定」という。）の対象工事は、一般競争入札（公開入札）に付すことが原則となるが、災害時、緊急の必要により競争に付することができない復旧工事は、必要に応じて WTO 協定第 13 条を踏まえた随意契約（限定入札）を適用し、早期復旧を実施するよう努める。

（WTO 協定の対象工事における手続日数の短縮）

WTO 協定の対象工事は、一般競争入札にあっては入札期日の前日から起算して少なくとも 40 日前に官報により公告することとされているが、急を要する場合は、その期間を 10 日に短縮することも認められていることから、現地の状況を踏まえ適切な手続期間を設定する。

（５）早期の災害復旧・復興に向けた取組

（事業促進 PPP 等による民間事業者のノウハウの活用）

災害発生後、災害応急対策や災害復旧に関する工事の実施方針の決定や災害査定申請書の作成、災害応急対策や災害復旧に関する工事の発注、監督など一連の災害対応を迅速かつ的確に実施するため、災害の規模や発注者の体制を勘案し、必要に応じて、事業促進 PPP※方式[1]や CM※方式[2]等による民間事業者のノウハウを活用するよう努める。

特に大規模な災害において、発注者のマンパワーやノウハウ不足の補完等を図るとともに、事業費の適切な管理や地元建設企業の活用というニーズにも対応しつつ事業を実施する場合には、東日本大震災の復興市街地整備事業において実施された復興 CM 方式[3]を必要に応じて参考とする。

※ Public Private Partnership の略

※ Construction Management の略

（技術提案・交渉方式）

復旧・復興においては、緊急度が高く、プロジェクトの早い段階から施工者のノウハウが必要となる工事の場合、早期の復旧・復興を実現するため、設計に施工者のノウハウを取り込む技術協力・施工タイプ（ECI※方式）等の技術提案・交渉方式[4]を適用するよう努める。

※ Early Contractor Involvement の略

---

[1] 例えば、「国土交通省直轄の事業促進 PPP に関するガイドライン」（国土交通省）を参照すること。

[2] 例えば、「国土交通省直轄事業における発注者支援型ＣＭ方式の取組み事例集（案）」（国土交通省）を参照すること。

[3] 例えば、「東日本復興 CM 研究会の検証と今後の活用に向けた研究会報告書」（国土交通省）を参照すること。

[4] 例えば、「国土交通省直轄工事における技術提案・交渉方式の適用ガイドライン」（国土交通省）を参照すること。

2　測量、調査及び設計

2－1　災害時における入札契約方式の選定

災害時の入札契約方式の選定にあたっては、業務の緊急度を勘案し、随意契約等を適用する。

災害協定の締結状況や履行体制、地理的状況、業務実績等を踏まえ、最適な契約相手を選定するとともに、書面での契約を行う。

災害発生後の緊急対応にあたっては、手続きの透明性、公平性の確保に努めつつ、早期かつ確実な履行が可能な者を選定することや、概算数量による発注を行った上で現地状況等を踏まえて契約変更を行うなど、業務の緊急度に応じた対応も可能であることに留意する。

（随意契約）

緊急点検、災害状況調査、航空測量等、発災後の状況把握や、発災直後から一定の間に対応が必要となる道路啓開、航路啓開、がれき撤去、流木撤去、漂流物撤去等の災害応急対策や、段差解消のための舗装修繕、堤防等河川管理施設の復旧、砂防施設の復旧、岸壁などの港湾施設の復旧、代替路線が限定される橋梁や路面の復旧などの緊急性が高い災害復旧に関する工事等に係る業務は、被害の最小化や社会経済の回復等の至急の現状復帰の観点から、随意契約（会計法第 29 条の３第４項又は地方自治法施行令第 167 条の２）を活用するよう努める。

契約の相手方の選定にあたっては、災害地における業務の実施状況、災害協定の締結状況、企業の本支店の所在地の有無、企業の被災状況、近隣での業務実績等を勘案し、早期かつ確実な業務の履行の観点から最も適した者を選定する。

また、必要に応じて、発注者が災害協定を締結している業界団体から会員企業に関する情報提供を受け、履行体制を勘案し契約相手を選定する方法の活用にも努める。

（指名競争入札）

災害復旧に関する業務のうち、随意契約によらないものであって、出水期や降雪期等の一定の期日までに復旧を完了させる必要がある工事に係る業務など、契約の性質又は目的により競争に加わるべきものが少数で一般競争入札に付する必要がないものにあっては、指名競争入札（会計法第 29 条の３第３項又は地方自治法施行令第 167 条等）を活用するよう努める。

指名競争入札を行う際は、有資格者名簿の中から、本支店・営業所の所在地、同種・類似業務の実績、手持ち業務の状況、緊急調査の実施状況等を考慮して、確実な履行が期待できる者を指名する。その際、過去の指名及び受注の状況を勘案して特定の者に偏らないよう配慮する。また、指名基準の公表等を通じて、透明性・客観性・競争性を向上させ、発注者の恣意性を排除する必要があることに留意する。

（一般競争入札）

入札参加資格要件の設定にあたっては、業務の内容、地域の実情等を踏まえ、業務の経験及び成績や地域要件などを適切に設定する。

2－2　現地の状況等を踏まえた発注関係事務に関する措置

発災後の状況把握や災害応急対策、災害復旧に関する業務の早期実施、発注関係事務の負担軽減、復旧・復興を支える担い手の確保等の観点から、災害の状況や地域の実情に応じて、発注関係事務に関して必要な措置を講じる。

（１）確実な履行確保、不調・不落対策

（実態を踏まえた積算の導入）

積算に用いる価格が実際の取引価格と乖離しているおそれがある場合には、積極的に見積り等を徴収し、その妥当性を確認した上で適切に価格を設定する。また、遠隔地から資材・機材の調達や技術者を確保する必要がある場合など発注準備段階において作業条件等を具体的に確定できない場合には、積算上の条件と当該条件が設計変更の対象となる旨も明示する。

また、作業中の二次災害等により負傷、疾病、障害又は死亡等を被った場合の損害を補償するための保険の経費についても計上するよう努める。

（指名競争入札におけるダンピング対策等）

低入札による受注は、業務の手抜き、再委託先へのしわ寄せ、労働条件の悪化、安全対策の不徹底等につながることが懸念されるとともに、平常時と同等とは言えない競争環境であることも想定されることから、状況を丁寧に把握した上で、確実かつ円滑な履行ができる者のみを対象とする指名競争入札の適用などを検討する。

（前払金限度額の引き上げ等）

業務を円滑に実施するために必要となる労働力や資材・機材等の確保を図るため、速やかに受注者に前払金を支払うことは重要であり、東日本大震災の復旧事例等も参考にしつつ、現地の状況等を踏まえ、関係機関と連携しながら、前払金限度額の引き上げ等の適切な対応を実施するよう努める。

（２）発注関係事務の効率化

（一括審査方式の活用）

発注者と競争参加者双方の入札事務手続の負担軽減の観点に加え、特定の企業への受注の集中を回避して、技術者が確保された履行体制を整えている複数の企業により確実かつ円滑な業務の履行が行われる観点から、一括審査方式を積極的に活用するよう努める。

（３）迅速な事業執行

（WTO 協定の対象業務における適用）

WTO 協定の対象業務のうち、発災後の状況把握や、災害時、緊急の必要により競争に付することができない業務は、必要に応じて、WTO 協定第 13 条を踏まえた随意契約（限定入札）を適用し、早期復旧を実施するよう努める。

（４）早期の復旧・復興に向けた取組

（事業促進 PPP 等による民間事業者のノウハウの活用）

災害発生後、災害応急対策や災害復旧に関する工事の実施方針の決定や災害査定申請書の作成、業務の指導・調整、災害応急対策や災害復旧に関する工事の発注、監督・検査など一連の災害対応を迅速かつ円滑に実施するため、災害の規模や発注者の体制を勘案し、必要に応じて、事業促進 PPP 方式[1]や CM 方式[2]等による民間事業者のノウハウを活用するよう努める。

特に大規模な災害において、発注者のマンパワーやノウハウ不足の補完等を図るとともに、事業費の適切な管理や地元建設企業の活用というニーズにも対応しつつ事業を実施する場合には、東日本大震災の復興市街地整備事業において実施された復興 CM 方式[3]を必要に応じて参考とする。

（技術提案・交渉方式）

復旧・復興においては、緊急度が高く、プロジェクトの早い段階から施工者のノウハウが必要となる工事の場合、早期の復旧・復興を実現するため、設計に施工者のノウハウを取り込む技術協力・施工タイプ（ECI 方式）等の技術提案・交渉方式[4]を適用するよう努める。

---

[1] 例えば、「国土交通省直轄の事業促進 PPP に関するガイドライン」（国土交通省）を参照すること。
[2] 例えば、「国土交通省直轄事業における発注者支援型ＣＭ方式の取組み事例集（案）」（国土交通省）を参照すること。
[3] 例えば、「東日本復興 CM 研究会の検証と今後の活用に向けた研究会報告書」（国土交通省）を参照すること。
[4] 例えば、「国土交通省直轄工事における技術提案・交渉方式の適用ガイドライン」（国土交通省）を参照すること。

3　建設業者団体・業務に関する各種団体等や他の発注者との連携

災害発生時の状況把握や災害応急対策又は災害復旧に関する工事及び業務を迅速かつ円滑に実施するため、あらかじめ、災害時の履行体制を有する建設業者団体や業務に関する各種団体等と災害協定を締結する等の必要な措置を講ずるよう努める。災害協定の締結にあたっては、災害対応に関する工事及び業務の実施や費用負担、訓練の実施等について定める。また、必要に応じて、協定内容の見直しや標準化を進める。

災害による被害は社会資本の所管区分とは無関係に面的に生じるため、その被害からの復旧にあたっても地域内における各発注者が必要な調整を図りながら協働で取り組む。復旧の担い手となる地域企業等による円滑な施工確保対策についても、特定の発注者のみが措置を講じるのではなく、必要に応じて地域全体として取り組む。

地域の状況を踏まえ、必要に応じて、発注機関や各種団体が円滑な施工確保のための情報共有や対応策の検討等を行う場を設置する。

Ⅳ. 多様な入札契約方式の選択・活用

各発注者は、工事及び業務の発注に当たっては、本指針及びそれぞれの技術力や発注体制を踏まえつつ、工事及び業務の性格や地域の実情等に応じて、多様な入札契約方式[1]の中から適切な入札契約方式を選択し、又は組み合わせて適用するよう努める。

1 工事

1－1多様な入札契約方式の選択の考え方及び留意点

（1）契約方式の選択

（契約方式の概要）

主な契約方式（契約の対象とする業務及び施工の範囲の設定方法）は、以下のとおりである。

（a）事業プロセスの対象範囲に応じた契約方式

・工事の施工のみを発注する方式
　別途実施された設計に基づいて確定した工事の仕様によりその施工のみを発注する方式

・設計・施工一括発注方式[2]
　構造物の構造形式や主要諸元も含めた設計を施工と一括して発注する方式

・詳細設計付工事発注方式[2]
　構造物の構造形式や主要諸元、構造一般図等を確定した上で、施工のために必要な仮設をはじめ詳細な設計を施工と一括して発注する方式

・設計段階から施工者が関与する方式（ECI）方式[3]
　設計段階の技術協力実施期間中に施工の数量・仕様を確定した上で工事契約をする方式（施工者は発注者が別途契約する設計業務への技術協力を実施）

・維持管理付工事発注方式
　施工と供用開始後の初期の維持管理業務を一体的に発注する方式

・設計・施工・維持管理一括発注方式
　設計と施工を一括して発注することに加え、工事完成後の維持管理業務を一体的に発注する方式

（b）工事の発注単位に応じた契約方式

・包括発注方式
　既存施設の維持管理等において、同一地域内での複数の種類の業務・工事を一つの契約により発注する方式

---

[1] 例えば、「公共工事の入札契約方式の適用に関するガイドライン」（国土交通省）を参照すること。

[2] 例えば、「設計・施工一括及び詳細設計付工事発注方式実施マニュアル（案）」（国土交通省）を参照すること。

[3] 例えば、「国土交通省直轄工事における技術提案・交渉方式の適用ガイドライン」（国土交通省）を参照すること。

・複数年契約方式

継続的に実施する工事に関して複数の年度にわたり一つの契約により発注する方式

（c）発注者の支援対象範囲に応じた契約方式

・事業促進 PPP 方式[1]

事業促進を図るため、官民双方の技術者が有する多様な知識・豊富な経験の融合により、効率的なマネジメントを行う方式

・CM 方式[2]

建設生産にかかわるプロジェクトにおいて、コンストラクションマネージャー（CMR）が、技術的な中立性を保ちつつ発注者の側に立って、設計・発注・施工の各段階において、設計の検討や工事発注方式の検討、工程管理、品質管理、コスト管理などの各種のマネジメント業務の全部又は一部を行う方式

（契約方式の選択の考え方）

契約方式の選択に当たっては、以下のような点を考慮する。

・事業・工事の複雑度

－「事業・工事に係る制約条件について、確立された標準的な施工方法で対応が可能であるか」

－「民間の優れた施工技術を設計に反映することで課題の解決を図ることが可能であるか」等

・施工の制約度

－「施工困難な場所、工期及びその他の要因（コスト、損傷内容・程度等）に対応するために、施工者の技術を設計に反映することが、対象とする事業・工事にとって有益であるか」

「施工者の技術を設計に反映する際に、発注者が施工者の技術、現場状況等を踏まえながら設計に関与する必要があるか」等

・設計の細部事項の確定度

－「施工者提案による特殊な製作・施工技術を反映する必要があるか」等

・工事価格の確定度

－「現地の詳細な状況が把握できないため、施工段階で相当程度の設計変更が想定されるか」等

・その他発注者の体制・工事の性格等

－選択した契約方式に応じて、発注者が競争参加者からの技術提案の妥当性等を審査・評価する必要があることから、発注者のこれまでの発注経験（実績）や体制も考慮し、契約方式を選択することが望ましい。

－また、設備工事等に係る分離発注については、発注者の意向が直接反映され施工の責任や工事に係るコストの明確化が図られる等、当該分離発注が合理的と認められる場合において、工事の性格、発注者の体制、全体の工事のコスト等を考慮し、その活用に努める。

---

[1] 例えば、「国土交通省直轄の事業促進 PPP に関するガイドライン」（国土交通省）を参照すること。

[2] 例えば、「国土交通省直轄事業における発注者支援型ＣＭ方式の取組み事例集（案）」（国土交通省）を参照すること。

（２）競争参加者の設定方法の選択

（競争参加者の設定方法の概要）

競争参加者を設定する方式（契約の相手方を選定する際の候補とする者の範囲の設定方法）は、以下のとおりである。

・一般競争入札
　資格要件を満たす者のうち、競争の参加申込みを行った者で競争を行わせる方式
・指名競争入札
　発注者が指名を行った特定多数の者で競争を行わせる方式
・随意契約
　競争の方法によらないで、発注者が任意に特定の者を選定して、その者と契約する方式

（競争参加者の設定方法の選択の考え方）

競争参加者の設定方法の選択に当たっては、原則として一般競争入札を選択する。ただし、以下に示す点についても考慮する。

－契約の性質又は目的により競争に加わるべき者が少数で一般競争に付する必要がない場合又は一般競争に付することが発注者に不利となる場合の指名競争入札の活用
－契約の性質又は目的が競争を許さない場合、競争に付することが発注者に不利となる場合又は災害応急対策等のように緊急の必要により競争に付することができない場合の随意契約の活用
－契約に係る予定価格が少額である場合その他政令で定める場合の指名競争入札又は随意契約の活用

地方公共団体は、地方自治法施行令で定める場合に指名競争入札又は随意契約によることができるとされており、上記と同様の考え方により活用を考慮する。

（３）落札者の選定方法の選択

（落札者の選定方法の概要）

落札者を選定する主な方式（契約の相手方の候補とした者から、契約の相手方とする者を選定する方法）は、以下のとおりである。

（ａ）落札者の選定の基準に関する方式
　・価格競争方式
　　発注者が示す仕様に対し、価格提案のみを求め、落札者を決定する方式
　・総合評価落札方式[1]
　　技術提案を募集するなどにより、入札者に、工事価格及び性能等をもって申込みをさせ、これらを総合的に評価して落札者を決定する方式

---

[1] 例えば、「国土交通省直轄工事における総合評価落札方式の運用ガイドライン」（国土交通省）を参照すること。

・技術提案・交渉方式

技術提案を募集し、最も優れた提案を行った者と価格や施工方法等を交渉し、契約相手を決定する方式

（b）落札者の選定の手続に関する方式

・段階的選抜方式※

競争参加者に対し技術提案を求める方式において、一定の技術水準に達した者を選抜した上で、これらの者の中から提案を求め落札者を決定する方式

※本方式の実施に当たっては、恣意的な選抜が行われることのないよう、その運用について十分な配慮を行う。なお、本方式は選定プロセスに関する方式であり、総合評価落札方式、技術提案・交渉方式とあわせて採用することができる。

（落札者の選定方法の選択の考え方）

落札者の選定方法の選択に当たっては、以下のような点を考慮する。

・価格以外の要素の評価の必要性

－「施工者の能力により工事品質へ大きな影響が生じるか」

－「工事品質の確保や担い手の中長期的な育成・確保のために、技術提案を求めるなどにより、価格と性能等を総合的に評価することが望ましいか」等

・仕様の確定の困難度

（４）支払い方式の選択

（支払い方式の概要）

主な支払い方式（施工の対価を支払う方法）は、以下のとおりである。

・総価請負契約方式

工種別の内訳単価を定めず、総額をもって請負金額とする方式

・総価契約単価合意方式[1)]

総価で工事を請け負い、請負代金額の変更があった場合の金額の算定や部分払金額の算定を行うための単価等を前もって協議し、合意しておくことにより、設計変更や部分払に伴う協議の円滑化を図ることを目的として実施する方式

・コストプラスフィー契約・オープンブック方式

工事の実費（コスト）の支出を証明する書類とともに請求を受けて実費精算とし、これにあらかじめ合意された報酬（フィー）を加算して支払う方式

・単価・数量精算契約方式

工事材料等について単価を契約で定め、予定の施工数量に基づいて概算請負代金額を計算して契約し、工事完成後に実際に用いた数量と約定単価を基に請負代金額を確定する契約

---

1) 例えば、「総価契約単価合意方式の実施について」（国土交通省）を参照すること。

（支払い方式の選択の考え方）

支払い方式の選択に当たっては、以下のような点を考慮する。

・工事進捗に応じた支払い
　－「工事の進捗に応じた支払いの実施が想定されるか」等
・煩雑な設計変更
　－「煩雑な設計変更が発生することが想定されるか」等
・コスト構造の透明性の確保
　－「材料費、労務費等の全てのコストの構成を明らかにすることが求められるか」等

１－２　工事の品質確保とその担い手の中長期的な育成・確保に資する入札契約方式の活用の例

（１）地域における社会資本を支える企業を確保する方式

防災・減災、社会資本の適切な維持管理などの重要性が増してきている中で、地域においては、災害対応を含む地域における社会資本の維持管理を担う企業が不足し、安全・安心な地域生活の維持に支障が生じる懸念がある。

地域における社会資本を支える企業を確保する方式として、以下のような対応例が考えられる。

・工事の性格、地域の実情等を踏まえ、必要に応じて災害時の工事実施体制の確保の状況等を考慮するなど、競争性の確保に留意しつつ、適切な競争参加資格を設定
・工事の性格、地域の実情等を踏まえ、必要に応じて災害時の工事実施体制の確保の状況や近隣地域での施工実績などの企業の地域の精通度又は必要に応じて施工実績の代わりに施工計画等を評価項目に設定
・複数年契約、包括発注、共同受注等の地域における社会資本の維持管理に資する方式（地域維持型契約方式）を活用

（２）若手技術者や女性技術者などの登用を促す方式

豊富な実績を有していない若手技術者や、女性技術者が実績を積む機会が得られにくい場合、建設生産を支える技術・技能の承継が行われにくくなり、将来的な工事品質の低下、担い手の中長期的な育成・確保に支障が生じる懸念がある。

豊富な実績を有していない若手技術者や、女性技術者などの登用を促す方式として、以下のような対応例が考えられる。

・工事の性格、地域の実情等を踏まえ、豊富な実績を有していない若手技術者や、女性技術者などの登用も考慮し、専任補助者制度の活用等により、施工実績の要件を緩和するなど、適切な競争参加資格を設定
・工事の性格、地域の実情等を踏まえ、豊富な実績を有していない若手技術者や、女性技術者などの登用も考慮し、必要に応じて施工実績の代わりに施工計画を評価するほか、主任技術者又は監理技術者以外の技術者の一定期間の配置や企業によるバックアップ体制の評価、現場代理人としての実績や専任補助者の成績・実績の評価など、適切な評価項目を設定

・ワーク・ライフ・バランス等推進企業（女性の職業生活における活躍の推進に関する法律（平成 27 年法律第 64 号）、次世代育成支援対策推進法（平成 15 年法律第 120 号）、青少年の雇用の促進等に関する法律（昭和 45 年法律第 98 号）に基づく認定の取得企業や女性の職業生活における活躍の推進に関する法律に基づく計画を策定した中小企業）を必要に応じて評価項目に設定

（３）維持管理の技術的課題に対応した方式

既存構造物の補修において、その補修の設計段階では対象構造物の損傷状況等の詳細が把握できないために工事の仕様・数量が想定と異なったり又は確定できず、施工段階となって補修設計の修正や工事の設計変更への対応が多くなる。

また、新設の設備工事等において、維持管理を念頭においた設計・施工（製造）の実施や、引渡後の不具合発生への迅速な対応を図る必要がある。

維持管理の技術的課題に対応する方式として、以下のような対応例が考えられる。

・既存構造物の補修における設計段階からの施工者の関与
・補修設計を実施した者の工事段階での関与
・施工と維持管理の一体的な発注

（４）発注者を支援する方式

発注者の能力を超える一時的な事業量の増加や発注頻度が低く技術的難易度が高い工事への対応等により、適切な発注関係事務の実施が困難となる場合がある。

発注者を支援する方式として、以下のような対応例が考えられる。

・対象事業のうち工事監督業務等に係る発注関係事務の一部又は全部を民間に委託
・事業促進を図るため、測量、調査及び設計段階から事業マネジメントの一部を民間に委託

なお、これらの入札契約方式の活用に当たっては、透明性、公正性及び競争性を確保する。

2　測量、調査及び設計

2－1　多様な入札契約方式の選択の考え方及び留意点

（1）契約方式の選択

（契約方式の概要）

主な契約方式（契約の対象とする業務及び業務の範囲の設定方法）は、以下のとおりである。

（a）事業プロセスの対象範囲に応じた契約方式

・業務のみを発注する方式

・設計・施工一括発注方式[1]

構造物の構造形式や主要諸元も含めた設計を施工と一括して発注する方式

・詳細設計付工事発注方式[1]

構造物の構造形式や主要諸元、構造一般図等を確定した上で、施工のために必要な仮設をはじめ詳細な設計を施工と一括して発注する方式

・設計段階から施工者が関与する方式（ECI 方式）[2]

設計段階の技術協力実施期間中に施工の数量・仕様を確定した上で工事契約をする方式（設計者は施工者の技術協力を受けながら、設計業務を実施）

・設計・施工・維持管理一括発注方式

設計と施工を一括して発注することに加え、工事完成後の維持管理業務を一体的に発注する方式

（b）業務の発注単位に応じた契約方式

・複数年契約方式

継続的に実施する業務に関して複数の年度にわたり一つの契約により発注する方式

（c）発注者の支援対象範囲に応じた契約方式

・事業促進 PPP 方式[3]

事業促進を図るため、官民双方の技術者が有する多様な知識・豊富な経験の融合により、効率的なマネジメントを行う方式

・CM 方式[4]

建設生産にかかわるプロジェクトにおいて、コンストラクションマネージャー（CMR）が、技術的な中立性を保ちつつ発注者の側に立って、設計・発注・施工の各段階において、設計の検討や工事発注方式の検討、工程管理、品質管理、コスト管理などの各種のマネジメント業務の全部又は一部を行う方式

---

[1] 例えば、「設計・施工一括及び詳細設計付工事発注方式実施マニュアル（案）」（国土交通省）を参照すること。

[2] 例えば、「国土交通省直轄工事における技術提案・交渉方式の運用ガイドライン」（国土交通省）を参照すること。

[3] 例えば、「国土交通省直轄の事業促進 PPP に関するガイドライン」（国土交通省）を参照すること。

[4] 例えば、「国土交通省直轄事業における発注者支援型ＣＭ方式の取組み事例集（案）」（国土交通省）を参照すること。

（契約方式の選択の考え方）

契約方式の選択に当たっては、以下のような点を考慮する。

・業務の難易度

－「業務に係る制約条件について、確立された標準的な方法で対応が可能であるか」

－「民間の優れた施工技術を設計に反映することで課題の解決を図ることが可能であるか」等

－「施工困難な場所、工期及びその他の要因（コスト、損傷内容・程度等）に対応するために、施工者の技術を設計に反映する必要があることが、対象とする事業にとって有益であるか」

「施工者の技術を設計に反映する際に、発注者が施工者の技術、現場状況等を踏まえながら設計に関与する必要があるか」等

・工事価格の確定度

－「現地の詳細な状況が把握できないため、施工段階で相当程度の設計変更が想定されるか」等

・その他発注者の体制・業務の性格等

－選択した契約方式に応じて、発注者が競争参加者からの技術提案の妥当性等を審査・評価する必要があることから、発注者のこれまでの発注経験（実績）や体制も考慮し、契約方式を選択することが望ましい

（２）競争参加者の設定方法の選択

（競争参加者の設定方法の概要）

競争参加者を設定する方式（契約の相手方を選定する際の候補とする者の範囲の設定方法）は、以下のとおりである。

・随意契約

競争の方法によらないで、発注者が任意に特定の者を選定して、その者と契約する方式

・指名競争入札

発注者が指名を行った特定多数の者で競争を行わせる方式

・一般競争入札

資格要件を満たす者のうち、競争の参加申込みを行った者で競争を行わせる方式

（競争参加者の設定方法の選択の考え方）

競争参加者の設定方法の選択に当たっては、以下に示す点について考慮する。

－契約の性質又は目的により競争に加わるべき者が少数で一般競争に付する必要がない場合又は一般競争に付することが発注者に不利となる場合の指名競争入札の活用

－契約の性質又は目的が競争を許さない場合、競争に付することが発注者に不利となる場合又は災害応急対策若しくは災害復旧に関する業務のように緊急の必要により競争に付することができない場合の随意契約の活用

－契約に係る予定価格が少額である場合等の指名競争入札又は随意契約の活用

地方公共団体は、地方自治法施行令で定める場合に指名競争入札又は随意契約によることができるとされており、上記と同様の考え方により活用を考慮する。

（３）特定者又は落札者の選定方法の選択

（特定者又は落札者の選定方法の概要）

特定者又は落札者を選定する主な方式（契約の相手方の候補とした者から、契約の相手方とする者を選定する方法）は、以下のとおりである。

・プロポーザル方式[1)]

内容が技術的に高度な業務や専門的な技術が要求される業務、特に地域特性を踏まえた検討が必要となる業務であって、提出された技術提案に基づいて仕様を作成する方が優れた成果を期待できる業務

・総合評価落札方式[1)]

事前に仕様を確定することが可能であるが、競争参加者の提示する技術等によって、調達価格の差異に比して、事業の成果に相当程度の差異が生ずることが期待できる業務

なお、業務の実施方針のみで品質向上が期待できる業務に加え、業務の実施方針と併せて評価テーマに関する技術提案を求めることにより品質向上が期待できる業務がある。

・価格競争方式

発注者が示す仕様に対し、価格提案のみを求め、落札者を決定する方式

・コンペ方式

対象とする施設や空間に求める機能や条件を発注者側から示し、その機能や条件に合致した設計案を募り、最も優秀とみなされた設計案を選ぶ方式

（４）支払い方式の選択

（支払い方式の概要）

主な支払い方式（業務の対価を支払う方法）は、以下のとおりである。

・総価請負契約方式

工種別の内訳単価を定めず、総額をもって請負金額とする方式

・単価・数量精算契約方式

工種別の単価を契約で定め、予定の数量に基づいて概算請負代金額を計算して契約し、業務完了後に実際に要した数量と約定単価を基に請負代金額を確定する契約

（支払い方式の選択の考え方）

[1)] 例えば、「建設コンサルタン業務等におけるプロポーザル方式及び総合評価落札方式の運用ガイドライン」（国土交通省）を参照すること。

・業務の進捗に応じた支払い
　－「業務の進捗に応じた支払いの実施が想定されるか」等
・煩雑な設計変更
　－「煩雑な設計変更が発生することが想定されるか」等

２－２　業務成果の品質確保とその担い手の中長期的な育成・確保に資する入札契約方式の活用の例

（１）地域における社会資本を支える企業を確保する方式

防災・減災、社会資本の適切な維持管理などの重要性が増してきている中で、地域を支える企業が不足し、安全・安心な地域生活の維持に支障が生じる懸念があり、地域における社会資本を支える企業を確保する方式として、以下のような対応例が考えられる。
・地域の精通度等を評価項目に設定

（２）若手技術者や女性技術者などの登用を促す方式

豊富な実績を有していない若手技術者や、女性技術者が実績を積む機会が得られにくい場合、将来的な業務成果の品質の低下、担い手の中長期的な育成・確保に支障が生じる懸念がある。

豊富な実績を有していない若手技術者や、女性技術者などの登用を促す方式として、以下のような対応例が考えられる。
・若手技術者や女性技術者などの登用を考慮して業務実績の要件を緩和した競争参加資格の設定
・他の技術者の一定期間の配置や企業によるバックアップ体制を評価項目として設定
・ワーク・ライフ・バランス等推進企業（女性の職業生活における活躍の推進に関する法律、次世代育成支援対策推進法、青少年の雇用の促進等に関する法律に基づく認定の取得企業や女性の職業生活における活躍の推進に関する法律に基づく計画を策定した中小企業）を評価項目として設定

（３）発注者を支援する方式

発注者の能力を超える一時的な業務量の増加や発注頻度が低く技術的難易度が高い業務への対応等により、適切な発注関係事務の実施が困難となる場合がある。

発注者を支援する方式として、以下のような対応例が考えられる。
・対象事業のうち業務に係る発注関係事務の一部又は全部を民間に委託
・事業促進を図るため、測量、調査及び設計段階から事業マネジメントの一部を民間に委託実施

なお、これらの入札契約方式の活用に当たっては、透明性、公正性及び競争性を確保する。

V. その他配慮すべき事項

1　受注者等の責務

各発注者は、発注関係事務の実施に当たり、品確法第８条に「受注者等の責務」が規定されていることを踏まえ、以下に示す内容等については特に留意する。

受注者は、契約された工事及び業務を適正に実施する必要があり、元請業者のみならず全ての下請業者を含む工事及び業務を実施する者は、下請契約を締結するときは、建設業法等関連法令にも留意し、下請業者に使用される技術者、技能労働者等の賃金、労働時間その他の労働条件、安全衛生その他の労働環境が適正に整備されるよう、市場における労務の取引価格、法定福利費等を的確に反映した適正な額の請負代金及び適正な工期や履行期限を定めるものとする。

技能労働者の処遇向上や法定福利費を適切に負担する企業による公平で健全な競争環境の構築のため、法定福利費及び労務費を内訳明示した見積書や、法定福利費を内訳明示した請負代金内訳書の活用促進を図るなど、発注者と連携して、建設業法その他工事及び業務に関する諸法令を遵守しない企業等の不良不適格業者の排除及び当該企業等への指導を徹底する。

ICT 等を活用した工事及び業務の効率化による生産性の向上に努める。

建設キャリアアップシステム（CCUS）の活用等技能労働者の処遇改善を図る取組に留意しつつ、受注者は、技術者、技能労働者等の育成及び確保並びに労働条件、労働環境の改善に努める。

2　その他

本指針の記載内容について、各発注者の理解、活用の参考とするため、具体的な取組事例や既存の要領、ガイドライン等を盛り込んだ解説資料を作成することとしており、適宜参照の上、発注関係事務の適切な実施に努める。

また、本指針を踏まえ、国の機関が要領、ガイドライン等を作成した場合はこれも参照することとする。

参考資料

発注者責任を果たすための今後の建設生産・管理システムのあり方に関する懇談会
（令和５年度 第１回）

日　時：令和５年５月１２日（金）16:00～17:30

場　所：中央合同庁舎３号館　国土交通省 11 階特別会議室（web 併用）

議事次第

１　開会

２　挨拶

３　議事

（１）議論事項

建設生産・管理システムのＤＸのための
データマネジメントの取組方針（案）　・・・・　資料１

（２）報告事項

令和４年度の各部会における議論内容の報告
（１）建設生産・管理システム部会　・・・・　資料２
（２）業務マネジメント部会　・・・・　資料３
（３）維持管理部会　・・・・　資料４

４　閉会

発注者責任を果たすための
今後の建設生産・管理システムのあり方に関する懇談会

委 員 名 簿

<有識者委員>

委員	大橋　弘	東京大学大学院経済学研究科　教授	web
委員	大森　文彦	大森法律事務所　弁護士	web
委員	小澤　一雅	東京大学大学院工学系研究科　特任教授	対面
委員	木下　誠也	日本大学危機管理学部　教授	web
委員	楠　茂樹	上智大学法学部国際関係法学科長・教授	対面
委員	小林　潔司	京都大学経営管理大学院　特任教授	web
委員	高野　伸栄	北海道大学大学院工学研究院土木工学部門　教授	web
委員	滝澤　美帆	学習院大学経済学部　教授	欠席
委員	堀田　昌英	東京大学大学院工学系研究科　教授	対面
委員	野城　智也	高知工科大学システム工学群　教授	web
委員	矢吹　信喜	大阪大学大学院工学系研究科　教授	web

<業界団体委員>

委員	野平　明伸	一般社団法人　日本建設業連合会 土木本部　公共積算委員長	対面
委員	水野　勇一	一般社団法人　全国建設業協会 総合企画専門委員会　委員	代理
委員	中村　哲己	一般社団法人　建設コンサルタンツ協会　副会長	代理
委員	田中　誠	一般社団法人　全国地質調査業協会連合会　会長	代理
委員	手塚　明宏	一般社団法人　全国測量設計業協会連合会　副会長	対面
委員	児玉　耕二	一般社団法人　日本建築士事務所協会連合会　会長	欠席

<行政団体委員>

委員	米田　均	青森県県土整備部　整備企画課長	代理
委員	福永　知義	市川市管財部　技術管理課　課長	対面

令和5年度第1回　発注者責任を果たすための建設生産・管理システムのあり方懇談会

資料1

建設生産・管理システムのDXのための データマネジメントの取組方針（案）

令和5年5月12日

国土交通省

Ministry of Land, Infrastructure, Transport and Tourism

1

目　次

国土交通省

2

国土交通省

1. 現状認識と「データマネジメント」の必要性

3

国土交通省

データマネジメントの目的の再確認①

○ 建設産業の従事者数の減少・担い手の高齢化に対応するためのデジタル技術の活用

○建設業就業者： 685万人（H9） → 504万人（H22） → 479万人（R4）
○技術者 ： 41万人（H9） → 31万人（H22） → 37万人（R4）
○技能者 ： 455万人（H9） → 331万人（H22） → 302万人（R4）

○ 建設業就業者は、55歳以上が35.9%、29歳以下が11.7%と高齢化が進行し、次世代への技術承継が大きな課題。
※実数ベースでは、建設業就業者数のうち令和3年と比較して55歳以上が1万人増加（29歳以下は2万人減少）。

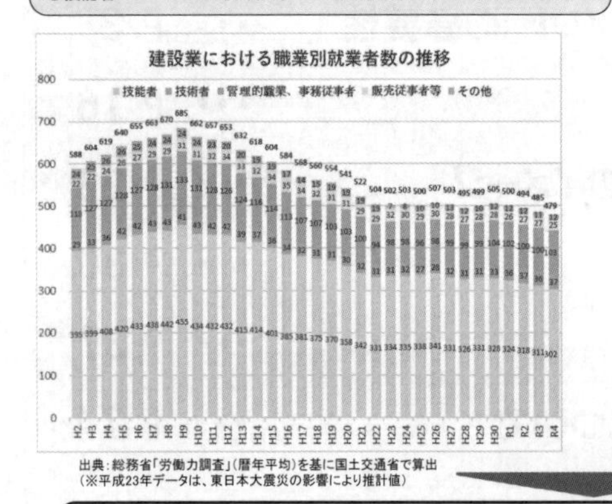

出典：総務省「労働力調査」（暦年平均）を基に国土交通省で算出
（※平成23年データは、東日本大震災の影響により推計値）

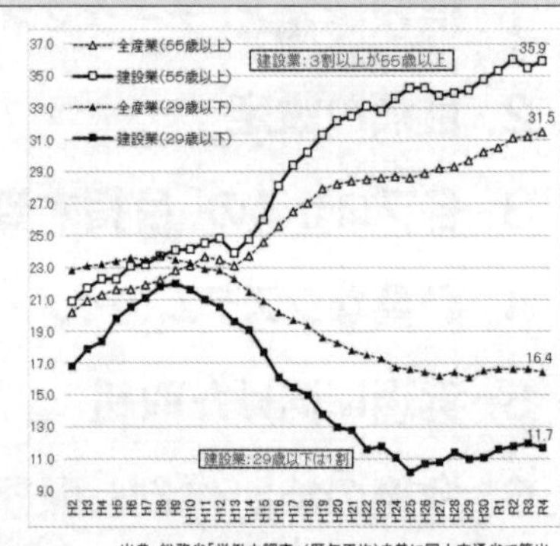

出典：総務省「労働力調査」（暦年平均）を基に国土交通省で算出
（※平成23年データは、東日本大震災の影響により推計値）

- 少数の担い手でインフラの整備・維持管理を進めることが求められる。
- 技能者の暗黙知であるノウハウを見える化し、形式知とすることが必要。

4

データマネジメントの目的の再確認②

国土交通省

〇建設産業の生産性向上の推進と、発注者側の担い手の減少を受けた事業監理の高度化

- 建設業の付加価値生産性は全産業平均を下回る

建設業全体：4050円、全産業平均：5255円（2020年）

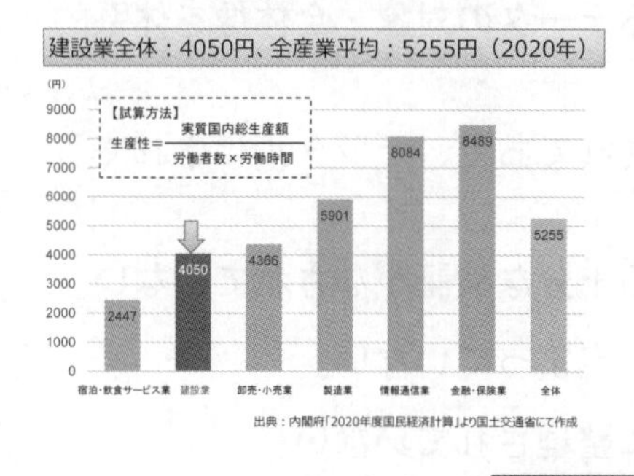

出典：内閣府「2020年度国民経済計算」より国土交通省にて作成

- 技術系職員が5名以下の市町村が全体の約5割。

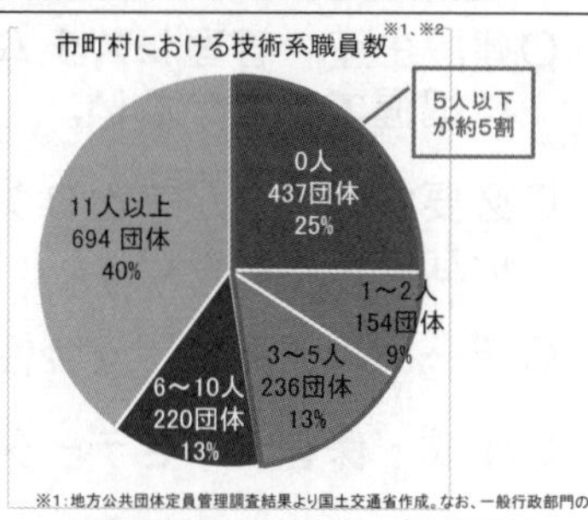

※1：地方公共団体定員管理調査結果より国土交通省作成。なお、一般行政部門の職員を集計の対象としている。また市町村としているが、特別区を含む。

※2：技術系職員は土木技師、建築技師として定義。

- 建設現場の無理・無駄・ムラを排除し、生産性の向上が必要
- 発注機関の能力向上と建設事業のリスク回避につながる高度な事業監理が必要。

5

データマネジメントの目的の再確認③

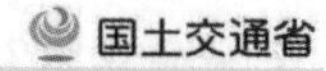

〇地方整備局及び北海道開発局の定員は、近年増加に転じたものの、発足時より約2割減少。
〇業務の多様化・増大により、技術力の向上に充てる時間が限られている現状。

地方整備局等の定員の推移

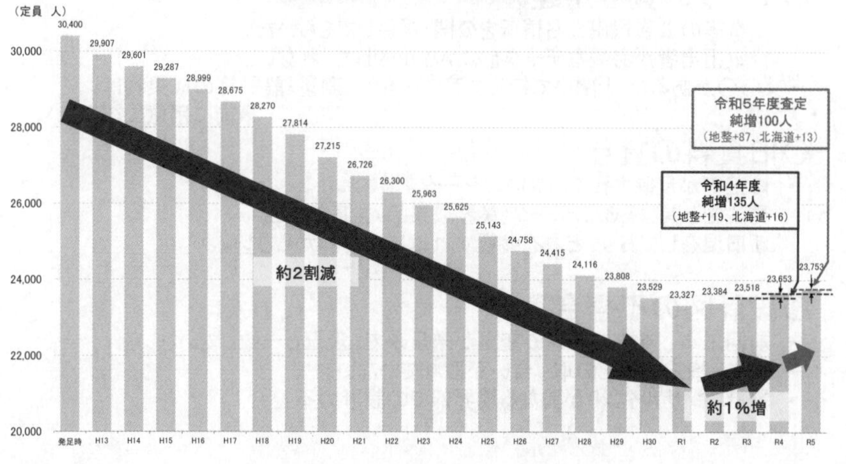

6

データマネジメントの目的の再確認④

建設生産・管理システムにおける「データ」の利活用に関する問題点
（発注者の視点）

○建設生産・管理システムにおけるデータの対象・全体像を体系的に把握できていない。

○必要なデータがアナログで保管されており、デジタル化されていない情報が多い。

○データの信頼性・安全性に対する十分な検証がなされていない。

○生成・保管すべきデータの仕様が定まっていない。

○大量のデータが散在し、体系的に整理されていない。

○必要なデータを集めるのに膨大な時間と手間を要している。

○データの後利用が効率的に行われていない。

データマネジメントの目的の再確認⑤

建設生産・管理システムにおける「データ」の利活用に関する問題点
（建設業界からの声の一例）

○データの貸与が遅い

- 工事等の公告段階から情報を公開・提供してもらいたい。
- 行政担当者が必要なデータをなかなか渡してくれない。
- 「○○があるか」と聞いて初めて渡されるが、測量・設計等の成果物は事前に用意してほしい。

○旧資料の貸与

- 修正等が反映されていない旧データを渡された。
- 発注図と異なるCADデータ（業務成果品）を渡された。
- 新旧混在しており、どれを参照すればいいかわからない。

○設計図の不整合

- 前回工事、隣接工事等の変更が未反映で、現況と一致していない。
- 土工、構造物等との取り合いが取れていない。
- 設計コンサルタントが異なる境界部での設計の不整合。

国土交通省インフラ分野のDX推進本部について

第7回　国土交通省インフラ分野の DX推進本部資料

設置趣旨：社会経済状況の激しい変化に対応し、インフラ分野においてもデータとデジタル技術を活用して、国民のニーズを基に社会資本や公共サービスを変革すると共に、業務そのものや、組織、プロセス、建設業や国土交通省の文化・風土や働き方を変革し、インフラへの国民理解を促進すると共に、安全・安心で豊かな生活を実現すべく、省横断的に取組みを推進するインフラ分野のDX推進本部を設置。

開催実績

令和2年　7月29日　第1回
　－インフラ分野のDX推進本部の立ち上げ
令和2年10月19日　第2回
令和3年　1月29日　第3回
　－インフラ分野のDX施策の取りまとめ
令和3年11月　5日　第4回
令和4年　3月29日　第5回
　－インフラ分野のDXアクションプランの策定
令和4年　8月24日　第6回
　－インフラ分野のDXアクションプランの
　ネクスト・ステージに向けた挑戦を開始

＜第5回＞インフラ分野のDXアクションプランの策定（2022.3）

○メンバー

（本部長）　技監
（副本部長）　技術総括審議官、技術審議官、大臣官房審議官（不動産・建設経済局担当）
（本部員）　官房技術調査課長、官房公共事業調査室長、官庁営繕部整備課長
総合政策局公共事業企画調整課長、総合政策局情報政策課長
不動産・建設経済局建設業課長、不動産・建設経済局情報活用推進課長
都市局都市計画課長、水管理・国土保全局河川計画課長、道路局企画課長
住宅局建築指導課長、鉄道局技術企画課長、港湾局技術企画課長
航空局空港技術課長、北海道局参事官、国総研社会資本マネジメント研究センター長
国総研港湾研究部長、国土地理院企画部長、土木研究所技術推進本部長
建築研究所 建築生産研究グループ長
海上・港湾・航空技術研究所　港湾空港技術研究所港湾空港生産性向上技術センター長

本格的な変革に向けた挑戦

令和4年度～

Society5.0及び国土交通省技術基本計画で示した「20～30年後の将来の社会イメージ」の実現を目指した、取組の深化、分野網羅的、組織横断的な取組への挑戦を開始

- 分野網羅的に取り組む
  （インフラ分野全般を網羅してDXを推進）
  1. インフラの作り方の変革
  2. インフラの使い方の変革
  3. インフラまわりのデータの伝え方の変革
- 組織横断的に取り組む
  （技術の横展開、シナジー効果の期待等）

＜第6回＞インフラ分野のDXアクションプランのネクスト・ステージ

9

インフラ分野のDigital Xformation の全体像

第7回　国土交通省インフラ分野の DX推進本部資料

10

分野網羅的、組織横断的に取り組む

第7回 国土交通省インフラ分野のDX推進本部資料

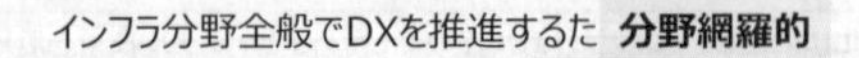
インフラ分野全般でDXを推進するため 分野網羅的 に取り組む

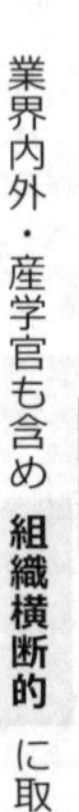
業界内外・産学官も含め 組織横断的 に取り組む

1.「インフラの作り方」の変革
～現場にしばられずに現場管理が可能に～

データの力によりインフラ計画を高度化することに加え、i-Constructionで取り組んできたインフラ建設現場（調査・測量、設計、施工）の生産性向上を加速するとともに、安全性の向上、手続き等の効率化を実現する

自動化建設機械による施工

公共工事に係るシステム・手続きや、工事書類のデジタル化等による作業や業務効率化に向けた取組実施
・次期土木工事積算システム等の検討
・ICT技術を活用した構造物の出来形確認等

2.「インフラの使い方」の変革
～賢く"Smart"、安全に"Safe"、持続可能に"Sustainable"～

インフラ利用申請のオンライン化に加え、デジタル技術を駆使して利用者目線でインフラの潜在的な機能を最大限に引き出す（Smart）とともに、
安全（Safe）で、持続可能（Sustainable）なインフラ管理・運用を実現する

ハイブリッドダムの取組による治水機能の強化

【平常時：発電最大化】【洪水時：治水最大化】
ハイブリッド容量　治水容量
気象・IT技術を活用した高度運用

VRを用いた検査支援・効率化
VRカメラで撮影した線路をVR空間上で再現

自動化・効率化によるサービス提供
空港における地上支援業務（車両）の自動化・効率化

3.「データの活かし方」の変革
～より分かりやすく、より使いやすく～

「国土交通データプラットフォーム」をハブに国土のデジタルツイン化を進め、わかりやすく使いやすい形式でのデータの表示・提供、ユースケースの開発等、インフラまわりのデータを徹底的に活かすことにより、仕事の進め方、民間投資、技術開発が促進される社会を実現する。

国土交通データプラットフォームでのデータ公開

今後、xROAD・サイバーポート（維持管理情報）等と連携拡大

データ連携による情報提供推進、施策の高度化

周辺建物の被災リスクも考慮した建物内外にわたる避難シミュレーション

３Ｄ都市モデルと連携した３Ｄ浸水リスク表示、都市の災害リスクの分析

11

「デジタル技術」の知識・経験

第7回 国土交通省インフラ分野のDX推進本部資料

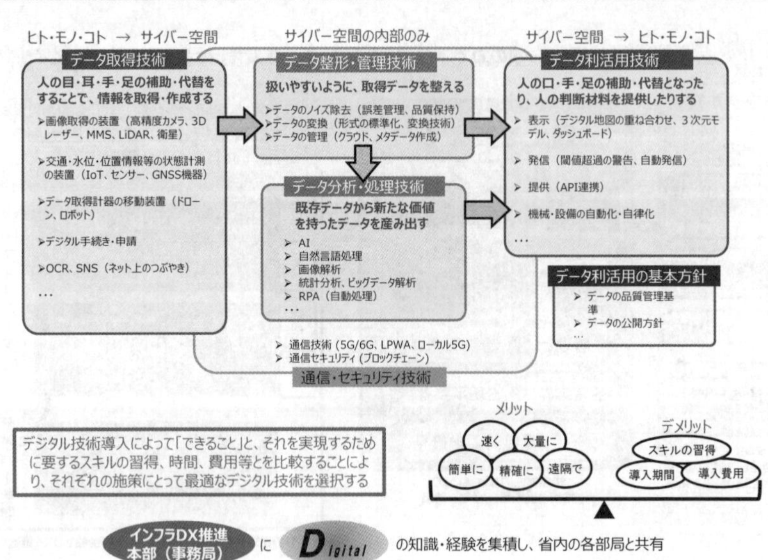

デジタル技術導入によって「できること」と、それを実現するために要するスキルの習得、時間、費用等とを比較することにより、それぞれの施策にとって最適なデジタル技術を選択する

メリット：速く　大量に　簡単に　精確に　遠隔で
デメリット：スキルの習得　導入期間　導入費用

インフラDX推進本部（事務局）に Digital の知識・経験を集積し、省内の各部局と共有

12

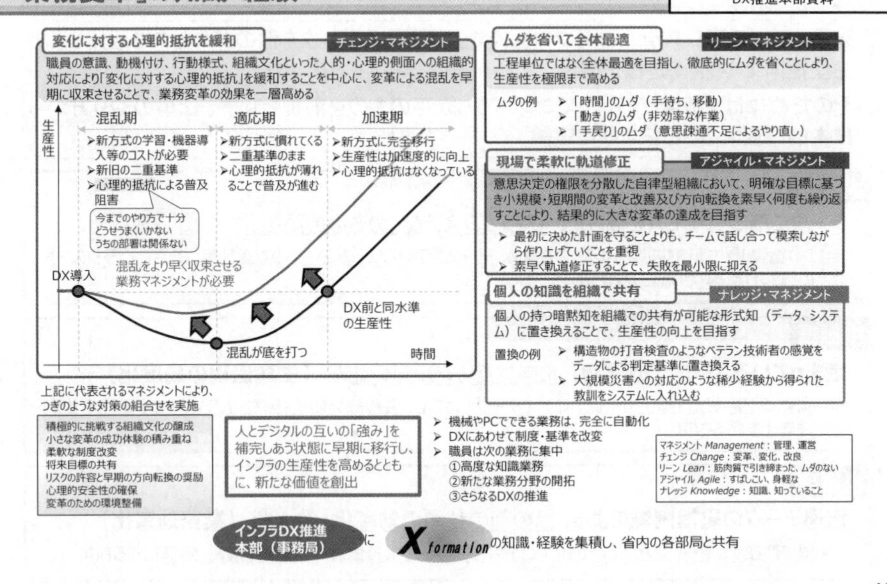
「業務変革」の知識・経験
第7回　国土交通省インフラ分野のDX推進本部資料
変化に対する心理的抵抗を緩和
チェンジ・マネジメント
職員の意識、動機付け、行動様式、組織文化といった人的・心理的側面への組織的対応により「変化に対する心理的抵抗」を緩和することを中心に、変革による混乱を早期に収束させることで、業務変革の効果を一層高める
生産性
混乱期
適応期
加速期
➢新方式の学習・機器導入等のコストが必要
➢新旧の二重基準
➢心理的抵抗による普及阻害
➢新方式に慣れてくる
➢二重基準のまま
➢心理的抵抗が薄れることで普及が進む
➢新方式に完全移行
➢生産性は加速度的に向上
➢心理的抵抗はなくなっている
今までのやり方で十分
どうせうまくいかない
うちの部署は関係ない
DX導入
混乱をより早く収束させる業務マネジメントが必要
DX前と同水準の生産性
混乱が底を打つ
時間
ムダを省いて全体最適
リーン・マネジメント
工程単位ではなく全体最適を目指し、徹底的にムダを省くことにより、生産性を極限まで高める
ムダの例
➢「時間」のムダ（手待ち、移動）
➢「動き」のムダ（非効率な作業）
➢「手戻り」のムダ（意思疎通不足によるやり直し）
現場で柔軟に軌道修正
アジャイル・マネジメント
意思決定の権限を分散した自律型組織において、明確な目標に基づき小規模・短期間の変革と改善及び方向転換を素早く何度も繰り返すことにより、結果的に大きな変革の達成を目指す
➢最初に決めた計画を守ることよりも、チームで話し合って模索しながら作り上げていくことを重視
➢素早く軌道修正することで、失敗を最小限に抑える
個人の知識を組織で共有
ナレッジ・マネジメント
個人の持つ暗黙知を組織での共有が可能な形式知（データ、システム）に置き換えることで、生産性の向上を目指す
置換の例
➢構造物の打音検査のようなベテラン技術者の感覚をデータによる判定基準に置き換える
➢大規模災害への対応のような稀少経験から得られた教訓をシステムに入れ込む
上記に代表されるマネジメントにより、つぎのような対策の組合せを実施
積極的に挑戦する組織文化の醸成
小さな変革の成功体験の積み重ね
柔軟な制度改変
将来目標の共有
リスクの許容と早期の方向転換の奨励
心理的安全性の確保
変革のための環境整備
人とデジタルの互いの「強み」を補完しあう状態に早期に移行し、インフラの生産性を高めるとともに、新たな価値を創出
➢機械やPCでできる業務は、完全に自動化
➢DXにあわせて制度・基準を改変
➢職員は次の業務に集中
①高度な知識業務
②新たな業務分野の開拓
③さらなるDXの推進
マネジメント Management：管理、運営
チェンジ Change：変革、変化、改良
リーン Lean：筋肉質で引き締まった、ムダのない
アジャイル Agile：すばしこい、身軽な
ナレッジ Knowledge：知識、知っていること
インフラDX推進本部（事務局）に
X formationの知識・経験を集積し、省内の各部局と共有
13

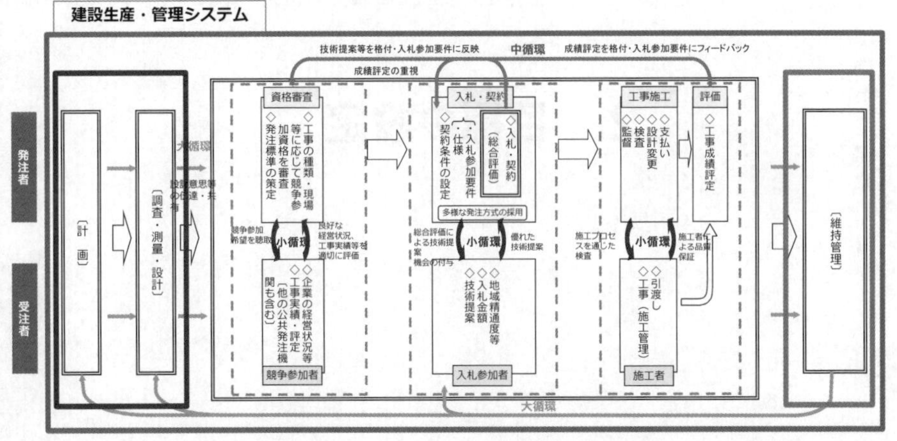
データマネジメントの成果が期待される分野の概観
国土交通省
○平成30年4月の「今後の発注者のあり方に関する中間とりまとめ」において、建設生産・管理システムの改善に向けたフィードバックシステムとして、「大循環」「中循環」「小循環」を位置づけ。
【参考】H30「中間とりまとめ」で議論された「大循環」「中循環」「小循環」のイメージ
建設生産・管理システム
技術提案等を格付・入札参加要件に反映
中循環
成績評定を格付・入札参加要件にフィードバック
成績評定の重視
発注者
受注者
（計画）
（調査・測量・設計）
大循環
資格審査
◇工事の種類・現場等に応じて競争参加資格を審査
◇発注標準の策定
競争参加希望を聴取
小循環
良好な経営状況、工事実績等を適切に評価
◇企業の経営状況等
◇工事実績・評定（他の公共発注機関も含む）
競争参加者
入札・契約
◇入札参加要件・仕様
◇契約条件の設定
◇入札・契約（総合評価）
多様な発注方式の採用
総合評価による技術提案機会の付与
優れた技術提案
◇地域精通度等
◇入札金額
◇技術提案
入札参加者
工事施工
◇支払い
◇設計変更
◇検査
◇監督
評価
◇工事成績評定
施工プロセスを通じた検査
施工者による品質保証
◇引渡し
◇工事（施工管理）
施工者
（維持管理）
14

データマネジメントにより目指すもの

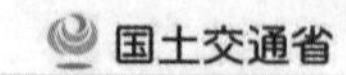

○建設生産・管理システムの各プロセスで生産されるデータを他のプロセスで活用し、生産性向上や品質確保を実現。

○そのためには、制度・システムについても既存のものを前提とせず、仕事のやり方から抜本的に変えることを念頭に議論。

大循環

データに基づくPDCAを通じた、インフラシステムそのものの高度化

⇒「中循環」「小循環」に関係するものも含め、**データプラットフォームのデータを総動員**して、**インフラシステムの「買い」整備・利用**につなげるもの。

中循環

定まっているゴール（成果物）に向けた「作り方」の改革（生産過程の高度化）

⇒ 測量・調査・設計・施工の一連の流れでデータを共有し、**各段階の無理・無駄・ムラを削減することで生産性向上**を図るもの。

小循環

流通データの重複削減による、目の前の仕事の効率化・省人化（業務効率化）

⇒ 既に**存在するデータになっているものに基づき別のデータを再生産する作業を削減・効率化**するもの。

15

国土交通省

2. 目標の設定

16

データマネジメントにより目指すもの（再掲）

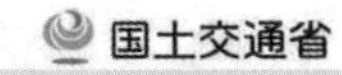

○建設生産・管理システムの各プロセスで生産されるデータを他のプロセスで活用し、生産性向上や品質確保を実現。

○そのためには、制度・システムについても既存のものを前提とせず、仕事のやり方から抜本的に変えることを念頭に議論。

大循環

データに基づくPDCAを通じた、インフラシステムそのものの高度化

⇒「中循環」「小循環」に関係するものも含め、**データプラットフォームのデータを総動員**して、**インフラシステムの「賢い」整備・利用**につなげるもの。

中循環

定まっているゴール（成果物）に向けた「作り方」の改革（生産過程の高度化）

⇒ 測量・調査・設計・施工の一連の流れでデータを共有し、**各段階の無理・無駄・ムラを削減することで生産性向上**を図るもの。

小循環

流通データの重複削減による、目の前の仕事の効率化・省人化（業務効率化）

⇒ 既に**存在するデータになっているものに基づき別のデータを再生産する作業を削減・効率化**するもの。

17

データマネジメントによる「大循環」のイメージ

国土交通省

データに基づくPDCAを通じた、インフラシステムそのものの高度化を目指す。

○「中循環」「小循環」に関係するものも含め、データプラットフォームのデータを総動員して、インフラシステムの「賢い」整備・利用につなげるもの。

○ インフラの「使い方」「あり方」を変えるものであり、作るべきインフラが決まる前の段階への寄与。

○ 中央政府の施策立案に反映させる「中央の大循環」と、地方・事務所単位の事業展開に反映させる「地方の大循環」があり、両方とも重要。

例：最新の気象予測技術等を活用したダム運用の高度化

■ハイブリッド容量の考え方

【令和２年度～】
気象予測を活用した
ダム運用の高度化
洪水調節容量
雨が予測されない場合
貯水位を上昇（弾力運用）
洪水前に貯水位を低下
（事前放流等）
発電容量
（他利水含む）

施設改造

ダムの改造イメージ
嵩上げ
容量増
洪水調節容量
容量増
発電容量
（他利水含む）
放流管増設

更なる
ダム運用の高度化

ハイブリッド容量の設定
（イメージ）
嵩上げ
洪水調節容量
雨が予測されない場合
貯水位を上昇
ハイブリッド
容量
洪水前に貯水位を低下
発電容量
放流管増設

ハイブリッド容量：
・平常時：発電
・洪水時：洪水調節

（この他以下のような例も想定）
- 維持管理データを用いたLCCの最適化の検討
- 過去の調査データや施工データを活用した将来リスクの把握・回避（長大法面→トンネル・ダム軸の見直し 等）

18

データマネジメントによる「中循環」のイメージ

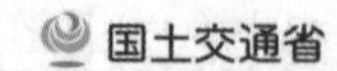

定まっているゴール（成果物）に向けた生産過程の高度化を目指すもの。

○ 測量・調査・設計・施工の一連の流れでデータを共有し、各段階の無理・無駄・ムラを削減することで生産性を向上。

○ インフラの「作り方」を変えるもの。

○ 現在の一般的な発注ベースから、更にフロントローディングを進めるため、技術提案・交渉方式などの活用を推進する。

※ データと技術が最も一体的となる部分であり、主にPRISMデータ活用で採択した技術などが該当。

例：ICT化によるダム施工の自動化

（成瀬ダム・写真：鹿島建設）

プレキャスト部材の活用による生産性向上

（写真：大林組）

（この他以下のような例も想定）
- 掘削・吹付・支保工等段階毎のトンネル施工の自動化

19

データマネジメントによる「小循環」のイメージ

国土交通省

流通データの重複削減による、目の前の仕事の効率化・省人化（業務効率化）を目指すもの。

○ 既に存在するデータになっているものに基づき別のデータを再生産する作業を削減・効率化するもの。

○ 発注者側、受注者側、整備局・事務所・自治体の業務負担軽減につなげる。

○ 手戻り、二度手間、調べ直しの削減に向けた取組。工事書類の簡素化なども含む。

○ 「大循環」「中循環」のための必要データの増加に備え、「小循環」による業務削減・効率化が必要。

例：遠隔臨場の実現による業務効率化・書類簡素化

【立会状況（現場側）】 【見えづらい箇所を確認した様子】

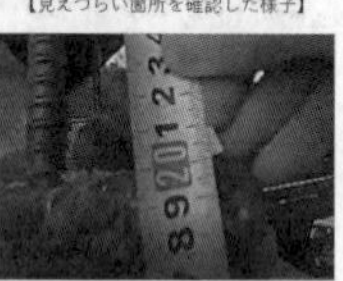

【立会状況（監督側）】 【電話連絡後、見えやすいように接写した様子】

（東北地整・郷六地区床板工工事）

例：クラウドを活用した調査の効率化

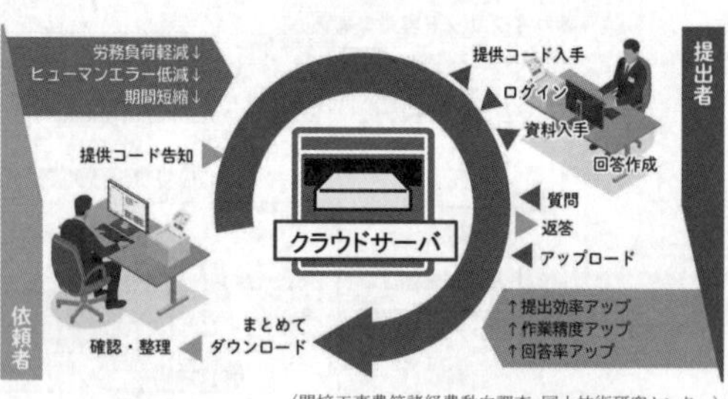

（間接工事費等諸経費動向調査・国土技術研究センター）

（この他以下のような例も想定）
- ３次元データ活用による複雑部の施工トラブルの事前把握
- ドローン測量による出来形確認・書類簡素化

20

インフラに係るデータマネジメントの「3原則」(案)

国土交通省

① 1度取ったデータは 2度と取らない。

※加工可能な形式でのデータ共有を進め、利用者が自身で必要なデータを取得

② 1度入力したデータは 2度入力しない。

③自動で取得・入力できるデータは自動で。

「原則①」に反する例のイメージ

- 人事異動により過去の経験や知識が引き継がれない
- 工事の完成検査にあたり設計データを手入力している
- 測定データを転記して日報を作成している
- 完成後の維持管理台帳整備にあたり再度測量を実施
- 監督職員に提出した資料を、工期末に成果品として再提出

「原則②」に反する例のイメージ

- 入札書類の確認に際し資格者証のコピーを添付
- 公告文書作成にあたりコピー＆貼付作業が多く発生
- 入札に際し受注者が毎回同じ情報を添付して提出
- 工事書類に同じデータを何度も繰り返し記入
- 計測機器等のデータを、工事書類に一つ一つ転記

「原則③」に反する例のイメージ

- 国土交通データプラットフォームのデータを手動で取得
- インフラに設置したセンサーの読み取りデータをファイルに転記
- 施工機械の記録やドローン測量データを有効活用できていない
- RPA活用可能な単純集計作業を手動で実施

21

データマネジメントにより目指すものの全体像(一例)

国土交通省

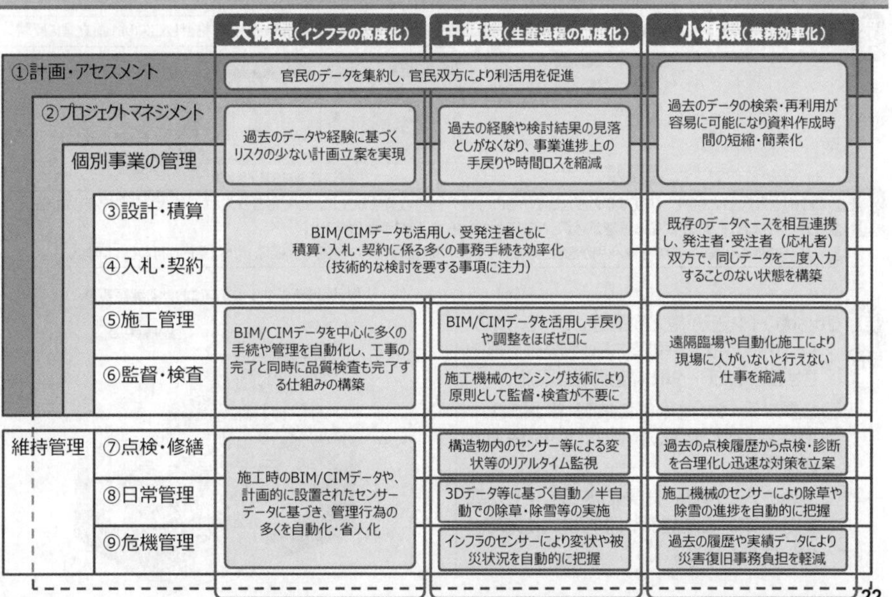

22

3. 各プロセスの「目指す姿」のイメージ

国土交通省

データマネジメントの「目指す姿」のイメージ：①計画・アセスメント

現状 予算、時間等の制約により、時間的・空間的に限定された解像度のデータから、不足情報を内挿・推計して次の計画立案に反映。

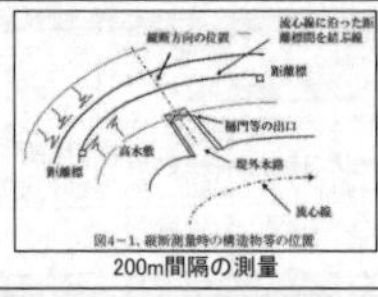

200m間隔の測量

全国道路・街路交通情勢調査

課題
① 計画立案段階において、散在する必要な過去からの各種データを収集することに、受発注者双方ともに膨大な手間を要している。
② データの版管理、履歴情報の管理が必ずしも徹底されておらず、時に手戻りが発生。
③ データの取得段階で必ずしも後利用が意識されておらず、次の計画段階への還流（大循環）が効果的に行われていない。

目指す姿
○現状のインフラが抱える課題について、次の計画・アセスメント段階における改善に還流させるためのデータ取得を適切に実施。
○必要なデータが効率的に共有・検索され、受発注者双方ともに技術的検討に注力できる環境。
○最新のデータ分析・知見に基づき、より効率的な事業計画を立案、目的物（インフラの）仕様を決定。

例：流域デジタルツインにおける実証実験

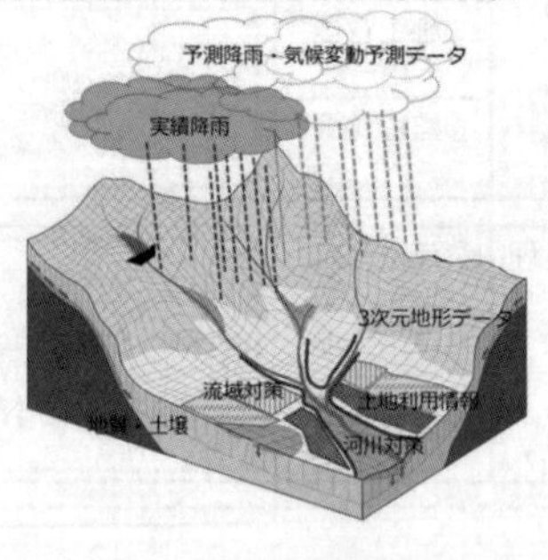

データマネジメントの「目指す姿」のイメージ：③設計・積算

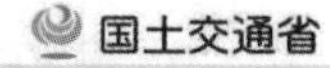

現状 各種基準類に基づき最終成果物の図面（2D/3D）を作成納品。設計時には施工も考慮した数量を併せて納品し、積算に活用。

課題
① 各種協議や設計条件の見直しに伴う図面の部分修正が多く、積算時に最終版を収集・整理する際の無駄や手戻りが発生。
② 施工時に、設計の見直しを要するケースが多い。
③ 概略・予備段階における意思決定が、必ずしも効率的な工法につながっていない可能性がある。

目指す姿
○BIM/CIMデータを活用し、あらかじめデジタル空間において不具合や手戻り等を事前に確認。想定し得る**施工上の課題を極力低減したうえで納品・積算・発注**。
○積算の大部分を自動化し、発注事務を大幅に削減。
○設計段階から施工予定者が参画する発注方式も大幅に拡大。

全体景観（写真・CIMモデル統合）

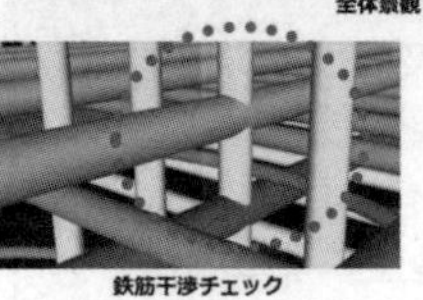
鉄筋干渉チェック

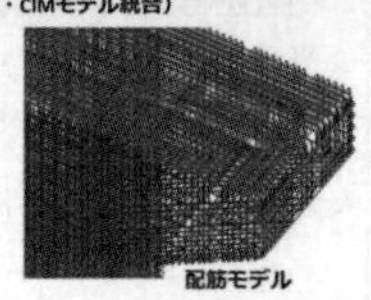
配筋モデル

25

データマネジメントの「目指す姿」のイメージ：④入札契約

国土交通省

現状 入札契約に係る書類作成にあたり、技術者、工事実績、評価点等のデータベースから該当部分を抽出し、別ファイルや別システムに転記

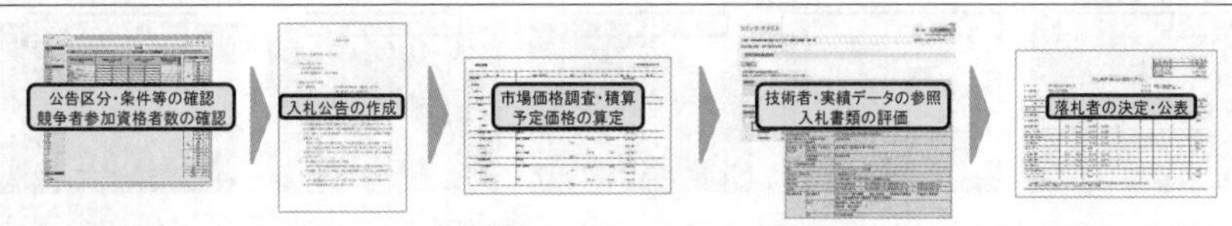

課題
【発注者側】
① 入札書類作成：様々な条件を一つの文書ファイルに集約。作成・チェックが非効率。
② 審査業務：表彰結果や監理技術者証など関連するDBにアクセスすれば良いものについても、スキャン書類のチェックしている場合が存在。配点・評点についても個別にエクセルファイルを作成しておりシステム化されていない。
【受注者側】データで送ったりDBでチェックすれば良いような内容についても書類をPDF化するなど多くの手間が発生。
【共通】毎年細かく制度が変更され、即時（数ヶ月以内）に適用されることが多いため、システム化が困難な部分が存在。

目指す姿
○BIM/CIMデータや、**予算執行データに基づき入札契約関連情報を半自動的に収集**。
○入札参加者も、書類提出からWEB入力のみに。
○発注者内部の審査も半自動化し、チェックを実施。

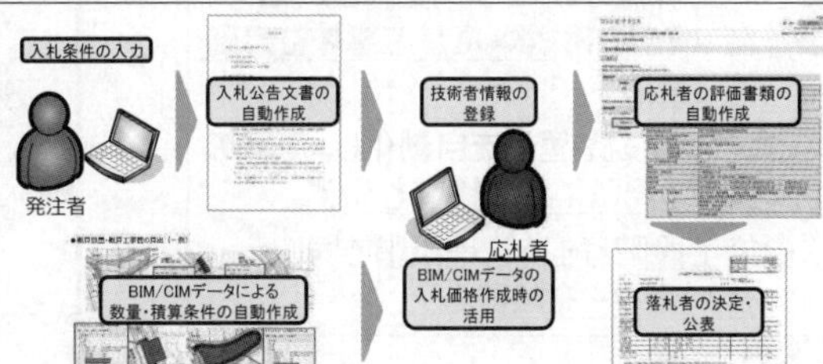

26

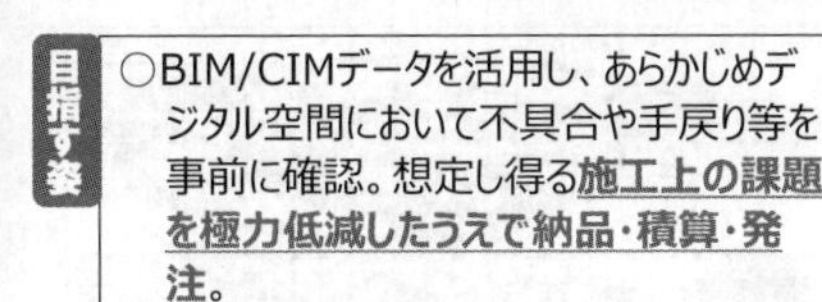

データマネジメントの「目指す姿」のイメージ：⑤施工管理

国土交通省

現状 工事現場で多くのムリ・ムダ・ムラが発生し、工程の遅れやコスト増につながることもある。

工事現場における「ムリ・ムダ・ムラ」の例

新技術を活用した材料や設計の確認待ち

例）プレキャスト部材の活用

共同利用する仮設物や特殊機材の調整

例）ダム湖内の仮設桟橋

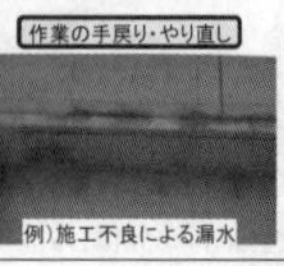

工程調整・工事間調整の不備

例）橋梁と盛土の隣接工事

作業の手戻り・やり直し

例）施工不良による漏水

複雑部の取り合いの不備

例）橋梁上部の干渉

etc.

課題

① 意思決定の待ち時間や調整の不備などによる無駄な時間が存在
② 不十分な協議や引き継ぎなどによる作業の手戻り・やり直し
③ 設計の不備による無駄な時間や作業の手戻り　など

目指す姿

○ BIM/CIMデータを活用し、あらかじめデジタル空間において不具合や手戻り等を事前に確認。**手戻りや調整に伴う工程の遅れを極力縮減**。

○ICT施工建機の普及により**現場作業の大部分が自動化、遠隔監視**

○受発注者の情報共有により**材料承諾などの工事監督に係る手続を迅速化**。

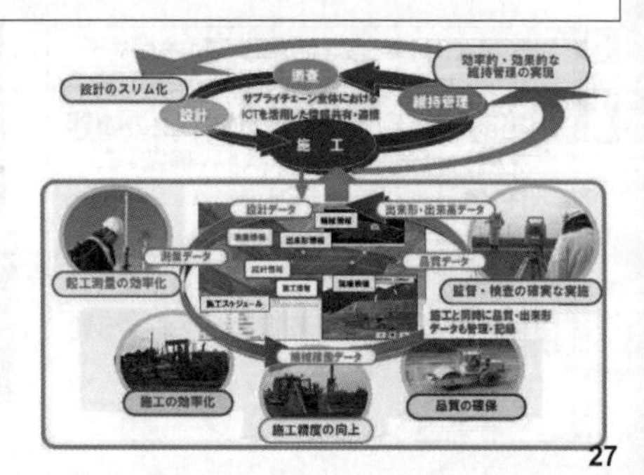

27

データマネジメントの「目指す姿」のイメージ：⑥監督・検査

国土交通省

現状 個々の工程ごとに現地立ち合いの検査を実施。

従来型の監督・検査の例

工事監督（配筋確認）

工事監督（ボーリングコア確認）

工事監督（盛土の確認）

検査（基準高の確認）

検査（出来ばえの確認）

課題

① 「データで残す」ことを前提とした施工管理システムとなっておらず、「現地で確認する」ことが前提となっている。
② 監督・検査と維持管理の間でシームレスなデータ活用がなされていない。

目指す姿

○施工機械のセンシング技術により**監督・検査の確認事項が工事中に自動的に進捗**。

○多くの手続や管理を自動化し、**工事の完了と同時に品質検査も完了**。

○施工段階と維持管理段階で**同じデータやセンサーを共有**。

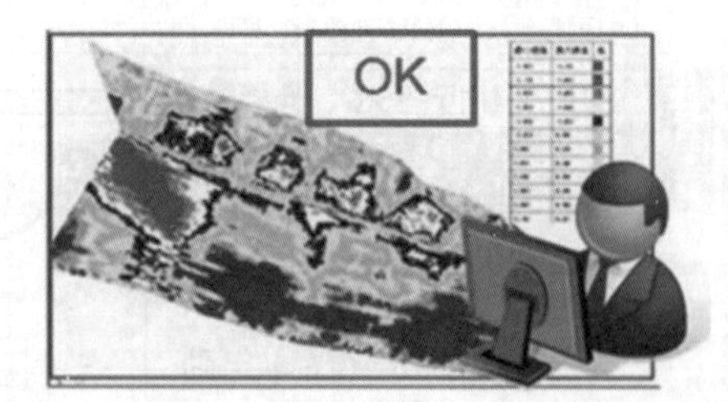

28

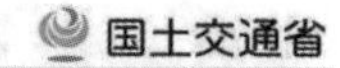

データマネジメントの「目指す姿」のイメージ：⑧日常管理

現状：日常的な巡視による異常の目視確認。車両侵入な箇所では、徒歩や船舶により異常箇所を点検。

目視による日常巡視

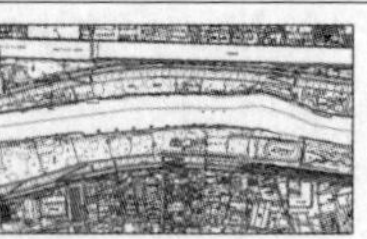

測量による変状把握

課題：
①設計、施工、維持管理の各段階でデータの受け渡しがうまく行われず、各々異なる台帳による管理がなされている可能性。
②目視による点検の限界、見落としの可能性あり。
③日常的な維持管理で得られる膨大な情報が、必ずしも適切に蓄積されず、また次の計画に反映されていない可能性。

目指す姿：
○設計、施工段階から維持管理を意識したデータを取得し、かつそのデータが円滑に後工程（維持管理段階）に引き継がれる環境。
○**日常的な業務を通じて、データが自動で蓄積され、異常が生じた際に速やかに検知可能**な仕組み。
○**日常管理で得られたデータから、修繕が必要等を自動抽出**

河川管理における変状の把握解析イメージ

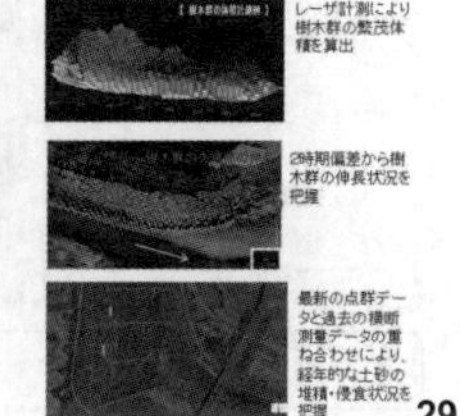

29

国土交通省

4. 必要なシステムのイメージ

30

建設生産・管理システムの将来像（機能面の整理）

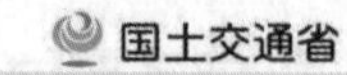

○ 関係するシステムの相互の関連を踏まえた、建設生産・管理システムの将来的な全体像は以下の通り。

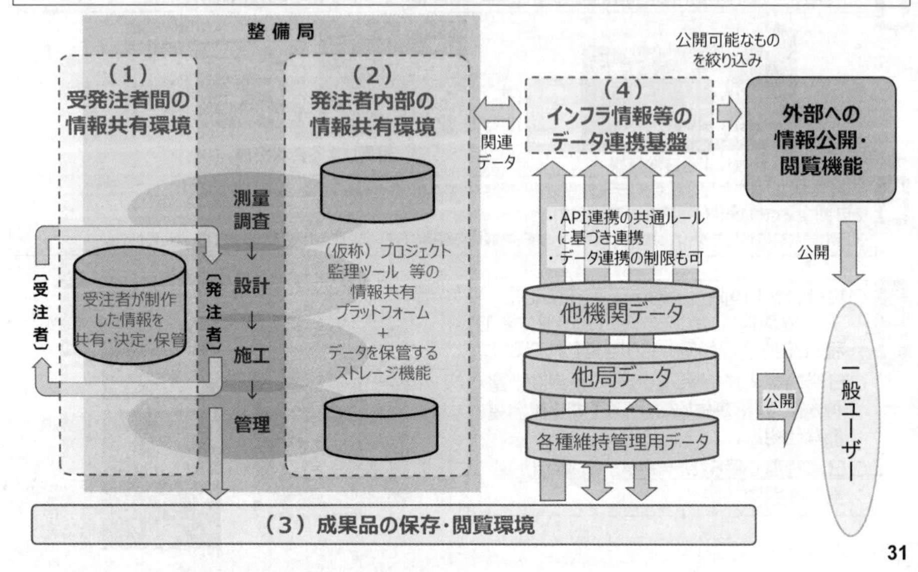

31

（1）受発注者間の情報共有環境

国土交通省

主として⑤施工管理・⑥監督・検査に役立つことを想定

大循環（インフラシステムの高度化）	*＜必要なデータを「インフラ情報等共有システム」にリンク＞*
中循環（生産過程の高度化）	BIM/CIMデータのi-Con等で活用されるデータを蓄積
小循環（業務効率化）	工事書類の自動化・不要化、監督・検査の簡素化・自動化、複雑部3Dデータ化によるトラブル回避につながるデータを蓄積

（機能（案））
- 発注者である整備局と受注者間で、受注者が制作した情報を共有し、決定し、保管するもの。

（仕様（案））
- ISO19650に合致した公共調達の担保
- 受注者側のインターフェイスとして、当面はASPを想定し、受注者が自由に選択可能とする。
- 発注者側は、ICTプラットフォーム（仮称）を用いることにより、１つのインターフェイスとする。
- ３Ｄデータの情報共有にはＤＸデータセンターも活用する。
- 整備局、あるいは事務所単位を想定。

（論点）
- 現状の受発注者間の情報共有は一体どのようなものとなっているか。（事務所の作業レベルで正確に把握する必要がないか。）

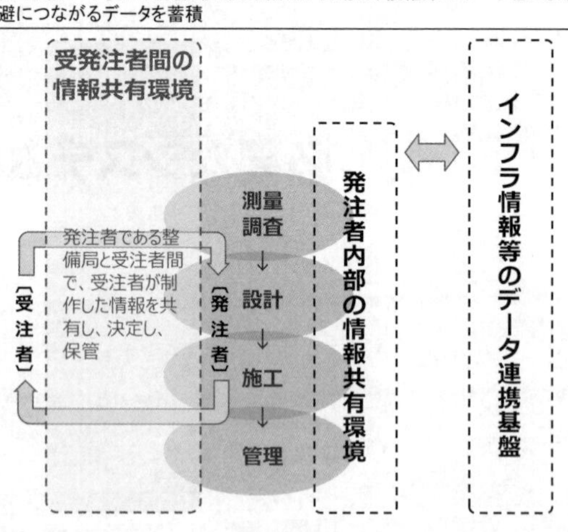

32

（2）発注者内部の情報共有環境

国土交通省

主として②入札・契約・③事業監理・⑥監督・検査に役立つことを想定

大循環（インフラシステムの高度化）	＜必要なデータを「インフラ情報等共有システム」にリンク＞
中循環（生産過程の高度化）	設計＝施工間の情報共有、フロントローディングの推進
小循環（業務効率化）	調査ものの自動化・不要化、業務引継の円滑化

（機能（案））
- 整備局における事業監理を円滑なものとするための情報を共有するもの。
- インフラ情報等のデータ連携基盤において必要な「関連データ」と連携しつつ、発注や協議等の基礎資料とするために内部共有するもの。

（仕様（案））
- 過去の設計や積算、入札契約等のと各種関連システムと適合するものとする。
- UIとしては関連文書、データの探索をすることを前提に検討。
- 整備局、あるいは事務所単位を想定。

（論点）
- 現状の発注者内部の情報共有は一体どのような形で、どのようなものが扱われているか。
- DXデータセンターの活用。
- イインフラ情報等のデータ連携基盤や他局システムとの役割分担。
- UIの検討（地図ベース、表形式等）

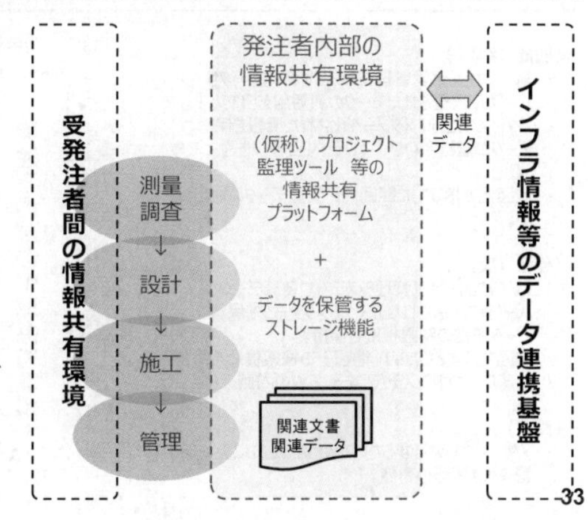

33

（3）公開情報の保存・閲覧環境

国土交通省

主として②設計・積算・③入札・契約・⑥監督・検査に役立つことを想定

大循環（インフラシステムの高度化）	＜必要なデータを関連システムにリンクすることで間接的に貢献＞
中循環（生産過程の高度化）	
小循環（業務効率化）	工事・業務成果確認作業の効率化、調査ものへの対応の効率化

（機能（案））
- 業務・工事において受注者が作成した成果を保管するもの。
- 発注者の了解を取った上で、受注者は過去の成果を参照可能。
- 「場所」等のキーワード検索が可能。

（仕様（案））
- メタデータは現在は業務・工事単位で付与。
  ⇒将来的にはデータファイルごとの付与も検討
- 全国で１つのシステム。

（論点）
- 目的に合わせたメタデータの設計。
- 電子納品の登録単位（メタデータがわかれるものは別々の納品とするか　等）。
- 過去のデータの納品をどのように、いつまで遡って行うか。

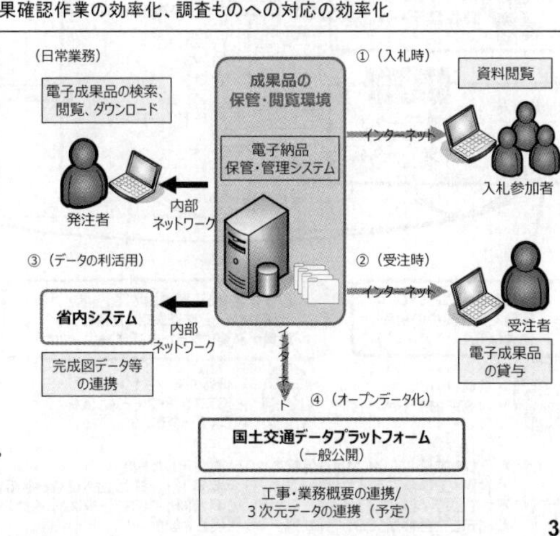

34

（４）インフラ情報等の共有機能

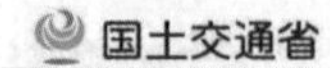

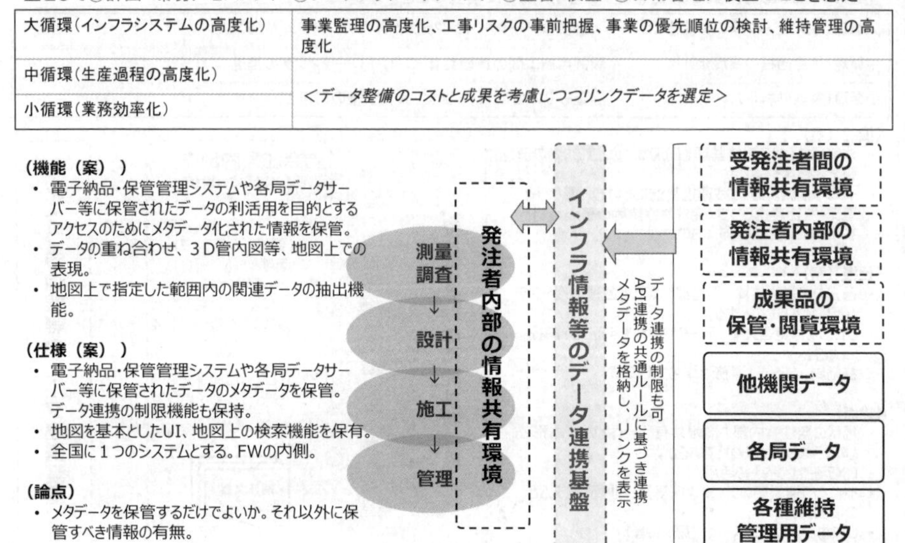

主として①計画・環境アセスメント・②プロジェクトマネジメント・⑥監督・検査・⑧日常管理に役立つことを想定

大循環（インフラシステムの高度化）	事業監理の高度化、工事リスクの事前把握、事業の優先順位の検討、維持管理の高度化
中循環（生産過程の高度化）	*＜データ整備のコストと成果を考慮しつつリンクデータを選定＞*
小循環（業務効率化）	

（機能（案））
- 電子納品・保管管理システムや各局データサーバー等に保管されたデータの利活用を目的とするアクセスのためにメタデータ化された情報を保管。
- データの重ね合わせ、３Ｄ管内図等、地図上での表現。
- 地図上で指定した範囲内の関連データの抽出機能。

（仕様（案））
- 電子納品・保管管理システムや各局データサーバー等に保管されたデータのメタデータを保管。データ連携の制限機能も保持。
- 地図を基本としたUI、地図上の検索機能を保有。
- 全国に１つのシステムとする。FWの内側。

（論点）
- メタデータを保管するだけでよいか。それ以外に保管すべき情報の有無。

35

ISO19650と国土交通省の現行システムとの関係

国土交通省

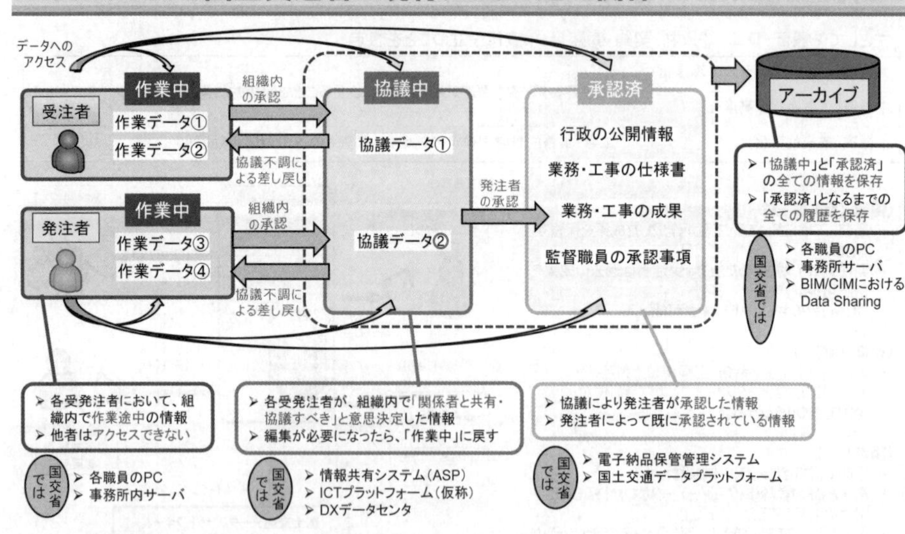

➢ 一つの業務・工事における情報のやりとりを図示したもの
➢ 業務・工事が完了すれば、成果物を「承認済」とし、次段階へ進む、事業全体でこの取組を積み重ねていく
➢ セキュリティまたはプライバシーの観点から非公開とすべきデータは、「承認済」であっても関係者とは共有しないこともある
➢ 図示した全体が"CDE"（共通データ環境）となる

36

5. 実現に向けた取組

建設生産・管理システムの将来像（機能面の整理）【再掲】

○ 関係するシステムの相互の関連を踏まえた、建設生産・管理システムの将来的な全体像は以下の通り。

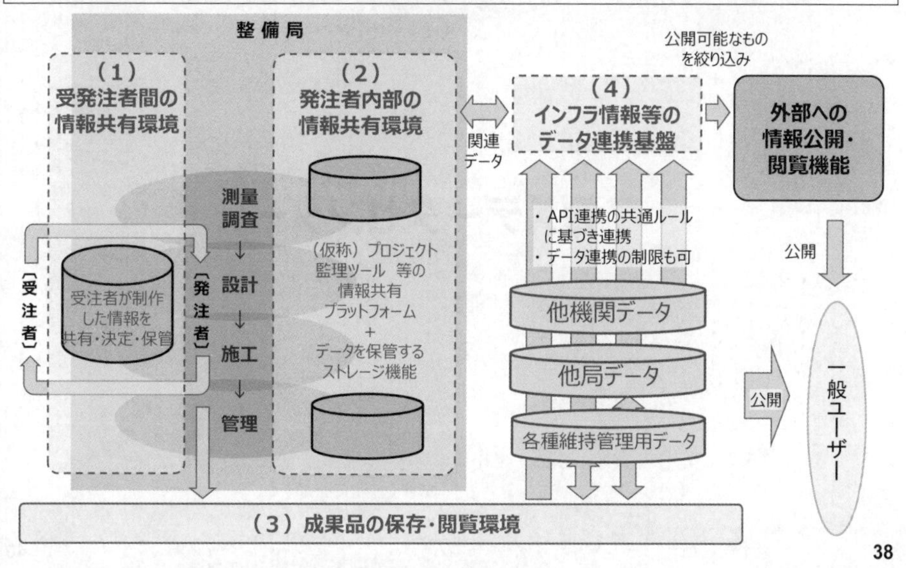

建設生産・管理システムの将来像の実現に向けた取組

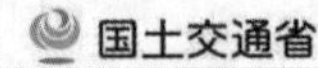

○ 建設生産・管理システムの将来的な全体像を実現に向けた各種取組は以下のとおり

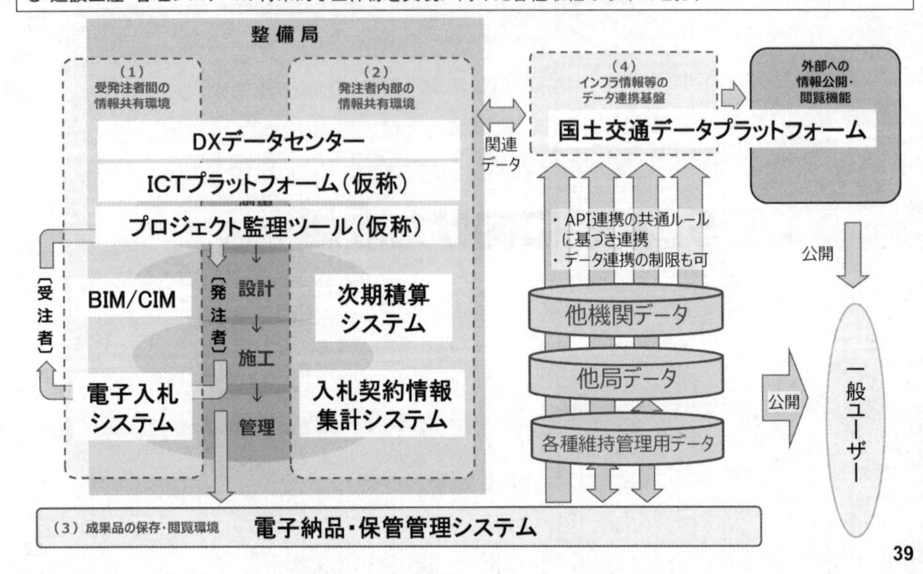

39

国土交通省

DXデータセンター

40

DXデータセンターの役割と機能

DXデータセンターの役割

・インフラ分野のＤＸに関する実証研究システム
・当面の取り組みとして、中小規模の施工業者等が、３次元モデルを活用することを支援するシステムを構築（官民共同研究）

３次元モデルの活用における課題

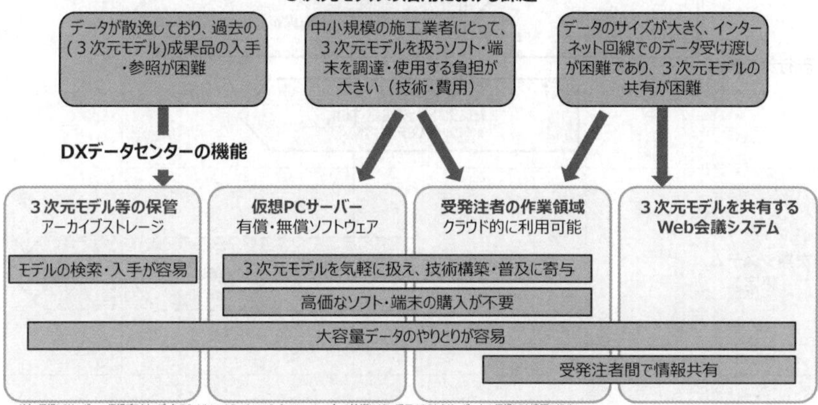

注）仮想PCサーバー：仮想デスクトップ（VDI: Virtual Desktop Infrastructure）の技術により、手元のPCからサーバー上の仮想PCを遠隔で操作し、仮想PCにインストールされている有償・無償ソフトウェアを利用することが可能
注）官民共同研究：DXデータセンターにおける3次元データ利用環境の官民連携整備に関する共同研究

41

DXデータセンターの概要

○BIM/CIM等で用いる3次元モデル等を保管し、受発注者が測量・調査・設計・施工・維持管理の事業プロセスや、災害対応等で円滑に共有するための実証研究システムとして「DXデータセンター」を構築
○当面の取り組みとして、3次元モデル等を取り扱うソフトウェアを搭載することにより、受発注者が3次元モデル等の閲覧、作成、編集、受け渡し等を遠隔で行うことを可能とする官民共同研究を実施

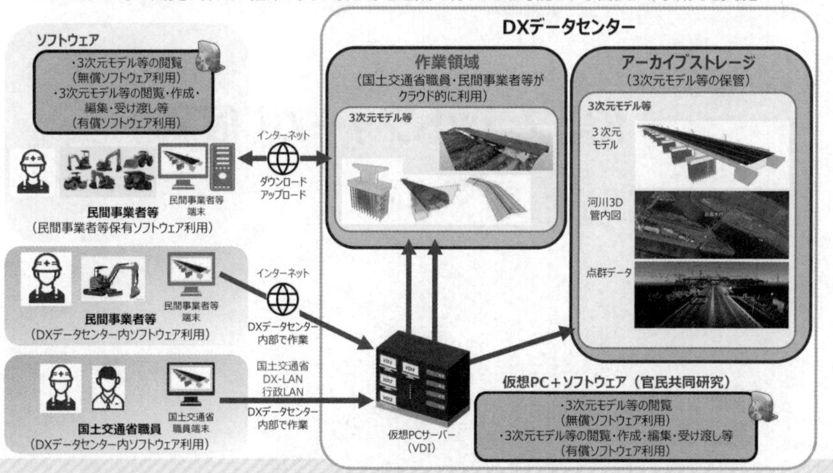

42

検討スケジュール

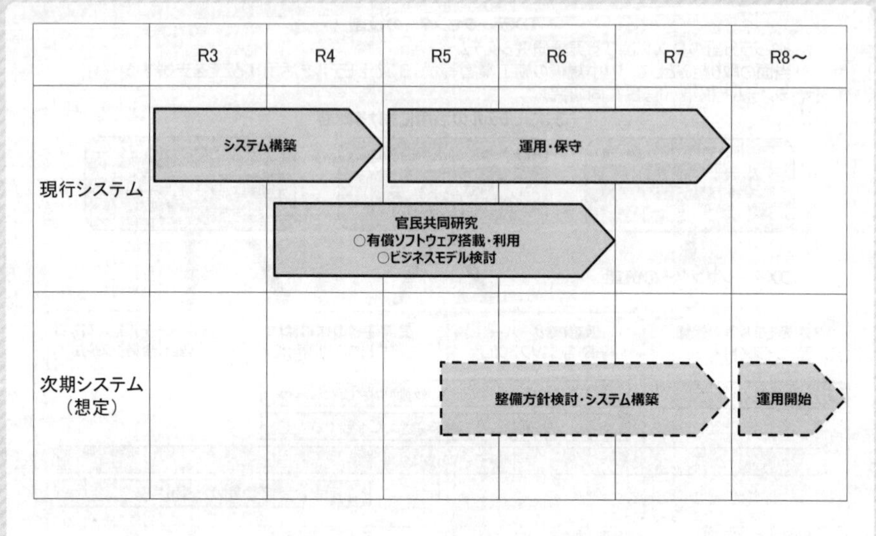

43

国土交通省

ICTプラットフォーム（仮称）

44

ICTプラットフォーム（仮称） 工事の監督・検査の効率化

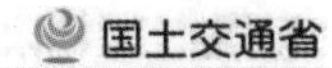

○建設現場の監督・検査に用いるデータを一括して取り扱うプラットフォームを構築し、ペーパーレス化・オンライン化を推進する。

ICTプラットフォーム（仮称）のイメージ

Before

システムが受注者ごとに異なるため、ユーザーインターフェースがバラバラ

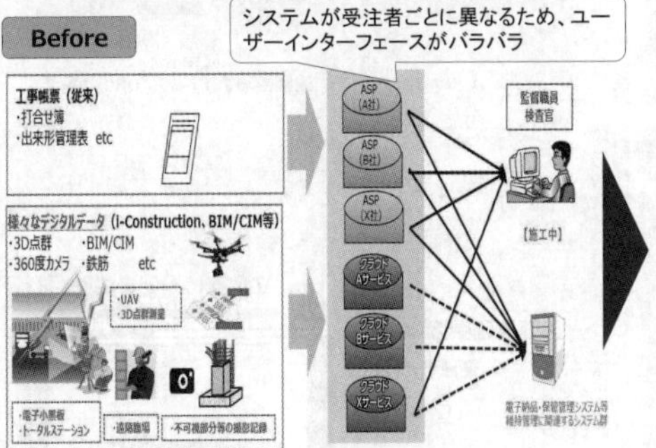

After

協調領域を設けることでユーザーインターフェースが統一され、利用者の利便性が向上

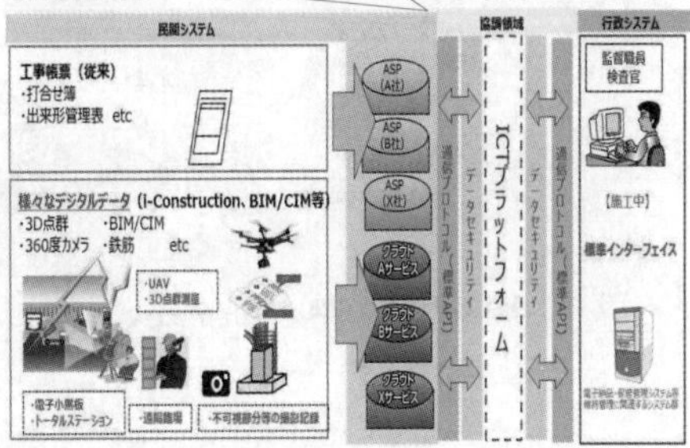

具体的な効果

1. オリジナルデータのままでデータの受け渡しが可能
2. 複数のASP間の相互連携が可能

45

監督・検査におけるICTプラットフォーム（仮称）の取組概要

国土交通省

○施工管理関連情報を、構築したICTプラットフォーム（仮称）に格納し、各情報の活用を図る。

取扱う情報⇒・工程情報：週間工程会議における週間工程共有の省力化 等　・品質・出来形情報：品質管理図表確認行為の効率化 等

・図面情報：2次元図面、3Dモデル、現場条件情報の統合表示 等　・写真情報：属性情報を活用した地図上表示、検索機能 等

○紙ベース⇒生データにより、“一つのインターフェイスで確認”、“二次利用が可能”

Before

・複数システムへのアクセスが必要であるため、データアクセス、管理が面倒
・紙ベースのデータであるため、二次利用不可（帳票形式のPDFなど）

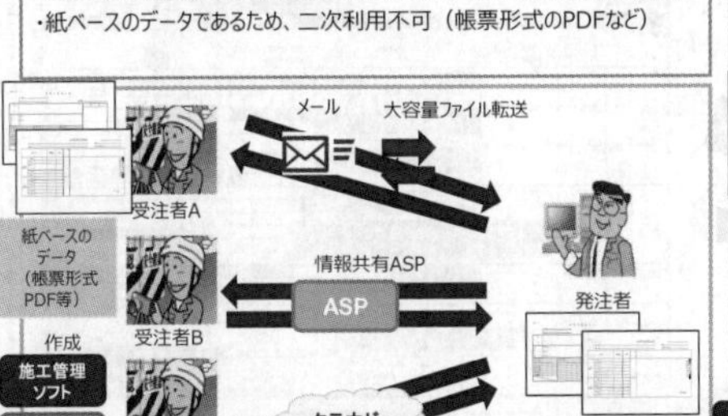

After

・1つのシステムとのやりとりであるため、データアクセスや管理が容易
・データは生データであるため、二次利用が可能
・ICTプラットフォーム（仮称）に蓄積したデータを、各種検査等に活用可能

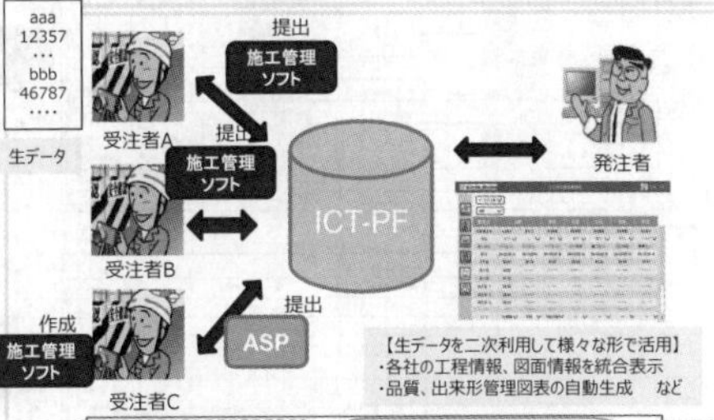

【ICTプラットフォーム（仮称）導入によるデータ活用例】

<品質・出来形情報>

・工事の進捗に応じ、受注者は日々ICTプラットフォーム（仮称）にデータを提出することにより、発注者はリアルタイムに結果を確認することができる。

・また、管理図表（帳票形式）をヒストグラムやバーチャート等確認したい形式に切り替えて表示し、即座に確認することができる。

46

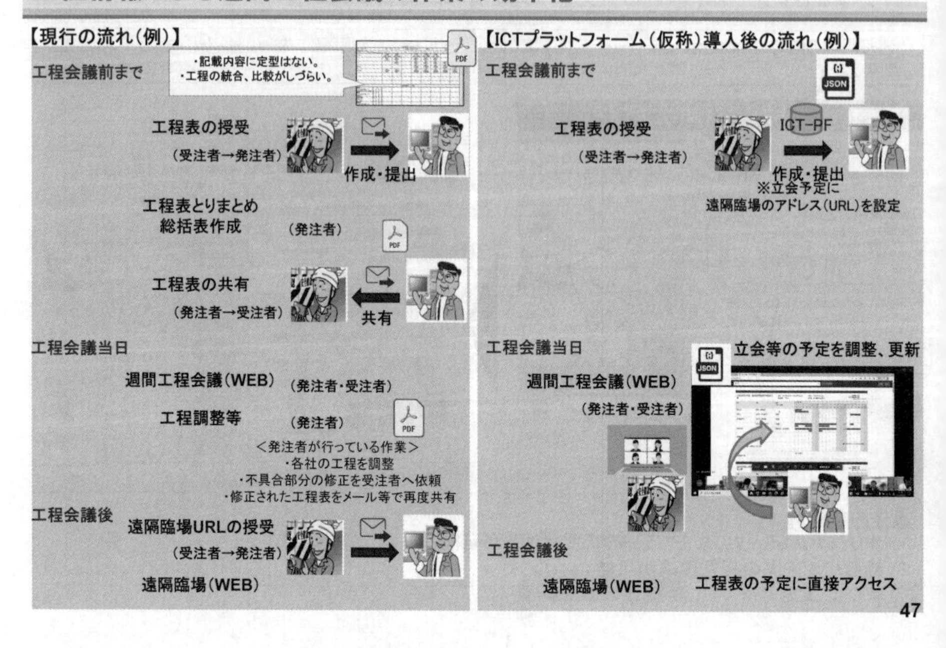
工程情報による週間工程会議の作業の効率化
国土交通省
【現行の流れ(例)】
工程会議前まで
・記載内容に定型はない。
・工程の統合、比較がしづらい。
工程表の授受
(受注者→発注者)
作成・提出
工程表とりまとめ
総括表作成
(発注者)
工程表の共有
(発注者→受注者)
共有
工程会議当日
週間工程会議(WEB)
(発注者・受注者)
工程調整等
(発注者)
<発注者が行っている作業>
・各社の工程を調整
・不具合部分の修正を受注者へ依頼
・修正された工程表をメール等で再度共有
工程会議後
遠隔臨場URLの授受
(受注者→発注者)
遠隔臨場(WEB)
【ICTプラットフォーム(仮称)導入後の流れ(例)】
工程会議前まで
JSON
工程表の授受
(受注者→発注者)
ICT-PF
作成・提出
※立会予定に
遠隔臨場のアドレス(URL)を設定
工程会議当日
立会等の予定を調整、更新
週間工程会議(WEB)
(発注者・受注者)
工程会議後
遠隔臨場(WEB)
工程表の予定に直接アクセス
47

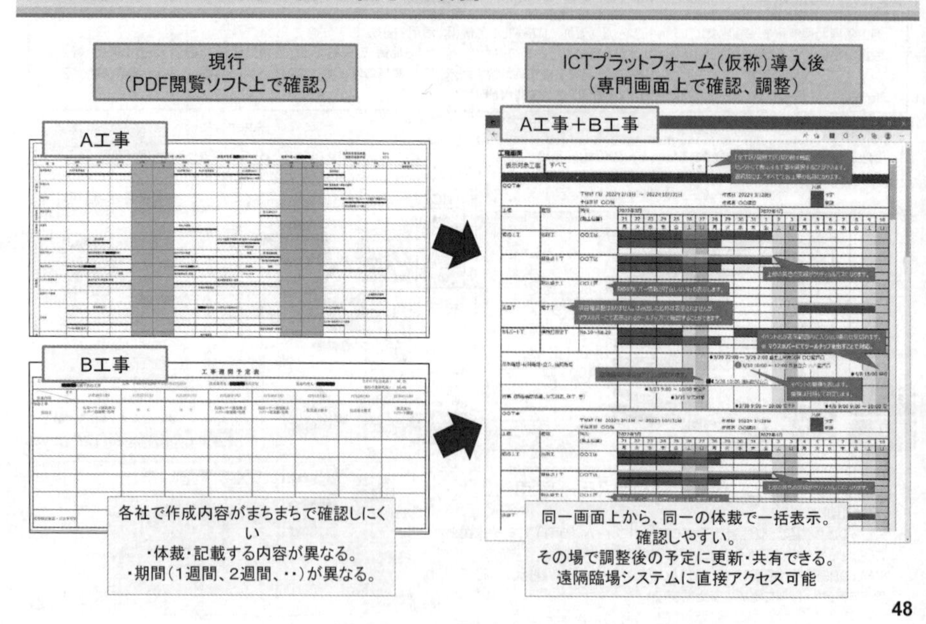
工程情報による週間工程の確認の改善
国土交通省
現行
(PDF閲覧ソフト上で確認)
ICTプラットフォーム(仮称)導入後
(専門画面上で確認、調整)
A工事
B工事
工事週間予定表
A工事+B工事
各社で作成内容がまちまちで確認しにくい
・体裁・記載する内容が異なる。
・期間(1週間、2週間、・・)が異なる。
同一画面上から、同一の体裁で一括表示。
確認しやすい。
その場で調整後の予定に更新・共有できる。
遠隔臨場システムに直接アクセス可能
48

ICTプラットフォーム（仮称）の構築（スケジュール）

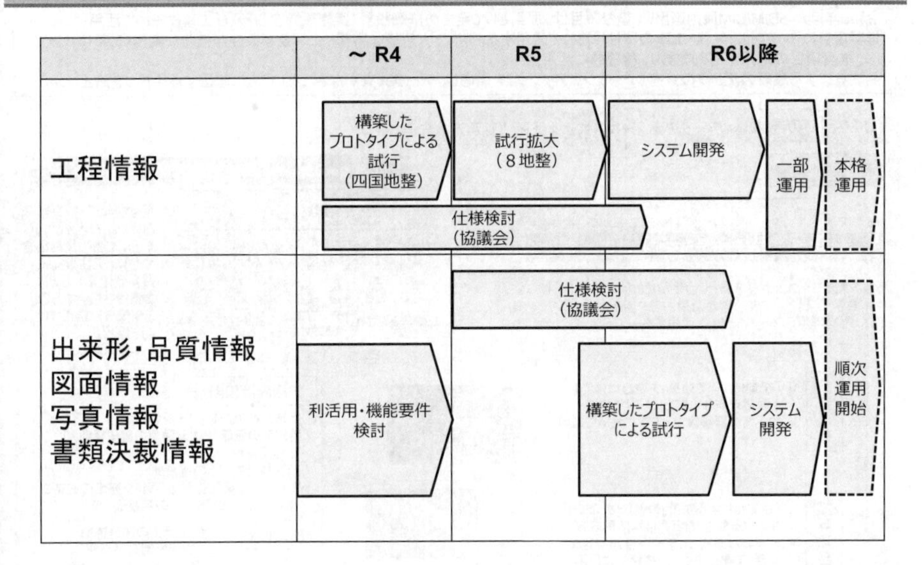

49

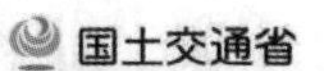

BIM／CIMの原則適用

50

BIM/CIM原則適用

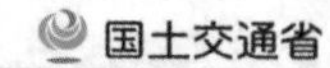

- 令和5年度からBIM/CIM原則適用し、義務項目は、原則として全ての詳細設計（実施設計含む）及び工事において活用。
- 推奨項目については、業務・工事の特性に応じて活用する。特に、大規模な業務・工事及び条件が複雑な業務・工事については、推奨項目の活用が有効であり、積極的に活用。
- 発注者による最新のデータの共有（データシェアリング）を徹底し、データ共有がなされないことに起因する手戻りを防止。

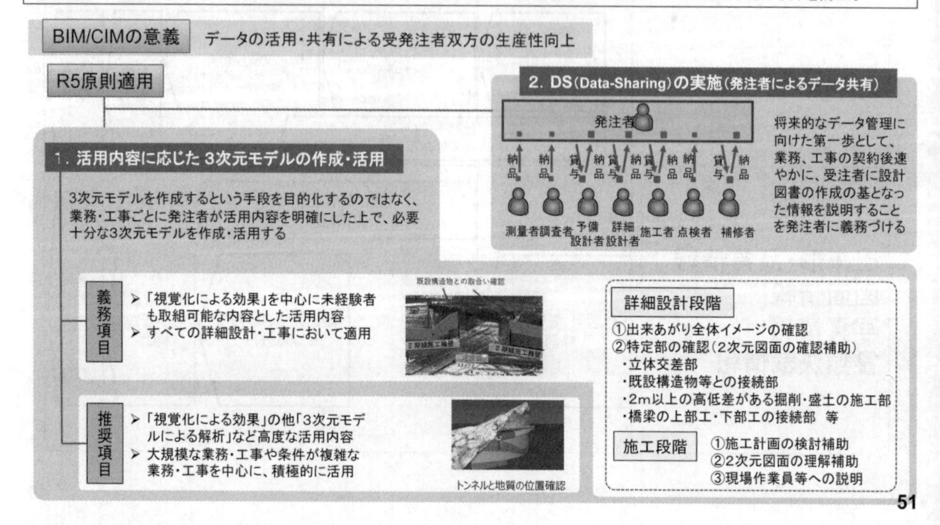

51

BIM/CIM 今後の検討について

国土交通省

○令和5年度からのBIM/CIM原則適用により、中小規模の企業を含め裾野を拡大
○更なるBIM/CIMの効果的な活用により、建設生産・管理システムの効率化を図るとともに、紙を前提とする制度からデジタル技術を前提とする効率的な制度への変革を目指していく

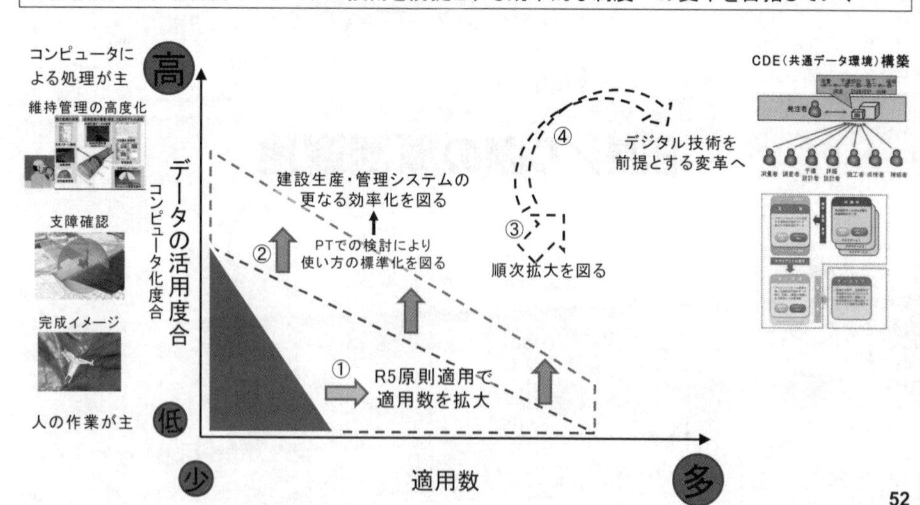

52

今後の課題解決に向けて

国土交通省

○ 発注者が求める内容を明確にした上で、生産性向上や情報の連携といった観点から、作成、受け渡しすべき3次元モデルやデータの内容、受け渡し方法を検討
○ これまでの検討から挙げられている課題について、PTを設置し検討

検討の視点（例）

○ 設計業務で必要となる測量データや地質データを明らかにするとともに、設計業務への受け渡し方法について検討する必要がある

○ ICT建機による施工に必要となるデータを、設計段階から効率的に受け渡す方法

○ コンクリート構造物の3次元データの施工段階での活用方法

○ 設計業務成果と工場製作システムとのデータの連携

○ ソフトウェアの互換性

○ 国際基準について、国内の取組みに取り入れるべき国際動向は何か

53

DS（Data-Sharing）の実施（発注者によるデータ共有）

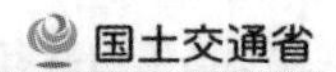

> 業務、工事の契約後速やかに、設計図書の作成の基となった各段階の最新の情報や検討経緯がわかるよう、発注者が整理した上で受注者に説明
> 受注者が希望する参考資料を発注者は速やかに貸与（電子納品保管管理システムの利用）

設計図書の作成の基となった情報を説明するために整理する資料の例

対象	説明内容
設計図	「R1○○詳細設計業務」と「R2××修正設計業務」を基に作成しています。「R1○○詳細設計業務」を基本としていますが、△△交差点の部分は「R2××修正設計業務」で設計しています。
中心線測量	「H30○○測量業務」の成果を利用して作成しています。
法線測量	「H30○○測量業務」の成果を利用して作成しています。
幅杭測量	「R1○○測量業務」の成果を利用して作成しています。
地質・土質調査	「H28○○地質調査業務」の地質調査の成果と「H30××地質調査業務」の地下水調査の成果を利用しています。
道路中心線	「H28○○道路予備設計業務」において検討したものを利用しています。
用地幅杭計画	「H29○○道路予備設計業務」において検討したものを利用しています。
堤防法線	「R2○○河川詳細設計業務」において検討したものを利用しています。
その他	

> 共通仕様書等による成果物の一覧を参考にしつつ、過去の成果を確認し、最新の情報を明確にする。
> 業務成果が古い場合、修正（変更、追加）が多数行われている事業の場合、管内設計業務等で部分的に修正をしている場合は、検討経緯、資料の新旧等に留意して説明する。

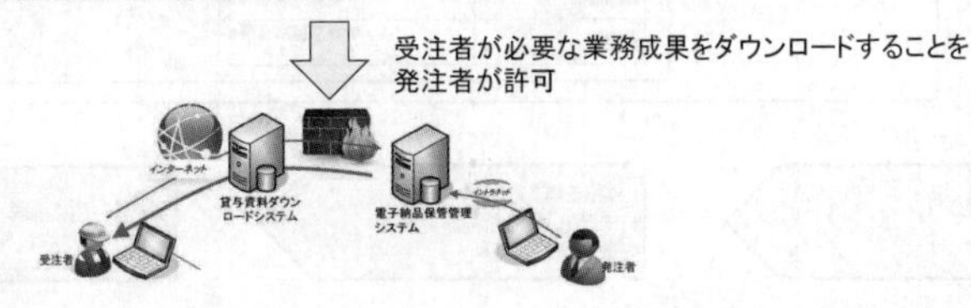

54

プロジェクト監理ツール（仮称）

更なる情報共有の効率化に向けた取組【プロジェクト監理ツール（仮称）】

○発注者間、受発注者間における情報共有ツール
○業務・工事の契約単位だけでなく、事業全体に跨がった情報（設計履歴、申し送り、関係機関協議等）を地図上で検索、表示
○試作版をR5年度モデル事務所で運用
○プロジェクト監理に必要な機能、掲載すべき情報、各種データベースとどう連携するか等について検討

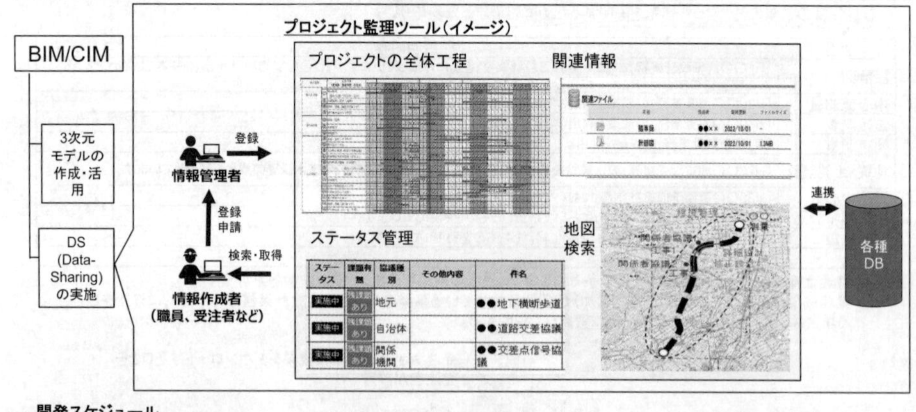

開発スケジュール

～令和5年度6月
・試作版作成

令和5年7月頃～
・モデル事務所で運用
・改善点の把握

令和6年度以降～
・ツールの改良、実装

国土交通省

次期電子入札システム

57

国土交通省電子入札システムの方向性

国土交通省

○現状、入札参加希望者は申請書等をPDF化し申請登録、発注者は登録されたPDFデータをダウンロードし一部は紙印刷をして審査を行っており、入札契約手続きに時間を要しているうえに、データとして蓄積できていない。
○これからの電子入札システムは、PDFでのやりとりを廃止し、応札者がデータを直接入力。参加資格審査や技術審査に係る資料の作成の大部分をシステムで実施。
○入力されたデータや審査結果は、発注者内部のデータベースに蓄積され、契約管理や次回からの入札契約でも有効活用。

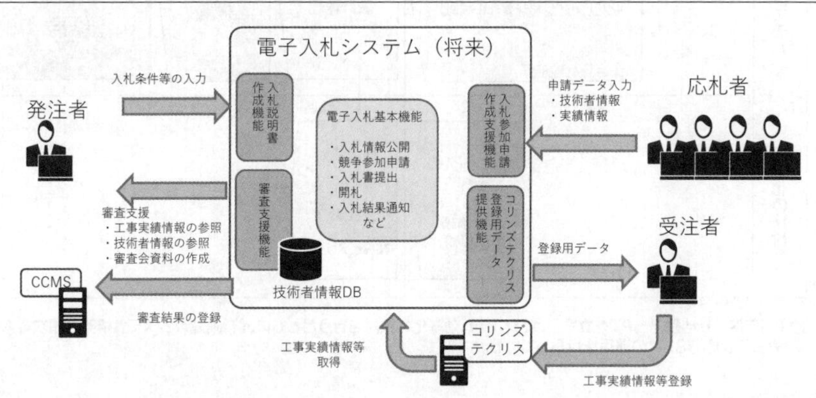

58

次期電子入札システムの構築に向けた検討方針

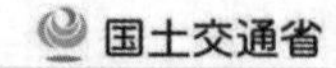

○現在の電子入札システムや関連システムにおける課題、改善事項を抽出するため、現状把握を実施する。
○R7年度からの新システム稼働に向け、自動化・効率化できる作業項目を抽出、システム設計に反映する。
○入札情報についてはDB等に蓄積され発注者内部における各種集計や分析に活用。

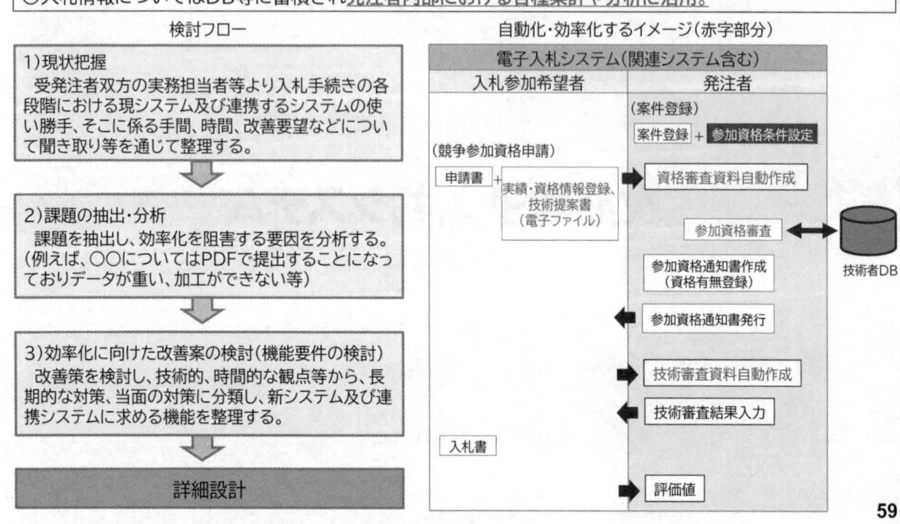

59

電子入札システム更改スケジュール

国土交通省

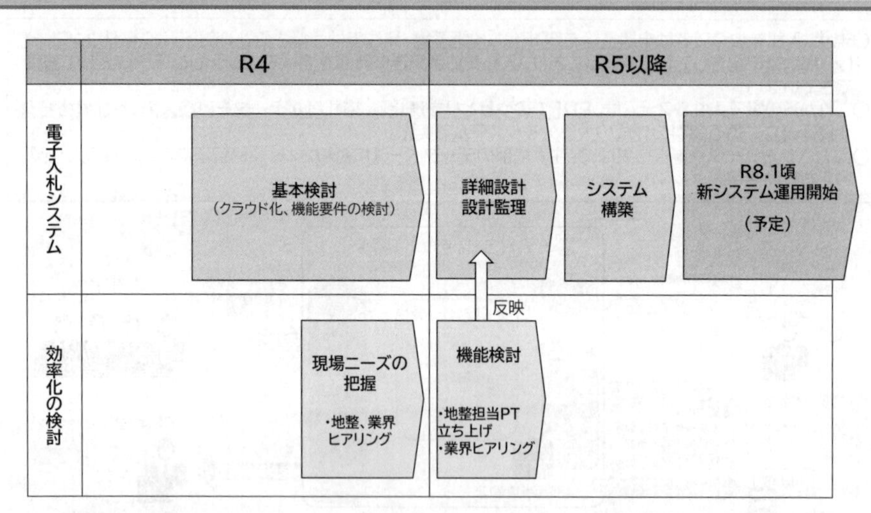

○ R5年度より地整担当PTを立ち上げ、システム効率化の検討を行うとともに、詳細設計、システム構築を順次推進し令和7年度(R8. 1)の運用を目指している。

60

国土交通省

次期積算システム

61

⑥【受発注者間】次期積算システムの改定に向けた検討

○各種データがデジタル化される中、現在の積算システムは職員が手作業でデータを入力しているため、繁忙期等には違算や作業日数の超過等により事業執行に影響が生じる可能性がある。
⇒次期積算システムでは、デジタルデータを統合管理・自動入力することで、違算防止や作業日数の縮減が可能。

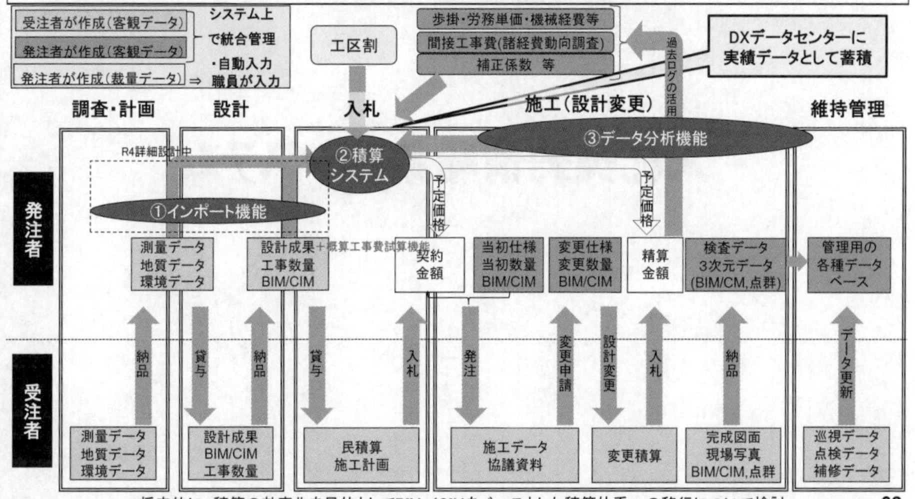

⇒将来的に、積算の効率化を目的としてBIM／CIMをベースとした積算体系への移行について検討

62

次期積算システムの構築(スケジュール)

国土交通省

R5.3.31時点

	令和3年度	令和4年度	令和5年度	令和6年度～		
次期積算システム	システム検討		プロトタイプの試用 システム検討	システム構築	総合テスト システム移行	本格運用

【取組にあってのスタンス】

- システムの設計・構築に当たっては、実際に使用する整備局職員等の意見を踏まえ検討
  - 地方公共団体向けのシステム開発にも活用できるよう、汎用性のある構造を検討

63

国土交通省

入札契約情報集約システム

64

契約データの管理・集計（入札契約情報集約システム）

国土交通省

○ デジタルデータを活用した仕事のプロセスや働き方の変革、データ活用環境の整備を目的として令和4年度に入札契約情報集計システムを開発。
○ 既存システムで管理されている情報を1拠点に集約し、集約したデータの収集機能や蓄積機能、蓄積されたデータの集計機能や抽出機能を実装する。集計結果は将来的にデータベース化され、CDEに格納される。

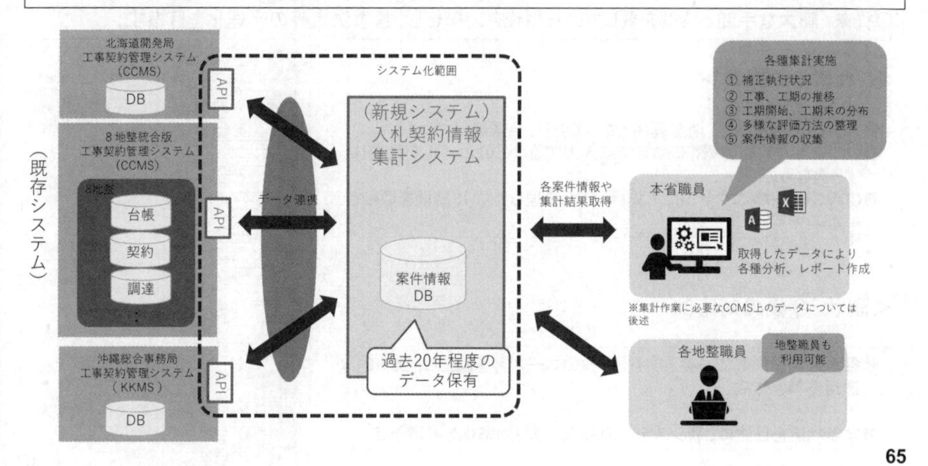

65

発注者における入契データの活用（入契データの管理・集計）【現状・課題】

国土交通省

発注者懇談会 （R3年度第2回・R4.3.4） 資料 再掲

○ 現状では、発注状況の調査、入札契約の実施結果（総合評価落札方式の実施状況等）の整理・検証を行うにあたり、各地整で独自に持つデータベースからの収集・とりまとめに期間や人手を割いている状況。
○ 各地整が実施しているデータ集計・とりまとめ作業を定型化できれば、発注状況等の把握のリアルタイム性の改善や、より適切な入札契約方式の検討の充実等につながる。

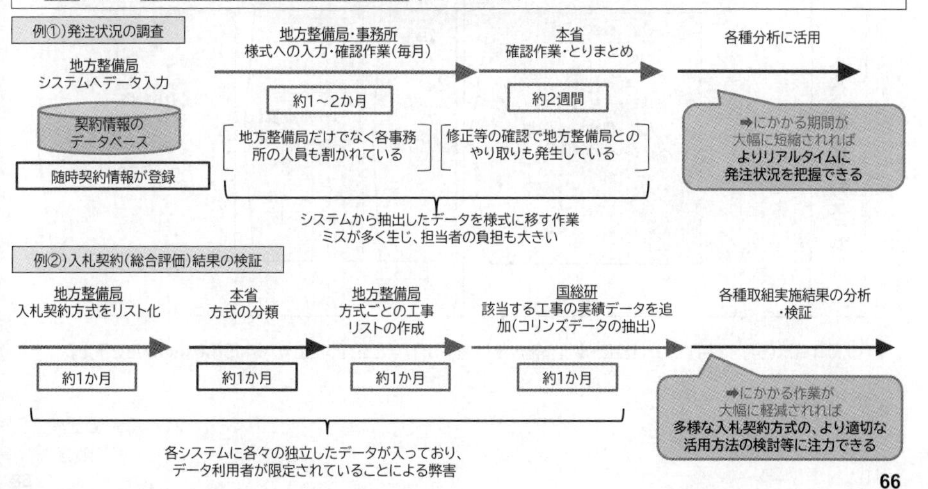

66

入札契約データの管理・集計(例)

国土交通省

○ 従来、各地方整備局毎に個別に構築されていた事業執行管理システム(通称CCMS)について、令和4年5月から、統合運用を開始。
○ 本省や整備局本局のデータの収集等の効率化を目指し、約3,500項目に及ぶ入力可能データから、意思決定等に必要な必須入力項目約240項目と、自由入力項目に分類。
○従来、膨大な手間と時間を要していた調査を効率化し、意思決定等の迅速化を目指す。

<これまでの課題>

- ●入力必須項目など、地整運用となっており、全国統一ではない。
- ●いつまでの契約情報をいつまでに入力するなどのルールが地整により異なる。
- ●CCMSデータをエクセルにて集計・分析処理しており、時間を要している。

<現状・今後の対応>

- ●各地方整備局等で必要とするデータのニーズ等を確認し、統一的な運用基準を作成
- ●本年秋頃を目途に、新システムの導入により効率化を実現予定。

基本事項							
1	設計書番号	50	図面及び仕様書	99	件名区分	148	決議書発行日
2	負担行為件名コード	51	入札心得及び契約書案	100	中断理由	149	別紙の提出先
3	負担行為件名	52	支払限度額割合_初年	101	中断期間_開始	150	法定福利費概算額
4	年度	53	支払限度額割合_次年	102	中断期間_終了	151	設計JV公示フラグ
5	事務所	54	支払限度額割合_3年	103	公表日	152	業者名簿_開始年度
6	工事担当課	55	支払限度額割合_4年	104	掲示日	153	業者名簿_認定予定フラグ
7	設計書種別コード	56	支払限度額割合_5年	105	業務件名区分	154	認定通知年月日
8	契約番号	57	前金払条件	106	縦覧時間_開始	155	公告年月日
9	国債年数	58	保証人等コード	107	縦覧時間_終了	156	申請期間_自
10	予算区分	59	保証人等名称	108	管理技術者等要件	157	申請期間_至
11	工種業種	60	保証人支店名	109	標準プロポ型式	158	開札予定年月日
12	契約の種類	61	支払条件の選択	110	リサイクル法対象	159	特定通知予定年月日
13	契約方式	62	調査基準価格	111	工事費内訳書	160	所在地番号
14	契約型式	63	税抜き調査基準価格	112	電子入札対象	161	連名契約フラグ
15	推薦年月日	64	単価総価区分	113	受付開始年月日	162	橋梁補修工事フラグ
16	指名年月日	65	予定総価	114	受付開始時間	業者情報	
17	締結の翌日フラグ	66	税抜き予定総価	115	受付締切年月日	1	設計書番号
18	全体工期_開始	67	未購入区分	116	受付締切時間	2	等級種
19	着手年月日	68	建退共証紙1日券	117	紙入札年月日	3	業者コード
20	最終工期	69	建退共証紙10日券	118	紙入札時間	4	等級
21	契約年月日	70	購入金額	119	説明請求期限	5	順位A
22	完成年月日	71	入札執行事務所	120	落札方式	6	順位B
23	最終契約金額	72	乙型JV対象工事	121	基礎点	7	会社名称_漢字
24	契約担当官	73	入札時VE	122	基準評価値	8	付番1
25	本官引継	74	契約後VE	123	評価値を乗ずる単位	9	付番2
26	工事等級	75	ISO9000S	124	価格以外の評価項目	10	最終更新日
27	入札回数	76	IS14000S	125	落札決定日	11	最終更新職員コード
28	見積回数	77	詳細設計付	126	簡易公募業務種別	・	
29	官公需	78	設計施工一括発注	127	技術評価点_満点	・	
30	工事施行場所コード	79	工事評点	128	価格点配点	・	
31	工事施行場所	80	工事評点_未入力可	129	入札保証	・	
32	自主的現場技術	81	入札不調	130	練習フラグ		
33	積算工種区分	82	更新フラグ	131	入札保証金		
34	工事項目	83	削除フラグ	132	元契約年月日		
35	工事細目	84	推薦フラグ	133	取りやめフラグ		
36	業務分野	85	非指名説明要求書提出期限	134	基準評価値_電子入札		
37	契約保証	86	非指名説明要求書提出場所	135	共同発注区分		
38	現場説明縦覧の有無	87	適用法令	136	幹事地整		
39	縦覧場所	88	補足現場説明年月日	137	自地整負担金額		
40	縦覧期間_開始	89	補足現説時間	138	総価契約単価合意方式		
41	縦覧期間_終了	90	補足現説場所	139	申請書審査区分		
42	質問書提出期限_開始	91	第3回入札年月日	140	業者入力完了フラグ		
43	質問書提出期限_終了	92	第3回入札時間	141	審査不使用許可フラグ		
44	質問書提出場所	93	第3回入札場所	142	ヒアリング実施		
45	質問書回答期限_開始	94	業者区分	143	配点割合		
46	質問書回答期限_終了	95	推薦調書区分	144	価格点配点_電子入札		
47	質問書受付時間_開始	96	委員会開催日	145	協議日		
48	質問書受付時間_終了	97	最終更新日	146	協議書条項		
49	質問書回答場所	98	最終更新職員コード	147	合意日		

67

入札契約情報集約システム開発スケジュール

国土交通省

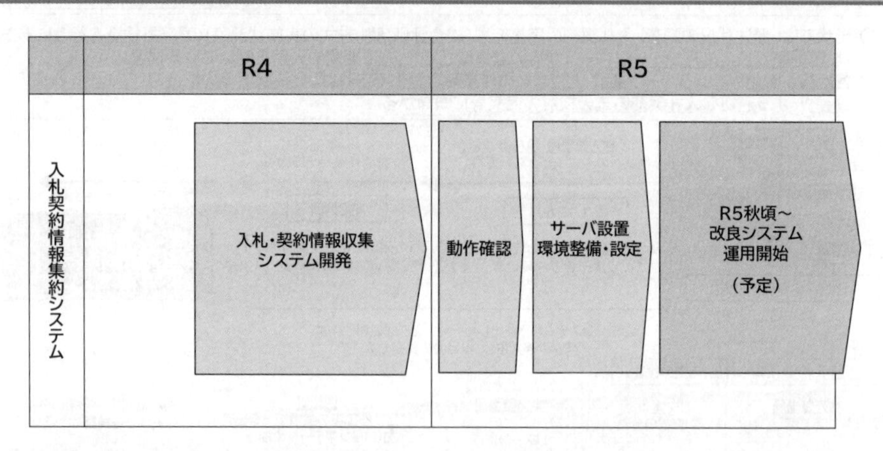

○ 動作確認(5月～6月)、サーバ設置・環境整備設定(7月～8月)などを行った上で、令和5年秋頃の運用を予定。

68

国土交通省

電子納品・保管管理システム

69

国土交通省

電子納品保管管理システムの機能改善

○ 電子納品・保管管理システムの機能強化
・保管管理機能に加え、発注時及び履行中の受発注者間のデータ利活用機能等を追加。
①(発注時)入札参加者への電子成果品の閲覧
②(受注時)工事・業務の受注者への電子成果品の貸与
③(データの利活用)DXデータセンター、省内システムとのデータ連携
④(オープンデータ化)国土交通DPFとのデータ連携
○ 今後、工事施工中におけるオリジナルデータの利活用のための納品要領の改定、電子納品・保管管理システムの改良を実施。

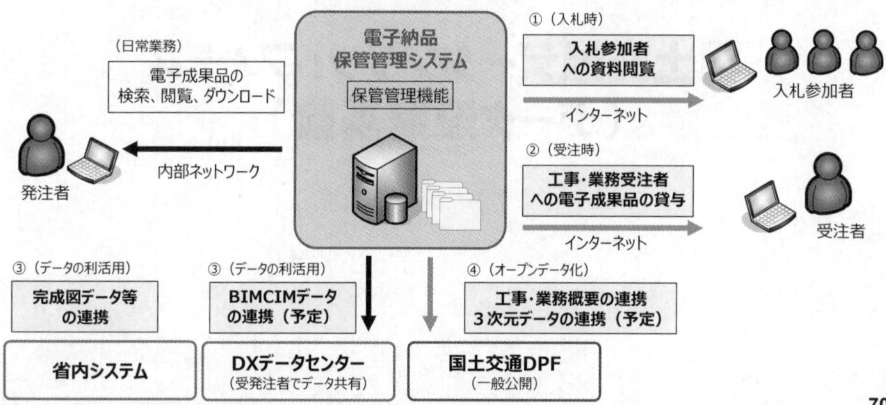

70

電子納品保管管理システム機能改善スケジュール

国土交通省

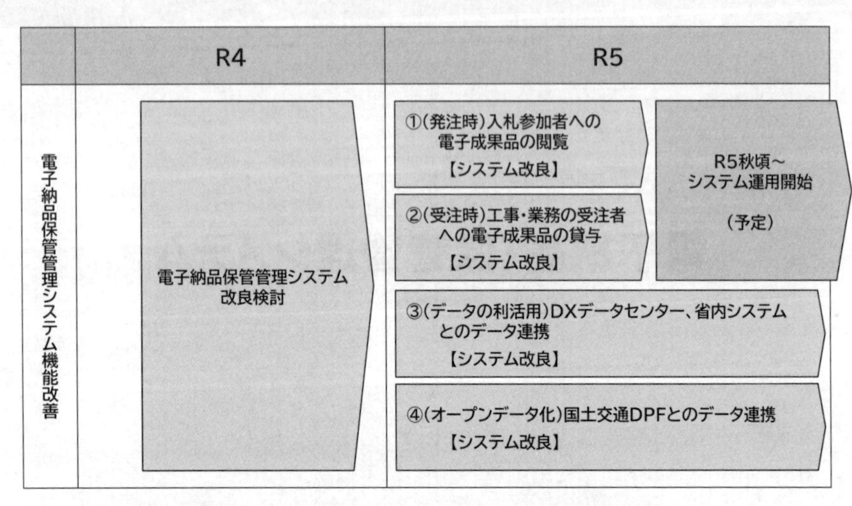

○ 上記①電子成果品の閲覧、②電子成果品の貸与については、令和5年秋頃の運用を予定。

71

国土交通省

国土交通データプラットフォーム（データ連携基盤）

72

データ連携基盤 （国土交通データプラットフォームの発展）

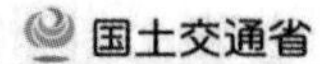

○現状の国土交通データプラットフォームは「データ連携機能」と「外部公開機能」が一体的に構成
○データ連携機能を強化するため、機能を分割するとともに、統一的・標準的なメタデータ・データ要件・連携要件を定めることで、データ連携の拡張性を確保
○標準仕様に即した連携機能を実装することで、円滑なデータ連携を実現

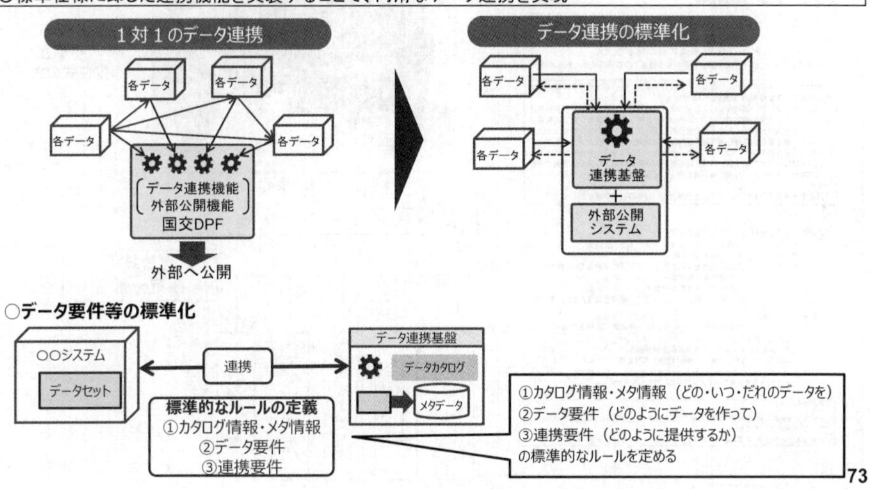

73

今後の検討体制と課題について

74

今後の検討体制について

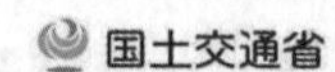

○ 令和5年4月1日、大臣官房参事官(イノベーション担当)を新たに設置し、インフラDX推進体制を抜本強化。

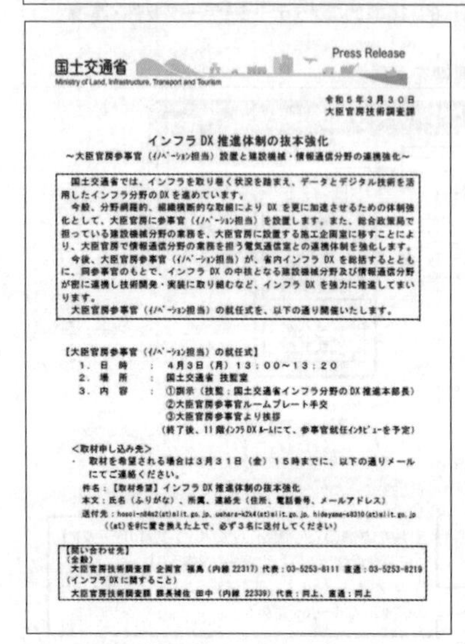

国土交通省
Ministry of Land, Infrastructure, Transport and Tourism
Press Release

令和5年3月30日
大臣官房技術調査課

インフラDX推進体制の抜本強化
～大臣官房参事官(イノベーション担当)設置と建設機械・情報通信分野の連携強化～

国土交通省では、インフラを取り巻く状況を踏まえ、データとデジタル技術を活用したインフラ分野のDXを進めています。
今般、分野網羅的、組織横断的な取組によりDXを更に加速させるための体制強化として、大臣官房に参事官(イノベーション担当)を設置します。また、総合政策局で担っている建設機械分野の業務を、大臣官房に設置する施工企画室に移すことにより、大臣官房で情報通信分野の業務を担う電気通信室との連携体制を強化します。
今後、大臣官房参事官(イノベーション担当)が、省内インフラDXを総括するとともに、同参事官のもとで、インフラDXの中核となる建設機械分野及び情報通信分野が密に連携し技術開発・実装に取り組むなど、インフラDXを強力に推進してまいります。
大臣官房参事官(イノベーション担当)の就任式を、以下の通り開催いたします。

【大臣官房参事官(イノベーション担当)の就任式】
1. 日時 : 4月3日(月)13:00~13:20
2. 場所 : 国土交通省 技監室
3. 内容 : ①訓示(技監:国土交通省インフラ分野のDX推進本部長)
②大臣官房参事官ルームプレート手交
③大臣官房参事官より挨拶
(終了後、11階インフラDXルームにて、参事官就任インタビューを予定)

<取材申し込み先>
・ 取材を希望される場合は3月31日(金)15時までに、以下の通りメールにてご連絡ください。
件名:【取材希望】インフラDX推進体制の抜本強化
本文:氏名(ふりがな)、所属、連絡先(住所、電話番号、メールアドレス)
送付先:hosoi-n84m2(at)mlit.go.jp, uehara-k2k4(at)mlit.go.jp, hideyama-s8310(at)mlit.go.jp
((at)を@に置き換えた上で、必ず3名に送付してください)

【問い合わせ先】
(全般)
大臣官房技術調査課 企画官 福島(内線22317)代表:03-5253-8111 直通:03-5253-8219
(インフラDXに関すること)
大臣官房技術調査課 課長補佐 田中(内線22339)代表:同上、直通:同上

参事官
就任式の様子

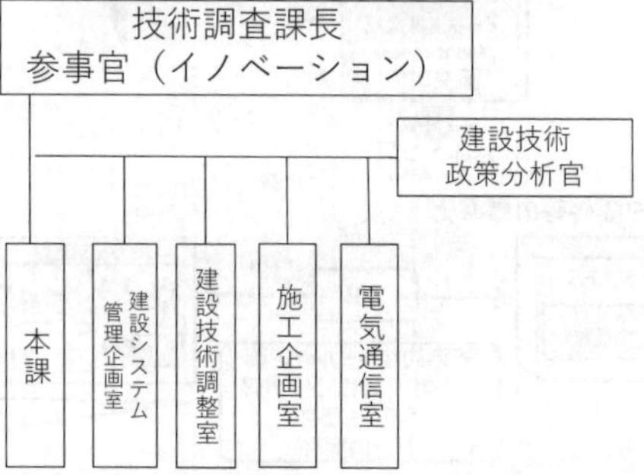

今後検討すべき課題・視点

国土交通省

○個別システムの開発・実装に当たっては、全体のデータマネジメントのアーキテクチャを踏まえた検討を行い、個別最適に陥らないよう留意。

○取得・生成すべきデータ形式のルール化を進めることが必要。

○システム・アプリケーションの仕様で対応すべき部分と、データ形式、メタデータ等の共通ルールの設定により対応すべき部分の整理・峻別。

○データの履歴・時系列情報の管理方法の整理。

○データの廃棄を含めた、行政文書としての取り扱いとの連動。

○データマネジメントの方針・全体像そのものも、社会情勢の変化等に応じて随時見直すべき性質であることに留意。

○今後、具体のモデルケースを例に個々の検討を深化。

論点整理（ご議論いただきたい事項）

国土交通省

○建設生産・管理システムのデータマネジメントを推進するにあたり、

・目指すべきデータマネジメントの全体像・アーキテクチャ

・データマネジメントの意識を喚起するための「3原則（案）」

・今後具体の検討を進めていくにあたって留意すべき視点

等について、ご議論いただきたい。

77

資料2

令和4年度　建設生産・管理システム部会における審議事項に関するご報告

第1回　令和4年12月15日　開催
第2回　令和5年　3月28日　開催

国土交通省

Ministry of Land, Infrastructure, Transport and Tourism

78

国土交通省

「国土交通省直轄工事における総合評価落札方式の運用ガイドライン」の改正

79

国土交通省直轄工事における総合評価落札方式の運用ガイドラインの改正

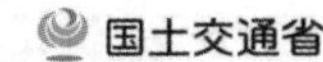

【改正点①】各地方整備局等における試行に関するPDCAサイクルのルール化

○地方整備局等において実施している、総合評価の各種試行について、5年に一度を基本として、総合評価委員会等においてPDCAサイクルによる検証を行う。
○検証の結果に基づき、「地整等試行」「全国試行」「効果が検証された取組(本運用)」に分類

【改正点②】全国的な取組としての試行の例示

○直轄実績のない担い手の参入を促す方式
○次代担い手の育成・参入を促す方式　　　等

【改正点③】前回ガイドライン改正(H28)以降の取組の明記

○賃上げを実施する企業に対する加点措置
○ヒアリングを実施しない、WEB形式の実施を可能に　　等

80

各種試行に関するPDCAの考え方の整理(案)

国土交通省

○試行の効果の程度や、課題の有無を継続的にフォローアップし、全国試行への移行、継続検証、見直し、統廃合等のあり方を検討するPDCAサイクルを導入。

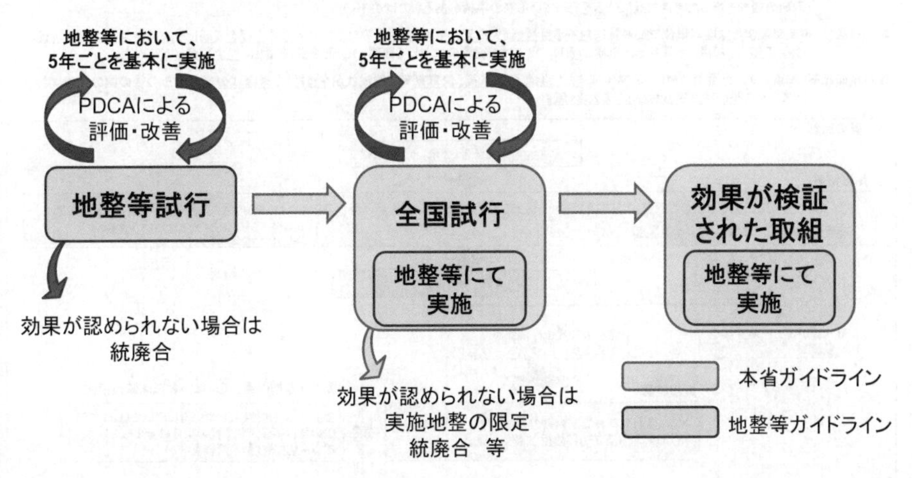

81

ガイドラインに例示する試行の形式

国土交通省

①直轄実績のない担い手の参入を促す方式	・受注企業の固定化防止や新規参入の促進を目的として、総合評価落札方式において企業・技術者評価の影響を緩和し、実績のない(少ない)優良な企業による入札参入を促す方式。 ・地域建設業の担い手を確保するため、総合評価落札方式において企業・技術者評価の評価対象を都道府県・政令市等に拡大する方式。	全国的に実績があり、効果が検証された取組
②地域防災の担い手の参入を促す方式	地域防災の担い手である地域施工業者の参入機会促進等を目的として、総合評価落札方式において防災に関わる取り組み体制や活動実績、災害に使用できる建設機械の保有状況等の評価を拡大する方式。	引き続き地方整備局等において効果検証を行う取組(全国試行)
③企業能力を評価する方式	不調不落の防止、発注事務負担軽減等を目的として、受発注者双方の事務負担が大きくなる技術者の能力等に係る評価を省略し企業の能力等のみで評価する方式。	
④地元企業活用審査方式	地域に精通し地域経済への貢献度の高い地元企業の育成を目的として、総合評価落札方式において工事における地元下請企業や地元資材会社の活用状況を評価する方式。	
⑤特定専門工事審査方式	難易度が高い専門工事等の円滑かつ確実な施工を目的として、総合評価落札方式において工事実績のある専門工事業の下請け活用を評価する方式。	
⑥登録基幹技能者の参入を促す方式	工事全体の品質確保及び長期的な担い手の確保を確保を目的として、総合評価落札方式の技術者の能力等において、下請業者における登録基幹技能者、建設マスター、技能士の配置を加点評価する方式。	
⑦次代担い手育成・参入を促す方式	将来の担い手である技術者の拡大等のため、加点や資格要件化等により若手技術者や女性技術者が参画を促進する方式。	

82

総合評価落札方式における賃上げを実施する企業に対する加点措置(R4～)

国土交通省

「コロナ克服・新時代開拓のための経済対策」(令和3年11月19日閣議決定)及び「緊急提言～未来を切り拓く「新しい資本主義」とその起動に向けて～」(令和3年11月8日新しい資本主義実現会議)において、賃上げを行う企業から優先的に調達を行う措置などを検討するとされたことを受け、総合評価落札方式の評価項目に賃上げに関する項目を設けることにより、賃上げ実施企業に対して評価点又は技術点の加点を行う。

■適用対象:令和4年4月1日以降に契約を締結する、総合評価落札方式によるすべての調達。
(取組の通知を行った時点で既に公告を行っている等の事情のあるものはのぞく)

■加点評価:事業年度または暦年単位で従業員に対する目標値(大企業:3%、中小企業等:1.5%)以上の賃上げを表明した入札参加者を総合評価において加点。加点を希望する入札参加者は、賃上げを従業員に対して表明した「表明書」を提出。加点割合は5%以上。

■実績確認等:加点を受けた企業に対し、事業年度または暦年の終了後、決算書等で達成状況を確認し、未達成の場合はその後の国の調達において、入札時に加点する割合よりも大きく減点。

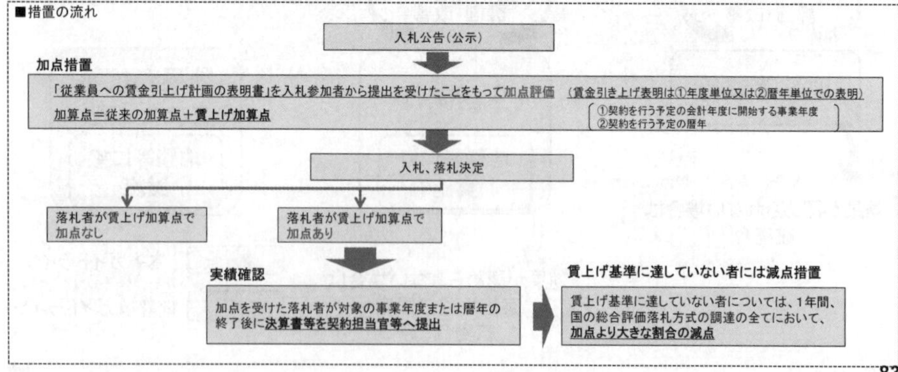

83

ヒアリングを必須としないことやウェブ開催可能に

国土交通省

テレワークやオンライン会議など、コロナ禍における働き方の変革の進展を踏まえ、また、競争参加者に過度の負担をかけないよう配慮する観点から、ヒアリングは「必要ある場合に実施」するものであることを明記するとともに、インターネット等による開催が可能であることを明確化。

表 2-12　ヒアリングと段階的選抜方式の組合せの考え方

	施工能力評価型		技術提案評価型	
	Ⅱ型	Ⅰ型	S型	A型
ヒアリング	実施しない	配置予定技術者へのヒアリングを実施することで、配置予定技術者の監理能力又はⅠ型においては施工計画、S型においては技術提案に対する理解度を確認する必要がある場合に実施する。実施する場合には、対面によるほか電話やインターネットによるテレビ会議システムを活用できる。		技術提案に対する発注者の理解度向上を目的として必要に応じて実施。ヒアリング自体の審査・評価は行わない。実施する場合には、対面によるほか電話やインターネットによるテレビ会議システムを活用できる。
段階的選抜方式	実施しない	ヒアリングを行う競争参加者数を絞り込む必要がある場合に実施できる※	技術提案を求める競争参加者数が比較的多くなることが見込まれる工事において活用を検討する	

※　同時提出型については、段階選抜方式を実施しないものとする。

84

国土交通省

一般競争入札・総合評価落札方式の実施状況と改善方策の検討について

85

総合評価落札方式の適用状況

国土交通省

○国土交通省の公共工事発注に占める総合評価落札方式の割合は、平成19年度以降、97～99%台で推移していたが、近年はやや減少傾向。
○総合評価落札方式のうち、件数ベースで施工能力評価型が9割以上、中でもⅡ型が約8割を占める。

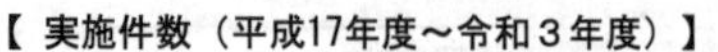

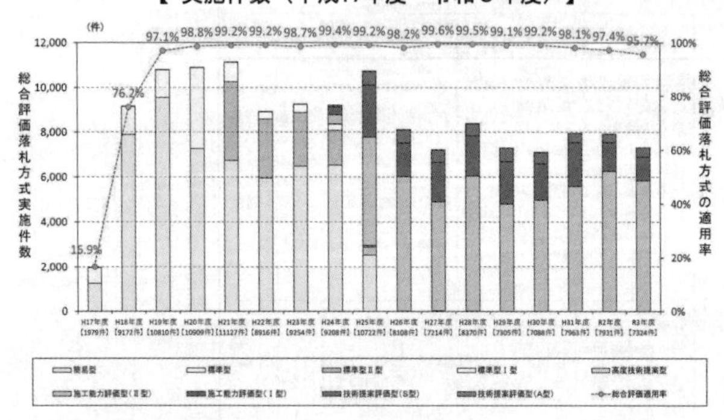

注1）8地方整備局の工事を対象（港湾・空港関係工事を含む）
注2）適用率は随意契約を除く全発注工事件数に対する総合評価落札方式実施件数の割合
注3）令和3年度は上記の他、価格競争、随意契約等による総合評価方式以外の工事326件の契約を締結

【 件数シェア（令和３年度）】

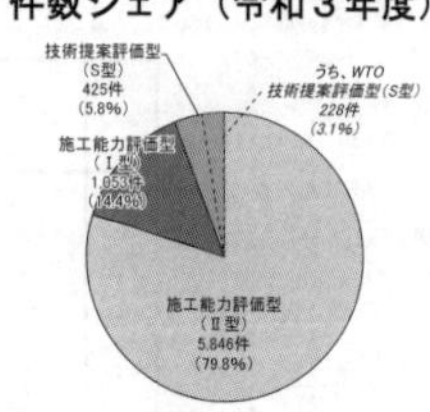

【 金額シェア（令和３年度）】

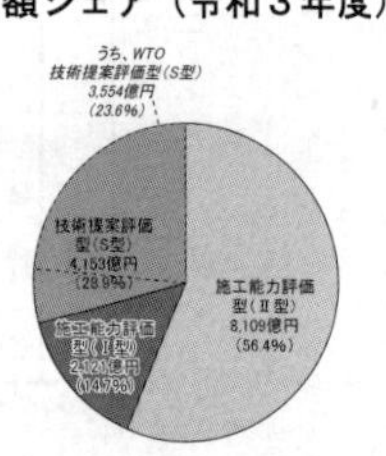

今後の検討の方向性

国土交通省

← 施工能力を評価する → ← 施工能力に加え、技術提案を求めて評価する →

	施工能力評価型		技術提案評価型			
	企業が、発注者の示す仕様に基づき、適切で確実な施工を行う能力を有しているかを、企業・技術者の能力等で確認する工事	企業が、発注者の示す仕様に基づき、適切で確実な施工を行う能力を有しているかを、施工計画を求めて確認する工事	施工上の特定の課題等に関して、施工上の工夫等に係る提案を求めて総合的なコストの縮減や品質の向上等を図る場合	部分的な設計変更を含む工事目的物に対する提案、高度な施工技術等により社会的便益の相当程度の向上を期待する場合	有力な構造・工法が複数あり、技術提案で最適案を選定する場合	通常の構造・工法では制約条件を満足できない場合
提案内容	求めない（実績で評価）	施工計画	施工上の工夫等に係る提案	部分的な設計変更や高度な施工技術等に係る提案	施工方法に加え、工事目的物そのものに係る提案	
評価方法		可・不可の二段階で審査	点数化			
ヒアリング	実施しない	必要に応じて実施（施工計画の代替することも可）	WTO対象工事は必須、それ以外は必要に応じて実施	必須		
段階選抜	実施しない	ヒアリングの適用に際し必要に応じて実施※	競争参加者が比較的多くなることが見込まれる工事において活用を検討			
予定価格	標準案に基づき作成		標準案に基づき作成	技術提案に基づき作成		
	Ⅱ型	Ⅰ型	S型	AⅢ型	AⅡ型	AⅠ型

工事の実情に応じた各種の発注形式の試行を推進し、必ずしも一般競争・総合評価落札方式によらない発注を増加
⇒・緊急時の随意契約、
・競争性を確保した指名競争方式 等

高い技術力を持つ企業・提案を適切に評価する方策の検討
⇒標準点と技術評価点の分析
⇒技術提案テーマの実施状況把握と設定テーマへのフィードバック方策の検討

技術提案・交渉方式の活用拡大

※併せて、DX・データマネジメントの推進による入札契約手続きの簡素化を進める。

頂いた主なご意見

【主なご意見】

⇒低入札価格調査基準価格に応札が集中しているというのは、そもそもダンピング対策として導入したもののため、価格がその付近に集中するのは当然と考えられる。そのため、最低価格以外で落札したという工事もそれほど差がないのではないか。実質的に価格競争が機能していないのではないか。

⇒ECIはうまく適用すれば手間以上のメリットが受発注者双方にあり、活用を進めるべき。

⇒生産性向上の試行をどのように評価するかは、難しいがしっかり考えていく必要ある。

⇒入札価格の設定が、予定価格を当てる作業になっているという課題に対応するためには、施工体制確認型なしで運用・積算できるような制度を検討すべき時期ではないか。

⇒施工体制確認型をなくすと、価格競争激化のほうに流れてしまうことを懸念

⇒技術提案評価型については、従来の発注者が決めた仕様よりも良いものを買うために始めた総合評価が、今も技術提案評価型として残っているものと理解。どれだけ、実際に工事がどれだけ良い工事になったのかを確認しておく必要がある。

⇒評価のための提案になっていないか。選ぶための評価であれば、なるべく簡単な手続きの方が良い。良い買い物をしたいために提案を求めたものが、評価をするために提案を求め、それに履行義務を課しているという状況ではないか。

88

資料3

令和4年度　業務マネジメント部会における審議事項に関するご報告

令和5年1月13日　開催

国土交通省
Ministry of Land, Infrastructure, Transport and Tourism

89

■ 業務における多様な発注方式の活用について

国土交通省

■「建設コンサルタント業務等におけるプロポーザル方式及び総合評価落札方式の運用ガイドライン」について、近年の発注実績等を踏まえ、所要の見直しを実施。

【改正点①】
⇒ 技術的難易度以外の指標の設定、発注方式選定表の見直し。

【改正点②】
⇒ 賃上げの取り組み評価の追加、一括審査方式の導入。

【改正点③】
⇒ 多様な試行の検証、PDCAサイクルの考え方を明記。

【ご意見】

⇒ 見直しにあたっては、総合評価やプロポーザルがうまく使われているものについて、標準をそちらに変えていくのは良い。

⇒ 価格競争を残すかどうかは検討する必要がある。

⇒ 地質調査では、ボーリングオペレーターの高齢化が問題になっている。
若手育成の観点から、下請業者に若手が入れば、それを評価するような試行もあると良い。

90

■ 発注方式選定表の改定

国土交通省

■方針1：発注方式選定表を参考として発注方式を選定する際の考え方について追記

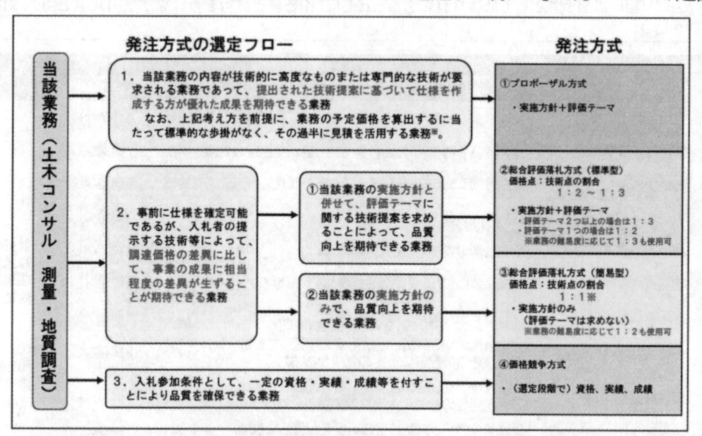

※ 予定価格の算出においてその過半に見積を活用する業務であっても、業務の内容が技術的に高度ではないもの又は専門的な技術が要求される業務ではない簡易なもの等については総合評価落札方式又は価格競争方式を選定できる

※ 協議調整、地元説明、厳しい施工条件での設計等、業務の特性を考慮の上、プロポーザル方式の選定も検討する。

出典：建設コンサルタント業務等におけるプロポーザル方式及び総合評価落札方式の運用ガイドライン
平成27年11月（令和3年3月一部改定） 国土交通省 に一部加筆

91

■ 発注方式選定表の改定（抜粋）：河川事業

国土交通省

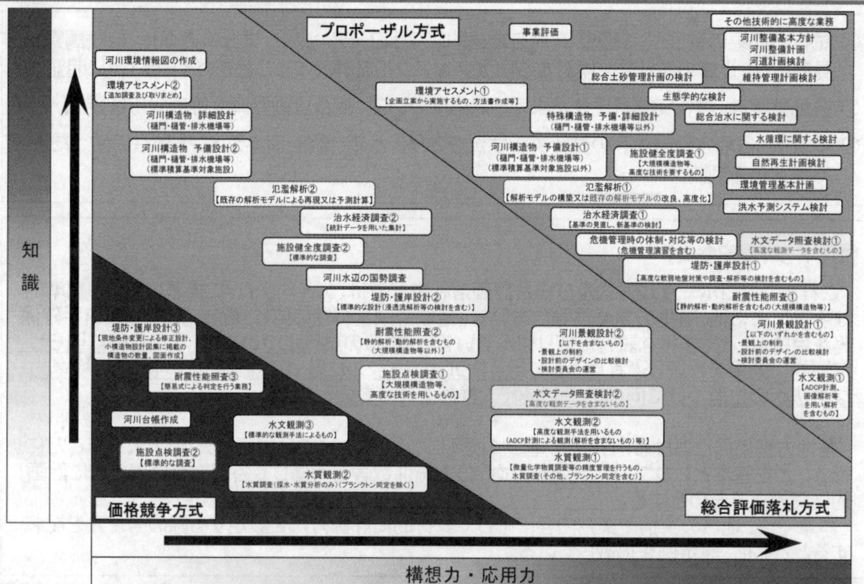

92

■ 試行結果のまとめ

国土交通省

○ 各試行の結果を分析したところ、概ね目的に沿う結果が得られ、成果品質も確保されるなど、有効性を確認。
○ これらの試行の取り組みは事例集として情報共有を図るとともに、引き続き試行を行いながらPDCAを回し、対応方針について検討を行う。

試行目的	タイプ	効果の評価		対応方針
		試行の目的に対する効果	成果品質面	
働き方改革（受発注者の負担軽減、事務手続きの効率化）	技術者評価重視型	・受注者側で約8割、発注者側で約7割が負担軽減効果を実感	・問題なし	試行の目的は概ね達成しており、成果品の品質も問題ない ↓ 引き続き試行を継続し、PDCAを回し改善
	技術提案簡素化型	・受注者側で約9割、発注者側で約6割が負担軽減効果を実感	・問題なし	
	同時提出型	・受注者側で約6割、発注者側で約5割が負担軽減効果を実感	・問題なし	
地域企業の育成	チャレンジ型	・新規参入の促進効果は限定的	・問題なし	
	地域貢献度評価型	・地域企業の参加・受注機会は増加	・問題なし	
	地域要件設定型	・地域企業の参加・受注機会は増加	・問題なし	
	実績評価緩和型	（試行の実施件数が少なく、評価できない）	（同左）	
若手技術者・女性技術者の育成	実績・資格評価緩和型	・受注者側の約5割が若手技術者を配置して参加。 ・若手技術者の配置に一定の効果がみられる	・問題なし	
	要件指定型	・受注者側の約8割が若手技術者を配置して参加。 ・若手技術者の配置に大きな効果がみられる	・問題なし	
	配置加点型	・受注者側の約8割が若手技術者を配置して参加。 ・若手技術者の配置に大きな効果がみられる	・問題なし	
	管理補助技術者評価型	・受注者側の約2割が若手技術者を配置して参加。 ・若手技術者の配置への効果は限定的	・問題なし	
その他（技術力・生産性・品質向上）	技術表彰評価型	・受注者側の技術力向上に一定の効果	・問題なし	

93

■ 各種試行に関するPDCAの考え方を追記

国土交通省

○ 試行の効果の程度や、課題の有無を継続的にフォローアップし、試行の標準化、継続調査、見直し、廃止等のあり方を検討するPDCAサイクルを導入することをガイドラインに明記。
○ 各地整等は、試行実施状況を踏まえた対応について、総合評価委員会等で対応を審議
○ 本省は、各地方整備局等の試行実施状況をとりまとめ、業務・マネジメント部会に諮った上で標準化を判断。

【ガイドライン記載文】

これまでプロポーザル方式及び総合評価落札方式では、ガイドラインに掲載している標準的な手法による他、各地方整備局等において、地域や業務特性に応じ、働き方改革、担い手確保等を目的として、多様な試行に取り組んでいる。これらの試行については、その目的に照らし定期的に効果を検証し適宜見直しを行うPDCAサイクルに基づく検証を行いながら、標準的な手法への位置づけに向けて、引き続き、検討を行うものとする。

各地方整備局におけるPDCAに基づく検証については、1つの試行形式につき、5年ごとに行うことを基本としつつ、社会情勢や試行の実施件数等を考慮して各地方整備局ごとに計画的に実施するものとする。
本章では、地域の実情や業務内容に応じて試行的に評価方法を設定する際の考え方を記載するとともに、設定例を掲載している。

94

■ 事業促進PPPの運用改善

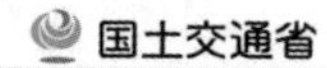

■「国土交通省直轄の事業促進PPPに関するガイドライン」について、近年の発注実績等を踏まえ、所要の見直しを行うことについて。

【改正点①】

⇒ 事業促進PPPを導入するフェーズや目的、内容に応じて5つのタイプを設定し、タイプ別に業務内容を設定できるように改善。

【改正点②】

⇒ 業務実施段階における業務内容の追加・変更に柔軟に対応するため、受発注者協議の上、必要に応じて適正な設計変更を実施することを明記。

【改正点③】

⇒ 配置技術者に求められる能力を明記。

【ご意見】

⇒ 5つのタイプに分けることについて、もともとガイドラインの対象としていた事業促進PPPはそのままにして、それとは違う分類としてその他のものを位置付けるやり方もあるのではないか。

⇒ 事業促進PPPという言葉は、どこかのタイミングで見直したほうが良いのではないか。

⇒ 配置技術者に求められる能力に関して、地質を含めたリスクマネジメントの視点が重要。リスクマネジメントも明記してもよいのではないか。

95

資料4

令和4年度　維持管理部会における審議事項に関するご報告

令和5年1月16日　開催

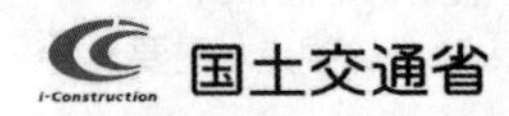

Ministry of Land, Infrastructure, Transport and Tourism

96

維持管理における建設生産・管理システムの循環の改善について（論点）

国土交通省

○　平成30年度に維持管理部会を設置して以降、喫緊の課題であった災害対応や維持修繕の入札・契約等の課題への対応について検討。災害発生時の入札・契約等における対応のマニュアル化や、新たな入札・契約方式の試行を各地方整備局等で実施。

⇒以前に比べ、災害対応等に伴う指名競争入札の適用が増加し、災害対応の手続きが迅速化。

⇒維持修繕工事の応札・落札傾向は、大きな変化は見られない状況。
- ・維持工事は、「一者応札」が多いが、「不調不落」は比較的少ない状況。
- ・修繕工事は、「一者応札」は比較的少ないものの、「不調不落」が比較的多い状況。

○維持修繕工事の特異性を踏まえた対応が必要ではないか。
- ・維持工事は、現状で応札者が少ないことを踏まえ、企業が中長期的な投資(若手採用・資機材保有・新技術活用など)ができるよう契約期間の長期化等や、規模が小さくても地域精通度が高い企業間の連携等の促進が必要ではないか。
- ・修繕工事は、「不調不落」対策としての効果が高い発注方式（フレームワーク方式等）の取組の拡大が必要ではないか。

※災害対応については、ガイドラインに基づく対応を原則としつつ、事例編に災害時の対応結果を蓄積

97

維持管理における建設生産・管理システムの循環の改善の考え方(案)

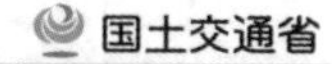

○長期にわたり継続し、地域・現場条件への精通が求められる維持管理の特性を踏まえた建設生産・管理システムの循環の改善が必要ではないか。

国土交通省直轄の維持修繕工事の現状と将来像(案)

区分		現状	将来に向け、検討・試行すべき姿
発注	期間	単年度、又は、複数年度	複数年度の拡大(長期化を指向)
	方式	一般競争入札・総合評価落札方式(契約毎)が中心	工事特性に応じて指名競争入札(フレームワーク)等の活用拡大
受注体制		企業単体が基本	企業グループ(フレームワーク、事業協同組合・地域維持JV等)の拡大
品質確保		多数の競争参加を前提に、契約毎に技術と価格による競争(多者での競争が品質、価格面で有利な調達ができるとの考え方) ⇒維持工事で1者応札が頻発	複数年度契約の拡大等により、企業が中長期的な投資(若手採用・資機材保有・新技術活用等)ができる方式を検討
担い手確保 生産性向上		中長期的に受注が見通せない場合は新たな投資(若手採用、資機材保有・新技術活用等)が困難	
不調不落		修繕工事で不調不落が多い	不調不落が少ない方式(フレームワーク方式等)の拡大・改善

98

維持管理における入札契約方式の特性(イメージ)

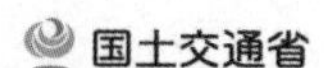

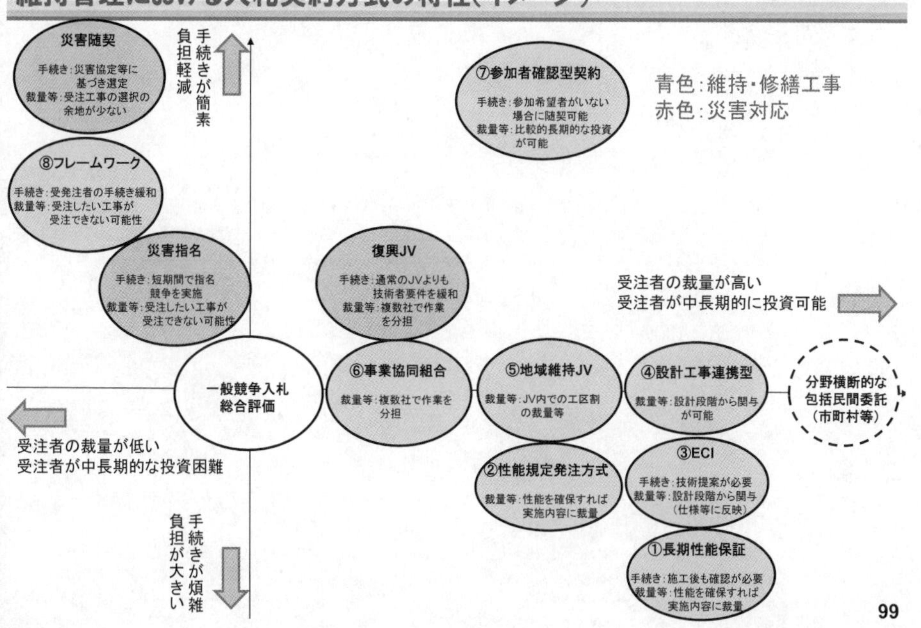

99

頂いた主なご意見

【全般に関して】
・維持工事と修繕工事では、中身や求められる技術レベルや傾向が大きく異なる。維持工事と修繕工事を分けて分析すべきではないか。
・維持管理を含めた建設生産・管理システムの大循環についても議論する必要がある。
・維持工事と修繕工事を様々な特性(工事の場所に対する依存性、特殊性、専門性、定常性等)で分類し、それに対応した入札契約方式を検討する必要がある。
・契約期間の長期化と、修繕工事の積算の改善を検討する必要がある。

【入札契約方式に関して】

＜長期性能保証制度＞
・性能の評価を行う際は、評価項目が特定の内容に偏らないよう注意が必要。
・受注者がリスクを負い続けることに対して積算の改善を検討する必要がある。

＜性能規定発注方式＞
・性能に基づいて積算する方法を検討する必要がある。

＜設計工事連携型＞
・修繕が必要になった原因の中に、地質リスクの要素が含まれる場合は、設計・工事に地質調査も加えることを検討する必要がある。

令和5年度　国土交通省
土木工事・業務の積算基準等の改定

国土交通省
大臣官房技術調査課
総合政策局　公共事業企画調整課
道路局　国道・技術課
国土技術政策総合研究所
社会資本ﾏﾈｼﾞﾒﾝﾄ研究ｾﾝﾀｰ 社会資本ｼｽﾃﾑ研究室

国土交通省
Ministry of Land, Infrastructure, Transport and Tourism

1.（1）直轄土木工事における週休2日の「質の向上」に向けた施策パッケージ

工　事

（これまで）

平成28年度から週休2日モデル工事を実施。令和6年度の労働基準法時間外労働規制適用に向け、取組件数を順次拡大。**【休日の量の確保】**

（これから）

現在のモデル工事は通期で週休2日を目指す内容となっており、月単位で週休2日を実現できるよう取組の推進が必要。**【休日の質の向上】**

施策パッケージ

① **週休2日を標準とした取組への移行【令和5年度から適用】**
共通仕様書、監督・検査等の基準類を、週休２日を標準とした内容に改正

② **工期設定のさらなる適正化【令和5年度から適用】**
天候等による作業不能日や猛暑日等を適正に工期に見込めるよう、工期設定指針等を改正

③ **柔軟な休日の設定【令和５年度に一部工事で試行】**
出水期前や供用前など閉所型での週休２日が困難となった場合に、工期の一部を交替制に途中変更できないか検討

④ **経費補正の修正【令和５年度に検討】**
月単位での週休２日工事で実際に要した費用を調査し、現行に代わる新たな補正措置を立案できないか検討（令和５年度は現行の補正係数を継続）

⑤ **他の公共発注者と連携した一斉閉所の取組を拡大【令和５年度から実施】**
※併せて、直轄事務所と労働基準監督署との連絡調整の強化

1

令和5年度の直轄土木工事の発注方針

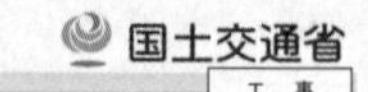

○ 令和5年度は、全ての工事を発注者指定で週休2日工事（閉所型・交替制のいずれか）を実施（月単位の週休2日への移行期間）
週休２日モデル工事の補正係数は、移行期間として令和５年度までは継続

○ 令和6年度以降、月単位での週休2日の実現を目指す
柔軟な休日の設定や経費補正の修正を令和５年度に検討

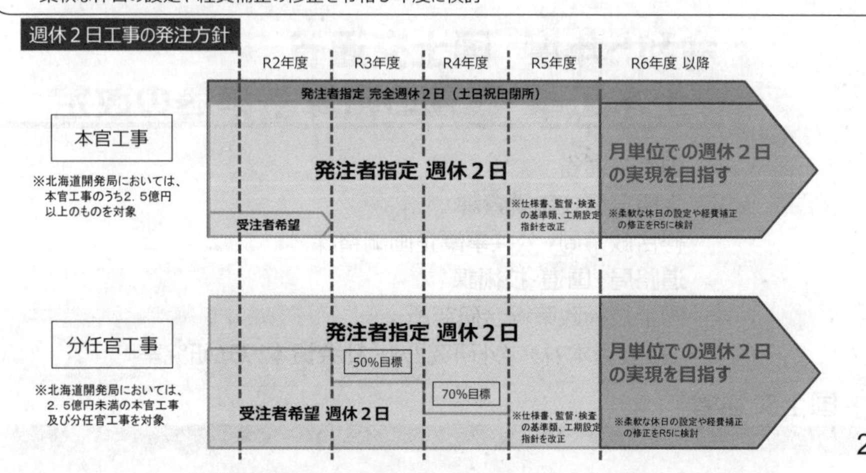

2

①週休2日を標準とした取組への移行【令和5年度から適用】

国土交通省
工事

仕様書、監督・検査等の基準類を、以下の通り改定

- ⅰ）受注者が作成する施工計画書に、法定休日・所定休日を記載するよう、「共通仕様書」を改正。
- ⅱ）発注者による監督・検査において、週休２日の実施状況を確認するよう、「共通仕様書」、「土木工事監督技術基準(案)」、「地方整備局土木工事検査技術基準(案)」を改正。
- ⅲ）週休２日を標準とした工事成績評定となるよう、「地方整備局工事成績評定実施要領」を改正。（加点項目から削除・遵守項目に追加）

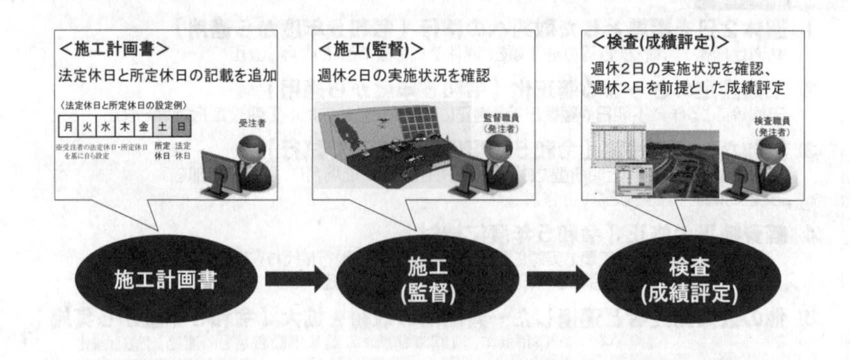

3

②工期設定のさらなる適正化【令和5年度から適用】

工　事

発注者が活用する工期設定指針及び工期設定支援システムを、以下の通り改定

- ⅰ)雨休率算出の際に「休日」と「天候等による作業不能日」等が重複しないよう明確化
- ⅱ)工期設定で猛暑日（WBGT値31以上の時間から日数を算定）を考慮
- ⅲ)準備・片付け期間に、必要に応じて、重機組立・解体や検査データの作成日数を考慮するよう明確化
- ⅳ)地域の実情に応じて作業制限や制約を考慮できるよう例示を追加

＜工期への反映イメージ＞

工種	単位	数量	施工計画									
			4月	5月	6月	7月	8月	9月	10月	11月	12月	…
準備	式	1										
道路土工	㎥	10,000										
排水構造物工	m	500										
舗装工	㎥	5,000										
付帯施設工	式	1										
区画線工	式	1										
後片付け	式	1										

「休日」と「天候等による作業不能日」等が重複しないよう設定

猛暑日を考慮

地域の実情に応じて作業制限や制約を考慮

天候等による作業不能日頻発

猛暑日頻発

地域の祭りによる通行規制

必要に応じて重機解体や検査データの作成日数を考慮

＜試算例（福岡県内の道路改良工事の場合）＞

・旧指針での工期：365日　⇒　新指針での工期：384日＋α（19日＋α増加※）

※上述 ⅰ)で7日分、ⅱ)で12日分反映。 ＋αは必要に応じてⅲ)、ⅳ)を考慮。 雨休率：78%→89%

4

③柔軟な休日の設定【令和5年度に一部工事で試行】

国土交通省

工　事

閉所と交替制の柔軟な活用について、以下の通り試行（R3～R5に試行）

- ⅰ)受注者の希望に応じ、工期を通じての交替制⇔閉所の変更を試行（R3・4年度に試行）
- ⅱ)受注者の希望に応じ、工期の一部での閉所から交替制への途中変更を試行（R5年度）

＜工期の一部で閉所から交替制に途中変更するイメージ＞

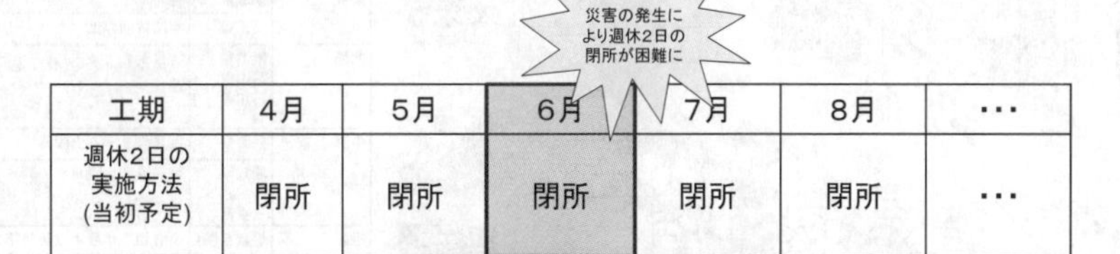

工期	4月	5月	6月	7月	8月	・・・
週休2日の実施方法(当初予定)	閉所	閉所	閉所	閉所	閉所	・・・

「交替制」に変更し個人レベルでは週休2日を確保

5

④経費補正の修正【令和5年度に検討】

国土交通省

工　事

月単位で週休2日を達成できた工事について、令和5年度の諸経費動向調査や労務費調査の結果を踏まえ、現行に代わる新たな補正措置を立案できないか検討

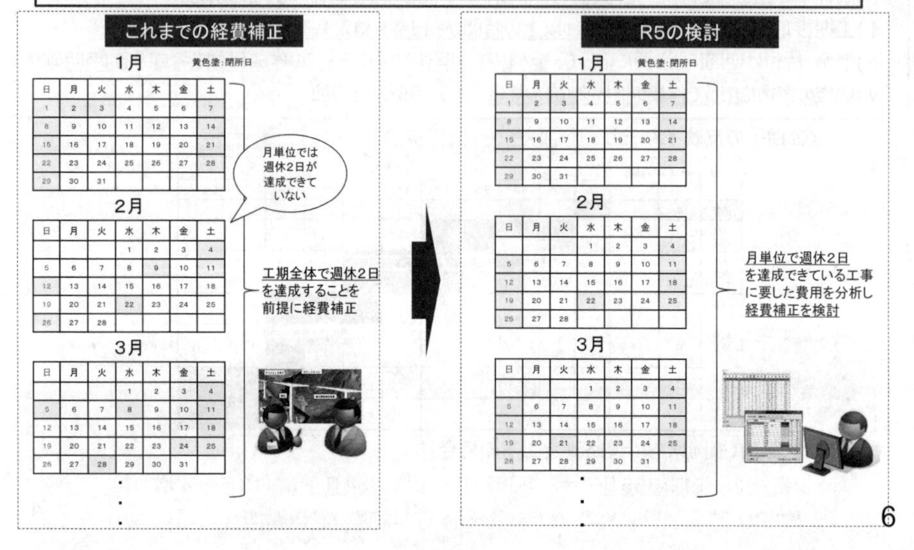

⑤他の公共発注者と連携した一斉閉所の取組を拡大【令和5年度から実施】

工　事

各地域の発注者協議会等を通じて、取組を促進。定期的に取組状況を確認・公表。

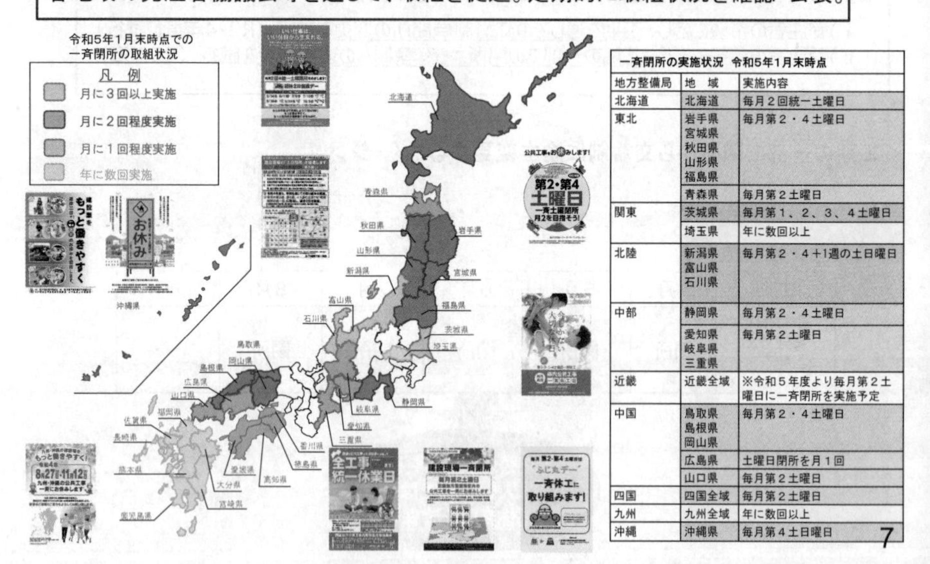

一斉閉所の実施状況　令和5年1月末時点

地方整備局	地　域	実施内容
北海道	北海道	毎月２回統一土曜日
東北	岩手県 宮城県 秋田県 山形県 福島県	毎月第２・４土曜日
	青森県	毎月第２土曜日
関東	茨城県	毎月第１、２、３、４土曜日
	埼玉県	年に数回以上
北陸	新潟県 富山県 石川県	毎月第２・４＋1週の土日曜日
中部	静岡県	毎月第２・４土曜日
	愛知県 岐阜県 三重県	毎月第２土曜日
近畿	近畿全域	※令和５年度より毎月第２土曜日に一斉閉所を実施予定
中国	鳥取県 島根県 岡山県	毎月第２・４土曜日
	広島県	土曜日閉所を月１回
	山口県	毎月第２土曜日
四国	四国全域	毎月第２土曜日
九州	九州全域	年に数回以上
沖縄	沖縄県	毎月第４土日曜日

1.（2）時間外労働規制の適用に向けた工事積算等の適正化

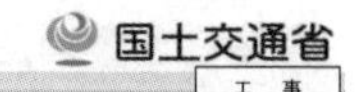

工 事

○ 朝礼や準備体操、後片付け等は、一日の就業時間に含まれるものであり標準歩掛に適切に反映されるべきもの。
　⇒ 適正なデータで標準的な時間を分析する等により、標準歩掛等に反映。

○ 路上工事などで常設の作業帯が現場に設けられない工事では、資材基地からの移動時間を考慮した積算にする必要。
　⇒ 施工の実態調査の結果を基に、今後、移動時間を考慮した積算にするための方法を多角的に検討。

■朝礼や準備体操、後片付け等を含めた就業時間（イメージ）

○令和４年度の施工の実態調査において、朝礼や準備体操、後片付け等の実態を把握。
　⇒ 適正なデータで分析する等により、標準歩掛等に反映。
　⇒ 令和５年度以降も、施工の実態調査の結果を基に、順次、実態を標準歩掛に適切に反映していく予定。

■資材基地からの移動時間を含めた就業時間（イメージ）

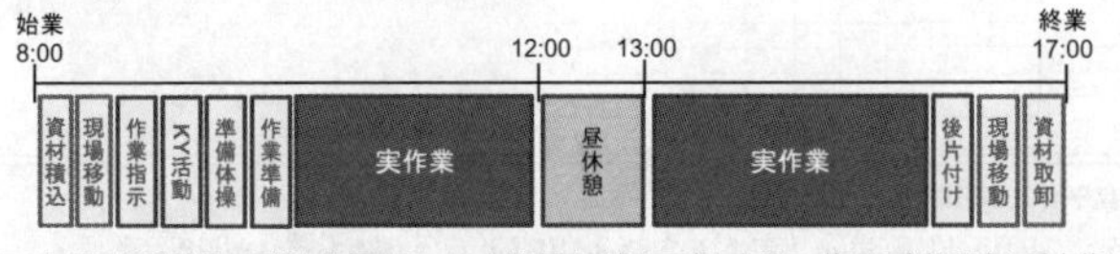

○令和４年度は移動時間の実態を把握するため、大都市圏の路上工事を中心に、施工の実態調査を重点的に実施。
　⇒ 令和５年度は、施工の実態調査の結果を基に、移動時間を考慮した積算にするための方法を多角的に検討。

8

1.（3）工事積算における熱中症対策の充実

工 事

○ 国土交通省直轄工事における積算では、従来より、共通仮設費（現場環境改善費）で「避暑（熱中症予防）」として費用を計上しているほか、現場管理費で工期に占める真夏日の割合に応じた補正※1を行ってきたところ。

○ 今般、猛暑日を考慮した工期設定となるよう「工期設定指針」を改定するとともに、官積算で見込んでいる以上に猛暑日が確認された場合には、適切に工期変更を行うほか、その工期延長日数に応じて「工期延長に伴う増加費用の積算」で対応するよう、運用を改良。

■猛暑日を考慮した工期設定

新たに、猛暑日日数（年毎のWBGT値31以上の時間を日数換算し、5か年平均したもの）を雨休率に加味し、工程（官積算）を設定。

工 期 ＝ 実働日数 ×（１＋雨休率）＋ 準備期間 ＋ 後片付け期間 ＋ その他作業不能日

（実働日数：
毎年度設定される歩掛の「作業日当たり標準作業量」から当該工事の数量を施工するのに必要な日数を算出）

雨休率 ＝（休日数 ＋ 天候等による作業不能日）／ 実働日数

天候等による作業不能日 ＝ 降雨・降雪日日数 ＋ 猛暑日日数

猛暑日日数 ＝ 年毎のWBGT値31以上の時間※3を日数換算し、平均した値（対象：5か年）

※３：8時～17時の間のデータを対象とする。

⇒ WBGT値31以上の時間は、環境省熱中症予防情報サイトに掲載されている最寄りの観測データ（８～17時を対象）を活用

■工期延長等に伴う増加費用の積算※2

工程（官積算）で見込んでいる猛暑日日数等を特記仕様書で明示するとともに、見込んでいる以上に猛暑日等があり、かつ、作業を休止せざるを得なかった場合には、工期延長日数に応じて精算。

特記仕様書記載イメージ

「第○条 工期」

１．工期は、雨天、休日等181日間を見込み、契約の翌日から令和○年○月○日までとする。
　なお、休日には、日曜日、祝日、年末年始及び夏期休暇の他、作業期間内の全ての土曜日を含んでいる。
　工期には、施工に必要な実働日数以外に以下の事項を見込んでいる。

項目	日数
準備期間	40日間
後片付け期間	20日間
雨休率 ※休日と天候等による作業不能日を見込むための係数 雨休率＝（休日数 ＋天候等による作業不能日）／実働日数	0.89
その他の作業不能日（○○のため）　（Rx.x.x～Rx.x.x）	○日間

天候等による作業不能日は以下を見込んでいる。
イ）１日の降雨・降雪量が10㎜/日以上の日：46日間
ロ）８時から17時までのWBGT値が31以上の時間を足し合わせた日数：12日間
　（少数第１位を四捨五入（整数止め）し、日数換算した日数）

（過去５か年（20xx年～20xx年）の気象庁（○○観測所）及び環境省（○○地点）のデータより年間の平均発生日数を算出）

２．著しい悪天候や気象状況より「天候等による作業不能日」が工程（官積算）で見込んでいる日数から著しく乖離し、かつ、作業を休止せざるを得なかった場合には、受注者は発注者へ工期の延長変更を請求することができる。

※１）「建設業における新型コロナウイルス感染予防対策ガイドライン」の改定により、屋外作業ではマスク着用が不要とされたことから、真夏日を「日最高気温２８℃以上」としてきた暫定的な運用を、令和５年度より「日最高気温３０℃以上」に戻す予定。

※２）「工期の延長に伴う増加費用の積算」は間接工事費（共通仮設費（率分）、現場管理費（率分））で対応するものであり、直接工事費での対応については、必要性や実現可能性を含め、令和５年度も引き続き検討。

9

猛暑日を含めた雨休率の算出【参考】

国土交通省 工事

＜猛暑日を含めた雨休率の考え方＞

【定義】猛暑日日数：年ごとのWBGT値31以上の時間※1を日数換算し、平均した値（対象：5か年）

※1：8時～17時の間のデータを対象とする。

雨休率＝ 休日数＋降雨・降雪等日数＋猛暑日日数（上述【定義】により算出した日数） ／ 実働日数

＜WBGT値を使った猛暑日日数の求め方＞

・ WBGT値31以上の時間数を集計し、日数換算する（日数＝WBGT31以上の時間数／8h）

＜例：埼玉県さいたま＞ 【使用データ】環境省のWBGT値※2（5か年分：2017年～2021年）

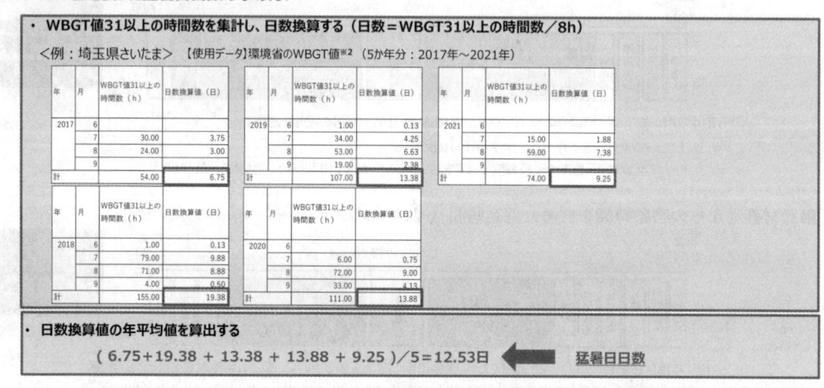

年	月	WBGT値31以上の時間数（h）	日数換算値（日）
2017	6		
	7	30.00	3.75
	8	24.00	3.00
	9		
計		54.00	6.75

年	月	WBGT値31以上の時間数（h）	日数換算値（日）
2018	6	1.00	0.13
	7	79.00	9.88
	8	71.00	8.88
	9	4.00	0.50
計		155.00	19.38

年	月	WBGT値31以上の時間数（h）	日数換算値（日）
2019	6	1.00	0.13
	7	34.00	4.25
	8	53.00	6.63
	9	19.00	2.38
計		107.00	13.38

年	月	WBGT値31以上の時間数（h）	日数換算値（日）
2020	6		
	7	6.00	0.75
	8	72.00	9.00
	9	33.00	4.13
計		111.00	13.88

年	月	WBGT値31以上の時間数（h）	日数換算値（日）
2021	6		
	7	15.00	1.88
	8	59.00	7.38
	9		
計		74.00	9.25

・ 日数換算値の年平均値を算出する

（6.75＋19.38 ＋ 13.38 ＋ 13.88 ＋ 9.25 ）／5＝12.53日 ← 猛暑日日数

※2：環境省熱中症予防情報サイト（https://www.wbgt.env.go.jp/wbgt_data.php）

10

2.（1）大規模災害の被災地における復興係数・復興歩掛

工事

○ 大規模な災害の被災地では、機材の調達が難航すること等による間接工事費の増大や、資材やダンプトラック等の不足から作業効率が低下している実態を踏まえ、復興事業の円滑化を目的に復興係数・復興歩掛を導入。

		岩手・宮城・福島県内	熊本県内	広島県内
復興係数 間接工事費を補正	適用時期	H26.2.3	H29.2.1	R1.8.19
	対象工事	直轄土木工事	直轄土木工事	直轄土木工事
	補正率	共通仮設費：1.5⇒1.3へ変更 現場管理費：1.2⇒1.1へ変更 ※ただし、福島県については、次年度の実態調査結果も踏まえて検討することとし、それまで適用を猶予する(福島県内ではR5年度は現行の係数を適用)	共通仮設費：1.1 現場管理費：1.1	共通仮設費：1.1 現場管理費：1.1
復興歩掛 歩掛の日当たり標準作業量を補正	適用時期	H25.10.1	H29.2.1	R1.8.19
	対象工種	土工	土工	土工
	補正率	土工：標準作業量を10%低減	土工：標準作業量を20%低減 ⇒10%低減へ変更 ※ただし、不調不落の状況から、次年度の実態調査結果も踏まえて適用を検討することとし、それまでは適用を猶予する(R5年度は20%減を適用)。	土工：標準作業量を20%低減 ⇒10%低減へ変更

11

2.（2）総価契約単価合意方式（後工事の間接費の調整について）

○ 前工事契約後、後工事契約前に間接費（共通仮設費、現場管理費、一般管理費等）の率式が改定された場合、改定後の率式が後工事の間接費に反映されないという課題があった。
○ こうした課題を解消するため、間接費の率式の改定を反映する「調整率」を新たに導入する。

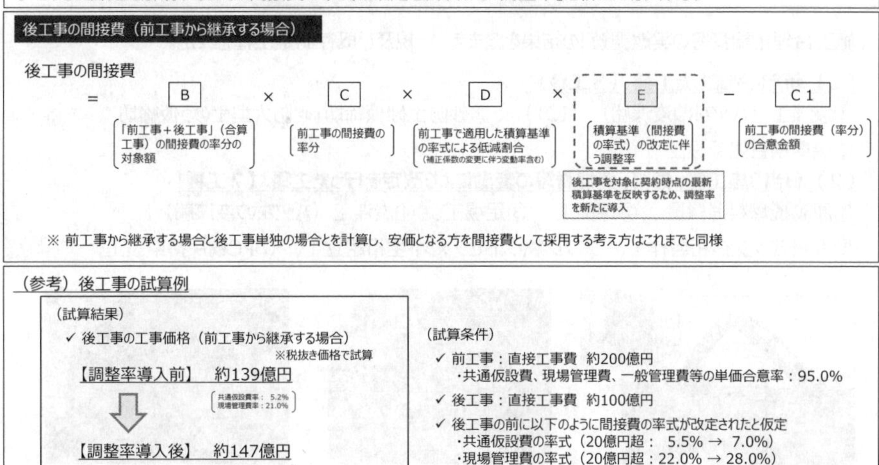

12

4.（1）1）ICT施工における積算基準の当面の運用

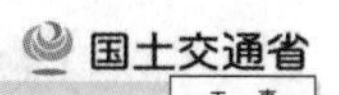

○ ＩＣＴ施工において、３次元座標値による出来形管理や３次元データ納品等に要する経費については、令和２年度より、共通仮設費率、現場管理費率に補正係数を乗じることで計上している。
○ その後、地域を地盤とする一般土木C、D等級企業での取組が拡大しているほか、３次元座標値による出来形管理等の内製化も進んでいる。
○ **より実態に即した積算となるよう、当面、補正係数により算出される金額と見積りとを比較し、適切に費用を計上する運用とする。**

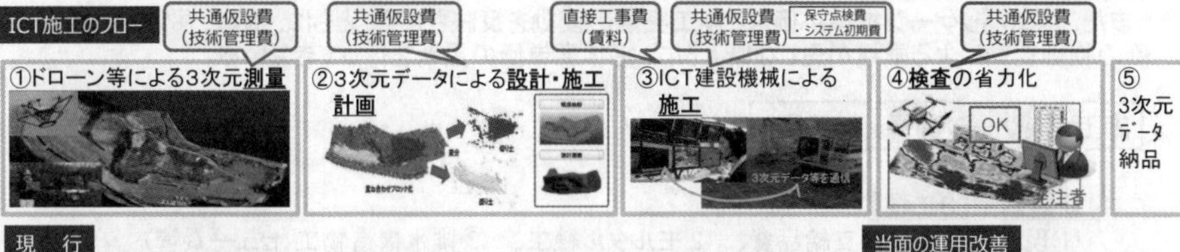

現　行

	項　目	計上項目	積算方法
①	3次元起工測量	共通仮設費	見積徴収 による積上げ
②	3次元設計データ作成	共通仮設費	見積徴収 による積上げ
③	ICT建機施工	直接工事費	損料または賃料
	（保守点検）	共通仮設費	算定式 による積上げ
	（システム初期費）	共通仮設費	定額 による積上げ
④	3次元出来形管理	共通仮設費	補正係数の設定（共通仮設費補正 1.2）
⑤	3次元データ納品	共通仮設費	補正係数の設定（共通仮設費補正 1.2）
その他	外注経費等	現場管理費	補正係数の設定（現場管理費補正 1.1）

当面の運用改善

積算方法
見積徴収 による積上げ
見積徴収 による積上げ
損料または賃料
算定式 による積上げ
定額 による積上げ
当面、補正係数により算出される金額と、見積りとを比較し、適切に費用を計上する運用とする。

13

4.（1）2）土木工事標準歩掛

国土交通省
工 事

土木工事標準歩掛は、土木請負工事費の積算に用いるもので、標準的な施工条件下での労務工数、材料数量、機械運転時間など、単位施工量当り又は日当りの所要量を工種ごとにとりまとめたもの。

「施工合理化調査等の実態調査」の結果を踏まえ、新規及び既存制定工種を改定。

（1）新たに制定した工種 【３工種】

①浚渫工（バックホウ浚渫船）（ICT）、②砂防土砂仮締切・砂防大型土のう仮締切
③橋梁検査路架設工

（2）日当り施工量、労務、資機材等の変動により改定を行った工種 【７工種】

①原動機燃料消費量、 ②深礎工、 ③足場工、 ④浚渫工（バックホウ浚渫船）、
⑤ポストテンション桁製作工、 ⑥プレキャストセグメント主桁組立工、 ⑦PC橋片持架設工

工種名 ：浚渫工（バックホウ浚渫船）（ICT）

工種名 ：砂防土砂仮締切
・砂防大型土のう仮締切

工種名 ：橋梁検査路架設工

14

4.（1）3）施工パッケージ型積算関係

国土交通省
工 事

施工パッケージは、土木請負工事費の積算に用いるもので、標準的な施工条件下での単位施工量当り「単価」（機械経費、労務費、材料費を含む）を施工パッケージ毎に設定したものである。
毎年度、「施工合理化調査等の実態調査」の結果を踏まえ、施工パッケージ単価を制定・改定してきている。
また、施工パッケージ標準単価は、施工実態の変動を反映させるとともに、機械、労務、材料単価の物価変動による乖離が生じないように、毎年度単価の更新を行ってきている。

施工パッケージ関係 【5工種】

1）新規制定【3工種】

①現場発生品及び支給品費、 ②モルタル練工、 ③排水構造物工（ヒューム管）

2）日当り施工量、労務、資機材等の改定を行った工種【2工種】

①コンクリートブロック積（張）工、 ②目地・止水板設置工

「施工パッケージ型積算方式標準単価表（参考資料）」の公表
施工パッケージ型積算方式の理解向上に資するため、施工パッケージ標準単価の代表機労材規格のうち、代表機械規格及び代表労務規格の参考数量を「施工パッケージ型積算方式標準単価表（参考資料）」として、国土技術政策総合研究所HPに掲載（令和5年3月末公表予定）。
（http://www.nilim.go.jp/lab/pbg/theme/theme2/theme_sekop.htm）

15

4.（2）鋼橋製作工関係

国土交通省
工事

○鋼橋製作工の歩掛、副資材費について、製作現場の実態を踏まえ改定。
○桁輸送費について、燃料費などの輸送費用の実態を踏まえ改定。

【鋼橋製作工】

●材料費

副資材費（溶接などの消耗材料）

現行	改定
16,400円／t	17,300円／t

●製作費

鋼橋製作費（標準工数（人／個））

種別		現行	改定
単純鈑桁	大型材片	1.15	1.48
	小型材片	0.25	0.32

横断歩道橋製作費（標準工数（人／t））

種別		現行	改定
階段部	I 桁	9.9	13.8
高欄部	高 欄	11.6	14.5

●桁輸送費

種 別	現行	改定
箱桁（鋼床版箱桁のみ）	Y＝26.38X＋13,472	Y＝23.93X＋16,437
橋脚	Y＝26.12X＋ 8,518	Y＝23.44X＋15,721

Y：輸送単価（円/t）
X：輸送距離（km）

16

4.（3）電気通信工事に関する歩掛の改定

実態調査の結果を踏まえ、電気通信工事に関する標準歩掛を改定する。

電気通信編の改定

1）歩掛改定
①直流電源設置工（※）

【直流電源装置据付】
・24V系の機器を対象とする作業種別を削除

【直流電源装置調整】
・24V系の機器を対象とする作業種別を削除
・48V系の作業種別については実態調査の結果から細別規格を無くし1つに統合

※停電時においても多重無線設備等に直流の電源を供給する装置の設置・調整に係る歩掛。

直流電源設備の例

17

4.（4）設計業務等標準歩掛

以下の標準歩掛等について、最新の技術基準への対応や実態調査の結果を踏まえ、既存歩掛を改定する。

（1）土木設計業務　橋梁予備設計の改定項目

①標準歩掛、②地震時保有水平耐力法による耐力照査、③関係機関との協議資料作成、④現地踏査

⇒この改定により、業務価格が約1,000万円の業務※1で約20%（約200万円）増加。

※1 橋梁予備設計業務：R4単価を使用して試算。

（2）土木設計業務　橋梁詳細設計の改定項目

①橋台工（逆T式橋台）②橋台基礎工（場所打杭（深礎杭を除く））、③架設計画（1工法）架設工法（Ⅲ）

⇒この改定により、業務価格が約4,000万円の業務※2で約4%（約160万円）の増加。

※2 橋梁詳細設計：R4単価を使用して試算。

（3）調査、計画業務　橋梁定期点検業務の改定項目

①状態の把握（点検）②点検調書の作成（状態の把握（点検））

⇒この改定により、業務価格約3,000万円の業務※3で約5%（約150万円）の増加。

※3 橋梁定期点検：R4単価を使用して試算。

18

新基準の適用スケジュール

○ 入札書提出締切日が4/1以降の案件から適用
※ただし、入札書提出締切日が3/1～3/31の間の案件は、旧基準のまま予定価格を算定し、契約後に変更可。

新基準の適用パターン

パターン		令和４年度	3月1日	4月1日　令和５年度	適　用
従来		公告		入札　契約	
今回	ケース1	公告		入札　契約	・新基準を適用する
	ケース2	公告	入札（旧基準に基づき予定価格を作成）　契約	契約変更（受発注者からの請求に基づき新基準に基づき予定価格を作成し、契約変更可）	・旧基準に基づき予定価格を作成。 ・契約後に改定内容に基づき変更可。
	ケース3	公告　入札	契約		・新基準を適用しない

（入札公告等へ記載）
○入札日：令和４年3月○日（予定）
○本工事（業務等）で、受発注者は、次の方式により算出された請負代金額に契約を変更する協議を請求することができる。
・変更後の請負代金額 ＝ 新基準に基づく予定価格 × 当初契約時の落札率

※「「土木工事工事費積算要領及び基準の運用」の改定について」及び「設計業務等標準歩掛等の一部改定について」に該当する内容について適用する。（電気通信関連工事・業務も同様に適用）

19

令和５年度「設計業務等の品質確保対策及び入札契約方式等の改善」重点方針

1. 目的

○設計業務等の発注、履行、納品にあたり、公共工事の品質確保の促進に関する法律（以下、「品確法」という）及び「発注関係事務の運用に関する指針（以下、「運用指針」という）の主旨に鑑み、働き方改革の推進、受発注者双方の取組による生産性向上、品質・信頼性の向上を目指す。

2. 業務の計画的な発注

○事業の進捗状況を踏まえ、適切な業務発注時期や履行期間の平準化にも配慮しながら業務の計画的な発注を行う。

○その際、履行期間が１年に満たない業務であっても、平準化国債を活用するなどして発注時期や納品時期が繁忙期と重ならないよう工夫する。また、実施計画承認後に生じた事由により、当初の計画どおり執行できないことが明らかになった場合には、機動的国債を積極的に活用する。

3. 適切な入札・契約方式の選定

○発注方式にプロポーザル方式及び総合評価落札方式を選択する場合は、「建設コンサルタント業務等におけるプロポーザル方式及び総合評価落札方式の運用ガイドライン」（令和５年３月一部改定）を参考に手続きを実施する。

○なお、働き方改革や若手・女性技術者の活用・育成、品質・生産性向上等のために実施している様々な入札契約方式の試行について、上記ガイドラインに参考資料としてとりまとめているので、適宜活用し、活用した場合はＰＤＣＡに基づく検証を行うものとする。

○地域の担い手確保の観点から、管内の受注状況を把握し、業務内容に応じて指名の技術審査基準や地域要件を見直すなど、適切な入札・契約方式の選定に努める。また、令和５年度から、「地域特性を踏まえた検討を行う業務における発注方式の試行」（令和５年２月３日付 国技建調第７号）により、総合評価落札方式及びプロポーザル方式の一部において、地域特性を踏まえた検討を行う業務における発注方式の試行を実施することとしたので、適宜活用する。

○国土交通省登録資格の活用を促すため、「国土交通省登録資格との組合せ評価について（試行)」（令和５年１月 27 日付 国技建調第４号）により、組合せ加点の試行を実施する。

4. 条件明示の徹底

○条件明示の徹底を、全ての詳細設計業務において原則実施する。

○明示する条件が適正であるか確認することが有効と判断される業務を対象に、確実な条件明示のための体制として、「条件明示ガイドライン(案)」（平成 26 年

9月）に基づき、「設計業務の条件明示検討会」等を開催し、明示すべき設計条件について確認するものとする。

○条件明示チェックシート（案）は予備設計段階で、基本的に予備設計の受注者が作成する。また、発注者は詳細設計発注前に、作成された条件明示チェックシート（案）を確認し、①基本的な設計条件・計画条件の確認、②関係機関との調整実施の確認、③貸与資料の確認を行い、詳細設計業務の発注時において必要な設計条件等を受注者へ確実に明示する。

○条件明示チェックシート（案）が活用できる工種については、積極的に活用し、条件明示ガイドライン（案）に基づき特記仕様書への適切な記載を確実に行う。

○入札公告時における資料として条件明示チェックシート（案）を提示することを試行として取り組む。

○なお、詳細設計業務における条件明示チェックシート（案）の活用状況や入札公告時における資料として条件明示チェックシート（案）を提示することについて、本省への報告を求めるので留意する。報告方法については、別途通知する。

5. 適切な履行期間の設定

○詳細設計業務及び検討業務については、適正な履行期間を確保するため「業務スケジュール管理表による設計業務等の履行期間設定支援（試行）について」（令和元年12月10日付国技建管第19号）に基づく取組を引き続き推進する。

○やむを得ず履行期間の延長及び契約内容の変更が必要となった場合は、業務スケジュール管理表を活用し、適切な履行期間の確保を図る。

6. 業務スケジュール管理表の活用

○測量業務、地質調査業務、土木関係建設コンサルタント業務を対象とし、業務スケジュール管理表の作成、管理を試行する。（ただし、発注者支援業務等及び環境調査など1年間を通じて実施する業務については対象外。）

○初回打合せなどで受発注者間の双方で業務計画の共有を図り、業務スケジュール管理表により管理する。

○業務スケジュール管理表の作成及び管理は、原則として受注者が行うものとする。

○受注者による確実な照査の実施のため、照査の実施時期、必要な期間及び照査技術者による説明の時期について、受注者と協議の上、その着手日、期限及び説明日を定め、業務スケジュール管理表に明記し、適正な照査期間の確保に配慮した業務スケジュール管理に努める。

○業務スケジュール管理表は、当面の間は「業務スケジュール管理表による設計業務等の履行期間設定支援（試行）について」（令和元年12月10日付国技建管第19号）で通知した、【履行期間設定支援型】又は【検討業務型】の様式を発注者が配布することで作成にかかる受注者の負担軽減を図るものとする。なお、適宜業務内容に応じて受発注者双方が利用しやすい様式に変更することは妨げない。

○業務スケジュール管理表には、クリティカルパスを記載するとともに、業務履行中に発注者の判断・指示が必要とされる事項について、受注者と協議し、その役割分担、着手日及び回答期限を明記し、履行期限までに業務が完了するよう円滑な業務進捗を図る。
○業務スケジュール管理表【履行期間設定支援型】を配布する際には、発注者が想定する履行期間の内訳について受注者へ提示すること等により、受発注者間の良好なコミュニケーションを図る。
○また、試行を通じて作成、管理した業務スケジュール管理表や業務内容に応じて新たに作成、管理したスケジュール管理表については、本省への報告を求めるので留意する。報告方法については、別途通知する。

7. 履行期限の平準化

○対象業務は、測量業務、地質調査業務、土木関係建設コンサルタント業務（ただし、発注者支援業務等及び環境調査など1年間を通じて実施する業務については対象外）とする。
○年度末に集中している業務の履行期限について、働き方改革や品質確保の観点から平準化を進める。
○中長期的には、当該年度に履行期限を迎える業務件数の比率が上半期 50%、下半期 50%を目指すこととし、令和5年度以降の履行期限については、当面の目標として以下の数値を四半期毎に履行期限を迎える業務件数の比率の目安とした上で、各地整等で目標を設定し、達成に努める。なお、真に必要な業務を除き履行期限が3月とならないように配慮する。

第1四半期　　15%以上
第2四半期　　25%以上
第3四半期　　25%以上
第4四半期　　35%以下

第1～4四半期については令和5年度内に完了する業務を対象とする。
また、翌債・国債・平準化国債等については、令和5年度に契約する件数に対する割合が、25%以上となることを目標とする。
○業務の実施状況（発注方式、契約日、契約額、履行期間等）について、別途依頼に基づき、報告する。
○業務履行中に関係機関協議等により、年度内に適正な履行期間を確保できなくなった場合は、適切に繰越手続きを行う。
○なお、本取組については国土交通省のみで実施するのではなく、地方ブロック発注者協議会と連携しながら地域全体で取り組むこととする。

8. 事業促進 PPP 等の活用

○災害復旧・復興事業や平常時の大規模事業において、適切なプロジェクトマネジメント（事業監理）を行うために「事業促進 PPP」を活用することが効果的であるので、必要に応じて活用する。

○事業促進 PPP を発注する場合は、「事業促進 PPP に関するガイドライン」（令和 3 年 3 月一部改正）（以下、「PPP ガイドライン」）に則り、各事業の実施段階に応じた受発注者の役割を明確にした上で手続きを実施する。

○設計業務等の発注において、「建設コンサルタント業務等におけるプロポーザル方式及び総合評価落札方式の運用ガイドライン」（令和 5 年 3 月一部改定）により、事業促進 PPP、PM、CM の業務実績を同種・類似実績として認めることで、受注インセンティブの向上に努める。

9. 合同現地踏査

○原則、橋梁、トンネル、河川構造物（樋門・樋管等）、ダム等の大規模構造物に関する詳細設計業務について、合同現地踏査を実施する。

○その他の設計業務についても、受発注者間の協議により、受発注者合同の現地踏査が有効な業務においては、積極的に実施する。（受発注者協議により、複数回実施することも可能とする。）

○合同現地踏査においては、設計条件や施工の留意点、関連事業の情報確認及び設計方針の明確化を行い、実施後は、実施内容について記録等し、受発注者間で情報共有を徹底する。

○受発注者間で事前に確認事項を整理する等、効率的な合同現地踏査の実施に努める。

○地質構造の複雑な箇所、地形の変化が大きい箇所等、特に地質情報の不確実性が高い現場の業務の合同現地踏査等においては、地質業務の受注者等を参画させ、地質調査報告書等から判断される留意点等について具体的な説明を求めることにより、成果の品質確保・向上に努める。

○なお、地質リスクは設計段階で適切に評価されることで後工程における手戻りや追加対策等の対応が容易になり、適切な事業マネジメントが可能となるため、その点について留意する。

○「土木事業における地質・地盤リスクマネジメントのガイドライン」（令和 2 年 3 月）を参考とされたい。

10. 業務環境の改善に向けた取組

○「業務、工事等におけるワンデーレスポンスの実施について」（令和 5 年 3 月 27 日（予定）付 事務連絡）に基づき、ワンデーレスポンスの取組を実施する。

○また、調査・設計等分野における業務環境の改善に向け、「業務環境改善実施要領（案）」（平成 27 年 12 月 24 日付 事務連絡）に基づき、ウィークリースタンスの取組を実施する。

○受発注者双方の業務環境の改善による建設生産システムの生産性向上のため、「業務における情報共有システムの活用について」（令和 5 年 2 月 10 日付 国技建調第 6 号）により、情報共有システムを活用する。
○受発注者間の情報共有の効率化のため、「電子納品保管管理システムの受注者への資料貸与機能の運用開始について」(令和 4 年 10 月 27 日付 事務連絡)により、電子納品保管管理システムの受注者への資料貸与機能を適切に活用する。

11. 設計成果の品質確保

○全ての詳細設計業務を対象とし、「詳細設計照査要領」（令和 4 年 3 月 28 日付 国官技第 378 号）に基づき確実な照査を実施する。
○設計業務の成果品納入時において、成果品のうち照査報告書については、照査を実施した照査技術者自身による報告を原則とすることにより、受注者の照査に対する意識の向上を図る。成果品納入時以外においても、重要構造物に関する詳細設計業務において、照査技術者自身からの照査報告を積極的に実施する。
○詳細設計における照査体制の強化、いわゆる「赤黄チェック」を適切に運用することで、より一層の成果品の品質向上に努める。
○BIM/CIM 活用事業においては、3 次元モデルを活用して設計図書（2 次元図面）の確認を実施するなど、より一層の成果品の品質向上に努める。
○業務成果の納品時においては、受注者より提出される「電子納品等運用ガイドライン【業務編】」（令和 5 年 3 月改定）に基づく「電子納品チェックシステム」によるチェックを通過したことを示す証明書類を確認し、電子納品させることを徹底する。
○業務成果品に関して、三者会議等において修正のあった業務、業務完了時に修正指示がなされた業務、適切な履行がなされなかった業務等については、本省への報告を求めるので留意する。報告方法については、別途通知する。

12. 災害時の対応

○災害発生時は、「国土交通省直轄事業における災害発生時の入札・契約等に関する対応マニュアル」（令和 3 年 4 月）に基づき、災害協定業者と随意契約するなど早期復旧が円滑に進むよう配慮する。
○その際、管理技術者の手持ち業務量の制限は考慮しない。
○業務を実施する中で当初想定していた業務内容や履行期限を見直す必要が生じた場合には、繰越制度を適切に活用するなど、引き続き履行期限の平準化に向けた取組を推進する。
○見積りを活用した積算を行うなどにより、適正な予定価格の設定を図り、できる限り速やかに契約が締結できるよう努める。
○また、被災地域の受注者が業務を実施できないと認められる場合や災害対応業務を優先するため履行中の通常業務の履行が困難と認められる場合は、業務の一時中止措置を講ずるなど受注者の負担軽減に努める。

○一時中止措置等に関する意向確認等、業界団体等との意見交換を継続的に実施する。

○標準歩掛がないものについては、被災地域外からの応援に対する旅費・宿泊費等も含め、実情を鑑み精算変更し、応援者に負担をかけないよう配慮する。

○「PPP ガイドライン」に基づき災害復旧事業の規模等に応じ、災害時事業促進 PPP を活用する。

13. BIM/CIM 原則適用

○「「直轄土木業務・工事における BIM/CIM 適用に関する実施方針」について」（令和 5 年 3 月 3 日付国官技第 319 号）に基づき、適切に実施する。

国土交通省

国土交通省登録資格の概要について

令和5年2月

国土交通省登録資格の制度構築までの背景

国土交通省

平成24年 7月
国土交通大臣より諮問 ⇨ 社会資本整備審議会、交通政策審議会
「今後の社会資本の維持管理・更新のあり方」

平成25年12月
社会資本整備審議会、交通政策審議会 答申
今後の社会資本の維持管理更新のありかたについて 答申
本格的なメンテナンス時代に向けたインフラ政策の総合的な充実～キックオフ「メンテナンス政策元年」～

平成26年 3月
技術部会 引き続き検討すべき4項目を決定
1. 点検・診断に関する資格制度の確立

平成26年 4月
社会資本メンテナンス戦略小委員会 資格制度の検討に着手
点検・診断に関する資格制度の確立を優先課題として決定

平成26年 8月
技術部会 「緊急提言:民間資格の登録制度の創設」提言
「社会資本メンテナンスの確立にむけた緊急提言:民間資格の登録制度の創設」の提言・公表

平成26年11月
公共工事に関する調査及び設計等の品質確保に資する技術者資格登録規程の告示

※一部改正 平成27年10月16日
※一部改正 平成29年11月22日
※一部改正 平成30年11月2日
※一部改正 令和元年11月7日
※一部改正 令和3年10月15日

「公共工事に関する調査及び設計等の品質確保に資する技術者資格登録規程」の概要　国土交通省

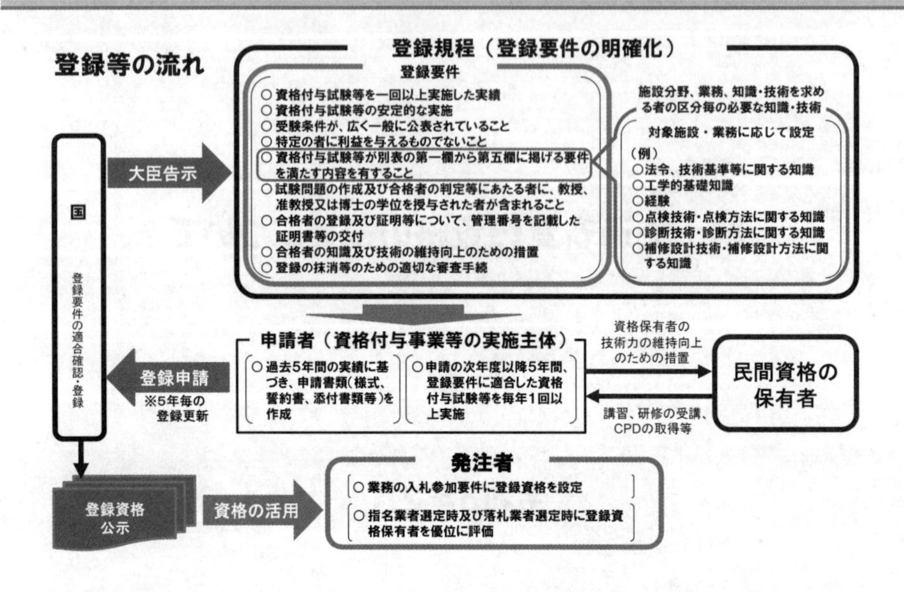

国土交通省登録資格の登録状況(H26～)　国土交通省

・老朽化施設の増加と維持管理に関する法令等の整備に伴い、点検・診断等の業務が増加
・平成26年6月に改正された「公共工事の品質確保の促進に関する法律」において、資格等による適切な能力の評価が規定された

既存の民間資格を評価し、必要な技術水準を満たす資格を登録する制度を構築（H26.11.28登録規程告示）

H26年度
- 登録規定の告示、維持管理10分野を構築〔維持管理10分野〕　平成26年11月28日
- 第1回登録　50資格　平成27年1月26日

H27年度
- 維持管理3分野を拡充、計画・調査・設計8分野を構築〔維持管理13分野、計画・調査・設計18分野〕　平成27年10月26日
- 第2回登録　111資格を新規登録（合計161資格）　平成28年2月24日

H28年度
- 第3回登録　50資格を新規登録（合計211資格）　平成29年2月24日

H29年度
- 維持管理2分野、計画・調査・設計1分野を拡充〔維持管理15分野、計画・調査・設計19分野〕　平成29年11月22日
- 第4回登録　40資格を新規登録（合計251資格）　平成30年2月27日

H30年度
- 維持管理2分野を拡充〔維持管理17分野、計画・調査・設計19分野〕　平成30年11月2日
- 第5回登録　37資格を新規登録（合計288資格）　平成31年1月31日

R1年度
- 第6回登録　32資格を新規登録、第1回登録の50資格を更新　（合計320資格）　令和2年2月5日

R2年度
- 第7回登録　8資格を新規登録、第2回登録の111資格を更新（合計328資格）　令和3年2月10日

R3年度
- 維持管理1分野を拡充〔維持管理18分野、計画・調査・設計19分野〕　令和3年10月15日
- 第8回登録　27資格が登録申請、第3回登録の50資格を更新（合計353資格）　令和4年2月22日

R4年度
- 第9回登録　13資格が登録申請、第4回登録の40資格を更新（合計366資格）　令和5年2月13日

民間資格の登録制度が対象とする業務範囲

国土交通省

〇施設等の対象：国土交通省所管の社会資本分野。

H26.11.28　登録規程制定　　　：点検、診断等の維持管理分野を対象
H27.10.16　登録規程一部改訂：計画・調査・設計分野を追加。
　　　　　　　　　　　　　　　　あわせて維持管理分野を拡充。
H29.11.22　登録規程一部改訂：計画・調査・設計分野・維持管理分野を拡充。
H30.11. 2　登録規程一部改訂：維持管理分野を拡充。
R 3.10.15　登録規程一部改訂：維持管理分野を拡充。

（概念図）

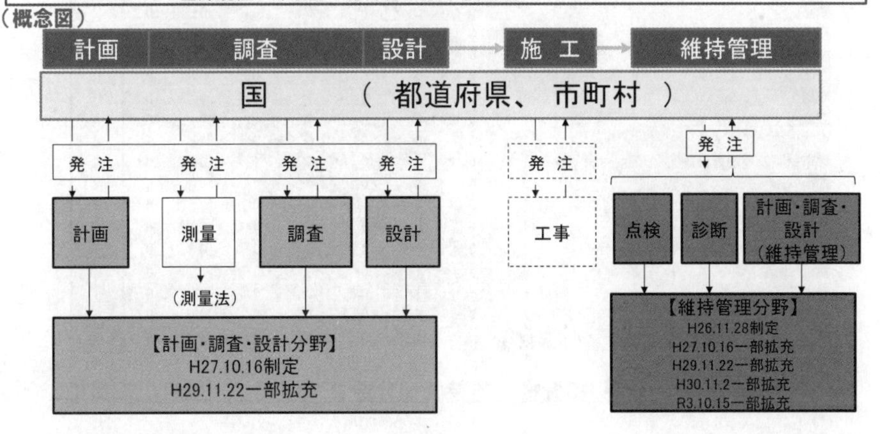

分野別登録資格数

国土交通省

●維持管理分野（点検・診断等業務）

維持管理分野　276資格

施設等名	登録資格数									
	H27.1 (R2.2)	H28.2 (R3.2)	H29.2 (R4.2)	H30.2 (R5.2)	H31.1	R2.2	R3.2	R4.2	R5.2	計
橋梁（鋼橋）	16	13	13	4	4	2	2	6	0	60
橋梁（ｺﾝｸﾘｰﾄ橋）	17	12	13	6	7	2	2	6	0	65
橋梁（鋼・コンクリート以外の橋）	—	—	—	—	—	—	—	2	0	2
トンネル	5	13	8	3	1	2	2	3	2	39
舗装	−	−	−	9	1	4	0	0	2	16
小規模附属物	−	−	−	7	2	0	0	0	2	11
道路土工構造物（土工）	−	−	−	−	14	12	0	0	2	28
道路土工構造物（ｼｪｯﾄﾞ・大型ｶﾙﾊﾞｰﾄ等）	−	−	−	−	8	8	0	0	2	18
堤防・河道	−	0	0	4	0	0	0	4	0	8
砂防設備	1	1	0	0	0	0	0	0	0	2
地すべり防止施設	2	0	0	0	0	0	0	0	0	2
急傾斜地崩壊防止施設	1	2	0	0	0	0	0	0	0	3
下水道管路施設	—	1	1	0	0	0	0	0	0	2
海岸堤防等	4	0	2	0	0	0	0	0	0	6
港湾施設	4	0	0	3	0	0	0	0	0	7
空港施設	0	1	0	0	0	0	0	0	0	1
公園（遊具）	0	4	0	0	0	0	0	0	0	4
土木機械設備	—	2	0	0	0	0	0	0	0	2
計	50	49	37	36	37	30	6	21	10	276

分野別登録資格数

●計画・調査・設計分野

計画・調査・設計分野　90資格

施設等名	登録資格数								
	H28.2 (R3.2)	H29.2 (R4.2)	H30.2 (R5.2)	H31.1	R2.2	R3.2	R4.2	R5.2	計
道路	3	3	0	0	0	0	0	1	7
橋梁	3	1	0	0	0	0	0	0	4
トンネル	2	1	0	0	0	0	0	1	4
河川・ダム	2	1	0	0	0	0	2	0	5
砂防	2	0	0	0	0	0	0	0	2
地すべり対策	2	0	0	0	0	0	0	0	2
急傾斜地崩壊等対策	3	0	0	0	0	0	0	0	3
海岸	12	4	0	0	0	0	0	0	16
港湾	14	0	0	0	1	1	0	0	16
空港	1	0	0	0	0	0	0	0	1
下水道	1	0	0	0	0	0	1	1	3
都市計画及び地方計画	1	0	0	0	0	1	0	0	2
都市公園等	2	0	0	0	0	0	0	0	2
建設機械	1	0	0	0	0	0	0	0	1
土木機械設備	1	0	0	0	0	0	0	0	1
電気施設・通信施設・制御処理システム	1	0	0	0	0	0	0	0	1
地質・土質	9	3	1	0	0	0	1	0	14
宅地防災	−	−	1	0	0	0	0	0	1
建設環境	2	0	2	0	1	0	0	0	5
計	62	13	4	0	2	2	4	3	90

※( )は更新年月

計画・調査・設計分野 90資格 、維持管理分野 276資格　　総計366資格

公共工事に関する調査及び設計等の品質確保に資する技術者資格登録規程

（平成26年11月28日
国土交通省告示第1107号）

改正

令和3年10月15日　国土交通省告示第1355号

（目的）

第一条　この規程は、公共工事の品質確保の促進に関する法律（平成十七年法律第十八号）第二十四条の規定の趣旨にのっとり、公共工事に関する調査（点検及び診断を含む。以下同じ。）及び設計等に関し、その業務の内容に応じて必要な知識又は技術を有する者の能力を適切に評価することのできる資格の登録に関し必要な事項を定めることを目的とする。

（定義）

第二条　この規程において「公共工事」とは、公共工事の入札及び契約の適正化の促進に関する法律（平成十二年法律第百二十七号）第二条第二項に規定する公共工事をいう。

2　この規程において「公共工事に関する調査及び設計等の品質確保に資する技術者資格」とは、この規程により国土交通大臣の登録を受けた資格をいう。

3　この規程において「資格」とは、民間事業者等が付与するものをいい、複数の専門的な試験科目等に分けて試験を実施すること等により、複数の専門分野に区分して付与されるものである場合にあっては、その最小の区分のものをいう。

（登録の申請）

第三条　前条第二項の登録は、公共工事に関する調査及び設計等の品質確保に資する技術者資格の付与に関する事業又は事務（以下「資格付与事業又は事務」という。）を行おうとする者の申請により行う。

2　前条第二項の登録を受けようとする者は、次に掲げる事項を記載した申請書を国土交通大臣に提出するものとする。

一　登録を受けようとする資格の名称

二　登録を受けようとする者の氏名又は名称及び住所並びに法人にあっては、その代表者の氏名

三　資格付与事業又は事務を行おうとする事務所の名称及び所在地

四　登録を受けようとする資格が対象とする施設分野等（別表第一欄に掲げる施設分野等をいう。以下同じ。）、業務（別表第二欄に掲げる業務をいう。）及び知識・技術を求める者（公共工事に関する調査及び設計に関する業務を行う者であって、一定以上の水準の知識及び技術を備えている必要性が高いものとして別表第三欄に掲げる者をいう。以下同じ。）の区分

3　第一項の申請は、登録を受けようとする資格ごとに行うものとする。

4　第二項の申請書には、次に掲げる書類を添付するものとする。

一　個人である場合においては、次に掲げる書類
　イ　住民票の抄本又はこれに代わる書面
　ロ　登録を申請する者の略歴を記載した書類
二　法人である場合においては、次に掲げる書類（全ての構成員が法人格を有している団体又は行政機関から構成される協議会等（以下「協議会等」という。）が資格付与事業又は事務を行おうとする場合にあっては、これらに代わるべき書面）
　イ　定款又は寄附行為及び登記事項証明書
　ロ　株主名簿若しくは社員名簿の写し又はこれらに代わる書面
　ハ　申請に係る意思の決定を証する書類
　ニ　役員（持分会社（会社法（平成十七年法律第八十六号）第五百七十五条第一項に規定する持分会社をいう。）にあっては、業務を執行する社員をいう。以下同じ。）の氏名及び略歴を記載した書類
三　資格付与事業又は事務の実施の方法について、次に掲げる事項を記載した書類
　イ　登録を受けようとする資格を付与するための試験等（以下「資格付与試験等」という。）の実績に関する事項
　ロ　資格付与試験等の実施予定に関する事項
　ハ　資格付与試験等を受けることができる者の条件に関する事項
　ニ　資格付与試験等の内容に関する事項
　ホ　資格付与試験等に係る試験問題の作成及び合格者の判定等にあたる者に関する事項
　ヘ　資格付与試験等の合格者の登録及び証明等に関する事項
　ト　資格付与試験等の合格者の知識及び技術の維持向上のための措置に関する事項
　チ　資格付与試験等の合格者の登録の抹消等に関する事項
　リ　その他必要な事項
四　前条第二項の登録を受けようとする者が次条第一項各号のいずれにも該当しない者であることを誓約する書面
五　その他参考となる事項を記載した書類
5　第二項の申請書の提出期間その他必要な事項については、国土交通大臣があらかじめ官報で公告する。

（欠格条項）
第四条　次の各号のいずれかに該当する者が付与する資格は、第二条の登録を受けることができない。
一　禁錮以上の刑に処せられ、その刑の執行を終わり、又は刑の執行を受けることが無くなった日から二年を経過しない者
二　暴力団員による不当な行為の防止等に関する法律（平成三年法律第七十七号）の規定（同法第三十二条の三第七項の規定を除く。）に違反したことにより、又は刑法（明治四十年法律第四十五号）第二百四条、第二百六条、第二百八条、第二百八条の二、第二百二十二条、第二百四十七条若しくは第二百六十一条の罪若しくは暴力行為等処罰に関する法律（大正十五

年法律第六十号）の罪を犯したことにより、罰金以上の刑に処せられ、その執行を終わり、又は執行を受けることがなくなった日から起算して二年を経過しない者

三　暴力団員による不当な行為の防止等に関する法律第二条第六号に規定する暴力団員（以下この号において「暴力団員」という。）又は暴力団員でなくなった日から五年を経過しない者（第六号において「暴力団員等」という。）

四　十一条の規定により第二条の登録を取り消され、その取消しの日から起算して二年を経過しない者

五　法人であって、資格付与事業又は事務に関する業務を行う役員のうちに前各号のいずれかに該当する者があるもの

六　暴力団員等がその事業活動を支配する者

2　国土交通大臣は、前項の規定により登録をしない場合は、遅滞なく、その理由を示して、その旨を登録を申請した者に通知するものとする。

（登録の要件等）

第五条　国土交通大臣は、第三条第一項の申請に係る資格が次に掲げる要件のすべてに適合しているときは、第二条第二項の登録をするものとする。

一　資格付与試験等が申請までに一回以上実施された実績を有するものであること

二　資格付与試験等が安定的に実施されるものであること

三　資格付与試験等の受験条件が広く一般に公表されていること

四　資格付与事業又は事務が特定の者に利益を与えるものでないこと

五　資格付与試験等が、別表第一欄に掲げる施設分野等に係る同表第二欄に掲げる業務を実施する同表第三欄に掲げる者に必要とされる同表第四欄に掲げる知識・技術を有するかどうかの判定について、同表第五欄に掲げる要件を満たす内容を有すること

六　資格付与試験等に係る試験問題の作成及び合格者の判定等にあたる者に、次のいずれかに該当する者が含まれていること

イ　学校教育法（昭和二十二年法律第二十六号）第一条に規定する大学若しくはこれに相当する外国の学校において土木に関する科目を担当する教授若しくは准教授の職にある者、若しくはこれらの職にあった者又は土木に関する科目の研究により博士の学位を授与された者

ロ　イに掲げる者と同等以上の知識及び経験を有する者

七　合格者の登録及び証明等について、管理番号を記載した証明書等を交付するものであること

八　合格者の知識及び技術の維持向上のための措置が適切に講じられているものであること

九　登録及び証明等を受けた者が不正又は著しく不当な行為をした場合における登録の抹消等のための審査手続が適切に定められているものであること

2　第二条第二項の登録は、「公共工事に関する調査及び設計等の品質確保に資する技術者資格登録簿」に次に掲げる事項を記載してするものとする。

一　登録年月日及び登録番号

二　資格の名称

三　前号の資格が対象とする施設分野等、業務（別表第二欄に掲げる業務をいう。）、及び知識・技術を求める者の区分

四　資格付与事業又は事務を行う者（以下「登録資格付与事業等実施者」という。）の氏名又は名称及び住所並びに法人にあっては、その代表者の氏名

五　資格付与事業又は事務を行う事務所の名称及び所在地

（登録の更新）

第六条　第二条第二項による登録は、五年度ごとにその更新を受けなければ、その期間の経過によって、その効力を失う。

2　前三条の規定は、前項の登録の更新について準用する。ただし、第三条第二項に規定する申請書に添付する同条第四項の書類のうち、同項第一号、第二号及び第三号へ、チに掲げる書類については、誓約書の提出により添付を省略することができる。

（登録事項の変更の届出）

第七条　登録資格付与事業等実施者は、第五条第二項第二号、第四号及び第五号に掲げる事項に変更があったときは、遅滞なく、その旨を国土交通大臣に届け出るものとする。

（資格付与事業又は事務の休廃止）

第八条　登録資格付与事業等実施者は、資格付与事業又は事務を休止し、又は廃止しようとするときは、あらかじめ、次に掲げる事項を記載した届出書を国土交通大臣に届け出るものとする。

一　休止し、又は廃止しようとする資格付与事業又は事務の範囲

二　休止し、又は廃止しようとする年月日及び休止しようとする場合にあっては、その期間

三　休止又は廃止の理由

（財務諸表等の備え付け及び閲覧）

第九条　登録資格付与事業等実施者は、毎事業年度経過後三月以内に、その事業年度の財産目録、貸借対照表及び損益計算書又は収支計算書並びに事業報告書（その作成に代えて電磁的記録（電子的方式、磁気的方式その他の人の知覚によっては認識することができない方式で作られる記録であって、電子計算機による情報処理の用に供されるものをいう。以下この条において同じ。）の作成がされている場合における当該電磁的記録を含む。次項において「財務諸表等」という。）を作成し、五年間事務所に備えて置かなければならない。協議会等である登録資格付与事業等実施者が、これらに代わる書面を作成した場合も、同様とする。

2　資格付与試験等を受験しようとする者その他の利害関係人は、登録資格付与事業等実施者の業務時間内は、いつでも、次に掲げる請求をすることができる。ただし、第二号又は第四号の請求をするには、登録資格付与事業等実施者の定めた費用を支払わなければならない。

一　財務諸表等が書面をもって作成されているときは、当該書面の閲覧又は謄写の請求

二　前号の書面の謄本又は抄本の請求

三　財務諸表等が電磁的記録をもって作成されているときは、当該電磁的記録に記録された事項を紙面又は出力装置の映像面に表示したものの閲覧又は謄写の請求

四　前号の電磁的記録に記録された事項を電磁的方法であって、次に掲げるもののうち登録資格付与事業等実施者が定めるものにより提供することの請求又は当該事項を記載した書面の交付の請求

イ　送信者の使用に係る電子計算機と受信者の使用に係る電子計算機とを電気通信回線で接続した電子情報処理組織を使用する方法であって、当該電気通信回線を通じて情報が送信され、受信者の使用に係る電子計算機に備えられたファイルに当該情報が記録されるもの

ロ　磁気ディスク等をもって調製するファイルに情報を記録したものを交付する方法

3　前項第四号イ又はロに掲げる方法は、受信者がファイルへの記録を出力することによる書面を作成することができるものでなければならない。

(適合勧告)

第十条　国土交通大臣は、登録資格付与事業等実施者が第五条第一項の規定に適合しなくなったと認めるときは、その登録資格付与事業等実施者に対し、同項の規定に適合するため必要な措置をとることを勧告することができる。

(登録の取り消し等)

第十一条　国土交通大臣は、登録資格付与事業等実施者が次の各号のいずれかに該当するときは、当該登録資格付与事業等実施者が付与する資格の登録を取り消すことができる。

一　第四条第一項第一号から第六号に該当するに至ったとき

二　第七条、第八条又は第九条第一項に違反したとき

三　正当な理由がないのに第九条第二項各号の規定による請求を拒んだとき

四　前条の規定による勧告に従わなかったとき

五　第十三条の規定による報告をせず、又は虚偽の報告をしたとき

六　不正の手段により第二条第二項の登録を受けたとき

(帳簿の記載等)

第十二条　登録資格付与事業等実施者は、当該資格付与試験等に関する次に掲げる事項を記載した帳簿を備えなければならない。

一　資格付与試験等の実施年月日

二　資格付与試験等の実施場所

三　受験者の氏名、生年月日、住所及び合否の別

四　資格付与試験等の合格者にあっては、前号に掲げる事項のほか登録及び証明等に係る管理番号

2　前項各号に掲げる事項が、電子計算機に備えられたファイル又は磁気ディスク等に記録され、必要に応じ登録資格付与事業等実施者において電子計算機その他の機器を用いて明確に紙面に表示されるときは、当該記録をもって同項に規定する帳簿への記載に代えることができる。

3　登録資格付与事業等実施者は、第一項に規定する帳簿（前項の規定による記録が行われた同項のファイル又は磁気ディスク等を含む。）を、当該資格付与事業又は事務の全部を廃止するまで保存しなければならない。

4　登録資格付与事業等実施者は、次に掲げる書類を備え、当該資格付与試験等を実施した日から五年間保存しなければならない。

一　登録資格付与試験等の受験申込書及び添付書類

二　終了した登録資格付与試験等の問題及び答案用紙

（報告の徴収等）

第十三条　国土交通大臣は、資格付与事業又は事務の適切な実施を確保するため必要があると認めるときは、登録資格付与事業等実施者に対し、資格付与事業又は事務の状況に関し必要な報告を求めることができる。

（公示）

第十四条　国土交通大臣は、次に掲げる場合には、その旨を官報に公示するものとする。

一　第二条第二項の登録をしたとき

二　第六条第一項の規定により登録の更新をしたとき

三　第七条の規定による届出があったとき

四　第八条の規定による届出があったとき

五　第十一条の規定により第二条第二項の登録を取り消したとき

附　則

この告示は、公布の日から施行する。

別表

（一）点検・診断等業務

施設分野等	業務	知識・技術を求める者	必要な知識・技術	確認すべき資格付与試験等の要件
土木機械設備	診断	業務の管理及び統括等を行う者（管理技術者）	土木機械設備の診断業務を確実に履行するために必要な知識及び技術に加え、これらの業務の管理及び統括を行う能力	1　土木機械設備の診断業務を確実に履行するための知識を有することを確認するものであること 2　土木機械設備の診断業務において、的確な課題解決能力を有することを過去の実務経験等によって確認するものであること
公園施設（遊具）	点検	業務の管理及び統括等を行う者（管理技術者）	公園施設（遊具）の点検業務の実施にあたり、点検を確実に履行するために必要な知識及び技術に加え、業務の管理及び統括を行う能力	1　公園施設（遊具）に係る法令、点検に係る指針、点検技術、点検方法等に関する知識を有することを確認するものであること 2　公園施設（遊具）の材料、業務の管理等に関する知識を有することを確認するものであること 3　公園施設（遊具）関係業務に関し、実務経験を有する者を対象としていること
		業務を担当する者（担当技術者）	公園施設（遊具）の点検業務の実施にあたり、点検を確実に履行するために必要な知識及び技術	1　公園施設（遊具）に係る法令、点検に係る指針、点検技術、点検方法等に関する知識を有することを確認するものであること 2　公園施設（遊具）の材料等に関する知識を有することを確認するものであること 3　公園施設（遊具）関係業務に関し、実務経験を有する者を対象としていること
	診断	業務の管理及び統括等を行う者（管理技術者）	公園施設（遊具）の診断業務の実施にあたり、診断を確実に履行するために必要な知識及び技術に加え、業務の管理及び統括を行う能力	1　公園施設（遊具）に係る法令、点検・診断に係る指針、点検・診断技術、点検・診断方法等に関する知識を有することを確認するものであること 2　公園施設（遊具）の材料、修繕、業務の管理等に関する知識を有することを確認するものであること 3　公園施設（遊具）関係業務に関し、実務経験を有する者を対象としていること

施設分野等	業務	知識・技術を求める者	必要な知識・技術	確認すべき資格付与試験等の要件
公園施設（遊具）	診断	業務を担当する者（担当技術者）	公園施設（遊具）の診断業務の実施にあたり、診断を確実に履行するために必要な知識及び技術	1　公園施設（遊具）に係る法令、点検・診断に係る指針、点検・診断技術、点検・診断方法等に関する知識を有することを確認するものであること 2　公園施設（遊具）の材料、修繕等に関する知識を有することを確認するものであること 3　公園施設（遊具）関係業務に関し、実務経験を有する者を対象としていること
堤防・河道	点検・診断	業務の管理及び統括等を行う者（管理技術者）	堤防・河道の点検・診断業務を確実に履行するために必要な知識及び技術に加え、業務の管理及び統括を行う能力	1　河川の法令に関する知識を有することを確認するものであること 2　堤防・河道の点検・診断を含む河川管理に関する知識を有することを確認するものであること 3　堤防・河道に係る業務に関し、実務経験を有することを確認するものであること
		業務を担当する者（担当技術者）	堤防・河道の点検・診断業務を確実に履行するために必要な知識及び技術	1　河川の法令に関する知識を有することを確認するものであること 2　堤防・河道の点検・診断に関する知識を有することを確認するものであること 3　堤防・河道に係る業務に関し、実務経験を有することを確認するものであること
下水道管路施設	点検・診断	業務の管理及び統括等を行う者（管理技術者）	下水道管路施設の点検・診断業務を確実に履行するため、下水道管路管理や安全管理に関する法規等に加え、確実な点検・診断手法を選定する能力、異状の程度や緊急度等を適切に判断する技術、並びに業務の管理及び統括を行う能力	1　下水道の法令に関する知識を有することを確認するものであること 2　下水道管路施設の点検（潜行目視及びカメラ等）・診断に関する知識を有することを確認するものであること 3　下水道管路施設の確実な点検・診断手法を選定し業務を管理する能力を確認するとともに、下水道管路施設の異状の程度や緊急度等を適切に判断する技術を有することを実地又はそれに準じる方法により確認するものであること 4　下水道管路施設に係る業務に関し、実務経験を有することを確認するものであること

施設分野等	業務	知識・技術を求める者	必要な知識・技術	確認すべき資格付与試験等の要件
下水道管路施設	点検	業務を担当する者（担当技術者）	下水道管路施設の点検を確実に履行するため、下水道管路管理や安全管理に関する法規等に加え、機械器具等の的確な操作及び異状箇所を記録する技術	1　下水道の法令に関する知識を有することを確認するものであること 2　下水道管路施設の点検（潜行目視及びカメラ等）に関する知識を有することを確認するものであること 3　下水道管路施設の点検のために必要な機械器具等を的確に操作し、異状箇所を記録する技術を有することを実技により確認するものであること 4　下水道管路施設に係る業務に関し、実務経験を有することを確認するものであること
砂防設備	点検・診断	業務の管理及び統括等を行う者（管理技術者）	砂防設備の点検・診断業務の実施にあたり、適確な方法により点検を行うとともに、調査結果を元に健全度を評価するために必要な知識及び技術に加え、業務の管理及び統括を行う能力	1　砂防に係る基礎知識を有することを確認するものであること 2　砂防設備に係る法令に関する知識を有することを確認するものであること 3　砂防調査に関する知識を有することを確認するものであること 4　砂防設備に係る維持管理に関する知識を有することを確認するものであること 5　砂防設備の構造等に関する基礎知識を有することを確認するものであること 6　砂防関係業務に関し一定の実務経験を有することを確認するものであること

施設分野等	業務	知識・技術を求める者	必要な知識・技術	確認すべき資格付与試験等の要件
地すべり防止施設	点検・診断	業務の管理及び統括等を行う者 （管理技術者）	地すべり防止施設の点検・診断業務の実施にあたり、適確な方法により点検を行うとともに、調査結果を元に健全度を評価するために必要な知識及び技術に加え、業務の管理及び統括を行う能力	1　地すべりに係る基礎知識を有することを確認するものであること 2　地すべり防止施設に係る法令に関する知識を有することを確認するものであること 3　地すべり調査に関する知識を有することを確認するものであること 4　地すべり防止施設に係る維持管理に関する知識を有することを確認するものであること 5　地すべり防止施設の構造等に関する基礎知識を有することを確認するものであること 6　地すべり対策関係業務に関し一定の実務経験を有することを確認するものであること
急傾斜地崩壊防止施設	点検・診断	業務の管理及び統括等を行う者 （管理技術者）	急傾斜地崩壊防止施設の点検・診断業務の実施にあたり、適確な方法により点検を行うとともに、調査結果を元に健全度を評価するために必要な知識及び技術に加え、業務の管理及び統括を行う能力	1　急傾斜地崩壊に係る基礎知識を有することを確認するものであること 2　急傾斜地崩壊防止施設に係る法令に関する知識を有することを確認するものであること 3　急傾斜地調査に関する知識を有することを確認するものであること 4　急傾斜地崩壊防止施設に係る維持管理に関する知識を有することを確認するものであること 5　急傾斜地崩壊防止施設の構造等に関する基礎知識を有することを確認するものであること 6　急傾斜地崩壊対策関係業務に関し一定の実務経験を有することを確認するものであること
海岸堤防等	点検・診断	業務の管理及び統括等を行う者 （管理技術者）	海岸堤防等の点検・診断業務を確実に履行するために必要な知識及び技術に加え、業務の管理及び統括を行う能力	1　海岸堤防等の点検・診断等の管理に関する知識を有することを確認するものであること 2　海岸又は海岸と同種の施設に関する一定の実務経験を有することを確認するものであること

施設分野等	業務	知識・技術を求める者	必要な知識・技術	確認すべき資格付与試験等の要件
橋梁（鋼橋）	点検	業務を担当する者（担当技術者）	道路橋（鋼橋）の点検業務の実施にあたり、道路法施行規則（昭和二十七年建設省令第二十五号）第四条の五の五に定められた事項（健全性の診断を除く）を確実に履行するために必要な知識及び技術	道路橋（鋼橋）に関する一定の実務経験を有することを確認するものであること、又は道路橋（鋼橋）の設計、施工に関する基礎知識を有することを確認するものであること、又は道路橋（鋼橋）の点検に関する一定の技術と実務経験を有することを確認するものであること
	診断	業務を担当する者（担当技術者）	道路橋（鋼橋）の診断業務の実施にあたり、道路法施行規則第四条の五の五に定められた事項（健全性の診断）を確実に履行するために必要な知識及び技術	道路橋（鋼橋）に関する相当の実務経験を有することを確認するものであること、又は道路橋（鋼橋）の設計、施工、管理に関する相当の専門知識を有することを確認するものであること、又は道路橋（鋼橋）の点検に関する相当の技術と実務経験を有することを確認するものであること
橋梁（コンクリート橋）	点検	業務を担当する者（担当技術者）	道路橋（コンクリート橋）の点検業務の実施にあたり、道路法施行規則第四条の五の五に定められた事項（健全性の診断を除く）を確実に履行するために必要な知識及び技術	道路橋（コンクリート橋）に関する一定の実務経験を有することを確認するものであること、又は道路橋（コンクリート橋）の設計、施工に関する基礎知識を有することを確認するものであること、又は道路橋（コンクリート橋）の点検に関する一定の技術と実務経験を有することを確認するものであること
	診断	業務を担当する者（担当技術者）	道路橋（コンクリート橋）の診断業務の実施にあたり、道路法施行規則第四条の五の五に定められた事項（健全性の診断）を確実に履行するために必要な知識及び技術	道路橋（コンクリート橋）に関する相当の実務経験を有することを確認するものであること、又は道路橋（コンクリート橋）の設計、施工、管理に関する相当の専門知識を有することを確認するものであること、又は道路橋（コンクリート橋）の点検に関する相当の技術と実務経験を有することを確認するものであること

施設分野等	業務	知識・技術を求める者	必要な知識・技術	確認すべき資格付与試験等の要件
橋梁（鋼・コンクリート以外の橋）	点検	業務を担当する者（担当技術者）	道路橋（鋼・コンクリート以外の橋）の点検業務の実施にあたり、道路法施行規則第四条の五の五に定められた事項（健全性の診断を除く）を確実に履行するために必要な知識及び技術	道路橋（鋼・コンクリート以外の橋）に関する一定の実務経験を有することを確認するものであること、又は道路橋（鋼・コンクリート以外の橋）の設計、施工に関する基礎知識を有することを確認するものであること、又は道路橋（鋼・コンクリート以外の橋）の点検に関する一定の技術と実務経験を有することを確認するものであること
	診断	業務を担当する者（担当技術者）	道路橋（鋼・コンクリート以外の橋）の診断業務の実施にあたり、道路法施行規則第四条の五の五に定められた事項（健全性の診断）を確実に履行するために必要な知識及び技術	道路橋（鋼・コンクリート以外の橋）に関する相当の実務経験を有することを確認するものであること、又は道路橋（鋼・コンクリート以外の橋）の設計、施工、管理に関する相当の専門知識を有することを確認するものであること、又は道路橋（鋼・コンクリート以外の橋）の点検に関する相当の技術と実務経験を有することを確認するものであること
トンネル	点検	業務を担当する者（担当技術者）	道路トンネルの点検業務の実施にあたり、道路法施行規則第四条の五の五に定められた事項（健全性の診断を除く）を確実に履行するために必要な知識及び技術	道路トンネルに関する一定の知識及び技能を有することを確認するものであること
	診断	業務を担当する者（担当技術者）	道路トンネルの診断業務の実施にあたり、道路法施行規則第四条の五の五に定められた事項（健全性の診断）を確実に履行するために必要な知識及び技術	道路トンネルに関する相当の実務経験を有することを確認するものであること、又は道路トンネルの設計、施工、管理に関する相当の専門知識を有することを確認するものであること、又は道路トンネルの点検に関する相当の技術と実務経験を有することを確認するものであること

施設分野等	業務	知識・技術を求める者	必要な知識・技術	確認すべき資格付与試験等の要件
道路土工構造物（土工）	点検	業務を担当する者（担当技術者）	道路土工構造物の点検業務の実施にあたり、国が定める道路土工構造物点検要領に定められた事項（健全性の診断を除く）を確実に履行するために必要な知識及び技術	道路土工構造物の構造や地盤を原因とした災害に関する一定の知識及び技能を有することを確認するものであること
	診断	業務を担当する者（担当技術者）	道路土工構造物の診断業務の実施にあたり、国が定める道路土工構造物点検要領に定められた事項（健全性の診断）を確実に履行するために必要な知識及び技術	道路土工構造物の構造や地盤を原因とした災害に関する相当の知識及び技能を有することを確認するものであること
道路土工構造物（シェッド・大型カルバート等）	点検	業務を担当する者（担当技術者）	シェッド・大型カルバート等の点検業務の実施にあたり、国が定めるシェッド・大型カルバート等定期点検要領に定められた事項（健全性の診断を除く）を確実に履行するために必要な知識及び技術	鋼・ｺﾝｸﾘｰﾄ構造物に関する一定の実務経験を有することを確認するものであること、又はｼｪｯﾄﾞ・ｶﾙﾊﾞｰﾄの設計、施工に関する一定の専門知識を有することを確認するものであること、又は点検に関する一定の技術と実務経験を有することを確認するものであること
	診断	業務を担当する者（担当技術者）	シェッド・大型カルバート等の診断業務の実施にあたり、国が定めるシェッド・大型カルバート等定期点検要領に定められた事項（健全性の診断）を確実に履行するために必要な知識及び技術	鋼・ｺﾝｸﾘｰﾄ構造物に関する相当の実務経験を有することを確認するものであること、又はｼｪｯﾄﾞ・ｶﾙﾊﾞｰﾄの設計、施工、管理に関する相当の専門知識を有することを確認するものであること、又は点検に関する相当の技術と実務経験を有することを確認するものであること
舗装	点検	業務を担当する者（担当技術者）	舗装の点検業務を確実に履行するために必要な知識及び技術	舗装に関する一定の知識及び技能を有することを確認するものであること

施設分野等	業務	知識・技術を求める者	必要な知識・技術	確認すべき資格付与試験等の要件
	診断	業務を担当する者（担当技術者）	舗装の診断業務を確実に履行するために必要な知識及び技術	舗装に関する相当の実務経験を有することを確認するものであること、又は舗装の設計、施工、管理に関する相当の専門知識を有することを確認するものであること、又は舗装の点検に関する相当の技術と実務経験を有することを確認するものであること
小規模附属物	点検	業務を担当する者（担当技術者）	小規模附属物の点検業務を確実に履行するために必要な知識及び技術	道路標識、道路照明施設等に関する一定の知識及び技能を有することを確認するものであること
	診断	業務を担当する者（担当技術者）	小規模附属物の診断業務を確実に履行するために必要な知識及び技術	道路標識、道路照明施設等の構造や部材の状態の評価に必要な相当の知識及び技能を有することを確認するものであること
港湾施設	計画策定（維持管理）	業務の管理及び統括等を行う者（管理技術者）	港湾施設の維持管理計画策定業務の実施にあたり、港湾の施設の技術上の基準を定める省令（平成十九年国土交通省令第十五号）第四条第三項に定められた事項を確実に履行するために必要な知識及び技術に加え、業務の管理及び統括を行う能力	1　港湾施設の維持管理に係る法令に関する知識を有することを確認するものであること 2　維持管理計画策定に必要な点検・診断、当該施設全体の維持に係る総合的な評価に関する専門知識を有することを確認するものであること 3　港湾または港湾と同種の施設に関する業務の実務経験を有することを確認するものであること
	点検・診断	業務の管理及び統括等を行う者（管理技術者）	港湾施設の点検・診断業務の実施にあたり、港湾の施設の技術上の基準を定める省令第四条第三項に定められた事項を確実に履行するために必要な知識及び技術に加え、業務の管理及び統括を行う能力	1　港湾施設の維持管理に係る法令に関する知識を有することを確認するものであること 2　港湾施設の損傷、劣化その他の変状についての点検・診断に関する専門知識を有することを確認するものであること 3　港湾または港湾と同種の施設に関する業務の実務経験を有することを確認するものであること

施設分野等	業務	知識・技術を求める者	必要な知識・技術	確認すべき資格付与試験等の要件
	設計（維持管理）	業務の管理及び統括等を行う者 （管理技術者）	港湾施設の維持・修繕設計業務の実施にあたり、港湾の施設の技術上の基準を定める省令第二条及び第四条第三項に定められた事項を確実に履行するために必要な知識及び技術に加え、業務の管理及び統括を行う能力	1　港湾施設の維持管理に係る法令に関する知識を有することを確認するものであること 2　港湾施設の点検・診断や調査を元に、既存施設の維持・修繕に必要な設計に関する知識を有することを確認するものであること 3　港湾または港湾と同種の施設に関する業務の実務経験を有することを確認するものであること
空港施設	点検・診断	業務の管理及び統括等を行う者 （管理技術者）	滑走路、誘導路及びエプロンの点検・診断業務の実施にあたり、施設の管理における保安上の基準に関する法規等に加え、的確な点検・診断手法により、異常の程度を適切に評価するために必要な知識及び技術に加え、業務の管理及び統括を行う能力	1　空港の設置基準に関する法令及び空港の舗装補修等の基準に関する知識を有することを確認するものであること 2　空港舗装の点検技術、点検方法等に関する知識を有することを確認するものであること 3　航空機の特性及び舗装材料等に関する基礎知識を有することを確認するものであること 4　点検・診断に関しての実務経験を有することを確認するものであること
	設計（維持管理）	業務の管理及び統括等を行う者 （管理技術者）	滑走路、誘導路及びエプロンの修繕・更新設計業務の実施にあたり、施設の管理における保安上の基準に関する法令等に加え、設計条件を整理し、的確に設計へ反映するために必要な知識及び技術に加え、業務の管理及び統括を行う能力	1　空港の設置基準に関する法令及び空港の舗装補修等の基準に関する知識を有することを確認するものであること 2　航空機の特性及び舗装材料等に関する基礎知識を有することを確認するものであること 3　舗装の修繕・更新に関する設計条件を整理し、的確に設計へ反映する能力を有することを確認するものであること 4　修繕・更新設計に関しての実務経験を有することを確認するものであること

（二）計画・調査・設計業務

施設分野等	業務	知識・技術を求める者	必要な知識・技術	確認すべき資格付与試験等の要件

施設分野等	業務	知識・技術を求める者	必要な知識・技術	確認すべき資格付与試験等の要件
地質・土質	調査	業務の管理及び統括等を行う者 （管理技術者又は主任技術者）	地質・土質の調査業務を確実に履行するために必要な知識及び技術に加え、業務の管理及び統括を行う能力	1　地質・土質の調査業務を確実に履行するための知識を有することを確認するものであること 2　地質・土質の調査業務において、的確な課題解決能力を有することを過去の実務経験等によって確認するものであること
宅地防災	計画・調査・設計	業務の管理及び統括等を行う者（管理技術者） ・業務の技術上の照査を行う者（照査技術者）	宅地防災の計画・調査・設計業務を確実に履行するために必要な知識及び技術に加え、業務の管理及び統括を行う能力	1　宅地防災の法令に関する知識を有することを確認するものであること 2　宅地防災の調査、計画および設計に関する知識を有することを確認するものであること 3　宅地防災に係る業務に関し、実務経験を有することを確認するものであること
建設環境	調査	業務の管理及び統括等を行う者 （管理技術者）	建設環境の調査業務を確実に履行するために必要な知識及び技術に加え、業務の管理及び統括を行う能力	1　建設環境の調査業務を確実に履行するための知識を有することを確認するものであること 2　建設環境の調査業務において、的確な課題解決能力を有することを過去の実務経験等によって確認するものであること
電気施設・通信施設・制御処理システム	計画・調査・設計	業務の管理及び統括等を行う者 （管理技術者） ・業務の技術上の照査を行う者 （照査技術者）	電気施設、通信施設、制御処理システムの計画・調査・設計業務を確実に履行するために必要な知識及び技術に加え、業務の管理及び統括を行う能力	1　電気施設、通信施設、制御処理システムの計画・調査・設計業務を確実に履行するための知識を有することを確認するものであること 2　電気施設、通信施設、制御処理システムの計画・調査・設計業務において、的確な課題解決能力を有することを過去の実務経験等によって確認するものであること
建設機械	計画・調査・設計	業務の管理及び統括等を行う者 （管理技術者） ・業務の技術上の照査を行う者 （照査技術者）	建設機械の計画・調査・設計業務を確実に履行するために必要な知識及び技術に加え、これらの業務の管理及び統括を行う能力	1　建設機械の計画・調査・設計業務を履行するための知識を有することを確認するものであること 2　建設機械の計画・調査・設計業務において、的確な課題解決能力を有することを過去の実務経験等によって確認するものであること

施設分野等	業務	知識・技術を求める者	必要な知識・技術	確認すべき資格付与試験等の要件
土木機械設備	計画・調査・設計	業務の管理及び統括等を行う者（管理技術者） ・業務の技術上の照査を行う者（照査技術者）	土木機械設備の計画・調査・設計業務を確実に履行するために必要な知識及び技術に加え、これらの業務の管理及び統括を行う能力	1　土木機械設備の計画・調査・設計業務を履行するための知識を有することを確認するものであること 2　土木機械設備の計画・調査・設計業務において、的確な課題解決能力を有することを過去の実務経験等によって確認するものであること
都市計画及び地方計画	計画・調査・設計	業務の管理及び統括等を行う者（管理技術者） ・業務の技術上の照査を行う者（照査技術者）	都市計画及び地方計画の計画・調査・設計業務を確実に履行するために必要な知識及び技術に加え、これらの業務の管理及び統括を行う能力	1　都市計画及び地方計画に係る関係法令又は技術基準等に関する知識を有することを確認するものであること 2　都市計画及び地方計画の計画・調査・設計業務に関する実務経験を有することを確認するものであること
都市公園等	計画・調査・設計	業務の管理及び統括等を行う者（管理技術者） ・業務の技術上の照査を行う者（照査技術者）	都市公園等の計画・調査・設計業務を確実に履行するために必要な知識及び技術に加え、これらの業務の管理及び統括を行う能力	1　都市公園等に係る法令に関する知識を有することを確認するものであること 2　都市公園等の計画・調査・設計に関する知識を有することを確認するものであること 3　都市公園等の計画・調査・設計業務に関する実務経験を有することを確認するものであること
河川・ダム	計画・調査・設計	業務の管理及び統括等を行う者（管理技術者） ・業務の技術上の照査を行う者（照査技術者）	河川・ダムの計画・調査・設計業務を確実に履行するために必要な知識及び技術に加え、業務の管理及び統括を行う能力	1　河川・ダムの法令に関する知識を有することを確認するものであること 2　河川・ダムの計画・調査・設計に関する知識を有することを確認するものであること 3　河川・ダムに係る業務に関し、実務経験を有することを確認するものであること
下水道	計画・調査・設計	業務の管理及び統括等を行う者（管理技術者）	下水道の計画・調査・設計業務を確実に履行するために必要な知識及び技術に加え、業務の管理及び統括を行う能力	1　下水道の法令に関する知識を有することを確認するものであること 2　下水道（排水施設及び処理施設）の計画・調査、設計に関する知識を有することを確認するものであること 3　下水道に係る業務に関し、実務経験を有することを確認するものであること

施設分野等	業務	知識・技術を求める者	必要な知識・技術	確認すべき資格付与試験等の要件
砂防	計画・調査・設計	業務の管理及び統括等を行う者 （管理技術者） ・業務の技術上の照査を行う者 （照査技術者）	砂防の計画・調査・設計業務を確実に履行するために必要な知識及び技術に加え、業務の管理及び統括を行う能力	1　砂防の法令に関する知識を有することを確認するものであること 2　砂防の計画・調査・設計に関する知識を有することを確認するものであること 3　砂防に係る業務に関し、実務経験を有することを確認するものであること
地すべり対策	計画・調査・設計	業務の管理及び統括等を行う者 （管理技術者） ・業務の技術上の照査を行う者 （照査技術者）	地すべり対策の計画・調査・設計業務を確実に履行するために必要な知識及び技術に加え、業務の管理及び統括を行う能力	1　地すべり対策の法令に関する知識を有することを確認するものであること 2　地すべり対策の計画・調査・設計に関する知識を有することを確認するものであること 3　地すべり対策に係る業務に関し、実務経験を有することを確認するものであること
急傾斜地崩壊等対策	計画・調査・設計	業務の管理及び統括等を行う者 （管理技術者） ・業務の技術上の照査を行う者 （照査技術者）	急傾斜地崩壊等対策の計画・調査・設計業務を確実に履行するために必要な知識及び技術に加え、業務の管理及び統括を行う能力	1　急傾斜地崩壊等対策の法令に関する知識を有することを確認するものであること 2　急傾斜地崩壊等対策の計画・調査・設計に関する知識を有することを確認するものであること 3　急傾斜地崩壊等対策に係る業務に関し、実務経験を有することを確認するものであること
海岸	計画・調査・設計	業務の管理及び統括等を行う者 （管理技術者） ・業務の技術上の照査を行う者 （照査技術者）	海岸の計画・調査・設計業務を確実に履行するために必要な知識及び技術に加え、業務の管理及び統括を行う能力	1　海岸の計画・調査・設計に関する知識を有することを確認するものであること 2　海岸又は海岸と同種の施設に係る業務に関し、実務経験を有することを確認するものであること
海岸	調査	業務の管理及び統括等を行う者 （管理技術者） ・業務の技術上の照査を行う者 （照査技術者）	海岸の調査業務を確実に履行するために必要な知識及び技術に加え、業務の管理及び統括を行う能力	1　海岸の調査に関する知識を有することを確認するものであること 2　海岸又は海岸と同種の施設に係る業務に関し、実務経験を有することを確認するものであること

施設分野等	業務	知識・技術を求める者	必要な知識・技術	確認すべき資格付与試験等の要件
道路	計画・調査・設計	業務の管理及び統括等を行う者 （管理技術者） ・業務の技術上の照査を行う者 （照査技術者）	道路の計画・調査・設計業務（橋梁の計画・調査・設計、トンネルの計画・調査・設計を除く）を確実に履行するために必要な知識及び技術に加え、業務の管理及び統括を行う能力	道路の計画・調査・設計（橋梁の計画・調査・設計、トンネルの計画・調査・設計を除く）に関する知識、実務経験を有することを確認するものであること
橋梁	計画・調査・設計	業務の管理及び統括等を行う者 （管理技術者） ・業務の技術上の照査を行う者 （照査技術者）	道路の橋梁の計画・調査・設計業務を確実に履行するために必要な知識及び技術に加え、業務の管理及び統括を行う能力	道路の橋梁の計画・調査・設計に関する知識、実務経験を有することを確認するものであること
トンネル	計画・調査・設計	業務の管理及び統括等を行う者 （管理技術者） ・業務の技術上の照査を行う者 （照査技術者）	道路のトンネルの計画・調査・設計業務を確実に履行するために必要な知識及び技術に加え、業務の管理及び統括を行う能力	道路のトンネルの計画・調査・設計に関する知識、実務経験を有することを確認するものであること
港湾	計画・調査（全般）	業務の管理及び統括等を行う者 （管理技術者） ・業務の技術上の照査を行う者 （照査技術者）	港湾の計画・調査業務を確実に履行するために必要な知識及び技術に加え、業務の管理及び統括を行う能力	1　港湾に係る法令に関する知識を有することを確認するものであること 2　港湾の計画・調査業務に関する専門知識を有することを確認するものであること 3　港湾の計画・調査業務に関する実務経験を有することを確認するものであること
	計画・調査（深浅測量・水路測量）	業務の管理及び統括等を行う者 （管理技術者） ・業務の技術上の照査を行う者 （照査技術者）	港湾の計画・調査業務のうち、深浅測量・水路測量に係る業務を確実に履行するために必要な知識及び技術に加え、業務の管理及び統括を行う能力	1　港湾の計画・調査業務のうち、深浅測量及び水路測量に関する専門知識を有することを確認するものであること 2　港湾の計画・調査業務に関する実務経験を有することを確認するものであること

施設分野等	業務	知識・技術を求める者	必要な知識・技術	確認すべき資格付与試験等の要件
	計画・調査（磁気探査）	業務の管理及び統括等を行う者（管理技術者）・業務の技術上の照査を行う者（照査技術者）	港湾の計画・調査業務のうち、磁気探査に係る業務を確実に履行するために必要な知識及び技術に加え、業務の管理及び統括を行う能力	1　港湾の計画・調査業務のうち、磁気探査に関する専門知識を有することを確認するものであること 2　港湾の計画・調査業務に関する実務経験を有することを確認するものであること
	計画・調査（潜水探査）	業務の管理及び統括等を行う者（管理技術者）・業務の技術上の照査を行う者（照査技術者）	港湾の計画・調査業務のうち、潜水探査に係る業務を確実に履行するために必要な知識及び技術に加え、業務の管理及び統括を行う能力	1　港湾の計画・調査業務のうち、潜水作業に関する法令の知識を有することを確認するものであること 2　港湾の計画・調査業務のうち、潜水探査に関する専門知識を有することを確認するものであること 3　港湾の計画・調査業務に関する実務経験を有することを確認するものであること
	計画・調査（気象・海象調査）	業務の管理及び統括等を行う者（管理技術者）・業務の技術上の照査を行う者（照査技術者）	港湾の計画・調査業務のうち、気象・海象調査に係る業務を確実に履行するために必要な知識及び技術に加え、業務の管理及び統括を行う能力	1　港湾の計画・調査業務のうち、気象・海象調査に関する専門知識を有することを確認するものであること 2　港湾の計画・調査業務に関する実務経験を有することを確認するものであること
港湾	計画・調査（海洋地質・土質調査）	業務の管理及び統括等を行う者（管理技術者）・業務の技術上の照査を行う者（照査技術者）	港湾の計画・調査業務のうち、地質・土質調査に係る業務を確実に履行するために必要な知識及び技術に加え、業務の管理及び統括を行う能力	1　港湾の計画・調査業務のうち、地質・土質調査に関する専門知識を有することを確認するものであること 2　港湾の計画・調査業務に関する実務経験を有することを確認するものであること
	計画・調査（海洋環境調査）	業務の管理及び統括等を行う者（管理技術者）・業務の技術上の照査を行う者（照査技術者）	港湾の計画・調査業務のうち、環境調査に係る業務を確実に履行するために必要な知識及び技術に加え、業務の管理及び統括を行う能力	1　港湾の計画・調査業務のうち、環境調査に関する専門知識を有することを確認するものであること 2　港湾の計画・調査業務に関する実務経験を有することを確認するものであること

施設分野等	業務	知識・技術を求める者	必要な知識・技術	確認すべき資格付与試験等の要件
	調査（潜水）	業務を担当する者 （担当技術者）	港湾の調査業務のうち、潜水作業を伴う業務を確実に履行するために必要な知識及び技術	1　港湾の調査業務のうち、潜水作業に関する法令の知識を有することを確認するものであること 2　港湾の調査業務のうち、潜水作業に関する専門知識を有することを確認するものであること 3　港湾の調査業務のうち、潜水業務に関する実務経験を有することを確認するものであること
	設計	業務の管理及び統括等を行う者 （管理技術者） ・業務の技術上の照査を行う者 （照査技術者）	港湾施設の設計業務を確実に履行するために必要な知識及び技術に加え、業務の管理及び統括を行う能力	1　港湾に係る法令に関する知識を有することを確認するものであること 2　港湾施設の設計に関する専門知識を有することを確認するものであること 3　港湾施設の設計業務に関する実務経験を有することを確認するものであること
空港	計画・調査・設計	業務の管理及び統括等を行う者 （管理技術者） ・業務の技術上の照査を行う者 （照査技術者）	空港土木施設の計画・調査・設計業務を確実に履行するために必要な知識及び技術に加え、これらの業務の管理及び統括を行う能力	1　空港土木施設に係る法令に関する知識を有することを確認するものであること 2　空港土木施設の計画・調査・設計に関する専門的知識を有することを確認するものであること 3　空港土木施設の計画・調査又は設計業務に関しての実務経験を有することを確認するものであること

この表中の公園施設（遊具）とは、都市公園法施行令第五条に規定する遊戯施設（ただし、建築基準法施行令第百三十八条第二項第二号及び第三号に掲げる遊戯施設を除く。）のうち、主として子供の利用に供することを目的として、地面に固定されているものをいう。

公共工事に関する調査及び設計等の品質確保に資する技術者資格登録簿

令和5年2月13日時点

○ここに記載のある資格は、「公共工事に関する調査及び設計等の品質確保に資する技術者資格登録規程（平成26年国土交通省告示第1107号）」に基づいて、技術者資格登録簿に登録された資格の一覧です。

○この告示に基づく資格登録制度は、公共工事に関する調査（点検及び診断を含む。）及び設計等に関し、品質の確保と技術者の育成及び活用の促進を図ることを目的として創設されたもので、登録申請のあった資格について、上記の告示で定めた必要な知識・技術等に関する要件をすべて満たしていることが申請書類において確認された資格を登録したものです。

○国土交通省としては、この趣旨を踏まえ、登録された資格の積極的な活用を期待しております。なお、今回の登録は、登録されていない資格について活用をただちに妨げる趣旨ではないことも併せてご理解いただき、各発注機関においては、業務の発注要件の設定等にあたり、配慮をお願いいたします。
（参考）建設コンサルタント業務等におけるプロポーザル方式及び総合評価方式の運用ガイドライン（令和3年3月一部改正）

※赤文字箇所：新規登録資格、又は更新登録の年月日

登録年月日	登録番号（品確技資第○号）	資格の名称	資格が対象とする区分			資格付与事業又は事務を行う者の氏名又は名称及び住所並びに法人にあっては、その代表者の氏名	資格付与事業又は事務を行う事務所の名称及び所在地
			施設分野	業務	知識・技術を求める者		
令和2年2月5日	第1号	RCCM（河川、砂防及び海岸・海洋）	砂防設備	点検・診断	管理技術者	一般社団法人建設コンサルタンツ協会 野崎 秀則 東京都千代田区三番町1番地	一般社団法人建設コンサルタンツ協会（RCCM資格制度事務局） 東京都千代田区三番町1番地
令和2年2月5日	第2号	RCCM（河川、砂防及び海岸・海洋）	地すべり防止施設	点検・診断	管理技術者	一般社団法人建設コンサルタンツ協会 野崎 秀則 東京都千代田区三番町1番地	一般社団法人建設コンサルタンツ協会（RCCM資格制度事務局） 東京都千代田区三番町1番地
令和2年2月5日	第3号	地すべり防止工事士	地すべり防止施設	点検・診断	管理技術者	一般社団法人斜面防災対策技術協会 原 裕 東京都港区新橋6丁目12番7号 新橋SDビル6階	一般社団法人斜面防災対策技術協会 東京都港区新橋6丁目12番7号 新橋SDビル6階
令和2年2月5日	第4号	RCCM（河川、砂防及び海岸・海洋）	急傾斜地崩壊防止施設	点検・診断	管理技術者	一般社団法人建設コンサルタンツ協会 野崎 秀則 東京都千代田区三番町1番地	一般社団法人建設コンサルタンツ協会（RCCM資格制度事務局） 東京都千代田区三番町1番地
令和2年2月5日	第5号	海洋・港湾構造物維持管理士	海岸堤防等	点検・診断	管理技術者	一般財団法人沿岸技術研究センター 宮崎 祥一 東京都港区西新橋1－14－2 新橋エス・ワイビル5階	一般財団法人沿岸技術研究センター 東京都港区西新橋1－14－2 新橋エス・ワイビル5階
令和2年2月5日	第6号	RCCM（河川、砂防及び海岸・海洋）	海岸堤防等	点検・診断	管理技術者	一般社団法人建設コンサルタンツ協会 野崎 秀則 東京都千代田区三番町1番地	一般社団法人建設コンサルタンツ協会（RCCM資格制度事務局） 東京都千代田区三番町1番地
令和2年2月5日	第7号	上級土木技術者（流域・都市）コースA	海岸堤防等	点検・診断	管理技術者	公益社団法人土木学会 上田 多門 東京都新宿区四谷一丁目無番地	公益社団法人土木学会 技術推進機構 東京都新宿区四谷一丁目無番地
令和2年2月5日	第8号	上級土木技術者（海岸・海洋）コースB	海岸堤防等	点検・診断	管理技術者	公益社団法人土木学会 上田 多門 東京都新宿区四谷一丁目無番地	公益社団法人土木学会 技術推進機構 東京都新宿区四谷一丁目無番地
令和2年2月5日	第9号	道路橋点検士	橋梁（鋼橋）	点検	担当技術者	一般財団法人橋梁調査会 菊川 滋 東京都文京区音羽2－10－2 音羽NSビル8階	一般財団法人橋梁調査会 東京都文京区音羽2－10－2 音羽NSビル8階
令和2年2月5日	第10号	RCCM（鋼構造及びコンクリート）	橋梁（鋼橋）	点検	担当技術者	一般社団法人建設コンサルタンツ協会 野崎 秀則 東京都千代田区三番町1番地	一般社団法人建設コンサルタンツ協会（RCCM資格制度事務局） 東京都千代田区三番町1番地
令和2年2月5日	第11号	一級構造物診断士	橋梁（鋼橋）	点検	担当技術者	一般社団法人日本構造物診断技術協会 松村 英樹 東京都新宿区西新宿六丁目2番3号 新宿アイランドアネックス307号室	一般社団法人日本構造物診断技術協会 東京都新宿区西新宿六丁目2番3号 新宿アイランドアネックス307号室
令和2年2月5日	第12号	二級構造物診断士	橋梁（鋼橋）	点検	担当技術者	一般社団法人日本構造物診断技術協会 松村 英樹 東京都新宿区西新宿六丁目2番3号 新宿アイランドアネックス307号室	一般社団法人日本構造物診断技術協会 東京都新宿区西新宿六丁目2番3号 新宿アイランドアネックス307号室
令和2年2月5日	第13号	土木鋼構造診断士	橋梁（鋼橋）	点検	担当技術者	一般社団法人日本鋼構造協会 緑川 光正 東京都中央区日本橋3－15－8 アミノ酸会館ビル3階	一般社団法人日本鋼構造協会 土木鋼構造診断士特別委員会 東京都中央区日本橋3－15－8 アミノ酸会館ビル3階

登録年月日	登録番号（品確技資第○号）	資格の名称	資格が対象とする区分			資格付与事業又は事務を行う者の氏名又は名称及び住所並びに法人にあっては、その代表者の氏名	資格付与事業又は事務を行う事務所の名称及び所在地
			施設分野	業務	知識・技術を求める者		
令和2年2月5日	第14号	土木鋼構造診断士補	橋梁（鋼橋）	点検	担当技術者	一般社団法人日本鋼構造協会 緑川 光正 東京都中央区日本橋3－15－8　アミノ酸会館ビル3階	一般社団法人日本鋼構造協会　土木鋼構造診断士特別委員会 東京都中央区日本橋3－15－8　アミノ酸会館ビル3階
令和2年2月5日	第15号	上級土木技術者（橋梁）コースB	橋梁（鋼橋）	点検	担当技術者	公益社団法人土木学会 上田　多門 東京都新宿区四谷一丁目無番地	公益社団法人土木学会　技術推進機構 東京都新宿区四谷一丁目無番地
令和2年2月5日	第16号	1級土木技術者（橋梁）コースB	橋梁（鋼橋）	点検	担当技術者	公益社団法人土木学会 上田　多門 東京都新宿区四谷一丁目無番地	公益社団法人土木学会　技術推進機構 東京都新宿区四谷一丁目無番地
令和2年2月5日	第17号	特定道守コース	橋梁（鋼橋）	点検	担当技術者	国立大学法人長崎大学 河野　茂 長崎県長崎市文教町1－14	国立大学法人長崎大学 大学院工学研究科インフラ長寿命化センター 長崎県長崎市文教町1－14
令和2年2月5日	第18号	道守コース	橋梁（鋼橋）	点検	担当技術者	国立大学法人長崎大学 河野　茂 長崎県長崎市文教町1－14	国立大学法人長崎大学 大学院工学研究科インフラ長寿命化センター 長崎県長崎市文教町1－14
令和2年2月5日	第19号	道守補コース	橋梁（鋼橋）	点検	担当技術者	国立大学法人長崎大学 河野　茂 長崎県長崎市文教町1－14	国立大学法人長崎大学 大学院工学研究科インフラ長寿命化センター 長崎県長崎市文教町1－14
令和2年2月5日	第20号	RCCM（鋼構造及びコンクリート）	橋梁（鋼橋）	診断	担当技術者	一般社団法人建設コンサルタンツ協会 野崎　秀則 東京都千代田区三番町1番地	一般社団法人建設コンサルタンツ協会（RCCM資格制度事務局） 東京都千代田区三番町1番地
令和2年2月5日	第21号	土木鋼構造診断士	橋梁（鋼橋）	診断	担当技術者	一般社団法人日本鋼構造協会 緑川 光正 東京都中央区日本橋3－15－8　アミノ酸会館ビル3階	一般社団法人日本鋼構造協会　土木鋼構造診断士特別委員会 東京都中央区日本橋3－15－8　アミノ酸会館ビル3階
令和2年2月5日	第22号	上級土木技術者（橋梁）コースB	橋梁（鋼橋）	診断	担当技術者	公益社団法人土木学会 上田　多門 東京都新宿区四谷一丁目無番地	公益社団法人土木学会　技術推進機構 東京都新宿区四谷一丁目無番地
令和2年2月5日	第23号	特定道守（鋼構造）コース	橋梁（鋼橋）	診断	担当技術者	国立大学法人長崎大学 河野　茂 長崎県長崎市文教町1－14	国立大学法人長崎大学 大学院工学研究科インフラ長寿命化センター 長崎県長崎市文教町1－14
令和2年2月5日	第24号	道守コース	橋梁（鋼橋）	診断	担当技術者	国立大学法人長崎大学 河野　茂 長崎県長崎市文教町1－14	国立大学法人長崎大学 大学院工学研究科インフラ長寿命化センター 長崎県長崎市文教町1－14
令和2年2月5日	第25号	道路橋点検士	橋梁（コンクリート橋）	点検	担当技術者	一般財団法人橋梁調査会 菊川　滋 東京都文京区音羽2－10－2　音羽NSビル8階	一般財団法人橋梁調査会 東京都文京区音羽2－10－2　音羽NSビル8階
令和2年2月5日	第26号	RCCM（鋼構造及びコンクリート）	橋梁（コンクリート橋）	点検	担当技術者	一般社団法人建設コンサルタンツ協会 野崎　秀則 東京都千代田区三番町1番地	一般社団法人建設コンサルタンツ協会（RCCM資格制度事務局） 東京都千代田区三番町1番地
令和2年2月5日	第27号	一級構造物診断士	橋梁（コンクリート橋）	点検	担当技術者	一般社団法人日本構造物診断技術協会 松村 英樹 東京都新宿区西新宿六丁目2番3号　新宿アイランドアネックス307号室	一般社団法人日本構造物診断技術協会 東京都新宿区西新宿六丁目2番3号　新宿アイランドアネックス307号室
令和2年2月5日	第28号	二級構造物診断士	橋梁（コンクリート橋）	点検	担当技術者	一般社団法人日本構造物診断技術協会 松村 英樹 東京都新宿区西新宿六丁目2番3号　新宿アイランドアネックス307号室	一般社団法人日本構造物診断技術協会 東京都新宿区西新宿六丁目2番3号　新宿アイランドアネックス307号室
令和2年2月5日	第29号	コンクリート構造診断士	橋梁（コンクリート橋）	点検	担当技術者	公益社団法人プレストレストコンクリート工学会 阿波野　昌幸 東京都新宿区津久戸町4－6　第3都ビル5階	公益社団法人プレストレストコンクリート工学会 東京都新宿区津久戸町4－6　第3都ビル5階
令和2年2月5日	第30号	プレストレストコンクリート技士	橋梁（コンクリート橋）	点検	担当技術者	公益社団法人プレストレストコンクリート工学会 阿波野　昌幸 東京都新宿区津久戸町4－6　第3都ビル5階	公益社団法人プレストレストコンクリート工学会 東京都新宿区津久戸町4－6　第3都ビル5階

2頁/22頁中

登録年月日	登録番号 （品確技資第○号）	資格の名称	資格が対象とする区分			資格付与事業又は事務を行う者の氏名又は名称及び住所並びに法人にあっては、その代表者の氏名	資格付与事業又は事務を行う事務所の名称及び所在地
			施設分野	業務	知識・技術を求める者		
令和2年2月5日	第31号	上級土木技術者（橋梁）コースB	橋梁（コンクリート橋）	点検	担当技術者	公益社団法人土木学会 上田 多門 東京都新宿区四谷一丁目無番地	公益社団法人土木学会 技術推進機構 東京都新宿区四谷一丁目無番地
令和2年2月5日	第32号	1級土木技術者（橋梁）コースB	橋梁（コンクリート橋）	点検	担当技術者	公益社団法人土木学会 上田 多門 東京都新宿区四谷一丁目無番地	公益社団法人土木学会 技術推進機構 東京都新宿区四谷一丁目無番地
令和2年2月5日	第33号	コンクリート診断士	橋梁（コンクリート橋）	点検	担当技術者	公益社団法人日本コンクリート工学会 西山 峰広 東京都千代田区麹町1－7 相互半蔵門ビル12階	公益社団法人日本コンクリート工学会 東京都千代田区麹町1－7 相互半蔵門ビル12階
令和2年2月5日	第34号	特定道守コース	橋梁（コンクリート橋）	点検	担当技術者	国立大学法人長崎大学 河野 茂 長崎県長崎市文教町1－14	国立大学法人長崎大学 大学院工学研究科インフラ長寿命化センター 長崎県長崎市文教町1－14
令和2年2月5日	第35号	道守コース	橋梁（コンクリート橋）	点検	担当技術者	国立大学法人長崎大学 河野 茂 長崎県長崎市文教町1－14	国立大学法人長崎大学 大学院工学研究科インフラ長寿命化センター 長崎県長崎市文教町1－14
令和2年2月5日	第36号	道守補コース	橋梁（コンクリート橋）	点検	担当技術者	国立大学法人長崎大学 河野 茂 長崎県長崎市文教町1－14	国立大学法人長崎大学 大学院工学研究科インフラ長寿命化センター 長崎県長崎市文教町1－14
令和2年2月5日	第37号	RCCM（鋼構造及びコンクリート）	橋梁（コンクリート橋）	診断	担当技術者	一般社団法人建設コンサルタンツ協会 野崎 秀則 東京都千代田区三番町1番地	一般社団法人建設コンサルタンツ協会（RCCM資格制度事務局） 東京都千代田区三番町1番地
令和2年2月5日	第38号	コンクリート構造診断士	橋梁（コンクリート橋）	診断	担当技術者	公益社団法人プレストレストコンクリート工学会 阿波野 昌幸 東京都新宿区津久戸町4－6 第3都ビル5階	公益社団法人プレストレストコンクリート工学会 東京都新宿区津久戸町4－6 第3都ビル5階
令和2年2月5日	第39号	上級土木技術者（橋梁）コースB	橋梁（コンクリート橋）	診断	担当技術者	公益社団法人土木学会 上田 多門 東京都新宿区四谷一丁目無番地	公益社団法人土木学会 技術推進機構 東京都新宿区四谷一丁目無番地
令和2年2月5日	第40号	特定道守（コンクリート構造）コース	橋梁（コンクリート橋）	診断	担当技術者	国立大学法人長崎大学 河野 茂 長崎県長崎市文教町1－14	国立大学法人長崎大学 大学院工学研究科インフラ長寿命化センター 長崎県長崎市文教町1－14
令和2年2月5日	第41号	道守コース	橋梁（コンクリート橋）	診断	担当技術者	国立大学法人長崎大学 河野 茂 長崎県長崎市文教町1－14	国立大学法人長崎大学 大学院工学研究科インフラ長寿命化センター 長崎県長崎市文教町1－14
令和2年2月5日	第42号	RCCM（トンネル）	トンネル	点検	担当技術者	一般社団法人建設コンサルタンツ協会 野崎 秀則 東京都千代田区三番町1番地	一般社団法人建設コンサルタンツ協会（RCCM資格制度事務局） 東京都千代田区三番町1番地
令和2年2月5日	第43号	特定道守コース	トンネル	点検	担当技術者	国立大学法人長崎大学 河野 茂 長崎県長崎市文教町1－14	国立大学法人長崎大学 大学院工学研究科インフラ長寿命化センター 長崎県長崎市文教町1－14
令和2年2月5日	第44号	道守コース	トンネル	点検	担当技術者	国立大学法人長崎大学 河野 茂 長崎県長崎市文教町1－14	国立大学法人長崎大学 大学院工学研究科インフラ長寿命化センター 長崎県長崎市文教町1－14
令和2年2月5日	第45号	道守補コース	トンネル	点検	担当技術者	国立大学法人長崎大学 河野 茂 長崎県長崎市文教町1－14	国立大学法人長崎大学 大学院工学研究科インフラ長寿命化センター 長崎県長崎市文教町1－14
令和2年2月5日	第46号	RCCM（トンネル）	トンネル	診断	担当技術者	一般社団法人建設コンサルタンツ協会 野崎 秀則 東京都千代田区三番町1番地	一般社団法人建設コンサルタンツ協会（RCCM資格制度事務局） 東京都千代田区三番町1番地
令和2年2月5日	第47号	海洋・港湾構造物維持管理士	港湾施設	計画策定（維持管理）	管理技術者	一般財団法人沿岸技術研究センター 宮崎 祥一 東京都港区西新橋1－14－2 新橋エス・ワイビル5階	一般財団法人沿岸技術研究センター 東京都港区西新橋1－14－2 新橋エス・ワイビル5階

3頁/22頁中

登録年月日	登録番号 （品確技資第〇号）	資格の名称	資格が対象とする区分			資格付与事業又は事務を行う者の氏名又は名称及び住所並びに法人にあっては、その代表者の氏名	資格付与事業又は事務を行う事務所の名称及び所在地
			施設分野	業務	知識・技術を求める者		
令和2年2月5日	第48号	海洋・港湾構造物維持管理士	港湾施設	点検・診断	管理技術者	一般財団法人沿岸技術研究センター 宮崎　祥一 東京都港区西新橋1－14－2　新橋エス・ワイビル5階	一般財団法人沿岸技術研究センター 東京都港区西新橋1－14－2　新橋エス・ワイビル5階
令和2年2月5日	第49号	海洋・港湾構造物維持管理士	港湾施設	設計（維持管理）	管理技術者	一般財団法人沿岸技術研究センター 宮崎　祥一 東京都港区西新橋1－14－2　新橋エス・ワイビル5階	一般財団法人沿岸技術研究センター 東京都港区西新橋1－14－2　新橋エス・ワイビル5階
令和2年2月5日	第50号	海洋・港湾構造物設計士	港湾施設	設計（維持管理）	管理技術者	一般財団法人沿岸技術研究センター 宮崎　祥一 東京都港区西新橋1－14－2　新橋エス・ワイビル5階	一般財団法人沿岸技術研究センター 東京都港区西新橋1－14－2　新橋エス・ワイビル5階
令和3年2月10日	第51号	RCCM（機械）	土木機械設備	診断	管理技術者	一般社団法人建設コンサルタンツ協会 野崎　秀則 東京都千代田区三番町1番地	一般社団法人建設コンサルタンツ協会（RCCM資格制度事務局） 東京都千代田区三番町1番地
令和3年2月10日	第52号	1級ポンプ施設管理技術者	土木機械設備	診断	管理技術者	一般社団法人河川ポンプ施設技術協会 太田　晃志 東京都港区赤坂二丁目22番15号	一般社団法人河川ポンプ施設技術協会 東京都港区赤坂二丁目22番15号
令和3年2月10日	第53号	公園施設点検管理士	公園施設（遊具）	点検	管理技術者	一般社団法人日本公園施設業協会 内田　裕郎 東京都中央区湊2－12－6	一般社団法人日本公園施設業協会　事務局 東京都中央区湊2－12－6
令和3年2月10日	第54号	公園施設点検技士	公園施設（遊具）	点検	担当技術者	一般社団法人日本公園施設業協会 内田　裕郎 東京都中央区湊2－12－6	一般社団法人日本公園施設業協会　事務局 東京都中央区湊2－12－6
令和3年2月10日	第55号	公園施設点検管理士	公園施設（遊具）	診断	管理技術者	一般社団法人日本公園施設業協会 内田　裕郎 東京都中央区湊2－12－6	一般社団法人日本公園施設業協会　事務局 東京都中央区湊2－12－6
令和3年2月10日	第56号	公園施設点検技士	公園施設（遊具）	診断	担当技術者	一般社団法人日本公園施設業協会 内田　裕郎 東京都中央区湊2－12－6	一般社団法人日本公園施設業協会　事務局 東京都中央区湊2－12－6
令和3年2月10日	第57号	下水道管路管理専門技士調査部門	下水道管路施設	点検	担当技術者	公益社団法人日本下水道管路管理業協会 長谷川　健司 東京都千代田区岩本町2丁目5番11号	公益社団法人日本下水道管路管理業協会 東京都千代田区岩本町2丁目5番11号
令和3年2月10日	第58号	砂防・急傾斜管理技術者	砂防設備	点検・診断	管理技術者	公益社団法人砂防学会 大野　宏之 東京都千代田区平河町二丁目7番4号	公益社団法人砂防学会 東京都千代田区平河町二丁目7番4号
令和3年2月10日	第59号	地すべり防止工事士	急傾斜地崩壊防止施設	点検・診断	管理技術者	一般社団法人斜面防災対策技術協会 原　裕 東京都港区新橋6丁目12番7号　新橋SDビル6階	一般社団法人斜面防災対策技術協会 東京都港区新橋6丁目12番7号　新橋SDビル6階
令和3年2月10日	第60号	砂防・急傾斜管理技術者	急傾斜地崩壊防止施設	点検・診断	管理技術者	公益社団法人砂防学会 大野　宏之 東京都千代田区平河町二丁目7番4号	公益社団法人砂防学会 東京都千代田区平河町二丁目7番4号
令和3年2月10日	第61号	コンクリート診断士	橋梁（鋼橋）	点検	担当技術者	公益社団法人日本コンクリート工学会 西山　峰広 東京都千代田区麹町1－7　相互半蔵門ビル12階	公益社団法人日本コンクリート工学会 東京都千代田区麹町1－7　相互半蔵門ビル12階
令和3年2月10日	第62号	主任点検診断士	橋梁（鋼橋）	点検	担当技術者	一般財団法人阪神高速先進技術研究所 西岡　敬治 大阪府大阪市中央区南本町4丁目5番7号	一般財団法人阪神高速先進技術研究所 大阪府大阪市中央区南本町4丁目5番7号
令和3年2月10日	第63号	点検診断士	橋梁（鋼橋）	点検	担当技術者	一般財団法人阪神高速先進技術研究所 西岡　敬治 大阪府大阪市中央区南本町4丁目5番7号	一般財団法人阪神高速先進技術研究所 大阪府大阪市中央区南本町4丁目5番7号
令和3年2月10日	第64号	橋梁点検士	橋梁（鋼橋）	点検	担当技術者	国立大学法人東海国立大学機構 松尾　清一 愛知県名古屋市千種区不老町1番	国立大学法人東海国立大学機構 名古屋大学大学院工学研究科土木工学専攻橋梁長寿命化推進室 愛知県名古屋市千種区不老町1番

4頁/22頁中

登録年月日	登録番号 （品確技資第〇号）	資格の名称	資格が対象とする区分			資格付与事業又は事務を行う者の氏名又は名称及び住所並びに法人にあっては、その代表者の氏名	資格付与事業又は事務を行う事務所の名称及び所在地
			施設分野	業　務	知識・技術を求める者		
令和3年2月10日	第65号	インフラ調査士橋梁(鋼橋)	橋梁（鋼橋）	点検	担当技術者	一般社団法人日本非破壊検査工業会 長岡　康之 東京都千代田区内神田２－８－１　冨高ビル3階	一般社団法人日本非破壊検査工業会 東京都千代田区内神田２－８－１　冨高ビル3階
令和3年2月10日	第66号	社会基盤メンテナンスエキスパート	橋梁（鋼橋）	点検	担当技術者	国立大学法人東海国立大学機構 松尾　清一 愛知県名古屋市千種区不老町1番	国立大学法人東海国立大学機構 岐阜大学工学部附属インフラマネジメント技術研究センター 岐阜県岐阜市柳戸１－１
令和3年2月10日	第67号	道路橋点検士補	橋梁（鋼橋）	点検	担当技術者	一般財団法人橋梁調査会 菊川　滋 東京都文京区音羽２－１０－２　音羽NSビル8階	一般財団法人橋梁調査会 東京都文京区音羽２－１０－２　音羽NSビル8階
令和3年2月10日	第68号	土木設計技士	橋梁（鋼橋）	点検	担当技術者	職業訓練法人全国建設産業教育訓練協会 山梨　敏幸 静岡県富士宮市根原492－８	職業訓練法人全国建設産業教育訓練協会 静岡県富士宮市根原492－８
令和3年2月10日	第69号	一級構造物診断士	橋梁（鋼橋）	診断	担当技術者	一般社団法人日本構造物診断技術協会 松村 英樹 東京都新宿区西新宿六丁目2番3号　新宿アイランドアネックス307号室	一般社団法人日本構造物診断技術協会 東京都新宿区西新宿六丁目2番3号　新宿アイランドアネックス307号室
令和3年2月10日	第70号	コンクリート診断士	橋梁（鋼橋）	診断	担当技術者	公益社団法人日本コンクリート工学会 西山　峰広 東京都千代田区麹町1－7　相互半蔵門ビル12階	公益社団法人日本コンクリート工学会 東京都千代田区麹町1－7　相互半蔵門ビル12階
令和3年2月10日	第71号	主任点検診断士	橋梁（鋼橋）	診断	担当技術者	一般財団法人阪神高速先進技術研究所 西岡　敬治 大阪府大阪市中央区南本町4丁目5番7号	一般財団法人阪神高速先進技術研究所 大阪府大阪市中央区南本町4丁目5番7号
令和3年2月10日	第72号	点検診断士	橋梁（鋼橋）	診断	担当技術者	一般財団法人阪神高速先進技術研究所 西岡　敬治 大阪府大阪市中央区南本町4丁目5番7号	一般財団法人阪神高速先進技術研究所 大阪府大阪市中央区南本町4丁目5番7号
令和3年2月10日	第73号	社会基盤メンテナンスエキスパート	橋梁（鋼橋）	診断	担当技術者	国立大学法人東海国立大学機構 松尾　清一 愛知県名古屋市千種区不老町1番	国立大学法人東海国立大学機構 岐阜大学工学部附属インフラマネジメント技術研究センター 岐阜県岐阜市柳戸１－１
令和3年2月10日	第74号	主任点検診断士	橋梁（コンクリート橋）	点検	担当技術者	一般財団法人阪神高速先進技術研究所 西岡　敬治 大阪府大阪市中央区南本町4丁目5番7号	一般財団法人阪神高速先進技術研究所 大阪府大阪市中央区南本町4丁目5番7号
令和3年2月10日	第75号	点検診断士	橋梁（コンクリート橋）	点検	担当技術者	一般財団法人阪神高速先進技術研究所 西岡　敬治 大阪府大阪市中央区南本町4丁目5番7号	一般財団法人阪神高速先進技術研究所 大阪府大阪市中央区南本町4丁目5番7号
令和3年2月10日	第76号	橋梁点検士	橋梁（コンクリート橋）	点検	担当技術者	国立大学法人東海国立大学機構 松尾　清一 愛知県名古屋市千種区不老町1番	国立大学法人東海国立大学機構 名古屋大学大学院工学研究科土木工学専攻橋梁長寿命化推進室 愛知県名古屋市千種区不老町1番
令和3年2月10日	第77号	インフラ調査士橋梁(コンクリート橋)	橋梁（コンクリート橋）	点検	担当技術者	一般社団法人日本非破壊検査工業会 長岡　康之 東京都千代田区内神田２－８－１　冨高ビル3階	一般社団法人日本非破壊検査工業会 東京都千代田区内神田２－８－１　冨高ビル3階
令和3年2月10日	第78号	社会基盤メンテナンスエキスパート	橋梁（コンクリート橋）	点検	担当技術者	国立大学法人東海国立大学機構 松尾　清一 愛知県名古屋市千種区不老町1番	国立大学法人東海国立大学機構 岐阜大学工学部附属インフラマネジメント技術研究センター 岐阜県岐阜市柳戸１－１
令和3年2月10日	第79号	道路橋点検士補	橋梁（コンクリート橋）	点検	担当技術者	一般財団法人橋梁調査会 菊川　滋 東京都文京区音羽２－１０－２　音羽NSビル8階	一般財団法人橋梁調査会 東京都文京区音羽２－１０－２　音羽NSビル8階
令和3年2月10日	第80号	土木設計技士	橋梁（コンクリート橋）	点検	担当技術者	職業訓練法人全国建設産業教育訓練協会 山梨　敏幸 静岡県富士宮市根原492－８	職業訓練法人全国建設産業教育訓練協会 静岡県富士宮市根原492－８
令和3年2月10日	第81号	一級構造物診断士	橋梁（コンクリート橋）	診断	担当技術者	一般社団法人日本構造物診断技術協会 松村 英樹 東京都新宿区西新宿六丁目2番3号　新宿アイランドアネックス307号室	一般社団法人日本構造物診断技術協会 東京都新宿区西新宿六丁目2番3号　新宿アイランドアネックス307号室

登録年月日	登録番号 （品確技資第○号）	資格の名称	資格が対象とする区分			資格付与事業又は事務を行う者の氏名又は名称及び住所並びに法人にあっては、その代表者の氏名	資格付与事業又は事務を行う事務所の名称及び所在地
			施設分野	業　務	知識・技術を求める者		
令和3年2月10日	第82号	コンクリート診断士	橋梁（コンクリート橋）	診断	担当技術者	公益社団法人日本コンクリート工学会 西山　峰広 東京都千代田区麹町1－7　相互半蔵門ビル12階	公益社団法人日本コンクリート工学会 東京都千代田区麹町1－7　相互半蔵門ビル12階
令和3年2月10日	第83号	主任点検診断士	橋梁（コンクリート橋）	診断	担当技術者	一般財団法人阪神高速先進技術研究所 西岡　敬治 大阪府大阪市中央区南本町4丁目5番7号	一般財団法人阪神高速先進技術研究所 大阪府大阪市中央区南本町4丁目5番7号
令和3年2月10日	第84号	点検診断士	橋梁（コンクリート橋）	診断	担当技術者	一般財団法人阪神高速先進技術研究所 西岡　敬治 大阪府大阪市中央区南本町4丁目5番7号	一般財団法人阪神高速先進技術研究所 大阪府大阪市中央区南本町4丁目5番7号
令和3年2月10日	第85号	社会基盤メンテナンスエキスパート	橋梁（コンクリート橋）	診断	担当技術者	国立大学法人東海国立大学機構 松尾　清一 愛知県名古屋市千種区不老町1番	国立大学法人東海国立大学機構 岐阜大学工学部附属インフラマネジメント技術研究センター 岐阜県岐阜市柳戸1－1
令和3年2月10日	第86号	上級土木技術者（トンネル・地下）コースB	トンネル	点検	担当技術者	公益社団法人土木学会 上田　多門 東京都新宿区四谷一丁目無番地	公益社団法人土木学会　技術推進機構 東京都新宿区四谷一丁目無番地
令和3年2月10日	第87号	1級土木技術者（トンネル・地下）コースB	トンネル	点検	担当技術者	公益社団法人土木学会 上田　多門 東京都新宿区四谷一丁目無番地	公益社団法人土木学会　技術推進機構 東京都新宿区四谷一丁目無番地
令和3年2月10日	第88号	コンクリート診断士	トンネル	点検	担当技術者	公益社団法人日本コンクリート工学会 西山　峰広 東京都千代田区麹町1－7　相互半蔵門ビル12階	公益社団法人日本コンクリート工学会 東京都千代田区麹町1－7　相互半蔵門ビル12階
令和3年2月10日	第89号	主任点検診断士	トンネル	点検	担当技術者	一般財団法人阪神高速先進技術研究所 西岡　敬治 大阪府大阪市中央区南本町4丁目5番7号	一般財団法人阪神高速先進技術研究所 大阪府大阪市中央区南本町4丁目5番7号
令和3年2月10日	第90号	点検診断士	トンネル	点検	担当技術者	一般財団法人阪神高速先進技術研究所 西岡　敬治 大阪府大阪市中央区南本町4丁目5番7号	一般財団法人阪神高速先進技術研究所 大阪府大阪市中央区南本町4丁目5番7号
令和3年2月10日	第91号	インフラ調査士トンネル	トンネル	点検	担当技術者	一般社団法人日本非破壊検査工業会 長岡　康之 東京都千代田区内神田2－8－1　冨高ビル3階	一般社団法人日本非破壊検査工業会 東京都千代田区内神田2－8－1　冨高ビル3階
令和3年2月10日	第92号	社会基盤メンテナンスエキスパート	トンネル	点検	担当技術者	国立大学法人東海国立大学機構 松尾　清一 愛知県名古屋市千種区不老町1番	国立大学法人東海国立大学機構 岐阜大学工学部附属インフラマネジメント技術研究センター 岐阜県岐阜市柳戸1－1
令和3年2月10日	第93号	土木設計技士	トンネル	点検	担当技術者	職業訓練法人全国建設産業教育訓練協会 山梨　敏幸 静岡県富士宮市根原492－8	職業訓練法人全国建設産業教育訓練協会 静岡県富士宮市根原492－8
令和3年2月10日	第94号	上級土木技術者（トンネル・地下）コースB	トンネル	診断	担当技術者	公益社団法人土木学会 上田　多門 東京都新宿区四谷一丁目無番地	公益社団法人土木学会　技術推進機構 東京都新宿区四谷一丁目無番地
令和3年2月10日	第95号	コンクリート診断士	トンネル	診断	担当技術者	公益社団法人日本コンクリート工学会 西山　峰広 東京都千代田区麹町1－7　相互半蔵門ビル12階	公益社団法人日本コンクリート工学会 東京都千代田区麹町1－7　相互半蔵門ビル12階
令和3年2月10日	第96号	主任点検診断士	トンネル	診断	担当技術者	一般財団法人阪神高速先進技術研究所 西岡　敬治 大阪府大阪市中央区南本町4丁目5番7号	一般財団法人阪神高速先進技術研究所 大阪府大阪市中央区南本町4丁目5番7号
令和3年2月10日	第97号	点検診断士	トンネル	診断	担当技術者	一般財団法人阪神高速先進技術研究所 西岡　敬治 大阪府大阪市中央区南本町4丁目5番7号	一般財団法人阪神高速先進技術研究所 大阪府大阪市中央区南本町4丁目5番7号
令和3年2月10日	第98号	社会基盤メンテナンスエキスパート	トンネル	診断	担当技術者	国立大学法人東海国立大学機構 松尾　清一 愛知県名古屋市千種区不老町1番	国立大学法人東海国立大学機構 岐阜大学工学部附属インフラマネジメント技術研究センター 岐阜県岐阜市柳戸1－1

登録年月日	登録番号（品確技資第○号）	資格の名称	資格が対象とする区分			資格付与事業又は事務を行う者の氏名又は名称及び住所並びに法人にあっては、その代表者の氏名	資格付与事業又は事務を行う事務所の名称及び所在地
			施設分野	業　務	知識・技術を求める者		
令和3年2月10日	第99号	空港土木施設点検評価技士	空港施設	点検・診断	管理技術者	一般財団法人港湾空港総合技術センター 林田　博 東京都千代田区霞が関3－3－1　尚友会館3階	一般財団法人港湾空港総合技術センター 東京都千代田区霞が関3－3－1　尚友会館3階
令和3年2月10日	第100号	地質調査技士資格（現場技術・管理部門）	地質・土質	調査	管理技術者又は主任技術者	一般社団法人全国地質調査業協会連合会 田中　誠 東京都千代田区内神田1－5－13　内神田TKビル3階	一般社団法人全国地質調査業協会連合会 東京都千代田区内神田1－5－13　内神田TKビル3階
令和3年2月10日	第101号	地質調査技士資格（現場調査部門）	地質・土質	調査	管理技術者又は主任技術者	一般社団法人全国地質調査業協会連合会 田中　誠 東京都千代田区内神田1－5－13　内神田TKビル3階	一般社団法人全国地質調査業協会連合会 東京都千代田区内神田1－5－13　内神田TKビル3階
令和3年2月10日	第102号	地質調査技士資格（土壌・地下水汚染部門）	地質・土質	調査	管理技術者又は主任技術者	一般社団法人全国地質調査業協会連合会 田中　誠 東京都千代田区内神田1－5－13　内神田TKビル3階	一般社団法人全国地質調査業協会連合会 東京都千代田区内神田1－5－13　内神田TKビル3階
令和3年2月10日	第103号	応用地形判読士資格（応用地形判読士）	地質・土質	調査	管理技術者又は主任技術者	一般社団法人全国地質調査業協会連合会 田中　誠 東京都千代田区内神田1－5－13　内神田TKビル3階	一般社団法人全国地質調査業協会連合会 東京都千代田区内神田1－5－13　内神田TKビル3階
令和3年2月10日	第104号	応用地形判読士資格（応用地形判読士補）	地質・土質	調査	管理技術者又は主任技術者	一般社団法人全国地質調査業協会連合会 田中　誠 東京都千代田区内神田1－5－13　内神田TKビル3階	一般社団法人全国地質調査業協会連合会 東京都千代田区内神田1－5－13　内神田TKビル3階
令和3年2月10日	第105号	RCCM（地質）	地質・土質	調査	管理技術者又は主任技術者	一般社団法人建設コンサルタンツ協会 野崎　秀則 東京都千代田区三番町1番地	一般社団法人建設コンサルタンツ協会（RCCM資格制度事務局） 東京都千代田区三番町1番地
令和3年2月10日	第106号	RCCM（土質及び基礎）	地質・土質	調査	管理技術者又は主任技術者	一般社団法人建設コンサルタンツ協会 野崎　秀則 東京都千代田区三番町1番地	一般社団法人建設コンサルタンツ協会（RCCM資格制度事務局） 東京都千代田区三番町1番地
令和3年2月10日	第107号	港湾海洋調査士（土質・地質調査部門）	地質・土質	調査	管理技術者又は主任技術者	一般社団法人海洋調査協会 川嶋　康宏 東京都中央区日本橋本町2－8－6	一般社団法人海洋調査協会 東京都中央区日本橋本町2－8－6
令和3年2月10日	第108号	地すべり防止工事士	地質・土質	調査	管理技術者又は主任技術者	一般社団法人斜面防災対策技術協会 原　裕 東京都港区新橋6丁目12番7号　新橋SDビル6階	一般社団法人斜面防災対策技術協会 東京都港区新橋6丁目12番7号　新橋SDビル6階
令和3年2月10日	第109号	RCCM（建設環境）	建設環境	調査	管理技術者	一般社団法人建設コンサルタンツ協会 野崎　秀則 東京都千代田区三番町1番地	一般社団法人建設コンサルタンツ協会（RCCM資格制度事務局） 東京都千代田区三番町1番地
令和3年2月10日	第110号	環境アセスメント士認定資格	建設環境	調査	管理技術者	一般社団法人日本アンカー協会 山崎　淳一 東京都千代田区神田三崎町二丁目9番12号	一般社団法人日本環境アセスメント協会　資格教育センター 東京都千代田区隼町2－13　US半蔵門ビル7階
令和3年2月10日	第111号	RCCM（電気電子）	電気施設・通信施設・制御処理システム	計画・調査・設計	管理技術者・照査技術者	一般社団法人建設コンサルタンツ協会 野崎　秀則 東京都千代田区三番町1番地	一般社団法人建設コンサルタンツ協会（RCCM資格制度事務局） 東京都千代田区三番町1番地
令和3年2月10日	第112号	RCCM（機械）	建設機械	計画・調査・設計	管理技術者・照査技術者	一般社団法人建設コンサルタンツ協会 野崎　秀則 東京都千代田区三番町1番地	一般社団法人建設コンサルタンツ協会（RCCM資格制度事務局） 東京都千代田区三番町1番地
令和3年2月10日	第113号	RCCM（機械）	土木機械設備	計画・調査・設計	管理技術者・照査技術者	一般社団法人建設コンサルタンツ協会 野崎　秀則 東京都千代田区三番町1番地	一般社団法人建設コンサルタンツ協会（RCCM資格制度事務局） 東京都千代田区三番町1番地
令和3年2月10日	第114号	RCCM（都市計画及び地方計画）	都市計画及び地方計画	計画・調査・設計	管理技術者・照査技術者	一般社団法人建設コンサルタンツ協会 野崎　秀則 東京都千代田区三番町1番地	一般社団法人建設コンサルタンツ協会（RCCM資格制度事務局） 東京都千代田区三番町1番地
令和3年2月10日	第115号	登録ランドスケープアーキテクト	都市公園等	計画・調査・設計	管理技術者・照査技術者	一般社団法人ランドスケープコンサルタンツ協会 金清　典広 東京都中央区東日本橋3-3-7　近江会館ビル8階	一般社団法人ランドスケープコンサルタンツ協会 登録ランドスケープアーキテクト資格制度運営事務局 東京都中央区東日本橋3-3-7　近江会館ビル8階

登録年月日	登録番号 （品確技資第〇号）	資格の名称	資格が対象とする区分			資格付与事業又は事務を行う者の氏名又は名称及び住所並びに法人にあっては、その代表者の氏名	資格付与事業又は事務を行う事務所の名称及び所在地
			施設分野	業　務	知識・技術を求める者		
令和3年2月10日	第116号	RCCM（造園）	都市公園等	計画・調査・設計	管理技術者・照査技術者	一般社団法人建設コンサルタンツ協会 野崎　秀則 東京都千代田区三番町1番地	一般社団法人建設コンサルタンツ協会（RCCM資格制度事務局） 東京都千代田区三番町1番地
令和3年2月10日	第117号	RCCM（河川、砂防及び海岸・海洋）	河川・ダム	計画・調査・設計	管理技術者・照査技術者	一般社団法人建設コンサルタンツ協会 野崎　秀則 東京都千代田区三番町1番地	一般社団法人建設コンサルタンツ協会（RCCM資格制度事務局） 東京都千代田区三番町1番地
令和3年2月10日	第118号	上級土木技術者（河川・流域）コースB	河川・ダム	計画・調査・設計	管理技術者・照査技術者	公益社団法人土木学会 上田　多門 東京都新宿区四谷一丁目無番地	公益社団法人土木学会　技術推進機構 東京都新宿区四谷一丁目無番地
令和3年2月10日	第119号	RCCM（下水道）	下水道	計画・調査・設計	管理技術者	一般社団法人建設コンサルタンツ協会 野崎　秀則 東京都千代田区三番町1番地	一般社団法人建設コンサルタンツ協会（RCCM資格制度事務局） 東京都千代田区三番町1番地
令和3年2月10日	第120号	RCCM（河川、砂防及び海岸・海洋）	砂防	計画・調査・設計	管理技術者・照査技術者	一般社団法人建設コンサルタンツ協会 野崎　秀則 東京都千代田区三番町1番地	一般社団法人建設コンサルタンツ協会（RCCM資格制度事務局） 東京都千代田区三番町1番地
令和3年2月10日	第121号	砂防・急傾斜管理技術者	砂防	計画・調査・設計	管理技術者・照査技術者	公益社団法人砂防学会 大野　宏之 東京都千代田区平河町二丁目7番4号	公益社団法人砂防学会 東京都千代田区平河町二丁目7番4号
令和3年2月10日	第122号	RCCM（河川、砂防及び海岸・海洋）	地すべり対策	計画・調査・設計	管理技術者・照査技術者	一般社団法人建設コンサルタンツ協会 野崎　秀則 東京都千代田区三番町1番地	一般社団法人建設コンサルタンツ協会（RCCM資格制度事務局） 東京都千代田区三番町1番地
令和3年2月10日	第123号	地すべり防止工事士	地すべり対策	計画・調査・設計	管理技術者・照査技術者	一般社団法人斜面防災対策技術協会 原　裕 東京都港区新橋6丁目12番7号　新橋SDビル6階	一般社団法人斜面防災対策技術協会 東京都港区新橋6丁目12番7号　新橋SDビル6階
令和3年2月10日	第124号	RCCM（河川、砂防及び海岸・海洋）	急傾斜地崩壊等対策	計画・調査・設計	管理技術者・照査技術者	一般社団法人建設コンサルタンツ協会 野崎　秀則 東京都千代田区三番町1番地	一般社団法人建設コンサルタンツ協会（RCCM資格制度事務局） 東京都千代田区三番町1番地
令和3年2月10日	第125号	地すべり防止工事士	急傾斜地崩壊等対策	計画・調査・設計	管理技術者・照査技術者	一般社団法人斜面防災対策技術協会 原　裕 東京都港区新橋6丁目12番7号　新橋SDビル6階	一般社団法人斜面防災対策技術協会 東京都港区新橋6丁目12番7号　新橋SDビル6階
令和3年2月10日	第126号	砂防・急傾斜管理技術者	急傾斜地崩壊等対策	計画・調査・設計	管理技術者・照査技術者	公益社団法人砂防学会 大野　宏之 東京都千代田区平河町二丁目7番4号	公益社団法人砂防学会 東京都千代田区平河町二丁目7番4号
令和3年2月10日	第127号	RCCM（河川、砂防及び海岸・海洋）	海岸	計画・調査・設計	管理技術者・照査技術者	一般社団法人建設コンサルタンツ協会 野崎　秀則 東京都千代田区三番町1番地	一般社団法人建設コンサルタンツ協会（RCCM資格制度事務局） 東京都千代田区三番町1番地
令和3年2月10日	第128号	上級土木技術者（流域・都市）コースA	海岸	計画・調査・設計	管理技術者・照査技術者	公益社団法人土木学会 上田　多門 東京都新宿区四谷一丁目無番地	公益社団法人土木学会　技術推進機構 東京都新宿区四谷一丁目無番地
令和3年2月10日	第129号	上級土木技術者（海岸・海洋）コースB	海岸	計画・調査・設計	管理技術者・照査技術者	公益社団法人土木学会 上田　多門 東京都新宿区四谷一丁目無番地	公益社団法人土木学会　技術推進機構 東京都新宿区四谷一丁目無番地
令和3年2月10日	第130号	海洋・港湾構造物設計士	海岸	計画・調査・設計	管理技術者・照査技術者	一般財団法人沿岸技術研究センター 宮崎　祥一 東京都港区西新橋1－14－2　新橋エス・ワイビル5階	一般財団法人沿岸技術研究センター 東京都港区西新橋1－14－2　新橋エス・ワイビル5階
令和3年2月10日	第131号	RCCM（河川、砂防及び海岸・海洋）	海岸	調査	管理技術者・照査技術者	一般社団法人建設コンサルタンツ協会 野崎　秀則 東京都千代田区三番町1番地	一般社団法人建設コンサルタンツ協会（RCCM資格制度事務局） 東京都千代田区三番町1番地
令和3年2月10日	第132号	上級土木技術者（流域・都市）コースA	海岸	調査	管理技術者・照査技術者	公益社団法人土木学会 上田　多門 東京都新宿区四谷一丁目無番地	公益社団法人土木学会　技術推進機構 東京都新宿区四谷一丁目無番地

8頁/22頁中

登録年月日	登録番号 （品確技資第○号）	資格の名称	資格が対象とする区分			資格付与事業又は事務を行う者の氏名又は名称及び住所並びに法人にあっては、その代表者の氏名	資格付与事業又は事務を行う事務所の名称及び所在地
			施設分野	業務	知識・技術を求める者		
令和3年2月10日	第133号	上級土木技術者（海岸・海洋）コースB	海岸	調査	管理技術者・照査技術者	公益社団法人土木学会 上田　多門 東京都新宿区四谷一丁目無番地	公益社団法人土木学会　技術推進機構 東京都新宿区四谷一丁目無番地
令和3年2月10日	第134号	港湾海洋調査士（深浅測量部門）	海岸	調査	管理技術者・照査技術者	一般社団法人海洋調査協会 川嶋　康宏 東京都中央区日本橋本町2－8－6	一般社団法人海洋調査協会 東京都中央区日本橋本町2－8－6
令和3年2月10日	第135号	港湾海洋調査士（危険物探査部門）	海岸	調査	管理技術者・照査技術者	一般社団法人海洋調査協会 川嶋　康宏 東京都中央区日本橋本町2－8－6	一般社団法人海洋調査協会 東京都中央区日本橋本町2－8－6
令和3年2月10日	第136号	港湾海洋調査士（気象・海象調査部門）	海岸	調査	管理技術者・照査技術者	一般社団法人海洋調査協会 川嶋　康宏 東京都中央区日本橋本町2－8－6	一般社団法人海洋調査協会 東京都中央区日本橋本町2－8－6
令和3年2月10日	第137号	港湾海洋調査士（土質・地質調査部門）	海岸	調査	管理技術者・照査技術者	一般社団法人海洋調査協会 川嶋　康宏 東京都中央区日本橋本町2－8－6	一般社団法人海洋調査協会 東京都中央区日本橋本町2－8－6
令和3年2月10日	第138号	港湾海洋調査士（環境調査部門）	海岸	調査	管理技術者・照査技術者	一般社団法人海洋調査協会 川嶋　康宏 東京都中央区日本橋本町2－8－6	一般社団法人海洋調査協会 東京都中央区日本橋本町2－8－6
令和3年2月10日	第139号	RCCM（道路）	道路	計画・調査・設計	管理技術者・照査技術者	一般社団法人建設コンサルタンツ協会 野崎　秀則 東京都千代田区三番町1番地	一般社団法人建設コンサルタンツ協会（RCCM資格制度事務局） 東京都千代田区三番町1番地
令和3年2月10日	第140号	上級土木技術者（交通）コースA	道路	計画・調査・設計	管理技術者・照査技術者	公益社団法人土木学会 上田　多門 東京都新宿区四谷一丁目無番地	公益社団法人土木学会　技術推進機構 東京都新宿区四谷一丁目無番地
令和3年2月10日	第141号	交通工学研究会認定TOE	道路	計画・調査・設計	管理技術者・照査技術者	一般社団法人交通工学研究会 中村　英樹 東京都千代田区神田錦町3－23　錦町MKビル	一般社団法人交通工学研究会 資格制度事務局 東京都千代田区神田錦町3－23　錦町MKビル
令和3年2月10日	第142号	RCCM（鋼構造及びコンクリート）	橋梁	計画・調査・設計	管理技術者・照査技術者	一般社団法人建設コンサルタンツ協会 野崎　秀則 東京都千代田区三番町1番地	一般社団法人建設コンサルタンツ協会（RCCM資格制度事務局） 東京都千代田区三番町1番地
令和3年2月10日	第143号	RCCM（土質及び基礎）	橋梁	計画・調査・設計	管理技術者・照査技術者	一般社団法人建設コンサルタンツ協会 野崎　秀則 東京都千代田区三番町1番地	一般社団法人建設コンサルタンツ協会（RCCM資格制度事務局） 東京都千代田区三番町1番地
令和3年2月10日	第144号	上級土木技術者（橋梁）コースB	橋梁	計画・調査・設計	管理技術者・照査技術者	公益社団法人土木学会 上田　多門 東京都新宿区四谷一丁目無番地	公益社団法人土木学会　技術推進機構 東京都新宿区四谷一丁目無番地
令和3年2月10日	第145号	RCCM（トンネル）	トンネル	計画・調査・設計	管理技術者・照査技術者	一般社団法人建設コンサルタンツ協会 野崎　秀則 東京都千代田区三番町1番地	一般社団法人建設コンサルタンツ協会（RCCM資格制度事務局） 東京都千代田区三番町1番地
令和3年2月10日	第146号	上級土木技術者（トンネル・地下）コースB	トンネル	計画・調査・設計	管理技術者・照査技術者	公益社団法人土木学会 上田　多門 東京都新宿区四谷一丁目無番地	公益社団法人土木学会　技術推進機構 東京都新宿区四谷一丁目無番地
令和3年2月10日	第147号	RCCM（港湾及び空港）	港湾	計画・調査（全般）	管理技術者・照査技術者	一般社団法人建設コンサルタンツ協会 野崎　秀則 東京都千代田区三番町1番地	一般社団法人建設コンサルタンツ協会（RCCM資格制度事務局） 東京都千代田区三番町1番地
令和3年2月10日	第148号	1級水路測量技術（沿岸）	港湾	計画・調査（深浅測量・水路測量）	管理技術者・照査技術者	一般財団法人日本水路協会 縄野　克彦 東京都大田区羽田空港1丁目6番6号　第一綜合ビル6階	一般財団法人日本水路協会 東京都大田区羽田空港1丁目6番6号　第一綜合ビル6階
令和3年2月10日	第149号	1級水路測量技術（港湾）	港湾	計画・調査（深浅測量・水路測量）	管理技術者・照査技術者	一般財団法人日本水路協会 縄野　克彦 東京都大田区羽田空港1丁目6番6号　第一綜合ビル6階	一般財団法人日本水路協会 東京都大田区羽田空港1丁目6番6号　第一綜合ビル6階

9頁/22頁中

登録年月日	登録番号 (品確技資第○号)	資格の名称	資格が対象とする区分			資格付与事業又は事務を行う者の氏名又は名称及び住所並びに法人にあっては、その代表者の氏名	資格付与事業又は事務を行う事務所の名称及び所在地
			施設分野	業務	知識・技術を求める者		
令和3年2月10日	第150号	港湾海洋調査士(深浅測量部門)	港湾	計画・調査(深浅測量・水路測量)	管理技術者・照査技術者	一般社団法人海洋調査協会 川嶋　康宏 東京都中央区日本橋本町2−8−6	一般社団法人海洋調査協会 東京都中央区日本橋本町2−8−6
令和3年2月10日	第151号	港湾海洋調査士(危険物探査部門)	港湾	計画・調査(磁気探査)	管理技術者・照査技術者	一般社団法人海洋調査協会 川嶋　康宏 東京都中央区日本橋本町2−8−6	一般社団法人海洋調査協会 東京都中央区日本橋本町2−8−6
令和3年2月10日	第152号	港湾海洋調査士(危険物探査部門)	港湾	計画・調査(潜水探査)	管理技術者・照査技術者	一般社団法人海洋調査協会 川嶋　康宏 東京都中央区日本橋本町2−8−6	一般社団法人海洋調査協会 東京都中央区日本橋本町2−8−6
令和3年2月10日	第153号	港湾海洋調査士(気象・海象調査部門)	港湾	計画・調査(気象・海象調査)	管理技術者・照査技術者	一般社団法人海洋調査協会 川嶋　康宏 東京都中央区日本橋本町2−8−6	一般社団法人海洋調査協会 東京都中央区日本橋本町2−8−6
令和3年2月10日	第154号	港湾海洋調査士(土質・地質調査部門)	港湾	計画・調査(海洋地質・土質調査)	管理技術者・照査技術者	一般社団法人海洋調査協会 川嶋　康宏 東京都中央区日本橋本町2−8−6	一般社団法人海洋調査協会 東京都中央区日本橋本町2−8−6
令和3年2月10日	第155号	港湾海洋調査士(環境調査部門)	港湾	計画・調査(海洋環境調査)	管理技術者・照査技術者	一般社団法人海洋調査協会 川嶋　康宏 東京都中央区日本橋本町2−8−6	一般社団法人海洋調査協会 東京都中央区日本橋本町2−8−6
令和3年2月10日	第156号	港湾潜水技士1級	港湾	調査(潜水)	担当技術者	一般社団法人日本潜水協会 田原　安 東京都港区新橋三丁目4番10号　新橋企画ビル5階	一般社団法人日本潜水協会 東京都港区新橋三丁目4番10号　新橋企画ビル5階
令和3年2月10日	第157号	港湾潜水技士2級	港湾	調査(潜水)	担当技術者	一般社団法人日本潜水協会 田原　安 東京都港区新橋三丁目4番10号　新橋企画ビル5階	一般社団法人日本潜水協会 東京都港区新橋三丁目4番10号　新橋企画ビル5階
令和3年2月10日	第158号	港湾潜水技士3級	港湾	調査(潜水)	担当技術者	一般社団法人日本潜水協会 田原　安 東京都港区新橋三丁目4番10号　新橋企画ビル5階	一般社団法人日本潜水協会 東京都港区新橋三丁目4番10号　新橋企画ビル5階
令和3年2月10日	第159号	RCCM(港湾及び空港)	港湾	設計	管理技術者・照査技術者	一般社団法人建設コンサルタンツ協会 野崎　秀則 東京都千代田区三番町1番地	一般社団法人建設コンサルタンツ協会(RCCM資格制度事務局) 東京都千代田区三番町1番地
令和3年2月10日	第160号	海洋・港湾構造物設計士	港湾	設計	管理技術者・照査技術者	一般財団法人沿岸技術研究センター 宮崎　祥一 東京都港区西新橋1−14−2　新橋エス・ワイビル5階	一般財団法人沿岸技術研究センター 東京都港区西新橋1−14−2　新橋エス・ワイビル5階
令和3年2月10日	第161号	RCCM(港湾及び空港)	空港	計画・調査・設計	管理技術者・照査技術者	一般社団法人建設コンサルタンツ協会 野崎　秀則 東京都千代田区三番町1番地	一般社団法人建設コンサルタンツ協会(RCCM資格制度事務局) 東京都千代田区三番町1番地
令和4年2月22日	第162号	下水道管路管理主任技士	下水道管路施設	点検・診断	管理技術者	公益社団法人日本下水道管路管理業協会 長谷川　健司 東京都千代田区岩本町2丁目5番11号	公益社団法人日本下水道管路管理業協会 東京都千代田区岩本町2丁目5番11号
令和4年2月22日	第163号	1級土木技術者(海岸・海洋)コースB	海岸堤防等	点検・診断	管理技術者	公益社団法人土木学会 上田　多門 東京都新宿区四谷一丁目無番地	公益社団法人土木学会　技術推進機構 東京都新宿区四谷一丁目無番地
令和4年2月22日	第164号	1級土木技術者(流域・都市)コースA	海岸堤防等	点検・診断	管理技術者	公益社団法人土木学会 上田　多門 東京都新宿区四谷一丁目無番地	公益社団法人土木学会　技術推進機構 東京都新宿区四谷一丁目無番地
令和4年2月22日	第165号	上級土木技術者(鋼・コンクリート)コースA	橋梁(鋼橋)	点検	担当技術者	公益社団法人土木学会 上田　多門 東京都新宿区四谷一丁目無番地	公益社団法人土木学会　技術推進機構 東京都新宿区四谷一丁目無番地
令和4年2月22日	第166号	1級土木技術者(鋼・コンクリート)コースA	橋梁(鋼橋)	点検	担当技術者	公益社団法人土木学会 上田　多門 東京都新宿区四谷一丁目無番地	公益社団法人土木学会　技術推進機構 東京都新宿区四谷一丁目無番地

10頁/22頁中

登録年月日	登録番号（品確技資第○号）	資格の名称	資格が対象とする区分			資格付与事業又は事務を行う者の氏名又は名称及び住所並びに法人にあっては、その代表者の氏名	資格付与事業又は事務を行う事務所の名称及び所在地
			施設分野	業務	知識・技術を求める者		
令和4年2月22日	第167号	上級土木技術者（鋼・コンクリート）コースB	橋梁（鋼橋）	点検	担当技術者	公益社団法人土木学会 上田　多門 東京都新宿区四谷一丁目無番地	公益社団法人土木学会　技術推進機構 東京都新宿区四谷一丁目無番地
令和4年2月22日	第168号	四国社会基盤メンテナンスエキスパート	橋梁（鋼橋）	点検	担当技術者	国立大学法人愛媛大学 仁科　弘重 愛媛県松山市道後樋又10番13号	国立大学法人愛媛大学 社会連携推進機構防災情報研究センター 愛媛県松山市文京町3番
令和4年2月22日	第169号	社会基盤メンテナンスエキスパート山口	橋梁（鋼橋）	点検	担当技術者	国立大学法人山口大学 谷澤　幸生 山口県山口市吉田1677－1	国立大学法人山口大学 工学部附属社会基盤マネジメント教育研究センターME山口事務局 山口県宇部市常盤台2－16－1
令和4年2月22日	第170号	橋梁点検技術者	橋梁（鋼橋）	点検	担当技術者	独立行政法人国立高等専門学校機構 谷口　功 東京都八王子市東浅川町701－2	舞鶴工業高等専門学校社会基盤メンテナンス教育センター 京都府舞鶴市字白屋234
令和4年2月22日	第171号	都市道路構造物点検技術者	橋梁（鋼橋）	点検	担当技術者	一般財団法人首都高速道路技術センター 大島　健志 東京都港区虎ノ門三丁目10番11号　虎ノ門PFビル4階	一般財団法人首都高速道路技術センター 東京都港区虎ノ門三丁目10番11号　虎ノ門PFビル4階
令和4年2月22日	第172号	上級土木技術者（鋼・コンクリート）コースA	橋梁（鋼橋）	診断	担当技術者	公益社団法人土木学会 上田　多門 東京都新宿区四谷一丁目無番地	公益社団法人土木学会　技術推進機構 東京都新宿区四谷一丁目無番地
令和4年2月22日	第173号	上級土木技術者（鋼・コンクリート）コースB	橋梁（鋼橋）	診断	担当技術者	公益社団法人土木学会 上田　多門 東京都新宿区四谷一丁目無番地	公益社団法人土木学会　技術推進機構 東京都新宿区四谷一丁目無番地
令和4年2月22日	第174号	橋梁診断士	橋梁（鋼橋）	診断	担当技術者	国立大学法人東海国立大学機構 松尾　清一 愛知県名古屋市千種区不老町1番	国立大学法人東海国立大学機構 名古屋大学大学院工学研究科土木工学専攻橋梁長寿命化推進室 愛知県名古屋市千種区不老町1番
令和4年2月22日	第175号	四国社会基盤メンテナンスエキスパート	橋梁（鋼橋）	診断	担当技術者	国立大学法人愛媛大学 仁科　弘重 愛媛県松山市道後樋又10番13号	国立大学法人愛媛大学 社会連携推進機構防災情報研究センター 愛媛県松山市文京町3番
令和4年2月22日	第176号	社会基盤メンテナンスエキスパート山口	橋梁（鋼橋）	診断	担当技術者	国立大学法人山口大学 谷澤　幸生 山口県山口市吉田1677－1	国立大学法人山口大学 工学部附属社会基盤マネジメント教育研究センターME山口事務局 山口県宇部市常盤台2－16－1
令和4年2月22日	第177号	都市道路構造物点検技術者	橋梁（鋼橋）	診断	担当技術者	一般財団法人首都高速道路技術センター 大島　健志 東京都港区虎ノ門三丁目10番11号　虎ノ門PFビル4階	一般財団法人首都高速道路技術センター 東京都港区虎ノ門三丁目10番11号　虎ノ門PFビル4階
令和4年2月22日	第178号	上級土木技術者（鋼・コンクリート）コースA	橋梁（コンクリート橋）	点検	担当技術者	公益社団法人土木学会 上田　多門 東京都新宿区四谷一丁目無番地	公益社団法人土木学会　技術推進機構 東京都新宿区四谷一丁目無番地
令和4年2月22日	第179号	1級土木技術者（鋼・コンクリート）コースA	橋梁（コンクリート橋）	点検	担当技術者	公益社団法人土木学会 上田　多門 東京都新宿区四谷一丁目無番地	公益社団法人土木学会　技術推進機構 東京都新宿区四谷一丁目無番地
令和4年2月22日	第180号	上級土木技術者（鋼・コンクリート）コースB	橋梁（コンクリート橋）	点検	担当技術者	公益社団法人土木学会 上田　多門 東京都新宿区四谷一丁目無番地	公益社団法人土木学会　技術推進機構 東京都新宿区四谷一丁目無番地
令和4年2月22日	第181号	四国社会基盤メンテナンスエキスパート	橋梁（コンクリート橋）	点検	担当技術者	国立大学法人愛媛大学 仁科　弘重 愛媛県松山市道後樋又10番13号	国立大学法人愛媛大学 社会連携推進機構防災情報研究センター 愛媛県松山市文京町3番
令和4年2月22日	第182号	社会基盤メンテナンスエキスパート山口	橋梁（コンクリート橋）	点検	担当技術者	国立大学法人山口大学 谷澤　幸生 山口県山口市吉田1677－1	国立大学法人山口大学 工学部附属社会基盤マネジメント教育研究センターME山口事務局 山口県宇部市常盤台2－16－1
令和4年2月22日	第183号	橋梁点検技術者	橋梁（コンクリート橋）	点検	担当技術者	独立行政法人国立高等専門学校機構 谷口　功 東京都八王子市東浅川町701－2	舞鶴工業高等専門学校社会基盤メンテナンス教育センター 京都府舞鶴市字白屋234

登録年月日	登録番号（品確技資第○号）	資格の名称	資格が対象とする区分			資格付与事業又は事務を行う者の氏名又は名称及び住所並びに法人にあっては、その代表者の氏名	資格付与事業又は事務を行う事務所の名称及び所在地
			施設分野	業務	知識・技術を求める者		
令和4年2月22日	第184号	都市道路構造物点検技術者	橋梁（コンクリート橋）	点検	担当技術者	一般財団法人首都高速道路技術センター 大島 健志 東京都港区虎ノ門三丁目10番11号 虎ノ門PFビル4階	一般財団法人首都高速道路技術センター 東京都港区虎ノ門三丁目10番11号 虎ノ門PFビル4階
令和4年2月22日	第185号	上級土木技術者（鋼・コンクリート）コースA	橋梁（コンクリート橋）	診断	担当技術者	公益社団法人土木学会 上田 多門 東京都新宿区四谷一丁目無番地	公益社団法人土木学会 技術推進機構 東京都新宿区四谷一丁目無番地
令和4年2月22日	第186号	上級土木技術者（鋼・コンクリート）コースB	橋梁（コンクリート橋）	診断	担当技術者	公益社団法人土木学会 上田 多門 東京都新宿区四谷一丁目無番地	公益社団法人土木学会 技術推進機構 東京都新宿区四谷一丁目無番地
令和4年2月22日	第187号	橋梁診断士	橋梁（コンクリート橋）	診断	担当技術者	国立大学法人東海国立大学機構 松尾 清一 愛知県名古屋市千種区不老町1番	国立大学法人東海国立大学機構 名古屋大学大学院工学研究科土木工学専攻橋梁長寿命化推進室 愛知県名古屋市千種区不老町1番
令和4年2月22日	第188号	四国社会基盤メンテナンスエキスパート	橋梁（コンクリート橋）	診断	担当技術者	国立大学法人愛媛大学 仁科 弘重 愛媛県松山市道後樋又10番13号	国立大学法人愛媛大学 社会連携推進機構防災情報研究センター 愛媛県松山市文京町3番
令和4年2月22日	第189号	社会基盤メンテナンスエキスパート山口	橋梁（コンクリート橋）	診断	担当技術者	国立大学法人山口大学 谷澤 幸生 山口県山口市吉田1677－1	国立大学法人山口大学 工学部附属社会基盤マネジメント教育研究センターME山口事務局 山口県宇部市常盤台2－16－1
令和4年2月22日	第190号	都市道路構造物点検技術者	橋梁（コンクリート橋）	診断	担当技術者	一般財団法人首都高速道路技術センター 大島 健志 東京都港区虎ノ門三丁目10番11号 虎ノ門PFビル4階	一般財団法人首都高速道路技術センター 東京都港区虎ノ門三丁目10番11号 虎ノ門PFビル4階
令和4年2月22日	第191号	コンクリート構造診断士	トンネル	点検	担当技術者	公益社団法人プレストレストコンクリート工学会 阿波野 昌幸 東京都新宿区津久戸町4－6 第3都ビル5階	公益社団法人プレストレストコンクリート工学会 東京都新宿区津久戸町4－6 第3都ビル5階
令和4年2月22日	第192号	四国社会基盤メンテナンスエキスパート	トンネル	点検	担当技術者	国立大学法人愛媛大学 仁科 弘重 愛媛県松山市道後樋又10番13号	国立大学法人愛媛大学 社会連携推進機構防災情報研究センター 愛媛県松山市文京町3番
令和4年2月22日	第193号	社会基盤メンテナンスエキスパート山口	トンネル	点検	担当技術者	国立大学法人山口大学 谷澤 幸生 山口県山口市吉田1677－1	国立大学法人山口大学 工学部附属社会基盤マネジメント教育研究センターME山口事務局 山口県宇部市常盤台2－16－1
令和4年2月22日	第194号	都市道路構造物点検技術者	トンネル	点検	担当技術者	一般財団法人首都高速道路技術センター 大島 健志 東京都港区虎ノ門三丁目10番11号 虎ノ門PFビル4階	一般財団法人首都高速道路技術センター 東京都港区虎ノ門三丁目10番11号 虎ノ門PFビル4階
令和4年2月22日	第195号	コンクリート構造診断士	トンネル	診断	担当技術者	公益社団法人プレストレストコンクリート工学会 阿波野 昌幸 東京都新宿区津久戸町4－6 第3都ビル5階	公益社団法人プレストレストコンクリート工学会 東京都新宿区津久戸町4－6 第3都ビル5階
令和4年2月22日	第196号	四国社会基盤メンテナンスエキスパート	トンネル	診断	担当技術者	国立大学法人愛媛大学 仁科 弘重 愛媛県松山市道後樋又10番13号	国立大学法人愛媛大学 社会連携推進機構防災情報研究センター 愛媛県松山市文京町3番
令和4年2月22日	第197号	社会基盤メンテナンスエキスパート山口	トンネル	診断	担当技術者	国立大学法人山口大学 谷澤 幸生 山口県山口市吉田1677－1	国立大学法人山口大学 工学部附属社会基盤マネジメント教育研究センターME山口事務局 山口県宇部市常盤台2－16－1
令和4年2月22日	第198号	都市道路構造物点検技術者	トンネル	診断	担当技術者	一般財団法人首都高速道路技術センター 大島 健志 東京都港区虎ノ門三丁目10番11号 虎ノ門PFビル4階	一般財団法人首都高速道路技術センター 東京都港区虎ノ門三丁目10番11号 虎ノ門PFビル4階
令和4年2月22日	第199号	上級土木技術者（地盤・基礎）コースA	地質・土質	調査	管理技術者又は主任技術者	公益社団法人土木学会 上田 多門 東京都新宿区四谷一丁目無番地	公益社団法人土木学会 技術推進機構 東京都新宿区四谷一丁目無番地
令和4年2月22日	第200号	1級土木技術者（地盤・基礎）コースA	地質・土質	調査	管理技術者又は主任技術者	公益社団法人土木学会 上田 多門 東京都新宿区四谷一丁目無番地	公益社団法人土木学会 技術推進機構 東京都新宿区四谷一丁目無番地

登録年月日	登録番号 （品確技資第○号）	資格の名称	資格が対象とする区分			資格付与事業又は事務を行う者の氏名又は名称及び住所並びに法人にあっては、その代表者の氏名	資格付与事業又は事務を行う事務所の名称及び所在地
			施設分野	業　務	知識・技術を求める者		
令和4年2月22日	第201号	上級土木技術者（地盤・基礎）コースB	地質・土質	調査	管理技術者又は主任技術者	公益社団法人土木学会 上田　多門 東京都新宿区四谷一丁目無番地	公益社団法人土木学会　技術推進機構 東京都新宿区四谷一丁目無番地
令和4年2月22日	第202号	1級土木技術者（河川・流域）コースB	河川・ダム	計画・調査・設計	管理技術者・照査技術者	公益社団法人土木学会 上田　多門 東京都新宿区四谷一丁目無番地	公益社団法人土木学会　技術推進機構 東京都新宿区四谷一丁目無番地
令和4年2月22日	第203号	1級土木技術者（流域・都市）コースA	海岸	計画・調査・設計	管理技術者・照査技術者	公益社団法人土木学会 上田　多門 東京都新宿区四谷一丁目無番地	公益社団法人土木学会　技術推進機構 東京都新宿区四谷一丁目無番地
令和4年2月22日	第204号	1級土木技術者（海岸・海洋）コースB	海岸	計画・調査・設計	管理技術者・照査技術者	公益社団法人土木学会 上田　多門 東京都新宿区四谷一丁目無番地	公益社団法人土木学会　技術推進機構 東京都新宿区四谷一丁目無番地
令和4年2月22日	第205号	1級土木技術者（流域・都市）コースA	海岸	調査	管理技術者・照査技術者	公益社団法人土木学会 上田　多門 東京都新宿区四谷一丁目無番地	公益社団法人土木学会　技術推進機構 東京都新宿区四谷一丁目無番地
令和4年2月22日	第206号	1級土木技術者（海岸・海洋）コースB	海岸	調査	管理技術者・照査技術者	公益社団法人土木学会 上田　多門 東京都新宿区四谷一丁目無番地	公益社団法人土木学会　技術推進機構 東京都新宿区四谷一丁目無番地
令和4年2月22日	第207号	1級土木技術者（交通）コースA	道路	計画・調査・設計	管理技術者・照査技術者	公益社団法人土木学会 上田　多門 東京都新宿区四谷一丁目無番地	公益社団法人土木学会　技術推進機構 東京都新宿区四谷一丁目無番地
令和4年2月22日	第208号	上級土木技術者（交通）コースB	道路	計画・調査・設計	管理技術者・照査技術者	公益社団法人土木学会 上田　多門 東京都新宿区四谷一丁目無番地	公益社団法人土木学会　技術推進機構 東京都新宿区四谷一丁目無番地
令和4年2月22日	第209号	1級土木技術者（交通）コースB	道路	計画・調査・設計	管理技術者・照査技術者	公益社団法人土木学会 上田　多門 東京都新宿区四谷一丁目無番地	公益社団法人土木学会　技術推進機構 東京都新宿区四谷一丁目無番地
令和4年2月22日	第210号	1級土木技術者（橋梁）コースB	橋梁	計画・調査・設計	管理技術者・照査技術者	公益社団法人土木学会 上田　多門 東京都新宿区四谷一丁目無番地	公益社団法人土木学会　技術推進機構 東京都新宿区四谷一丁目無番地
令和4年2月22日	第211号	1級土木技術者（トンネル・地下）コースB	トンネル	計画・調査・設計	管理技術者・照査技術者	公益社団法人土木学会 上田　多門 東京都新宿区四谷一丁目無番地	公益社団法人土木学会　技術推進機構 東京都新宿区四谷一丁目無番地
令和5年2月13日	第212号	河川技術者資格（河川維持管理技術者）	堤防・河道	点検・診断	管理技術者	一般財団法人河川技術者教育振興機構 黒川　純一良 東京都千代田区麹町2－6－5	一般財団法人河川技術者教育振興機構　事務局 東京都千代田区麹町2－6－5
令和5年2月13日	第213号	RCCM（河川、砂防及び海岸・海洋）	堤防・河道	点検・診断	管理技術者	一般社団法人建設コンサルタンツ協会 野崎　秀則 東京都千代田区三番町1番地	一般社団法人建設コンサルタンツ協会（RCCM資格制度事務局） 東京都千代田区三番町1番地
令和5年2月13日	第214号	河川技術者資格（河川点検士）	堤防・河道	点検・診断	担当技術者	一般財団法人河川技術者教育振興機構 黒川　純一良 東京都千代田区麹町2－6－5	一般財団法人河川技術者教育振興機構　事務局 東京都千代田区麹町2－6－5
令和5年2月13日	第215号	RCCM（河川、砂防及び海岸・海洋）	堤防・河道	点検・診断	担当技術者	一般社団法人建設コンサルタンツ協会 野崎　秀則 東京都千代田区三番町1番地	一般社団法人建設コンサルタンツ協会（RCCM資格制度事務局） 東京都千代田区三番町1番地
令和5年2月13日	第216号	高速道路点検士（土木）	橋梁（鋼橋）	点検	担当技術者	公益財団法人高速道路調査会 長尾　哲 東京都港区南麻布2－11－10　OJビル2F	公益財団法人高速道路調査会 東京都港区南麻布2－11－10　OJビル2F
令和5年2月13日	第217号	高速道路点検診断士（土木）	橋梁（鋼橋）	点検	担当技術者	公益財団法人高速道路調査会 長尾　哲 東京都港区南麻布2－11－10　OJビル2F	公益財団法人高速道路調査会 東京都港区南麻布2－11－10　OJビル2F

登録年月日	登録番号（品確技資第〇号）	資格の名称	資格が対象とする区分			資格付与事業又は事務を行う者の氏名又は名称及び住所並びに法人にあっては、その代表者の氏名	資格付与事業又は事務を行う事務所の名称及び所在地
			施設分野	業　務	知識・技術を求める者		
令和5年2月13日	第218号	1級土木技術者(鋼･コンクリート)コースB	橋梁（鋼橋）	点検	担当技術者	公益社団法人土木学会 上田　多門 東京都新宿区四谷一丁目無番地	公益社団法人土木学会　技術推進機構 東京都新宿区四谷一丁目無番地
令和5年2月13日	第219号	高速道路点検診断士（土木）	橋梁（鋼橋）	診断	担当技術者	公益財団法人高速道路調査会 長尾　哲 東京都港区南麻布2－11－10　OJビル2F	公益財団法人高速道路調査会 東京都港区南麻布2－11－10　OJビル2F
令和5年2月13日	第220号	高速道路点検士（土木）	橋梁（コンクリート橋）	点検	担当技術者	公益財団法人高速道路調査会 長尾　哲 東京都港区南麻布2－11－10　OJビル2F	公益財団法人高速道路調査会 東京都港区南麻布2－11－10　OJビル2F
令和5年2月13日	第221号	高速道路点検診断士（土木）	橋梁（コンクリート橋）	点検	担当技術者	公益財団法人高速道路調査会 長尾　哲 東京都港区南麻布2－11－10　OJビル2F	公益財団法人高速道路調査会 東京都港区南麻布2－11－10　OJビル2F
令和5年2月13日	第222号	建造物保全技術者	橋梁（コンクリート橋）	点検	担当技術者	一般社団法人国際建造物保全技術協会 植野　芳彦 東京都渋谷区代々木3丁目1番11号　パシフィックスクエア代々木3階	一般社団法人国際建造物保全技術協会 東京都渋谷区代々木3丁目1番11号　パシフィックスクエア代々木3階
令和5年2月13日	第223号	1級土木技術者(鋼･コンクリート)コースB	橋梁（コンクリート橋）	点検	担当技術者	公益社団法人土木学会 上田　多門 東京都新宿区四谷一丁目無番地	公益社団法人土木学会　技術推進機構 東京都新宿区四谷一丁目無番地
令和5年2月13日	第224号	高速道路点検診断士（土木）	橋梁（コンクリート橋）	診断	担当技術者	公益財団法人高速道路調査会 長尾　哲 東京都港区南麻布2－11－10　OJビル2F	公益財団法人高速道路調査会 東京都港区南麻布2－11－10　OJビル2F
令和5年2月13日	第225号	建造物保全上級技術者	橋梁（コンクリート橋）	診断	担当技術者	一般社団法人国際建造物保全技術協会 植野　芳彦 東京都渋谷区代々木3丁目1番11号　パシフィックスクエア代々木3階	一般社団法人国際建造物保全技術協会 東京都渋谷区代々木3丁目1番11号　パシフィックスクエア代々木3階
令和5年2月13日	第226号	高速道路点検士（土木）	トンネル	点検	担当技術者	公益財団法人高速道路調査会 長尾　哲 東京都港区南麻布2－11－10　OJビル2F	公益財団法人高速道路調査会 東京都港区南麻布2－11－10　OJビル2F
令和5年2月13日	第227号	高速道路点検診断士（土木）	トンネル	点検	担当技術者	公益財団法人高速道路調査会 長尾　哲 東京都港区南麻布2－11－10　OJビル2F	公益財団法人高速道路調査会 東京都港区南麻布2－11－10　OJビル2F
令和5年2月13日	第228号	高速道路点検診断士（土木）	トンネル	診断	担当技術者	公益財団法人高速道路調査会 長尾　哲 東京都港区南麻布2－11－10　OJビル2F	公益財団法人高速道路調査会 東京都港区南麻布2－11－10　OJビル2F
令和5年2月13日	第229号	インフラ調査士付帯施設	舗装	点検	担当技術者	一般社団法人日本非破壊検査工業会 長岡　康之 東京都千代田区内神田2－8－1　冨高ビル3階	一般社団法人日本非破壊検査工業会 東京都千代田区内神田2－8－1　冨高ビル3階
令和5年2月13日	第230号	主任点検診断士	舗装	点検	担当技術者	一般財団法人阪神高速先進技術研究所 西岡　敬治 大阪府大阪市中央区南本町4丁目5番7号	一般財団法人阪神高速先進技術研究所 大阪府大阪市中央区南本町4丁目5番7号
令和5年2月13日	第231号	点検診断士	舗装	点検	担当技術者	一般財団法人阪神高速先進技術研究所 西岡　敬治 大阪府大阪市中央区南本町4丁目5番7号	一般財団法人阪神高速先進技術研究所 大阪府大阪市中央区南本町4丁目5番7号
令和5年2月13日	第232号	舗装診断士	舗装	点検	担当技術者	一般社団法人日本道路建設業協会 西田　義則 東京都中央区八丁堀2-5-1　東京建設会館3階	一般社団法人日本道路建設業協会 舗装技術者資格試験委員会 東京都中央区八丁堀2-5-1　東京建設会館3階
令和5年2月13日	第233号	RCCM（道路）	舗装	点検	担当技術者	一般社団法人建設コンサルタンツ協会 野崎　秀則 東京都千代田区三番町1番地	一般社団法人建設コンサルタンツ協会（RCCM資格制度事務局） 東京都千代田区三番町1番地
令和5年2月13日	第234号	主任点検診断士	舗装	診断	担当技術者	一般財団法人阪神高速先進技術研究所 西岡　敬治 大阪府大阪市中央区南本町4丁目5番7号	一般財団法人阪神高速先進技術研究所 大阪府大阪市中央区南本町4丁目5番7号

14頁/22頁中

登録年月日	登録番号 （品確技資第○号）	資格の名称	資格が対象とする区分			資格付与事業又は事務を行う者の氏名又は名称及び住所並びに法人にあっては、その代表者の氏名	資格付与事業又は事務を行う事務所の名称及び所在地
			施設分野	業　務	知識・技術を求める者		
令和5年2月13日	第235号	点検診断士	舗装	診断	担当技術者	一般財団法人阪神高速先進技術研究所 西岡　敬治 大阪府大阪市中央区南本町4丁目5番7号	一般財団法人阪神高速先進技術研究所 大阪府大阪市中央区南本町4丁目5番7号
令和5年2月13日	第236号	舗装診断士	舗装	診断	担当技術者	一般社団法人日本道路建設業協会 西田　義則 東京都中央区八丁堀2-5-1　東京建設会館3階	一般社団法人日本道路建設業協会 舗装技術者資格試験委員会 東京都中央区八丁堀2-5-1　東京建設会館3階
令和5年2月13日	第237号	RCCM（道路）	舗装	診断	担当技術者	一般社団法人建設コンサルタンツ協会 野崎　秀則 東京都千代田区三番町1番地	一般社団法人建設コンサルタンツ協会（RCCM資格制度事務局） 東京都千代田区三番町1番地
令和5年2月13日	第238号	インフラ調査士付帯施設	小規模附属物	点検	担当技術者	一般社団法人日本非破壊検査工業会 長岡　康之 東京都千代田区内神田2－8－1　冨高ビル3階	一般社団法人日本非破壊検査工業会 東京都千代田区内神田2－8－1　冨高ビル3階
令和5年2月13日	第239号	主任点検診断士	小規模附属物	点検	担当技術者	一般財団法人阪神高速先進技術研究所 西岡　敬治 大阪府大阪市中央区南本町4丁目5番7号	一般財団法人阪神高速先進技術研究所 大阪府大阪市中央区南本町4丁目5番7号
令和5年2月13日	第240号	点検診断士	小規模附属物	点検	担当技術者	一般財団法人阪神高速先進技術研究所 西岡　敬治 大阪府大阪市中央区南本町4丁目5番7号	一般財団法人阪神高速先進技術研究所 大阪府大阪市中央区南本町4丁目5番7号
令和5年2月13日	第241号	RCCM（施工計画、施工設備及び積算）	小規模附属物	点検	担当技術者	一般社団法人建設コンサルタンツ協会 野崎　秀則 東京都千代田区三番町1番地	一般社団法人建設コンサルタンツ協会（RCCM資格制度事務局） 東京都千代田区三番町1番地
令和5年2月13日	第242号	主任点検診断士	小規模附属物	診断	担当技術者	一般財団法人阪神高速先進技術研究所 西岡　敬治 大阪府大阪市中央区南本町4丁目5番7号	一般財団法人阪神高速先進技術研究所 大阪府大阪市中央区南本町4丁目5番7号
令和5年2月13日	第243号	点検診断士	小規模附属物	診断	担当技術者	一般財団法人阪神高速先進技術研究所 西岡　敬治 大阪府大阪市中央区南本町4丁目5番7号	一般財団法人阪神高速先進技術研究所 大阪府大阪市中央区南本町4丁目5番7号
令和5年2月13日	第244号	RCCM（施工計画、施工設備及び積算）	小規模附属物	診断	担当技術者	一般社団法人建設コンサルタンツ協会 野崎　秀則 東京都千代田区三番町1番地	一般社団法人建設コンサルタンツ協会（RCCM資格制度事務局） 東京都千代田区三番町1番地
令和5年2月13日	第245号	RCCM（港湾及び空港）	港湾施設	点検・診断	管理技術者	一般社団法人建設コンサルタンツ協会 野崎　秀則 東京都千代田区三番町1番地	一般社団法人建設コンサルタンツ協会（RCCM資格制度事務局） 東京都千代田区三番町1番地
令和5年2月13日	第246号	RCCM（港湾及び空港）	港湾施設	計画策定（維持管理）	管理技術者	一般社団法人建設コンサルタンツ協会 野崎　秀則 東京都千代田区三番町1番地	一般社団法人建設コンサルタンツ協会（RCCM資格制度事務局） 東京都千代田区三番町1番地
令和5年2月13日	第247号	RCCM（港湾及び空港）	港湾施設	設計（維持管理）	管理技術者	一般社団法人建設コンサルタンツ協会 野崎　秀則 東京都千代田区三番町1番地	一般社団法人建設コンサルタンツ協会（RCCM資格制度事務局） 東京都千代田区三番町1番地
令和5年2月13日	第248号	1級土木技術者（地盤・基礎）コースB	地質・土質	調査	管理技術者又は主任技術者	公益社団法人土木学会 上田　多門 東京都新宿区四谷一丁目無番地	公益社団法人土木学会　技術推進機構 東京都新宿区四谷一丁目無番地
令和5年2月13日	第249号	地盤品質判定士	宅地防災	計画・調査・設計	管理技術者・照査技術者	地盤品質判定士協議会 三村　衛 東京都文京区千石4－38－2　（公社）地盤工学会JGS会館内	地盤品質判定士協議会　事務局 東京都文京区千石4－38－2　（公社）地盤工学会JGS会館内
令和5年2月13日	第250号	1級ビオトープ施工管理士	建設環境	調査	管理技術者	公益財団法人日本生態系協会 池谷　奉文 東京都豊島区西池袋2－30－20　音羽ビル	公益財団法人日本生態系協会 東京都豊島区西池袋2－30－20　音羽ビル
令和5年2月13日	第251号	1級ビオトープ計画管理士	建設環境	調査	管理技術者	公益財団法人日本生態系協会 池谷　奉文 東京都豊島区西池袋2－30－20　音羽ビル	公益財団法人日本生態系協会 東京都豊島区西池袋2－30－20　音羽ビル

登録年月日	登録番号 （品確技資第〇号）	資格の名称	資格が対象とする区分			資格付与事業又は事務を行う者の氏名又は名称及び住所並びに法人にあっては、その代表者の氏名	資格付与事業又は事務を行う事務所の名称及び所在地
			施設分野	業　務	知識・技術を求める者		
平成31年1月31日	第252号	ふくしまME（基礎）	橋梁（鋼橋）	点検	担当技術者	ふくしまインフラメンテナンス技術者育成協議会審査委員会 中村　晋 福島県福島市五月町4－25　福島県建設センター6階	ふくしまインフラメンテナンス技術者育成協議会事務局 福島県福島市五月町4－25　福島県建設センター6階
平成31年1月31日	第253号	構造物の補修・補強技士	橋梁（鋼橋）	点検	担当技術者	一般社団法人リペア会 廣瀬　彰則 兵庫県神戸市中央区磯辺通3丁目2－10 one knot tradesビル9階	一般社団法人リペア会事務局（株式会社KMC内） 兵庫県神戸市中央区磯辺通2丁目2-10 one knot tradesビル9階
平成31年1月31日	第254号	ブリッジインスペクター	橋梁（鋼橋）	点検	担当技術者	琉球大学工学部附属地域創生研究センター 千住　智信 沖縄県中頭郡西原町字千原1番地	琉球大学工学部附属地域創生研究センター 沖縄県中頭郡西原町字千原1番地
平成31年1月31日	第255号	構造物の補修・補強技士	橋梁（鋼橋）	診断	担当技術者	一般社団法人リペア会 廣瀬　彰則 兵庫県神戸市中央区磯辺通3丁目2－10 one knot tradesビル9階	一般社団法人リペア会事務局（株式会社KMC内） 兵庫県神戸市中央区磯辺通2丁目2-10 one knot tradesビル9階
平成31年1月31日	第256号	ふくしまME（基礎）	橋梁（コンクリート橋）	点検	担当技術者	ふくしまインフラメンテナンス技術者育成協議会審査委員会 中村　晋 福島県福島市五月町4－25　福島県建設センター6階	ふくしまインフラメンテナンス技術者育成協議会事務局 福島県福島市五月町4－25　福島県建設センター6階
平成31年1月31日	第257号	構造物の補修・補強技士	橋梁（コンクリート橋）	点検	担当技術者	一般社団法人リペア会 廣瀬　彰則 兵庫県神戸市中央区磯辺通3丁目2－10 one knot tradesビル9階	一般社団法人リペア会事務局（株式会社KMC内） 兵庫県神戸市中央区磯辺通2丁目2-10 one knot tradesビル9階
平成31年1月31日	第258号	ブリッジインスペクター	橋梁（コンクリート橋）	点検	担当技術者	琉球大学工学部附属地域創生研究センター 千住　智信 沖縄県中頭郡西原町字千原1番地	琉球大学工学部附属地域創生研究センター 沖縄県中頭郡西原町字千原1番地
平成31年1月31日	第259号	土木鋼構造診断士	橋梁（コンクリート橋）	点検	担当技術者	一般社団法人日本鋼構造協会 緑川 光正 東京都中央区日本橋3－15－8　アミノ酸会館ビル3階	一般社団法人日本鋼構造協会　土木鋼構造診断士特別委員会 東京都中央区日本橋3－15－8　アミノ酸会館ビル3階
平成31年1月31日	第260号	土木鋼構造診断士補	橋梁（コンクリート橋）	点検	担当技術者	一般社団法人日本鋼構造協会 緑川 光正 東京都中央区日本橋3－15－8　アミノ酸会館ビル3階	一般社団法人日本鋼構造協会　土木鋼構造診断士特別委員会 東京都中央区日本橋3－15－8　アミノ酸会館ビル3階
平成31年1月31日	第261号	構造物の補修・補強技士	橋梁（コンクリート橋）	診断	担当技術者	一般社団法人リペア会 廣瀬　彰則 兵庫県神戸市中央区磯辺通3丁目2－10 one knot tradesビル9階	一般社団法人リペア会事務局（株式会社KMC内） 兵庫県神戸市中央区磯辺通2丁目2-10 one knot tradesビル9階
平成31年1月31日	第262号	土木鋼構造診断士	橋梁（コンクリート橋）	診断	担当技術者	一般社団法人日本鋼構造協会 緑川 光正 東京都中央区日本橋3－15－8　アミノ酸会館ビル3階	一般社団法人日本鋼構造協会　土木鋼構造診断士特別委員会 東京都中央区日本橋3－15－8　アミノ酸会館ビル3階
平成31年1月31日	第263号	ふくしまME（基礎）	トンネル	点検	担当技術者	ふくしまインフラメンテナンス技術者育成協議会審査委員会 中村　晋 福島県福島市五月町4－25　福島県建設センター6階	ふくしまインフラメンテナンス技術者育成協議会事務局 福島県福島市五月町4－25　福島県建設センター6階
平成31年1月31日	第264号	のり面施工管理技術者資格	道路土工構造物（土工）	点検	担当技術者	一般社団法人全国特定法面保護協会 寶輪　洋一 東京都港区新橋5丁目7－12　丸石新橋ビル3階	一般社団法人全国特定法面保護協会 東京都港区新橋5丁目7－12　丸石新橋ビル3階
平成31年1月31日	第265号	ふくしまME（基礎）	道路土工構造物（土工）	点検	担当技術者	ふくしまインフラメンテナンス技術者育成協議会審査委員会 中村　晋 福島県福島市五月町4－25　福島県建設センター6階	ふくしまインフラメンテナンス技術者育成協議会事務局 福島県福島市五月町4－25　福島県建設センター6階
平成31年1月31日	第266号	主任点検診断士	道路土工構造物（土工）	点検	担当技術者	一般財団法人阪神高速先進技術研究所 西岡　敬治 大阪府大阪市中央区南本町4丁目5番7号	一般財団法人阪神高速先進技術研究所 大阪府大阪市中央区南本町4丁目5番7号
平成31年1月31日	第267号	点検診断士	道路土工構造物（土工）	点検	担当技術者	一般財団法人阪神高速先進技術研究所 西岡　敬治 大阪府大阪市中央区南本町4丁目5番7号	一般財団法人阪神高速先進技術研究所 大阪府大阪市中央区南本町4丁目5番7号
平成31年1月31日	第268号	RCCM（道路）	道路土工構造物（土工）	点検	担当技術者	一般社団法人建設コンサルタンツ協会 野崎　秀則 東京都千代田区三番町1番地	一般社団法人建設コンサルタンツ協会（RCCM資格制度事務局） 東京都千代田区三番町1番地

16頁/22頁中

登録年月日	登録番号 （品確技資第○号）	資格の名称	資格が対象とする区分			資格付与事業又は事務を行う者の氏名又は名称及び住所並びに法人にあっては、その代表者の氏名	資格付与事業又は事務を行う事務所の名称及び所在地
			施設分野	業　務	知識・技術を求める者		
平成31年1月31日	第269号	RCCM（地質）	道路土工構造物（土工）	点検	担当技術者	一般社団法人建設コンサルタンツ協会 野崎　秀則 東京都千代田区三番町1番地	一般社団法人建設コンサルタンツ協会（RCCM資格制度事務局） 東京都千代田区三番町1番地
平成31年1月31日	第270号	RCCM（土質及び基礎）	道路土工構造物（土工）	点検	担当技術者	一般社団法人建設コンサルタンツ協会 野崎　秀則 東京都千代田区三番町1番地	一般社団法人建設コンサルタンツ協会（RCCM資格制度事務局） 東京都千代田区三番町1番地
平成31年1月31日	第271号	RCCM（施工計画、施工設備及び積算）	道路土工構造物（土工）	点検	担当技術者	一般社団法人建設コンサルタンツ協会 野崎　秀則 東京都千代田区三番町1番地	一般社団法人建設コンサルタンツ協会（RCCM資格制度事務局） 東京都千代田区三番町1番地
平成31年1月31日	第272号	のり面施工管理技術者資格	道路土工構造物（土工）	診断	担当技術者	一般社団法人全国特定法面保護協会 寶輪　洋一 東京都港区新橋5丁目7－12　丸石新橋ビル3階	一般社団法人全国特定法面保護協会 東京都港区新橋5丁目7－12　丸石新橋ビル3階
平成31年1月31日	第273号	主任点検診断士	道路土工構造物（土工）	診断	担当技術者	一般財団法人阪神高速先進技術研究所 西岡　敬治 大阪府大阪市中央区南本町4丁目5番7号	一般財団法人阪神高速先進技術研究所 大阪府大阪市中央区南本町4丁目5番7号
平成31年1月31日	第274号	点検診断士	道路土工構造物（土工）	診断	担当技術者	一般財団法人阪神高速先進技術研究所 西岡　敬治 大阪府大阪市中央区南本町4丁目5番7号	一般財団法人阪神高速先進技術研究所 大阪府大阪市中央区南本町4丁目5番7号
平成31年1月31日	第275号	RCCM（道路）	道路土工構造物（土工）	診断	担当技術者	一般社団法人建設コンサルタンツ協会 野崎　秀則 東京都千代田区三番町1番地	一般社団法人建設コンサルタンツ協会（RCCM資格制度事務局） 東京都千代田区三番町1番地
平成31年1月31日	第276号	RCCM（地質）	道路土工構造物（土工）	診断	担当技術者	一般社団法人建設コンサルタンツ協会 野崎　秀則 東京都千代田区三番町1番地	一般社団法人建設コンサルタンツ協会（RCCM資格制度事務局） 東京都千代田区三番町1番地
平成31年1月31日	第277号	RCCM（土質及び基礎）	道路土工構造物（土工）	診断	担当技術者	一般社団法人建設コンサルタンツ協会 野崎　秀則 東京都千代田区三番町1番地	一般社団法人建設コンサルタンツ協会（RCCM資格制度事務局） 東京都千代田区三番町1番地
平成31年1月31日	第278号	コンクリート構造診断士	道路土工構造物（シェッド・大型カルバート等）	点検	担当技術者	公益社団法人プレストレストコンクリート工学会 阿波野　昌幸 東京都新宿区津久戸町4－6　第3都ビル5階	公益社団法人プレストレストコンクリート工学会 東京都新宿区津久戸町4－6　第3都ビル5階
平成31年1月31日	第279号	コンクリート診断士	道路土工構造物（シェッド・大型カルバート等）	点検	担当技術者	公益社団法人日本コンクリート工学会 西山　峰広 東京都千代田区麹町1－7　相互半蔵門ビル12階	公益社団法人日本コンクリート工学会 東京都千代田区麹町1－7　相互半蔵門ビル12階
平成31年1月31日	第280号	RCCM（道路）	道路土工構造物（シェッド・大型カルバート等）	点検	担当技術者	一般社団法人建設コンサルタンツ協会 野崎　秀則 東京都千代田区三番町1番地	一般社団法人建設コンサルタンツ協会（RCCM資格制度事務局） 東京都千代田区三番町1番地
平成31年1月31日	第281号	RCCM（鋼構造及びコンクリート）	道路土工構造物（シェッド・大型カルバート等）	点検	担当技術者	一般社団法人建設コンサルタンツ協会 野崎　秀則 東京都千代田区三番町1番地	一般社団法人建設コンサルタンツ協会（RCCM資格制度事務局） 東京都千代田区三番町1番地
平成31年1月31日	第282号	コンクリート構造診断士	道路土工構造物（シェッド・大型カルバート等）	診断	担当技術者	公益社団法人プレストレストコンクリート工学会 阿波野　昌幸 東京都新宿区津久戸町4－6　第3都ビル5階	公益社団法人プレストレストコンクリート工学会 東京都新宿区津久戸町4－6　第3都ビル5階
平成31年1月31日	第283号	コンクリート診断士	道路土工構造物（シェッド・大型カルバート等）	診断	担当技術者	公益社団法人日本コンクリート工学会 西山　峰広 東京都千代田区麹町1－7　相互半蔵門ビル12階	公益社団法人日本コンクリート工学会 東京都千代田区麹町1－7　相互半蔵門ビル12階
平成31年1月31日	第284号	RCCM（道路）	道路土工構造物（シェッド・大型カルバート等）	診断	担当技術者	一般社団法人建設コンサルタンツ協会 野崎　秀則 東京都千代田区三番町1番地	一般社団法人建設コンサルタンツ協会（RCCM資格制度事務局） 東京都千代田区三番町1番地
平成31年1月31日	第285号	RCCM（鋼構造及びコンクリート）	道路土工構造物（シェッド・大型カルバート等）	診断	担当技術者	一般社団法人建設コンサルタンツ協会 野崎　秀則 東京都千代田区三番町1番地	一般社団法人建設コンサルタンツ協会（RCCM資格制度事務局） 東京都千代田区三番町1番地

登録年月日	登録番号 （品確技資第〇号）	資格の名称	資格が対象とする区分			資格付与事業又は事務を行う者の氏名又は名称及び住所並びに法人にあっては、その代表者の氏名	資格付与事業又は事務を行う事務所の名称及び所在地
			施設分野	業務	知識・技術を求める者		
平成31年1月31日	第286号	ふくしまME（基礎）	舗装	点検	担当技術者	ふくしまインフラメンテナンス技術者育成協議会審査委員会 中村 晋 福島県福島市五月町4－25 福島県建設センター6階	ふくしまインフラメンテナンス技術者育成協議会事務局 福島県福島市五月町4－25 福島県建設センター6階
平成31年1月31日	第287号	道路標識点検診断士	小規模附属物	点検	担当技術者	一般社団法人全国道路標識・標示業協会 清水 修一 東京都千代田区麹町3丁目5番19号	一般社団法人全国道路標識・標示業協会 道路標識点検診断士資格制度事務局 東京都千代田区麹町3丁目5番19号
平成31年1月31日	第288号	道路標識点検診断士	小規模附属物	診断	担当技術者	一般社団法人全国道路標識・標示業協会 清水 修一 東京都千代田区麹町3丁目5番19号	一般社団法人全国道路標識・標示業協会 道路標識点検診断士資格制度事務局 東京都千代田区麹町3丁目5番19号
令和2年2月5日	第289号	ふくしまME（保全）	橋梁（鋼橋）	点検	担当技術者	ふくしまインフラメンテナンス技術者育成協議会審査委員会 中村 晋 福島県福島市五月町4－25 福島県建設センター6階	ふくしまインフラメンテナンス技術者育成協議会事務局 福島県福島市五月町4－25 福島県建設センター6階
令和2年2月5日	第290号	ふくしまME（保全）	橋梁（鋼橋）	診断	担当技術者	ふくしまインフラメンテナンス技術者育成協議会審査委員会 中村 晋 福島県福島市五月町4－25 福島県建設センター6階	ふくしまインフラメンテナンス技術者育成協議会事務局 福島県福島市五月町4－25 福島県建設センター6階
令和2年2月5日	第291号	ふくしまME（保全）	橋梁（コンクリート橋）	点検	担当技術者	ふくしまインフラメンテナンス技術者育成協議会審査委員会 中村 晋 福島県福島市五月町4－25 福島県建設センター6階	ふくしまインフラメンテナンス技術者育成協議会事務局 福島県福島市五月町4－25 福島県建設センター6階
令和2年2月5日	第292号	ふくしまME（保全）	橋梁（コンクリート橋）	診断	担当技術者	ふくしまインフラメンテナンス技術者育成協議会審査委員会 中村 晋 福島県福島市五月町4－25 福島県建設センター6階	ふくしまインフラメンテナンス技術者育成協議会事務局 福島県福島市五月町4－25 福島県建設センター6階
令和2年2月5日	第293号	ふくしまME（防災）	トンネル	点検	担当技術者	ふくしまインフラメンテナンス技術者育成協議会審査委員会 中村 晋 福島県福島市五月町4－25 福島県建設センター6階	ふくしまインフラメンテナンス技術者育成協議会事務局 福島県福島市五月町4－25 福島県建設センター6階
令和2年2月5日	第294号	ふくしまME（防災）	トンネル	診断	担当技術者	ふくしまインフラメンテナンス技術者育成協議会審査委員会 中村 晋 福島県福島市五月町4－25 福島県建設センター6階	ふくしまインフラメンテナンス技術者育成協議会事務局 福島県福島市五月町4－25 福島県建設センター6階
令和2年2月5日	第295号	社会基盤メンテナンスエキスパート	道路土工構造物（土工）	点検	担当技術者	国立大学法人東海国立大学機構 松尾 清一 愛知県名古屋市千種区不老町1番	国立大学法人東海国立大学機構 岐阜大学工学部附属インフラマネジメント技術研究センター 岐阜県岐阜市柳戸1－1
令和2年2月5日	第296号	上級土木技術者（地盤・基礎）コースA	道路土工構造物（土工）	点検	担当技術者	公益社団法人土木学会 上田 多門 東京都新宿区四谷一丁目無番地	公益社団法人土木学会 技術推進機構 東京都新宿区四谷一丁目無番地
令和2年2月5日	第297号	上級土木技術者（地盤・基礎）コースB	道路土工構造物（土工）	点検	担当技術者	公益社団法人土木学会 上田 多門 東京都新宿区四谷一丁目無番地	公益社団法人土木学会 技術推進機構 東京都新宿区四谷一丁目無番地
令和2年2月5日	第298号	1級土木技術者（地盤・基礎）コースA	道路土工構造物（土工）	点検	担当技術者	公益社団法人土木学会 上田 多門 東京都新宿区四谷一丁目無番地	公益社団法人土木学会 技術推進機構 東京都新宿区四谷一丁目無番地
令和2年2月5日	第299号	1級土木技術者（地盤・基礎）コースB	道路土工構造物（土工）	点検	担当技術者	公益社団法人土木学会 上田 多門 東京都新宿区四谷一丁目無番地	公益社団法人土木学会 技術推進機構 東京都新宿区四谷一丁目無番地
令和2年2月5日	第300号	グラウンドアンカー施工士	道路土工構造物（土工）	点検	担当技術者	一般社団法人日本アンカー協会 山崎 淳一 東京都千代田区神田三崎町二丁目9番12号	一般社団法人日本アンカー協会 東京都千代田区神田三崎町二丁目9番12号
令和2年2月5日	第301号	ふくしまME（防災）	道路土工構造物（土工）	点検	担当技術者	ふくしまインフラメンテナンス技術者育成協議会審査委員会 中村 晋 福島県福島市五月町4－25 福島県建設センター6階	ふくしまインフラメンテナンス技術者育成協議会事務局 福島県福島市五月町4－25 福島県建設センター6階
令和2年2月5日	第302号	社会基盤メンテナンスエキスパート	道路土工構造物（土工）	診断	担当技術者	国立大学法人東海国立大学機構 松尾 清一 愛知県名古屋市千種区不老町1番	国立大学法人東海国立大学機構 岐阜大学工学部附属インフラマネジメント技術研究センター 岐阜県岐阜市柳戸1－1

登録年月日	登録番号 （品確技資第○号）	資格の名称	資格が対象とする区分			資格付与事業又は事務を行う者の氏名又は名称及び住所並びに法人にあっては、その代表者の氏名	資格付与事業又は事務を行う事務所の名称及び所在地
			施設分野	業務	知識・技術を求める者		
令和2年2月5日	第303号	上級土木技術者（地盤・基礎）コースA	道路土工構造物（土工）	診断	担当技術者	公益社団法人土木学会 上田 多門 東京都新宿区四谷一丁目無番地	公益社団法人土木学会 技術推進機構 東京都新宿区四谷一丁目無番地
令和2年2月5日	第304号	上級土木技術者（地盤・基礎）コースB	道路土工構造物（土工）	診断	担当技術者	公益社団法人土木学会 上田 多門 東京都新宿区四谷一丁目無番地	公益社団法人土木学会 技術推進機構 東京都新宿区四谷一丁目無番地
令和2年2月5日	第305号	グラウンドアンカー施工士	道路土工構造物（土工）	診断	担当技術者	一般社団法人日本アンカー協会 山﨑 淳一 東京都千代田区神田三崎町二丁目9番12号	一般社団法人日本アンカー協会 東京都千代田区神田三崎町二丁目9番12号
令和2年2月5日	第306号	ふくしまME（防災）	道路土工構造物（土工）	診断	担当技術者	ふくしまインフラメンテナンス技術者育成協議会審査委員会 中村 晋 福島県福島市五月町4－25 福島県建設センター6階	ふくしまインフラメンテナンス技術者育成協議会事務局 福島県福島市五月町4－25 福島県建設センター6階
令和2年2月5日	第307号	上級土木技術者（鋼・コンクリート）コースA	道路土工構造物（シェッド・大型カルバート等）	点検	担当技術者	公益社団法人土木学会 上田 多門 東京都新宿区四谷一丁目無番地	公益社団法人土木学会 技術推進機構 東京都新宿区四谷一丁目無番地
令和2年2月5日	第308号	上級土木技術者（鋼・コンクリート）コースB	道路土工構造物（シェッド・大型カルバート等）	点検	担当技術者	公益社団法人土木学会 上田 多門 東京都新宿区四谷一丁目無番地	公益社団法人土木学会 技術推進機構 東京都新宿区四谷一丁目無番地
令和2年2月5日	第309号	1級土木技術者（鋼・コンクリート）コースA	道路土工構造物（シェッド・大型カルバート等）	点検	担当技術者	公益社団法人土木学会 上田 多門 東京都新宿区四谷一丁目無番地	公益社団法人土木学会 技術推進機構 東京都新宿区四谷一丁目無番地
令和2年2月5日	第310号	1級土木技術者（鋼・コンクリート）コースB	道路土工構造物（シェッド・大型カルバート等）	点検	担当技術者	公益社団法人土木学会 上田 多門 東京都新宿区四谷一丁目無番地	公益社団法人土木学会 技術推進機構 東京都新宿区四谷一丁目無番地
令和2年2月5日	第311号	ふくしまME（防災）	道路土工構造物（シェッド・大型カルバート等）	点検	担当技術者	ふくしまインフラメンテナンス技術者育成協議会審査委員会 中村 晋 福島県福島市五月町4－25 福島県建設センター6階	ふくしまインフラメンテナンス技術者育成協議会事務局 福島県福島市五月町4－25 福島県建設センター6階
令和2年2月5日	第312号	上級土木技術者（鋼・コンクリート）コースA	道路土工構造物（シェッド・大型カルバート等）	診断	担当技術者	公益社団法人土木学会 上田 多門 東京都新宿区四谷一丁目無番地	公益社団法人土木学会 技術推進機構 東京都新宿区四谷一丁目無番地
令和2年2月5日	第313号	上級土木技術者（鋼・コンクリート）コースB	道路土工構造物（シェッド・大型カルバート等）	診断	担当技術者	公益社団法人土木学会 上田 多門 東京都新宿区四谷一丁目無番地	公益社団法人土木学会 技術推進機構 東京都新宿区四谷一丁目無番地
令和2年2月5日	第314号	ふくしまME（防災）	道路土工構造物（シェッド・大型カルバート等）	診断	担当技術者	ふくしまインフラメンテナンス技術者育成協議会審査委員会 中村 晋 福島県福島市五月町4－25 福島県建設センター6階	ふくしまインフラメンテナンス技術者育成協議会事務局 福島県福島市五月町4－25 福島県建設センター6階
令和2年2月5日	第315号	社会基盤メンテナンスエキスパート	舗装	点検	担当技術者	国立大学法人東海国立大学機構 松尾 清一 愛知県名古屋市千種区不老町1番	国立大学法人東海国立大学機構 岐阜大学工学部附属インフラマネジメント技術研究センター 岐阜県岐阜市柳戸1－1
令和2年2月5日	第316号	ふくしまME（保全）	舗装	点検	担当技術者	ふくしまインフラメンテナンス技術者育成協議会審査委員会 中村 晋 福島県福島市五月町4－25 福島県建設センター6階	ふくしまインフラメンテナンス技術者育成協議会事務局 福島県福島市五月町4－25 福島県建設センター6階
令和2年2月5日	第317号	社会基盤メンテナンスエキスパート	舗装	診断	担当技術者	国立大学法人東海国立大学機構 松尾 清一 愛知県名古屋市千種区不老町1番	国立大学法人東海国立大学機構 岐阜大学工学部附属インフラマネジメント技術研究センター 岐阜県岐阜市柳戸1－1
令和2年2月5日	第318号	ふくしまME（保全）	舗装	診断	担当技術者	ふくしまインフラメンテナンス技術者育成協議会審査委員会 中村 晋 福島県福島市五月町4－25 福島県建設センター6階	ふくしまインフラメンテナンス技術者育成協議会事務局 福島県福島市五月町4－25 福島県建設センター6階
令和2年2月5日	第319号	自然再生士	建設環境	調査	管理技術者	一般財団法人日本緑化センター 加来 正年 東京都新宿区市谷砂土原町1-2-29 K.I.Hビルディング2階	一般財団法人日本緑化センター 東京都新宿区市谷砂土原町1-2-29 K.I.Hビルディング2階

登録年月日	登録番号 （品確技資第○号）	資格の名称	資格が対象とする区分			資格付与事業又は事務を行う者の氏名又は名称及び住所並びに法人にあっては、その代表者の氏名	資格付与事業又は事務を行う事務所の名称及び所在地
			施設分野	業務	知識・技術を求める者		
令和2年2月5日	第320号	特別港湾潜水技士	港湾	調査（潜水）	担当技術者	一般社団法人日本潜水協会 田原 安 東京都港区新橋三丁目4番10号 新橋企画ビル5階	一般社団法人日本潜水協会 東京都港区新橋三丁目4番10号 新橋企画ビル5階
令和3年2月10日	第321号	橋梁AM点検士（道路部門）	橋梁（鋼橋）	点検	担当技術者	公益財団法人青森県建設技術センター 忍 達也 青森県青森市中央三丁目21－9	公益財団法人青森県建設技術センター 青森県青森市中央三丁目21－9
令和3年2月10日	第322号	橋梁AM点検士（道路部門）	橋梁（鋼橋）	診断	担当技術者	公益財団法人青森県建設技術センター 忍 達也 青森県青森市中央三丁目21－9	公益財団法人青森県建設技術センター 青森県青森市中央三丁目21－9
令和3年2月10日	第323号	橋梁AM点検士（道路部門）	橋梁（コンクリート橋）	点検	担当技術者	公益財団法人青森県建設技術センター 忍 達也 青森県青森市中央三丁目21－9	公益財団法人青森県建設技術センター 青森県青森市中央三丁目21－9
令和3年2月10日	第324号	橋梁AM点検士（道路部門）	橋梁（コンクリート橋）	診断	担当技術者	公益財団法人青森県建設技術センター 忍 達也 青森県青森市中央三丁目21－9	公益財団法人青森県建設技術センター 青森県青森市中央三丁目21－9
令和3年2月10日	第325号	特定道守（トンネル）	トンネル	診断	担当技術者	国立大学法人長崎大学 河野 茂 長崎県長崎市文教町1－14	国立大学法人長崎大学 大学院工学研究科インフラ長寿命化センター 長崎県長崎市文教町1－14
令和3年2月10日	第326号	道守（トンネル）	トンネル	診断	担当技術者	国立大学法人長崎大学 河野 茂 長崎県長崎市文教町1－14	国立大学法人長崎大学 大学院工学研究科インフラ長寿命化センター 長崎県長崎市文教町1－14
令和3年2月10日	第327号	認定都市プランナー	都市計画及び地方計画	計画・調査・設計	管理技術者・照査技術者	一般社団法人都市計画コンサルタント協会 小出 和郎 東京都千代田区平河町2－12－18 ハイツニュー平河3階	一般社団法人都市計画コンサルタント協会 東京都千代田区平河町2－12－18 ハイツニュー平河3階
令和3年2月10日	第328号	港湾海洋調査士（総合部門）	港湾	計画・調査（全般）	管理技術者・照査技術者	一般社団法人海洋調査協会 川嶋 康宏 東京都中央区日本橋本町2－8－6	一般社団法人海洋調査協会 東京都中央区日本橋本町2－8－6
令和4年2月22日	第329号	上級土木技術者（流域・都市）コースA	堤防・河道	点検・診断	管理技術者	公益社団法人土木学会 上田 多門 東京都新宿区四谷一丁目無番地	公益社団法人土木学会 技術推進機構 東京都新宿区四谷一丁目無番地
令和4年2月22日	第330号	上級土木技術者（河川・流域）コースB	堤防・河道	点検・診断	管理技術者	公益社団法人土木学会 上田 多門 東京都新宿区四谷一丁目無番地	公益社団法人土木学会 技術推進機構 東京都新宿区四谷一丁目無番地
令和4年2月22日	第331号	1級土木技術者（流域・都市）コースA	堤防・河道	点検・診断	担当技術者	公益社団法人土木学会 上田 多門 東京都新宿区四谷一丁目無番地	公益社団法人土木学会 技術推進機構 東京都新宿区四谷一丁目無番地
令和4年2月22日	第332号	1級土木技術者（河川・流域）コースB	堤防・河道	点検・診断	担当技術者	公益社団法人土木学会 上田 多門 東京都新宿区四谷一丁目無番地	公益社団法人土木学会 技術推進機構 東京都新宿区四谷一丁目無番地
令和4年2月22日	第333号	上級土木技術者（メンテナンス）コースA	橋梁（鋼橋）	点検	担当技術者	公益社団法人土木学会 上田 多門 東京都新宿区四谷一丁目無番地	公益社団法人土木学会 技術推進機構 東京都新宿区四谷一丁目無番地
令和4年2月22日	第334号	1級土木技術者（メンテナンス）コースA	橋梁（鋼橋）	点検	担当技術者	公益社団法人土木学会 上田 多門 東京都新宿区四谷一丁目無番地	公益社団法人土木学会 技術推進機構 東京都新宿区四谷一丁目無番地
令和4年2月22日	第335号	木橋・総合診断士	橋梁（鋼橋）	点検	担当技術者	一般社団法人木橋技術協会 島谷 学 東京都千代田区鍛治町1－9－4 KYYビル	一般社団法人木橋技術協会 事務局 東京都千代田区鍛治町1－9－4 KYYビル
令和4年2月22日	第336号	橋梁診断技術者	橋梁（鋼橋）	診断	担当技術者	独立行政法人国立高等専門学校機構 谷口 功 東京都八王子市東浅川町701－2	舞鶴工業高等専門学校社会基盤メンテナンス教育センター 京都府舞鶴市字白屋234

登録年月日	登録番号 (品確技資第○号)	資格の名称	資格が対象とする区分			資格付与事業又は事務を行う者の氏名又は名称及び住所並びに法人にあっては、その代表者の氏名	資格付与事業又は事務を行う事務所の名称及び所在地
			施設分野	業務	知識・技術を求める者		
令和4年2月22日	第337号	上級土木技術者(メンテナンス)コースA	橋梁(鋼橋)	診断	担当技術者	公益社団法人土木学会 上田 多門 東京都新宿区四谷一丁目無番地	公益社団法人土木学会 技術推進機構 東京都新宿区四谷一丁目無番地
令和4年2月22日	第338号	木橋・総合診断士	橋梁(鋼橋)	診断	担当技術者	一般社団法人木橋技術協会 島谷 学 東京都千代田区鍛治町1－9－4 KYYビル	一般社団法人木橋技術協会 事務局 東京都千代田区鍛治町1－9－4 KYYビル
令和4年2月22日	第339号	上級土木技術者(メンテナンス)コースA	橋梁(コンクリート橋)	点検	担当技術者	公益社団法人土木学会 上田 多門 東京都新宿区四谷一丁目無番地	公益社団法人土木学会 技術推進機構 東京都新宿区四谷一丁目無番地
令和4年2月22日	第340号	1級土木技術者(メンテナンス)コースA	橋梁(コンクリート橋)	点検	担当技術者	公益社団法人土木学会 上田 多門 東京都新宿区四谷一丁目無番地	公益社団法人土木学会 技術推進機構 東京都新宿区四谷一丁目無番地
令和4年2月22日	第341号	木橋・総合診断士	橋梁(コンクリート橋)	点検	担当技術者	一般社団法人木橋技術協会 島谷 学 東京都千代田区鍛治町1－9－4 KYYビル	一般社団法人木橋技術協会 事務局 東京都千代田区鍛治町1－9－4 KYYビル
令和4年2月22日	第342号	橋梁診断技術者	橋梁(コンクリート橋)	診断	担当技術者	独立行政法人国立高等専門学校機構 谷口 功 東京都八王子市東浅川町701－2	舞鶴工業高等専門学校社会基盤メンテナンス教育センター 京都府舞鶴市字白屋234
令和4年2月22日	第343号	上級土木技術者(メンテナンス)コースA	橋梁(コンクリート橋)	診断	担当技術者	公益社団法人土木学会 上田 多門 東京都新宿区四谷一丁目無番地	公益社団法人土木学会 技術推進機構 東京都新宿区四谷一丁目無番地
令和4年2月22日	第344号	木橋・総合診断士	橋梁(コンクリート橋)	診断	担当技術者	一般社団法人木橋技術協会 島谷 学 東京都千代田区鍛治町1－9－4 KYYビル	一般社団法人木橋技術協会 事務局 東京都千代田区鍛治町1－9－4 KYYビル
令和4年2月22日	第345号	木橋・総合診断士	橋梁(鋼・コンクリート以外の橋)	点検	担当技術者	一般社団法人木橋技術協会 島谷 学 東京都千代田区鍛治町1－9－4 KYYビル	一般社団法人木橋技術協会 事務局 東京都千代田区鍛治町1－9－4 KYYビル
令和4年2月22日	第346号	木橋・総合診断士	橋梁(鋼・コンクリート以外の橋)	診断	担当技術者	一般社団法人木橋技術協会 島谷 学 東京都千代田区鍛治町1－9－4 KYYビル	一般社団法人木橋技術協会 事務局 東京都千代田区鍛治町1－9－4 KYYビル
令和4年2月22日	第347号	上級土木技術者(メンテナンス)コースA	トンネル	点検	担当技術者	公益社団法人土木学会 上田 多門 東京都新宿区四谷一丁目無番地	公益社団法人土木学会 技術推進機構 東京都新宿区四谷一丁目無番地
令和4年2月22日	第348号	1級土木技術者(メンテナンス)コースA	トンネル	点検	担当技術者	公益社団法人土木学会 上田 多門 東京都新宿区四谷一丁目無番地	公益社団法人土木学会 技術推進機構 東京都新宿区四谷一丁目無番地
令和4年2月22日	第349号	上級土木技術者(メンテナンス)コースA	トンネル	診断	担当技術者	公益社団法人土木学会 上田 多門 東京都新宿区四谷一丁目無番地	公益社団法人土木学会 技術推進機構 東京都新宿区四谷一丁目無番地
令和4年2月22日	第350号	土壌環境監理士	地質・土質	調査	管理技術者又は主任技術者	一般社団法人土壌環境センター 関口 猛 東京都千代田区麹町4丁目5番地 KSビル3階	一般社団法人土壌環境センター 東京都千代田区麹町4丁目5番地 KSビル3階
令和4年2月22日	第351号	上級土木技術者(流域・都市)コースA	河川・ダム	計画・調査・設計	管理技術者・照査技術者	公益社団法人土木学会 上田 多門 東京都新宿区四谷一丁目無番地	公益社団法人土木学会 技術推進機構 東京都新宿区四谷一丁目無番地
令和4年2月22日	第352号	1級土木技術者(流域・都市)コースA	河川・ダム	計画・調査・設計	管理技術者・照査技術者	公益社団法人土木学会 上田 多門 東京都新宿区四谷一丁目無番地	公益社団法人土木学会 技術推進機構 東京都新宿区四谷一丁目無番地
令和4年2月22日	第353号	管更生技士(下水道)	下水道	計画・調査・設計	管理技術者	一般社団法人日本管更生技術協会 小野 浩成 東京都港区港南一丁目8番27号	一般社団法人日本管更生技術協会 東京都港区港南一丁目8番27号

登録年月日	登録番号（品確技資第○号）	資格の名称	資格が対象とする区分			資格付与事業又は事務を行う者の氏名又は名称及び住所並びに法人にあっては、その代表者の氏名	資格付与事業又は事務を行う事務所の名称及び所在地
			施設分野	業務	知識・技術を求める者		
令和5年2月13日	第354号	建造物保全技術者（トンネル）	トンネル	点検	担当技術者	一般社団法人国際建造物保全技術協会 植野　芳彦 東京都渋谷区代々木3丁目1番11号　パシフィックスクエア代々木3階	一般社団法人国際建造物保全技術協会 東京都渋谷区代々木3丁目1番11号　パシフィックスクエア代々木3階
令和5年2月13日	第355号	建造物保全上級技術者（トンネル）	トンネル	診断	担当技術者	一般社団法人国際建造物保全技術協会 植野　芳彦 東京都渋谷区代々木3丁目1番11号　パシフィックスクエア代々木3階	一般社団法人国際建造物保全技術協会 東京都渋谷区代々木3丁目1番11号　パシフィックスクエア代々木3階
令和5年2月13日	第356号	都市道路構造物点検技術者	道路土工構造物（土工）	点検	担当技術者	一般財団法人首都高速道路技術センター 大島　健志 東京都港区虎ノ門三丁目10番11号　虎ノ門PFビル4階	一般財団法人首都高速道路技術センター 東京都港区虎ノ門三丁目10番11号　虎ノ門PFビル4階
令和5年2月13日	第357号	都市道路構造物点検技術者	道路土工構造物（土工）	診断	担当技術者	一般財団法人首都高速道路技術センター 大島　健志 東京都港区虎ノ門三丁目10番11号　虎ノ門PFビル4階	一般財団法人首都高速道路技術センター 東京都港区虎ノ門三丁目10番11号　虎ノ門PFビル4階
令和5年2月13日	第358号	都市道路構造物点検技術者	道路土工構造物（シェッド・大型カルバート等）	点検	担当技術者	一般財団法人首都高速道路技術センター 大島　健志 東京都港区虎ノ門三丁目10番11号　虎ノ門PFビル4階	一般財団法人首都高速道路技術センター 東京都港区虎ノ門三丁目10番11号　虎ノ門PFビル4階
令和5年2月13日	第359号	都市道路構造物点検技術者	道路土工構造物（シェッド・大型カルバート等）	診断	担当技術者	一般財団法人首都高速道路技術センター 大島　健志 東京都港区虎ノ門三丁目10番11号　虎ノ門PFビル4階	一般財団法人首都高速道路技術センター 東京都港区虎ノ門三丁目10番11号　虎ノ門PFビル4階
令和5年2月13日	第360号	都市道路構造物点検技術者	舗装	点検	担当技術者	一般財団法人首都高速道路技術センター 大島　健志 東京都港区虎ノ門三丁目10番11号　虎ノ門PFビル4階	一般財団法人首都高速道路技術センター 東京都港区虎ノ門三丁目10番11号　虎ノ門PFビル4階
令和5年2月13日	第361号	都市道路構造物点検技術者	舗装	診断	担当技術者	一般財団法人首都高速道路技術センター 大島　健志 東京都港区虎ノ門三丁目10番11号　虎ノ門PFビル4階	一般財団法人首都高速道路技術センター 東京都港区虎ノ門三丁目10番11号　虎ノ門PFビル4階
令和5年2月13日	第362号	都市道路構造物点検技術者	小規模附属物	点検	担当技術者	一般財団法人首都高速道路技術センター 大島　健志 東京都港区虎ノ門三丁目10番11号　虎ノ門PFビル4階	一般財団法人首都高速道路技術センター 東京都港区虎ノ門三丁目10番11号　虎ノ門PFビル4階
令和5年2月13日	第363号	都市道路構造物点検技術者	小規模附属物	診断	担当技術者	一般財団法人首都高速道路技術センター 大島　健志 東京都港区虎ノ門三丁目10番11号　虎ノ門PFビル4階	一般財団法人首都高速道路技術センター 東京都港区虎ノ門三丁目10番11号　虎ノ門PFビル4階
令和5年2月13日	第364号	下水道管路管理総合技士	下水道	計画・調査・設計	管理技術者	公益社団法人日本下水道管路管理業協会 長谷川　健司 東京都千代田区岩本町2丁目5番11号	公益社団法人日本下水道管路管理業協会 東京都千代田区岩本町2丁目5番11号
令和5年2月13日	第365号	建造物保全監理士（橋梁）	橋梁	計画・調査・設計	管理技術者・照査技術者	一般社団法人国際建造物保全技術協会 植野　芳彦 東京都渋谷区代々木3丁目1番11号　パシフィックスクエア代々木3階	一般社団法人国際建造物保全技術協会 東京都渋谷区代々木3丁目1番11号　パシフィックスクエア代々木3階
令和5年2月13日	第366号	建造物保全監理士（トンネル）	トンネル	計画・調査・設計	管理技術者・照査技術者	一般社団法人国際建造物保全技術協会 植野　芳彦 東京都渋谷区代々木3丁目1番11号　パシフィックスクエア代々木3階	一般社団法人国際建造物保全技術協会 東京都渋谷区代々木3丁目1番11号　パシフィックスクエア代々木3階

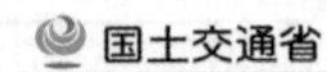

令和4年度 入契調査（入契法に基づく入札・契約手続に関する実態調査）概要

国土交通省・総務省・財務省において、公共工事の入札及び契約の適正化の促進に関する法律（入契法）第19条※に基づき、公共工事の発注者が適正化指針（同法第17条第１項）に従って講じた措置の状況－入札契約の適正化の取組状況－について、毎年度、調査を行い結果概要を公表。

※参照条文
（措置の状況の公表）
第十九条　国土交通大臣及び財務大臣は、各省各庁の長又は特殊法人等を所管する大臣に対し、当該各省各庁の長又は当該大臣が所管する特殊法人等が適正化指針に従って講じた措置の状況について報告を求めることができる。
2 国土交通大臣及び総務大臣は、地方公共団体に対し、適正化指針に従って講じた措置の状況について報告を求めることができる。
3 国土交通大臣、総務大臣及び財務大臣は、毎年度、前二項の報告を取りまとめ、その概要を公表するものとする。

調査対象者

入契法の適用対象である以下の各発注者　（計 1,928団体）
国（省庁等）：19機関
特殊法人等　：121法人
地方公共団体：47都道府県、20指定都市、1,721市区町村

調査対象時点

令和４年10月１日現在
（一部の項目は令和３年度末時点）

主な調査項目

- 入札契約方式 － 一般競争入札・総合評価落札方式の導入
- 入札契約情報の公表 － 情報の公表方法・公表状況
- ダンピング対策 － 低入札価格調査制度・最低制限価格制度の導入、低入札価格調査基準価格等の算定式・公表時期
- 適正な予定価格の設定 － 資材単価の更新、請負代金内訳書における法定福利費の明示、建設発生土の搬出先の明示
- 適正な工期の設定 － 工期設定に当たっての休日の考慮、週休２日工事の実施
- 施工時期の平準化 － 「さ・し・す・せ・そ」の取組
- 円滑・適正な施工の確保 － 設計変更ガイドラインの策定、スライド条項の運用基準の策定

下線：新たに調査した項目

主な調査結果

ダンピング対策で進展も、工期設定やスライド条項運用に課題。とりわけ市区町村における取組について更なる改善が必要。（次ページ以降参照）

➡ **引き続き、会議等の場も活用しつつ、調査結果を共有するとともに入札契約の適正化に向けた更なる働きかけを推進**

1

ダンピング対策の徹底 － 低入札価格調査基準価格等の算定式の水準

国土交通省

令和4年度入契法に基づく入札・契約手続に関する実態調査（令和4年10月1日時点）より

公共発注者の責務（入契法適正化指針における記述）

○ ダンピング受注は、工事の手抜き、下請業者へのしわ寄せ、公共工事に従事する者の賃金その他の労働条件の悪化、安全対策の不徹底等につながりやすく、公共工事の品質確保に支障を来すおそれがあるとともに、公共工事を実施する者が適正な利潤を確保できず、ひいては建設業の若年入職者の減少の原因となるなど、建設工事の担い手の育成及び確保を困難とし、建設業の健全な発達を阻害するものであることから、これを防止するとともに、適正な金額で契約を締結することが必要である。
<適正化指針：第２ ４(1)>

○ 各省各庁の長等においては、低入札価格調査制度又は最低制限価格制度を導入し、低入札価格調査基準又は最低制限価格を適切な水準で設定するなど制度の適切な活用を徹底することにより、ダンピング受注の排除を図るものとする。
<適正化指針：第２ ４(3)>

低入札価格調査基準価格・最低制限価格の算定式については、標準となる中央公契連モデルが令和４年に改定されたところであるが、全都道府県※など各団体において、この最新の中央公契連モデルの採用や当該モデル以上の水準の独自モデルの使用などが進んでいる。

※ 算定式が非公表である団体を除く。

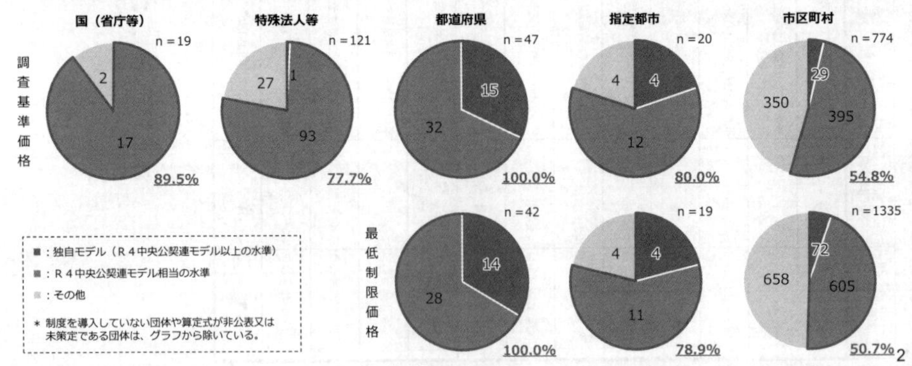

2

働き方改革の推進 － 工期の設定に当たっての休日の考慮

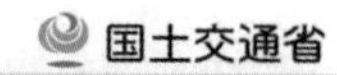

令和4年度入契法に基づく入札・契約手続に関する実態調査(令和4年10月1日時点)より

公共発注者の責務(入契法適正化指針における記述)

○・・・根拠なく短い工期が設定されると、無理な工程管理や長時間労働を強いられることから、公共工事に従事する者の疲弊や手抜き工事の発生等につながることとなり、ひいては担い手の確保にも支障が生じることが懸念される。公共工事の施工に必要な工期の確保が図られることは、長時間労働の是正や週休2日の推進などにつながるのみならず、建設産業が魅力的な産業として将来にわたってその担い手を確保していくことに寄与し、最終的には国民の利益にもつながるものである。
○・・・工期の設定に当たっては、工事の規模及び難易度、地域の実情、自然条件、工事内容、施工条件のほか、次に掲げる事項等を適切に考慮するものとする。
イ 公共工事に従事する者の休日(週休2日に加え、祝日、年末年始及び夏季休暇)
ロ～ヘ (略)

<適正化指針:第25(1)>

工期の設定に当たって休日(週休2日、祝日、年末年始、夏季休暇)を考慮している団体は、
特殊法人等・都道府県・指定都市では9割超だが、国では約7割、市区町村では5割未満にとどまる。

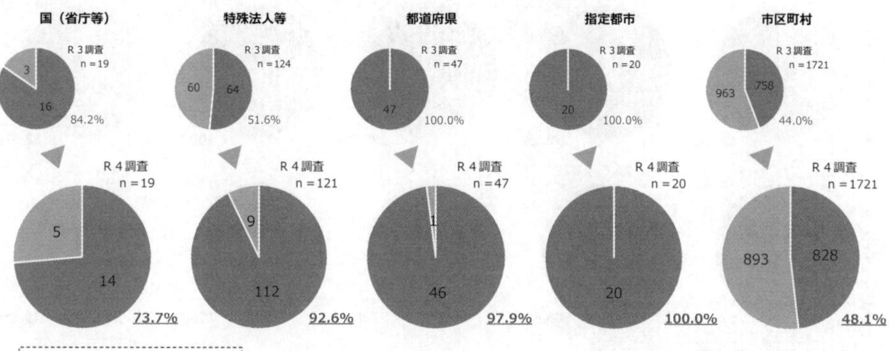

働き方改革の推進 － 週休2日工事等の実施

国土交通省

令和4年度入契法に基づく入札・契約手続に関する実態調査(令和4年10月1日時点)より

公共発注者の責務(入契法適正化指針における記述)

○・・・根拠なく短い工期が設定されると、無理な工程管理や長時間労働を強いられることから、公共工事に従事する者の疲弊や手抜き工事の発生等につながることとなり、ひいては担い手の確保にも支障が生じることが懸念される。公共工事の施工に必要な工期の確保が図られることは、長時間労働の是正や週休2日の推進などにつながるのみならず、建設産業が魅力的な産業として将来にわたってその担い手を確保していくことに寄与し、最終的には国民の利益にもつながるものである。
○・・・工期の設定に当たっては、工事の規模及び難易度、地域の実情、自然条件、工事内容、施工条件のほか、次に掲げる事項等を適切に考慮するものとする。
イ 公共工事に従事する者の休日(週休2日に加え、祝日、年末年始及び夏季休暇)
ロ～ヘ (略)

<適正化指針:第25(1)>

週休2日工事又は週休2日交替制工事を実施している団体は、
都道府県・指定都市では全てだが、国では4割未満、特殊法人等・市区町村では2割未満にとどまる。

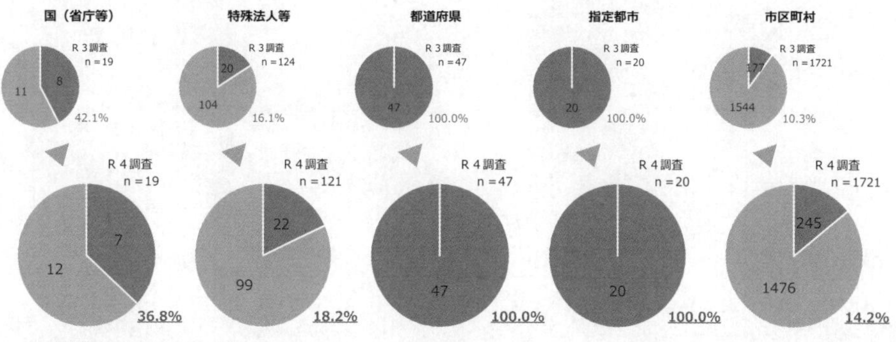

円滑な価格転嫁の推進 － スライド条項の運用基準の策定

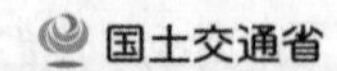

令和4年度入契法に基づく入札・契約手続に関する実態調査（令和4年10月1日時点）より

公共発注者の責務（入契法適正化指針における記述）

○・・・工事内容の変更が必要となり工事費用や工期に変動が生じた場合や、労務及び資材等の価格の著しい変動、資材等の納期遅れ等により工事費用や工期の変更が必要となった場合等には、施工に必要な費用や工期が適切に確保されるよう、公共工事標準請負契約約款に沿った契約約款に基づき、必要な変更契約を適切に締結するものとし、この場合において、・・・。 ＜適正化指針：第２５(４)＞

単品スライド条項※やインフレスライド条項※の運用基準を策定している団体は、
都道府県・指定都市ではほぼ全て、特殊法人等では約９割だが、国では約６割、市区町村では約３割にとどまる。

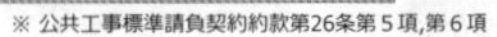

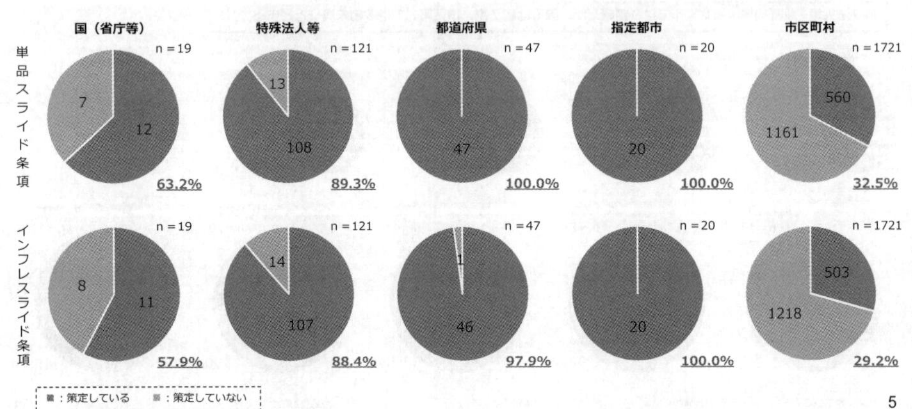

5

公共工事の入札及び契約の適正化の促進に関する法律に基づく
入札・契約手続に関する実態調査の結果について

令和５年３月２４日
国土交通省
総務省
財務省

国土交通省・総務省・財務省においては、「公共工事の入札及び契約の適正化の促進に関する法律」（平成12年法律第127号。以下「入札契約適正化法」という。）に基づき、毎年度、公共工事の発注者による入札契約の適正化の取組状況を調査しています。

今般、公共工事の各発注者に対して実施した令和４年度における取組の実施状況に関する調査結果をとりまとめましたので、公表いたします。

〔公表資料〕

本　紙：２～４ページ　国・特殊法人等における取組の実施状況概要（別紙１より抜粋）
　　　　５～９ページ　地方公共団体における取組の実施状況概要（　〃　）

別紙１：国・特殊法人等・地方公共団体の分類別による取組の実施状況（省略）
　　※ 昨年度調査結果も掲載

別紙２：各発注者別による取組の実施状況（省略）

〔調査対象者〕

入札契約適正化法の適用対象である以下の各発注者

国（省庁等）：19機関
特殊法人等：121法人
地方公共団体：47都道府県、20指定都市、1,721市区町村（指定都市を除く。）

〔調査対象時点〕

令和４年10月１日現在（工事契約実績等については令和３年度の実績）

【国・特殊法人等における取組の実施状況概要】

○ 総合評価落札方式の導入 別紙１：１．⑤

国は16団体（84.2%）、特殊法人等は113団体（93.4%）が本格導入済み。

	団体数	本格導入		試行導入		未導入	
国	19	16	(84.2%)	1	(5.3%)	2	(10.5%)
特殊法人等	121	113	(93.4%)	4	(3.3%)	4	(3.3%)

○ 入札契約情報の公表方法 ＜複数回答＞ 別紙１：２．①

国は全団体、特殊法人等は113団体（93.4%）がインターネットでの公表を実施。

	団体数	紙での閲覧（庁舎等）		インターネットでの閲覧		その他	
国	19	11	(57.9%)	19	(100.0%)	0	(0.0%)
特殊法人等	121	56	(46.3%)	113	(93.4%)	2	(1.7%)

○ 低入札価格調査基準価格の算定式 別紙１：４．④

国は17団体（89.5%）が最新の中央公契連モデルを採用※。

特殊法人等は94団体（77.7%）が最新の中央公契連モデルを採用※又は当該モデル以上の水準の独自モデルを使用。

※ 最新の中央公契連モデルに準拠した算定式を使用している場合を含む

	団体数	独自モデル（令和４年中央公契連モデル以上の水準）		令和４年中央公契連モデル相当の水準		その他の算定式	
国	19	0	(0.0%)	17	(89.5%)	2	(10.5%)
特殊法人等	121	1	(0.8%)	93	(76.9%)	27	(22.3%)

○ 低入札価格調査基準価格の公表時期 別紙１：４．⑤

国は15団体（78.9%）、特殊法人等は114団体（94.2%）が全案件で事後公表。

	団体数	全案件事後公表		全案件非公表		原則非公表	
国	19	15	(78.9%)	3	(15.8%)	1	(5.3%)
特殊法人等	121	114	(94.2%)	5	(4.1%)	2	(1.7%)

○ 物価資料からの引用により設定する単価の更新 別紙１：５．②

国は11団体（68.8%）、特殊法人等は71団体（60.2%）が、物価資料からの引用により設定する単価について全ての資材で毎月更新。

	団体数	全ての資材について毎月更新		主要な資材について毎月更新		全ての資材について毎月変動率を確認（一定の場合に更新）		主要な資材について毎月変動率を確認（一定の場合に更新）	
国	16	11	(68.8%)	2	(12.5%)	0	(0.0%)	1	(6.3%)
特殊法人等	118	71	(60.2%)	32	(27.1%)	4	(3.4%)	2	(1.7%)

	年数回のみ更新		その他	
国	1	(6.3%)	1	(6.3%)
特殊法人等	7	(5.9%)	2	(1.7%)

＊回答対象：物価資料からの引用による材料単価設定を行っている団体

○ 請負代金内訳書において法定福利費を内訳明示させる取組　別紙１：５．④

国は 17 団体（89. 5%）、特殊法人等は 114 団体（94. 2%）が取組を実施。

	団体数	実施		未実施	
国	19	17	(89. 5%)	2	(10. 5%)
特殊法人等	121	114	(94. 2%)	7	(5. 8%)

○ 建設発生土の搬出先の明示　別紙１：５．⑦

国は 14 団体（73. 7%）、特殊法人等は 89 団体（73. 6%）が原則実施。

	団体数	原則実施		原則実施に至っていない	
国	19	14	(73. 7%)	5	(26. 3%)
特殊法人等	121	89	(73. 6%)	32	(26. 4%)

○ 予定価格の公表時期　別紙１：５．⑨

国は 17 団体（89. 5%）、特殊法人等は 114 団体（94. 2%）が全案件で事後公表。

	団体数	全案件事後公表		全案件非公表		事後公表・事前公表併用		原則非公表	
国	19	17	(89. 5%)	1	(5. 3%)	0	(0. 0%)	1	(5. 3%)
特殊法人等	121	114	(94. 2%)	1	(0. 8%)	1	(0. 8%)	5	(4. 1%)

○ 工期の設定に当たっての休日の考慮　別紙１：６．①

国は 14 団体（73. 7%）、特殊法人等は 112 団体（92. 6%）が休日を考慮。

	団体数	考慮している		考慮していない	
国	19	14	(73. 7%)	5	(26. 3%)
特殊法人等	121	112	(92. 6%)	9	(7. 4%)

○ 週休２日の推進に向けた取組　＜複数回答＞　別紙１：６．②

国は 7 団体（36. 8%）、特殊法人等は 22 団体（18. 2%）が、週休２日工事又は週休２日交替制工事を実施。

	団体数	いずれかの工事を実施		週休２日工事		週休２日交替制工事	
国	19	7	(36. 8%)	7	(36. 8%)	5	(26. 3%)
特殊法人等	121	22	(18. 2%)	19	(15. 7%)	4	(3. 3%)

	いずれかの工事の実施を検討		週休２日工事		週休２日交替制工事	
国	4	(21. 1%)	3	(15. 8%)	1	(5. 3%)
特殊法人等	26	(21. 5%)	15	(12. 4%)	14	(11. 6%)

	その他の取組を実施		いずれも未実施	
国	2	(10. 5%)	6	(31. 6%)
特殊法人等	4	(3. 3%)	70	(57. 9%)

○ 施工時期の平準化を図るための取組 ＜複数回答＞ 別紙1：6．④

施工時期の平準化を図るため「さ・し・す・せ・そ」を実施している国・特殊法人等の団体数は、それぞれ以下のとおり。

	団体数	さ：債務負担行為の設定		し：柔軟な工期の設定（余裕期間制度の活用）		す：速やかな繰越手続		せ：積算の前倒し		そ：早期執行のための目標設定	
国	19	11	(57.9%)	9	(47.4%)	17	(89.5%)	14	(73.7%)	5	(26.3%)
特殊法人等	121	31	(25.6%)	37	(30.6%)	79	(65.3%)	79	(65.3%)	24	(19.8%)

○ 設計変更に関する指針（設計変更ガイドライン等）の策定 別紙1：7．④

国は13団体（68.4%）、特殊法人等は81団体（66.9%）が策定又は準用。

	団体数	策定		他団体のものを準用		未策定		設計変更未実施	
国	19	6	(31.6%)	7	(36.8%)	4	(21.1%)	2	(10.5%)
特殊法人等	121	38	(31.4%)	43	(35.5%)	37	(30.6%)	3	(2.5%)

○ スライド条項の運用基準の策定 ＜複数回答＞ 別紙1：7．⑥

スライド条項の運用基準を策定している国・特殊法人等の団体数は、条項ごとにそれぞれ以下のとおり。

	団体数	全体スライド条項		単品スライド条項		インフレスライド条項	
国	19	19	(100.0%)	12	(63.2%)	11	(57.9%)
特殊法人等	121	121	(100.0%)	108	(89.3%)	107	(88.4%)

【地方公共団体における取組の実施状況概要】

○ **一般競争入札の導入**　別紙１：１．①

都道府県・指定都市は全団体、市区町村は1,290団体（75.0%）が本格導入済み。

	団体数	本格導入		試行導入		未導入	
都道府県	47	47	(100.0%)	0	(0.0%)	0	(0.0%)
指定都市	20	20	(100.0%)	0	(0.0%)	0	(0.0%)
市区町村	1,721	1,290	(75.0%)	161	(9.4%)	270	(15.7%)

○ **総合評価落札方式の導入**　別紙１：１．⑤

都道府県は36団体（76.6%）、指定都市は16団体（80.0%）、市区町村は392団体（22.8%）が本格導入済み。

	団体数	本格導入		試行導入		未導入	
都道府県	47	36	(76.6%)	11	(23.4%)	0	(0.0%)
指定都市	20	16	(80.0%)	4	(20.0%)	0	(0.0%)
市区町村	1,721	392	(22.8%)	675	(39.2%)	654	(38.0%)

○ **入札契約情報の公表方法**　<複数回答>　別紙１：２．①

都道府県は44団体（93.6%）、指定都市は全団体、市区町村は1,355団体（78.7%）がインターネットでの公表を実施。

	団体数	紙での閲覧（庁舎等）		インターネットでの閲覧		その他	
都道府県	47	33	(70.2%)	44	(93.6%)	0	(0.0%)
指定都市	20	15	(75.0%)	20	(100.0%)	0	(0.0%)
市区町村	1,721	1,235	(71.8%)	1,355	(78.7%)	84	(4.9%)

○ **低入札価格調査制度・最低制限価格制度の導入**　別紙１：４．③

都道府県・指定都市は全団体、市区町村は1,648団体（95.8%）がダンピング対策制度※を導入済み。

※低入札価格調査制度又は最低制限価格制度

	団体数	低入札価格調査制度のみ導入		最低制限価格制度のみ導入		２つの制度を併用		いずれも未導入	
都道府県	47	3	(6.4%)	0	(0.0%)	44	(93.6%)	0	(0.0%)
指定都市	20	0	(0.0%)	0	(0.0%)	20	(100.0%)	0	(0.0%)
市区町村	1,721	103	(6.0%)	812	(47.2%)	733	(42.6%)	73	(4.2%)

○ 低入札価格調査基準価格の算定式　別紙１：４．④

都道府県は全団体、指定都市は16団体（80.0%）、市区町村は424団体（50.7%）が、最新の中央公契連モデルを採用※又は当該モデル以上の水準の独自モデルを使用。

※ 最新の中央公契連モデルに準拠した算定式を使用している場合を含む

	団体数	独自モデル（令和４年中央公契連モデル以上の水準）		令和４年中央公契連モデル相当の水準		算定式非公表		算定式を定めていない		その他	
都道府県	47	15	(31.9%)	32	(68.1%)	0	(0.0%)	0	(0.0%)	0	(0.0%)
指定都市	20	4	(20.0%)	12	(60.0%)	0	(0.0%)	0	(0.0%)	4	(20.0%)
市区町村	836	29	(3.5%)	395	(47.2%)	53	(6.3%)	9	(1.1%)	350	(41.9%)

＊回答対象：低入札価格調査制度を導入している団体

○ 最低制限価格の算定式　別紙１：４．⑩

都道府県は42団体（95.5%）、指定都市は15団体（75.0%）、市区町村は677団体（43.8%）が、最新の中央公契連モデルを採用※又は当該モデル以上の水準の独自モデルを使用。

※ 最新の中央公契連モデルに準拠した算定式を使用している場合を含む

	団体数	独自モデル（令和４年中央公契連モデル以上の水準）		令和４年中央公契連モデル相当の水準		算定式非公表		算定式を定めていない		その他	
都道府県	44	14	(31.8%)	28	(63.6%)	2	(4.5%)	0	(0.0%)	0	(0.0%)
指定都市	20	4	(20.0%)	11	(55.0%)	1	(5.0%)	0	(0.0%)	4	(20.0%)
市区町村	1,545	72	(4.7%)	605	(39.2%)	171	(11.1%)	39	(2.5%)	658	(42.6%)

＊回答対象：最低制限価格制度を導入している団体

○ 低入札価格調査基準価格の公表時期　別紙１：４．⑤

都道府県は45団体（95.7%）、指定都市は19団体（95.0%）、市区町村は567団体（67.8%）が全案件で事後公表。

	団体数	全案件事後公表		全案件事前公表		全案件非公表		事後公表・事前公表併用		原則事後公表（一部事前公表）		原則事前公表（一部事後公表）		原則非公表	
都道府県	47	45	(95.7%)	2	(4.3%)	0	(0.0%)	0	(0.0%)	0	(0.0%)	0	(0.0%)	0	(0.0%)
指定都市	20	19	(95.0%)	0	(0.0%)	0	(0.0%)	1	(5.0%)	0	(0.0%)	0	(0.0%)	0	(0.0%)
市区町村	836	567	(67.8%)	50	(6.0%)	199	(23.8%)	6	(0.7%)	1	(0.1%)	4	(0.5%)	9	(1.1%)

＊回答対象：低入札価格調査制度を導入している団体

○ 最低制限価格の公表時期　別紙１：４．⑪

都道府県は 41 団体（93.2%）、指定都市は 19 団体（95.0%）、市区町村は 1,001 団体（64.8%）が全案件で事後公表。

	団体数	全案件事後公表		全案件事前公表		全案件非公表		事後公表・事前公表併用	
都道府県	44	41	(93.2%)	2	(4.5%)	0	(0.0%)	0	(0.0%)
指定都市	20	19	(95.0%)	1	(5.0%)	0	(0.0%)	0	(0.0%)
市区町村	1,545	1,001	(64.8%)	122	(7.9%)	364	(23.6%)	20	(1.3%)

原則事後公表（一部事前公表）		原則事前公表（一部事後公表）		原則非公表	
1	(2.3%)	0	(0.0%)	0	(0.0%)
0	(0.0%)	0	(0.0%)	0	(0.0%)
3	(0.2%)	7	(0.5%)	28	(1.8%)

＊回答対象：最低制限価格制度を導入している団体

○ 物価資料からの引用により設定する単価の更新　別紙１：５．②

都道府県は 29 団体（61.7%）、指定都市は 6 団体（33.3%）、市区町村は 715 団体（68.8%）が、物価資料からの引用により設定する単価について全ての資材で毎月更新。

	団体数	全ての資材について毎月更新		主要な資材について毎月更新		全ての資材について毎月変動率を確認（一定の場合に更新）		主要な資材について毎月変動率を確認（一定の場合に更新）	
都道府県	47	29	(61.7%)	12	(25.5%)	5	(10.6%)	1	(2.1%)
指定都市	18	6	(33.3%)	9	(50.0%)	0	(0.0%)	2	(11.1%)
市区町村	1,039	715	(68.8%)	140	(13.5%)	7	(0.7%)	13	(1.3%)

年数回のみ更新		その他	
0	(0.0%)	0	(0.0%)
0	(0.0%)	1	(5.6%)
113	(10.9%)	51	(4.9%)

＊回答対象：物価資料からの引用による材料単価設定を行っている団体

○ 請負代金内訳書において法定福利費を内訳明示させる取組　別紙１：５．④

都道府県は 39 団体（83.0%）、指定都市は 14 団体（70.0%）、市区町村は 488 団体（28.4%）が取組を実施。

	団体数	実施		未実施	
都道府県	47	39	(83.0%)	8	(17.0%)
指定都市	20	14	(70.0%)	6	(30.0%)
市区町村	1,721	488	(28.4%)	1,233	(71.6%)

○ 建設発生土の搬出先の明示　別紙１：５．⑦

都道府県は全団体、指定都市は 18 団体（90.0%）、市区町村は 1,269 団体（73.7%）が原則実施。

	団体数	原則実施		原則実施に至っていない	
都道府県	47	47	(100.0%)	0	(0.0%)
指定都市	20	18	(90.0%)	2	(10.0%)
市区町村	1,721	1,269	(73.7%)	452	(26.3%)

○ 予定価格の公表時期　別紙１：５．⑨

都道府県は 17 団体（36.2%）、指定都市は 6 団体（30.0%）、市区町村は 648 団体（37.7%）が全案件で事後公表。

	団体数	全案件事後公表		全案件事前公表		全案件非公表		事後公表・事前公表併用	
都道府県	47	17	(36.2%)	13	(27.7%)	0	(0.0%)	5	(10.6%)
指定都市	20	6	(30.0%)	4	(20.0%)	0	(0.0%)	10	(50.0%)
市区町村	1,721	648	(37.7%)	636	(37.0%)	76	(4.4%)	199	(11.6%)

	原則事後公表（一部事前公表）		原則事前公表（一部事後公表）		原則非公表	
都道府県	3	(6.4%)	9	(19.1%)	0	(0.0%)
指定都市	0	(0.0%)	0	(0.0%)	0	(0.0%)
市区町村	13	(0.8%)	108	(6.3%)	41	(2.4%)

○ 工期の設定に当たっての休日の考慮　別紙１：６．①

都道府県は 46 団体（97.9%）、指定都市は全団体、市区町村は 828 団体（48.1%）が休日を考慮。

	団体数	考慮している		考慮していない	
都道府県	47	46	(97.9%)	1	(2.1%)
指定都市	20	20	(100.0%)	0	(0.0%)
市区町村	1,721	828	(48.1%)	893	(51.9%)

○ 週休２日の推進に向けた取組　＜複数回答＞　別紙１：６．②

都道府県・指定都市は全団体、市区町村は 245 団体（14.2%）が、週休２日工事又は週休２日交替制工事を実施。

	団体数	いずれかの工事を実施		週休２日工事		週休２日交替制工事	
都道府県	47	47	(100.0%)	46	(97.9%)	10	(21.3%)
指定都市	20	20	(100.0%)	20	(100.0%)	2	(10.0%)
市区町村	1,721	245	(14.2%)	228	(13.2%)	21	(1.2%)

	いずれかの工事の実施を検討		週休２日工事		週休２日交替制工事	
都道府県	4	(8.5%)	0	(0.0%)	4	(8.5%)
指定都市	3	(15.0%)	0	(0.0%)	3	(15.0%)
市区町村	255	(14.8%)	193	(11.2%)	74	(4.3%)

	その他の取組を実施		いずれも未実施	
都道府県	0	(0.0%)	0	(0.0%)
指定都市	0	(0.0%)	0	(0.0%)
市区町村	76	(4.4%)	1,152	(66.9%)

○ 施工時期の平準化を図るための取組　＜複数回答＞　別紙１：６．④

施工時期の平準化を図るため「さ・し・す・せ・そ」を実施している都道府県・指定都市・市区町村の団体数は、それぞれ以下のとおり。

	団体数	さ：債務負担行為の設定		し：柔軟な工期の設定（余裕期間制度の活用）		す：速やかな繰越手続	
都道府県	47	46	(97.9%)	46	(97.9%)	45	(95.7%)
指定都市	20	20	(100.0%)	17	(85.0%)	16	(80.0%)
市区町村	1,721	724	(42.1%)	389	(22.6%)	1,111	(64.6%)

せ：積算の前倒し		そ：早期執行のための目標設定	
45	(95.7%)	43	(91.5%)
19	(95.0%)	17	(85.0%)
1,044	(60.7%)	399	(23.2%)

○ 設計変更に関する指針（設計変更ガイドライン等）の策定　別紙１：７．④

都道府県・指定都市は全団体が策定。市区町村は1,047団体（60.8%）が策定又は準用。

	団体数	策定		他団体のものを準用		未策定		設計変更未実施	
都道府県	47	47	(100.0%)	0	(0.0%)	0	(0.0%)	0	(0.0%)
指定都市	20	20	(100.0%)	0	(0.0%)	0	(0.0%)	0	(0.0%)
市区町村	1,721	496	(28.8%)	551	(32.0%)	612	(35.6%)	62	(3.6%)

○ スライド条項の運用基準の策定　＜複数回答＞　別紙１：７．⑥

スライド条項の運用基準を策定している都道府県・指定都市・市区町村の団体数は、条項ごとにそれぞれ以下のとおり。

	団体数	全体スライド条項		単品スライド条項		インフレスライド条項	
都道府県	47	47	(100.0%)	47	(100.0%)	46	(97.9%)
指定都市	20	20	(100.0%)	20	(100.0%)	20	(100.0%)
市区町村	1,721	1,720	(99.9%)	560	(32.5%)	503	(29.2%)

「令和4年度　業務に関する運用指針調査」概要

（発注関係事務の運用に関する指針に基づく工事に関する業務の実施状況に関する調査）

国土交通省

国は公共工事品確法※1に基づき策定された運用指針※2に基づき、発注関係事務の実施状況を毎年度調査し、その結果をとりまとめ公表（令和元年度より実施）

※1公共工事の品質確保の促進に関する法律第22条　※2発注関係事務の運用に関する指針

調査対象機関

国（19機関）、特殊法人等（121法人）
地方公共団体（47都道府県、20指定都市、1721市区町村）

調査対象時点

令和4年7月1日現在※
※一部の項目は令和3年度末時点

調査項目

○ダンピング対策（低入札価格調査制度、最低制限価格制度の導入等）
○履行時期の平準化（第1四半期～第3四半期、第4四半期を履行期限とした割合）
○入札方式の導入状況（プロポーザル方式・総合評価落札方式等）
○その他（発注見通しの公表、調査対象年度の入札・契約状況等）

結果の概要

○ダンピング対策については、特殊法人等では約3割、市区町村では約半数が未導入
○履行時期の平準化については、国の業務は7割超が第4四半期に履行期限が集中している状況
○プロポーザル方式については、市区町村の導入に遅れ
○総合評価落札方式については、市区町村の導入が1割未満にとどまる

⇒ 今後、発注者協議会、監理課長等会議、都道府県公契連等を通じて、調査結果を共有し、発注関係事務の改善に向けた更なる取組を推進

業務に関するダンピング対策（低入札価格調査制度、最低制限価格制度の導入）

国土交通省

業務に関するダンピング対策の位置付け

○品確法において、発注者の責務として、ダンピング契約の締結を防止するための措置を講ずることが規定
○運用指針において、低入札価格調査制度又は最低制限価格制度の適切な活用を徹底することが明記

業務に関するダンピング対策の状況

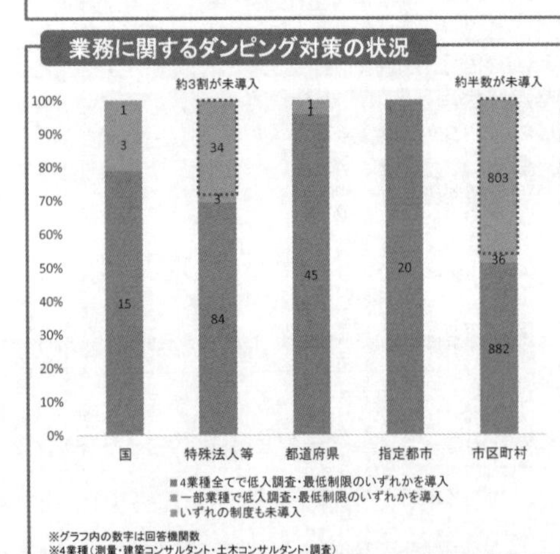

※グラフ内の数字は回答機関数
※4業種（測量・建築コンサルタント・土木コンサルタント・調査）

○国、都道府県、指定都市では、ダンピング対策が進捗
○特殊法人等では約3割が依然として未導入
○市区町村では約半数が依然として未導入

○ダンピング受注は、調査等の手抜き、下請業者へのしわ寄せ、労働条件の悪化、安全対策の不徹底等につながりやすく、公共工事の品質確保に支障を来すおそれや、適正な利潤を確保できないおそれ等の問題
○特に、導入の遅れている発注者に対し導入済の発注者の取組状況を共有するなどして導入を働きかけ、低入札価格調査制度又は最低制限価格制度の適切な活用を推進

1

業務に関する履行時期の平準化

国土交通省

業務に関する履行時期の平準化の位置付け

○品確法において、発注者の責務として、履行時期の平準化のため、債務負担行為や繰越明許費の活用等が規定
○運用指針において、発注者は、繰越明許費や債務負担行為の活用により、履行時期の平準化を図ることが明記

業務に関する履行時期の平準化の状況（完了業務の四半期別分類）

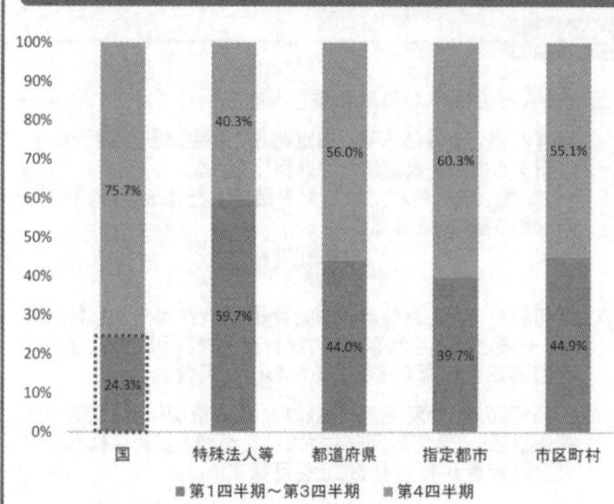

※グラフ内の割合は令和3年度に納期を迎えた件数（4業種全て）の割合
※4業種（測量・建築コンサルタント・土木コンサルタント・調査）

○納期の割合は、第1四半期～第3四半期の割合が特殊法人等では約6割、都道府県、指定都市、市区町村では約4割、国では約2割。

○納期が年度末に集中することを避けることにより、労働時間の分散や休日を取得しやすい環境整備に資する
○年度当初からの予算執行の徹底、繰越明許費の適切な活用、債務負担行為の積極的な活用等により、適正な履行期間を確保しつつ、業務の履行時期の平準化を推進

2

適正な履行期間の設定状況（参考にする基準等）

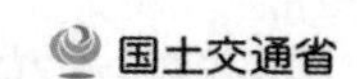

適正な履行期間の設定に関する位置付け

○運用指針において、「履行期間の設定に当たっては、業務の内容や、規模、方法、地域の実情等を踏まえた業務の履行に必要な日数のほか、必要に応じて、準備期間、照査期間や週休２日を前提とした業務に従事する者の休日、天候その他のやむを得ない事由により業務の履行が困難であると見込まれる日数や関連する別途発注業務の進捗等を考慮する」ことが明記

業務の履行期間の設定に当たって参考にする基準等の策定状況

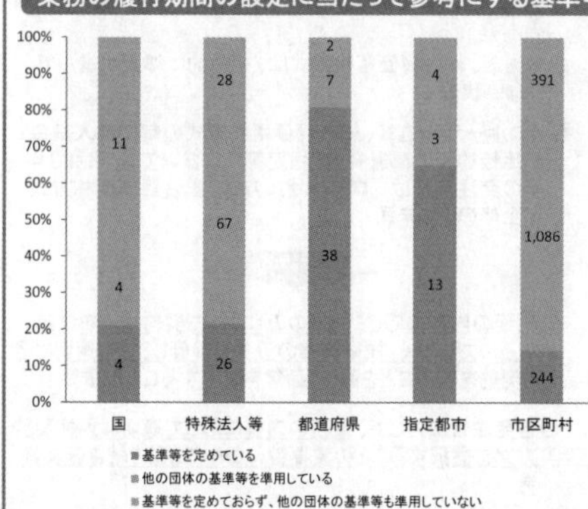

○都道府県では約9割、指定都市では8割が業務の履行期間の設定に当たって参考にする基準等を策定、または他団体の基準等を準用している。一方、国では基準等を策定、または他団体の基準等を準用しているのは約4割にとどまる

○働き方改革への対応推進には、適正な履行期間の設定が不可欠
○発注担当者による履行期間の設定にバラツキが出ないようにするには、一定の考え方や運用を示した基準等の策定が必要であり、徒に年度末の履行期限設定としないような働きかけを実施

3

設計変更ガイドライン等の策定及び設計変更の実施の状況

国土交通省

設計変更ガイドライン等の策定及び設計変更の位置付け

○運用指針において、「設計条件を適切に設計図書に明示し、関連業務の進捗状況等、業務に係る様々な要因を適宜確認し、設計図書に示された設計条件と実際の条件が一致しない場合、設計図書に明示されていない設計条件について予期することのできない特別な状態が生じた場合、その他受注者の責によらない事由が生じた場合において、必要と認められるときは、設計図書の変更及びこれに伴って必要となる契約額や履行期間の変更を適切に行う」ことが明記

設計変更ガイドライン等の策定及び設計変更の実施の状況

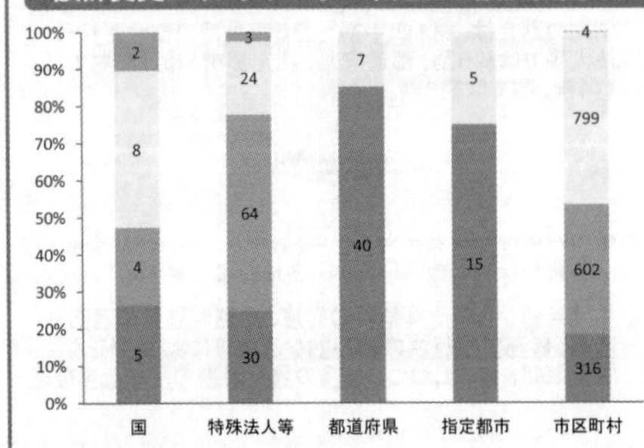

○ほとんどの団体が設計変更を実施

○都道府県、特殊法人等、指定都市では約8割が設計変更に関する指針を策定または準用している。
一方、国、市区町村では指針を策定または準用しているのは約5割にとどまる

○当初設計で示した設計条件と実際の条件が一致しない場合、必要と認められるときに設計変更を行うことは、受注者の適正な利潤を確保するために不可欠

○ごく一部の設計変更を実施していない機関に対して理由等を確認し、全ての団体において、必要と認められるときに設計変更が行われることを目指す

4

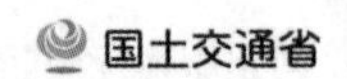

業務に関するプロポーザル方式・総合評価落札方式の導入

国土交通省

業務に関するプロポーザル方式・総合評価落札方式の導入の位置付け

○品確法において、発注者に対し、競争参加者から技術提案を求めるべき旨の努力義務が規定

○運用指針において、「業務の発注に当たっては、業務の内容や地域の実情等に応じ、プロポーザル方式、総合評価落札方式、価格競争方式等の適切な入札契約方式を選択するよう努める」ことが明記

業務に関するプロポーザル方式・総合評価落札方式の導入状況等

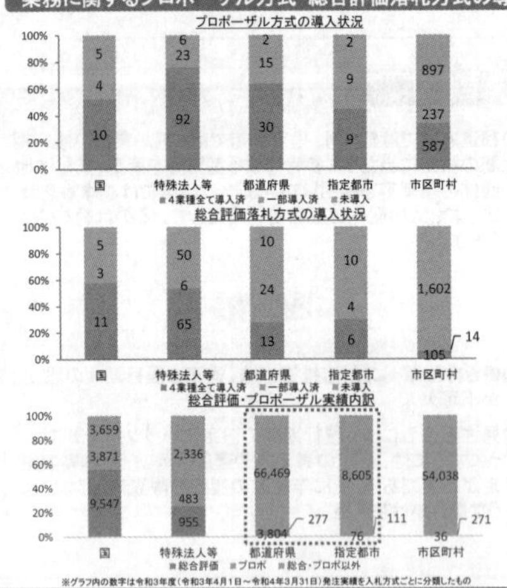

○プロポーザル方式は、国、特殊法人等、都道府県、指定都市で7割以上、市区町村では半数近くで導入済。特に特殊法人等と都道府県、指定都市では、多くの発注者が導入済

○他方で、総合評価落札方式は、相対的に導入が進んでいない状況

○プロポーザル方式、総合評価落札方式の制度導入割合が比較的高い都道府県、指定都市においても、令和3年度の発注実績はプロポーザル方式、総合評価落札方式が全体の1割未満

○業務の内容に応じ、価格のみによって契約相手を決定するのではなく、技術提案の優劣を評価し、最も適切な者と契約を結ぶことを通じ、品質を確保することが重要

○各発注者に対して、業務の内容に応じて適切な入札契約方式を選択することの重要性について、引き続き普及啓発

5

発注関係事務の改善に向けた取組について

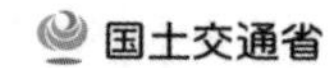

【地域ブロック発注者協議会の設置】

- 各機関の発注担当者で構成する協議会を設置、発注に係る情報共有や取組を実施。
- 「新・全国統一指標」及び目標値を決定・公表（本省）
- 品確法、運用指針※の周知徹底、支援。
  ※「発注関係事務の運用に関する指針」
- 各ブロック独自の取組（事例）
  - ・働き方改革、平準化に向けた具体的取組の協働
  - ・取組内容のアンケート調査
  - ・研修、講習会の実施
  - ・各機関の発注見通しの公表、等
- 令和５年度も引き続き取組を継続、強化を図る。

【ブロック監理課長等会議の開催】

- 地方ブロックごとに、本省・地方整備局と各都道府県の監理課長等で構成する会議を年２回開催。
- 入札契約制度・発注関係事務に関する施策や取組、課題等について、情報共有・意見交換を実施。
- 令和４年度の会議においては、
  - ・運用指針の概要について改めて共有し、指針に基づく発注関係事務の適切な実施の徹底を図るとともに、
  - ・特にダンピング対策の導入や、履行時期の平準化について、各都道府県における取組状況や課題を共有。
- 情報共有・意見交換の内容を今後の施策推進に活かすとともに、引き続き令和５年度会議においても、運用指針調査の結果を共有するなどして発注関係事務の改善について働きかけを実施。

【都道府県公契連との連携強化】

- 都道府県ごとに開催され各都道府県の市区町村の契約担当課長等が集まる公契連において、国交省本省より説明等を実施。
- 令和４年度も、都道府県公契連において運用指針調査の結果を共有しながら、市区町村における発注関係事務の改善について直接働きかけ。
- 令和５年度も引き続き、各都道府県公契連と連携して働きかけを実施。

6

（参考）「発注関係事務の運用に関する指針（運用指針）」の概要

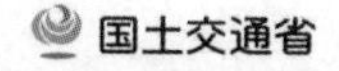

必ず実施すべき事項（測量、調査及び設計）

① 予定価格の適正な設定

予定価格の設定に当たっては、市場における技術者単価及び資材・機材等の取引価格、履行の実態等を**的確に反映した積算を行う。**

② 低入札価格調査基準又は最低制限価格の設定・活用の徹底等

ダンピング受注を防止するため、**低入札価格調査制度**又は**最低制限価格制度の適切な活用を徹底**する。**予定価格は、原則として事後公表**とする。

③ 履行期間の平準化

発注者は積極的に計画的な発注や施工時期の平準化のための取組を実施する。

具体的には、**繰越明許費・債務負担行為の活用**や入札公告の前倒しなどの取組により施工時期の平準化に取り組む。

④ 適正な履行期間の設定

履行期間の設定に当たっては、業務の内容や、規模、方法、地域の実情等を踏まえた業務の履行に必要な日数のほか、必要に応じて準備期間、**照査期間や週休２日を前提とした業務に従事する者の休日**、天候その他のやむを得ない事由により業務の履行が困難であると見込まれる日数や関連する別途発注業務の進捗等を考慮する。

⑤ 適切な設計変更

設計図書に示された設計条件と実際の条件が一致しない場合等において、**設計図書の変更**及びこれに伴って必要となる**契約額や履行期間の変更を適切に行う。**その際、履行期間が翌年度にわたることとなったときは、**繰越明許費を活用**する。

⑥ 発注者間の連携体制の構築

地域発注者協議会等を通じて、各発注者の**発注関係事務の実施状況等を把握**するとともに、各発注者は**必要な連携や調整を行い**、支援を必要とする市町村等の発注者は、地域発注者協議会等を通じて、**国や都道府県の支援を求める。**

7

実施に努める事項（測量、調査及び設計）

① ICTを活用した生産性向上（新）

業務に関する情報の集約化・可視化を図るため、**BIM/CIMや3次元データ**を積極的に活用するとともに、さらに情報を発注者と受注者双方の関係者で共有できるよう、**情報共有システム等の活用の推進**に努める。また、**ICTの積極的な活用**により、**検査書類等の簡素化や作業の効率化**に努める。

② 入札契約方式の選択・活用

業務の発注に当たっては、**業務の内容や地域の実情等に応じ、プロポーザル方式**、総合評価落札方式、価格競争方式、コンペ方式等の**適切な入札契約方式を選択する**よう努める。

③ プロポーザル方式・総合評価落札方式の積極的な活用

技術的に高度又は専門的な技術が要求される業務、地域特性を踏まえた検討が必要となる業務においては、**プロポーザル方式により技術提案**を求める。

また、豊富な実績を有していない若手技術者や、**女性技術者**などの登用、**海外での業務経験を有する技術者の活用**等も考慮するとともに、業務の内容に応じて国土交通省が認定した一定水準の技術力等を証する民間資格を評価の対象とするよう努める。

④ 履行状況の確認

履行期間中においては、業務成果の品質が適切に確保されるよう、適正な業務執行を図るため、休日明け日を依頼の期限日にしない等の**ウイークリースタンスの適用**や**条件明示チェックシートの活用**、**スケジュール管理表の運用**の徹底等により、履行状況の確認を適切に実施するよう努める。

⑤ 受注者との情報共有、協議の迅速化

設計業務については、設計条件や施工の留意点、関連事業の情報確認及び設計方針の明確化を行い受発注者間で共有するため、**発注者と受注者による合同現地踏査の実施**に努める。**テレビ会議**や現地調査の臨場を要する確認等におけるウェアラブルカメラの活用などにより、**発注者と受注者双方の省力化の積極的な推進に努め**、情報共有が可能となる環境整備を行う。

8

災害対応（工事・業務）

① 随意契約等の適切な入札契約方式の活用

災害時の入札契約方式の選定にあたっては、工事の緊急度を勘案し、**随意契約等を適用**する。

災害協定の締結状況や施工体制、地理的状況、施工実績等を踏まえ、最適な契約の相手を選定するとともに、**書面での契約**を行う。

災害発生後の緊急対応にあたっては、手続の透明性、公平性の確保に努めつつ、早期かつ確実な施工が可能な者を選定することや、**概算数量による発注**を行った上で現地状況等を踏まえて**契約変更を行うなど、工事の緊急度に応じた対応も可能**であることに留意する。

② 現地の状況等を踏まえた積算の導入

災害発生後は、一時的に需給がひっ迫し、労働力や資材・機材等の調達環境に変化が生じることがある。このため、**積算に用いる価格が実際の取引価格と乖離**しているおそれがある場合には、**積極的に見積り等を徴収**し、その妥当性を確認した上で適切に予定価格を設定する。

③ 建設業者団体・業務に関する各種団体等や他の発注者との連携

災害発生時の状況把握や災害応急対策又は災害復旧に関する工事及び業務を迅速かつ円滑に実施するため、あらかじめ、**災害時の履行体制を有する建設業者団体や業務に関する各種団体等と災害協定を締結する**等の必要な措置を講ずるよう努める。災害協定の締結にあたっては、**災害対応に関する工事及び業務の実施や費用負担、訓練の実施等について定める**。また、必要に応じて、協定内容の見直しや標準化を進める。

災害による被害は社会資本の所管区分とは無関係に面的に生じるため、その被害からの復旧にあたっても**地域内における各発注者が必要な調整を図りながら協働で取り組む。**

9

総合評価落札方式における賃上げを実施する企業に対する加点措置

国土交通省

「コロナ克服・新時代開拓のための経済対策」（令和3年11月19日閣議決定）及び「緊急提言～未来を切り拓く「新しい資本主義」とその起動に向けて～」（令和3年11月8日新しい資本主義実現会議）において、**賃上げを行う企業から優先的に調達を行う措置**などを検討するとされたことを受け、総合評価落札方式の評価項目に賃上げに関する項目を設けることにより、**賃上げ実施企業に対して評価点又は技術点の加点を行う**。

■適用対象：令和4年4月1日以降に契約を締結する、総合評価落札方式によるすべての調達。
（取組の通知を行った時点で既に公告を行っている等の事情のあるものはのぞく）

■加点評価：事業年度または暦年単位で従業員に対する目標値（大企業：3%、中小企業等：1.5%）以上の賃上げを表明した入札参加者を総合評価において加点。加点を希望する入札参加者は、賃上げを従業員に対して表明した「表明書」を提出。加点割合は5%以上。

■実績確認等：加点を受けた企業に対し、事業年度または暦年の終了後、決算書等で達成状況を確認し、未達成の場合はその後の国の調達において、入札時に加点する割合よりも大きく減点。

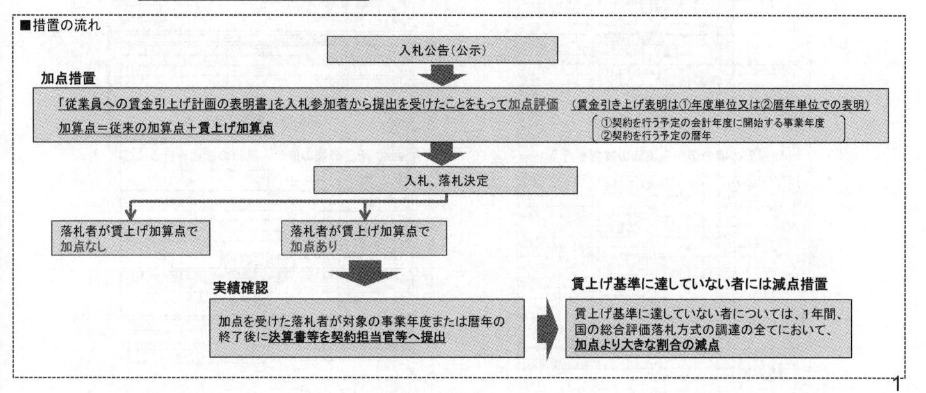

1

総合評価落札方式における賃上げを実施する企業に対する加点措置
加点イメージ（工事の場合の例）

国土交通省

加算点の合計の５％以上となるよう加点の配点を設定　例：加算点が従来40点満点の場合：３点（3点／43点＝約7%）

■加算点の配点例（国土交通省直轄工事における総合評価方式の適用ガイドラインにおける「施工能力評価型Ⅱ型」の例）

評価項目			評価基準		配点	
①企業の能力等	過去15年間の同種工事実績		より同種性の高い工事（※1）の実績あり	8点	8点	20点
			同種性が認められる工事（※2）の実績あり	0点		
	同じ工種区分の2年間の平均成績		80点以上	8点	8点	
			75点以上80点未満	5点		
			70点以上75点未満	2点		
			70点未満	0点		
	表彰（同じ工種区分の過去2年間の工事を対象）		表彰あり	4点	4点	
			表彰なし	0点		
②技術者の能力等	過去15年間の同種工事実績	同種性・立場	より同種性の高い工事において、監理（主任）技術者として従事	8点	8点	20点
			より同種性の高い工事において、現場代理人あるいは担当技術者として従事又は同種性が認められる工事において、監理（主任）技術者として従事	4点		
			同種性が認められる工事において、現場代理人あるいは担当技術者として従事	0点		
	同じ工種区分の4年間の平均成績		80点以上	8点	8点	
			75点以上80点未満	5点		
			70点以上75点未満	2点		
			70点未満	0点		
	表彰 *同じ工種区分の過去4年間の工事を対象		表彰あり	4点	4点	
			表彰なし	0点		
賃上げを実施する企業に対する加点						3点

2

総合評価落札方式における賃上げを実施する企業に対する加点措置 賃上げ実績の確認の運用等について

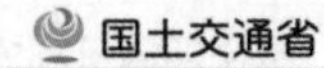

賃上げの表明を行い受注した企業に対する「賃上げ実績の確認」においては、事業年度単位の賃上げを表明する場合は「法人事業概況説明書」、暦年単位の場合は「給与所得の源泉徴収票等の法定調書合計表」から給与等受給者一人当たりの給与総額（中小企業等の場合は給与総額）により確認するのが標準的な方法として示されている。

（事業年度単位の賃上げを表明した場合）法人事業概況説明書

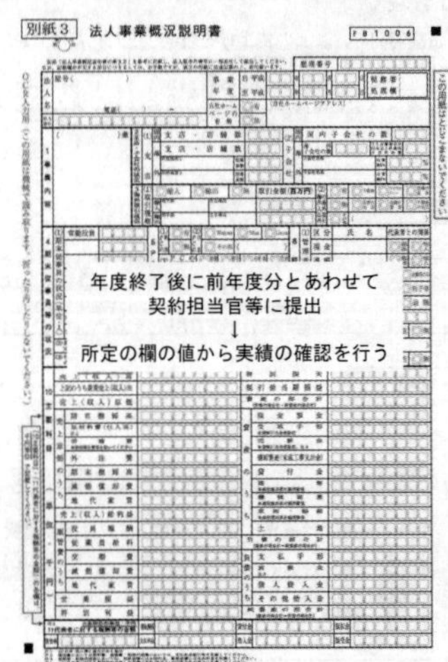

（暦年単位の賃上げを表明した場合）
給与所得の源泉徴収票等の法定調書合計表

3

総合評価落札方式における賃上げを実施する企業に対する加点措置 賃上げ実績の確認の運用等について

国土交通省

○賃上げ実績の確認において、標準的な方法とされている「法人事業概況説明書」や「給与所得の源泉徴収票等の法定調書合計表」により賃上げ実績が確認できない場合であっても、税理士又は公認会計士等の第三者により同等の賃上げ実績を確認することができると認められる書類に代えることができるとされているところ。

○賃上げを行う企業を評価するとの本制度の趣旨に沿った対応となるよう運用するため、具体的な確認書類の提出方法、「同等の賃上げ実績」と認めることができるかの現時点における考え方についての運用を整理。

○確認書類の提出方法

・賃上げ実績の確認時、税理士又は公認会計士等の第三者により「入札説明書に示されている基準と同等の賃上げ実績を確認できる書類であると認められる」ことが明記された書面を、賃上げを行ったことを示す書類と共に提出。

※賃上げ促進税制の優遇措置を受けるために必要な税務申告書類をもって賃上げ実績を証明させることも可能。

○「同等の賃上げ実績」と認めることができる場合の考え方

・中小企業等においては、実情に応じて「給与総額」又は「一人当たりの平均受給額」いずれを採用することも可能。

・各企業の実情を踏まえ、継続雇用している従業員のみの基本給や所定内賃金などにより評価することも可能。

・通知に示した賃上げ実績の確認方法で従業員の給与を適切に考慮できない場合、適切に控除や補完が行われたもので評価することも可能。

※ボーナス等の賞与及び諸手当を含めて判断するかは、企業の実情を踏まえて判断することも可能。

（具体例は次頁）

※なお、本制度において、企業の賃上げ表明を行う様式には従業員代表及び給与又は経理担当者の記名・捺印を求めており、企業の真摯な対応を期待するもの。

※仮に制度の主旨を意図的に逸脱していることが判明した場合には、事後であってもその後に減点措置を行う。

4

同等の賃上げ実績と認めることができる具体的な場合の例

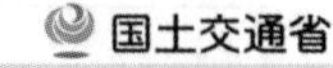

○各企業の実情を踏まえ、継続雇用している従業員のみの基本給や所定内賃金などにより評価する。

・継続雇用している給与等受給者への支給額で評価する。
　⇒ベテラン従業員等が退職し、新卒採用等で雇用を確保することで給与総額が減少する場合等に対応
・定年退職者の再雇用や育児休暇や介護休暇の取得者など給与水準が変わる者を除いて評価する。
　⇒雇用確保やワークライフバランス確保の取組に対応
・計画的に超過勤務を減らしている場合、超過勤務手当等を除いて評価する。
　⇒働き方改革の推進、時間外労働規制の令和６年４月からの適用に対応
・災害時の超過勤務や一時雇用、業績に応じ支給する一時金や賞与等を除いて評価。
　⇒災害等による業績の変動等の企業がコントロールできない変動要因に対応

○通知に示した賃上げ実績の確認方法で従業員の給与を適切に考慮できない場合、適切に控除や補完を行って評価する。

・一部の従業員の給与が含まれない場合、別途考慮して評価する。
・外注や派遣社員の一時的な雇い入れによる労務費が含まれる場合、これを除いて評価する。
・退職給付引当金繰入額といった実際に従業員に支払われた給与でないものが含まれる場合、これを除いて評価する。
・役員報酬が含まれること等により従業員の賃金実態を適切に反映できない場合、これを除いて評価する。
・令和4年4月以降の最初の事業年度開始時よりも前の令和４年度中に賃上げを実施した場合は、その賃上げを実施したときから１年間の賃上げ実績を評価する。

※上記は例示であり、ここに記載されている例に限定されるものではない

5

事業年度開始月と賃上げ実施月が異なる場合の取扱い

国土交通省

（１）賃上げ評価期間
　・契約締結予定日を含む国の会計年度内の4月以降に開始する事業者の事業年度
または
　・契約締結予定日を含む暦年

（２）令和4年度において事業年度開始前に賃上げ実施する場合の特例
令和4年度において事業年度開始前に賃上げを実施する事業者にあっては賃上げ実施月から1年間を評価期間とすることも可能。

【追加】

（３）事業年度開始後に賃上げを実施する場合の特例
事業年度開始月より後の賃上げについては、下記のいずれの条件も満たす場合に賃上げ実施月から1年間を評価期間とすることが可能。

①契約締結日の属する国の会計年度内に賃上げが行われていること
　※　暦年中の賃上げを表明している場合にあっては、当該暦年内に賃上げが行われていることとする。

②当該企業の例年の賃上げ実施月に賃上げを実施していること
（意図的に賃上げ実施月を遅らせていないこと）

6

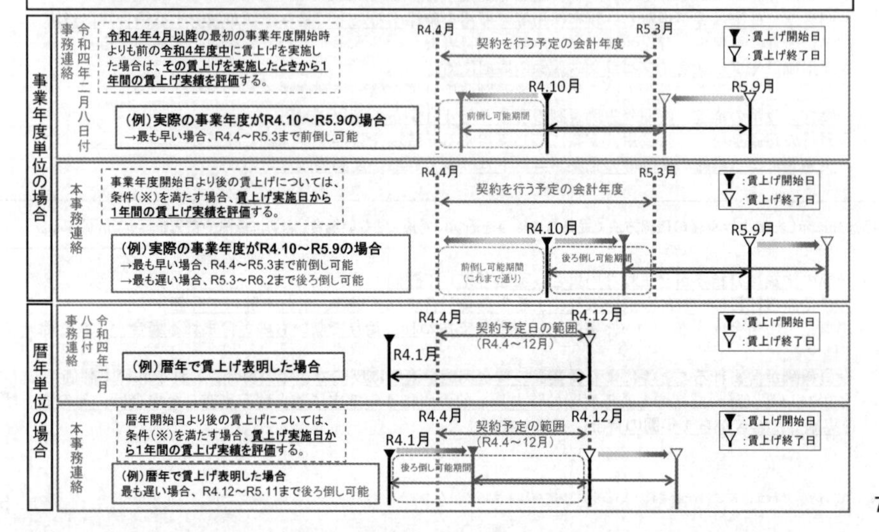

天災地変等やむを得ない事情により賃上げを実行することができなかった者の取扱い

国土交通省

○賃上げ加点措置を受け、賃上げ水準が未達成の場合には、減点措置を課すこととしているところ。

○天災地変等やむを得ない事情により賃上げを実行することができなかった者について、減点措置を要しないこととし、できるだけ多くの事業者が賃上げ表明を行うことが可能となるよう、その典型的な事例を予め次の通り例示。

（1）特定非常災害の被害者の権利利益の保全等を図るための特別措置に関する法律（平成8年法律第85号）第2条第1項の規定に基づき指定された特定非常災害であって、同法に基づく特別措置の適用対象となる地域に主たる事業所が所在する企業については特別措置が適用される期間は減点措置を課さないこととする。

（2）各種経済指標の動向等を踏まえ、平成20年のいわゆる「リーマンショック」と同程度の経済状況と認められる場合においては、全国において減点措置を課さないこととする。

（3）（1）及び（2）に該当しない場合であっても、次のような自らの責によらない場合で、かつ、その事実を客観的に証する書類とともに従業員が署名した理由書の提出があった場合は減点措置を課さないこととする。

① 自然災害（風水害、土砂災害、地震、津波、噴火、豪雪等）や人為的な災害（火災等）等により、事務所、工場、主要な事業場等が被災し、事業の遂行が一定期間不可能となった場合
② 主要な取引先の倒産により業績が著しく悪化した場合
③ 資材の供給不足等により契約履行期限の延期等が行われ、契約上の代価の一部を受領できず資金繰りが著しく悪化した場合

など

※（1）及び（2）に相当する減点措置を課す必要がないと考えられる事象が生じた場合には、財務省の通知に基づき、改めて周知する。
※「事実を客観的に証する書類」とは、罹災証明や契約書類の写し等を想定しているが、これに限らない。
※（1）から（3）は例示であり、これ以外の事象等については、今後必要に応じて別途通知する。

8

国土交通省直轄工事における
総合評価落札方式の運用ガイドライン

2023 年３月

国　土　交　通　省
大　臣　官　房　会　計　課
大臣官房技術調査課
大臣官房官庁営繕部計画課
北　海　道　局　予　算　課

目　次

〔用語の定義〕

総合評価落札方式	価格と価格以外の要素（品質など）を総合的に評価して落札者を決定する方式
評価値	総合評価落札方式において落札者を決定するための指標であり、原則、この値の最も高い者を落札者とする。 評価値の算定方法には、技術評価点を入札価格で除して評価値を求める「除算方式」と、技術評価点と価格評価点（入札価格を点数化した値）を合計して求める「加算方式」があり、国土交通省直轄工事（港湾空港関係を除く。以下単に「直轄工事」という。）における総合評価落札方式では、除算方式により評価値を求めることとしている。
技術評価点	価格以外の要素を点数化した値であり、標準点、加算点、施工体制評価点の合計値として求められる。 技術評価点＝標準点＋加算点＋施工体制評価点 ※施工体制評価点は、施工体制確認型総合評価落札方式を適用する工事において用いる。
標準点	入札説明書等に記載された要求要件を満足する場合に与える点数。 要求要件を満足する者に対しては、標準点として一律１００点を付与し、それ以外の場合は不合格とする。
加算点	評価項目に対して、各競争参加者の技術力等に応じて付与される点数。
施工体制評価点	入札説明書等に記載された要求要件を実現できる施工体制であるかどうかを審査・評価し、その確実性に応じて付与される点数。
総合評価落札方式のタイプ	総合評価落札方式の類型。 公共工事の特性（工事内容、規模、要求要件等）に応じて、「技術提案評価型」と「施工能力評価型」に大別される。

1. 総合評価落札方式の導入と改善の経緯

1-1　総合評価落札方式の意義と位置付け

国、地方公共団体等は、社会資本を整備・維持する者として、公正さを確保しつつ良質なモノを適正な価格でタイムリーに調達し提供する責任を有している。公共工事は、国民生活及び経済活動の基盤となる社会資本を整備するものとして社会経済上重要な意義を有しており、その品質は、現在及び将来の国民のために確保されなければならない。

公共工事に関しては、従来、価格のみによる競争が中心であったが、厳しい財政事情の下、公共投資が減少する中で、その受注をめぐる競争が激化し著しい低価格による入札が急増するとともに、工事中の事故や粗雑工事の発生、下請業者や労働者へのしわ寄せ等による公共工事の品質低下に関する懸念が顕著となっている。

このような背景を踏まえて、平成１７年４月に公共工事の品質確保の促進に関する法律（平成１７年法律第１８号。以下「品確法」という。）が施行され、「公共工事の品質は、経済性に配慮しつつ価格以外の多様な要素をも考慮し、価格及び品質が総合的に優れた内容の契約がなされることにより、確保されなければならない」という基本理念の下、総合評価落札方式の適用が公共工事の品質確保のための主要な取組として位置付けられた。品確法の施行により、総合評価落札方式の適用が拡大し、近年では、国土交通省直轄工事のほとんどは、一般競争入札・総合評価落札方式を適用している。

一方で、平成２６年６月の品確法の改正により、工事の性格、地域の実情に応じて、多様な入札契約方式を選択することが示されるとともに、仕様の確定が困難な工事で、技術提案の審査及び価格等の交渉により仕様を確定し、予定価格を定める方式である技術提案・交渉方式が新たに規定された。

平成２７年５月には、多様な入札契約方式の導入・活用を図るため、各種方式を示した「公共工事の入札契約方式の適用に関するガイドライン」、平成２７年６月には、「国土交通省直轄工事における技術提案・交渉方式の運用ガイドライン」、平成２９年７月には、「災害復旧における入札契約方式の適用ガイドライン」が策定された。このように、平成２６年６月の品確法改正は、技術提案・交渉方式、災害復旧における随意契約・指名競争入札、フレームワーク方式等の多様な入札契約方式が適用される契機となった。

令和４年３月に改定された「公共工事の入札契約方式の適用に関するガイドライン」では、図 1-1 に示す公共工事の入札契約方式の選定の考え方が示された。近年、多様な入札契約方式の適用が進んでいるところであり、総合評価落札方式は、こうした多様な入札契約方式の中の選択肢の１つである点に留意する必要がある。

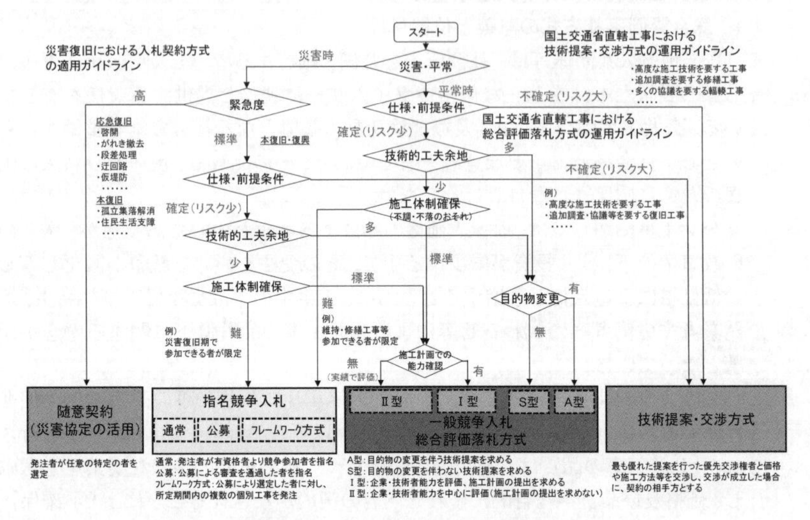

図 1-1　公共工事の入札契約方式の選定の考え方

総合評価落札方式を実施するに当たっては、発注者は競争参加者の技術的能力の審査を適切に行うとともに、工事品質の確保や向上に資する技術提案を求めるように努め、価格と技術提案が総合的に最も優れた者を落札者とすることが原則となる。

総合評価落札方式の適用により、公共工事の適正な実施のために必要な技術的能力を有する者が施工することとなり、工事品質の確保や向上が図られるとともに、工事目的物の性能の向上、長寿命化・維持修繕費の縮減・施工不良の未然防止等による総合的なコストの縮減、交通渋滞対策・環境対策、事業効果の早期発現等が効率的かつ適切に図られ、ひいては現在かつ将来の国民に利益がもたらされることとなる。また、技術力競争を行うことが民間企業における技術力向上へのインセンティブとなり、技術と経営に優れた健全な建設業が育成されるほか、価格以外の多様な要素が考慮された競争が行われることで、談合が行われにくい環境が整備されることも期待される。

1-2　総合評価落札方式導入と適用拡大に関する具体的な経緯

我が国の公共工事においては、建設省（現国土交通省）が平成１０年１１月に掲示した「今井１号橋撤去工事」において最初の総合評価落札方式が適用された。また、平成１２年３月には大蔵大臣（現財務大臣）との総合評価落札方式に関する包括協議が整い、同年９月には、「工事に関する入札に係る総合評価落札方式の標準ガイドライン」（以下「標準ガイド」という。）が作成された。これに準じて総合評価落札方式を適用することにより、工事案件ごとに大蔵大臣（現財務大臣）との協議を行うことが不要となったため、事務手続に係る時間が軽減され、総合評価落札方式の適用拡大のための環境が整備された。

「総合評価落札方式の実施に伴う手続について」（平成１２年９月２０日付け建設省厚契発第３２号、技調発第１４７号、営計発第１３２号）に示されるとおり、当初の総合評価落札方式は、民間企業の優れた技術力を活用することにより、調達のＶＦＭ（Value for Money、単位価格当たりの価値）を向上させ、社会的便益を増大させることを目的としたものであり、求められる工事品質の上限値に対応した工事価格を予定価格とすることにより予定価格の上限拘束性（契約の相手方を予定価格の制限の範囲内で入札を行った者から選定することを規定した現行制度の特性をいう。）を緩和し、標準的な工法に比べコストが大きくともそれ以上の社会的便益を生じる技術を採用できる仕組みが取り入れられていた。

そして、標準ガイドに示された予定価格の算定方法は、発注者の提示した最低限の要求要件を満足する工事（標準案）の品質に対する評価項目の上限値に対応する工事品質の向上分を貨幣換算したもの又はコストの増加分を標準案の価格に加算したものであり、当該加算分については、積算においては総合評価管理費と位置付けた。

ところが、発注者においては評価値＝ＶＦＭとの意識が強く、落札結果における工事品質と価格のトレードオフの説明のため、総合評価管理費の算出や、評価項目、配点等の設定において便益分析手法等を適用することにより工事品質向上分の貨幣換算を行っていた。この作業が困難かつ負担の大きいものであり、当時においては、総合評価落札方式の適用は容易ではなかったという事情があった。

このような状況に対して、当省においては公共工事の最良な調達を果たすためには、総合評価落札方式の拡大が重要であると考え、平成１４年６月には「工事に関する入札に係る総合評価落札方式の性能等の評価方法について」（平成１４年６月１３日付け国地契第１２号、国官技第５８号、国営計第３３号）において、総合評価落札方式の適用を容易にするため、当面、標準点を１００点、加算点を１０点とするとともに、予定価格を標準案の価格とする方式を示した。これにより、評価値における標準点と加算点の比率や評価項目間の配点割合は落札者決定のための基準と解釈されるようになり、工事品質を貨幣換算する作業を省略することが可能となった（ただし、最良の調達を目指す観点から、実施事例を収集、評価し、必要に応じて標準的な配点割合を見直すこととされている。）。これにより、総合評価落札方式に係る作業量が大幅に軽減され、直轄工事における総合評価落札方式の適用割合が金額ベースで２割程度まで拡大されることとなった。

さらに、平成１７年４月に品確法が施行され、「技術的な工夫の余地が小さい工事」であっても、工事品質確保の観点から総合評価落札方式の適用が求められ、発注者が作成した標準案による工事を確実に履行するための技術力と価格を総合的に評価する「簡易型」が新たに設けられた。それに加え、品確法に定められた「技術提案の改善」、「高度な技術等を含む技術提案を求めた場合の予定価格」を具体化して、工事目的物の改変をも対象とした高度な技術提案を求める高度技術提案型の概念も設けられ（「公共工事における総合評価方式活用ガイドライン」（平成１７年９月公共工事における総合評価方式活用検討委員会））、平成１４年通達に基づく方式を「標準型」とし、そこに「簡易型」、「高度技術提案型」が加わることにより総合評価落札方式の体系が整備され、公共工事においてはその工事特性（工事内容、規模、要求要件等）に応じていずれかの方式が適用可能となった。これにより平成１７年度においては、直轄工事における総合評価落札方式の適用割合が金額ベースで４割となった。

高度技術提案型の詳細な手続については、「高度技術提案型総合評価方式の手続について」（平成１８年４月１８日付け国地契第６号、国官技第１３号、国営計第１２号）により通知されており、技術提案及び見積りに基づいて予定価格を作成することにより、予定価格の算定精度の向上と予定価格の上限拘束性の緩和を図ることができるため、従前のような総合評価管理費の算定は不要となった。

簡易型のコンセプトは、発注者が示した標準案に基づく工事品質の確保の確実性と価格を総合的に評価するものであり、競争参加者の技術提案による工事品質の向上と価格を総合的に評価する標準型のコンセプトとは大きく異なるものであるが、品確法においては、契約時に品質の確認ができない建設工事は、そもそも価格だけによる落札者の決定が適切ではない性質のものであり、所要の工事品質を確保できる能力と価格とを総合的に判断して、国民にとって最も有利となる申し込みをした者を落札者とすべきであるとされたことを踏まえたものである。

また、総合評価落札方式による品質確保の重要性は、指名競争入札から一般競争入札に移行する工事件数が拡大したことによる不良不適格業者の参入や、著しい低価格入札に伴う粗雑工事の増加等に対する懸念の増大といった社会的背景も相まって、より明確なものとなり、総合評価落札方式の適用拡大の意義がより高まることとなった。

平成１７年度後半からは、著しい低価格入札による競争が一層激しくなるとともに、粗雑工事等による工事品質の低下の懸念が一層高まった。このような状況を受け、当省では平成１８年４月に「いわゆるダンピング受注に係る公共工事の品質確保及び下請業者へのしわ寄せの排除等の対策について」（平成１８年４月１４日付け国官総第３３号、国官会第６４号、国地契第１ 号、国官技第８号、国営計第６号、国総入企第２号）を通知し、低価格落札案件に対する工事コスト調査の内訳の公表、下請業者への支払等の調査、工事監督・検査等の強化による公共工事の品質確保を図ったが、その後もダンピング入札の減少は見られなかった。

このため、平成１８年１２月には「緊急公共工事品質確保対策について」（平成１８年１２月８日付け国官総６１０号、国官会第１３３４号、国地契第７１号、国官技第２４２号、国営計第１２１号、国総入企第４６号）を通知し、その中心的な施策として、総合評価落札方式において新たに施工体制評価点を導入するとともに、会計法第２９条の６第１項における「履行がされないおそれがあると認められる」場合の条件を明確化し、この条件に該当する者については落札者としないこととした。

その後、総合評価落札方式の適用拡大が進み、平成１９年度時点においては直轄工事における適用率が契約件数ベースで９７％に達することとなった。このような総合評価落札方式の急速な適用拡大に伴い、価格と品質が総合的に優れた者が選定されることとなったが、総合評価落札方式のタイプが工事規模（金額）等により機械的に選定されている、簡易型における施工計画の課題と標準型における技術提案の課題との境界が曖昧となっている等といった、総合評価落札方式の入札・契約実務に関する様々な課題が認識されることとなった。

これらの課題を受け、平成２０年度には、技術的難易度評価に基づくタイプ選定の考え方を示すとともに、標準型を適用する工事のうち、技術提案を求める項目数が少なく、かつその難易度が低い工事を「標準Ⅱ型」として手続期間の短縮を図るとともに、従来の標準型を「標準Ⅰ型」に位置付け、総合評価落札方式のタイプの再編を行った（「総合評価方式の改善に向けて～より適切な運用に向けた課題設定・評価の考え方～」（平成２０年３月公共工事における総合評価方式活用検討委員会））。

また、平成２２年３月には、「一般競争入札等の競争参加資格における施工実績に係る要件を緩和する工事の試行について」（平成２２年３月２９日付け国地契第３９号、国官技第３７１号、国営計第１０４号）が通知されるとともに、平成２２年４月には、入札参加者に対して技術提案等の採否に関する詳細な通知を開始する等、競争性の確保や透明性の向上を目的とした運用の改善に取り組んでいる。

平成２５年３月には、総合評価落札方式の適用拡大に伴い顕在化した課題に対し、総合評価落札方式のタイプ分類を施工能力評価型と技術提案評価型に2タイプに再編した（二極化）（図 1-4）。施工能力評価型は、技術提案を求めず、施工計画を可・不可の２段階で評価するⅠ型、実績で評価するⅡ型を導入し、手続を大幅に簡素化した。また、技術提案評価型は品質確保を重視し、評価項目は原則、品質確保の観点に特化する技術力評価の考え方へと見直した。

さらに、平成２６年６月には、品確法が改正され、現在及び将来にわたる公共工事の品質確保とその担い手の中長期的な育成及び確保の促進、段階的選抜方式の活用、競争参加者の中長期的な技術的能力に関する審査等が盛り込まれた。

このように、総合評価落札方式は、関連する公共調達制度と一体となって、建設業界やそれを取り巻く社会情勢の変化に応じて大きく変化してきている。公共工事を取り巻く環境についても、過去の経済成長期と異なり、人口減少下、将来的な建設業の担い手確保も課題となる中、国民にとって最良な調達を目指す観点から、絶えずその調達結果等を監視・評価するとともに、これまでと同様に必要に応じて継続的な方式の見直しを図る必要がある。

図 1-2 に総合評価落札方式の変遷、図 1-3 に加算点の変遷、表 1-1 に総合評価落札方式に関連する通達を示す。

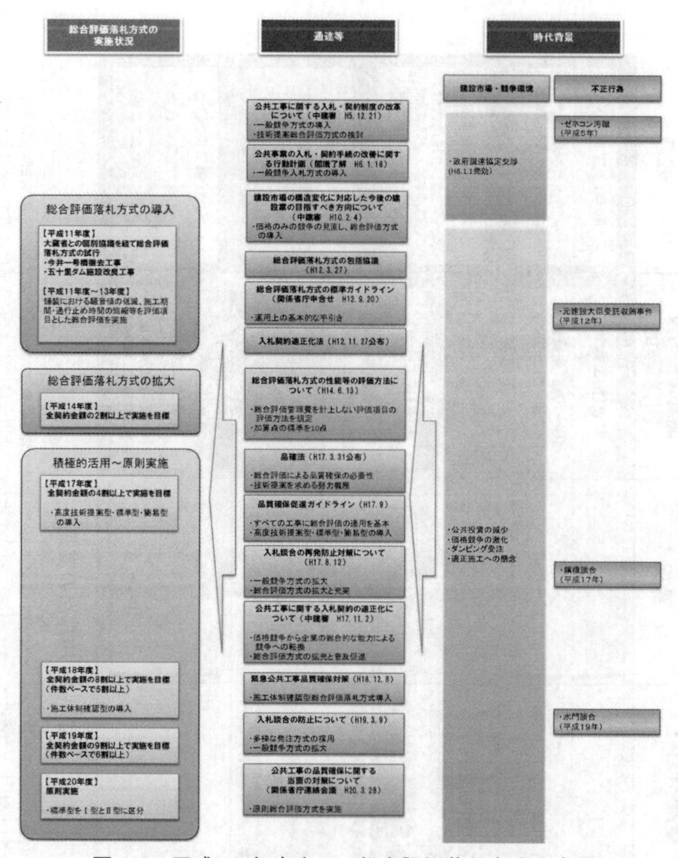

図 1-2　平成 20 年度までの総合評価落札方式の変遷

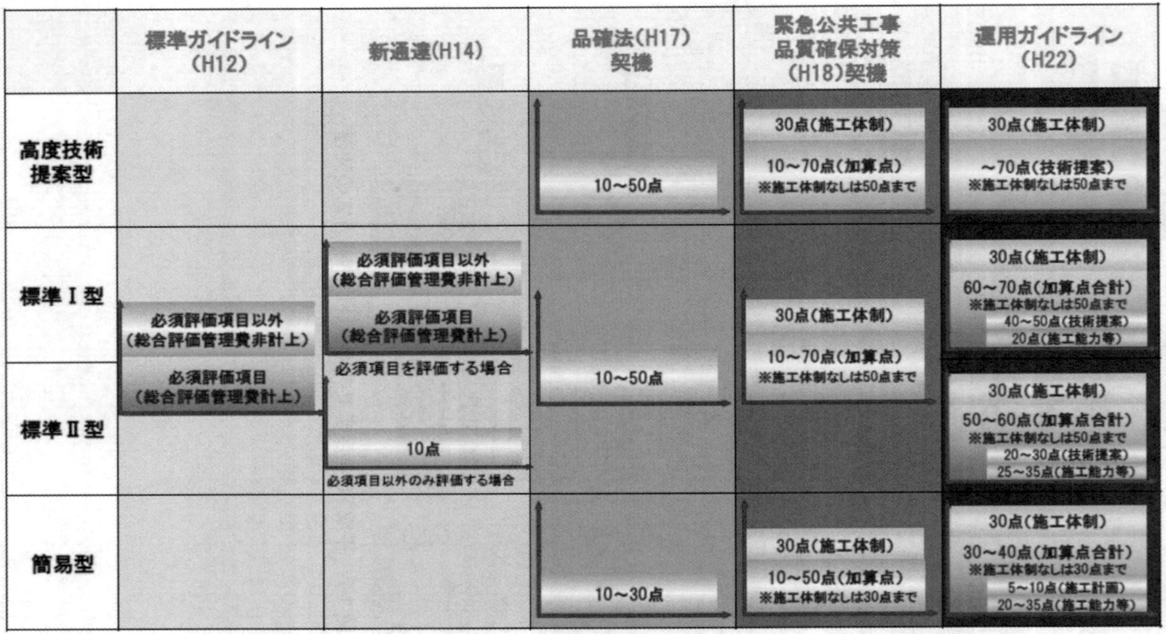

	標準ガイドライン（H12）	新通達(H14)	品確法(H17)契機	緊急公共工事品質確保対策（H18)契機	運用ガイドライン（H22）
高度技術提案型			10～50点	30点（施工体制） 10～70点（加算点） ※施工体制なしは50点まで	30点（施工体制） ～70点（技術提案） ※施工体制なしは50点まで
標準Ⅰ型	必須評価項目以外（総合評価管理費非計上） 必須評価項目（総合評価管理費計上）	必須評価項目以外（総合評価管理費非計上） 必須評価項目（総合評価管理費計上） 必須項目を評価する場合	10～50点	30点（施工体制） 10～70点（加算点） ※施工体制なしは50点まで	30点（施工体制） 60～70点（加算点合計） ※施工体制なしは50点まで 40～50点（技術提案） 20点（施工能力等）
標準Ⅱ型		10点 必須項目以外のみ評価する場合			30点（施工体制） 50～60点（加算点合計） ※施工体制なしは50点まで 20～30点（技術提案） 25～35点（施工能力等）
簡易型			10～30点	30点（施工体制） 10～50点（加算点） ※施工体制なしは30点まで	30点（施工体制） 30～40点（加算点合計） ※施工体制なしは30点まで 5～10点（施工計画） 20～35点（施工能力等）

図 1-3　加算点の変遷

※　通達:「工事に関する入札に係る総合評価落札方式の性能等の評価方法について」(平成 14 年 6 月 13 日付け国地契第 12 号、国官技第 58 号、国営計第 33 号)
　運用ガイドライン:「国土交通省直轄工事における総合評価落札方式の運用ガイドライン(案)」(総合評価方式の活用・改善等による品質確保に関する懇談会:平成 23 年 3 月)
※　平成 25 年3月の見直し後の加算点については、2-7-1 に示す。

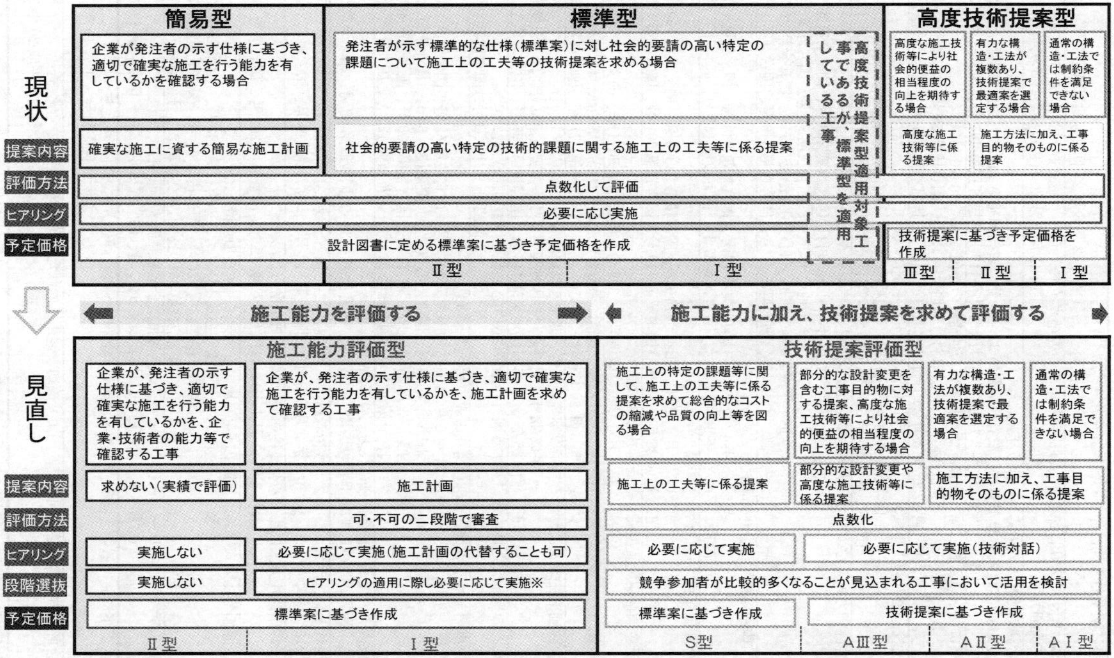

現状

	簡易型	標準型		高度技術提案型		
	企業が発注者の示す仕様に基づき、適切で確実な施工を行う能力を有しているかを確認する場合	発注者が示す標準的な仕様（標準案）に対し社会的要請の高い特定の課題について施工上の工夫等の技術提案を求める場合	高度技術提案型適用対象工事であるが、標準型を適用している工事	高度な施工技術等により社会的便益の相当程度の向上を期待する場合	有力な構造・工法が複数あり、技術提案で最適案を選定する場合	通常の構造・工法では制約条件を満足できない場合
提案内容	確実な施工に資する簡易な施工計画	社会的要請の高い特定の技術的課題に関する施工上の工夫等に係る提案		高度な施工技術等に係る提案	施工方法に加え、工事目的物そのものに係る提案	
評価方法	点数化して評価					
ヒアリング	必要に応じ実施					
予定価格	設計図書に定める標準案に基づき予定価格を作成			技術提案に基づき予定価格を作成		
	Ⅱ型	Ⅱ型	Ⅰ型	Ⅲ型	Ⅱ型	Ⅰ型

⇩

施工能力を評価する ⇔ 施工能力に加え、技術提案を求めて評価する

見直し

	施工能力評価型		技術提案評価型			
	企業が、発注者の示す仕様に基づき、適切で確実な施工を行う能力を有しているかを、企業・技術者の能力等で確認する工事	企業が、発注者の示す仕様に基づき、適切で確実な施工を行う能力を有しているかを、施工計画を求めて確認する工事	施工上の特定の課題等に関して、施工上の工夫等に係る提案を求めて総合的なコストの縮減や品質の向上等を図る場合	部分的な設計変更を含む工事目的物に対する提案、高度な施工技術等により社会的便益の相当程度の向上を期待する場合	有力な構造・工法が複数あり、技術提案で最適案を選定する場合	通常の構造・工法では制約条件を満足できない場合
提案内容	求めない（実績で評価）	施工計画	施工上の工夫等に係る提案	部分的な設計変更や高度な施工技術等に係る提案	施工方法に加え、工事目的物そのものに係る提案	
評価方法		可・不可の二段階で審査	点数化			
ヒアリング	実施しない	必要に応じて実施（施工計画の代替することも可）	必要に応じて実施	必要に応じて実施（技術対話）		
段階選抜	実施しない	ヒアリングの適用に際し必要に応じて実施※	競争参加者が比較的多くなることが見込まれる工事において活用を検討			
予定価格	標準案に基づき作成		標準案に基づき作成	技術提案に基づき作成		
	Ⅱ型	Ⅰ型	S型	AⅢ型	AⅡ型	AⅠ型

※　「高知県内の入札談合事案を踏まえた入札契約手続きの見直しの実施について」（平成２６年２月６日付け国地契第６１号、国官技第２５６号、国営計第１１０号、国北予第３９号）記１に定める対象工事については実施しない。

図 1-4　令和５年３月における総合評価落札方式の改善のポイント（二極化）

表 1-1　総合評価落札方式関連通達等一覧

令和 5 年 3 月 現在

区分	内容
通達	①工事に関する入札に係る総合評価落札方式について (平成 12 年 3 月 27 日付け建設省会発第 172 号)
	②工事に関する入札に係る総合評価落札方式の標準ガイドライン（「総合評価落札方式の実施について」の別紙）　(平成 12 年 9 月 20 日付け建設省厚契発第 30 号)
	③総合評価落札方式の実施に伴う手続について (平成 12 年 9 月 20 日付け建設省厚契発第 32 号、建設省技調発第 147 号、建設省営計発 132 号) (改正：平成 25 年 3 月 26 日付け国地契第 110 号、国官技第 297 号、国営計第 123 号)
	④工事に関する入札に係る総合評価落札方式の性能等の評価方法について (平成 14 年 6 月 13 日付け国地契第 12 号、国官技第 58 号、国営計第 33 号) (改正：平成 25 年 3 月 26 日付け国地契第 110 号、国官技第 297 号、国営計第 123 号)
	⑤国土交通省直轄工事における品質確保促進ガイドラインについて (平成 17 年 9 月 30 日付け国地契第 78 号、国官技第 129 号、国営計第 82 号) (改正：平成 25 年 3 月 26 日国地契第 110 号、国官技第 297 号、国営計第 123 号)
	⑥総合評価方式及びプロポーザル方式における技術提案の審査に関する体制について (平成 18 年 7 月 11 日付け国官総第 263 号、国官会第 495 号、国地契第 38 号、国官技第 92 号、国営計第 54 号) (改正：平成 21 年 3 月 31 日付け国官総第 707 号、国官会第 2478 号、国地契第 61 号、国官技第 346 号、国営計第 111 号)
	⑦施工体制確認型総合評価落札方式の試行について (平成 18 年 12 月 8 日付け国地契第 72 号、国官技第 243 号、国営計第 117 号) (改正：平成 25 年 10 月 1 日付け国地契第 37 号、国官技第 143 号、国営計第 61 号)
	⑧総合評価落札方式における手続の簡素化について (平成 20 年 4 月 1 日付け国地契第 79 号、国官技第 338-3 号、国営計第 109-4 号) (改正：平成 25 年 3 月 26 日国地契第 110 号、国官技第 297 号、国営計第 123 号)
	⑨地元企業活用審査型総合評価落札方式の試行について (平成 21 年 8 月 3 日付け国地契第 13-2 号、国官技第 86-4 号、国営計第 45-2 号)
	⑩一般競争入札等の競争参加資格における施工実績に係る要件を緩和する工事の試行について (平成 22 年 3 月 29 日付け国地契第 39 号、国官技第 371 号、国営計第 104 号)
	⑪総合評価落札方式における技術提案等の採否に関する詳細な通知の実施について (平成 22 年 4 月 9 日付け国地契第 2 号、国官技第 9 号、国営計第 5 号) (改正：平成 25 年 3 月 26 日国地契第 110 号、国官技第 297 号、国営計第 123 号)
	⑫落札者の提示した性能等に対する履行の確保に関する特記仕様書の記載例について (平成 22 年 9 月 8 日付け国官技第 182 号)
	⑬特定専門工事審査型総合評価落札方式の試行について (平成 24 年 6 月 11 日付け国地契第 12 号、国官技第 59 号、国営管第 110 号、国営計第 26 号、国港総第 268 号、国港技第 64 号、国北予第 12 号) (改正：25 年 3 月 26 日国地契第 111 号、国官技第 298 号、国営管第 490 号、国営計第 124 号、国港総第 526 号、国港技第 122 号、国北予第 54 号)
	⑭新技術導入促進型総合評価落札方式の導入について (平成 29 年 11 月 10 日付け国地契第 37 号、国官技第 183 号、国営計第 83 号、国北予第 5 号)
	⑮「海外インフラプロジェクト技術者認定・表彰制度」に係る直轄工事等における入札・契約手続の運用について　(令和 3 年 3 月 8 日付け国官技第 323 号、国営計第 149 号、国営整第 190 号)
	⑯総合評価落札方式における生産性向上の取組評価の試行について (令和 3 年 11 月 15 日付け国会公契第 32 号、国官技第 202 号、国北予第 37 号)
	⑰総合評価落札方式における賃上げを実施する企業に対する加点措置について (令和 3 年 12 月 24 日付け国官会第 16409 号、国官技第 243 号、国営管第 528 号、国営計第 150 号、国港総第 526 号、国港技第 65 号、国空予管第 677 号、国空空技第 381 号、国空交企第 210 号、国北予第 47 号)
	⑱直轄工事におけるワーク・ライフ・バランス等推進企業を評価する取組について (令和 4 年 6 月 9 日付け国官技第 58-2 号、国営管第 87-2 号、国営計第 49-2 号)
外部有識者委員会資料	1) 公共工事における総合評価方式活用検討委員会報告～総合評価方式適用の考え方～ (第 11 回委員会・平成 19 年 3 月)
	2) 総合評価方式の改善に向けて　～より適切な運用に向けた課題設定・評価の考え方～ (第 12 回委員会・平成 20 年 3 月)

※委員会：公共工事における総合評価方式活用検討委員会
　懇談会：総合評価方式の活用・改善等による品質確保に関する懇談会

1-3　総合評価落札方式の適用上の課題と見直し

⑴　総合評価落札方式の位置付け

平成２６年６月の品確法の改正により、工事の性格、地域の実情に応じて、多様な入札契約方式を選択することが示された。これにより、平成２６年６月の品確法改正は、技術提案・交渉方式、災害復旧における随意契約・指名競争入札、フレームワーク方式等の多様な入札契約方式が適用される契機となった。令和４年３月に改正された「公共工事の入札契約方式の適用に関するガイドライン」では、公共工事の入札契約方式の選定の考え方が示されたことを踏まえ、総合評価落札方式は、こうした多様な入札契約方式の中の選択肢の１つであることを本ガイドラインで明確にした。

⑵　総合評価の各種試行のＰＤＣＡサイクルの考え方の導入

国土交通省直轄工事における総合評価落札方式においては、担い手確保、働き方改革等を目的として、多様な試行に取り組んでいる。本ガイドラインでは、総合評価落札方式における多様な試行の検証によるＰＤＣＡサイクルの考え方を導入するとともに、多様な試行について、全国的な取組としての試行、地方整備局等独自の取組としての試行に区分した。

⑶　建設産業の働き方改革や、社会情勢の変化等への対応

手続の簡素化、海外インフラプロジェクト技術者認定・表彰制度、賃上げを実施する企業に対する加点措置等に関する評価について記載した。

1-4　不正が発生しにくい制度への見直し

高知県内における当省発注の土木工事に関して、平成２４年１０月、公正取引委員会から入札談合等関与行為の排除及び防止並びに職員による入札等の公正を害すべき行為の処罰に関する法律（平成１４年法律第１０１号）に基づく改善措置要求を受けたことを踏まえ、当省では、予定価格が６千万円以上３億円未満の施工能力評価型を適用する一般土木工事の発注における入札書と技術提案書の同時提出、積算業務と技術資料又は施工計画の審査・評価業務の分離体制の確保、予定価格の作成時期の後ろ倒し等、不正が発生しにくい制度への見直しを行った。

1-5　更なる検討課題

企業評価のあり方、定期の競争参加資格審査、工事ごとの競争参加資格の確認及び総合評価落札方式の各段階における適切な役割分担については、今後検討が必要である。

2. 総合評価落札方式の実施手順

2-1　総合評価落札方式のタイプ選定

2-1-1 総合評価落札方式のタイプの概要及び適用の意義

(1) 施工能力評価型

【概要】

施工能力評価型は、技術的工夫の余地が小さい工事を対象に、発注者が示す仕様に基づき、適切で確実な施工を行う能力を確認する場合に適用するものである。

施工能力評価型は、施工計画を審査するとともに、企業の能力等（当該企業の施工実績、工事成績、表彰等)、技術者の能力等（当該技術者の施工経験、工事成績、表彰等）に基づいて評価される技術力と価格との総合評価を行うⅠ型と、企業の能力等、技術者の能力等に基づいて評価される技術力と価格との総合評価を行うⅡ型に分類される。

【適用の意義】

施工能力評価型は、技術的工夫の余地が小さく、技術提案を競争参加者に求めて評価する必要がない工事において、企業の能力等（当該企業の施工実績、工事成績、表彰等)、技術者の能力等（当該技術者の施工実績、工事成績、表彰等）及び施工計画を審査・評価することにより、企業が発注者の示す仕様に基づき、適切で確実な施工を行う能力を有しているかを確認するものである。それとともに、必要に応じて、地域精通度等を評価し、その地域で工事を円滑に実施する能力を有しているかなどを評価することにより、当該工事を確実に施工できる企業を選定することを目的とするものである。

規模の小さい工事や施工上の技術的課題が少ない工事においては、技術提案の範囲や効果が限定されるため、工事品質の向上を図ることよりも、むしろ粗雑工事等の発生リスクを回避するために、発注者が示す仕様に基づき適切かつ確実な施工を図ることがより重要となる。長期的に見れば、適切かつ確実に施工することは、構造物の長寿命化や、長い供用期間にわたる維持管理費の軽減にもつながるものであり、国民にとっては、供用期間が長く、安全性の高い社会資本が確保され、将来の維持管理費を含めた総合的なコスト縮減等の利益を享受することができる。

(2) 技術提案評価型

【概要】

技術提案評価型は、技術的工夫の余地が大きい工事を対象に、構造上の工夫や特殊な施工方法等を含む高度な技術提案を求めること、又は発注者が示す標準的な仕様（標準案）に対し施工上の特定の課題等に関して施工上の工夫等の技術提案を求めることにより、民間企業の優れた技術力を活用し、公共工事の品質をより高めることを期待する場合に適用するものである。

また、技術提案評価型は、A型とS型に大別される。A型は、より優れた技術提案とするために、発注者と競争参加者の技術対話を通じて技術提案の改善を行うとともに、技術提案に基づき予定価格を作成した上で、技術提案と価格との総合評価を行う。S型は、発注者が標準案に基づき算定した工事価格を予定価格とし、その範囲内で提案される施工上の工夫等の技術提案と価格との総合評価を行う。

更に、A型はAⅠ型、AⅡ型及びAⅢ型に大別される。AⅠ型は、通常の構造・工法では制約条件を満足できない場合に適用し、AⅡ型は、有力な構造・工法が複数あり技術提案で最適案を選定する必要がある場合に適用する。またAⅢ型は、発注者の示す標準案に対して高度な施工技術等により社会的便益の相当程度の向上を期待する場合や部分的な設計変更を含む工事目的物に対する提案を求める場合に適用することとする。

【技術提案評価型の分類】

技術提案評価型を適用する工事は大きくA型とS型の２つに分類でき、A型はさらにAⅠ型、AⅡ型及びAⅢ型の３つに分類できる。表 2-1 に技術提案評価型の分類を示す。

AⅠ型及びAⅡ型は、発注者が標準案を作成することができない場合や、複数の候補があり標準案を作成せずに幅広く提案を求め、最適案を選定する必要がある場合に適用するものであり、いずれも標準案を作成しないものである。したがって、設計・施工一括発注方式を適用し、施工方法に加えて工事目的物そのものに係る提案を求めることにより、工事目的物の品質や社会的便益が向上することを期待するものである。このため、技術提案をもとに予定価格を作成することが基本となる。

一方、発注者が詳細（実施）設計を実施し、標準技術による標準案を作成する場合には、工事目的物自体についての提案は求めずに施工方法に対する提案を求めることが基本となる。この場合、発注者が標準案に基づき工事価格を算定することができるため、標準案の工事価格を予定価格とし、施工上の工夫等の技術提案に限定した提案を求めることも可能である。その場合にはA型ではなくS型を適用することが基本となる。AⅢ型は、標準技術による標準案に対し、部分的に設計の変更を含む工事目的物に対する提案を求める、あるいは高度な施工技術や特殊な施工方法等の技術提案を求めることにより、工事価格の差異に比して社会的便益が相当程度向上することを期待する場合に適用するものであり、その場合には技術提案をもとに予定価格を作成することが基本となる。

なお、発注に当たっては、工事規模の大小により技術提案評価型の適用や類型を判断することがないよう留意することとする。

表 2-1　技術提案評価型の分類

	技術提案評価型			
	AⅠ型	AⅡ型	AⅢ型	S型
分　類	通常の構造･工法では工期等の制約条件を満足した工事が実施できない場合	想定される有力な構造形式や工法が複数存在するため、発注者としてあらかじめ一つの構造･工法に絞り込まず、幅広く技術提案を求め、最適案を選定することが適切な場合	標準技術による標準案に対し、部分的な設計変更を含む工事目的物に対する提案を求める、あるいは高度な施工技術や特殊な施工方法の活用により、社会的便益が相当程度向上することを期待する場合	工事目的物自体についての提案は求めずに、施工上の特定の課題等に関して、施工上の工夫等に係る提案を求めて総合的なコストの縮減や品質の向上を図る場合
標準案の有無	無	無 (複数の候補有)	有	有
求める技術提案の範囲 (発注形態の目安)	・工事目的物 ・施工方法 (設計・施工一括)	・工事目的物 ・施工方法 (設計・施工一括)	・部分的な設計変更や、高度な施工技術等にかかる提案 (詳細設計付又は設計・施工分離)	・施工上の工夫に係る提案 (設計・施工分離)
ヒアリング	技術提案評価型A型におけるヒアリングは、技術提案に対する発注者の理解度向上を目的とするものであり、ヒアリング自体の審査・評価は行わない（技術対話）			技術提案評価型 S 型においては、配置予定技術者へのヒアリングを実施することで配置予定技術者の管理能力又は技術提案に対する理解度を確認する必要がある場合に実施する。実施する場合には、対面によるほか電話やインターネットによるテレビ会議システムを活用できる。
段階的選抜	技術提案を求める競争参加者数が比較的多くなることが見込まれる工事において活用を検討			
予定価格	技術提案に基づき予定価格を作成			標準案に基づき予定価格を作成

【適用の意義】

技術提案評価型は、企業から提案される構造上の工夫、高度な施工技術や施工上の工夫等を評価することにより、工事の品質向上を期待するものである。

公共工事の品質に関しては受注者の技術的能力に依存するところが大きいが、我が国の建設業界の技術力は高い水準にあるため、技術提案評価型A型によりその高い技術力を有効に活用することで、コストの縮減や工事目的物の性能・機能の向上、工期短縮等の施工の効率化等、一定のコストに対して得られる品質が向上し、公共事業の効率的な執行につながるものと期待できる。

また、技術提案評価型S型では発注者が示す標準的な仕様（標準案）に対して施工上の特定の技術的課題等に関する施工上の工夫等の技術提案を求めることにより、企業の優れた技術力を活用し、公共工事の品質をより高めることが期待できる。その結果、国民にとっては、将来の維持管理費を含めた総合的なコストの縮減、工事目的物の性能・機能の向上、環境の維持や交通の確保といった利益を享受することができる。

また、積極的に技術提案評価型を活用することにより民間企業の技術開発・技術者育成の促進にもつながるものと期待される。

2-1-2 総合評価落札方式適用の概要

直轄工事において、総合評価落札方式を適用する場合には、公共工事の特性（工事内容、規模、要求要件等）に応じて、施工能力評価型、技術提案評価型のいずれかの総合評価落札方式を選択するものとする。

工事における技術的能力の審査、技術提案の評価・活用の流れについては、図 2-1 に示すとおりである。

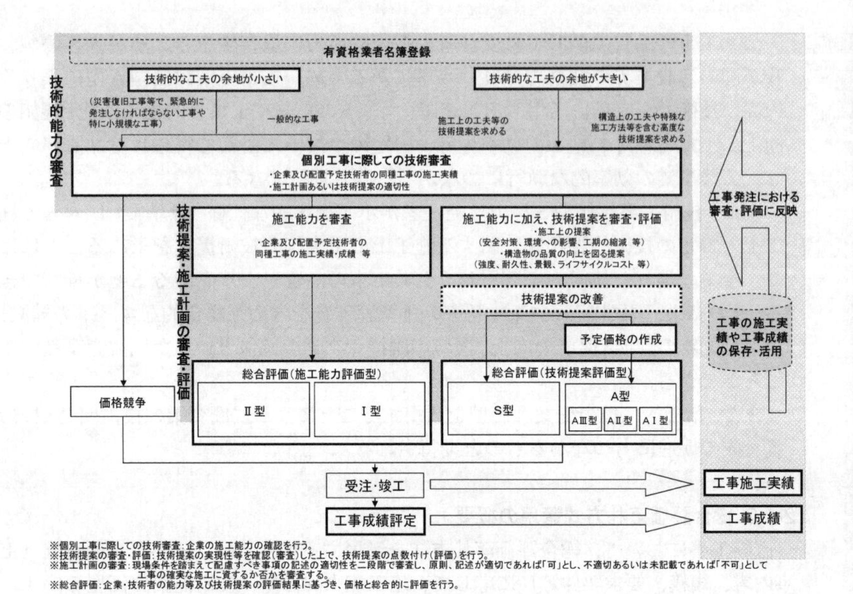

図 2-1　工事における技術的能力の審査・技術提案の評価・活用の流れ

2-1-3 総合評価落札方式のタイプ選定の詳細

総合評価落札方式のタイプ選定は、図 2-2 のフローに従って行うこととする。なお、工事の仕様が不確定あるいは仕様の前提条件が不確定の場合には、技術提案・交渉方式の積極的な活用を検討するものとする。また、各タイプを適用する工事の内容の例を表 2-2、表 2-3 に示す。

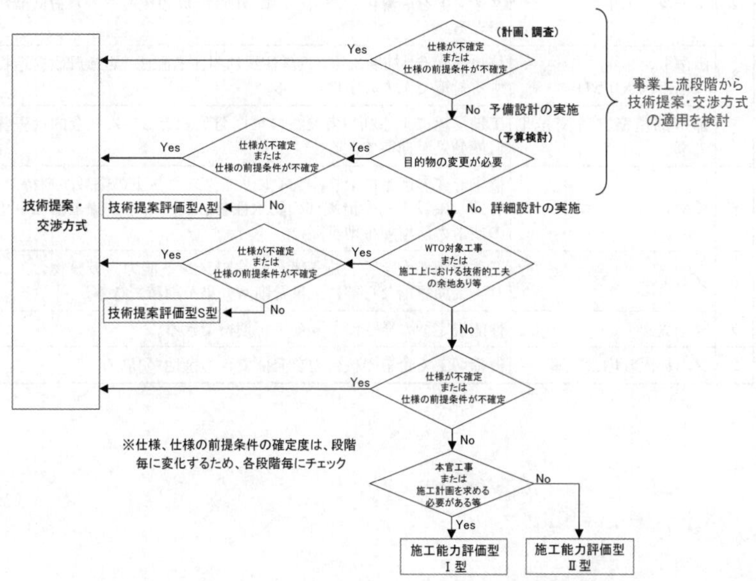

図 2-2　総合評価落札方式と技術提案・交渉方式の選択フロー

(1) 技術提案評価型Ａ型の適用検討

民間の高度な技術力を活用する観点から、表 2-2 に示す工事については、適切な時期に技術提案評価型Ａ型の適用を検討することとする。

表 2-2　技術提案評価型Ａ型の適用を検討する工事の具体例

	工種	工事条件
1	低土被り道路・共同溝トンネル	近年低土被り掘進で技術進歩が著しく周辺環境負荷の低減可能なシールド工法と、仮設で工夫の余地が高い開削トンネルで効果が期待できる。
2	シールド工事	施工者独自のセグメント継手を採用し、耐震性・耐久性の向上や、セグメントを肉薄化し、排出土量の削減、周辺環境への負荷低減が期待できる。
3	山岳トンネル （都市ＮＡＴＭ）	坑口部構造、補助工法、近隣住民に対する配慮、近接既設構造物に対する対策で工夫の余地がある。
4	都市部道路立体交差化工事	工期短縮による利用者便益の早期発現、ならびに社会的損失費用の低減効果が期待できる。
5	橋梁	橋梁形式の選定により、ライフサイクルコストの縮減が期待できる。特殊な架設工法や桁端部の防水性を必要とする鋼橋上部工事で企業の技術力活用の余地が高い。
6	ダム工事	発注規模が大きく、施工者のマネジメント能力、仮設物の工夫により、工期短縮ならびに工事費削減効果が期待できる。
7	離岸堤	性能規定型の発注により効果が期待できる。
8	ダム放流管増設工事	仮締切工で企業の技術力を発揮できる余地が高い。

表 2-3　各タイプを適用する工事内容の例

		施工能力評価型		技術提案評価型		
		Ⅱ型	Ⅰ型	S 型	AⅢ型	AⅠ型、AⅡ型※
具体例	築堤工	・築堤工事のうち土量 10,000m3 未満で特に困難な条件がない工事	・築堤工事のうち堤防高さ 5m 以上で土量 10,000m3 以上の工事 ・Ⅱ型の工事のうち延長が 200m 以上の工事	・築堤工事のうち土量 30,000m3 以上の工事	・築堤と樋門、樋管を一体的に施工する場合	・大規模水害対策等で関係機関等と一体的に整備する必要のある場合
	道路土工	・道路土工のうち盛土高 10m 未満で土量 50,000m3 未満の工事	・道路土工のうち盛土高 10m 以上で土量 50,000m3 以上の工事	・道路土工のうち土量 150,000m3 以上の工事	・道路土工と橋梁等の構造物を一体的に施工する場合	・地域整備計画と一体的に整備する必要のある場合
	橋　梁	―	・鋼橋上部のうち、構造形式として、単純鈑桁橋で最大支間長が 25m未満の製作・架設工事 ・PC工事のうち構造形式が、単純桁の床版橋の架設工事 ・PC工事のうち、プレテンションの購入桁の架設工事	・鋼橋上部のうち、構造形式が単純鈑桁橋以外の製作・架設工事 ・PC工事のうち、構造形式が連結桁、かつ床版橋以外の架設工事	・構造形式として新形式、複合構造、斜張橋、吊橋、トラス橋、アーチ橋等の特殊構造が想定される場合 ・架設工法としてトラッククレーンベント工法以外の工法（例えば、送出し工法、横取り工法、ケーブルエレクション等）が想定される場合 ・保全工事のうち難易度の高いもの（大規模な桁本体の補強・取替、特殊構造物の補強等） （以上 詳細設計付きで発注）	・交通量の多い高架橋等で施工期間等の制約が非常に大きく、特殊な施工方法と当該施工方法に合致した目的物が必要な場合 ・PC、メタルの両形式を容認する規模の橋梁等
	トンネル 山岳	―	・NATM工法で掘削区分がA～C、内空断面積が 45m2 未満かつトンネル延長が、300m未満の工事	・NATM工法で内空断面積が 45m2 以上かつトンネル延長が、300m以上の工事	・特殊な地山条件（膨張性、未固結、大量湧水、有毒ガス、高地熱等）や施工条件（低・大土被、偏圧、近接施工）の工事	・既設トンネルの拡幅、扁平・大断面工事
	トンネル シールド等	―	・施工条件が特殊でなく小口径の工事	・施工条件が特殊でなく大中口径の工事	・長距離、超大断面、大深度、急速施工を要する工事	・非開削での切開きや分岐が必要な工事

※AⅠ：通常の構造・工法では制約条件を満足できない場合
AⅡ：有力な構造・工法が複数あり、技術提案で最適案を選定する場合

2-2　総合評価落札方式の事務の効率化

2-2-1 段階的選抜方式

○基本的な考え方

段階的選抜方式は、品確法第１６条に規定された方式であり、技術資料（同種工事の実績等）や簡易な技術提案に基づく絞り込み（一次審査）を行った後に、詳細な技術提案の提出やヒアリングを求め、契約の相手方を決定（二次審査）するというものである。これにより、発注者には技術審査・評価に係る事務量の軽減及び期間の短縮、受注者には技術提案作成に係る負担の軽減につながることが期待される。

技術提案を求める競争参加者数が比較的多くなることが見込まれる工事においては、段階的選抜方式を活用することにより、受発注者双方の事務量の軽減と適正な審査の確保を図ることが望ましい。

なお、本方式は、品確法に基づく「基本方針」（公共工事の品質確保の促進に関する施策を総合的に推進するための基本的な方針（平成２６年国土交通省告示第１０４０号））において一般競争入札方式の総合評価落札方式における過程の中で行うことができるものとされている。

一般競争入札方式の総合評価落札方式において段階的選抜方式を実施するに当たっては、予算決算及び会計令（昭和２２年勅令第１６５号）第７６条の「入札に関する条件」として、一次審査において一定の技術水準に達していない競争参加者が行った入札を無効とする条件を設定し、入札公告及び入札説明書において、その旨を明らかにするものとする。

この場合、競争参加資格を確認した後、一次審査結果を競争参加者に通知した上で、二次審査に必要な技術資料を提出させ、評価を行うものとする。また、競争参加資格を有する者であれば、入札自体を行うことができるものの、一次審査結果が一定の技術水準に達していない場合は、その者がした入札は無効となることに留意するものとする。

○対象工事

技術提案評価型を適用する工事のうち、技術提案を求める競争参加者数が比較的多くなることが見込まれる工事を対象とする。

また、施工能力評価型Ⅰ型を適用する工事のうち、「高知県内の入札談合事案を踏まえた入札契約手続の見直しの実施について」（平成２６年２月６日付け国地契第６１号、国官技第２５６号、国営計第１１０号、国北予第３９号）記１に定める対象工事（以下「同時提出型」という。）を除き、ヒアリングを求める競争参加者数が多くなることが見込まれる工事を対象とすることができるものとする。施工能力評価型Ⅱ型を適用する工事は対象としない。段階的選抜方式の適用の考え方等については、図 2-3 に示すとおりである。

<table>
<tr><th colspan="2" rowspan="2">総合評価タイプ</th><th colspan="2">技術提案評価型</th><th rowspan="2">施工能力評価型
Ⅰ型</th><th rowspan="2">施工能力評価型
Ⅱ型</th></tr>
<tr><th>A型</th><th>S型</th></tr>
<tr><td colspan="2">適用の考え方</td><td colspan="2">技術提案を求める競争参加者数が比較的多くなることが見込まれる工事において活用を検討</td><td>ヒアリングを行う競争参加者を絞り込む必要がある場合に実施できる※1</td><td rowspan="4">段階的選抜方式を行わない</td></tr>
<tr><td colspan="2">絞り込みの考え方</td><td colspan="3">一次審査における各順位者の落札可能性を考慮する</td></tr>
<tr><td rowspan="2">評価方法</td><td>一次審査</td><td colspan="3">企業の能力等及び技術者の能力等
（工事実績、成績、表彰等）</td></tr>
<tr><td>二次審査
※2</td><td>技術提案</td><td>（WTO対象）
技術提案
（WTO対象外）
企業の能力等及び技術者の能力等
＋技術提案等</td><td>企業の能力等及び技術者の能力等
＋ヒアリング項目等
（監理能力等）</td></tr>
</table>

※1 各事務所（北海道開発局にあっては、各開発建設部）の長が必要と認めた場合を除き、同時提出型については実施しない。
※2 評価項目については、この他に施工体制（選択）等がある。

図 2-3　段階的選抜方式の適用の考え方

○評価項目及び評価基準の考え方

一次審査及び二次審査の評価項目や評価基準を明らかにし、手続の透明性や公正性の確保を図るものとする。

一次審査の評価項目は、競争参加者及び発注者双方の負担軽減の観点から、企業の能力等及び技術者の能力等とすることが望ましい。具体的には、企業及び技術者の工事実績、工事成績評定点、優良工事表彰、優良工事技術者表彰のほか、その他の企業の能力等（手持ち工事量等）、地域精通度等の項目について、それぞれ適切に設定するものとする。

なお、一次審査の評価基準の設定に際しては、二次審査の対象が特定の者に偏り、一定の技術水準を満たした者が対象外とならないよう、競争参加資格の確認との組み合わせを考慮し、施工実績の要件をより詳細に求めるなど、有効な評価ができるよう配慮が必要である。（例えば、橋梁工事において、一次審査の評価基準として、施工実績に関し橋梁形式（桁形式等）や最大支間長等をより詳細に設定するなど）

また、国内実績のない外国籍企業が国外での施工実績により参加する場合に国内実績と同等に評価する方法について検討が必要であるが、当面、「当該発注部局の総合評価審査委員会において審査の上、発注者の示した要件を満たす同種工事の施工実績として妥当と判断された場合、一次審査の評価対象とする。」などの対応が考えられる。

二次審査の評価項目は、技術提案評価型Ｓ型のうちＷＴＯ対象工事以外のものについては、一次審査の評価項目のほか、技術提案、配置予定技術者へのヒアリング（選択）及び施工体制（選択）とする。また、ＷＴＯ対象工事及び技術提案評価型Ａ型を適用する工事については、一次審査での評価項目は二次審査では評価しない。従って、二次審査の評価項目は、技術提案評価型Ｓ型のうちＷＴＯ対象工事については、技術提案、ヒアリング及び施工体制（選択）とし、技術提案評価型Ａ型を適用する工事については、技術提案及び施工体制（選択）とする。

なお、技術提案評価型については、品質向上に資する技術提案を評価する。また、技術提案評価型Ｓ型を適用する工事における配置予定技術者へのヒアリングは、ＷＴＯ対象工事以外のものでは、監理能力（選択）及び技術提案の理解度（選択）について、ＷＴＯ対象工事では、技術提案の理解度について確認する。

○絞り込みの考え方等

絞り込みの基準の設定は、一次審査における評価結果を踏まえた落札可能性等を考慮して行うことなどが考えられる。例えば、過去の実績における落札者の技術評価結果から、一次審査を行った場合に落札者となり得る技術水準を有する者の数を割り出し、基準として設定する（技術提案評価型Ｓ型については５～１０者程度、技術提案評価型Ａ型については３～５者程度）ことなどが考えられる。

なお、技術提案の採否の通知については、技術提案の評価後、入札書の提出期限の前までに速やかに行うことが望ましい。また、一次審査結果が一定の技術水準に達していない場合は、その者がした技術提案については、評価を行わず、採否の通知も行わないものとする。

○入札公告及び入札説明書の記載例並びに一次審査結果の通知例

段階的選抜方式に係る入札公告及び入札説明書の記載例並びに一次審査結果の通知例を以下に示す。

[入札公告及び入札説明書の記載例]

(　) 工事の概要

本工事は、一次審査の審査評価点の合計が上位○者（ただし、○者目の審査評価点と同点の者が複数いる場合は、その全ての者を含む。）以外の競争参加者による入札は無効とする段階的選抜方式の適用工事である。

(　) 一次審査に関する事項

○　一次審査の評価に関する基準

各評価項目について、下記の評価基準に基づき行う。

…

○　一次審査結果の通知

本工事の一次審査に係る評価の結果は、令和○年○月○日（　）に通知する。なお、一次審査結果の通知を受けた者は、支出負担行為担当官に対して一次審査結果の理由について、次に従い説明を求めることができる。

…

○　入札の無効

一次審査の審査評価点の合計が上位○者（ただし、○者目の審査評価点と同点の者が複数いる場合は、その全ての者を含む。）以外の競争参加者による入札は無効とする。

(　) 競争参加資格の確認等

○　技術提案の採否の通知

一次審査の審査評価点の合計が上位○者以外の競争参加者による技術提案については評価を行わず、採否の通知も行わない。

［一次審査結果の通知例］

年　月　日

○○建設株式会社
　△△支店長　□□殿

支出負担行為担当官
○○

国道◇号○○工事に係る競争入札の一次審査結果の通知について

本年○月○日に公告した標記工事について、貴社より提出された技術資料につき一次審査を行った結果を以下のとおり通知する。なお、本工事においては当該公告中（○）に記載したとおり、一次審査の審査評価点の合計が上位○者（ただし、○者目の審査評価点と同点の者が複数いる場合は、その全ての者を含む。）以外の競争参加者による入札は無効となることに留意されたい。

記

一次審査結果：上位○者に該当しない

2-2-2 一括審査方式

○基本的な考え方

総合評価落札方式における企業の技術力審査・評価を効率化するため、一定の条件を満たす２以上の工事において、提出させる技術資料（技術提案及び施工計画を含む。）の内容を同一のものとする「一括審査方式」を適用することができる。

○対象工事

具体的には、以下の条件を満たす工事が対象となる。

- 支出負担行為担当官又は分任支出負担行為担当官が同一である工事
- 工事の目的・内容が同種の工事であり、技術力審査・評価の項目が同じ工事
- 工事種別や等級区分等が同じ工事
- 入札公告、競争参加資格申請書等の提出、入札、開札及び落札決定のそれぞれについて同一日に行うこととしている工事
- 工事の品質確保又は品質向上を図るために求める施工計画又は技術提案のテーマが同一となる工事
- 工事難易度が同じ工事

○留意事項

一括審査方式の適用に当たっては、次の事項に留意するものとする。

- 入札公告及び入札説明書の交付は工事ごとに別々に行うこと。
- 落札決定を行う工事の順番を入札公告及び入札説明書において明らかにすること。

2-3 手続フロー

施工能力評価型を適用する工事の標準的な手続フロー及び同時提出型で実施するものに係る手続フローは 2-3-1 に示すとおりとし、これに沿って手続を行うものとする。

また、技術提案評価型を適用する工事の標準的な手続フローは 2-3-2 及び 2-3-3 に示すとおりとし、これに沿って手続を行うものとする。

2-3-1 施工能力評価型の手続フロー

(1) 施工能力評価型

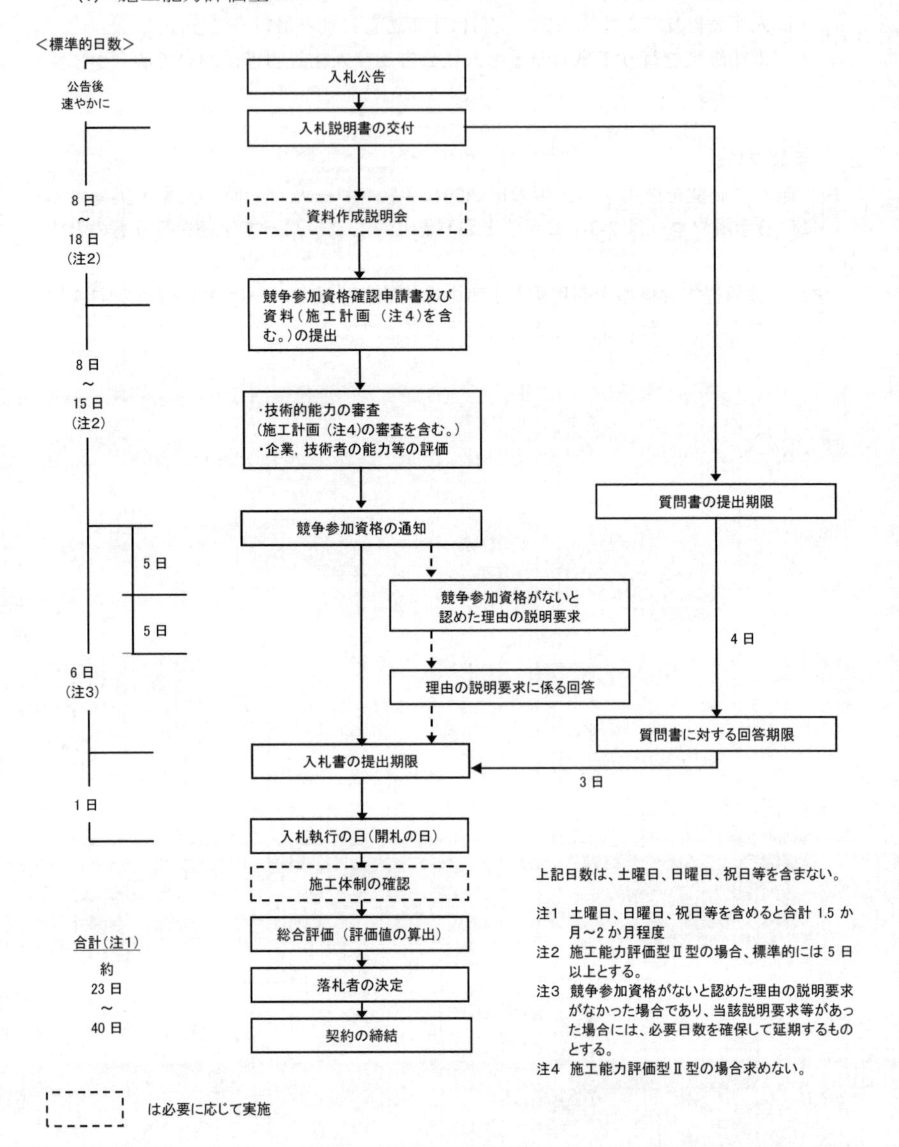

図 2-4 施工能力評価型の入札・契約手続フロー

(2) 施工能力評価型（同時提出型、歩掛見積りあり）

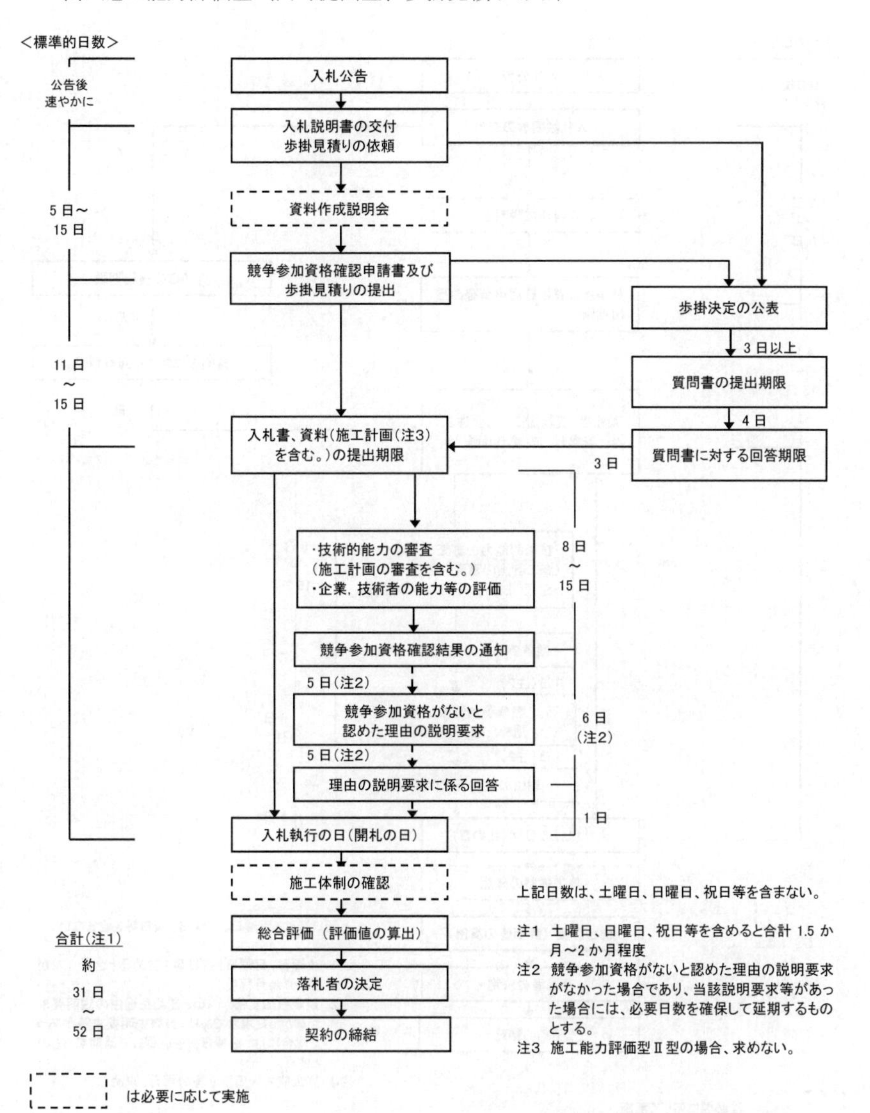

図 2-5 施工能力評価型（同時提出型、歩掛見積りあり）の入札・契約手続フロー

(3) 施工能力評価型（同時提出型、歩掛見積りなし）

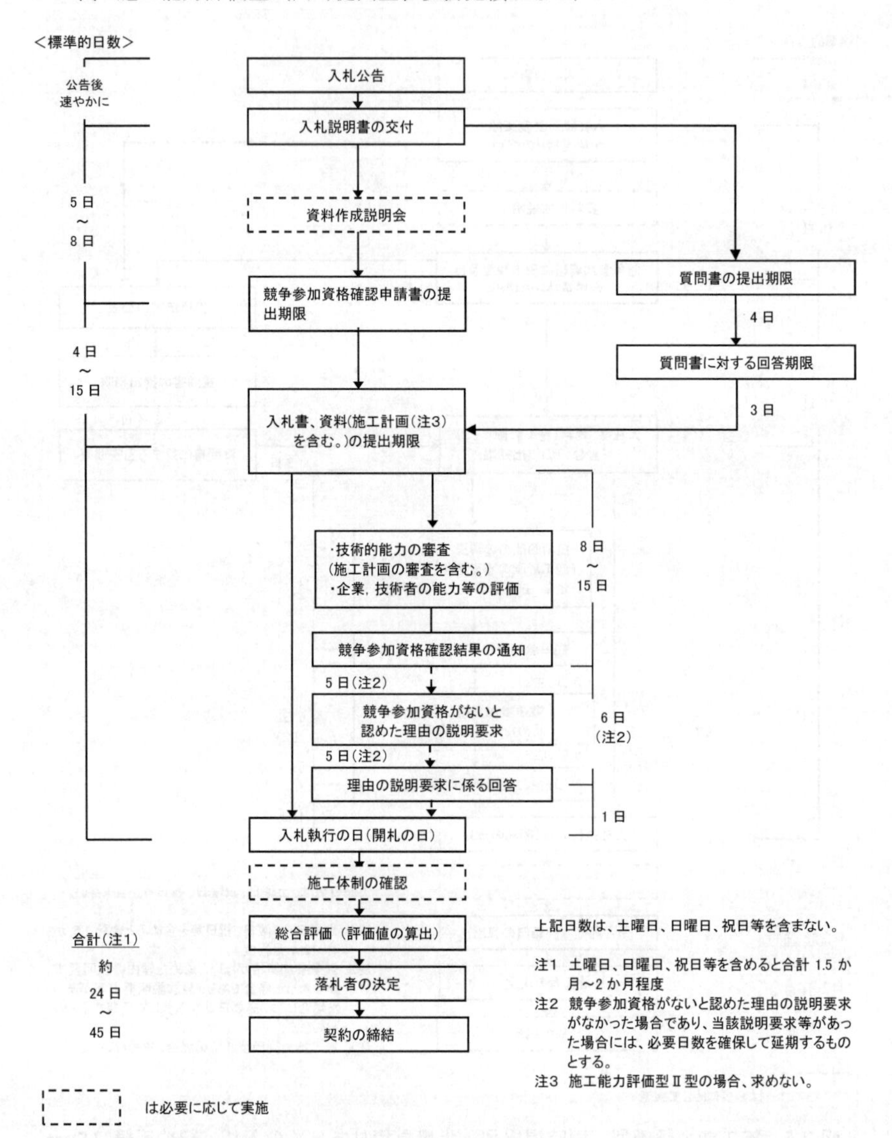

図 2-6 施工能力評価型（同時提出型、歩掛見積りなし）の入札・契約手続フロー

2-3-2 技術提案評価型Ｓ型の手続フロー

(1) 技術提案評価型Ｓ型

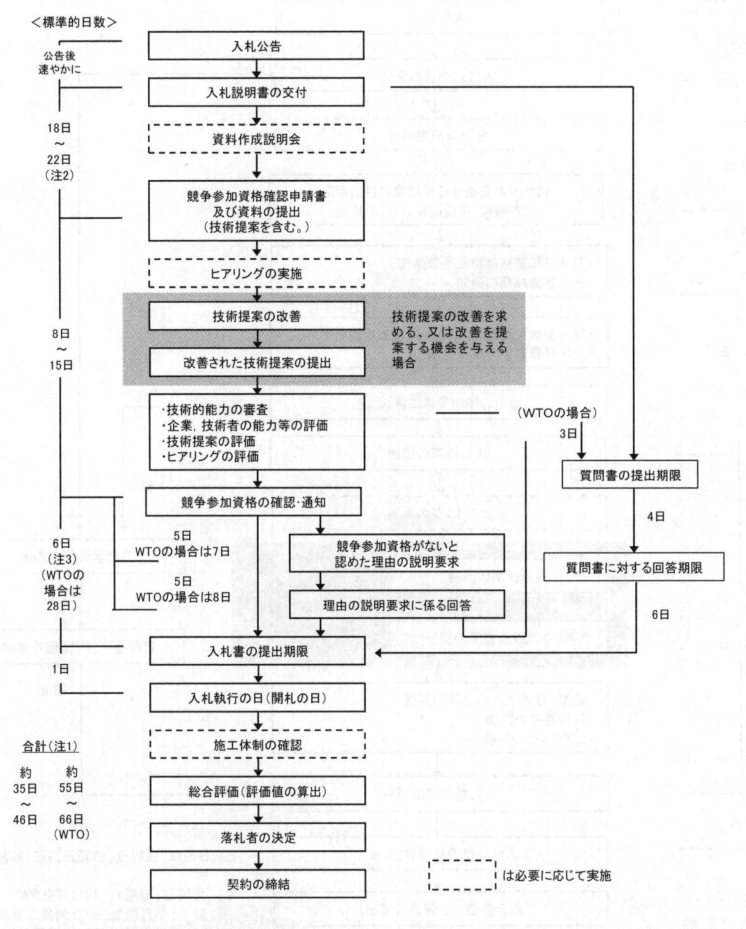

上記日数は、土曜日、日曜日、祝日等を含まない。

注1　土曜日、日曜日、祝日等を含めると合計 1.5 か月～2 か月程度、WTO 対象工事は合計 2.5 か月～3 か月程度
　　なお、各事務所（北海道開発局にあっては、各開発建設部）の長が必要と認めた場合に実施する同時提出型については、この限りではない。

注2　技術提案を求める項目が少なく、かつ、その難易度が低いものについては、当該標準的日数を 10 日以上として差し支えないものとする。なお、政府調達に関する協定に基づく調達において当該措置を行おうとする場合は、事前に本省担当課と協議されたい。（「総合評価落札方式における手続の簡素化について」（平成 20 年4月1日付け国地契第 79 号、国官技第 338-3 号、国営計第 109-4号））

注3　競争参加資格がないと認めた理由の説明要求がなかった場合であり、当該説明要求等があった場合には、必要日数を確保して延期するものとする。

図 2-7 技術提案評価型Ｓ型の入札・契約手続フロー

(2) 技術提案評価型Ｓ型（段階的選抜方式）

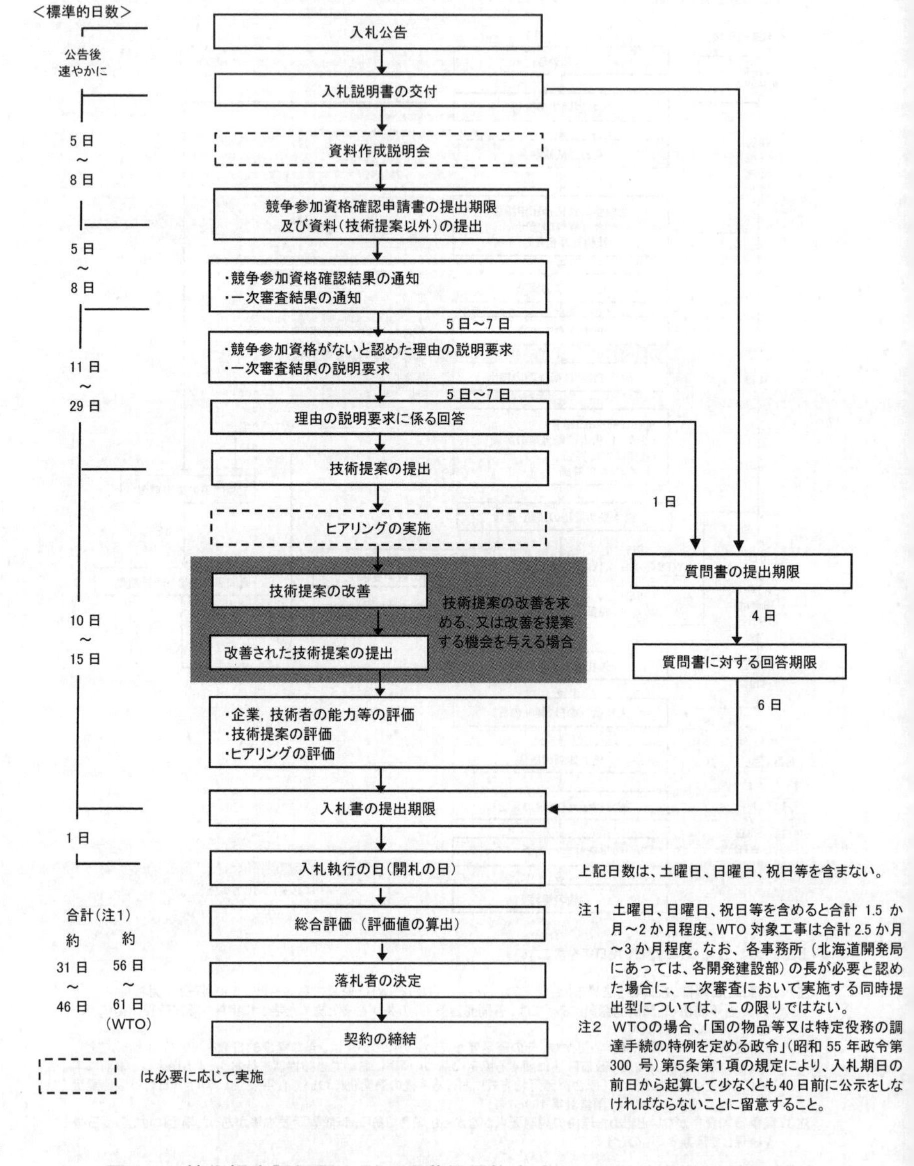

図2-8　技術提案評価型Ｓ型（段階的選抜方式）の入札・契約手続フロー

2-3-3 技術提案評価型Ａ型の手続フロー

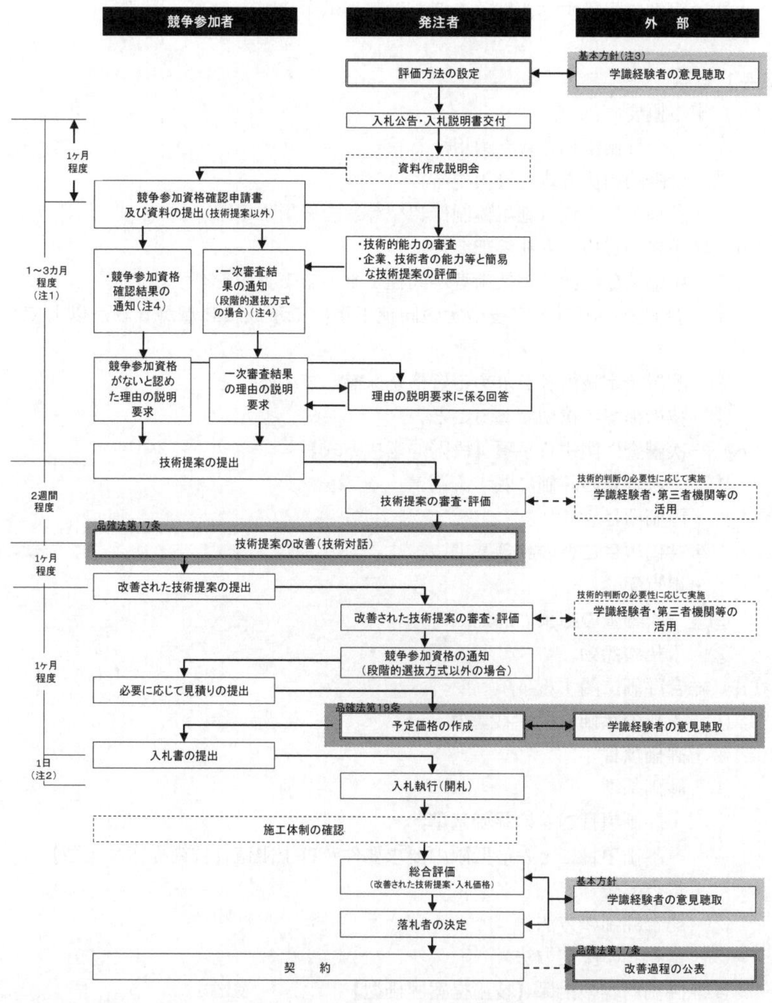

注1　ＡⅠ型及びＡⅡ型の場合は2～3ヶ月程度、ＡⅢ型の場合は1～2ヶ月程度を基本とする。なお、ＡⅢ型において技術提案の提出までの期間を1ヶ月程度とする場合には、申請書及び資料と同時に技術提案の提出を求めてもよい。
注2　日曜日、土曜日、祝日等を含まない。
注3　基本方針：公共工事の品質確保の促進に関する施策を総合的に推進するための基本的な方針(平成17年8月26日閣議決定)
注4　競争参加資格がないと認めた理由、一次審査結果の理由についての説明を求めるものができるものとし、この説明要求申立て期間(7日)については日曜日、土曜日、祝日等を含まない。
注5　WTOの場合、「国の物品等又は特定役務の調達手続の特例を定める政令」(昭和55年政令第300号)第5条第1項の規定により、入札期日の前日から起算して少なくとも40日前に公示をしなければならないことに留意すること。

図 2-9 技術提案評価型Ａ型の入札・契約手続フロー

2-4 入札説明書への記載

入札説明書に明示すべき事項の例を以下に示す。

2-4-1 総論

（a）工事概要

① 総合評価落札方式を適用する旨

② 段階的選抜方式を適用する旨

③ 各種試行方式（施工体制確認型等）を適用する旨

（b）競争参加資格（入札参加要件）

① 企業及び配置予定技術者が同種工事の施工実績を有すること

② 企業及び配置予定技術者の同種工事の工事成績評点が６５点以上であること

③ 配置予定技術者が求める資格を保有していること

④ 技術提案が適切であること

（c）一次審査に関する事項【段階的選抜方式】

① 一次審査の評価に関する基準

・評価項目

・評価項目ごとの評価基準

・得点配分

② 一次審査の結果の通知

③ 入札の無効

（d）総合評価に関する事項

① 入札の評価に関する基準

・評価項目

・評価基準

・評価項目ごとの評価基準

・評価項目ごとの最低限の要求要件及び上限値【技術提案評価型】

・得点配分

② 総合評価の方法

③ 落札者の決定方法

④ 評価内容の担保【技術提案評価型】

・技術提案内容の不履行の場合における措置

（再度の施工義務、損害賠償、工事成績評定の減点等を行う旨）

（e）競争参加資格の確認等

① 提出を求める技術資料

② 配置予定技術者のヒアリングの有無

③ 競争参加資格確認結果の通知

④　技術提案の採否の通知

（ｆ）予定価格算定時における施工計画の活用方法【技術提案評価型Ａ型】

（ｇ）入札及び開札の日時

（ｈ）提案値の変更に関する事項

・施工条件の変更、災害等、請負者の責めに帰さない理由による技術提案の取扱い

（ｉ）その他（技術資料の提出様式等）

※　技術提案評価型Ａ型に関する詳細は、2-9 を参照のこと。

※　段階的選抜方式に係る入札説明書の記載例は、2-2-1 を参照のこと。

2-4-2 技術提案

発注者の意図を明確にし、競争参加者からの的確な技術提案の提出を促すため、入札説明書等の契約図書において施工条件や要求要件（最低限の要求要件、評価する上限がある場合には上限値）の明示の徹底を図る必要がある。技術提案に係る要求要件（最低限の要求要件及び上限値）の設定例を表 2-4 及び表 2-5 に示す。

また、発注者は、技術提案を求める範囲を踏まえ、技術提案書の分量の目安を示すことにより、競争参加者に過度の負担をかけないよう努めることとする。

例えば、複数提案（１つの提案項目に複数の着目対象について提案を記載するもの）がされた場合は当該項目については加点評価対象としないこととする。これにより難い場合は、当該項目については最も評価が低い提案で評価することとするなど、複数提案を誘発しない評価方法とする。また、過度なコスト負担を要する提案（いわゆる「オーバースペック」）については優れた提案であっても優位に評価しないこととする（表 2-6）。

表 2-4　技術提案に係る要求要件の設定例（1）定量評価の場合

評価項目	最低限の要求要件	技術提案の上限値	上限値の設定根拠
水質汚濁対策（pH 値，SS 値）	工事排水　pH 値　8.5 以下	工事排水　pH 値　7.0	中性である pH 値 7.0 を上限値として設定
	SS 値　25mg/L 以下（生活環境の保全に関する環境基準　河川 AA 類型）	SS 値　15mg/L	当該工事期間（12 月～3 月）と同じ月の過去 3 カ年の平均測定値を上限として設定
騒音低減対策（dB(A)）	発電機室内騒音　85dB(A) 以下	発電機室内騒音　75dB(A) 以下	発電機・原動機共通筐体の標準的遮音性能を上限値として設定
現道作業時間（時間）	作業時間　8 時間以下	作業時間　4 時間	標準案 1 班体制に対し 3 班体制を想定した場合の作業時間を上限として設定
アスファルト再生材の使用量（t）	AS 再生材使用量　320t 超	AS 再生材使用量　806t	舗装再生便覧（日本道路協会）に基づき上限値を設定

表 2-5　技術提案に係る要求要件の設定例（2）定性評価の場合

評価項目	入札説明書への記載例
共通	●本工事は、施工方法等の技術提案を受け付け、標準案に基づき算定する予定価格の範囲内において、価格以外の要素と価格を総合的に評価して落札者を決定する総合評価落札方式（技術提案評価型Ｓ型）の工事である。 ●施工方法等の技術提案は各課題に対し最大５項目（各項目についてＡ４用紙○枚以内）までの提案とし、工事の品質向上に資する提案を評価の対象とする。
盛土の品質管理	●管理基準値の設定の引き上げや、使用材料（購入土）、施工方法（30t 以上 BD）等、過度にコスト負担を要する提案がなされた場合はより優位に評価しない。
粉塵対策	●工法変更（散水による粉塵防止から粉塵防止材等の変更を含む。）、機械設備の設置、専任の作業員（道路監視員など）の配置等、過度にコスト負担を要する提案がなされた場合はより優位に評価しない。
コンクリートの品質管理	●特記仕様書（案）に示すコンクリートの配合を大幅に変更して品質の安定化を図る方法等、過度にコスト負担を要する提案がなされた場合はより優位に評価しない。

表 2-6　複数提案及び過度なコスト負担の設定例

項目	入札説明書への記載例
「複数提案」について	●１つの提案項目は、１つの着目対象（○○対策、等）に限って設定すること。 ●１つの提案項目に、複数の着目対象に対する技術提案が記載された場合には、以下の取扱とする。（選択） ・当該提案項目を加点評価対象としない ・当該提案項目の着目対象の１つのみを加点評価対象とする ・最も評価が低い提案に基づいて評価する ・（数値化が困難で数段階の判定方式を採用している場合に選択）最上位の評価としない。
「過度なコスト負担を要する提案」について提案	●過度なコスト負担を要する提案は、優れた提案であっても、〔【a】過度なコスト負担を要しない提案より優位な評価としない〕〔【b】加点対象としない〕。　※a:相対評価の場合 b:絶対評価の場合 「過度なコスト負担」の考え方： ①　発注者が示す『要求水準』に対して過剰なもの 管理基準の厳格化、要求水準に対して過剰な材料・配合・数量及び工法 例）・排水基準（ss・pH）、騒音値等の厳格化 ・高強度材料、重防食等へのグレードアップ ・ボーリング、観測機器、監視員等の追加 ②　提案の履行に要する『費用』が高価なもの 技術的な工夫や配慮（要素技術の活用は可）の域を超える ③　提案の『効果』が十分でないもの 費用（工夫・配慮の手間を含む）に見合った効果（品質確保、生産性向上等）が期待できない

2-5 競争参加資格要件と総合評価項目

総合評価の評価項目は、品質確保・品質向上の観点を中心に、公共工事の品質確保の担い手の中長期的な育成及び確保など公共工事に関連する政策の推進の観点も含め適宜設定する。

表 2-7 競争参加資格要件と総合評価項目案（施工能力評価型）

資格要件・評価項目			施工能力評価型 I 型			施工能力評価型 II 型		
			参加要件	段階的選抜※	総合評価	参加要件	段階的選抜	総合評価
企業の能力等		同種工事の施工実績	○	○	○	○	段階的選抜方式は実施しない	○
		工事成績	○	○	○	○		○
		表彰	×	○	○	×		○
		関連分野での技術開発の実績	×	△	△	×		△
		品質管理・環境マネジメントシステムの取組状況（ISO 等）	×	△	△	×		△
		技能者の配置状況、作業拠点の有無、施工機械の保有状況等の施工体制	×	△	△	×		△
		その他（手持ち工事量等）	△	△	△	△		△
	地域精通度等	地理的条件：本支店営業所の所在地	△	△	△	△		△
		地理的条件：企業の近隣地域での施工実績の有無	△	△	△	△		△
		地理的条件：配置予定技術者の近隣地域での施工実績	△	△	△	△		△
		災害協定の有無・協定に基づく活動実績	×	△	△	×		△
		その他（ボランティア活動等）	×	△	△	×		△
技術者の能力等		資格	○	△	△	○		△
		同種工事の施工実績	○	○	○	○		○
		工事成績	○	○	○	○		○
		表彰	×	○	○	×		○
		継続教育（CPD）の取組状況	×	△	△	×		△
		その他	△	△	△	×		△
		監理能力（ヒアリング）	×	×	△	×		×
技術提案（施工計画）		施工計画	○	×	×	×		×
		施工計画の適切性（ヒアリング）	△	×	×	×		×
		技術提案	×	×	×	×		×
施工体制		品質確保の実効性	×	×	△	×		△
		施工体制確保の確実性	×	×	△	×		△

（凡例） ○:必須 △:選択 ×:非設定

※ 各事務所（北海道開発局にあっては、各開発建設部）の長が必要と認めた場合を除き、同時提出型については、段階的選抜方式を実施しないものとする。

表 2-8　競争参加資格要件と総合評価項目案（技術提案評価型Ｓ型）

資格要件・評価項目※1			技術提案評価型 S 型(WTO 以外) 参加要件	技術提案評価型 S 型(WTO 以外) 段階的選抜	技術提案評価型 S 型(WTO 以外) 総合評価	技術提案評価型 S 型(WTO) 参加要件	技術提案評価型 S 型(WTO) 段階的選抜	技術提案評価型 S 型(WTO) 総合評価※2
企業の能力等		同種工事の施工実績	○	○	○	○	○	×
		工事成績	○	○	○	○※2	○※2	×
		表彰	×	○	○	×	○※2	×
		関連分野での技術開発の実績	×	△	△	×	△	×
		品質管理・環境マネジメントシステムの取組状況(ISO 等)	×	△	△	×	△	×
		技能者の配置状況、作業拠点の有無、施工機械の保有状況等の施工体制	×	△	△	×	△	×
		その他(手持ち工事量等)	△	△	△	×	△	×
	地域精通度等	地理的条件 本支店営業所の所在地	△	△	△	×	△	×
		地理的条件 企業の近隣地域での施工実績の有	△	△	△	×	△	×
		地理的条件 配置予定技術者の近隣地域での施工実績	△	△	△	×	△	×
		災害協定の有無・協定に基づく活動実績	×	△	△	×	△	×
		その他(ボランティア活動等)	×	△	△	×	△	×
技術者の能力等		資格	○	△	△	○	△	×
		同種工事の施工実績	○	○	○	○	○	×
		工事成績	○	○	○	○※2	○※2	×
		表彰	×	○	○	×	○※2	×
		継続教育(CPD)の取組状況	×	△	△	×	△	×
		その他	△	△	△	×	△	×
		監理能力(ヒアリング)	×	×	△	×	×	×
技術提案(施工計画)		施工計画	×	×	×	×	×	×
		施工計画の適切性(ヒアリング)	×	×	×	×	×	×
		技術提案	○	×※3	○	○	×※2	○
		技術提案の理解度(ヒアリング)	△	×	△	○	×	○
施工体制		品質確保の実効性	×	×	△	×	×	△
		施工体制確保の確実性	×	×	△	×	×	△

(凡例)　○:必須　△:選択　×:非設定

※1　WTO 対象工事にあっては、国内実績のない外国籍企業が不利となるような評価項目を設定してはならない。
※2　海外企業を同等に評価することが困難な場合は、必須条件とはしない。
※3　段階的選抜では技術提案を求めないことを原則とするが、建築工事等工種により必要に応じて技術提案を求めることを可能とする。

表 2-9 競争参加資格要件と総合評価項目案（技術提案評価型A型）

資格要件・評価項目※1			技術提案評価型 A型(WTO 以外)			技術提案評価型 A 型(WTO)		
			参加要件	段階的選抜	総合評価	参加要件	段階的選抜	総合評価※2
企業の能力等		同種工事の施工実績	○	○	×	○	○	×
		工事成績	○	○	×	○※2	○※2	×
		表彰	×	○	×	×	○※2	×
		関連分野での技術開発の実績	×	△	×	×	△	×
		品質管理・環境マネジメントシステムの取組状況(ISO 等)	×	△	×	×	△	×
		技能者の配置状況、作業拠点の有無、施工機械の保有状況等の施工体制	×	△	×	×	△	×
		その他(手持ち工事量等)	△	△	×	×	△	×
	地域精通度等	地理的条件 本支店営業所の所在地	△	△	×	×	△	×
		地理的条件 企業の近隣地域での施工実績の	△	△	×	×	△	×
		地理的条件 配置予定技術者の近隣地域での施工実績	△	△	×	×	△	×
		災害協定の有無・協定に基づく活動実績	×	△	×	×	△	×
		その他(ボランティア活動等)	×	△	×	×	△	×
技術者の能力等		資格	○	△	×	○	△	×
		同種工事の施工実績	○	○	×	○	○	×
		工事成績	○	○	×	○※2	○※2	×
		表彰	×	○	×	×	○※2	×
		継続教育(CPD)の取組状況	×	△	×	×	△	×
		その他	△	△	×	×	△	×
		監理能力(ヒアリング)	×	×	×	×	×	×
技術提案(施工計画)		施工計画	×	×	×	×	×	×
		施工計画の適切性(ヒアリング)	×	×	×	×	×	×
		技術提案	○	△	○	○	△	○
		技術提案の理解度(ヒアリング)	○※3	×	○※3	○※3	×	○※3
施工体制		品質確保の実効性	×	×	△	×	×	△
		施工体制確保の確実性	×	×	△	×	×	△

(凡例) ○:必須 △:選択 ×:非設定

※1 WTO 対象工事にあっては、国内実績のない外国籍企業が不利となるような評価項目を設定してはならない。
※2 海外企業を同等に評価することが困難な場合は、必須条件とはしない。
※3 ヒアリングは実施するが、技術提案に対する発注者の理解度向上を目的とするものであり、ヒアリング自体の審査・評価は行わない（技術提案を審査・評価）。

2-6　技術的能力の審査（競争参加資格の確認）

競争参加資格として設定されている技術的能力の審査を行う。技術的能力の審査の結果、審査基準（競争参加資格要件）を満たしていない企業には競争参加資格を認めないものとする。

なお、技術者の能力等の審査において、配置予定技術者が審査対象期間中に出産・育児等の真にやむを得ない事情により休業を取得していた場合には、入札・契約手続の公平性の確保を踏まえた上で、原則、休業期間に相当する期間を審査対象期間に加えるものとする。

（1）企業・技術者の能力等

○同種工事の施工実績

・過去１５年間における元請けとして完成・引渡しが完了した要求要件を満たす同種工事（都道府県等の他の発注機関の工事を含む）を対象とする（海外インフラプロジェクト技術者認定・表彰制度による認定を受けている実績の場合も同様に評価する）。なお、直轄工事においては、工事成績評定点が６５点未満の工事は施工実績の対象外とする。

・ＣＯＲＩＮＳ等のデータベース等を活用し、確認・審査する。

・工事目的物の具体的な構造形式や工事量等は、当該工事の特性を踏まえて適切に設定する。

　ただし、工事難易度が低いと地方整備局長及び事務所長が認める工事の競争参加資格においては、参加企業・技術者に関する過去の実績の工事量による設定（例えば橋梁の長さ（何m以上）、施工面積（何㎡以上）、施工量（何㎥以上）等）を行わないこととし、総合評価の段階で評価する。（「一般競争入札等の競争参加資格における施工実績に係る要件を緩和する工事の試行について」参照）

・配置予定技術者の施工実績については、求める施工実績（要求要件）に合致する工事内容に従事したかの審査を行う。また、工事における立場（監理（主任）技術者、現場代理人、担当技術者のいずれか）は問わないものとし、立場を考慮する場合には総合評価の段階で評価する。

○地理的条件

・要件として設定する場合、競争性を確保する。

○資格

・要求基準を満たす配置予定技術者（主任技術者又は監理技術者）を、当該工事に専任で配置する。

・監理技術者にあっては、監理技術者資格者証及び監理技術者講習修了証を有する者とする。

（２）施工能力評価型Ⅰ型における施工計画

○施工計画

・施工能力評価型Ⅰ型で求め、他のタイプでは求めない。
・発注者が示す仕様に基づき施工する上でどういう点に配慮して工事を施工するか（施工上配慮すべき事項）について、特に重要と考えられる工種に係る施工方法について記述を求める。又は、これに代えて、環境対策等、特に配慮すべき事項について記述を求める。
・必要に応じて、記述に当たっての視点などを明示し、それらについて記述を求める。
・記述量はＡ４×１～２枚を基本とする。
・現場条件を踏まえて配慮すべき事項の記述の適切性を二段階で審査し、原則、記述が適切であれば「可」とし、不適切あるいは未記載であれば「不可」として工事の確実な施工に資するか否かを審査する。「不可」の場合は不合格（競争参加資格を認めないこと）とする。
・施工計画の理解度に係る配置予定技術者へのヒアリングを施工計画の代替とすることも可能とする。

○配置予定技術者の施工計画の理解度（ヒアリング）

・施工計画の適切性（配置予定技術者の施工計画に対する理解度）を確認する必要がある場合には、配置予定技術者へのヒアリングを実施する。
・現場条件を踏まえて配慮すべき事項の説明の適切性を二段階で審査し、原則、適切であれば「可」とし、不適切あるいは未記載であれば「不可」として工事の確実な施工に資するか否かを審査する。「不可」の場合は不合格（競争参加資格を認めないこと）とする。

（３）技術提案評価型における技術提案

・技術提案の評価は総合評価の段階で行うが、内容が不適切あるいは未記載である場合は不合格（競争参加資格を認めないこと）とする。
・求める技術提案の内容等、詳細については、2-7-2 を参照のこと。

2-7　総合評価項目の審査・評価

2-7-1 評価項目及び配点の基本的な考え方

（１）評価項目

総合評価落札方式における価格以外の評価項目は、施工能力評価型（Ⅰ型、Ⅱ型）及び技術提案評価型（Ｓ型、ＡⅠ型、ＡⅡ型、ＡⅢ型）の各タイプにかかわらず、以下に示す３つの観点に基づき、公共工事の品質確保・向上に対する重要性や評価項目に係るデータ入手の容易さ等を考慮した上で、選定タイプの工事特性（工事内容、規模、要求要件等）に応じて設定することを基本的な考え方とする。

公共工事の品質確保・向上のために重要な評価項目は、以下のように整理できる。

① 企業の能力等
② 技術者の能力等
③ 技術提案（施工計画）

「①企業の能力等」は、発注者が示す仕様に基づき、企業が適切かつ確実に工事を遂行する能力を評価するものである。企業の施工実績や工事成績、表彰等を評価する。また、従来「企業の信頼性・社会性」として評価していた現地条件を熟知している等の地域精通度等についても、企業の能力等の中で評価する。

「②技術者の能力等」は、発注者が示す仕様に基づき、施工に直接携わる配置予定技術者が適切かつ確実に工事を遂行する能力を評価するものである。具体的には、配置予定技術者の施工実績や工事成績、表彰、ヒアリング（監理能力、理解度）等を評価する。

「③技術提案（施工計画）」は、発注者が示す標準的な仕様に対して企業自らの技術提案により改善し、工事の品質向上を図る能力を評価するものである。競争参加者の技術提案については、総合的なコスト、工事目的物の性能・機能等や環境の維持・交通の確保等を評価の視点とする。なお、技術的工夫の余地が小さく技術提案を求める必要がない工事においては、「施工計画」を求め、施工上配慮すべき事項の適切性を審査し、適切かつ確実に工事を遂行する能力を審査する。

（2）配点

配点の基本的な考え方は以下の通りである。

・総合評価は品質確保・向上の観点を中心に、公共工事の品質確保の担い手の中長期的な育成及び確保など公共工事に関連する政策の推進の観点も含め適宜設定する。
・品質確保の観点からは、企業に蓄積する技術力、工事の支援体制等が重要である一方、監理技術者の能力が重要であることから、「企業の能力等」と「技術者の能力等」の配点割合を同じとする。
・地域精通度等は企業の能力等の中で評価し、企業の能力等の配点の半分を超えない範囲で必要に応じて設定する。
・施工能力評価型Ⅰ型で求める施工計画は、原則、「可」「不可」で評価し、点数化しない。
・技術提案評価型では、品質向上の観点から、技術提案の配点を高く設定する。
・特に、技術提案評価型A型では、民間の高度な技術力を活用して品質向上を図る観点から、技術提案のみで評価する。

・ＷＴＯ対象工事についても、原則、技術提案のみで評価する。なお、ＷＴＯ対象工事において「企業の能力等」及び「技術者の能力等」も総合評価で評価する試行工事については、今後検討する。

総合評価落札方式のタイプごとの具体的な配点割合は、表 2-10 に示す。

表 2-10　総合評価落札方式のタイプごとの配点割合

【施工能力評価型Ｉ型】

<table>
<tr><td rowspan="2">（競争参加
資格対象）</td><td colspan="2">総合評価対象 40(30)※3</td><td rowspan="2">総合評価対象 3(2)</td></tr>
<tr><td colspan="2">段階的選抜対象 40(30)</td></tr>
<tr><td>施工計画※1
—</td><td>企業の能力等※2
20(15)※3</td><td>技術者の能力等
20(15)※3</td><td>賃上げの実施に関する
評価 3(2)</td></tr>
</table>

※1 施工計画 ：二段階で評価し、原則、「可」か「不可」のみを審査し、点数化しない。

※2 企業の能力等 ：「地域精通度等」の評価は「企業の能力等」の中で必要に応じて設定し、配点は企業の能力等の配点の半分を超えない範囲で設定する。

※3（　）： 施工体制確認型でない場合は、(　)内の点数とする。

【施工能力評価型Ⅱ型】

<table>
<tr><td colspan="2">総合評価対象 40(30)※2</td><td>総合評価対象 3(2)</td></tr>
<tr><td>企業の能力等※1
20(15)※2</td><td>技術者の能力等
20(15)※2</td><td>賃上げの実施に関する評価
3(2)</td></tr>
</table>

※1 企業の能力等 ：「地域精通度等」の評価は「企業の能力等」の中で必要に応じて設定し、配点は企業の能力等の配点の半分を超えない範囲で設定する。

※2（　）： 施工体制確認型でない場合は、(　)内の点数とする。

【技術提案評価型Ｓ型】

(WTO 以外)

<table>
<tr><td colspan="3">総合評価対象 60(50)※1</td><td rowspan="2">総合評価対象 4(3)</td></tr>
<tr><td></td><td colspan="2">段階的選抜対象 30(20or30)※1</td></tr>
<tr><td>技術提案
30(30or20)※1</td><td>企業の能力等※2
15(10or15)※1</td><td>技術者の能力等
15(10or15)※1</td><td>賃上げの実施に関する評価
4(3)</td></tr>
</table>

（WTO 対象）

総合評価対象 60(50)	段階的選抜対象　30(20or30)※1		総合評価対象 4(3)
技術提案 60(50)※1	企業の能力等※3 15(10or15)※1	技術者の能力等※3 15(10or15)※1	賃上げの実施に関する評価 4(3)

※1（　）：施工体制確認型でない場合は、( )内の点数とする。

※2 企業の能力等 ：「地域精通度等」の評価は「企業の能力等」の中で必要に応じて設定し、配点は企業の能力等の配点の半分を超えない範囲で設定する。（WTO対象の場合設定しない。）

※3 WTO 対象工事で段階的選抜方式を実施する場合には、「企業の能力等」及び「技術者の能力等」は一次審査のみで評価することとし、総合評価段階では技術提案、ヒアリング及び施工体制（選択）のみを評価項目とすることを原則とする。

※4 配点は選定する項目の数等に応じて1点程度増減しても差し支えない。

【技術提案評価型A型】

総合評価対象 70(50)※1	段階的選抜対象※3　40or60			総合評価対象 4(3)
技術提案 70(50)※1	簡易な技術提案※2 20	企業の能力等 20	技術者の能力等 20	賃上げの実施に関する評価　4(3)

※1（　）：施工体制確認型でない場合は、( )内の点数とする。

※2 簡易な技術提案は段階的選抜方式で必要に応じて評価する。簡易な技術提案としては、総合評価で求める技術提案の概要とその実現可能性や実績を求める方法、総合評価で求める数テーマの課題のうち、1テーマを先行して求める方法等が考えられる。

※3 段階的選抜方式を実施する場合には、「企業の能力等」、「技術者の能力等」及び「簡易な技術提案」（選択）は一次審査のみで評価することとし、総合評価段階では技術提案と施工体制（選択）のみを評価項目とする。

※4 配点は選定する項目の数等に応じて1点程度増減しても差し支えない。

2-7-2 評価項目及び評価方法

（1）企業・技術者の能力等

【評価項目】

企業・技術者の能力等の評価項目は、施工実績、工事成績及び表彰を必須とし、必要に応じて、企業・技術者の施工能力を判断できる項目を適宜設定する。

各評価項目の配点は地域の実情等を踏まえ、バランス良く設定するものとするが、必須項目については、品質確保の確実性の観点から、工事特性に応じて配点を高めることが望ましい。

また、地域精通度等については、企業の能力等の中で評価するものとし、企業の能力等の配点の半分を超えない範囲でバランス良く設定するものとする。

なお、複数の配置予定技術者で参加申請する場合は、配置予定技術者の評価点合計の最も低い者の評価点を対象とする。

※技術提案評価型A型においては、企業・技術者の能力等については、段階的選抜方式を実施する場合に、一次審査でのみ評価することとし、二次審査では評価しない。これは、高度な技術提案を評価する観点から、技術提案のみで評価するためである。

また、評価項目と評価基準の例を2-8に示す。

【評価方法】

加算点の算出に当たっては、各評価項目の得点の合計点をそのまま加算点とする、いわゆる「素点計上方式」とする。なお、技術者の能力等の評価において、配置予定技術者が評価対象期間中に出産・育児等の真にやむを得ない事情により休業を取得していた場合には、入札・契約手続の公平性の確保を踏まえた上で、原則、休業期間に相当する期間を審査対象期間に加えるものとする。

○同種工事の施工実績

・「より同種性の高い工事」の同種条件として、工事目的物の具体的な構造形式や工事量、施工条件等を当該工事の特性を踏まえて適切に設定し、競争参加資格としての同種工事よりも優位に評価することを基本とする。
・複数の同種条件を設定、評価することも可能とする。
・施工実績が複数ある場合は、件数に応じて優位に評価することも可能とする。
・過去１５年間における元請けとして完成・引渡しが完了した要求要件を満たす同種工事（都道府県等の他の発注機関発注の工事を含む）を対象とする。なお、直轄工事においては、工事成績評定点が６５点未満の工事は対象外とする。
・ＣＯＲＩＮＳ等のデータベース等を活用し、確認・審査する。
・配置予定技術者の施工実績において工事に従事した立場を考慮する場合には、「監理（主任）技術者」だけを優位に評価するのではなく、必要に応じて「現場代理人」又は「担当技術者」も同等に評価することも可能とする。
・評価対象期間に従事した海外インフラプロジェクト技術者認定・表彰制度による認定を受けている実績の場合も同様に評価する。

○工事成績

・企業においては過去２年間、配置予定技術者においては過去４年間の同じ発注工種区分の工事成績評定点の平均点（全国：８地方整備局＋北海道開発局＋沖縄総合事務局）とする。ただし、データベースの整備状況に応じて、当該地整のみとすることや、３件程度の工事の平均とすることも可能とする。
・都道府県等の他の発注機関における工事成績を対象とすることも可能とするが、直轄工事における工事成績評定点との評価方法や平均点等の違いに留意すること。

・なお、事前に、当該期間の実績を有する企業、技術者が少ないことがわかっている場合は、必要に応じて対象期間を拡大できるものとする。
・基本的には、表 2-11 のとおりとするが、地方整備局等の実情に応じて適宜設定することを妨げない。

〇表彰
・原則、同じ発注工種区分の工事を対象とし、発注量、企業数、表彰数を考慮して設定するものとする。
・企業においては優良工事表彰、配置予定技術者においては優良工事技術者表彰又は海外インフラプロジェクト技術者認定・表彰制度による表彰を基本とする。
・局長表彰、事務所長表彰等、表彰主体に応じて評価することも可能とする。

〇地域精通度等
・地域精通度等の評価項目は、企業の能力等の中で評価するものとし、災害協定の有無・協定に基づく活動実績、近接地域での施工実績等の社会資本整備・管理に関係のある項目についてのみ、必要に応じて設定するものとする。社会資本整備・管理に関係のない項目は設定しない。

〇配置予定技術者の資格
・競争参加資格要件として求めた資格以外で当該工事に有効な資格がある場合には、資格の内容に応じて評価することも可能とする。

なお、企業及び技術者の施工実績及び工事成績の適用範囲は、表 2-11 を標準とする。

表 2-11　施工実績、工事成績の適用範囲

対象	施工実績	工事成績※
企業	過去15年間の 同種工事	同じ工種区分の 過去2年間の平均
技術者	過去15年間の 同種工事	同じ工種区分の 過去4年間の平均

※基本的には、表のとおりとするが、地方整備局等の実情に応じて適宜設定することを妨げない。

（2）配置予定技術者へのヒアリング

総合評価落札方式において、技術者の能力や技術提案の実現性を評価する上で配置予定技術者へのヒアリングは重要な判断要素となる。このため、配置予定技術者へのヒアリングについては、施工能力評価型Ｉ型及び技術提案評価型Ｓ型においては、配置予定技術者の監理能力又は技術提案（又は施工計画）の理解度を確認する必要がある場合に実施することとする。技術提案評価型Ａ型におけるヒアリングは、技術提案に対する発注者の理解度向上を目的として必要に応じて実施するものであり、ヒアリング自体の審査・評価は行わない。なお、それらのヒアリングを実施する場合には、その旨を説明書において明らかにするものとし、対面によるほか電話やインターネットによるテレビ会議システムを活用できる。

また、ヒアリングを実施する場合は、不特定多数の競争参加者を対象にヒアリング日程の調整やその審査を行うことから、その手続に要する潜在的な負担が大きく、十分な活用がなされていない現状にある。このため、ヒアリングを行うに際し、競争参加者数を絞り込む必要がある場合には、段階的選抜方式を実施できることとし、技術資料（同種工事の実績等）や簡易な技術提案に基づき競争参加者を絞り込んだ後にヒアリングを実施し、競争参加者・発注者双方の負担の軽減を図ることを基本的な考え方とするが、各事務所（北海道開発局にあっては、各開発建設部）の長が必要と認めた場合を除き、同時提出型については、段階的選抜方式を実施しないものとする。

技術提案評価型については、ヒアリングの実施の有無にかかわらず、技術提案を求める競争参加者数が比較的多くなることが見込まれる工事において、段階的選抜方式の活用を検討する。

総合評価落札方式のタイプ別にヒアリングと段階的選抜方式の組合せの考え方を表 2-12 に示す。

表 2-12　ヒアリングと段階的選抜方式の組合せの考え方

	施工能力評価型		技術提案評価型	
	Ⅱ型	Ⅰ型	S型	A型
ヒアリング	実施しない	配置予定技術者へのヒアリングを実施することで、配置予定技術者の監理能力又はⅠ型においては施工計画、S型においては技術提案に対する理解度を確認する必要がある場合に実施する。実施する場合には、対面によるほか電話やインターネットによるテレビ会議システムを活用できる。		技術提案に対する発注者の理解度向上を目的として必要に応じて実施。ヒアリング自体の審査・評価は行わない。実施する場合には、対面によるほか電話やインターネットによるテレビ会議システムを活用できる。
段階的選抜方式	実施しない	ヒアリングを行う競争参加者数を絞り込む必要がある場合に実施できる※	技術提案を求める競争参加者数が比較的多くなることが見込まれる工事において活用を検討する	

※　各事務所（北海道開発局にあっては、各開発建設部）の長が必要と認めた場合を除き、同時提出型については、段階選抜方式を実施しないものとする。

○配置予定技術者の監理能力（ヒアリング）

施工能力評価型Ⅰ型及び技術提案評価型Ｓ型において、配置予定技術者の「監理能力」を確認する必要がある場合には、配置予定技術者へのヒアリングを実施する。

「監理能力」に関しては、表 2-13 の視点から評価するものとし、評価結果に応じて、「技術者の能力等」における過去の同種工事実績の評価点に係数を掛けることとする。

表 2-13　技術者ヒアリングにおける監理能力の評価視点（例）

視 点	内 容
役割	監理技術者（担当技術者）として、当該工事における自身の役割を、実際の工事で実施した内容を持って具体的に説明できる
工程管理	工程管理に当たってのクリティカルポイントが何で、それを予定通り実施するためにとった対策について、工事特性との関係とともに具体的に説明できる
品質管理	品質管理にあたり、最も配慮しなければならなかった事項及びその対策について、工事特性との関係とともに具体的に説明できる
安全管理	安全管理にあたり、最も配慮しなければならなかった事項及びその対策について、工事特性との関係とともに具体的に説明できる
関係者との調整	関係者との調整にあたり配慮すべき事項について、工事特性との関係とともに具体的に説明できる
同種実績と当該工事との関係	同種工事から得られた知見を今回の工事にどのように生かすことができるか、工事特性との関係とともに具体的に説明できる

＜評価の基準例＞

・評価視点の全てについて当てはまる場合　⇒「十分な監理能力が確認できる」×1.0
・少なくとも2つ以上に当てはまる場合　⇒「一定の監理能力が期待できる」×0.5
・上記以外　⇒　×0.0
※必要に応じて、さらに細かく基準を設定できるものとする。

○技術提案評価型Ｓ型における配置予定技術者の技術提案の理解度（ヒアリング）

技術提案評価型Ｓ型において、配置予定技術者の「技術提案に対する理解度」を確認する必要がある場合には、配置予定技術者へのヒアリングを実施する。

「技術提案に対する理解度」に関しては、表 2-14 の視点から評価するものとし、評価結果に応じて、技術提案の評価点に係数を掛けることとする。

表 2-14　技術者ヒアリングにおける技術提案に対する理解度の評価視点（例）

視　点	内　容
技術提案の理解度	技術提案の内容、効果
施工上配慮すべき事項の適切性	技術提案が効果を発揮するために、施工上配慮すべき以下の事項 ・工程管理 ・品質管理 ・安全管理 ・関係者との調整

＜評価の基準案＞

評価基準	係数
・技術提案の内容を十分に理解しており、技術提案の効果が最大限発揮されるために配慮すべき事項が適切である。 ・上記について、工事特性との関係を踏まえ、説得力を持って説明できる。	×1.0
・技術提案の内容を理解しており、技術提案の効果が最大限発揮されるために配慮すべき事項が適切である。 ・上記について、一般的に説明できる。	×0.5
・上記以外	×0.0

※必要に応じて、さらに細かく基準を設定できる。

（3）技術提案評価型Ｓ型における技術提案

○求める内容等

技術提案評価型Ｓ型では、競争参加者に施工上の工夫等、以下の項目に係る技術提案の提出を求め、その実現性や安全性等について審査・評価を行う。

・総合的なコストの縮減に関する技術提案

・工事目的物の性能、機能の向上に関する技術提案

・環境対策等、特に配慮が必要な事項への対応に関する技術提案

技術提案に係る評価項目については、工事ごとに当該工事の施工条件や環境条件等から施工上の技術的課題を踏まえて設定する。この場合、評価項目を多数設定することは競争参加者にとって多大な負担となり、技術提案の質が低下する恐れがあるため、発注者は当該工事の特性を理解した上で、当該工事にとって重要な技術的課題を抽出し、その課題に特化した提案を競争参加者に求めるとともに、課題の重要度に応じて配点を設定し、技術力の差が加算点に的確に反映されるような評価基準を設定することが重要である。

また、定量的な評価項目だけでは提案に対する多面的評価が困難となる恐れがあるため、定量的な評価項目を設定する場合には定性的な評価項目も併せて設定することを基本とする。

技術提案の指定テーマは、工事内容に応じ、１～２テーマを設定することとし、指定テーマに対する技術提案は、テーマごとに最大５つを基本とする。提案数を超えた提案内容については評価せず、提案数までの提案内容にて評価する。記述量は、１指定テーマにつきＡ４・１～２枚程度を基本とする。

○評価方法

技術提案評価型の評価方法としては、技術提案により、どの程度当該工事の品質が向上するかを評価するべきであるため、安易にキーワードの数により評価したり、競争参加者を選別するために無理に評価に差をつけるのではなく、技術提案による品質への効果を評価し、加算点に反映することとする。そのため、発注者は評価を行うに当たり、標準案による品質を十分に把握しておくことが重要である。

また、性能等に関する提案は、3-3 の数値方式、定性的な評価項目に対する提案は 3-3 の判定方式に基づき、提案ごとに、例えば、優／良／可の３段階で評価することを基本とするが、４段階以上で評価することもできるものとする。

また、技術提案の加算点は、各提案の得点の合計点をそのまま加算点とする、いわゆる「素点計上方式」とする。

（4）技術提案評価型Ａ型における技術提案

技術提案評価型Ａ型においては、総合評価項目として、以下の項目について高度な技術や優れた工夫等を含む技術提案の提出を求め、技術対話（ヒアリング）の実施に先立ち、技術提案の実現性や安全性等について審査を行う。

○技術提案（定量的及び定性的な評価項目）

・総合的なコストの縮減に関する技術提案

・工事目的物の性能、機能の向上に関する技術提案

・環境対策等特に配慮が必要な事項への対応に関する技術提案

○上記技術提案に係る具体的な施工計画

「技術提案（定量的及び定性的な評価項目）」については、数値提案を求める場合は提案値に対する定量的な評価だけではなく、当該提案値を実現するための具体的な施工方法に関する定性的な評価も併せて行うことを基本とする。

また、技術提案に係る評価項目を多数設定することは競争参加者にとって多大な負担となり、技術提案の質が低下する恐れもあるため、発注者は当該工事の特性を理解した上で、特性に応じて抽出した課題に特化した提案を競争参加者に求めるとともに、その課題の重要度に応じて配点を設定し、技術力の差が加算点に的確に反映されるような評価基準を設定することが重要である。

加算点が低い場合には、価格の要素に大きく影響を受けて最高評価値が決まることになることから、価格と品質が総合的に優れた工事の調達を実現するとともに、提案のインセンティブを高め、優良な技術提案による競争を促進する観点から、技術提案評価型Ａ型の加算点は５０点以上とする。

評価方法については、性能等に関する提案は、3-3 の数値方式、定性的な評価項目に対する提案は 3-3 の判定方式に基づき評価することを基本とする。

また、技術提案の加算点は、民間の高い技術力を有効に活用するという観点から、最も優れた提案に加算点の満点を付与し、それ以外の提案より２０点程度優

位に評価することを基本とする。ただし、技術提案が同程度に優れた者が複数いる場合はこの限りではない。

（5）施工体制

いわゆるダンピング受注については、従前から対策を講じてきたところであるが、低入札工事においては、下請業者における赤字の発生及び工事成績評定点における低評価が顕著になる傾向があり、適切な施工体制が確保されないおそれがあることから、品質確保のための体制その他の施工体制の確保状況を確認し、入札説明書等に記載された要求要件を確実に実現できるかどうかを審査し、評価する新たな総合評価落札方式として、平成１８年より当分の間行うこととされている「施工体制確認型総合評価落札方式」の試行を継続する。（「6-1-1 施工体制確認型総合評価落札方式の試行」参照）

2-8　評価基準及び得点配分の設定例

2-8-1 必須項目の設定例

【施工能力評価型Ⅰ型】

評価項目					評価基準	配点		
段階的選抜	総合評価	企業の能力等	①過去 15 年間の同種工事実績		より同種性の高い工事(※1)の実績あり	8 点	8 点	20 点
					同種性が認められる工事(※2)の実績あり	0 点		
			②同じ工種区分の2年間の平均成績		80 点以上	8 点	8 点	
					75 点以上 80 点未満	5 点		
					70 点以上 75 点未満	2 点		
					70 点未満	0 点		
			③表彰(同じ工種区分の過去2年間の工事を対象)		表彰あり	4 点	4 点	
					表彰なし	0 点		
		技術者の能力等	④過去 15 年間の同種工事実績	同種性・立場	より同種性の高い工事において、監理(主任)技術者として従事	8 点	8 点	20 点
					より同種性の高い工事において、現場代理人あるいは担当技術者として従事又は同種性が認められる工事において、監理(主任)技術者として従事	4 点		
					同種性が認められる工事において、現場代理人あるいは担当技術者として従事	0 点		
			⑤同じ工種区分の4年間の平均成績		80 点以上	8 点	8 点	
					75 点以上 80 点未満	5 点		
					70 点以上 75 点未満	2 点		
					70 点未満	0 点		
			⑥表彰(同じ工種区分の過去4年間の工事を対象)		表彰あり	4 点	4 点	
					表彰なし	0 点		
			⑦監理能力(ヒアリング)		十分な監理能力が確認できる	×1.0	④の点数に乗じる	
					一定の監理能力が期待できる	×0.5		
					上記以外	×0.0		
		⑧賃上げの実施を表明した企業等(※4)			「従業員への賃金引上げ計画の表明書」の提出あり	3 点	3 点	
					「従業員への賃金引上げ計画の表明書」の提出なし	0 点		
		⑨賃上げ基準に達していない企業等			賃上げ基準に達していない場合等(※5)	−4 点	−4 点	
		⑩施工計画			施工計画が適切に記載されている	可	不可の場合不合格	
					施工計画が不適切である	不可		
		⑪配置予定技術者の施工計画に対する理解度(ヒアリング)			施工計画の説明が適切である	可	不可の場合、⑨の評価結果に関わらず不合格	
					施工計画の説明が不適切である	不可		

※1:競争参加資格要件の同種性に加え、構造形式、規模・寸法、使用機材、架設工法、設計条件等についてさらなる同種性が認められる工事

※2:競争参加資格要件と同等の同種性が認められる工事

※3:各事務所(北海道開発局にあっては、各開発建設部)の長が必要と認めた場合を除き、同時提出型については、段階選抜方式を実施しないものとする。

※4:加算点の合計の5%以上となるよう加点の配点を設定

※5:前事業年度(又は前年)において賃上げ実施を表明し加点措置を受けたが、賃上げ基準に達していない又は本制度の趣旨を逸脱したとして、別途契約担当官等から通知された減点措置の期間内に、入札に参加した場合、加点する割合よりも大きな割合の減点(1点大きな配点)

■加算点　＝　①＋②＋③＋(④×⑦)＋⑤＋⑥＋⑧＋⑨

【施工能力評価型Ⅱ型】

<table>
<tr><th colspan="3">評価項目</th><th>評価基準</th><th colspan="3">配点</th></tr>
<tr><td rowspan="8">①企業の能力等</td><td colspan="2" rowspan="2">過去 15 年間の同種工事実績</td><td>より同種性の高い工事（※1）の実績あり</td><td>8 点</td><td rowspan="2">8 点</td><td rowspan="8">20 点</td></tr>
<tr><td>同種性が認められる工事（※2）の実績あり</td><td>0 点</td></tr>
<tr><td colspan="2" rowspan="4">同じ工種区分の
2年間の平均成績</td><td>80 点以上</td><td>8 点</td><td rowspan="4">8 点</td></tr>
<tr><td>75 点以上 80 点未満</td><td>5 点</td></tr>
<tr><td>70 点以上 75 点未満</td><td>2 点</td></tr>
<tr><td>70 点未満</td><td>0 点</td></tr>
<tr><td colspan="2" rowspan="2">表彰（同じ工種区分の過去2年間の工事を対象）</td><td>表彰あり</td><td>4 点</td><td rowspan="2">4 点</td></tr>
<tr><td>表彰なし</td><td>0 点</td></tr>
<tr><td rowspan="9">②技術者の能力等</td><td rowspan="3">過去 15 年間の
同種工事実績</td><td rowspan="3">同種性・立場</td><td>より同種性の高い工事において、監理（主任）技術者として従事</td><td>8 点</td><td rowspan="3">8 点</td><td rowspan="9">20 点</td></tr>
<tr><td>より同種性の高い工事において、現場代理人あるいは担当技術者として従事又は同種性が認められる工事において、監理（主任）技術者として従事</td><td>4 点</td></tr>
<tr><td>同種性が認められる工事において、現場代理人あるいは担当技術者として従事</td><td>0 点</td></tr>
<tr><td colspan="2" rowspan="4">同じ工種区分の
4年間の平均成績</td><td>80 点以上</td><td>8 点</td><td rowspan="4">8 点</td></tr>
<tr><td>75 点以上 80 点未満</td><td>5 点</td></tr>
<tr><td>70 点以上 75 点未満</td><td>2 点</td></tr>
<tr><td>70 点未満</td><td>0 点</td></tr>
<tr><td colspan="2" rowspan="2">表彰
*同じ工種区分の過去4年間の工事を対象</td><td>表彰あり</td><td>4 点</td><td rowspan="2">4 点</td></tr>
<tr><td>表彰なし</td><td>0 点</td></tr>
<tr><td colspan="3" rowspan="2">③賃上げを実施する企業に対する加点（※3）</td><td>「従業員への賃金引上げ計画の表明書」の提出あり</td><td>3 点</td><td colspan="2" rowspan="2">3 点</td></tr>
<tr><td>「従業員への賃金引上げ計画の表明書」の提出なし</td><td>0 点</td></tr>
<tr><td colspan="3">④賃上げ基準に達していない企業等</td><td>賃上げ基準に達していない場合等（※4）</td><td>-4 点</td><td colspan="2">-4 点</td></tr>
</table>

※1：競争参加資格要件の同種性に加え、構造形式、規模・寸法、使用機材、架設工法、設計条件等についてさらなる同種性が認められる工事

※2：競争参加資格要件と同等の同種性が認められる工事

※3：加算点の合計の5%以上となるよう加点の配点を設定

※4：前事業年度（又は前年）において賃上げ実施を表明し加点措置を受けたが、賃上げ基準に達していない又は本制度の趣旨を逸脱したとして、別途契約担当官等から通知された減点措置の期間内に、入札に参加した場合、加点する割合よりも大きな割合の減点（1点大きな配点）

■加算点＝①＋②＋③＋④

【技術提案評価型Ｓ型】ＷＴＯ以外

			評価項目		評価基準	配点		
段階的選抜	総合評価	企業の能力等	①過去 15 年間の同種工事実績		より同種性の高い工事（※1）の実績あり	6 点	6 点	15 点
					同種性が認められる工事（※2）の実績あり	0 点		
			②同じ工種区分の2年間の平均成績		80 点以上	6 点	6 点	
					75 点以上 80 点未満	4 点		
					70 点以上 75 点未満	2 点		
					70 点未満	0 点		
			③表彰（同じ工種区分の過去2年間の工事を対象）		表彰あり	3 点	3 点	
					表彰なし	0 点		
		技術者の能力等	④過去 15 年間の同種工事実績	同種性・立場	より同種性の高い工事において、監理（主任）技術者として従事	6 点	6 点	15 点
					より同種性の高い工事において、現場代理人あるいは担当技術者として従事又は同種性が認められる工事において、監理（主任）技術者として従事	3 点		
					同種性が認められる工事において、現場代理人あるいは担当技術者として従事	0 点		
			⑤同じ工種区分の4年間の平均成績		80 点以上	6 点	6 点	
					75 点以上 80 点未満	4 点		
					70 点以上 75 点未満	2 点		
					70 点未満	0 点		
			⑥表彰（同じ工種区分の過去4年間の工事を対象）		表彰あり	3 点	3 点	
					表彰なし	0 点		
			⑦監理能力（ヒアリング）		十分な監理能力が確認できる	×1.0	④の同種工事実績の点数に乗じる	
					一定の監理能力が期待できる	×0.5		
					上記以外	×0.0		
			⑧配置予定技術者の技術提案に対する理解度（ヒアリング）		提案を十分に理解している	×1.0	⑨の点数に乗じる	
					提案を理解している	×0.5		
					上記以外	×0.0		
		⑨技術提案			高い効果が期待できる	6 点	6 点（×5 提案）	30 点
					効果が期待できる	3 点		
					一般的事項のみの記載となっている	0 点		
					技術提案が不適切である	不可	（不合格）	
		⑩賃上げを実施する企業に対する加点（※3）			「従業員への賃金引上げ計画の表明書」の提出あり	4 点	4 点	
					「従業員への賃金引上げ計画の表明書」の提出なし	0 点		
		⑪賃上げ基準に達していない企業等			賃上げ基準に達していない場合等（※4）	−5 点	−5 点	

※1：競争参加資格要件の同種性に加え、構造形式、規模・寸法、使用機材、架設工法、設計条件等につい

てさらなる同種性が認められる工事
※2:競争参加資格要件と同等の同種性が認められる工事
※3:加算点の合計の5%以上となるよう加点の配点を設定
※4:前事業年度(又は前年)において賃上げ実施を表明し加点措置を受けたが、賃上げ基準に達していない又は本制度の趣旨を逸脱したとして、別途契約担当官等から通知された減点措置の期間内に、入札に参加した場合、加点する割合よりも大きな割合の減点(1点大きな配点)

■加算点＝(①＋②＋③)＋(④×⑦＋⑤＋⑥)＋(⑧×⑨)＋⑩＋⑪

【技術提案評価型Ｓ型】ＷＴＯ※8

段階的選抜		評価項目	評価基準	配点		
①企業の能力等	過去15年間の同種工事実績	同種性（※1）	より同種性の高い工事（※2）の実績あり	9点	9点	15点
			同種性が認められる工事（※3）の実績あり	0点		
		発注者評価（※4）	高評価（※5）	6点	6点	
			平均的評価（※6）	3点		
			低評価（※7）	0点		
②技術者の能力等	過去15年間の同種工事実績（最大3件）	同種性・立場（1件当たり）（※1）	より同種性の高い工事において、監理（主任）技術者として従事	3点	9点（3点×3件）	15点
			より同種性の高い工事において、現場代理人あるいは担当技術者として従事又は同種性が認められる工事において、監理（主任）技術者として従事	1点		
			同種性が認められる工事において、現場代理人あるいは担当技術者として従事	0点		
		発注者評価（1件当たり）	高評価	2点	6点（2点×3件）	
			平均的評価	1点		
			低評価	0点		

※1: 企業・技術者の同種工事実績については、定型様式にて提出させる
※2: 競争参加資格要件の同種性に加え、構造形式、規模・寸法、使用機材、架設工法、設計条件等についてさらなる同種性が認められる工事
※3: 競争参加資格要件と同等の同種性が認められる工事
※4: 同種実績の発注者に3段階で評価を依頼
※5: 直轄工事の成績評定の場合、78点以上
※6: 直轄工事の成績評定の場合、74点以上78点未満
※7: 直轄工事の成績評定の場合、74点未満
※8: WTO 対象工事において段階的選抜方式を実施する場合において、海外実績と国内実績を同等に評価する方法の案

総合評価　評価項目	評価基準	配点		
③技術提案	高い効果が期待できる	12点	12点（×5提案）	60点
	効果が期待できる	6点		
	一般的事項のみの記載となっている	0点		
④技術提案に対する理解度（ヒアリング）	提案を十分に理解している	×1.0	③の点数に乗じる	
	提案を理解している	×0.5		
	上記以外	×0.0		
⑤賃上げを実施する企業に対する加点（※1）	「従業員への賃金引上げ計画の表明書」の提出あり	4点	4点	
	「従業員への賃金引上げ計画の表明書」の提出なし	0点		
⑥賃上げ基準に達していない企業等	賃上げ基準に達していない場合等（※2）	−5点	−5点	

※1: 加算点の合計の5%以上となるよう加点の配点を設定

※2: 前事業年度（又は前年）において賃上げ実施を表明し加点措置を受けたが、賃上げ基準に達していない又は本制度の趣旨を逸脱したとして、別途契約担当官等から通知された減点措置の期間内に、入札に参加した場合、加点する割合よりも大きな割合の減点（1点大きな配点）

※ WTO 対象工事においては、総合評価は技術提案、ヒアリング及び施工体制（選択）のみを評価項目とすることを原則とする。なお、WTO 対象工事において上記①②を総合評価で評価する試行工事について、今後検討する。

■加算点＝③×④＋⑤＋⑥

【技術提案評価型A型】ＷＴＯ以外※3

段階的選抜　評価項目			評価基準	配点		
①企業の能力等	過去 15 年間の同種工事実績		より同種性の高い工事（※1）の実績あり	8 点	8 点	20 点
			同種性が認められる工事（※2）の実績あり	0 点		
	同じ工種区分の2年間の平均成績		80 点以上	8 点	8 点	
			75 点以上 80 点未満	5 点		
			70 点以上 75 点未満	2 点		
			70 点未満	0 点		
	表彰（同じ工種区分の過去2年間の工事を対象）		表彰あり	4 点	4 点	
			表彰なし	0 点		
②技術者の能力等	過去 15 年間の同種工事実績	同種性・立場	より同種性の高い工事において、監理（主任）技術者として従事	8 点	8 点	20 点
			より同種性の高い工事において、現場代理人あるいは担当技術者として従事又は同種性が認められる工事において、監理（主任）技術者として従事	4 点		
			同種性が認められる工事において、現場代理人あるいは担当技術者として従事	0 点		
	同じ工種区分の4年間の平均成績		80 点以上	8 点	8 点	
			75 点以上 80 点未満	5 点		
			70 点以上 75 点未満	2 点		
			70 点未満	0 点		
	表彰（同じ工種区分の過去4年間の工事を対象）		表彰あり	4 点	4 点	
			表彰なし	0 点		
③簡易な技術提案			施工上の課題に対する考え方等	20 点		

※1：競争参加資格要件の同種性に加え、構造形式、規模・寸法、使用機材、架設工法、設計条件等について　更なる同種性が認められる工事

※2：競争参加資格要件と同等の同種性が認められる工事

※3：段階的選抜方式を実施する場合における案

総合評価　評価項目	評価基準	配点		
④技術提案の良否	施工上の課題に対し、最も優位な効果が期待できる	最優	70 点	70 点
	施工上の課題に対し、優位な効果が期待できる	優	50 点	
	施工上の課題に対し、効果が期待できる	良	30 点	
	一般的事項のみの記載となっている	可	0 点	
	技術提案が不適切である	不可	（不合格）	
⑤賃上げを実施する企業に対する加点（※1）	「従業員への賃金引上げ計画の表明書」の提出あり	4 点	4 点	
	「従業員への賃金引上げ計画の表明書」の提出なし	0 点		
⑥賃上げ基準に達していない企業等	賃上げ基準に達していない場合等（※2）	−5 点	−5 点	

※1：加算点の合計の5％以上となるよう加点の配点を設定

※2: 前事業年度（又は前年）において賃上げ実施を表明し加点措置を受けたが、賃上げ基準に達していない又は本制度の趣旨を逸脱したとして、別途契約担当官等から通知された減点措置の期間内に、入札に参加した場合、加点する割合よりも大きな割合の減点（1点大きな配点）

■加算点＝④＋⑤＋⑥

【技術提案評価型A型】ＷＴＯ※8

<table>
<tr><th colspan="3">段階的選抜　　評価項目</th><th>評価基準</th><th colspan="3">配点</th></tr>
<tr><td rowspan="5">①企業の能力等</td><td rowspan="5">過去 15 年間の同種工事実績</td><td rowspan="2">同種性（※1）</td><td>より同種性の高い工事（※2）の実績あり</td><td>11 点</td><td rowspan="2">11 点</td><td rowspan="5">21 点</td></tr>
<tr><td>同種性が認められる工事（※3）の実績あり</td><td>0 点</td></tr>
<tr><td rowspan="3">発注者評価（※4）</td><td>高評価（※5）</td><td>10 点</td><td rowspan="3">10 点</td></tr>
<tr><td>平均的評価（※6）</td><td>5 点</td></tr>
<tr><td>低評価（※7）</td><td>0 点</td></tr>
<tr><td rowspan="6">②技術者の能力等</td><td rowspan="6">過去 15 年間の同種工事実績（最大 3 件）</td><td rowspan="3">同種性・立場（1 件当たり）（※1）</td><td>より同種性の高い工事において、監理（主任）技術者として従事</td><td>4 点</td><td rowspan="3">12 点（4 点×3 件）</td><td rowspan="6">21 点</td></tr>
<tr><td>より同種性の高い工事において、現場代理人あるいは担当技術者として従事又は同種性が認められる工事において、監理（主任）技術者として従事</td><td>2 点</td></tr>
<tr><td>同種性が認められる工事において、現場代理人あるいは担当技術者として従事</td><td>0 点</td></tr>
<tr><td rowspan="3">発注者評価（1 件当たり）</td><td>高評価</td><td>3 点</td><td rowspan="3">9 点（3 点×3 件）</td></tr>
<tr><td>平均的評価</td><td>1 点</td></tr>
<tr><td>低評価</td><td>0 点</td></tr>
<tr><td colspan="3">③簡易な技術提案</td><td>施工上の課題に対する考え方等</td><td colspan="3">20 点</td></tr>
</table>

※1：企業・技術者の同種工事実績については、定型様式にて提出させる

※2：競争参加資格要件の同種性に加え、構造形式、規模・寸法、使用機材、架設工法、設計条件等について 更なる同種性が認められる工事

※3：競争参加資格要件と同等の同種性が認められる工事

※4：同種実績の発注者に3段階で評価を依頼

※5：国交省直轄の成績評定の場合、78 点以上

※6：国交省直轄の成績評定の場合、74 点以上 78 点未満

※7：国交省直轄の成績評定の場合、74 点未満

※8：WTO対象工事において段階的選抜方式を実施する場合において、海外実績と国内実績を同等に評価する方法の案である。

<table>
<tr><th>総合評価　評価項目</th><th>評価基準</th><th colspan="3">配点</th></tr>
<tr><td rowspan="5">④技術提案の良否</td><td>施工上の課題に対し、最も優位な効果が期待できる</td><td>最優</td><td>70 点</td><td rowspan="5">70 点</td></tr>
<tr><td>施工上の課題に対し、優位な効果が期待できる</td><td>優</td><td>50 点</td></tr>
<tr><td>施工上の課題に対し、効果が期待できる</td><td>良</td><td>30 点</td></tr>
<tr><td>一般的事項のみの記載となっている</td><td>可</td><td>0 点</td></tr>
<tr><td>技術提案が不適切である</td><td>不可</td><td>（不合格）</td></tr>
<tr><td rowspan="2">⑤賃上げを実施する企業に対する加点（※1）</td><td>「従業員への賃金引上げ計画の表明書」の提出あり</td><td>4 点</td><td colspan="2" rowspan="2">4 点</td></tr>
<tr><td>「従業員への賃金引上げ計画の表明書」の提出なし</td><td>0 点</td></tr>
<tr><td>⑥賃上げ基準に達していない企業等</td><td>賃上げ基準に達していない場合等（※2）</td><td>−5 点</td><td colspan="2">−5 点</td></tr>
</table>

※1：加算点の合計の5％以上となるよう加点の配点を設定

※2:前事業年度(又は前年)において賃上げ実施を表明し加点措置を受けたが、賃上げ基準に達していない又は本制度の趣旨を逸脱したとして、別途契約担当官等から通知された減点措置の期間内に、入札に参加した場合、加点する割合よりも大きな割合の減点(1点大きな配点)

■加算点=④+⑤+⑥

2-8-2 施工能力評価型及び技術提案評価型Ｓ型の選択項目の設定例

○企業の能力等について

評価項目	評価基準
当該工事の関連分野における技術開発の実績の有無	特許権、実用新案権の取得、建設技術審査証明の交付又はNETISへの登録あり かつ、工事への適用実績あり
	特許権、実用新案権の取得、建設技術審査証明の交付又はNETISへの登録あり
	該当なし
品質管理・環境マネジメントシステムの取組状況	ISO9001 又は ISO14001 の認証を取得済み
	認証を未取得
技能者の配置状況、作業拠点の有無 施工機械の保有状況等の施工体制	施工体制が確保されている
	工事の実施に当たり、施工体制が整備されている

○技術者の能力等について

評価項目	評価基準
主任（監理）技術者の保有する資格(※)	資格要件で求める資格以外で当該工事に有効な資格
	1級土木施工管理技士又は技術士
	2級土木施工管理技士
継続教育（CPD）の取組状況	継続教育の証明あり（各団体推奨単位以上取得）
	継続教育の証明なし

（※） 競争参加資格の要件として審査する場合には、評価項目として採用しないことが望ましい。

○地域精通度等について

評価項目	評価基準
地域内における本支店、営業所の所在地の有無	○○県内に本店、支店又は営業所あり
	○○県内に拠点なし
過去 15 年間の近隣地域での施工実績の有無	施工実績あり
	施工実績なし
過去 15 年間の配置予定技術者の近隣地域での施工実績の有無	施工実績あり
	施工実績なし
過去 5 年間の災害協定等に基づく活動実績の有無 〔評価対象の例〕 ・災害対応協定に基づく活動実績 ・大規模災害時の応急対策実績	活動実績あり
	災害協定の締結あり
	活動実績なし

競争参加資格の要件として審査する場合には、評価項目として採用しないことが望ましい。
・配点や年数等については、工事特性（工事内容、規模、要求要件等）や地域特性に応じて適宜設定してよい。
・社会資本整備・管理に関係のある項目についてのみ、必要に応じて設定する。

○施工体制について

評価項目	評価基準
品質確保の実効性	工事の品質確保のための適切な施工体制が十分確保され、入札説明書等に記載された要求要件をより確実に実現できると認められる場合
	工事の品質確保のための適切な施工体制が概ね確保され、入札説明書等に記載された要求要件を確実に実現できると認められる場合
	その他
施工体制確保の確実性	工事の品質確保のための施工体制のほか、必要な人員及び材料が確保されていることなどにより、適切な施工体制が十分確保され、入札説明書等に記載された要求要件をより確実に実現できると認められる場合
	工事の品質確保のための施工体制のほか、必要な人員及び材料が確保されていることなどにより、適切な施工体制が概ね確保され、入札説明書等に記載された要求要件を確実に実現できると認められる場合
	その他

2-8-3 技術提案評価型Ａ型における評価項目・基準の設定例

（1）技術提案評価型Ａ型における技術提案に関する評価項目の設定例

表 2-15　技術提案評価型Ａ型の技術提案に関する評価項目の例

分類	評価項目		適用	
	定性評価	定量評価	AⅠ・AⅡ型	AⅢ型
総合的なコストの縮減	使用材料等の耐久性	ライフサイクルコスト（維持管理費）、補償費※	○	○
工事目的物の性能・機能の向上	品質管理方法		○	○
	景観		○	
		機械設備等の処理能力	○	
社会的要請への対応		施工期間（日数）	○	○
	貴重種等の保護・保全対策		○	○
	汚染土壌の処理対策		○	○
	地滑り・法面崩落危険指定地域内の対策		○	○
	周辺住民の生活環境維持対策	施工中の騒音値、振動、粉塵濃度、CO^2 排出量	○	○
	現道の交通対策	交通規制期間	○	○
	濁水処理対策	濁水発生期間、pH 値、SS 値	○	○

※　工事に関連して生ずる補償費等の支出額及び収入の縮減相当額を評価する場合、当該費用について評価項目としての得点を与えず、評価値の算出において入札価格に当該費用を加算する。

（2）技術提案評価型Ａ型における評価項目・基準の設定例

（交差点立体化工事【ＡⅠ型】）

現道の交通量が非常に多い交差点の立体化工事であり、標準工法では工期内での工事実施が困難であるため、設計・施工一括発注方式を適用し、目的物を含めた技術提案を求める。
なお、構造の成立性については、目的物の構造、安定計算及び解析手法に関する資料の提出を求めて適切に審査を行うものとする。

	評価項目	評価基準
技術提案	＜定性評価＞ 維持管理の容易性を踏まえた本体構造の工夫	維持管理・耐久性向上を考慮した具体的な提案で有意な工夫が見られる。
		維持管理・耐久性向上を考慮した工夫が見られる。
	＜定性評価＞ コンクリートのひび割れ制御に関する品質管理方法	構造形式や施工条件を十分に踏まえた解析に基づいた品質管理方法に、有意な工夫が見られる。
		構造形式や施工条件を十分に踏まえた品質管理方法である。
		不適切ではないが、一般的な事項のみの記載となっている。
	＜定量評価＞ 施工期間（日数）	目標状態を最高得点、最低限の要求要件を０点とし、その間は提案値に応じて按分する。 ・最低限の要求要件：○○日 ・目標状態：△△日
	＜定性評価＞ 周辺住民の生活環境維持対策	現地条件を踏まえ、周辺住民に与える施工中の騒音、振動、粉塵等の対策を計画しており、有意な工夫が見られる。
		現地条件を踏まえ、周辺住民に与える施工中の騒音、振動、粉塵等の対策を計画している。
		不適切ではないが、一般的な事項のみの記載となっている。
	＜定性評価＞ 現道の交通対策	社会的に与える影響を十分に踏まえた対策を計画しており、有意な工夫が見られる。
		社会的に与える影響を十分に踏まえた対策を計画している。
		不適切ではないが、一般的な事項のみの記載となっている。
上記技術提案に係る具体的な施工計画	現地の条件を踏まえた施工計画の実現性 ・　詳細な工程計画 （確実な工程計画） ・　安全性	現地条件（地形、地質、環境、地域特性、関連工事との調整等）を踏まえた詳細な工程計画であり、コスト縮減、品質管理、安全対策等に有意な工夫や品質向上への取組が見られる。
		現地条件を踏まえた詳細な工程計画である。
		不適切ではないが、一般的な事項のみの記載となっている。
	現地の条件を踏まえた新技術・新工法等の適用性 ・　技術的成立性 ・　新技術等の実用性 ・　新技術等の実績 ・　技術開発の取組姿勢	施工実績があり技術的に確立した新技術・新工法が採用されており、現地条件を踏まえて安全性や経済性等にも優れたものとなっている。
		施工実績はないが、現地条件を踏まえて安全性や経済性等に優れた新技術・新工法が採用されている。
		不適切ではないが、一般的な技術・工法等の組合せに留まっている。

（３）技術提案評価型Ａ型における評価項目・基準の設定例

（橋梁工事【ＡⅡ型】）

> 現地の条件により想定される有力な構造形式が複数存在する橋梁工事であるため、設計・施工一括発注方式を適用し、目的物を含めた技術提案を求める。
> なお、構造の成立性については、目的物の構造、安定計算及び解析手法に関する資料の提出を求めて適切に審査を行うものとする。

評価項目		評価基準
技術提案	＜定量評価＞ ライフサイクルコスト	○○年間に必要となる維持管理費 維持管理費は、各使用材料別の耐用年数に基づき算出する。
	＜定性評価＞ ライフサイクルコスト低減のための対策	維持管理を容易にするため、目的物の構造や構造物の耐久性向上に関する有意な工夫が見られる。
		維持管理を容易にするため、目的物の構造や構造物の耐久性向上に関する工夫が見られる。
		維持管理に関して一般的な方策のみの記載となっている。
	＜定性評価＞ 維持管理の容易性を踏まえた本体構造の工夫	維持管理・耐久性向上を考慮した具体的な提案で有意な工夫が見られる。
		維持管理・耐久性向上を考慮した工夫が見られる。
	＜定性評価＞ 品質検査方法	施工中における溶接部等の品質検査方法について、品質向上のために有意な工夫が見られる。
		施工中における溶接部等の品質検査方法について、品質向上のために工夫が見られる。
		施工中における溶接部等の品質検査方法について、一般的な方策のみの記載となっている。
	＜定性評価＞ 景観	周辺環境に調和したデザインになっており、景観に対する有意な工夫が見られる。
		周辺環境に調和したデザインになっている。
		不適切ではないが、一般的なデザインになっている。
上記技術提案に係る具体的な施工計画	現地の条件を踏まえた施工計画の実現性 ・ 詳細な工程計画 （確実な工程計画） ・ 安全性	現地条件（地形、地質、環境、地域特性、関連工事との調整等）を踏まえた詳細な工程計画であり、コスト縮減、品質管理、安全対策等に有意な工夫や品質向上への取組が見られる。
		現地条件を踏まえた詳細な工程計画である。
		不適切ではないが、一般的な事項のみの記載となっている。
	現地の条件を踏まえた新技術・新工法等の適用性 ・ 技術的成立性 ・ 新技術等の実用性 ・ 新技術等の実績 ・ 技術開発の取組姿勢	施工実績があり技術的に確立した新技術・新工法が採用されており、現地条件を踏まえて安全性や経済性等にも優れたものとなっている。
		施工実績はないが、現地条件を踏まえて安全性や経済性等に優れた新技術・新工法が採用されている。
		不適切ではないが、一般的な技術・工法等の組合せに留まっている。

（4）技術提案評価型A型における評価項目・基準の設定例（重力式コンクリートダム本体工事【AⅢ型】）

> ダム本体の品質を確保するとともに、施工の合理化を図るため、施工方法について技術提案を求める。

評価項目		評価基準
技術提案	＜定性評価＞ コンクリート（骨材）の品質管理方法	原石山の状況を十分に踏まえて、骨材の採取、製造に際しての品質管理に、有意な工夫が見られる。
		原石山の状況を十分に踏まえた品質管理方法である。
		不適切ではないが、一般的な事項のみの記載となっている。
	＜定量評価＞ 施工期間（日数）	目標状態を最高得点、最低限の要求要件を0点とし、その間は提案値に応じて按分する。 ・最低限の要求要件：○○日 ・目標状態：△△日
	＜定性評価＞ 濁水処理対策	社会的に与える影響を十分に踏まえた対策を計画しており、優位な工夫が見られる。
		社会的に与える影響を十分に踏まえた対策を計画している。
		不適切ではないが、一般的な事項のみの記載となっている。
上記技術提案に係る具体的な施工計画	現地の条件を踏まえた施工計画の実現性 ・　詳細な工程計画 （確実な工程計画） ・　安全性	現地条件（地形、地質、環境、地域特性、関連工事との調整等）を踏まえた詳細な工程計画であり、コスト縮減、品質管理、安全対策等に有意な工夫や品質向上への取組が見られる。
		現地条件を踏まえた詳細な工程計画である。
		不適切ではないが、一般的な事項のみの記載となっている。
	現地の条件を踏まえた新技術・新工法等の適用性 ・　技術的成立性 ・　新技術等の実用性 ・　新技術等の実績 ・　技術開発の取組姿勢	施工実績があり技術的に確立した新技術・新工法が採用されており、現地条件を踏まえて安全性や経済性等にも優れたものとなっている。
		施工実績はないが、現地条件を踏まえて安全性や経済性等に優れた新技術・新工法が採用されている。
		不適切ではないが、一般的な技術・工法等の組合せに留まっている。

2-9　技術提案評価型Ａ型におけるその他手続・留意事項

2-9-1 入札説明書の記載事項

(1) 発注者が明示すべき事項

1)　発注者の要求事項

発注者の要求事項として、工事目的物の性能・機能等の要求要件（最低限の要求要件、評価する上限がある場合には上限値）、技術提案を求める範囲、施工条件等を入札説明書等、契約図書への明示を徹底する。

特にＡⅠ型及びＡⅡ型については発注者が標準案を提示しないため、発注者の要求事項を詳細に明示することが重要である。具体例を以下に示す。

表 2-16　発注者の要求要件の明示の例

要求事項		ＡⅠ型	ＡⅡ型
工事内容		【交差点立体化工事】 ● 道路アンダーパス ● 切り回し道路 ● 本線拡幅 ● 連結側道 ● 道路付属施設	【橋梁工事】 ● 下部工 ● 上部工 ● 仮設工
要求要件	最低限の要求要件	〔目的物に関する事項〕 ・ 位置、用地幅 ・ 道路規格、設計速度 ・ 幅員 ・ 道路構造令等基準類の準拠 〔施工に関する事項〕 ・ 契約日からアンダーパス供用までの施工日数が最大○○日以内 ・ 施工計画が適正であること	〔目的物に関する事項〕 ・ 架設地点 ・ 道路規格、設計速度 ・ 幅員 ・ 道路橋示方書等基準類の準拠 ・ 100 年間の維持管理費が最大○○円以内 〔施工に関する事項〕 ・ 施工計画が適正であること
	上限値（最高得点を与える状態）	・ 契約日からアンダーパス供用までの施工日数の目標値が△△日	・ 100 年間の維持管理費の目標値が▽▽円
技術提案を求める範囲		・ 目的物の構造形式 ・ 構造の成立性の検証方法 ・ 温度応力や配合等、コンクリートのひび割れ抑制対策 ・ 施工中の騒音、振動、粉塵等の抑制対策 ・ 現道の交通について、安全性を確保するための対策 ・ 上記項目の施工計画	・ 目的物の構造形式 ・ デザイン ・ 構造の成立性の検証方法 ・ 維持管理を容易とするための提案 ・ 施工中の溶接部等の品質検査方法 ・ 上記項目の施工計画
施工条件		・ 交通規制時間 ・ 規制時幅員、確保車線 ・ 施工時間帯	・ 搬入道路 ・ 施工時間帯

2) 設計数量等の提出要請

A. 設計数量の提出

発注者は競争参加者に対し、当該技術提案を作成した際の基礎となっている設計数量について、積算体系に沿った工種、種別、細別及び規格に対応させた数量を記入した数量総括表及び内訳書の提出を求める。数量総括表及び内訳書のイメージを次頁に示す。なお、積算基準類に設定のない工種等の見積りについては、なるべく機労材別で内訳を提出させることで、工事請負契約書２６条に基づく請求を円滑に進められるようにするものとする。

また、設計数量の提出を求める範囲は、積算体系上、ＡⅠ型及びＡⅡ型は、直接工事費及び共通仮設費の積上げ計算に必要な数量を基本とし、ＡⅢ型はそれらのうち技術提案を求める部分のみとする。具体例を以下に示す。

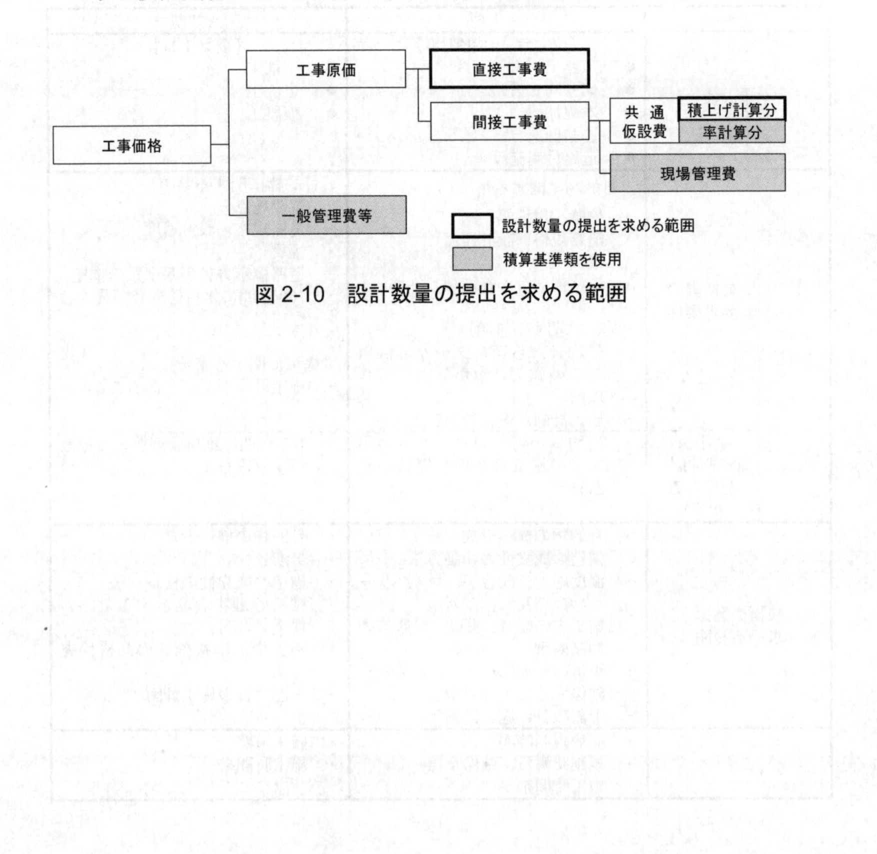

図 2-10 設計数量の提出を求める範囲

表 2-17　設計数量の提出を求める範囲の例（橋梁工事の場合）

工種等	種別等	ＡⅠ・ＡⅡ型 【設計・施工一括発注方式による橋梁工事（下部工・上部工）の例】	ＡⅢ型 【橋梁上部工工事において現道作業期間の短縮を図る提案を求める例】
下部工	土　工	○	－
	橋台工	○	－
	橋脚工	○	－
	基礎工	○	－
上部工	橋体工（製作・運搬含む）	○	△
	架設工	○	△
	支承工	○	△
	床版工	○	△
	伸縮装置	○	△
仮設工（仮設道路等）		○	△
共通仮設費	積上げ計算分	○	△
	率計算分	－	－

○：設計数量の提出を求める。
△：競争参加者の判断により、標準案から変更する場合に必要となる設計数量を提出する。
－：設計数量の提出を求めない。

B. 見積りの提出

発注者が予定価格を算定する際に単価表等の見積りが必要な場合には、見積りの提出を要請する。競争参加者は、改善された技術提案の審査を経て、要請された見積りを提出する。

第○号	主桁架設一式　数量内訳書			
名称	規格	単位	数量	摘要
主桁架設		日	○.○○	
架設機械据付・解体		式	1	
軌道敷設・撤去		m	○.○○	
機械器具費		式	1	
アンカーエ		個	○.○○	
計				

数量総括表							
工事区分	工種	種別	細別	規格			
コンクリート橋上部							
	コンクリート主桁製作工						
		ポストテンションT桁製作					
			主桁製作		本	7	
			主桁製作設備		式	1	第○号内訳書
	コンクリート橋架設工				式	1	
			主桁架設	架設桁架設	式	1	第○号内訳書
共通仮設					式	1	
	共通仮設費	（積上げ分）			式	1	
		安全費			式	1	第○号内訳書
	共通仮設費	（率分）					

図 2-11　ＡⅠ型及びＡⅡ型における数量総括表と内訳書のイメージ

第○号	主桁架設一式　数量内訳書			
名称	規格	単位	数量	摘要
主桁架設		日	○.○○	
架設機械据付・解体		式	1	
軌道敷設・撤去		m	○.○○	
機械器具費		式	1	
アンカーエ		個	○.○○	
計				

数量総括表							
工事区分	工種	種別	細別	規格			
コンクリート橋上部							
	コンクリート主桁製作工						
		ポストテンションT桁製作					
			主桁製作				
			主桁製作設備				
	コンクリート橋架設工				式	1	
			主桁架設	架設桁架設	式	1	第○号内訳書
共通仮設					式	1	
	共通仮設費	（積上げ分）			式	1	
		安全費			式	1	第○号内訳書
	共通仮設費	（率分）					

図 2-12　ＡⅢ型における数量総括表と内訳書のイメージ

C. 留意事項

a. 各種資料の提示

技術提案の作成に当たって参考となる各種資料（地質調査結果、標準案を示す場合は設計業務報告書、図面等）を入札説明書に明示し、要請があれば競争参加者への閲覧等により示す。

また、当該工事に適用が考えられる発注者独自のアイデアやＮＥＴＩＳ等に公開されている技術がある場合には、あらかじめ入札説明書等に参考情報として提示する。

b. 技術提案書の分量

発注者は、技術提案を求める範囲を踏まえ、技術提案書の分量の目安を示すことにより、競争参加者に過度の負担をかけないよう努める。

c. 検討期間の確保

優れた技術提案の検討が可能となるように技術提案の作成に要する期間を十分に確保する。

d. リスク分担の明示（設計・施工一括発注方式の場合）

契約時点での不確定要因（施工条件、地質条件等）を抽出し、契約時と状況が異なった場合に、発注者及び受注者のどちらの負担とするかを契約図書に明示する。

e. 設計の照査（設計・施工一括発注方式の場合）

設計・施工一括発注方式においては、詳細（実施）設計終了後の照査が品質の確保上重要であり、必要に応じて概略設計や予備（基本）設計を実施したコンサルタント等の活用を図る。

⑵ 自由提案の受け付け

発注者が指定した評価項目以外に、総合的なコストの縮減や工事目的物の性能・機能の向上、社会的要請への対応に関して、競争参加者からの提案が見込まれる場合にはこれらについての創意工夫等の自由提案を受け付け、加点項目として評価することが考えられる。

その場合は、あらかじめ入札公告や入札説明書において、自由提案の受け付けを認める旨及び評価における取扱い（例えば「最大○点加算」等）を明示することが必要となる。

(3) 技術提案の審査

技術提案には新技術や新工法等が多く含まれ、専門的知識が必要となることが想定されるため、提案内容に応じて学識経験者、公的機関の研究所（例えば独立行政法人土木研究所、国土交通省各地方整備局等の技術事務所、国土技術政策総合研究所等）の研究者等を活用し、審査体制の充実に努めるものとする。

1) 発注者の要求事項の確認

発注者の要求事項に対し、技術提案の内容に要求要件や施工条件を満たさない事項がないか確認する。

2) 技術提案の実現性、安全性等の確認

新技術・新工法については、ＮＥＴＩＳ等の活用や、提案者への実績や試験データの請求等により情報収集に努め、技術提案の実現性、安全性等を確認する。

3) 設計数量の確認

技術提案と併せて提出された数量総括表及び内訳書の内容について、以下の事項を確認する。

［確認事項の例］

・積算基準類における工事工種体系に沿っているか
・技術提案内容に応じた内訳となっているか
・工事目的物の仕様に基づく数量が計上されているか
・積算基準類に該当しない工種、種別、細別及び規格があるか　等

2-9-2 技術提案の改善（技術対話）

技術提案評価型Ａ型では、技術提案の内容の一部を改善することでより優れた技術提案となる場合や、一部の不備を解決できる場合には、発注者と競争参加者の技術対話を通じて、発注者から技術提案の改善を求め、又は競争参加者に改善を提案する機会を与えることができる（品確法第１７条）。この場合、技術提案の改善ができる旨を入札説明書等に明記することとする。入札説明書の記載例を以下に示す。

［入札説明書の記載例］
（　）技術提案書の改善
技術提案書の改善については下記のいずれかの場合によるものとする。
①　技術提案書の記載内容について、発注者が審査した上で（　）に示す期間内に改善を求め、提案者が応じた場合。
②　技術提案書の記載内容について、（　）に示す期間内に提案者が改善の提案を行った場合。
なお、改善された再技術提案書の提出内容は修正箇所のみでよいものとするが、発注者が必要に応じてする資料の提出の指示には応じなければならない。また、本工事の契約後、技術提案の改善に係る過程について、その概要を公表するものとする。

(1)　技術対話の実施

1)　技術対話の範囲

技術対話の範囲は、技術提案及び技術提案に係る施工計画に関する事項とし、それ以外の項目については、原則として対話の対象としない。

2)　技術対話の対象者

技術対話は、技術提案を提出した全ての競争参加者を対象に実施する。競争参加者間の公平性を確保するため、複数日にまたがらずに実施することを基本とし、競争参加者が他者の競争参加を認知することのないよう十分留意する。

また、技術対話の対象者は、技術提案の内容を十分理解し、説明できるものとすることから複数でも可とする。ただし、提案者と直接的かつ恒常的な雇用関係にある者に限るものとする。

3)　技術対話の手順

競争参加者側から技術提案の概要説明を行った後、技術提案に対する確認及び改善に関する対話を行うものとする。

なお、技術対話において他者の技術提案、参加者数等の他者に係る情報は一切提示しないものとする。

A.　技術提案の確認

競争参加者から技術提案の特徴や利点について概要説明を受け、施工上の課題認識や技術提案の不明点について質疑応答を行う。

B.　発注者からの改善要請

技術提案の内容に要求要件や施工条件を満たさない事項がある場合には、技術対話において提案者の意図を確認した上で必要に応じて改善を要請し、技術提案の再提出を求める。要求要件や施工条件を満たさない事項があり、その改善がなされない場合には、発注者は当該競争参加者の競争参加資格がないものとして取り扱うものとする。

また、新技術・新工法の安全性等を確認するための資料が不足している場合には、追加資料の提出を求める。

なお、技術提案の改善を求める場合には、同様の技術提案をした者が複数あるにもかかわらず、特定の者だけに改善を求めるなど特定の者のみが有利となることがないようにすることが必要であることから、技術提案の改善を求める前に、あらかじめ各提案者に対して求める改善事項を整理し、公平性を保つよう努めるものとする。

C. 自発的な技術提案の改善

発注者による改善要請だけでなく、競争参加者からの自発的な技術提案の改善を受け付けることとし、この旨を入札説明書等に明記する。

D. 見積りの提出要請

発注者は設計数量の確認結果に基づき、必要に応じて数量総括表における工種体系の見直しや単価表等の提出を競争参加者に求める。競争参加者に提出を求める単価表等は、発注者の積算基準類にないものに限ることとする。

4) 文書による改善要請事項の提示

発注者は技術対話時又は技術対話の終了後、競争参加者に対して速やかに改善要請事項を書面で提示するものとする。

(2) 改善された技術提案の審査

予定価格算定の対象とする技術提案を選定するため、改善された技術提案を審査し、各競争参加者の技術評価点を算出する。

なお、技術提案評価型A型では、技術提案の改善を行うことを基本とするが、工事内容に応じて改善が必要ないと認められる場合には、技術提案の改善を行わないことで手続を簡素化することも可能とする。

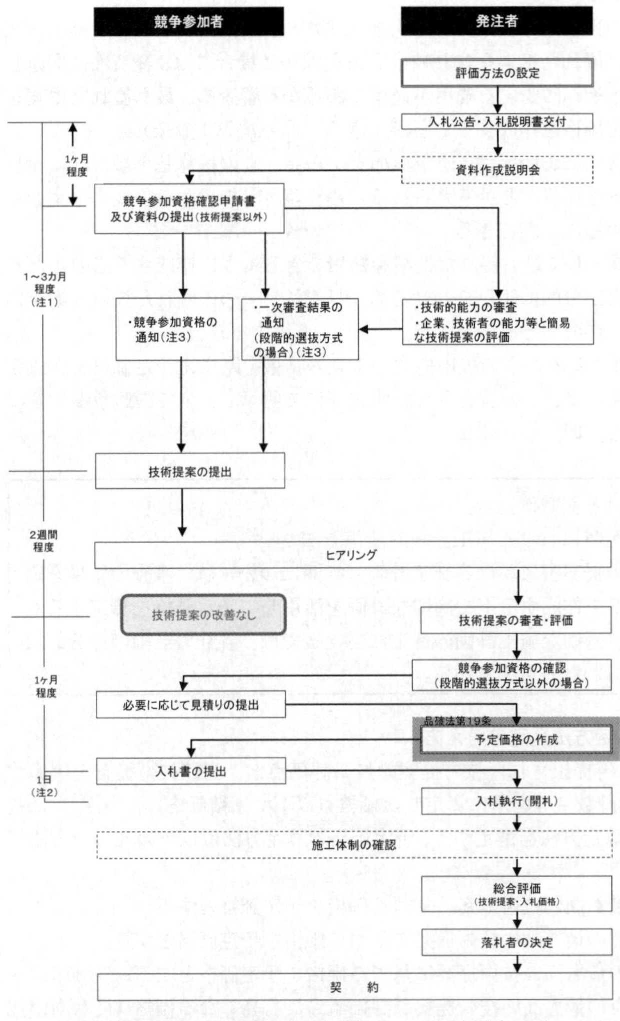

注1　AⅠ型及びAⅡ型の場合は2～3ヶ月程度、AⅢ型の場合は1～2ヶ月程度を基本とする。なお、AⅢ型において技術提案の提出までの期間を1ヶ月程度とする場合には、申請書及び資料と同時に技術提案の提出を求めてもよい。
注2　日曜日、土曜日、祝日等を含まない。
注3　競争参加資格がないと認めた理由、一次審査結果の理由についての説明を求めるものができるものとし、この説明要求申立て期間（7日）については日曜日、土曜日、祝日等を含まない。
注4　WTOの場合、「国の物品等又は特定役務の調達手続の特例を定める政令」（昭和55年政令第300号）第5条第1項の規定により、入札期日の前日から起算して少なくとも40日前に公示をしなければならないことに留意すること。

図 2-13　技術提案評価型Ａ型の入札・契約手続フロー
（技術提案の改善を行わない場合）

2-9-3 予定価格の作成

競争参加者からの積極的な技術提案を引き出すため、新技術及び特殊な施工方法等の高度な技術又は優れた工夫を含む技術提案を求めた場合には、経済性に配慮しつつ、各々の提案とそれに要する費用が適切であるかを審査し、最も優れた提案を採用できるよう予定価格を作成することができる（品確法第１９条)。

技術提案評価型Ａ型においては、競争参加者から発注者の積算基準類にない新技術・新工法等が提案されることが考えられるため、競争参加者からの技術提案をもとに予定価格を定めることができる。

予定価格は、結果として最も優れた提案を採用できるように作成する必要があり、各技術提案の内容を部分的に組み合わせるのではなく、一つの優れた技術提案全体を採用できるように作成するものとする。

なお、競争に参加する者からの技術提案の審査の結果を踏まえ予定価格を作成する可能性がある場合には、その旨を入札説明書等にて明示し、全ての競争参加者に周知しなければならない。

〔入札説明書における記載例〕
（　）予定価格算定時における施工計画の活用方法
　発注者は、技術提案書における施工計画の範囲については、審査の結果を踏まえて、予定価格を作成する上で適切な計画を活用して予定価格を算定するものとする。なお、適切な施工計画の選定に当たっては、各社の計画の部分的な内容の組合せは行わないものとする。

(1) 予定価格の算定方法選定の考え方

競争参加者から再提出された技術提案の技術評価点と、当該技術提案を実施するために必要な設計数量等を基に算定した価格（以下「見積価格」という。）に基づき、予定価格の算定方法を選定する。予定価格の算定方法は以下の４つの方法が考えられる。

① 評価値の最も高い技術提案に基づく価格を予定価格とする。
② 技術評価点の最も高い技術提案に基づく価格を予定価格とする。
③ 見積価格の最も高い技術提案に基づく価格を予定価格とする。
④ 技術評価点の最も高い技術提案が評価値も最も高くなる価格（最も高い技術評価点を最も高い評価値で除して得られた値）を予定価格とする。

これらのうち、結果として最も優れた技術提案を採用できるように、②技術評価点の最も高い技術提案に基づき予定価格を算定することを基本とする。ただし、工事内容や評価項目、評価結果等によっては学識経験者の意見を踏まえた上で他の方法を採用してもよい。

なお、予定価格の算定方法を選定する際の見積価格については、提出された設計数量等をそのまま使用するものとするが、予定価格を算定する際には「(2)1) 設計数量等の確認」により競争参加者が提出した数量等を精査した上で使用する必要があることに留意する。

表 2-18　予定価格の算定方法選定の考え方

予定価格の算定方法	長　所	短　所
①評価値の最も高い技術提案に基づく価格〔図中のＢ〕	●ＶＦＭの考え方に則っており、予定価格の意味合いが明確。	●Ｂの見積価格が安い場合には落札者が限定される可能性が高く、最終的に評価値の高い提案を採用できないことがあり得る。
②技術評価点の最も高い技術提案に基づく価格〔図中のＥ〕	●技術的に最も優れた技術提案が排除されない。 ●入札時点での競争性が確保される可能性が高い。	●評価値の最も高い提案に比べて評価値が低く、その分価格が割高となっている。
③見積価格の最も高い技術提案に基づく価格〔図中のＤ〕	●予定価格を上回る入札が行われる可能性が低い。 ●入札時点での競争性が確保される。	●評価値の最も高い提案に比べて評価値が低く、その分価格が割高となっている。
④技術評価点の最も高い技術提案が評価値も最も高くなる価格〔図中のＥ’〕	●技術的に最も優れた技術提案を採用できる可能性がある。 ●ＶＦＭの考え方に則っており、割高な予定価格となることを防止できる。	●予定価格に対応する工事内容が存在せず、仮想的な予定価格になる。

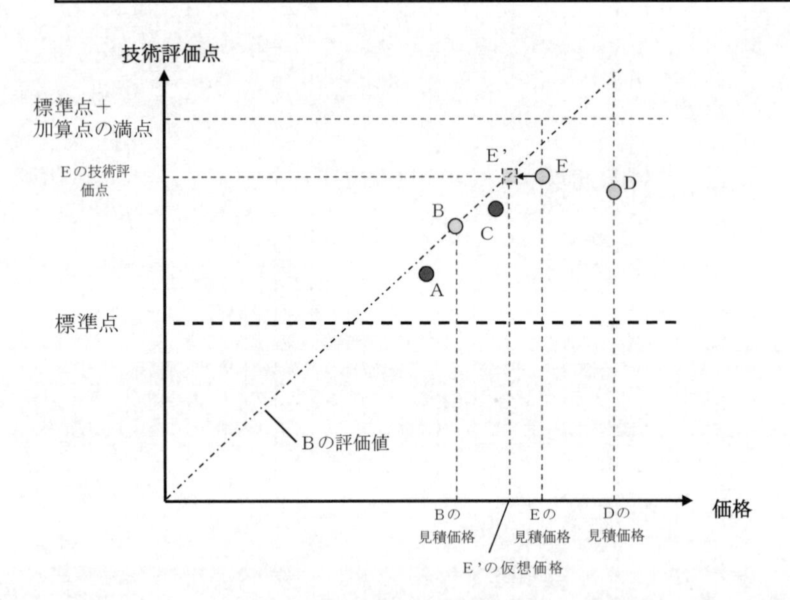

図 2-14　予定価格の算定方法選定のイメージ

(2) 予定価格の作成

予定価格については発注者としての説明責任を有していることに留意し、学識経験者への意見聴取結果を踏まえて定める。

1) 設計数量等の確認

予定価格算定の対象となった技術提案を実施するために必要となる設計数量等（数量総括表、内訳書、単価表等）の内容について確認を行い、積算基準類に該当する歩掛や単価がない場合には、過去の同種・類似事例を参考にそれらの妥当性を確認し、必要に応じて市場の実勢調査を行う。市場の実勢調査に基づいた歩掛や単価を当該工事に適用する場合、積算基準類の策定担当部局と調整を図る必要がある。

なお、各社固有の特殊工法等については、歩掛や単価まで分解せずに工法全体の見積りの妥当性を確認する。

2) 予定価格の算定

設計数量等の確認の結果を踏まえ、次に掲げる積算基準類により予定価格を算定する。

- 土木請負工事工事費積算要領
- 土木請負工事工事費積算基準
- 土木工事標準歩掛
- 請負工事機械経費積算要領
- 共通仮設費算定基準　等

A. 歩掛

歩掛については、標準歩掛や新技術活用支援施策におけるパイロット歩掛を使用する。

ただし、工期の短縮を技術提案で求めている場合等、標準歩掛等がない場合や標準的な施工でない場合は、技術提案や特別調査の歩掛を参考に決定する。

B. 労務単価、資材単価、機械経費

設計単価（労務単価、資材単価、機械経費）については、積算基準類により設定する。

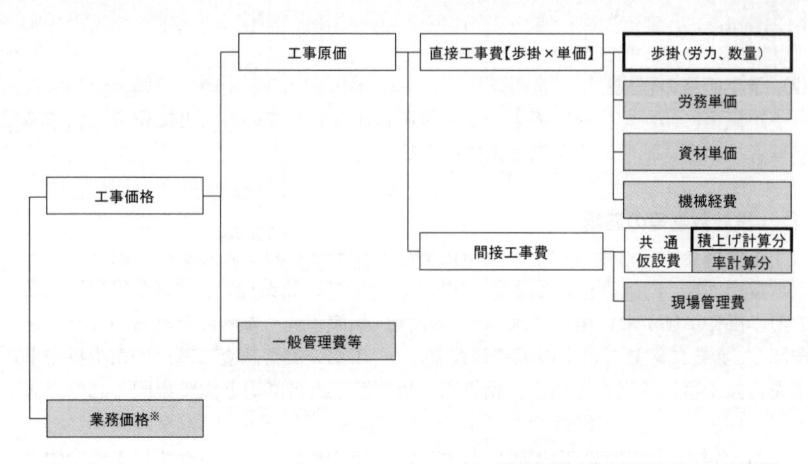

積算基準類を適用できない場合は、競争参加者の設計数量等を参考にする。

積算基準類を使用

※設計・施工一括発注方式の場合には設計費を計上

図 2-15　予定価格算定における競争参加者の数量等の使用範囲

第○号	架設機械据付・解体1式当たり内訳書					
名称	規格	単位	数量	単価	金額	摘要
橋梁世話役		人	○○	○○,○○○	○○,○○○	○人/日×○日=○○人
橋梁特殊工		人	○○	○○,○○○	○○,○○○	○人/日×○日=○○人
普通作業員		人	○○	○○,○○○	○○,○○○	○人/日×○日=○○人
トラッククレーン賃料	油圧式○t吊	日	○.○	○○,○○○	○○,○○○	
諸雑費		式	1		○○○	端数整理
計					○○,○○○	

第○号	安全費(積上げ分)一式内訳書					
名称	規格	単位	数量	単価	金額	摘要
交通誘導員		人	○○	○○,○○○	○○,○○○	○人/日×○日=○○人
計					○○,○○○	

:積算基準類を適用できない場合は、競争参加者の数量等を参考にする。

:積算基準類を使用。

図 2-16　競争参加者の数量等を使用した予定価格算定の例

3)　学識経験者の意見聴取

技術提案評価型A型において、競争参加者からの技術提案を基に作成する予定価格の妥当性を確保するため、技術提案の審査に当たっては、中立かつ公正な立場から判断できる学識経験者の意見を聴く必要がある（品確法第１９条）。

A.　意見聴取の方法

学識経験者への意見聴取の時期は、技術対話後、入札前を基本とし、予定価格情報の管理の観点から、意見を聴く学識経験者の数は必要最小限とするとともに、その匿名性や守秘義務の確保及び資料の管理等について十分留意する。

B.　意見聴取の内容

学識経験者の意見聴取は、予定価格の積算額ではなく、予定価格の作成方法や考え方等について意見を聴くものとする。

なお、意見聴取した結果に基づき作成した予定価格については、発注者が妥当性の説明責任をもって決定することに留意する。

(3)　低価格入札への対応

現在の課題として、結果として最も優れた技術提案を採用できるように、技術評価点の最も高い技術提案に基づき予定価格を算定し、調査基準価格を設定しているが、その一方で、競争参加者は各々の提案に基づき入札してくるため、調査基準価格が実質的な意味をなしていない状況となっている。

このため、技術提案評価型A型については、競争参加者から提出される見積りに基づき、競争参加者ごとに予定価格・調査基準価格を設定することについて、既存法令との関係を踏まえ、今後の検討課題とする。

当面、技術提案評価型A型については、品質確保の実効性及び施工体制確保の確実性の観点から、施工体制確認型総合評価落札方式を試行する。

この際、技術提案に基づき予定価格を作成する工事における施工体制確認の調査基準価格については、予定価格に見積りが採用された者については、従来の低入札価格調査基準価格を基準価格とし、それ以外の者については、その者の見積りを基に低入札価格調査基準価格に相当する価格を算定し、調査基準価格とする。（図2-17 参照）

また、技術提案と併せて提出された設計数量や、必要に応じて求めた単価表等に基づき積算した価格が入札時の内訳書と異なる場合は、理由の説明を求め、物価の変動等特別の理由がない限り当該技術提案を認めず、入札を無効とすることを基本とする。

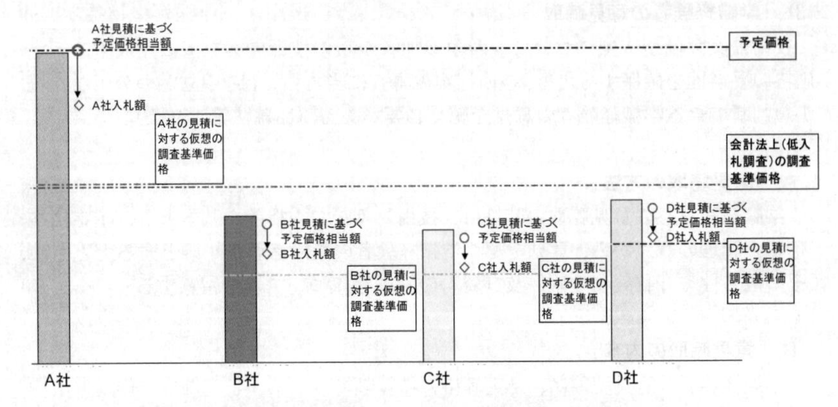

図 2-17　施工体制確認の際の調査基準価格の算定イメージ

3. 総合評価の方法

直轄工事における総合評価落札方式の落札者の決定方法は、大蔵大臣（現財務大臣）との包括協議の結果として、「工事に関する入札に係る総合評価落札方式について」（平成１２年３月２７日付け建設省会発第１７２号）及び「工事に関する入札に係る総合評価落札方式の標準ガイドライン」（「総合評価落札方式の実施について」（平成１２年９月２０日付け建設省厚契発第３０号）の別紙）にその原則が定められている。また、総合評価管理費を計上しない現行の評価方法については、「工事に関する入札に係る総合評価落札方式の性能等の評価方法について」に定められており、本ガイドラインにおいては、これらの規定に基づき、その具体的な評価の考え方を記載する。

3-1 評価値の算出方法

施工能力評価型と技術提案評価型のいずれの総合評価落札方式においても、総合評価による落札者の決定は、入札価格が予定価格の制限の範囲内にあるもののうち、評価値の最も高い者を落札者とする。評価値の算出方法としては、当省においては除算方式を採用している。

$$\text{評価値} = \frac{\text{技術評価点}}{\text{入札価格}} = \frac{\text{標準点} + \text{加算点} + \text{施工体制評価点}}{\text{入札価格}}$$

- 標準点：競争参加者の技術提案が、発注者が示す最低限の要求要件を満たした場合に１００点を付与する。
- 加算点：表 2-10 のとおりとする。
- 施工体制評価点：入札説明書等に記載された要求要件を実現できるかどうかを審査・評価し、その確実性に応じて付与される点数。

3-2 加算方式及び除算方式の特徴

評価値の算出方法の基本的な考え方としては、加算方式と除算方式がある。現在、当省の総合評価落札方式においては、財務省との包括協議により、評価値の算出方法として除算方式を採用しているが、加算方式による評価値の算定は、上記の包括協議の範囲を逸脱することから、その採用に当たっては事前に財務省との個別案件ごとの協議を行う必要があることに留意する必要がある。

加算方式における評価値は、価格のみの競争では品質の低下が懸念される場合に、施工の確実性を実現する技術力を評価し加味する指標であるといえ、工事品質の確保を図る場合などに適用が考えられる方式である。一方、除算方式における評価値は、ＶＦＭ（Value for Money）の考え方によるものであり、価格あたりの工事品質を表す指標であるため、技術提案により工事品質のより一層の向上を図る場合などに適用が考えられる方式である。

ただし、除算方式は技術評価点を入札価格で除するため、入札価格が低いほど評価値が累加的に大きくなる傾向があるのに対し、加算方式は技術評価点と価格評価点をそれぞれ独立して評価するため、技術力競争を促進することができると考えられ、極端な低価格による入札が頻発している現況においては加算方式の適用を図ることも考えられるが、加算方式の適用については、今後の実施状況を踏まえ、引き続き検討が必要である。

いずれの方式においても、技術評価点については、各発注者が工事特性（工事内容、規模、要求要件等）に応じて適切に設定することが重要である。加算方式において価格評価点に対する技術評価点の割合が適切に設定されない場合や、除算方式において標準点と加算点のバランスが適切に設定されない場合には、工事の品質が十分に評価されない結果となることに留意する必要がある。

(1) **加算方式**

① 評価値の算出方法

評価値 ＝ 価格評価点 ＋ 技術評価点

② 価格評価点の算出方法の例

- A×（1－入札価格／予定価格）

この場合、入札価格が低いほど価格評価点が比例して高くなることから低価格入札を助長する恐れがある。例えば、次式のように入札価格が調査基準価格以下の場合には係数を乗じ、入札価格の低下に応じた価格評価点の増分を低減させる等の方法も考えられる。

- A×｛(1－調査基準価格／予定価格)
  ＋α×（調査基準価格－入札価格）／予定価格｝（α＜1とする。）

③ 技術評価点の設定の考え方

- 価格評価点に対する技術評価点の割合は工事特性に応じて適切に設定する。

④ 特徴

- 価格のみの競争では品質不良や施工不良といったリスクの増大が懸念される場合に、施工の確実性を実現する技術力を評価することでこれらのリスクを低減し、工事品質の確保を図る観点から、価格に技術力を加味する指標。
- 加算方式は、得点率、入札率の項が独立しており、それぞれに対して評価値が一次的に変化する特徴を有している。
- したがって、加算方式では工事の難易度、規模等に応じて価格と技術の配点を適切に設定することにより、品質向上（得点率の向上）と施工コスト縮減（入札率の低下）のバランスがとれた応札が期待できる。

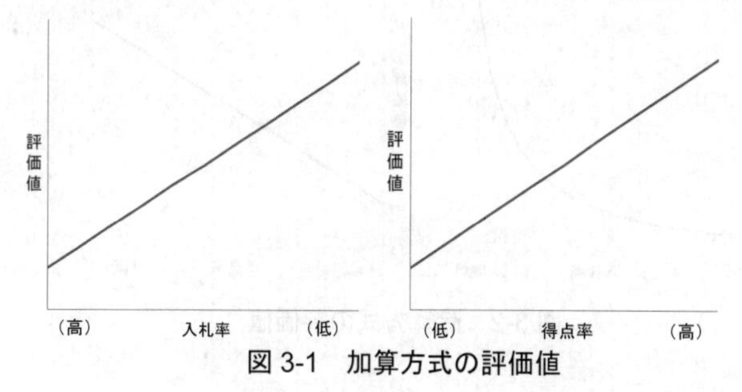

図 3-1 加算方式の評価値

(2) 除算方式

① 評価値の算出方法

$$評価値 = \frac{技術評価点}{入札価格} = \frac{標準点 + 加算点 + 施工体制評価点}{入札価格}$$

② 技術評価点の設定の考え方

- 標準点：競争参加者の技術提案が、発注者が示す最低限の要求要件を満たした場合に１００点を付与する。
- 加算点：表 2-10 のとおりとする。
- 加算点が小さい場合には価格の要素に大きく影響を受けて最高評価値が決まることから、価格と品質が総合的に優れた工事の調達を実現するため、加算点を拡大し設定することが望ましい。
- 施工体制評価点：入札説明書等に記載された要求要件を実現できるかどうかを審査・評価し、その確実性に応じて付与される点数。

③ 特徴

- ＶＦＭの考え方によるものであり、技術提案により工事品質のより一層の向上を図る観点から、価格あたりの工事品質を表す指標。
- 除算方式は、得点率を上げても評価値は一次的にしか増加しない一方で、入札率を下げると評価値は累加的に増加する特徴がある。
- したがって、除算方式では得点率を上げるよりも入札率を下げる方が高い評価値を得やすいため、競争参加者は品質向上（得点率の向上）よりも、施工コストを下げる技術開発又はダンピングによる応札（入札率の低下）を行う傾向が強くなる。

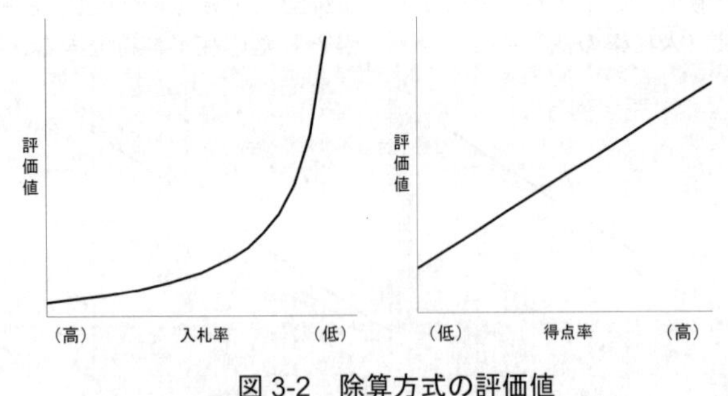

図 3-2　除算方式の評価値

3-3　技術評価点の算出方法

(1) 評価項目ごとの評価基準

評価項目ごとの評価基準については、「工事に関する入札に係る総合評価落札方式の性能等の評価方法について」に従い、評価項目の特性を踏まえ、次の 1) による定量的な評価基準又は下記 2)、3) のいずれかによる定性的な評価基準を設ける。

1)　数値方式

評価項目の性能等の数値により点数を付与する方式である。

この場合、標準的には、提示された最高の性能等の数値に得点配分に応じた満点を、最低限の要求要件を満たす性能等の数値に０点を付与する。また、その他の入札参加者が提示した性能等については、それぞれの性能等の数値に応じ按分した点数を付与するものとする。

2)　判定方式

数値化が困難な評価項目の性能等に関して、２段階、３段階等の階層とその判定基準を設け、入札参加者ごとの提案内容が該当する階層を判定し、それに応じた点数を付与する方式である。

この場合、例えば３階層（優／良／可）による判定では、標準的には、優に該当するものには満点、良に該当するものにはその５０％、可に該当するものには０点を付与するものとする。

なお、入札参加者の技術力が適切に得点に反映されるように、評価項目ごとに階層数やその判定基準を設定することが重要となる。

3)　順位方式

数値化が困難な評価項目の性能等に関して、提案内容を順位付けし、順位に対応した点数を付与する方式である。

この場合、標準的には、入札参加者の最上位者に満点、最下位者に０点を付与し、中間の者には均等に按分した点数を付与するものとする。

なお、この方式では、各入札参加者の性能等の分布により、得点の付与が過大又は過小となる場合があるため、使用に当たっては十分な留意が必要である。

(2) 技術評価点の算出方法

評価項目ごとに算定された評価結果から技術評価点（除算方式の場合には加算点）を算出するに当たって、施工能力評価型、技術提案評価型Ｓ型については、素点計上方式により技術評価点を算出することとする。また、技術提案評価型Ａ型については、民間の高い技術力を有効に活用するという観点から、最も優れた提案に加算点の満点を付与し、それ以外の提案より２０点程度優位に評価することを基本とする。ただし、技術提案が同程度に優れた者が複数いる場合は、この限りではない。

表 3-1　技術評価点の算定方法

	概　要	長　所	短　所
素点計上方式	各評価項目の得点（素点）の合計点を技術評価点とする方式。	・得点差をそのまま技術力評価の差とすることができる。 ・加算点の価値は、競争参加者の技術力によらず不変である。	・競争参加者間における技術力評価に差がつきにくい。
一位満点方式	各評価項目の得点（素点）の合計点が最高点の競争参加者に技術評価点の満点、その他の競争参加者には得点の合計点に応じて按分して技術評価を与える方式。	・技術力が高い競争参加者を優位に評価することができる。	・全体的に低得点の場合に、最高得点者を過大評価する可能性がある。 ・競争参加者の技術力により加算点の価値が変動する。
一位満点・最下位０点方式	各評価項目の得点の合計点が最高点の競争参加者に技術評価点の満点、最低点の競争参加者には０点、その他の競争参加者には得点の合計点に応じて按分して技術評価を与える方式。	・技術力が高い競争参加者をより優位に評価することができる。	・上記に加え、全体的に高得点の場合に、最低得点者を過小評価する可能性がある。 ・競争参加者の技術力により加算点の価値が変動する。

4. 総合評価落札方式の結果の公表

4-1 評価結果の公表

発注者は入札・契約手続の透明性・公平性を確保するため、入札の評価に関する基準及び落札者の決定方法等については、あらかじめ入札説明書等において明らかにする。また、「工事における入札及び契約の過程並びに契約の内容等に係る情報の公表について」（平成１３年３月３０日付け国官会第１４２９号、国地契第２６号）に基づき、総合評価における落札結果及び技術力評価の結果等については、契約後早期に公表する。

(1) 手続開始時

総合評価落札方式の適用工事では、入札説明書等において以下の事項を明記する。

① 総合評価落札方式の適用の旨
② 競争参加資格
③ 段階的選抜に関する基準
④ 入札の評価に関する基準
　・評価項目
　・評価基準
　　・評価項目ごとの評価基準
　　・評価項目ごとの最低限の要求要件及び上限値
　・得点配分
⑤ 総合評価の方法及び落札者の決定方法

(2) 落札者決定後

総合評価落札方式を適用した工事において、以下①②については、落札者決定後又は契約の相手方及び契約金額の決定後速やかに、以下③～⑥については、契約後速やかに公表する。

① 業者名
② 各業者の入札価格
③ 各業者の価格評価点（加算方式の場合）
④ 各業者の技術評価点
⑤ 各業者の評価値
⑥ 技術提案の改善過程（技術提案評価型A型の場合）

落札結果の公表イメージを表 4-1 に、技術力評価結果の公表イメージを表 4-2 に示す。

段階的選抜方式を適用した工事の一次審査の結果については、公平性の確保及び競争参加者の技術力向上の観点から、落札決定後に公表するものとする。

表 4-1　落札結果の公表イメージ

予定価格 （消費税抜き）	300,000,000 円
調査基準価格 （消費税抜き）	258,000,000 円
基準評価値 （×1,000,000）	0.33333

入札調書（総合評価落札方式）

１．件　　　名　○○○○工事　　　　執行員
２．所属事務所　○○○○工事事務所　　立会員
３．入札日時　　令和○○年○月○○日　○○時○○分

業者名	第１回 入札価格 （千円）	加算点 ＋ 施工体制評価点	標準点 ＋ 加算点 ＋ 施工体制評価点	評価値 × 1,000,000	評価値 ≧基準 評価値	第２回 入札価格 （千円）	評価値 × 1,000,000	評価値 ≧基準 評価値	備考	摘要
A社	320,000	－	－	－						予定価格超過
B社	312,000	－	－	－						予定価格超過
E社	293,000	85.000	185.000	0.63139	○					落札
G社	345,000	－	－	－						予定価格超過
I社	280,000	63.500	163.500	0.58392	○					

上記金額は入札者が見積もった契約希望金額の１１０分の１００に相当する金額である。

表 4-2　技術力評価結果の公表イメージ

技術力評価点の内訳

1．件　　　名　○○○○工事

業者名	標準点	施工体制評価点			加算点						
		品質確保の実効性	施工体制確保の確実性	評価点の合計	企業の能力等		技術者の能力等	技術提案			加算点の合計
						地域精通度等					
		評価点	評価点		評価点	評価点	評価点	評価点	ヒアリング係数	ヒアリング後の評価点	
A社					15		12	30	1.0	30.000	57.000
B社					12		12	23	0.5	11.500	35.500
E社	100	15	15	30	15		10	30	1.0	30.000	55.000
G社					13		10	8	0.5	4.000	27.000
I社	100	15	15	30	10		12	23	0.5	11.500	33.500

一次審査結果表

1．件　　　名　○○○○工事

2．発注機関　　○○○○地方整備局

3．一次審査結果通知日　令和○年○月○日

業者名	企業の能力等		技術者の能力等	一次審査合計	一次審査結果順位
		地域精通度等			
A社	15		12	27.0	1
B社	12		12	24.0	3
C社	10		10	20.0	7
D社	8		8	16.0	10
E社	15		10	25.0	2
F社	13		8	21.0	6
G社	13		10	23.0	4
H社	10		7	17.0	9
I社	10		12	22.0	5
J社	12		8	20.0	7
K社	8		6	14.0	11

技術提案評価型Ａ型においては、技術対話における公平性、透明性を確保するため、契約締結後速やかに評価結果とともに、⑥の技術提案の改善に係る過程の概要を公表する必要がある（品確法第１７条）。

改善過程の公表内容としては、各競争参加者に対する発注者からの改善要請事項の概要、各者の再提出における改善状況の概要を基本とし、各競争参加者の提案の具体的内容に係る部分は公表しないものとする。また、競争参加者の知的財産を保護する観点から、公表内容について各競争参加者の了解を得た上で公表するものとする。

具体的に表 4-3 表 4-3 に示す技術提案内容と改善内容に対し、改善過程の公表イメージを表 4-4 に示す。

表 4-3　技術提案の改善過程の具体例

技術提案の内容	橋梁の架設工法である○○工法を使用することにより、交通規制時間を短くする。○○工法は、ブラケットを折りたたんだ状態で鋼桁を運搬し、移動多軸台車上で組み立て、設置箇所まで運搬。鋼桁をリフトアップし、橋脚柱を接合する。鋼桁のジャッキダウン後に鋼桁の接合等を行い、ブラケットを展開する。また、鋼桁と橋脚柱の接合は現場溶接により行う。橋台の基礎としては鋼管杭を使用し、下部工は△△工法を採用する。
改善の内容	〔発注者からの指摘事項〕 ・施工ヤード：当初想定していた場所と異なる位置の提案がなされたが、今後予定される近接工事の影響で使用できない位置であったため、位置の変更を要請。 ・提案工法の安全性の確認：○○工法の施工手順の詳細資料を要請。 〔自発的な改善事項〕 ・下部工の接合方法の代替工法の提案：現場溶接より、ハイテンボルトを採用することによりコスト縮減と工期短縮が見込まれる。

(3) 苦情及び説明要求等への的確な対応

総合評価の審査結果については、競争参加者からの苦情等に適切に対応できるように評価項目ごとに評価の結果及びその理由を記録する必要がある。

また、落札できなかった競争参加者から落札情報の提供依頼があった場合には、当該競争参加者と落札者のそれぞれの入札価格、性能等の技術力評価の結果を提供する。

表 4-4　技術提案の改善過程の公表イメージ

工事件名	○○○高架橋工事
事務所名	△△国道事務所
入札公告	年　月　日
技術提案の提出	年　月　日
技術対話	年　月　日
技寿提案の再提出	年　月　日

【技術提案の改善に係る過程の概要】

項　目	□□□社		☆☆☆社		△△△社	
	発注者からの改善要請事項	競争参加者の改善状況	発注者からの改善要請事項	競争参加者の改善状況	発注者からの改善要請事項	競争参加者の改善状況
基礎工	施工ヤード位置の変更	指摘に基づき改善				
架設工法	安全性確認のため○○工法の作業手順書の提出を要請	作業手順書の資料を提出				
下部工　接合方法		下部工の接合方法である現場溶接の代替工法としてハイテンボルトに自発的に改善				

4-2 技術提案等の採否に関する詳細な通知

(1) 技術提案の採否の通知

技術提案等の採否に関する通知は、「総合評価落札方式の実施に伴う手続について」、「総合評価落札方式における技術提案等の採否に関する詳細な通知の実施について」（平成２２年４月９日付け国地契第２号、国官技第９号、国営計第５号）に基づき適切に実施することとする。

(2) 技術提案の評価結果の通知

技術提案評価型Ｓ型を対象として、支出負担行為担当官及び分任支出負担行為担当官は、各入札参加者から提出された技術提案等のうち、加算点を付与する対象となる項目及び付与する対象とならない項目を、競争参加資格の確認の通知時に行う技術提案等の採否の通知と合わせて、当該技術提案等を提出した入札参加者に対し、通知することとする。

これは、技術提案の評価結果について、具体的な評価内容を提案企業に対して通知するものである。具体的な評価内容の通知例は、図 4-1 のとおりである。

なお、施工能力評価型Ｉ型における施工計画については、技術提案ではなく、施工上配慮すべき事項について二段階で審査し、原則、可か不可で評価することとしている。万が一点数化して評価する場合は、本評価結果の通知の対象とする。

<入札結果の公表例> 公表済み

業者名	入札価格	評価点	評価値	備考
A社	¥340,000,000	155	45.588	
B社	¥336,000,000	172	51.190	
C社	¥332,000,000	158	47.590	
D社	¥333,000,000	174	52.252	落札
....				

評価点の内訳									
標準点	評価点				施工体制評価点			合計
	施工計画（周辺環境に配慮した具体的な施工計画について	企業の施工能力	企業の信頼性・社会性	小計	品質確保の実効性	施工体制確保の確実性	小計	
100	15	8	2	25	15	15	30	155
100	30	10	2	42	15	15	30	172
100	15	11	2	28	15	15	30	158
100	30	14	0	44	15	15	30	174

【具体的な評価内容の通知例】 新規

【凡例】○：加点対象として評価する
ー：加点対象として評価しない

技術提案	評価の内容
・工事搬入路の県道は生活道路として歩行者等の利用が多いため、周辺地区に対し、リーフレットを作成して工事説明を行う	ー
・工事区域は水田や河川、用水路に隣接している事から地盤改良区域周辺に土堰堤を設置する	○
・本工事の地盤改良工では、プラント設備の洗浄等による余水の集水との再利用を行う	ー
・ミキサーへのセメント投入による粉塵の飛散防止のため、プラント設備をシートにて仮囲いする	○
・地盤改良においてはセメント搬入車の出入りに際して、工事区域出入口に高圧洗浄機を設置し、タイヤ洗浄を行う	○

図 4-1 技術提案の評価結果の通知

(3) 問い合わせ窓口の設置

技術提案等の採否の通知並びに加算点を付与する対象となる項目及び付与する対象とならない項目の通知に関する問い合わせに対応するための窓口を、各地方整備局に設置するものとする。

問い合わせ窓口の設置のイメージは、図 4-2 図 4-2 のとおりである。

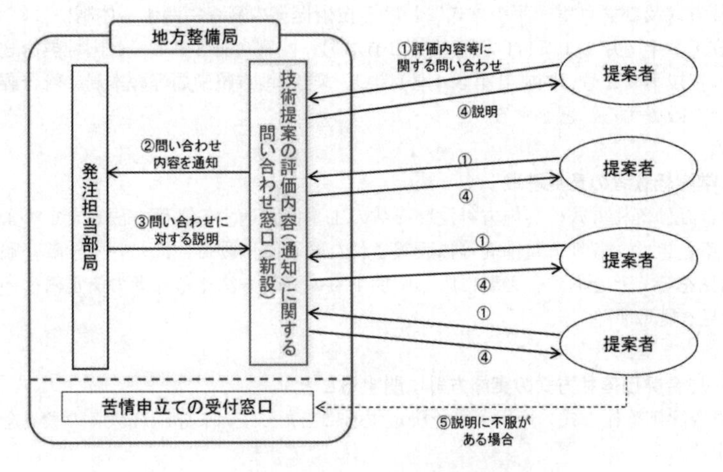

図 4-2　問い合わせ窓口の設置

4-3 中立かつ公正な審査・評価の確保

総合評価落札方式の適用に当たっては、発注者の恣意性を排除し、中立かつ公正な審査・評価を行うことが重要である。このため、各地方整備局等においては、「総合評価方式及びプロポーザル方式における技術提案の審査に関する体制について」（平成１８年７月１１日付け国官総第２６３号、国官会第４９５号、国地契第３８号、国官技第９２号、国営計第５４号）に基づき、地方整備局等の本局に総合評価委員会を設置することとする。

(1) 学識経験者の意見聴取

総合評価落札方式の実施方針及び複数の工事に共通する評価方法等を定めようとするときは、各地方整備局等に設置された総合評価委員会において学識経験者の意見を聴くとともに、必要に応じ個別工事の評価方法や落札者の決定についても意見を聴取する。

1) 総合評価落札方式の実施方針に関すること

総合評価落札方式の適用工事を決定するに当たっては、学識経験者の意見を聴取する。

2) 複数の工事に共通する評価方法に関すること

入札の評価に関する基準（評価項目、評価基準及び得点配分）及び落札者の決定方法を決定するに当たっては、学識経験者の意見を聴取する。

3) 必要に応じ個別工事の評価方法や落札者の決定に関すること

特に、技術提案評価型の総合評価落札方式の実施に当たっては、個々の現場条件により評価項目、得点配分等が大きく異なることや技術的に高度な提案がなされることが十分に考えられる。この場合、工事特性（工事内容、規模、要求要件等）に応じた適切な評価項目・基準の設定や技術提案の審査を実施するために、学識経験者の意見を聴取する。

(2) 技術提案に関する機密の保持

発注者は、民間企業からの技術提案自体が提案者の知的財産であることに鑑み、技術提案内容に関する事項が他者に知られることのないようにし、提案者の了承を得ることなく提案の一部のみを採用することのないようにするなど、その取扱いに留意する。

4-4　入札及び契約過程に関する苦情処理

当省においては、公正な競争の促進、透明性の確保の観点から、苦情申立てに対し、まず、発注者として入札・契約の過程について適切に説明するとともに、さらに不服（再苦情）のある者については、「入札監視委員会」（※）による審議を経て回答することとし公正に不服を処理することとしている。

※学識経験者等からなる第三者機関であり、次に掲げる事務を行う。

・入札・契約手続の運用状況についての報告を受けること。

・一般競争参加資格の設定の理由等についての審議を行い、意見の具申又は勧告を行うこと。

・入札・契約手続に係る再苦情処理について審議を行い、報告を行うこと。

総合評価落札方式による入札及び契約過程に関する苦情処理については、「工事等における入札・契約の過程に係る苦情処理の手続について」（平成１３年３月３０日付け国官会第１４３０号、国地契第２８号）及び「政府調達に関する苦情の処理手続」（平成７年１２月政府調達苦情処理推進会議決定）に基づき、図 4-3 及び図 4-4 のフローにより、適切に実施することとする。段階的選抜方式を実施する場合は、一次審査結果の理由について、競争参加資格を認めなかった理由と同様に取り扱う。

総合評価の審査結果については、入札者の苦情等に適切に対応できるように評価項目ごとに評価の結果及びその理由を記録する必要がある。

また、落札できなかった入札者から落札情報の提供依頼があった場合には、当該入札者と落札者のそれぞれの入札価格、性能等の得点を提供する。さらに評価の理由を求められた場合には、その理由を説明する。

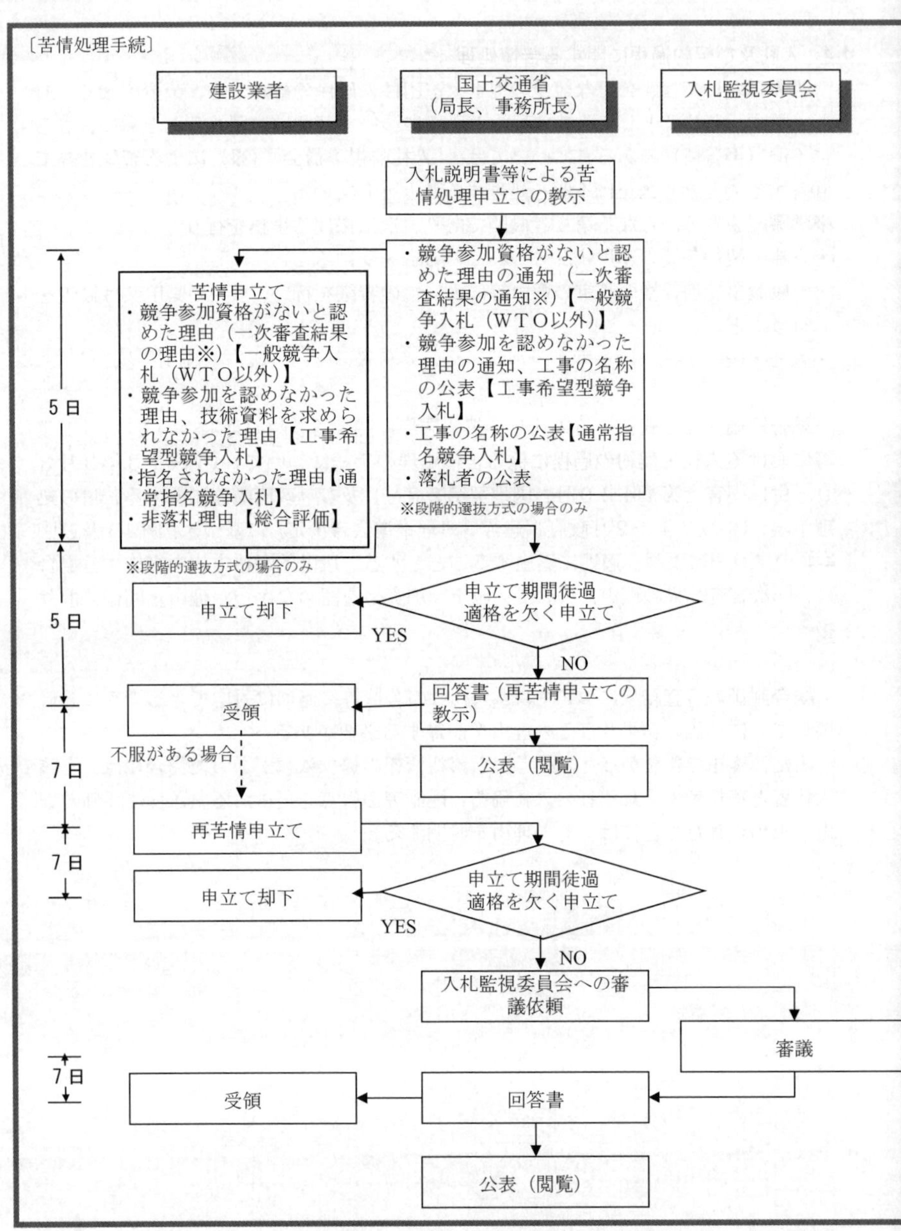

図 4-3　苦情処理手続（政府調達に関する協定に基づく一般競争入札以外の場合）

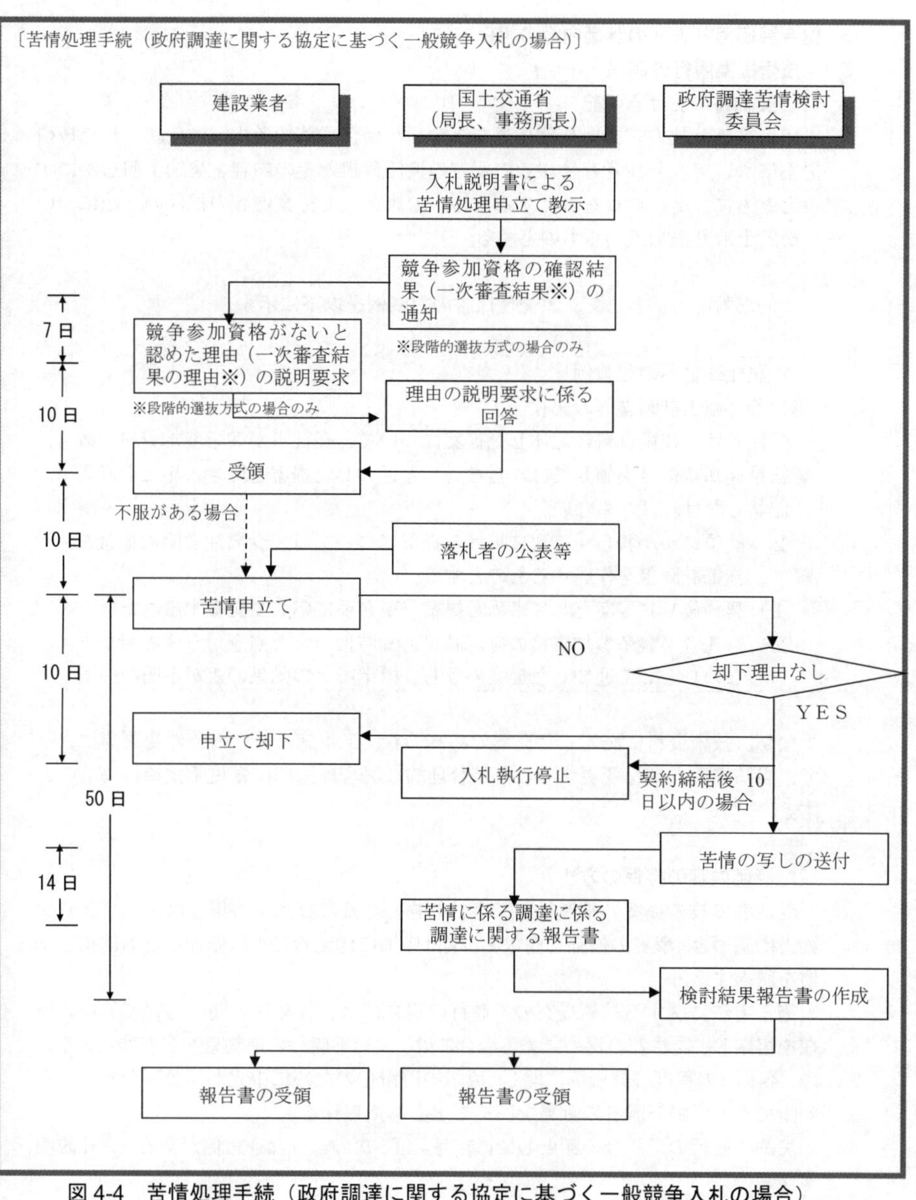

図 4-4　苦情処理手続（政府調達に関する協定に基づく一般競争入札の場合）

5. 総合評価落札方式の評価内容の担保

5-1 技術提案履行の確保

(1) 契約書における明記

総合評価落札方式により落札者を決定した場合、落札者決定に反映された技術提案について、発注者と受注者の双方の責任分担とその内容を契約上明らかにするとともに、その履行を確保するための措置として提案内容の担保の方法について契約上取り決めておくものとする。

具体的な対応方法として、特記仕様書の記載例を以下に示す。

〔特記仕様書への記載例〕
第○条 施工計画書への記載
受注者は、技術資料に記述した提案について、発注者が競争参加資格の確認結果通知時に「実施してはならない」と通知した提案を除き、施工計画書に記載しなければならない。
2．前項にかかわらず、次に掲げる提案については、受発注者間の協議を経て、施工計画書を作成するものとする。
1）契約後ＶＥ提案として求めた提案（※必要に応じて記載すること）
2）発注者が競争参加資格の確認結果通知時に「加算点を付与する対象とならない」として通知した提案のうち、標準案との効果の差が不明な提案

なお、技術資料に記述した提案であっても、工事施工途中の条件変更等によって、当該提案内容を変更することが合理的な場合は適切に変更手続を行うものとする。

(2) 評価内容の担保の方法

受注者の技術提案の不履行が工事目的物の瑕疵に該当する場合は、工事請負契約書に基づき、瑕疵の修補を請求し、又は修補に代え若しくは修補とともに損害賠償を請求する。

施工方法に関する技術提案の不履行の場合には、受発注者間において責任の所在を協議し、受注者の責めによる場合には、契約不履行の違約金を徴収する。その際、不履行の程度の評価等に関し、協議の円滑化のために中立かつ公平な立場から判断できる学識経験者の意見を聴くことも考えられる。

契約不履行の違約金の額としては、例えば、次のような運用例がある（入札説明書記載例)。

また、いずれの場合においても工事成績評定の減点対象とする。

【入札説明書における記載例】（例：交通規制の短縮日数）

受注者の責めにより、入札時の提案内容が実施されていないと判断された場合、（2） 2）①「一般国道○○号における交通規制の短縮日数における提案に係る具体的な施工計画」においては、実際に確認できた交通規制の短縮日数に基づき点数の再計算を行い、落札時の技術評価点との点差に対応した金額を契約不履行の違約金として徴収する。この取扱い方法については契約書に記載するものとする。

また、併せて当該工事成績評定を減ずる措置を行う。

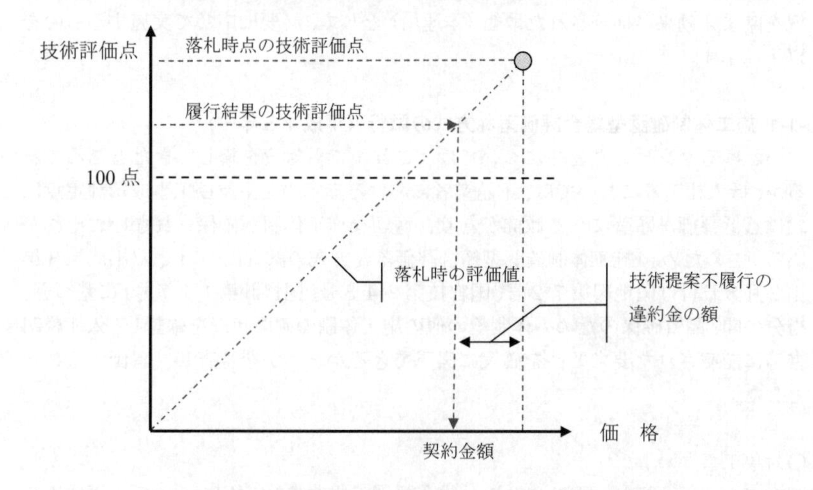

図 5-1　技術提案不履行の場合の違約金の算定例

6. 総合評価落札方式における多様な取組

総合評価落札方式においては、技術評価点の評価方法等に関し、試行や試行に向けた検討を実施している。それらの多様な取組の内容は以下のとおりである。

6-1　多様な取組の基本的な考え方

国土交通省直轄工事における総合評価落札方式においては、公共工事の品質確保に加え、建設業界の働き方改革、担い手確保等を目的とした多様な取組を実施している。全国的に実施している取組や、地方整備局等における試行等の実施状況を踏まえ効果が検証された取組（本運用）として、必要に応じて実施するものを以下に示す。

6-1-1 施工体制確認型総合評価落札方式の試行（平成１８年～）

いわゆるダンピング受注については、これまでも対策を講じてきたところであるが、低入札工事においては、下請業者における赤字の発生及び工事成績評定点における低評価が顕著になる傾向があり、適切な施工体制が確保されないおそれがある。このため、「施工体制確認型総合評価落札方式の試行について」（平成１８年１２月８日付け国地契第７２号、国官技第２４３号、国営計第１１７号）に基づき、当分の間、品質確保のための体制その他の施工体制の確保状況を確認し、入札説明書等に記載された要求要件を確実に実現できるかどうかを審査し、評価することとした。

○対象工事

全ての評価項目が、標準ガイド（「総合評価落札方式の実施について」（平成１２年９月２０日付け建設省厚契発第３０号）の別紙「工事に関する入札に係る総合評価落札方式の標準ガイドライン」をいう。）第１Ⅲ１(1)に定める必須以外の評価項目である工事のうち、地方整備局長及び事務所長（以下「地方整備局長等」という。）が特に適切な施工体制を確保する必要があると認める予定価格が１億円以上の工事において試行することとするほか、技術提案評価型A型を適用する工事については、品質確保の実効性及び施工体制確保の確実性の観点から、全て試行の対象とする。なお、その他の工事であっても、地方整備局長等が必要と認める場合には試行できるものとする。

対象工事については、品質確保のための体制その他の施工体制の確保状況を確認し、入札説明書等に記載された要求要件を確実に実現できるかどうかを審査し、評価する「施工体制確認型総合評価落札方式」の試行対象工事である旨を入札説明書において明らかにするものとする。

○評価項目

施工体制評価項目として品質確保の実効性及び施工体制確保の確実性を設定するほか、「2-7 総合評価項目の審査・評価」に基づき、適切に設定するものとする。

○標準点、施工体制評価点及び加算点

入札説明書等に記載された要求要件を実現できる場合に与える点数は標準点と、入札説明書等に記載された要求要件を実現できる確実性の高さに対して与える点数は施工体制評価点と、入札説明書等に記載された要求要件以外の性能等に対して与える点数は加算点と称するものとする。

○配点割合

得点配分は、標準的には、次のとおりとする。

（1） 標準点は、１００点とする。

（2） 施工体制評価点は、３０点とし、上記評価項目に基づき施工体制評価項目として設定された評価項目ごとに各１５点とする。

（3） 加算点は、施工能力評価型は４０点、技術提案評価型Ｓ型は６０点、技術提案評価型Ａ型は７０点とする。

工事の内容等に応じて加算点に係る評価項目を複数設定しようとする場合は、「2-7 総合評価項目の審査・評価」により各評価項目ごとの加算点を定めるものとする。

○施工体制評価項目の審査・評価方法

（1） 地方整備局長等は、どのように施工体制を構築し、それが入札説明書等に記載された要求要件の実現確実性の向上につながるかを審査するため、原則として、予定価格の制限の範囲内の価格で入札をした全ての者について、開札後速やかに、ヒアリングを実施するものとする。

ヒアリングの実施については、その旨を入札公告において明らかにするとともに、次に掲げる事項を入札説明書において明らかにするものとする。

・ヒアリングを実施する旨

・ヒアリングを実施する日時及び場所

・その他地方整備局長等が必要と認める事項

（2） 入札参加者のうち、その申込みに係る価格が予算決算及び会計令第８５条の基準に基づく価格（以下「調査基準価格」という。）に満たない者は、施工体制の確保を含め契約の内容に適合した履行がされないこととなるおそれがあることから、地方整備局長等は、価格以外の要素として性能等が提示された入札書のほかに、開札後、所定の資料の提出を求めることとする。なお、当該資料の提出については、あらかじめ入札説明書において資料の提出期限、内容等を明らかにするものとする。

（3） 地方整備局長等は、価格以外の要素として性能等が提示された入札書（施工体制の確認に必要な部分に限る。）、（1）のヒアリング、（2）の追加資料、工事費内訳書等をもとに（1）本文の審査を行い、入札説明書等に記載された要求要件を実現できると認められる場合には、その確実性の高さに応じて施工体制評価点を付与する。この場合、標準的には、「3-3 技術評価点の算出方法」に掲げる判定方式により、評価項目ごとに３段階で評価（１５点／５点／０点）するものとする。

（4） 評価に当たっては、次の方式により行うものとする。

・ 調査基準価格以上の価格で申込みを行った者は、施工体制の確保を含め、契約の内容に適合した履行がされないこととなるおそれがあるとはされていないことから、施工体制が必ずしも十分に確保されないと認める事情がある場合に限り、施工体制評価点を満点から減点することにより評価するものとする。

・ 調査基準価格を下回る価格で申込みを行った者は、施工体制の確保を含め、契約の内容に適合した履行がされないこととなるおそれがあることから、施工体制が確保されると認める場合にその程度に応じて施工体制評価点を加点することにより評価するものとする。さらに、地方整備局長等は、調査基準価格を下回る価格で申込みを行った者のうち、下請業者における赤字の発生及び工事成績評定点における低評価が顕著になるなど品質確保のための体制その他の施工体制が著しく確保されないおそれがある価格については、審査を特に重点的に行うこととし、施工体制が確保されると認める事情が具体的に確認できる場合に限り、施工体制評価点を加点するものとする。

（5） 入札参加者が、ＶＥ提案等の内容に基づく施工を行うことによりコスト縮減の達成が可能となること及びその縮減金額を（2）により提出を求める資料において明らかにした場合は、コスト縮減金額として地方整備局長等が認めた金額を当該入札参加者の申込みに係る価格に加えた金額を当該入札参加者の申込みに係る価格とみなして（4）を適用する。

（6） （1）のヒアリングは、「予算決算及び会計令第８５条の基準の取扱いに関する事務手続について」（平成１６年6月１０日付け国官会第３６８号）記第4により行う事情聴取及び「低入札価格調査制度調査対象工事に係る監督体制等の強化について」（平成6年３月３０日付け建設省厚発第１２６号、建設省技調発第７２号、建設省営監発第１３号）記２（1）及び（2）により行うヒアリングとは異なる性質のものであることに留意すること。

（7） （1）のヒアリングに応じない者及び（2）の追加資料の提出を行わない者については、当該者のした入札は、入札に関する条件に違反した入札として無効とすることがある旨を入札説明書において明らかにするものとする。

（8） 技術提案評価型Ａ型を適用する工事のうち、技術提案に基づき予定価格を作成するものにおいては、技術提案と併せて提出された設計数量や、必要に応じて求めた単価表等に基づき積算した価格が入札時の内訳書と異なる場合は、理由の説明を求め、物価の変動等特別の理由がない限り当該技術提案を認めず、入札を無効とすることを基本とする。なお、技術提案と併せて提出された設計数量や、必要に応じて求めた単価表等に基づき積算した価格が入札時の内訳書と異なる場合は、当該者のした入札は、入札に関する条件に違反した入札として無効とすることがある旨を入札説明書において明らかにするものとする。

（9） 技術提案評価型A型を適用する工事のうち、技術提案に基づき予定価格を作成するものにおいて、予定価格に見積りが採用された者以外の者については、その者の技術提案に要する費用が適切であるかを審査し、その者の提案を採用する場合の予定価格を作成の上、地方整備局長等が当該価格の妥当性を確認した場合は、（2）中「予算決算及び会計令（昭和２２年勅令第１６５号）第８５条の基準に基づく価格」とあるのは「その申込みに係る技術提案を基に予定価格を算出するとした場合に、予算決算及び会計令（昭和２２年勅令第１６５号）第８５条の基準に基づき算出される価格」と、（4）中「予定価格」とあるのは「その申込みに係る技術提案を基に予定価格を算出するとした場合の当該価格」と読み替えて、（1）から（4）まで及び（6）から（8）までを適用するものとする。

○その他

（1） 施工体制評価点が低い者に対しては、加算点の付与を慎重に行うこととする。ただし、その影響範囲は「技術提案」による加算点とし、「企業の能力等（地域精通度等を含む）」、「技術者の能力等」による加算点には影響させないものとする。

（2） 施工計画書等に記載された内容が適切でないため、入札説明書等に記載された要求要件を満たすことができないと認められる場合には、入札参加者が価格以外の要素として提示した性能等を採用しないこととし、標準点を与えないものとする。

（3） 本対象工事においては、開札後に価格以外の要素である性能等の評価を行うこととなるため、性能等の評価については、公正、公平な審査を通じて適切に行うよう厳に留意すること。技術評価点への反映イメージは、図 6-1 のとおりである。

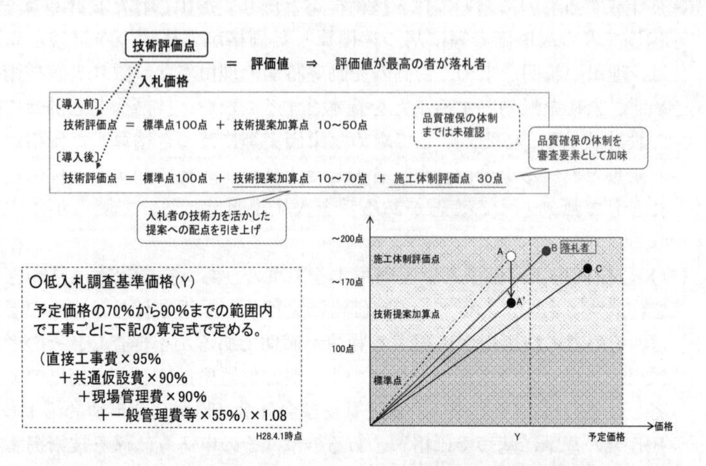

図 6-1 技術評価点への反映イメージ(施工体制確認型総合評価落札方式)

6-1-2 新技術導入促進型

工事の発注に当たって、新技術情報提供システム(New Technology Information System)(以下「ＮＥＴＩＳ」という。)登録技術等の新技術の現場での活用や、研究開発段階にありながら当該事業において工事品質向上等の効果が高いと期待される技術の現場での実証についての技術提案を求める工事をいい、新技術導入促進(Ⅰ)型、新技術導入促進(Ⅱ)型に分類される。

【新技術導入促進(Ⅰ)型】

発注者が指定するテーマについて、ＮＥＴＩＳ登録技術(技術資料の提出時までに「公共工事等における新技術活用システム」実施要領(以下「ＮＥＴＩＳ実施要領」という。)に基づき登録の申請書類が受理された技術を含む。以下同じ。)等の実用段階にある技術を活用する提案を求め、総合評価においてその技術の活用の妥当性等について評価するもの。

○実施目的

技術提案に基づき、新技術導入促進(Ⅰ)型にあっては実用段階にある技術を有効に活用し、新技術を活用した効率的な施工管理、安全管理等による工事品質の向上等につなげることを目的とする。

○対象工事

技術提案評価型Ｓ型又は施工能力評価型を適用する工事のうち、ＮＥＴＩＳ登録技術等の実用段階にある技術を対象に発注者が積極的な活用を促したい技術分野があり、主に複数の候補技術が存在するもの。

○評価項目

1）対象とする技術

ＮＥＴＩＳ登録技術又はＮＥＴＩＳ掲載期間を終了しているが有効性が認められる技術を対象とする。

2）求める提案

発注者が指定するテーマに対して、競争参加者に新技術の活用に関する提案を求める。技術提案評価型Ｓ型で実施する場合には、技術提案資料において提案を求めることとする。

3）提案の審査及び評価

発注者は、提案された新技術の活用が有効かつ具体的であると認める場合に加点評価する。なお、技術提案評価型Ｓ型で実施する場合、新技術を含む技術提案の審査は、通常の技術提案と同様に、技術審査会（又はVE 審査会）において行うことを基本とする。

【新技術導入促進（Ⅱ）型】

原則として技術提案評価型Ｓ型を適用する工事において、発注者が指定するテーマについて、実用段階に達していない技術又は研究開発段階にある技術の検証に関する提案を求め、総合評価において提案技術の有効性、具体性等について評価するもの。

○実施目的

実用段階に達していない技術を工事の実施過程で実証・検証することにより、新技術を活用した効率的な施工管理、安全管理等による工事品質の向上等につなげることを目的とする。

○対象工事

原則、技術提案評価型Ｓ型を適用する工事のうち、発注者と連携し施工現場において一体的に取り組むことにより、当該事業において工事品質の向上等の効果が期待される技術があるもの。

○評価項目

1）対象とする技術

実用段階に達していない技術、又は要素技術など研究開発段階にある新技術のうち、当該工事において新技術を活用することによって、施工管理の効率化若しくは安全性の向上等の観点から有効であり、工事品質の向上等に効果があると考えられる技術を対象とする。

2）求める提案

発注者は、原則として技術提案評価型Ｓ型を適用する工事において、テーマを指定する。入札参加者は、指定されたテーマについて、所定の提出様式を使用した技術提案書類に、実証する技術の内容、現場実証の方法、実証費用に関する参考見積もり、今後の活用の見通し等を記載する。

3）技術提案の審査及び評価

発注者は、提案により開発される技術の新規性、有効性、現場実証の具体性を認める場合に加点評価する。また、提案された技術については、契約後に第三者委員会に諮ることも可能とする。

6-1-3 生産性向上の取組評価の試行（令和３年～）

「総合評価落札方式における生産性向上の取組評価の試行について」（令和３年１１月１５日付け国会公契第３２号、国官技第２０２号、国北予第３７号）に基づき、総合評価落札方式の技術提案評価型Ｓ型及び施工能力評価型Ⅰ型で発注する土木工事を対象とし、それぞれにおいて、以下のとおりとする。

【技術提案評価型Ｓ型】

○実施目的

工事の品質確保等に関する評価項目に加えて、施工の効率化やICT活用等による生産性向上に関する技術提案を設定し提案を求めて評価することで、生産性向上の取組のさらなる推進に資することを目的とする。

○対象工事

- 入札参加者が多く見込まれる工事
- 同一工種の施工量が大きいなど生産性向上の効果が大きいと想定される工事

○評価項目

技術提案評価型Ｓ型においては、工事目的物の性能・機能の向上や環境対策等のテーマ（課題）に関して複数の技術提案を求めているところ、本試行では、これらの技術提案のうちの１つに、生産性向上に関する以下の項目に係る技術提案を求めるものとする（したがって、求める技術提案数を増やすものではない。）。

＜技術提案の項目（例）＞

- 施工の効率化、省力化に関する技術提案
- 労働環境の改善に関する技術提案

・　情報通信技術（ICT）の活用等による生産性向上に関する技術提案　等

なお、既に同様の試行等を実施している場合には、その実施内容および取組の継続性等に留意して当試行に取り組むこととする。

＜評価方法の例＞

提出された提案を段階的に評価し加点する。

・　高い効果が期待できる場合は「満点」の加点とする。
・　効果が期待できる場合は「50%」の加点とする。
・　一般的事項のみの記載となっている場合は「加点なし」とする。

【施工能力評価型Ⅰ型】

○実施目的

施工計画に生産性向上の取組について記載を求めて評価することで、ICT 活用等による生産性向上とその普及に資することを目的とする。

○対象工事

施工能力評価型Ⅰ型で発注する発注者指定型の ICT 活用工事

○評価項目

施工能力評価型Ⅰ型においては、提出を求める施工計画書における施工上配慮すべき事項に関して、特に重要と考えられる工種に係る施工方法又は環境対策等の特に配慮すべき事項について記述を求めているところであるが、本試行では、以下の項目等の記述を求める。

・施工の効率化や新技術の活用による生産性向上

＜評価方法の例＞

施工計画に記載された生産性向上に資する取組について、下記のいずれかに該当すれば妥当性「有」と評価する。

・ICT 活用工事における実施内容について生産性向上の取組として妥当な内容が記載されている。
・ICT 活用工事における実施内容以外で施工の効率化や新技術の活用による生産性向上の取組として妥当な内容が記載されている。

6-1-4 ワーク・ライフ・バランス等推進企業を評価する取組

○実施目的

平成２８年３月２２日にすべての女性が輝く社会づくり本部で決定された「女性の活躍推進に向けた公共調達及び補助金の活用に関する取組指針」に基づき、建設業界全体でワーク・ライフ・バランスが推進されることを目的とする。

○対象工事

一般土木工事Ａ等級、建築工事Ａ等級

○評価項目

段階的選抜方式を適用する一般土木工事Ａ等級、建築工事Ａ等級において、ワーク・ライフ・バランス等推進企業の評価項目を設定する。

6-1-5 賃上げを実施する企業に対する加点措置について

「コロナ克服・新時代開拓のための経済対策」（令和３年１１月１９日閣議決定）及び「緊急提言～未来を切り拓く「新しい資本主義」とその起動に向けて～」（令和３年１１月８日新しい資本主義実現会議）において、賃上げを行う企業から優先的に調達を行う措置などを検討するとされたことを受け、総合評価落札方式の評価項目に賃上げに関する項目を設けることにより、賃上げ実施企業に対して評価点又は技術点の加点を行う（「総合評価落札方式における賃上げを実施する企業に対する加点措置について」令和３年１２月２４日付け国官会第１６４０９号、国官技第２４３号、国営管第５２８号、国営計第１５０号、国港総第５２６号、国港技第６５号、国空予管第６７７号、国空空技第３８１号、国空交企第２１０号、国北予第４７号）。

○加点評価

事業年度または暦年単位で従業員に対する目標値以上の賃上げを表明した入札参加者を総合評価において加点。加点を希望する入札参加者は、賃上げを従業員に対して表明した「従業員への賃金引上げ計画の表明書」を提出。

なお、配点は、加算点の５％以上の整数とする。

○実績確認等

加点を受けた企業に対し、事業年度または暦年の終了後、決算書等で達成状況を確認し、未達成の場合はその後の国の総合評価落札方式の調達において、入札時に加点する割合よりも大きく減点。なお、減点は、加点する割合よりも大きな割合（１点大きな配点）の減点をする。

6-1-6 直轄実績のない担い手の参入を促す方式

○目的及び概要

本方式は、直轄工事の受注実績が無い企業の参入機会の確保を目的として、企業・技術者の実績評価を緩和し施工計画を評価するなど、施工品質は維持しつつ新規参入者を確保することをねらいとする方式である。

具体的には、技術力があるにもかかわらず、直轄での実績がないことにより参入が困難であった新規参入者の参入を促すことを企図しており、試行工事の実績を次回以降の直轄工事参入にあたっての実績として活用することで、継続的な直轄工事の担い手企業の裾野を広げることが期待されている。

○具体的な評価方法のイメージ

本方式においては、直轄実績がないと加算されにくい企業・技術者の実績評価を緩和（成績・表彰の評価を縮減又は省略）し、施工計画等、企業の技術提案（施工計画）の評価を拡大する評価方法等が採用されている。

○適用にあたっての留意点

本方式の適用にあたっては、目的を踏まえ、

① 直轄実績が無い者の参加・受注がされているか、新規参入者の継続受注につながっているか

② 新規参入者による施工でも品質確保できているか

等の観点に留意するべきである。

7. 総合評価落札方式の試行等

7-1　試行等の検証

国土交通省直轄工事における総合評価落札方式においては、公共工事の品質確保に加え、建設業の働き方改革、担い手確保等を目的として、多様な試行に取り組んでいる。図 7-1 に示すように、試行を経て効果が検証された取組（本運用）と、その前段階の試行等に大別され、試行等は、「7-2 全国的な取組としての試行等（全国試行）」、「7-3 地域の実情等に応じた総合評価落札方式における取組（地整等試行）」に区分される。これらの試行等は、各地方整備局等においてその対象工事を適切に設定するとともに、その実施状況等を踏まえつつ、各地方整備局等の総合評価委員会等において、計画的にＰＤＣＡサイクルに基づく検証を行いながら、目的の達成度、工事成績への影響、受発注者からの意見等を踏まえ、「効果が検証された取組への移行」、「全国試行移行」、「改良」、「継続」、「統廃合」等を適宜判断する。

各地方整備局等におけるＰＤＣＡサイクルに基づく検証については、１つの試行形式につき、５年ごとを基本としつつ、社会情勢や、試行の実施件数等を考慮して計画的に実施するものとする。

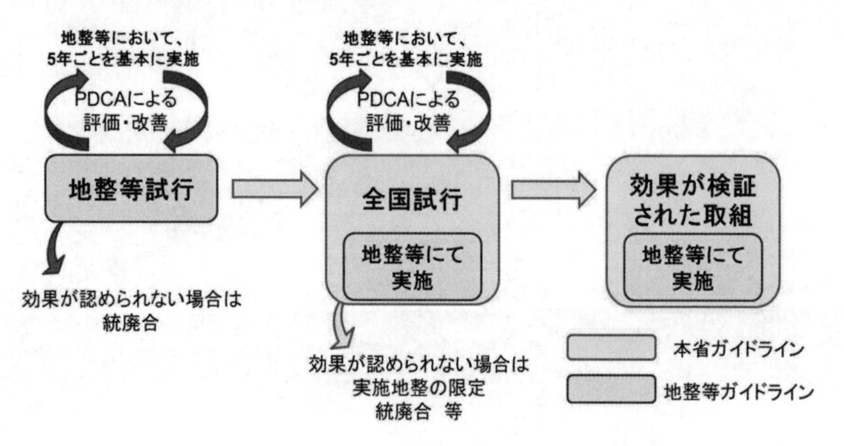

図 7-1　ガイドラインの構成と試行等の位置付け

7-2　全国的な取組としての試行等（全国試行）

全国的な取組としての試行等の内容は以下のとおりである。

7-2-1 地域防災の担い手の参入を促す方式の試行

○試行の目的及び概要

本試行は、災害発生時に迅速に活動できる地域施工業者の参入機会促進、及び担い手確保を目的として、総合評価落札方式において防災に関わる取り組み体制や活動実績、災害に使用できる建設機械の保有状況等に係る評価（加算点）を拡大する方式により、地方整備局等で行われている一連の試行を指す。

具体的には、従来から評価されてきたことが多い災害協定や災害活動実績に加え、迅速な災害対応に資する本店所在地や事業継続計画（BCP)の有無、災害用機械保有状況など追加的に評価を実施する一方、技術者の能力等については評価の対象外とすることで、地域建設業による災害対応能力の維持・強化及び災害時の担い手である地域施工業者の参入機会促進が期待されている。

○具体的な評価方法のイメージ

本試行においては、防災に係る企業の取組について加点評価する評価方法等が採用されている。加点評価項目としては、以下のような項目がある。

- 「施工都県内」もしくは「半径○km 圏内の市町村等」での本店の有無
- 事業継続計画（BCP)の認定
- 各行政機関等との災害協定の有無
- 災害協定に基づく災害活動実績等
- 災害用重機保有の有無等
- 本発注工事に対応する工事種別の手持ち工事量
- 企業の近隣地域での施工実績の有無

○試行実施にあたっての留意点

本試行の実施にあたっては、試行の目的を踏まえ、

① 地域の災害時の担い手確保につながっているか

② 評価方法を実績重視としているが品質確保できているか

等の観点に留意するべきである。

○試行結果の評価にあたっての観点

本試行の評価にあたっては、①の観点については、地域防災の担い手となる活動をしている企業の参入機会向上に寄与しているか、より具体的には、防災に関わる取組や実績がある企業の「落札者の割合」は全ての項目でそれ以外の企業より高くなっているか、②の観点については、試行工事の工事成績評定点が全工事のものと同等水準となっているかといった点からの定量的な分析を行うことが望ましい。

加えて、受注者の災害協定締結の意向の維持・向上につながっているか等の観

点について、アンケート・ヒアリング等を通じた定性的な評価がなされることが望ましい。

7-2-2 企業能力を評価する方式の試行

○試行の目的及び概要

本試行は、不調不落の防止、発注事務負担軽減等を目的として、受発注者双方の事務負担が大きくなる技術者の能力等に係る評価を省略し企業の能力等のみで評価する方式により、地方整備局等で行われている一連の試行を指す。

具体的には、入札時に技術者を拘束しないことによる不調不落防止を促すとともに、双方の事務負担軽減を図る方式で行われており、工事の品質を確保しつつ不調不落防止や事務負担軽減の効果が期待されている。

○具体的な評価方法のイメージ

本試行においては、評価項目のうち、「技術者の能力」の加算点を設定しない（監理技術者等の要件をみたせば参加資格を認める）評価方法が採用されており、「企業の能力等」の評価項目を最小限で設定している。

○試行実施にあたっての留意点

本試行の実施にあたっては、

① 入札時に技術者を拘束しないことによる不調不落の防止、書類簡素化による発注事務負担軽減につながっているか

② 評価方法を実績重視としているが品質確保できているか

等の観点に留意するべきである。

○試行結果の評価にあたっての観点

本試行の評価にあたっては、試行工事の競争参加者数が全工事のものに比べ適正か、不調不落発生率は低下しているか、手続期間が確実に短縮されているか、試行工事の工事成績評定点が全工事のものと同等水準となっているか、といった点からの定量的な分析を行うことが望ましい。

加えて、受発注者双方の負担軽減につながっているか、柔軟な競争参加が可能となっているか等の観点について、アンケート・ヒアリング等を通じた定性的な評価がなされることが望ましい。

7-2-3 地元企業活用審査型総合評価落札方式の試行（平成２１年～）

○試行の目的及び概要

本試行は、地域に精通し地域経済への貢献度の高い地元企業の育成を目的として、総合評価落札方式において工事における地元下請企業や地元資材会社の

活用状況を評価する方式により、地方整備局等で行われている一連の試行を指す。

具体的には、一般土木B等級工事以上を対象とし、下請等で地元企業への発注予定金額の入札金額に占める割合等を入札時に示し、総合評価の中で加点評価する等の方式とすることで、一般的に他地域に本店を持つことが多い中堅企業等の受注工事においても、地元企業の活用が進むことによる地域建設業の担い手の確保・拡大が期待されている。

○具体的な評価方法のイメージ

本試行においては、下請等で“地元企業への発注予定金額”の“入札金額”に占める割合や“地元に本店が所在する企業（メーカー）からの主要資材の購入予定金額”の“主要資材の購入予定金額総額”に占める割合等を入札時に提示し、総合評価の中で加点評価する。

○試行実施にあたっての留意点

本試行の実施にあたっては、

① 地元企業を活用する企業が評価され地元企業の受注や育成につながっているか

② 地元企業を入れることで品質確保につながっているか

等の観点に留意するべきである。

○試行結果の評価にあたっての観点

本試行の評価にあたっては、地元企業を活用した企業が落札者となった割合を確認することによる地元企業の活用を図る企業の受注機会向上の度合いや試行工事の工事成績評定点が全工事のものと同等水準となっているか等の観点から定量的に行うことが望ましい。

加えて、地元企業の受注や育成につながっているかや品質確保につながっているか等の観点について、アンケート・ヒアリング等を通じた定性的な評価がなされることが望ましい。

7-2-4 特定専門工事審査型総合評価落札方式の試行（平成２４年～）

○試行の目的及び概要

本試行は、難易度が高い専門工事等の円滑かつ確実な施工を目的として、総合評価落札方式において工事実績のある専門工事業の下請活用を評価する、地方整備局等で行われている一連の方式を指す。

具体的には、高度な技術を要する専門工事業者への下請が必要となるような工種を有する工事を対象として、下請企業として予定している専門工事業者や配置技術者の実績を加点評価する方式とすることで、良質な専門工事業者の育成・拡大を通じた、国全体の専門工事業の品質向上が期待されている。

○具体的な評価方法のイメージ

本試行においては、企業の能力等においては下請企業の実績等を、技術者の能力等においては下請企業の技術者を評価・加点する評価方法等が採用されている。

○試行実施にあたっての留意点

本試行の実施にあたっては、試行の目的を踏まえ、

① 特定専門工事業者を活用する企業が評価されているか(受注につながっているか)

② 専門業者を入れることで品質確保につながっているか

等の観点に留意するべきである。

○試行結果の評価にあたっての観点

本試行の評価にあたっては、入札時に専門工事業者を特定した企業が落札者となった割合を確認することによる専門工事業者の活用を図る企業の受注機会向上の度合いや試行工事の工事成績評定点が全工事のものと同等水準となっているか等の観点から定量的に行うことが望ましい。

加えて、専門工事業者の活用が図られたかや品質確保につながったか等の観点について、アンケート・ヒアリング等を通じた定性的な評価がなされることが望ましい。

7-2-5 登録基幹技能者の参入を促す方式の試行

○試行の目的及び概要

本試行は、工事全体の品質確保及び長期的な担い手の確保を目的として、総合評価落札方式の技術者の能力等において、下請業者における登録基幹技能者、建設マスター、技能士の配置を加点評価する方式により、地方整備局等で行われている一連の試行を指す。

具体的には、下請企業の配置技能者について、「企業の能力等」又は「技術者の能力等」においてその保有資格等に応じて加点評価する評価方法が採用されており、工事現場における適切な技能者の配置による工事品質確保、技能者の誇りや処遇改善、建設従事者の育成を通じた生産性の向上などが期待されている。

○具体的な評価方法のイメージ

本試行においては、下請企業の配置技能者について評価・加点する評価方法等

が採用されている。加点評価項目としては、

①「企業の能力等」の評価に際し、下請企業に対象となる技能者を配置する場合加点

②「技術者の能力等」の評価に際し、下請企業に配置される技能者について加点

といった例がある。

また、加点評価対象となる技能者としては、以下のような例がある。

① 登録基幹技能者（熟達した作業能力、現場を効率的にまとめるマネジメント能力及び豊富な知識を備え、国土交通大臣の登録を受けた講習（４２の専門工事業団体において講習を実施）を修了した技能者）

② 建設マスター（優秀施工者国土交通（建設）大臣顕彰者）

③ 技能士（各都道府県の職業開発能力協会が実施する技能検定に合格した人に与えられる国家資格）

○試行実施にあたっての留意点

本試行の実施にあたっては、試行の目的を踏まえ、登録基幹技能者の活用（評価）による品質確保につながっているか及び長期的な担い手の確保等の観点に留意するべきである。

○試行結果の評価にあたっての観点

本試行の評価にあたっては、入札時に登録基幹技能者等の配置する旨表明した企業の「落札者の割合」は活用しない企業より高くなっているか、試行工事の工事成績評定点が全工事のものと同等水準となっているか、といった点からの定量的な分析を行うことが望ましい。

加えて、受発注者双方の視点からの品質向上につながっているか、資格保有者が十分確保できるか等の観点について、アンケート・ヒアリング等を通じた定性的な評価がなされることが望ましい。

7-2-6 次代担い手育成・参入を促す方式の試行

○試行の目的及び概要

本試行は、将来の担い手である技術者の拡大等のため、若手技術者（対象上限年齢は地方整備局等ごとに地域の実情に応じて設定と設定）や女性技術者の入札への参画を拡大する方式により、地方整備局等で行われている一連の試行を指す。

具体的には、若手・女性技術者の配置について加点を行う「加点方式」、若手が不利となる成績・表彰等の評価項目を除外する「技術者要件緩和方式」、若手／女性技術者の配置を義務づける「資格要件方式」など、多様な評価方法が採用

されており、施工工事を通じ、若手・女性技術者の将来的・継続的な直轄工事の担い手となっていただくことが期待されている。

○具体的な評価方法のイメージ

本試行においては、前述の通り多様な方式が採用されている。

① 加点方式：若手／女性の技術者を配置した入札参加者について加点する方式

② 技術者要件緩和方式：主任技術者・監理技術者や担当技術者の実績評価に際し（若手が不利となる）成績・表彰・役職等の評価項目を除外する方式

③ 資格要件方式：若手／女性技術者の配置を参加要件として入札を実施する方式

○試行実施にあたっての留意点

本試行の実施にあたっては、試行の目的を踏まえ、

① 若手・女性技術者の定着や育成につながっているか

② 若手・女性技術者を配置した施工でも品質確保できているか

等の観点に留意するべきである。

○試行結果の評価にあたっての観点

本試行の評価にあたっては、試行工事で若手・女性技術者が登用されているか、登用された技術者が翌年以降の工事で主任技術者や担当技術者として再度配置されているか、試行工事の工事成績評定点が全工事のものと同等水準となっているか、といった点からの定量的な分析を行うことが望ましい。

加えて、若手・女性の登用によるやりがい向上、生産性向上、技術者育成といったプラスの効果、サポートスタッフの配置など負担となる現状などについて、アンケート・ヒアリング等を通じた定性的な評価がなされることが望ましい。

7-2-7 事後審査型入札方式の検討

事後審査型入札方式は、公告後に入札書（価格と技術提案（施工計画））と競争参加資格確認資料を求め、価格だけを開札して予定価格以下の応札者の参加資格を確認した後に、技術提案の審査・評価を行う方式であり、これにより、競争参加者には、配置予定技術者の確保期間の短縮、発注者には技術審査・評価に係る事務量の軽減が期待される。

しかしながら、事後審査型入札方式を採用する場合、入札書を開札した後の競争参加資格の審査ならびに技術提案の審査・評価に対し、中立かつ公正な運用を確保する必要があることから、当面、事後審査型入札方式は実施しない。

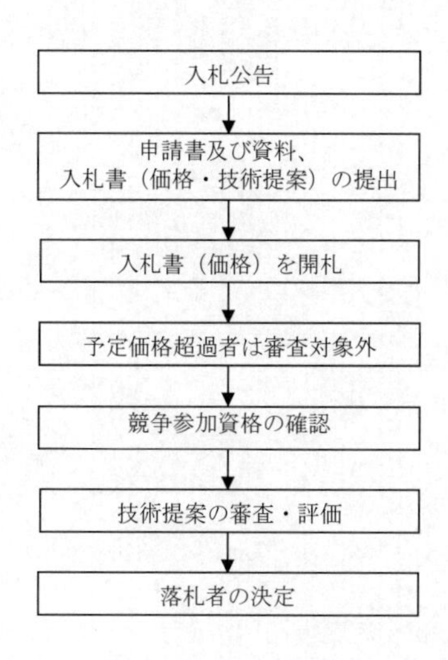

図 7-2　事後審査型入札方式の入札手続フローのイメージ

7-3　地域の実情等に応じた総合評価落札方式における取組（地整等試行）

7-2 に示す全国試行の他に、各地方整備局等において各種の試行を実施しているが、それらについても、その実施状況等を踏まえつつ、計画的にＰＤＣＡサイクルによる検証を行う。

国土交通省直轄工事における
技術提案・交渉方式の運用ガイドライン

令和２年１月

国　土　交　通　省

大臣官房地方課

大臣官房技術調査課

大臣官房官庁営繕部計画課

目　次

1.　本運用ガイドラインの位置付け

1.1　背景及び目的

我が国の社会資本は、豊かな国民生活の実現及びその安全の確保、環境の保全、自立的で個性豊かな地域社会の形成等に寄与するものであるとともに、現在及び将来にわたる国民の貴重な財産である。これらの社会資本は高度経済成長期などに集中的に整備され、形成された社会資本ストックが更なる経済成長を支えてきており、安全なインフラサービスを将来にわたって継続的に提供していくことは社会資本の管理者の責務である。

一方、その調達に目を向けると、時宜の課題に対応した制度の見直し等を経て、現在、国土交通省の直轄工事のほとんどにおいて、一般競争入札・総合評価落札方式が適用され、設計の実施後に、それに基づく工事の積算と予定価格の作成が行われたうえで、工事が調達されている。しかしながら、近年では大深度地下空間での工事、都市部での狭隘な空間での工事、重要な幹線道路で通行止めが許されない状況での実施が求められる修繕工事、大規模災害の被災地における短期間での実施が求められる復興工事等、これまでにない厳しい条件下で高度な技術が必要とされる工事が増加しており、従来の方式のみでは効率的で効果的な調達が困難となってきている。

このような背景のもと、平成26年6月4日に公布され、即日施行された「公共工事の品質確保の促進に関する法律の一部を改正する法律」（平成26年法律第56号）において、仕様の確定が困難な工事に対し、技術提案の審査及び価格等の交渉により仕様を確定し、予定価格を定めることを可能とする「技術提案の審査及び価格等の交渉による方式」（以下「技術提案・交渉方式」という。）が新たに規定された。

本運用ガイドラインは国土交通省の直轄工事において、技術提案・交渉方式を適用する際に参考となる手続等を定めたものであり、技術提案・交渉方式を適用する場合は本運用ガイドラインを参照しつつ、関係する法令等に従って、適切な運用に努められたい。

なお、本運用ガイドラインは、今後の技術提案・交渉方式の活用状況や社会情勢の変化等に合わせて、引き続き必要な見直しを図るものとする。

1.2 本運用ガイドラインの主要改定項目

本運用ガイドラインは平成 27 年 6 月に作成され、平成 29 年 12 月に国道 2 号淀川大橋床版取替他工事（近畿地方整備局）、国道 57 号災害復旧二重峠トンネル工事（九州地方整備局）、国道 157 号犀川大橋橋梁補修工事（北陸地方整備局）の 3 件の工事契約締結までの手続の過程で生じた課題等を踏まえ、主に次の項目を改正した。

・適用工事において、技術協力業務、設計業務の実施期間の不足を指摘する意見が多くあったことから、事業の緊急度を考慮しつつも、技術協力業務、設計業務の十分な実施期間の確保に努めるよう留意点を記載した。

・設計・施工一括タイプは、比較的短い期間で価格等の交渉を行い、設計と施工を一括して契約することから、仕様の前提となる条件が十分確定している場合に適用する等、適用上の留意点の記載を充実した。

・技術提案・交渉方式は、厳しい条件の工事で、仕様が確定しない段階から技術提案を求めるため、技術提案は、定量的な事項、要素技術の有無、提案数よりも、主たる事業課題に対する提案能力を中心に、工事の特性に応じて、理解度、実績等による裏付け、不測の事態の想定、対応力等について評価する考え方を記載した。

・価格競争は行わず、技術提案を定量的な事項よりも、対応方針、理解度、裏付け、不測の事態への対応力等を重視して評価するため、定量評価の競争条件の公平化を目的とした技術対話よりも、ヒアリングを重視する考え方を記載し、技術対話を省略できることとした。

・適用工事において、仕様が確定しない段階で求める技術提案に対する履行義務が課題となったことから、価格等の交渉の結果、確定した具体的な仕様、条件を特記仕様書等の契約図書に書き込み、契約図書の内容を履行することとし、技術協力業務、設計業務において、発注者と協議の上、発注者が技術提案を不履行とする旨を指示した事項については、履行義務の対象外とする考え方を記載した。

・契約額の変更の考え方（リスク分担）については、価格等の交渉の結果、確定した具体的な仕様、条件を特記仕様書等の契約図書に書き込むことで明確にする考え方を示した。

・技術提案・交渉方式は、価格競争のプロセスがないことから、価格等の交渉の結果、予定価格の妥当性を確認するため、積算基準、特別調査結果、類似実績等と著しく乖離していないこと、また、学識経験者への意見聴取結果を踏まえて定めること等の留意点の記載を充実した。

・今後の技術提案・交渉方式の適用工事における手続の参考とするため、技術提案・交渉方式の適用事例を記載した。

上記を踏まえ、技術提案・交渉方式の適用工事において、施工者の知見を設計に反映することにより工期を短縮した例や、工事着手後の手戻りを回避した例などの適用効果が報告されている。他方で、平成 29 年 12 月の本運用ガイドラインの改正後、十分な設計業務及び技術協力業務の期間を確保し、必要な追加調査、協議等を行うこととしたところであるが、設計業務及び技術協力業務の期間の長期化や、契約締結までの受発注者双方の負担の増加等が新たな課題として顕在化した。こうした背景を踏まえ、令和２年１月、本運用ガイドラインにおける次の項目を改正した。

・計画、調査、予備設計等の事業上流段階から、技術提案・交渉方式の適用が検討されるよう、技術提案・交渉方式の適用検討時期の考え方を記載した。
・工事特性に応じた設計業務、技術協力業務の実施期間の目安を例示し、特に、災害復旧工事や小規模な修繕工事において効率的な手続が行えるようにした。
・技術対話は必要に応じて実施し、ヒアリングにより優先交渉権者を選定する手続フローを標準とすることとした。
・設計業務及び技術協力業務における実施内容、発注者、設計者及び施工者の役割分担に関する記載を充実させ、発注者、優先交渉権者（施工者）及び設計者の三者がパートナーシップを組み、発注者が柱となり、三者が有する情報・知識・経験を融合させながら、設計を進めていく考え方を示した（技術協力・施工タイプ）。
・必要に応じて施工中の歩掛実態調査を行い、歩掛の実態に応じて精算する考え方を示し、価格交渉の円滑化や、施工者がマネジメント業務に関与する場合の透明性を確保した。
・技術提案・交渉方式の最新の適用事例を追加した。また、工事完了、施工中の事例については、施工段階の効果についても記載した。

令和元年 12 月末現在、国土交通省直轄工事において、表 1-1 に示す工事に技術提案・交渉方式が適用されている。

表 1-1　技術提案・交渉方式の適用工事

No	公告月	地整	契約タイプ	工事件名	工事契約	工事完了
1	H28.5	近畿	設計交渉・施工	国道２号淀川大橋床版取替他工事	H29.1.31	施工中
2	H28.7	九州	技術協力・施工	熊本 57 号災害復旧二重峠トンネル(阿蘇工区)工事	H29.3.10	施工中
3		九州	技術協力・施工	熊本 57 号災害復旧二重峠トンネル(大津工区)工事		
4	H28.12	北陸	技術協力・施工	国道 157 号犀川大橋橋梁補修工事	H29.10.31	H30.7.31
5	H29.9	中国	技術協力・施工	国道２号大樋橋西高架橋工事	R1.9.30	施工中
6	H30.1	中部	技術協力・施工	１号清水立体八坂高架橋工事	手続中	－
7	H30.5	近畿	技術協力・施工	名塩道路城山トンネル工事	H31.3.13	施工中
8	R1.6	近畿	技術協力・施工	赤谷３号砂防堰堤工事	手続中	－
9	R1.8	九州	設計交渉・施工	隈上川長野伏せ越し改築工事	手続中	－
10	R1.9	四国	技術協力・施工	国道 32 号高知橋耐震補強外工事	手続中	－
11	R1.9	九州	技術協力・施工	鹿児島３号東西道路ｼｰﾙﾄﾞﾄﾝﾈﾙ(下り線)新設工事	手続中	－
12	R1.10	東北	技術協力・施工	国道 45 号新飯野川橋補修工事	手続中	－
13	R1.12	九州	技術協力・施工	国道３号 千歳橋補修工事	手続中	－

1.3　本運用ガイドラインの構成

本運用ガイドラインは表 1-2 の構成となっている。

- １～２章は、技術提案・交渉方式の全般的な考え方について記載している。
- ３～５章は、技術提案・交渉方式で適用する契約タイプについてタイプ別にその手続を記載している。
- ６章は、全ての契約タイプに共通する事項を記載している。
- ７章は、技術提案・交渉方式の適用事例を記載している。

表 1-2　本運用ガイドラインの構成

1. 本運用ガイドラインの位置付け		
2. 技術提案・交渉方式の導入について		
3.「設計・施工一括タイプ」の適用	**4.「技術協力・施工タイプ」の適用**	**5.「設計交渉・施工タイプ」の適用**
3.1 契約形態と手続フロー	4.1 契約形態と手続フロー	5.1 契約形態と手続フロー
3.2 参考額	4.2 参考額	5.2 参考額
3.3 説明書への記載と優先交渉権者の選定等	4.3 説明書への記載と優先交渉権者の選定等	5.3 説明書への記載と優先交渉権者の選定等
3.4 価格等の交渉	4.4 設計協力協定書への記載と技術協力業務の実施	5.4 価格等の交渉と基本協定書への記載
3.5 工事の契約図書への記載	4.5 価格等の交渉と基本協定書への記載	5.5 工事の契約図書への記載
―	4.6 工事の契約図書への記載	―
6. 技術提案・交渉方式の結果の公表		
7. 技術提案・交渉方式の適用事例		

（3.1～5.5 の行：タイプ別の手続）

2. 技術提案・交渉方式の導入について

2.1 関係法令上の整理

平成 26 年 6 月 4 日に公布され、即日施行された「公共工事の品質確保の促進に関する法律の一部を改正する法律」(平成 26 年法律第 56 号) において、仕様の確定が困難な工事に対し、技術提案の審査及び価格等の交渉により仕様を確定し、予定価格を定めることを可能とする技術提案・交渉方式が新たに規定された。

公共工事の品質確保の促進に関する法律

平成 17 年法律第 18 号
平成 26 年 6 月 4 日最終改正

(技術提案の審査及び価格等の交渉による方式)

第十八条　発注者は、当該公共工事の性格等により当該工事の仕様の確定が困難である場合において自らの発注の実績等を踏まえ必要があると認めるときは、技術提案を公募の上、その審査の結果を踏まえて選定した者と工法、価格等の交渉を行うことにより仕様を確定した上で契約することができる。この場合において、発注者は、技術提案の審査及び交渉の結果を踏まえ、予定価格を定めるものとする。

2　発注者は、前項の技術提案の審査に当たり、中立かつ公正な審査が行われるよう、中立の立場で公正な判断をすることができる学識経験者の意見を聴くとともに、当該審査に関する当事者からの苦情を適切に処理することその他の必要な措置を講ずるものとする。

3　発注者は、第一項の技術提案の審査の結果並びに審査及び交渉の過程の概要を公表しなければならない。この場合においては、第十五条第五項ただし書の規定を準用する。

技術提案・交渉方式は、「公共工事の品質確保の促進に関する法律」(平成 17 年法律第 18 号。以下「品確法」という。) 第 18 条の規定により、発注者が、当該公共工事の性格等により当該工事の仕様の確定が困難な場合に適用される。

具体的に適用される工事としては、

①「発注者が最適な仕様を設定できない工事」

②「仕様の前提となる条件の確定が困難な工事」

が想定される。

上記のような工事については、発注者がその目的を達成するため、「発注者の要求を最も的確に満たす技術提案」を公募し、審査の上で最適な技術提案を採用し、当該技術提案を踏まえて仕様・価格を確定の上、工事を行うことが必要である。

具体的に技術提案で求める「発注者の要求」としては、

①「発注者にとって最適な仕様」

②「仕様の前提となる条件の不確実性に対する最適な対応方針」

が想定される。

当該技術提案は標準的なものではなく、各社独自の高度で専門的なノウハウ、工法等を含んでおり、これを踏まえて的確に工事を実施できる者は、当該技術提案を行った者しか存在しないため、会計法においては第 29 条の 3 第 4 項に規定される「契約の性質又は目的が競争を許さない場合」に該当する。また、政府調達に関する協定 (1994 年協定、改正協定) 及びその他政府調達に関する国際約束 (以下「政府調達協定等」という。) 対象工事の場合は、改正協定第 13 条「限定入札」の 1 (b)(ii)に規定される「特許権、著作権その他の排他的権利が保護されていること。」又は同(iii)「技術的な理由により競争が存在しないこと。」のいずれかに該当する場合（1994 年協定及びその他政府調達に関する国際約束においても同旨の規定に該当する場合）に限り当該方式を適用することが可能となる。よって、政府調達協定等や国の物品等又は特定役務の調達手続の特例を定める政令等の関連する国内法令の要件を満たしていることが必要となる。

当該方式の適用に際しては、公正性及び経済性を確保することも当然に必要であり、いやしくも不適切な調達を行っているのではないかとの疑念を抱かれるようなことがあってはならない。

なお、随意契約の扱いとしては、建設コンサルタント業務等におけるプロポーザル方式と同様の考え方となる。

2.2　適用工事の考え方

2.2.1　技術提案・交渉方式で適用する契約方式

技術提案・交渉方式は契約の相手方の候補とした者から、契約の相手方とする者を特定する方法の一つである。また、技術提案・交渉方式は、施工者独自の高度で専門的なノウハウや工法等を活用することを目的としており、この目的を達成するため、一般的な「工事の施工のみを発注する方式」と異なり、設計段階において施工者[i]が参画することが必要となる。

このため、技術提案・交渉方式の適用が考えられる契約方式は、「設計・施工一括発注方式」又は「設計段階から施工者が関与する方式（ECI 方式）」の２種類である。（図 2-1 参照）

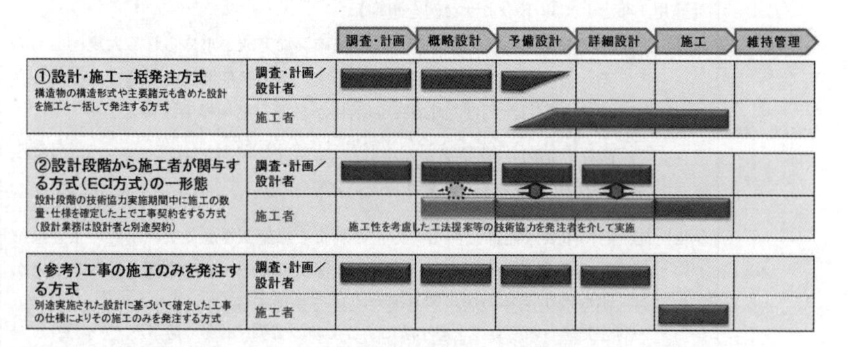

図 2-1　技術提案・交渉方式の適用が考えられる契約方式（イメージ）

2.2.2　総合評価落札方式と技術提案・交渉方式の適用工事

図 2-1 における「①設計・施工一括発注方式」では、総合評価落札方式の適用も考えられるが、「公示段階で仕様の確定が困難」かつ「最も優れた技術提案によらなければ工事目的の達成が難しい」工事に対して技術提案・交渉方式を適用するものとする。

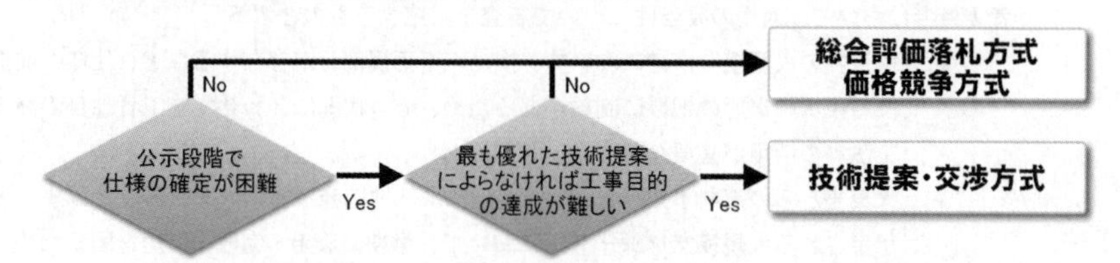

図 2-2　総合評価落札方式と技術提案・交渉方式の適用工事の考え方

---

[i] 建築工事においては、施工者が設計を行う場合は、建築士法上、建築士事務所登録がされている必要がある。

2.2.3 「発注者が最適な仕様を設定できない工事」への適用

2.1 に示した「発注者が最適な仕様を設定できない工事」として、以下のような特性を有する工事への適用が想定されるが、具体の適用に当たっては学識経験者等で構成される第三者委員会において、適用の妥当性について審査を実施するものとする。

- 技術的難易度が高く、通常の工法では施工条件を達成し得ないリスクが大きいことから、発注者側において最適な工法の選定が困難であり、施工者独自の高度で専門的な工法等を活用することが必要な工事。

> 【適用工事として以下のような例を想定】
>
> 例 1) 国家的な重要プロジェクト開催までに確実な完成が求められる大規模なものである一方、交通に多大な影響を及ぼすため、工事期間中の通行止めが許されないことから、高度な工法等の活用が必要な高架橋架け替え工事
> *→施工者によって得意とする橋梁構造が異なり、また、通行止めを要しない施工計画の作成には、施工者独自の高度で専門的な工法等があることから、多様な施工方法から最適なものを採用する必要がある。*
>
> 例 2) 社会的に重要な路線である一方、これまでに施工された実績が無いような厳しい施工ヤードの制限や周辺交通・環境への配慮が特に必要とされることから、高度な工法等の活用が必要な立体交差化工事
> *→周辺交通への影響等を最小限にするための工事目的物の構造形式の変更は、施工者独自の高度で専門的な工法等があることから、多様な施工方法から最適なものを採用する必要がある。*

2.2.4 「仕様の前提となる条件の確定が困難な工事」への適用

2.1 に示した「仕様の前提となる条件の確定が困難な工事」として、以下のような特性を有する工事への適用が想定されるが、具体の適用に当たっては学識経験者等で構成される第三者委員会において、適用の妥当性について審査を実施するものとする。

- 構造物の大規模な修繕において、損傷の不可視部分が存在するなど、仕様の前提となる現場の実態の把握に制約があるため、その状況に合わせた施工者独自の高度な工法等の活用が必要な工事。
- 大災害からの復興事業など、その遅延により地域経済に大きな影響を及ぼすことが想定される大規模プロジェクトにおいて、早期の着手・完成・供用を図るため、仕様の前提となる条件を確定できない早期の段階から、施工者独自の高度な工法等の反映が必要な工事。
- 発注者側において最適な工法の選定が困難であり、施工者独自の高度で専門的な工法等を活用することが必要な工事で、施工者の提案を仕様に反映すると、地盤支持条件、交差物（河川、道路等）管理者との協議に基づく設計・施工条件が変更される可能性が高い工事。

【適用工事として以下のような例を想定】

例 1）構造的に特殊な橋梁における大規模で複雑な損傷の修繕工事

→施工時の構造特性や現場条件を考慮しながら、損傷の不可視部分について調査を行い、的確な修繕を実施するため、仕様を決定する前の段階で、現場の実態の把握に制約があることを踏まえ、施工者独自の高度な工法等を活用する必要がある。

例 2）大震災の被災地における大規模で複合的な復興事業の早期実施のために行う工事

→大規模で複合的な復興事業の早期実施のため、仕様を決定する前の段階で、施工者独自の高度な工法等を反映する必要がある。

例 3）現道の交通量が非常に多い交差点の立体化工事で、現道交通への影響を最小化し、工期内での確実な工事実施が求められる工事

→周辺交通への影響等を最小限にするための工事目的物の構造形式、橋脚位置の変更を含む施工者独自の高度で専門的な工法等を反映する。施工者の提案を仕様に反映するにあたり、新たに道路管理者、警察等との協議が必要になる。

2.2.5 契約タイプの概要

(1) 契約タイプの選定

技術提案・交渉方式では、契約方式として「設計・施工一括発注方式」と「設計段階から施工者が関与する方式（ECI 方式）」の適用が考えられる。本運用ガイドラインでは、「設計・施工一括発注方式」として①設計・施工一括タイプ、「設計段階から施工者が関与する方式（ECI 方式）」として②技術協力・施工タイプ及び③設計交渉・施工タイプの 3 種類の契約タイプに分類し、図 2-3 の選定フローを参考に契約タイプの選定を行う。

設計・施工一括タイプは、公示段階で仕様の前提となる条件が十分に確定している場合に適用する。公示段階で仕様の前提となる条件が不確定な場合（技術提案によって仕様の前提となる条件が変わる場合を含む）には、技術協力・施工タイプ、設計交渉・施工タイプを適用する。

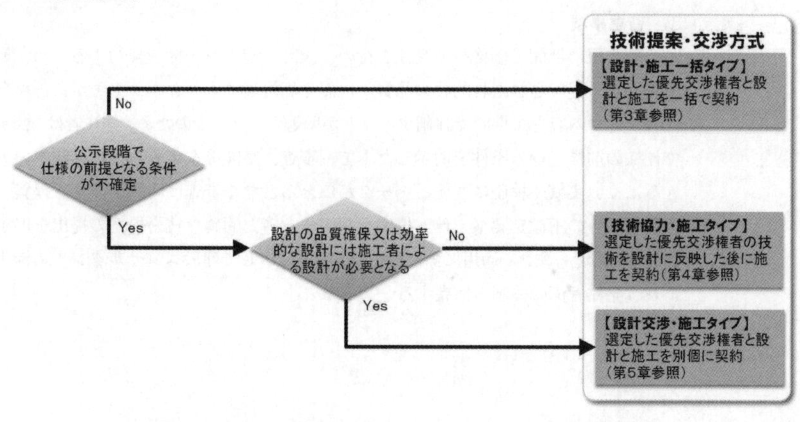

図 2-3　技術提案・交渉方式に適用する契約タイプの選定フロー

(2) 設計・施工一括タイプ【⇨ 第３章参照】

「発注者が最適な仕様を設定できない工事」において、公示段階で仕様の前提となる条件が十分に確定している場合には、設計・施工一括タイプを適用することができ、技術提案に基づき選定された優先交渉権者と価格等の交渉を行い、交渉が成立した場合に設計及び施工の契約を締結する。

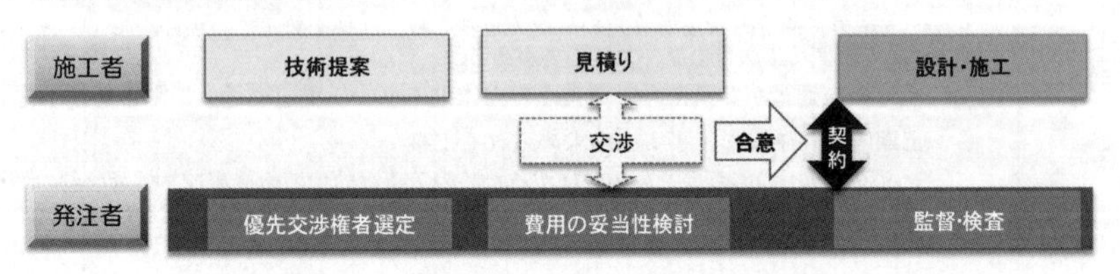

図 2-4 設計・施工一括タイプにおける契約形態

1) 施工者の責任

施工者は設計及び施工に対する責任を負うこととなる（ただし、発注者の指示に基づく設計及び施工の場合は除く。）。

2) 設計・施工契約額の変更の考え方（リスク分担）

総合評価落札方式による設計・施工一括発注方式と異なり、本タイプでは価格等の交渉を踏まえて発注者と施工者が合意した仕様、詳細な設計条件及び施工条件について、特記仕様書等の契約図書に具体的に反映することにより、発注者と受注者とのリスク分担が明確となる。契約図書に示された設計・施工条件と実際の工事現場の状態が一致しない場合等において、必要と認められるときは、適切に契約図書の変更及び請負代金の額や工期の適切な変更を行う。

3) 留意事項

比較的短い期間で価格等の交渉を行い、設計と施工を一括で契約するため、競争参加者により提案された目的物の品質・性能や価格等に大きなバラツキがある場合、発注者がその内容を短期間で評価することが困難となる。そのため、発注者は、公示段階で仕様の前提となる条件を明示した上で、審査、交渉等を定められた期間内で実施できるよう、実績や検証に要するデータがほとんどなく審査に時間を要する提案、関係機関協議等の不確定要素を伴う提案を制限する等、的確な技術提案の提出を促すことが必要となる。また、適用にあたっては、必要に応じて建設コンサルタントの活用等により、発注者側の体制を補完する。

(3) 技術協力・施工タイプ【⇨ 第４章参照】

「発注者が最適な仕様を設定できない工事」又は「仕様の前提となる条件の確定が困難な工事」において、技術提案に基づき選定された優先交渉権者と技術協力業務の契約を締結し、別の契約に基づき実施している設計に技術提案内容を反映させながら価格等の交渉を行い、交渉が成立した場合に施工の契約を締結する。

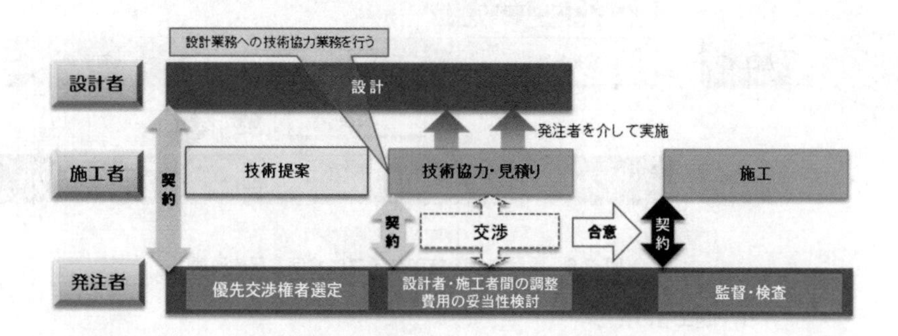

図 2-5　技術協力・施工タイプにおける契約形態

1)　設計者及び施工者の責任

設計者は設計に対する責任を負うこととなり、施工者は技術協力及び施工に対する責任を負うこととなる（ただし、発注者の指示に基づく設計、技術協力及び施工の場合は除く。）。

2)　施工契約額の変更の考え方（リスク分担）

技術協力及び価格等の交渉を踏まえて発注者と施工者が合意した仕様、詳細な施工条件について、特記仕様書等の契約図書に具体的に反映することにより、発注者と受注者とのリスク分担が明確となる。契約図書に示された施工条件と実際の工事現場の状態が一致しない場合等において、必要と認められるときは、適切に契約図書の変更及び請負代金の額や工期の適切な変更を行う。

3)　留意事項

設計・施工一括タイプと比較して、発注者による設計への関与の度合いがより大きくなり、設計者と施工者間の調整能力が発注者側に必要となる。そのため、必要に応じて建設コンサルタントの活用等により、発注者側の体制を補完する。また、設計は、施工者と異なる建設コンサルタント等が実施するため、施工者自らでなければ設計できないような高度な独自技術に係る設計が必要となる場合は、当タイプではなく、設計交渉・施工タイプを適用する。

(4) 設計交渉・施工タイプ【⇨ 第５章参照】

「発注者が最適な仕様を設定できない工事」又は「仕様の前提となる条件の確定が困難な工事」において、技術提案に基づき選定された優先交渉権者と設計業務の契約を締結し、設計の過程で価格等の交渉を行い、交渉が成立した場合に施工の契約を締結する。

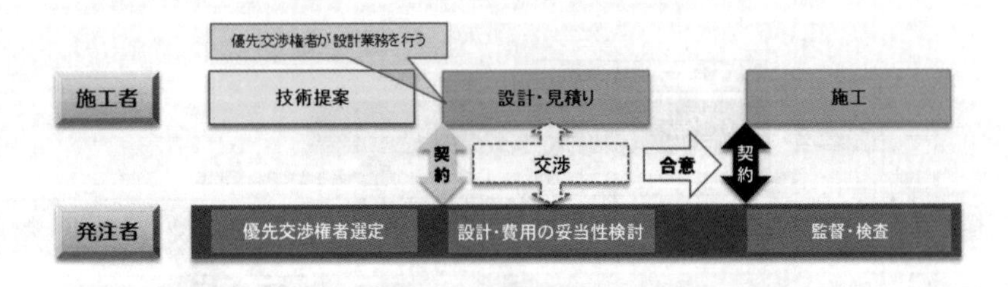

図 2-6　設計交渉・施工タイプにおける契約形態

1)　施工者の責任

施工者は設計及び施工に対する責任を負うこととなる（ただし、発注者の指示に基づく設計及び施工の場合は除く。）。

2)　施工契約額の変更の考え方（リスク分担）

設計及び価格等の交渉を踏まえて発注者と施工者が合意した仕様、詳細な施工条件について、特記仕様書等の契約図書に具体的に反映することにより、発注者と受注者とのリスク分担が明確となる。契約図書に示された施工条件と実際の工事現場の状態が一致しない場合等において、必要と認められるときは、適切に契約図書の変更及び請負代金の額や工期の適切な変更を行う。

3)　留意事項

設計交渉・施工タイプは、発注者、施工者の二者体制となるため、施工者が実施する設計に対し、発注者が仕様、価格の妥当性等を的確に判断し、施工者に適切な指示を行う能力が発注者側に必要となる。そのため、必要に応じて建設コンサルタントの活用等により、発注者側の体制を補完する。

2.3 技術提案・交渉方式の導入検討時期

技術提案・交渉方式は、設計段階から施工者（優先交渉権者）が関与し、設計に施工者の知見を反映する方式のため、技術提案・交渉方式の導入を詳細設計完了後に検討した場合、設計に施工者の知見を反映できる範囲が限定される可能性がある。そのため、十分な検討の結果、「発注者が最適な仕様を設定できない工事」又は「仕様の前提となる条件の確定が困難な工事」となることが見込まれる場合、計画、調査、予備設計等の事業上流段階から技術提案・交渉方式の導入を検討し、適切なタイミングから導入する必要がある。また、実施設計、技術協力業務、工事に複数年を要する場合も多いことから、予算計画とも整合をとりながら技術提案・交渉方式の導入を検討することが必要である。

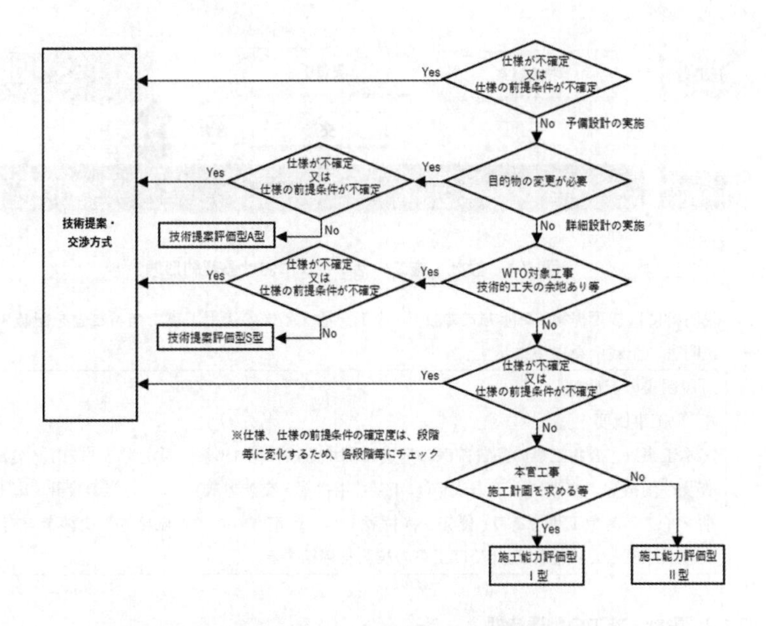

図 2-7　総合評価落札方式と技術提案・交渉方式の選定フロー

3.　「設計・施工一括タイプ」の適用

3.1　契約形態と手続フロー

3.1.1　契約形態

「発注者が最適な仕様を設定できない工事」において、技術提案によって仕様の前提となる条件が変わることがなく、公示段階で仕様の前提となる条件が設計と施工を一括で契約できる程度に十分確定している場合等、設計・施工一括タイプを選定する場合の契約形態は図3-1のとおりである。

技術提案に基づき選定された優先交渉権者と価格等の交渉を行い、交渉が成立した場合に設計及び施工の契約を締結する。

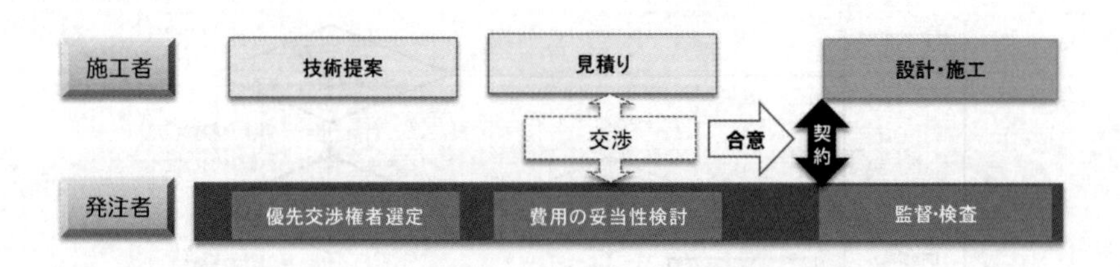

図 3-1　設計・施工一括タイプにおける契約形態

説明書には技術提案・交渉方式の設計・施工一括タイプの適用工事であることを記載する。説明書の記載例を以下に示す。

> ［説明書の記載例］
>
> （ ）工事概要
>
> 本工事は、公共工事の品質確保の促進に関する法律第18条に規定する「技術提案の審査及び価格等の交渉による方式」（以下「技術提案・交渉方式」という。）の設計・施工一括タイプの対象工事であり、優先交渉権者として選定された者と価格等の交渉を実施し、交渉が成立した場合に設計及び工事の契約を締結する。

3.1.2　設計・施工の調達時期

設計・施工一括タイプは、比較的短い期間で価格等の交渉を行い、設計と施工を一括して契約するため、発注者は、競争参加者が提案する目的物の品質・性能と価格等のバランスの判断が困難とならないよう、公示段階で仕様の前提となる条件が明示されることが必要である。そのため、発注者は、当該工事の公示前に、必要な設計・施工条件の設定、交渉における比較参考資料等を作成するための調査・検討を実施し、調査・検討の実施状況を踏まえ、設計・施工一括タイプによる設計・施工の調達時期を検討する。

3.1.3 手続フロー

標準的な手続フローは図 3-2 に示すとおりとし、これに沿って手続を行うものとする。

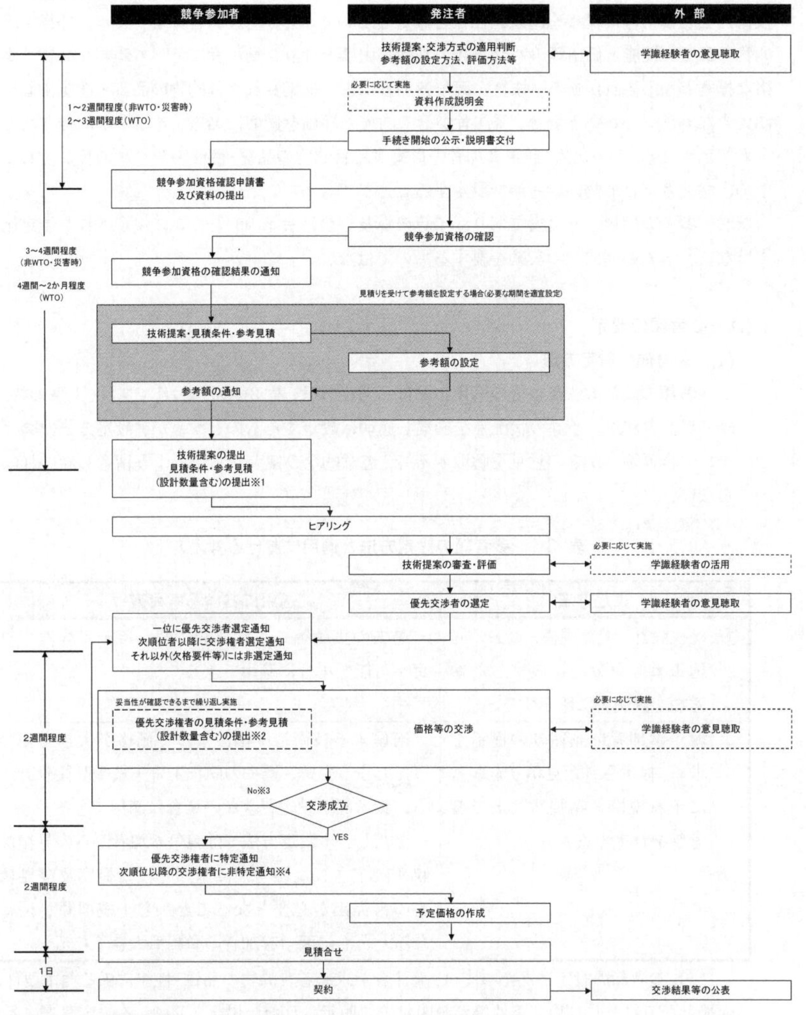

※1：技術審査段階で参考額と見積額の乖離に伴う見直しを実施させる場合。
※2：技術審査段階で参考額と見積額の乖離に伴う見直しを実施させない場合。
※3：次順位者を優先交渉権者として、価格等の交渉を実施。
※4：特定通知から見積り合せまでの間に優先交渉権者が辞退する場合や、見積合せで不調となる場合を考慮し、見積合せ後に非特定通知を実施することも可能。ただし、その場合は非特定通知から契約まで10日（非WTOは5日）をおかなければならない。

図 3-2 手続フロー

3.2 参考額

技術提案・交渉方式では、仕様の確定が困難な工事において、競争参加者に技術提案を求め、技術提案と価格等の交渉を踏まえ仕様を確定していくことから、場合によっては、提案する目的物の品質・性能と価格等のバランスの判断が困難となり、発注者にとって過剰な品質で高価格な提案となる恐れがある。また、競争参加者により提案された目的物の品質・性能や価格等に大きなバラツキがある場合、発注者がその内容の評価を適切に実施することが困難となることも想定される。そのため、競争参加者の提案する目的物の品質・性能のレベルの目安として、予め、発注者が目的物の参考額を設定することができる。

なお、参考額は単なる目安であり、予算決算及び会計令第 99 条の 5 に規定された予定価格ではなく、その範囲内での契約を要するものではない。

3.2.1 参考額の設定

(1) 参考額の設定方法

参考額の設定方法及びその適用における考え方は、表 3-1 のとおりであり、工事の特性、既往設計の状況、予算の状況等を勘案し適切に設定するものとするが、設定方法について予め学識経験者からの意見を聴取する等、恣意的な設定とならないよう留意しなければならない。

表 3-1 参考額の設定方法と適用における考え方

設定方法	適用における考え方
① 既往設計、予算規模、過去の同種工事等を参考に設定した参考額を説明書に明示する。	過去の実績等から参考額に関して一定程度の推定が可能な場合に適用できる。
② 競争参加者に見積りの提示を求め、提示された見積りを参考に予算規模と調整した上で参考額を設定する。	適用する技術や工法によって価格が大きく変わってしまうため、過去の同種工事実績や既往設計から、参考額が設定できない場合に適用できる。 ただし、本設定方法では競争参加者からの見積徴収や設定された参考額に基づく技術提案及び見積書の再提出が必要となることから手続期間が長くなるとともに競争参加者の負担も大きくなる。

なお、参考額の設定にあたっては、発注者が求める目的物の品質・性能に係る要求要件、前提となる設計及び施工条件等が説明書等で明示されない場合、又は、不確定要素に対する考慮の程度が受発注者間で異なる場合には、優先交渉権者が提案する目的物の品質・性能と価格等のバランスが大きく異なり、円滑な審査・評価が困難となる結果、優先交渉権者との価格等の交渉が不成立となる可能性が高くなることも想定されるので注意する必要がある。

［説明書の記載例］

（ ）参考額

【①既往設計等により当初から工事に関する参考額を明示する場合】

設計の規模は○○円程度（税込み）、工事規模は○○円程度（税込み）を想定している。

【②競争参加者からの見積りにより工事に関する参考額を設定する場合】

設計の規模は○○円程度（税込み）を想定している。また、工事規模は競争参加者からの見積りを踏まえて設定し、別途通知する。

(2) 競争参加者の見積りによる参考額の設定方法

表 3-1 における「②競争参加者に見積りの提示を求め、提示された見積りを参考に予算規模と調整した上で参考額を設定する」場合にあっては、競争参加者の見積りによる参考額の設定方法として、例えば以下に示す方法が考えられる。

なお、競争参加者の見積りによる参考額の設定に当たっては、工事の特性、潜在的な競争参加者が有する技術及び予算の状況等を勘案し、公正性・妥当性に配慮した方法を採用する必要がある。

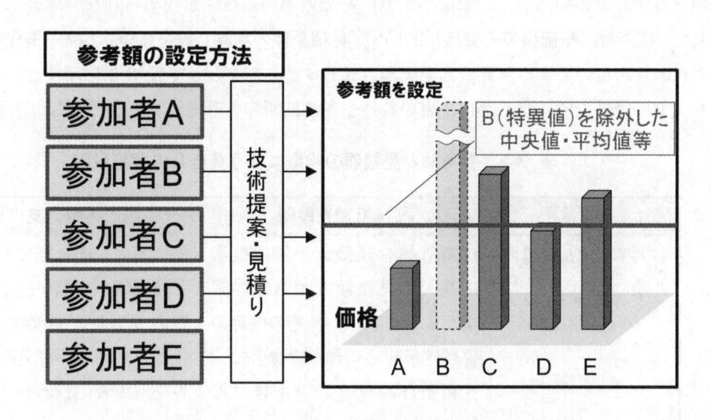

図 3-3 競争参加者の見積りによる参考額の設定方法の例

1) 明らかに技術的要件を満足しないと考えられる競争参加者の見積額の除外

明らかに説明書等で示された必要性能・条件を満足しないと考えられる技術提案の見積りは参考額設定の際に考慮しないものとする。なお、設定した参考額通知後の再提出又は技術対話に基づく改善の各段階において競争参加者が技術提案を修正することが可能なため、見積りによる参考額設定の時点で技術提案が必要性能・条件を満足していないことを理由に非選定としないものとする。

2) 過剰な品質・性能及び特異な見積額の除外

説明書等で示された必要性能・条件より明らかに過剰な技術提案であり、他者と比較して見積額も著しく高い場合は参考額設定の際に考慮しないものとする。また、提案する目的物の性能・仕様と見積額のバランスが他者と比較して著しく異なる場合も同様とする。

3) 参考額の設定

1)及び 2)を踏まえ残された見積額の中央値や平均値を基に、又は競争参加者が少ない場合等はその他適切な方法により、予算の状況等も踏まえながら参考額を設定する。

4) 参考額の通知

支出負担行為担当官又は分任支出負担行為担当官は、競争参加者に対して設定した参考額を通知するものとする。なお、競争参加者には通知した参考額に基づく技術提案の再提出の機会を与えるものとする。

3.2.2 参考額と見積額の乖離に伴う見直し

技術提案・交渉方式の適用工事は、参考額の範囲内での契約を要するものではないが、参考額と見積額との間に著しい乖離があり、その内容の妥当性が認められない場合は、必要に応じて、技術対話や価格等の交渉において、見積条件の見直し等を競争参加者（優先交渉権者）に行わせるものとする。見直しを実施させるタイミングとして表 3-2 に示す２つの段階があり、どの段階で開始するかは工事の特性や手続期間等を考慮して決定するものとする。

表 3-2 参考額と見積額の乖離に伴う見直しの実施段階

	①技術審査段階	②価格等の交渉段階
参考額と見積額の乖離の扱い	技術対話を経た改善技術提案に基づく見積額と参考額の乖離が著しく大きく、その内容の妥当性が認められない場合は、見積条件の見直し等を競争参加者に行わせる。	価格等の交渉を経ても、参考額と見積額の乖離が残り、その内容の妥当性が認められない場合は、見積条件の見直し等を優先交渉権者に行わせる。
当初の見積り・見積条件の提出時期と対象者	全ての競争参加者が技術提案と同時に提出する。	優先交渉権者の選定後、優先交渉権者のみが提出する。
特徴	優先交渉権者選定後の見積提出が不要なため手続期間は短くなるが、競争参加者にとって負担が大きい。	優先交渉権者選定後の見積提出が必要となり手続期間が長くなるが、競争参加者にとって負担が小さい。

3.3 説明書への記載と優先交渉権者の選定等

3.3.1 説明書への記載

説明書に明示すべき事項の例を以下に示す。

(1) 工事概要

① 技術提案・交渉方式の適用の旨

② 各種試行方式の適用の旨

③ 参考額

(2) 競争参加資格

① 企業及び配置予定技術者が同種工事の施工実績を有すること

② 企業及び配置予定技術者の同種工事の工事成績評点が 65 点以上であること

③ 配置予定技術者が求める資格を保有していること

④ 技術提案が適切であること

(3) 優先交渉権者の選定に関する事項

① 技術提案の評価に関する基準

・評価項目

・評価基準

・評価項目ごとの評価基準

・最低限の要求要件及び上限値

・得点配分

② 優先交渉権者の選定方法

③ 評価内容の担保

・工事段階での技術提案内容の不履行の場合における措置

（再度の施工義務、損害賠償、工事成績評定の減点等を行う旨）

(4) 競争参加資格の確認等

① 提出を求める技術資料

② 競争参加資格確認結果の通知

(5) 技術提案書等の確認等

① 提出を求める技術提案書、見積書及び見積条件書

② 技術提案の改善（技術対話）

(6) 予定価格算定時における見積活用方法

(7) 優先交渉権者選定、次順位以降の交渉権者選定及び非選定通知の日時

(8) 提案値の変更に関する事項

・施工条件の変更、災害等、請負者の責めに帰さない理由による技術提案の取扱い

(9) その他（技術資料の提出様式等）

※品確法第 16 条に規定される段階的選抜方式に準じて、競争参加者が多数と見込まれる場合は、技術的能力に関する事項を評価すること等により一定の技術水準に達した者を選抜することも可能であり、その場合は必要な事項を明示する。

3.3.2 技術評価項目の設定等

(1) 要求要件、設計・施工条件の設定

技術提案・交渉方式では、競争参加者からの的確な技術提案の提出を促すため、説明書等の契約図書において、発注者は、事業課題を踏まえ、施工者のどのような知見、能力を取り入れたいのか、発注者の意図を明確に示す必要がある。また、仕様の前提となる要求要件（最低限の要求要件、評価する上限がある場合には上限値）、設計・施工条件を明示する必要がある。技術提案に係る要求要件（最低限の要求要件及び上限値）、設計・施工条件の設定例を表 3-3 に示す。また、発注者は、技術提案を求める範囲を踏まえ、技術提案書の分量の目安（用紙サイズ、枚数等）を示すことにより、競争参加者に過度の負担をかけないよう努めることとする。

表 3-3 要求要件、設計・施工条件の設定例

要求要件、設計・施工条件		備考
気象・海象	○月～○月まで施工不可	提示された資料より設定
支持地盤	支持層の深さ：20m	提示されたボーリングデータより設定
	礫形：30mm	提示されたボーリングデータより設定
	地下水位：○mm	提示されたボーリングデータより設定
環境（自然）	猛禽類：○月は施工不可、上空制限高さ○m以下	提示された資料より設定
	工事排水 pH 値：8.5 以下、pH 値：7.0(上限値)	中性である pH 値 7.0 を上限値として設定
	SS 値：25mg/L 以下（生活環境の保全に関する環境基準　河川 AA 類型） SS 値：15mg/L(上限値)	提示された資料により設定 当該工事期間(12 月～3 月)と同じ月の過去 3 カ年の平均測定値を上限として設定
	アスファルト再生材使用量：320t 超	提示された資料により設定
地中障害物	地下鉄○○線	提示された図面より設定
地元協議	○時～○時まで施工不可	提示された図面より設定
	騒音：○○dB(A)以下	提示された資料により設定
関係機関協議	橋梁支間割：○○とする 構造物位置・寸法：○○とする	提示された図面より設定 （河川管理者との協議により設定しているため、変更は不可とする。）
	架空線：○○までに移設	提示された図面より設定※1
	占用物：○○までに移設	
	交通規制：○時～○時まで車線規制不可	提示された資料より設定 （道路管理者、警察協議により設定しているため、変更は不可とする。）
作業用道路・ヤード	作業用道路：○○とする ヤード：○○とする	提示された図面より設定※2
用地の契約状況	○年○月より使用可能	提示された資料により設定※3
処分場	処分場：○○とする	提示された資料により設定※4

※1　移設が遅延する恐れがある場合、技術協力業務段階で遅延の影響を受けにくい工法、工程等を検討すること

※2　近隣工事の遅延等により、作業用道路・ヤードに影響が及ぶ恐れがある場合は、技術協力業務段階で影響を受けにくい工法、工程等を検討すること

※3　用地交渉が難航する恐れがある場合、技術協力業務段階で影響を受けにくい工法、工程等の検討すること

※4　ヒ素等が発生した場合の残土処理の可否、対応等について、十分留意すること

(2) 技術的能力の審査（競争参加資格の確認）

競争参加資格として設定されている技術的能力の審査を行う。技術的能力の審査の結果、審査基準（競争参加資格要件）を満たしていない企業には競争参加資格を認めないものとする。

1) 企業・技術者の能力等

○同種工事の施工実績

・過去 15 年間における元請けとして完成・引渡しが完了した要求要件を満たす同種工事（都道府県等の他の発注機関の工事を含む）を対象とする。なお、国土交通省直轄工事においては、工事成績評定点が 65 点未満の工事は対象外とする。

・CORINS 等のデータベース等を活用し、確認・審査する。

・工事目的物の具体的な構造形式や工事量等は、当該工事の特性を踏まえて適切に設定する。

・配置予定技術者の施工実績については、求める施工実績（要求要件）に合致する工事内容に従事したかの審査を行う。また、工事における立場（監理（主任）技術者、現場代理人、担当技術者のいずれか）は問わないものとする。

○地理的条件

・要件として設定する場合、競争性を確保する。

○資格

・要求基準を満たす配置予定技術者（主任技術者又は監理技術者）を、当該工事の着手後に専任で配置する。

・監理技術者にあっては、監理技術者資格者証及び監理技術者講習修了証を有する者とする。

2) 技術提案

・技術提案の評価は優先交渉権者選定の段階で行うが、内容が不適切あるいは未記載である場合は不合格（競争参加資格を認めないこと）とし非選定通知を行う。

・求める技術提案の内容等、詳細については、3.3.3 を参照のこと。

(3) 競争参加資格要件と技術評価項目

表 3-4 は企業評価における、競争参加資格要件と技術評価項目の役割分担の案である。

表 3-4 競争参加資格要件と技術評価項目案

資格要件・評価項目				WTO 以外		WTO	
				参加要件	交渉権者選定	参加要件	交渉権者選定
企業の能力等			同種工事の施工実績	○	×	○	×
企業の能力等			工事成績	○	×	○※1	×
企業の能力等			表彰	×	×	×	×
企業の能力等			関連分野での技術開発の実績	×	×	×	×
企業の能力等			品質管理・環境マネジメントシステムの取組状況（ISO 等）	×	×	×	×
企業の能力等			技能者の配置状況、作業拠点の有無、施工機械の保有状況等の施工体制	×	×	×	×
企業の能力等			その他	△	×	×	×
企業の能力等	地域精通度・貢献度等	地理的条件	本支店営業所の所在地	△	×	×	×
企業の能力等	地域精通度・貢献度等	地理的条件	企業の近隣地域での施工実績の有無	△	×	×	×
企業の能力等	地域精通度・貢献度等	地理的条件	配置予定技術者の近隣地域での施工実績	△	×	×	×
企業の能力等	地域精通度・貢献度等		災害協定の有無・協定に基づく活動実績	×	×	×	×
企業の能力等	地域精通度・貢献度等		ボランティア活動等	×	×	×	×
企業の能力等	地域精通度・貢献度等		その他	×	×	×	×
技術者の能力等			資格	○	×	○	×
技術者の能力等			同種工事の施工実績	○	×	○	×
技術者の能力等			工事成績	○	×	○※1	×
技術者の能力等			表彰	×	×	×	×
技術者の能力等			継続教育（CPD）の取組状況	×	×	×	×
技術者の能力等			その他	△	×	×	×
技術提案			理解度（目的、条件、課題、方式等）	△	△	△	△
技術提案			主たる事業課題に対する提案能力	○	○	○	○
技術提案			不測の事態の想定、対応力	△	△	△	△
技術提案			ヒアリング	○※2	○※2	○※2	○※2

（凡例） ○：必須　△：選択　×：非設定

※　WTO 対象工事にあっては、国内実績のない外国籍企業が不利となるような評価項目を設定してはならない。

※1　海外企業を同等に評価することが困難な場合は、必須条件とはしない。

※2　「理解度」、「主たる事業課題への提案能力」、「不測の事態の想定、対応力」の審査・評価にあたっては、ヒアリングを実施する。

3.3.3 評価項目・基準の設定例

(1) 技術提案に関する評価項目の設定例

技術提案・交渉方式は、仕様の確定が困難な工事で技術提案を求め、価格等の交渉を通じて仕様を固めていくプロセスを有する。そのため、技術提案を求める段階では、事業課題を踏まえ、施工者のどのような知見、能力を取り入れたいのか、発注者の意図を明確に示した上で、定量的な事項、要素技術の有無、提案数よりも、主たる事業課題に対する提案能力を中心に評価することが基本となる。その上で、工事の特性に応じて、実績等による裏づけ、不測の事態への対応力等についても評価することとなる。また、価格等の交渉を通じて確定した仕様に対して、履行義務が課されることとなる。表 3-5 に技術提案に関する評価項目の例、表 3-6 に技術提案に関する評価基準の例を示す。

設計・施工一括タイプは、比較的短い期間で、価格等の交渉を行い、設計と施工を一括して契約することから、競争参加者により提案された目的物の品質・性能や価格等に大きなバラツキがある場合、発注者がその内容を短期間で評価することが困難となる。そのため、実績や検証に要するデータがほとんどなく審査に時間を要するような提案、関係機関協議等の不確定要素を伴う提案等を求める必要がある工事への設計・施工一括タイプの適用は困難であることに十分留意する必要がある。

表 3-5 技術提案に関する評価項目の例

分類	評価項目	
理解度	業務目的、現地条件、与条件に対する理解	
	提案内容の適用上の課題、不確定要素に対する理解	
	技術提案・交渉方式に対する理解	
主たる事業課題に対する提案能力	課題解決に有効な工法等の提案能力	現道交通への影響の最小化に有効な工法等の提案能力
		周辺住民の生活環境の維持に有効な工法等の提案能力
		貴重種への影響の最小化に有効な工法等の提案能力
		地下水、土質・地質条件を踏まえた工法等の提案能力
		地下埋設物、近接構造物の安全、防護上有効な工法等の提案能力
		施工ヤード等の制約条件を踏まえた工法等の提案能力
		地滑り・法面崩落に対して有効な工法等の提案能力
		構造体としての安全性の確保に有効な工法等の提案能力
		施工期間の短縮[※1]に有効な工法等の提案能力
		コスト縮減[※1]に有効な工法等の提案能力
		有効な補修工法等の提案能力
	裏付け	提案内容の類似実績等による裏づけ
不測の事態の想定、対応力	リスクの想定	不確定要素（リスク）の想定
	追加調査	品質管理、安全管理、工程管理、コスト管理上有効な追加調査
	管理方法	品質管理、安全管理、工程管理、コスト管理に有効な方法の提案能力

※　本表は適用可能性のある評価項目を整理したものであり、具体的には最も優れた技術提案によらないと達成困難な工事目的に関する評価項目を中心に個別に設定する。

※1　工程短縮やコスト縮減の提案においては、施工方法や使用資機材の見直しなど合理的な根拠に基づき、適正な工期、施工体制等を確保することを前提とする。また、提案内容の評価においては、無理な工期、価格によって品質・安全が損なわれる、あるいは下請、労働者等に適正な支払いがなされない恐れがないよう留意する。

表 3-6　技術提案に関する評価基準の例

評価項目		評価基準
技術提案	現道交通への影響の最小化に有効な工法等の提案能力	現地条件等を踏まえ、現道交通への影響を少なくする優位な工法等が示され、類似実績、提案内容の適用上の課題、想定される不確定要素、課題・不確定要素への対応策が明示された提案となっている。
		現地条件等を踏まえ、現道交通への影響を少なくする工法等が示されている。
		不適切ではないが、一般的な事項のみの記載となっている。
	施工期間の短縮に有効な工法等の提案能力	現地条件等を踏まえ、施工期間の短縮に関する優位な工法等が示され、類似実績、提案内容の適用上の課題、想定される不確定要素、課題・不確定要素への対応策が明示された提案となっている。
		現地条件等を踏まえ、施工期間を短縮する工法等が示されている。
		不適切ではないが、一般的な事項のみの記載となっている。
	有効な補修工法等の提案能力	現地条件等を踏まえ、補修方法に関する優位な工法等が示され、類似実績、提案内容の適用上の課題、想定される不確定要素、課題・不確定要素への対応策が明示された提案となっている。
		現地条件等を踏まえた補修方法が示されている。
		不適切ではないが、一般的な事項のみの記載となっている。

3.3.4　ヒアリング

技術提案・交渉方式は、仕様の確定が困難な工事で技術提案を求め、価格等の交渉を通じて仕様を固めていくプロセスを有する。そのため、価格等の交渉、不測の事態への対応が適切に実施されるよう、「理解度」、「主たる事業課題に対する提案能力」、「不測の事態の想定、対応力」の審査、評価にあたっては、技術提案の記載事項からだけでは確認できない事項等について、ヒアリングの結果を含めて評価する。

3.3.5　技術提案の改善（技術対話）

技術提案・交渉方式では、技術提案の内容の一部を改善することでより優れた技術提案となる場合や、一部の不備を解決できる場合には、発注者と競争参加者の技術対話を通じて、発注者から技術提案の改善を求め、または競争参加者に改善を提案する機会を与えることができる（品確法第 17 条）。この場合、技術提案の改善ができる旨を説明書等に明記することとする。説明書の記載例を以下に示す。

［説明書の記載例］

（ ）技術提案書の改善

技術提案書の改善については下記のいずれかの場合によるものとする。

① 技術提案書の記載内容について、発注者が審査した上で（ ）に示す期間内に改善を求め、提案者が応じた場合。

② 技術提案書の記載内容について、（ ）に示す期間内に提案者が改善の提案を行った場合。

なお、改善された技術提案書の提出内容は修正箇所のみでよいものとするが、発注者が必要に応じて指示する資料の提出には応じなければならない。

また、本工事の契約後、技術提案の改善に係る過程について、その概要を公表するものとする。

(1) 技術対話の実施

1) 技術対話の範囲

技術対話の範囲は、技術提案に関する事項とし、それ以外の項目については、原則として対話の対象としない。

2) 技術対話の対象者

技術対話は、技術提案を提出したすべての競争参加者を対象に実施する。

競争参加者間の公平性を確保するため、複数日に跨らずに実施することを基本とし、競争参加者が他者の競争参加を認知することのないよう十分留意する。

また、技術対話の対象者は、技術提案の内容を十分理解し、説明できるものとすることから複数でも可とする。ただし、提案者と直接的かつ恒常的な雇用関係にある者に限るものとする。

3) 技術対話の手順

競争参加者側から技術提案の概要説明を行った後、技術提案に対する確認、改善に関する対話を行うものとする。技術対話を実施する場合の技術提案の提出から優先交渉権者選定通知までの手続フローを図 3-4 に示す。

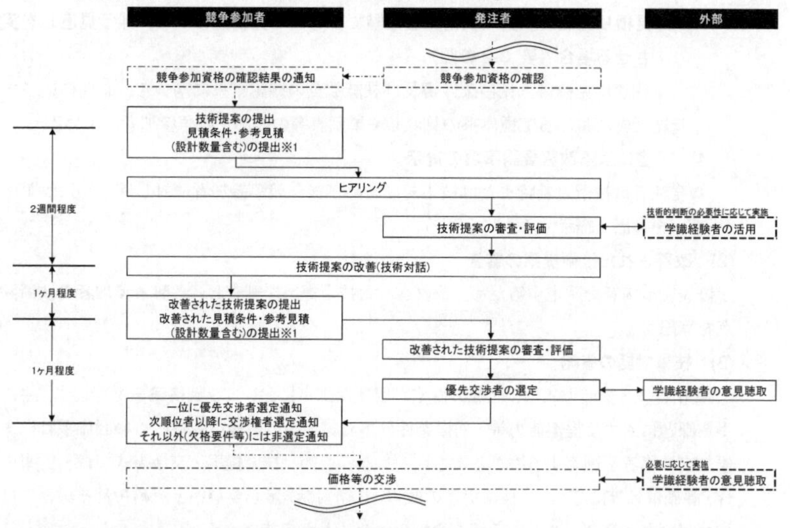

図 3-4　技術対話を実施する場合の手続フロー

なお、技術対話において他者の技術提案、競争参加者数等の他者に係る情報は一切提示しないものとする。

a) **技術提案の確認**

競争参加者から技術提案の特徴や利点について概要説明を受け、施工上の課題認識や技術提案の不明点について質疑応答を行う。

b) **発注者からの改善要請**

技術提案の内容に要求要件や施工条件を満たさない事項がある場合には、技術対話において提案者の意図を確認した上で必要に応じて改善を要請し、技術提案の再提出を求める。要求要件や施工条件を満たさない事項があり、その改善がなされない場合には、発注者は当該競争参加者の競争参加資格がないものとして取り扱うものとする。

また、新技術・新工法の安全性等を確認するための資料が不足している場合には、追加資料の提出を求める。

なお、技術提案の改善を求める場合には、同様の技術提案をした者が複数あるにも関わらず、特定の者だけに改善を求めるなど特定の者のみが有利となることのないようにすることが必要であることから、技術提案の改善を求める前に、あらかじめ各提案者に対し求める改善事項を整理し、公平性を保つよう努めるものとする。

c) **自発的な技術提案の改善**

発注者による改善要請だけでなく、競争参加者からの自発的な技術提案の改善を受け付けることとし、この旨を説明書等に明記する。

d) **見積りの提出要請（技術審査段階で参考額と見積額の乖離に伴う見直しを実施させる場合（表 3-2 参照））**

発注者は見積書、見積条件書及び設計数量の確認結果に基づき、必要に応じて数量総括表における工種体系の見直しや単価表等の提出を競争参加者に求める。

4) **文書による改善要請事項の提示**

発注者は技術対話時または技術対話の終了後、競争参加者に対し速やかに改善要請事項を書面で提示するものとする。

(2) 改善された技術提案の審査

優先交渉権者を選定するため、改善された技術提案を審査し、各競争参加者の技術評価点を算出する。

(3) 技術対話の省略

技術提案・交渉方式は、仕様の確定が困難な工事において、価格競争は行わず、主たる事業課題に対する提案能力等、前提条件の不確定要素の影響を受けにくい評価項目により優先交渉権者を選定するのが基本となる。そのため、技術提案・交渉方式では、工事の特性、評価項目等に応じて、技術提案の改善（技術対話）が必要ないと認められる場合には、技術対話を行わないことで手続を簡素化することも可能とする。

3.3.6　優先交渉権者の選定と通知

技術提案内容を技術評価点の高い者から順位付けし、第1位の者を優先交渉権者とする。支出負担行為担当官又は分任支出負担行為担当官は、当該技術提案を提出した者に対して優先交渉権者に選定された旨を通知する。

また、支出負担行為担当官又は分任支出負担行為担当官は、次順位以降となった各競争参加者に対して、次順位以降の交渉権者として選定された旨と順位を通知する。

> [説明書の記載例]
>
> （　）優先交渉権者選定に関する事項
>
> 技術提案を提出した者の中から、技術評価点が最上位であるものを優先交渉権者として選定する。優先交渉権者として選定した者には、書面により通知する。また、競争参加資格がないと認められた者に対しては、非選定とされた旨とその理由を、それ以外の者に対しては、交渉権者として選定された旨と順位を同じく書面により通知する。

3.4 価格等の交渉

3.4.1 見積書等の提出

優先交渉権者に技術提案に対応する見積書（工事費の内訳書を含む。）と、見積りを行う際の条件を記載した見積条件書（表 3-7 参照）の提出を求める。

なお、技術審査段階で参考額と見積額の乖離に伴う見直しを実施させる場合（表 3-2 参照）は、優先交渉権者選定前に提出を求めている見積書（工事費の内訳書を含む。）と見積条件書（表 3-7 参照）を活用することも可能とする。

表 3-7 見積条件書の記載例

見積条件		備考
気象・海象	施工期間：○月～○月 □□作業：出水期も実施可 足場設置：出水期は不可	提示資料、関係機関協議結果より設定
支持地盤	支持層の深さ：20m	ボーリングデータより設定 （提示資料、追加調査結果） 近隣工事へのヒアリング結果より設定
	礫形：30mm	
	地下水位：○mm	
	ヒ素：近隣工事で出現例有	
環境（自然）	猛禽類：○月は施工不可、上空制限高さ○m以下	提示された資料より設定 （影響に配慮し、十分安全側の工程、工法を採用。ただし、営巣の確認等、追加の規制条件を付される場合は、監督職員と協議する。）
	工事排水 pH 値：8.5 以下、 pH 値：7.0(上限値)	中性である pH 値 7.0 を上限値として設定
	SS 値：25mg/L 以下（生活環境の保全に関する環境基準　河川 AA 類型） SS 値：15mg/L(上限値)	提示された資料により設定 当該工事期間(12 月～3 月)と同じ月の過去 3 カ年の平均測定値を上限として設定
	アスファルト再生材使用量：320t 超	提示された資料により設定
地中障害物	地下鉄○○線	提示された図面より設定
地元協議	○時～○時まで施工不可 □□作業：終日実施可	提示された図面より設定提示資料、関係機関協議結果より設定
	騒音：○○dB(A)以下	提示された資料により設定
関係機関協議	橋梁支間割：○○とする 構造物位置・寸法：○○とする	提示資料、関係機関協議結果より設定
	架空線：○○までに移設 □□工法とする	提示図面、関係機関協議結果より設定 （移設が遅延する可能性を排除できず、移設遅延の影響を受けにくい工法、工程を採用）
	占用物：○○までに移設 工程を□□とする	
	交通規制：○時～○時まで車線規制不可 □□架設工法とする	提示資料、関係機関協議結果より設定 （追加の規制条件を付された場合は、監督職員と協議する。）
作業用道路・ヤード	作業用道路：○○とする ヤード：○○とする	提示資料、関係機関協議結果より設定 （近隣工事の遅延等により、作業用道路・ヤードに影響が及ぶ場合は、監督職員と協議する。）
用地の契約状況	○年○月より使用可能 工程を□□とする	提示された資料により設定 （影響を受けにくい工法、工程を採用。期限までに用地が使用できず、工事に影響が及ぶ場合は、監督職員と協議する。）
処分場	処分場：○○とする	提示資料、ヒアリング結果より設定 （ヒ素等が発生した場合でも受入可能）
その他	切羽前方の地質調査：○○を使用	施工者提案より設定
	不可視部分の非破壊検査：○○を使用	施工者提案より設定 （健全度が確認できない部材は機能しないものとして設計。監督職員との協議の上、交換部材数に応じて精算する。）
	損傷を考慮した解析：○○を使用	施工者提案より設定
	構造物常時モニタリング：○○を使用	施工者提案より設定

3.4.2 契約額の変更の考え方（リスク分担）

総合評価落札方式による設計・施工一括発注方式での入札段階では、各競争参加者の技術提案によってリスク要因やリスク発現時の影響が相違しており、入札額の算定条件を統一化し公平性を担保するために一定のリスクを施工者に移転する必要が生じる。しかしながら、本タイプでは工事価格を決定する前に、詳細な設計条件及び施工条件を価格とともに交渉することとなり、不確定要因の境界についても発注者と優先交渉権者間で共通認識を得ることとなる。また、これら不確定要因に関する共通認識を表 3-7 のような見積条件書として明確にし、特記仕様書等の契約図書に具体的に反映することができる。契約図書に示された設計・施工条件と実際の工事現場の状態が一致しない場合等において、必要と認められるときは、適切に契約図書の変更及び請負代金の額や工期の適切な変更を行う。

3.4.3 技術提案を踏まえた調査、協議

技術提案・交渉方式では、価格等の交渉の段階において、優先交渉権者からの技術提案を踏まえた仕様の確定にあたり、必要な調査や協議を実施する。ただし、設計・施工一括タイプは、比較的短い期間で設計と施工を一括して契約するため、価格等の交渉の段階で行う調査、協議の結果、仕様の前提となる条件が変わりうるような場合は、適用が困難であることに留意する必要がある。

3.4.4 発注者における事前準備

優先交渉権者から提出された技術提案、見積書及び見積条件書に関して、価格等の交渉に向けて以下のような観点等からその内容確認を行う。

- 見積条件書で設計や施工計画等の前提として設定されている条件のうち、見直しの検討が必要なものを抽出する。
- 積算基準、特別調査結果（建設資材及び施工歩掛）、過去の類似工種における施工効率等と見積書との比較で、乖離の大きな工種等を抽出する。

3.4.5 価格等の交渉の実施

事前の準備に基づいて、見積条件の見直し、見積額の変更等の交渉を以下のとおり実施する。

- 参考額又は予定事業規模と見積額との間に著しい乖離があり、その内容の妥当性が認められない場合など、見積条件を見直す必要がある場合は、当該条件の見直しに関して交渉を行い、合意条件を確認する。
- 積算基準等から乖離のある工種について乖離の理由及び見積りの根拠の妥当性の確認を行う。見積りの根拠に関しては、優先交渉権者から同一工種の工事実績での資機材の支払伝票、日報、出面等の資料の提示を受けることが考えられる。

また、価格等の交渉を経ても、参考額又は予定事業規模と見積額の乖離が残り、その内容の妥当性や必要性が認められない場合は、交渉を不成立とし、優先交渉権者を契約の相手方としないこととする。

なお、契約後に、価格等の交渉時に合意した見積条件が、実際の条件と異なることが判明した場合には、実際の条件に合わせて契約額の変更を行うことに留意する。

3.4.6 価格等の交渉の成立

技術提案・交渉方式は、価格競争のプロセスがなく、技術提案に基づき選定された優先交渉権者と仕様・価格等を交渉し、交渉が成立した場合に契約を結ぶ方式であるため、価格等の交渉の成立については、発注者としての説明責任を有していることに留意し、以下に示す成立条件を満たすものとし、成立条件を含めて学識経験者への意見聴取結果を踏まえて決定する。

- 参考額又は予定事業規模と見積りの総額が著しく乖離していない。また、乖離している場合もその内容の妥当性や必要性が認められる。
- 各工種の直接工事費が積算基準、特別調査結果（建設資材及び施工歩掛）、類似実績等と著しく乖離していない。また、乖離している場合でもその根拠として信頼性のある資料の提示がある。
- 主要な工種に関して、積算基準、特別調査結果（建設資材及び施工歩掛）、類似実績等、優先交渉権者の見積りの妥当性を確認できる情報が価格等の交渉の段階には存在しない場合において、施工中に歩掛調査を行い、歩掛の実態と施工者の見積りとに乖離がある場合、歩掛の実態に応じて工事費用を精算する契約となっている。

優先交渉権者との交渉が成立した場合、次順位以降の交渉権者に対し、その理由を付して非特定の通知を行う。

[説明書の記載例] （ ）非特定通知 　優先交渉権者との交渉が成立した場合は、それ以外の交渉権者に対して非特定となった旨とその理由を書面により通知する。

なお、特定通知から見積合せの間に優先交渉権者が辞退する場合や、見積合せで不調となる場合を考慮し、見積合せ後に非特定通知を実施することも可能である。

3.4.7 予定価格の作成

技術提案・交渉方式は、価格競争のプロセスがなく、技術提案に基づき選定された優先交渉権者と仕様・価格等を交渉し、交渉が成立した場合に契約を結ぶ方式であるため、予定価格については発注者としての説明責任を有していることに留意し、価格等の交渉の過程における学識経験者への意見聴取結果を踏まえて定めるものとする。

(1) 設計数量等の確認

価格等の交渉を通じて合意した技術提案を実施するために必要となる設計数量等（数量総括表、内訳書、単価表等の内容）について確認を行う。積算基準類に該当する歩掛や単価がない工種等に関しては、価格等の交渉の合意内容に基づくものとする。

(2) 予定価格の算定

設計数量等の確認の結果を踏まえ、次に掲げる積算基準類[ii]により予定価格を算定する。

- 土木請負工事工事費積算要領
- 土木請負工事工事費積算基準
- 土木工事標準歩掛
- 請負工事機械経費積算要領
- 共通仮設費算定基準
- 設計業務等標準積算基準書　等

A. 歩掛

歩掛については、標準歩掛を使用する。

ただし、標準歩掛が無い場合や標準的な施工でない場合は、特別調査の歩掛や価格等の交渉の合意内容に基づくものとする。

B. 設計単価

設計単価（労務単価、資材単価、機械経費）については、積算基準類により設定する。

ただし、積算基準類に定めのない設計単価については、価格等の交渉の合意内容に基づくものとする。

［説明書の記載例］
（ ）価格等の交渉
1 優先交渉権者選定の後、優先交渉権者に対し工事費の内訳が確認できる工事費内訳書を付した見積書及び見積条件書（以下「見積書等」という。）の提出方法等を通知する。
2 優先交渉権者は、見積書等を作成し、指定の方法により提出する。
3 優先交渉権者は、見積書等の内容について価格等の交渉を行い、見積条件等を見直す必要がある場合には見直しを行う。
4 前項により価格等の交渉が成立した場合は、優先交渉権者は、その内容に基づき、第2項と同じ方法により交渉結果を踏まえた見積書等を提出する。
5 積算基準類に設定の無い工種等の見積りについて、機労材別で内訳を提出せず、一式にて価格等の交渉が成立した場合は、その工種等については工事請負契約書第25条に基づく請求の対象外とする。
6 見積合せの結果、最終的な見積書等の工事金額が予定価格を下回った場合は、工事請負契約を締結する。
7 第3項に基づく価格等の交渉の結果、合意に至らなかった場合は、価格等の交渉の不成立が確定するものとする。

[ii] 土木工事の例示である。

3.4.8 交渉不成立時の対応

優先交渉権者との価格等の交渉を不成立とした場合には、優先交渉権者にその理由を付して非特定の通知を行うとともに、技術評価点の次順位の交渉権者に対して優先交渉権者となった旨を通知する。次順位の交渉権者に対しては価格等の交渉の意思の有無を確認した上で、交渉を開始するものとする。

なお、価格等の交渉に期間を要することにより、工事着手時期が大きく変動することが見込まれる場合には、適宜工期の見直しを行い、価格等の交渉に当たっての前提条件とするものとする。

[説明書の記載例]

( ) 価格等の交渉の不成立

1 優先交渉権者との価格等の交渉が不成立となった場合、非特定となった旨とその理由を書面により通知する。

2 優先交渉権者との価格等の交渉が不成立となった場合、価格等の交渉に関し既に支出した費用については優先交渉権者の負担とする。

3 優先交渉権者は、価格等の交渉において知り得た情報を秘密情報として保持するとともに、かかる秘密情報を第三者に開示してはならない。

4 優先交渉権者との価格等の交渉が不成立となった場合は、第（ ）条第（ ）項の技術評価点が次順位の交渉権者に対して優先交渉権者となった旨を書面により通知し、価格等の交渉の意思を確認した上で価格等の交渉を行う。

3.5 工事の契約図書への記載

技術提案・交渉方式の設計・施工一括タイプを適用する場合、優先交渉権者による技術提案について、価格等の交渉を経て、最終的に決定した仕様、発注者と受注者の責任分担とその内容を明確にし、特記仕様書等の設計図書に具体的に記載する。

4. 「技術協力・施工タイプ」の適用

4.1 契約形態と手続フロー

4.1.1 契約形態

「発注者が最適な仕様を設定できない工事」又は「仕様の前提となる条件の確定が困難な工事」において、発注者がより強く設計に関与する必要がある場合等、技術協力・施工タイプを選定する場合の契約形態は図 4-1 のとおりである。

技術提案に基づき選定された優先交渉権者と技術協力業務の契約を締結し、別の契約に基づき実施している設計に技術提案内容を反映させながら価格等の交渉を行い、交渉が成立した場合に施工の契約を締結する。なお、別途契約する設計業務の受注者（設計者）の選定は、プロポーザル方式を適用することを基本とする。

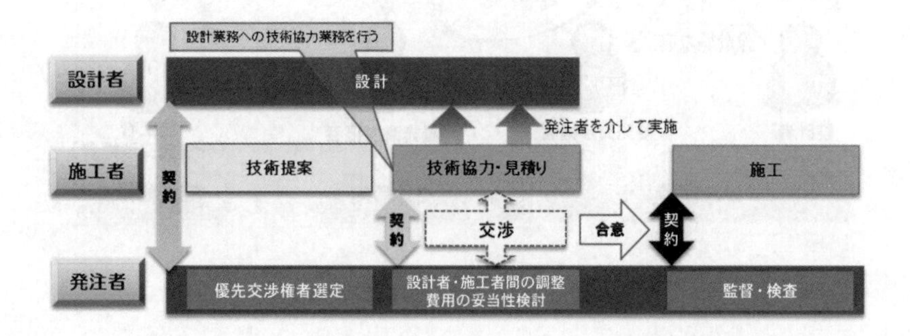

図 4-1 技術協力・施工タイプにおける契約形態

説明書には技術提案･交渉方式の技術協力･施工タイプの適用工事であることを記載する。説明書の記載例を以下に示す。

［説明書の記載例］

（ ）工事概要

本工事は、公共工事の品質確保の促進に関する法律第 18 条に規定する「技術提案の審査及び価格等の交渉による方式」（以下「技術提案・交渉方式」という。）の技術協力・施工タイプの対象工事であり、優先交渉権者として選定された者と技術協力業務の契約を締結した後、発注者と優先交渉権者との間で締結される基本協定に基づき価格等の交渉を実施し、交渉が成立した場合に工事の契約を締結する。

技術協力･施工タイプでは、契約の内容及び契約主体が設計段階、価格等の交渉段階及び施工段階において異なる。設計段階では設計者と設計業務の契約を締結するとともに、優先交渉権者と技術協力業務の契約を締結する。優先交渉権者とは技術協力業務の契約と同時に、工事の契約に至るまでの手続に関する協定（以下「基本協定」という。）を締結し、円滑に価格等の交渉を行うものとする。また、優先交渉権者の技術提案を踏まえた設計を円滑に実施するため、技術協力業務及び設計業務の仕様書に発注者、設計者及び優先交渉権者の三者間の協力に関する取り決めを記載するか、三者間で設計協力協定を締結するものとする。

価格等の交渉段階では、基本協定に基づき交渉を実施し、交渉が成立した場合には見積合せを実施した上で、優先交渉権者と工事の契約を締結するものとする。また、価格等の交渉不成立時の手続についても基本協定に基づき実施するものとする。

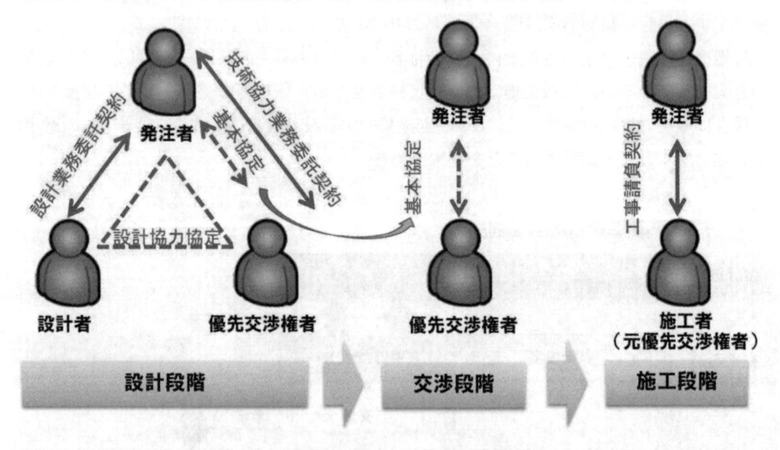

図 4-2　各段階における契約形態

表 4-1　契約・協定の種類と内容

契約・協定の種類	概要
設計業務委託契約	設計業務に関する設計者との契約
技術協力業務委託契約	設計に対する技術提案、技術情報の提供、施工計画の作成等に関する優先交渉権者との契約
設計協力協定（業務の仕様書への記載でも代替可）	優先交渉権者の提案を反映させた設計成果の完成に向けた発注者、設計者及び優先交渉権者間の調整及び協力に関する協定
基本協定	工事の契約に至るまでの交渉手続や交渉不成立時の手続に関する優先交渉権者との協定
工事請負契約	交渉成立後の工事に関する優先交渉権者との契約

4.1.2　設計業務と技術協力業務の開始時期

技術協力・施工タイプでは設計業務と技術協力業務の２つの異なる業務が、相互に調整を図りつつ時期的にも並行して実施されることになる。設計業務を技術協力業務に先行して発注し、設計業務を進捗させた場合には、後日選定される優先交渉権者の技術提案によって設計業務の手戻りが発生する可能性がある。また、技術協力業務を設計業務に先行して契約した場合においても、設計に技術提案内容を反映させることが出来ず、事業工程の空白期間が生じ遅延に繋がる可能性がある。

そのため、優先交渉権者の技術提案を踏まえた設計が円滑に実施されるよう、設計業務と技術協力業務の双方の発注の手続及び工程の計画を立てる必要があること等に留意する。

4.1.3 設計業務と技術協力業務の実施期間

設計の品質確保の観点から、設計業務と技術協力業務は、事業の緊急度に配慮しつつも、設計の複雑さ、規模、適用される技術の難易度等に応じて、十分な期間を確保することが必要である。条件によっては、複数年度にわたる手続フローを検討する。

4.1.4 手続フロー

標準的な手続フローは図 4-3 に示すとおりとし、工事の特性（緊急度、規模、複雑さ、提案の自由度、前提条件の不確実性の程度等）を踏まえて適切に設定するものとする。表 4-2 に工事特性に応じた設計期間の設定例を示す。

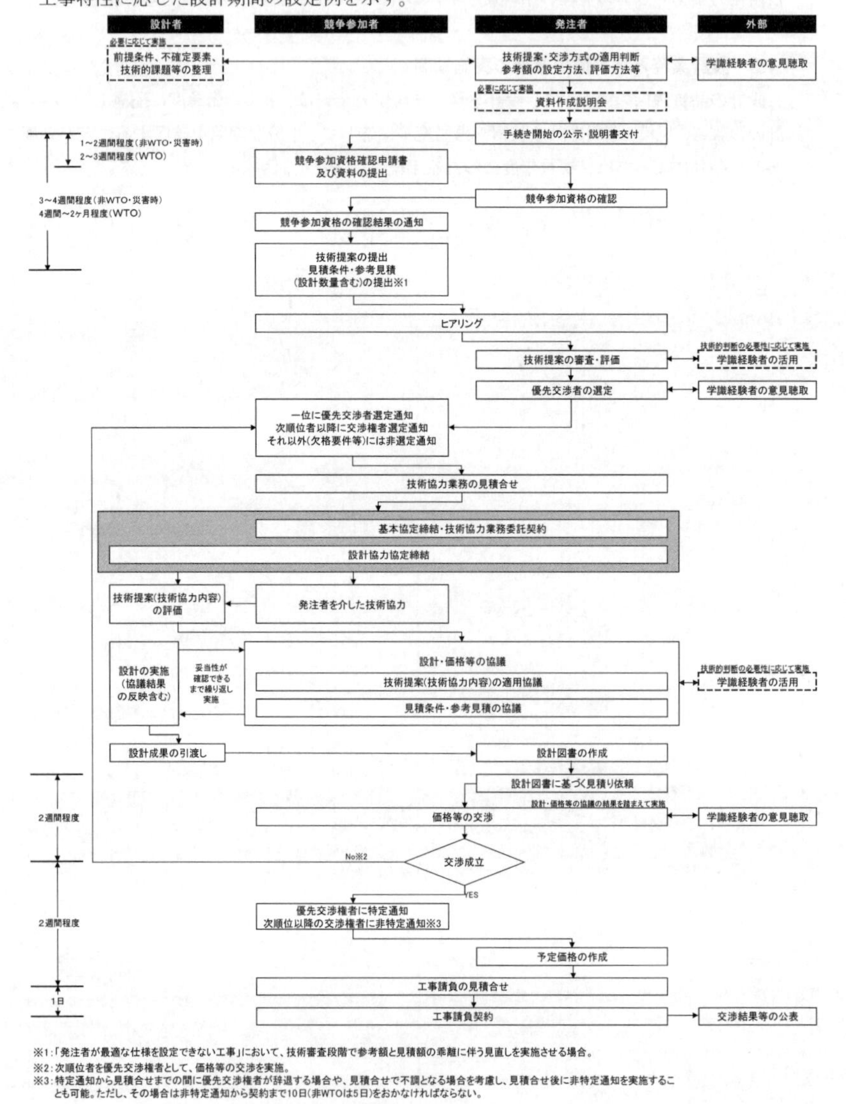

※1:「発注者が最適な仕様を設定できない工事」において、技術審査段階で参考額と見積額の乖離に伴う見直しを実施させる場合。
※2:次順位者を優先交渉権者として、価格等の交渉を実施。
※3:特定通知から見積合せまでの間に優先交渉権者が辞退する場合や、見積合せで不調となる場合を考慮し、見積合せ後に非特定通知を実施することも可能。ただし、その場合は非特定通知から契約まで10日(非WTOは5日)をおかなければならない。

図 4-3　手続フロー

表 4-2　工事特性に応じた技術協力期間の設定例

工事特性					技術協力期間※2の設定例
条件	種類	緊急度	提案の自由度	適用技術の実績※1	
平常時	新設	標準：十分な技術協力期間を確保できる	高：構造形式、工法等の変更を伴う	限定的	12ヶ月程度又は12ヶ月以上
				十分ある	6～12ヶ月程度
			低：確実な施工のための照査、不確定要素への対処が中心	限定的	6～12ヶ月程度
				十分ある	5～8ヶ月程度
		高：早期供用が求められる	高：構造形式、工法等の変更を伴う	ある	6～12ヶ月程度
				十分ある	5～8ヶ月程度
			低：確実な施工のための照査、不確定要素への対処が中心	ある	5～8ヶ月程度
				十分ある	4～6ヶ月程度
	既設（修繕）	標準：十分な技術協力期間を確保できる	高：不可視部等の不確定要素が多い、高度な工法を適用	限定的	6～12ヶ月程度
				十分ある	5～8ヶ月程度
			低：確実な施工のための照査、不確定要素への対処が中心	限定的	5～8ヶ月程度
				十分ある	4～6ヶ月程度
		高：早期供用が求められる	高：不可視部等の不確定要素が多い、高度な工法を適用	ある	6～12ヶ月程度
				十分ある	5～8ヶ月程度
			低：確実な施工のための照査、不確定要素への対処が中心	ある	4～6ヶ月程度
				十分ある	3～6ヶ月程度
災害時	新設（代替ルート）	早期供用が必要	高：調査・設計が進んでいない、高度な工法を適用	ある	6～12ヶ月程度
				十分ある	5～8ヶ月程度
			低：確実な施工のための不確定要素への対処が中心	ある	5～8ヶ月程度
				十分ある	3～6ヶ月程度
	既設（修繕）		高：調査・設計が進んでいない、高度な工法を適用	ある	6～12ヶ月程度
				十分ある	5～8ヶ月程度
			低：確実な施工のための不確定要素への対処が中心	ある	5～8ヶ月程度
				十分ある	3～6ヶ月程度

※1 適用技術の実績

限定的：異なる現場条件での実績しかない等の理由により、技術検証（試験施工、模型実験、数値解析、学識者への意見聴取等）が必要

ある：類似の現場条件での実績があるものの、追加調査（数値解析、学識者への意見聴取等）が必要

十分ある：類似の現場条件での実績が複数例ある

※2 技術協力期間：技術協力業務の履行期間（工期）とする

4.2 参考額

技術提案・交渉方式では、仕様の確定が困難な工事において、競争参加者に技術提案を求め、技術提案と価格等の交渉を踏まえ仕様を確定していくことから、場合によっては、提案する目的物の品質・性能と価格等のバランスの判断が困難となり、発注者にとって過剰な品質で高価格な提案となる恐れがある。また、競争参加者により提案された目的物の品質・性能や価格等に大きなバラツキがある場合、発注者がその内容の評価を適切に実施することが困難となることも想定される。そのため、競争参加者の提案する目的物の品質・性能のレベルの目安として予め発注者は、目的物の参考額を設定することができる。

なお、参考額は単なる目安であり、予算決算及び会計令第 99 条の5に規定された予定価格ではなく、その範囲内での契約を要するものではない。

技術協力・施工タイプでは、技術協力業務及び価格等の交渉成立後の工事の２種類の契約において、優先交渉権者に支払う費用が発生する。

4.2.1 技術協力業務の契約に関する参考額の設定

(1) 技術協力業務の契約

技術協力業務の契約方法としては、必要な技術者の配置日数で契約する方法や歩掛に基づき契約する方法が考えられる。必要とされる技術者の職種や人数、技術協力業務への専任度合い、業務の履行場所等を考慮して契約方法を決定するものとする。

(2) 参考額の設定

技術協力業務については積算基準がないことから、競争参加資格の申請時に必要に応じて技術協力業務の見積りを競争参加者から提出させ、提出された見積りを踏まえて技術協力業務の参考額を設定し、競争参加資格の確認結果とともに参考額の通知を行うことができるものとする。

(3) 見積合せ

参考額の設定の有無に関わらず、優先交渉権者の選定後、優先交渉権者に技術協力業務の見積りを提出させ、予定価格を作成し、見積合せを実施した上で技術協力業務の契約を締結する。

4.2.2 工事の契約に関する参考額の設定

(1) 参考額の設定方法

参考額の設定方法及びその適用における考え方は表 4-3 のとおりであり、工事の特性、既往設計の状況、予算の状況等を勘案し適切に設定するものとするが、設定方法について予め学識経験者からの意見を聴取する等、恣意的な設定とならないよう留意しなければならない。

表 4-3　参考額の設定方法と適用における考え方

設定方法	適用における考え方
① 既往設計、予算規模、過去の同種工事等を参考に設定した参考額を説明書に明示する。	過去の実績等から参考額に関して一定程度の推定が可能な場合に適用できる。
② 競争参加者に見積りの提示を求め、提示された見積りを参考に予算規模と調整した上で参考額を設定する。※	適用する技術や工法によって価格が大きく変わってしまうため、過去の同種工事実績や既往設計から、参考額が設定できない場合に適用できる。 ただし、本設定方法では競争参加者からの見積徴収や設定された参考額に基づく技術提案及び見積書の再提出が必要となることから手続期間が長くなるとともに競争参加者の負担も大きくなる。

※「発注者が最適な仕様を設定できない工事」の場合のみ適用可

なお、参考額の設定にあたっては、発注者が求める目的物の品質・性能に係る要求要件、前提となる設計及び施工条件等が説明書等で明示されない場合、又は、不確定要素に対する考慮の程度が受発注者間で異なる場合には、各者が提案する目的物の品質・性能と価格等のバランスが大きく異なり、円滑な審査・評価が困難となる結果、優先交渉権者との価格等の交渉が不成立となる可能性が高くなることも想定されるので注意する必要がある。

［説明書の記載例］

（ ）参考額

【①既往設計等により当初から工事に関する参考額を明示する場合】

本工事に先立って実施する技術協力業務の規模は○○円程度（税込み）※、工事規模は○○円程度（税込み）を想定している。

【②競争参加者からの見積りにより工事に関する参考額を設定する場合】

本工事に先立って実施する技術協力業務の規模は○○円程度（税込み）※を想定している。また、工事規模は競争参加者からの見積りを踏まえて設定し、別途通知する。

※技術協力業務については積算基準がないことから、必要に応じて競争参加者から見積りを提出させ、見積りを踏まえて技術協力業務の参考額を設定することもできる。

(2)　競争参加者の見積りによる参考額の設定方法

表 4-3 における「②競争参加者に見積りの提示を求め、提示された見積りを参考に予算規模と調整した上で参考額を設定する」場合にあっては、競争参加者の見積りによる参考額の設定方法として、例えば以下に示す方法が考えられる。

なお、競争参加者の見積りによる参考額の設定に当たっては、工事の特性、潜在的な競争参加者が有する技術及び予算の状況等を勘案し、公正性・妥当性に配慮した方法を採用する必要がある。

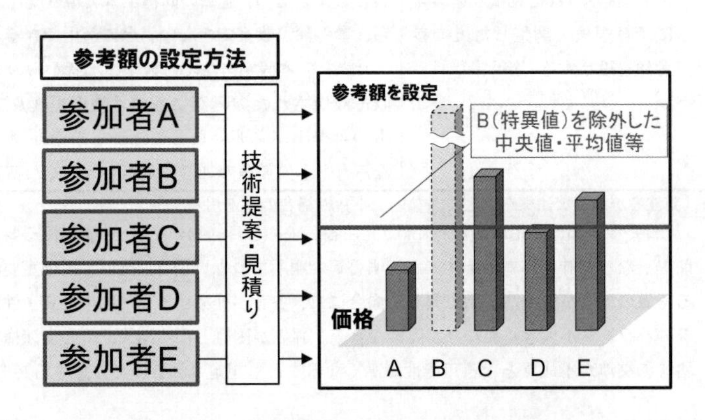

図 4-4　競争参加者の見積りによる参考額の設定方法の例

1)　明らかに技術的要件を満足しないと考えられる競争参加者の見積額の除外

明らかに説明書等で示された必要性能・条件を満足しないと考えられる技術提案の見積りは参考額設定の際に考慮しないものとする。なお、設定した参考額通知後の再提出又は技術対話に基づく改善の各段階において競争参加者が技術提案を修正することが可能なため、見積りによる参考額設定の時点で技術提案が必要性能・条件を満足していないことを理由に非選定としないものとする。

2)　過剰な品質・性能及び特異な見積額の除外

説明書等で示された必要性能・条件より明らかに過剰な技術提案であり、他者と比較して見積額も著しく高い場合は参考額設定の際に考慮しないものとする。また、提案する目的物の性能・仕様と見積額のバランスが他者と比較して著しく異なる場合も同様とする。

3)　参考額の設定

1)及び 2)を踏まえ残された見積額の中央値や平均値を基に、又は競争参加者が少ない場合等はその他適切な方法により、予算の状況等も踏まえながら参考額を設定する。

4) 参考額の通知

支出負担行為担当官又は分任支出負担行為担当官は、競争参加者に対して設定した参考額を通知するものとする。なお、競争参加者には通知した参考額に基づく技術提案の再提出の機会を与えるものとする。

4.2.3 参考額と見積額の乖離に伴う見直し

技術提案・交渉方式の適用工事においては、参考額の範囲内での契約を要するものではないが、参考額と見積額との間に著しい乖離があり、その内容の妥当性が認められない場合は、必要に応じて、技術対話や価格等の交渉において、見積条件の見直し等を競争参加者（優先交渉権者）に行わせるものとする。見直しを実施させるタイミングとして表 4-4 に示す２つの段階があり、どの段階で開始するかは工事の特性や手続期間等を考慮して決定するものとする。

なお、当該見直しを「①技術審査段階」から開始できるのは「発注者が最適な仕様を設定できない工事」の場合のみとなる。

表 4-4　参考額と見積額の乖離に伴う見直しの実施段階

	①　技術審査段階※	②価格等の交渉段階
参考額と見積額の乖離の扱い	技術対話を経た改善技術提案に基づく見積額と参考額の乖離が著しく大きく、その内容の妥当性が認められない場合は、見積条件の見直し等を競争参加者に行わせる。	価格等の交渉を経ても、参考額と見積額の乖離が残り、その内容の妥当性が認められない場合は、見積条件の見直し等を優先交渉権者に行わせる。
当初の見積り・見積条件の提出時期と対象者	全ての競争参加者が技術提案と同時に提出する。	優先交渉権者の選定後、優先交渉権者のみが提出する。
特徴	優先交渉権者選定後の見積提出が不要なため手続期間は短くなるが、競争参加者にとって負担が大きい。	優先交渉権者選定後の見積提出が必要となり手続期間が長くなるが、競争参加者にとって負担が小さい。

※「発注者が最適な仕様を設定できない工事」の場合のみ適用可

4.3 説明書への記載と優先交渉権者の選定等

4.3.1 説明書への記載

説明書に明示すべき事項の例を以下に示す。

(1) 工事概要

① 技術提案・交渉方式の適用の旨

② 各種試行方式の適用の旨

③ 参考額

(2) 競争参加資格

① 企業及び配置予定技術者が同種工事の施工実績を有すること

② 企業及び配置予定技術者の同種工事の工事成績評点が 65 点以上であること

③ 配置予定技術者が求める資格を保有していること

④ 技術提案が適切であること

⑤ 技術協力業務委託契約の締結日までに当該業種区分における建設コンサルタント等の一般競争参加資格認定通知を受けていること

(3) 優先交渉権者の選定に関する事項

① 技術提案の評価に関する基準

・評価項目

・評価基準

　・評価項目ごとの評価基準

　・最低限の要求要件及び上限値

・得点配分

② 優先交渉権者の選定方法

③ 評価内容の担保

・工事段階での技術提案内容の不履行の場合における措置
（再度の施工義務、損害賠償、工事成績評定の減点等を行う旨）

(4) 競争参加資格の確認等

① 提出を求める技術資料

② 競争参加資格確認結果の通知

(5) 技術提案書等の確認等

① 提出を求める技術提案書

② 技術提案の改善（技術対話）

(6) 予定価格算定時における見積活用方法

(7) 優先交渉権者選定、次順位以降の交渉権者選定及び非選定通知の日時

(8) 技術提案内容の変更に関する事項

・技術提案の設計段階での不採用、施工条件の変更、災害等、請負者の責めに帰さない理由による技術提案の取扱い

(9) その他（技術資料の提出様式等）

※品確法第 16 条に規定される段階的選抜方式に準じて、競争参加者が多数と見込まれる場合は、技術的能力に関する事項を評価すること等により一定の技術水準に達した者を選抜することも可能であり、その場合は必要な事項を明示する。

4.3.2 技術評価項目の設定等

(1) 要求要件、設計・施工条件の設定

技術提案・交渉方式では、競争参加者からの的確な技術提案の提出を促すため、説明書等の契約図書において、発注者は、事業課題を踏まえ、施工者のどのような知見、能力を取り入れたいのか、発注者の意図を明確に示す必要がある。また、仕様の前提となる要求要件（最低限の要求要件、評価する上限がある場合には上限値）、設計・施工条件を明示する必要がある。

技術提案に係る要求要件（最低限の要求要件及び上限値）、設計・施工条件の設定例を表4-5 に示す。また、発注者は、技術提案を求める範囲を踏まえ、技術提案書の分量の目安（用紙サイズ、枚数等）を示すことにより、競争参加者に過度の負担をかけないよう努めることとする。

表 4-5　要求要件、設計・施工条件の設定例

要求要件、設計・施工条件		備考
気象・海象	○月～○月まで施工不可	提示された資料より設定
支持地盤	支持層の深さ：20m	提示されたボーリングデータより設定
	礫形：30mm	提示されたボーリングデータより設定
	地下水位：○mm	提示されたボーリングデータより設定
環境（自然）	猛禽類：○月は施工不可、上空制限高さ○m以下	提示された資料より設定
	工事排水 pH 値：8.5 以下、pH 値：7.0(上限値)	中性である pH 値 7.0 を上限値として設定
	SS 値：25mg/L 以下（生活環境の保全に関する環境基準河川 AA 類型） SS 値：15mg/L(上限値)	提示された資料により設定 当該工事期間(12 月～3 月)と同じ月の過去 3 カ年の平均測定値を上限として設定
	アスファルト再生材使用量：320t 超	提示された資料により設定
地中障害物	地下鉄○○線	提示された図面より設定
地元協議	○時～○時まで施工不可	提示された図面より設定
	騒音：○○dB(A)以下	提示された資料により設定
関係機関協議	橋梁支間割：○○とする 構造物位置・寸法：○○とする	提示された図面より設定 （河川管理者との協議により設定しているため、変更は不可とする。）
	架空線：○○までに移設	提示された図面より設定※1
	占用物：○○までに移設	
	交通規制：○時～○時まで車線規制不可	提示された資料より設定 （道路管理者、警察協議により設定しているため、変更は不可とする。）
作業用道路・ヤード	作業用道路：○○とする ヤード：○○とする	提示された図面より設定※2
用地の契約状況	○年○月より使用可能	提示された資料により設定※3
処分場	処分場：○○とする	提示された資料により設定※4

※1　移設が遅延する恐れがある場合、技術協力業務段階で遅延の影響を受けにくい工法、工程等を検討すること

※2　近隣工事の遅延等により、作業用道路・ヤードに影響が及ぶ恐れがある場合は、技術協力業務段階で影響を受けにくい工法、工程等を検討すること

※3　用地交渉が難航する恐れがある場合、技術協力業務段階で影響を受けにくい工法、工程等の検討すること

※4　ヒ素等が発生した場合の残土処理の可否、対応等について、十分留意すること

(2) 技術的能力の審査（競争参加資格の確認）

競争参加資格として設定されている技術的能力の審査を行う。技術的能力の審査の結果、審査基準（競争参加資格要件）を満たしていない企業には競争参加資格を認めないものとする。

1) 企業・技術者の能力等

○同種工事の施工実績

・過去15年間における元請けとして完成・引渡しが完了した要求要件を満たす同種工事（都道府県等の他の発注機関の工事を含む）を対象とする。なお、国土交通省直轄工事においては、工事成績評定点が65点未満の工事は対象外とする。

・CORINS等のデータベース等を活用し、確認・審査する。

・工事目的物の具体的な構造形式や工事量等は、当該工事の特性を踏まえて適切に設定する。

・配置予定技術者の施工実績については、求める施工実績（要求要件）に合致する工事内容に従事したかの審査を行う。また、工事における立場（監理（主任）技術者、現場代理人、担当技術者のいずれか）は問わないものとする。

○地理的条件

・要件として設定する場合、競争性を確保する。

○資格

・技術協力業務の契約までに建設コンサルタント業務に関する一般競争参加資格審査の認定を受けるものとする。

・要求基準を満たす配置予定技術者（主任技術者又は監理技術者）を、当該工事の着手後に専任で配置する。

・監理技術者にあっては、監理技術者資格者証及び監理技術者講習修了証を有する者とする。

2) 技術提案

・技術提案の評価は優先交渉権者選定の段階で行うが、内容が不適切あるいは未記載である場合は不合格（競争参加資格を認めないこと）とし非選定通知を行う。

・求める技術提案の内容等、詳細については、4.3.3を参照のこと。

(3) 競争参加資格要件と技術評価項目

表 4-6 は企業評価における、競争参加資格要件と技術評価項目の役割分担の案である。

表 4-6　競争参加資格要件と技術評価項目案

資格要件・評価項目			WTO 以外		WTO	
			参加要件	交渉権者選定	参加要件	交渉権者選定
企業の能力等		同種工事の施工実績	○	×	○	×
企業の能力等		工事成績	○	×	○※1	×
企業の能力等		表彰	×	×	×	×
企業の能力等		関連分野での技術開発の実績	×	×	×	×
企業の能力等		品質管理・環境マネジメントシステムの取組状況（ISO 等）	×	×	×	×
企業の能力等		技能者の配置状況、作業拠点の有無、施工機械の保有状況等の施工体制	×	×	×	×
企業の能力等		その他	△	×	×	×
地域精通度・貢献度等	地理的条件	本支店営業所の所在地	△	×	×	×
地域精通度・貢献度等	地理的条件	企業の近隣地域での施工実績の有無	△	×	×	×
地域精通度・貢献度等	地理的条件	配置予定技術者の近隣地域での施工実績	△	×	×	×
地域精通度・貢献度等		災害協定の有無・協定に基づく活動実績	×	×	×	×
地域精通度・貢献度等		ボランティア活動等	×	×	×	×
地域精通度・貢献度等		その他	×	×	×	×
技術者の能力等		資格	○	×	○	×
技術者の能力等		同種工事の施工実績	○	×	○	×
技術者の能力等		工事成績	○	×	○※1	×
技術者の能力等		表彰	×	×	×	×
技術者の能力等		継続教育（CPD）の取組状況	×	×	×	×
技術者の能力等		その他	△	×	×	×
技術提案		理解度（目的、条件、課題、方式等）	△	△	△	△
技術提案		主たる事業課題に対する提案能力	○	○	○	○
技術提案		損傷状況に関する所見（補修工事）	△	△	△	△
技術提案		不測の事態の想定、対応力	△	△	△	△
技術提案		ヒアリング	○※2	○※2	○※2	○※2

（凡例）　○：必須　△：選択　×：非設定

※　WTO 対象工事にあっては、国内実績のない外国籍企業が不利となるような評価項目を設定してはならない。

※1　海外企業を同等に評価することが困難な場合は、必須条件とはしない。

※2　「理解度」、「主たる事業課題に対する提案能力」、「不測の事態の想定、対応力」の審査・評価にあたっては、ヒアリングを実施する。

4.3.3　評価項目・基準の設定例

(1)　技術提案に関する評価項目の設定例

技術提案・交渉方式は、仕様の確定が困難な工事で技術提案を求め、価格等の交渉を通じて仕様を固めていくプロセスを有する。そのため、技術提案を求める段階では、事業課題を踏まえ、施工者のどのような知見、能力を取り入れたいのか、発注者の意図を明確に示した上で、定量的な事項、要素技術の有無、提案数よりも、主たる事業課題への対応方針を中心に評価することが基本となる。その上で、工事の特性に応じて、実績等による裏づけ、不測の事態の想定、対応力等についても評価することとなる。また、価格等の交渉を通じて確定した仕様に対して、履行義務が求められることとなる。表 4-7 に技術提案に関する評価項目の例、表 4-8 に技術提案に関する評価基準の例を示す。

表 4-7　技術提案に関する評価項目の例

分類	評価項目	
理解度	業務目的、現地条件、与条件に対する理解	
	提案内容の適用上の課題、不確定要素に対する理解	
	技術提案・交渉方式に対する理解	
主たる事業課題に対する提案能力	課題解決に有効な工法等の提案能力	現道交通への影響の最小化に有効な工法等の提案能力
		周辺住民の生活環境の維持に有効な工法等の提案能力
		貴重種への影響の最小化に有効な工法等の提案能力
		地下水、土質・地質条件を踏まえた工法等の提案能力
		地下埋設物、近接構造物の安全、防護上有効な工法等の提案能力
		施工ヤード等の制約条件を踏まえた工法等の提案能力
		地滑り・法面崩落に対して有効な工法等の提案能力
		構造体としての安全性を確保する工法等の提案能力
		施工期間の短縮※1に有効な工法等の提案能力
		コスト縮減※1に有効な工法等の提案能力
		有効な補修工法等の提案能力
	裏付け	提案内容の類似実績等による裏づけ
損傷状況に関する所見（補修工事）	損傷状況・原因	損傷状況やその原因に対する所見
	不可視部分	不可視部分に想定される損傷等に関する所見
不測の事態の想定、対応力	リスクの想定	不確定要素（リスク）の想定
	追加調査	品質管理、安全管理、工程管理、コスト管理上有効な追加調査
	管理方法	品質管理、安全管理、工程管理、コスト管理に有効な方法の提案能力

※　本表は適用可能性のある評価項目を整理したものであり、具体的には最も優れた技術提案によらないと達成困難な工事目的に関する評価項目を中心に個別に設定する。

※1　工程短縮やコスト縮減の提案においては、施工方法や使用資機材の見直しなど合理的な根拠に基づき、適正な工期、施工体制等を確保することを前提とする。また、提案内容の評価においては、無理な工期、価格によって品質・安全が損なわれる、あるいは下請、労働者等に適正な支払いがなされない恐れがないよう留意する。

表 4-8　技術提案に関する評価基準の例

評価項目		評価基準
技術提案	技術協力業務の実施に関する提案	業務目的、現地条件、与条件、提案内容の適用上の課題、不確定要素等を十分に理解し、業務の内容、規模、課題、不確定要素に応じた技術協力業務の実施方針、実施手順、実施体制等が示されている。
		業務目的、現地条件、与条件等を理解し、業務の内容、規模等に応じた技術協力業務の実施方針、実施手順、実施体制等が示されている。
		不適切ではないが、一般的な事項のみの記載となっている。
	現道交通への影響の最小化に有効な工法等の提案能力	現地条件等を踏まえ、現道交通への影響を少なくする優位な工法等が示され、類似実績、提案内容の適用上の課題、想定される不確定要素、課題・不確定要素への対応策が明示された提案となっている。
		現地条件等を踏まえ、現道交通への影響を少なくする工法等が示されている。
		不適切ではないが、一般的な事項のみの記載となっている。
	施工期間の短縮に有効な工法等の提案能力	現地条件等を踏まえ、施工期間の短縮に関する優位な工法等が示され、類似実績、提案内容の適用上の課題、想定される不確定要素、課題・不確定要素への対応策が明示された提案となっている。
		現地条件等を踏まえ、施工期間を短縮する工法等が示されている。
		不適切ではないが、一般的な事項のみの記載となっている。
	有効な補修工法等の提案能力	現地条件等を踏まえ、補修方法に関する優位な工法等が示され、類似実績、提案内容の適用上の課題、想定される不確定要素、課題・不確定要素への対応策が明示された提案となっている。
		現地条件等を踏まえた補修方法が示されている。
		不適切ではないが、一般的な事項のみの記載となっている。

(2) 評価項目・基準の設定例

（交差点立体化工事）

現道の交通量が非常に多い交差点の立体化工事であり、標準工法では工期内での工事実施が困難であるため、技術提案・交渉方式における技術協力・施工タイプ（発注者が最適な仕様を設定できない工事）を適用し、目的物を含めた技術提案を求める。

なお、現道の交通量が非常に多いため、技術提案を反映した構造、工法について、新たに道路管理者、警察等との協議が必要になると想定される。こうした工事の特性を踏まえ、設計・施工一括タイプではなく、技術協力・施工タイプを適用することとした。

評価項目		評価基準	
技術提案	技術協力業務の実施に関する提案	理解度	業務目的、現地条件、与条件、提案内容の適用上の課題、不確定要素が、適切かつ論理的に整理されており、本業務を遂行するにあたって理解度が高い場合に優位に評価する。
		実施手順	技術協力業務の実施手順が妥当であり、手順上の具体的な工夫がある場合に優位に評価する。
		実施体制	技術協力業務の内容と規模に対して、十分な実施体制が確保されている場合に優位に評価する。
	交通規制期間の短縮に有効な工法等の提案能力	的確性	以下の場合に優位に評価する。 ・交通状況や周辺環境等の与条件が適切に理解されている場合 ・交通影響の低減等、工事の品質向上上に有効な目的物の構造、架設工法、規制手法等が提案されている場合
		実現性	提案された目的物の構造、架設工法、規制手法等の実施事例や類似実績の記載があり、提案に十分（具体的な）裏付けがある場合
	工程及びコスト管理に関する提案	的確性	提案する構造、工法等の特徴、現地条件、与条件等を踏まえた留意事項が適切に理解され、具体的な工程及びコスト管理に関する提案がある場合に優位に評価する。
		実現性	提案された工程及びコスト管理手法等の実施事例や類似事例の記載があり、提案に十分（具体的）な裏付けがある場合に優位に評価する。

（アーチ橋の修繕工事）

交通量が多いアーチ橋で発見された多数の亀裂に対する修繕工事であり、損傷の詳細調査を行うとともに現道交通への影響を小さくする修繕工法選定及び施工計画の立案が必要であり、技術協力・施工タイプ（仕様の前提となる条件の確定が困難な工事）を適用し、技術協力業務及び工事の実施方針並びに修繕工法に関する技術提案を求める。

評価項目		評価基準	
技術提案	技術協力業務の実施に関する提案	理解度	業務目的、現地条件、与条件、提案内容の適用上の課題、不確定要素が、適切かつ論理的に整理されており、本業務を遂行するにあたって理解度が高い場合に優位に評価する。
		実施手順	技術協力業務の実施手順が妥当であり、手順上の具体的な工夫がある場合に優位に評価する。
		実施体制	技術協力業務の内容と規模に対して、十分な実施体制が確保されている場合に優位に評価する。
	損傷状況に関する所見および追加調査等の提案	的確性	損傷状況の把握について、以下の場合に優位に評価する。 ・損傷状況やその原因に関する理解が的確な場合 ・不可視部分に想定される損傷等について的確な所見が示されている場合 ・損傷状況の把握に向けた追加調査等が適切に提案されている場合
		実現性	技術提案の説得力について、以下の場合に優位に評価する。 ・損傷状況の把握に向けた追加調査等の的確性および実現性が高い場合
			技術提案を裏付ける類似実績などの明示について、以下の場合に優位に評価する。 ・提示された損傷状況に対する所見に十分な裏付けがある場合 ・提案された追加調査等の実施事例や類似事例の記載があり、提案に十分（具体的）な裏付けがある場合
	交通規制時間の短縮に有効な工法等の提案能力	的確性	補修について、以下の場合に優位に評価する。
			・交通状況や周辺環境等の与条件が適切に理解されている場合
			・交通影響の低減等、工事の品質向上、安全性確保に有効な補修工法や規制手法等が提案されている場合
		実現性	提案内容の説得力について、以下の場合に優位に評価する。 ・補修工法や規制手法の提案に実現性が高い場合
			提案内容を裏付ける類似実績などについて、以下の場合に優位に評価する。 ・提案された補修工法や規制手法等の実施事例や類似実績の記載があり、提案に十分（具体的な）裏付けがある場合

4.3.4 ヒアリング

技術提案・交渉方式は、仕様の確定が困難な工事で技術提案を求め、価格等の交渉を通じて仕様を固めていくプロセスを有する。そのため、価格等の交渉、不測の事態への対応が適切に実施されるよう、「理解度」、「主たる事業課題に対する提案能力」、「不測の事態の想定、対応力」の審査、評価にあたっては、技術提案の記載事項からだけでは確認できない事項等について、ヒアリングの結果を含めて評価する。

4.3.5 技術提案の改善（技術対話）

技術提案・交渉方式では、技術提案の内容の一部を改善することでより優れた技術提案となる場合や、一部の不備を解決できる場合には、発注者と競争参加者の技術対話を通じて、発注者から技術提案の改善を求め、または競争参加者に改善を提案する機会を与えることができる（品確法第 17 条）。この場合、技術提案の改善ができる旨を説明書等に明記することとする。

説明書の記載例を以下に示す。

［説明書の記載例］

（ ）技術提案書の改善

技術提案書の改善については下記のいずれかの場合によるものとする。

① 技術提案書の記載内容について、発注者が審査した上で（ ）に示す期間内に改善を求め、提案者が応じた場合。

② 技術提案書の記載内容について、（ ）に示す期間内に提案者が改善の提案を行った場合。

なお、改善された技術提案書の提出内容は修正箇所のみでよいものとするが、発注者が必要に応じて指示する資料の提出には応じなければならない。

また、本工事の契約後、技術提案の改善に係る過程について、その概要を公表するものとする。

(1) 技術対話の実施

1) 技術対話の範囲

技術対話の範囲は、技術提案に関する事項とし、それ以外の項目については、原則として対話の対象としない。

2) 技術対話の対象者

技術対話は、技術提案を提出したすべての競争参加者を対象に実施する。

競争参加者間の公平性を確保するため、複数日に跨らずに実施することを基本とし、競争参加者が他者の競争参加を認知することのないよう十分留意する。

また、技術対話の対象者は、技術提案の内容を十分理解し、説明できるものとすることから複数でも可とする。ただし、提案者と直接的かつ恒常的な雇用関係にある者に限るものとする。

3)　技術対話の手順

競争参加者側から技術提案の概要説明を行った後、技術提案に対する確認、改善に関する対話を行うものとする。技術対話を実施する場合の技術提案の提出から優先交渉権者選定通知までの手続フローを図 4-5 に示す。

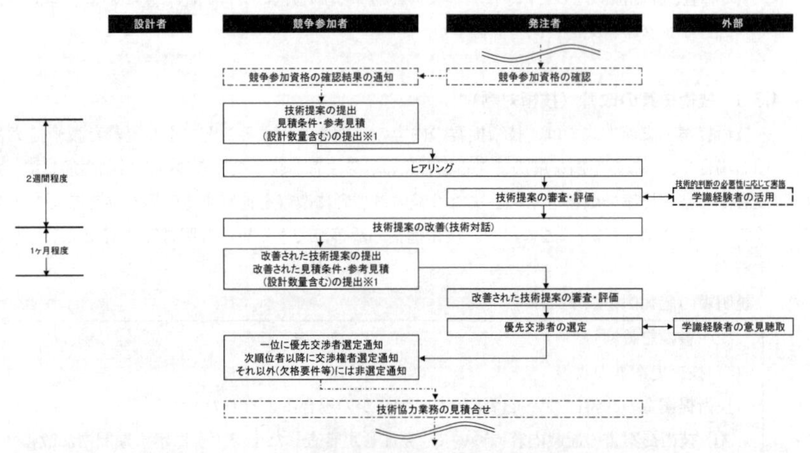

※1:「発注者が最適な仕様を設定できない工事」において、技術審査段階で参考額と見積額の乖離に伴う見直しを実施させる場合。

図 4-5　技術対話を実施する場合の手続フロー

なお、技術対話において他者の技術提案、競争参加者数等の他者に係る情報は一切提示しないものとする。

a)　技術提案の確認

競争参加者から技術提案の特徴や利点について概要説明を受け、施工上の課題認識や技術提案の不明点について質疑応答を行う。

b)　発注者からの改善要請

技術提案の内容に要求要件や施工条件を満たさない事項がある場合には、技術対話において提案者の意図を確認した上で必要に応じて改善を要請し、技術提案の再提出を求める。要求要件や施工条件を満たさない事項があり、その改善がなされない場合には、発注者は当該競争参加者の競争参加資格がないものとして取り扱うものとする。

また、新技術・新工法の実現性等を確認するための資料が不足している場合には、追加資料の提出を求める。

なお、技術提案の改善を求める場合には、同様の技術提案をした者が複数あるにも関わらず、特定の者だけに改善を求めるなど特定の者のみが有利となることのないようにすることが必要であることから、技術提案の改善を求める前に、あらかじめ各提案者に対し求める改善事項を整理し、公平性を保つよう努めるものとする。

c) **自発的な技術提案の改善**

発注者による改善要請だけでなく、競争参加者からの自発的な技術提案の改善を受け付けることとし、この旨を説明書等に明記する。

d) **見積りの提出要請（技術審査段階で参考額と見積額の乖離に伴う見直しを実施させる場合（表 4-4 参照））**

発注者は見積書、見積条件書及び設計数量の確認結果に基づき、必要に応じて数量総括表における工種体系の見直しや単価表等の提出を競争参加者に求める。

4) **文書による改善要請事項の提示**

発注者は技術対話時または技術対話の終了後、競争参加者に対し速やかに改善要請事項を書面で提示するものとする。

(2) 改善された技術提案の審査

優先交渉権者を選定するため、改善された技術提案を審査し、各競争参加者の技術評価点を算出する。

(3) 技術対話の省略

技術提案・交渉方式は、仕様の確定が困難な工事において、価格競争は行わず、主たる事業課題に対する提案能力等、前提条件の不確定要素の影響を受けにくい評価項目により優先交渉権者を選定するのが基本となる。そのため、技術提案・交渉方式では、工事の特性、評価項目等に応じて、技術提案の改善（技術対話）が必要ないと認められる場合には、技術対話を行わないことで手続を簡素化することも可能とする。

4.3.6 優先交渉権者の選定と技術協力業務の契約

(1) 優先交渉権者の選定と通知

技術提案内容を技術評価点の高い者から順位付けし、第１位の者を優先交渉権者とする。支出負担行為担当官又は分任支出負担行為担当官は、当該技術提案を提出した者に対して優先交渉権者に選定された旨を通知する。

また、支出負担行為担当官又は分任支出負担行為担当官は、次順位以降となった各競争参加者に対して、次順位以降の交渉権者として選定された旨と順位を通知する。

［説明書の記載例］

（　）優先交渉権者選定に関する事項

技術提案書を提出した者の中から、技術評価点が最上位であるものを優先交渉権者として選定する。優先交渉権者として選定した者には、書面により通知する。また、競争参加資格がないと認められた者に対しては、非選定とされた旨とその理由を、それ以外の者に対しては、交渉権者として選定された旨と順位を同じく書面により通知する。

(2) 技術協力業務の契約

優先交渉権者の選定後、技術協力業務について見積合せを実施した上で契約を締結するものとする。また、技術協力業務の契約にあわせて以下の協定も締結するものとする。なお、設計協力協定については、設計業務及び技術協力業務の仕様書へその内容を記載することで代替することも可能である。

・設計協力協定（対象：発注者、設計者、優先交渉権者）

・基本協定（対象：発注者、優先交渉権者）

なお、優先交渉権者は、技術協力業務の対象範囲外の設計業務に基づく工事に競争参加することができる。

4.4 設計協力協定書への記載と技術協力業務の実施

4.4.1 設計協力協定書への記載

発注者、設計者及び優先交渉権者で協力して優先交渉権者の施工技術に基づく設計を完成させるため、設計協力協定を三者間で締結するものとする。設計協力協定に明示する事項の例を以下に示す。なお、設計業務及び技術協力業務の仕様書へ本事項を記載することで代替することも可能である。

［設計協力協定書例］

令和○年○月○日

〇〇〇工事に関する設計協力協定書

「〇〇〇工事」に関して、〇〇〇〇（以下「発注者」という。）、〇〇〇〇（以下「設計者」という。）及び〇〇〇〇（以下「優先交渉権者」という。）は、以下のとおり設計協力協定を締結する。

（目的）

第１条　本協定は「〇〇〇工事」において、発注者、設計者及び優先交渉権者が協力して優先交渉権者の施工技術に基づく設計を完成させる上で必要な事項を定めることを目的とする。

（調整・協力）

第２条　本設計の実施に係る発注者、設計者及び優先交渉権者間の調整は、発注者が行う。

２　発注者が行う調整に対し、設計者及び優先交渉権者は、真摯に対応し、協力する。

（有効期限）

第３条　本協定は、本協定の締結の日から発注者及び設計者が締結している設計業務の委託契約の完了日まで有効とする。

（その他）

第４条　本協定書に定めのない事項については、必要に応じ発注者、設計者及び優先交渉権者が協議して定めるものとする。

4.4.2　設計業務及び技術協力業務の実施

(1)　実施体制

技術協力・施工タイプにおける設計業務及び技術協力業務の実施に当たっては図 4-6 の体制で行うものとする。技術協力・施工タイプは、発注者、優先交渉権者、設計者の三者がパートナーシップを組み、発注者が柱となり、三者が有する情報・知識・経験を融合させながら設計を進めていくものであることから、妥当性が説明できる限り、優先交渉権者独自の技術、体制、設備等を前提に仕様を決めることができる。

なお、技術協力・施工タイプを円滑に実施するためには、発注者が優先交渉権者の技術提案の適用可否、追加調査・協議・学識経験者への意見聴取等の要否を的確に判断し、設計者及び優先交渉権者に速やかに指示を出すことが重要となるため、技術協力・施工タイプにおいては発注者側に設計者及び優先交渉権者との調整能力が必要となる。また、発注者による的確な判断のためには、発注者、優先交渉権者、設計者の三者が、適用技術の仕様に限らず、適用上の課題、実績による裏付け、不確定要素、不測の事態への対応等に関する多様な情報を共有することが重要である。

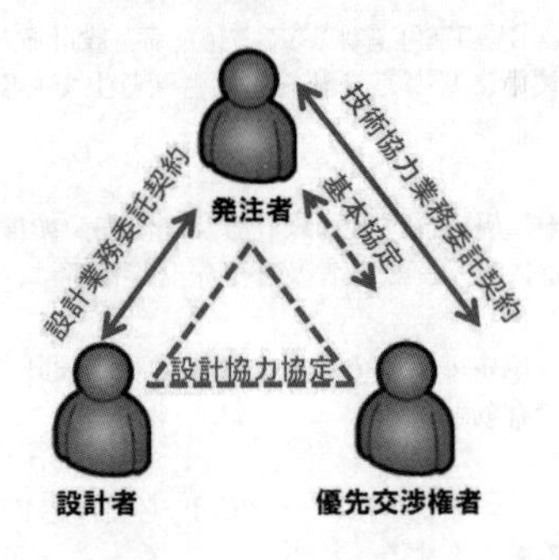

図 4-6　技術協力・施工タイプにおける設計業務の実施体制

(2)　設計業務及び技術協力業務の範囲

設計業務、技術協力業務、工事の範囲は、必ずしも同一である必要はなく、範囲の取り方の工夫により、優先交渉権者の知見の導入や、近隣の工事等との調整の効率化が期待できる場合は、工事の特性に応じて適切に設定するものとする。

【設計業務、技術協力業務、工事の範囲に関する工夫の例】

例１）熊本 57 号災害復旧二重峠トンネル工事
設　　計：トンネル部＋取付道路部
工　　事：トンネルを２工区に分割（阿蘇工区・大津工区）
技術協力：工事の範囲と同じ

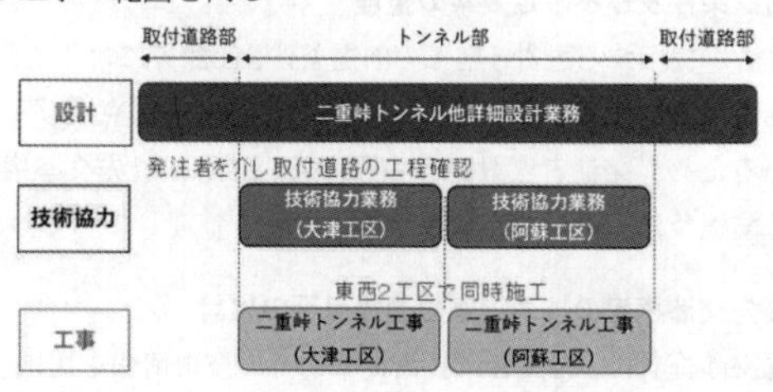

図 4-7　設計・技術協力・工事の範囲

例２）名塩道路城山トンネル工事
設　　計：トンネル、トンネルに近接する法面切土工事
工　　事：トンネル工事（前工事）、法面切土工事（後工事）に分割
技術協力：トンネル及び法面切土

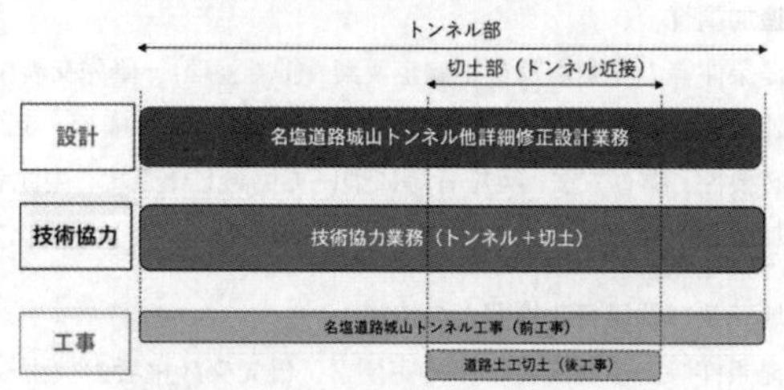

図 4-8　設計・技術協力・工事の範囲

例３）国道２号大樋橋西高架橋工事
設　　計：橋梁部、土工部（アプローチ）、取付道路部
工　　事：橋梁部、土工部（アプローチ）、取付道路部
技術協力：橋梁部、土工部（アプローチ）

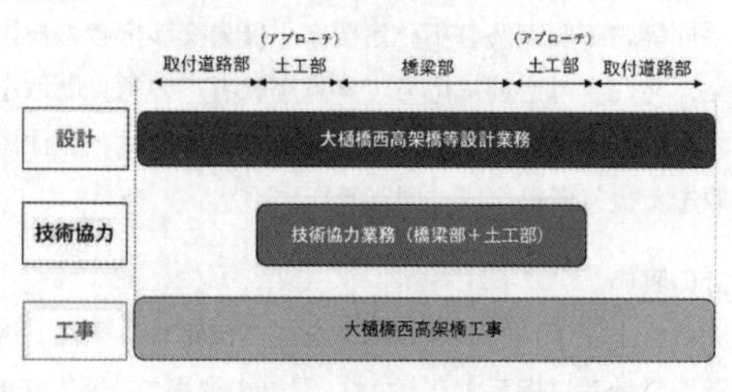

図 4-9　設計・技術協力・工事の範囲

(3) 設計業務及び技術協力業務の手順

設計業務及び技術協力業務の一般的な実施手順を以下に示す。なお、以下の①から⑨に示す内容は、全てが必須ではなく、工事の特性に応じて必要な内容を実施する。

① 前提条件及び不確定要素の整理

発注者が提示する設計・施工の前提条件、仕様等に対して、優先交渉権者は不明点や不確定要素を提示する。なお、前提条件等の不明点及び不確定要素の整理を円滑に進めるため、発注者と設計者の間においても、優先交渉権者による技術協力に先立ち、前提条件等の不明点及び不確定要素を整理しておくのがよい。

② 優先交渉権者の技術提案の適用可否の検討

優先交渉権者は、発注者に技術提案とその技術情報を提出する。発注者は、適用可能性がある技術提案とその技術情報を設計者に提供し、設計者が技術提案の内容の確認、設計に反映する上での課題の有無や内容の整理を行う。その後、発注者、優先交渉権者、設計者の三者で設計への適用の可能性や有効性、課題等について協議した上で、発注者の判断により、設計への反映を設計者に指示する。

③ 追加調査

前提条件等の不明点及び不確定要素（①で整理)、優先交渉権者の技術提案の適用上の課題（②で整理）等を踏まえ、発注者、優先交渉権者、設計者の三者で、追加調査の必要性、調査方法、実施者等について協議した上で、発注者の判断により、必要な追加調査を優先交渉権者、設計者に指示する。

④ 地元及び関係行政機関との協議

前提条件等の不明点及び不確定要素、優先交渉権者の技術提案の適用上の課題等を踏まえ、発注者は必要に応じて地元及び関係行政機関との協議を実施する。優先交渉権者及び設計者は、発注者から指示があった場合には、発注者が行う地元及び関係行政機関との協議を支援（資料作成、同行等）する。

⑤ 学識経験者への意見聴取

前提条件等の不明点及び不確定要素、優先交渉権者の技術提案の適用上の課題等を踏まえ、発注者は必要に応じて学識経験者への意見聴取を実施する。優先交渉権者及び設計者は、発注者から指示があった場合には、発注者が行う学識経験者への意見聴取を支援（資料作成、同行等）する。

⑥ 設計の実施

発注者は、上記①～⑤のプロセスを経て決定した条件、適用する技術提案を反映した設計を設計者に指示する。なお、設計の過程で、優先交渉権者及び設計者に追加提案、資料作成、検討を指示する場合がある。

⑦ 工事費用の管理

設計の進捗に応じて、発注者は、優先交渉権者に工事費用の見積作成を依頼する。工事費用の妥当性の確認には、上記①～⑥のプロセスで、前提条件等の不明点及び不確定要素への対処方針を明確にするとともに、積算基準、類似実績、特別調査結果（建設資材及び施工歩掛）と比較することが必要となる。主要な工種において、積算基準、類似実績、特別調査結果が適用できない特殊な技術が採用されている場合には、特殊な労務単価や資機材単価等について、施工中の歩掛調査により、その実態に応じて適正に精算することとする。

⑧ 事業工程の管理

優先交渉権者は、設計に基づく工事工程を作成し、設計者は工事工程と設計の整合性を確認する。発注者は、設計、価格等の交渉、工事等の工程を含めた全体事業工程を作成・管理する。

⑨ 三者間の協議

上記、①～⑧を円滑に進めるため、発注者、優先交渉権者、設計者からなる三者間の協議により、情報共有が常に適切に行われるとともに、発注者を柱に、三者間で共有された情報に基づき、発注者は、必要な判断、指示を速やかに行うことが重要である。

(4) 設計業務及び技術協力業務の役割分担

設計業務及び技術協力業務の実施における各者の役割分担を表 4-9 に示す。また、三者間の調整は打合せ・協議をもって行うこととする。

表 4-9 設計業務及び技術協力業務における役割分担

項目	発注者	優先交渉権者	設計者
前提条件及び不確定要素の整理	・前提条件等の不明点及び不確定要素の確認	・前提条件等の不明点及び不確定要素の提示	・前提条件等の不明点及び不確定要素の整理（資料作成）
優先交渉権者の技術提案の適用可否の検討	・技術提案の適用可否の判断及び設計者への指示	・技術提案に関する技術情報（機能・性能、適用条件、コスト情報等）の提出	・技術提案の内容の確認、設計に反映する上での課題の有無や内容の整理
追加調査	・追加調査の必要性の判断、優先交渉権者、設計者への指示 ・追加調査の実施※1	・追加調査の提案 ・追加調査の実施※2	・追加調査の提案 ・追加調査の実施※2
地元及び関係行政機関との協議	・地元及び関係行政機関との協議の必要性の判断、優先交渉権者、設計者への資料作成等の指示、協議の実施	・地元及び関係行政機関との協議支援（資料作成、同行等）※2	・地元及び関係行政機関との協議支援（資料作成、同行等）※2
学識経験者への意見聴取	・学識経験者への意見聴取の必要性の判断、優先交渉権者、設計者への資料作成等の指示、意見聴取の実施	・学識経験者への意見聴取の支援（資料作成、同行等）※2	・学識経験者への意見聴取の支援（資料作成、同行等）※2
設計の実施	・設計内容の確認 ・設計内容を踏まえた追加提案、検討の指示	・技術提案部分を含めた設計の確認・照査 ・設計の課題整理及び改善に向けた追加提案、資料作成、検討 ・施工計画の作成	・指示された技術提案内容の設計への反映 ・設計の課題整理及び改善に向けた追加提案、資料作成、検討 ・設計計算、設計図作成、数量計算等の実施 ・施工計画と設計の整合性確認
工事費用の管理	・設計の進捗に応じた優先交渉権者への見積依頼 ・見積りの検証（見積根拠の妥当性確認、積算基準との比較等） ・全体工事費の確認※3 ・施工中の歩掛調査の必要性判断	・見積り・見積条件・根拠の作成 ・全体工事費の算定※3	・見積条件と設計の整合性確認 ・見積り、全体工事費の把握
事業工程の管理	・設計、価格等の交渉、工事等の工程を含めた全体事業工程の作成・管理	・設計に基づく工事工程の作成	・工事工程と設計の整合性確認
三者間の協議	・打合せ・協議の開催準備	・打合せ・協議への参加、必要資料作成	・打合せ・協議への参加、必要資料作成

※1 発注者が設計業務、技術協力業務とは別に発注する場合
※2 発注者から指示があった場合
※3 全体工事費の算定における具体的な方法や精度については設計の進捗状況とともに見直しを行う。

(5) 設計業務及び技術協力業務における留意点

設計業務及び技術協力業務において、優先交渉権者の保有設備の事情による取付金具の位置等の軽微な変更に至るまで、発注者を介して設計者に指示し、設計に反映していくと発注者、設計者の負担が大きくなる。工事費用に影響を与えない軽微な事項については、発注者、優先交渉権者、設計者が協議の上、通常の設計・施工分離発注の場合と同様に、施工に関する承諾事項として書面で同意し、設計業務において、設計者が当該箇所にかかる設計の修正を実施するのではなく、後に優先交渉権者（施工者）が修正することにより、設計業務及び技術協力業務を効率的に進めるよう留意が必要である。

(6) 優先交渉権者の技術提案の設計への反映手順と責任

優先交渉権者が発注者に提出した技術提案とその技術情報は、発注者から設計者に提供され、設計者がその内容の確認と評価を行い、その後、発注者、設計者及び優先交渉権者の三者で設計への適用の可能性や有効性、課題等について協議した上で、発注者の判断により、設計への反映を設計者に指示するものとする。

なお、優先交渉権者が提出した技術提案又はその技術情報に瑕疵があった場合は、その瑕疵が原因となり発生した設計の瑕疵については一義的に優先交渉権者が責任を負うものとし、技術提案又はその技術情報の設計への反映に瑕疵があった場合は、設計者が責任を負うものとする。

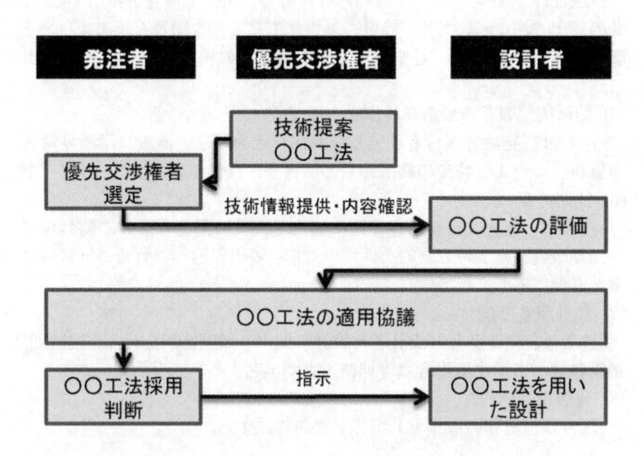

図 4-10　優先交渉権者から提出された技術提案の設計への反映手順

4.4.3 技術協力業務の契約図書

技術協力業務の契約書については「土木設計業務等委託契約書」[iii]を用いることとする。また、仕様書の業務内容についてその記載例を以下に示す。

［仕様書における業務内容の記載例］

○．業務の内容

(1) 設計の確認

受注者は、設計者が行う設計の内容に対して技術提案が適切に反映されていることを確認する。また、技術提案以外の部分を含めて施工性の観点から設計の内容の確認を行う。設計の内容について疑義がある場合は、調査職員に報告し指示を受けるものとする。

(2) 施工計画の作成

受注者は、設計者が行う設計の内容に応じた工事工程表、施工順序、施工方法、資材・部材の搬入計画等、工事の実施に当たって必要な計画を記載した施工計画を作成するものとする。

(3) 技術情報等の提出

受注者は、発注者から実施することが認められなかった技術提案を除き、技術提案の適用判断及び設計への反映の際に必要となる、技術提案に関する機能・性能、適用条件等の技術情報、見積り、見積根拠等を提出するものとする。

(4) 全体工事費の算出

受注者は、設計者が行う設計の内容に応じた全体工事費を算出する。なお、全体工事費の算出方法については、設計の進捗に応じて調査職員と協議を行うとともに、調査職員の指示に基づき、必要となる工事費算出の根拠となる資料を提出するものとする。

(5) 関係機関等との協議資料作成支援

受注者は、発注者が行う地元及び関係行政機関との協議、学識経験者への意見聴取の資料について、施工の観点からの助言や、技術情報の提供により支援を行う。

(6) 技術提案

受注者は、優先交渉権者選定時に提出した技術提案の内容に関わらず、コスト縮減や工期短縮、施工時の制約条件への対応、周辺環境への負荷の低減等に有効な技術提案を必要に応じて行う。

(7) 設計調整協議

受注者は、発注者及び設計者と設計に関する調整協議を行う。協議回数は○回とし、調査職員が指示する場合は管理技術者が出席するものとする。

(8) 報告書の作成

受注者は、業務の成果として報告書を作成する。

[iii] 土木工事の例示である。

4.4.4 設計業務の設計図書等

(1) 設計図書

設計業務については、選定された優先交渉権者の技術提案内容に応じて特記仕様書及び契約額の変更を実施するものとする。また、当初の特記仕様書に、変更を予定していることを明記しておくものとする。

［特記仕様書の記載例］

○．優先交渉権者の技術提案内容の確認及び反映

本業務は、技術提案・交渉方式の適用業務であり、発注者が別途選定する工事の優先交渉権者の技術提案内容の確認及び評価を行い、発注者の指示に基づき設計に反映するものである。このため、以下の業務の実施を予定しており、優先交渉権者の選定後に技術提案内容に応じて調査職員と具体的な業務内容及び契約額の変更に関する協議を実施するものとする。

(1) 優先交渉権者の技術提案の確認及び評価

受注者は、発注者が提供する優先交渉権者の技術提案、技術情報等について構造性・施工性・維持管理性・経済性等の観点から確認及び評価を行う。また、優先交渉権者の技術提案、技術情報等に疑義がある場合や不足資料がある場合は、調査職員に報告し指示を受けるものとする。

(2) 優先交渉権者の技術提案の反映

受注者は、調査職員の指示に基づき、優先交渉権者の技術提案、技術情報等を設計に反映する。

(3) 施工計画の確認

受注者は、発注者が提供する優先交渉権者の施工計画について、設計との整合性の確認を行う。また、優先交渉権者の施工計画に疑義がある場合や不足資料がある場合は、調査職員に報告し指示を受けるものとする。

(4) 設計調整協議

受注者は、発注者及び優先交渉権者と設計に関する調整協議を行う。協議回数は○回とし、調査職員が指示する場合は管理技術者が出席するものとする。

(2) 予定価格

当初の予定価格は、設計業務等標準積算基準書に準じて作成することとするが、施工計画の検討については優先交渉権者が実施することとなるため、特記仕様書及び予定価格を作成する際の積算対象からは除外しておくものとする。

(3) 設計業務の発注

設計業務の発注に当たっては、当該業務が技術提案・交渉方式の適用業務であること及び発注者が別途契約する工事の優先交渉権者の技術提案、技術情報等を、発注者の指示に基づき設計に反映する業務内容を含むものであることを、説明書に明示する。また、設計者の選定は、プロポーザル方式を適用することを基本とする。

[説明書の記載例]

本業務は、発注者が別途契約する工事の優先交渉権者の技術提案、技術情報等を、発注者の指示に基づき設計に反映させる技術提案・交渉方式の適用業務である。

4.5 価格等の交渉と基本協定書への記載

4.5.1 見積書等の提出

技術協力・施工タイプは、技術提案に基づき選定された優先交渉権者と技術協力業務の契約を締結し、別の契約に基づき実施している設計に技術提案内容を反映させながら価格等の交渉を行い交渉が成立した場合に施工の契約を締結するものである。そのため、発注者は、見積書、見積条件書（表 4-10 参照）等の費用に関する資料については、本項に関わらず、技術協力業務において優先交渉権者から適宜提出させ、発注者において評価及び協議を実施し、参考額又は予定事業規模との間に、交渉成立前の最終見積り段階で大幅な乖離が顕在化することを防止するものとする。

表 4-10 見積条件書の記載例

見積条件		備考
気象・海象	施工期間：○月～○月 □□作業：出水期も実施可 足場設置：出水期は不可	提示資料、関係機関協議結果より設定
支持地盤	支持層の深さ：20m	ボーリングデータより設定 （提示資料、追加調査結果） 近隣工事へのヒアリング結果より設定
	礫形：30mm	
	地下水位：○mm	
	ヒ素：近隣工事で出現例有	
環境（自然）	猛禽類：○月は施工不可、上空制限高さ○m以下	提示された資料より設定 （影響に配慮し、十分安全側の工程、工法を採用。ただし、営巣の確認等、追加の規制条件を付される場合は、監督職員と協議する。）
	工事排水 pH 値：8.5 以下、pH 値：7.0(上限値)	中性である pH 値 7.0 を上限値として設定
	SS 値：25mg/L 以下（生活環境の保全に関する環境基準　河川 AA 類型） SS 値：15mg/L(上限値)	提示された資料により設定 当該工事期間(12 月～3 月)と同じ月の過去 3 カ年の平均測定値を上限として設定
	アスファルト再生材使用量：320t 超	提示された資料により設定
地中障害物	地下鉄○○線	提示された図面より設定
地元協議	○時～○時まで施工不可 □□作業：終日実施可	提示された図面より設定提示資料、関係機関協議結果より設定
	騒音：○○dB(A)以下	提示された資料により設定
関係機関協議	橋梁支間割：○○とする 構造物位置・寸法：○○とする	提示資料、関係機関協議結果より設定
	架空線：○○までに移設 □□工法とする	提示図面、関係機関協議結果より設定 （移設が遅延する可能性を排除できず、移設遅延の影響を受けにくい工法、工程を採用）
	占用物：○○までに移設 工程を□□とする	
	交通規制：○時～○時まで車線規制不可 □□架設工法とする	提示資料、関係機関協議結果より設定 （追加の規制条件を付された場合は、監督職員と協議する。）
作業用道路・ヤード	作業用道路：○○とする ヤード：○○とする	提示資料、関係機関協議結果より設定 （近隣工事の遅延等により、作業用道路・ヤードに影響が及ぶ場合は、監督職員と協議する。）

見積条件		備考
用地の契約状況	○年○月より使用可能 工程を□□とする	提示された資料により設定 （影響を受けにくい工法、工程を採用。期限までに用地が使用できず、工事に影響が及ぶ場合は、監督職員と協議する。）
処分場	処分場：○○とする	提示資料、ヒアリング結果より設定 （ヒ素等が発生した場合でも受入可能）
その他	切羽前方の地質調査： ○○を使用	施工者提案より設定
	不可視部分の非破壊検査： ○○を使用	施工者提案より設定 （健全度が確認できない部材は機能しないものとして設計。監督職員と協議の上、交換部材数に応じて精算する。）
	損傷を考慮した解析 ○○を使用	施工者提案より設定
	構造物常時モニタリング： ○○を使用	施工者提案より設定

4.5.2 契約額の変更の考え方（リスク分担）

本タイプでは工事価格を決定する前に、技術協力業務を実施することにより、詳細な設計条件及び施工条件を価格とともに交渉し、不確定要因の境界についても発注者と優先交渉権者間で共通認識を得ることとなる。また、これら不確定要因に関する共通認識を表 4-10 のような見積条件書として明確にし、特記仕様書等の契約図書に具体的に反映することができる。契約図書に示された設計・施工条件と実際の工事現場の状態が一致しない場合等において、必要と認められるときは、適切に契約図書の変更及び請負代金の額や工期の適切な変更を行う。

4.5.3 技術提案を踏まえた調査、協議

技術提案・交渉方式の技術協力・施工タイプでは、技術協力業務の段階において、優先交渉権者からの技術提案を踏まえた仕様の確定にあたり、必要な調査や協議を実施する。

4.5.4 発注者における事前準備

優先交渉権者から提出された技術提案、見積書及び見積条件書に関して、価格等の交渉に向けて以下のような観点等からその内容確認を行う。

- 見積条件書で設計や施工計画等の前提として設定されている条件のうち、見直しの検討が必要なものを抽出する。
- 積算基準、特別調査結果（建設資材及び施工歩掛)、過去の類似工種における施工効率等と見積書との比較で、乖離の大きな工種等を抽出する。

4.5.5 価格等の交渉の実施

事前の準備に基づいて、見積条件の見直し、見積額の変更等の交渉を以下のとおり実施する。

- 参考額又は予定事業規模と見積額との間に著しい乖離があり、その内容の妥当性が認められない場合など、見積条件を見直す必要がある場合は、当該条件の見直しに関して交渉を行い、合意条件を確認する。
- 積算基準等から乖離のある工種について乖離の理由及び見積りの根拠の妥当性の確認を行う。見積りの根拠に関しては、優先交渉権者から同一工種の工事実績での資機材の支払伝票、日報、出面等の資料の提示を受けることが考えられる。
- 主要な工種に関して、積算基準、特別調査結果（建設資材及び施工歩掛)、類似実績等、優先交渉権者の見積りの妥当性を確認できる情報が価格等の交渉の段階には存在しないものの、発注者が必要と認めた場合に施工中の歩掛調査を行い、歩掛の実態と施工者の見積りとに乖離がある場合、歩掛の実態に応じて工事費用を精算する。

また、価格等の交渉を経ても、参考額又は予定事業規模と見積額の乖離が残り、その内容の妥当性や必要性が認められない場合は、交渉を不成立とし、優先交渉権者を契約の相手方としないこととする。

なお、契約後に、価格等の交渉時に合意した見積条件が、実際の条件と異なることが判明した場合には、実際の条件に合わせて契約額の変更を行うことに留意する。

4.5.6 価格等の交渉の成立

技術提案・交渉方式は、価格競争のプロセスがなく、技術提案に基づき選定された優先交渉権者と仕様・価格等を交渉し、交渉が成立した場合に契約を結ぶ方式であるため、価格等の交渉の成立については、発注者としての説明責任を有していることに留意し、成立条件を含めて学識経験者への意見聴取結果を踏まえて決定する。

交渉の成立条件は、以下のような条件を満たしているものとする。

- 参考額又は予定事業規模と見積りの総額が著しく乖離していない。また、乖離している場合もその内容の妥当性や必要性が認められる。
- 各工種の直接工事費が積算基準や特別調査結果（建設資材及び施工歩掛）、類似実績等と著しく乖離していない。また、乖離している場合でもその根拠として信頼性のある資料の提示がある。

優先交渉権者との交渉が成立した場合、次順位以降の交渉権者に対し、その理由を付して非特定の通知を行う。

［説明書の記載例］
（ ）非特定通知
優先交渉権者との交渉が成立した場合は、それ以外の交渉権者に対して非特定となった旨とその理由を書面により通知する。

なお、特定通知から見積合せの間に優先交渉権者が辞退する場合や、見積合せで不調となる場合を考慮し、見積合せ後に非特定通知を実施することも可能である。

4.5.7 予定価格の作成

技術提案・交渉方式は、価格競争のプロセスがなく、技術提案に基づき選定された優先交渉権者と仕様・価格等を交渉し、交渉が成立した場合に契約を結ぶ方式であるため、予定価格については発注者としての説明責任を有していることに留意し、価格等の交渉の過程における学識経験者への意見聴取結果を踏まえて定める。

(1) 設計数量等の確認

価格等の交渉を通じて合意した技術提案を実施するために必要となる設計数量等（数量総括表、内訳書、単価表等の内容）について確認を行う。積算基準類に該当する歩掛や単価がない工種等に関しては、価格等の交渉の合意内容に基づくものとする。

(2) 予定価格の算定

設計数量等の確認の結果を踏まえ、次に掲げる積算基準類[iv]により予定価格を算定する。

- 土木請負工事工事費積算要領
- 土木請負工事工事費積算基準
- 土木工事標準歩掛
- 請負工事機械経費積算要領
- 共通仮設費算定基準　等

[iv] 土木工事の例示である。

A. 歩掛

歩掛については、標準歩掛を使用する。

ただし、標準歩掛が無い場合や標準的な施工でない場合は、特別調査の歩掛や価格等の交渉の合意内容に基づくものとする。

B. 設計単価

設計単価（労務単価、資材単価、機械経費）については、積算基準類により設定する。

ただし、積算基準類に定めのない設計単価については、価格等の交渉の合意内容に基づくものとする。

［説明書の記載例］

（ ）価格等の交渉

1 優先交渉権者選定の後、優先交渉権者に対し工事費の内訳が確認できる工事費内訳書を付した見積書及び見積条件書（以下「見積書等」という。）の提出方法等を通知する。

2 優先交渉権者は、見積書等を作成し、指定の方法により提出する。

3 優先交渉権者は、見積書等の内容について価格等の交渉を行い、見積条件等を見直す必要がある場合には見直しを行う。

4 前項により価格等の交渉が成立した場合は、優先交渉権者は、その内容に基づき、第2項と同じ方法により交渉結果を踏まえた見積書等を提出する。

5 積算基準類に設定の無い工種等の見積りについて、機労材別で内訳を提出せず、一式にて価格等の交渉が成立した場合は、その工種等については工事請負契約書第25条に基づく請求の対象外とする。

6 見積合せの結果、最終的な見積書等の工事金額が予定価格を下回った場合は、工事請負契約を締結する。

7 第3項に基づく価格等の交渉の結果、合意に至らなかった場合は、価格等の交渉の不成立が確定するものとする。

4.5.8 交渉不成立時の対応

(1) 手続

優先交渉権者との価格等の交渉を不成立とした場合には、優先交渉権者にその理由を付して非特定の通知を行うとともに、技術評価点の次順位の交渉権者に対して優先交渉権者となった旨を通知する。次順位の交渉権者に対しては価格等の交渉の意思の有無を確認した上で、技術提案を反映した設計を改めて実施するものとする。

なお、価格等の交渉に期間を要することにより、工事着手時期が大きく変動することが見込まれる場合には、適宜工期の見直しを行い、価格等の交渉に当たっての前提条件とするものとする。

［説明書の記載例］

（ ）価格等の交渉の不成立

1 優先交渉権者との価格等の交渉が不成立となった場合、非特定となった旨とその理由を書面により通知する。

2 優先交渉権者は、価格等の交渉において知り得た情報を秘密情報として保持するとともに、かかる秘密情報を第三者に開示してはならない。
3 優先交渉権者との価格等の交渉が不成立となった場合は、第（　）条第（　）項の技術評価点が次順位の交渉権者に対して優先交渉権者となった旨を書面により通知し、価格等の交渉の意思を確認した上で技術協力業務委託契約の締結及び価格等の交渉を行う。

(2) 当初の優先交渉権者の技術協力及び報告書を反映した設計成果の扱い

当初の優先交渉権者との価格等の交渉を不成立とした場合も、成立した場合と同様に、技術協力業務の報告書の完成検査及び支払いを行うものとする。また、次順位の交渉権者による技術協力の実施及び次順位の交渉権者の技術協力を踏まえた設計の実施に当たっては、当初の優先交渉権者との技術協力業務の契約書に基づき発注者が著作権の譲渡を受けることにより、必要に応じて当初の優先交渉権者の技術協力及び報告書を反映した設計成果を参考とすることができるものとする。

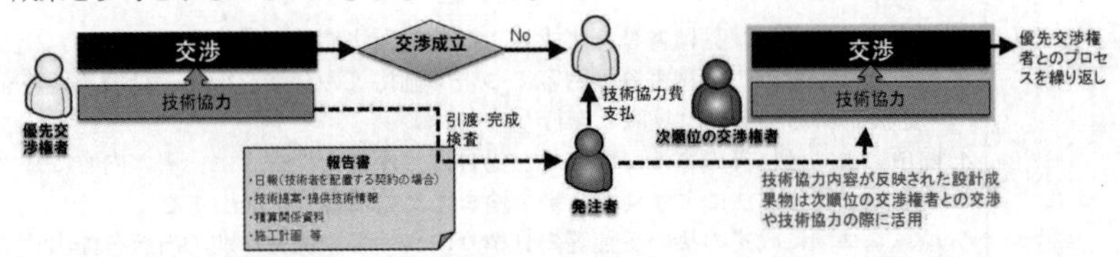

図 4-11　交渉不成立時の技術協力業務の扱い

なお、設計成果に当初の優先交渉権者の特許権、実用新案権、意匠権、商標権その他の日本国の法令の定めにより保護される第三者の権利（以下「特許権等」という。）が含まれ、当該特許権等を使用する場合、次順位の交渉権者は当初の優先交渉権者に対して特許権等の使用の許諾を申請し許可を受けるとともに、見積りに当該特許権等の許諾料等を含めるものとする。また、次順位の交渉権者との価格等の交渉が成立し、工事の契約が締結された場合、次順位の交渉権者は当初の優先交渉権者に当該特許権等の許諾料の支払いを行うものとする。

民間企業からの技術提案自体が提案者の知的財産であることに鑑み、技術協力業務の結果、優先交渉権者の提案内容が反映された設計業務の成果物について、情報公開における非開示部分を確認し、明確にしておく必要がある。

4.5.9 基本協定書への記載

発注者及び優先交渉権者間で技術協力業務の契約を締結するに当たり、設計業務及び技術協力業務完了後の工事の契約に向けた価格等の交渉等に関する基本協定を両者間で締結するものとする。基本協定に明示する事項の例を以下に示す。

［基本協定書例］

令和○年○月○日

○○○工事に関する基本協定書

「○○○工事」に関して、○○○○（以下「発注者」という。）及び○○○○（以下「優先交渉権者」という。）は、以下のとおり基本協定を締結する。

（目的）

第1条　本協定は○○○工事について、発注者が実施した技術提案の公募手続（以下「本公募手続」という。）において、優先交渉権者の技術提案を選定したことを確認し、発注者と優先交渉権者による工事の請負契約（以下「本工事請負契約」という。）の締結に向けて、当事者が果たすべき義務その他の必要な事項を定めることを目的とする。

（当事者の義務）

第2条　発注者及び優先交渉権者は、本協定にかかる一切を、信義に従い誠実に行う。

2　発注者及び優先交渉権者は、本協定の締結の日から本工事請負契約の締結の日又は価格等の交渉の不成立が確定する日までの間、本協定を履行する。

（技術協力等）

第3条　優先交渉権者は、発注者が別途反対の意思表示を行う場合を除き、本工事請負契約に関する設計期間において、本工事請負契約の締結に向けて、発注者が別途発注した設計業務の受注者（以下「設計者」という。）が行う設計に対する技術協力業務を実施するため、本公募手続に係る技術協力業務委託契約（以下「本技術協力業務委託契約」という。）を発注者との間で締結する。

2　発注者及び優先交渉権者は、設計者を含む三者との間で、○○工事の設計業務に関する協議を行うため、本公募手続に係る設計協力協定を締結する。

3　優先交渉権者は、発注者が行う調整に対して真摯に対応し、協力する。

4　発注者は、優先交渉権者が行う技術協力業務に必要な情報を可能な限り提示する。

（有効期間）

第4条　本協定は、本協定の締結の日から本工事請負契約が締結された日まで、又は、価格等の交渉の不成立が確定する日まで有効とする。ただし第 7 条から第 10 条までの規定は、本協定の有効期間終了後も有効とする。

（価格等の交渉）

第5条　価格等の交渉とは、発注者及び受注者が、第3条に規定する技術協力業務を踏まえて作成する設計の内容や成果物に基づき、工事費の見積りの内容その他の本工事請負契約の締結に必要な条件等について協議し、合意を目指すプロセスである。

2　優先交渉権者は、設計の進捗に応じて全体工事費を算出し、本技術協力業務委託契約の初期段階、中間段階、その他発注者が必要と認めた時期に、全体工事費を記載した全体工事費調書及びその算出の根拠となった資料（以下、「全体工事費調書」という。）を発注者に提出する。

3　優先交渉権者は、設計者から引渡しを受けた設計成果物を基に、工事費の内訳書を付した参考見積書及びその見積条件を記載した資料（以下「参考見積書等」という。）を作成し、発注者に提出する。

4　発注者は、優先交渉権者に対し、前二項の規定により、全体工事費調書等及び参考見積書等の提出を求めるに当たっては、その旨を書面にて事前に通知する。

5　発注者及び優先交渉権者は、設計業務に関する協議の過程で確認された事項や設計の内容や成果物等に基づき価格等の交渉を行う。この場合において、参考額と全体工事費や参考見積書の見積額との間に著しい乖離があり、その内容の妥当性が認められない場合など、見積条件等を見直す必要がある場合には、それぞれ見直しを行う。

6　前項の規定により見直しを行った場合は、優先交渉権者は、交渉の結果を踏まえた参考見積書等を提出し、改めて前項に基づく交渉を行う。

7　前２項に基づく交渉の結果、参考額と参考見積書の見積額が著しく乖離していない場合又は乖離しているがその内容の妥当性や必要性が認められる場合、かつ、各工種の直接工事費が積算基準や特別調査結果等と著しく乖離していない場合又は乖離しているがその根拠として信頼性のある資料の提示がある場合その他本工事請負契約の締結に必要な条件等に照らして問題がない場合は、価格等の交渉が成立するものとする。

8　第５項及び第６項に基づく交渉の結果、前項の成立に至らなかった場合は、価格等の交渉を不成立とする。

（契約手続等）

第6条　優先交渉権者は、前条第７項により価格等の交渉が成立した場合、その内容に基づき、交渉結果を踏まえた参考見積書等を提出する。

2　発注者は、前項の参考見積書等で示された見積条件等を基に予定価格を定める。

3　積算基準類に設定の無い工種等の見積りについて、機労材別で内訳を提出せず、一式にて価格等の交渉が成立した場合は、その工種等については本工事請負契約書第２５条に基づく請求の対象外とする。

4　優先交渉権者は前条第３項と同じ方法により見積書を提出し、発注者と見積合せを行う。

5　発注者及び優先交渉権者は、前項の見積合せの結果、見積書の工事金額が予定価格を下回った場合は、本工事請負契約を締結する。

（価格等の交渉の不成立）

第7条　発注者は、第５条第８項により価格等の交渉が不成立となった場合、発注者は、非特定となった旨とその理由を書面により通知する。

2　前項に規定する場合、本協定の履行に関し既に支出した費用については各自の負担とし、第8条から第12条までの規定に基づくものを除き相互に債権債務関係の生じないことを確認する。

（権利義務の譲渡等）

第8条　優先交渉権者は、発注者の事前の承諾を得た場合を除き、本協定上の地位並びに本協定に基づく権利義務を第三者に譲渡し若しくは承継させ、又は担保に供することその他一切の処分を行わない。

（秘密保持等）

第9条　優先交渉権者は、本協定に関連して発注者から知り得た情報を秘密情報として保持するとともに、かかる秘密情報を本協定の履行以外の目的に使用し、又は発注者の承諾なしに第三者に開示してはならない。

（協定内容の変更）

第10条　本協定書に規定する各事項は、発注者及び優先交渉権者の書面による同意がなければ変更することはできない。
（準拠法及び管轄裁判所）
第 11 条　本協定は、日本国の法令に従い解釈されるものとし、また、本協定に関して生じた当事者間の紛争について、○○地方裁判所を第一審の専属的合意管轄裁判所とすることに合意する。
（その他）
第 12 条　本協定書に定めのない事項又は本協定に関し疑義が生じた場合は、発注者と優先交渉権者が協議して定めるものとする。

本協定の締結を証するため、本協定書を２通作成し、当事者記名押印の上、各自１通を保有する。

4.6　工事の契約図書への記載

技術提案・交渉方式の技術協力・施工タイプを適用する場合、優先交渉権者による技術提案について、価格等の交渉を経て、最終的に決定した仕様、発注者と受注者の責任分担とその内容を明確にし、特記仕様書等の設計図書に具体的に記載する。

5.　「設計交渉・施工タイプ」の適用

5.1　契約形態と手続フロー

5.1.1　契約形態

「発注者が最適な仕様を設定できない工事」において、公示段階での仕様の前提となる条件の確定状況から、技術提案内容に応じた地質調査や関係機関協議等を踏まえた設計が必要となる場合や、「仕様の前提となる条件の確定が困難な工事」において、設計の品質の確保又は効率的な設計には技術提案を行った施工者による設計が必要となる場合等、設計交渉・施工タイプを選定する場合の契約形態は図 5-1 のとおりである。

技術提案に基づき選定された優先交渉権者と設計業務の契約を締結し、設計の過程で価格等の交渉を行い、交渉が成立した場合に施工の契約を締結する。

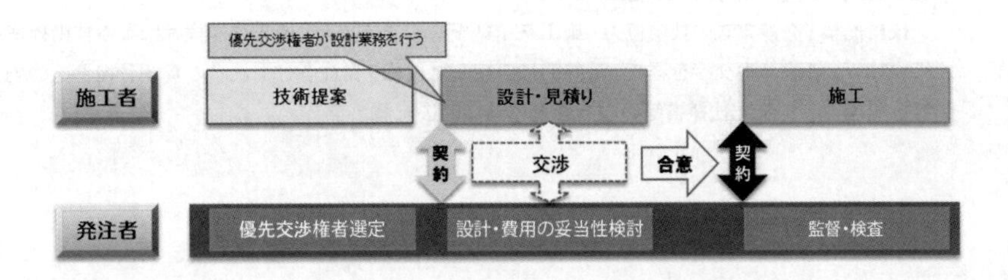

図 5-1　設計交渉・施工タイプにおける契約形態

説明書には技術提案・交渉方式の設計交渉・施工タイプの適用工事であることを記載する。説明書の記載例を以下に示す。

> [説明書の記載例]
> （ ）工事概要
> 本工事は、公共工事の品質確保の促進に関する法律第 18 条に規定する「技術提案の審査及び価格等の交渉による方式」(以下「技術提案・交渉方式」という。) の設計交渉・施工タイプの対象工事であり、優先交渉権者として選定された者と設計業務の契約を締結した後、発注者と優先交渉権者との間で締結される基本協定に基づき価格等の交渉を実施し、交渉が成立した場合には工事の契約を締結する。

設計交渉・施工タイプでは、契約の内容が設計段階、価格等の交渉段階及び施工段階において異なる。設計段階では優先交渉権者と設計業務の契約を締結する。優先交渉権者とは設計業務の契約と同時に、工事の契約に至るまでの手続に関する協定 (以下「基本協定」という。) を締結し、円滑に価格等の交渉を行うものとする。

価格等の交渉段階では、基本協定に基づき交渉を実施し、交渉が成立した場合には見積合せを実施した上で、優先交渉権者と工事の契約を締結するものとする。また、価格等の交渉不成立時の手続についても基本協定に基づき実施するものとする。

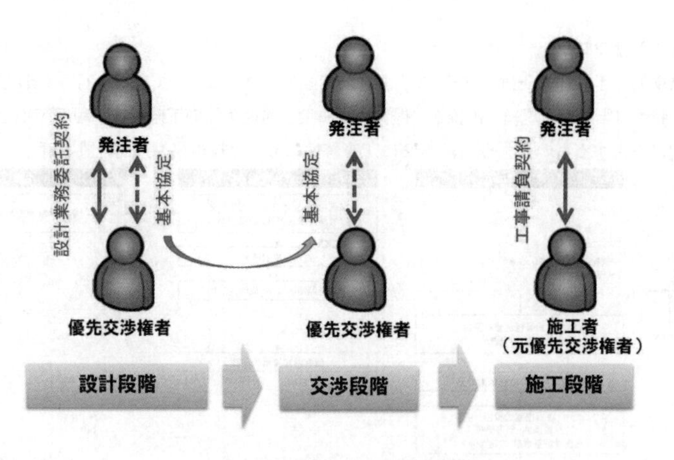

図 5-2　各段階における契約形態

表 5-1　契約・協定の種類と内容

契約・協定の種類	概要
設計業務委託契約	設計業務に関する優先交渉権者との契約
基本協定	工事の契約に至るまでの交渉手続や交渉不成立時の手続に関する優先交渉権者との協定
工事請負契約	交渉成立後の工事に関する優先交渉権者との契約

5.1.2　設計業務の開始時期

設計交渉・施工タイプは、発注者と施工者の二者で設計を行うため、施工者が実施する設計に対し、発注者は、仕様、価格の妥当性を的確に判断し、施工者に適切な指示を行うことが必要となる。そのため、当該工事の公示前に、必要な設計・施工条件の設定、交渉における比較参考資料等を作成するための調査・検討を実施し、調査・検討の実施状況を踏まえ、設計業務の調達時期を検討する。

5.1.3　設計業務の実施期間

設計の品質確保の観点から、設計業務は、事業の緊急度に配慮しつつも、設計の複雑さ、規模、適用される技術の難易度等に応じて、十分な期間を確保することが必要である。条件によっては、複数年度にわたる手続フローを検討する。

5.1.4 手続フロー

標準的な手続フローは図 5-3 に示すとおりとし、これに沿って手続を行うものとする。工事の特性（緊急度、規模、複雑さ、提案の自由度、前提条件の不確実性の程度等）を踏まえて適切に設定するものとする。表 5-2 に工事特性に応じた技術協力期間の設定例を示す。

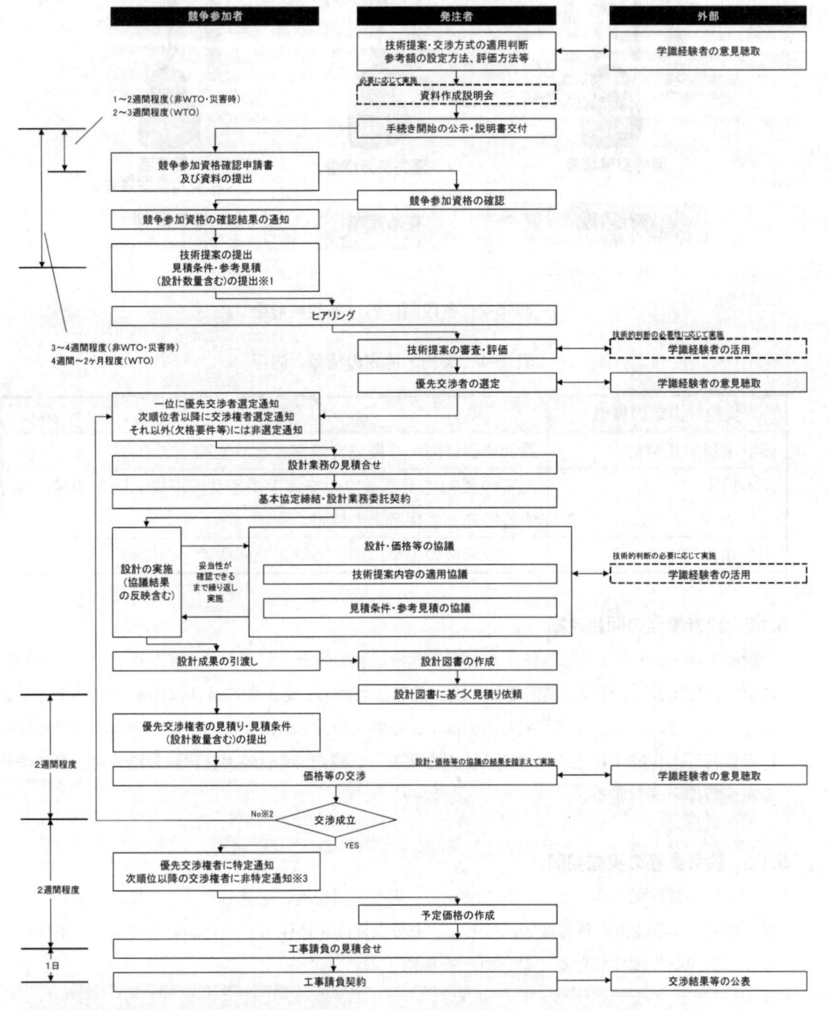

※1:「発注者が最適な仕様を設定できない工事」において、技術審査段階で参考額と見積額の乖離に伴う見直しを実施させる場合。

※2: 次順位者を優先交渉権者として、価格等の交渉を実施。

※3: 特定通知から見積合せまでの間に優先交渉権者が辞退する場合や、見積合せで不調となる場合を考慮し、見積合せ後に非特定通知を実施することも可能。ただし、その場合は非特定通知から契約まで10日(非WTOは5日)をおかなければならない。

図 5-3 手続フロー

表 5-2 工事特性に応じた設計期間の設定例

工事特性					設計期間※2
条件	種類	緊急度	提案の自由度	適用技術の実績※1	の設定例
平常時	新設	標準：十分な設計期間を確保できる	高：構造形式、工法等の変更を伴う	限定的	12ヶ月程度又は12ヶ月以上
				十分ある	6～12ヶ月程度
			低：確実な施工のための照査、不確定要素への対処が中心	限定的	6～12ヶ月程度
				十分ある	5～8ヶ月程度
		高：早期供用が求められる	高：構造形式、工法等の変更を伴う	ある	6～12ヶ月程度
				十分ある	5～8ヶ月程度
			低：確実な施工のための照査、不確定要素への対処が中心	ある	6ヶ月程度
				十分ある	4～6ヶ月程度
	既設（修繕）	標準：十分な設計期間を確保できる	高：不可視部等の不確定要素が多い、高度な工法を適用	限定的	6～12ヶ月程度
				十分ある	5～8ヶ月程度
			低：確実な施工のための照査、不確定要素への対処が中心	限定的	5～8ヶ月程度
				十分ある	4～6ヶ月程度
		高：早期供用が求められる	高：不可視部等の不確定要素が多い、高度な工法を適用	ある	6～12ヶ月程度
				十分ある	5～8ヶ月程度
			低：確実な施工のための照査、不確定要素への対処が中心	ある	4～6ヶ月程度
				十分ある	3～6ヶ月程度
災害時	新設（代替ルート）	早期供用が必要	高：調査・設計が進んでいない、高度な工法を適用	ある	6～12ヶ月程度
				十分ある	5～8ヶ月程度
			低：確実な施工のための不確定要素への対処が中心	ある	5～8ヶ月程度
				十分ある	3～6ヶ月程度
	既設（修繕）		高：調査・設計が進んでいない、高度な工法を適用	ある	6～12ヶ月程度
				十分ある	5～8ヶ月程度
			低：確実な施工のための不確定要素への対処が中心	ある	5～8ヶ月程度
				十分ある	3～6ヶ月程度

※1 適用技術の実績

限定的：異なる現場条件での実績しかない等の理由により、技術検証（試験施工、模型実験、数値解析、学識者への意見聴取等）が必要

ある：類似の現場条件での実績があるものの、追加調査（数値解析、学識者への意見聴取等）が必要

十分ある：類似の現場条件での実績が複数例ある

※2 設計期間：設計業務の履行期間（工期）とする

5.2 参考額

技術提案・交渉方式では、仕様の確定が困難な工事において、競争参加者に技術提案を求め、技術提案と価格等の交渉を踏まえ仕様を確定していくことから、場合によっては、提案する目的物の品質・性能と価格等のバランスの判断が困難となり、発注者にとって過剰な品質で高価格な提案となる恐れがある。また、競争参加者により提案された目的物の品質・性能や価格等に大きなバラツキがある場合、発注者がその内容の評価を適切に実施することが困難となることも想定される。そのため、競争参加者の提案する目的物の品質・性能のレベルを明確にするため、発注者は、目的物の品質・性能に係る要求要件、前提となる設計及び施工の条件等をできるだけ明確に示すことが重要である。その上で、工事価格の目安として、予め、参考額を設定することができる。

なお、参考額は単なる目安であり、予算決算及び会計令第 99 条の5に規定された予定価格ではなく、その範囲内での契約を要するものではない。

設計交渉・施工タイプでは、設計業務及び価格等の交渉成立後の工事の2種類の契約において、優先交渉権者に支払う費用が発生する。

5.2.1 設計業務の契約に関する参考額の設定

(1) 参考額の設定

積算基準のない工種の設計業務については、競争参加資格の申請時に必要に応じて当該工種の設計業務の見積りを競争参加者から提出させ、提出された見積りを踏まえて設計業務の参考額を設定し、競争参加資格の確認結果とともに参考額の通知を行うことができるものとする。

(2) 見積合せ

参考額の設定の有無に関わらず、優先交渉権者の選定後、積算基準のない工種については優先交渉権者に設計業務の見積りを提出させ、予定価格を作成し、見積合せを実施した上で設計業務の契約を締結する。

5.2.2 工事の契約に関する参考額の設定

(1) 参考額の設定方法

参考額の設定方法及びその適用における考え方は表 5-3 のとおりであり、工事の特性、既往設計の状況、予算の状況等を勘案し適切に設定するものとするが、設定方法について予め学識経験者からの意見を聴取する等、恣意的な設定とならないよう留意しなければならない。

表 5-3　参考額の設定方法と適用における考え方

設定方法	適用における考え方
① 既往設計、予算規模、過去の同種工事等を参考に設定した参考額を説明書に明示する。	過去の実績等から参考額に関して一定程度の推定が可能な場合に適用できる。
② 競争参加者に見積りの提示を求め、提示された見積りを参考に予算規模と調整した上で参考額を設定する。※	適用する技術や工法によって価格が大きく変わってしまうため、過去の同種工事実績や既往設計から、参考額が設定できない場合に適用できる。 ただし、本設定方法では競争参加者からの見積徴収や設定された参考額に基づく技術提案及び見積書の再提出が必要となることから手続期間が長くなるとともに競争参加者の負担も大きくなる。

※「発注者が最適な仕様を設定できない工事」の場合のみ適用可

なお、参考額の設定にあたっては、発注者が求める目的物の品質・性能に係る要求要件、前提となる設計及び施工条件等が説明書等で明示されない場合、又は、不確定要素に対する考慮の程度が受発注者間で異なる場合には、各者が提案する目的物の品質・性能と価格等のバランスが大きく異なり、円滑な審査・評価が困難となる結果、優先交渉権者との価格等の交渉が不成立となる可能性が高くなることも想定されるので注意する必要がある。

［説明書の記載例］
（ ）参考額
【③既往設計等により当初から工事に関する参考額を明示する場合】
本工事に先立って実施する設計業務の規模は○○円程度（税込み）※、工事規模は○○円程度（税込み）を想定している。
【④競争参加者からの見積りにより工事に関する参考額を設定する場合】
本工事に先立って実施する設計業務の規模は○○円程度（税込み）※を想定している。また、工事規模は競争参加者からの見積りを踏まえて設定し、別途通知する。

※積算基準のない工種の設計業務については、必要に応じて競争参加者から見積りを提出させ、見積りを踏まえて設計業務の参考額を設定することもできる。

(2)　競争参加者の見積りによる参考額の設定方法

表 5-3 における「②競争参加者に見積りの提示を求め、提示された見積りを参考に予算規模と調整した上で参考額を設定する」場合にあっては、競争参加者の見積りによる参考額の設定方法として、例えば以下に示す方法が考えられる。

なお、競争参加者の見積りによる参考額の設定に当たっては、工事の特性、潜在的な競争参加者が有する技術及び予算の状況等を勘案し、公正性・妥当性に配慮した方法を採用する必要がある。

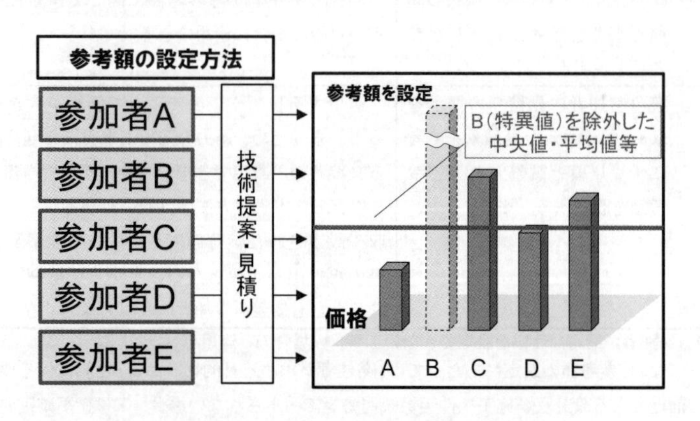

図 5-4　競争参加者の見積りによる参考額の設定方法の例

1)　明らかに技術的要件を満足しないと考えられる競争参加者の見積額の除外

明らかに説明書等で示された必要性能・条件を満足しないと考えられる技術提案の見積りは参考額設定の際に考慮しないものとする。なお、設定した参考額通知後の再提出又は技術対話に基づく改善の各段階において競争参加者が技術提案を修正することが可能なため、見積りによる参考額設定の時点で技術提案が必要性能・条件を満足していないことを理由に非選定としないものとする。

2)　過剰な品質・性能及び特異な見積額の除外

説明書等で示された必要性能・条件より明らかに過剰な技術提案であり、他者と比較して見積額も著しく高い場合は参考額設定の際に考慮しないものとする。また、提案する目的物の性能・仕様と見積額のバランスが他者と比較して著しく異なる場合も同様とする。

3)　参考額の設定

1)及び 2)を踏まえ残された見積額の中央値や平均値を基に、又は競争参加者が少ない場合等はその他適切な方法により、予算の状況等も踏まえながら参考額を設定する。

4)　参考額の通知

支出負担行為担当官又は分任支出負担行為担当官は、競争参加者に対して設定した参考額を通知するものとする。なお、競争参加者には通知した参考額に基づく技術提案の再提出の機会を与えるものとする。

5.2.3 参考額と見積額の乖離に伴う見直し

技術提案・交渉方式の適用工事においては、参考額は単なる目安であり、その範囲内での契約を要するものではないが、参考額と見積額との間に著しい乖離があり、その内容の妥当性が認められない場合は、必要に応じて、技術対話や価格等の交渉において、見積条件の見直し等を競争参加者（優先交渉権者）に行わせるものとする。見直しを実施させるタイミングとして表 5-4 に示す２つの段階があり、どの段階で開始するかは工事の特性や手続期間等を考慮して決定するものとする。

なお、当該見直しを「①技術審査段階」から開始できるのは「発注者が最適な仕様を設定できない工事」の場合のみとなる。

表 5-4 参考額と見積額の乖離に伴う見直しの実施段階

	① 技術審査段階※	②価格等の交渉段階
参考額と見積額の乖離の扱い	技術対話を経た改善技術提案に基づく見積額と参考額の乖離が著しく大きく、その内容の妥当性が認められない場合は、見積条件の見直し等を競争参加者に行わせる。	価格等の交渉を経ても、参考額と見積額の乖離が残り、その内容の妥当性が認められない場合は、見積条件の見直し等を優先交渉権者に行わせる。
当初の見積り・見積条件の提出時期と対象者	全ての競争参加者が技術提案と同時に提出する。	優先交渉権者の選定後、優先交渉権者のみが提出する。
特徴	優先交渉権者選定後の見積提出が不要なため手続期間は短くなるが、競争参加者にとって負担が大きい。	優先交渉権者選定後の見積提出が必要となり手続期間が長くなるが、競争参加者にとって負担が小さい。

※「発注者が最適な仕様を設定できない工事」の場合のみ適用可

5.3 説明書への記載と優先交渉権者の選定等

5.3.1 説明書への記載

説明書に明示すべき事項の例を以下に示す。

(1) 工事概要

① 技術提案・交渉方式の適用の旨

② 各種試行方式の適用の旨

③ 参考額

(2) 競争参加資格

① 企業及び配置予定技術者が同種工事の施工実績を有すること

② 企業及び配置予定技術者の同種工事の工事成績評点が 65 点以上であること

③ 配置予定技術者が求める資格を保有していること

④ 技術提案が適切であること

⑤ 設計業務委託契約の締結日までに当該業種区分における建設コンサルタント等の一般競争参加資格認定通知を受けていること

(3) 優先交渉権者の選定に関する事項

① 技術提案の評価に関する基準

・評価項目

・評価基準

・評価項目ごとの評価基準

・最低限の要求要件及び上限値

・得点配分

② 優先交渉権者の選定方法

③ 評価内容の担保

・工事段階での技術提案内容の不履行の場合における措置
（再度の施工義務、損害賠償、工事成績評定の減点等を行う旨）

(4) 競争参加資格の確認等

① 提出を求める技術資料

② 競争参加資格確認結果の通知

(5) 技術提案書等の確認等

① 提出を求める技術提案書

② 技術提案の改善（技術対話）

(6) 予定価格算定時における見積活用方法

(7) 優先交渉権者選定、次順位以降の交渉権者選定及び非選定通知の日時

(8) 技術提案内容の変更に関する事項

・技術提案の設計段階での不採用、施工条件の変更、災害等、請負者の責めに帰さない理由による技術提案の取扱い

(9) その他（技術資料の提出様式等）

※品確法第 16 条に規定される段階的選抜方式に準じて、競争参加者が多数と見込まれる場合は、技術的能力に関する事項を評価すること等により一定の技術水準に達した者を選抜することも可能であり、その場合は必要な事項を明示する。

5.3.2 技術評価項目の設定等

(1) 要求要件、設計・施工条件の設定

技術提案・交渉方式では、競争参加者からの的確な技術提案の提出を促すため、説明書等の契約図書において、発注者は、事業課題を踏まえ、施工者のどのような知見、能力を取り入れたいのか、発注者の意図を明確に示す必要がある。また、仕様の前提となる要求要件（最低限の要求要件、評価する上限がある場合には上限値）、設計・施工条件を明示する必要がある。

技術提案に係る要求要件（最低限の要求要件及び上限値）、設計・施工条件の設定例を表3-3 及び表 5-5 に示す。

また、発注者は、技術提案を求める範囲を踏まえ、技術提案書の分量の目安（用紙サイズ、枚数等）を示すことにより、競争参加者に過度の負担をかけないよう努めることとする。

表 5-5 要求要件、設計・施工条件の設定例

要求要件、設計・施工条件		備考
気象・海象	○月～○月まで施工不可	提示された資料より設定
支持地盤	支持層の深さ：20m	提示されたボーリングデータより設定
	礫形：30mm	提示されたボーリングデータより設定
	地下水位：○mm	提示されたボーリングデータより設定
環境（自然）	猛禽類：○月は施工不可、上空制限高さ○m以下	提示された資料より設定
	工事排水 pH 値：8.5 以下、pH 値：7.0(上限値)	中性である pH 値 7.0 を上限値として設定
	SS 値：25mg/L 以下（生活環境の保全に関する環境基準河川 AA 類型） SS 値：15mg/L(上限値)	提示された資料により設定 当該工事期間(12 月～3 月)と同じ月の過去 3 カ年の平均測定値を上限として設定
	アスファルト再生材使用量：320t 超	提示された資料により設定
地中障害物	地下鉄○○線	提示された図面より設定
地元協議	○時～○時まで施工不可	提示された図面より設定
	騒音：○○dB(A)以下	提示された資料により設定
関係機関協議	橋梁支間割：○○とする 構造物位置・寸法：○○とする	提示された図面より設定 （河川管理者との協議により設定しているため、変更は不可とする。）
	架空線：○○までに移設 占用物：○○までに移設	提示された図面より設定※1
	交通規制：○時～○時まで車線規制不可	提示された資料より設定 （道路管理者、警察協議により設定しているため、変更は不可とする。）
作業用道路・ヤード	作業用道路：○○とする ヤード：○○とする	提示された図面より設定※2
用地の契約状況	○年○月より使用可能	提示された資料により設定※3
処分場	処分場：○○とする	提示された資料により設定※4

※1　移設が遅延する恐れがある場合、設計業務段階で遅延の影響を受けにくい工法、工程等を検討すること

※2　近隣工事の遅延等により、作業用道路・ヤードに影響が及ぶ恐れがある場合は、設計業務段階で影響を受けにくい工法、工程等を検討すること

※3　用地交渉が難航する恐れがある場合、設計業務段階で影響を受けにくい工法、工程等の検討すること

※4　ヒ素等が発生した場合の残土処理の可否、対応等について、十分留意すること

(2) 競争参加資格要件と技術評価項目

表 5-6 は企業評価における、競争参加資格要件と技術評価項目の役割分担の案である。

表 5-6 競争参加資格要件と技術評価項目案

資格要件・評価項目			WTO 以外		WTO	
			参加要件	交渉権者選定	参加要件	交渉権者選定
企業の能力等		同種工事の施工実績	○	×	○	×
企業の能力等		工事成績	○	×	○※1	×
企業の能力等		表彰	×	×	×	×
企業の能力等		関連分野での技術開発の実績	×	×	×	×
企業の能力等		品質管理・環境マネジメントシステムの取組状況（ISO 等）	×	×	×	×
企業の能力等		技能者の配置状況、作業拠点の有無、施工機械の保有状況等の施工体制	×	×	×	×
企業の能力等		その他	△	×	×	×
地域精通度・貢献度等	地理的条件	本支店営業所の所在地	△	×	×	×
地域精通度・貢献度等	地理的条件	企業の近隣地域での施工実績の有無	△	×	×	×
地域精通度・貢献度等	地理的条件	配置予定技術者の近隣地域での施工実績	△	×	×	×
地域精通度・貢献度等		災害協定の有無・協定に基づく活動実績	×	×	×	×
地域精通度・貢献度等		ボランティア活動等	×	×	×	×
地域精通度・貢献度等		その他	×	×	×	×
技術者の能力等		資格	○	×	○	×
技術者の能力等		同種工事の施工実績	○	×	○	×
技術者の能力等		工事成績	○	×	○※1	×
技術者の能力等		表彰	×	×	×	×
技術者の能力等		継続教育（CPD）の取組状況	×	×	×	×
技術者の能力等		その他	△	×	×	×
技術提案		理解度（目的、条件、課題、方式）	△	△	△	△
技術提案		主たる事業課題に対する提案能力	○	○	○	○
技術提案		損傷状況に関する所見（補修工事）	△	△	△	△
技術提案		不測の事態の想定、対応力	△	△	△	△
技術提案		ヒアリング	○※2	○※2	○※2	○※2

（凡例） ○：必須 △：選択 ×：非設定

※ WTO 対象工事にあっては、国内実績のない外国籍企業が不利となるような評価項目を設定してはならない。

※1 海外企業を同等に評価することが困難な場合は、必須条件とはしない。

※2 「理解度」、「主たる事業課題に対する提案能力」、「不測の事態の想定、対応力」の審査・評価にあたっては、ヒアリングを実施する。

(3) 技術的能力の審査（競争参加資格の確認）

競争参加資格として設定されている技術的能力の審査を行う。技術的能力の審査の結果、審査基準（競争参加資格要件）を満たしていない企業には競争参加資格を認めないものとする。

1) 企業・技術者の能力等

○同種工事の施工実績

・過去 15 年間における元請けとして完成・引渡しが完了した要求要件を満たす同種

工事（都道府県等の他の発注機関の工事を含む）を対象とする。なお、国土交通省直轄工事においては、工事成績評定点が 65 点未満の工事は対象外とする。

・CORINS 等のデータベース等を活用し、確認・審査する。

・工事目的物の具体的な構造形式や工事量等は、当該工事の特性を踏まえて適切に設定する。

・配置予定技術者の施工実績については、求める施工実績（要求要件）に合致する工事内容に従事したかの審査を行う。また、工事における立場（監理（主任）技術者、現場代理人、担当技術者のいずれか）は問わないものとする。

○地理的条件

・要件として設定する場合、競争性を確保する。

○資格

・設計業務の契約までに建設コンサルタント業務に関する一般競争参加資格審査の認定を受けるものとする。

・要求基準を満たす配置予定技術者（主任技術者又は監理技術者）を、当該工事の着手後に専任で配置する。

・監理技術者にあっては、監理技術者資格者証及び監理技術者講習修了証を有する者とする。

2) 技術提案

・技術提案の評価は優先交渉権者選定の段階で行うが、内容が不適切あるいは未記載である場合は不合格（競争参加資格を認めないこと）とし非選定通知を行う。

・求める技術提案の内容等、詳細については、5.3.3 を参照のこと。

5.3.3 評価項目・基準の設定例

(1) 技術提案に関する評価項目の設定例

技術提案・交渉方式は、仕様の確定が困難な工事で技術提案を求め、価格等の交渉を通じて仕様を固めていくプロセスを有する。そのため、技術提案を求める段階では、事業課題を踏まえ、施工者のどのような知見、能力を取り入れたいのか、発注者の意図を明確に示した上で、定量的な事項や詳細な技術の内容よりも、主たる事業課題に対する提案能力を中心に評価することが基本となる。その上で、工事の特性に応じて、実績等による裏づけ、不測の事態の想定、対応力等についても評価することとなる。また、価格等の交渉を通じて確定した仕様に対して、履行義務が求められることとなる。表 5-7 に技術提案に関する評価項目の例、表 5-8 に技術提案に関する評価基準の例を示す。

表 5-7 技術提案に関する評価項目の例

<table>
<tr><th>分類</th><th colspan="2">評価項目</th></tr>
<tr><td rowspan="3">理解度</td><td colspan="2">業務目的、現地条件、与条件に対する理解</td></tr>
<tr><td colspan="2">提案内容の適用上の課題、不確定要素に対する理解</td></tr>
<tr><td colspan="2">技術提案・交渉方式に対する理解</td></tr>
<tr><td rowspan="12">主たる事業課題に対する提案能力</td><td rowspan="11">課題解決に有効な工法等の提案能力</td><td>現道交通への影響の最小化に有効な工法等の提案能力</td></tr>
<tr><td>周辺住民の生活環境の維持に有効な工法等の提案能力</td></tr>
<tr><td>貴重種への影響の最小化に有効な工法等の提案能力</td></tr>
<tr><td>地下水、土質・地質条件を踏まえた工法等の提案能力</td></tr>
<tr><td>地下埋設物、近接構造物の安全、防護上有効な工法等の提案能力</td></tr>
<tr><td>施工ヤード等の制約条件を踏まえた工法等の提案能力</td></tr>
<tr><td>地滑り・法面崩落に対して有効な工法等の提案能力</td></tr>
<tr><td>構造体としての安全性の確保に有効な工法等の提案能力</td></tr>
<tr><td>施工期間の短縮※1に有効な工法等の提案能力</td></tr>
<tr><td>コスト縮減※1に有効な工法等の提案能力</td></tr>
<tr><td>有効な補修工法等の提案能力</td></tr>
<tr><td>裏付け</td><td>提案内容の類似実績等による裏づけ</td></tr>
<tr><td rowspan="2">損傷状況に関する所見（補修工事）</td><td>損傷状況・原因</td><td>損傷状況やその原因に対する所見</td></tr>
<tr><td>不可視部分</td><td>不可視部分に想定される損傷等に関する所見</td></tr>
<tr><td rowspan="3">不測の事態の想定、対応力</td><td>リスクの想定</td><td>不確定要素（リスク）の想定</td></tr>
<tr><td>追加調査</td><td>品質管理、安全管理、工程管理、コスト管理上有効な追加調査</td></tr>
<tr><td>管理方法</td><td>品質管理、安全管理、工程管理、コスト管理に有効な方法の提案能力</td></tr>
</table>

※ 本表は適用可能性のある評価項目を整理したものであり、具体的には最も優れた技術提案によらないと達成困難な工事目的に関する評価項目を中心に個別に設定する。

※1 工程短縮やコスト縮減の提案においては、施工方法や使用資機材の見直しなど合理的な根拠に基づき、適正な工期、施工体制等を確保することを前提とする。また、提案内容の評価においては、無理な工期、価格によって品質・安全が損なわれる、あるいは下請、労働者等に適正な支払いがなされない恐れがないよう留意する。

表 5-8　技術提案に関する評価基準の例

評価項目		評価基準
技術提案	技術提案・交渉方式(設計交渉・施工タイプ)における設計業務に対する理解度	業務目的、現地条件、与条件、提案内容の適用上の課題、不確定要素等を十分に理解し、業務の内容、規模、課題、不確定要素に応じた設計業務の実施方針、実施手順、実施体制等が示されている。
		業務目的、現地条件、与条件等を理解し、業務の内容、規模等に応じた設計業務の実施方針、実施手順、実施体制等が示されている。
		不適切ではないが、一般的な事項のみの記載となっている。
	現道交通への影響の最小化に有効な工法等の提案能力	現地条件等を踏まえ、現道交通への影響を少なくする優位な工法等が示され、類似実績、提案内容の適用上の課題、想定される不確定要素、課題・不確定要素への対応策が明示された提案となっている。
		現地条件等を踏まえ、現道交通への影響を少なくする工法等が示されている。
		不適切ではないが、一般的な事項のみの記載となっている。
	施工期間の短縮に有効な工法等の提案能力	現地条件等を踏まえ、施工期間の短縮に関する優位な工法等が示され、類似実績、提案内容の適用上の課題、想定される不確定要素、課題・不確定要素への対応策が明示された提案となっている。
		現地条件等を踏まえ、施工期間を短縮する工法が示されている。
		不適切ではないが、一般的な事項のみの記載となっている。
	有効な補修工法等の提案能力	現地条件等を踏まえ、補修方法に関する優位な工法等が示され、類似実績、提案内容の適用上の課題、想定される不確定要素、課題・不確定要素への対応策が明示された提案となっている。
		現地条件等を踏まえた補修方法が示されている。
		不適切ではないが、一般的な事項のみの記載となっている。

5.3.4　ヒアリング

技術提案・交渉方式は、仕様の確定が困難な工事で技術提案を求め、価格等の交渉を通じて仕様を固めていくプロセスを有する。そのため、価格等の交渉、不測の事態への対応が適切に実施されるよう、「理解度」、「主たる事業課題に対する提案能力」、「不測の事態の想定、対応力」の審査、評価にあたっては、技術提案の記載事項からだけでは確認できない事項等について、ヒアリングの結果を含めて評価する。

5.3.5 技術提案の改善（技術対話）

技術提案・交渉方式では、技術提案の内容の一部を改善することでより優れた技術提案となる場合や、一部の不備を解決できる場合には、発注者と競争参加者の技術対話を通じて、発注者から技術提案の改善を求め、または競争参加者に改善を提案する機会を与えることができる（品確法第 17 条)。この場合、技術提案の改善ができる旨を説明書等に明記することとする。

説明書の記載例を以下に示す。

［説明書の記載例］
( ) 技術提案書の改善
技術提案書の改善については下記のいずれかの場合によるものとする。
① 技術提案書の記載内容について、発注者が審査した上で ( ) に示す期間内に改善を求め、提案者が応じた場合。
② 技術提案書の記載内容について、( ) に示す期間内に提案者が改善の提案を行った場合。
なお、改善された技術提案書の提出内容は修正箇所のみでよいものとするが、発注者が必要に応じて指示する資料の提出には応じなければならない。
また、本工事の契約後、技術提案の改善に係る過程について、その概要を公表するものとする。

(1) 技術対話の実施

1) 技術対話の範囲

技術対話の範囲は、技術提案に関する事項とし、それ以外の項目については、原則として対話の対象としない。

2) 技術対話の対象者

技術対話は、技術提案を提出したすべての競争参加者を対象に実施する。

競争参加者間の公平性を確保するため、複数日に跨らずに実施することを基本とし、競争参加者が他者の競争参加を認知することのないよう十分留意する。

また、技術対話の対象者は、技術提案の内容を十分理解し、説明できるものとすることから複数でも可とする。ただし、提案者と直接的かつ恒常的な雇用関係にある者に限るものとする。

3) 技術対話の手順

競争参加者側から技術提案の概要説明を行った後、技術提案に対する確認、改善に関する対話を行うものとする。技術対話を実施する場合の技術提案の提出から優先交渉権者選定通知までの手続フローを図 5-5 に示す。

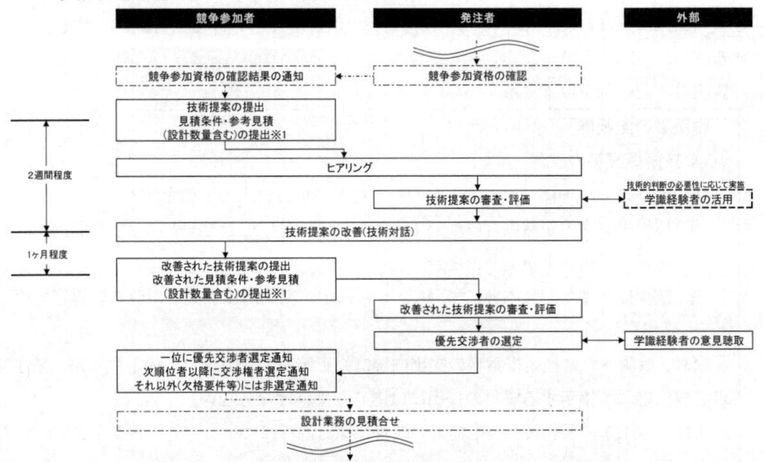

図 5-5 技術対話を実施する場合の手続フロー

なお、技術対話において他者の技術提案、競争参加者数等の他者に係る情報は一切提示しないものとする。

a) 技術提案の確認

競争参加者から技術提案の特徴や利点について概要説明を受け、施工上の課題認識や技術提案の不明点について質疑応答を行う。

b) 発注者からの改善要請

技術提案の内容に要求要件や施工条件を満たさない事項がある場合には、技術対話において提案者の意図を確認した上で必要に応じて改善を要請し、技術提案の再提出を求める。要求要件や施工条件を満たさない事項があり、その改善がなされない場合には、発注者は当該競争参加者の競争参加資格がないものとして取り扱うものとする。

また、新技術・新工法の実現性等を確認するための資料が不足している場合には、追加資料の提出を求める。

なお、技術提案の改善を求める場合には、同様の技術提案をした者が複数あるにも関わらず、特定の者だけに改善を求めるなど特定の者のみが有利となることのないようにすることが必要であることから、技術提案の改善を求める前に、あらかじめ各提案者に対し求める改善事項を整理し、公平性を保つよう努めるものとする。

c) **自発的な技術提案の改善**

発注者による改善要請だけでなく、競争参加者からの自発的な技術提案の改善を受け付けることとし、この旨を説明書等に明記する。

d) **見積りの提出要請（技術審査段階で参考額と見積額の乖離に伴う見直しを実施させる場合（表 5-4 参照））**

発注者は見積書、見積条件書及び設計数量の確認結果に基づき、必要に応じて数量総括表における工種体系の見直しや単価表等の提出を競争参加者に求める。

4) **文書による改善要請事項の提示**

発注者は技術対話時または技術対話の終了後、競争参加者に対し速やかに改善要請事項を書面で提示するものとする。

(2) 改善された技術提案の審査

優先交渉権者を選定するため、改善された技術提案を審査し、各競争参加者の技術評価点を算出する。

(3) 技術対話の省略

技術提案・交渉方式は、仕様の確定が困難な工事において、価格競争は行わず、主たる事業課題に対する提案能力等、前提条件の不確定要素の影響を受けにくい評価項目により優先交渉権者を選定するのが基本となる。そのため、技術提案・交渉方式では、工事の特性、評価項目等に応じて、技術提案の改善（技術対話）が必要ないと認められる場合には、技術対話を行わないことで手続を簡素化することも可能とする。

5.3.6 優先交渉権者の選定と設計業務の契約

(1) 優先交渉権者の選定と通知

技術提案内容を技術評価点の高い者から順位付けし、第１位の者を優先交渉権者とする。支出負担行為担当官又は分任支出負担行為担当官は、当該技術提案を提出した者に対して優先交渉権者に選定された旨を通知する。

また、支出負担行為担当官又は分任支出負担行為担当官は、次順位以降となった各競争参加者に対して、次順位以降の交渉権者として選定された旨及び順位ことを通知する。

［説明書の記載例］
（ ）優先交渉権者選定に関する事項
技術提案書を提出した者の中から、技術評価点が最上位であるものを優先交渉権者として選定する。優先交渉権者として選定した者には、書面により通知する。また、競争参加資格がないと認められた者に対しては、非選定とされた旨とその理由を、それ以外の者に対しては、交渉権者として選定された旨及び順位を同じく書面により通知する。

(2) 設計業務の契約

優先交渉権者の選定後、設計業務について見積合せを実施した上で契約を締結するものとする。また、設計業務の契約にあわせて以下の協定も締結するものとする。

・基本協定（対象：発注者、優先交渉権者）

5.3.7 設計業務の実施

(1) 実施体制

優先交渉権者（施工者）自らが設計する設計交渉・施工タイプにおいては、設計業務は、発注者、優先交渉権者の二者体制となる。設計協力・施工タイプは、発注者、優先交渉権者（施工者）の二者がパートナーシップを組み、発注者が柱となり、双方の情報・知識・経験を融合させながら、設計を進めていくもので、設計は、妥当性が説明できる限り、優先交渉権者独自の技術、体制、設備等を前提に仕様を決めることができる。

なお、設計交渉・施工タイプを円滑に実施するためには、発注者が優先交渉権者の技術提案の適用可否、追加調査・協議・学識経験者への意見聴取等の要否を的確に判断し、優先交渉権者に速やかに指示を出すことが重要となる。また、発注者による的確な判断のためには、発注者及び優先交渉者が、適用技術の仕様に限らず、適用上の課題、実績による裏付け、不確定要素、不測の事態への対応等の多様な情報を共有することが重要である。

設計交渉・施工タイプでは優先交渉権者による設計の実施後、当該設計成果に基づく最終見積書をもって工事の価格等の交渉の成立又は不成立の判断が行われることとなる。このため、設計段階で設計数量の増加が後々の工事の費用の増大に繋がることから、優先交渉権者にとっては経済的な設計を行うインセンティブが働きにくい構造となっている。

そのため、技術提案・交渉方式を採用するに当たっては、優先交渉権者が実施する設計を十分に理解し、過剰な設計に対しては優先交渉権者に修正指示及びその理由の説明を明確に行う能力が発注者側に求められる。

(2) 設計業務の手順

設計業務の一般的な実施手順を以下に示す。なお、以下の①から⑨に示す内容は、全てが必須ではなく、工事の特性に応じて必要な内容を実施する。

① 前提条件及び不確定要素の整理

発注者が提示する設計・施工の前提条件、仕様等に対して、優先交渉権者は不明点や不確定要素を提示する。

② 優先交渉権者の技術提案の適用可否の検討

優先交渉権者は、発注者に技術提案とその技術情報を提出する。発注者、優先交渉権者は、技術提案の設計への適用の可能性や有効性、課題等について協議した上で、発注者の判断により、設計への反映を優先交渉権者に指示する。

③ 追加調査

前提条件等の不明点及び不確定要素（①で整理）、優先交渉権者の技術提案の適用上の課題（②で整理）等を踏まえ、発注者、優先交渉権者は、追加調査の必要性、調査方法等について協議した上で、発注者の判断により、必要な追加調査を優先交渉権者に指示する。

④　地元及び関係行政機関との協議

前提条件等の不明点及び不確定要素、優先交渉権者の技術提案の適用上の課題等を踏まえ、発注者は必要に応じて地元及び関係行政機関との協議を実施する。優先交渉権者は、発注者から指示があった場合には、発注者が行う地元及び関係行政機関との協議を支援（資料作成、同行等）する。

⑤　学識経験者への意見聴取

前提条件等の不明点及び不確定要素、優先交渉権者の技術提案の適用上の課題等を踏まえ、発注者は必要に応じて学識経験者への意見聴取を実施する。優先交渉権者は、発注者から指示があった場合には、発注者が行う学識経験者への意見聴取を支援（資料作成、同行等）する。

⑥　設計の実施

上記①～⑤のプロセスを経て決定した条件、適用する技術提案を反映した設計を行う。なお、設計の過程で、発注者が優先交渉権者に追加提案、資料作成、検討を指示する場合がある。

⑦　工事費用の管理

設計の進捗に応じて、発注者は、優先交渉権者に工事費用の見積作成を依頼する。工事費用の妥当性の確認には、上記①～⑥のプロセスで、前提条件や不確定要素への対処方針を明確にするとともに、積算基準、類似実績、特別調査結果と比較することが必要となる。主要な工種において、積算基準、類似実績、特別調査結果が適用できない特殊な技術が採用されている場合には、特殊な労務単価や資機材単価等について、施工中の歩掛調査により、その実態に応じて適正に精算する。

⑧　事業工程の管理

優先交渉権者は、設計に基づく工事工程を作成する。発注者は、設計、価格等の交渉、工事等の工程を含めた全体事業工程を作成・管理する。

⑨　発注者と優先交渉権者の協議

上記、①～⑧を円滑に進めるため、発注者、優先交渉権者は協議により、情報共有が適切に行われるとともに、発注者を柱に、共有された情報に基づき、必要な判断、指示が速やかに行われることが重要である。

(3) 設計業務の役割分担

設計業務の実施における各者の役割分担を表 5-9 に示す。また、二者間の調整は打合せ・協議をもって行うこととする。

表 5-9 設計業務における役割分担

項目	発注者	優先交渉権者
前提条件及び不確定要素の整理	・ 前提条件等の不明点及び不確定要素の確認	・ 前提条件等の不明点及び不確定要素の提示
優先交渉権者の技術提案の適用可否の検討	・ 技術提案の適用可否の判断及び優先交渉者への指示	・ 技術提案に関する技術情報（機能・性能、適用条件、コスト情報等）の提出
追加調査	・ 追加調査の必要性の判断、優先交渉権者への指示 ・ 追加調査の実施※1	・ 追加調査の提案 ・ 追加調査の実施※2
地元及び関係行政機関との協議	・ 地元及び関係行政機関との協議の必要性の判断、優先交渉権者への指示	・ 地元及び関係行政機関との協議支援（資料作成、同行等）※2
学識経験者への意見聴取	・ 学識経験者への意見聴取の必要性の判断、優先交渉権者への指示	・ 学識経験者への意見聴取の支援（資料作成、同行等）※2
設計の実施	・ 設計内容の確認 ・ 設計内容を踏まえた追加提案、資料作成、検討の指示	・ 指示された技術提案内容の設計への反映 ・ 設計計算、設計図作成、数量計算等の実施 ・ 設計の課題整理及び改善に向けた追加提案、資料作成、検討 ・ 施工計画の作成
工事費用の管理	・ 設計の進捗に応じた優先交渉権者への見積依頼 ・ 見積りの検証（見積根拠の妥当性確認、積算基準との比較等） ・ 全体工事費の確認※3 ・ 施工中の歩掛調査の必要性判断	・ 見積り・見積条件・根拠の作成 ・ 全体工事費の算定※3
事業工程の管理	・ 設計、価格等の交渉、工事等の工程を含めた全体事業工程の作成・管理	・ 設計に基づく工事工程の作成
二者間の協議	・ 打合せ・協議の開催準備	・ 打合せ・協議への参加、必要資料作成

※1 発注者が設計業務とは別に発注する場合
※2 発注者から指示があった場合
※3 全体工事費の算定における具体的な方法や精度については設計の進捗状況とともに見直しを行う。

5.3.8 設計業務の設計図書

(1) 設計図書

設計業務の特記仕様書に全体工事費の算出に関する項目を追加するものとする。

［特記仕様書の記載例］

○．業務の内容

(1) 全体工事費の算出

受注者は、設計内容に応じた全体工事費を算出する。なお、全体工事費の算出方法については、設計の進捗に応じて調査職員と協議を行うとともに調査職員の指示に基づき、必要となる工事費算出の根拠となる資料を提出するものとする。

5.4　価格等の交渉と基本協定書への記載

5.4.1　見積書等の提出とリスク分担の考え方

設計交渉・施工タイプは、技術提案に基づき選定された優先交渉権者と設計業務の契約を締結し、優先交渉権者が設計を実施しながら価格等の交渉を行い交渉が成立した場合に施工の契約を締結するものである。そのため、発注者は、見積書、見積条件書等の費用に関する資料については、本項に関わらず、設計業務において優先交渉権者から適宜提出させ、発注者において評価及び協議を実施し、参考額又は予定事業規模との間に、交渉成立前の最終見積り段階で大幅な乖離が顕在化することを防止するものとする。

表 5-10　見積条件書の記載例

見積条件		備考
気象・海象	施工期間：○月～○月 □□作業：出水期も実施可 足場設置：出水期は不可	提示資料、関係機関協議結果より設定
支持地盤	支持層の深さ：20m	ボーリングデータより設定 （提示資料、追加調査結果） 近隣工事へのヒアリング結果より設定
	礫形：30mm	
	地下水位：○mm	
	ヒ素：近隣工事で出現例有	
環境（自然）	猛禽類：○月は施工不可、上空制限高さ○m以下	提示された資料より設定 （影響に配慮し、十分安全側の工程、工法を採用。ただし、営巣の確認等、追加の規制条件を付される場合は、監督職員と協議する。）
	工事排水 pH 値：8.5 以下、pH 値：7.0(上限値)	中性である pH 値 7.0 を上限値として設定
	SS 値：25mg/L 以下（生活環境の保全に関する環境基準河川 AA 類型） SS 値：15mg/L(上限値)	提示された資料により設定 当該工事期間(12 月～3 月)と同じ月の過去 3 カ年の平均測定値を上限として設定
	アスファルト再生材使用量：320t 超	提示された資料により設定
地中障害物	地下鉄○○線	提示された図面より設定
地元協議	○時～○時まで施工不可 □□作業：終日実施可	提示された図面より設定提示資料、関係機関協議結果より設定
	騒音：○○dB(A)以下	提示された資料により設定
関係機関協議	橋梁支間割：○○とする 構造物位置・寸法：○○とする	提示資料、関係機関協議結果より設定
	架空線：○○までに移設 □□工法とする	提示図面、関係機関協議結果より設定 （移設が遅延する可能性を排除できず、移設遅延の影響を受けにくい工法、工程を採用）
	占用物：○○までに移設 工程を□□とする	
	交通規制：○時～○時まで車線規制不可 □□架設工法とする	提示資料、関係機関協議結果より設定 （追加の規制条件を付された場合は、監督職員と協議する。）
作業用道路・ヤード	作業用道路：○○とする ヤード：○○とする	提示資料、関係機関協議結果より設定 （近隣工事の遅延等により、作業用道路・ヤードに影響が及ぶ場合は、監督職員と協議する。）
用地の契約状況	○年○月より使用可能 工程を□□とする	提示された資料により設定 （影響を受けにくい工法、工程を採用。期限までに用地が使用できず、工事に影響が及ぶ場合は、監督職員と協議する。）

見積条件		備考
処分場	処分場：○○とする	提示資料、ヒアリング結果より設定 （ヒ素等が発生した場合でも受入可能）
その他	切羽前方の地質調査： ○○を使用	施工者提案より設定
	不可視部分の非破壊検査： ○○を使用	施工者提案より設定 （健全度が確認できない部材は機能しないものとして設計。監督職員と協議の上、交換部材数に応じて精算する。）
	損傷を考慮した解析 ○○を使用	施工者提案より設定
	構造物常時モニタリング： ○○を使用	施工者提案より設定

5.4.2　契約額の変更の考え方（リスク分担）

本タイプでは工事価格を決定する前に、優先交渉権者が設計業務を実施することになり、詳細な設計条件及び施工条件を価格とともに交渉し、不確定要因の境界についても発注者と優先交渉権者間で共通認識を得ることとなる。また、これら不確定要因に関する共通認識を表 5-10 のような見積条件書として明確にし、特記仕様書等の契約図書に具体的に反映することができる。契約図書に示された設計・施工条件と実際の工事現場の状態が一致しない場合等において、必要と認められるときは、適切に契約図書の変更及び請負代金の額や工期の適切な変更を行う。

5.4.3　技術提案を踏まえた調査、協議

技術提案・交渉方式の設計交渉・施工タイプでは、設計業務の段階において、優先交渉権者からの技術提案を踏まえた仕様の確定にあたり、必要な調査や協議を実施する。

5.4.4　発注者における事前準備

優先交渉権者から提出された技術提案、見積書及び見積条件書に関して、価格等の交渉に向けて以下のような観点等からその内容確認を行う。

- 見積条件書で設計や施工計画等の前提として設定されている条件のうち、見直しの検討が必要なものを抽出する。
- 積算基準、特別調査結果（建設資材及び施工歩掛）、過去の類似工種における施工効率等と見積書との比較で、乖離の大きな工種等を抽出する。

5.4.5　価格等の交渉の実施

事前の準備に基づいて、見積条件の見直し、見積額の変更等の交渉を以下のとおり実施する。

- 参考額又は予定事業規模と見積額との間に著しい乖離があり、その内容の妥当性が認められない場合など、見積条件を見直す必要がある場合は、当該条件の見直しに関して交渉を行い、合意条件を確認する。

- 積算基準等から乖離のある工種について乖離の理由及び見積りの根拠の妥当性の確認を行う。見積りの根拠に関しては、優先交渉権者から同一工種の工事実績での資機材の支払伝票、日報、出面等の資料の提示を受けることが考えられる。

また、価格等の交渉を経ても、参考額又は予定事業規模と見積額の乖離が残り、その内容の妥当性や必要性が認められない場合は、交渉を不成立とし、優先交渉権者を契約の相手方としないこととする。

なお、契約後に、価格等の交渉時に合意した見積条件が、実際の条件と異なることが判明した場合には、実際の条件に合わせて契約額の変更を行うことに留意する。

5.4.6 価格等の交渉の成立

技術提案・交渉方式は、価格競争のプロセスがなく、技術提案に基づき選定された優先交渉権者と仕様・価格等を交渉し、交渉が成立した場合に契約を結ぶ方式であるため、価格等の交渉の成立については、発注者としての説明責任を有していることに留意し、成立条件を含めて学識経験者への意見聴取結果を踏まえて決定する。

交渉の成立条件は、以下のような条件を満たしているものとする。

- 参考額又は予定事業規模と見積りの総額が著しく乖離していない。また、乖離している場合もその内容の妥当性や必要性が認められる。
- 各工種の直接工事費が積算基準や特別調査結果（建設資材及び施工歩掛）、類似実績等と著しく乖離していない。また、乖離している場合でもその根拠として信頼性のある資料の提示がある。
- 主要な工種に関して、積算基準、特別調査結果（建設資材及び施工歩掛）、類似実績等、優先交渉権者の見積りの妥当性を確認できる情報が価格等の交渉の段階には存在しないものの、発注者が必要と認めた場合に施工中の歩掛調査を行い、歩掛の実態と施工者の見積りとに乖離がある場合、歩掛の実態に応じて工事費用を精算する契約となっている。

優先交渉権者との交渉が成立した場合、次順位以降の交渉権者に対し、その理由を付して非特定の通知を行う。

> [説明書の記載例]
> （ ）非特定通知
> 優先交渉権者との交渉が成立した場合は、それ以外の交渉権者に対して非特定となった旨とその理由を書面により通知する。

なお、特定通知から見積合せの間に優先交渉権者が辞退する場合や、見積合せで不調となる場合を考慮し、見積合せ後に非特定通知を実施することも可能である。

5.4.7 予定価格の作成

技術提案・交渉方式は、価格競争のプロセスがなく、技術提案に基づき選定された優先交渉権者と仕様・価格等を交渉し、交渉が成立した場合に契約を結ぶ方式であるため、予定価格については発注者としての説明責任を有していることに留意し、価格等の交渉の過程における学識経験者への意見聴取結果を踏まえて定める。

(1) 設計数量等の確認

価格等の交渉を通じて合意した技術提案を実施するために必要となる設計数量等（数量総括表、内訳書、単価表等の内容）について確認を行う。積算基準類に該当する歩掛や単価がない工種等に関しては、価格等の交渉の合意内容に基づくものとする。

(2) 予定価格の算定

設計数量等の確認の結果を踏まえ、次に掲げる積算基準類[v]により予定価格を算定する。

- 土木請負工事工事費積算要領
- 土木請負工事工事費積算基準
- 土木工事標準歩掛
- 請負工事機械経費積算要領
- 共通仮設費算定基準　等

A. 歩掛

歩掛については、標準歩掛を使用する。

ただし、標準歩掛が無い場合や標準的な施工でない場合は、特別調査の歩掛や価格等の交渉の合意内容に基づくものとする。

B. 設計単価

設計単価（労務単価、資材単価、機械経費）については、積算基準類により設定する。

ただし、積算基準類に定めのない設計単価については、価格等の交渉の合意内容に基づくものとする。

［説明書の記載例］
（　）価格等の交渉
1 優先交渉権者選定の後、優先交渉権者に対し工事費の内訳が確認できる工事費内訳書を付した見積書及び見積条件書（以下「見積書等」という。）の提出方法等を通知する。
2 優先交渉権者は、見積書等を作成し、指定の方法により提出する。
3 優先交渉権者は、見積書等の内容について価格等の交渉を行い、見積条件等を見直す必要がある場合には見直しを行う。
4 前項により価格等の交渉が成立した場合は、優先交渉権者は、その内容に基づき、第2項と同じ方法により交渉結果を踏まえた見積書等を提出する。
5 積算基準類に設定の無い工種等の見積りについて、機労材別で内訳を提出せず、一式にて価格等の交渉が成立した場合は、その工種等については工事請負契約書第25条に基づく請求の対象外とする。
6 見積合せの結果、最終的な見積書等の工事金額が予定価格を下回った場合は、工事請負契約を締結する。
7 第3項に基づく価格等の交渉の結果、合意に至らなかった場合は、価格等の交渉の不成立が確定するものとする。

[v] 土木工事の例示である。

5.4.8　交渉不成立時の対応

(1)　手続

優先交渉権者との価格等の交渉を不成立とした場合には、優先交渉権者にその理由を付して非特定の通知を行うとともに、技術評価点の次順位の交渉権者に対して優先交渉権者となった旨を通知する。次順位の交渉権者に対しては価格等の交渉の意思の有無を確認した上で、技術提案を反映した設計を改めて実施するものとする。

なお、価格等の交渉に期間を要することにより、工事着手時期が大きく変動することが見込まれる場合には、適宜工期の見直しを行い、価格等の交渉に当たっての前提条件とするものとする。

[説明書の記載例]
(　) 価格等の交渉の不成立
1 優先交渉権者との価格等の交渉が不成立となった場合、非特定となった旨とその理由を書面により通知する。
2 優先交渉権者は、価格等の交渉において知り得た情報を秘密情報として保持するとともに、かかる秘密情報を第三者に開示してはならない。
3 優先交渉権者との価格等の交渉が不成立となった場合は、第（　）条第（　）項の技術評価点が次順位の交渉権者に対して優先交渉権者となった旨を書面により通知し、価格等の交渉の意思を確認した上で設計業務委託契約の締結及び価格等の交渉を行う。

(2)　当初の優先交渉権者の設計成果の扱い

当初の優先交渉権者との価格等の交渉を不成立とした場合も、成立した場合と同様に、設計業務の報告書の完成検査及び支払いを行うものとする。また、次順位の交渉権者による設計の実施に当たっては、当初の優先交渉権者との設計業務の契約書に基づき発注者が著作権の譲渡を受けることにより、必要に応じて当初の優先交渉権者の設計成果を参考とすることができるものとする。

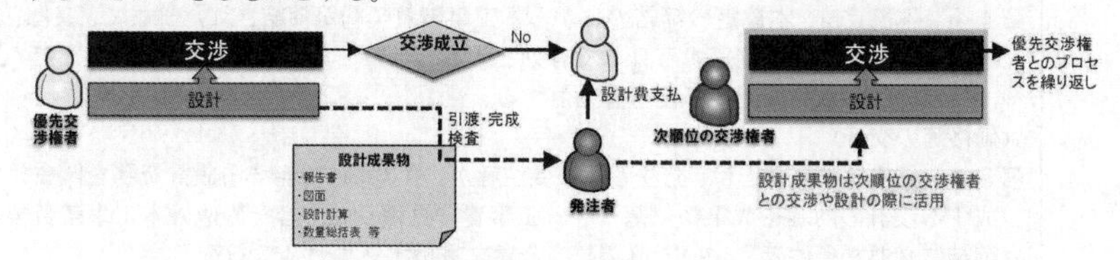

図 5-6　交渉不成立時の設計業務の扱い

なお、設計成果に当初の優先交渉権者の特許権、実用新案権、意匠権、商標権その他の日本国の法令の定めにより保護される第三者の権利（以下「特許権等」という。）が含まれ、当該特許権等を使用する場合、次順位の交渉権者は当初の優先交渉権者に対して特許権等の使用の許諾を申請し許可を受けるとともに、見積りに当該特許権等の許諾料等を含めるものとする。また、次順位の交渉権者との価格等の交渉が成立し、工事の契約が締結された場合、次順位の交渉権者は当初の優先交渉権者に当該特許権等の許諾料の支払いを行うものとする。

5.4.9 基本協定書への記載

発注者及び優先交渉権者間で設計業務の契約を締結するに当たり、設計業務完了後の工事の契約に向けた価格等の交渉等に関する基本協定を両者間で締結するものとする。基本協定に明示する事項の例を以下に示す。

［基本協定書例］

令和○年○月○日

○○○工事に関する基本協定書

「○○○工事」に関して、○○○○（以下「発注者」という。）及び○○○○（以下「優先交渉権者」という。）は、以下のとおり基本協定を締結する。

（目的）

第１条　本協定は○○○工事について、発注者が実施した技術提案の公募手続（以下「本公募手続」という。）において、優先交渉権者の技術提案を選定したことを確認し、発注者と優先交渉権者による工事の請負契約（以下「本工事請負契約」という。）の締結に向けて、当事者が果たすべき義務その他の必要な事項を定めることを目的とする。

（当事者の義務）

第２条　発注者及び優先交渉権者は、本協定にかかる一切を、信義に従い誠実に行う。

２　発注者及び優先交渉権者は、本協定の締結の日から本工事請負契約の締結の日又は価格等の交渉の不成立が確定するまでの間、本協定を履行する。

（設計等）

第３条　優先交渉権者は、発注者が別途反対の意思表示を行う場合を除き、本工事請負契約に関する設計期間において、本工事請負契約の締結に向けて、本公募手続に係る設計業務委託契約（以下「本設計業務委託契約」という。）を発注者との間で締結する。

２　発注者は、優先交渉権者が行う設計業務に必要な情報を可能な限り提示する。

（有効期間）

第４条　本協定は、本協定の締結の日から本工事請負契約が締結された日まで、又は、価格等の交渉の不成立が確定する日まで有効とする。ただし第７条から第 10 条までの規定は、本協定の有効期間終了後も有効とする。

（価格等の交渉）

第５条　価格等の交渉とは、発注者及び受注者が、第３条に規定する設計業務を踏まえて作成する設計の内容や成果物に基づき、工事費の見積りの内容その他の本工事請負契約の締結に必要な条件等について協議し、合意を目指すプロセスである。

２　優先交渉権者は、設計の進捗に応じて全体工事費を算出し、本設計業務委託契約の初期段階、中間段階、その他発注者が必要と認めた時期に、全体工事費を記載した全体工事費調書及びその算出の根拠となった資料（以下、「全体工事費調書」という。）を発注者に提出する。

３　優先交渉権者は、設計者から引渡しを受けた設計成果物を基に、工事費の内訳書を付した参考見積書及びその見積条件を記載した資料（以下「参考見積書等」という。）を作成し、発注者に提出する。

４　発注者は、優先交渉権者に対し、前二項の規定により、全体工事費調書等及び参考見積書等の提出を求めるに当たっては、その旨を書面にて事前に通知する。

５　発注者及び優先交渉権者は、設計業務に関する協議の過程で確認された事項や設計の内容や成果物等に基づき価格等の交渉を行う。この場合において、参考額と全体工事費や参考見積書の見積額との間に著しい乖離があり、その内容の妥当性が認められない場合など、見積条件等を見直す必要がある場合には、それぞれ見直しを行う。

6　前項の規定により見直しを行った場合は、優先交渉権者は、交渉の結果を踏まえた参考見積書等を提出し、改めて前項に基づく交渉を行う。

7　前２項に基づく交渉の結果、参考額と参考見積書の見積額が著しく乖離していない場合又は乖離しているがその内容の妥当性や必要性が認められる場合、かつ、各工種の直接工事費が積算基準や特別調査結果等と著しく乖離していない場合又は乖離しているがその根拠として信頼性のある資料の提示がある場合その他本工事請負契約の締結に必要な条件等に照らして問題がない場合は、価格等の交渉が成立するものとする。

8　第５項及び第６項に基づく交渉の結果、前項の成立に至らなかった場合は、価格等の交渉を不成立とする。

（契約手続等）

第６条　優先交渉権者は、前条第７項により価格等の交渉が成立した場合、その内容に基づき、交渉結果を踏まえた参考見積書等を提出する。

2　発注者は、前項の参考見積書等で示された見積条件等を基に予定価格を定める。

3　積算基準類に設定の無い工種等の見積りについて、機労材別で内訳を提出せず、一式にて価格等の交渉が成立した場合は、その工種等については本工事請負契約書第２５条に基づく請求の対象外とする。

4　優先交渉権者は前条第３項と同じ方法により見積書を提出し、発注者と見積合せを行う。

5　発注者及び優先交渉権者は、前項の見積合せの結果、見積書の工事金額が予定価格を下回った場合は、本工事請負契約を締結する。

（価格等の交渉の不成立）

第７条　発注者は、第５条第８項により価格等の交渉が不成立となった場合、非特定となった旨とその理由を書面により通知する。

2　前項に規定する場合、本協定の履行に関し既に支出した費用については各自の負担とし、第８条から第12条までの規定に基づくものを除き相互に債権債務関係の生じないことを確認する。

（権利義務の譲渡等）

第８条　優先交渉権者は、発注者の事前の承諾を得た場合を除き、本協定上の地位並びに本協定に基づく権利義務を第三者に譲渡し若しくは承継させ、又は担保に供することその他一切の処分を行わない。

（秘密保持等）

第９条　優先交渉権者は、本協定に関連して発注者から知り得た情報を秘密情報として保持するとともに、かかる秘密情報を本協定の履行以外の目的に使用し、又は発注者の承諾なしに第三者に開示してはならない。

（協定内容の変更）

第10条　本協定書に規定する各事項は、発注者及び優先交渉権者の書面による同意がなければ変更することはできない。

（準拠法及び管轄裁判所）

第11条　本協定は、日本国の法令に従い解釈されるものとし、また、本協定に関して生じた当事者間の紛争について、〇〇地方裁判所を第一審の専属的合意管轄裁判所とすることに合意する。

（その他）
第 12 条　本協定書に定めのない事項又は本協定に関し疑義が生じた場合は、発注者と優先交渉権者が協議して定めるものとする。

本協定の締結を証するため、本協定書を２通作成し、当事者記名押印の上、各自１通を保有する。

5.5　工事の契約図書への記載

技術提案・交渉方式の設計交渉・施工タイプを適用する場合、優先交渉権者による技術提案について、価格等の交渉を経て、最終的に決定した仕様、発注者と受注者の責任分担とその内容を明確にし、特記仕様書等の設計図書に具体的に記載する。

6. 技術提案・交渉方式の結果の公表

発注者は契約手続の透明性・公平性を確保するため、技術提案の評価に関する基準、優先交渉権者の選定方法等については、あらかじめ説明書等において明らかにする。また、「工事における入札及び契約の過程並びに契約の内容等に係る情報の公表について」（平成 13 年 3 月 30 日付け国官会第 1429 号、国地契第 26 号）に準じて、技術提案の評価結果等については、工事の契約後早期に公表する。

6.1 結果の公表

6.1.1 手続開始時の公表事項

技術提案・交渉方式の適用工事では、説明書等において以下の事項を明記する。

① 技術提案・交渉方式の適用の旨

② 競争参加資格

③ 技術提案の評価に関する基準

・評価項目

・評価基準

・評価項目ごとの評価基準

・評価項目ごとの最低限の要求要件及び上限値

・得点配分

④ 優先交渉権者の選定方法

6.1.2 技術協力業務・設計業務契約後の公表事項

技術提案・交渉方式の適用工事のうち、技術協力・施工タイプ、設計交渉・施工タイプの工事では、技術協力業務、設計業務の契約後速やかに以下の事項を公表する。

① 業者名

② 随意契約結果及び契約の内容

随意契約結果及び契約の内容の記載例を表 6-1 及び表 6-2 に示す。

表 6-1 随意契約結果及び契約の内容（技術協力業務契約の場合）の記載例

業務の名称	○○工事に関する技術協力業務
業務概要	技術協力対象事業 工事延長 L=○○○m 道路工（掘削工○○m3、路体盛土工○○m3、路床盛土工○○m3)、擁壁工（補強土壁工 H=○○～○○m L=○○m)、函渠工（○×○m L=○○m)、小型水路工 L=○○m、トンネル工（NATM○○m2 L=○○m)、仮設工一式 業務内容 設計確認、施工計画作成、技術情報の提出、全体工事費の算出、関係機関との協議資料作成支援、技術提案、設計調整協議
契約担当官等の氏名並びにその所属する部局の名称及び所在地	支出負担行為担当官○○地方整備局長○○ ○○ ○○県○○市○○町○○－○○
契約年月日	令和○○年○月○日
契約業者名	○○建設（株）
契約業者の住所	○○市○○市町○－○－○
契約金額	○○○，○○○，○○○円（税込み）
予定価格	○○○，○○○，○○○円（税込み）
随意契約によることとした理由	○○工事は、これまでに実績のない○○○の条件下で施工を行う必要がある工事である。この条件に適用可能な施工技術は民間の施工会社において開発されているが、各社によって開発している技術が異なるとともに施工計画や設計も当該技術に最適化する必要がある。このため、発注者によって最適な仕様を設定できない工事であり、技術提案・交渉方式を適用し事業目的達成のために最も有効な○○工法に基づく技術提案を行った○○建設を優先交渉権者として選定したものである。 本業務は、○○工事に先だって○○工法を反映した設計を実施するための技術協力業務であり、技術開発者である○○建設が業務の履行が可能な唯一の者である。 よって､会計法第 29 条の３第４項及び予算決算及び会計令 102 条の４第３号の規定に基づき随意契約を行う。
業務場所	○○県○○市○○～○○地先
業種区分	土木関係建設コンサルタント業務
履行期間（自）	令和○○年○月○日
履行期間（至）	令和○○年○月○日
備考	

表 6-2　随意契約結果及び契約の内容（設計業務契約の場合）の記載例

業務の名称	○○工事に関する実施設計業務
業務概要	実施設計対象事業 　工事延長 L＝○○○m 　道路工（掘削工○○m3、路体盛土工○○m3、路床盛土工○○m3)、擁壁工（補強土壁工 H＝○○～○○m　L＝○○m)、函渠工（○×○m　L＝○○m)、小型水路工 L＝○○m、トンネル工（NATM○○m2　L＝○○m)、仮設工一式 業務内容 　実施設計、施工計画作成、技術情報の提出、全体工事費の算出、関係機関との協議資料作成支援、技術提案、設計調整協議
契約担当官等の氏名並びにその所属する部局の名称及び所在地	支出負担行為担当官○○地方整備局長○○　○○ ○○県○○市○○町○○－○○
契約年月日	令和○○年○月○日
契約業者名	○○建設（株）
契約業者の住所	○○市○○市町○－○－○
契約金額	○○○，○○○，○○○円（税込み）
予定価格	○○○，○○○，○○○円（税込み）
随意契約によることとした理由	○○工事は、これまでに実績のない○○○の条件下で施工を行う必要がある工事である。この条件に適用可能な施工技術は民間の施工会社において開発されているが、各社によって開発している技術が異なるとともに施工計画や設計も当該技術に最適化する必要がある。このため、発注者によって最適な仕様を設定できない工事であり、技術提案・交渉方式を適用し事業目的達成のために最も有効な○○工法に基づく技術提案を行った○○建設を優先交渉権者として選定したものである。 本業務は、○○工事に先だって○○工法を反映した設計を実施する業務であり、技術開発者である○○建設が業務の履行が可能な唯一の者である。 よって、会計法第 29 条の 3 第 4 項及び予決令 102 条の 4 第 3 号の規定に基づき随意契約を行う。
業務場所	○○県○○市○○～○○地先
業種区分	土木関係建設コンサルタント業務
履行期間（自）	令和○○年○月○日
履行期間（至）	令和○○年○月○日
備考	

6.1.3　工事契約後の公表事項

技術提案・交渉方式を適用した工事において、工事の契約後速やかに以下の事項を公表する。

(1)　随意契約結果及び契約の内容

① 業者名

② 各業者の技術評価点

③ 随意契約結果及び契約の内容

④ 技術提案の改善過程

(2)　契約者の選定経緯について

① 工事概要

② 経緯

③ 競争参加資格確認等

④ 技術提案審査

⑤ 技術対話（実施しない場合は省略）

⑥ 価格等交渉

⑦ 契約相手方の決定

⑧ 技術提案・交渉方式に係る専門部会の経緯

随意契約結果及び契約の内容の記載例を表 6-3 に、契約者の選定経緯（工事概要、経緯、競争参加資格確認等、技術提案審査、技術提案の改善過程）の記載例を表 6-4 に示す。

技術提案・交渉方式において、技術提案の改善（技術対話）を実施した場合には、優先交渉権者選定前に実施する技術対話における公平性、透明性を確保するため、工事の契約後速やかに評価結果とともに、④の技術提案の改善に係る過程の概要を公表する必要がある（品確法第 17 条）。

改善過程の公表内容としては、各競争参加者に対する発注者からの改善要請事項の概要、各者の再提出における改善状況の概要を基本とし、各競争参加者の提案の具体的内容に係る部分は公表しないものとする。また、競争参加者の知的財産を保護する観点から、各者の了解を得た上で公表するものとする。

表 6-3　随意契約結果及び契約の内容（工事請負契約の場合）の記載例

工事の名称	○○工事
工事概要	工事延長L＝○○○m 道路工（掘削工○○m^3、路体盛土工○○m^3、路床盛土工○○m^3)、擁壁工（補強土壁工H＝○○～○○m　L＝○○m)、函渠工（○×○m　L＝○○m)、小型水路工L＝○○m、トンネル工（NATM○○m^2　L＝○○m)、仮設工一式
契約担当官等の氏名並びにその所属する部局の名称及び所在地	支出負担行為担当官○○地方整備局長○○　○○ ○○県○○市○○町○○－○○
契約年月日	令和○○年○月○日
契約業者名	○○建設（株）
契約業者の住所	○○市○○市町○－○－○
契約金額	○○○，○○○，○○○円（税込み）
予定価格	○○○，○○○，○○○円（税込み）
随意契約としたこととした理由	○○工事は、これまでに実績のない○○○の条件下で施工を行う必要がある工事である。この条件に適用可能な施工技術は民間の施工会社において開発されているが、各社によって開発している技術が異なるとともに施工計画や設計も当該技術に最適化する必要がある。このため、発注者によって最適な仕様を設定できない工事であり、技術提案・交渉方式を適用し事業目的達成のために最も有効な○○工法に基づく技術提案を行った○○建設を優先交渉権者とし、当該技術を反映した設計を実施した。 本工事はこの設計に基づく工事を行うものであり、技術開発者である○○建設が工事の実施が可能な唯一の者である。 よって、会計法第29条の3第4項及び予決令102条の4第3号の規定に基づき随意契約を行う。
工事場所	○○県○○市○○～○○地先
工事種別	一般土木
工期（自）	令和○○年○月○日
工期（至）	令和○○年○月○日
備考	

表 6-4 契約者の選定経緯の記載例

○○工事に係る契約者の選定経緯について

1．工事概要

（1）発注者

国土交通省　○○地方整備局

（2）工事名

○○工事

（3）工事場所

○○県○○市○○地先

（4）工事内容

工事延長 L＝○○○m

○○工（L＝○○m）、仮設工一式

（5）工期

契約締結日の翌日から令和○○年○月○日まで

2．経緯

（1）契約者決定の流れ

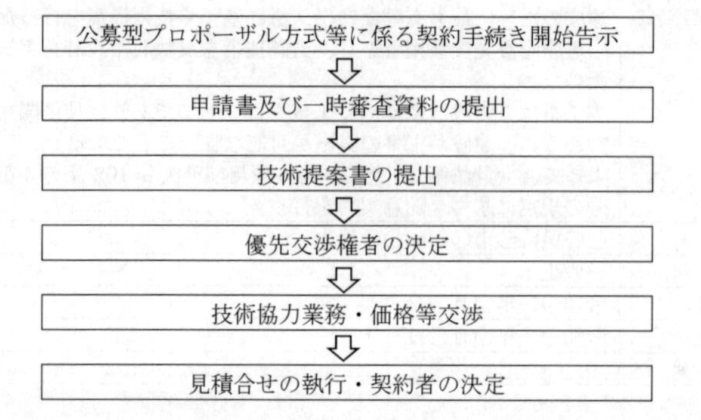

（2）契約者決定までの主な経緯

契約者決定までの主な経緯は表－□のとおりである。

表－□　契約者決定までの主な経緯

日付	内容
令和○○年○月○日	技術提案・交渉方式に係る専門部会（第1回）
令和○○年○月○日	入札・契約手続運営委員会（公示内容確認）
令和○○年○月○日	契約手続開始の公示
令和○○年○月○日 ～令和○○年○月○日	申請書の提出期間
令和○○年○月○日	入札・契約手続運営委員会（技術提案提出要請者決定）

令和○○年○月○日	技術提案書の提出要請
令和○○年○月○日 ～令和○○年○月○日	技術提案書の提出期間
令和○○年○月○日 ～令和○○年○月○日	技術提案書提出者に対してのヒアリング
令和○○年○月○日	技術提案・交渉方式に係る専門部会（第２回）
令和○○年○月○日	入札・契約手続運営委員会（優先交渉権者決定）
令和○○年○月○日	優先交渉権者選定通知
令和○○年○月○日	基本協定締結、技術協力業務委託契約、設計協力協定締結
令和○○年○月○日 ～令和○○年○月○日	価格等交渉（○回）
令和○○年○月○日	技術提案・交渉方式に係る専門部会（第３回）
令和○○年○月○日	入札・契約手続運営委員会（契約相手方特定）
令和○○年○月○日	特定通知
令和○○年○月○日	見積合せ
令和○○年○月○日	工事請負契約締結

（３）工事実施者の選定方式

本工事は、○○の施工を行うものであり、○○○○のため、設計段階から施工者独自のノウハウを取り入れる発注方式（技術提案・交渉方式（○○タイプ）を採用することとした。本方式は、技術提案に基づき選定された優先交渉権者と技術協力（設計）業務の契約を締結し、別の契約に基づき実施している設計に技術提案内容を反映させ、目標工期、工事額を算定した上で、価格等の交渉を行い、交渉が成立した場合に施工の契約を締結するものである。

（４）工事実施者の選定体制

技術提案等の審査・評価は、○○地方整備局の入札契約手続運営委員会に諮ったうえで決定した。また、中立かつ公正な審査・評価の確保を図るため、学識経験者で構成する「技術提案・交渉方式に係る専門部会」（以下、「専門部会」という。）を設置した。専門部会は、下記の学識経験者○名で構成し、公示前、技術審査段階、価格等の交渉段階の３段階において意見聴取を行った。なお、専門部会は非公開とした。

表－□　技術提案・交渉方式に係る専門部会の委員

氏名	所属
○○　○○	○○大学　教授
○○　○○	○○大学　教授
○○　○○	○○大学　教授
○○　○○	○○大学　教授

３．競争参加資格確認等

（１）競争参加資格確認

競争参加資格確認は、競争参加者としての適正な資格と必要な実績を有するかを審査するものである。段階選抜は、競争参加資格が確認されたものに対して配置予定技術者の能力、企業の施工実績、事故及び不誠実な行為に対する評価により技術提案を要請する者を選抜するために実施するものである。

（2）審査結果

令和〇〇年〇月〇〇日までに〇者の応募があった。〇者から提出された競争参加資格確認申請書について資格審査を行った結果、いずれの者も競争参加資格を満たしていた。競争参加資格を有する〇者に対し令和〇〇年〇月〇日付で技術提案書の提出要請を通知した。

4．技術提案審査

（1）技術提案審査の概要

技術提案審査にあたり、以下の３提案を求めた。

1）　〇〇に関する提案

2）　〇〇に関する提案

3）　〇〇に関する提案

技術提案書は、〇者すべてから提出があった。〇者に対して技術提案を評価し、技術協力業務及び価格交渉を行う優先交渉権者１者及び次順位以下の交渉権者を決定した。技術提案の評価は、各者９０分のヒアリングを実施し技術提案内容の確認を行ったうえで、上述の提案項目に関する提案内容を審査することで行った。

なお、公示後、技術提案書等の作成に関する質問期間（令和〇〇年〇月〇〇日～令和〇〇年〇月〇〇日）に、〇〇〇件の質問を受領・回答している。

（2）審査結果

審査にあたっての評価基準及び配点は表－□、審査結果は表―△のとおりである。

表－□　評価基準

評価項目				配点
技術提案	(a)・・・に関する提案	〇〇性	・・・の場合に優位に評価する。	10
		□□性	・・・の場合に優位に評価する。	20
	(b)・・・に関する提案	〇〇性	・・・の場合に優位に評価する。	20
		□□性	・・・の場合に優位に評価する。	40
	(c)・・・に関する提案	〇〇性	・・・の場合に優位に評価する。	10
		□□性	・・・の場合に優位に評価する。	10
合計				110 点

表－△　審査結果

件名：　　　〇〇〇〇工事

選定通知日：　令和〇年〇月〇日

業者名	技術提案			合計点	概要
	評価項目(a)	評価項目(b)	評価項目(c)		
A 者	15	30	5	50	交渉権者
B 者	－	－	－	－	辞退
C 者	20	20	10	50	交渉権者
D 者	15	50	10	75	優先交渉権者

表－△　個別評価

評価項目		□□□者	☆☆☆者	△△△者
(a)・・・に関する提案	○○性	○	○	○
	□□性	◎	◎	△
(b)・・・に関する提案	○○性	○	◎	○
	□□性	△	○	△
(c)・・・に関する提案	○○性	△	○	○
	□□性	○	◎	○

※◎、○、△に係る説明（凡例）を記載する。

5．技術対話（実施しない場合は省略）

技術提案書の提出があった○者に対して技術対話を実施した。技術対話を通じて、発注者から技術提案の改善を求め、競争参加者に提案を改善する機会を設け、令和○○年○月○日に改善された最終技術提案書を○者から受領した。

技術対話の内容は、表－□の通りであった。

表－□　技術提案の改善過程の公表イメージ

項目	□□□者		☆☆☆者		△△△者	
	発注者からの改善要請事項	競争参加者の改善状況	発注者からの改善要請事項	競争参加者の改善状況	発注者からの改善要請事項	競争参加者の改善状況
○○	施工ヤード位置の変更	指摘に基づき改善				
□□	安全性確認のため○○工法の作業手順書の提出を要請	作業手順書の資料を提出				
△△		下部工の接合方法である現場溶接の代替工法として○○に変更				

※技術提案の具体的内容に係る部分は公表しないものとし、競争参加各者の了承を得た上で公表するものとする。

6．価格等交渉

（1）実施方法

発注者及び優先交渉権者で技術協力業務の契約を締結するに当たり、設計業務及び技術協力業務完了後の工事の契約に向けた価格等の交渉等に関する基本協定を令和○○年○月○日に締結した。

（2）経過

基本協定書に基づき、○回の価格等交渉を実施した。主な経過は以下の通りである。

【第1回】令和○○年○月○日

・・・・

【第2回】令和○○年○月○日

・・・・・・
【第３回】令和○○年○月○日
・・・・・・
【第○回】令和○○年○月○日
・・・・・・

上記○回の価格等交渉を踏まえ、発注者において両優先交渉権者の価格の妥当性を確認したことから、令和○○年○月○日、第３回専門部会に価格等交渉結果について報告し、価格交渉結果及び交渉成立の妥当性が確認された。

（３）価格の妥当性の検証について

優先交渉権者から提出された工種毎における見積額の妥当性の検証については、以下のとおり行い、見積り条件やヒアリング等により確認した。

① 歩掛については、原則、標準歩掛を使用し、優先交渉権者独自のものは優先交渉権者の見積りを採用し、優先交渉権者との価格交渉及びこれまでの類似実績等を参考に妥当性を確認した。

② 設計単価（労務単価、資材単価、機械経費）については、原則、○○地方整備局の統一単価及び市場単価、特殊な材料については特別調査単価を使用し、市場性のない資材単価及び機械経費については３社見積りを徴収した上、優先交渉権者との価格交渉及びこれまでの類似実績等を参考に妥当性を確認した。

また、総価において、当初発注者が公告時に設定した参考額と優先交渉権者の見積額について著しく乖離がないことを確認した。

（参考額）○○円

（契約額）○○円

（４）その他

価格等交渉の過程で決定した施工条件等については、特記仕様書に記載し契約に反映させた。

（５）見積合せ

実施日時　令和○○年○月○日

７．契約相手方の決定

（１）工事名　○○工事
（２）契約者　○○
（３）工事場所　○○～○○
（４）工事請負契約締結日　令和○○年○月○日
（５）契約金額　予定価格　○○円（消費税及び地方消費税を含む）
　　　　　　　　契約金額　○○円（消費税及び地方消費税を含む）

８．技術提案・交渉方式に係る専門部会の経緯

本工事の手続きにあたっては、中立かつ公正な審査を行うため、学識経験者等で構成する専門部会を設置し、全３回の意見聴取を行った。

各委員会の開催日及び意見聴取事項等は以下のとおり。

【第１回専門部会　公示前】

1）　開催日：令和〇〇年〇月〇日（〇）

2）　意見聴取事項

①　技術提案・交渉方式の適用の可否について

②　契約手続きの流れについて

③　技術提案項目・評価基準について

3）　主な意見

・・・・・・

【第２回専門部会　技術審査段階】

1）　開催日：令和〇〇年〇月〇日（〇）

2）　意見聴取事項

①　審査結果について

②　価格交渉の手順について

3）　主な意見

・・・・・

【第３回専門部会　価格等の交渉段階】

1）　開催日：令和〇〇年〇月〇日（〇）

2）　意見聴取事項

①　価格等の交渉経緯について

②　価格等の交渉の合意内容について

③　予定価格の算定方法について

④　公表資料について

3）　主な意見

6.2 中立かつ公正な審査・評価の確保

技術提案・交渉方式の適用に当たっては、発注者の恣意を排除し、中立かつ公正な審査・評価を行うことが重要である。このため、各地方整備局等においては、「総合評価方式及びプロポーザル方式における技術提案の審査に関する体制について」（平成 18 年 7 月 11 日付け国官総第 263 号、国官会第 495 号、国地契第 38 号、国官技第 92 号、国営計第 54 号）に基づき設置された総合評価委員会にて審査を実施することとする。

6.2.1 学識経験者の意見聴取

(1) 共通事項に関する意見聴取

技術提案・交渉方式の実施方針及び複数の工事に共通する評価方法等を定めようとするときは、各地方整備局等に設置された総合評価委員会において学識経験者の意見を聴くものとする。

具体的には、技術提案の評価に関する基準（評価項目、評価基準及び得点配分）及び優先交渉権者の選定方法を決定するに当たり、学識経験者の意見を聴取する。

(2) 個別事項に関する意見聴取

個々の事業目的の達成可能性や事業の状況等から技術提案・交渉方式適用の必要性、事業特性（事業内容、規模、要求要件等）に応じた適切な評価項目・基準の設定や技術提案の審査を実施するために、学識経験者の意見を聴取する。公示前、技術審査段階及び価格等の交渉段階における意見聴取事項は表 6-5 のとおりである。

表 6-5 学識経験者への意見聴取事項（個別事項）

意見聴取段階	意見聴取事項	意見聴取内容等
公示前	技術提案・交渉方式の適用の可否	適用の妥当性
	技術提案範囲・項目・評価基準	範囲・項目・評価基準の妥当性
	参考額の設定方法	参考額の設定方法の妥当性
	交渉手続	参考額の設定を含めた価格等の交渉の実施に係る事項、交渉結果の公表事項の妥当性
技術審査段階	各競争参加者の技術提案内容	提案内容の成立性・妥当性
	個別評価項目の技術審査・評価内容	各技術提案の個別評価項目に対する審査及び評価結果の妥当性
	各競争参加者の技術評価点・順位	技術評価点・順位の妥当性

	技術提案に対する講評	技術提案に係わる競争参加者全般にわたる総合講評及び各競争参加者に対する個別講評の妥当性
	優先交渉権者選定、交渉権者選定及び非選定	非選定とする理由等の妥当性
	価格等の交渉手順	価格等の交渉手順の妥当性
価格等の交渉段階	価格等の交渉の合意の内容	合意した見積条件、工事費等の妥当性
	交渉成立・不成立	交渉を成立又は不成立とすることの妥当性
	予定価格	算定の考え方の妥当性

6.2.2 技術提案に関する機密の保持

発注者は、民間企業からの技術提案自体が提案者の知的財産であることに鑑み、技術提案内容に関する事項が他者に知られることのないようにし、提案者の了承を得ることなく提案の一部のみを採用することのないようにする等、その取り扱いに留意する。

このため、設計業務や技術協力業務の成果物について、情報公開における非開示部分を確認し明確にしておく必要がある。

6.3　契約過程に関する苦情処理

国土交通省においては、公正な競争の促進、透明性の確保の観点から、不服（再苦情）のある者については、「入札監視委員会の設置及び運営について」（平成 13 年 3 月 30 日国官第 1431 号、国官地第 27 号）に基づき設置される入札監視委員会による審議を経て回答することとし公正に不服を処理することとしている。

技術提案・交渉方式による優先交渉権者選定、価格等の交渉及び契約過程に関する苦情処理については、「工事等における入札・契約の過程に係る苦情処理の手続について」（平成 13 年 3 月 30 日付け国官会第 1430 号、国地契第 28 号）に準じて、適切に実施することとする。

技術提案の審査結果については、競争参加者の苦情等に適切に対応できるように評価項目ごとに評価の結果及びその理由を記録しておく。

災害復旧における入札契約方式の適用ガイドライン

平成29年7月

（令和3年5月改正）

国 土 交 通 省

目次

1. 入札契約方式選定の基本的考え方

国土交通省が平常時に発注する工事においては、競争性や公正性の確保の観点等から、会計法令上の原則である一般競争方式を原則的に適用している。

しかしながら、近年頻発する災害時では、その復旧事業に係る工事や業務（測量・調査・設計等の業務をいう。以下同じ。）の発注において、随意契約や指名競争といった入札契約方式を適用するとともに、現地の状況に応じた措置を講じたうえで、平常時とは異なる入札契約方式を適切に選択することにより、早期の復旧に努めている。

本ガイドラインは、災害復旧や復興に当たっての入札契約方式の選定についての基本的な考え方等を整理したものであり、国土交通省が発注する災害復旧・復興事業においては、関係法令等に則るとともに、本ガイドラインの基本的考え方に基づき、適切な入札契約方式の適用等発注関係事務を行うこととする。

なお、入札契約方式の選定以外も含む、災害発生時の入札・契約等に関する対応全般の基本的な留意事項は、「国土交通省直轄事業における災害発生時の入札・契約等に関する対応マニュアル」に示されているため、適宜参照することとする。

1-1　発注者の果たすべき役割

災害復旧・復興においても、発注者は、関係する法令等に則り、その役割を果たしていく必要がある。

まず、公共工事等の発注者として、公共工事の品質確保に関する基本理念や国等の責務等を定めた「公共工事の品質確保の促進に関する法律」（平成 17 年法律第 18 号。以下「品確法」という。）に則ることとなる。品確法では、発注者等の責務として、現在及び将来にわたる公共工事の品質確保の観点から、予定価格の適正な設定、低入札価格調査基準価格等の設定、適切な工期の設定や適切な設計変更の実施等の措置を講じることを規定しており、令和元年６月の改正では、緊急性に応じた随意契約等の選択、災害協定の締結・発注者間の連携、労災補償に必要な費用の予定価格への反映等が新たに規定された。

また、「公共工事の入札及び契約の適正化の促進に関する法律」（平成 12 年法律第 127 号）では、基本となるべき事項として、入札及び契約の過程並びに契約の内容の透明性の確保、公正な競争の促進等を規定している。

さらに、総合的かつ計画的な防災行政の整備及び推進を図る「災害対策基本法」（昭和 36 年法律第 223 号）では、基本理念として、被害の最小化及びその迅速な回復、国、地方公共団体及びその他の公共機関の適切な役割分担及び相互の連携協力の確保等を規定している。

発注者には、これら法令の趣旨を十分に踏まえた対応が求められるが、災害復旧・復興に当たっては、特に、地域の建設企業が、災害対応、除雪といった「地域の守り手」として重要な役割を担っていることを踏まえる必要があり、品確法においても、地域において災害時における対応を含む社会資本の維持管理が適切に行われるよう、地域の実情を踏まえ地域における公共工事の品質確保の担い手の育成及び確保や、災害応急対策又は災害復旧に関する工事等が迅速かつ円滑に実施される体制の整備が求められている。このため、災害復旧・復興事業における工事・業務の発注に当たっては、分離分割発注、地域に精通する企業の積極的な活用等の措置を適宜適切に講じる必要がある。

1-2　入札契約方式の選定の基本的な考え方

入札契約方式は、「公共工事の入札契約方式の適用に関するガイドライン」（平成 27 年 5 月）等に基づき、事業プロセスの中で、必要な要素（契約方式、競争参加者の設定方法、落札者の選定方法、支払い方式）を適切に選択し、組み合わせて適用することが重要である。

災害時の復旧に当たっては、早期かつ確実に工事・業務を実施可能な者を短期間で選定し、作業に着手することが求められる。また、その上で透明性、公平性の確保に努めることが必要となる。

以上を踏まえ、災害復旧における入札契約方式の適用に当たっては、工事・業務の緊急度や実施する企業の体制等を勘案し、随意契約、指名競争の適用を検討することとし、契約相手の選定に当たっては、協定締結状況や施工体制、地理的状況、施工実績等を踏まえ、最適な契約相手が選定できるように努めるとともに、書面での契約を行う。

図 1-1 に、災害時における入札契約方式の選定の基本的な考え方を示す。災害復旧・復興事業は、災害が発生してから復興に至るまで、一般に、１）被害状況把握、２）応急復旧（仮復旧）、３）本復旧、４）復興の事業プロセスがある。発災直後の被害状況把握、応急復旧は、緊急度が高く、随意契約や、既契約の維持工事等を活用して速やかな実施が必要となる。また、本復旧段階において、構造物が有すべき機能・性能を回復していない場合、通常であれば被害を生じない程度の降雨や余震に対しても十分な警戒（避難や通行制限等）が必要となり、社会経済、住民生活に大きな制約が生じる。そのため、本復旧段階であっても、被害の最小化や社会経済、住民生活の回復等の至急の原状復帰の観点から、随意契約の適用が必要となる場合がある。

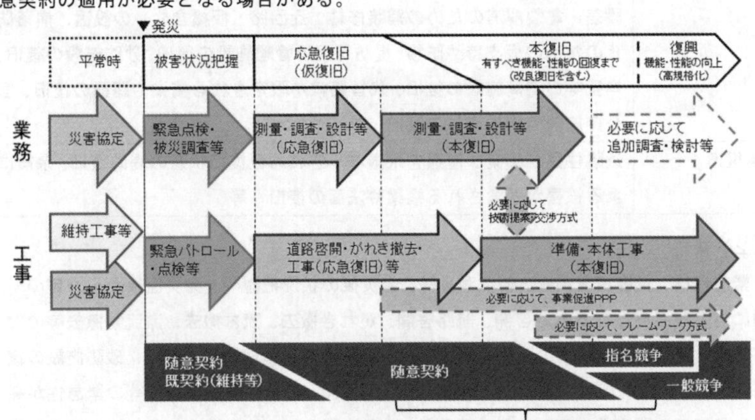

※応急復旧：緊急的に機能回復を図る工事
　本復旧　：被災した施設を原形に復旧する工事、または、再度災害を防止する工事

図 1-1 災害時における入札契約方式の選定の基本的な考え方

1-2-1　随意契約

（1）工事

発災直後から一定の間に対応が必要となる道路啓開、航路啓開、がれき撤去、流木撤去、漂流物撤去等の災害応急対策や、段差解消のための舗装修繕、堤防等河川管理施設の復旧、砂防施設の復旧、岸壁等の港湾施設の復旧、代替路線が限定される橋梁や路面の復旧、官公庁施設や学校施設の復旧等の緊急性が高い災害復旧に関する工事等は、被害の最小化や社会経済の回復等の至急の原状復帰の観点から、随意契約（会計法（昭和22年法律第35号）第29条の3第4項又は地方自治法施行令（昭和22年政令第16号）第167条の2等）を選択するよう努める。表1-1に随意契約を適用できる工事の例を示す。

契約の相手方の選定に当たっては、被災地における維持工事等の実施状況、災害協定の締結状況、企業の本支店の所在地の有無、企業の被災状況、近隣での施工実績等を勘案し、早期かつ確実な施工の観点から最も適した者を選定する。

また、必要に応じて、発注者が災害協定を締結している業界団体から会員企業に関する情報提供を受け、施工体制を勘案し契約相手を選定する方法の活用にも努める。

表 1-1　随意契約を適用できる工事の例

分類	工事
被害状況把握	緊急パトロール、緊急点検、観測設備設置　等
応急復旧	道路啓開、航路啓開、がれき撤去、土砂撤去、流木撤去、漂流物撤去、段差・亀裂解消のための舗装修繕、迂回路（仮橋含む）の設置、崩落防止のための仮支持や防護、堤防等河川管理施設の復旧、砂防施設の復旧、岸壁等の港湾施設の復旧、代替路線が限定される橋梁や路面の復旧、官公庁施設や学校施設の復旧　等
本復旧	近隣住民が頻繁な避難を余儀なくされる仮復旧状態の堤防復旧、余震による被害が懸念される橋梁や法面の復旧　等

（2）業務

緊急点検、災害状況調査、航空測量等、発災後の状況把握や、発災直後から一定の間に対応が必要となる道路啓開、航路啓開、がれき撤去、流木撤去、漂流物撤去等の災害応急対策や、段差解消のための舗装修繕、堤防等河川管理施設の復旧、砂防施設の復旧、岸壁等の港湾施設の復旧、代替路線が限定される橋梁や路面の復旧等の緊急性が高い災害復旧に関する工事等に係る業務は、被害の最小化や社会経済の回復等の至急の原状復帰の観点から、随意契約（会計法第29条の3第4項又は地方自治法施行令第167条の2等）を選択するよう努める。表 1-2に随意契約を適用できる業務の例を示す。

契約の相手方の選定に当たっては、災害地における業務の実施状況、災害協定の締結状況、企業の本支店の所在地の有無、企業の被災状況、近隣での業務実績等を勘案し、早期かつ確実な業務の履行の観点から最も適した者を選定する。

また、必要に応じて、発注者が災害協定を締結している業界団体から会員企業に関する情報提供を受け、履行体制を勘案し契約相手を選定する方法の活用にも努める。

表 1-2　随意契約を適用できる業務の例

分類	測量・調査・設計等業務
被害状況把握	緊急点検、災害状況調査、航空測量、観測機器設置　等
応急復旧	道路啓開、航路啓開、がれき撤去、土砂撤去、流木撤去、漂流物撤去、段差・亀裂解消のための舗装修繕、迂回路（仮橋含む）の設置、崩落防止のための仮支持や防護、堤防等河川管理施設の復旧、砂防施設の復旧、岸壁等の港湾施設の復旧、代替路線が限定される橋梁や路面の復旧、官公庁施設や学校施設の復旧等に係る業務
本復旧	近隣住民が頻繁な避難を余儀なくされる仮復旧状態の堤防復旧、余震による被害が懸念される橋梁や法面の復旧等に係る測量・調査・設計等業務

（3）適用に当たっての留意点

- 発注者と特定の業者との間に発生する特殊な関係をもって、単純に適用される可能性や、適正な価格によって行われるべき契約がややもすれば不適正な価格によって行われてしまうことが懸念されることに留意する。
- 契約事務の公正性を保持し、経済性の確保を図る観点から、発注する工事・業務ごとに技術の特殊性、経済合理性、緊急性等を客観的・総合的に判断する必要があることに留意する。

（４）関係法令

【会計法（抜粋）】

第29条の３　契約担当官及び支出負担行為担当官（以下「契約担当官等」という。）は、売買、貸借、請負その他の契約を締結する場合においては、第３項及び第４項に規定する場合を除き、公告して申込みをさせることにより競争に付さなければならない。

④　契約の性質又は目的が競争を許さない場合、緊急の必要により競争に付することができない場合及び競争に付することが不利と認められる場合においては、政令の定めるところにより、随意契約によるものとする。

【予算決算及び会計令（昭和22年勅令第165号。抜粋)】

第102条の４　各省各庁の長は、契約担当官等が指名競争に付し又は随意契約によろうとする場合においては、あらかじめ、財務大臣に協議しなければならない。ただし、次に掲げる場合は、この限りでない。

③　契約の性質若しくは目的が競争を許さない場合又は緊急の必要により競争に付することができない場合において、随意契約によろうとするとき。

1-2-2　指名競争入札

（1）工事

災害復旧に関する工事のうち、随意契約によらないものであって、労働力や資材・機材等の調達において、需給がひっ迫した環境で実施する工事、出水期や降雪期等の一定の期日までに復旧を完了させる必要がある工事など、契約の性質又は目的により競争に加わるべきものが少数で一般競争入札に付する必要がないものにあっては、指名競争入札（会計法第29条の３第３項又は地方自治法施行令第167条等）を選択するよう努める。

指名競争入札を行う際は、有資格者名簿の中から、本支店・営業所の所在地、同種・類似工事の施工実績、手持ち工事の状況、応急復旧工事の施工実績等を考慮して、確実な履行が期待できる者を指名する。その際、過去の指名及び受注の状況を勘案して特定の者に偏らないよう配慮する。また、指名基準の公表等を通じて、透明性・客観性・競争性を向上させ、発注者の恣意性を排除する必要があることに留意する。

なお、災害が発生した地域においては、同時期に多くの工事が発生することから、受注する業界の施工体制との間で需要と供給のバランスが課題となり、不調不落の発生が予測されるような場合、所定の期間内の調達の概要・条件等を示した上で、公募により選定した複数の企業（フレームワーク企業）に対して、災害復旧に係る個別工事を発注するフレームワーク方式を適用することが考えられる。

また、必要に応じて品質確保のため施工能力を評価する総合評価落札方式を適用する。

（２）業務

災害復旧に関する業務のうち、随意契約によらないものであって、労働力（技術者）や資材・機材等の調達において、需給がひっ迫した環境で実施する工事、出水期や降雪期等の一定の期日までに復旧を完了させる必要がある工事に係る業務など、契約の性質又は目的により競争に加わるべきものが少数で一般競争入札に付する必要がないものにあっては、指名競争入札（会計法第 29 条の３第３項又は地方自治法施行令第 167 条等）を活用するよう努める。

指名競争入札を行う際は、有資格者名簿の中から、本支店・営業所の所在地、同種・類似業務の実績、手持ち業務の状況、緊急調査の実施状況等を考慮して、確実な履行が期待できる者を指名する。その際、過去の指名及び受注の状況を勘案して特定の者に偏らないよう配慮する。また、指名基準の公表等を通じて、透明性・客観性・競争性を向上させ、発注者の恣意性を排除する必要があることに留意する。

なお、災害が発生した地域において同時期に多くの業務が発生することから、受注する業界の履行体制との間で需要と供給のバランスが課題となり、不調不落の発生が予測されるような場合、必要に応じて所定の期間内の調達の概要・条件等を示した上で、公募により選定した複数の企業（フレームワーク企業）に対して、災害復旧に係る個別業務を発注するフレームワーク方式を適用すること等が考えられる。

また、必要に応じて品質確保のため履行能力を評価する総合評価落札方式を適用する。

（３）関係法令

【会計法（抜粋）】

第 29 条の３　契約担当官及び支出負担行為担当官（以下「契約担当官等」という。）は、売買、貸借、請負その他の契約を締結する場合においては、第３項及び第４項に規定する場合を除き、公告して申込みをさせることにより競争に付さなければならない。

③　契約の性質又は目的により競争に加わるべき者が少数で第一項の競争に付する必要がない場合及び同項の競争に付することが不利と認められる場合においては、政令の定めるところにより、指名競争に付するものとする。

【予算決算及び会計令（抜粋）】

第 102 条の４　各省各庁の長は、契約担当官等が指名競争に付し又は随意契約によろうとする場合においては、あらかじめ、財務大臣に協議しなければならない。ただし、次に掲げる場合は、この限りでない。

①　契約の性質又は目的により競争に加わるべき者が少数で一般競争に付する必要がない場合において、指名競争に付そうとするとき。

1-2-3　一般競争入札等

（１）工事

災害発生から復旧が進み、一定の入札契約期間が確保可能な内容と判断できる工事について、建設業者の状況も踏まえ適正な競争が可能な環境と判断できる場合には、競争性・公正性の確保の観点から、一般競争・総合評価落札方式等を適用する。入札参加要件の設定に当たっては、工事の性格、地域の実情等を踏まえ、工事の経験及び工事成績や地域要件等を適切に設定するとともに、総合評価落札方式における施工能力の評価に当たっては、災害応急対策等の実績を評価するなど、適切な評価項目の設定に努める。また、競争参加者が比較的多くなることが見込まれる工事においては、手続期間を考慮した上で、必要に応じて、段階的選抜方式の活用に努める。

（２）業務

災害発生から復旧が進み、一定の入札契約期間が確保可能な内容と判断できる業務について、業務を行う企業の状況も踏まえ適正な競争が可能な環境と判断できる場合には、競争性・公正性の確保の観点から、一般競争・総合評価落札方式等を適用する。入札参加要件の設定に当たっては、業務の性格、地域の実情等を踏まえ、業務の経験及び業務成績や地域要件等を適切に設定するとともに、総合評価落札方式、プロポーザル方式等を採用する。

２． 現地の状況等を踏まえた発注関係事務に関する措置

被災の状況や地域の実情に応じて、発災後の状況把握に関する業務、災害応急対策や災害復旧に関する工事・業務の早期実施、発注関係事務の負担軽減、復旧・復興を支える担い手の確保等の観点から、災害の状況や地域の実情に応じて、発注関係事務に関して必要な措置を検討する必要がある。以下に、各災害復旧・復興事例をもとに目的別の措置の概要を整理する。

2-1 確実な施工・業務実施の確保、不調・不落対策

（１）工事

1)実態を踏まえた積算の導入

災害発生後は、一時的に需給がひっ迫し、労働力や資材・機材等の調達環境に変化が生じることがある。このため、積算に用いる価格が実際の取引価格と乖離しているおそれがある場合には、積極的に見積り等を徴収し、その妥当性を確認した上で適切に予定価格を設定する。遠隔地から労働力や資材・機材等を調達する必要がある場合など、発注準備段階において施工条件を具体的に確定できない場合には、積算上の条件と当該条件が設計変更の対象となる旨も明示する。

災害復旧・復興による急激な工事量の増加により特定の地域において既存の積算基準類と実態に乖離が生じる場合には、不調・不落の発生状況を踏まえ、市場の変化を的確に把握し、必要に応じて復興係数や復興歩掛を設定又は活用する等、実態を踏まえた積算を実施するよう努める。また、必要に応じて不調随契の活用も検討する。

また、直轄工事の積算基準では、法定の労災保険料・法定外の労災保険の費用を現場管理費で計上することとしているように、作業中の二次災害等により負傷、疾病、障害又は死亡等の被害が発生した場合の損害を補償するための保険の経費についても計上するよう努める。

2)指名競争入札におけるダンピング対策等〔対象：指名競争入札〕

災害復旧事例で指名競争入札が適用された工事の中には、低入札が発生している事例もある。低入札による受注は、工事の手抜き、下請業者へのしわ寄せ、労働条件の悪化、安全対策の不徹底等につながることが懸念されるとともに、平常時と同等とは言えない競争環境であることも想定されることから、状況を丁寧に把握した上で、確実かつ円滑な履行ができる者のみを対象とする指名競争入札の適用等を検討する。

また、この場合において、価格により落札者を決定する指名競争入札を適用する際には、ダンピング行為が行われるおそれがあるとともに、ダンピング受注の横行により競争参加者が確保できなくなることも懸念され、確実かつ円滑な施工に支障を来すことも考えられることから、適正な施工体制を確保するための方策を講じる必要がある。この

ため、「品質の確保等を図るための著しい低価格による受注への対応について」(平成15年2月10日付け国官総第598号他)、「いわゆるダンピング受注に係る公共工事の品質確保及び下請業者へのしわ寄せの排除等の対策について」(平成18年4月14日付け国官総第33号他)等に基づき、発注者の監督・検査等の強化や受注者側技術者の増員の対象拡大等の措置を講じるとともに、「緊急公共工事品質確保対策について」(平成18年12月8日付け国官総第610号他)を踏まえ、必要に応じて、施工体制のみを技術面の評価項目とする施工体制確認型総合評価方式を適用する。

3)前払金限度額の引き上げ

東日本大震災の事例では、被災地における復旧・復興工事の施工確保対策として、前払金限度額を従来の4割から5割に引き上げる特例措置を講じた。また、契約の締結に当たり被災によって時間的余裕がなく、詳細な積算が著しく困難な場合には、工事概要、契約金額(その時点で最低限確実に受注者に対して支払うことが明らかである額)、前払金の額等のみを記載した契約書を取り交わした上で前払金を支払う措置も講じられている。緊急復旧事業を円滑に実施するために必要となる人員・資機材の確保を図るため、速やかに受注者に前払金を支払うことは重要であり、実際の対応に当たっては、これらの事例も参考にしつつ、現地の状況等を踏まえ、本省と連携しながら適切な対応に努めることとする。

(2)業務

1)実態を踏まえた積算の導入

積算に用いる価格が実際の取引価格と乖離しているおそれがある場合には、積極的に見積り等を徴収し、その妥当性を確認した上で適切に価格を設定する。また、遠隔地から資材・機材の調達や技術者を確保する必要がある場合など、発注準備段階において作業条件等を具体的に確定できない場合には、積算上の条件と当該条件が設計変更の対象となる旨も明示する。

また、作業中の二次災害等により負傷、疾病、障害又は死亡等を被った場合の損害を補償するための保険の経費についても計上するよう努める。

2)指名競争入札におけるダンピング対策等〔対象:指名競争入札〕

低入札による受注は、業務の手抜き、再委託先へのしわ寄せ、労働条件の悪化、安全対策の不徹底等につながることが懸念されるとともに、平常時と同等とは言えない競争環境であることも想定されることから、状況を丁寧に把握した上で、確実かつ円滑な履行ができる者のみを対象とする指名競争入札の適用等を検討する。

3)前払金の速やかな支払い

業務を円滑に実施するために必要となる労働力や資材・機材等の確保を図るため、速やかに受注者に前払金を支払うことは重要であり、東日本大震災の復旧事例等も参考にしつつ、現地の状況等を踏まえ、本省と連携しながら適切な対応に努めることとする。

2-2 発注関係事務の効率化

（１）工事

一括審査方式は、一般競争入札の適用に当たり、施工地域が近接し、工事の内容等が同種であるなど、競争参加資格や総合評価方式の評価項目等を共通化できる複数工事を同時に公告し、技術審査・評価を一括して実施するものである。発注者・競争参加者双方の入札事務手続の負担軽減の観点に加え、特定の企業への受注の集中を回避し、技術者・資材が確保された施工体制を整えている複数の企業により確実かつ円滑な施工が行われる観点から、一括審査方式を積極的に活用する。

（２）業務

発注者・競争参加者双方の入札事務手続の負担軽減の観点に加え、特定の企業への受注の集中を回避して、技術者が確保された履行体制を整えている複数の企業により確実かつ円滑な業務の履行が行われる観点から、一括審査方式を積極的に活用するよう努める。

2-3 復旧・復興工事の担い手の確保

（１）共同企業体の活用

工事規模の大型化や事業量の急増により、単体での施工が可能な企業数が相対的に減少することも想定される場合には、必要に応じて地域の建設企業が継続的な協業関係を確保することにより、その実施体制を安定確保するために結成される地域維持型建設共同企業体（以下「地域維持型 JV」という。）や事業協同組合等を活用するよう努める。地域維持型 JV の活用に当たっては、「直轄工事における地域維持型建設共同企業体の取扱い」（平成 24 年 6 月 27 日付け国地契第 18 号他）に基づくものとする。

復興事業では特定の地域において事業量が急増し、被災地域に所在する企業のみでは全ての復旧・復興工事を担うことが困難となることから、被災地域の建設企業と被災地域外の建設企業が共同企業体を結成して、復旧・復興工事を行う「復興 JV」制度を活用している事例もある。

これらの共同企業体の活用事例を参考としつつ、必要な施工体制の確保に努めることとする。

（２）地域企業の参加可能額の拡大

復旧工事では、地域に精通した企業による施工が、円滑かつ早期の復旧に繋がる。また、地域に精通した企業が積極的に復旧に携わることにより、将来の地域の社会資本を支える企業を確保することにも繋がる。一方、事業量の増大に対して、限られた人員で対応するためには、発注ロットの大型化が求められる場合もある。このように担い手の確保とロットの大型化による早期の復旧の実現という双方の観点から、今後の等級別の発注の見通しも踏まえ、必要に応じて、等級ごとのバランスに配慮しつつ、地域企業が中心となる一般土木Ｃ等級企業の参加が可能な工事価格帯の上限を引き上げる措置を講じることとする。

2-4　迅速な事業執行

（１）支出負担行為事務の委任範囲の拡大

災害発生時には、早期復旧の観点から、事務負担を軽減させつつ、地域に精通した企業を活用することが必要となり、発注ロットの大型化についても検討が必要となる場合がある。

今後の工事の見通しや施工能力のある企業の受注状況等も踏まえ、現場主導の事業執行の迅速性を向上させるため、必要に応じて、直轄工事において、予定価格3億円以下（北海道開発局を除く）の工事とされている分任支出負担行為担当官である事務所長が契約できる範囲を拡大する。

（２）政府調達協定対象工事・業務における適用〔対象：随意契約・指名競争入札〕

政府調達協定その他の国際約束（以下「ＷＴＯ等」という。）対象工事は、「政府調達に関する協定」や「国の物品等又は特定役務の調達手続の特例を定める政令」（昭和55年政令第300号。以下「特例政令」という。）、「公共事業の入札・契約手続の改善に関する行動計画」等に基づき手続を行う。平常時におけるＷＴＯ等の対象となる工事・業務は、一般競争入札（公開入札）に付すことが原則となるが、災害時、緊急性の高い復旧工事・業務は、政府調達に関する協定第13条を踏まえ、必要に応じて、随意契約（限定入札）や指名競争入札（選択入札）を適用し、早期復旧を行うものとする。

【政府調達に関する協定（抜粋）】

第４条　一般原則
（無差別待遇）
１　各締約国（その調達機関を含む。）は、対象調達に関する措置について、他の締約国の物品及びサービスに対し並びに他の締約国の供給者であって締約国の物品及びサービスを提供するものに対し、即時にかつ無条件で、次の物品、サービス及び供給者に与える待遇よりも不利でない待遇を与える。
(a) 国内の物品、サービス及び供給者
(b) 当該他の締約国以外の締約国の物品、サービス及び供給者

（調達の実施）
４　調達機関は、対象調達を次の(a)から(c)までの要件を満たす透明性のある、かつ、公平な方法により実施する。
(a) 公開入札、選択入札、限定入札等を用いた、この協定に適合する方法であること。

【政府調達に関する協定（抜粋）】

第８条　参加のための条件
１　調達機関は、調達への参加のためのいかなる条件も、供給者が当該調達を遂行するための法律上、資金上、商業上及び技術上の能力を有することを確保する上で不可欠なものに限定しなければならない。
２　調達機関は、参加のための条件を定めるに当たり、
(a) 供給者が以前に特定の締約国の調達機関と１又は２以上の契約を締結したことを当該供給者が調達に参加するための条件として課してはならない。
(b) 調達の要件を満たすために不可欠な場合には、関連する過去の経験を要求することができる。

第13条　限定入札
１　調達機関は、次のいずれかの場合に限り、限定入札を用いること並びに第７条から第９条まで、第10条７から11まで、第11条、前条、次条及び第15条を適用しないことを選択することができる。ただし、当該調達機関が、供給者間の競争を避けることを目的として又は他の締約国の供給者を差別し、若しくは国内の供給者を保護するように、この１の規定を適用しないことを条件とする。
(d)　調達機関の予見することができない事態によりもたらされた極めて緊急な理由のため、公開入札又は選択入札によっては必要な期間内に物品又はサービスを入手することができない場合において、真に必要なとき。

※下線部は、緊急性の高い復旧工事における限定入札の適用に係る規定

【国の物品等又は特定役務の調達手続の特例を定める政令（抜粋）】

> 第13条　各省各庁の長は、契約担当官等が特定調達契約につき随意契約によろうとする場合においては、あらかじめ、財務大臣に協議しなければならない。ただし、次に掲げる場合において随意契約によろうとするときは、この限りでない。
> 1～4　（略）
> 5　緊急の必要により競争に付することができない場合

※下線部は、災害復旧を理由とした随意契約適用時の財務協議の免除に係る規定

【公共事業の入札・契約手続の改善に関する行動計画（抜粋）】

> Ⅰ　1　調達方式
> 　工事及び設計・コンサルティング業務については、以下のとおり、国際的な視点も加味した透明・客観的かつ競争的な調達方式を採用する。ただし、安全保障に係る調達並びに緊急を要する場合及び秘密を要する場合等における調達については、これによらないことができる。
> （1）　工事－－一般競争方式の採用
> （略）基準額以上の調達については、一般競争入札方式で行う。

※下線部は、緊急性の高い復旧工事における一般競争入札の適用除外に係る規定

(3) 政府調達協定対象工事における手続日数の短縮〔対象：一般競争入札〕

ＷＴＯ対象工事では、一般競争入札にあっては入札期日の前日から起算して少なくとも40日前に官報により公告することとされているが、急を要する場合は、その期間を10日に短縮することも認められている。この規定を踏まえ、現地の状況を踏まえた適切な手続き期間の設定に努めることとする。

【特例政令（抜粋）】

> 第５条　契約担当官等が特定調達契約につき一般競争に付する場合における予決令第74条の規定の適用については、同条中「10日前」とあるのは「40日前（一連の調達契約のうち最初の契約以外の契約に係る一般競争については、24日前）」と、「官報、新聞紙、掲示その他の方法」とあるのは「官報」と、「５日」とあるのは「10日」と読み替えるものとする。
> （参考）
> 予算決算及び会計令
> （入札の公告）
> 第74条　契約担当官等は、入札の方法により一般競争に付そうとするときは、その入札期日の前日から起算して少なくとも10日前に官報、新聞紙、掲示その他の方法により公告しなければならない。ただし、急を要する場合においては、その期間を５日までに短縮することができる。

※下線部は、緊急性の高い復旧工事における日数短縮の規定

2-5 早期の復旧・復興に向けた取組

（1）事業促進ＰＰＰ等

災害発生後、災害応急対策や災害復旧に関する工事・業務の実施方針の決定や災害査定申請書の作成、災害応急対策や災害復旧に関する工事の発注、監督など、一連の災害対応を迅速かつ的確に実施するため、災害の規模や発注者の体制を勘案し、必要に応じて、事業促進ＰＰＰ※1やＣＭ方式※2等による民間事業者のノウハウを活用するよう努める。

事業促進ＰＰＰは、事業促進を図るため、発注機関の職員が柱となり、官民がパートナーシップを組み、官民双方の技術者が有する情報・多様な知識・豊富な経験を融合させながら、事業全体計画の整理、業務の指導・調整等、地元及び関係行政機関等との協議、事業管理等、施工管理等を行う方式である。事業促進ＰＰＰは、平成23年３月に発生した東北地方太平洋沖地震の後、総延長が約380kmにも及ぶ三陸沿岸道路等の復興道路事業を円滑かつスピーディに実施するため、東北地方整備局が平成24年度から導入した事例がある。事業促進ＰＰＰでは、管理技術者、主任技術者（事業管理、調査設計、用地、施工の各専門家）、担当技術者からなる民間技術者チームと事務所チーム（監督官、係長、担当者）が一体となった体制を構築するのが特徴である。

事業促進ＰＰＰを適用する場合は、「国土交通省直轄の事業促進ＰＰＰに関するガイドライン」（平成31年３月。令和３年３月最終改正。）を参考にする。なお、国土交通省直轄の事業促進ＰＰＰに関するガイドラインは、技術職員を有する国土交通省の直轄事業への適用を想定している。そのため、地方公共団体の事業に適用する場合には、発注者の体制の状況に応じて、受注者が行う業務範囲等が異なることが考えられるため、適用に当たっては注意が必要である。

（2）技術提案・交渉方式

復旧・復興においては、緊急度が高く、プロジェクトの早い段階から施工者のノウハウが必要となる工事も想定される。このような特徴を有する工事では、早期の復旧・復興を実現するため、設計に施工者のノウハウを取り込む技術協力・施工タイプ等の技術提案・交渉方式の適用を積極的に検討する。なお、実施に当たっては、「国土交通省直轄工事における技術提案・交渉方式の運用ガイドライン」（平成27年６月。令和２年１月最終改正。）に基づくものとする。

なお、技術提案・交渉方式の技術協力・施工タイプにおいては、調査・設計段階から、施工者（優先交渉権者）が、調査・設計業務等に対する技術協力、地元及び関係行政機関との協議支援、近隣工事を含む工程確認等のマネジメント業務に関与でき、発注者、設計者、施工者が有する情報・知識・経験を融合させることができる。橋梁、トンネル、

※1 国土交通省直轄の事業促進ＰＰＰに関するガイドライン（平成31年３月。令和３年３月最終改正。）

※2 地方公共団体におけるピュア型ＣＭ方式活用ガイドライン（令和２年９月）

地すべり箇所等の主要な復旧対象物が明確な場合は、技術提案・交渉方式の活用に努める。

３.地方公共団体との連携、地方公共団体の災害復旧・復興における適用

3-1　建設業者団体・業務に関する各種団体等や他の発注者との連携

災害発生時の状況把握や災害応急対策又は災害復旧に関する工事及び業務を迅速かつ円滑に実施するため、あらかじめ、災害時の履行体制を有する建設業者団体や業務に関する各種団体等と災害協定を締結する等の必要な措置を講ずるよう努める。災害協定の締結に当たっては、災害対応に関する工事及び業務の実施や費用負担、訓練の実施等について定める。また、必要に応じて、協定内容の見直しや標準化を進める。

災害による被害は社会資本の所管区分とは無関係に面的に生じるため、その被害からの復旧に当たっても地域内外の各発注者が、緊急災害対策派遣隊（TEC-FORCE）、リエゾン、応援職員、権限代行等の活用について、必要な調整を図りながら協働で取り組む。復旧・復興の担い手となる地域企業等による円滑な施工確保対策についても、特定の発注者のみが措置を講じるのではなく、必要に応じて地域全体として取り組む。 地域の状況を踏まえ、必要に応じて、発注機関や各種団体が円滑な施工確保のための情報共有や対応策の検討等を行う場を設置する。

3-2　入札契約方式選定の考え方

地方公共団体における災害復旧・復興に当たっては、入札契約方式の選定の考え方は、本ガイドラインの「１.入札契約方式選定の基本的考え方」で示した内容を参考に対応することができる。ただし、１）被害状況把握、２）応急復旧、３）本復旧、４）復興からなる事業プロセスは、国土交通省直轄の比較的規模が大きい事業を想定したものであるため、地方公共団体の災害復旧で、工事・業務の規模が大きくない場合は、事業プロセスを細分化することなく、例えば、２）応急復旧、３）本復旧を一体的に実施することにより、効率的に実施することが考えられる。

また、「公共工事の入札及び契約の適正化を図るための措置に関する指針」を踏まえ、入札監視委員会等の活用など、入札契約手続の事後チェックにも留意し、入札及び契約の透明性・公正性の確保に努めること。

3-3　発注関係事務に関する措置

地方公共団体における災害復旧・復興に当たっては、発注関係事務に関する負担軽減等の措置は、本ガイドラインの「２.現地の状況等を踏まえた発注関係事務に関する措置」で示した内容を参考に対応することができる。

3-4　事業実施体制の確保

災害発生後、災害復旧の実施方針の決定や災害査定申請書の作成、災害復旧工事の発注、監督・管理など、一連の災害対応を迅速かつ的確に実施する必要があるが、地方公共団体によっては体制が脆弱であるなど、適切に対応できない可能性もある。このような場合、2-1に示すように発注者間での連携を図りながら、2-5(1)で示した事業促進ＰＰＰ等による民間事業者のノウハウ等の活用を検討することが望ましい。なお、事業促進ＰＰＰは、技術職員を有する国土交通省の直轄事業への適用を前提にガイドラインが整備されたものであるため、地方公共団体の事業に適用する場合には、発注者の体制等に応じて、受注者が行う業務内容の検討が必要となる。一方で、技術職員が一定数存在する地方公共団体等においては、体制等を考慮しながら、事業促進ＰＰＰの受注者が行う業務内容を見直しつつ、本ガイドラインを準用できる場合もある。

ＣＭ方式は、ＣＭＲ（コンストラクション・マネージャ、ＣＭの受注者）が、技術的な中立性を保ちつつ発注者の側に立って各種のマネジメント業務の全部又は一部を行うものであり、技術職員がいない又は著しく少ない発注者の支援や代わりをする目的で活用される方式であるが、マネジメント業務は、予算や品質と密接に関わるため、発注者が事業の各段階で必要な最終的な判断や決定を行うことが求められる。

地方公共団体の災害復旧・復興における体制確保に当たっては、発注者間の連携により必要な体制確保を図りながら、民間事業者のノウハウ等を活用することが重要であるほか、実施する事業分野や業務に精通する技術者を民間事業者から確保する上での工夫も必要となる。

なお、ＣＭ方式のうち、ピュア型ＣＭ方式（ＣＭＲが、設計・発注・施工の各段階において、マネジメント業務を行う方式）については、「地方公共団体におけるピュア型ＣＭ方式活用ガイドライン（令和２年９月）を参照できる。

公共工事の入札契約方式の適用に関するガイドライン

【本　編】

平成27年5月

（令和４年３月改正）

国土交通省

目　次

<本　編>

1

Ⅰ．ガイドラインの位置付け

1.1　背景及び策定の目的

我が国の社会資本は、豊かな国民生活の実現及びその安全の確保、環境の保全、自立的で個性豊かな地域社会の形成等に寄与するものであるとともに、現在及び将来の代にわたる国民の貴重な財産である。これらの社会資本は高度経済成長期などに集中的に整備され、形成された社会資本ストックが更なる経済成長を支えてきており、安全なインフラサービスを将来にわたって継続的に提供していくことは社会資本の管理者の責務である。

その調達に目を向けると、時宜の課題に対応した制度の見直し等を経て、現在では国土交通省直轄工事のほとんどにおいて、一般競争入札・総合評価落札方式を採用している。

現在、中長期的な担い手の確保、行き過ぎた価格競争の是正、地域のインフラメンテナンスや維持管理、発注者のマンパワー不足、受発注者の負担軽減等の課題が顕在化しているなかで、公共工事の品質確保のためには、引き続き、透明性、公正性、必要かつ十分な競争性の確保を前提としつつ、発注者の技術力や体制を踏まえ、事業の特性や地域の実情等に応じて多様な入札契約方式の中から最も適切な入札契約方式が選択されることが必要である。一方で、公共工事において適用される入札契約制度は多様であり、競争参加者の設定方法や落札者の決定方法、契約方式などの様々な組合せがあるが、その運用が画一的となっており、時代のニーズや事業の特性に応じた多様な入札契約方式が活用されにくい状況にあった。

このため、国土交通省では、平成25年11月に設置した「発注者責任を果たすための今後の建設生産・管理システムのあり方に関する懇談会」において、発注者の視点から、「事業特性等に応じた入札契約方式」について審議を行ってきたところである。また、平成26年6月には「公共工事の品質確保の促進に関する法律の一部を改正する法律」（平成26年法律第56号、以下「公共工事品確法」という）が公布・施行され、新たに第14条において、「発注者は、入札及び契約の方法の決定に当たっては、その発注に係る公共工事の性格、地域の実情等に応じ、この節に定める方式その他の多様な方法の中から適切な方法を選択し、又はこれらの組合せによることができる」ことが明記された。

本懇談会における議論等を踏まえ、改正法の基本理念の実現に資するため、発注者による適切な入札契約方式の選択が可能となるよう、多様な入札契約方式を体系的に整理し、その導入・活用を図ることを目的として、本ガイドラインは平成27年5月に策定された。

本ガイドラインの策定後、多様な入札契約方式の導入・活用に関して、以下のガイドラインが整備されるなど、公共工事の性格、地域の実情等に応じた多様な入札契約方式の適用が進められるとともに、実工事への適用により、多様な入札契約方式に関してさらに知見の蓄積が進んできた。

・国土交通省直轄工事における技術提案・交渉方式の運用ガイドライン
（平成27年7月策定、令和2年1月最終改正）
・災害復旧における入札契約方式の適用ガイドライン

（平成29年7月策定、令和3年5月最終改正）

・国土交通省直轄の事業促進ＰＰＰに関するガイドライン

（平成31年3月策定、令和3年3月最終改正）

こうした状況を踏まえ、公共工事の性格や地域の実情等に応じた入札契約方式の適用が一層進むことの一助となるよう、令和4年3月に本ガイドラインを改正するものである。

なお、本ガイドラインは、現時点における各入札契約方式の活用状況等を踏まえたものであり、各入札契約方式の活用状況や社会情勢の変化等に合わせて、不断の見直しを図るものとする。

1.2 全体構成

本ガイドラインでは、本編において、懇談会における議論等を踏まえた入札契約方式の選定の基本的な考え方、各方式の概要及びその選択の考え方について詳説するとともに、別冊の事例編では、

・入札契約方式ごとの事例と適用の背景
・入札契約方式ごとの事例と適用により得られた効果
・多様な入札契約方式の活用の事例

などについて紹介する。

本ガイドラインの各項目の概要は、以下のとおりである。

< 本編 >

Ⅱ. 入札契約方式の選択に当たっての基本的考え方

入札契約方式の選択は、設計の上流段階（予備設計の前段階）において検討することを基本とし、設計段階、発注手続の各段階で見直しを行う旨を解説する。

Ⅲ. 入札契約方式の概要及び選択の考え方

契約方式の選択、フレームワーク※の有無、競争参加者の設定方法の選択、落札者の選定方法の選択、支払方式の選択において適用される各入札契約方式の具体的な内容を示すとともに、各方式の選択に当たって考慮する点等を解説する。

※フレームワークの定義等については「3.3 包括協定（フレームワーク）の有無」を参照のこと

Ⅳ. 参考資料

本ガイドラインで引用した資料、参考になると考えられる資料及び国土交通省の各地方整備局、事務所等に設置している相談窓口（運用指針に関する相談窓口として、適切な発注関係事務の実施のための相談、問合せに幅広く対応）について紹介する。

< 事例編 >（別冊）

Ⅰ. 入札契約方式ごとの事例と適用の背景

入札契約方式ごとの事例と適用の背景について整理している。

Ⅱ. 入札契約方式ごとの事例と適用により得られた効果

入札契約方式ごとの事例と適用により得られた効果について整理している。

Ⅲ. 多様な入札契約方式の活用事例

各入札契約方式の活用事例及び、工事の品質確保とその担い手の育成・確保に資する入札契約方式の活用の事例について整理している。

Ⅱ. 入札契約方式の選択に当たっての基本的な考え方

2.1 事業プロセスにおける入札契約方式の選定時期

公共事業における一般的な「事業」の範囲は、始まりは新規事業採択時、つまり事業予算が箇所付けされた時点であり、終わりは目的物が完成した時点（維持管理が始まる時点、道路の場合は供用する時点）となっている。

このガイドラインでは、事業の開始から終了までに行われる調査・設計や工事の調達に関する入札契約方式の選択に関して、工事に関する事項を中心に基本的な考え方等を示している。

公共事業は、その事業プロセスの中で、気象、地質等の自然条件、地元協議、関係機関協議，地中障害物、用地の契約状況等の様々なリスクが発生する。こうしたリスクを適切に管理し、事業を円滑に進めていくためには、事業プロセスの中で、事業の計画・評価段階から、将来のリスクを予測し、調査・計画、設計、施工、維持管理の各段階へリスク情報を適切に伝達することが重要である。また、事業着手後の早い段階から、調査・設計や工事の調達における入札契約方式の検討を行い、入札契約方式（契約方式、フレームワークの有無、競争参加者の設定方法、落札者の選定方法、支払方式等）を適切に選択することが重要である。

また、一度選択した入札契約方式に関して、設計段階、工事発注手続の段階で、状況の変化等があった場合には、適用する入札契約方式の見直しを行う必要がある。

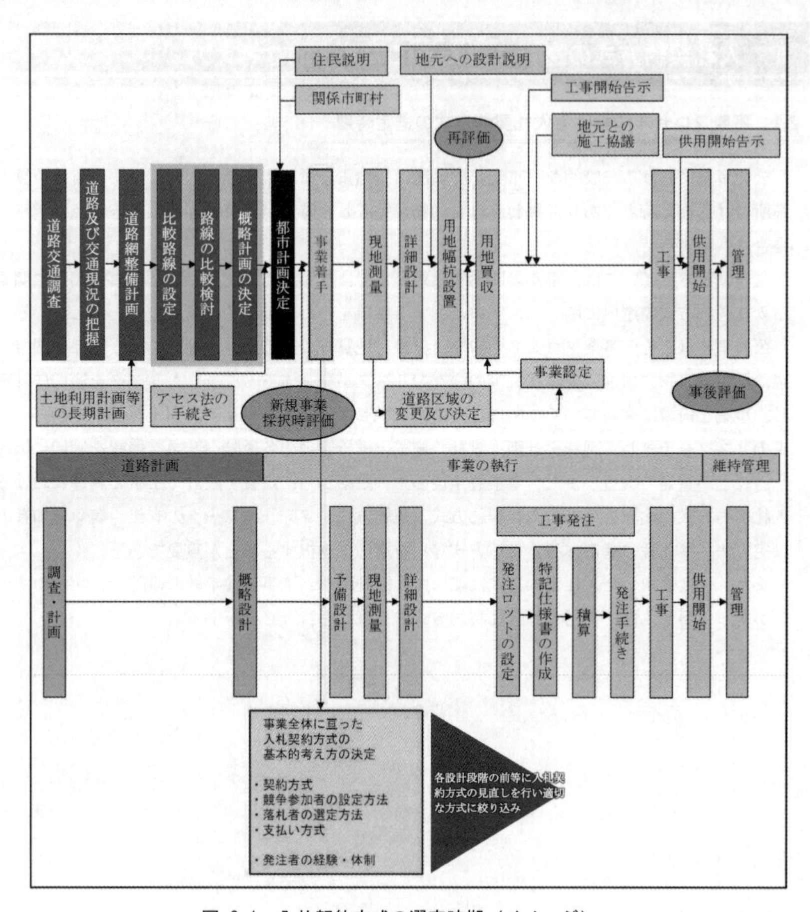

図-2.1　入札契約方式の選定時期（イメージ）

事業採択後の事業プロセスは、例えば、「調査・計画」、「概略設計」、「予備設計」、「詳細設計」、「施工」の各段階からなり、事業の完了後は「維持管理」段階となる。こうした事業の流れにあって、事業の特性によっては、リスク管理を効果的に行うため、調査・計画、設計、施工、維持管理の各段階別の対応にとどまらずプロセス間の連携が必要となる。そのため、調達する範囲（設計、施工、維持管理）の設定は、入札契約方式を選定する上で重要である。

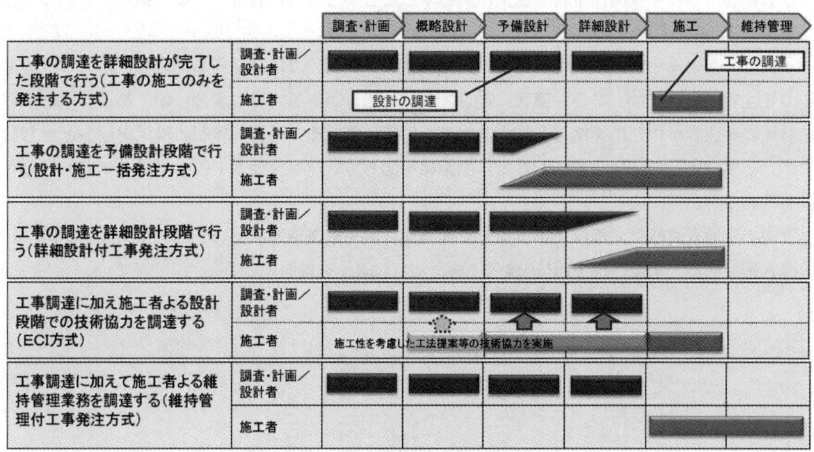

図-2.2　事業段階と調達範囲の例

2.2 発注者における体制確保

公共事業は、その事業プロセスの中で、様々なリスクを適切に管理し、事業を円滑に進めていくため、適切な入札契約方式の選定、技術提案の審査・評価、事業の工程・コスト管理等の発注関係事務を適切に実施できる発注体制を必要とする。各発注者においては、自らの発注体制を把握し、体制が十分でないと認められる場合には、国及び都道府県等の他機関の協力・支援も得ながら、発注関係事務を適切に実施することができる体制確保に取り組むよう努める必要がある。

特に、大規模災害復旧・復興事業、大規模事業等においては、業務量が著しく増大し、通常の発注者の体制では、業務を適切に遂行できない場合がある。その場合、国、都道府県、市町村等の発注者が相互に連携し、技術的知見・情報の共有や、必要な体制の確保を図るとともに、必要に応じて、発注者における体制確保を図る方式（事業促進 PPP、CM 方式等）の活用も考えることが望ましい。

国土交通省直轄の大規模災害復旧・復興事業、大規模事業等においては、事業促進 PPP の導入例がある。事業促進 PPP の導入にあたっては 3.1 を参照のこと。

2.3　調査及び設計業務の調達

調査及び設計業務の調達に当たっては、業務の性格等に応じ、適切な入札契約方式（契約方式、競争参加者の設定方法、落札者の選定方法、支払方式等）を選択するよう努めるものとする。入札契約方式の中で、特に落札者の選定方法に着目し、各方式に相応しい業務の性格等を整理すると以下のとおりとなる。

a. 価格競争方式

一定の技術者資格、業務の経験や業務成績等を競争参加資格として設定することにより品質を確保できる業務。

b. 総合評価落札方式

事前に仕様を確定することが可能であるが、競争参加者の提示する技術等によって、調達価格の差異に比して、事業の成果に相当程度の差異が生ずることが期待できる業務。

なお、業務の実施方針のみを求めることで品質向上が期待できる業務の他、業務の実施方針と合わせて評価テーマに関する技術提案を求めることにより品質向上が期待できる業務がある。

c. プロポーザル方式

内容が技術的に高度な業務又は専門的な技術が要求される業務であって、提出された技術提案に基づいて仕様を作成する方が優れた成果を期待できるもの。

国土交通省における調査・設計業務の発注に当たっては、その内容に照らして技術的な工夫の余地が小さい場合を除き、以下のとおり、総合評価落札方式、プロポーザル方式のいずれかの方式を選定することを基本としている。なお、競争参加資格要件として、一定の資格・成績等を付すことにより品質を確保できる業務は、価格競争方式を選択することとしている。

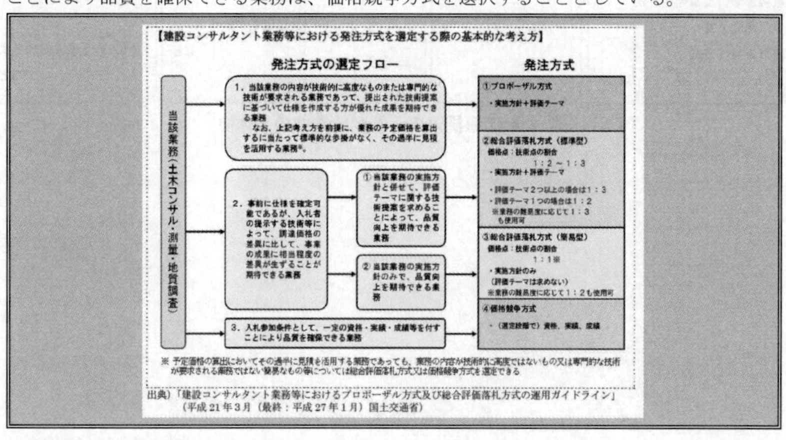

出典）「建設コンサルタント業務等におけるプロポーザル方式及び総合評価落札方式の運用ガイドライン」
（平成21年3月（最終：平成26年3月）国土交通省）

図-2.3　業務における発注方式選定

2.4 工事の調達

2.4.1 工事調達の入札契約方式の全体像

入札契約方式は多様であるが、その性格等に応じて、主に以下の要素で構成される。

・契約方式　　　　　　：契約の対象とする業務及び施工の範囲の設定方法
・フレームワーク※の有無：個別工事の発注（期間、工事量の目安、契約の相手方の選定方法等）に関するフレームワークの有無
・競争参加者の設定方法：契約の相手方を選定する際の候補とする者の範囲の設定方法
・落札者の選定方法　　：契約の相手方の候補とした者から、契約の相手方とする者を選定する方法
・支払方式　　　　　　：業務及び施工の対価を支払う方法

※フレームワーク方式やフレームワークの定義等については「3.3 包括協定（フレームワーク）の有無」を参照のこと

工事調達における入札契約方式は、方式ごとに必要な技術力や発注体制を踏まえつつ、工事の性格や地域の実情等に応じて、適切な方式を選択し、組み合わせて適用されるものである。

契約方式 3-2	フレームワークの有無 3-3	競争参加者の設定方法 3-4	落札者の選定方法 3-5	支払方式 3-6
・工事の施工のみを発注する方式 ・設計・施工一括発注方式 ・詳細設計付工事発注方式 ・設計段階から施工者が関与する方式（ECI方式） ・維持管理付工事発注方式 ・包括発注方式 ・複数年発注方式 など	・個別発注方式 ・フレームワーク方式（包括・個別発注方式）	・一般競争入札 ・指名競争入札 ・随意契約	・価格競争方式 ・総合評価落札方式 ・技術提案・交渉方式 ・段階的選抜方式 など	・総価請負方式 ・総価契約単価合意方式 ・コスト＋フィー契約・オープンブック方式 ・単価・数量積算契約方式 など

図-2.4 工事調達の入札契約方式の全体像

2.4.2　入札契約方式の選択時に考慮する事項

発注者は、入札契約方式の選択において事業・工事の特性や地域の実情等を含めて種々の事項を考慮し、契約方式、フレームワークの有無、競争参加者の設定方法、落札者の選定方法、支払方式の適切な組合せを選定することが重要である。

入札契約方式の選択は、以下の事項を考慮する。

- 契約方式：「仕様、前提条件や工事価格の確定度」、「事業・工事の複雑度」、「施工の制約度」等
- フレームワークの有無：「不調不落の発生のおそれ」、「競争参加者又は受注者選定の透明性の確保」等
- 競争参加者の設定方法：「契約の性質又は目的※」、「災害時の緊急的な対応」等
- 落札者の選定方法：「価格以外の要素の評価の必要性」、「最良の提案を採用する必要性」、「競争参加者数の見込み等を踏まえた受発注者双方の事務負担軽減の必要性」等
- 支払方式：「工事進捗に応じた支払い」、「煩雑な設計変更」、「コスト構造の透明性の確保」等

※現場条件の厳しさや工事発注の一時的な集中等に起因する不調不落の発生のおそれ等を含む

選択した入札契約方式に応じて、発注者においては、施工者からの技術提案の妥当性等の審査・評価、受注者が提案した工法に基づく設計成果の確認等を実施する必要があることから、発注者のこれまでの発注経験や発注体制も考慮し、入札契約方式を選択することが望ましい。

また、入札契約方式の選択に際しては、受注者の状況（受注者（競争参加者）の実績や数、技術開発の状況等）も考慮する。

さらに、発注関係事務を発注者が実施する上で、支援が必要な場合は、発注者における体制確保を図る方式（事業促進ＰＰＰ、ＣＭ方式等）の活用も考えることが望ましい。

なお、公共工事の入札において、透明性、公正性、競争性の確保が求められてきたことから、近年では国土交通省直轄工事のほとんどは、一般競争入札・総合評価落札方式を適用している。一方で、近年頻発する災害時には、緊急性等に応じて、早期復旧や復興のため、平常時とは異なる入札契約方式を適切に選択する必要があり、また、厳しい条件下における高度な技術が必要とされる工事等では従来の方式のみでは効率的・効果的な調達が困難となってきたことから、仕様の確定が困難な工事等に対しては「技術提案・交渉方式」を適用するなど、多様な入札契約方式の活用が必要となっている。こうしたことを背景に近年、「国土交通省直轄工事における技術提案・交渉方式の運用ガイドライン（平成 27 年 7 月策定、令和 2 年 1 月最終改正）」、「災害復旧における入札契約方式の適用ガイドライン（平成 29 年 7 月策定、令和 3 年 5 月最終改正）」等が整備され、技術提案・交渉方式や災害復旧における随意契約又は指名競争入札等の適

用工事が増加しており、引き続き、公共工事の性格、地域の実情を踏まえ、一般競争入札・総合評価落札方式以外の入札契約方式の適用についても、適時適切に検討することが重要である。

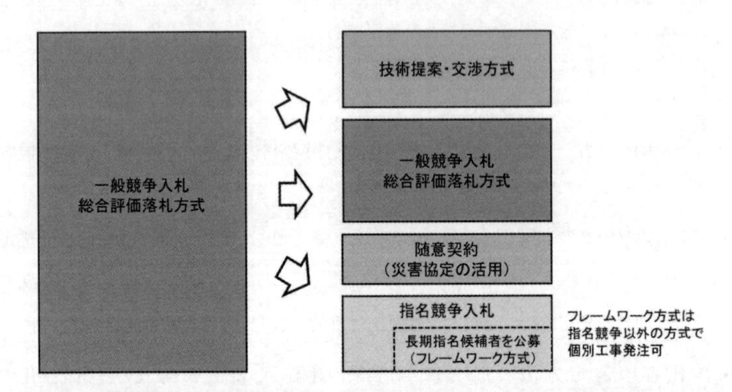

図-2.5 工事の性格、地域の実情に応じた入札契約方式の選択

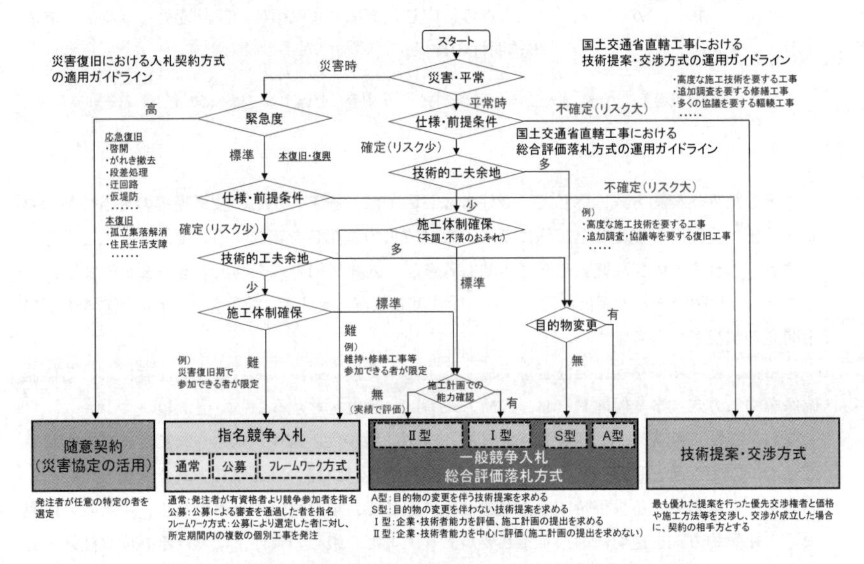

図-2.6 工事の性格、地域の実情に応じた入札契約方式の選択

本来、工事の発注においては、価格と技術による適正な競争のため、発注者は公告時に工事の仕様や前提条件を確定的に明示する必要がある。一方で、公共事業は、気象、地質等の自然条件、地元協議、関係機関協議、地中障害物、用地の契約状況等の様々なリスクを伴い、工事の契約後、条件が変更となり、修正設計や契約変更への対応が生じることがある。こうした手続の負担やそれに伴う手戻りを減らすためには、リスクを早期に検知し低減することが重要である。高度な施工技術を要する工事、追加調査を要する修繕工事、多くの協議を要する輻輳工事等、調査・設計の過程で十分にリスクを低減できない場合等においては、施工者が設計等の段階から参画して検討を行うことが有効と考えられ、技術提案・交渉方式を適用し、施工者を早期の段階から参画させることを検討する。また、技術提案・交渉方式は、施工者の知見を的確に反映するため、適切な時期から、適切な評価項目、スケジュール、予算計画等により導入する必要があり、計画、調査、予備設計等、事業全体プロセスの早い段階から、技術提案・交渉方式の適用が検討されることが重要である。技術提案・交渉方式を適用する場合は、「国土交通省直轄工事における技術提案・交渉方式の運用ガイドライン（平成 27 年 7 月策定、令和 2 年 1 月最終改正）」を参照のこと。

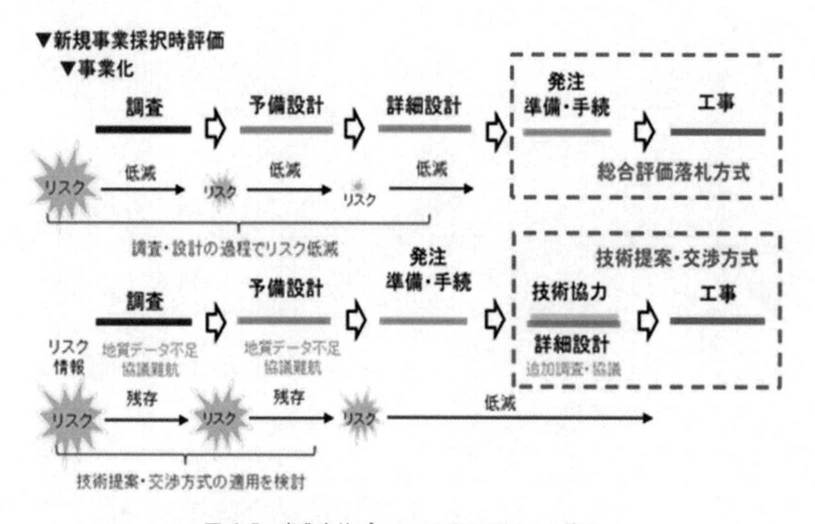

図-2.7　事業全体プロセスにおけるリスク管理

また、緊急度が高く、速やかな施工が求められるとともに、施工体制の確保が困難となりやすい災害復旧工事においては、随意契約、指名競争入札を適切に適用する。災害復旧における入札契約方式の適用に関しては、「災害復旧における入札契約方式の適用ガイドライン（平成 29 年 7 月、令和 3 年 5 月最終改正）」を参照のこと。

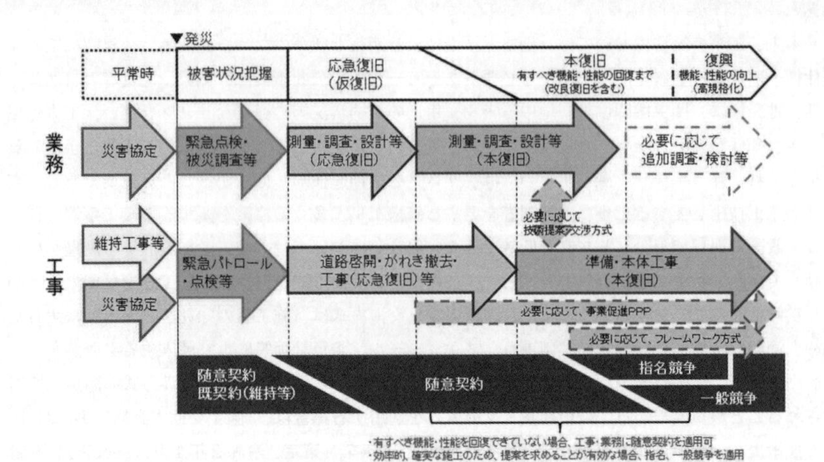

図-2.8　災害復旧における入札契約方式の適用の考え方

Ⅲ．入札契約方式の概要及び選択の考え方

3.1　発注者における体制確保を図る方式

発注者における体制確保を図る方式には、事業促進ＰＰＰ、ＣＭ方式がある。

事業促進ＰＰＰは、事業促進を図るため、直轄職員が柱となり、官民がパートナーシップを組み、官民双方の技術者が有する多様な情報・知識・豊富な経験を融合させながら、事業全体計画の整理、測量・調査・設計業務等の指導・調整等、地元及び関係行政機関等との協議、事業管理等、施工管理等を行う方式である。ＣＭ方式は、建設生産に関わるプロジェクトにおいて、コンストラクションマネージャー（ＣＭＲ）が、技術的な中立性を保ちつつ発注者の側に立って、設計・発注・施工の各段階において、設計の検討や工事発注方式の検討、工程管理、品質管理、コスト管理などの各種のマネジメント業務の全部又は一部を行うものである。

ＣＭ方式は、技術職員がいない又は著しく少ない発注者において導入される場合があり、国土交通省直轄事業の事業促進ＰＰＰとは、導入する背景や目的が異なっている。

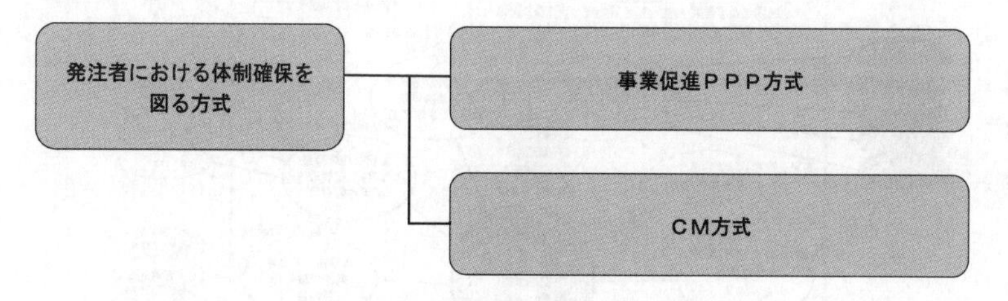

図-3.1 発注者における体制確保を図る方式

事業促進ＰＰＰ方式

方式の概要

事業促進ＰＰＰは、事業促進を図るため、直轄職員が柱となり、官民がパートナーシップを組み、官民双方の技術者が有する多様な情報・知識・豊富な経験を融合させながら、事業全体計画の整理、測量・調査・設計業務等の指導・調整等、地元及び関係行政機関等との協議、事業管理等、施工管理等を行う方式である。事業促進ＰＰＰについては、「国土交通省直轄の事業促進ＰＰＰに関するガイドライン（平成 31 年 3 月策定、令和 3 年 3 月最終改正）」を参照のこと。なお、事業促進ＰＰＰは、技術職員を有する国土交通省の直轄事業への適用を前提としている。そのため、地方公共団体の事業に適用する場合には、発注者の体制の状況に応じて、受注者が行う業務範囲等が異なることに注意が必要である。一例として、技術職員がいない場合には適用できないが、技術職員が一定数存在する地方公共団体等においては、発注者の体制の状況等を考慮しながら、事業促進ＰＰＰの受注者が行う業務範囲等を見直しつつ、事業促進ＰＰＰを準用できる場合もある。

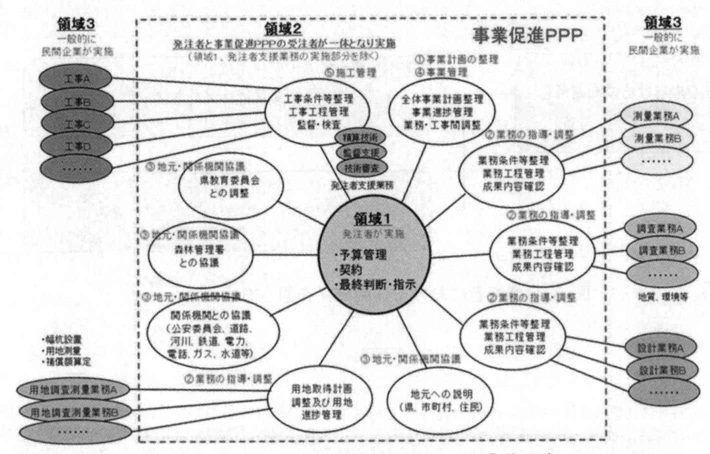

図-3.2　事業促進ＰＰＰの業務内容

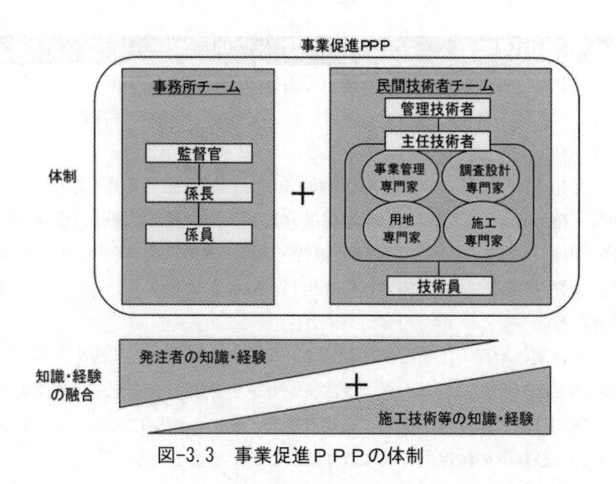

図-3.3　事業促進ＰＰＰの体制

本方式は、官民双方の情報・知識・経験を融合させた効率的なマネジメントにより、事業の促進を第一の目的とする方式である。発注者と民間技術者が一体となり、事業全体計画の整理、測量・調査・設計業務等の指導・調整等、地元及び関係行政機関等との協議、事業管理等、施工管理等を行う方式であり、積算、監督、技術審査等の比較的定型的な補助業務を行う発注者支援業務、単純な資料作成を行う資料作成補助業務とは区別される。

方式の効果等

- 大規模災害復旧・復興事業、大規模事業等において、業務量が著しく増大する場合に、発注者が必要な体制確保を図ることができる。
- 官民双方の技術者が有する情報・知識・経験の融合により、調査及び設計段階から効率的なマネジメントが可能となる。
- 事業進捗の課題等に関して設計分野、用地分野、施工分野など多方面の分野からの検討が可能となる。

適用に当たっての留意点

- 事業促進ＰＰＰは、技術職員を有する国土交通省の直轄事業への適用を前提としている。そのため、地方公共団体の事業に適用する場合には、発注者の体制の状況に応じて、受注者が行う業務範囲等が異なることに注意が必要である。
- 発注者が柱となり、官民双方の技術者の情報・知識・経験を融合させる取組であり、発注者が、的確な判断・指示等を行いながら、事業促進ＰＰＰ、発注者支援業務（積算・監督・技術審査等）、業務（測量・調査・設計等）、工事（維持・準備・本体）を組み合わせた体制において、各者が有する多様な知識・経験・能力を引き出し、融合させるマネジメントを行うことにより事業は促進される。
- 民間技術者が従来の業務・工事では経験していないマネジメント業務を含み、受注者側での体制確保が課題となりやすいことから、受注インセンティブの向上や、大規模災害時に限らず、平常時から民間技術者がマネジメント業務に携わる機会の確保により、マネジメント業務の経験を有する民間技術者の確保、育成に取り組むことが重要となる。
- 技術提案・交渉方式を適用することにより、施工者が事業の上流段階において、効率的な施工が行えるよう、測量・調査・設計業務等への技術協力、地元及び関係行政機関等との協議支援、近隣工事等との工程調整等、事業促進ＰＰＰと同様のマネジメント業務に携わることができるため、目的に応じて、技術提案・交渉方式の適用についても検討することが重要である。

CM※1方式

方式の概要

「CM方式」とは、建設生産に関わるプロジェクトにおいて、コンストラクションマネージャー（CMR※2）が、技術的な中立性を保ちつつ発注者の側に立って、設計・発注・施工の各段階において、設計の検討や工事発注方式の検討、工程管理、品質管理、コスト管理などの各種のマネジメント業務の全部又は一部を行うものである。

CM方式には、ピュア型CM方式、アットリスク型CM方式があり、ピュア型CM方式については、「地方公共団体におけるピュア型CM方式活用ガイドライン（令和2年9月）」を参照のこと。

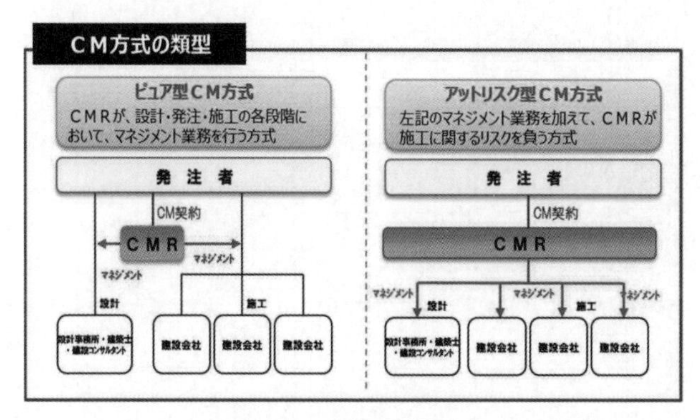

図-3.4　CM方式の類型

方式の効果等

- 複数工事が輻輳するあるいは関係機関等との頻繁な調整が必要な事業に対応する方式である。
- 短期的に発注者の人員が不足し、現場状況の確認や迅速な対応が難しい場合に、適宜それらの確認・対応が可能となる。
- 複数工事の工区間調整や関係機関等との協議等において、発注者の職員の代わりに、CMRが助言・提案・資料作成等を実施することで発注者を補完できる。
- 設計業務・工事等の経験の少ない監督職員が、高度な技術力を要する判断・意思決定を行う必要がある場合に、CMRが適切な助言・提案・資料作成等を実施することで発注者を補完できる。
- 設計業務・工事等の経験が少ない監督職員が、高度な専門技術力を持つCMRとともに監督を実施することで、監督職員の技術力向上が期待できる。
- CMRからの地元業者に対する書類作成や施工上の助言を通じて、地元業者の技術力の向上が

※1　CM: Construction Management の略。
※2　CMR: Construction Manager の略で、監督職員・請負者以外の第三者として、監督業務の一部を補完する技術者チームを指す。

期待できる。

- 最終的な判断・意思決定までのプロセスにＣＭＲが参画することで、透明性・説明性の向上が期待できる。

適用に当たっての留意点

- 発注者の職員と設計業務・工事等の受注者の間にＣＭＲが介在することから、最終的な判断・意思決定の手続が、一時的に滞る可能性がある点に留意する。
- 設計業務・工事等の監督に関して、発注者とＣＭＲそれぞれの権限範囲について明確化し、その内容を設計業務・工事の受注者に対して明示・周知する必要があることに留意する。

3.2 契約方式

3.2.1 事業プロセスの対象範囲に応じた契約方式

事業プロセスの対象範囲に応じた契約方式のうち、設計とは分離して「工事の施工のみを発注する方式」が一般的であるが、その他の方法として、

・設計段階の技術協力実施期間中に施工の数量・仕様を確定した上で契約する「設計段階から施工者が関与する方式（ＥＣＩ方式）」

・設計と施工を一括して発注する「設計・施工一括発注方式」、「詳細設計付工事発注方式」

・施工と供用開始後の初期の維持管理業務を一体的に発注する「維持管理付工事発注方式」

などがある。

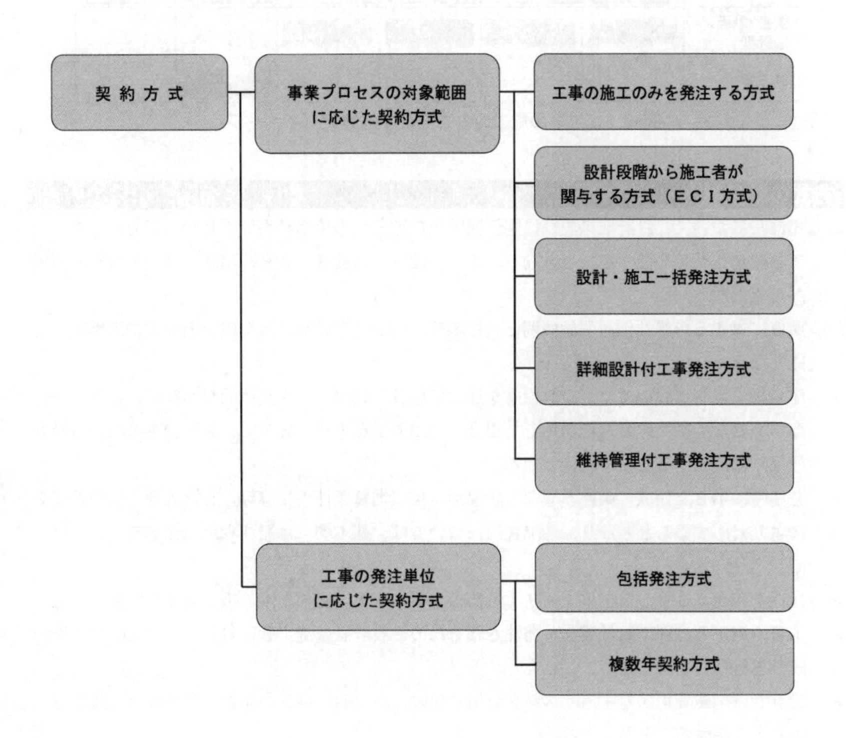

図-3.5　主な契約方式

工事の施工のみを発注する方式

方式の概要

「工事の施工のみを発注する方式」とは、別途実施された設計に基づいて確定した工事の仕様により、その施工のみを発注する方式である。

発注に際しては、設計者が実施した設計によって確定した工事の仕様（数量、使用する資材の規格等）を契約の条件として提示して発注することとなる。

この方式は、事業プロセスのうち、調査・計画から詳細設計までの全ての段階が完了した後の施工段階における適用となる。

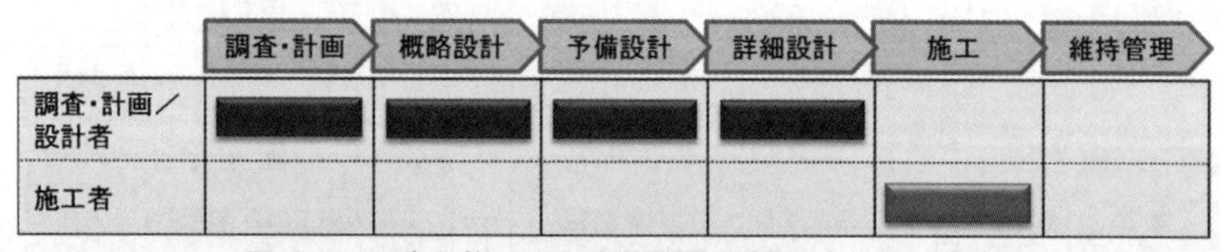

図-3.6 工事の施工のみを発注する方式（イメージ）

方式の効果等

- 発注時において、設計成果並びに関係機関及び地元との協議結果等に基づいて発注工事の仕様を確定させて発注することとなる。また、確定した仕様により、精度の高い工事費の算出が可能となる。
- 環境に対する影響評価、関係機関との協議等に関して、設計段階全体を通じての調整等が可能となる。
- 建築物の工事においては、設計段階を通じて施設の利用方法を具体的かつ詳細に確認する必要があるため、この方式を活用した場合、利用方法を十分に確認し、発注工事の仕様（設計成果）に反映することが可能となる。
- 発注時に示した仕様・条件と異なる状況が発生（地質条件の相違等）した場合、契約の変更により対応することとなり、増加費用については、基本的には発注者が負担することとなる。
- 仕様を確定させてから工事を発注するため、契約変更を必要とする施工条件が明確である。
- 工事の施工とは別に設計業務が発注されるため、設計者は施工者に対して、中立的な立場で設計を行うことができる。
- 設計者は施工費用に対するリスクを負担しないため、耐久性等の品質・安全性を当該環境に応じて確保することができる。
- 詳細な図面にて施工を発注することにより、発注条件の明確化、入札価格への余分なリスク費用の上乗せを防止できる。
- その他、設計と施工の役割が分担されていることにより、相互に過失などの防止を図ることができる。

適用に当たっての留意点

- 施工条件の制約に対しては、施工方法の選択により対応することとなるが、この方式では、工事目的物の設計に遡った対応が基本的にはできないことから、設計段階における施工性の確認が重要であることに留意する。なお、予期することのできない施工条件の変化等により、設計に遡った対応が必要となる場合は、発注者は適切に設計図書の変更及びこれに伴い必要となる請負代金又は工期の変更を行う必要がある。

設計段階から施工者が関与する方式（ＥＣＩ※1方式）

方式の概要

「設計段階から施工者が関与する方式（ＥＣＩ方式）」とは、設計段階の技術協力実施期間中に施工の数量・仕様を確定した上で工事契約をする方式である。（施工者は発注者が別途契約する設計業務への技術協力を実施）この方式では別途契約している設計業務に対する技術協力を通じて、当該工事の施工法や仕様等を明確にし、確定した仕様で技術協力を実施した者と施工に関する契約を締結する。

また、施工者が行う技術協力については、技術協力の開始に先立って技術協力業務の契約を締結する。

この方式は、事業プロセスのうち、予備設計又は詳細設計の段階における適用が考えられる。また、事業の初期段階から施工者の関与を必要とする場合には、概略設計段階における適用も考えられる。

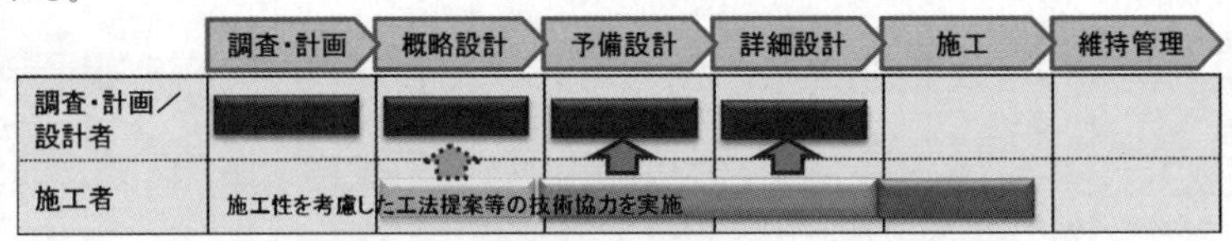

図-3.7　設計段階から施工者が関与する方式（ＥＣＩ方式）（イメージ）

方式の効果等

- 設計段階から施工者が関与することで、発注時に仕様や前提条件の確定が困難な事業に対応する方式であり、発注者、設計者、施工者の三者がパートナーシップを組み、発注者が柱となり、三者が有する情報・知識・経験を融合させることにより、以下に示すようなメリットを引き出すことができる。
- 設計段階で、発注者と設計者に加えて施工者も参画することから、施工者の知識、経験を踏まえた代替案の検討が可能となる。
- 地元及び関係行政機関との協議、近隣工事の進捗状況、作業用道路・ヤード等、事業のリスクに関する情報を施工者が設計段階から把握し、リスクへの対処方針を発注者と施工者が検討し、設計に反映することができる。
- 別途発注された設計業務の実施者（設計者）による設計に対して、施工性等の観点から施工者の提案が行われることから、施工段階における施工性等の面からの設計変更発生リスクの減少が期待できる。
- 施工者によって、設計段階から施工計画の検討を行うことができる。

※1　Early Contractor Involvement の略

適用に当たっての留意点

- 発注者、設計者、施工者の三者からなる体制において、発注者が、施工者による提案の適用可否、追加調査や協議等の必要性の判断を行う必要があることに留意する※。

※落札者の選定方法としては技術提案・交渉方式が適用可能であり、同方式の留意点等も参照されたい。発注者、設計者、施工者の三者による設計業務、技術協力業務の手順、役割分担の詳細は、「国土交通省直轄工事における技術提案・交渉方式の運用ガイドライン（平成27年7月策定、令和2年1月最終改正)」を参照のこと。

設計・施工一括発注方式、詳細設計付工事発注方式

方式の概要

「設計・施工一括発注方式」とは、構造物の構造形式や主要諸元も含めた設計を、施工と一括して発注する方式である。この方式は、事業プロセスのうち、構造物の構造形式や主要諸元の検討・決定を行う設計段階（下図の例では予備設計段階）における適用となる。

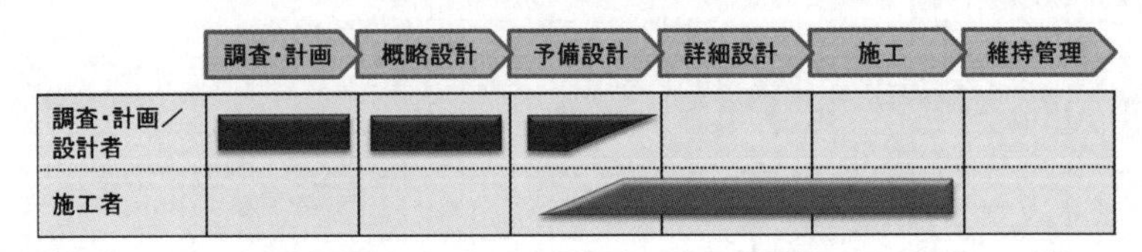

図-3.8 設計・施工一括発注方式の適用段階

「詳細設計付工事発注方式」とは、予備設計等を通じて、構造物の構造形式や主要諸元、構造一般図等を確定した上で、施工のために必要な詳細設計（仮設を含む）を施工と一括して発注する方式である。この方式は、事業プロセスのうち、構造物の製作・施工を行うための設計を行う段階（下図の例では詳細設計段階）における適用となる。

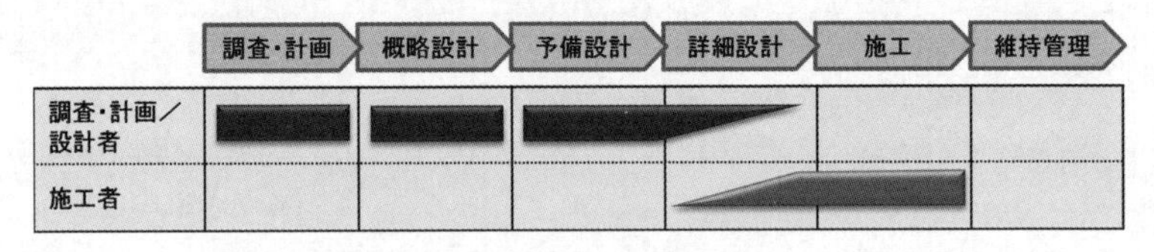

図-3.9 詳細設計付工事発注方式の適用段階（イメージ）

方式の効果等

- 施工者のノウハウを反映した現場条件に適した設計や、施工者の固有技術を活用した合理的な設計を図る方式である。
- 設計と施工（製作も含む。）を一元化することにより、施工者のノウハウを反映した現場条件に適した設計、施工者の固有技術を活用した合理的な設計が可能となる。
- 設計時より施工を見据えた品質管理が可能となるとともに、施工者の得意とする技術の活用により、より優れた品質の確保につながる技術導入の促進が期待される。
- 設計の全部又は一部と施工を同一の者が実施するため、当該設計と施工に関する責任の所在を一元化できる。

適用に当たっての留意点

- 設計を完了しない段階から、設計と施工を一括して契約するため、地質等の自然条件、地元及び関係行政機関との協議、地中埋設物等の社会条件に関するリスクが大きくなりやすい。そのため、施工者によりコントロールすることが難しい場合が多いこれらの自然条件・社会条件に関するリスクがある工事には適用できないことに留意する。
- 設計と施工を分離して発注した場合と比べて、設計者の視点や発注者におけるチェック機能が働きにくく、施工者の視点に偏った設計となる可能性がある点に留意する。
- 契約時に受発注者間で具体的な設計・施工条件の共有及び明確な責任分担がない場合、受発注者間で必要な契約変更ができないおそれがある点や、発注者のコストに対する負担意識がなくなり、受注者側に過度な負担が生じることがある点に留意する。
- 発注者側が、設計施工を“丸投げ”してしまうと、本来発注者が負うべきコストや工事完成物の品質に対する責任が果たせなくなる点に留意する。
- 提案された技術を対象構造物に適用することについて、発注者が審査・評価を行い、確実性や成立性等を判断する必要がある点に留意する。

維持管理付工事発注方式

方式の概要

「維持管理付工事発注方式」とは、施工と供用開始後の初期の維持管理業務を一体的に発注する方式である。

この方式では、目的物が完成した段階で発注者が工事目的物の引渡しを受け、引渡しを受けた工事目的物に対する維持管理業務の継続的な実施を施工者に求めることとなる。

このため、発注に際しては、工事目的物に関する仕様だけでなく、維持管理に関する仕様（点検頻度等）についても提示して発注することとなる。

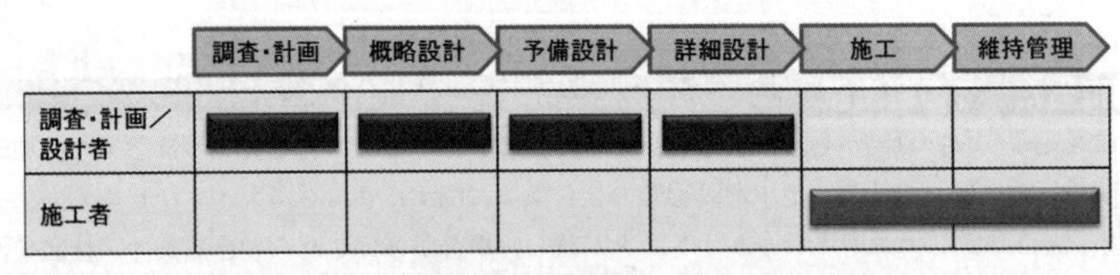

図-3.10　維持管理付工事発注方式（イメージ）

方式の効果等

- 初期の維持管理業務を施工とともに発注することにより、受注者が実施する維持管理に関する品質の向上を図るための方式である。
- 維持管理の容易化を念頭に置いた機器製作・据付調整が行われ、効率的な維持管理となることが期待できる。
- 例えば、通信設備工事において、設備の完成、引渡後に初期の動作不具合等が発見された場合、最初に点検業者による原因調査を行ったうえで、関係者の責任範囲の切り分けが行われるため、その後の修理までに時間を要している。一方、本方式では、施工と維持管理が一元化されていることから、受注者による迅速な原因調査、責任範囲の切り分けが可能となり、円滑な設備運用が期待できる。

適用に当たっての留意点

- 維持管理の契約は、工事完了後複数年継続するものもあるが、受注者が契約の相手方として相応しくない状況が生じた場合の措置が必要となることに留意する。
- 維持管理段階の業務に関して、当該設備の障害時の支援体制や保守部品の供給体制、発注者からの技術的事項に関する問合せ等への対応体制の確保等を発注に当たっての仕様等で規定する必要があることに留意する。

3.2.2 工事の発注単位に応じた発注方式

工事の発注単位に応じた契約方式には、

・複数の種類の業務・工事を一つの契約により発注する「包括発注方式」
・複数の年度にわたり一つの契約により発注する「複数年契約方式」

などがある。

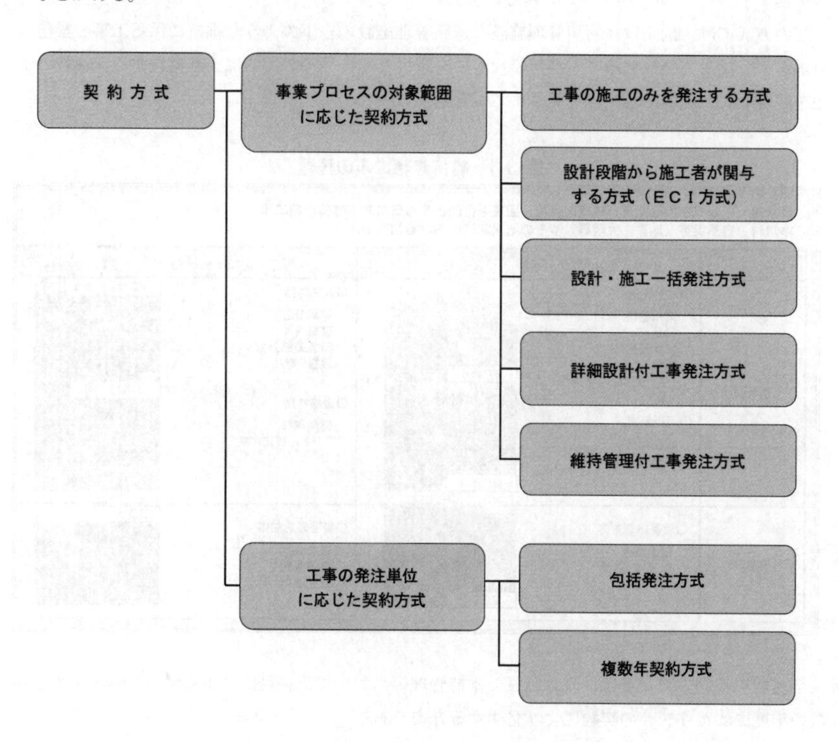

図-3.11 主な契約方式（再掲）

包括発注方式、複数年契約方式

方式の概要

「包括発注方式」とは、既存施設の維持管理等において、同一地域内での複数の種類又は工区の業務・工事を一つの契約により発注する方式である。

この方式では、例えば、河川管理施設、道路管理施設の以下のような維持に係る工事・業務の中から、一括して発注することが可能なものを選択して、一つの契約により発注する。複数の工区を統合して、広域的な工区で発注する場合もある。

表-3.1 維持修繕工事の種類

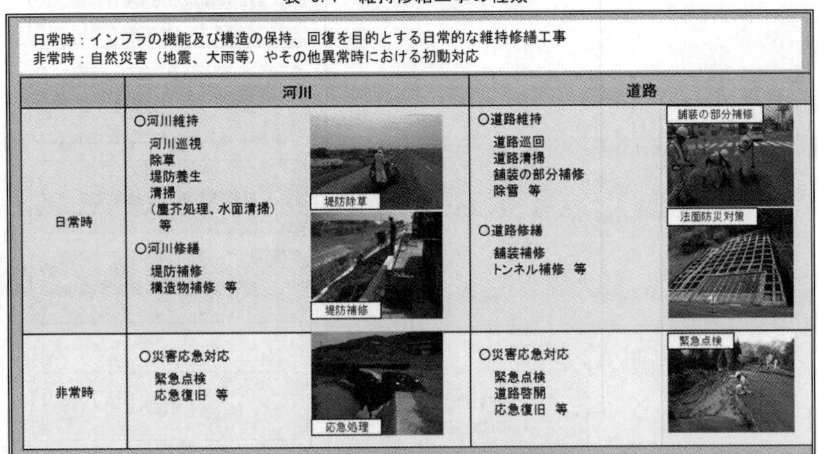

日常時：インフラの機能及び構造の保持、回復を目的とする日常的な維持修繕工事
非常時：自然災害（地震、大雨等）やその他異常時における初動対応

	河川		道路	
日常時	○河川維持 河川巡視 除草 堤防養生 清掃 （塵芥処理、水面清掃） 等 ○河川修繕 堤防補修 構造物補修 等	 堤防除草  堤防補修	○道路維持 道路巡回 道路清掃 舗装の部分補修 除雪 等 ○道路修繕 舗装補修 トンネル補修 等	 舗装の部分補修  法面防災対策
非常時	○災害応急対応 緊急点検 応急復旧 等	 応急処理	○災害応急対応 緊急点検 道路啓開 応急復旧 等	 緊急点検

「複数年契約方式」とは、既存施設の維持管理等において、継続的に実施する業務・工事を複数の年度にわたり一つの契約により発注する方式である。

方式の効果等

- 包括発注方式や複数年契約方式は、複数の種類、エリアの業務・工事や、複数年の業務・工事を一つの契約により発注することで、施工の効率化や施工体制の安定的確保を図るための方式である。例えば、事業協同組合、地域維持型建設共同企業体として、地域の複数の建設業者が共同受注し、継続的な協業関係を確保する場合は、地域インフラの維持管理、災害復旧に必要な体制の安定的確保に寄与することができる。

[包括発注方式]

- 受発注者双方の事務負担の軽減が期待できる。
- 巡回、点検等の対象構造物の状況把握を行う業務と、不具合等に対する補修工事を一体的に発注することで、緊急的な不具合への対応の迅速化が期待できる。

- 巡回、点検等に加えて補修工事を包括的に発注することで、補修工事等に関して計画的な対応を図ることが可能となる。

［複数年契約方式］

- 契約期間中は、一般的に年度単位での契約更新の手続が不要となる。
- 受注者においては、長期的な収入予測が可能となり、それを元に計画的な設備投資や人材の確保が期待できる。
- 受注者にノウハウやデータが蓄積されることによる重点的、効率的なパトロールの実施や、継続した業務を通じた住民ニーズの的確な把握によるサービスの向上が期待できる。

適用に当たっての留意点

［包括発注方式］

- 発注者に代わり、組合や代表企業が個々の業務・工事の分担等を調整するため、組合や代表企業の業務負担が増えることに留意する。
- 異業種の業務・工事を包括化した場合、異業種の複数の協力企業の参画が必要となり、受注者の体制確保や効率化が難しくなる場合があることに留意する。
- 受注者の構成員が少数の場合、地域インフラの維持管理、災害復旧に必要な体制の安定的確保につながらない場合があることに留意する。
- 発注者は、組合や代表企業を通じて、連絡調整を行うため、発注者と個々の企業との関係が薄れる可能性があることに留意する。

［複数年契約方式］

- 2～3 年の維持管理の複数年契約では、小規模な修繕に限定され、技術的工夫の余地が限定される場合があることに留意する。
- 受注者の構成員が少数の場合、地域インフラの維持管理、災害復旧に必要な体制の安定的確保の観点につながらない場合があることに留意する。
- 複数年にわたって、同一の技術者の配置を求めることとなるため、受注者にとって負担となる側面があることに留意する。

【公共工事の品質確保の促進に関する法律（平成 17 年法律第 18 号。抜粋)】
（地域における社会資本の維持管理に資する方式)
第二十条　発注者は、公共工事等の発注に当たり、地域における社会資本の維持管理の効率的かつ持続的な実施のために必要があると認めるときは、地域の実情に応じ、次に掲げる方式等を活用するものとする。
一　工期等が複数年度にわたる公共工事等を一の契約により発注する方式
二　複数の公共工事等を一の契約により発注する方式
三　複数の建設業者等により構成される組合その他の事業体が競争に参加することができることとする方式

【公共工事の品質確保の促進に関する施策を総合的に推進するための基本的な方針(抜粋)】

第２　４　多様な入札及び契約の方法

（６）地域における社会資本の維持管理に資する方式

災害時における対応を含む社会資本の維持管理が適切に、かつ効率的・持続的に行われるために、発注者は、必要があると認めるときは、地域の実情に応じて、工期が複数年度にわたる公共工事を一の契約により発注する方式、複数の工事を一の契約により発注する方式 災害応急対策除雪、修繕、パトロールなどの地域維持事業の実施を目的として地域精通度の高い建設業者で構成される事業協同組合や地域維持型建設共同企業体（地域の建設業者が継続的な協業関係を確保することによりその実施体制を安定確保するために結成される建設共同企業体をいう ）が競争に参加することができることとする方式などを活用することとする。

表-3.2　地域維持型ＪＶ及び事業協同組合

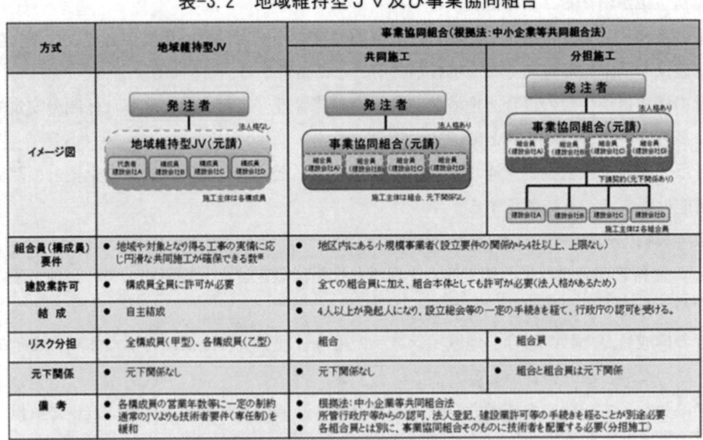

方式	地域維持型JV	事業協同組合(根拠法:中小企業等共同組合法)	
		共同施工	分担施工
イメージ図	発注者 法人格なし 地域維持型JV(元請) 代表者 建設会社A / 構成員 建設会社B / 構成員 建設会社C / 構成員 建設会社D 施工主体は各構成員	発注者 法人格あり 事業協同組合(元請) 組合員(建設会社A) / 組合員(建設会社B) / 組合員(建設会社C) / 組合員(建設会社D) 施工主体は組合、元下関係なし	発注者 法人格あり 事業協同組合(元請) 組合員(建設会社A) / 組合員(建設会社B) / 組合員(建設会社C) / 組合員(建設会社D) 下請契約(元下関係あり) 建設会社A / 建設会社B / 建設会社C / 建設会社D 施工主体は各組合員
組合員(構成員)要件	● 地域や対象となり得る工事の実情に応じ円滑な共同施工が確保できる数※	● 地区内にある小規模事業者(設立要件の関係から4社以上、上限なし)	
建設業許可	● 構成員全員に許可が必要	● 全ての組合員に加え、組合本体としても許可が必要(法人格があるため)	
結成	● 自主結成	● 4人以上が発起人になり、設立総会等の一定の手続きを経て、行政庁の認可を受ける。	
リスク分担	● 全構成員(甲型)、各構成員(乙型)	● 組合	● 組合員
元下関係	● 元下関係なし	● 元下関係なし	● 組合と組合員は元下関係
備考	● 各構成員の営業年数等に一定の制約 ● 通常のJVよりも技術者要件(専任制)を緩和	● 根拠法:中小企業等共同組合法 ● 所管行政庁等からの認可、法人登記、建設業許可等の手続きを経ることが別途必要 ● 各組合員とは別に、事業協同組合そのものに技術者を配置する必要(分担施工)	

※ ① 総合的な企画・調整・管理を行う者（土木工事業又は建築工事業の許可を有する者）を少なくとも1社含む。
② 工事に対応する許可業種の営業年数が数年ある、元請として一定の実績、全ての構成員が、当該工事に対応する許可業種に係る監理技術者又は国家資格を有する主任技術者を工事現場に専任で配置、地域に精通しているとともに、迅速かつ確実に現場に到達できる

出典：懇談会資料「地域の入札契約を取り巻く現状・課題」

3.3 包括協定（フレームワーク※1）の有無

方式の概要

フレームワーク方式は、同種の工事又は業務の調達を繰り返すことが見込まれる場合に、所定の期間内の調達の概要・条件等を示した上で、公募により選定した複数の企業（以下、「フレームワーク企業」という。）に対して、個別の工事又は業務の発注を行う包括・個別二段階契約方式である。

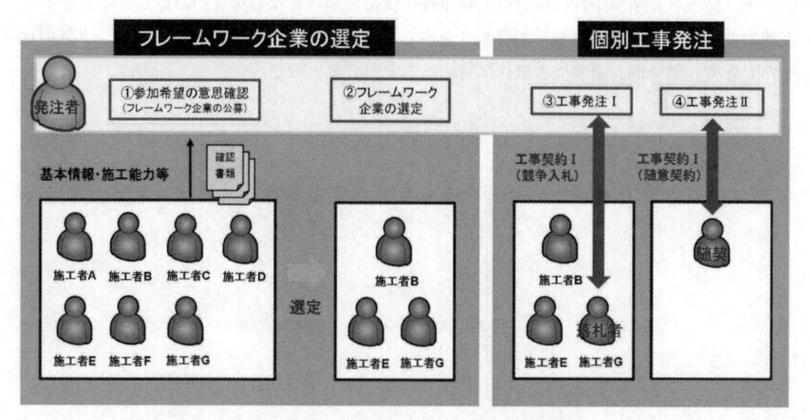

図-3.12 フレームワーク方式の概要

方式の効果等

- フレームワーク企業の選定の段階で、実績や能力を評価し、個別工事発注における手続を省略できるため、個別工事・業務の調達における発注者、受注者双方の手続が大幅に簡素化され、個別工事等の手続きに要する期間、事務コストを削減できる。
- 個別工事等を指名競争入札等により発注することにより、災害復旧工事、維持修繕工事等において、入札不調を回避する効果が期待できる。
- フレームワーク企業にとっては、その経営上重要と考えられる受注計画が立てやすくなるため、結果として、企業による人材確保、育成や必要機材の長期確保、新技術の活用等を促す。また、フレームワークを複数年など長期にわたって組む場合や同様のフレームワーク企業を繰り返し募集し、意欲があって資格・要件を満たす者が継続的に参加できる場合には、より大きな効果が期待できる。
- 事業協同組合や地域維持型事業協同組合による共同受注の場合と異なり、発注者は、フレームワークを構成する個々の企業と個別契約を締結するため、すべてのフレームワーク企業との良好なパートナーシップを形成しやすい。

※1 一連の工事又は業務群とフレームワーク企業で構成される関係を「フレームワーク」という

- フレームワーク企業の選定に当たり、災害協定の締結状況、災害協定に基づく災害復旧活動の実績等を考慮することにより、災害復旧に当たる企業に対して、安定的な受注機会の見通しを提供できるため、地域インフラを支える体制の確保に寄与する。

適用に当たっての留意点

- 調達対象やその数量が具体的でない段階に発注見通しの公表、発注計画の公表、フレームワーク企業の選定が行われるため、発注計画の見通しが立ちやすい種類の工事等において適用することが妥当である。
- フレームワーク企業が少数の場合は、競争性を維持しづらくなる場合があることに留意する。
- 定期的なフレークワーク企業の再募集や見直し等を行うことにより、フレームワーク外の企業への配慮や、競争性、透明性の確保に努めることが必要となる。

3.4 競争参加者の設定方法

競争参加者の設定方法とは、契約の相手方を選定する際の候補とする者の範囲の設定方法のことであり、

- 資格要件を満たす者のうち、競争の参加申込みを行った者で競争を行わせる「一般競争入札方式」
- 発注者が指名を行った特定多数の者で競争を行わせる「指名競争入札」
- 競争の方法によらないで、発注者が任意に特定した者を選定して、その者と契約する「随意契約方式」

がある。

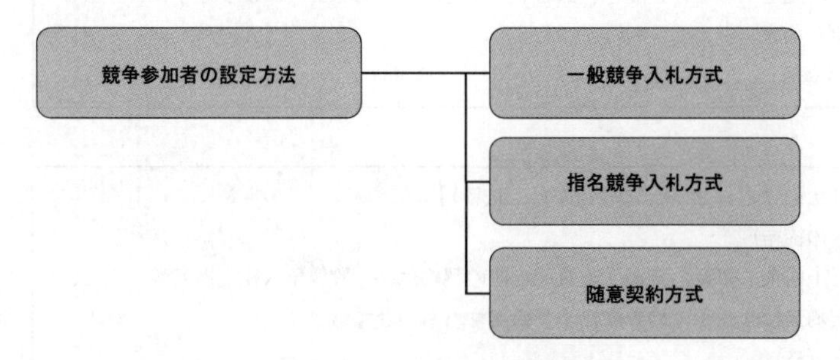

図-3.13 競争参加者の設定方法

競争参加者の設定方法の選択に当たっては、原則として一般競争入札を選択する。ただし、以下に示す点についても考慮する。

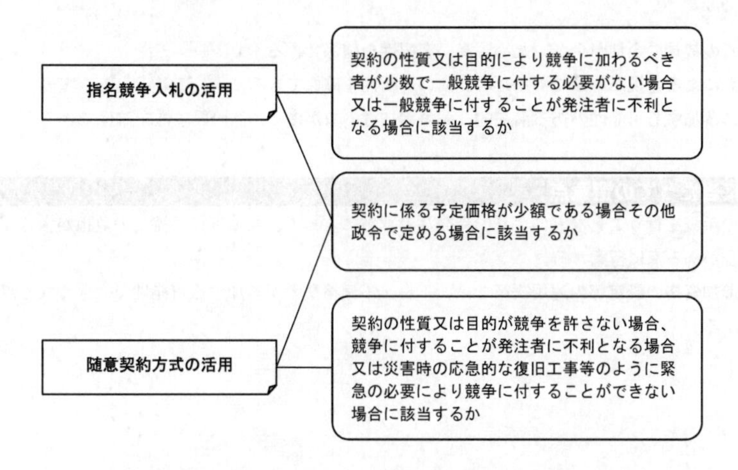

図-3.14 競争参加者の設定方法の選択に当たって考慮する点

一般競争入札方式

方式の概要

「一般競争入札」とは、資格要件を満たす者のうち、競争の参加申込みを行った者で競争を行わせる方式である。

【会計法（昭和22年法律第35号。抜粋）】
第二十九条の三　契約担当官及び支出負担行為担当官（以下「契約担当官等」という。）は、売買、貸借、請負その他の契約を締結する場合においては、第三項及び第四項に規定する場合を除き、公告して申込みをさせることにより競争に付さなければならない。
②～⑤　（略）

【地方自治法（昭和22年法律第67号。抜粋）】
（契約の締結）
第二百三十四条　売買、貸借、請負その他の契約は、一般競争入札、指名競争入札、随意契約又はせり売りの方法により締結するものとする。
２～６　（略）

方式の効果等

- 機会均等の原則に則り、透明性、競争性、公正性及び経済性を確保することができる方式である。
- 発注者の裁量の余地が少ないため、高い客観性を確保できる。
- 第三者による監視が容易であるため、高い透明性を確保できる。
- 入札に参加する可能性のある潜在的な競争参加者の数が多く、高い競争性を確保できる。

適用に当たっての留意点

- 公募の手続を行うことなどにより、受発注者双方にとって、契約事務手続上の負担が大きくなる場合がある点に留意する。
- 競争参加資格の設定等の運用次第では、不良・不適格業者が参加する可能性が大きくなる点に留意する。

指名競争入札方式

方式の概要

指名競争入札」とは、発注者が指名を行った特定多数の者で競争を行わせる方式である。指名競争入札には、競争参加資格者のうち、競争参加者を発注者の定める指名基準により 指名する通常指名競争入札、公募による審査を通過した者を指名する公募型指名競争入札がある。以下本項目の「方式の効果等」や「適用に当たっての留意点」は主に通常指名競争入札を念頭に記載している。

【会計法（抜粋）】

第二十九条の三　契約担当官及び支出負担行為担当官（以下「契約担当官等」という。）は、売買、貸借、請負その他の契約を締結する場合においては、第三項及び第四項に規定する場合を除き、公告して申込みをさせることにより競争に付さなければならない。

②　（略）

③　契約の性質又は目的により競争に加わるべき者が少数で第一項の競争に付する必要がない場合及び同項の競争に付することが不利と認められる場合においては、政令の定めるところにより、指名競争に付するものとする。

④　（略）

⑤　契約に係る予定価格が少額である場合その他政令で定める場合においては、第一項及び第三項の規定にかかわらず、政令の定めるところにより、指名競争に付し又は随意契約によることができる。

【予算決算及び会計令（昭和22年勅令第165号。抜粋）】

（指名競争に付することができる場合）

第九十四条　会計法第二十九条の三第五項の規定により指名競争に付することができる場合は、次に掲げる場合とする。

一　予定価格が五百万円を超えない工事又は製造をさせるとき。

二～六　（略）

2　随意契約によることができる場合においては、指名競争に付することを妨げない。

【地方自治法（抜粋）】

（契約の締結）

第二百三十四条　売買、貸借、請負その他の契約は、一般競争入札、指名競争入札、随意契約又はせり売りの方法により締結するものとする。

2　前項の指名競争入札、随意契約又はせり売りは、政令で定める場合に該当するときに限り、これによることができる。

【地方自治法施行令（昭和22年政令第16号。抜粋）】

第百六十七条　地方自治法第二百三十四条第二項の規定により指名競争入札によることができる場合は、次の各号に掲げる場合とする。

1　工事又は製造の請負、物件の売買その他の契約でその性質又は目的が一般競争入札に適しないものをするとき。

2　その性質又は目的により競争に加わるべき者の数が一般競争入札に付する必要がないと認められる程度に少数である契約をするとき。

3　一般競争入札に付することが不利と認められるとき。

方式の効果等

- 一般競争に付した場合と比較して、容易に発注者の定める条件にあった業者（指名業者）の中から受注者を選定することができる方式である。
- 一般競争入札と比べて、契約担当者の事務上の負担や経費の軽減を図ることができる。
- 一般競争入札と比べて、業者の施工実績や技術的適性等を適切に考慮することにより、不良・不適格業者を排除し信頼できる業者を選定することが容易である。
- 入札・契約事務の簡素化、受注の偏りの緩和、良質な施工に対するインセンティブの付与を行うことができる。

適用に当たっての留意点

- 指名される者が固定化することのないよう、公平性の確保に留意する。
- 談合が容易であるとの指摘がある点に留意する。
- 指名基準の公表や業者選定時における適切な情報管理の徹底等を通じて、透明性･客観性、競争性を向上させ、発注者の恣意性を排除する必要があることに留意する。
- 適用にあたっては、会計法や地方自治法等の関係法令における要件を満たす必要があることに留意する。

随意契約方式

方式の概要

「随意契約方式」とは、競争（価格競争）の方法によらないで、発注者が任意に特定の者を選定して、その者と契約する方式である。

【会計法（抜粋）】

第二十九条の三　（略）

②・③　（略）

④　契約の性質又は目的が競争を許さない場合、緊急の必要により競争に付することができない場合及び競争に付することが不利と認められる場合においては、政令の定めるところにより、随意契約によるものとする。

⑤　契約に係る予定価格が少額である場合その他政令で定める場合においては、第一項及び第三項の規定にかかわらず、政令の定めるところにより、指名競争に付し又は随意契約によることができる。

【予算決算及び会計令（抜粋）】

（随意契約によることができる場合）

第九十九条　会計法第二十九条の三第五項の規定により随意契約によることができる場合は、次に掲げる場合とする。

一　国の行為を秘密にする必要があるとき。

二　予定価格が二百五十万円を超えない工事又は製造をさせるとき。

三～二十五　（略）

第九十九条の二　契約担当官等は、競争に付しても入札者がないとき、又は再度の入札をしても落札者がないときは、随意契約によることができる。この場合においては、契約保証金及び履行期限を除くほか、最初競争に付するときに定めた予定価格その他の条件を変更することができない。

第九十九条の三　契約担当官等は、落札者が契約を結ばないときは、その落札金額の制限内で随意契約によることができる。この場合においては、履行期限を除くほか、最初競争に付するときに定めた条件を変更することができない。

【地方自治法（抜粋）】

（契約の締結）

第二百三十四条　売買、貸借、請負その他の契約は、一般競争入札、指名競争入札、随意契約又はせり売りの方法により締結するものとする。

2　前項の指名競争入札、随意契約又はせり売りは、政令で定める場合に該当するときに限り、これによることができる。

【地方自治法施行令（抜粋）】

第百六十七条の二　地方自治法第二百三十四条第二項の規定により随意契約によることができる場合は、次に掲げる場合とする。

一　売買、貸借、請負その他の契約でその予定価格（貸借の契約にあつては、予定賃貸借料の年額又は総額）が別表第五上欄に掲げる契約の種類に応じ同表下欄に定める額の範囲内において普通地方公共団体の規則で定める額を超えないものをするとき。

二～四　（略）

五　緊急の必要により競争入札に付することができないとき。

六　競争入札に付することが不利と認められるとき

七　（略）

八　競争入札に付し入札者がないとき、又は再度の入札に付し落札者がないとき。

九　落札者が契約を締結しないとき。

2　前項第八号の規定により随意契約による場合は、契約保証金及び履行期限を除くほか、最初競争入札に付するときに定めた予定価格その他の条件を変更することができない。

3　第一項第九号の規定により随意契約による場合は、落札金額の制限内でこれを行うものとし、かつ、履行期限を除くほか、最初競争入札に付するときに定めた条件を変更することができない。

方式の効果等

- 競争に付した場合の期間を短縮することができ、しかも契約の相手方となるべき者を任意に選定するものであることから、特定の資産、信用、能力等のある業者を容易に選定することができる方式である。
- 契約担当者の事務上の負担を軽減し、事務の効率化が期待できる。
- 一般競争入札、指名競争入札と比して、一般的に手続期間を短縮できる。

適用に当たっての留意点

- 会計法や地方自治法等の関係法令に規定される特定の要件を満たした場合にのみ、その適用が認められるものである。
- 発注者と特定の業者との間に発生する特殊な関係をもって、単純に活用される可能性や、適正な価格によって行われるべき契約が不適正な価格によって行われることがないように留意する。
- 契約事務の公正性を保持し、経済性の確保を図る観点から、発注工事ごとに技術の特殊性、経済合理性、緊急性等を客観的・総合的に判断し、慎重に適用を判断する必要があることに留意する。

3.5　落札者の選定方法

落札者の選定方法は、「落札者の選定方法に応じた方式」と「落札者の選定の手続に関する方式」に分類される。

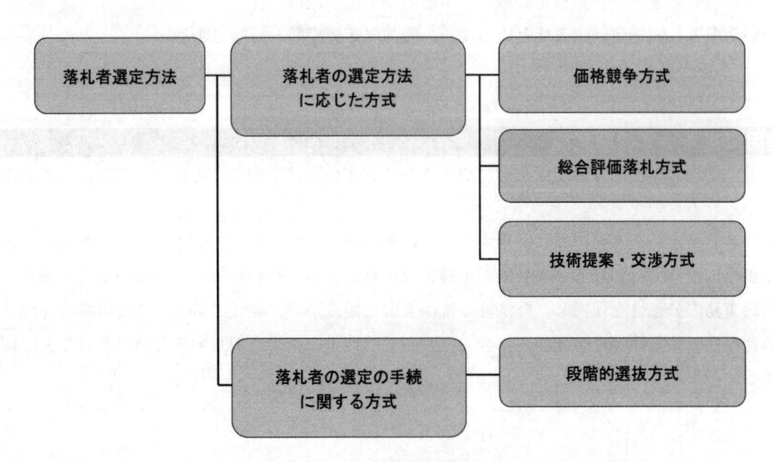

図-3.15　主な落札者の選定方法

主な落札者の選定方法の選択に当たって以下の点を考慮する。

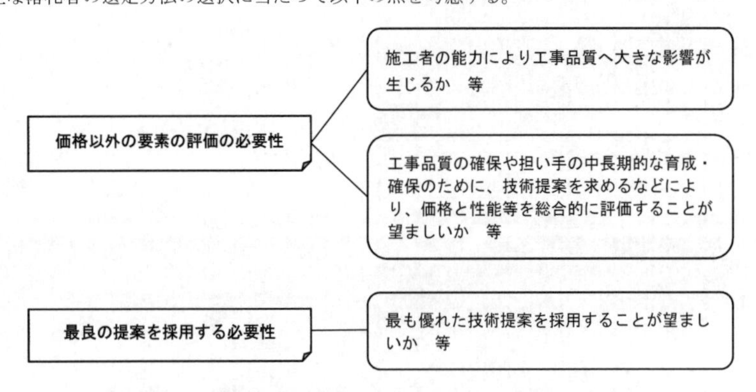

図-3.16　主な落札者の選定方法の選択に当たって考慮する点

3.5.1 落札者の選定方法に応じた方式

落札者の選定方法に応じた方式としては、発注者が示す仕様に対し、価格提案のみを求め、落札者を決定する「価格競争方式」のほか、

・工事価格及び性能等を総合的に評価して落札者を決定する「総合評価落札方式」
・最も優れた提案を行った者と価格や施工方法等を交渉し、契約相手を決定する「技術提案・交渉方式」

などがある。

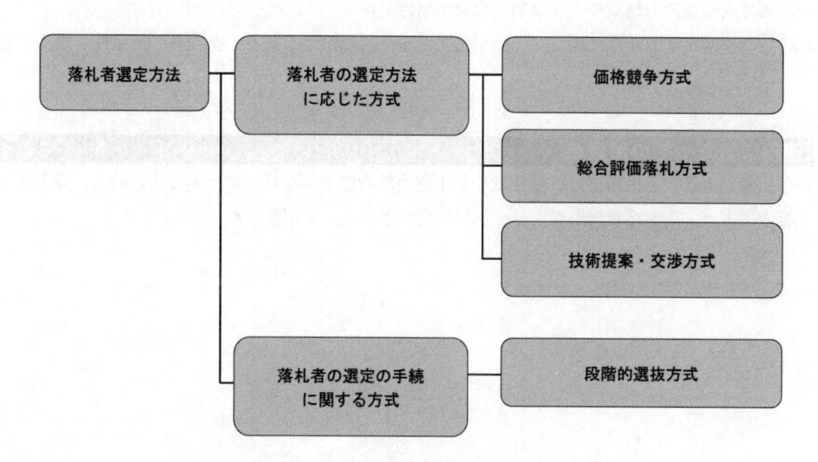

図-3.17 主な落札者の選定方法（再掲）

価格競争方式

方式の概要

「価格競争方式」とは、発注者が示す仕様に対し、価格提案のみを求め、落札者を決定する方式であり、発注者の示した仕様を満たす競争参加者のうち、最低の価格をもって申込みをした者と契約するものである。

方式の効果等

- 発最低価格を提示した者を落札者とするため、他の落札者の選定方法に比して入札手続に係わる事務上の負担の軽減や手続期間の短縮が期待できる。
- 落札者を選定する手続に関して、公平性・公正性・透明性が高く、発注者の恣意性が働く余地がない。

適用に当たっての留意点

- 落札者を選定する段階では、受注者の施工能力は考慮できない方式であることから、施工者の能力によって工事品質に影響を与える可能性があることに留意する。

総合評価落札方式

方式の概要

「総合評価落札方式」とは、品質確保のために、工事価格と品質を総合的に評価して落札者を選定する方式である。総合評価落札方式については、「国土交通省直轄工事における総合評価落札方式の運用ガイドライン」を参照のこと。

【価格競争方式と総合評価落札方式】

○従来の価格競争
発注者の示した仕様を満たす範囲の工事を最も低価格で施工できる者と契約

●総合評価方式
供給される工事の品質と価格を総合的に評価し、最も優れた工事を施工できる者と契約
※工事の品質とは、建設される構造物だけでなく、その施工方法や安全対策、環境対策等も含む

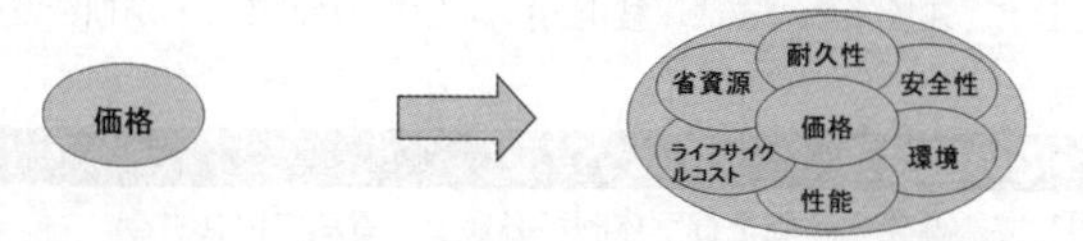

【評価値の算出方法】

加算方式

入札価格を一定のルールにより点数化した「価格評価点」と、価格以外の要素を点数化した「技術評価点」を足し合わせることで、評価値を算出する方法
なお、価格評価点と技術評価点の比率については9:1から1:1の範囲で決定されている例がある

評価値 ＝ 価格評価点 ＋ 技術評価点

●価格評価点の算出方法の一例
・100×（1－入札価格／予定価格）　　・100×最低価格／入札価格

除算方式

価格以外の要素を数値化した「技術評価点」（標準点＋加算点）を入札価格で割って、評価値を算出する方法

なお、標準点を100点として、技術提案に応じた加算点を10点から100点の範囲内で決定されている例がある

$$評価値 = \frac{技術評価点}{入札価格} = \frac{標準点+加算点}{入札価格}$$

【総合評価落札方式の概要（国土交通省）】

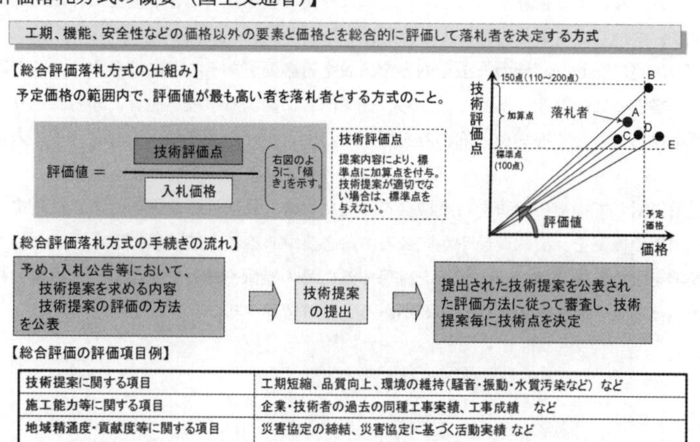

技術提案に関する項目	工期短縮、品質向上、環境の維持（騒音・振動・水質汚染など）など
施工能力等に関する項目	企業・技術者の過去の同種工事実績、工事成績　など
地域精通度・貢献度等に関する項目	災害協定の締結、災害協定に基づく活動実績 など

方式の効果等

- 総合的なコストの縮減に関する技術提案、工事目的物の性能・機能の向上に関する技術提案、社会的要請への対応に関する技術提案等が審査・評価の対象となり、これらの技術提案に対する評価が低い場合、落札しにくくなるため、工事の品質の向上が期待できる。
- 企業の施工実績や配置予定技術者の能力も評価することが可能であることから、施工能力の乏しい者が落札することによる、公共工事の品質の低下や工期の遅れ等の防止が期待できる。
- 入札の段階で、施工計画が現場条件（地形、地質、環境、地域特性等）を反映しているか等の審査を行うため、想定される問題を事前に把握することができる。
- 騒音の低減、周辺の環境や街並みと景観との調和などを評価対象にすることができるため、周辺住民や利用者の不便や不満の減少が期待できる。
- 技術的能力や技術提案を審査するため、建設業者の適切な施工や技術力の向上に対する意欲を高め、結果として、建設業者の育成・技術力の向上につながることが期待できる。

適用に当たっての留意点

- 技術提案に関して、審査・評価を行う体制が必要である点に留意する。
- 価格競争方式に比して手続期間が長期にわたることを考慮した計画的な発注が必要になることに留意する。
- 競争参加者に高度な技術等を含む技術提案を求める場合、最も優れた提案に対応した予定価格とすることができるよう留意する。また、この場合、技術提案の評価に当たり、中立かつ公正な立場から判断できる学識経験者の意見を聴取する必要があることに留意する。
- 技術提案を求める場合には、競争参加者の技術提案に係る事務負担に配慮するとともに、工事の性格、地域の実情等を踏まえた適切な評価内容を設定する必要があることに留意する。その際、過度なコスト負担を誘発しないよう、いわゆるオーバースペックと判断される技術提案を優位に評価しないよう留意するとともに、単に提案の数が多いことが優位に評価されることのないよう、求める提案数を明確にする等配慮する必要がある。
- 落札者の決定に際し、評価の方法や内容を公表する必要があることに留意する。その際、技術提案が提案者の知的財産であることから、提案内容に関する事項が他者に知られたり、提案者の了承を得ることなく提案の一部のみを採用することがないようにするなど、その取扱いに留意する。
- 技術提案に対して提案の改善を行う機会を与えた場合、透明性の確保のため、技術提案の改善に係る過程の概要を、契約後速やかに公表する必要があることに留意する。
- 技術提案を求める場合は、その履行を確保するための措置や履行できなかった場合の措置について予め契約上の取り決めを行う必要があることに留意する。

技術提案・交渉方式

方式の概要

「技術提案・交渉方式」とは、技術提案を募集し、最も優れた提案を行った者を優先交渉権者とし、その者と価格や施工方法等を交渉し、契約の相手方を決定する方式である。

技術提案・交渉方式は、施工者独自の高度で専門的なノウハウや工法等を活用することを目的としており、この目的を達成するため、一般的な「工事の施工のみを発注する方式」と異なり、設計段階において施工者が参画することが必要となる。このため、技術提案・交渉方式の適用が考えられる契約方式は、「設計・施工一括発注方式」又は「設計段階から施工者が関与する方式（ECI方式）」の２種類である。

技術提案・交渉方式には、設計と施工を一括して契約する「設計・施工一括タイプ」、別途、契約する設計業務に対して施工者が技術協力を行う「技術協力・施工タイプ」、施工者が実施設計を行う「設計交渉・施工タイプ」の３種類の契約タイプがある。技術提案・交渉方式については、「国土交通省直轄工事における技術提案・交渉方式の運用ガイドライン（平成 27 年 7 月策定、令和 2 年 1 月最終改正）」を参照のこと。

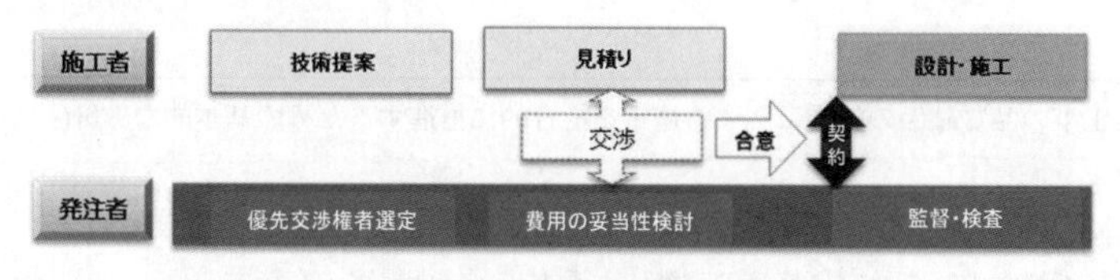

（a）設計・施工一括タイプ

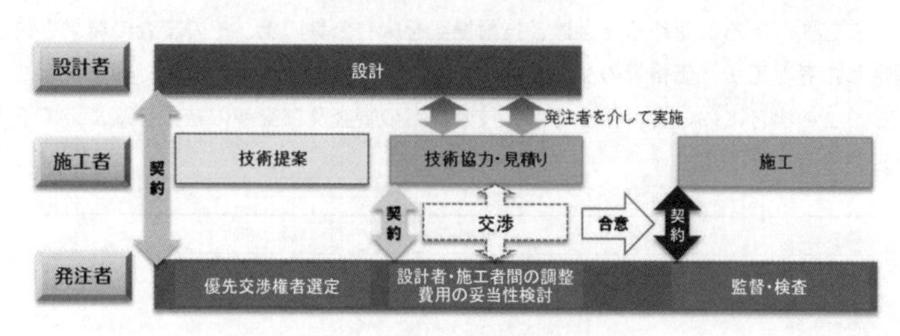

（b）技術協力・施工タイプ

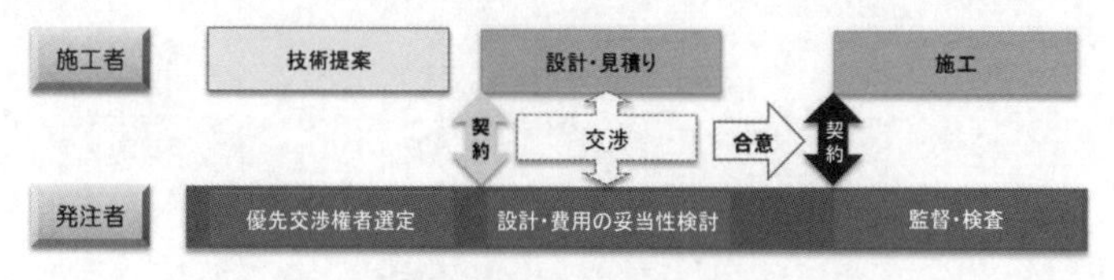

（c）設計交渉・施工タイプ

図-3.18 技術提案・交渉方式の契約タイプ

【公共工事の品質確保の促進に関する法律（抜粋）】

（技術提案の審査及び価格等の交渉による方式）

第十八条　発注者は、当該公共工事等の性格等により当該工事等の仕様の確定が困難である場合において自らの発注の実績等を踏まえ必要があると認めるときは、技術提案を公募の上、その審査の結果を踏まえて選定した者と工法、価格等の交渉を行うことにより仕様を確定した上で契約することができる。この場合において、発注者は、技術提案の審査及び交渉の結果を踏まえ、予定価格を定めるものとする。

2　発注者は、前項の技術提案の審査に当たり、中立かつ公正な審査が行われるよう、中立の立場で公正な判断をすることができる学識経験者の意見を聴くとともに、当該審査に関する当事者からの苦情を適切に処理することその他の必要な措置を講ずるものとする。

3　発注者は、第一項の技術提案の審査の結果並びに審査及び交渉の過程の概要を公表しなければならない。この場合においては、第十五条第五項ただし書の規定を準用する。

【公共工事の品質確保の促進に関する施策を総合的に推進するための基本的な方針(抜粋)】

第２　４　多様な入札及び契約の方法

（４）技術提案の審査及び価格等の交渉による方式（技術提案・交渉方式）

技術的難易度が高い工事等仕様の確定が困難である場合において、自らの発注の実績等を踏まえて必要があると認めるときは、技術提案を広く公募の上、その審査の結果を踏まえて選定した者と工法、価格等の交渉を行うことにより仕様を確定した上で契約することができる。この場合において、発注者は、技術提案の審査及び交渉の結果を踏まえて予定価格を定めるものとする。

方式の効果等

- 発注者による仕様の確定が困難で、最も優れた技術提案によらないと、工事目的の達成が難しい場合に対応するための方式である。
- 「発注者が最適な仕様を設定できない工事」又は「仕様の前提となる条件の確定が困難な工事」への適用が考えられる方式である。
- 厳しい条件下での高度な技術が必要とされる工事等において、最も優れた技術提案を採用することができる。
- 仕様の前提条件に不確実性がある工事において、追加調査や協議の上、条件・仕様・価格を定めることができるため、施工者にとっては参加しやすく、入札不調のリスクを減らす効果が期待できる。

適用に当たっての留意点

- 技術提案・交渉方式は、価格競争のプロセスがない（随意契約の一種と位置付けられている）調達を行うことから、技術提案・交渉方式の適用判断、技術提案の審査・評価、価格等の交渉の結果を踏まえた予定価格等の妥当性の確認に当たり、学識経験者への意見聴取を行う等、中立性・公平性・透明性の確保に留意する。
- 競争参加者により提案される目的物の品質・性能や価格等に大きな振れ幅が生じることを防ぐため、発注者が目的物の品質・性能のレベルの目安として、あらかじめ参考額を示す場合には、学識経験者に意見聴取を行う等、恣意的な設定とならないように留意する。
- 優先交渉権者との交渉によっては、交渉が不成立となる場合があることにも留意する。
- 事業の緊急度に留意しつつも、施工者の知見の設計への反映や、リスクへの対応に当たり、必要な追加調査や協議を行うため、十分な技術協力期間、設計期間の確保に努めることが重要であることに留意する。
- 仕様が確定しない段階から技術提案を求めるため、技術提案は、定量的な事項、要素技術の有無や提案数よりも、主たる事業課題に対する提案能力を中心に、工事の特性に応じて、理解度、実績等による裏付け、不測の事態への対応力等を重視して評価することに留意する。
- 発注者に技術提案の審査・評価、価格や施工方法等に関する交渉等を的確に行える体制を整備する必要があることに留意する。

3.5.2 落札者の選定の手続に関する方式

落札者の選定の手続に関する方式としては、技術提案を求める方式において、一定の技術水準に達した者を選抜した上で、これらの者の中から提案を求め、落札者を決定する「段階的選抜方式」がある。

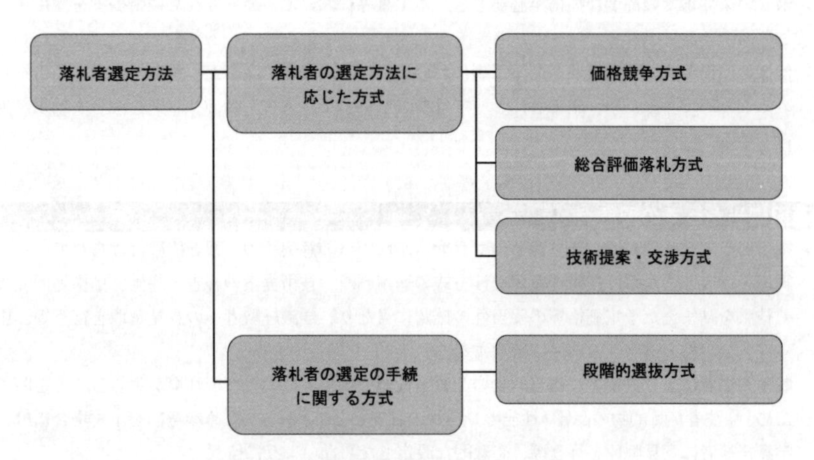

図-3.19 主な落札者の選定方法（再掲）

段階的選抜方式

方式の概要

「段階的選抜方式」とは、競争に参加しようとする者に対し技術提案を求める方式において、一定の技術水準に達した者を選抜した上で、これらの者の中から提案を求め落札者を決定する方式である。

段階的選抜方式は選定プロセスに関する方式であり、「総合評価落札方式」、「技術提案・交渉方式」と併せて採用することができる。

【公共工事の品質確保の促進に関する法律（抜粋）】

（段階的選抜方式）

第十六条　発注者は、競争に参加する者に対し技術提案を求める方式による場合において競争に参加する者の数が多数であると見込まれるときその他必要があると認めるときは、必要な施工技術又は調査等の技術を有する者が新規に競争に参加することが不当に阻害されることのないように配慮しつつ、当該公共工事等に係る技術的能力に関する事項を評価すること等により一定の技術水準に達した者を選抜した上で、これらの者の中から落札者を決定することができる。

【公共工事の品質確保の促進に関する施策を総合的に推進するための基本的な方針（抜粋）】

第２　４　多様な入札及び契約の方法

（２）段階的選抜方式

競争参加者が多数と見込まれる場合においてその全ての者に詳細な技術提案を求めることは、発注者、競争参加者双方の事務負担が大きい。その負担に配慮し、発注者は、競争参加者が多数と見込まれるときその他必要と認めるときは、当該公共工事に係る技術的能力に関する事項を評価すること等により一定の技術水準に達した者を選抜した上で、これらの者の中から落札者を決定することができる。

なお、当該段階的な選抜は、一般競争入札方式の総合評価落札方式における過程の中で行うことができる。

加えて、本方式の実施に当たっては、必要な施工技術を有する者の新規の競争参加が不当に阻害されることのないよう、また、恣意的な選抜が行われることのないよう、案件ごとに事前明示された基準にのっとり、透明性をもって選抜を行うこと等その運用について十分な配慮を行うものとする。

方式の効果等

- 競争参加者が多く見込まれる場合において、受発注者双方の技術提案に係る事務負担の軽減を図ることができる。

適用に当たっての留意点

- 本方式の実施に当たっては、恣意的な選抜が行われることのないよう留意する。
- 第一段階の選抜の基準の設定方法によっては、技術提案を求める者が固定化してしまう可能性がある点に留意する。

3.6 支払方式

支払方式とは、「業務及び施工の対価を支払う方法」のことであり、工種別の内訳単価を定めず、総額をもって請負金額とする「総価契約方式」が一般的であるが、その他の方式として、

・単価等を前もって協議し、合意しておく「総価契約単価合意方式」
・震災復興事業において独立行政法人都市再生機構が実施している、工事のコストを実費精算し、これにあらかじめ合意された報酬（フィー）を加算して支払う「コストプラスフィー契約・オープンブック方式」

などがある。その他、工事材料等について単価を契約で定め、予定の施工数量に基づいて概算請負代金額を計算して契約し、工事完成後に実際に用いた数量と約定単価を基に請負代金額を確定する支払方式（「単価・数量精算方式」）の考え方もある。

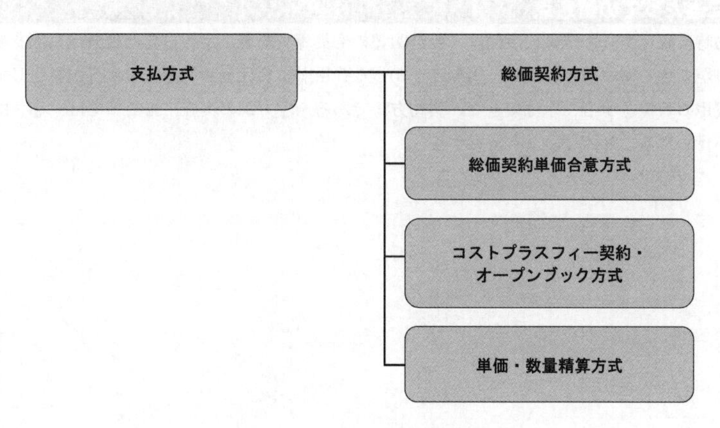

図-3.20 主な支払方式の全体

主な支払方式の選択に当たっては以下の点を考慮する。

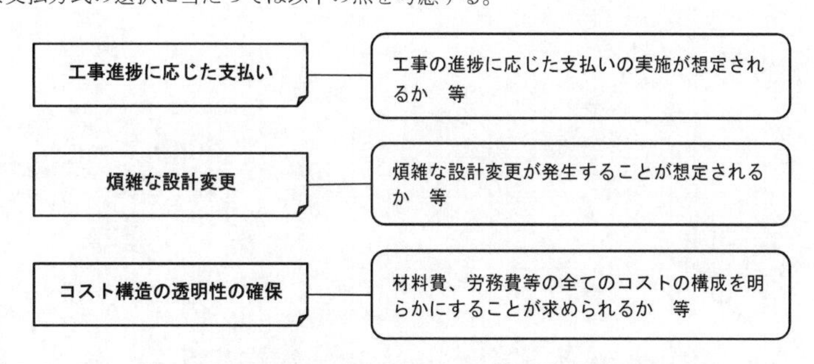

図-3.21 主な支払方式の選択に当たって考慮する点

総価契約方式

方式の概要

「総価契約方式」とは、工種別の内訳単価を定めず、総額をもって請負金額とする方式であり、契約対象に含まれる各工種の工事費の単価は問わず、明示した各数量と総価が契約事項となるものである。

方式の効果等

- 契約書に基づいて提出される内訳書に示された個々の単価等は、受発注者を契約上拘束しない。
- 総額をもって請負金額とするため、発注者にとって、コスト管理しやすい方式である。

適用に当たっての留意点

- 契約時に確定された請負代金額は、設計図書の変更等契約書に定められた請負代金額を変更する事ができる事由が無い限り、実際にかかった費用が請負代金額を超える状況が発生しても増加費用の負担をすることはできない契約方式である。本方式の実施に当たっては、恣意的な選抜が行われることのないよう留意する。

総価契約単価合意方式

方式の概要

「総価契約単価合意方式」とは、総価契約方式において、請負代金額の変更があった場合の金額の算定や部分払金額の算定を行うための単価等を前もって協議し、合意しておくことにより、設計変更や部分払に伴う協議の円滑化を図ることを目的として実施する方式である。

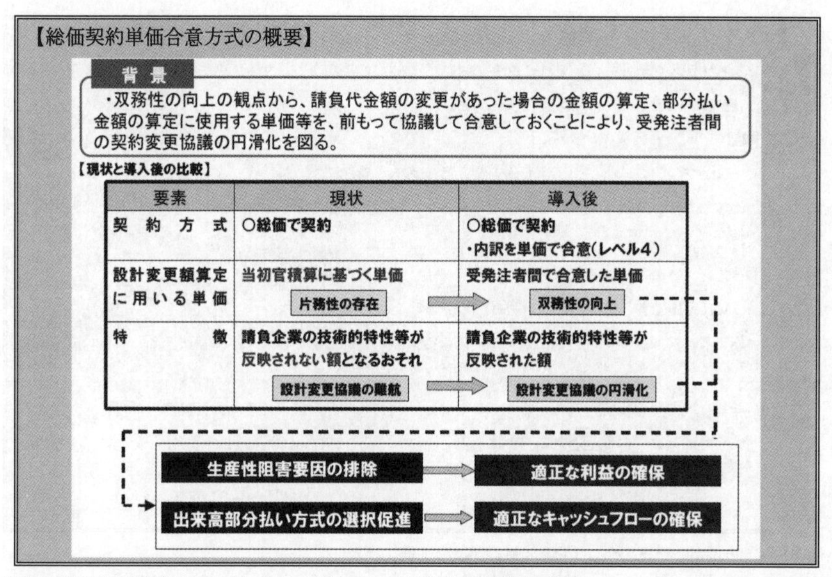

要素	現状	導入後
契約方式	○総価で契約	○総価で契約 ・内訳を単価で合意(レベル4)
設計変更額算定に用いる単価	当初官積算に基づく単価 片務性の存在	受発注者間で合意した単価 双務性の向上
特徴	請負企業の技術的特性等が反映されない額となるおそれ 設計変更協議の難航	請負企業の技術的特性等が反映された額 設計変更協議の円滑化

出典)「総価契約単価合意方式の導入について」(平成22年6月国土交通省東北地方整備局)

方式の効果等

- 総価で工事を請け負い、請負代金額の変更があった場合の金額の算定や部分払金額の算定を行うための単価等を前もって協議し、合意しておくことにより、設計変更や部分払に伴う協議の円滑化を図ることを目的として実施する方式である。
- 工事請負契約における受発注者間の双務性の向上や受発注者間の契約変更協議の円滑化が期待できる。

適用に当たっての留意点

- 請負代金額の変更は、単価合意書に記載の合意単価等を基礎として行うこととなるが、単価合意書に記載の合意単価等を用いることが不適当となる場合(工事材料等の購入量が大幅に増え材料単価が安くなる場合等)、受発注者間で協議することもあることに留意する。

コストプラスフィー契約・オープンブック方式

方式の概要

「コストプラスフィー契約・オープンブック方式」とは、工事の実費（コスト）の支出を証明する書類とともに請求を受けて実費精算とし、これにあらかじめ合意された報酬（フィー）を加算して支払う方式である。

【コストプラスフィー契約・オープンブック方式について】

「コストプラスフィー方式」とは、工事においては施工業者のコスト（外注費、材料費、労務費等）とフィー（報酬）をガラス張りで開示する支払方法。

（中略）

オープンブック方式とは、工事費用を施工者に支払う過程において、支払金額とその対価の公正さを明らかにするため、施工者が発注者に全てのコストに関する情報を開示し、発注者又は第三者が監査を行う方式のことをいう。

オープンブック方式では、

① ＣＭＲと施工者との契約金額が明らかにされること
② 施工者の領収書が添付され出来高払いによる実際の支払代金が毎月又は四半期ごとに明らかになること
③ 共通仮設費、現場管理費、一般管理費などについても実費精算がなされ、労務費、材料費、外注費などの全てのコストが発注者に明らかになること
④ 必要な場合は発注者が第三者にオープンブックの監査を依頼すること

などによってコスト構成の透明化が確保される。

出典）「CM方式活用ガイドライン」（平成14年2月国土交通省）

方式の効果等

- 支払い内容の透明性の確保や契約後における実態に即した支払いに対応する方式である。
- 総価契約のように費用の内訳を問わず契約するのではなく、支出した費用（コスト）の内訳が明らかとなるため、費用の透明性の向上が期待できる。

適用に当たっての留意点

- 公共工事においては、報酬（フィー）について積算上の位置付けがないため、通常の契約との積算上の違いを明らかにした上で、法的な整理も含め、十分な検討が必要であることに留意する。
- 支出した費用の内容を明らかにするため、支払請求書とともに支出を証明する書類が提出されるため、受注者の提出書類が増加することに留意するとともに、支出した費用の内容の妥当性を確認した際、妥当性が認められない場合の契約上の措置を講じる必要があることに留意する。報酬（フィー）を支出費用に応じた支払いとした場合、支出費用の増加に伴って報酬も増加することから、支出費用を抑制する仕組みを合わせて組み入れる必要があることに留意する。

Ⅳ. 参考資料

4.1 参考資料一覧

各入札契約方式の導入・活用に当たって参考となる資料一覧を以下に記載する。

資 料 名	日 付	所管省庁等	URL
国土交通省直轄工事における技術提案・交渉方式の運用ガイドライン	平成 27 年 5 月 （最終：令和 2 年 1 月）	国土交通省	http://www.nilim.go.jp/lab/peg/siryou/2015_koshoguide/2015_koshoguide.pdf
国土交通省直轄工事における総合評価落札方式の運用ガイドライン	平成 25 年 3 月 （最終：平成 28 年 4 月）	国土交通省	http://www.mlit.go.jp/common/000996238.pdf
災害復旧における入札契約方式の適用ガイドライン	平成 29 年 7 月 （最終：令和 3 年 5 月）	国土交通省	http://www.nilim.go.jp/lab/peg/siryou/20170825_saigaifukkyu_guideline/170825_saigaifukkyu_guideline_honbun.pdf
国土交通省直轄の事業促進ＰＰＰに関するガイドライン	平成 31 年 3 月 （最終：令和 3 年 3 月）	国土交通省	http://www.nilim.go.jp/lab/peg/siryou/2019_koshoguide/2019_ppp_guideline.pdf
地方公共団体におけるピュア型ＣＭ方式活用ガイドライン	令和 2 年 9 月	国土交通省	https://www.mlit.go.jp/totikensangyo/const/content/001362396.pdf
ＣＭ方式活用ガイドライン	平成 14 年 2 月	国土交通省	http://www.mlit.go.jp/sogoseisaku/const/sinko/kikaku/cm/cmguide1.htm
建設コンサルタント業務等におけるプロポーザル方式及び総合評価落札方式の運用ガイドライン	平成 21 年 3 月 （最終：令和 3 年 3 月）	国土交通省	http://www.mlit.go.jp/common/000165858.pdf
公共土木設計業務等標準委託契約約款	平成 7 年 5 月 （最終：令和 2 年 3 月）	国土交通省	https://www.mlit.go.jp/totikensangyo/const/sosei_const_tk2_000050.html
公共建築設計業務標準委託契約約款	平成 8 年 2 月 （最終：令和 2 年 3 月）	国土交通省	https://www.mlit.go.jp/jutakukentiku/build/jutakukentiku_house_fr_000096.html
公共工事標準請負契約約款	昭和 25 年 2 月 （最終：令和元年 12 月）	中央建設業審議会	https://www.mlit.go.jp/totikensangyo/const/1_6_bt_000092.html
工事請負契約書の制定について	平成 7 年 6 月 （最終：令和 2 年 3 月）	国土交通省	http://www.mlit.go.jp/common/000993707.pdf
公共土木設計施工標準請負契約約款	平成 26 年 12 月	（公社） 土木学会	https://committees.jsce.or.jp/cmc/system/files/01_Contract%20clause_5.pdf
総価契約単価合意方式実施要領	平成 23 年 9 月	国土交通省	http://www.nilim.go.jp/lab/pbg/theme/theme2/soutan/soutan_youryou2016.4.pdf
地方公共団体向け総合評価実施マニュアル	平成 19 年 3 月 （最終：平成 20 年 3 月）	国土交通省	http://www.mlit.go.jp/common/000020197.pdf

資　料　名	日　付	所管省庁等	URL
国土交通省直轄事業における発注者支援型ＣＭ方式の取組み事例集（案）	平成21年3月	国土交通省	http://www.mlit.go.jp/common/001068240.pdf
総価契約単価合意方式実施要領	平成23年9月	国土交通省	http://www.nilim.go.jp/lab/pbg/theme/theme2/soutan/soutan_youryou2016.4.pdf
設計・施工一括及び詳細設計付工事発注方式実施マニュアル（案）	平成21年3月	国土交通省	http://www.nilim.go.jp/lab/peg/siryou/hatyusha/db_manual.pdf

4.2 国土交通省における相談窓口

本ガイドラインの内容に関する問い合わせは、品確法の運用指針の内容に関する問合せや発注関係事務の運用に関する相談に応じるために設置している、以下の「品確法運用指針に関する相談窓口」で受け付けることとしている。

地整	窓口	住所	電話番号	メールアドレス
国土交通省	大臣官房 技術調査課	〒100-8918 東京都千代田区霞が関2-1-3	03-5253-8111	―
国土交通省 国土技術政策総合研究所	社会資本ﾏﾈｼﾞﾒﾝﾄ研究ｾﾝﾀｰ 社会資本ﾏﾈｼﾞﾒﾝﾄ研究室	〒305-0804 茨城県つくば市旭１番地	029-864-4239	nil-kenmane@mlit.go.jp
北海道開発局	事業振興部 工事管理課	〒060-8511 北海道札幌市北区北８条西２	011-709-2311	hkd-ky-hinkaku02@gxb.mlit.go.jp
東北地方整備局	企画部 技術管理課	〒980-8602 宮城県仙台市青葉区本町３－３－１　仙台合同庁舎Ｂ棟	022-225-2171	hinkaku@thr.mlit.go.jp
関東地方整備局	企画部 技術調査課	〒330-9724 埼玉県さいたま市中央区新都心２－１	048-600-1332	ktr-hattyukyo@gxb.mlit.go.jp
北陸地方整備局	企画部 技術管理課	〒950－8801 新潟県新潟市中央区美咲町１－１－１	025-280-8880	hinkaku@hrr.mlit.go.jp
中部地方整備局	企画部 技術管理課	〒460-8514 名古屋市中区三の丸２－５－１	052-953-8131	gikanmado@cbr.mlit.go.jp
近畿地方整備局	企画部 技術管理課	〒540-8586 大阪市中央区大手前１－５－４４	06-6942-1141	hinkaku@kkr.mlit.go.jp
中国地方整備局	企画部 技術管理課	〒730-8530 広島市中区上八丁堀６－３０	082-221-9231	hinkaku@cgr.mlit.go.jp
四国地方整備局	企画部 技術管理課	〒760－8554 高松市　サンポート３－３３	087-851-8061	skr-hinkaku@mlit.go.jp
九州地方整備局	企画部 技術管理課	〒812-0013 福岡市博多区博多駅東２－１０－７	092-476-3546	qsr-hinkaku@mlit.go.jp
沖縄総合事務局	開発建設部 技術管理課	〒900-0006 那覇市おもろまち２－１－１	098-866-1904	―

建設コンサルタント業務等における
プロポーザル方式及び総合評価落札方式の
運用ガイドライン

平成27年11月

（令和５年３月一部改定）

国　土　交　通　省

大　臣　官　房　会　計　課

大　臣　官　房　技　術　調　査　課

大臣官房官庁営繕部整備課

北　海　道　局　予　算　課

はじめに

公共工事は、調達時点で品質を確認できる物品の購入とは基本的に異なり、施工者の技術力等により品質が左右される。また、公共工事の上流部において実施される調査・設計業務についても、公共工事と同様に、業務を実施する技術者の技術力等が成果品の品質に大きな影響を与えるところである。

一方で、現在の我が国の厳しい財政状況を背景に、公共投資の削減が続けられてきた結果、公共工事と同様に、それに係る調査・設計についても不適格業者の参入によるいわゆるダンピング受注の発生や成果品の品質低下など、公共工事の品質確保についても、懸念が高まってきた。

このような背景を踏まえ、「公共工事の品質確保の促進に関する法律」(以下「品確法」という。) が平成17年3月に成立、4月より施行された。本法律では、公共工事の品質は、経済性に配慮しつつ価格以外の多様な要素をも考慮し、価格及び品質が総合的に優れた内容の契約がなされることにより、確保されなければならないと規定されている。また、本法律を踏まえて、平成17年8月26日に閣議決定された『公共工事の品質確保の促進に関する施策を総合的に推進するための基本的な方針(基本方針)』において、公共工事に係る調査・設計の品質の確保に関しても価格と品質が総合的に優れた内容の契約とすることが必要と位置づけられた。

これまで、公共工事に係る建設コンサルタント業務等(測量、建築関係建設コンサルタント業務、土木関係建設コンサルタント業務、地質調査業務、補償関係コンサルタント業務をいう。以下同じ。)については、主としてプロポーザル方式と価格競争入札方式の2つの発注方式で実施してきたところであるが、品質確保に関する動向を踏まえ、平成19年度から総合評価落札方式の試行を開始した。その後、平成20年5月に財務省との包括協議が整い、建設コンサルタント業務等においても総合評価落札方式を本格的に導入することとなった。このため、平成21年3月に「設計コンサルタント業務等成果の向上に関する懇談会」(座長:小澤一雅東京大学大学院工学系研究科教授) において、「建設コンサルタント業務等におけるプロポーザル方式及び総合評価落札方式の運用ガイドライン」を定め、その後の実施状況等を踏まえ、平成23年6月及び平成25年4月に同ガイドラインを改定してきたところである。

また、品確法が平成26年6月に改正され、調査及び設計に関し、業務の内容に応じて必要な知識又は技術を有する者の能力がその者の有する資格等により適切に評価され、及びそれらの者が十分に活用されるよう必要な措置を講ずることとされた。このことを受け、平成26年11月に「公共工事に関する調査・設計等の品質確保に資する技術者資格登録規程」(以下「登録規程」という。) を告示し、民間資格の登録制度を創設するとともに、平成26年12月に「調査・設計等分野における品質確保に関する懇談会」において、この登録規程に基づき登録される資格の活用の方向性が定められたことから、本ガイドラインを改定してきたところである (平成27年11月改定)。

このほか、平成29年12月の「国土交通省直轄工事における技術提案・交渉方式の運用ガイドライン」改定、平成31年３月の「国土交通省直轄の事業促進ＰＰＰに関するガイドライン」作成を受け、これらのガイドラインで規定される業務は、本ガイドラインの発注方式の選定の考え方によらないことを明確にするため、本ガイドラインの一部を改定した（平成31年３月一部改定）。

また、品確法が令和元年６月に改正され、品確法22条に係る運用に関する指針において、海外での施工経験を有する技術者の活用も考慮した、適切な競争参加資格の設定に努めることとされたことを受け、海外インフラプロジェクトに従事する技術者の活躍の機会を増やし、海外のプロジェクトで活躍する人材の確保につなげるため、本ガイドラインの一部を改定したところである（令和３年３月一部改定）。

今般、発注方式の選定にあたり、協議調整、地元説明、厳しい施工条件での設計等、業務の特性も考慮するとともに、総合評価落札方式における賃上げを実施する企業に対する加点措置の取組、事業促進ＰＰＰの実績の評価、働き方改革、担い手確保等に資するプロポーザル方式及び総合評価落札方式の試行に対するＰＤＣＡサイクルの考え方を明記するため、本ガイドラインの一部を改定するものである。

目　次

参考資料目次

1　プロポーザル方式及び総合評価落札方式の概要

1－1　発注方式の概要と選定の考え方

調査・設計の発注に当たっては、調査・設計の内容に照らして技術的な工夫の余地が小さい場合を除き、プロポーザル方式、総合評価落札方式（標準型又は簡易型）のいずれかの方式を選定することを基本とする。図１に各方式を選定する際の基本的な考え方及び図２に標準的な業務内容に応じた発注方式事例を示す。

なお、技術提案・交渉方式により優先交渉権者が実施する技術協力業務および設計業務の発注に当たっては、「国土交通省直轄工事における技術提案・交渉方式の運用ガイドライン（平成 29 年 12 月改定）」によるものとし、事業促進ＰＰＰ（事業監理業務）の発注に当たっては、「国土交通省直轄の事業促進ＰＰＰに関するガイドライン（平成 31 年 3 月）」によるものとする。

（1）プロポーザル方式

当該業務の内容が技術的に高度なもの又は専門的な技術が要求される業務であって、提出された技術提案に基づいて仕様を作成する方が優れた成果を期待できる場合は、プロポーザル方式を選定する。また、建築関係建設コンサルタント業務においては、国等における温室効果ガス等の排出の削減に配慮した契約の推進に関する法律第５条に規定する基本方針に基づき契約する設計業務のほか、象徴性、記念性、芸術性、独創性、創造性等を求められる場合（いわゆる設計競技方式の対象とする業務を除く。）にもプロポーザル方式を選定する。なお、上記の考え方を前提に、業務の予定価格を算出するに当たって標準的な歩掛がなく、その過半に見積を活用する場合や、協議調整、地元説明、厳しい施工条件での設計等に対する理解が業務成果の品質確保に寄与する場合においてもプロポーザル方式を選定する。

ただし、予定価格の算出においてその過半に見積を活用する業務であっても、業務の内容が技術的に高度ではないもの又は専門的な技術が要求される業務ではない簡易なもの等については総合評価落札方式又は価格競争入札方式を選定できる。

プロポーザル方式においては、業務内容に応じて具体的な取り組み方法の提示を求めるテーマ（評価テーマ）を示し、評価テーマに関する技術提案と当該業務の実施方針の提出を求め、技術的に最適な者を特定する。なお、プロポーザル方式において提出を求める技術提案書のうち、評価テーマについては、調査、検討、および設計業務における具体的な取り組み方法について提案を求めるものであり、成果の一部を求めるものではないことに留意する。また、提案の記載にあたっては、概念図、出典の明示できる図表、既往成果、現地写真等を用いることに支障はないが、本件のために作成したCG、詳細図面等を用いることはできないことに留意する（なお、建築関係建設コンサルタント業務における提案の記載に関しては「技術提案における視覚的表現の取扱いについて」（平成30年4月2日付け事務連絡）による。）。

（2）総合評価落札方式（標準型又は簡易型）

事前に仕様を確定可能であるが、入札者の提示する技術等によって、調達価格の差異に比して、事業の成果に相当程度の差異が生ずることが期待できる場合は、総合評価落札方式を選定する。総合評価落札方式には標準型及び簡易型を定める。

総合評価落札方式を選定した場合において、当該業務の実施方針以外に、業務内容に応じて具体的な取り組み方法の提示を求めるテーマ（評価テーマ）を示し、評価テーマに関する技術提案を求めることによって、品質向上を期待する業務の場合は、標準型の総合評価落札方式を選定し、評価テーマに関する技術提案を求める必要はない場合は、簡易型の総合評価落札方式を選定する。

標準型においては、業務の仕様の範囲内で品質向上の方法の提示を求める評価テーマを示し、評価テーマに関する技術提案と当該業務の実施方針を求め、価格との総合評価を行う。なお、業務の難易度に応じ実施方針と評価テーマ数が１つで評価が可能な業務については、原則として価格と技術の評価に関する配点の比率を１：２とし、さらに、より業務の難易度が高く実施方針及び評価テーマ数が２つで評価する必要がある業務については１：３とする。

なお、評価テーマ数が１つであっても、入札者に対して高度な技術提案を求めること及び高い知識又は構想力・応用力を十分に確認することができ、業務及び工事の品質向上が期待できる難易度の高い業務については、配点比率を１：３とすることも可能とする。

簡易型においては、技術提案として、当該業務の実施方針の提出を求め、価格との総合評価を行う。価格と技術の評価に関する配点の比率は原則１：１とし、業務の難易度に応じて１：２を用いることも可能とする。

総合評価落札方式において提出を求める技術提案書のうち、評価テーマについては、調査、検討、および設計業務における具体的な取り組み方法について提案を求めるものであり、成果の一部を求めるものではないことに留意する。また、提案の記載にあたっては、概念図、出典の明示できる図表、既往成果、現地写真等を用いることに支障はないが、本件のために作成したＣＧ、詳細図面等を用いることはできないことに留意する（なお、建築関係建設コンサルタント業務における提案の記載に関しては「技術提案における視覚的表現の取扱いについて」（平成30年4月2日付け事務連絡）による。）。

（3）価格競争方式（参考）

上記（１）、（２）の方式によらない場合においては、入札参加要件として一定の資格・成績等を付すことにより品質を確保できるときは価格競争方式を選定する。

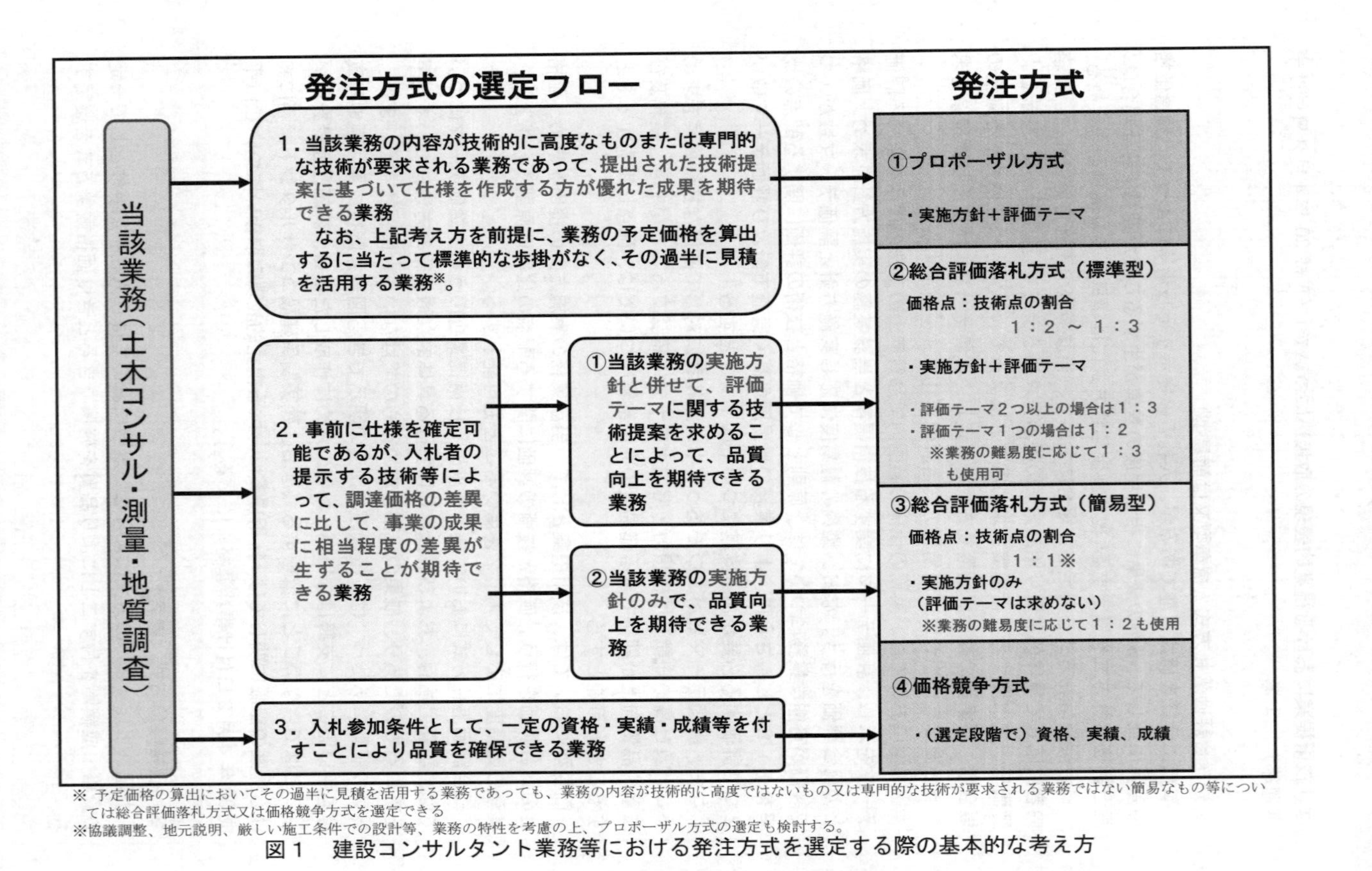

※ 予定価格の算出においてその過半に見積を活用する業務であっても、業務の内容が技術的に高度ではないもの又は専門的な技術が要求される業務ではない簡易なもの等については総合評価落札方式又は価格競争方式を選定できる
※協議調整、地元説明、厳しい施工条件での設計等、業務の特性を考慮の上、プロポーザル方式の選定も検討する。

図１　建設コンサルタント業務等における発注方式を選定する際の基本的な考え方

図２　標準的な業務内容に応じた発注方式事例

発注方式の選定にあたっては、本ガイドラインの「１－１　発注方式の概要と選定の考え方」に基づき選定することとし、本発注方式事例は目安として活用すること。

予定価格の算出においてその過半に見積を活用する業務であっても、業務の内容が技術的に高度ではないもの又は専門的な技術が要求される業務ではない簡易なもの等については総合評価落札方式又は価格競争方式を選定できる。

また、協議調整、地元説明、厳しい施工条件での設計等、業務の特性に対する理解が業務成果の品質確保に寄与する場合、本発注方式事例によらず、プロポーザル方式を選定できる。

本発注方式事例は、業務内容と発注方式の関係を模式的に示したもので、発注量を示したものではない。

【河川事業】

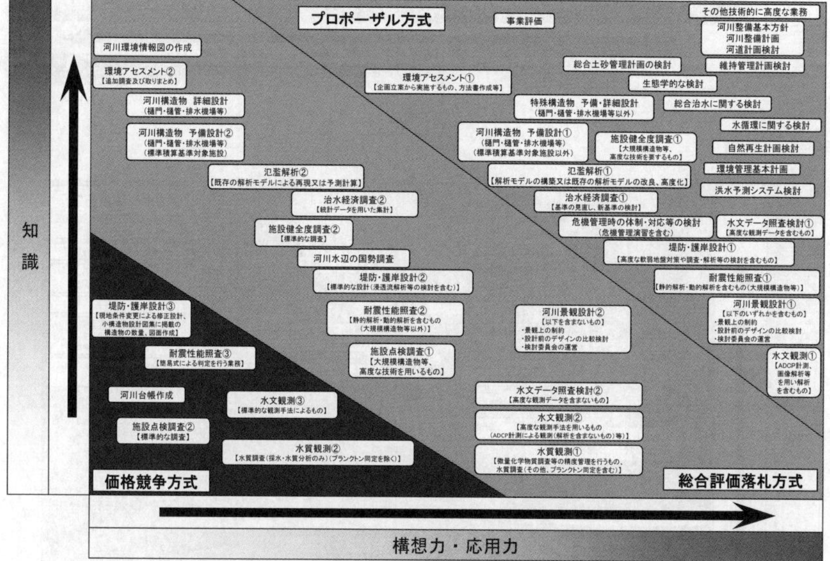

※海岸事業・砂防事業は、本表に準じて選定する。

【道路事業】

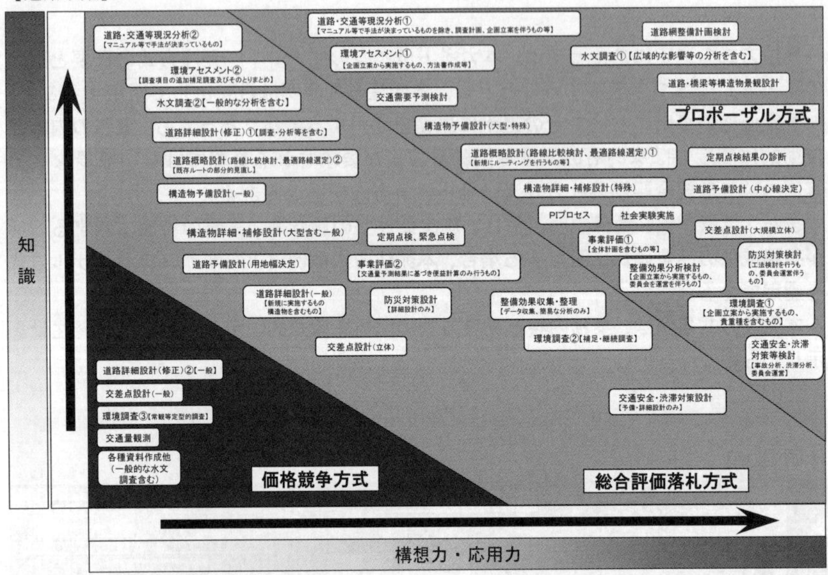

【都市事業】

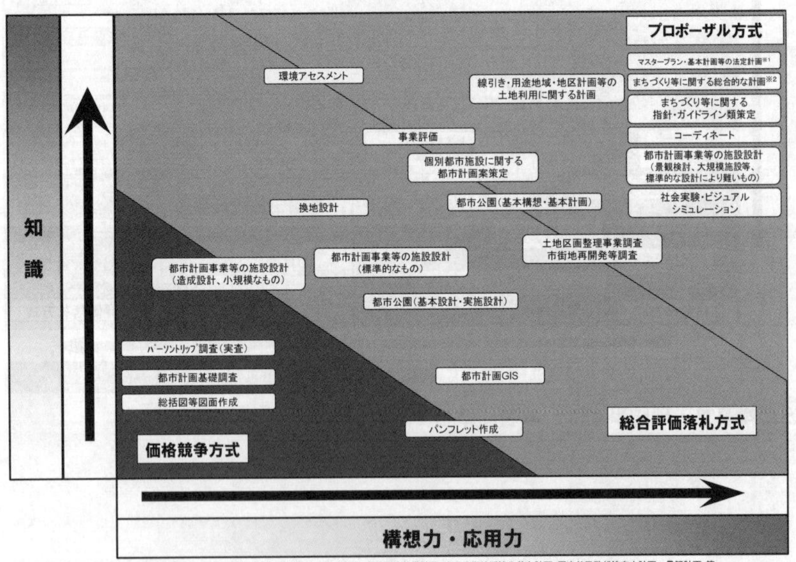

※1 都市計画区域マスタープラン、市町村マスタープラン、都市再開発方針、緑の基本計画、都市再生整備計画、中心市街地活性化基本計画、歴史的風致維持向上計画、景観計画 等
※2 都市交通に関するマスタープラン・戦略、市街地整備に関する戦略(大街区化等)、都市の観光・環境(低炭素都市づくり等)・防災等に関する基本的な計画 等

【下水道事業】

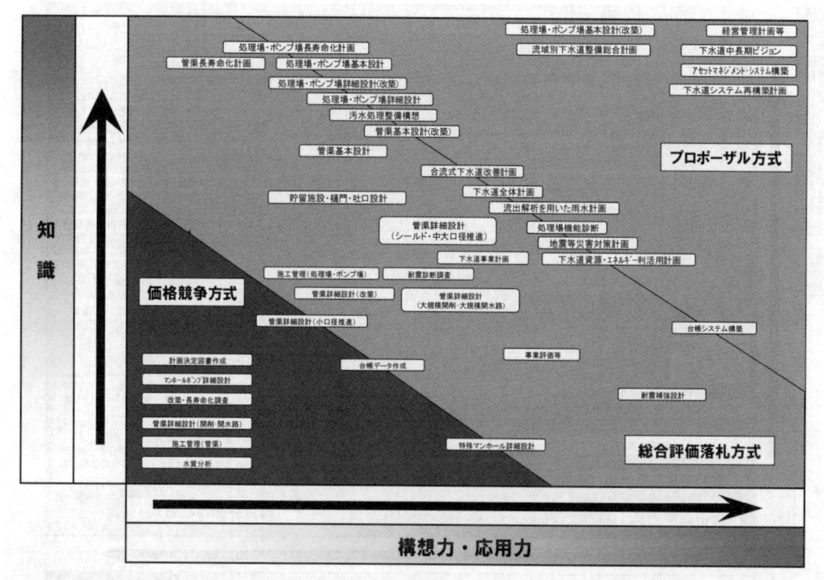
知識
処理場・ポンプ場基本設計(改築)
経営管理計画等
処理場・ポンプ場長寿命化計画
流域別下水道整備総合計画
下水道中長期ビジョン
管渠長寿命化計画
処理場・ポンプ場基本設計
アセットマネジメント・システム構築
処理場・ポンプ場詳細設計(改築)
下水道システム再構築計画
処理場・ポンプ場詳細設計
汚水処理整備構想
管渠基本設計(改築)
管渠基本設計
プロポーザル方式
合流式下水道改善計画
下水道全体計画
貯留施設・樋門・吐口設計
流出解析を用いた雨水計画
管渠詳細設計
(シールド・中大口径推進)
処理場機能診断
地震等災害対策計画
下水道事業計画
下水道資源・エネルギー利活用計画
施工管理(処理場・ポンプ場)
耐震診断調査
価格競争方式
管渠詳細設計(改築)
管渠詳細設計
(大規模開削・大規模開水路)
管渠詳細設計(小口径推進)
台帳システム構築
事業評価等
計画決定図書作成
台帳データ作成
マンホールポンプ詳細設計
改築・長寿命化調査
耐震補強設計
管渠詳細設計(開削・開水路)
施工管理(管渠)
特殊マンホール詳細設計
総合評価落札方式
水質分析
構想力・応用力

【測量調査】

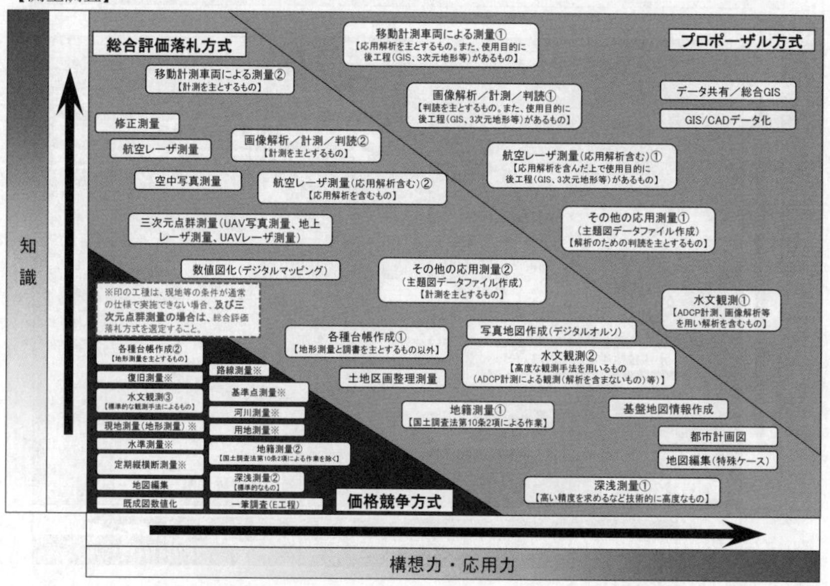
移動計測車両による測量①
【応用解析を主とするもの。また、使用目的に後工程(GIS、3次元地形等)があるもの】
総合評価落札方式
プロポーザル方式
移動計測車両による測量②
【計測を主とするもの】
画像解析／計測／判読①
【判読を主とするもの。また、使用目的に後工程(GIS、3次元地形等)があるもの】
データ共有／総合GIS
GIS/CADデータ化
修正測量
航空レーザ測量
画像解析／計測／判読②
【計測を主とするもの】
航空レーザ測量(応用解析含む)①
【応用解析を含んだ上で使用目的に後工程(GIS、3次元地形等)があるもの】
空中写真測量
航空レーザ測量(応用解析含む)②
【応用解析を含むもの】
その他の応用測量①
(主題図データファイル作成)
【解析のための判読を主とするもの】
三次元点群測量(UAV写真測量、地上レーザ測量、UAVレーザ測量)
知識
数値図化(デジタルマッピング)
その他の応用測量②
(主題図データファイル作成)
【計測を主とするもの】
※印の工種は、現地等の条件が通常の仕様で実施できない場合、及び三次元点群測量の場合は、総合評価落札方式を選定すること。
水文観測①
【ADCP計測、画像解析等を用い解析を含むもの】
写真地図作成(デジタルオルソ)
各種台帳作成①
【地形測量と調書を主とするもの以外】
各種台帳作成②
【地形測量を主とするもの】
水文観測②
【高度な観測手法を用いるもの
(ADCP計測による観測(解析を含まないもの)等)】
復旧測量※
路線測量※
土地区画整理測量
水文観測③
【標準的な観測手法によるもの】
基準点測量※
河川測量※
地籍測量①
【国土調査法第10条2項による作業】
基盤地図情報作成
現地測量(地形測量)※
用地測量※
都市計画図
水準測量※
地籍測量②
【国土調査法第10条2項による作業を除く】
地図編集(特殊ケース)
定期縦横断測量※
深浅測量①
【高い精度を求めるなど技術的に高度なもの】
地図編集
深浅測量②
【標準的なもの】
既成図数値化
一筆調査(E工程)
価格競争方式
構想力・応用力

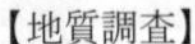
【地質調査】

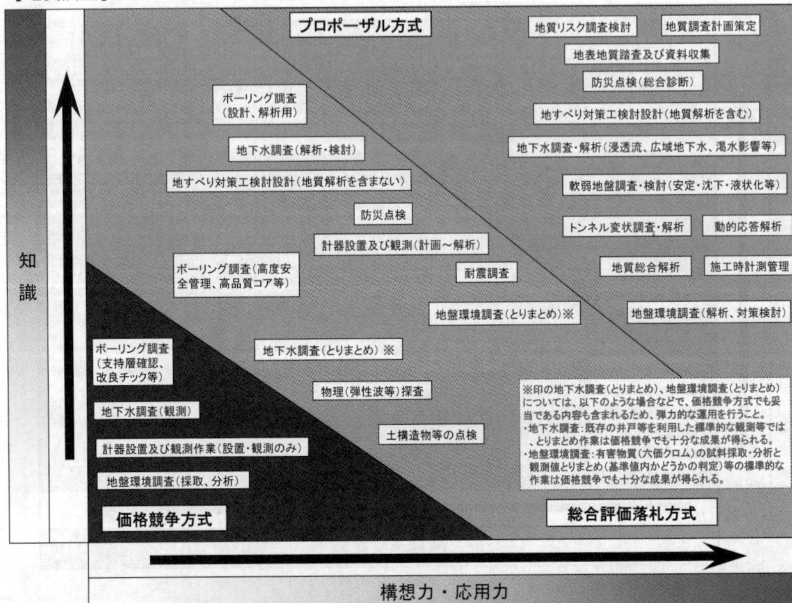

【建築】

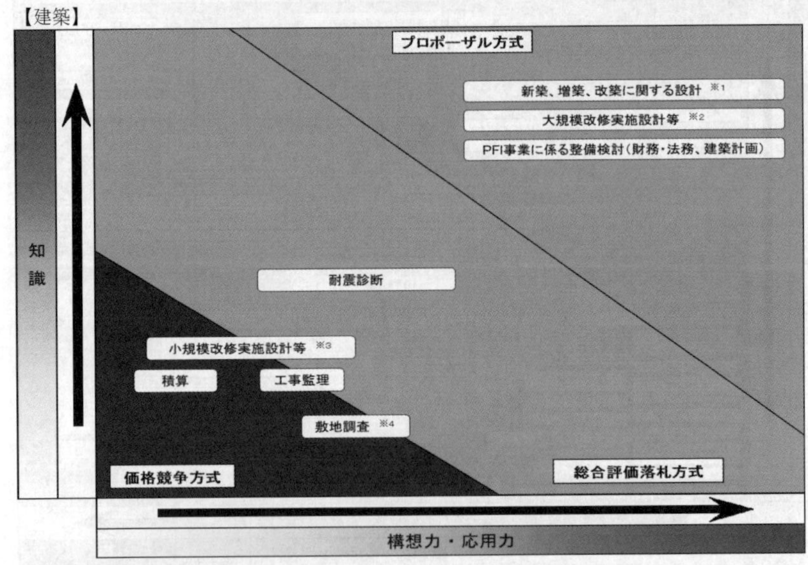

※1　建築士法第3条又は第3条の2に規定する設計
※2　耐震改修実施設計、建築士法第3条又は第3条の2に規定する改修設計等で、提案を反映して仕様を確定する必要がある設計
※3　※2以外の実施設計
※4　総合評価落札方式と価格競争方式の区分については、【測量調査】又は【地質調査】の区分に準ずる
※5　設計競技方式については上図によらないものとする

１－２　プロポーザル方式及び総合評価落札方式における入札時の手続

プロポーザル方式及び総合評価落札方式は、技術提案を評価の上、落札者を決定するものである。そのため、プロポーザル方式及び総合評価落札方式の発注にあたっては、説明書（仕様書、評価基準を含む）において、次の（１）、（２）に示す情報を明示するとともに、示された評価基準に基づき評価する。また、発注者の恣意性を排除し、中立かつ公平な審査・評価のため、「５．その他の留意事項」に示す、学識経験者への意見聴取、情報公開等を行うことに留意する。

（１）一般的事項

①技術的要件及び入札の評価に関する基準については、説明書において明らかにするものとし、この旨手続開始の公示等において明記するものとする。

②技術的要件及び入札の評価に関する基準を、仕様に関する書類（以下「仕様書」という。）及び評価に関する書類（以下「評価基準」という。）において定める場合にあっては、説明書の一部として交付する。

③技術的要件は、必須の要求要件及びそれ以外の要求要件に区分して、説明書（仕様書を含む。）において明らかにするものとする。

④技術的要件は、調達上の必要性・重要性に基づき、適切に設定するものとする。

⑤必須の要求要件については、実際に必要とする最低限の内容に限るものとする。

⑥必須以外の要求要件については、評価基準において定める評価項目として評価の対象とするものに限るものとし、評価の対象としないものは記載しない。

⑦技術的要件は、定量的に表示し得るもの（技術等を数値化できるもの）は、原則として数値で表すこととし、それが困難で定性的に表示せざるを得ないものについては、可能な限り詳細かつ具体的に記載する。

（２）評価基準

①評価に関する基準は、評価項目、得点配分（プロポーザル方式の場合は技術等の得点、総合評価落札方式の場合は入札価格の得点及び技術等の得点）、その他の評価に必要な事項とし、説明書（評価基準を含む。）において明らかにするものとする。

②技術等の評価項目及び得点配分は、調達上の必要性・重要性に基づき、適切に設定するものとする。

③総合評価落札方式の場合、技術提案の内容が、調達上の必要性・重要性に照らし、必要な範囲を超えたものは、評価の対象からは除外するものとする。

④技術等の評価項目については、可能な限りその評価する内容を詳細かつ具体的に示すものとする。この場合において、あらかじめ数値等により定量的に評価する範囲（上限値等）を示すことができるものについては、当該評価項目毎にその旨を明記することとする。

⑤総合評価落札方式の場合、入札価格の得点と技術等の得点との配点割合は、当

該調達及び評価の目的・内容等を勘案して適切に設定するものとする。

⑥技術等の評価項目設定の指針となる事項について例示すれば、次のとおりである。

1)予定技術者の経験及び能力に関する事項

予定技術者の実績としては、管理技術者あるいは担当技術者（建築の場合は、主任担当技術者）として従事した実績を評価対象とするものとする。

なお、予定技術者が審査及び評価の対象期間中に出産・育児等の真にやむを得ない事情により休業を取得していた場合には、入札・契約手続の公平性の確保を踏まえた上で、原則、休業期間に相当する期間を審査及び評価の対象期間に加えるものとする。

・技術者資格等、その専門分野の内容

・同種又は類似業務等の実績の内容

・過去に担当した業務の成績、表彰

・手持ち業務（専任性）

2)業務の実施方針等に関する事項

・業務理解度

・実施手順の妥当性

3)提案内容の的確性、実現性及び独創性に関する事項

・総合的なコストに関する事項

ア　ライフサイクルコスト

維持管理費・更新費も含めたライフサイクルコストについて評価する。

イ　その他

補償費等の支出額等を評価する。

・工事目的物の性能・機能又は調査の精度に関する事項

ア　工事目的物の性能・機能

工事目的物の初期性能の持続性、強度、耐久性、安定性、美観、供用性、環境保全性、ユニバーサルデザイン等の性能・機能を評価する。

イ　調査の精度

調査の精度を維持、向上するための計画、方法、技術等を評価する。

・社会的要請に関する事項

ア　環境の維持

騒音、振動、粉塵、悪臭、水質汚濁、地盤沈下、土壌汚染、景観、環境配慮等を国の利害の観点から評価する。

イ　施工への配慮

工事施工上考慮すべき事項（工期、施工方法、近接構造物等への配慮）を国の利害の観点から評価する。

ウ　特別な安全対策

特別な安全対策を必要とする工事について安全対策の良否を評価する。

エ　省資源対策又はリサイクル対策

工事の際の省資源対策、リサイクルの良否などへの対応を国の利害の観点から評価する。

（3）評価

①評価は、説明書（仕様書及び評価基準を含む。）に基づいて行うものとし、説明書に記載されていない技術等は評価の対象としない。

②技術等の評価は、調達機関による公正、公平な審査を通じて適切に行うものとする。

また、当該審査に当たっては、全ての参加者に共通の基準で行うこととし、特定の参加者の評価に特定の方法を用いない。

③必要に応じ、開札前に資料のヒアリングを実施することができる。なお、その場合には、その旨を説明書において明らかにするものとし、対面によるほか電話やインターネットによるテレビ会議システムを活用できる。

④必須の評価項目については、説明書（仕様書を含む。）に記載された必須の要求要件で示した最低限の要求要件を満たしているか否かを判定し、合格、不合格の決定をする。合格とされたものについては、説明書（評価基準を含む。）に基づき得点を与える。

⑤必須以外の評価項目については、説明書（仕様書を含む。）に記載された必須以外の要求要件を満たしているか否かを判定し、当該要求要件を満たしている場合は、説明書（評価基準を含む。）に基づき得点を与える。

⑥定性的な評価項目に関する評価に当たっては、十分、合理的な理由をもって行うものとする。

⑦技術等の評価に当たり、実施試験を課す場合には、公正かつ無差別な手段で行われることを確保するため、当該試験の実施内容・方法等を説明書において明らかにするものとする。

1－3　設計共同体に関する競争参加要件等について

○プロポーザル方式又は総合評価落札方式により調達手続を行うときは、単体企業に加え、設計共同体にも参加を認めるものとする。ただし、設計共同体によることで業務が必要以上に細分化され非効率となる等、設計共同体の参加を認めることが適当でないものについては、この限りではない。

また、設計共同体の参加を認める業務については、１件につき予定価格が一定の金額以上などの金額基準を設けないものとする。

○設計共同体の構成員の組合せは、当該発注に係る業務内容に対応する業種区分の有資格業者の組合せとするものとし、業務内容に応じて、異なる業種区分の有資格業者の組合せによる設計共同体も認めるものとする。

○設計共同体の構成員及び技術者に対して業務実績及び業務成績等を付与するものとする。

1－4　同種類似業務の基本的な考え方について

○「同種業務」とは、一般的な技術体系の中で、発注する業務内容から鑑みて、同種の技術内容によって行われた業務とする。

○「類似業務」とは、一般的な技術体系の中で、発注する業務内容から鑑みて、類似の技術内容によって行われる業務とする。

○発注する業務内容（重要かつ大規模となる構造物等の技術内容に大きな差異が認められる場合等）から鑑みて、十分な競争環境に留意しつつ、建物用途、構造、規模、工法、内容等の条件を付すことができるものとする。

○「同種業務」又は「類似業務」の実績は、国、都道府県、政令市の実績について評価する。

（なお、市町村、高速道路会社等の実績についても、上記と同等のものについては評価する。また、建築関係建設コンサルタント業務については４－１による。）

○技術者の「同種業務」又は「類似業務」の実績は、海外インフラプロジェクト技術者認定・表彰制度により認定された実績についても評価する。

（企業の「同種業務」又は「類似業務」の実績は、参加者が海外インフラプロジェクト技術者認定・表彰制度により認定された実績での評価を申請する場合は、国内の業務の実績と同様に評価できることとする。）

○技術者の「同種業務」又は「類似業務」の実績は、マネジメントした実務経験がある場合についても評価する（なお、建築関係建設コンサルタント業務については４－１による。）。マネジメントした実務経験がある場合とは、例えば以下のいずれかの者に該当する場合をいう。

・建設コンサルタント登録規程(S52.4.15　付け建設省告示第 717　号)第３条の一に該当する「当該業務の該当部門」の技術管理者。

・地質調査業者登録規程(S52.4.15　付け建設省告示第 718　号)第３条の一に該当する技術管理者。

・地方建設局委託設計業務等調査検査事務処理要領(H11.4.1 付け建設省厚契第 31 号)第６に該当する総括調査員若しくは主任調査員。

・事業促進ＰＰＰ業務の管理技術者の立場で、同種類似業務の指導経験があると事業促進ＰＰＰ業務の発注機関が認めた者。

○同種・類似の設定にあたっては、十分な競争性を確保するため、参加可能者数を確認のうえ、業務内容に応じ適切な設定を行うものとする。

1－5　地域要件等の設定等について

○プロポーザル方式においては、原則として地域要件を設定せず、地域貢献度は評価しない。また、地域精通度は必要に応じ技術者評価（選定・特定段階）の指標とする。

ただし、測量、現地調査・作業等を伴う業務においては、これらを円滑に実施できることが品質確保の面から重要であることから、地域精通度による評価を積極的に活用することとする。

○総合評価落札方式においては、業務実施可能者数を勘案した上で、必要に応じ地域要件を設定し、地域貢献度は必要に応じ企業の評価（指名段階のみ）の指標とする。また、地域精通度は必要に応じ技術者評価（指名・入札段階）の指標とする。

ただし、測量、現地調査・作業等を伴う業務においては、これらを円滑に実施できることが品質確保の面から重要であることから、地域精通度による評価を積極的に活用することとする。

○各地方整備局等に共通する業務を、代表する地方整備局等が発注する場合は、プロポーザル方式、総合評価落札方式に関わらず、地域要件は設定しない。

○価格競争方式においては、業務実施可能者数を勘案した上で地域要件等を適宜設定するものとする。

表１－１　発注方式別の地域要件及び地域精通度の考え方

	地域要件	地域精通度
プロポーザル方式	×	○
総合評価落札方式	○	○
価格競争方式	◎ （十分な競争参加者数が確保されない場合はこの限りでない）	○ （指名競争を行う場合の指名時の評価指標として、一定の地域内における企業・技術者の同種・類似業務の有無を評価する場合がある）

◎：適宜採用・評価する　○：必要に応じて採用・評価　×：採用・評価しない
注１）地域要件：一定の地域内における「本店」又は「本店、支店又は営業所」の有無
注２）地域精通度：一定の地域内における企業・技術者の同種・類似業務実績の有無

１－６　業務表彰の取扱い

○プロポーザル方式で発注される業務のうち、他地方整備局等でも類似した業務内容で発注される業務については、他地方整備局等の表彰も当該地方整備局等の表彰と同等に評価するものとする。

○各地方整備局等に共通する業務を、代表する地方整備局等が発注する場合の技術評価（総合評価落札方式による場合も含む。）は他の地方整備局等の表彰も当該地方整備局等の表彰と同等に評価するものとする。

○上記以外のプロポーザル方式及び総合評価落札方式の技術評価においても他の地方整備局等の表彰と当該地方整備局等の表彰とを同等に評価できるものとする。

○優秀技術者表彰について、海外インフラプロジェクト優秀技術者 国土交通大臣賞については局長表彰と同等に、海外インフラプロジェクト優秀技術者 国土交通大臣奨励賞は部長表彰又は事務所長表彰と同等に評価するものとする。

1－7　参考見積の取扱い

○総合評価落札方式において参考見積を徴収する場合は、入札公告又は入札説明書においてその旨明記するとともに、当該見積に関する部分の内訳歩掛をできるだけ早く入札説明書等ダウンロードシステムによって開示することにより、参加予定者が入札価格を算定するための期間を十分確保するように努めるものとする。

　ただし、建築関係建設コンサルタント業務については、平成 31 年国土交通省告示第 98 号において「建築士事務所の開設者がその業務に関して請求できる報酬の基準」が定められているので、参考見積の徴収は特別な理由がない限り行わないものとする。

2　プロポーザル方式及び総合評価落札方式の実施手順

2－1　発注方式別の具体的な実施手順

（1）プロポーザル方式の実施手順

プロポーザル方式を実施する場合の標準的な手順は以下のとおりとする。日数については業務の内容に応じ短縮可能とする。

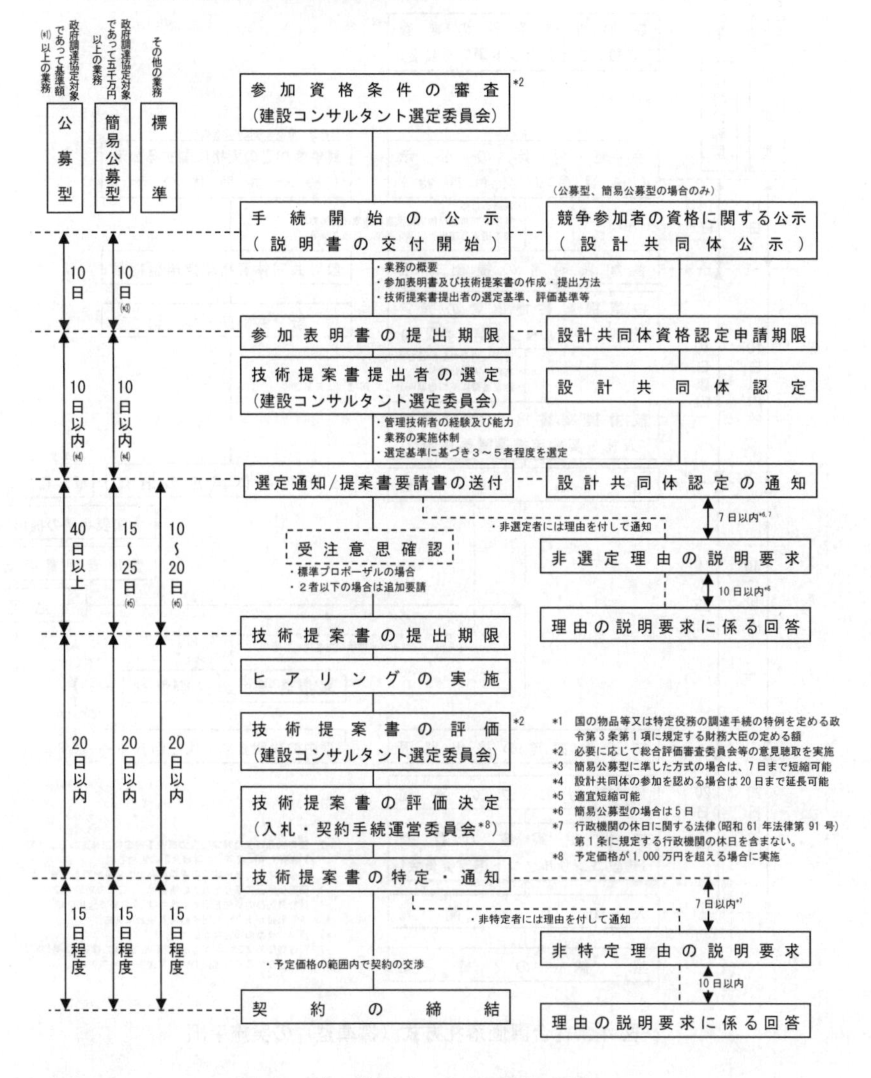

図3　プロポーザル方式の実施手順

（２）総合評価落札方式（標準型）の実施手順

総合評価落札方式（標準型）を実施する場合の標準的な手順は以下のとおりとする。日数については業務の内容に応じ短縮可能とする。

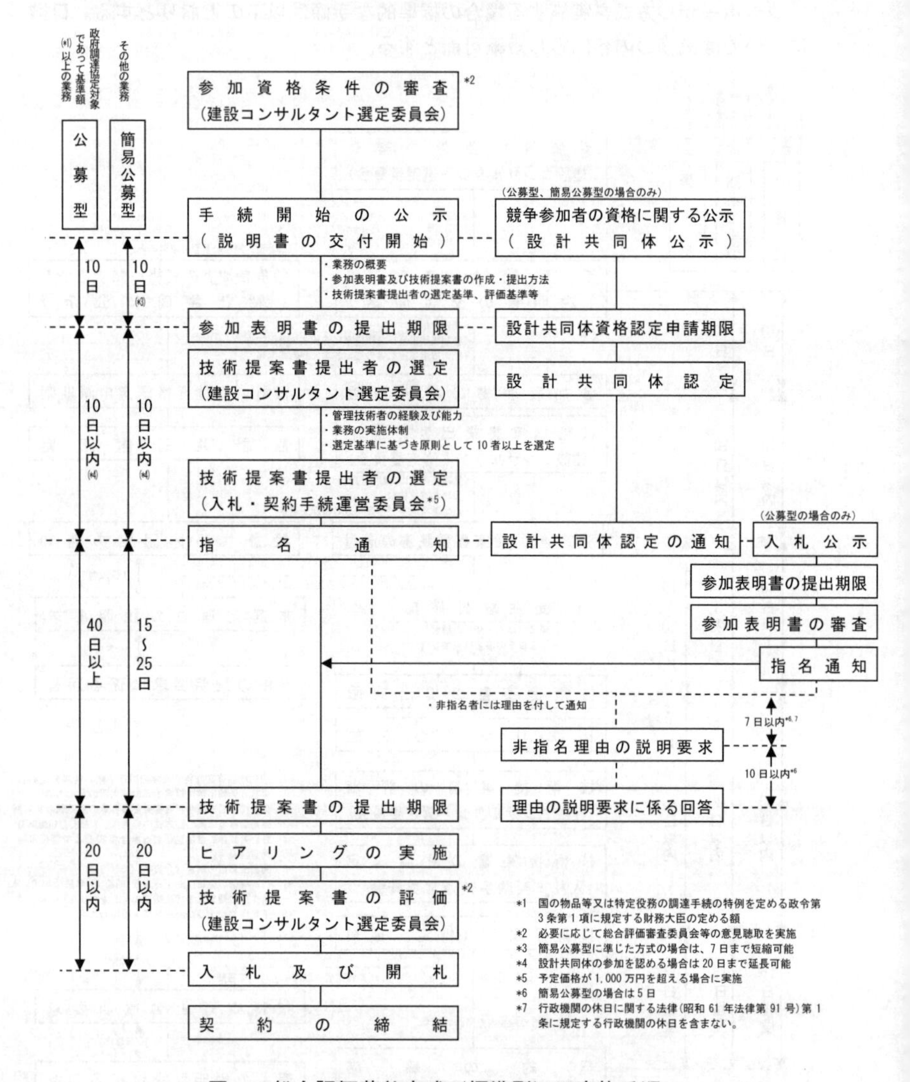

図４　総合評価落札方式（標準型）の実施手順

（３）総合評価落札方式（簡易型）の実施手順

総合評価落札方式（簡易型）を実施する場合の標準的な手順は以下のとおりとする。日数については業務の内容に応じ短縮可能とする。

また、総合評価落札方式（簡易型）では、簡易公募型もしくはそれに準じた方式を採用する場合において、参加表明書の作成手続と技術提案書の作成手続を併行して実施することにより、手続に要する期間の短縮を図ることとする。

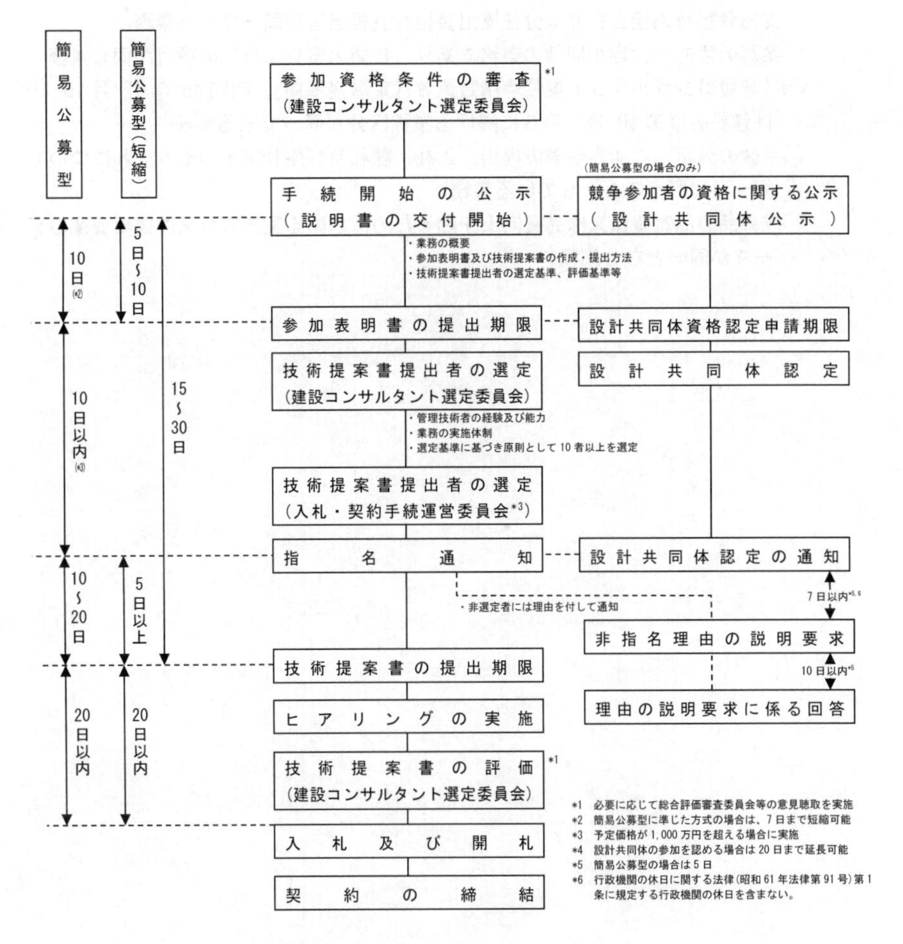

図５　総合評価落札方式（簡易型）の実施手順

2－2　一括審査方式の活用

総合評価落札方式における企業の技術力審査・評価を効率化するため、以下の条件をすべて満たす２以上の建設コンサルタント業務等において、提出を求める技術資料（実施方針及び技術提案を含む。）の内容を同一のものとすることができる。実施にあたっては、手続開始の公示及び入札説明書の交付は業務ごとに別々に行うこと、落札決定を行う業務の順番を手続開始の公示及び入札説明書において明らかにすることに留意する。

◯支出負担行為担当官又は分任支出負担行為担当官が同一である業務
◯業務の目的・内容が同種の業務であり、技術力審査・評価の項目が同じ業務
◯「建設コンサルタント業務等請負業者選定事務要領」（昭和 45 年 12 月 10 日付け建設省厚第 50 号）第３に掲げる業種区分が同一である業務
◯手続の公示、参加表明書の提出、入札、開札及び落札決定のそれぞれについて同一日に行うこととしている業務
◯成果品の品質確保又は品質向上を図るために求める実施方針又は技術提案のテーマが同一となる業務

3　土木関係建設コンサルタント業務等におけるプロポーザル方式及び総合評価落札方式の審査・評価

3－1　審査・評価に関する基本的な考え方

（1）配点の基本的考え方

○ 参加表明者（企業）や予定技術者の「資格・実績等」よりも「成績・表彰」の配点割合を高くする。ただし、「成績・表彰」を重視しすぎることにより企業の新規参入や若手技術者の起用を阻害しないよう配慮する。

○ 参加表明者（企業）の評価よりも予定技術者の評価を重視する。

○ 実施方針、評価テーマに関する技術提案を重視（技術提案に対する配点合計の50%以上）する。

（2）選定・指名段階における配点

○ プロポーザル方式及び総合評価落札方式の選定・指名段階における参加表明者（企業）の「資格・実績等」「成績・表彰」及び予定技術者の「資格・実績等」「成績・表彰」に対する評価ウェイトは、以下の表の通りとする。

表３－１　選定・指名段階における配点ウェイト（プロポーザル方式・総合評価落札方式共通）

評価項目	参加表明者（企業）		予定技術者	
	資格・実績等	成績・表彰	資格・実績等	成績・表彰
評価ウェイト	15% （▲5%）→	35% （▲10%）→	15% （+5%）	35% （+10%）

注１：() 内は標準的な配点ウェイトに対し、変動させて良い幅を示す。
注２：→は、変動幅の中で移転させて良いウェイトの行き先を示す。

（3）特定・入札段階における配点

○ プロポーザル方式の特定段階における予定技術者の「資格・実績等」「成績・表彰」及び「実施方針」「評価テーマに対する技術提案」に対する評価ウェイトは、以下の表の通りとする。

表３－２　プロポーザル方式の特定段階における配点ウェイト

評価項目	予定技術者		技術提案等	
	資格・実績等	成績・表彰	実施方針	評価テーマに対する技術提案
評価ウェイト	10% (▲5%) →	15% (+5%)	25% (▲12.5%) →	50% (+12.5%)

注１：() 内は標準的な配点ウェイトに対し、変動させて良い幅を示す。
注２：→は、変動幅の中で移転させて良いウェイトの行き先を示す。

○ 総合評価落札方式の入札段階における予定技術者の「資格・実績等」「成績・表彰」及び「実施方針」「評価テーマに対する技術提案」に対する評価ウェイトは、以下の表の通りとする。

表３－３　総合評価落札方式の入札段階における配点ウェイト

評価項目		予定技術者		技術提案等	
		資格・実績等	成績・表彰	実施方針	評価テーマに対する技術提案
評価ウェイト	1:3 の場合	10% (▲5%) →	15% (+5%)	25% (▲12.5%) →	50% (+12.5%)
	1:2 の場合	15% (▲7.5%) →	18% (+7.5%)	30% (▲15%) →	37% (+15%)
	1:1 の場合	25% (▲12.5%) →	25% (+12.5%)	50%	―

注１：() 内は標準的な配点ウェイトに対し、変動させて良い幅を示す。
注２：→は、変動幅の中で移転させて良いウェイトの行き先を示す。

図６に、これらを踏まえた技術評価の基本的な考え方を示す。

（４）設計共同体に対する審査・評価

○ 設計共同体による競争参加を受けた場合には、技術力を結集して業務を実施することによる利点を適切に評価できるよう配慮すること。

○ 設計共同体に対するヒアリングを実施するに当たっては、必要に応じ、予定管理技術者に加え、設計共同体の構成員となっている他社の担当技術者（分担業務の責任者）もあわせてヒアリングを行うこととする。

（５）選定・指名者数の基本的な考え方

○プロポーザル方式における技術提案書の提出者の選定者数については、３～５者程度を原則とする。ただし、選定の対象となる最下位順位の者で同評価の提出者が複数存在する等の場合には３～５者を超えて選定するものとする。

○総合評価落札方式における技術提案書の提出者数の指名者数については、１０者以上を原則とする。なお、指名の対象となる最下位順位の者で同評価の提出者が複数存在する等の場合には１０者を超えて指名するものとする。

（６）技術者資格等の設定の考え方

○技術者の評価に当たっては、発注する業務内容に応じて、必要な技術者資格等を設定し、その技術者資格等を有する者に該当することを評価項目として設定するものとする。

○公共工事に関する調査及び設計等の品質確保に資する技術者資格登録規程（平成 26 年国土交通省告示第 1107 号。以下「登録規程」という。）に基づく民間資格の登録制度が創設されたことを踏まえ、登録規程第５条第２項に規定する公共工事に関する調査及び設計等の品質確保に資する技術者資格登録簿（以下単に「技術者資格登録簿」という。）における「資格が対象とする区分」の「施設分野等」、「業務」及び「知識・技術を求める者」の区分に応じて、技術者評価の対象資格とするものとする。

○技術者資格等に関する評価項目は、管理技術者、担当技術者及び照査技術者それぞれに対して、表３－４に定めるところにより設定するものとする。

○技術者の評価における技術者資格等の順位は、設定する資格が技術者資格登録簿に登録がない場合は表３－５に掲げる区分、技術者資格登録簿に登録がある場合は表３－５－１に掲げる区分により、３－２から３－４までにおいて規定する順序によるものとする。

表３－４　技術者資格等の設定の考え方

技術者資格登録簿における技術者資格等の登録状況	評価対象技術者	プロポーザル方式		総合評価落札方式	
		選定段階	特定段階	指名段階	入札段階
登録がない場合	管理技術者	◎[1]	◎[1]	◎[1]	◎[1]
	担当技術者	ー	○	ー	○
	照査技術者	ー	◎[3]	ー	◎[3]
管理技術者に係る資格のみ登録がある場合	管理技術者	◎[2]	◎[2]	◎[2]	◎[2]
	担当技術者	ー	○	ー	○
	照査技術者	ー	◎[3]	ー	◎[3]
担当技術者に係る資格のみ登録がある合	管理技術者	◎[1]	◎[1]	◎[1]	◎[1]
	担当技術者	ー	◎[2]	ー	◎[2]
	照査技術者	ー	◎[3]	ー	◎[3]
管理技術者及び担当技術者に係る資格の登録がある場合	管理技術者	◎[2]	◎[2]	◎[2]	◎[2]
	担当技術者	ー	◎[2]	ー	◎[2]
	照査技術者	ー	◎[3]	ー	◎[3]
管理技術者及び照査技術者に係る資格の登録がある場合	管理技術者	◎[2]	◎[2]	◎[2]	◎[2]
	担当技術者	ー	○	ー	○
	照査技術者	ー	◎[4]	ー	◎[4]

◎[1]：原則として設定する項目（表３－５適用）
◎[2]：原則として設定する項目（表３－５－１適用）
◎[3]：照査技術者を配置する場合、原則として設定する項目（表３－５適用）
◎[4]：照査技術者を配置する場合、原則として設定する項目（表３－５－１適用）
○　：必要に応じて設定する項目（表３－５適用）
ー　：設定しない項目

表３－５　技術者資格等の区分（技術者資格登録簿に登録がない場合）

①　技術士 博士（研究業務等高度な技術検討や学術的知見を要する業務に適用）
②　ＲＣＣＭ 地質調査技士（地質調査分野に適用） 土木学会認定技術者【特別上級、上級、１級】（土木関係分野に適用） コンクリート診断士（コンクリート構造物の維持・修繕に適用） 土木鋼構造診断士（鋼構造物の維持・修繕に適用）等

表３－５－１　技術者資格等の区分（技術者資格登録簿に登録がある場合）

①　技術士 博士（研究業務等高度な技術検討や学術的知見を要する業務に適用）
②　国土交通省登録技術者資格（施設分野、業務）
③　上記以外のもの（国土交通省登録技術者資格を除いて、発注者が指定するもの）

注1：「国土交通省登録技術者資格」とは、技術者資格登録簿に登録されている資格のことをいう。（参照：国土交通省ホームページ「公共工事に関する調査及び設計等の品質確保に資する技術者資格について」http://www.mlit.go.jp/tec/tec_tk_000098.html）

注２：外国の建設コンサルタント等から、外国資格に基づく有資格者認定の申請があった場合は、「土木に関する外国の建設コンサルタント等において資格を有する者の建設大臣認定について」（平成６年 12 月 27 日付け建設省経振発第 100 号）に定めるところにより、あらかじめ技術士又はＲＣＣＭに相当するとの旧建設大臣（建設経済局建設振興課）又は国土交通大臣（総合政策局建設振興課又は建設市場整備課）による認定を受けている必要がある。なお、参加表明書の提出期限までに当該認定を受けていない場合も参加表明書を提出することができるが、この場合、参加表明書提出時に当該認定の申請書の写しを提出するものとし、当該業者が選定を受けるためには選定通知の日までに認定を受け、認定書の写しを提出しなければならない。

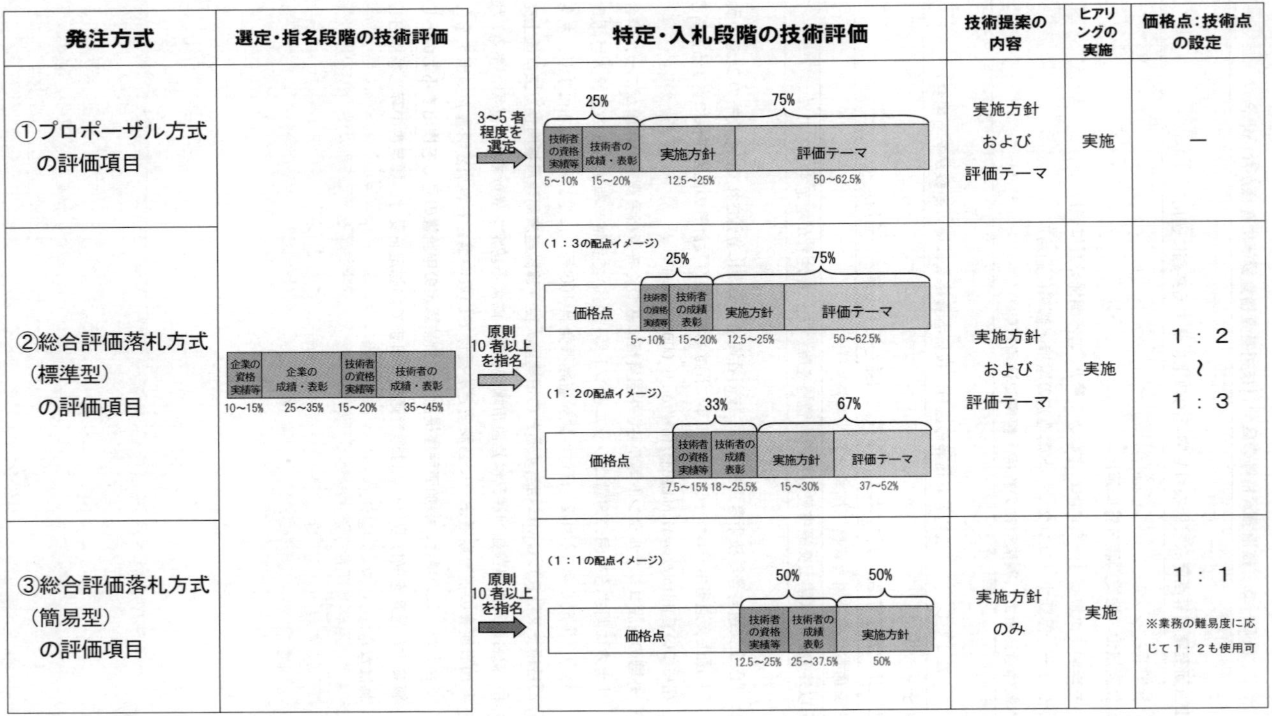

発注方式	選定・指名段階の技術評価		特定・入札段階の技術評価	技術提案の内容	ヒアリングの実施	価格点：技術点の設定
①プロポーザル方式の評価項目	企業の資格実績等 10～15% 企業の成績・表彰 25～35% 技術者の資格実績等 15～20% 技術者の成績・表彰 35～45%	3～5者程度を選定 →	25%：技術者の資格実績等 5～10%、技術者の成績・表彰 15～20% 75%：実施方針 12.5～25%、評価テーマ 50～62.5%	実施方針および評価テーマ	実施	―
②総合評価落札方式（標準型）の評価項目		原則10者以上を指名 →	（1：3の配点イメージ） 価格点 25%：技術者の資格実績等 5～10%、技術者の成績表彰 15～20% 75%：実施方針 12.5～25%、評価テーマ 50～62.5% （1：2の配点イメージ） 価格点 33%：技術者の資格実績等 7.5～15%、技術者の成績表彰 18～25.5% 67%：実施方針 15～30%、評価テーマ 37～52%	実施方針および評価テーマ	実施	1：2 ～ 1：3
③総合評価落札方式（簡易型）の評価項目		原則10者以上を指名 →	（1：1の配点イメージ） 価格点 50%：技術者の資格実績等 12.5～25%、技術者の成績表彰 25～37.5% 50%：実施方針 50%	実施方針のみ	実施	1：1 ※業務の難易度に応じて1：2も使用可

図６　建設コンサルタント業務等における技術評価の基本的な考え方

３－２　プロポーザル方式における具体的な審査・評価について

（１）説明書

手続開始の公示を行う際に交付する説明書において明示すべき事項を以下に示す。また、公示文及び業務説明書例について〔参考１〕及び〔参考２〕に示す。

１．業務の概要
（１）業務の目的
（２）業務内容
（３）業務の打合せ
（４）主たる部分
（５）再委託
（６）成果品
（７）履行期間
（８）電子入札
（９）その他
２．提案書の提出者に要求される資格要件
（１）技術提案書の提出者
（２）予定技術者
３．技術提案書の提出者を選定するための基準
（１）参加表明書の評価項目、判断基準、評価ウェイト
４．参加表明書の留意事項
（１）作成方法
（２）関連資料
（３）提出期限、提出場所及び提出方法
（４）選定・非選定通知
（５）共同設計方式
５．技術提案書を特定するための基準
（１）技術提案書の評価項目、判断基準、評価ウェイト
６．技術提案書の留意事項
（１）基本事項
（２）作成方法
（３）提出期限、提出場所及び提出方法
（４）既存資料の閲覧
（５）ヒアリング
（６）特定・非特定通知
７．説明書の内容についての質問の受付及び回答
８．支払条件
９．苦情申し立てに関する事項
１０．その他の留意事項

（2）選定段階での技術評価

参加表明者及び予定管理技術者を対象に、以下の項目について、技術的能力の審査を行う。審査の結果、参加要件を満たしていない者は、選定及び技術提案書提出要請を行わない。また、要件を満たしている者が３～５者を超える場合における評価点上位３～５者以外の者についても、原則として選定及び技術提案書の提出要請を行わないこととする。ただし、選定の対象となる最下位順位の者で同評価の提出者が複数存在する等の場合には３～５者を超えて選定するものとする。

プロポーザル方式の選定段階における評価基準及び評価ウェイトの設定例

【①企業の評価】

評価項目		評価の着目点				設定	評価ウェイ
					判断基準		
参加表明者の経験及び能力	資格・実績等	資格要件	技術部門登録	当該部門の建設コンサルタント登録等	下記の順位で評価する。 ① 当該業務に関する部門の登録（土木関係建設コンサルタント業務にあっては建設コンサルタント登録、地質調査業務にあっては地質調査業者登録）有り、公益法人、独立行政法人、学校教育法に基づく大学又は同等と認められる機関。 ② ①以外 **【注：業務内容に応じて適宜設定すること。なお、測量業務における測量業者登録については参加要件とし、本項目は評価しない。】**	◎	
		専門技術力	成果の確実性	過去○年間の同種又は類似業務等の実績の内容**【過去 10 年を基本とする。件数を評価する場合はその旨を記述する。】**	平成○○年度以降**【標準として過去 10 年】**公示日までに完了した同種又は類似業務実績を下記の順位で評価する。 ① 同種業務の実績又は過去に○○に関する研究実績がある。 ② 類似業務の実績がある。 ③ ①②以外は選定しない。 **【注１：業務内容に応じて適宜設定すること。業務実績は国、都道府県、政令市の実績について評価対象とすること。（なお、市町村、高速道路会社等の実績についても、上記と同等のものについては評価する） ※参加者が海外インフラプロジェクト技術者認定・表彰制度により認定された実績での評価を申請する場合は、国内の業務の実績と同様に評価できることとする。 注２：〔参考８〕に同種・類似業務の取扱事例について示す。】**	◎	15% (10 ～15
		管理技術力	迅速性	当該地整常駐技術者数	下記の順位で評価する。 ① 当該地整内の常駐技術者○人以上**【○人は業務内容に応じて適宜設定するものとする。】** ② 上記以外	○	

評価項目			評価の着目点		判断基準	設定	評価ウェイト
		経営力	履行保証力	自己資本比率	下記の順位で評価する。 ① 自己資本比率が○%以上**【○%は25%を基本とし、業務内容に応じて適宜設定するものとする。】** ② ①③に該当しない ③ 自己資本比率が△%未満**【△%は10%を基本とし、業務内容に応じて適宜設定するものとする。】**	○	
			瑕疵担保力	賠償責任保険加入の有無	下記の順位で評価する。 ① 保険金額○万円以上の賠償責任保険に加入**【○万円は5,000万円を基本とし、業務内容に応じて適宜設定するものとする。】** ② ①③に該当しない ③ 賠償責任保険に未加入	○	
			遵法性	過去の法の遵守状況	下記の順位で評価する。 ① 過去○○年以内に公正取引委員会からの排除勧告実績無し ② 上記以外 **【○年は1年程度を基本とし、業務内容に応じて適宜設定するものとする。】**	○	
	成績・表彰	専門技術力	成果の確実性	過去○年間の業務成績**【過去2年を基本とし、十分な競争性を確保する観点から、成績データの蓄積の度合に応じて、対象業務の拡大、細分化や年数の延長ができるもの（最大4年）とする。】**	平成○○年度から○○年度末まで**【標準として過去2年】**に完了した業務のうち、国土交通省及び内閣府沖縄総合事務局開発建設部（○○を除く）発注業務の同じ業種区分の平均業務評定点を下記の順位で評価する。 ① ○○点以上 ② ○○点以上○○点未満 ⋮ ○○点未満 なお、成績評定を受けた国土交通省及び内閣府沖縄総合事務局開発建設部（○○除く）発注業務の業務実績がない場合には加点しない。 **【注：業種区分とは、土木関係建設コンサルタント、測量、地質調査、補償関係コンサルタントとする。】**	◎	35% (25%～35%)
				過去○年間の業務表彰の有無**【過去2年を基本とする。他地方整備局等でも類似した業務内容で発注される業務及び各地方整備局等に共通する業務を、代表する地方整備局等が発注する場合については、他地方整備局等の表彰も当該地方整備局等の表彰と同等に評価すること。】**	国土交通省及び内閣府沖縄総合事務局開発建設部（○○を除く）発注の平成○○年度から○○年度末まで**【標準として過去2年】**の同じ業種区分の優良業務表彰の経験について、下記の順位で評価する。 ① 局長表彰の実績あり ② 事務所長表彰の実績あり **【注：業種区分とは、土木関係建設コンサルタント、測量、地質調査、補償関係コンサルタントとする。】**	◎	
	事故及び不誠実な行為			国土交通省○○地方整備局長から建設コンサルタント業務等に関し、以下の措置を受けた日から○日間である場合、下記の順位で評価を減ずる。 ① 文書注意 ② 口頭注意		◎	—
小計							50% (35%～50%)

◎：原則として設定する項目　　○：必要に応じて設定する項目

【②予定管理技術者の評価】

評価項目			評価の着目点			設定	評価ウェイト
					判断基準		
予定管理技術者の経験及び能力	資格・実績等	資格要件	技術者資格等	技術者資格等、その専門分野の内容	**＜技術者資格登録簿に管理技術者に係る資格の登録がない場合＞** 下記の順位で評価する。 ① 表３－５の①に掲げる資格を有する。 ② 表３－５の②に掲げる資格を有する。 **【注：測量業務における測量士については参加要件とし評価しない。】**	◎	
					＜技術者資格登録簿に管理技術者に係る資格の登録がある場合＞ 下記の順位で評価することを標準とする。 ① 表３－５－１の①に掲げる資格を有する。 ② 表３－５－１の②に掲げる資格を有する。 ③ 表３－５－１の③に掲げる資格を有する。 **【注：測量業務における測量士については参加要件とし評価しない。】**	◎	
		専門技術力	業務執行技術力	過去○年間の同種又は類似業務等の実績の内容**【過去10年を基本とする。件数を評価する場合はその旨を記述する。】**	下記の順位で評価する。 ① 平成○○年度以降**【標準として過去10年】**公示日までに完了した同種業務の実績、過去に○○○○に関する研究実績、又は過去に同種業務をマネジメントした実務経験がある。 ② 平成○○年度以降**【標準として過去10年】**公示日までに完了した類似業務の実績、又は過去に類似業務をマネジメントした実務経験がある。 ③ ①②以外は選定しない。 **【注１：業務内容に応じて適宜設定すること。業務実績は国、都道府県及び政令市の実績並びに海外インフラプロジェクト技術者認定・表彰制度により認定された実績について評価対象とすること。（なお、市町村、高速道路会社等の実績についても、上記と同等のものについては評価する）** **注２：管理技術者あるいは担当技術者（又は定めのない場合はこれに準ずる技術者として従事した者）として従事した実績を評価対象とする。** **注３：〔参考８〕に同種・類似業務の取扱事例について示す。】**	◎	15% (15% ～20%

評価項目		評価の着目点				設定	評価ウェイト
					判断基準		
		情報収集力	地域精通度	過去○年間の当該事務所管内、周辺での受注実績の有無**【過去 10 年を基本とする。内容を評価する場合はその旨を記述する。】**	平成○○年度以降**【標準として過去 10 年】**公示日までに完了した当該事務所・周辺での業務実績の有無について下記の順位で評価する。 ① 当該事務所管内における業務実績あり。 ② 当該地域（当該県・○○県）管内での業務実績あり。 **【注１：業務内容に応じて適宜設定すること。業務実績は国、都道府県、政令市の実績について評価対象とすること。（なお、市町村、高速道路会社等の実績についても、上記と同等のものについては評価する） 注２：管理技術者あるいは担当技術者（又は定めのない場合はこれに準ずる技術者として従事した者）として従事した実績を評価対象とする。】**	○	
	成績・表彰	専門技術力	業務執行技術力	過去○年間に担当した同じ業種区分の業務成績**【過去４年を基本とし、十分な競争性を確保する観点から、成績データの蓄積の度合に応じて、対象業務の拡大、細分化や年数の延長ができるもの（最大８年）とする。】**	平成○○年度から○○年度末まで**【標準として過去４年】**に完了した業務について、担当した国土交通省及び内閣府沖縄総合事務局開発建設部（○○を除く）発注業務の同じ業種区分の平均技術者評定点を下記の順位で評価する。 ① ○○点以上 ② ○○点以上○○点未満 ⋮ ○○点未満 なお、成績評定を受けた国土交通省及び内閣府沖縄総合事務局開発建設部（○○除く）発注業務の業務実績がない場合には加点しない。 **【注１：業種区分とは、土木関係建設コンサルタント、測量、地質調査、補償関係コンサルタントとする。 注２：管理技術者あるいは担当技術者として従事した実績を評価対象とする。】**	◎	35% （35%～45%）
				過去○年間の技術者表彰の有無**【過去４年を基本とする。他地方整備局等でも類似した業務内容で発注される業務及び各地方整備局等に共通する業務を、代表する地方整備局等が発注する場合については、他地方整備局等の表彰も当該地方整備局等の表彰と同等に評価する。】**	平成○○年度から○○年度末まで**【標準として過去４年】**に完了した業務について、担当した国土交通省及び内閣府沖縄総合事務局開発建設部（○○を除く）発注業務の同じ業種区分の優秀技術者表彰の経験について、下記の順位で評価する。 ① 局長表彰の実績あり ② 事務所長表彰の実績あり **【注１：業種区分とは、土木関係建設コンサルタント、測量、地質調査、補償関係コンサルタントとする。 注２：管理技術者あるいは担当技術者として従事した実績を評価対象とする。 注３：海外インフラプロジェクト優秀技術者国土交通大臣賞については局長表彰と同等に、海外インフラプロジェクト優秀技術者 国土交通大臣奨励賞は部長表彰又は事務所長表彰と同等に評価するものとする。】**	◎	

評価項目	評価の着目点			判断基準	設定	評価ウェイト
		業務執行技術力	当該部門従事期間	下記の順位で評価する。 ① 当該部門の従事期間が○年以上 ② 当該部門の従事期間が△年以上 **【注：業務内容に応じて適宜設定すること。】**	○	
	手持ち業務		手持ち業務金額及び件数（特定後未契約のものを含む。）	下記の項目に該当する場合は選定しない。 ・手持ち業務の契約金額が○円以上、又は手持ち業務の件数が○件以上 （手持ち業務とは、管理技術者又は担当技術者となっている500万円以上の他の業務を指す。） **【「○円以上」は５億円程度、「○件以上」は10件程度を基本と、業務内容に応じて適宜設定すること。】**	◎	—
小計						50% (50% ～65%

◎：原則として設定する項目　○：必要に応じて設定する項目

【③業務実施体制】

評価項目	評価の着目点	判断基準
業務実施体制	業務実施体制の妥当性	なお、下記のいずれかの項目に該当する場合には選定しない。 ① 業務の分担構成が、不明確又は不自然な場合。 ② 設計共同体による場合に、業務の分担構成が細分化され過ぎている場合、一の分担業務を複数の構成員が実施することとしている場合。

合計		100%

（3）特定段階での技術評価

技術提案書提出者により提出された技術提案書について評価する。以降に、評価基準及び評価ウェイトの設定例を示す。

※配置予定技術者を対象にヒアリングを実施すること。その場合、事前に提出された実施方針及び評価テーマに関する技術提案の内容について確認する。

プロポーザル方式の特定段階における評価基準及び評価ウェイトの設定例

【①配置予定技術者の評価】

評価項目				評価の着目点			設定	評価ウェイト
						判断基準		
予定技術者の経験及び能力	資格・実績等	管理技術者	資格要件	技術者資格等	技術者資格等、その専門分野の内容	＜技術者資格登録簿に管理技術者に係る資格の登録がない場合＞ 下記の順位で評価する。 ① 表３－５の①に掲げる資格を有する。 ② 表３－５の②に掲げる資格を有する。 【注：測量業務における測量士については参加要件とし評価しない。】	◎	10% (5% ～10%)
						＜技術者資格登録簿に管理技術者に係る資格の登録がある場合＞ 下記の順位で評価することを標準とする。 ① 表３－５－１の①に掲げる資格を有する。 ② 表３－５－１の②に掲げる資格を有する。 ③ 表３－５－１の③に掲げる資格を有する。 【注：測量業務における測量士については参加要件とし評価しない。】	◎	

評価項目					評価の着目点		設定	評価ウェイト
						判断基準		
			専門技術力	業務執行技術力	過去○年間の同種又は類似業務等の実績の内容**【過去 10 年を基本とする。件数を評価する場合はその旨を記述する。】**	下記の順位で評価する。 ① 平成○○年度以降**【標準として過去 10 年】**公示日までに完了した同種業務の実績、過去に○○○○に関する研究実績、又は過去に同種業務をマネジメントした実務経験がある。 ② 平成○○年度以降**【標準として過去 10 年】**公示日までに完了した類似業務の実績、又は過去に類似業務をマネジメントした実務経験がある。 ③ ①②以外は特定しない。 **【注１：業務内容に応じて適宜設定すること。業務実績は国、都道府県及び政令市の実績並びに海外インフラプロジェクト技術者認定・表彰制度により認定された実績について評価対象とすること。（なお、市町村、高速道路会社等の実績についても、上記と同等のものについては評価する）** **注２：管理技術者あるいは担当技術者（又は定めのない場合はこれに準ずる技術者として従事した者）として従事した実績を評価対象とする。** **注３：〔参考８〕に同種・類似業務の取扱事例について示す。】**	◎	
			情報収集力	地域精通度	過去○年間の当該事務所管内、周辺での受注実績の有無**【過去 10 年を基本とする。内容を評価する場合はその旨を記述する。】**	平成○○年度以降**【標準として過去 10 年】**公示日までに完了した当該事務所・周辺での業務実績の有無について下記の順位で評価する。 ① 当該事務所管内における業務実績あり。 ② 当該地域（当該県・○○県）管内での業務実績あり。 **【注１：業務内容に応じて適宜設定すること。業務実績は国、都道府県、政令市の実績について評価対象とすること。（なお、市町村、高速道路会社等の実績についても、上記と同等のものについては評価する）** **注２：管理技術者あるいは担当技術者（又は定めのない場合はこれに準ずる技術者として従事した者）として従事した実績を評価対象とする。】**	○	

評価項目			評価の着目点				設定	評価ウェイト
						判断基準		
	成績・表彰		専門技術力	業務執行技術力	過去○年間に担当した業務の業務成績**【過去４年を基本とし、十分な競争性を確保する観点から、成績データの蓄積の度合に応じて、対象業務の拡大、細分化や年数の延長ができるもの（最大８年）とする。】**	平成○○年度から○○年度末まで**【標準として過去４年】**に完了した業務について、担当した国土交通省及び内閣府沖縄総合事務局開発建設部（○○を除く）発注業務の同じ業種区分の平均技術者評定点を下記の順位で評価する。 ① ○○点以上 ② ○○点以上○○点未満 ⋮ ○○点未満 なお、成績評定を受けた国土交通省及び内閣府沖縄総合事務局開発建設部（○○除く）発注業務の業務実績がない場合には加点しない。 **【注１：業種区分とは、土木関係建設コンサルタント、測量、地質調査、補償関係コンサルタントとする。** **注２：管理技術者あるいは担当技術者として従事した実績を評価対象とする。】**	◎	15% （15% ～20%）
					過去○年間の技術者表彰の有無**【過去４年を基本とする。他地方整備局等でも類似した業務内容で発注される業務及び各地方整備局等に共通する業務を、代表する地方整備局等が発注する場合については、他地方整備局等の表彰も当該地方整備局等の表彰と同等に評価する。】**	平成○○年度から○○年度末まで**【標準として過去４年】**に完了した業務について、担当した国土交通省及び内閣府沖縄総合事務局開発建設部（○○を除く）発注業務の同じ業種区分の優秀技術者表彰の経験について、下記の順位で評価する。 ① 局長表彰の実績あり ② 事務所長表彰の実績あり **【注１：業種区分とは、土木関係建設コンサルタント、測量、地質調査、補償関係コンサルタントとする。** **注２：管理技術者あるいは担当技術者として従事した実績を評価対象とする。** **注３：海外インフラプロジェクト優秀技術者 国土交通大臣賞については局長表彰と同等に、海外インフラプロジェクト優秀技術者 国土交通大臣奨励賞は部長表彰又は事務所長表彰と同等に評価するものとする。】**	◎	
	資格・実績等	担当技術者	資格要件	技術者資格等	技術者資格等、その専門分野の内容	**＜技術者資格登録簿に担当技術者に係る資格の登録がない場合＞** 下記の評価順位は、①と②を同位とする。 ① 表３－５の①に掲げる資格を有する。 ② 表３－５の②に掲げる資格を有する。 **【注：測量業務における測量士については参加要件とし評価しない。】**	○	管理技術者の割合に包含する
						＜技術者資格登録簿に担当技術者に係る資格の登録がある場合＞ 下記の評価順位は、①と②を同位とし、③を次位とすることを標準とする。 ① 表３－５－１の①に掲げる資格を有する。 ② 表３－５－１の②に掲げる資格を有する。 ③ 表３－５－１の③に掲げる資格を有する。 **【注：測量業務における測量士については参加要件とし評価しない。】**	◎	

評価項目				評価の着目点		設定	評価ウェイト
					判断基準		
	照査技術者	資格要件	技術者資格等	技術者資格等、その専門分野の内容	**＜照査技術者を配置し、技術者資格登録簿に照査技術者に係る資格の登録がない場合＞** 下記の順位で評価する。 ① 表３－５の①に掲げる資格を有する。 ② 表３－５の②に掲げる資格を有する。 **【注：測量業務における測量士については参加要件とし評価しない。】**	◎	
					＜照査技術者を配置し、技術者資格登録簿に照査技術者に係る資格の登録がある場合＞ 下記の順位で評価することを標準とする。 ① 表３－５－１の①に掲げる資格を有する。 ② 表３－５－１の②に掲げる資格を有する。 ③ 表３－５－１の③に掲げる資格を有する。 **【注：測量業務における測量士については参加要件とし評価しない。】**	◎	
	担当・照査技術者	専門技術力	業務執行技術力	過去○年間の同種又は類似業務等の実績の内容**【過去 10 年を基本とする。件数を評価する場合はその旨を記述する。】**	下記の順位で評価する。 ① 平成○○年度以降**【標準として過去 10 年】**公示日までに完了した同種業務の実績、過去に○○○○に関する研究実績、又は過去に同種業務をマネジメントした実務経験がある。 ② 平成○○年度以降**【標準として過去 10 年】**公示日までに完了した類似業務の実績、又は過去に類似業務をマネジメントした実務経験がある。 **【注１：業務内容に応じて適宜設定すること。業務実績は国、都道府県及び政令市の実績並びに海外インフラプロジェクト技術者認定・表彰制度により認定された実績について評価対象とすること。（なお、市町村、高速道路会社等の実績についても、上記と同等のものについては評価する） 注２：管理技術者あるいは担当技術者（又は定めのない場合はこれに準ずる技術者として従事した者）として従事した実績を評価対象とする。 注３：〔参考８〕に同種・類似業務の取扱事例について示す。】**	○	

評価項目			評価の着目点				設定	評価ウェイト
						判断基準		
			情報収集力	地域精通度	過去○年間の当該事務所管内、周辺での受注実績の有無**【過去10年を基本とする。内容を評価する場合はその旨を記述する。】**	平成○○年度以降**【標準として過去 10 年】**公示日までに完了した当該事務所・周辺での業務実績の有無について下記の順位で評価する。 ① 当該事務所管内における業務実績あり。 ② 当該地域（当該県・○○県）管内での業務実績あり。 **【注１：業務内容に応じて適宜設定すること。業務実績は国、都道府県、政令市の実績について評価対象とすること。（なお、市町村、高速道路会社等の実績についても、上記と同等のものについては評価する） 注２：管理技術者あるいは担当技術者（又は定めのない場合はこれに準ずる技術者として従事した者）として従事した実績を評価対象とする。】**	○	
	成績・表彰		専門技術力	業務執行技術力	過去○年間に担当した業務の業務成績**【過去４年を基本とし、十分な競争性を確保する観点から、成績データの蓄積の度合に応じて、対象業務の拡大、細分化や年数の延長ができるもの（最大８年）とする。】**	平成○○年度から○○年度末まで**【標準として過去４年】**に完了した業務について、担当した国土交通省及び内閣府沖縄総合事務局開発建設部（○○を除く）発注業務の同じ業種区分の平均技術者評定点を下記の順位で評価する。 ① ○○点以上 ② ○○点以上○○点未満 ⋮ ○○点未満 なお、成績評定を受けた国土交通省及び内閣府沖縄総合事務局開発建設部（○○除く）発注業務の業務実績がない場合には加点しない。 **【注１：業種区分とは、土木関係建設コンサルタント、測量、地質調査、補償関係コンサルタントとする。 注２：管理技術者あるいは担当技術者として従事した実績を評価対象とする。】**	○	管理技術者の割合に包含する
			専門技術力	業務執行技術力	過去○年間の技術者表彰の有無**【過去４年を基本とする。他地方整備局等でも類似した業務内容で発注される業務及び各地方整備局等に共通する業務を、代表する地方整備局等が発注する場合については、他地方整備局等の表彰も当該地方整備局等の表彰と同等に評価する。】**	平成○○年度から○○年度末まで**【標準として過去４年】**に完了した業務について、担当した国土交通省及び内閣府沖縄総合事務局開発建設部（○○を除く）発注業務の同じ業種区分の優秀技術者表彰の経験について、下記の順位で評価する。 ① 局長表彰の実績あり ② 事務所長表彰の実績あり **【注１：業種区分とは、土木関係建設コンサルタント、測量、地質調査、補償関係コンサルタントとする。 注２：管理技術者あるいは担当技術者として従事した実績を評価対象とする。 注３：海外インフラプロジェクト優秀技術者国土交通大臣賞については局長表彰と同等に、海外インフラプロジェクト優秀技術者 国土交通大臣奨励賞は部長表彰又は事務所長表彰と同等に評価するものとする。】**	○	

<table>
<tr><th colspan="3">評価項目</th><th colspan="3">評価の着目点</th><th rowspan="2">設定</th><th rowspan="2">評価ウェイト</th></tr>
<tr><th></th><th></th><th></th><th></th><th></th><th>判断基準</th></tr>
<tr><td rowspan="2"></td><td rowspan="2">資格・実績等</td><td rowspan="2">管理・担当・照査技術者</td><td>専門技術力</td><td>業務執行技術力</td><td>当該部門の従事期間</td><td>下記の順位で評価する。
① 当該部門の従事期間が○年以上
② 当該部門の従事期間が△年以上
【注：業務内容に応じて適宜設定すること。】</td><td>○</td><td rowspan="2">管理技術者の割合に包含する</td></tr>
<tr><td colspan="3">CPD</td><td>CPD取得単位を評価する。
【注：業務内容に応じて適宜設定すること。】</td><td>○</td></tr>
<tr><td colspan="7">小計</td><td>25%</td></tr>
</table>

◎：原則として設定する項目　　○：必要に応じて設定する項目

【②ヒアリング】

ヒアリングを通じた技術者の評価、技術提案内容の確認結果を書面審査とあわせて「実施方針等」および「評価テーマに対する技術提案」の項目に反映させる。

【③実施方針】

<table>
<tr><th rowspan="2">評価項目</th><th colspan="3">評価の着目点</th><th rowspan="2">評価ウェイト</th></tr>
<tr><th></th><th></th><th>判断基準</th></tr>
<tr><td rowspan="5">実施方針・実施フロー・工程表・その他※</td><td>業務理解度</td><td>◎</td><td>目的、条件、内容の理解度が高い場合に優位に評価する。</td><td rowspan="5">25%
(12.5%～25%)</td></tr>
<tr><td rowspan="2">実施手順</td><td>◎</td><td>業務実施手順を示す実施フローの妥当性が高い場合に優位に評価する。</td></tr>
<tr><td>◎</td><td>業務量の把握状況を示す工程計画の妥当性が高い場合に優位に評価する。</td></tr>
<tr><td rowspan="2">その他</td><td>◎</td><td>業務に関する知識、有益な代替案、重要事項の指摘がある場合に優位に評価する。</td></tr>
<tr><td>○</td><td>地域の実情を把握した上で、業務の円滑な実施に関する提案があった場合には評価する。</td></tr>
</table>

◎：原則として設定する項目　○：必要に応じて設定する項目

※実施方針・実施フロー・工程表・その他の記述量は原則Ａ４・１枚とし、業務内容に応じてＡ４・２枚までとすることができる。

【④評価テーマ】

<table>
<tr><th rowspan="2">評価項目</th><th colspan="4">評価の着目点</th><th rowspan="2">評価ウェイト</th></tr>
<tr><th colspan="3"></th><th>判断基準</th></tr>
<tr><td rowspan="15">評価テーマに対する技術提案※</td><td>全体</td><td>評価テーマ間の整合性</td><td>○</td><td>相互に関連する複数の評価テーマ間の整合性が高い場合は優位に評価し、矛盾がある等整合性が著しく悪い場合は特定しない。</td><td rowspan="15">50%
(50%～62.5%)</td></tr>
<tr><td rowspan="12">評価テーマ1</td><td rowspan="4">的確性</td><td>◎</td><td>地形、環境、地域特性などの与条件との整合性が高い場合に優位に評価する。</td></tr>
<tr><td>◎</td><td>着目点、問題点、解決方法等が適切かつ論理的に整理されており、本業務を遂行するにあたって有効性が高い場合に優位に評価する。</td></tr>
<tr><td>○</td><td>事業の重要度を考慮した提案となっている場合に優位に評価する。</td></tr>
<tr><td>○</td><td>事業の難易度に相応しい提案となっている場合に優位に評価する。</td></tr>
<tr><td rowspan="4">実現性</td><td>◎</td><td>提案内容に説得力がある場合に優位に評価する。</td></tr>
<tr><td>◎</td><td>提案内容を裏付ける類似実績などが明示されている場合に優位に評価する。</td></tr>
<tr><td>○</td><td>利用しようとする技術基準、資料が適切な場合に優位に評価する。</td></tr>
<tr><td>○</td><td>提案内容によって想定される事業費が適切な場合に優位に評価する。</td></tr>
<tr><td rowspan="4">独創性</td><td>○</td><td>工学的知見に基づく全く新しい提案がある場合に優位に評価する。</td></tr>
<tr><td>○</td><td>周辺分野、異分野技術を援用した、高度の検討・解析手法の提案がある場合に優位に評価する。</td></tr>
<tr><td>○</td><td>複数の既存技術を統合化する提案がある場合に優位に評価する。</td></tr>
<tr><td>○</td><td>新工法採用の提案がある場合に優位に評価する。</td></tr>
<tr><td>2</td><td>的確性、実現性、(独創性)について上記を準用</td><td>○</td><td></td></tr>
<tr><td>3</td><td>的確性、実現性、(独創性)について上記を準用</td><td>○</td><td></td></tr>
</table>

◎：原則として設定する項目　　○：必要に応じて設定する項目

※評価テーマの判断基準内容については、業務内容に応じて記載する。

※テーマの記述量は１テーマにつき原則Ａ４・１枚とし、業務内容に応じてＡ４・２枚までとすることができる。

小計（実施方針＋評価テーマ）	75%

【⑤参考見積に関する確認（原則として設定）】

評価項目	評価の着目点	留意事項
参考見積	業務コストの妥当性	業務規模と大きく乖離がある場合は非特定

合計	100%

３－３　総合評価落札方式（標準型）における具体的な審査・評価について

（1）入札説明書

手続開始の公示を行う際に交付する入札説明書（通常指名の場合においては指名通知）において明示すべき事項を以下に示す。また、公示文及び説明書例について〔参考３〕に示す。

１．手続開始の公示日
２．契約担当官等
３．業務の概要
（１）業務名
（２）業務の目的
（３）業務内容
（４）主たる部分
（５）再委託の禁止
（６）成果品
（７）履行期間
（８）電子入札
（９）その他
４．指名されるために必要な要件
（１）入札参加者に要求される資格
（２）参加表明書に関する要件
（３）入札参加者を指名するための基準
５．参加表明書の提出等
（１）作成方法
（２）関連資料
（３）提出期限、提出場所及び提出方法
６．非指名理由について
７．入札説明書の内容についての質問の受付及び回答
８．総合評価に関する事項
（１）落札者の決定方法
（２）総合評価の方法
（３）技術評価点を算出するための基準
９．技術提案書の提出等
（１）作成方法
（２）技術提案書の無効
（３）実施方針・業務フロー・工程表その他
（４）評価テーマ
（５）提出期限、提出場所及び提出方法
（６）既存資料の閲覧

（7）実施方針及び評価テーマに関するヒアリング
（8）履行確実性に関するヒアリング
１０．入札及び開札の日時及び場所
１１．入札方法等
１２．入札保証金及び契約保証金
１３．開札
１４．入札の無効
１５．手続における交渉の有無
１６．契約書作成の要否
１７．支払条件
１８．火災保険付保の要否
１９．苦情申し立てに関する事項
２０．関連情報を入手するための照会窓口
２１．その他の留意事項

（２）指名段階での技術評価

参加表明者及び予定管理技術者を対象に、以下の項目について、技術的能力の審査を行う。審査の結果、入札参加要件を満たしていない者には、指名及び技術提案書提出要請を行わない。また、要件を満たしている者が１０者を超える場合における評価点上位１０者以外の者についても、原則として指名及び技術提案書の提出要請を行わないこととする。なお、指名の対象となる最下位順位の者で同評価の提出者が複数存在する等の場合には１０者を超えて指名するものとする。

総合評価落札方式（標準型）の指名段階における評価基準及び評価ウェイトの設定例

【①企業の評価】

評価項目			評価の着目点			設定	評価ウェイト
					判断基準		
参加表明者の経験及び能力	資格・実績等	資格要件	技術部門登録	当該部門の建設コンサルタント登録等	下記の順位で評価する。 ① 当該業務に関する部門の登録（土木関係建設コンサルタント業務にあっては建設コンサルタント登録、地質調査業務にあっては地質調査業者登録）有り、公益法人、独立行政法人、学校教育法に基づく大学又は同等と認められる機関。 ② ①以外 【注：業務内容に応じて適宜設定すること。なお、測量業務における測量業者登録については参加要件とし、本項目は評価しない。】	◎	
		専門技術力	成果の確実性	過去○年間の同種又は類似業務等の実績の内容【過去 10 年を基本とする。件数を評価する場合はその旨を記述する。】	平成○○年度以降【標準として過去 10 年】公示日までに完了した同種又は類似業務実績を下記の順位で評価する。 ① 同種業務の実績又は過去に○○に関する研究実績がある。 ② 類似業務の実績がある。 ③ ①②以外は指名しない。 【注１：業務内容に応じて適宜設定すること。業務実績は国、都道府県、政令市の実績について評価対象とすること。（なお、市町村、高速道路会社等の実績についても、上記と同等のものについては評価する） ※参加者が海外インフラプロジェクト技術者認定・表彰制度により認定された実績での評価を申請する場合は、国内の業務の実績と同様に評価できることとする。 注２：〔参考８〕に同種・類似業務の取扱事例について示す。】	◎	10% (10% ～15%
		管理技術力	迅速性	当該地整常駐技術者数	下記の順位で評価する。 ① 当該地整内の常駐技術者○人以上【○人は業務内容に応じて適宜設定するものとする。】 ② 上記以外	○	

評価項目				評価の着目点	判断基準	設定	評価ウェイト
		情報収集力	地域貢献度	過去○年間の災害協定等に基づく活動実績**【過去10年を基本とする。】**	下記の場合に評価する。 当該地域（当該県・○○県）管内での災害協定等に基づく活動実績あり。 **【注：業務内容に応じて適宜設定すること。活動実績は国、都道府県、政令市の公共事業を実施する機関の実績について評価対象とすること。】**	○	
		経営力	履行保証力	自己資本比率	下記の順位で評価する。 ① 自己資本比率が○%以上**【○%は25%を基本とし、業務内容に応じて適宜設定するものとする。】** ② ①③に該当しない ③ 自己資本比率が△%未満**【△%は10%を基本とし、業務内容に応じて適宜設定するものとする。】**	○	
			瑕疵担保力	賠償責任保険加入の有無	下記の順位で評価する。 ① 保険金額○万円以上の賠償責任保険に加入**【○万円は5,000万円を基本とし、業務内容に応じて適宜設定するものとする。】** ② ①③に該当しない ③ 賠償責任保険に未加入	○	
			遵法性	過去の法の遵守状況	下記の順位で評価する。 ① 過去○○年以内に公正取引委員会からの排除勧告実績無し ② 上記以外 **【○年は１年程度を基本とし、業務内容に応じて適宜設定するものとする。】**	○	
	成績・表彰	専門技術力	成果の確実性	過去○年間の業務成績**【過去２年を基本とし、十分な競争性を確保する観点から、成績データの蓄積の度合に応じて、対象業務の拡大、細分化や年数の延長ができるもの（最大４年）とする。】**	平成○○年度から○○年度末まで**【標準として過去２年】**に完了した業務のうち、国土交通省及び内閣府沖縄総合事務局開発建設部（○○を除く）発注業務の同じ業種区分の平均業務評定点を下記の順位で評価する。 ① ○○点以上 ② ○○点以上○○点未満 ⋮ ○○点未満 なお、成績評定を受けた国土交通省及び内閣府沖縄総合事務局開発建設部（○○除く）発注業務の業務実績がない場合には加点しない。 **【注：業種区分とは、土木関係建設コンサルタント、測量、地質調査、補償関係コンサルタントとする。】**	◎	35% (25% ～35%)
				過去○年間の業務表彰の有無**【過去２年を基本とする。各地方整備局等に共通する業務を、代表する地方整備局等が発注する場合については、他地方整備局等の表彰も当該地方整備局等の表彰と同等に評価する。】**	国土交通省及び内閣府沖縄総合事務局開発建設部（○○を除く）発注の平成○○年度から○○年度末まで**【標準として過去２年】**の同じ業種区分の優良業務表彰の経験について、下記の順位で評価する。 ① 局長表彰の実績あり ② 事務所長表彰の実績あり **【注：業種区分とは、土木関係建設コンサルタント、測量、地質調査、補償関係コンサルタントとする。】**	◎	

評価項目		評価の着目点	判断基準	設定	評価ウェイト
	事故及び不誠実な行為	国土交通省○○地方整備局長から建設コンサルタント業務等に関し、以下の措置を受けた日から○日間である場合、下記の順位で評価を減ずる。 ① 文書注意 ② 口頭注意		◎	—
小計					35% （35%～50%）

◎：原則として設定する項目　　○：必要に応じて設定する項目

【②予定管理技術者の評価】

評価項目				評価の着目点	判断基準	設定	評価ウェイト
予定管理技術者の経験及び能力	資格・実績等	資格要件	技術者資格等	技術者資格等、その専門分野の内容	**<技術者資格登録簿に管理技術者に係る資格の登録がない場合>** 下記の順位で評価する。 ① 表３－５の①に掲げる資格を有する。 ② 表３－５の②に掲げる資格を有する。 **【注：測量業務における測量士については参加要件とし評価しない。】**	◎	15% （15%～20%）
					<技術者資格登録簿に管理技術者に係る資格の登録がある場合> 下記の順位で評価することを標準とする。 ① 表３－５－１の①に掲げる資格を有する。 ② 表３－５－１の②に掲げる資格を有する。 ③ 表３－５－１の③に掲げる資格を有する。 **【注：測量業務における測量士については参加要件とし評価しない。】**	◎	

評価項目			評価の着目点		設定	評価ウェイト
				判断基準		
	専門技術力	業務執行技術力	過去○年間の同種又は類似業務等の実績の内容**【過去10年を基本とする。件数を評価する場合はその旨を記述する。】**	下記の順位で評価する。 ① 平成○○年度以降**【標準として過去10年】**公示日までに完了した同種業務の実績、過去に○○○○に関する研究実績、又は過去に同種業務をマネジメントした実務経験がある。 ② 平成○○年度以降**【標準として過去10年】**公示日までに完了した類似業務の実績、又は過去に類似業務をマネジメントした実務経験がある。 ③ ①②以外は指名しない。 **【注１：業務内容に応じて適宜設定すること。業務実績は国、都道府県及び政令市の実績並びに海外インフラプロジェクト技術者認定・表彰制度により認定された実績について評価対象とすること。（なお、市町村、高速道路会社等の実績についても、上記と同等のものについては評価する） 注２：管理技術者あるいは担当技術者（又は定めのない場合はこれに準ずる技術者として従事した者）として従事した実績を評価対象とする。 注３：〔参考８〕に同種・類似業務の取扱事例について示す。】**	◎	
	情報収集力	地域精通度	過去○年間の当該事務所管内、周辺での受注実績の有無**【過去10年を基本とする。内容を評価する場合はその旨を記述する。】**	平成○○年度以降**【標準として過去10年】**公示日までに完了した当該事務所・周辺での業務実績の有無について下記の順位で評価する。 ① 当該事務所管内における業務実績あり。 ② 当該地域（当該県・○○県）管内での業務実績あり。 **【注１：業務内容に応じて適宜設定すること。業務実績は国、都道府県、政令市の実績について評価対象とすること。（なお、市町村、高速道路会社等の実績についても、上記と同等のものについては評価する） 注２：管理技術者あるいは担当技術者（又は定めのない場合はこれに準ずる技術者として従事した者）として従事した実績を評価対象とする。】**	○	

評価項目			評価の着目点	判断基準	設定	評価ウェイト
成績・表彰	専門技術力	業務執行技術力	過去○年間に担当した同じ業種区分の業務成績**【過去４年を基本とし、十分な競争性を確保する観点から、成績データの蓄積の度合に応じて、対象業務の拡大、細分化や年数の延長ができるもの（最大８年）とする。】**	平成○○年度から○○年度末まで**【標準として過去４年】**に完了した業務について、担当した国土交通省及び内閣府沖縄総合事務局開発建設部（○○を除く）発注業務の同じ業種区分の平均技術者評定点を下記の順位で評価する。 ① ○○点以上 ② ○○点以上○○点未満 ⋮ ○○点未満 なお、成績評定を受けた国土交通省及び内閣府沖縄総合事務局開発建設部（○○除く）発注業務の業務実績がない場合には加点しない。 **【注１：業種区分とは、土木関係建設コンサルタント、測量、地質調査、補償関係コンサルタントとする。** **注２：管理技術者あるいは担当技術者として従事した実績を評価対象とする。】**	◎	35% (35% ～45%)
			過去○年間の技術者表彰の有無**【過去４年を基本とする。他地方整備局等でも類似した業務内容で発注される業務及び各地方整備局等に共通する業務を、代表する地方整備局等が発注する場合については、他地方整備局等の表彰も当該地方整備局等の表彰と同等に評価する。】**	平成○○年度から○○年度末まで**【標準として過去４年】**に完了した業務について、担当した国土交通省及び内閣府沖縄総合事務局開発建設部（○○を除く）発注業務の同じ業種区分の優秀技術者表彰の経験について、下記の順位で評価する。 ① 局長表彰の実績あり ② 事務所長表彰の実績あり **【注１：業種区分とは、土木関係建設コンサルタント、測量、地質調査、補償関係コンサルタントとする。** **注２：管理技術者あるいは担当技術者として従事した実績を評価対象とする。** **注３：海外インフラプロジェクト技術者認定・表彰制度に基づく大臣表彰は、地方整備局の局長表彰と同等に、海外インフラプロジェクト優秀技術者 国土交通大臣奨励賞は部長表彰又は事務所長表彰と同等に評価するものとする。】**	◎	
		業務執行技術力	当該部門従事期間	下記の順位で評価する。 ① 当該部門の従事期間が○年以上 ② 当該部門の従事期間が△年以上 **【注：業務内容に応じて適宜設定すること。】**	○	
手持ち業務			手持ち業務金額及び件数（特定後未契約のものを含む。）	下記の項目に該当する場合は指名しない。 ・手持ち業務の契約金額が○円以上、又は手持ち業務の件数が○件以上 （手持ち業務とは、管理技術者又は担当技術者となっている500万円以上の他の業務を指す。） **【「○円以上」は５億円程度、「○件以上」は10件程度を基本とし、業務内容に応じて適宜設定すること。】**	◎	—
小計						50% (50% ～65%)

◎：原則として設定する項目　　○：必要に応じて設定する項目

【③業務実施体制】

評価項目	評価の着目点	
		判断基準
業務実施体制	業務実施体制の妥当性	なお、下記のいずれかの項目に該当する場合には指名しない。 ① 業務の分担構成が、不明確又は不自然な場合。 ② 設計共同体による場合に、業務の分担構成が細分化され過ぎている場合、一の分担業務を複数の構成員が実施することとしている場合。

合計	100%

（３）入札段階での技術評価

入札参加者により提出された技術提案書について評価する。以降に、評価基準及び評価ウェイトを示す。

※　原則、配置予定技術者を対象にヒアリングを実施すること。その場合、事前に提出された実施方針及び評価テーマに関する技術提案の内容について確認する。

総合評価落札方式（標準型）の入札段階における評価基準及び評価ウェイトの設定例

【①予定技術者の評価】

評価項目				評価の着目点			設定	評価ウェイト	
						判断基準		1:3	1:2
予定技術者の経験及び能力	資格・実績等	管理技術者	資格要件	技術者資格等	技術者資格等、その専門分野の内容	＜技術者資格登録簿に管理技術者に係る資格の登録がない場合＞ 下記の順位で評価する。 ① 表３－５の①に掲げる資格を有する。 ② 表３－５の②に掲げる資格を有する。 【注：測量業務における測量士については参加要件とし評価しない。】	◎	10% (5% ～ 10%)	15% (7.5% ～ 15%)
						＜技術者資格登録簿に管理技術者に係る資格の登録がある場合＞ 下記の順位で評価することを標準とする。 ① 表３－５－１の①に掲げる資格を有する。 ② 表３－５－１の②に掲げる資格を有する。 ③ 表３－５－１の③に掲げる資格を有する。 【注：測量業務における測量士については参加要件とし評価しない。】	◎		

評価項目					評価の着目点		設定	評価ウェイト	
						判断基準		1:3	1:2
			専門技術力	業務執行技術力	過去○年間の同種又は類似業務等の実績の内容【過去10年を基本とする。件数を評価する場合はその旨を記述する。】	下記の順位で評価する。 ① 平成○○年度以降【標準として過去10年】公示日までに完了した同種業務の実績、過去に○○○○に関する研究実績、又は過去に同種業務をマネジメントした実務経験がある。 ② 平成○○年度以降【標準として過去10年】公示日までに完了した類似業務の実績、又は過去に類似業務をマネジメントした実務経験がある。 【注1：業務内容に応じて適宜設定すること。業務実績は国、都道府県及び政令市の実績並びに海外インフラプロジェクト技術者認定・表彰制度により認定された実績について評価対象とすること。（なお、市町村、高速道路会社等の実績についても、上記と同等のものについては評価する） 注2：管理技術者あるいは担当技術者（又は定めのない場合はこれに準ずる技術者として従事した者）として従事した実績を評価対象とする。 注3：〔参考8〕に同種・類似業務の取扱事例について示す。】	◎		
			情報収集力	地域精通度	過去○年間の当該事務所管内、周辺での受注実績の有無【過去10年を基本とする。内容を評価する場合はその旨を記述する。】	平成○○年度以降【標準として過去10年】公示日までに完了した当該事務所・周辺での業務実績の有無について下記の順位で評価する。 ① 当該事務所管内における業務実績あり。 ② 当該地域（当該県・○○県）管内での業務実績あり。 【注1：業務内容に応じて適宜設定すること。業務実績は国、都道府県、政令市の実績について評価対象とすること。（なお、市町村、高速道路会社等の実績についても、上記と同等のものについては評価する） 注2：管理技術者あるいは担当技術者（又は定めのない場合はこれに準ずる技術者として従事した者）として従事した実績を評価対象とする。】	○		

評価項目			評価の着目点			設定	評価ウェイト	
					判断基準		1:3	1:2
成績・表彰		専門技術力	業務執行技術力	過去○年間に担当した業務の業務成績**【過去4年を基本とし、十分な競争性を確保する観点から、成績データの蓄積の度合に応じて、対象業務の拡大、細分化や年数の延長ができるもの（最大8年）とする。】**	平成○○年度から○○年度末まで**【標準として過去4年】**に完了した業務について、担当した国土交通省及び内閣府沖縄総合事務局開発建設部（○○を除く）発注業務の同じ業種区分の平均技術者評定点を下記の順位で評価する。 ① ○○点以上 ② ○○点以上○○点未満 ⋮ ○○点未満 なお、成績評定を受けた国土交通省及び内閣府沖縄総合事務局開発建設部（○○除く）発注業務の業務実績がない場合には加点しない。 **【注1：業種区分とは、土木関係建設コンサルタント、測量、地質調査、補償関係コンサルタントとする。 注2：管理技術者あるいは担当技術者として従事した実績を評価対象とする。】**	◎	15% (15% ～ 20%)	18% (18% ～ 25.5)
				過去○年間の技術者表彰の有無**【過去4年を基本とする。他地方整備局等でも類似した業務内容で発注される業務及び各地方整備局等に共通する業務を、代表する地方整備局等が発注する場合については、他地方整備局等の表彰も当該地方整備局等の表彰と同等に評価する。】**	平成○○年度から○○年度末まで**【標準として過去4年】**に完了した業務について、担当した国土交通省及び内閣府沖縄総合事務局開発建設部（○○を除く）発注業務の同じ業種区分の優秀技術者表彰の経験について、下記の順位で評価する。 ① 局長表彰の実績あり ② 事務所長表彰の実績あり **【注1：業種区分とは、土木関係建設コンサルタント、測量、地質調査、補償関係コンサルタントとする。 注2：管理技術者あるいは担当技術者として従事した実績を評価対象とする。 注3：海外インフラプロジェクト優秀技術者 国土交通大臣賞については局長表彰と同等に、海外インフラプロジェクト優秀技術者 国土交通大臣奨励賞は部長表彰又は事務所長表彰と同等に評価するものとする。】**	◎		
資格・実績等	担当技術者	資格要件	技術者資格等	技術者資格等、その専門分野の内容	**＜技術者資格登録簿に担当技術者に係る資格の登録がない場合＞** 下記の評価順位は、①と②を同位とする。 ① 表3－5の①に掲げる資格を有する。 ② 表3－5の②に掲げる資格を有する。 **【注：測量業務における測量士については参加要件とし評価しない。】**	○	管理技術者の割合に包含する	管理技術者の割合に包含する

評価項目						評価の着目点	設定	評価ウェイト	
						判断基準		1:3	1:2
						＜技術者資格登録簿に担当技術者に係る資格の登録がある場合＞ 下記の評価順位は、①と②を同位とし、③を次位とすることを標準とする。 ① 表３－５－１の①に掲げる資格を有する。 ② 表３－５－１の②に掲げる資格を有する。 ③ 表３－５－１の③に掲げる資格を有する。 **【注：測量業務における測量士については参加要件とし評価しない。】**	◎		
		照査技術者	資格要件	技術者資格等	技術者資格等、その専門分野の内容	**＜照査技術者を配置し、技術者資格登録簿に照査技術者に係る資格の登録がない場合＞** 下記の順位で評価する。 ① 表３－５の①に掲げる資格を有する。 ② 表３－５の②に掲げる資格を有する。 **【注：測量業務における測量士については参加要件とし評価しない。】**	◎		
						＜照査技術者を配置し、技術者資格登録簿に照査技術者に係る資格の登録がある場合＞ 下記の順位で評価することを標準とする。 ① 表３－５－１の①に掲げる資格を有する。 ② 表３－５－１の②に掲げる資格を有する。 ③ 表３－５－１の③に掲げる資格を有する。 **【注：測量業務における測量士については参加要件とし評価しない。】**	◎		
		担当・照査技術者	専門技術力	業務執行技術力	過去○年間の同種又は類似業務等の実績の内容**【過去10年を基本とする。件数を評価する場合はその旨を記述する。】**	下記の順位で評価する。 ① 平成○○年度以降**【標準として過去10年】**公示日までに完了した同種業務の実績、過去に○○○○に関する研究実績、又は過去に同種業務をマネジメントした実務経験がある。 ② 平成○○年度以降**【標準として過去10年】**公示日までに完了した類似業務の実績、又は過去に類似業務をマネジメントした実務経験がある。 **【注１：業務内容に応じて適宜設定すること。業務実績は国、都道府県及び政令市の実績並びに海外インフラプロジェクト技術者認定・表彰制度により認定された実績について評価対象とすること。（なお、市町村、高速道路会社等の実績についても、上記と同等のものについては評価する）** **注２：管理技術者あるいは担当技術者（又は定めのない場合はこれに準ずる技術者として従事した者）として従事した実績を評価対象とする。** **注３：〔参考８〕に同種・類似業務の取扱事例について示す。】**	○		

評価項目					評価の着目点		設定	評価ウェイト	
						判断基準		1:3	1:2
			情報収集力	地域精通度	過去○年間の当該事務所管内、周辺での受注実績の有無**【過去10年を基本とする。内容を評価する場合はその旨を記述する。】**	平成○○年度以降**【標準として過去10年】**公示日までに完了した当該事務所・周辺での業務実績の有無について下記の順位で評価する。 ① 当該事務所管内における業務実績あり。 ② 当該地域（当該県・○○県）管内での業務実績あり。 **【注1：業務内容に応じて適宜設定すること。業務実績は国、都道府県、政令市の実績について評価対象とすること。（なお、市町村、高速道路会社等の実績についても、上記と同等のものについては評価する） 注2：管理技術者あるいは担当技術者（又は定めのない場合はこれに準ずる技術者として従事した者）として従事した実績を評価対象とする。】**	○		
	成績・表彰		専門技術力	業務執行技術力	過去○年間に担当した業務の業務成績**【過去4年を基本とし、十分な競争性を確保する観点から、成績データの蓄積の度合に応じて、対象業務の拡大、細分化や年数の延長ができるもの（最大8年）とする。】**	平成○○年度から○○年度末まで**【標準として過去4年】**に完了した業務について、担当した国土交通省及び内閣府沖縄総合事務局開発建設部（○○を除く）発注業務の同じ業種区分の平均技術者評定点を下記の順位で評価する。 ① ○○点以上 ② ○○点以上○○点未満 ⋮ ○○点未満 なお、成績評定を受けた国土交通省及び内閣府沖縄総合事務局開発建設部（○○除く）発注業務の業務実績がない場合には加点しない。 **【注1：業種区分とは、土木関係建設コンサルタント、測量、地質調査、補償関係コンサルタントとする。 注2：管理技術者あるいは担当技術者として従事した実績を評価対象とする。】**	○	管理技術者の割合に包含する	管理技術者の割合に包含する

<table>
<tr><th colspan="3" rowspan="2">評価
項目</th><th colspan="4">評価の着目点</th><th rowspan="2">設定</th><th colspan="2">評価ｳｪｲﾄ</th></tr>
<tr><th colspan="3"></th><th>判断基準</th><th>1:3</th><th>1:2</th></tr>
<tr><td></td><td></td><td></td><td>専門技術力</td><td>業務執行技術力</td><td>過去○年間の技術者表彰の有無【過去４年を基本とする。他地方整備局等でも類似した業務内容で発注される業務及び各地方整備局等に共通する業務を、代表する地方整備局等が発注する場合については、他地方整備局等の表彰も当該地方整備局等の表彰と同等に評価する。】</td><td>平成○○年度から○○年度末まで【標準として過去４年】に完了した業務について、担当した国土交通省及び内閣府沖縄総合事務局開発建設部（○○を除く）発注業務の同じ業種区分の優秀技術者表彰の経験について、下記の順位で評価する。
① 局長表彰の実績あり
② 事務所長表彰の実績あり
【注１：業種区分とは、土木関係建設コンサルタント、測量、地質調査、補償関係コンサルタントとする。
注２：管理技術者あるいは担当技術者として従事した実績を評価対象とする。
注３：海外インフラプロジェクト優秀技術者 国土交通大臣賞については局長表彰と同等に、海外インフラプロジェクト優秀技術者 国土交通大臣奨励賞は部長表彰又は事務所長表彰と同等に評価するものとする。】</td><td>○</td><td></td><td></td></tr>
<tr><td rowspan="2"></td><td rowspan="2">資格・実績等</td><td rowspan="2">管理・担当・照査技術者</td><td>専門技術力</td><td>業務執行技術力</td><td>当該部門の従事期間</td><td>下記の順位で評価する。
① 当該部門の従事期間が○年以上
② 当該部門の従事期間が△年以上
【注：業務内容に応じて適宜設定すること。】</td><td>○</td><td rowspan="2">管理技術者の割合に包含する</td><td rowspan="2">管理技術者の割合に包含する</td></tr>
<tr><td colspan="3">CPD</td><td>CPD取得単位を評価する。
【注：業務内容に応じて適宜設定すること。】</td><td>○</td></tr>
<tr><td colspan="8">小計</td><td colspan="2">25%</td></tr>
</table>

◎：原則として設定する項目　　○：必要に応じて設定する項目

【②ヒアリング】

ヒアリングを通じた技術者の評価、技術提案内容の確認結果は書面審査とあわせて「実施方針等」および「評価テーマに対する技術提案」の項目に反映させる。

【③実施方針】

評価項目	評価の着目点		判断基準	評価ウェイト 1:3	評価ウェイト 1:2
実施方針・実施フロー・工程表・その他※	業務理解度	◎	目的、条件、内容の理解度が高い場合に優位に評価する。	25%（12.5%～25%）	30%（15%～30%）
	実施手順	◎	業務実施手順を示す実施フローの妥当性が高い場合に優位に評価する。		
		◎	業務量の把握状況を示す工程計画の妥当性が高い場合に優位に評価する。		
	その他	◎	業務に関する知識、有益な代替案、重要事項の指摘がある場合に優位に評価する。		
		○	地域の実情を把握した上で、業務の円滑な実施に関する提案があった場合には評価する。		

◎：原則として設定する項目　　○：必要に応じて設定する項目

※実施方針・実施フロー・工程表・その他の記述量は原則Ａ４・１枚とし、業務内容に応じてＡ４・２枚までとすることができる。

【④評価テーマ】

評価項目	評価の着目点			判断基準	評価ウェイト 1:3	評価ウェイト 1:2
評価テーマに対する技術提案※	全体	評価テーマ間の整合性	○	相互に関連する複数の評価テーマ間の整合性が高い場合は優位に評価し、矛盾がある等整合性が著しく悪い場合は評価しない。	50%（50%～62.5%）	37%（37%～52%）
	評価テーマ1	的確性	◎	地形、環境、地域特性などの与条件との整合性が高い場合に優位に評価する。		
			◎	着目点、問題点、解決方法等が適切かつ論理的に整理されており、本業務を遂行するにあたって有効性が高い場合に優位に評価する。		
			○	事業の重要度を考慮した提案となっている場合に優位に評価する。		
			○	事業の難易度に相応しい提案となっている場合に優位に評価する。		
		実現性	◎	提案内容に説得力がある場合に優位に評価する。		
			◎	提案内容を裏付ける類似実績などが明示されている場合に優位に評価する。		
			○	利用しようとする技術基準、資料が適切な場合に優位に評価する。		
			○	提案内容によって想定される事業費が適切な場合に優位に評価する。		
	2	的確性、実現性について上記を準用	○			

◎：原則として設定する項目　　○：必要に応じて設定する項目

※評価テーマの判断基準内容については、業務内容に応じて記載する。

※テーマの記述量は１テーマにつき原則Ａ４・１枚とし、業務内容に応じてＡ４・２枚までとすることができる。

小計（実施方針＋評価テーマ）	75%	67%

合計	100%

【⑤賃上げを実施する企業に対する加点措置※】

評価項目	評価基準	評価ウェイト
賃上げの実施を表明した企業等	契約を行う予定の年度の４月以降に開始する最初の事業年度または契約を行う予定の暦年において、対前年度または前年比で給与等受給者一人当たりの平均受給額を３％以上増加させる旨、従業員に表明していること【大企業】	5%以上
	契約を行う予定の年度の４月以降に開始する最初の事業年度または契約を行う予定の暦年において、対前年度または前年比で給与総額を 1.5%以上増加させる旨、従業員に表明していること【中小企業等】	
賃上げ基準に達していない場合等	前事業年度（又は前年）において賃上げ実施を表明し加点措置を受けたが、賃上げ基準に達していない又は本制度の趣旨を逸脱したとして、別途契約担当官等から通知された減点措置の期間内に、入札に参加した場合。	加点する割合よりも大きな割合の減点（１点大きな配点）

※「総合評価落札方式における賃上げを実施する企業に対する加点措置について」（令和３年 12 月 24 日付け国官会第 16409 号、国官技第 243 号、国営管第 528 号、国営計第 150 号、国港総第 526 号、国港技第 65 号、国空予管第 677 号、国空空技第 381 号、国空交企第 210 号、国北予第 47 号。）

３－４　総合評価落札方式（簡易型）における具体的な審査・評価について

（１）入札説明書

手続開始の公示を行う際に交付する入札説明書（通常指名の場合においては指名通知）において明示すべき事項を以下に示す。また、公示文及び説明書例について〔参考４〕に示す。

１．手続開始の公示日
２．契約担当官等
３．業務の概要
（１）業務名
（２）業務の目的
（３）業務内容
（４）主たる部分
（５）再委託の禁止
（６）成果品
（７）履行期間
（８）電子入札
（９）その他
４．指名されるために必要な要件
（１）入札参加者に要求される資格
（２）参加表明書に関する要件
（３）入札参加者を指名するための基準
５．参加表明書の提出等
（１）作成方法
（２）関連資料
（３）提出期限、提出場所及び提出方法
６．非指名理由について
７．入札説明書の内容についての質問の受付及び回答
８．総合評価に関する事項
（１）落札者の決定方法
（２）総合評価の方法
（３）技術評価点を算出するための基準
（４）評価内容の担保
９．技術提案書の提出等
（１）作成方法
（２）技術提案書の無効
（３）実施方針・実施フロー・工程表その他
（４）提出期限、提出場所及び提出方法
（５）既存資料の閲覧

（６）実施方針に関するヒアリング

（７）履行確実性に関するヒアリング

１０．入札及び開札の日時及び場所

１１．入札方法等

１２．入札保証金及び契約保証金

１３．開札

１４．入札の無効

１５．手続における交渉の有無

１６．契約書作成の要否

１７．支払条件

１８．火災保険付保の要否

１９．苦情申し立てに関する事項

２０．関連情報を入手するための照会窓口

２１．その他の留意事項

（２）指名段階での技術評価

参加表明者及び予定管理技術者を対象に、以下の項目について、技術的能力の審査を行う。審査の結果、入札参加要件を満たしていない者には、指名及び技術提案書提出要請を行わない。また、要件を満たしている者が１０者を超える場合における評価点上位１０者以外の者についても、原則として指名及び技術提案書の提出要請を行わないこととする。なお、指名の対象となる最下位順位の者で同評価の提出者が複数存在する等の場合には１０者を超えて指名するものとする。

総合評価落札方式（簡易型）の指名段階における評価基準及び評価ウェイトの設定例

【①企業の評価】

評価項目			評価の着目点			設定	評価ウェイ
					判断基準		
参加表明者の経験及び能力	資格・実績等	資格要件	技術部門登録	当該部門の建設コンサルタント登録等	下記の順位で評価する。 ① 当該業務に関する部門の登録（土木関係建設コンサルタント業務にあっては建設コンサルタント登録、地質調査業務にあっては地質調査業者登録）有り、公益法人、独立行政法人、学校教育法に基づく大学又は同等と認められる機関。 ② ①以外 **【注：業務内容に応じて適宜設定すること。なお、測量業務における測量業者登録については参加要件とし、本項目は評価しない。】**	◎	
		専門技術力	成果の確実性	過去○年間の同種又は類似業務等の実績の内容**【過去 10 年を基本とする。件数を評価する場合はその旨を記述する。】**	平成○○年度以降**【標準として過去 10 年】**公示日までに完了した同種又は類似業務実績を下記の順位で評価する。 ① 同種業務の実績又は過去に○○に関する研究実績がある。 ② 類似業務の実績がある。 ③ ①②以外は指名しない。 **【注１：業務内容に応じて適宜設定すること。業務実績は国、都道府県、政令市の実績について評価対象とすること。（なお、市町村、高速道路会社等の実績についても、上記と同等のものについては評価する） ※参加者が海外インフラプロジェクト技術者認定・表彰制度により認定された実績での評価を申請する場合は、国内の業務の実績と同様に評価できることとする。 注２：〔参考８〕に同種・類似業務の取扱事例について示す。】**	◎	15% (10% ～15%
		管理技術力	迅速性	当該地整常駐技術者数	下記の順位で評価する。 ① 当該地整内の常駐技術者○人以上**【○人は業務内容に応じて適宜設定するものとする。】** ② 上記以外	○	

評価項目				評価の着目点	判断基準	設定	評価ウェイト
		情報収集力	地域貢献度	過去○年間の災害協定等に基づく活動実績**【過去10年を基本とする。】**	下記の場合に評価する。 当該地域（当該県・○○県）管内での災害協定等に基づく活動実績あり。 **【注：業務内容に応じて適宜設定すること。活動実績は国、都道府県、政令市の公共事業を実施する機関の実績について評価対象とすること。】**	○	
		経営力	履行保証力	自己資本比率	下記の順位で評価する。 ① 自己資本比率が○%以上**【○%は25%を基本とし、業務内容に応じて適宜設定するものとする。】** ② ①③に該当しない ③ 自己資本比率が△%未満**【△%は10%を基本とし、業務内容に応じて適宜設定するものとする。】**	○	
			瑕疵担保力	賠償責任保険加入の有無	下記の順位で評価する。 ① 保険金額○万円以上の賠償責任保険に加入**【○万円は5,000万円を基本とし、業務内容に応じて適宜設定するものとする。】** ② ①③に該当しない ③ 賠償責任保険に未加入	○	
			遵法性	過去の法の遵守状況	下記の順位で評価する。 ① 過去○○年以内に公正取引委員会からの排除勧告実績無し ② 上記以外 **【○年は1年程度を基本とし、業務内容に応じて適宜設定するものとする。】**	○	
	成績・表彰	専門技術力	成果の確実性	過去○年間の業務成績**【過去2年を基本とし、十分な競争性を確保する観点から、成績データの蓄積の度合に応じて、対象業務の拡大、細分化や年数の延長ができるもの（最大4年）とする。】**	平成○○年度から○○年度末まで**【標準として過去2年】**に完了した業務のうち、国土交通省及び内閣府沖縄総合事務局開発建設部（○○を除く）発注業務の同じ業種区分の平均業務評定点を下記の順位で評価する。 ① ○○点以上 ② ○○点以上○○点未満 ⋮ ○○点未満 なお、成績評定を受けた国土交通省及び内閣府沖縄総合事務局開発建設部（○○除く）発注業務の業務実績がない場合には加点しない。 **【注：業種区分とは、土木関係建設コンサルタント、測量、地質調査、補償関係コンサルタントとする。】**	◎	35% (25%～35%)
				過去○年間の業務表彰の有無**【過去2年を基本とする。各地方整備局等に共通する業務を、代表する地方整備局等が発注する場合については、他地方整備局等の表彰も当該地方整備局等の表彰と同等に評価する。】**	国土交通省及び内閣府沖縄総合事務局開発建設部（○○を除く）発注の平成○○年度から○○年度末まで**【標準として過去2年】**の同じ業種区分の優良業務表彰の経験について、下記の順位で評価する。 ① 局長表彰の実績あり ② 事務所長表彰の実績あり **【注：業種区分とは、土木関係建設コンサルタント、測量、地質調査、補償関係コンサルタントとする。】**	◎	

評価項目		評価の着目点	判断基準	設定	評価ウェイト
	事故及び不誠実な行為	国土交通省○○地方整備局長から建設コンサルタント業務等に関し、以下の措置を受けた日から○日間である場合、下記の順位で評価を減ずる。 ① 文書注意 ② 口頭注意		◎	―
小計					35% (35% ～50%

◎：原則として設定する項目　○：必要に応じて設定する項目

【②予定管理技術者の評価】

評価項目				評価の着目点	判断基準	設定	評価ウェイト
予定管理技術者の経験及び能力	資格・実績等	資格要件	技術者資格等	技術者資格等、その専門分野の内容	<技術者資格登録簿に管理技術者に係る資格の登録がない場合> 下記の順位で評価する。 ① 表３－５の①に掲げる資格を有する。 ② 表３－５の②に掲げる資格を有する。 **【注：測量業務における測量士については参加要件とし評価しない。】**	◎	
					<技術者資格登録簿に管理技術者に係る資格の登録がある場合> 下記の順位で評価することを標準とする。 ① 表３－５－１の①に掲げる資格を有する。 ② 表３－５－１の②に掲げる資格を有する。 ③ 表３－５－１の③に掲げる資格を有する。 **【注：測量業務における測量士については参加要件とし評価しない。】**	◎	15% (15% ～20%

<table>
<tr><th colspan="2" rowspan="2">評価
項目</th><th colspan="4">評価の着目点</th><th rowspan="2">設定</th><th rowspan="2">評価
ウェイト</th></tr>
<tr><th></th><th></th><th></th><th>判断基準</th></tr>
<tr><td rowspan="2"></td><td rowspan="2"></td><td>専門技術力</td><td>業務執行技術力</td><td>過去○年間の同種又は類似業務等の実績の内容【過去10年を基本とする。件数を評価する場合はその旨を記述する。】</td><td>下記の順位で評価する。
① 平成○○年度以降【標準として過去10年】公示日までに完了した同種業務の実績、過去に○○○○に関する研究実績、又は過去に同種業務をマネジメントした実務経験がある。
② 平成○○年度以降【標準として過去10年】公示日までに完了した類似業務の実績、又は過去に類似業務をマネジメントした実務経験がある。
③ ①②以外は指名しない。
【注１：業務内容に応じて適宜設定すること。業務実績は国、都道府県及び政令市の実績並びに海外インフラプロジェクト技術者認定・表彰制度により認定された実績について評価対象とすること。(なお、市町村、高速道路会社等の実績についても、上記と同等のものについては評価する)
注２：管理技術者あるいは担当技術者（又は定めのない場合はこれに準ずる技術者として従事した者）として従事した実績を評価対象とする。
注３：［参考８］に同種・類似業務の取扱事例について示す。】</td><td>◎</td><td></td></tr>
<tr><td>情報収集力</td><td>地域精通度</td><td>過去○年間の当該事務所管内、周辺での受注実績の有無【過去10年を基本とする。内容を評価する場合はその旨を記述する。】</td><td>平成○○年度以降【標準として過去10年】公示日までに完了した当該事務所・周辺での業務実績の有無について下記の順位で評価する。
① 当該事務所管内における業務実績あり。
② 当該地域（当該県・○○県）管内での業務実績あり。
【注１：業務内容に応じて適宜設定すること。業務実績は国、都道府県、政令市の実績について評価対象とすること。(なお、市町村、高速道路会社等の実績についても、上記と同等のものについては評価する)
注２：管理技術者あるいは担当技術者（又は定めのない場合はこれに準ずる技術者として従事した者）として従事した実績を評価対象とする。】</td><td>○</td><td></td></tr>
</table>

評価項目				評価の着目点	判断基準	設定	評価ウェイト
	成績・表彰	専門技術力	業務執行技術力	過去○年間に担当した同じ業種区分の業務成績**【過去４年を基本とし、十分な競争性を確保する観点から、成績データの蓄積の度合に応じて、対象業務の拡大、細分化や年数の延長ができるもの（最大８年）とする。】**	平成○○年度から○○年度末まで**【標準として過去４年】**に完了した業務について、担当した国土交通省及び内閣府沖縄総合事務局開発建設部（○○を除く）発注業務の同じ業種区分の平均技術者評定点を下記の順位で評価する。 ① ○○点以上 ② ○○点以上○○点未満 ⋮ ○○点未満 なお、成績評定を受けた国土交通省及び内閣府沖縄総合事務局開発建設部（○○除く）発注業務の業務実績がない場合には加点しない。 **【注１：業種区分とは、土木関係建設コンサルタント、測量、地質調査、補償関係コンサルタントとする。** **注２：管理技術者あるいは担当技術者として従事した実績を評価対象とする。】**	◎	35% （35% ～45%
				過去○年間の技術者表彰の有無**【過去４年を基本とする。他地方整備局等でも類似した業務内容で発注される業務及び各地方整備局等に共通する業務を、代表する地方整備局等が発注する場合については、他地方整備局等の表彰も当該地方整備局等の表彰と同等に評価する。】**	平成○○年度から○○年度末まで**【標準として過去４年】**に完了した業務について、担当した国土交通省及び内閣府沖縄総合事務局開発建設部（○○を除く）発注業務の同じ業種区分の優秀技術者表彰の経験について、下記の順位で評価する。 ① 局長表彰の実績あり ② 事務所長表彰の実績あり **【注１：業種区分とは、土木関係建設コンサルタント、測量、地質調査、補償関係コンサルタントとする。** **注２：管理技術者あるいは担当技術者として従事した実績を評価対象とする。** **注３：海外インフラプロジェクト優秀技術者国土交通大臣賞については局長表彰と同等に、海外インフラプロジェクト優秀技術者 国土交通大臣奨励賞は部長表彰又は事務所長表彰と同等に評価するものとする。】**	◎	
			業務執行技術力	当該部門従事期間	下記の順位で評価する。 ① 当該部門の従事期間が○年以上 ② 当該部門の従事期間が△年以上 **【注：業務内容に応じて適宜設定すること。】**	○	
	手持ち業務			手持ち業務金額及び件数（特定後未契約のものを含む。）	下記の項目に該当する場合は指名しない。 ・手持ち業務の契約金額が○円以上、又は手持ち業務の件数が○件以上 （手持ち業務とは、管理技術者又は担当技術者となっている500万円以上の他の業務を指す。） **【「○円以上」は５億円程度、「○件以上」は10件程度を基本とし、業務内容に応じて適宜設定すること。】**	◎	―
小計							50% （50% ～65%

◎：原則として設定する項目　○：必要に応じて設定する項目

【③業務実施体制（原則として設定）】

評価項目	評価の着目点	
		判断基準
業務実施体制	業務実施体制の妥当性	なお、下記のいずれかの項目に該当する場合には指名しない。 ① 業務の分担構成が、不明確又は不自然な場合。 ② 設計共同体による場合に、業務の分担構成が細分化され過ぎている場合、一の分担業務を複数の構成員が実施することとしている場合。

合計	100%

（３）入札段階での技術評価

入札参加者により提出された技術提案書について評価する。以降に、評価基準及び評価ウェイトを示す。

※　必要に応じて配置予定技術者を対象にヒアリングを実施すること。その場合、事前に提出された実施方針に関する技術提案の内容について確認する。

総合評価落札方式（簡易型）の入札段階における評価基準及び評価ウェイトの設定例

【①予定技術者の評価】

評価項目			評価の着目点				設定	評価ウェイト(1:1)
						判断基準		
予定技術者の経験及び能力	資格・実績等	管理技術者	資格要件	技術者資格等	技術者資格等、その専門分野の内容	＜技術者資格登録簿に管理技術者に係る資格の登録がない場合＞ 下記の順位で評価する。 ① 表３－５の①に掲げる資格を有する。 ② 表３－５の②に掲げる資格を有する。 【注：測量業務における測量士については参加要件とし評価しない。】	◎	25% (12.5%～25%)
						＜技術者資格登録簿に管理技術者に係る資格の登録がある場合＞ 下記の順位で評価することを標準とする。 ① 表３－５－１の①に掲げる資格を有する。 ② 表３－５－１の②に掲げる資格を有する。 ③ 表３－５－１の③に掲げる資格を有する。 【注：測量業務における測量士については参加要件とし評価しない。】	◎	

評価 項目					評価の着目点		設定	評価 ウェイト (1:1)
						判断基準		
			専門技術力	業務執行技術力	過去○年間の同種又は類似業務等の実績の内容**【過去10年を基本とする。件数を評価する場合はその旨を記述する。】**	下記の順位で評価する。 ① 平成○○年度以降**【標準として過去10年】**公示日までに完了した同種業務の実績、過去に○○○○に関する研究実績、又は過去に同種業務をマネジメントした実務経験がある。 ② 平成○○年度以降**【標準として過去10年】**公示日までに完了した類似業務の実績、又は過去に類似業務をマネジメントした実務経験がある。 **【注１：業務内容に応じて適宜設定すること。業務実績は国、都道府県及び政令市の実績並びに海外インフラプロジェクト技術者認定・表彰制度により認定された実績について評価対象とすること。（なお、市町村、高速道路会社等の実績についても、上記と同等のものについては評価する）** 注２：**管理技術者あるいは担当技術者（又は定めのない場合はこれに準ずる技術者として従事した者）として従事した実績を評価対象とする。** 注３：**〔参考８〕に同種・類似業務の取扱事例について示す。】**	◎	
			情報収集力	地域精通度	過去○年間の当該事務所管内、周辺での受注実績の有無**【過去10年を基本とする。内容を評価する場合はその旨を記述する。】**	平成○○年度以降**【標準として過去10年】**公示日までに完了した当該事務所・周辺での業務実績の有無について下記の順位で評価する。 ① 当該事務所管内における業務実績あり。 ② 当該地域（当該県・○○県）管内での業務実績あり。 **【注１：業務内容に応じて適宜設定すること。業務実績は国、都道府県、政令市の実績について評価対象とすること。（なお、市町村、高速道路会社等の実績についても、上記と同等のものについては評価する）** 注２：**管理技術者あるいは担当技術者（又は定めのない場合はこれに準ずる技術者として従事した者）として従事した実績を評価対象とする。】**	○	

<table>
<tr><th colspan="4" rowspan="2">評価項目</th><th colspan="3">評価の着目点</th><th rowspan="2">設定</th><th rowspan="2">評価ウェイト (1:1)</th></tr>
<tr><th></th><th></th><th>判断基準</th></tr>
<tr><td rowspan="3"></td><td rowspan="2">成績・表彰</td><td rowspan="2"></td><td rowspan="2">専門技術力</td><td rowspan="2">業務執行技術力</td><td>過去○年間に担当した業務の業務成績【過去４年を基本とし、十分な競争性を確保する観点から、成績データの蓄積の度合に応じて、対象業務の拡大、細分化や年数の延長ができるもの（最大８年）とする。】</td><td>平成○○年度から○○年度末まで【標準として過去４年】に完了した業務について、担当した国土交通省及び内閣府沖縄総合事務局開発建設部（○○を除く）発注業務の同じ業種区分の平均技術者評定点を下記の順位で評価する。
① ○○点以上
② ○○点以上○○点未満
⋮
○○点未満
なお、成績評定を受けた国土交通省及び内閣府沖縄総合事務局開発建設部（○○除く）発注業務の業務実績がない場合には加点しない。
【注１：業種区分とは、土木関係建設コンサルタント、測量、地質調査、補償関係コンサルタントとする。
注２：管理技術者あるいは担当技術者として従事した実績を評価対象とする。】</td><td>◎</td><td rowspan="2">25%
(25%〜37.5%)</td></tr>
<tr><td>過去○年間の技術者表彰の有無【過去４年を基本とする。他地方整備局等でも類似した業務内容で発注される業務及び各地方整備局等に共通する業務を、代表する地方整備局等が発注する場合については、他地方整備局等の表彰も当該地方整備局等の表彰と同等に評価する。】</td><td>平成○○年度から○○年度末まで【標準として過去４年】に完了した業務について、担当した国土交通省及び内閣府沖縄総合事務局開発建設部（○○を除く）発注業務の同じ業種区分の優秀技術者表彰の経験について、下記の順位で評価する。
① 局長表彰の実績あり
② 事務所長表彰の実績あり
【注１：業種区分とは、土木関係建設コンサルタント、測量、地質調査、補償関係コンサルタントとする。
注２：管理技術者あるいは担当技術者として従事した実績を評価対象とする。
注３：海外インフラプロジェクト優秀技術者 国土交通大臣賞については局長表彰と同等に、海外インフラプロジェクト優秀技術者 国土交通大臣奨励賞は部長表彰又は事務所長表彰と同等に評価するものとする。】</td><td>◎</td></tr>
<tr><td>資格・実績等</td><td>担当技術者</td><td>資格要件</td><td>技術者資格等</td><td>技術者資格等、その専門分野の内容</td><td><技術者資格登録簿に担当技術者に係る資格の登録がない場合>
下記の評価順位は、①と②を同位とする。
① 表３－５の①に掲げる資格を有する。
② 表３－５の②に掲げる資格を有する。
【注：測量業務における測量士については参加要件とし評価しない。】</td><td>○</td><td>管理技術者の割合に包含する</td></tr>
</table>

評価項目				評価の着目点			設定	評価ウェイト(1:1)
						判断基準		
						＜技術者資格登録簿に担当技術者に係る資格の登録がある場合＞ 下記の評価順位は、①と②を同位とし、③を次位とすることを標準とする。 ① 表３－５－１の①に掲げる資格を有する。 ② 表３－５－１の②に掲げる資格を有する。 ③ 表３－５－１の③に掲げる資格を有する。 **【注：測量業務における測量士については参加要件とし評価しない。】**	◎	
		照査技術者	資格要件	技術者資格等	技術者資格等、その専門分野の内容	**＜照査技術者を配置し、技術者資格登録簿に照査技術者に係る資格の登録がない場合＞** 下記の順位で評価する。 ① 表３－５の①に掲げる資格を有する。 ② 表３－５の②に掲げる資格を有する。 **【注：測量業務における測量士については参加要件とし評価しない。】**	◎	
						＜照査技術者を配置し、技術者資格登録簿に照査技術者に係る資格の登録がある場合＞ 下記の順位で評価することを標準とする。 ① 表３－５－１の①に掲げる資格を有する。 ② 表３－５－１の②に掲げる資格を有する。 ③ 表３－５－１の③に掲げる資格を有する。 **【注：測量業務における測量士については参加要件とし評価しない。】**	◎	
		担当・照査技術者	専門技術力	業務執行技術力	過去○年間の同種又は類似業務等の実績の内容**【過去10 年を基本とする。件数を評価する場合はその旨を記述する。】**	下記の順位で評価する。 ① 平成○○年度以降**【標準として過去 10 年】**公示日までに完了した同種業務の実績、過去に○○○○に関する研究実績、又は過去に同種業務をマネジメントした実務経験がある。 ② 平成○○年度以降**【標準として過去 10 年】**公示日までに完了した類似業務の実績、又は過去に類似業務をマネジメントした実務経験がある。 **【注１：業務内容に応じて適宜設定すること。業務実績は国、都道府県及び政令市の実績並びに海外インフラプロジェクト技術者認定・表彰制度により認定された実績について評価対象とすること。（なお、市町村、高速道路会社等の実績についても、上記と同等のものについては評価する）** **注２：管理技術者あるいは担当技術者（又は定めのない場合はこれに準ずる技術者として従事した者）として従事した実績を評価対象とする。** **注３：〔参考８〕に同種・類似業務の取扱事例について示す。】**	○	

評価項目			評価の着目点			設定	評価ウェイト(1:1)
					判断基準		
		情報収集力	地域精通度	過去○年間の当該事務所管内、周辺での受注実績の有無【過去10年を基本とする。内容を評価する場合はその旨を記述する。】	平成○○年度以降【標準として過去10年】公示日までに完了した当該事務所・周辺での業務実績の有無について下記の順位で評価する。 ① 当該事務所管内における業務実績あり。 ② 当該地域（当該県・○○県）管内での業務実績あり。 【注1：業務内容に応じて適宜設定すること。業務実績は国、都道府県、政令市の実績について評価対象とすること。（なお、市町村、高速道路会社等の実績についても、上記と同等のものについては評価する） 注2：管理技術者あるいは担当技術者（又は定めのない場合はこれに準ずる技術者として従事した者）として従事した実績を評価対象とする。】	○	
	成績・表彰	専門技術力	業務執行技術力	過去○年間に担当した業務の業務成績【過去4年を基本とし、十分な競争性を確保する観点から、成績データの蓄積の度合に応じて、対象業務の拡大、細分化や年数の延長ができるもの（最大8年）とする。】	平成○○年度から○○年度末まで【標準として過去4年】に完了した業務について、担当した国土交通省及び内閣府沖縄総合事務局開発建設部（○○を除く）発注業務の同じ業種区分の平均技術者評定点を下記の順位で評価する。 ① ○○点以上 ② ○○点以上○○点未満 ⋮ ○○点未満 なお、成績評定を受けた国土交通省及び内閣府沖縄総合事務局開発建設部（○○除く）発注業務の業務実績がない場合には加点しない。 【注1：業種区分とは、土木関係建設コンサルタント、測量、地質調査、補償関係コンサルタントとする。 注2：管理技術者あるいは担当技術者として従事した実績を評価対象とする。】	○	管理技術者の割合に包含する

<table>
<tr><th colspan="3" rowspan="2">評価項目</th><th colspan="4">評価の着目点</th><th rowspan="2">設定</th><th rowspan="2">評価ウェイト(1:1)</th></tr>
<tr><th></th><th></th><th></th><th>判断基準</th></tr>
<tr><td></td><td></td><td></td><td>専門技術力</td><td>業務執行技術力</td><td>過去○年間の技術者表彰の有無【過去４年を基本とする。他地方整備局等でも類似した業務内容で発注される業務及び各地方整備局等に共通する業務を、代表する地方整備局等が発注する場合については、他地方整備局等の表彰も当該地方整備局等の表彰と同等に評価する。】</td><td>平成○○年度から○○年度末まで【標準として過去４年】に完了した業務について、担当した国土交通省及び内閣府沖縄総合事務局開発建設部（○○を除く）発注業務の同じ業種区分の優秀技術者表彰の経験について、下記の順位で評価する。
① 局長表彰の実績あり
② 事務所長表彰の実績あり
【注１：業種区分とは、土木関係建設コンサルタント、測量、地質調査、補償関係コンサルタントとする。
注２：管理技術者あるいは担当技術者として従事した実績を評価対象とする。
注３：海外インフラプロジェクト優秀技術者 国土交通大臣賞については局長表彰と同等に、海外インフラプロジェクト優秀技術者 国土交通大臣奨励賞は部長表彰又は事務所長表彰と同等に評価するものとする。】</td><td>○</td><td rowspan="3">管理技術者の割合に包含する</td></tr>
<tr><td></td><td rowspan="2">資格・実績等</td><td rowspan="2">管理・担当・照査技術者</td><td>専門技術力</td><td>業務執行技術力</td><td>当該部門の従事期間</td><td>下記の順位で評価する。
① 当該部門の従事期間が○年以上
② 当該部門の従事期間が△年以上
【注：業務内容に応じて適宜設定すること。】</td><td>○</td></tr>
<tr><td></td><td colspan="3">ＣＰＤ</td><td>ＣＰＤ取得単位を評価する。
【注：業務内容に応じて適宜設定すること。】</td><td>○</td></tr>
<tr><td colspan="8">小計</td><td>50%</td></tr>
</table>

◎：原則として設定する項目　　○：必要に応じて設定する項目

【②ヒアリング】

ヒアリングを通じた技術者の評価、技術提案内容の確認結果を「実施方針等」の項目に反映させる。

【③実施方針】

評価項目	評価の着目点			評価ウェイト(1:1)
			判断基準	
実施方針・実施フロー・工程表・その他※	業務理解度	◎	目的、条件、内容の理解度が高い場合に優位に評価する。	50%
	実施手順	◎	業務実施手順を示す実施フローの妥当性が高い場合に優位に評価する。	
		◎	業務量の把握状況を示す工程計画の妥当性が高い場合に優位に評価する。	
	その他	◎	業務に関する知識、有益な代替案、重要事項の指摘がある場合に優位に評価する。	
		○	地域の実情を把握した上で、業務の円滑な実施に関する提案があった場合には評価する。	

◎：原則として設定する項目　○：必要に応じて設定する項目

※実施方針・実施フロー・工程表・その他の記述量は原則Ａ４・１枚とし、業務内容に応じてＡ４・２枚までとすることができる。

【④評価テーマ】

簡易型では「評価テーマによる技術提案」については求めない。

合計	100%

【⑤賃上げを実施する企業に対する加点措置※】

評価項目	評価基準	評価ウェイト
賃上げの実施を表明した企業等	契約を行う予定の年度の４月以降に開始する最初の事業年度または契約を行う予定の暦年において、対前年度または前年比で給与等受給者一人当たりの平均受給額を３％以上増加させる旨、従業員に表明していること【大企業】	5%以上
	契約を行う予定の年度の４月以降に開始する最初の事業年度または契約を行う予定の暦年において、対前年度または前年比で給与総額を 1.5%以上増加させる旨、従業員に表明していること【中小企業等】	
賃上げ基準に達していない場合等	前事業年度（又は前年）において賃上げ実施を表明し加点措置を受けたが、賃上げ基準に達していない又は本制度の趣旨を逸脱したとして、別途契約担当官等から通知された減点措置の期間内に、入札に参加した場合。	加点する割合よりも大きな割合の減点（１点大きな配点）

※「総合評価落札方式における賃上げを実施する企業に対する加点措置について」（令和３年 12 月 24 日付け国官会第 16409 号、国官技第 243 号、国営管第 528 号、国営計第 150 号、国港総第 526 号、国港技第 65 号、国空予管第 677 号、国空空技第 381 号、国空交企第 210 号、国北予第 47 号。）

３－５　総合評価落札方式による落札者の決定

入札価格が予定価格の制限の範囲内にあるもののうち、評価値の最も高いものを落札者とする。評価値の算出方法としては、加算方式を基本とする。ただし、今回定めた加算方式以外の方法を用いる場合は、財務大臣協議を行う必要がある。また、評価値の算出方法は下記のとおりとする。

○評価値　＝　価格評価点＋技術評価点

○価格評価点と技術評価点の配分＝１：１　～　１：３
（価格評価点２０～６０点：技術評価点６０点）

○技術評価点の評価項目例
- 業務への取組方針：業務実施の着目点・実施方針
- 技術提案　　　　：評価テーマに対する提案
- 技術者資格　　　：技術者資格及びその専門分野
- 業務執行技術力　：同種及び類似の業務実績・業務成績
- 手持ち業務　　　：手持ち業務の金額及び件数

○価格評価点　＝　$２０～６０ \times \left(1-\dfrac{\text{入札価格}}{\text{予定価格}}\right)$

○技術評価点　＝　$６０ \times \dfrac{\text{技術評価の得点合計点}}{\text{技術評価の配点合計点}}$

4　建築関係建設コンサルタント業務におけるプロポーザル方式及び総合評価落札方式の審査・評価

4－1　審査・評価に関する基本的な考え方

（1）配点の基本的な考え方

○ 予定技術者について評価し、参加表明者（企業）の評価は行わない。

○ プロポーザル方式及び総合評価落札方式において評価テーマに関する技術提案を求める場合、審査・評価にあたり、「実施方針」「評価テーマに対する技術提案」を重視する。

○ 各評価項目の配点については、業務の特性（業務内容、規模等）や地域特性等に応じて適宜設定する。

（2）選定・指名段階における配点設定の考え方

○ プロポーザル方式及び総合評価落札方式の選定・指名段階における「資格、実績」「成績評価・表彰」の配点は、特定・入札段階におけるものと同じ配点とする。

（3）特定・入札段階における配点設定の考え方

○ プロポーザル方式及び総合評価落札方式の特定・入札段階における予定技術者の「資格、実績」「成績評価・表彰、ＣＰＤ」及び「実施方針」「評価テーマに対する技術提案」に対する配点については、以下を踏まえて、業務の特性（業務内容、規模等）、地域特性等に応じて設定する。

・「実績」、「成績評価・表彰」、「ＣＰＤ」のそれぞれの配点については、合計得点に対する影響を同等とする。

・「担い手確保」に係る評価項目については、適宜設定してよい。

（4）選定・指名者数の基本的な考え方

○ プロポーザル方式における技術提案書の提出者の選定者数については、３～５者程度を原則とする。ただし、選定の対象となる最下位順位の者で同評価の提出者が複数存在する等の場合には３～５者を超えて選定するものとする。

○ 総合評価落札方式における技術提案書の提出者数の指名者数については、１０者以上を原則とする。なお、指名の対象となる最下位順位の者で同評価の提出者が複数存在する等の場合には１０者を超えて指名するものとする。

（5）各評価項目の設定の考え方

○ 各評価項目については、以下を踏まえて、業務の特性（業務内容、規模等）、地域特性等に応じて設定する。

（評価項目及び評価対象技術者の設定）
・予定技術者の経験年数については評価を行わない。
・予定技術者の評価は管理技術者及び主任担当技術者を対象とし、担当技術者については評価を行わない。
（評価項目「資格」の設定）
・管理技術者に一級建築士であることを業務実施上の条件とする場合、管理技術者の「資格」の評価を行わない。
（評価項目「実績」の設定）
・同種又は類似業務の実績は、国や地方公共団体等の公的機関の実績、海外インフラプロジェクト技術者認定・表彰制度により認定された実績に加え、民間発注の実績についても評価する。
・技術者の「同種業務」又は「類似業務」の実績は、管理技術者、主任担当技術者及び担当技術者に準じる立場についても評価する。
（評価項目「成績評価・表彰」の設定）
・「成績評価」については、他省庁や地方公共団体との成績評定結果の相互利用の促進を図っていることを踏まえ、相互利用対象機関の成績評定結果を利用する。
・「成績評価」と「表彰」の対象期間については、同一とすることを原則とする。
・「表彰」の配点は「成績評価」の半分程度とする。
（各評価項目の各技術者の配点の設定）
・各技術者の配点については業務内容に応じて適宜設定してよい。ただし、「実績」と「成績評価・表彰」の各技術者の配点比率は同一とすることを原則とする。

発注方式	選定・指名段階の技術評価		特定・入札段階の技術評価	価格点：技術点の設定
①プロポーザル方式	配点イメージ 資格者の資格、実績 60% 技術者の成績・表彰 40%	3~5者程度を選定	・技術提案　：実施方針および評価テーマ（３つ以下） ・ヒアリング　：実施方針および評価テーマの評価に必要なため、実施 ・配点イメージ：評価テーマ３つの場合 ３５％ ： ６５％ 技術者の資格、実績 15%／技術者の成績・表彰、CPD 20%／実施方針等 20%／評価テーマ 45%	―
②総合評価落札方式（標準型）		原則10者以上を指名	・技術提案　：実施方針および評価テーマ（２つ以下） ・ヒアリング　：実施方針および評価テーマの評価に必要がある場合に原則実施 ・配点イメージ：価格点：技術点＝１：３、評価テーマ２つの場合 ４１％ ： ５９％ 価格点／技術者の資格、実績 17%／技術者の成績・表彰、CPD 24%／実施方針等 24%／評価テーマ 35%	１：２ ～ １：３
③総合評価落札方式（簡易型）		原則10者以上を指名	・技術提案　：実施方針のみ ・ヒアリング　：実施方針および評価テーマの評価に必要がある場合に原則実施 ・配点イメージ：価格点：技術点＝１：１の場合 ６４％：３６％ 価格点／技術者の資格、実績 28%／技術者の成績・表彰、CPD 36%／実施方針 36%	１：１ ～ １：２

図７　建築関係建設コンサルタント業務における技術評価の概要

４－２　プロポーザル方式における具体的な審査・評価について

（１）説明書

手続開始の公示を行う際に交付する説明書において明示すべき事項を以下に示す。公示文及び説明書例等については〔参考５〕及び〔参考６〕に示す。なお、環境配慮型プロポーザル方式を採用した場合にあっては、発注予定情報の公表に当たって環境配慮型プロポーザル方式を採用する旨を示すとともに、公示文及び説明書において、環境配慮型プロポーザル方式の適用業務であることを明記すること。

１．業務の概要
（１）業務の目的
（２）業務内容
（３）技術提案を求めるテーマ
（４）履行期間
（５）電子入札
（６）業務実施上の条件
（７）その他
２．担当部局
３．参加表明書の作成及び記載上の留意事項
（１）参加表明書の作成要領
（２）参加表明書の作成及び記載上の留意事項
４．参加表明書の留意事項
５．技術提案書の提出者を選定するための評価基準
（１）参加表明書の評価項目、判断基準、評価ウェイト
６．選定・非選定理由に関する事項
７．技術提案書の作成及び記載上の留意事項
（１）基本事項
（２）技術提案書の作成要領
（３）技術提案書の作成及び記載上の留意事項
８．技術提案書の留意事項
９．技術提案書を特定するための評価基準
（１）参加表明書の評価項目、判断基準、評価ウェイト
１０．ヒアリング
１１．特定・非特定理由に関する事項
１２．説明書の内容についての質問の受付及び回答
１３．契約書作成の要否
１４．支払条件
１５．苦情申し立てに関する事項
１６．その他の留意事項

（2）選定段階での技術評価

参加表明者を対象に、技術的能力の審査を行う。以下に、評価基準及び配点の設定イメージを示す。

審査の結果、参加要件を満たしていない者は、選定及び技術提案書提出要請を行わない。また、要件を満たしている者が３～５者を超える場合における評価点上位３～５者以外の者についても、原則として選定及び技術提案書の提出要請を行わないこととする。ただし、選定の対象となる最下位順位の者で同評価の提出者が複数存在する等の場合には３～５者を超えて選定するものとする。

プロポーザル方式の選定段階における評価基準及び配点の設定イメージ

<table>
<tr><th rowspan="2">評価項目</th><th colspan="4">評価の着目点</th><th rowspan="2">配点</th></tr>
<tr><th></th><th colspan="3">判断基準</th></tr>
<tr><td rowspan="4">資格</td><td rowspan="4">専門分野の技術者資格
【注：管理技術者に一級建築士であることを業務実施上の条件とする場合。】</td><td rowspan="4">各担当分野について、資格の内容を資格評価表により評価する。</td><td rowspan="4">主任担当技術者</td><td>総合（40%）</td><td rowspan="4">5点</td></tr>
<tr><td>構造（20%）</td></tr>
<tr><td>電気（20%）</td></tr>
<tr><td>機械（20%）</td></tr>
<tr><td rowspan="15">技術力</td><td rowspan="5">平成○○年○○月○○日以降の同種又は類似業務の実績（実績の有無及び携わった立場）
【注１：参加者が海外インフラプロジェクト技術者認定・表彰制度により認定された実績での評価を申請する場合は、国内の業務の実績と同様に評価できることとする。
注２：〔参考８〕に同種・類似業務の取扱事例について示す。】</td><td rowspan="5">以下の順で評価する。
① 同種業務の実績がある。
② 類似業務の実績がある。
上記に加え、実績の立場を下記の順で評価する。
●管理技術者の場合
① 管理技術者又はこれに準ずる立場
② 主任担当技術者又はこれに準ずる立場
③ 担当技術者又はこれに準ずる立場
●主任担当技術者の場合
① 主任担当技術者又はこれに準ずる立場
② 担当技術者又はこれに準ずる立場</td><td colspan="2">管理技術者（40%）</td><td rowspan="5">5点
～
15点</td></tr>
<tr><td rowspan="4">主任担当技術者</td><td>総合（30%）</td></tr>
<tr><td>構造（10%）</td></tr>
<tr><td>電気（10%）</td></tr>
<tr><td>機械（10%）</td></tr>
<tr><td rowspan="5">平成○○年○○月○○日から令和○○年○○月○○日までの○○（国土交通省大臣官房官庁営繕部、国土交通省各地方整備局営繕部、北海道開発局営繕部及び内閣府沖縄総合事務局営繕課に加え、相互利用する機関名を記載する）実施の営繕事業に係る○○業務の成績評価（複数の実績がある場合は、各実績ごとの成績評価点の平均）</td><td rowspan="5">以下の順で評価する。
① ○○点以上（加点）
② ○○点以上○○点未満（加点）
…
・ 実績が無い。（0 点）
・ 65 点未満の実績がある。（減点）</td><td colspan="2">管理技術者（40%）</td><td rowspan="10">5点
～
15点</td></tr>
<tr><td rowspan="4">主任担当技術者</td><td>総合（30%）</td></tr>
<tr><td>構造（10%）</td></tr>
<tr><td>電気（10%）</td></tr>
<tr><td>機械（10%）</td></tr>
<tr><td rowspan="5">平成○○年○○月○○日から令和○○年○○月○○日までの技術者表彰の有無
【注：海外インフラプロジェクト優秀技術者 国土交通大臣賞については局長表彰と同等に、海外インフラプロジェクト優秀技術者国土交通大臣奨励賞は部長表彰又は事務所長表彰と同等に評価するものとする。】</td><td rowspan="5">平成○○年度から令和○○年度末までに完了した業務について、担当した国土交通省及び内閣府沖縄総合事務局開発建設部（○○を除く）発注業務の同じ業種区分の優秀技術者表彰の経験について、下記の順位で評価する。
① 局長表彰の実績あり
② 部長表彰又は事務所長表彰の実績あり</td><td colspan="2">管理技術者（40%）</td></tr>
<tr><td rowspan="4">主任担当技術者</td><td>総合（30%）</td></tr>
<tr><td>構造（10%）</td></tr>
<tr><td>電気（10%）</td></tr>
<tr><td>機械（10%）</td></tr>
<tr><td colspan="5">合計</td><td>20点
～30点</td></tr>
</table>

※「判断基準」欄中の予定技術者別の%表示は、評価項目内の各予定技術者の配点比率を示す。

（３）特定段階での技術評価

技術提案書提出者により提出された技術提案書について評価する。以下に、評価基準及び配点の設定イメージを示す。

※　技術者を対象にヒアリングを実施すること。その場合、事前に提出された実施方針及び評価テーマに関する技術提案の内容について確認する。

プロポーザル方式の特定段階における評価基準及び配点の設定イメージ

【①　予定技術者の評価】

評価項目	評価の着目点	判断基準			配点
資格	専門分野の技術者資格 **【注:管理技術者に一級建築士であることを業務実施上の条件とする場合。】**	各担当分野について、資格の内容を資格評価表により評価する。	主任担当技術者	総合　(40%)	5点
				構造　(20%)	
				電気　(20%)	
				機械　(20%)	
技術力	平成〇〇年〇〇月〇〇日以降の同種又は類似業務の実績(実績の有無及び携わった立場) **【注１:参加者が海外インフラプロジェクト技術者認定・表彰制度により認定された実績での評価を申請する場合は、国内の業務の実績と同様に評価できることとする。 注２:〔参考８〕に同種・類似業務の取扱事例について示す。】**	以下の順で評価する。 ① 同種業務の実績がある。 ② 類似業務の実績がある。 上記に加え、実績の立場を下記の順で評価する。 ●管理技術者の場合 ① 管理技術者又はこれに準ずる立場 ② 主任担当技術者又はこれに準ずる立場 ③ 担当技術者又はこれに準ずる立場 ●主任担当技術者の場合 ① 主任担当技術者又はこれに準ずる立場 ② 担当技術者又はこれに準ずる立場	管理技術者	(40%)	5点 〜 15点
			主任担当技術者	総合　(30%)	
				構造　(10%)	
				電気　(10%)	
				機械　(10%)	
			※当該業務の予定技術者にヒアリング時に内容を確認することがある。		
	平成〇〇年〇〇月〇〇日から令和〇〇年〇〇月〇〇日までの〇〇(国土交通省大臣官房官庁営繕部、国土交通省各地方整備局営繕部、北海道開発局営繕部及び内閣府沖縄総合事務局営繕課に加え、相互利用する機関名を記載する)実施の営繕事業に係る〇〇業務の成績評価(複数の実績がある場合は、各実績ごとの成績評価点の平均)	以下の順で評価する。 ① 〇〇点以上（加点） ② 〇〇点以上〇〇点未満（加点） … ・ 実績が無い。（0 点） ・ 65点未満の実績がある。（減点）	管理技術者	(40%)	5点 〜 15点
			主任担当技術者	総合　(30%)	
				構造　(10%)	
				電気　(10%)	
				機械　(10%)	
	平成〇〇年〇〇月〇〇日から令和〇〇年〇〇月〇〇日までの技術者表彰の有無 **【注:海外インフラプロジェクト優秀技術者 国土交通大臣賞については局長表彰と同等に、海外インフラプロジェクト優秀技術者国土交通大臣奨励賞は部長表彰又は事務所長表彰と同等に評価するものとする。】**	平成〇〇年度から令和〇〇年度末までに完了した業務について、担当した国土交通省及び内閣府沖縄総合事務局開発建設部(〇〇を除く)発注業務の同じ業種区分の優秀技術者表彰の経験について、下記の順位で評価する。 ① 局長表彰の実績あり ② 部長表彰又は事務所長表彰の実績あり	管理技術者	(40%)	
			主任担当技術者	総合　(30%)	
				構造　(10%)	
				電気　(10%)	
				機械　(10%)	
	ＣＰＤ	ＣＰＤ取得単位を評価	管理技術者	(20%)	5点 〜 15点
			主任担当技術者	総合　(20%)	
				構造　(20%)	
				電気　(20%)	
				機械　(20%)	
				小計	35点

【②　実施方針及び評価テーマの評価】

評価項目	評価の着目点		判断基準	配点
業務実施方針及び手法（評価にあたっては技術提案書の内容及びヒアリングの結果により総合的に判断を行う。）	業務の理解度及び取組意欲		業務内容、業務背景、手続の理解が高く、積極性が見られる場合に優位に評価する。	8点
	業務の実施方針		業務への取組体制、設計チームの特徴、特に重視する設計上の配慮事項等について（ただし、評価テーマに対する内容を除く。）、的確性、独創性、実現性等を総合的に評価する。	12点
	評価テーマに対する技術提案	①	テーマ①について、その的確性（与条件との整合性が取れているか等）、独創性（工学的知見に基づく独創的な提案がされているか等）、実現性（提案内容が理論的に裏付けられており、説得力のある提案となっているか等）を考慮して総合的に評価する。	15点
		②	テーマ②について、同上。	15点
		③	テーマ③について、同上。	15点
			小計	65点

※「判断基準」欄中の予定技術者別の％表示は、評価項目内の各予定技術者の配点比率を示す。

※評価テーマの判断基準内容については、業務内容に応じて記載する。

※「業務の理解度及び取組意欲」、「業務の実施方針」及び「評価テーマに対する技術提案」のいずれかに０点の評価がある場合には特定しない。

※環境配慮型プロポーザル方式を採用した場合は、技術提案のテーマに温室効果ガス等の排出の削減に関する内容を盛り込むものとする。

４－３　総合評価落札方式（標準型）における具体的な審査・評価について

（１）入札説明書

手続開始の公示を行う際に交付する入札説明書（通常指名の場合においては指名通知）において明示すべき事項を以下に示す。また、公示文及び説明書例等については〔参考７〕に示す。

１．手続開始の公示日

２．契約担当官等

３．業務の概要

（１）業務名

（２）業務の目的

（３）業務内容

（４）技術提案を求めるテーマ

（５）履行期間

（６）電子入札

（７）その他

４．入札参加者に要求される資格

５．担当部局

６．参加表明書の作成及び記載上の留意事項

（１）参加表明書の作成要領

（２）参加表明書の作成及び記載上の留意事項

７．入札参加者を指名するための基準

（１）参加表明書の評価項目、評価の着目点、評価ウェイト

８．参加表明書の提出方法及び提出期限

９．非指名理由に関する事項

１０．入札説明書の内容についての質問の受付及び回答

１１．総合評価に関する事項

１２．技術提案書の作成及び記載上の留意事項

（１）基本事項

（２）技術提案書の作成要領

（３）技術提案書の作成及び記載上の留意事項

１３．技術提案書の提出方法及び提出期限

１４．ヒアリング

１５．入札及び開札の日時及び場所

１６．入札方法等

１７．入札保証金及び契約保証金

１８．開札

１９．入札の無効

２０．手続における交渉の有無

２１．契約書作成の要否

２２．支払条件

２３．火災保険付保の要否

２４．苦情申し立てに関する事項

２５．関連情報を入手するための照会窓口

２６．その他の留意事項

（２）指名段階での技術評価

参加表明者を対象に、技術的能力の審査を行う。以下に、評価基準及び配点の設定イメージを示す。

審査の結果、入札参加要件を満たしていない者には、指名及び技術提案書の提出要請を行わないこととする。また、要件を満たしている者が１０者を超える場合における評価点上位１０者以外の者についても、原則として指名及び技術提案書の提出要請を行わないこととする。なお、指名の対象となる最下位順位の者で同評価の提出者が複数存在する等の場合には１０者を超えて指名するものとする。

総合評価落札方式（標準型）の指名段階における評価基準及び配点の設定イメージ

評価項目	評価の着目点	判断基準			配点
資格	専門分野の技術者資格 【注：管理技術者に一級建築士であることを業務実施上の条件とする場合。】	各担当分野について、資格の内容を資格評価表により評価する。	主任担当技術者	総合（40%） 構造（20%） 電気（20%） 機械（20%）	5点
技術力	平成○○年○○月○○日以降の同種又は類似業務の実績（実績の有無及び携わった立場） 【注１：参加者が海外インフラプロジェクト技術者認定・表彰制度により認定された実績での評価を申請する場合は、国内の業務の実績と同様に評価できることとする。 注２：〔参考８〕に同種・類似業務の取扱事例について示す。】	以下の順で評価する。 ① 同種業務の実績がある。 ② 類似業務の実績がある。 上記に加え、実績の立場を下記の順で評価する。 ●管理技術者の場合 ① 管理技術者又はこれに準ずる立場 ② 主任担当技術者又はこれに準ずる立場 ③ 担当技術者又はこれに準ずる立場 ●主任担当技術者の場合 ① 主任担当技術者又はこれに準ずる立場 ② 担当技術者又はこれに準ずる立場	管理技術者 主任担当技術者	（40%） 総合（30%） 構造（10%） 電気（10%） 機械（10%）	5点～15点
	平成○○年○○月○○日から令和○○年○○月○○日までの○○（国土交通省大臣官房官庁営繕部、国土交通省各地方整備局営繕部、北海道開発局営繕部及び内閣府沖縄総合事務局営繕課に加え、相互利用する機関名を記載する）実施の営繕事業に係る○○業務の成績評価（複数の実績がある場合は、各実績ごとの成績評価点の平均）	以下の順で評価する。 ① ○○点以上（加点） ② ○○点以上○○点未満（加点） … ・ 実績が無い。（0 点） ・ 65 点未満の実績がある。（減点）	管理技術者 主任担当技術者	（40%） 総合（30%） 構造（10%） 電気（10%） 機械（10%）	5点～15点
	平成○○年○○月○○日から令和○○年○○月○○日までの技術者表彰の有無 【注：海外インフラプロジェクト優秀技術者 国土交通大臣賞については局長表彰と同等に、海外インフラプロジェクト優秀技術者 国土交通大臣奨励賞は部長表彰又は事務所長表彰と同等に評価するものとする。】	平成○○年度から令和○○年度末までに完了した業務について、担当した国土交通省及び内閣府沖縄総合事務局開発建設部（○○を除く）発注業務の同じ業種区分の優秀技術者表彰の経験について、下記の順位で評価する。 ① 局長表彰の実績あり ② 部長表彰又は事務所長表彰の実績あり	管理技術者 主任担当技術者	（40%） 総合（30%） 構造（10%） 電気（10%） 機械（10%）	
				合計	20点～30点

※「判断基準」欄中の予定技術者別の%表示は、評価項目内の各予定技術者の配点比率を示す。

（３）入札段階での技術評価

入札参加者により提出された技術提案書について評価する。以下に、評価基準及び配点の設定イメージを示す。

※　原則として、予定技術者を対象にヒアリングを実施すること。その場合、事前に提出された実施方針及び評価テーマに関する技術提案の内容について確認する

総合評価落札方式（標準型）の入札段階における評価基準及び配点の設定イメージ

【①　予定技術者の評価】

評価項目	評価の着目点	判断基準			配点
資格	専門分野の技術者資格 【注：管理技術者に一級建築士であることを業務実施上の条件とする場合。】	各担当分野について、資格の内容を資格評価表により評価する。	主任担当技術者	総合　(40%)	5点
				構造　(20%)	
				電気　(20%)	
				機械　(20%)	
技術力	平成○○年○○月○○日以降の同種又は類似業務の実績（実績の有無及び携わった立場） 【注１：参加者が海外インフラプロジェクト技術者認定・表彰制度により認定された実績での評価を申請する場合は、国内の業務の実績と同様に評価できることとする。 注２：［参考８］に同種・類似業務の取扱事例について示す。】	以下の順で評価する。 ①　同種業務の実績がある。 ②　類似業務の実績がある。 上記に加え、実績の立場を下記の順で評価する。 ●管理技術者の場合 ①　管理技術者又はこれに準ずる立場 ②　主任担当技術者又はこれに準ずる立場 ③　担当技術者又はこれに準ずる立場 ●主任担当技術者の場合 ①　主任担当技術者又はこれに準ずる立場 ②　担当技術者又はこれに準ずる立場	管理技術者	(40%)	5点～15点
			主任担当技術者	総合　(30%)	
				構造　(10%)	
				電気　(10%)	
				機械　(10%)	
			※当該業務の予定技術者にヒアリング時に内容を確認することがある。		
	平成○○年○○月○○日から令和○○年○○月○○日までの○○（国土交通省大臣官房官庁営繕部、国土交通省各地方整備局営繕部、北海道開発局営繕部及び内閣府沖縄総合事務局営繕課に加え、相互利用する機関名を記載する）実施の営繕事業に係る○○業務の成績評価（複数の実績がある場合は、各実績ごとの成績評価点の平均）	以下の順で評価する。 ①　○○点以上（加点） ②　○○点以上○○点未満（加点） … ・　実績が無い。（0点） ・　65点未満の実績がある。（減点）	管理技術者	(40%)	5点～15点
			主任担当技術者	総合　(30%)	
				構造　(10%)	
				電気　(10%)	
				機械　(10%)	
	平成○○年○○月○○日から令和○○年○○月○○日までの技術者表彰の有無 【注：海外インフラプロジェクト優秀技術者 国土交通大臣賞については局長表彰と同等に、海外インフラプロジェクト優秀技術者 国土交通大臣奨励賞は部長表彰又は事務所長表彰と同等に評価するものとする。】	平成○○年度から令和○○年度末までに完了した業務について、担当した国土交通省及び内閣府沖縄総合事務局開発建設部（○○を除く）発注業務の同じ業種区分の優秀技術者表彰の経験について、下記の順位で評価する。 ①　局長表彰の実績あり ②　部長表彰又は事務所長表彰の実績あり	管理技術者	(40%)	
			主任担当技術者	総合　(30%)	
				構造　(10%)	
				電気　(10%)	
				機械　(10%)	
	ＣＰＤ	ＣＰＤ取得単位を評価	管理技術者	(20%)	5点～15点
			主任担当技術者	総合　(20%)	
				構造　(20%)	
				電気　(20%)	
				機械　(20%)	
				小計	35点

※「判断基準」欄中の予定技術者別の%表示は、評価項目内の各予定技術者の配点比率を示す。

【②　実施方針及び評価テーマの評価】

評価項目	評価の着目点		判断基準	配点
業務実施方針及び手法 （評価にあたっては技術提案書の内容及びヒアリングの結果により総合的に判断を行う。）	業務の理解度及び取組意欲		業務内容、業務背景、手続の理解が高く、積極性が見られる場合に優位に評価する。	8点
	業務の実施方針		業務への取組体制、設計チームの特徴、特に重視する設計上の配慮事項等について（ただし、評価テーマに対する内容を除く。）、的確性、独創性、実現性等を総合的に評価する。	12点
	評価テーマに対する技術提案	①	テーマ①について、その的確性（与条件との整合性が取れているか等）、独創性（工学的知見に基づく独創的な提案がされているか等）、実現性（提案内容が理論的に裏付けられており、説得力のある提案となっているか等）を考慮して総合的に評価する。	15点
		②	テーマ②について、同上。	15点
			小計	50点

【③　賃上げを実施する企業に対する加点措置※】

評価項目	評価基準	配点
賃上げの実施を表明した企業等	契約を行う予定の年度の４月以降に開始する最初の事業年度または契約を行う予定の暦年において、対前年度または前年比で給与等受給者一人当たりの平均受給額を３％以上増加させる旨、従業員に表明していること【大企業】 契約を行う予定の年度の４月以降に開始する最初の事業年度または契約を行う予定の暦年において、対前年度または前年比で給与総額を１．５％以上増加させる旨、従業員に表明していること【中小企業等】	5点
賃上げ基準に達していない場合等	前事業年度（又は前年）において賃上げ実施を表明し加点措置を受けたが、賃上げ基準に達していない又は本制度の趣旨を逸脱したとして、別途契約担当官等から通知された減点措置の期間内に、入札に参加した場合。	−6点
	小計	5点

※「総合評価落札方式における賃上げを実施する企業に対する加点措置について」（令和３年 12 月 24 日付け国官会第 16409 号、国官技第 243 号、国営管第 528 号、国営計第 150 号、国港総第 526 号、国港技第 65 号、国空予管第 677 号、国空空技第 381 号、国空交企第 210 号、国北予第 47 号。）

４－４　総合評価落札方式（簡易型）における具体的な審査・評価について

（１）入札説明書

【４－３　総合評価落札方式（標準型）における具体的な審査・評価　の（１）入札説明書　に同じ】

（２）指名段階での技術評価

【４－３　総合評価落札方式（標準型）における具体的な審査・評価　の（２）指名段階での技術評価　に同じ】

（３）入札段階での技術評価

入札参加者により提出された技術提案書について評価する。以下に、評価基準及び配点の設定イメージを示す。

※　原則として、予定技術者を対象にヒアリングを実施すること。その場合、事前に提出された実施方針に関する技術提案の内容について確認する。

総合評価落札方式（簡易型）の入札段階における評価基準及び配点の設定イメージ

【①　予定技術者の評価】

<table>
<tr><td rowspan="2">評価項目</td><td colspan="4">評価の着目点</td><td rowspan="2">配点</td></tr>
<tr><td></td><td colspan="3">判断基準</td></tr>
<tr><td rowspan="4">資格</td><td rowspan="4">専門分野の技術者資格
【注：管理技術者に一級建築士であることを業務実施上の条件とする場合。】</td><td rowspan="4">各担当分野について、資格の内容を資格評価表により評価する。</td><td rowspan="4">主任担当技術者</td><td>総合　(40%)</td><td rowspan="4">5点</td></tr>
<tr><td>構造　(20%)</td></tr>
<tr><td>電気　(20%)</td></tr>
<tr><td>機械　(20%)</td></tr>
<tr><td rowspan="21">技術力</td><td rowspan="6">平成○○年○○月○○日以降の同種又は類似業務の実績（実績の有無及び携わった立場）
【注１：参加者が海外インフラプロジェクト技術者認定・表彰制度により認定された実績での評価を申請する場合は、国内の業務の実績と同様に評価できることとする。
注２：〔参考８〕に同種・類似業務の取扱事例について示す。】</td><td rowspan="6">以下の順で評価する。
①　同種業務の実績がある。
②　類似業務の実績がある。
上記に加え、実績の立場を下記の順で評価する。
●管理技術者の場合
①　管理技術者又はこれに準ずる立場
②　主任担当技術者又はこれに準ずる立場
③　担当技術者又はこれに準ずる立場
●主任担当技術者の場合
①　主任担当技術者又はこれに準ずる立場
②　担当技術者又はこれに準ずる立場</td><td colspan="2">管理技術者　(40%)</td><td rowspan="6">5点
～
15点</td></tr>
<tr><td rowspan="4">主任担当技術者</td><td>総合　(30%)</td></tr>
<tr><td>構造　(10%)</td></tr>
<tr><td>電気　(10%)</td></tr>
<tr><td>機械　(10%)</td></tr>
<tr><td colspan="2">※当該業務の予定技術者にヒアリング時に内容を確認することがある。</td></tr>
<tr><td rowspan="5">平成○○年○○月○○日から令和○○年○○月○○日までの○○（国土交通省大臣官房官庁営繕部、国土交通省各地方整備局営繕部、北海道開発局営繕部及び内閣府沖縄総合事務局営繕課に加え、相互利用する機関名を記載する）実施の営繕事業に係る○○業務の成績評価（複数の実績がある場合は、各実績ごとの成績評価点の平均）</td><td rowspan="5">以下の順で評価する。
①　○○点以上（加点）
②　○○点以上○○点未満（加点）
…
・　実績が無い。（0 点）
・　65点未満の実績がある。（減点）</td><td colspan="2">管理技術者　(40%)</td><td rowspan="10">5点
～
15点</td></tr>
<tr><td rowspan="4">主任担当技術者</td><td>総合　(30%)</td></tr>
<tr><td>構造　(10%)</td></tr>
<tr><td>電気　(10%)</td></tr>
<tr><td>機械　(10%)</td></tr>
<tr><td rowspan="5">平成○○年○○月○○日から令和○○年○○月○○日までの技術者表彰の有無
【注：海外インフラプロジェクト優秀技術者 国土交通大臣賞については局長表彰と同等に、海外インフラプロジェクト優秀技術者 国土交通大臣奨励賞は部長表彰又は事務所長表彰と同等に評価するものとする。】</td><td rowspan="5">平成○○年度から令和○○年度末までに完了した業務について、担当した国土交通省及び内閣府沖縄総合事務局開発建設部（○○を除く）発注業務の同じ業種区分の優秀技術者表彰の経験について、下記の順位で評価する。
①　局長表彰の実績あり
②　部長表彰又は事務所長表彰の実績あり</td><td colspan="2">管理技術者　(40%)</td></tr>
<tr><td rowspan="4">主任担当技術者</td><td>総合　(30%)</td></tr>
<tr><td>構造　(10%)</td></tr>
<tr><td>電気　(10%)</td></tr>
<tr><td>機械　(10%)</td></tr>
<tr><td rowspan="5">ＣＰＤ</td><td rowspan="5">ＣＰＤ取得単位を評価</td><td colspan="2">管理技術者　(20%)</td><td rowspan="5">5点
～
15点</td></tr>
<tr><td rowspan="4">主任担当技術者</td><td>総合　(20%)</td></tr>
<tr><td>構造　(20%)</td></tr>
<tr><td>電気　(20%)</td></tr>
<tr><td>機械　(20%)</td></tr>
<tr><td colspan="5">小計</td><td>35点</td></tr>
</table>

※「判断基準」欄中の予定技術者別の％表示は、評価項目内の各予定技術者の配点比率を示す。

【②　実施方針及び評価テーマの評価】

評価項目	評価の着目点		配点
		判断基準	
業務実施方針及び手法 （評価にあたっては技術提案書の内容及びヒアリングの結果により総合的に判断を行う。）	業務の理解度及び取組意欲	業務内容、業務背景、手続の理解が高く、積極性が見られる場合に優位に評価する。	8点
	業務の実施方針	業務への取組体制、設計チームの特徴、特に重視する設計上の配慮事項等について（ただし、評価テーマに対する内容を除く。）、的確性、独創性、実現性等を総合的に評価する。	12点
		小計	20点

【③　賃上げを実施する企業に対する加点措置※】

評価項目	評価基準	配点
賃上げの実施を表明した企業等	契約を行う予定の年度の４月以降に開始する最初の事業年度または契約を行う予定の暦年において、対前年度または前年比で給与等受給者一人当たりの平均受給額を３％以上増加させる旨、従業員に表明していること【大企業】 契約を行う予定の年度の４月以降に開始する最初の事業年度または契約を行う予定の暦年において、対前年度または前年比で給与総額を１．５％以上増加させる旨、従業員に表明していること【中小企業等】	3点
賃上げ基準に達していない場合等	前事業年度（又は前年）において賃上げ実施を表明し加点措置を受けたが、賃上げ基準に達していない又は本制度の趣旨を逸脱したとして、別途契約担当官等から通知された減点措置の期間内に、入札に参加した場合。	－4点
	小計	3点

※「総合評価落札方式における賃上げを実施する企業に対する加点措置について」（令和３年 12 月 24 日付け国官会第 16409 号、国官技第 243 号、国営管第 528 号、国営計第 150 号、国港総第 526 号、国港技第 65 号、国空予管第 677 号、国空空技第 381 号、国空交企第 210 号、国北予第 47 号。）

４－５　総合評価落札方式による落札者の決定

「３－５　総合評価落札方式による落札者の決定」に同じ

5　その他の留意事項

5－1　評価テーマの設定

プロポーザル方式及び総合評価落札方式において提出を求める技術提案書のうち、評価テーマについては、調査、検討、および設計業務における具体的な取り組み方法について提案を求めるものであり、成果の一部を求めるものではない。また、技術提案書の記載にあたっては、概念図、出典の明示できる図表、既往成果、現地写真を用いることは認めるが新たに作成したＣＧや詳細図面等を用いることは認めない（なお、建築関係建設コンサルタント業務における提案の記載に関しては「技術提案における視覚的表現の取扱いについて」（平成 30 年４月２日付け事務連絡）による。）。技術提案書の作成費用は入札参加者の負担としていることに配慮し、評価テーマ等は適切に設定することが必要である。

5－2　評価内容の担保

プロポーザル方式及び総合評価落札方式（標準型及び簡易型）において、契約の相手方として特定された者又は落札決定を受けた者が行った実施方針及び評価テーマに係る技術提案の内容を、適切に契約条件として反映するものとする。

（1）プロポーザル方式における評価内容の担保方法

①技術提案の特記仕様書への反映の徹底

プロポーザル方式で特定された技術提案書の内容については、当該業務の特記仕様書に適切に反映するものとする。

反映する内容としては、例えば以下のようなものが挙げられる。

・特定した技術提案において、他者と比較して優位だった内容
・特定した技術提案に記載されている、当初予定していた検討項目に関する具体的な調査手法、新技術等
・特定した技術提案に記載されている新たな追加検討項目

また、特定後に技術提案を反映しやすいように、手続前の特記仕様書案の記載を工夫することが考えられる。

（特記仕様書案の記載例）

〇〇〇〇〇〇〇〇〇について調査する。なお、具体的な調査手法については、プロポーザル方式の手続において提出された技術提案の内容を受けて決定するものとする。

②反映内容の担保

特記仕様書に反映された技術提案書の内容が受注者の責めにより実施されなかった場合は、契約書に基づき修補の請求、又は修補に代え若しくは修補とともに損害の賠償の請求を行うことができる。また、業務成績評定の業務執行に

係る過失に伴う減点の「業務執行上の過失」として、評価項目（その他）にチェックして、３点減点するものとする。

（２）総合評価落札方式（標準型及び簡易型）における評価内容の担保方法

①契約書における明記

総合評価落札方式で落札者を決定した場合は、落札者決定に反映された技術提案について、発注者と落札者の責任の分担とその内容を契約上明らかにするとともに、その履行を確保するための措置や履行できなかった場合の措置について契約上取り決めておくものとする。

契約書に記載し履行を確保する内容には、標準レベルの提案内容ととらえて加点を行わなかった内容も含めるものとする。

②評価内容の担保

契約書に明記された技術提案書の内容が受注者の責めにより実施されなかった場合は、契約書に基づき修補の請求、又は修補に代え若しくは修補とともに損害の賠償の請求を行うことができる。また、業務成績評定の業務執行に係る過失に伴う減点の「業務執行上の過失」として、評価項目（その他）にチェックして、３点減点するものとする。

５－３　中立かつ公正な審査・評価の確保

プロポーザル方式及び総合評価落札方式（標準型及び簡易型）の適用にあたっては、発注者の恣意性を排除し、中立かつ公正な審査・評価を行う必要があることから、手続の透明性及び競争性の向上を図るため、学識経験者等からなる総合評価審査委員会等を設置し審議を行うこと。

（１）国における学識経験者の意見聴取

国においては、プロポーザル方式及び総合評価落札方式（標準型及び簡易型）の実施方針及び複数の業務に共通する評価方法を定めようとするときは、学識経験者の意見を聴くとともに、必要に応じ個別業務の評価方法、技術提案書の特定及び落札者決定について意見を聴く。

①実施方針の策定

総合評価落札方式の適用業務を決定するにあたり、学識経験者の意見を聴取する。

②複数の業務に共通する評価方法の策定

特定（プロポーザル方式）又は入札（総合評価落札方式）の評価に関する基準（評価項目、評価基準及び得点配分）及び特定する者又は落札者の決定方法を検討するにあたり、学識経験者の意見を聴取する。

③個別業務における意見聴取

プロポーザル方式の実施にあたっては、個々の現場条件により評価項目、得点配分等が大きく異なることや技術的に高度な提案がなされることが十分に考えられる。この場合、業務特性に応じた適切な評価項目・基準の設定や、技術提案の審査を実施するにあたり、学識経験者の意見を聴取する。

（２）技術提案に関する機密の保持

発注者は、提出された技術提案については、提案自体が各提案者の知的財産であることに鑑み、他者に提案者の技術提案内容に関する事項が知られることのないようにすること、提案者の了承を得ることなく提案の一部のみを採用することのないようにすること等、発注者はその取扱いに留意する。

また、総合評価審査委員会等の学識経験者についても本審議の中で知り得た秘密を他に漏らしてはならず、職を退いた後も同様とする。

５－４　情報公開

手続の透明性・公平性を確保するため、選定・特定（プロポーザル方式）、指名・入札（総合評価落札方式）の評価に関する基準、特定方法（プロポーザル方式）や落札者の決定方法（総合評価落札方式）については、あらかじめ入札説明書等において明らかにする。

また、技術提案書提出者や入札参加者の技術評価点について記録し、プロポーザル方式においては特定後、総合評価落札方式においては契約後、速やかに公表する。

（１）プロポーザル方式

①手続開始時

プロポーザル方式の適用業務では、説明書において以下の事項を明記する。

１）プロポーザル方式の適用の旨

２）参加資格

・単体企業

・設計共同体

３）技術提案書の提出者を選定するための基準

４）技術提案書の特定のための評価に関する基準

②特定後

プロポーザル方式を適用した業務において特定する者が決定した場合は、速やかに以下の事項を公表する。公表する様式は、様式－１とする。

１）特定した業者名

２）各業者の技術評価点

※「予定技術者の資格及び実績等」、「予定技術者の成績及び表彰」「実施方針」「評価テーマ（評価テーマ項目毎）」の４項目それぞれの小計及び合計点を公表

③苦情及び説明要求等の対応

プロポーザル方式の審査結果については、技術提案提出者の苦情等に適切に対

応できるように評価項目ごとに評価の結果及びその理由を記録しておく。
　また、特定されなかった技術提案提出者から特定に関する情報提供依頼があった場合には、当該提出者と特定された者のそれぞれの項目別の得点を提供する。

（２）総合評価落札方式（標準型及び簡易型）

①手続開始時

　総合評価落札方式の適用業務では、入札説明書等において以下の事項を明記する。

　　１）総合評価落札方式の適用の旨
　　２）指名されるために必要な要件
　　　・入札参加者に要求される資格
　　　・入札参加者を選定するための基準
　　３）総合評価に関する事項
　　　・落札者の決定方法
　　　・総合評価の方法

②落札者決定後

　総合評価落札方式を適用した業務において落札者を決定した場合は、契約後速やかに以下の事項を公表する。公表する様式は、様式－２とする。

　　１）落札した業者名
　　２）各業者の入札価格
　　３）各業者の価格評価点
　　４）各業者の技術評価点
　　　※「予定技術者の資格及び実績等」、「予定技術者の成績及び表彰」「実施方針」「評価テーマ（評価テーマ項目毎）」の４項目（簡易型の場合は「評価テーマ」を除く３項目）それぞれの小計及び合計点を公表
　　５）各業者の評価値

③苦情及び説明要求等の対応

　総合評価の審査結果については、入札者の苦情等に適切に対応できるように評価項目ごとに評価の結果及びその理由を記録しておく。

様式－1

プロポーザル評価表

1. 件名　　○○環境アセスメント調査検討業務

2. 所属事務所　　○○河川国道事務所

3. 技術提案書の特定通知日　　令和○年○月○日

○○河川国道事務所長

業者名	技術評価点の内訳					技術評価点合計	備考	摘要
	予定技術者の資格及び実績等	予定技術者の成績及び表彰	実施方針	評価テーマ				
				評価テーマ1	評価テーマ2			
評価のウェート	10	15	25	25	25	100		
○○設計事務所（株）	9.0	12.0	20.0	20.0	25.0	86.0	特定	
A社	9.0	12.0	20.0	20.0	20.0	81.0		
B社	8.0	9.0	15.0	15.0	20.0	67.0		
C社	8.0	9.0	15.0	15.0	15.0	62.0		
D社	7.0	9.0	10.0	15.0	15.0	56.0		

上記は技術提案書の評価結果と相違ないことを証明する。
令和○年○月○日

様式－2

予定価格	15,000,000	(消費税抜き)
調査基準価格	11,000,000	(消費税抜き)
価格評価点の満点	20点	

入札調書（総合評価落札方式）

1. 件名　　　○○橋詳細設計業務　　　　執行員

2. 所属事務所　　　○○河川国道事務所

3. 入札日時　　　令和○年○月○日　○時○分　　　　立会人

業者名	技術評価点の内訳						技術評価点合計(A)	第1回			備考	摘要
	予定技術者の資格及び実績等	予定技術者の成績及び表彰	実施方針	評価テーマ		履行確実性度		入札価格	価格評価点(B)	評価値		
				評価テーマ1	評価テーマ2					(A)＋(B)		
(株)○○コンサルタンツ	8.0	12.0	10.0	5.0	5.0	1.0	40.0	12,500,000	3.3333	43.3333		
(株)○○	8.0	12.0	15.0	0.0	5.0	0.5	30.0	10,500,000	6.0000	36.0000		低入札
○○コンサルタント(株)	8.0	12.0	10.0	10.0	6.0	1.0	46.0	13,500,000	2.0000	48.0000		落札
○○設計(株)	8.0	12.0	10.0	0.0	0.0	0.75	27.5	10,700,000	5.7333	33.2333		低入札
……….												

入札金額は、入札者が見積もった契約金額の110分の100に相当する金額である。

上記は入札書の記載事項と相違ないことを証明する。
令和○年○月○日

6　地域や業務特性に応じた発注方式の応用

6－1　基本的な考え方

これまでプロポーザル方式及び総合評価落札方式では、ガイドラインに掲載している標準的な手法による他、各地方整備局等において、地域や業務特性に応じ、働き方改革、担い手確保等を目的として、多様な試行に取り組んでいる。これらの試行については、その目的に照らし定期的に効果を検証し適宜見直しを行うＰＤＣＡサイクルに基づく検証を行いながら、標準的な手法への位置づけに向けて、引き続き、検討を行うものとする。

各地方整備局におけるＰＤＣＡサイクルに基づく検証については、１つの試行方式につき、5 年ごとに行うことを基本としつつ、社会情勢や試行の実施件数等を考慮して各地方整備局ごとに計画的に実施するものとする。

本章では、地域の実情や業務内容に応じて試行的に評価方法を設定する際の考え方を記載するとともに、設定例を掲載している。

6－2　試行発注方式

各地方整備局等では、建設コンサルタント業務等のプロポーザル方式及び総合評価落札方式の評価において、それぞれの地域や業務が抱える課題改善等を目的に、独自の評価項目や評価方法を取り入れた試行を実施している。

１．働き方改革（受発注者の負担軽減、事務手続きの効率化）
２．地域企業の育成
３．若手技術者・女性技術者の育成
４．その他（技術力向上・生産性向上・品質向上等）

6－2－1　働き方改革（受発注者の負担軽減、事務手続きの効率化）

入札契約手続きにかかる受発注者の事務手続き等の負担軽減や期間短縮を目的とした試行方式。

設定例）

・総合評価落札方式（１：１）で発注していた業務について評価テーマを求めない。

6－2－2　地域企業の育成

地域の担い手を確保・育成することを目的に、直轄業務の受注実績がない、もしくは少ない企業に参加・受注機会を拡大する試行方式。

設定例）

・自治体発注業務の実績を評価。

６－２－３　次代担い手の育成

若手技術者や女性技術者を育成することを目的に、若手技術者や女性技術者の配置を促し、直轄業務を経験する機会を確保、拡大を図る試行方式。

設定例）

・予定管理技術者に年齢制限を設ける。または一定年齢以下を評価する。

６－２－４　その他（技術力向上、生産性向上、品質向上等）

地域企業における技術力や生産性向上、成果の品質向上の取組を促すことを目的に実施する試行方式。

設定例）

・各種学会からの表彰やi-construction大賞を評価。

国土交通省直轄の事業促進ＰＰＰ
に関するガイドライン

平成 31 年３月

（令和３年３月一部改正）

国　土　交　通　省

大　臣　官　房　会　計　課

大　臣　官　房　技　術　調　査　課

大臣官房官庁営繕部整備課

目次

1. 本ガイドラインの位置付け

1.1 背景及び目的

我が国では、少子高齢化の進展等を背景に、官民を問わず、社会資本の整備、管理における担い手の不足が課題となっている。しかしながら、頻発する大規模災害からの復旧・復興事業、国家的な大規模事業等に対しても、将来にわたり、持続的に対応していくことが求められる。

こうした中、近年、国土交通省直轄の大規模災害復旧・復興事業、大規模事業等において、調査・設計等の事業の上流段階から、官民双方の技術者の多様な知識・豊富な経験を融合させることにより、効率的な事業マネジメントを行う「事業促進ＰＰＰ」の導入が進んでいる。事業促進ＰＰＰは、平成23年3月に発生した東北地方太平洋沖地震の後、総延長が約380kmにも及ぶ三陸沿岸道路等の復興道路事業を円滑かつスピーディに実施するため、東北地方整備局が平成24年度から導入したのが最初で、その後、各地の高規格幹線道路等の大規模事業等においても導入されている。また、平成28年4月に発生した熊本地震からの復旧・復興事業においては、大規模な斜面崩壊、橋梁等の被災により通行止めとなった複数の幹線ルートの復旧・復興において、事業促進ＰＰＰと同様に、官民の技術者が一体となって効率的な事業マネジメントを行う事業管理支援業務（ＰＭ）、技術支援業務（ＣＭ）が実施されている。

このように、官民の技術者が一体となって効率的な事業マネジメント行う事業促進ＰＰＰ等の適用事例が増加する一方で、事業促進ＰＰＰの標準的な実施方法、業務内容、仕様書の記載方法等が十分に確立しておらず、大規模災害時等に速やかに導入するためには、標準的な実施手法、業務内容、仕様書の記載例等を示したガイドラインが必要であるといった課題が指摘されていた。

本ガイドラインは、国土交通省の直轄事業において、事業促進ＰＰＰを導入する際に参考となる実施方法、業務内容、仕様書の記載例等を示したものであり、大規模災害発生後の復旧・復興事業、大規模事業等において、事業促進ＰＰＰを必要なときに速やかに導入するために作成したものである。

事業促進ＰＰＰを導入する場合は、本ガイドラインを参照しつつ、適切な運用に努められたい。

1.2 本ガイドラインの位置付け

本ガイドラインは、国土交通省直轄の大規模災害復旧・復興事業、大規模事業等において、事業促進ＰＰＰを導入する場合に適用する。すなわち、本ガイドラインは、技術職員を有する国土交通省の直轄事業のうち、大規模災害復旧・復興事業、大規模事業等の業務量が著しく増大する状況下において、全体事業計画の整理、測量・調査・設計業務等の指導・調整等、地元及び関係行政機関等との協議、事業管理等（事業工程及びコストの管理等）、施工管理等のマネジメント業務を直轄職員が柱となり、官民の技術者が多様な知識・経験を融合させながら行う事業促進ＰＰＰを導入する場合に適用する。

なお、大規模災害復旧・復興事業、大規模事業等は、事業促進ＰＰＰを導入するだけで、事業の円滑な進捗が約束されるものではない。発注者（テックフォース、リエゾンを含む）が、事業全体計画の立案、的確な判断・指示等を行いながら、事業促進ＰＰＰ、発注者支援業務（積算・監督・技術審査等）、業務（測量・調査・設計等）、工事（維持・準備・本体）を組み合わせた体制において、各者が有する多様な知識・経験・能力を引き出し、融合させるマネジメントを行うことにより事業は促進される。

本ガイドラインは、地方公共団体等の発注者が体制を強化する場合にも、参考となる点はあるものの、技術職員を有する国土交通省の直轄事業への適用を前提に、事業のマネジメント能力を有する直轄職員が柱となり、直轄職員と事業促進ＰＰＰの受注者が一体となってマネジメント業務を行うものとなっている。そのため、地方公共団体の事業に適用する場合には、発注者の体制の状況に応じて、受注者が行う業務範囲等が異なることが考えられるため、別途検討が必要である。一方で、技術職員が一定数存在する地方公共団体等においては、発注者の体制の状況等を考慮しながら、事業促進ＰＰＰの受注者が行う業務範囲等を見直しつつ、本ガイドラインを準用できる場合もある。

1.3　本運用ガイドラインの改正経緯

本ガイドラインは、大規模災害発生後の復旧・復興事業、大規模事業等において、事業促進ＰＰＰを必要なときに速やかに導入するために平成31年3月に作成したものである。

今般、本ガイドライン策定後に事業促進ＰＰＰを実施してきた中で、担い手の確保・育成、受注インセンティブの向上等の対策が急務であることが明らかになったことから、これら課題への対応や、新たな知見を反映するため、本ガイドラインを改正するものである。

1.4　国土交通省直轄の事業促進ＰＰＰの特徴

国土交通省直轄事業に適用する事業促進ＰＰＰの特徴を以下に示す。

・事業促進ＰＰＰは、直轄職員が柱となり、官民がパートナーを組み、発注者の情報・知識・経験、民間技術者の施工技術等の情報・知識・経験を融合させることにより、効率的な事業マネジメントを行い、事業の促進を図ることを第一の目的として導入する。

・事業促進ＰＰＰは、「全体事業計画の整理」、「測量・調査・設計業務等の指導・調整等」、「地元及び関係行政機関等との協議」、「事業管理等」、「施工管理等」のマネジメント業務を行うものであり、積算、監督、技術審査等の比較的定型的な補助業務を行う発注者支援業務、単純な資料作成を行う資料作成補助業務とは区別される。

・事業促進ＰＰＰの受注者は、発注者と一体となったチームを編成し、業務を実施する。そのため、事業促進ＰＰＰの業務内容の設定、事業促進ＰＰＰの受注者が参加可能な業務の範囲の設定等にあたっては、公平中立性に留意する。

・技術提案・交渉方式を適用すると、施工者の情報・知識・経験を調査・設計等に反映でき、また、施工者による調査・設計等への技術協力の段階から、地元及び関係行政機関等との協議、近隣工事との工程調整等において、施工者の協力を得ることが可能である。発注者、施工者、設計者それぞれの得意分野を活かしつつ、効率的、効果的な体制、役割分担を構築する。

・発災直後の初動対応（被災状況把握、啓開、応急対策）、応急復旧は、直轄職員（テックフォース、リエゾンを含む）、維持工事等の既存体制、災害協定に基づく随意契約による業務、工事等で対応し、事業促進ＰＰＰは、本復旧段階の業務の増大期に向けて導入することを基本とする。

・事業促進ＰＰＰは、全体事業計画の整理、測量・調査・設計業務等の指導・調整等、地元及び関係行政機関等との協議、事業管理等（事業工程及びコストの管理等）、施工管理等を直轄職員が柱となり、受発注者が一体となって実施する（図-1.1 領域２）。なお、予算管理、契約、最終的な判断・指示は発注者の権限とする（図-1.1 領域１）。

・直轄職員が柱となり、受発注者が一体となった業務の進め方、役割分担の詳細は、本ガイドラインの2.4 業務内容に記載する。また、過去の事業促進ＰＰＰ導入事例における有効な取り組み事例、直轄事業で多いリスク事例を併記し、受発注者が事業促進ＰＰＰの業務内容に対して共通の認識を持てるよう配慮している。

・発注者が、事業促進ＰＰＰ、発注者支援業務（積算・監督・技術審査等）、業務（測量・調査・設計等）、工事（維持・準備・本体）を組み合わせた体制において、各者が有する知識・経験・能力を引き出し、融合させるマネジメントを行うことにより事業は促進される。

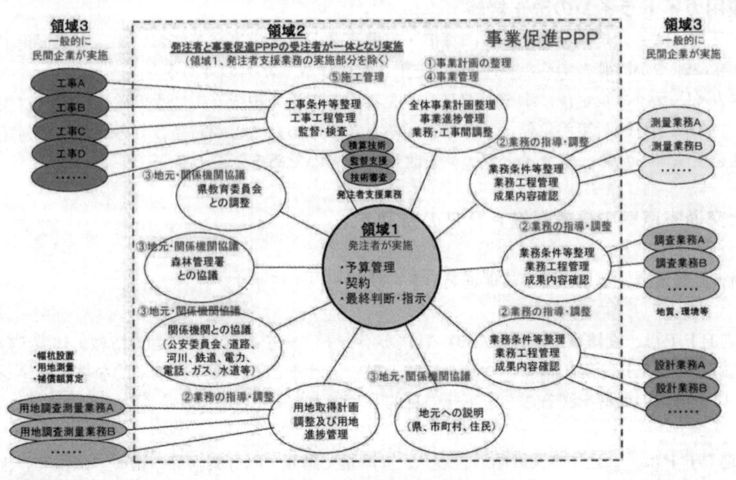

図-1.1　事業促進ＰＰＰの位置づけ

1.5　用語の定義

1.5.1　事業促進ＰＰＰ

（1）事業促進ＰＰＰ

事業促進ＰＰＰは、事業促進を図るため、直轄職員が柱となり、官民がパートナーシップを組み、官民双方の技術者が有する多様な知識・豊富な経験を融合させながら、事業全体計画の整理、測量・調査・設計業務等の指導・調整等、地元及び関係行政機関等との協議、事業管理等、施工管理等を行うものである。

平成 24 年度より、東北地方整備局が三陸沿岸道路等において導入した事業促進ＰＰＰでは、図-1.2 に示すように、管理技術者、主任技術者（事業管理、調査設計、用地、施工の各専門家）、担当技術者からなる民間技術者チームと事務所チーム（監督官、係長、担当者）が一体となった体制を構築した。

図-1.3 に示す通り、事業促進ＰＰＰを導入し、発注者の知識・経験、民間技術者が持つ施工技術等に関する知識・経験を融合させることにより、事業を効率的に進める工夫、施工段階での手戻りを回避する気づきが生まれ、事業の促進を図ることができる。

事業促進ＰＰＰの定義を表-1.1 に示す。

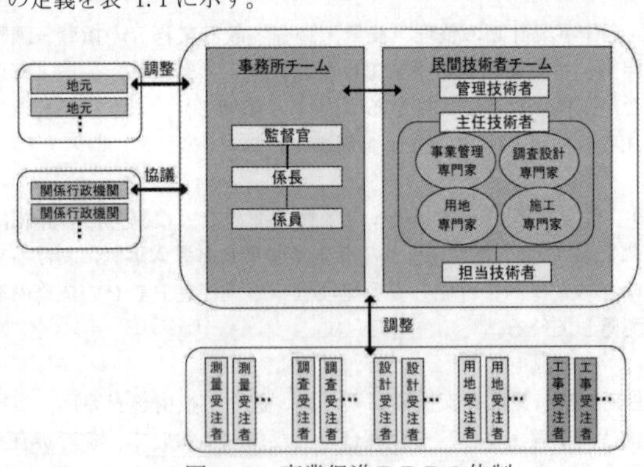

図-1.2　事業促進ＰＰＰの体制

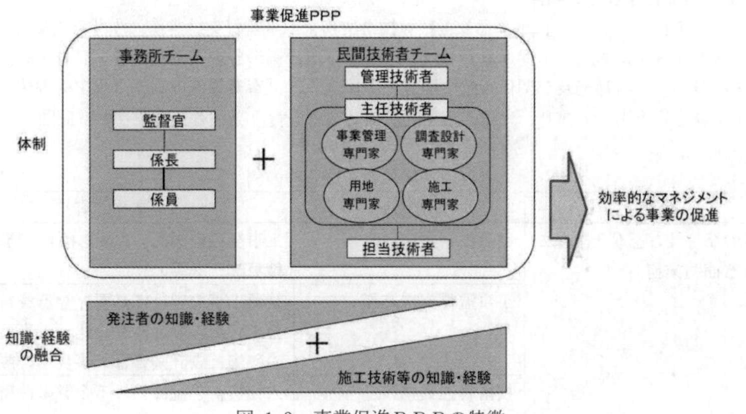

図-1.3　事業促進ＰＰＰの特徴

表-1.1　事業促進ＰＰＰの定義

用語	定義
事業促進ＰＰＰ	事業促進を図るため、直轄職員が柱となり、官民がパートナーシップを組み、官民双方の技術者が有する多様な知識・豊富な経験を融合させながら、事業全体計画の整理、測量・調査・設計業務等の指導・調整等、地元及び関係行政機関等との協議、事業管理等、施工管理等を行う方式

（２）事業促進ＰＰＰとＣＭ・ＰＭとの関係

事業促進ＰＰＰは、直轄職員が柱となり、官民がパートナーシップを組み、官民双方の技術者が有する多様な知識・豊富な経験を融合させながら、効率的なマネジメントを行うことにより、事業の促進を図ることを第一の目的として導入するものである。

一方、ＣＭ・ＰＭは、技術職員がいない又は著しく少ない発注者が導入する場合があり、国土交通省直轄事業の事業促進ＰＰＰとは、導入する背景や目的に異なる点がある。ＣＭは、1960 年代に米国で始まった建設生産・管理システムであり、ＣＭＲ（コンストラクション・マネージャ、ＣＭの受注者）が、技術職員がいない又は著しく少ない発注者の支援や代わりをする目的で導入することが多い。

熊本災害復旧・復興事業において適用された技術支援業務（ＣＭ）、事業管理支援業務（ＰＭ）のように、ＣＭ・ＰＭの中には、受発注者の関係について、事業促進ＰＰＰと同様の特徴を有する事例もあり、これらについては、本ガイドラインの第６章で紹介している。本ガイドラインでは、受発注者の関係について、事業促進ＰＰＰと同様の特徴を有するＣＭ・ＰＭを含めて、事業促進ＰＰＰ等と呼ぶこととする。

1.5.2　発注者支援業務との関係

発注者支援業務は、表-1.2に示す通り、積算技術業務、工事監督支援業務、技術審査業務、用地補償総合支援業務等がある。事業促進ＰＰＰは、「全体事業計画の整理」、「測量・調査・設計業務等の指導・調整等」、「地元及び関係行政機関等との協議」、「事業管理等」、「施工管理等」のマネジメント業務を行うものであり、比較的定型的な補助業務を行う発注者支援業務とは区別される。

表-1.2　発注者支援業務の例

分類	業務分野	業務内容
工事の発注及び監督・検査に関わる補助業務	積算技術業務	工事発注用図面、数量総括表、積算資料、積算データ等の作成
	工事監督支援業務	請負工事の履行に必要となる資料作成や施工状況の照合及び確認、工事検査等への臨場、設計図書と工事現場の照合等
	技術審査業務	入札契約手続における企業の技術力評価のための審査資料の作成
施設管理に関わる補助業務	河川巡視支援業務	河川構造物の点検、不法行為の指導
	河川許認可審査支援業務	河川の各種占用申請等の審査・指導等
	ダム・排水機場管理支援業務	ダム等の機器点検、洪水時、緊急時等のゲート操作補助等
	道路巡回業務	道路構造物の点検・確認、不正使用・不法占用点検等
	道路許認可審査・適正化指導業務	道路の不正使用・不法占用の私道取締り、各種占用申請等の審査・指導等
用地交渉を行い、土地の提供について理解を得る業務	用地補償総合支援業務	公共用地交渉用資料の作成、権利者に対する公共用地交渉の実施等

1.5.3 用語の定義

本ガイドラインの用語の定義を表-1.3 に示す。

表-1.3　用語の定義

	用語	定義
1	発注者	支出負担行為担当官若しくは分任支出負担行為担当官又は契約担当官若しくは分任契約担当官をいう。
2	受注者	業務の実施に関し、発注者と委託契約を締結した個人若しくは会社その他の法人をいう。又は法令の規定により認められたその一般承継人をいう。
3	事業監理業務	直轄職員を柱に、発注者と事業促進ＰＰＰの受注者が双方の知識・経験を融合させながら、事業に関するマネジメントを行う業務をいう。
4	監理業務受注者	事業促進ＰＰＰの受注者をいう。
5	調査職員	契約図書に定められた範囲内において受注者又は管理技術者に対する指示、承諾又は協議等の職務を行う者で、契約書第９条第１項《調査職員の条項》に規定する者であり、総括調査員、主任調査員及び調査員を総称していう。
6	総括調査員	業務の総括業務を担当し、主に管理技術者に対する指示、承諾又は協議のうち重要なものの処理及び重要な業務内容の変更、一時中止の必要があると認める場合における契約担当官等（会計法第２９条の３第１項に規定する契約担当官等をいう。）への報告を行い、 主任調査員、調査員の指揮監督を行う者をいう。 重要なものの処理及び重要な業務内容の変更とは、契約変更に係る指示、承諾等をいう。
7	主任調査員	業務を担当し、主に管理技術者に対する指示、承諾又は協議の処理（重要なものを除く。）、業務内容の変更(重要なものを除く。)及び総括調査員への報告、調査員への指示を行う者をいう。
8	調査員	業務を担当し、主に、総括調査員又は主任調査員が指示、承諾を行うための内容確認及び総括調査員又は主任調査員への報告を行う者をいう。
9	検査職員	業務の完了検査及び指定部分に係る検査にあたって、契約書第３２条第２項《検査等の条項》の規定に基づき、検査を行う者をいう。
10	管理技術者	契約の履行に関し、業務の管理及び統括等を行う者で、契約書第１０条第１項《管理技術者等の条項》の規定に基づき、 受注者が定めた者をいう。
11	主任技術者	管理技術者のもとで業務の執行にあたり、主に技術上の監理をつかさどる者で、受注者が定めた者（管理技術者、担当技術者を除く。）をいう。
12	担当技術者	管理技術者のもとで業務を担当する者で、受注者が定めた者（管理技術者、主任技術者を除く。）をいう。
13	委任	全権を与えるものではなく、判断・意志決定については調査職員の承諾を受けて行うことをいう。
14	契約図書	契約書及び設計図書をいう。
15	契約書	事業・施工調査業務委託契約書をいう。
16	設計図書	仕様書、図面、数量総括表、現場説明書及び現場説明に対する質問回答書をいう。
17	仕様書	共通仕様書及び特記仕様書（これらにおいて明記されている適用すべき諸基準を含む。）を総称していう。
18	共通仕様書	業務に共通する技術上の指示事項等を定める図書をいう。
19	特記仕様書	共通仕様書を補足し、業務の実施に関する明細又は特別な事項を定める図書

		をいう。
20	数量総括表	業務に関する工種、設計数量及び規格を示した書類をいう。
21	現場説明書	業務の入札等に参加する者に対して、発注者が当該業務の契約条件を説明するための書類をいう。
22	質問回答書	現場説明書に関する入札等参加者からの質問書に対して、発注者が回答する書面をいう。
23	図面	入札等に際して発注者が交付した図面及び発注者から変更又は追加された図面及び図面のもとになる計算書等をいう。
24	指示	調査職員が受注者に対し、業務の遂行上必要な事項について書面をもって示し、 実施させることをいう。
25	請求	発注者又は受注者が契約内容の履行あるいは変更に関して相手方に書面をもって行為、あるいは同意を求めることをいう。
26	通知	発注者若しくは調査職員が受注者に対し又は受注者が発注者若しくは調査職員に対し、業務に関する事項について書面をもって知らせることをいう。
27	報告	受注者が調査職員に対し、業務の遂行に係わる事項について、書面をもって知らせることをいう。
28	申出	受注者が契約内容の履行あるいは変更に関し、発注者に対して書面をもって同意を求めることをいう。
29	承諾	受注者が調査職員に対し、書面で申し出た業務の遂行上必要な事項について、調査職員が書面により業務上の行為に同意することをいう。
30	質問	不明な点に関して書面をもって問うことをいう。
31	回答	質問に対して書面をもって答えることをいう。
32	協議	書面により契約図書の協議事項について、発注者又は調査職員と受注者が対等の立場で合議することをいう。
33	提出	受注者が調査職員に対し、業務に係わる事項について書面又はその他の資料を説明し、差し出すことをいう。
34	書面	手書き、印刷等の伝達物をいい、発行年月日を記録し、署名又は捺印したものを有効とする。 1）緊急を要する場合は、ファクシミリ又は電子メールにより伝達できるものとするが、後日書面と差し換えるものとする。 2）電子納品を行う場合は、別途調査職員と協議するものとする。
35	打合せ	業務を適正かつ円滑に実施するために管理技術者と調査職員が面談により、業務の方針及び条件等の疑義を正すことをいう。
36	検査	契約書第３２条《検査等の条項》に基づき、検査職員が業務の完了を確認することをいう。
37	協力者	受注者が業務の遂行にあたって、再委託する者をいう。
38	使用人等	協力者又はその代理人若しくはその使用人その他これに準ずるものをいう。
39	了解	契約図書に基づき、調査職員が受注者に指示した処理内容・回答に対して、理解して承認することをいう。
40	受理	契約図書に基づき、受注者、調査職員が相互に提出された書面を受け取り、内容を把握することをいう。

2. 大規模災害復旧・復興事業に適用する事業促進ＰＰＰ

2.1 復旧・復興計画の立案

大規模災害復旧・復興事業は、事業促進ＰＰＰを導入するだけで、事業の円滑な進捗が約束されるものではない。発注者（テックフォース、リエゾンを含む）が、事業全体計画の立案、的確な判断・指示等を行いながら、事業促進ＰＰＰ、発注者支援業務（積算・監督・技術審査等）、業務（測量・調査・設計等）、工事（維持・準備・本体）を組み合わせた体制において、各者が有する多様な知識・経験・能力を引き出し、融合させるマネジメントを行うことにより事業は促進される。

大規模災害復旧・復興事業のタイムラインは、一般的に、図-2.1に示すように、初動対応、応急復旧、本復旧の順となる。発注者は、図-2.1に示すような災害復旧・復興事業のタイムラインを踏まえ、災害復旧・復興計画を立案する。

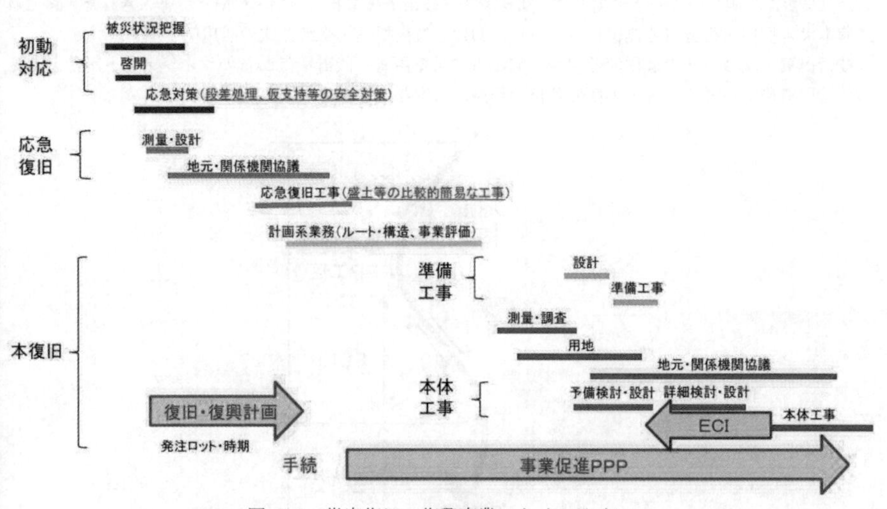

図-2.1　災害復旧・復興事業のタイムライン

2.2 導入時期及び期間

2.2.1 導入時期

発災直後は、初動対応（被災状況の把握、啓開、段差処理・仮支持等の安全対策）、応急復旧（盛土等の比較的簡易な工事）は、発注者による明確な指揮が重要となる。そのため、こうした段階では、テックフォース、リエゾンを含む発注者自らによるマネジメントの下、既に契約している維持工事、災害協定に基づく随意契約等を適用した業務、工事を中心とした体制確保を図るのがよい。

事業促進ＰＰＰは、復旧・復興計画の立案と並行しながら、本復旧段階の業務の増大期に適切に対処できるように導入する。発注者は、立案した復旧・復興計画を踏まえ、事業促進ＰＰＰの業務内容、配置技術者の人数・要件等をできる限り明確にすることが重要である。

2.2.2 導入期間

事業促進ＰＰＰは、災害復旧・復興事業計画を踏まえ、業務の増大期において、必要な期間にわたり実施する。事業を円滑に進めるためには、測量、調査、設計、施工等の段階を超えて、事業の関係者間での情報・知識・経験の融合が重要となる。そのため、事業が複数年にわたる場合、複数年の契約や、２年目以降の契約を随意契約とする等の検討が必要となる。また、事業段階に応じて、求められる技術者の人数等が変化することも考えられるため、事業の進捗に応じて体制の変更に適切に対処することが必要である。

2.3　工区の設定

図-2.2に事業促進ＰＰＰの工区設定の考え方、表-2.1に工区の大小とメリット・デメリットを示す。大規模災害復旧・復興事業においては、年度途中での急な体制確保となることも考えられる。そのため、常駐・専任を課す技術者数が過大となると受注者の負担となる場合があるため、適切に工区を設定する必要がある。なお、三陸沿岸道路等復興道路の事業促進ＰＰＰでは、図-2.3 に示すように 10～20km毎の工区が設定された。

また、大規模なトンネル工事、橋梁工事、橋梁補修工事等、高度な専門性を必要とし、調査・設計等の事業の上流段階から施工者のノウハウを導入することで、事業の促進を図ることができる場合には、技術提案・交渉方式を組み合わせるのがよい。なお、熊本地震の災害復旧では、大規模な地すべり箇所の復旧ルート（北側復旧ルート）における二重峠トンネル工事で、技術提案・交渉方式を適用した。また、北側復旧ルートに対して、事業管理・技術支援業務（ＰＭ・ＣＭ）が導入された。図-2.4に熊本災害復旧・復興（北側復旧ルート）における技術提案・交渉方式の活用例を示す。

技術提案・交渉方式を適用する場合、施工者による調査・設計段階からのマネジメントが行えるため、監理業務受注者の常駐・専任の負担の軽減にも寄与する。

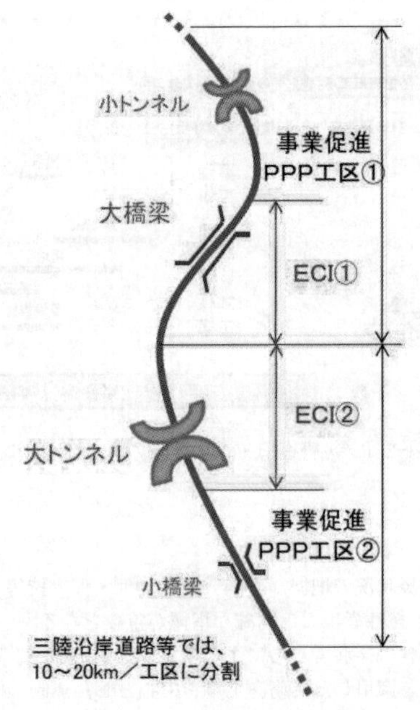

図-2.2　工区設定の考え方

表-2.1　工区の大小とメリット・デメリット

	工区を大きく設定する場合	工区を小さく設定する場合
メリット	・工区内の業務、工事の件数が多くなり、工程等の工夫の余地が広がる	・業務、工事の受注制限を受ける範囲が縮小する
デメリット	・業務量が増え、受注者の体制確保上の負担が大きくなる ・業務、工事の受注制限を受ける範囲が拡大する	・業務規模が小さくなり、常駐・専任の人数が多いと受注意欲が低下する

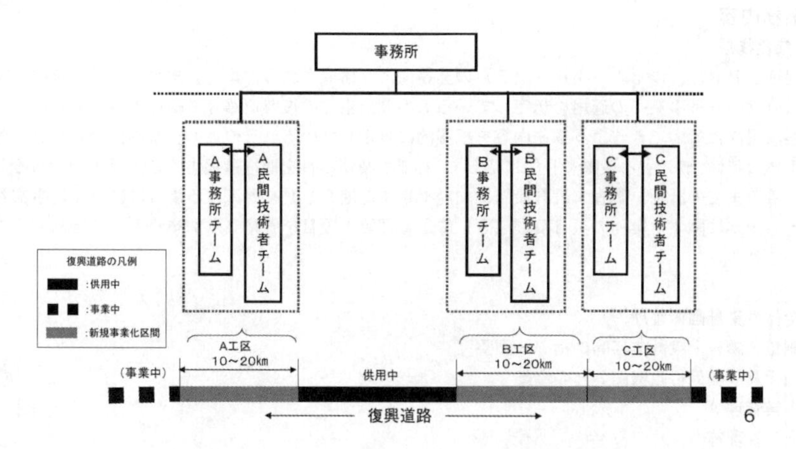

図-2.3　三陸沿岸道路における工区設定の考え方

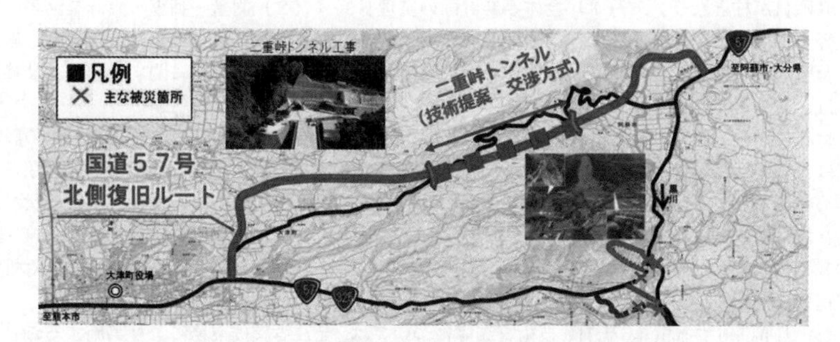

図-2.4　熊本災害復旧・復興（北側復旧ルート）における技術提案・交渉方式の活用例

2.4　業務内容

2.4.1　業務構成

事業促進ＰＰＰは、以下の（1）～（5）の業務により構成される。また、本ガイドラインは、国土交通省直轄の各種事業への適用を想定しているものの、東北の復興道路等の既往事例を参考にしつつ、多様な場面に対応できるよう業務内容を網羅的に設定している。そのため、事業促進ＰＰＰを導入する事業の特性、導入する段階や目的に応じて、必要な業務項目を取捨選択することが可能である。例えば、着工までの計画・調査・設計段階において事業促進ＰＰＰを導入する場合は、（4）事業管理等のうち用地に関する業務の項目及び（5）施工管理等の項目を省略又は別業務として発注することが考えられる。

（1）全体事業計画の整理
（2）測量・調査・設計業務等の指導・調整等
（3）地元及び関係行政機関等との協議
（4）事業管理等
（5）施工管理等

2.4.2　業務内容設定の基礎的な考え方

直轄職員が柱となり、「（1）全体事業計画の整理」、「（2）測量・調査・設計業務等の指導・調整等」、「（3）地元及び関係行政機関等との協議」、「（4）事業管理等」、「（5）施工管理等」を監理業務受注者と発注者が一体となって実施する。予算管理、契約に関する業務、最終判断・指示は、発注者が実施する。

直轄職員が柱となり、発注者と監理業務受注者が一体となった業務の進め方、役割分担の詳細については、特記仕様書の記載例に示す。ただし、実際の事業において生じうる状況を特記仕様書であらかじめ網羅することが困難な場合もあることから、特記仕様書に明示がない事項、不測の状況が生じた場合は、調査職員と監理業務受注者が協議の上、適切な対処方法を決定することを「（6）その他」に記載した。また、事業の促進のため、不測の状況に対しても、受発注者双方が協力的に対処することが重要である。

なお、工事に対する積算、監督、技術審査等については、発注者支援業務により実施することとし、事業促進ＰＰＰの業務内容は、これらの業務を含めていない。また、大規模なトンネル工事、橋梁工事、橋梁補修工事等、高度な専門性を必要とし、調査・設計等の事業の上流段階から施工者のノウハウを導入することで、事業の促進を図ることができる場合には、技術提案・交渉方式を適用する。

事業促進ＰＰＰの業務内容の考え方を図-2.5 に示す。

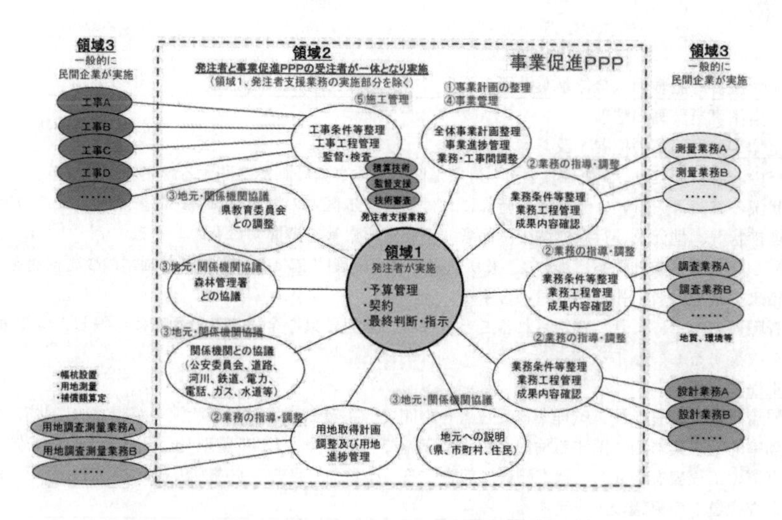

図-2.5　事業促進ＰＰＰの業務内容の考え方

2.4.3　業務内容設定における留意点

事業促進ＰＰＰは、①全体事業計画の整理、②測量・調査・設計業務等の指導・調整等、③地元及び関係行政機関等との協議、④事業管理等、⑤施工管理等のマネジメント業務を行うものである。そのため、事業促進ＰＰＰの業務内容の設定、監理業務受注者が参加可能な事業促進ＰＰＰ工区内の業務の範囲の設定にあたっては、公平中立性に留意する。例えば、業務の受注者とは中立的な立場で行う必要がある予算管理、契約、最終判断・指示は、発注者の役割であり、積算、技術審査等、発注者が業務の受注者とは中立的に実施すべき業務は、発注者が別途契約する発注者支援業務の活用等の対応が必要となる。

また、事業促進ＰＰＰの特記仕様書等において、対象工区における全体事業計画案、公告時点での測量・調査・設計業務、工事の実施予定、進捗状況、地元及び関係行政機関の関係者、不確定要素等の情報を可能な範囲で明示することは、受注者側での体制確保を適切かつ円滑に行う上で有効である。一方で、事業促進ＰＰＰの特性上、公告時点では明示できない情報があることにも十分留意し、必要な場合は、事業促進ＰＰＰの契約後、必要な準備期間を確保する等の対策が考えられる。

2.4.4　業務内容

（１）全体事業計画の整理

測量・調査・設計業務等の指導・調整等、地元及び関係行政機関等との協議、事業管理等、施工管理等のマネジメント業務を的確に実施するためには、個々の業務、工事と事業全体の進捗状況が、調査職員、監理業務受注者との間で適切に共有され、より効率的な事業展開となるように日々検討されることが重要である。そのため、本ガイドラインでは、監理業務受注者は、事業の工程、進捗状況等の状況が視覚的に共有できる全体事業の工程表を作成することとした。

なお、本ガイドラインでは、事業促進ＰＰＰの導入にあたり、発注者が復旧・復興事業計画を立案し、監理業務受注者は、調査職員より、業務着手時点における対象工区の全体事業計画案に関する説明等を受けることとしている。しかしながら、大規模災害復旧・復興事業においては、様々な業務を同時並行で進めており、不確定要素が多く存在する。そのため、全体事業計画の整理にあたっては、不確定要素についても把握し、事業工程の管理において不確定要素を考慮することが重要となる。

特記仕様書の記載例、「（１）全体事業計画の整理」における有効な取り組み事例、直轄事業で多いリスク事例を以下に示す。

＜特記仕様書の記載例（全体事業計画の整理）＞

（１）全体事業計画の整理

１）全体事業計画案の把握・改善

①業務の着手にあたり、調査職員より、対象工区の全体事業計画案に関する説明等を受けるとともに、現地状況の確認等を行い、業務着手時点における対象工区内の測量・調査・設計業務、工事の実施予定、進捗状況、地元及び行政機関の関係者、不確定要素等を把握するものとする。

②把握した全体事業計画案について、より効率的な事業展開となるよう事業計画案の改善検討を行い、検討結果を調査職員に報告するものとする。

③調査職員の指示により、採用されることとなった検討結果を全体事業計画案に反映し、全体事業計画案を改善するものとする。

２）工程表の作成

業務着手後、調査職員、監理業務受注者との間で、事業の工程、進捗状況等が視覚的に共有でき、より効率的な事業展開に関する検討が円滑に実施できるよう、１）で整理した全体事業計画を踏まえ、全体事業の工程表を作成し、調査職員に報告する。なお、工程表の作成方法（記載内容、表示方法等）は、調査職員との協議の上決定する。

＜有効な取り組み事例（全体事業計画の整理）＞

全体事業計画、進捗状況の把握が容易になるよう、事業管理担当の技術者が中心となり、調査・設計・施工等の一連の作業を網羅した詳細な工程表を作成の上、執務室に掲示し、クリティカルパス、計画と実際の進捗状況の乖離を視覚的に把握することにより、工程管理の効率化を実現した。

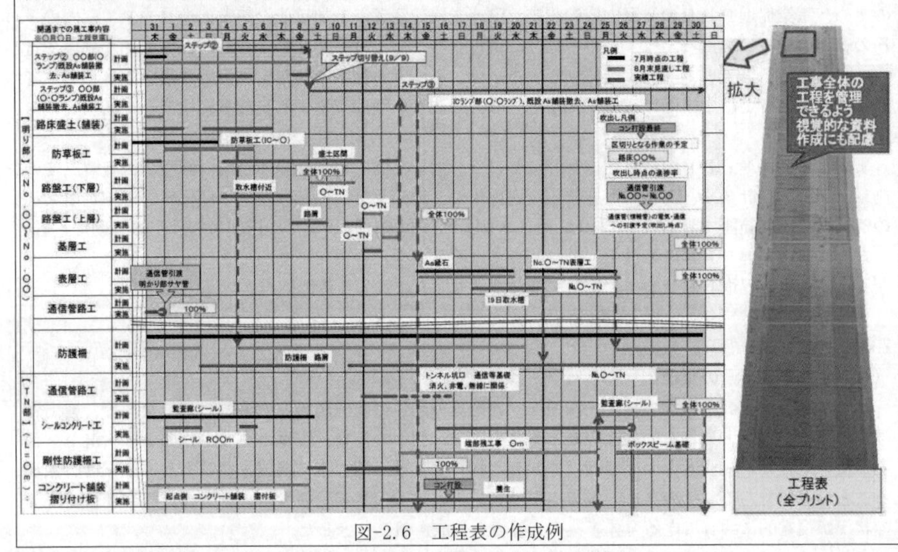

図-2.6 工程表の作成例

＜直轄事業で多いリスク事例（全体事業計画の整理）＞

■<u>事例１</u> 橋梁工事において、橋台背面側の隣接工事（別発注）の遅延により、橋台背面側からの施工が困難となり、橋台前面側から施工する方法に変更した。

■<u>事例２</u> トンネル工事において、坑口付近の小規模橋梁工事（別発注）の遅延により、小規模橋梁のトンネル工事の搬入・搬出経路としての使用開始時期が遅延した。

《事例１，２からの教訓》

国土交通省直轄事業では、比較的大規模な橋梁、トンネル等の工事において、橋梁、トンネル等の本体工事が発注される前に、取り付け道路等の準備工事や隣接する区間の工事に先行的に着手し、全体工期の最適化を図る例が多い。これらの準備工事、隣接工事の進捗状況は、本体工事の施工空間、搬入・搬出路としての使用に影響を与える例が多い。個々の工事の工程管理だけではなく、調査・設計・施工等の一連の作業を網羅した詳細な工程、進捗状況を把握の上、工程管理を行うことが重要である。

（2）測量・調査・設計業務等の指導・調整等

「測量・調査・設計業務等の指導・調整等」は、個々の業務等における1）設計方針等の調整、2）工程の把握及び調整、3）指導・助言、4）指示・協議等、5）成果内容の確認、6）検査資料確認の各段階や場面において、（1）で整理した全体事業計画との関係に留意しつつ、監理業務受注者が持つ技術的知見を活かして、事業全体の工程、コスト等が最適になるよう、調査職員と一体となって、測量・調査・設計業務等の受注者に対する指導・調整等を行う。

測量・調査・設計業務の実作業は、個々の業務の受注者が行い、監理業務受注者は、これらの業務に対する指導・調整等を中心に行うことより、常駐・専任を課す技術者数が過大にならないよう配慮する。一方で、業務における設計方針、工程、成果内容等が最適化されるよう、監理業務受注者が持つ技術的知見を活かして、監理業務受注者自らが必要な検討を行うことも想定している。

特記仕様書の記載例、「（2）測量・調査・設計業務等の指導・調整等」における有効な取り組み事例、直轄事業で多いリスク事例を以下に示す。

＜特記仕様書の記載例（測量・調査・設計業務等の指導・調整等）＞

（2）測量・調査・設計業務等の指導・調整等

1）設計方針等の調整

測量・調査・設計業務等受注者から提出される業務計画書等の確認を行い、確認した業務計画書及び確認結果を調査職員に報告するものとする。また、隣接する区間との設計方針等の調整を行うものとする。

2）工程の把握及び調整

①測量・調査・設計業務等の工程を把握するとともに、検査時期、業務成果品の引渡し時期を確認し、調査職員に報告するものとする。

②予定工程が著しく遅れることが予想される測量・調査・設計業務等がある場合は、当該測量・調査・設計業務等受注者に対して、その理由とフォローアップの実施を求めるものとする。

③測量・調査・設計業務等の進捗の遅れが、全体工程に対して著しく影響があると判断される場合は、その旨を調査職員に報告しなければならない。また、当該測量・調査・設計業務等受注者から事情を把握し、全体業務工程の最適化を図るための是正措置を提案するものとする。また、隣接する区間との工程について、調整を図るものとする。

3）測量・調査・設計業務等の指導・助言

①工事施工の観点及び、事業期間の短縮が図られるよう、測量・調査・設計業務等受注者に対し、適切かつ的確な指導・助言を行うものとする。

②測量・調査・設計業務等が効率的、効果的に実施できるよう、測量・調査・設計業務等受注者に対し、適切かつ的確な指導・助言を行うものとし、その内容について調査職員に報告するものとする。

4）測量・調査・設計業務等の指示・協議等

測量・調査・設計業務等の契約書及び設計図書に示された指示、承諾、協議及び受理等にあたり、不明確な事項の確認や、対応案の作成が必要となる場合には、調査職員の指示により必要に応じて現場条件等を把握し、対応案を作成し調査職員に提出するものとする。

5）測量・調査・設計業務成果内容の確認

①測量・調査・設計業務成果について、成果の妥当性、事業期間の短縮等の観点から業務内容の確認

を行い、その結果を調査職員に報告するものとする。
②測量・調査・設計業務等において行う工法・施工計画について、効率的、効果的な施工方法及び施工計画となるよう代替案、改善案について検討を行い、調査職員に報告するものとし、調査職員の承諾を得て、測量・調査・設計業務等受注者に対し必要な対処案の作成を指示し、その結果について調査職員と協議するものとする。

6）測量・調査・設計業務等の検査資料確認

測量・調査・設計業務の契約図書により義務づけられた資料及び、検査に必要な書類及び資料等について確認を行うものとする。また、業務完了検査に立会うものとする。

＜有効な取り組み事例（測量・調査・設計業務等の指導・調整等）＞

・地質調査の結果を解析して、盛土構造とするには大掛かりな地盤改良が必要となる恐れがあることに気がつき、道路構造を連続高架橋に変更することで地盤改良範囲を最小にし、工期を短縮した。

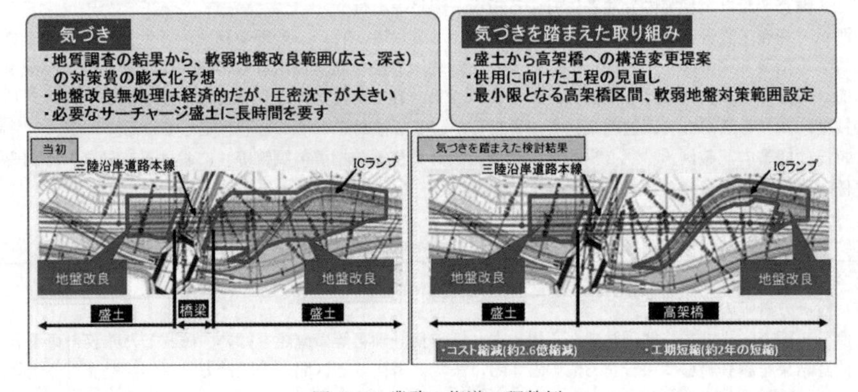

図-2.7　業務の指導・調整例

＜直轄事業で多いリスク事例（測量・調査・設計業務等の指導・調整等）＞

■事例３　橋梁工事において、設計時に想定していなかった地質や地下水圧の状況が確認され、基礎の設計や施工方法の変更が必要となり、工程が遅延した。

■事例４　トンネル工事において、断層帯が設計時の想定よりも広く、対策工が追加され、工程が遅延した。

《事例３，４からの教訓》

国土交通省直轄工事では、工事の発注にあたり、ボーリングデータ等の地質条件を示しているものの、実際には、想定外の地質条件等が出現し、工事の手戻りを生じる例がある。事業工程に重大な影響を与える構造変更、工法変更のリスクを有する場合は、設計段階に地質等の追加調査、リスクを踏まえた施工方法や施工手順の採用等の対策が必要である。

■事例５　橋梁工事において、狭隘部の施工困難な箇所があることを施工者が発見し、設計を修正した。

《事例５からの教訓》

工事の着手にあたり、詳細設計の内容に狭隘部等の施工困難な箇所が発見され、設計の修正を要する事例も多い。こうした施工段階の手戻りを回避するため、施工に精通した技術者が事業促進ＰＰＰに参画することにより、施工性に優れた設計となるよう設計業務への指導・調整等が求められる。なお、技術提案・交渉方式を適用する場合、施工者の知見・経験を設計に反映することができ、設計に起因する施工段階の手戻りを回避する効果が期待できる。

（3）地元及び関係行政機関等との協議

「地元及び関係行政機関等との協議」は、個々の測量・調査・設計業務等に伴う協議を、1）立入、2）地元との調整・協議、3）関係行政機関との調整・協議、4）協議資料の作成の各段階、場面において、（1）で整理した全体事業計画、（2）で把握・調整した測量・調査・設計業務等の工程との関係に留意しつつ行うものである。なお、4）地元及び関係行政機関等との協議資料の作成については、設計業務、工事、資料作成等補助業務の受注者が行い、監理業務受注者は、調整・協議等のマネジメント業務を中心に行う場面が多いと想定されるものの、事業の円滑な促進には、急な協議への対応、相手や場面に応じた臨機の対応等のため、本ガイドラインでは、調査職員から指示があった場合には、監理業務受注者が協議資料の作成を行うこととした。

地元及び関係行政機関等との協議は、土地立入の確認、苦情・要望への対応、設計条件・内容の確認等、対外的な調整・協議が多く、一貫性のある説明が必要なため、協議は、調査職員の指示・指導に基づき行う。また、協議の中には、発注者自ら行うものも多くあり、発注者が中心となり行う協議に監理業務受注者の同席を求めるケース、監理業務受注者が中心となり協議を行うケース等、協議の相手、段階、内容等に応じて、適切な協議の体制、役割分担にて実施すること必要である。そのため、地元及び関係行政機関等との協議は、発注者と監理業務受注者との協議の上、適切な体制で実施する。

表-2.2 に地元及び関係行政機関等の例を示す。

表-2.2　地元及び関係行政機関等の例

区分	協議の対象
地元	地権者、住民、自治会、組合、地方公共団体（県・市町村）等
関係行政機関等	公安委員会、県教育委員会、 河川、道路、鉄道、電力、電話、ガス、水道、森林、 本省、本局、国総研※、土研※、学識経験者※等

※特に高度な技術を必要とする場合に実施

特記仕様書の記載例、「（3）地元及び関係行政機関等のとの協議」における有効な取り組み事例、直轄事業で多いリスク事例を以下に示す。

＜特記仕様書の記載例（地元及び関係行政機関等との協議）＞

（3）地元及び関係行政機関等との協議

地元及び関係行政機関等との協議は、調査職員の指示・指導に基づき行うものとする。

1）測量・調査・設計業務等の立入に関する地元説明

測量・調査・設計業務等の実施に伴い、地元関係者の土地に立入る必要がある場合は、調査職員の指示により、当該地元関係者に対し土地立入について了解を得るものとする。

2）測量・調査・設計業務等に関する地元との調整・協議

地元関係者等から事業に関する苦情・要望等があった場合、その内容を確認し調査職員に報告するものとし、調査職員の指示により当該関係者との協議を行うものとする。

3）関係行政機関等との調整・協議等

①設計等を実施する前に、関係行政機関と設計条件等の基本的事項を確認（計画協議）するものとし、その結果について調査職員に報告し、指示を受けるものとする。

②計画協議に基づき実施した設計内容を確認する他、工事を施工するうえで必要な設計の詳細内容及び設計施工協議の状況を確認するものとし、その結果について調査職員に報告し、指示を受けるものとする。

③（1）で整理した全体事業計画を踏まえ、関係行政機関等との速やかな調整・協議を図るものとする。なお、関係行政機関等から再検討、要望、指示等を受けた場合は、遅延なくその旨を調査職員に報告するものとし、調査職員の承諾を得て、測量・調査・設計業務等受注者に対し、必要な対処案の

作成を指示し、その結果について調査職員と協議するものとする。
④保安林解除、埋蔵文化財調査、環境調査及びその他事業の推進に必要な調整・協議事項について、調査職員の指示により適切に処理するものとする。なお、関係行政機関等から再検討、要望、指示等を受けた場合は、延滞なくその旨を調査職員に報告するものとし、調査職員の承諾を得て、測量・調査・設計業務等受注者に対し、必要な対処案の作成を指示し、その結果について調査職員と協議するものとする。
4）地元及び関係行政機関等との協議資料の作成
　調査職員から指示があった場合には、地元及び関係行政機関等との協議資料を作成するものとする。

＜有効な取り組み事例（地元及び関係行政機関等との協議）＞

・施工担当の技術者が、工事発注前に現地を調査した際、電線の細さから電力不足による事業工程の遅延を懸念した。トンネル施工に必要な電力量を算定した結果、供給量不足が判明したため、工事用電力確保に向けて電力会社と事前協議し、工事発注前に需給仮契約を締結、スムーズな工事着手により遅延リスクを回避した。

気づき
・PPPの施工担当技術者のトンネル工事経験から、現地の電力線の太さでは、計画されている複数トンネルの同時施工のための電力不足が予想。事業工程遅延が懸念。

気づきを踏まえた取り組み
・トンネル施工に必要な電力量を算定。
　電力会社に確認　⇒供給量の不足が判明
・電力会社と事前協議　⇒工事発注前に需給仮契約

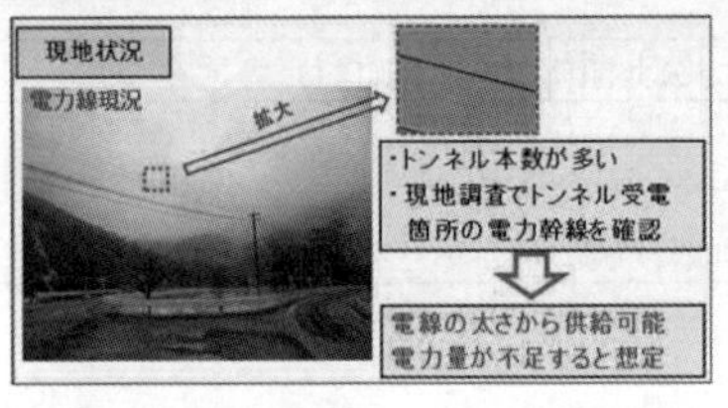

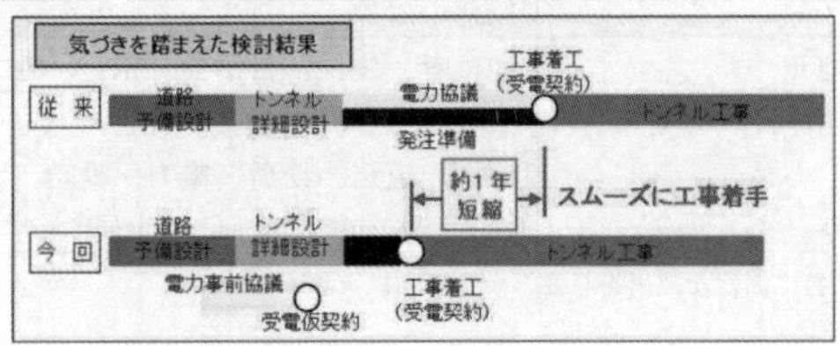

図-2.8　関係機関との協議例

・河川を跨ぐ新設橋梁の桁高制限、付替国道の線形の悪化が課題となった。合意形成に時間を要する河川付替について、河川管理者と1.5ヶ月で7回の協議を行い、河岸の保護対策の実施を条件に橋梁から盛土構造への変更と河川付替形状を確定することで合理的な設計を実現した。

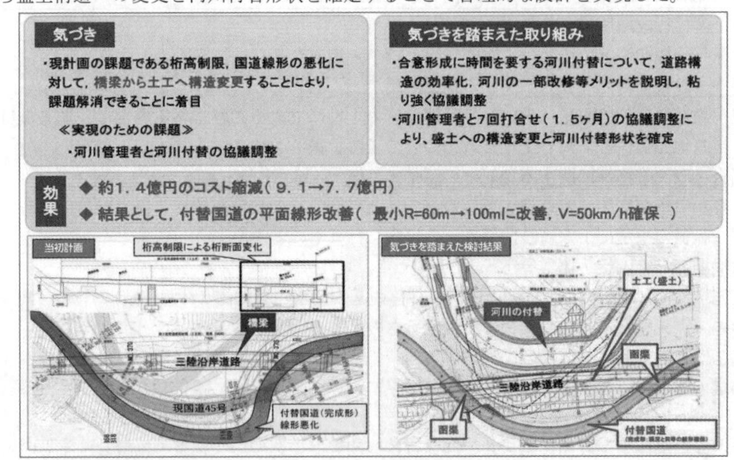

図-2.9　関係機関との協議例

<直轄事業で多いリスク事例（地元及び関係行政機関等との協議等）>

■事例６　橋梁工事において、交差する道路の管理者との協議の結果、架設時の交通規制が設計段階の想定より厳格化された。

■事例７　橋梁工事において、警察協議の結果、設計段階に想定していた迂回路が不許可となり、工法の変更が必要となった。

■事例８　函渠工事において、電力会社との架空線の移設交渉が遅延し、施工時の上空制限が設計段階の想定よりも厳格化されたことにより、工法の変更が必要となった。

■事例９　トンネル工事において、地元住民からの要望により，設計段階に想定していた昼夜間施工が不可能となり、工程に影響を与えた。

《事例６～９からの教訓》

詳細設計を終え、施工に着手する段階になり、地元及び関係行政機関等との協議を行った結果、施工条件が設計段階の想定よりも、より厳しい側に変更される例が多い。工事を円滑に進めるため、施工に精通した技術者の確認によるリスクの低減や、地元及び関係行政機関等との協議を適切なタイミングで実施することにより、施工段階の手戻りを回避することが重要である。

（4）事業管理等

「事業管理等」は、（1）で作成した全体事業計画、（2）で把握・調整した測量・調査・設計業務等の工程、（3）で実施した地元及び関係行政機関等との協議結果、監理業務受注者が持つ技術的知見を活かして、1）全体事業計画の進捗状況管理、2）事業期間の短縮に関する検討、3）事業のコスト縮減に関する検討、4）用地取得計画の検討及び用地進捗管理、5）工事計画の検討、6）事業に関する情報公開、7）その他事業の推進に関することを行うものである。

特記仕様書の記載例、「（4）事業管理等」における有効な取り組み事例、直轄事業で多いリスク事例を以下に示す。

＜特記仕様書の記載例（事業管理等）＞

（4）事業管理等

1）全体事業計画の進捗状況管理

①（1）の全体事業計画の整理において作成した全体事業計画の工程と、実際の事業進捗状況を常に把握し、把握した結果を調査職員に報告するものとする。

②事業進捗状況により、事業計画の変更や作業手順の見直しを必要に応じて実施し、調査職員に報告するものとする。また、（1）で整理した全体事業計画、工程表に変更が生じた場合は、速やかに更新するものとする。

2）事業期間の短縮に関する検討

①供用目標が達成できるよう、事業期間を短縮するためのメニューについて提案を行い、調査職員に報告するものとする。

②調査職員の指示により、提案に基づく事業計画等の見直しを行うものとし、その結果について調査職員に報告するものとする。

3）事業のコスト縮減に関する検討

①対象業務の設計図書に定める工事目的物の機能、性能を低下させることのない、計画段階におけるコスト縮減の提案を行い、調査職員に報告するものとする。

②調査職員の指示により、提案に基づく具体的な検討を行うものとし、その結果について調査職員に報告するものとする。

4）用地取得計画の検討及び用地進捗管理

①用地取得の進捗状況を整理すると共に、法令等による土地利用制限のある土地を把握し、工事の早期着工及び事業実施期間短縮のための用地取得計画の提案を行うものとする。

②支障となる公共施設の移転時期及び移転方法の調整を行う。

5）工事計画の検討

①事業計画及び事業の進捗状況等を考慮し、効率的な工事計画の検討を行い、調査職員に報告するものとする。

②工事計画及び調査・設計業務の成果に基づき、工事発注計画の作成に必要な概略数量計算、図面の整理及び確認を行い、調査職員に提出するものとする。

③①の業務を行うにあたり、必要な資料の取りまとめを行う。

6）事業に関する情報公開、広報の企画及び実施

①当該事業区間に関する情報公開のために、必要な資料を準備するものとする。

②事業に関する広報計画の立案を行うものとし、調査職員との協議により広報計画に定める広報を実施するものとする。

7）その他事業の推進に関すること

その他、事業推進に関する事項について検討を行うものとする。

＜有効な取り組み事例（事業管理等①）＞

・施工担当の技術者が、長大トンネルの掘削期間の短縮案（機械増設、機械能力アップ、大型機械の導入）を提案した。これを踏まえ、発注者は更なる掘削期間の短縮を求める施工方法提案型の総合評価を試行し、約55%の工期短縮となる技術提案を実現した。

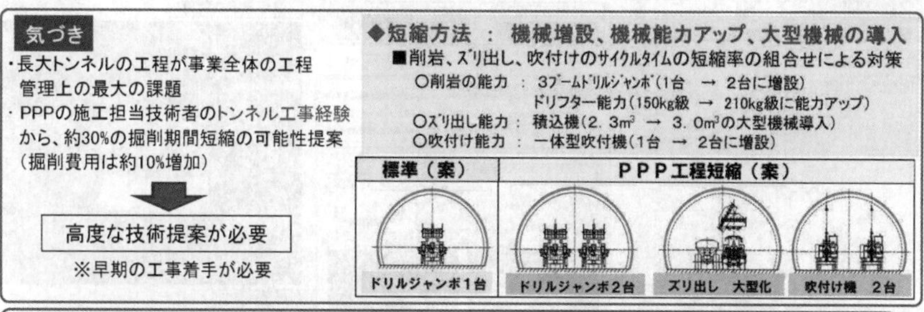

気づきを踏まえた取り組み（発注者の工夫）

◆掘削期間の短縮を求める「（標準Ⅰ型）施工方法提案型」実施
・高度技術提案型は手続きに時間を要するため、技術提案により施工方法の提案を求める方式を試行
・施工方法の提案に基づく増加費用は、「当初の掘削費用の10%を上限」に契約変更で対応

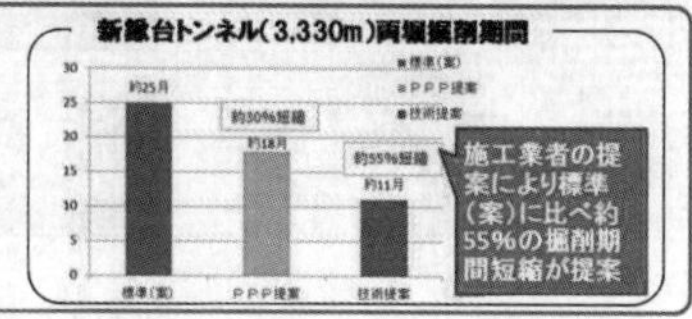

図-2.10　事業管理等の実施例

・用地取得手続と並行して試掘調査を実施し、埋蔵文化財包蔵範囲を早期に確定することにより、早期の工事展開を可能とした。

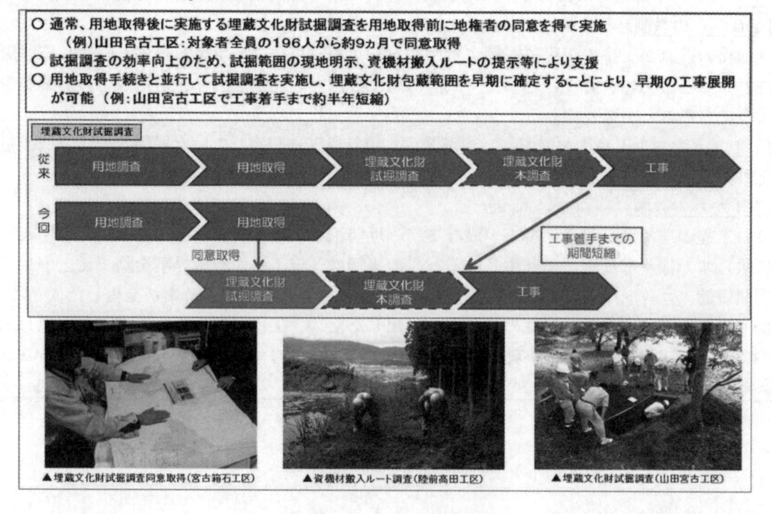

図-2.11　事業管理等の実施例

＜有効な取り組み事例（事業管理等②）＞

・事業に関する情報公開、広報の一環として、地域住民の事業への理解を深めるため、チラシなどを作成・配布。地域住民に災害からの復興を感じていただけるイベント開催。

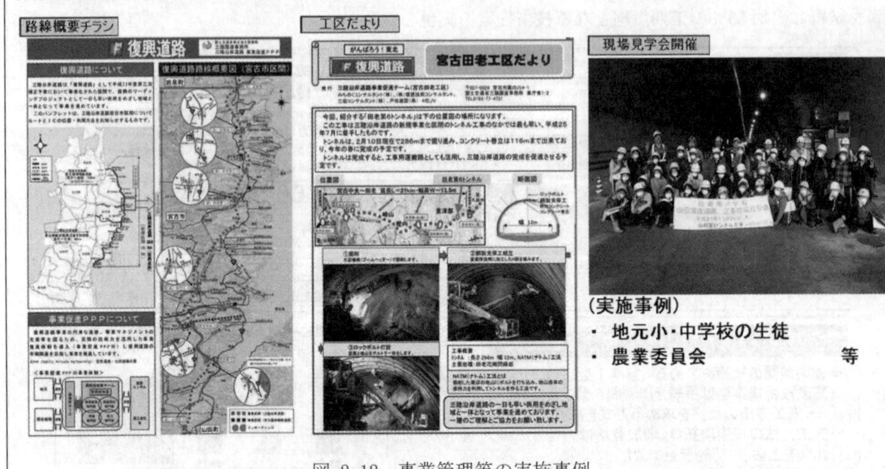

図-2.12　事業管理等の実施事例

＜直轄事業で多いリスク事例（事業管理等）＞

■事例１０　トンネル工事において、用地買収の遅れにより掘削開始が遅延した。

《事例１０からの教訓》

用地取得の遅れが工事の工程に影響する例があるため、用地交渉が事業全体計画に及ぼす影響に十分注意するとともに、必要に応じて、設計・施工計画との連携を図り、用地取得の影響が少なくなるようにすることが必要である。

■事例１１　トンネル工事において、ヒ素が発生。設計段階に想定していた掘削ペースでは、処分場での土砂の受入が不可能となり、低速での掘削を余儀なくされ、工程が遅延した。

《事例１１からの教訓》

工事の工程の遅延は、測量・調査・設計業務、近隣工事、地元及び関係行政機関との協議、用地取得に限らず、様々な要因により生じうる。この事例は、施工者の技術提案を踏まえ、トンネル掘削の期間短縮、コスト縮減案が設計及び施工計画に反映されたものの、ヒ素が発生したことにより、処分場での受入が停止され、代替の処分場を活用したため、工程短縮、コスト縮減が実現しなかったものである。工程短縮、コスト縮減に関する提案は、様々な角度からリスクを評価することが必要である。

（5）施工管理等

「施工管理等」は、個々の工事における1）施工方針等の調整、2）工程の把握及び調整、3）指導・助言、4）指示・協議等、5）成果内容の確認、6）検査資料確認の各段階や場面において、（1）で整理した全体事業計画との関係に留意しつつ、監理業務受注者が持つ技術的知見を活かして、事業全体の工程、コスト等が最適になるよう、調査職員と一体となって、工事の受注者に対する指導・調整等のマネジメント業務を実施するものである。なお、着工までの計画・調査・設計段階において事業促進ＰＰＰを導入する場合は、（5）施工管理等の項目を省略することもある。

特記仕様書の記載例、「（5）施工管理等」における有効な取り組み事例、直轄事業で多いリスク事例を以下に示す。

＜特記仕様書の記載例（施工管理等）＞

（5）施工管理等

1）<u>施工方針等の調整</u>

工事の受注者から提出される施工計画書等の確認を行い、確認結果を調査職員に報告するものとする。確認の結果、工事の受注者に対して、施工計画書の修正を指示すべき事項のうち、調査職員の承諾を得られた事項については、工事の受注者に、施工計画書の修正を指示するものとする。修正された施工計画書等は、再度、確認を行い、確認結果を調査職員に報告するものとする。また、隣接する区間との施工方針等の調整を行うものとする。

2）<u>工程の把握及び調整</u>

①工事の工程を把握するとともに、全体事業計画を踏まえ、検査時期、引渡し時期を確認し、調査職員に報告するものとする。

②監理業務受注者は、予定工程が著しく遅れることが予想される工事がある場合は、当該工事受注者に対して、その理由とフォローアップの実施を求めるものとする。

③監理業務受注者は、工事の進捗の遅れが、全体工程に対して著しく影響があると判断される場合は、その旨を調査職員に報告しなければならない。また、当該工事受注者から事情を把握し、全体工事工程の最適化を図るための是正措置を提案するものとする。また、隣接する区間との工程について、調整を図るものとする。

3）<u>施工に伴う地元及び関係行政機関等との協議</u>

地元及び関係行政機関等との協議にあたっては、調査職員の指示、指導に基づき行うものとする。

① 工事着手時等の立入に関する地元説明

工事の実施に伴い、地元関係者の土地に立入る必要がある場合は、調査職員の指示により、当該地元関係者に対し土地立入について了解を得るものとする。

②工事に関する地元との調整・協議

地元関係者等から事業に関する苦情・要望があった場合、その内容を確認し調査職員に報告するものとし、調査職員の指示により当該関係者と協議を行うものとする。

③関係行政機関等との調整・協議

ア　工事を実施する前に、関係行政機関と設計協議事項を確認するものとし、その結果を調査職員に報告し、指示を受けるものとする。

イ　設計協議に基づき実施する工事内容を確認し、その結果について調査職員に、指示を受けるものとする。

ウ　早期の工事着手、完成を念頭におき、関係行政機関等との速やかな調整・協議を図るものとする。なお、関係行政機関等から再検討、要望、指示等を受けた場合は、遅延なくその旨を調査職員に報告するものとし、調査職員の承諾を得て、工事受注者に対し、必要な対処案の作成を指示し、その結果について調査職員と協議する。

4）<u>施工に伴う地元及び関係行政機関との協議資料の作成</u>

調査査職員から指示があった場合には、施工に伴う地元及び関係行政機関との協議資料を作成するものとする。
5）工事の指導・助言
施工が効率的、効果的に実施できるよう、工事受注者に対し、適切かつ的確な指導・助言を行うものとし、その内容について調査職員に報告するものとする。
6）工事の指示・協議等
工事の契約書及び設計図書に示された指示、承諾、協議及び受理等について、不明確な事項に対する確認や、対応案の検討が必要となった場合には、調査職員の指示により、必要に応じて現場条件等を把握し、対応案を作成し調査職員に提出するものとする。
7）施工状況の確認
①施工状況について、施工性、安全性等の観点から施工状況の確認を行い、その結果を調査職員に報告するものとする。
②工法・施工計画について、効率的、効果的な施工方法及び施工計画となるよう代替案、改善案について検討を行い、調査職員に報告するものとし、調査職員の承諾を得て、工事受注者に対し必要な対処案の作成を指示し、その結果について調査職員と協議するものとする。
③監理業務受注者は、工事契約図書における発注者の責務を適切に遂行するために、工事施工状況の確認及び把握等を行い、契約の適正な履行を確認するものとし、その結果を調査職員に報告するものとする。
8）土木工事施工管理基準の確認
①監理業務受注者は、工事の契約図書に定められた工事の目的物の出来形及び品質規格（工程管理、出来形管理、品質管理、工事写真等）の確保の方針等について検証し、その内容について調査職員に報告するものとする。
②監理業務受注者は、工事における主要な部分の品質管理及び出来形監理、不可視部分や重要構造物等の段階確認、協議事項等について、確認、立会、把握等を行い、結果を速やかに調査職員に報告するものとする。
9）工事の検査資料確認
工事の契約図書により義務づけられた資料及び、検査（中間技術検査、技術検査を伴う既済部分検査（性質上可分の工事の完済部分検査を含む）、完成検査）に必要な書類及び資料等について指導・助言を行うものとする。また、監理業務受注者は、工事検査に立会うものとする。
１０）その他
①工事契約上重大な事案が発見された場合は、遅延なく報告するものとする。災害発生時及び、その恐れがある場合など緊急時においては調査職員の指示により、情報の収集を行うものとする。
②施工管理の業務実施内容の詳細については、調査職員と協議の上、決定するものとする。

（6）その他

大規模災害・復興事業においては、上記（1）～（5）に示した業務内容に明示がない業務が発生することがある。その場合、調査職員との協議により対処方法を決定し、必要な場合は設計変更の対象とする。

<特記仕様書の記載例（その他）>

（6）その他
1）調査職員より指示があった事項についてその内容を把握し、適切に処理しなければならない。
2）大規模災害発生時には、発注者及び測量・調査・設計業務等受注者と連携し災害対応業務に協力しなければならない。
3）特記仕様書に明示がない事項ついては、調査職員との協議により対処方法を決定し、決定した事項を文書化し、契約図書の一部とする。

（7）業務打合せ

発注者と監理業務受注者が一体となって事業を促進するためには、業務打合せ等（工程会議等）を頻繁に実施し、関係者間で適切に情報共有することが重要である。

＜特記仕様書の記載例（業務打合せ）＞

（7）業務打合せ

共通仕様書第10条に定める調査職員との打合せは、以下を想定している。なお、打合せ回数に変更が生じる場合は、調査職員と協議の上、契約変更の対象とする。

1）業務着手時　　　1回
2）中間打合せ　　○○回
3）成果品納入時　　1回

（8）業務実施報告

監理業務受注者は、契約内容が適切に履行されていることを確認できるよう、毎日の記録を業務記録簿として記載し、調査職員に提出する。なお、業務記録簿を効率的、効果的に作成するため、表-2.3、表-2.4 に示す記載項目例を参考にできる。必要な場合は、調査職員と監理業務受注者との協議の上、項目の追加・修正等を行う。

また、仕様書に基づき実施した検討事項等について、目的、経緯、結果を整理し報告する。

表-2.3　業務記録簿の記載項目例（業務内容に対応）

全体事業計画の整理	測量・調査・設計業務等の指導・調整等	地元及び関係行政機関等との協議	事業管理	施工管理	その他
事業計画案把握	設計方針調整	立入地元説明	事業進捗管理	施工方針調整	事務作業
事業計画案整理	工程把握	地元調整・協議	期間短縮検討	工程把握	移動
工程表作成	工程調整	関係機関調整・協議	コスト縮減検討	工程調整	・・・
・・・	指導・助言	協議資料作成	用地取得検討	地元・関係行政機関協議	その他
その他	指示・協議	・・・	用地進捗管理	協議資料作成	
	成果内容確認	その他	工事計画検討	指導・助言	
	検査資料確認		情報公開・広報	指示・協議	
	・・・		その他事業推進	施工状況確認	
	その他		・・・	管理基準確認	
			その他	検査資料確認	
				・・・	
				その他	

表-2.4　報告書の記載項目例（実施内容・場面・相手に対応）

実施内容	場面	相手
調査	会議･打合せ	全体
状況確認	現地調査･確認	調査職員
資料作成･修正（定型的な作業）	立会	事務所
資料作成･修正（技術的知見が必要）	協議･交渉･説明会（単独）	本局（整備局）
内容精査･修正（技術的知見が必要）	協議･交渉･説明会（随行）	ＰＰＰチーム内
案作成･修正（技術的知見が必要･自ら検討）	・・・	業務受注者
情報共有	その他	工事受注者
指導･助言･指示		地権者
調整		住民
説明･協議･交渉		地方公共団体
成果･出来形確認		警察･消防署
・・・		ｲﾝﾌﾗ企業
その他		・・・
		その他

<特記仕様書の記載例（業務実施報告書）>

（８）業務実施報告書

１．受注者は、業務の履行の報告を次のとおり調査職員に成果として提出しなければならない。

成果品	提出時期等	成果内容
業務記録簿	１回／２週 ・毎日記録 ・調査職員に提出	日々の監理業務の内容を書面で整理し報告する。 ・契約の履行の確保に関する実施内容 ・監理業務に関する実施内容
提出書、報告書等	その都度 ・実施後に記録 調査職員に提出	仕様書に基づき実施した検討事項について、目的、経緯、結果を整理し報告する。

（９）成果品

成果品には、共通仕様書第 16 条に規定する事項に加え、業務履行に必要となった各種資料・調査結果等をあわせ報告書として提出するものとする。

2.5　実施体制

2.5.1　受注者の体制

監理業務受注者の体制は、管理技術者、主任技術者、担当技術者により構成し、主任技術者に対しては、事業管理、調査設計、用地、施工等の必要な専門分野を設定する。事業の特性によっては、河川、道路、トンネル、鋼構造、コンクリート、測量、地質、BIM/CIM 等の知識・経験を有する技術者が配置されるよう、より詳細な専門分野を設定（調査設計・施工担当の技術者との兼務可）することも考えられる。表-2.5 に監理業務受注者の体制例を示す。

大規模災害復旧・復興事業においては、事業促進のため、複数の測量・調査・設計等の業務、工事、様々な協議・調整等が同時に進行するため、主任技術者、担当技術者については、業務の履行期間中、常駐・専任を求めることを基本とする。しかしながら、大規模災害・復旧事業においては、受注者側の体制確保上の負担が大きくなりやすいことから、発注者自身（テックフォース、リエゾンを含む）によるマネジメント、業務（測量・調査・設計等）、発注者支援業務（積算・監督・技術審査等）、工事（維持・準備・本体）を組み合わせた効果的な体制を構築し、常駐・専任を求める人数が過大とならないように留意する。

受注者の体制確保上の負担を軽減する工夫として、例えば、表-2.6 に示すように、常駐要件を緩和することや、主任技術者や担当技術者が他業務の管理技術者とならず、事業促進ＰＰＰの業務を最優先とし、業務の遂行に影響しないことを条件に専任要件を緩和することが考えられる。表-2.6 の常駐・専任の緩和は、一例を示したものであるため、事業促進ＰＰＰの導入にあたり、必要な場合には、発注者が事業箇所や業務内容の状況に応じて、常駐・専任要件を設定する。

また、大規模なトンネル工事、橋梁工事、橋梁補修工事等、高度な専門性を必要とし、調査・設計等の事業の上流段階から施工者のノウハウを導入することで、事業の促進を図ることができる場合には、技術提案・交渉方式を組み合わせるのがよい。なお、技術提案・交渉方式を適用する場合、施工者による調査・設計段階からのマネジメント（測量・調査・設計業務等への指導・調整、施工にあたっての地元及び関係行政機関等との協議、近隣工事等との工程調整等）が行えるため、監理業務受注者の業務量、常駐・専任の負担の軽減にも寄与する。

なお、事業の進捗に伴い、主たる業務・工事の内容、必要な業務量は変化するため、配置技術者の人数等は、事業の進捗状況に応じて、柔軟に変更するのがよい。配置技術者の人数、常駐・専任等の条件を変更する場合には、設計変更の対象とする。

表-2.5　監理業務受注者の体制例

	常駐	専任	備考
管理技術者	必要なし	必要なし	業務の管理及び統括を行う （事業の特性によっては、主任技術者と兼務可）
主任技術者	必要	必要	事業管理、調査設計、用地、施工等の分野を設定
担当技術者	必要	必要	

表-2.6　監理業務受注者の常駐・専任の緩和例

<table>
<tr><th></th><th>常駐</th><th>専任</th></tr>
<tr><td>管理技術者</td><td>必要なし</td><td>必要なし</td></tr>
<tr><td>主任技術者</td><td rowspan="2">主任技術者又は担当技術者から１名（履行期間中の交替を認める）</td><td>必要なし（本業務を最優先とする、その他業務の管理技術者になることを認めない）</td></tr>
<tr><td>担当技術者</td><td>必要なし</td></tr>
</table>

2.5.2 受発注者の関係

事業促進ＰＰＰは、直轄職員が柱となり、発注者、監理業務受注者がパートナーを組み、双方の技術・経験を活かしながら効率的なマネジメントを行うことにより、事業の促進を図ることを第一の目的としている。

発注者と監理業務受注者が一体となった標準的な業務の進め方、役割分担は、本ガイドラインの「2.4 業務内容」の特記仕様書の記載例に示す。図-2.13 は、事業促進ＰＰＰにおける受発注者の関係を模式的に表したものである。調査職員、総括調査員、主任調査員、調査員、管理技術者、主任技術者、担当技術者の定義は、表-1.3 の通りであり、一般的な業務における定義と同様である。一方で、図-2.13 は、発注者と監理業務受注者の構成員が一堂に会する業務打合せ（工程会議）を頻繁に行うことにより、情報共有、情報伝達が円滑に行われることを意図して、発注者、監理業務受注者が一体となったチームとして表現した。

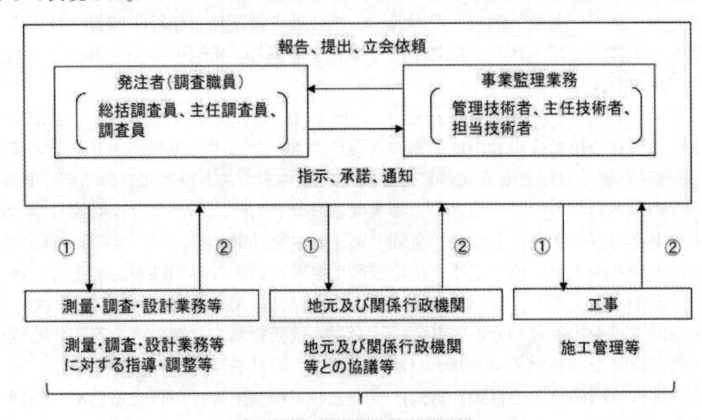

図-2.13　事業促進ＰＰＰにおける受発注者の関係

2.5.3 事業促進ＰＰＰで必要となる能力

事業促進ＰＰＰは、①全体事業計画の整理、②測量・調査・設計業務等の指導・調整等、③地元及び関係行政機関等との協議、④事業管理等、⑤施工管理等のマネジメント業務を、直轄職員が柱となり、官民双方の技術者が有する多様な情報・知識・豊富な経験を融合させながら実施するものであり、一般的な調査・設計業務とは受注者に求められる役割が異なる。そのため、事業促進ＰＰＰの実施体制の構築にあたっては、事業促進ＰＰＰで必要となる受注者の役割が適切に理解されることが必要である。

そのため、上記を実行できるマネジメント能力を有する技術者の確保や育成が重要となる。

表-2.7 に一般的な設計等業務と事業促進ＰＰＰにおいて「受注者の求められる役割」の相違の例、表-2.8 に事業促進ＰＰＰにおいて受注者に期待される行動の例を示す。

表-2.7　一般的な設計等業務と事業促進ＰＰＰにおいて「受注者の求められる役割」の相違の例

一般的な設計等業務	事業促進ＰＰＰ
・受注者として業務を行う ・事業のうちの一部の業務・作業を行う ・契約内容を履行する	・発注者と一体となり業務を行う ・事業全体を見渡し、業務・作業を関連づける ・別途契約する個々の業務・工事を指導・調整す

・特定の分野（橋梁、トンネル、舗装等） ・自らの専門知識を活かす ・課題、条件、期限等が与えられる ・特定の調査職員との調整 ・成果物の作成が目的 ・業務遂行能力 ・定期的な報告、連絡、相談 ・チーム、技術者として動く （管理技術者、担当技術者等）	る ・広範な分野（調査、設計、施工、用地等） ・調査・設計者、施工者等の専門知識を引き出す ・課題を把握し、条件、期限を決める ・多様な相手（地元、関係機関、施工者等）との調整 ・事業の促進が目的 ・調整、合意形成能力（ｺﾐｭﾆｹｰｼｮﾝ、ﾌｯﾄﾜｰｸ） ・日常的な報告、連絡、相談 ・組織として動く （本省、本局、所長、副所長、課長、係長等）

表-2.8　事業促進ＰＰＰにおいて受注者に期待される行動の例

課題を生じやすい行動	期待される行動
・特定の専門分野には詳しい一方、 専門外の分野への対応が苦手 ・社内体制のみで課題解決を図る	・専門知識を持った業務・工事の受注者の能力を引き出す ・情報・知識・経験を持った組織に問い合わせる ・外部の情報・知識・経験を持った者の活用を提案する
・デスクワークによる資料作成に比重が置かれる	・問合せ、打合せ、現地確認等が頻繁に行われる ・事業全体の進捗確認、課題把握に努める
・与えられた協議の内容、方法、回数等により履行する	・事業の促進のため、協議がより少ない回数で簡潔に終了するようアイディアを出す
・問合せに対し、技術者個人の見解か、発注者を含む組織としての見解か明確でない	・発注者とのコミュニケーションが適切に行われ、問合せに対し、技術者と発注者の見解が一致する

2.6　受注者の選定方法

2.6.1　災害協定に基づく随意契約

発災の直後から事業促進ＰＰＰを導入する場合は、災害協定に基づき、随意契約を適用できる。ただし、随意契約を適用する場合、発注者の側においては、技術提案、ヒアリングの結果を踏まえた事業促進ＰＰＰの実施者としてのマネジメント能力等の評価が課題となる点、受注者の側においては、業務の特性に応じた柔軟な共同受注体制の構築が課題となる点に留意が必要である。

2.6.2　プロポーザル方式

（１）基本的な考え方

事業促進ＰＰＰは、①全体事業計画の整理、②測量・調査・設計業務等の指導・調整等、③地元及び関係行政機関等との協議、④事業管理等、⑤施工管理等のマネジメント業務を、直轄職員が柱となり、官民双方の技術者が有する多様な知識・豊富な経験を融合させながら実施するものであり、一般的な調査・設計業務とは異なる能力が求められる。そのため、管理技術者や主任技術者の事業促進ＰＰＰに対する理解度、実務経験を踏まえた提案の妥当性について、ヒアリング結果を含めて適切に評価することが重要である。

事業促進ＰＰＰは、災害復旧・復興計画の立案と並行しながら、本復旧段階における業務の増大期に備えて導入するのが基本であるため、受注者の選定手続の期間を確保できる場合は、配置技術者の能力を適切に把握できる「プロポーザル方式」を適用する。

（２）監理業務受注者の資格要件

事業促進ＰＰＰは、①全体事業計画の整理、②測量・調査・設計業務等の指導・調整等、③地元及び関係行政機関等との協議、④事業管理等、⑤施工管理等のマネジメント業務を、直轄職員が柱となり、官民双方の技術者が有する多様な知識・豊富な経験を融合させながら実施するものであり、一般的な調査・設計業務とは求められる能力が異なる面がある。また、年度途中からの急な導入ともなりうる大規模災害復旧・復興事業においては、受注者側の体制確保が困難となりやすい。そのため、資格要件の設定にあたっては、特定の専門分野に関する高度な資格要件を求めることにより、技術者の確保が困難とならないよう留意するとともに、発注者、測量・調査・設計業務等の受注者、工事の受注者等と適切にコミュニケーションをとりながらマネジメント業務を行う能力のある人材の参加を促すことが重要である。

表-2.9に管理技術者、主任技術者、担当技術者に対する資格要件の設定例を示す。管理技術者、担当技術者には、資格要件を設定しないことを基本とし、主任技術者に対してのみ、必要な分野の資格要件を設定する。管理技術者、担当技術者については、事業の特性上、特に必要とされる場合に資格要件を設定する。

表-2.9　資格要件の設定例

区分	資格
管理技術者	規定しない※1
主任技術者 （事業管理）	・技術士（総合技術監理部門（建設）又は建設部門） ・ＲＣＣＭ（技術士部門と同様の部門に限る） ・一級土木施工管理技士 ・土木学会認定技術者（特別上級、上級、１級） ・(社)全日本建設技術協会による公共工事品質確保技術者(Ⅰ) のいずれか
主任技術者 （調査設計）	・技術士（総合技術監理部門（建設）又は建設部門） ・ＲＣＣＭ（技術士部門と同様の部門に限る） ・一級土木施工管理技士 ・土木学会認定技術者（特別上級、上級、１級） のいずれか
主任技術者 （用地）	・補償業務管理士（８部門のうちのいずれか）
主任技術者 （施工）	・技術士（総合技術監理部門（建設）又は建設部門） ・ＲＣＣＭ（技術士と同様の部門に限る） ・一級土木施工管理技士 ・土木学会認定技術者（特別上級、上級、１級） のいずれか
担当技術者	規定しない※1

※1　必要に応じて、資格要件を設定する

※2　資格（表-2.9）又は業務実績（表-2.10 又は表-2.11）を要件として設定する

（３）同種・類似業務の設定

事業促進ＰＰＰは、①全体事業計画の整理、②測量・調査・設計業務等の指導・調整等、③地元及び関係行政機関等との協議、④事業管理等、⑤施工管理等のマネジメント業務を、直轄職員が柱となり、官民双方の技術者が有する多様な知識・豊富な経験を融合させながら実施するものであり、一般的な調査・設計業務とは求められる能力が異なる面がある。そのため、一般的な調査・設計業務、工事の経験よりも、マネジメント業務の実務経験を評価することが重要となる場合が多い。また、業務経験の評価にあたっては、事業促進ＰＰＰ、ＰＭ、ＣＭ、技術提案・交渉方式の設計業務や技術協力業務等のマネジメントを伴う業務経験、発注者の立場で実施した技術的実務経験（同種業務）を、一般的な調査・設計業務、工事の経験（類似業務）よりも、優位に評価するのがよい。

同種・類似業務の設定例を表-2.10、同種・類似業務の区別をせず同種業務のみを設定する場合の設定例を表-2.11 に示す。表-2.11 は、技術者の確保が特に困難となる場合に適用する。

表-2.10　同種・類似業務の設定例

	区分	資格
同種業務	管理技術者	１）事業促進ＰＰＰ、ＰＭ、ＣＭ※1の指導的立場※2での経験 ２）技術協力業務（ＥＣＩ）※3の指導的立場※2での経験 ３）設計業務（ＥＣＩ）※4の指導的立場※2での経験 ４）工事・業務をマネジメントした実務経験※5
	主任技術者	１）事業促進ＰＰＰ、ＰＭ、ＣＭ※1の経験 ２）技術協力業務（ＥＣＩ）※3の経験 ３）設計業務（ＥＣＩ）※4の経験 ４）調査・設計業務、工事の経験（必要に応じて範囲を設定） ５）工事・業務をマネジメントした実務経験※5
	担当技術者	規定しない
類似業務	管理技術者	１）指導的立場※1での調査・設計業務、工事の経験 ２）技術的実務経験※6
	主任技術者	１）調査・設計業務、工事の経験（必要に応じて範囲を設定） ２）技術的実務経験※7
	担当技術者	規定しない

※1　業務内容が発注者支援業務、資料作成補助業務と同様の場合は除く

※2　管理技術者（当該業務に係る契約の履行に関する管理及び統括を行うものをいう）の立場をいう

※3　技術提案・交渉方式の技術協力・施工タイプの技術協力業務若しくは設計交渉・施工タイプの実施設計業務をいう

※4　技術提案・交渉方式の技術協力・施工タイプの設計業務をいう

※5　〇〇分野における、例えば、地方建設局請負工事監督検査事務処理要領（昭和 42 年 3 月 30 日付）第 6 に該当する総括監督員若しくは主任監督員、地方建設局委託設計業務等調査検査事務処理要領（平成 11 年 4 月 1 日付）第 6 に該当する総括調査員若しくは主任調査員に相当する程度の経験をいう

※6　〇〇分野における 20 年以上の実務経験又は〇〇分野における論文、委員会活動等の優れた実績をいう

※7　〇〇分野における 10 年以上の実務経験又は〇〇分野における論文、委員会活動等の優れた実績をいう

表-2.11　同種業務の設定例

同種業務（類似業務を設定しない場合）	管理技術者	1）事業促進ＰＰＰ、ＰＭ、ＣＭ※1の指導的立場※2での経験 2）技術協力業務（ＥＣＩ）※3の指導的立場※2での経験 3）設計業務（ＥＣＩ）※4の指導的立場※2での経験 4）調査・設計業務、工事の経験 5）工事・業務をマネジメントした実務経験※5 6）技術的実務経験※6
	主任技術者	1）事業促進ＰＰＰ、ＰＭ、ＣＭ※1の経験 2）技術協力業務（ＥＣＩ）※3の従事経験 3）設計業務（ＥＣＩ）※4の従事経験 4）調査・設計業務、工事の経験（必要に応じて範囲を設定） 5）工事・業務をマネジメントした実務経験※5 6）技術的実務経験※7
	担当技術者	特になし

※1 業務内容が発注者支援業務、資料作成補助業務と同様の場合は除く

※2 管理技術者（当該業務に係る契約の履行に関する管理及び統括を行うものをいう）の立場をいう

※3 技術提案・交渉方式の技術協力・施工タイプの技術協力業務若しくは設計交渉・施工タイプの実施設計業務をいう

※4 技術提案・交渉方式の技術協力・施工タイプの設計業務をいう

※5 ○○分野における、例えば、地方建設局請負工事監督検査事務処理要領（昭和42年3月30日付）第6に該当する総括監督員若しくは主任監督員、地方建設局委託設計業務等調査検査事務処理要領（平成11年4月1日付）第6に該当する総括調査員若しくは主任調査員に相当する程度の経験をいう

※6 ○○分野における20年以上の実務経験又は○○分野における論文、委員会活動等の優れた実績をいう

※7 ○○分野における10年以上の実務経験又は○○分野における論文、委員会活動等の優れた実績をいう

（4）評価テーマ及びヒアリング

事業促進ＰＰＰは、①全体事業計画の整理、②測量・調査・設計業務等の指導・調整等、③地元及び関係行政機関等との協議、④事業管理等、⑤施工管理等のマネジメント業務を、直轄職員が柱となり、官民双方の技術者が有する多様な知識・豊富な経験を融合させながら実施するものであり、一般的な調査・設計業務等における評価とは異なり、発注者と一体となって実施するマネジメント業務の実施者としての適正を評価することが重要である。技術提案の評価にあたっては、技術提案書の記載事項のみの評価ではなく、実際に配置される管理技術者、主任技術者に対するヒアリング結果を含めて、理解度、ポイント、リスク、対処方法、留意事項等の妥当性を評価することとした。

表-2.12 に評価テーマの設定例、表-2.13 に評価基準の設定例を示す。評価テーマについては、「実務経験を踏まえた提案」を中心に、主たる事業課題等を踏まえ、２テーマ程度を設定する。なお、想定されるリスクへの対象方法等に関して的確な提案を求めるためには、主たる事業課題や不確定要素についても、可能な範囲で明示することが必要となる。

表-2.12　評価テーマの設定例

<table>
<tr><td rowspan="3">実施方針</td><td rowspan="2">理解度</td><td>事業促進ＰＰＰの目的、業務内容に対する理解</td></tr>
<tr><td>事業促進ＰＰＰで必要となるマネジメント能力</td></tr>
<tr><td>実施体制</td><td>配置予定技術者の経験、資格、人数、地元精通者の確保、代替要因の確保など、業務を遂行する上での体制が整っている</td></tr>
<tr><td rowspan="6">評価テーマ</td><td rowspan="5">実務経験を踏まえた提案</td><td>予定管理技術者の○○に対する実務経験を踏まえ、事業管理を適切に実施する上でのポイント</td></tr>
<tr><td>予定管理技術者（主任技術者※）の○○に対する実務経験を踏まえ、事業工程管理を適切に実施する上でのポイント</td></tr>
<tr><td>予定管理技術者（主任技術者※）の○○に対する実務経験を踏まえ、工程管理上、想定されるリスクと対処方法</td></tr>
<tr><td>予定管理技術者（主任技術者※）の○○に対する実務経験を踏まえ、施工段階の手戻りを回避するため、測量・調査・設計業務等の指導・調整等における留意事項</td></tr>
<tr><td>予定管理技術者（主任技術者※）の○○に対する実務経験を踏まえ、施工段階の手戻りを回避するため、地元及び関係行政機関との協議における留意事項</td></tr>
<tr><td>目的達成に有効な提案</td><td>本業務の目的達成に有効と考えられる提案</td></tr>
<tr><td colspan="2">コスト</td><td>コストの妥当性</td></tr>
</table>

※主任技術者の実務経験を踏まえた提案を求める場合

表-2.13　評価基準の設定例

実施方針	①　事業促進ＰＰＰの目的、業務内容、現地条件、与条件、不確定要素を十分に理解し、業務内容、規模、不確定要素に応じた実施方針、実施体制が示されている場合に優位に評価する。 ②　事業促進ＰＰＰの目的、業務内容を踏まえた実施方針、実施体制が示されている場合に優位に評価する。 ③　業務の内容、規模等に応じた実施方針、実施体制が示されている場合に優位に評価する。 下記のいずれかに該当する場合は特定しない。 ④　業務の分担構成が、不明確又は不自然な場合 ⑤　設計共同体による場合に、業務の分担構成が細分化され過ぎている場合
予定管理技術者の○○事業に対する実務経験を踏まえ、事業管理を適切に実施する上でのポイント	①　事業促進ＰＰＰの目的と実務経験を踏まえた提案内容であることが伺え、ポイントの着眼点が的確で、本業務に有効である場合に優位に評価する。 ②　事業促進ＰＰＰの目的を踏まえた提案内容になっている場合に優位に評価する。 ③　提案内容に具体性があり説得力がある場合に優位に評価する。 業務の専門技術力もしくは実現性に著しく欠ける場合は特定しない。また、参考見積の対象外の技術提案については加点しない。
予定管理技術者（主任技術者）の○○事業に対する実務経験を踏まえ、事業工程管理を適切に実施する上でのポイント	①　事業促進ＰＰＰの目的と実務経験を踏まえた提案内容であることが伺え、ポイントの着眼点が的確で、本業務に有効である場合に優位に評価する。 ②　事業促進ＰＰＰの目的を踏まえた提案内容になっている場合に優位に評価する。 ③　提案内容に具体性があり説得力がある場合に優位に評価する。 業務の専門技術力もしくは実現性に著しく欠ける場合は特定しない。また、参考見積の対象外の技術提案については加点しない。
予定管理技術者（主任技術者）の○○に対する実務経験を踏まえ、工程管理上、想定されるリスクと対処方法	①　事業促進ＰＰＰの目的と実務経験を踏まえた提案内容であることが伺え、リスクの着眼点が的確で、対処方法が本業務に有効である場合に優位に評価する。 ②　事業促進ＰＰＰの目的を踏まえた提案内容になっている場合に優位に評価する。 ③　提案内容に具体性があり説得力がある場合に優位に評価する。 業務の専門技術力もしくは実現性に著しく欠ける場合は特定しない。また、参考見積の対象外の技術提案については加点しない。
予定管理技術者（主任技術者）の○○に対する実務経験を踏まえ、施工段階の手戻りを回避するため、測量・調査・設計業務等の指導・調整等における留意事項	①　事業促進ＰＰＰの目的と実務経験を踏まえた提案内容であることが伺え、留意事項の着眼点が的確で、本業務に有効である場合に優位に評価する。 ②　事業促進ＰＰＰの目的を踏まえた提案内容になっている場合に優位に評価する。 ③　提案内容に具体性があり説得力がある場合に優位に評価する。 業務の専門技術力もしくは実現性に著しく欠ける場合は特定しない。また、参考見積の対象外の技術提案については加点しない。
予定管理技術者（主任技術者）の○○に対する実	①　事業促進ＰＰＰの目的と実務経験を踏まえた提案内容であることが伺え、留意事項の着眼点が的確で、本業務に有効である

務経験を踏まえ、施工段階の手戻りを回避するため、地元及び関係行政機関との協議における留意事項	場合に優位に評価する。 ② 事業促進ＰＰＰの目的を踏まえた提案内容になっている場合に優位に評価する。 ③ 提案内容に具体性があり説得力がある場合に優位に評価する。 業務の専門技術力もしくは実現性に著しく欠ける場合は特定しない。また、参考見積の対象外の技術提案については加点しない。
本業務の目的の達成に有効と考えられる提案	① 事業促進ＰＰＰの目的を踏まえた提案内容であることが伺え、着眼点が的確で、本業務に有効である場合に優位に評価する。 ② 事業促進ＰＰＰの目的を踏まえた提案内容になっている場合に優位に評価する。 ③ 提案内容に具体性があり説得力がある場合に優位に評価する。 業務の的確性もしくは実現性に著しく欠ける場合は特定しない。また、参考見積の対象外の技術提案については加点しない。
コストの妥当性	提示した業務規模と大きくかけ離れているか又は提案内容に対して見積もりが不適切な場合には特定しない。

〈業務説明書の記載例〉

（1）技術提案書を特定するための評価基準

技術提案書の評価項目、判断基準、ならびに評価のウェートは、以下のとおりである。

1）実施方針

評価項目	評価の着目点		評価のウェート
		判断基準	書面　ヒアリング
実施方針（様式－〇）	理解度・実施体制	①事業促進ＰＰＰの目的、業務内容、現地条件、与条件、不確定要素を十分に理解し、業務内容、規模、不確定要素に応じた実施方針、実施体制が示されている場合に優位に評価する。 ②事業促進ＰＰＰの目的、業務内容を踏まえた実施方針、実施体制が示されている場合に優位に評価する。 ③業務の内容、規模等に応じた実施方針、実施体制が示されている場合に優位に評価する。 下記のいずれかに該当する場合は特定しない。 ④業務の分担構成が、不明確又は不自然な場合 ⑤設計共同体による場合に、業務の分担構成が細分化され過ぎている場合	２０
小 計			２０

2）評価テーマ

評価項目	評価の着目点			評価のウエート
			判断基準	書面　ヒアリング
評価テーマに関する技術提案(様式－〇)	評価テー	予定管理技術者の〇〇事業に関する実務経験を踏まえ、	①事業促進ＰＰＰの目的と実務経験を踏まえた提案内容であることが伺え、ポイントの着眼点が的確で、本業務に有効である場合に優位に評価す	４０

	マ １	事業管理を的確に実施する上でのポイント 専門技術力 実現性	る。 ②事業促進ＰＰＰの目的を踏まえた提案内容になっている場合に優位に評価する。 ③提案内容に具体性があり説得力がある場合に優位に評価する。 業務の専門技術力もしくは実現性に著しく欠ける場合は特定しない。また、参考見積の対象外の技術提案については加点しない。	
	評価テーマ２	予定主任技術者の○○事業に関する実務経験を踏まえ、施工段階の手戻りを回避するため、測量・調査・設計業務等の指導・調整等における留意事項 専門技術力 実現性	①事業促進ＰＰＰの目的と実務経験を踏まえた提案内容であることが伺え、ポイントの着眼点が的確で、本業務に有効である場合に優位に評価する。 ②事業促進ＰＰＰの目的を踏まえた提案内容になっている場合に優位に評価する。 ③提案内容に具体性があり説得力がある場合に優位に評価する。 業務の専門技術力もしくは実現性に著しく欠ける場合は特定しない。また、参考見積の対象外の技術提案については加点しない。	４０
小計				８０

３）業務コストの妥当性

評価項目	評価の着目点		評価のウェート	
		判断基準	書面	ヒアリング
コスト	業務コストの妥当性	提示した業務規模と大きくかけ離れている又は提案内容に対して見積もりが不適切な場合には特定しない。		

４）技術提案の評価にあたっては、上記の非特定要件以外に、以下のいずれかに該当する場合も特定しない。

・「実施方針」の評価の合計が満点の６割未満の場合。

・「評価テーマに対する技術提案」の評価の合計が満点の６割未満の場合。

５）評価値が同点の場合の特定者決定方法

評価の合計点の最高得点者が複数者いる場合、下記の 1)から 3)の順で１者を特定するものとする。ただし、 2)以下はその上記項目が同点の場合適用する。

1)技術提案の評価テーマの得点が高いもの

2)技術提案の実施方針の得点が高いもの

3)令和○・○年度○○地方整備局有資格者名簿の上位の者。

2.7　公平中立性

監理業務受注者は、発注者と一体となったチームを形成し、全体事業計画の整理、測量・調査・設計業務等に対する指導・調整等、地元及び関係行政機関等との協議、事業管理等、施工管理等を行うため、業務遂行の過程において、将来実施予定の業務、工事に係る基礎的な情報を知りうる立場となる。そのため、事業促進ＰＰＰの工区内の業務、工事の受注者の選定では、公平中立性に留意することが必要である。

なお、事業促進ＰＰＰを導入する場合であっても、業務、工事の受注者とは中立的な立場で行う必要がある予算管理、契約、最終判断・指示は、発注者の役割であり、積算、工事監督、技術審査等、発注者が業務、工事の受注者とは中立的に実施すべき業務は、発注者が別途契約する発注者支援業務の活用等の対応が必要となる。

また、技術提案・交渉方式を適用する場合、調査・設計段階から施工者によるマネジメント（測量・調査・設計業務等への指導・調整、施工にあたっての地元及び関係行政機関等との協議、近隣工事等との工程調整等）を導入することができる。そのため、大規模なトンネル工事、橋梁工事、橋梁補修工事等、高度な専門性を必要とし、調査・設計等の事業の上流段階から施工者のノウハウを導入することで、事業の促進を図ることができる場合には、技術提案・交渉方式を組み合わせるのがよい。

2.8　事業促進ＰＰＰの実績の評価

優秀な技術者が事業促進ＰＰＰに意欲的に参加でき、事業促進ＰＰＰの担い手の確保・育成が進むよう、事業促進ＰＰＰで良好な成績を収めた企業、技術者の実績をテクリス登録等により適切に記録し、将来の事業促進ＰＰＰを含む工事・業務の入札において、適切に評価することが必要である。

2.9　業務・工事の設計図書

2.9.1　業務の設計図書

事業促進ＰＰＰは、測量・調査・設計業務等のマネジメント業務を発注者と一体となって実施するものである。発注者、監理業務受注者、測量・調査・設計業務等の受注者との連携が適切に行われるよう、測量・調査・設計業務等の特記仕様書には、事業促進ＰＰＰを活用する業務であることを明示する。

＜業務の特記仕様書の記載例＞

（1）事業促進ＰＰＰの活用
本業務は、発注者が別途契約する事業促進ＰＰＰを活用する業務である。

2.9.2　工事の設計図書

事業促進ＰＰＰは、事業管理等、施工管理等のマネジメント業務を発注者と一体となって実施するものである。発注者、監理業務受注者、工事の受注者との連携が適切に行われるよう、工事の特記仕様書には、事業促進ＰＰＰを活用する工事であることを明示する。

＜工事の特記仕様書の記載例＞

（1）事業促進ＰＰＰの活用
本工事は、発注者が別途契約する事業促進ＰＰＰを活用する工事である。

2.10　その他

2.10.1　業務件名

本ガイドラインに基づく事業促進ＰＰＰを発注する場合は、業務件名は、「○○事業監理業務」とし、発注者支援業務や定型作業を行う補助業務とは区別した業務件名を用い、受注者が事業促進ＰＰＰの業務であることを識別できるよう配慮する。なお、地方整備局毎の運用状況により、必要な場合は、「（事業促進ＰＰＰ）○○事業監理業務」とし、識別が容易となるよう工夫する。

2.10.2　執務環境

監理業務受注者の業務執務環境は、発注者とのコミュニケーションの取りやすさに配慮するのがよい。

2.10.3　名刺

名刺は、協議相手の理解を得やすいよう、受注企業の名刺ではなく、国土交通省地方整備局が発注する事業促進ＰＰＰの実施者であることを明確にするのがよい。

3. 平常時の大規模事業等に導入する事業促進ＰＰＰ

3.1　一般

平常時の大規模事業等のタイムラインは、大規模災害復旧・復興事業の本復旧段階以降のタイムラインと類似する点が多く、平常時の大規模事業等に導入する事業促進ＰＰＰについても、大規模災害復旧・復興事業に導入する事業促進ＰＰＰに準じて実施することができる。３章では、平常時の大規模事業等に導入する事業促進ＰＰＰの実施手法のうち、２章に示した大規模災害復旧・復興事業との相違点を中心に記載する。

3.2　事業促進ＰＰＰを導入する事業

平常時の国土交通省直轄事業における事業促進ＰＰＰは、以下のような特徴を複数有する場合に導入することを基本とする。

・事業の規模が大きい
・多くの業務、工事が輻輳している
・調整を要する地元、行政機関等の関係者が多い
・供用までの期間が限定される等、早期の工事着手や完成が必要
・既存の事務所等から離れた箇所である

3.3　事業計画の立案

平常時の大規模事業等のタイムラインは、大規模災害復旧・復興事業の本復旧段階以降のタイムラインと類似する点が多く、事業評価・ルート検討等の計画系業務、準備工事、本体工事の順に進むのが一般的である。発注者は、図-3.1に示す一般的な事業のタイムラインを参考にしながら、事業計画を立案し、事業計画に基づき、事業促進ＰＰＰの業務内容、配置技術者に求める要件等の明確化することが重要である。

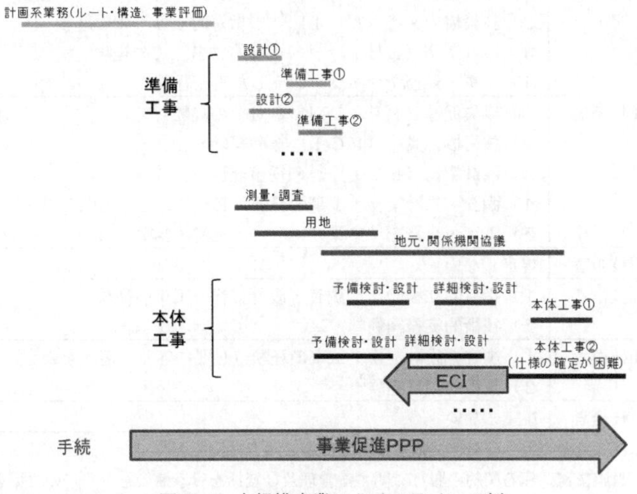

図-3.1　大規模事業のタイムラインの例

3.4　導入時期

平常時の事業は、事業促進ＰＰＰを導入する前年度の早い段階から発注予定を公表できるため、災害時と比較して、監理業務受注者にとって体制を確保しやすい環境である。しかしながら、監理業務受注者が業務に慣れるためには、ある程度の期間を要することが多いことから、業務量の著しい増大期に急に導入するよりも、業務の増大期にやや先行する時期から導入する方が、業務の増大期に円滑に対応しやすいことに留意する必要がある。

また、事業促進ＰＰＰの導入にあたっては、前もって発注予定を公表することにより、受注者側での適切な体制確保が容易となるよう配慮することも重要である。

3.5　受注者の選定方法

事業促進ＰＰＰは、①全体事業計画の整理、②測量・調査・設計業務等の指導・調整等、③地元及び関係行政機関等との協議、④事業管理等、⑤施工管理等のマネジメント業務を、直轄職員が柱となり、官民双方の技術者が有する多様な知識・豊富な経験を融合させながら実施するものであり、一般的な調査・設計業務とは異なる能力が求められる。そのため、管理技術者や主任技術者の事業促進ＰＰＰに対する理解度、実務経験を踏まえた提案の妥当性について、ヒアリング結果を含めて適切に評価することが重要である。平常時の大規模事業等における事業促進ＰＰＰは、「プロポーザル方式」を適用することを基本とする。

平常時の事業は、大規模災害復旧・復興事業と比較して、受注者側の体制の確保がしやすいことから、同種業務、類似業務を区別することにより、事業促進ＰＰＰ、ＰＭ、ＣＭ、技術提案・交渉方式の技術協力業務等のマネジメントを伴う業務の経験を優位に評価するのがよい。

表-3.1　同種・類似業務の設定例

	区分	資格
同種業務	管理技術者	1）事業促進ＰＰＰ、ＰＭ、ＣＭ※1の指導的立場※2での経験 2）技術協力業務（ＥＣＩ）※3の指導的立場※2での経験 3）設計業務（ＥＣＩ）※4の指導的立場※2での経験 4）工事・業務をマネジメントした実務経験※5
	主任技術者	1）事業促進ＰＰＰ、ＰＭ、ＣＭ※1の経験 2）技術協力業務（ＥＣＩ）※3の経験 3）設計業務（ＥＣＩ）※4の従事経験 4）調査・設計業務、工事の経験（必要に応じて範囲を設定） 5）工事・業務をマネジメントした実務経験※5
	担当技術者	規定しない
類似業務	管理技術者	1）指導的立場※2での調査・設計業務、工事の経験 2）技術的実務経験※6
	主任技術者	1）調査・設計業務、工事の経験（必要に応じて範囲を設定） 2）技術的実務経験※7
	担当技術者	規定しない

※1　業務内容が発注者支援業務、資料作成補助業務と同様の場合は除く。

※2　管理技術者（当該業務に係る契約の履行に関する管理及び統括を行うものをいう）の立場をいう

※3　技術提案・交渉方式の技術協力・施工タイプの技術協力業務若しくは設計交渉・施工タイプの実施設計業務をいう

※4　技術提案・交渉方式の技術協力・施工タイプの設計業務をいう

※5　○○分野における、例えば、地方建設局請負工事監督検査事務処理要領（昭和42年3月30日付）第6に該当する総括監督員若しくは主任監督員、地方建設局委託設計業務等調査検査事務処理要領（平成11年4月1日付）第6に該当する総括調査員若しくは主任調査員に相当する程度の経験をいう。

※6 ○○分野における20年以上の実務経験又は○○分野における論文、委員会活動等の優れた実績をいう
※7 ○○分野における10年以上の実務経験又は○○分野における論文、委員会活動等の優れた実績をいう

表-3.2 に大規模災害復旧・復興事業と平常時の大規模事業等の同種・類似業務の設定方法の比較を示す。

表-3.2 災害時と平常時の同種・類似設定方法の比較

区分	資格	災害時A	災害時B※	平常時
管理技術者	1）事業促進ＰＰＰ、ＰＭ、ＣＭの指導的立場での経験	同種	同種	同種
	2）技術協力業務（ＥＣＩ）の指導的立場での経験	同種	同種	同種
	3）設計業務（ＥＣＩ）の指導的立場での経験	同種	同種	同種
	4）工事・業務をマネジメントした実務経験	同種	同種	同種
	5）指導的立場での調査・設計業務、工事の経験	類似	同種	類似
	6）技術的実務経験	類似	同種	類似
主任技術者	1）事業促進ＰＰＰ、ＰＭ、ＣＭの経験	同種	同種	同種
	2）技術協力業務（ＥＣＩ）の経験	同種	同種	同種
	3）設計業務（ＥＣＩ）の経験	同種	同種	同種
	4）調査・設計業務、工事の経験	同種	同種	同種
	5）工事・業務をマネジメントした実務経験	同種	同種	同種
	6）技術的実務経験	類似	同種	類似
担当技術者	規定しない	―	―	―
	参照表	表-2.10	表-2.11	表-3.1

※ 災害時Bは、災害時で技術者の確保が特に困難となる場合に適用

4. 事業促進ＰＰＰの導入にあたっての課題・留意事項

4.1　一般

国土交通省直轄の事業促進ＰＰＰは、直轄職員が柱となり、官民がパートナーを組み、官民双方の技術者が持つ技術・経験を活かしながら効率的なマネジメントを行うことにより、事業の促進を図ることを第一の目的として導入するものである。

一方、我が国の公共事業においては、測量・調査・設計業務等の指導・調整等、地元及び関係行政機関等との協議、全体工程及びコスト管理等のマネジメント業務を行うのは発注者であり、設計コンサルタントが調査・設計業務、建設会社が工事を担う体制をとるのが一般的である。また、事業促進ＰＰＰは、平成24年度より、東北地方整備局が三陸沿岸道路等の復興道路事業において導入が始まった新たな取り組みである。

そのため、事業促進ＰＰＰを導入するにあたり、担い手の確保・育成、関連する諸制度に関して、4.2 に示す課題を有するのが現状であり、これらの課題に留意しつつ、本ガイドラインの適切な運用に努めることが必要である。

4.2　課題・留意事項

4.2.1　担い手の確保・育成

我が国の公共事業においては、事業のマネジメントを行うのは発注者であり、設計コンサルタントが調査・設計業務、建設会社が工事を担うのが一般的である。そのため、事業促進ＰＰＰは、設計コンサルタント、建設会社において、ビジネスとして位置づけがなく、事業促進ＰＰＰを担う体制が十分に整っていないのが現状である。

そのため、民間企業において、マネジメント業務を担う人材の確保、育成が進むためには、事業促進ＰＰＰが、大規模災害時に限った一過性のものではなく、平常時の大規模事業等においても継続的に実施され、民間企業にとっての事業性が見いだされ、民間企業の自発的な取り組みにより、マネジメント業務を担う人材の確保、育成が進むことが必要である。

4.2.2　受注インセンティブの向上

事業促進ＰＰＰの受注インセンティブ向上のため、工区内の業務については、公平中立性への配慮が特に必要とされる業務を除き、受注制限を緩和できる。

事業上流段階で事業促進ＰＰＰに参画した者が継続的に工事に携わることは、品質確保、生産性向上等の観点からのメリットがあることから、公平中立性、透明性の確保に留意しながら、事業促進ＰＰＰの受注者が継続的に工事に携わることを過度に制限しない発注方法や条件等について検討が必要である。

4.2.3　技術提案・交渉方式の活用

大規模なトンネル工事、橋梁工事、橋梁補修工事等、高度な専門性を必要とし、調査・設計段階から、施工者のノウハウを導入することで、事業の促進を図ることができる場合には、技術提案・交渉方式を適用するのがよい。技術提案・交渉方式を適用することにより、施工者が事業の上流段階において、効率的な施工が行えるよう、測量・調査・設計業務等への技術協力、地元及び関係行政機関等との協議支援、近隣工事等との工程調整等、事業促進ＰＰＰと類似したマネジメント業務に携わることができ、価格等交渉が成立した場合には、事業の上流段階でマネジメント業務に携わった者が引き続き施工まで携わることができる。ただし、技術提案・交渉方式についても、適用事例が少なく、大規模災害復旧・復興事業において効果を発揮させるため、適用を拡大し、経験を蓄積しておくことが重要である。

4.2.4　過去の業務実績等の適切な活用

事業促進ＰＰＰは、①全体事業計画の整理、②測量・調査・設計業務等の指導・調整等、③地元及

び関係行政機関等との協議、④事業管理等、⑤施工管理等のマネジメント業務を、直轄職員が柱となり、官民双方の技術者が有する多様な知識・豊富な経験を融合させながら実施するものである。事業促進ＰＰＰを行う者としての適正を適切に評価するため、過去の事業促進ＰＰＰ、ＣＭ、ＰＭ、技術提案・交渉方式を適用した工事の設計業務や技術協力業務、工事・業務をマネジメントした実務経験等の実績等がテクリス登録等により適切に記録され、マネジメント業務の実績等が、将来の事業促進ＰＰＰの入札段階において、適切に活用されることが重要である。

なお、事業促進ＰＰＰは、積算、監督、技術審査等の比較的定型的な補助業務を行う発注者支援業務、単純な資料作成を行う資料作成補助業務とは区別される。業務件名が、ＣＭ、ＰＭ、事業監理業務等であっても、実質的な業務内容が、積算、監督、技術審査等の発注者支援業務、単純な資料作成を行う資料作成補助業務と同様の場合は、事業促進ＰＰＰの実績とみなすことは適切でないので注意が必要である。

4.2.5　地方公共団体が行う事業への適用

本ガイドラインは、地方公共団体等の発注者が体制を強化する場合にも、参考となる点はあるものの、技術職員を有する国土交通省の直轄事業への適用を前提に、事業のマネジメント能力を有する直轄職員が柱となり、官民双方の技術者が有する多様な知識・豊富な経験を融合させながら実施するものとなっている。そのため、地方公共団体の事業に適用する場合には、発注者の体制の状況に応じて、受注者が行う業務範囲等が異なることが考えられるため、別途検討が必要である。一方で、技術職員が一定数存在する地方公共団体においては、発注者の体制の状況等を考慮しながら、監理業務受注者が行う業務範囲等を見直しつつ、本ガイドラインを準用できる場合もある。

地方公共団体が行う災害復旧・復興事業、大規模事業等においても、発注者体制を強化するニーズはあると考えられるため、引き続き、地方公共団体が行う事業への適用拡大方法について検討していく必要がある。

4.2.6　準委任契約への対応

事業促進ＰＰＰは、①全体事業計画の整理、②測量・調査・設計業務等の指導・調整等、③地元及び関係行政機関等との協議、④事業管理等、⑤施工管理等のマネジメント業務を、直轄職員が柱となり、官民双方の技術者が有する多様な知識・豊富な経験を融合させながら実施するものである。本ガイドラインは、受発注者が一体となった業務の進め方、役割分担の詳細は、2.4 業務内容において記載している。また、過去の事業促進ＰＰＰ導入事例における有効な取り組み事例、直轄事業で多いリスク事例を併記し、発注者と監理業務受注者が業務内容に対して共通の認識を持てるよう配慮している。しかしながら、事業促進ＰＰＰは、事業の過程において様々な不確定要素があり、契約締結段階から業務内容や成果物の仕様を明確にしづらい面があり、事業促進ＰＰＰは、成果物に対して報酬を支払う請負契約ではなく、業務上の行為に対して報酬を支払う準委任契約の形態をとるのが望ましいとの指摘がある。

準委任契約への対応にあたっては、発注者支援業務を含む土木工事全般における請負契約、準委任契約との関係の整理が必要であるとともに、事業促進ＰＰＰの担い手の確保・育成、実績・資格等を評価する仕組みが整備途上にある現状において、成果物ではなく、業務上の行為に対して報酬を支払う準委任契約として実施することの影響等について、十分な検証が必要となる。

4.2.7　積算方法

事業促進ＰＰＰは、標準的な歩掛が設定されていないため、業務の積算は受注者から提出される見積を参考に実施する。現時点では、事業促進ＰＰＰの担い手の確保・育成の途上にあり、業務内容について不慣れな面があることから、今後、事業促進ＰＰＰの実施状況、普及・展開の状況等を踏まえながら、標準的な歩掛の設定について検討していくことが必要となる。

5. 業務説明書、仕様書の記載例

5.1　業務説明書の記載例

業務説明書の記載例（プロポーザル方式の場合）を以下に示す。以下は、標準的な記載方法の一例であるため、地方整備局毎の記載例、ひな形等がある場合は、それらとの整合が必要である。

業務説明書

○○地方整備局の令和○○年度○○事業監理業務に係る手続開始の公示に基づく手続（「手続開始の公示」という。）については、関係法令に定めるもののほか、この業務説明書によるものとする。

なお、この業務説明書と手続開始の公示に齟齬がある場合は、手続開始の公示を優先するものとする。

1．手続開始の公示日　令和○○年○月○日

2．契約担当官等

分任支出負担行為担当官　○○地方整備局○○河川国道事務所長　○○　○○

郵便○-○　○○県○○市○○

3．業務の概要

（1）業務名　令和○○年度　○○事業監理業務

（2）業務の目的

本業務は、○○地区における○○事業の効率的かつ確実な事業推進を図るため、全体事業計画の整理、測量・調査・設計業務等に対する指導・調整等、地元及び関係行政機関との協議、事業管理等、施工管理等を行う業務である。

（3）業務内容

・全体事業計画の整理

・測量・調査・設計業務等に対する指導・調整等

・地元及び関係行政機関との協議

・事業管理等

・施工管理等

本業務において、技術提案を求めるテーマは以下に示す２つの事項である。

1）・・・・・

2）・・・・・

（4）主たる部分

本業務における「主たる部分」は土木設計業務等共通仕様書第 1128 条第 1 項に示す他に次のとおりとする。

・・・・・・・

（5）配置予定技術者

1）予定技術者の常駐・専任

本業務の配置予定技術者の常駐・専任については下記のとおりとする。

【常駐】

・管理技術者　無

・主任技術者（○○○○担当）　有（※1）

・主任技術者（○○○○担当）　有（※1）

・担当技術者（○○○○担当）　有（※1）

※１：常駐する配置予定技術者は、主任技術者又は担当技術者のうち１名で足りるものとする。常駐する技術者は受注者の選択による。また、配置予定技術者として業務計画書に記載した担当技術者であれば、履行期間中の常駐の交替を認める。

【専任】

・管理技術者 無

・主任技術者（○○○○担当）　有（※２）

・主任技術者（○○○○担当）　有（※２）

・担当技術者（○○○○担当）　無

※２：主任技術者は、専任を求めないが、本業務を最優先とする事とし、その他業務の管理技術者になることは認めない。

２）管理技術者の兼務

本業務の管理技術者は主任技術者を兼務することができる。その場合、管理技術者及び主任技術者双方の要件を満たすものとする。

３）主任技術者及び担当技術者の兼務

主任技術者及び担当技術者は、いずれの主任技術者及び担当技術者とも兼務することはできない。

（６）再委託の禁止

本業務について、主たる部分の再委託を認めない。

（７）その他

本業務の特記仕様書（案）は別添○のとおりである。

４.技術提案書の提出者に要求される資格要件

（１）技術提案書の提出者

１）基本的要件

ア）単体企業

a) 予算決算及び会計令（昭和２２年勅令第１６５号）第７０条及び第７１条の規定に該当しない者であること。

b) 土木関係建設コンサルタント業務の業種区分による○○地方整備局（港湾空港関係を除く）における令和○・○年度一般競争（指名競争）参加資格の認定を受けていること。

（会社更生法（平成１４年法律第１５４号）に基づき更生手続開始の申立てがなされている者又は民事再生法（平成１１年法律第２２５号）に基づき再生手続開始の申立てがなされている者については、手続開始の決定後、○○地方整備局長が別に定める手続に基づく一般競争（指名競争）入札参加資格の再認定を受けていること。）

c) ○○地方整備局長から建設コンサルタント業務等に関し指名停止を受けている期間中でないこと。

d) 警察当局から、暴力団員が実質的に経営を支配する者又はこれに準ずるものとして、国土交通省公共事業等からの排除要請があり、当該状態が継続している者でないこと。

e)会社更生法に基づき更生手続開始の申立てがなされている者又は民事再生法に基づき再生手続開始の申立てがなされている者（上記　b）の再認定を受けた者を除く。）でないこと。

イ）　設計共同体

上記　ア）に掲げる条件を満たしている者により構成される設計共同体であって、「競争参加者の資格に関する公示」（令和○○年○○月○○日【公示日】付け○○地方整備局長）において、○○地方整備局長から○○○○○○業務【業務名】に係る設計共同体としての競争参加者の資格の認定を受けているものであること。

設計共同体による参加を認める場合において、「建設コンサルタント業務等における共同設計方式の取扱いについて」（平成１０年１２月１０日付け建設省厚契発第５４号、建設省技調発第２３６号、建設省営建発第６５号）の７の設計共同体の構成員の一部が指名停止を受けた場合の取扱いにおける申請期限の特例については、選定通知の日とする。

2）資本関係及び人的関係

技術提案書を提出しようとする者の間に以下の基準のいずれかに該当する関係がないこと。

ア）資本関係

以下のいずれかに該当する二者の場合。

a）子会社等（会社法（平成１７年法律第８６号）第２条第３号の２に規定する子会社をいう。b）において同じ。）と親会社等（同条第４号の２に規定する親会社等をいう。b）において同じ）の関係にある場合

b）親会社等を同じくする子会社等同士の関係にある場合

イ）人的関係

以下のいずれかに該当する二者の場合。ただしａ）については、会社等（会社法施行規則（平成１８年法務省令第１２号）第２条第３項第２号に規定する会社等をいう。以下同じ。）の一方が民事再生法第２条第４号に規定する再生手続が存続中の会社等又は更生会社（会社更生法第２条第７項に規定する更生会社をいう。）である場合を除く。

a）一方の会社等の役員（会社法施行規則第２条第３項第３号に規定する役員のうち、次に掲げる者をいう。以下同じ。）が、他方の会社等の役員を現に兼ねている場合

i. 株式会社の取締役。ただし、次に掲げる者を除く。

①　会社法第２条第１１号の２に規定する監査等委員会設置会社における監査等委員である取締役

②　会社法第２条第１２号に規定する指名委員会等設置会社における取締役

③　会社法第２条第１５号に規定する社外取締役

④　会社法第３４８条第１項に規定する定款に別段の定めがある場合により業務を遂行しないこととされている取締役

ii. 会社法第４０２条に規定する指名委員会等設置会社の執行役

iii. 会社法第５７５条第１項に規定する持分会社（合名会社、合資会社又は合同会社をいう。）の社員（同法第５９０条第１項に規定する定款に別段の定めがある場合により業務を遂行しないこととされている社員を除く。）

iv. 組合の理事

v. その他業務を遂行する者であって、ⅰからⅳまでに掲げる者に準ずる者

b）一方の会社等の役員が、他方の会社等の民事再生法第６４条第２項又は会社更生法第６７条第１項の規定により選任された管財人（以下単に「管財人」という。）を現に兼ねている場合

c）一方の会社等の管財人が、他方の会社等の管財人を現に兼ねている場合

ウ）その他入札の適正さが阻害されると認められる場合

組合（設計共同体を含む。）とその構成員が同一の入札に参加している場合その他上記ア）又はイ）と同視しうる資本関係又は人的関係があると認められる場合。

3）中立性・公平性

本業務受注者及び本業務受注者と資本関係又は人的関係がある者は、本業務の担当範囲内の工事の入札に参加し又は受注者となることはできない（共同企業体の場合はその構成員となることもできない）。また、本業務の受注者の出向・派遣元及び、出向・派遣元と資本関係又は人的関係のある者についても、前記と同様の扱いとする。なお、「参加」とは、入札に参加すること又はその下請として参加することを含む。

[１]一方の会社が、他方の会社の発行済株式総数の１００分の５０を超える株式を保有し又はその出資額の総額の１００分の５０を超える出資をしている場合。

[２]一方の会社の代表権を有する役員が、他方の会社の代表権を有する役員を兼ねている場合。

（2）配置予定技術者に対する要件

予定技術者に必要とされる資格、業務実績及び条件は以下のとおりとする。

１）業務実績

平成○年度以降公示日までに完了した「国・特殊法人・地方公共団体等」から受注した業務又は工事の実績とする。

※上記の期間（以下「評価対象期間」という。）に、産前・産後休業、育児休業及び介護休業（以下「長期休業」という。）を取得した場合は、評価対象期間を１年単位で延長する申請を行うことができ、長期休業期間が１年に満たない場合は、１年として切り上げて期間を延長することができる。なお、長期休業を複数回取得している場合は、休業の通算日数が１ヶ年を超える毎に評価対象期間を１年単位で延長することができる。詳細は別添○による。

（産前・産後休業とは労働基準法第６５条（昭和２２年法律第４９号）で規定する休業とし、育児休業及び介護休業とは、育児休業、介護休業等育児又は家族介護を行う労働者の福祉に関する法律（平成3年法律第76号）で規定する休業とし、介護休暇及び子の看護休暇は対象外とする。）

「国・特殊法人・地方公共団体等」とは、国、特殊法人、地方公共団体、地方公社、公益法人又は大規模な土木工事を行う公益民間企業とする。（以下「国・特殊法人・地方公共団体等」という。）

ただし、下記の業務及び工事は実績として認めない。

①業務

ａ）再委託による業務

ｂ）同種又は類似の実績として確認できない以下の業務

・テクリスに登録されているが、「業務概要」、「業務キーワード」、「業務分野」の内容で同種又は類似の実績として確認できない業務。

・４．（２）１）により、業務実績を証明するために添付した書類において同種又は類似の実績として確認できない業務。

ｃ）テクリス登録されている業務については、管理（主任）技術者又は担当技術者として登録されている業務以外

ｄ）テクリス登録されていない業務については、管理（主任）技術者又は担当技術者と同等と認められる業務以外

ｅ）国土交通省発注業務のうち国土交通省競争参加資格（全省庁統一資格）における「役務の提供等」に認定されていることを競争参加資格とした業務（ただし、国土交通省大臣官房技術調査課、都市局、水管理・国土保全局又は道路局発注業務でテクリス登録されている業務若しくは土木関係建設コンサルタント業務と同等と認められる業務は除く。）

ｆ）技術者評点が６０点未満（○○地方整備局発注業務において平成○年○月○日以降公示した業務で低入札価格調査を経て契約を行い技術者評点が６５点未満の業務、また、平成○年○月○日以降公示した予定価格が１００万円を超えて１，０００万円以下の業務のうち、その落札価格が予定価格に１０分の７を乗じて得た額を下回る価格で契約を行った業務の技術者評点が６５点未満）の業務。なお、「地方整備局委託業務等成績評定要領」（平成１４年9月５日付け国官技第１４２号）、「地方整備局委託業務等成績評定要領」（平成２０年9月２６日付け国官技第１２６号）及び「地方整備局委託業務等成績評定要領」（平成２３年３月２８日付け国官技第３６０号）に基づく業務成績以外の業務は、この限りではない。

②工事

ａ）下請による工事

ｂ）コリンズに登録されている工事及びコリンズに登録されていない工事における主任技術者又は監理技術者として登録されている工事以外（監理技術者の工事実績の場合に限る。）

ｃ）当該実績が大臣官房官庁営繕部所掌の工事又は地方整備局所掌の工事（旧地方建設局所掌の工事を含み、港湾空港関係を除く。）に係るものにあっては、評定点合計（工事成績評定通知の記４．成績評定①の評定点（評定点が修正された場合にあたっては、修正評定点）をいう。）が６５点未満の工事。

２）手持ち業務量の制限

手持ち業務量の制限は、管理（主任）技術者又は担当技術者となっている「国・特殊法人・地方公共団体等」から受注した契約金額５００万円以上の業務（本業務を含まず、特定後未契約のもの及び落札決定通知を受けているが未契約のものを含む。）を対象とする。
評価基準日は公示日とする。
①複数年契約の業務及び設計共同体として受注した業務の扱い
複数年契約の業務及び設計共同体として受注した業務の場合の契約金額については以下のとおり業務金額を算出するものとする。
・複数年契約の業務の場合は、契約金額を履行期間の総月数で除し、当該年度の履行月数を乗じた金額とする。
・設計共同体として受注した業務の契約金額は、総契約金額に出資比率を乗じた金額（分担した業務の金額）とする。
②手持ち業務量が超過した場合
本業務の公示日以降契約締結日まで及び履行期間中に手持ち業務量を超えた場合には、遅滞なくその旨を報告しなければならない。その上で、業務の履行を継続することが著しく不適当と認められる場合には、当該予定技術者を、以下のａ）からｄ）までのすべての要件を満たす技術者に交代させる等の措置を請求する場合がある。交代できない場合は、業務の履行を継続する場合であっても、本業務の業務成績評定に厳格に反映させるものとする。
ａ）当該予定技術者と同等の同種又は類似業務実績を有する者
ｂ）手持ち業務量が当該業務の業務説明書又は特記仕様書において設定している予定技術者の手持ち業務量の制限を超えない者
ｃ）管理技術者にあたっては、本業務の履行期間中に本業務の受注者と直接的雇用関係がある者
ｄ）主任技術者にあたっては、当該予定技術者と同等以上の資格・実績・成績・表彰を有する者

【管理技術者】
管理技術者については、以下の①から③に示す条件を満たす者であることとする。
①業務実績
以下のいずれかの業務実績を有する者。
ａ）同種業務は以下のとおりとする。
［１］〇〇に関する事業促進ＰＰＰ、ＰＭ又はＣＭの管理技術者としての業務実績
［２］〇〇に関する技術提案・交渉方式の技術協力・施工タイプにおける技術協力業務若しくは設計業務又は設計交渉・施工タイプにおける設計業務の管理技術者としての業務実績
［３］〇〇分野において工事・業務をマネジメントした実務経験
マネジメントした実務経験とは、〇〇分野における「地方建設局請負工事監督検査事務処理要領（昭和42年3月30日付）」第６に該当する総括監督員若しくは主任監督員、「地方建設局委託設計業務等調査検査事務処理要領（平成１１年４月１日付）」第６に該当する総括調査員若しくは主任調査員に相当する程度の経験をいう。
ｂ）類似業務とは以下のとおりとする。
［１］〇〇の調査・設計業務に関する管理技術者としての業務実績
［２］〇〇の工事に関する監理技術者としての工事実績
［３］〇〇に関する事業促進ＰＰＰ、ＰＭ又はＣＭの業務実績
［４］〇〇に関する技術提案・交渉方式の技術協力・施工タイプにおける技術協力業務若しくは設計業務又は設計交渉・施工タイプの設計業務の業務実績
ただし、上記　１）①業務、②工事は実績として認めない。
上記　１）※による申請が行われた場合は、申請内容に基づいて評価対象期間の延長を行うものである。
②手持ち業務量の制限

契約額の合計が５億円未満かつ契約件数の合計が１０件未満であることを標準とする。
主任技術者を兼任する場合は、手持ち業務量に当該業務を含めるものとする。
手持ち業務のうち、国土交通省所管に係る建設コンサルタント業務等において、調査基準価格を下回る金額で落札した業務がある場合には、手持ち業務量の契約金額の合計を２．５億円に、契約件数の合計を５件に読み替えるものとする。
③直接的雇用関係
技術提案書の提出者と直接的雇用関係があることとし、雇用関係が証明できる書類を提出すること（自由形式）。雇用関係が確認できない場合は提出された参加表明書等を無効とし、競争参加資格がないものとする。
なお、参加表明書等を提出する者が設計共同体の場合は、代表者が管理技術者を配置すること。
【主任技術者】
④資格
以下のいずれかの資格を有する者。

区分	資格
主任技術者（計画検討）	［１］ 技術士（総合技術監理部門（建設）又は建設部門）
	［２］ 国道交通省登録技術者資格（業務：計画、施設分野：○○○○）
	［３］ 土木学会認定土木技術者（特別上級、上級、１級）
	［４］ RCCM（技術士の部門と同様の部門に限る）
主任技術者（事業管理）	［１］ 技術士（総合技術監理部門（建設）又は建設部門）
	［２］ 国道交通省登録技術者資格（業務：計画、施設分野：○○○○）
	［３］ 土木学会認定技術者（特別上級、上級、１級）
	［４］ RCCM（技術士の部門と同様の部門に限る）
	［５］ １級土木施工管理技士
	［６］ 公共工事品質確保技術者（Ⅰ）
主任技術者（調査設計）	［１］ 技術士（総合技術監理部門（建設）又は建設部門）
	［２］ 国道交通省登録技術者資格（業務：○○、施設分野：○○○○）
	［３］ 土木学会認定技術者（特別上級、上級、１級）
	［４］ RCCM（技術士の部門と同様の部門に限る）
主任技術者（用地）	［１］ 補償業務管理士（総合補償部門又は土地調査部門、土地評価部門、物件部門及び補償関連部門の４部門全て）
主任技術者（施工）	［１］ 技術士（総合技術監理部門（建設）又は建設部門）
	［２］ 土木学会認定技術者（特別上級、上級、１級）
	［３］ RCCM（技術士の部門と同様の部門に限る）
	［４］ １級土木施工管理技士

⑤業務実績
以下のいずれかの業務実績を有する者。
a）同種業務は以下のとおりとする。
［１］○○に関する事業促進ＰＰＰ、又はＰＭ、又はＣＭの業務実績
［２］○○に関する技術提案・交渉方式の技術協力・施工タイプにおける技術協力業務若しくは設計業務又は設計交渉・施工タイプにおける設計業務の業務実績
［３］○○分野において業務又は工事をマネジメントした経験を有するもの
マネジメントした実務経験とは、○○分野における「地方建設局請負工事監督検査事務処理要領（昭和４３年３月３０日付）」第６に該当する総括監督員、総括調査員若しくは主任監督員又は「地方建設局委託設計業務等調査検査事務処理要領（平成１１年４月１日付）」第６に該当する総括調査員若

しくは主任調査員に相当する程度の経験をいう。
b）類似業務とは以下のとおりとする。
［1］○○計画検討業務、○○調査・○○設計業務、用地補償業務、○○工事の実績
［2］○○分野における技術者としての10年以上の実務経験。ただし、実務経験は○○分野での従事期間が確認できるものとし、工事・業務の実績の有無は問わない。
ただし、上記　1）①業務、②工事は実績として認めない。
上記　1）※による申請が行われた場合は、申請内容に基づいて評価対象期間の延長を行うものである。

5．担当部局
・・・・・・
6．業務実施上の条件
・・・・・・

7．参加表明書の提出方法、提出先及び提出期限
（1）作成方法
参加表明書の様式は、様式－○～○に示されるとおりとするが、配布された様式を基に作成を行うものとし、文字サイズを10ポイント以上とする。
配置予定主任技術者（事業管理・調査・設計）○名（施工）○名の提案とする。
なお、提出にあたっては下記に留意すること。

記載事項	内容に関する留意事項
参加表明者の業務実績	・参加表明者が過去に受注した業務実績について記載する。 ・手続開始の公示○．○に規定する業務に関する実績を対象とする。 ・平成○○年度以降公示日までに完了した工事又は業務とする。 ・記載する件数は1件とする。 ・記載様式は様式－○とする。
配置予定管理技術者の経歴等	・配置予定管理技術者について手続開始の公示○．○に示す、資格・業務実績について記載する。保有資格の資格証等の写しを添付すること。 ・手持ち業務は令和○○年○月○日現在、国土交通省以外の発注者（国内外を問わず）のものも含めて全て記載する。 手持ち業務とは管理技術者、主任技術者又は担当技術者となっている契約金額500万円以上の他の業務とし、本業務以外の業務で配置予定技術者として未契約業務（特定後未契約のもの及び落札決定通知（予定も含む）を受けているが未契約のものを含む。）がある場合は、手持ち業務の記載対象とし業務名の後に「未契約」と明記するものとし、参考見積金額を契約金額として記載する。 ・業務実績とは、手続開始の公示○．○に示す実績を記載する。 ・記載様式は様式－○，○とする。 ・参加表明書の提出者と「直接的雇用関係」に関する要件の確認（様式-○）を添付すること。ただし、参加表明書提出日までに、「直接的雇用関係」が提出者と予定管理技術者の両者において成立していない場合、「契約日までに「直接的雇用関係」が成立する趣旨の証明（様式自由）を添付すること。
業務実施体制	・業務分担について記載する。1者単独により、業務を実施する場合には、その旨を記載する。ただし、他の建設コンサルタント等に当該業務の一部を再委託する場合又は学識経験者の技術協力を受けて業務を実施

	する場合は、備考欄にその旨を記載するとともに、再委託先又は協力先、その理由を記載すること。また、業務の主たる部分を再委託する場合、業務の分担構成が不明確又は不自然な場合は、選定しない。 ・配置予定技術者の業務実施体制について記載すること。 ・記載様式は様式－○とする。
配置予定主任技術者の経歴等	・配置予定主任技術者（事業管理・調査・設計）について手続開始の公示○．○に示す、資格・業務実績について記載する。保有資格の資格証等の写しを添付すること。 ・業務実績とは、配置予定主任技術者（事業管理・調査・設計）について手続開始の公示○．○に示す実績を記載する。 ・記載様式は様式－○，○とする。

（２）提出方法等

参加表明書の提出は、手続開始の公示○．○に掲げる一般競争（指名競争）参加資格の認定を受けていない者又は、手続開始の公示○．○に掲げる設計共同体としての資格の認定を受けていない者も提出することができるが、その者が技術提案書の提出者として選定された場合であっても、技術提案書を提出するためには、令和○○年○月○日において、当該資格の認定を受けていなければならない。

ただし、「建設コンサルタント業務等における共同設計方式の取り扱いについて」（平成２６年７月１１日付け国地契第２０号、国官技第９９号、国営整第８４号）の７の設計共同体の構成員の一部が指名停止措置を受けた場合の取り扱いにおける申請期限の特例については、「特定建設工事共同企業体の構成員の一部が指名停止を受けた場合の取扱いについて」（平成１０年３月９日付け建設省厚契発第１８号、建設省技調発第２２号）を準用し、別表２②に示す期日とする。

提出期限内に参加表明者が提出場所に到達しなかった場合は選定されない。

１）提出期間：別表２③に示す日時

２）提出場所：手続開始の公示○．○のとおり。

３）提出方法：①電子入札対応の場合

電子入札システムにより提出。ただし、容量が３ＭＢを超える場合又は発注者が郵送又は持参での提出を求めた場合、持参又は郵送（書留郵便に限る。提出期限までに必着）すること。

②発注者の承諾を得て紙入札方式により提出する場合

持参又は郵送（書留郵便に限る。提出期限までに必着）すること。

４）電子入札システムで提出する場合の注意事項：

電子入札システムにより参加表明書を提出する場合は、配布された様式で作成するものとし、参加表明書に必要な書類は、MS-WORD（拡張子：＊．doc）、一太郎（拡張子：＊．jaw、＊．jbw、＊．jfw、＊．jtd）、Excel2003、PDF 形式で作成することとし、いずれか一つのファイルで提出すること。契約書などの印がついているものは、スキャナーで読み込み本文に貼り付けること。各種ファイルを圧縮（ＬＺＨ形式に限る。）したものを提出可能である。

なお、参加表明書は、参加表明書の画面の「添付資料追加」のボタンでファイルを添付し、送信すること。

また、参加表明書及び技術提案書は３ＭＢまでのファイルを添付できるようになっているが、ファイル容量が３ＭＢを超える場合は、全ての書類を郵送（書留郵便に限る。提出期限までに必着。）もしくは持参により提出すること。

この場合、必要書類１式を郵送又は持参するものとし、電子入札システムでの提出との分割は認めない。

郵送する際は、表封筒に「『令和○○年度○○事業監理業務』に係る参加表明書及び技術提案書別添資料在中」と明記する。また、電子入札システムにより、下記の内容を記載した書面（別紙○）を参加表明書の画面の「添付資料追加」のボタンで添付し、送信すること。

①郵送（持参）する旨の表示

②郵送（持参）する書類の目録
③郵送（持参）する書類のページ数
④発送（持参）年月日
（３）参加表明書表紙の押印は、電子認証書が実印と同等の機能を有するので、不要である。ただし、郵送又は持参による場合は押印すること。
（４）プリントアウト時に規定の枚数内となるように設定しておくこと。なお、送信された参加表明書のプリントアウトは白黒印刷で行う。
（５）関連資料
１）手続開始の公示○．○及び手続開始の公示○．○の同種業務の実績として記載した業務に係る契約書等の写しを提出すること。ただし、当該業務が、一般財団法人日本建設情報総合センターの「業務実績情報システム（テクリス）」に登録されている場合は、契約書等の写しを提出する必要はない。しかし、配置予定管理技術者等が以前勤めていた会社での実績を挙げる場合は、その会社に在職していたことを証明する資料を提出すること。また、婚姻等により氏名が変更になっている場合についても、前氏名が確認できる資料を提出すること。
また、発注者として同種業務に従事した経験については、業務実績に係わる経歴書等を提出すること。
２）手続開始の公示○．○及び手続開始の公示○．○の同種業務の実績として記載した業務に係わる業務成績評定通知書の写しを提出すること。ただし、当該実績が国土交通省及び内閣府沖縄総合事務局開発建設部以外の機関が発注したものにあっては、業務成績評定通知書の写しを提出する必要はない。
３）手続開始の公示○．○及び手続開始の公示○．○の保有資格については、資格証の写しを添付すること。

８．非選定理由に関する事項
（１）参加表明書を提出した者のうち、技術提案書の提出者として選定されなかった者に対しては、選定されなかった旨と、その理由（非選定理由）を電子入札システムにより通知する。なお、紙入札方式の場合は書面（非選定通知書）により通知する。
（２）上記（１）の通知を受けた者は、分任支出負担行為担当官に対して非選定理由について、次に従い、説明を求めることができる。
１）受領期限：別表２④に示す日時
２）提出場所：手続開始の公示○．（○）のとおり。
３）提出方法：電子入札システムにより提出すること。ただし、書面は持参することにより提出することもできる。郵送又は電送によるものは受け付けない。
（３）分任支出負担行為担当官は、説明を求められたときは、別表２⑤に示す日までに説明を求めた者に対し電子入札システムにより回答する。ただし、書面により説明を求めた者は、書面により回答する。
（４）非選定理由の説明書請求の受付場所及び受付時間は以下の通りである。
１）受付場所：手続開始の公示○．（○）のとおり。
２）受付時間：９時から１７時まで。

９．説明書の内容についての質問の受付及び回答
（１）業務説明書に対する質問がある場合においては、次に従い、書面（様式は自由）により提出すること。
１）提出期間：別表２⑥に示す日時
２）提出場所：手続開始の公示○．（○）のとおり。
３）提出方法：電子入札システムにより提出すること。ただし、書面を持参し又は郵便（書留郵便に限る）により提出することもできる。電送（ファクシミリ）によるものは受け付けない。

（2）質問に対する回答は、別表2⑦に示す日までに質問者に対して電子入札システムにより回答する。ただし、書面により説明を求めた者は、書面により回答する。そのほか下記のとおり閲覧に供する。

1）閲覧場所：手続開始の公示○．（○）のとおり。

2）閲覧期間：別表2⑧に示す日時。

（3）電子入札システムによる質問書の提出にあたっては、質問書に業者名（過去に受注した具体的な業務名等の記載により、業者名が類推される場合も含む。）を記載しないこと。このような質問があった場合には、選定又は特定しない場合がある。

１０．技術提案書作成上の基本事項

プロポーザルは、調査、検討、および設計業務における具体的な取り組み方法について提案を求めるものであり、成果の一部の提出を求めるものではない。本説明書において記載された事項以外の内容を含む技術提案書については、提案を無効とする場合があるので注意すること。

（1）技術提案書を特定するための評価基準

技術提案書の評価項目、判断基準、ならびに評価のウェートは、以下のとおりである。

1）実施方針

評価項目	評価の着目点		評価のウェート
		判断基準	書面　ヒアリング
実施方針（様式－○）	理解度・実施体制	①事業促進ＰＰＰの目的、業務内容、現地条件、与条件、不確定要素を十分に理解し、業務内容、規模、不確定要素に応じた実施方針、実施体制が示されている場合に優位に評価する。 ②事業促進ＰＰＰの目的、業務内容を踏まえた実施方針、実施体制が示されている場合に優位に評価する。 ③業務の内容、規模等に応じた実施方針、実施体制が示されている場合に優位に評価する。 下記のいずれかに該当する場合は特定しない。 ①業務の分担構成が、不明確又は不自然な場合 ②設計共同体による場合に、業務の分担構成が細分化され過ぎている場合	２０
小 計			２０

2）評価テーマ

評価項目	評価の着目点			評価のウエート
			判断基準	書面　ヒアリング
評価テーマに関する技術提案(様式－○)	評価テーマ1	予定管理技術者の○○事業に関する実務経験を踏まえ、事業管理を的確に実施する上でのポイント	①事業促進ＰＰＰの目的と実務経験を踏まえた提案内容であることが伺え、ポイントの着眼点が的確で、本業務に有効である場合に優位に評価する。 ②事業促進ＰＰＰの目的を踏まえた提案内容になっている場合に優位に評価する。 ③提案内容に具体性があり説得力が	４０

		専門技術力 実現性	ある場合に優位に評価する。 業務の専門技術力もしくは実現性に著しく欠ける場合は特定しない。また、参考見積の対象外の技術提案については加点しない。	
	評価テーマ2	予定主任技術者の○○事業に関する実務経験を踏まえ、施工段階の手戻りを回避するため、測量・調査・設計業務等の指導・調整等における留意事項 専門技術力 実現性	①事業促進ＰＰＰの目的と実務経験を踏まえた提案内容であることが伺え、ポイントの着眼点が的確で、本業務に有効である場合に優位に評価する。 ②事業促進ＰＰＰの目的を踏まえた提案内容になっている場合に優位に評価する。 ③提案内容に具体性があり説得力がある場合に優位に評価する。 業務の専門技術力もしくは実現性に著しく欠ける場合は特定しない。また、参考見積の対象外の技術提案については加点しない。	４０
小計				８０

3）業務コストの妥当性

評価項目	評価の着目点		評価のウェート
		判断基準	書面　ヒアリング
コスト	業務コストの妥当性	提示した業務規模と大きくかけ離れている又は提案内容に対して見積もりが不適切な場合には特定しない。	

4）技術提案の評価にあたっては、上記の非特定要件以外に、以下のいずれかに該当する場合も特定しない。

・「実施方針」の評価の合計が満点の６割未満の場合。

・「評価テーマに対する技術提案」の評価の合計が満点の６割未満の場合。

5）評価値が同点の場合の特定者決定方法

評価の合計点の最高得点者が複数者いる場合、下記の 1)から 3)の順で１者を特定するものとする。ただし、 2)以下はその上記項目が同点の場合適用する。

1)技術提案の評価テーマの得点が高いもの

2)技術提案の実施方針の得点が高いもの

3)令和○・○年度○○地方整備局有資格者名簿の上位の者

１１．技術提案書の提出等

（1）作成方法

技術提案書の様式は、様式－○～様式－○に示されるとおりとする。なお、文字サイズは１０ポイント以上とする。文字サイズが１０ポイント未満の記載については、評価対象外とする。（図表は、必ずしもこの限りではない）

業務に関する実施方針の記載にあたっては、1枚に記載すること。

評価テーマの記載にあたっては、1テーマにつき、1枚に記載すること。

9．（1）1）及び2）の評価の着目点を踏まえ、これに応じた様式に提案内容を記載すること。
（2）技術提案書の無効
本説明書において記載された事項以外の内容を含む技術提案書又は書面及び別添の書式に示された条件に適合しない技術提案書については、提案が無効となるので注意すること。
また、手続開始の公示○．○の技術提案書の提出者に要求される資格要件を満たさない者の提出した技術提案書は無効とする。
（3）実施方針
業務の実施方針について簡潔に記載すること。
なお、「業務理解度」、「その他」に応じた提案をそれぞれ指定された記載欄に記載することとし、異なる記載欄に記載された提案については評価対象外とする。また、記載はＡ４版１枚以内とすること。１枚を超えた記載内容については無効とする。
（4）評価テーマ
業務説明書３．業務の概要（３）業務内容に示した、評価テーマに対する取り組み方法を具体的に記載すること。異なる記載欄に記載された提案については評価対象外とする。
また、概念図、出典の明示できる図表、既往成果、現地写真を用いることに支障はないが、本件のために作成したＣＧ、詳細図面等を用いることは認めない。
記載にあたっては、１テーマにつきＡ４版１枚以内に記載すること。１枚を超えた記載内容については無効とする。
（5）参考見積もりの提出について
本業務を実施するための必要な経費を概算し、参考見積もりとして提出すること。（様式自由）参考見積もりは下記で提示する業務規模と大きくかけ離れていないこと等を確認するために用いる。
・本業務の参考業務規模：○．○億円程度（税込み）を想定している。
（6）特定された者に対しては、特定された旨を電子入札システムにより通知する。なお、紙入札方式の場合は書面により通知する。
（7）提出方法、提出先及び提出期限
1）提出方法
①電子入札対応の場合
電子入札システムにより提出すること。ただし、容量が３ＭＢを超える場合又は発注者が郵送又は持参での提出を求めた場合、郵送（書留郵便に限る。提出期限までに必着。）又は持参によるものとする。
②発注者の承諾を得て紙入札方式により提出する場合。
郵送（書留郵便に限る。提出期限までに必着。）又は持参によるものとする。
2）電子入札システムで提出する場合の注意事項
電子入札システムにより技術提案書を提出する場合は、配布された様式で作成するものとし、技術提案書に必要な書類は、Microsoft Word2010 形式以下、Microsoft Excel2010 形式以下、Just System 一太郎 Pro3 形式以下及び PDF ﾌｧｲﾙ形式で作成することとし、いずれか一つのファイルで提出すること。契約書などの印がついているものは、スキャナーで読み込み本文に貼り付けること。各種ファイルを圧縮（ＬＺＨ形式に限る。）したものを提出可能である。
参加表明書の画面にて、参加表明書及び技術提案書１つのファイルにまとめて「添付資料追加」の参照ボタンでファイルを添付し、送信すること。
また、参加表明書及び技術提案書は３ＭＢまでのファイルを添付できるようになっているが、ファイル容量が３ＭＢを超える場合は、全ての書類を郵送（書留郵便に限る。）もしくは持参により提出すること。
この場合、必要書類１式を郵送又は持参するものとし、電子入札システムでの提出との分割は認めない。
郵送する際は、表封筒に「『令和○○年度 ○○事業監理業務』に係る参加表明書及び技術提案書別添資料在中」と明記する。また、電子入札システムにより、下記の内容を記載した書面（別紙1）を参加表明書の画面の「添付資料追加」のボタンで添付し、送信すること。
①郵送（持参）する旨の表示
②郵送（持参）する書類の目録
③郵送（持参）する書類のページ数
④発送（持参）年月日
3）発注者の承諾を得て紙入札方式による場合
持参により提出する。紙入札方式で参加しようとする場合は、○○地方整備局電子入札運用基準の様式1を発注者に提出し、承諾を得なければならない。この場合、書面を持参又は郵送（書留郵便に限る）により提出するものとし、電送（ファクシミリ）によるものは受け付けない。なお、○○地方整備局の入札運用基準は、○○地方整備局のホームページ
（http://www.***.mlit.go.jp/）の入札・契約情報よりダウンロードできます。
4）提出先　：手続開始の公示○．○のとおり。
5）提出期限：別表2③に示す日時。
（8）技術提案書表紙の押印は、電子認証書が実印と同等の機能を有するので、不要である。ただし、郵送又は持参による場合は押印すること。
（9）技術提案書提出の電子入札システム操作について
1）提出方法
電子入札システムでの技術提案書の提出は、参加表明書と1つのファイルで提出するようになるため、選定通知書を受理後に、【別添】「技術提案書の提出について」を技術提案書の画面の「添付資料追加」のボタンで添付し、送信すること。
2）提出期間：令和○年○月○日（○）～令和○年○月○○日（○）
上記期間の土曜日、日曜日及び祝日を除く毎日9時から17時まで

12．ヒアリング
（1）以下の通りヒアリングを行う。
実施場所：○○地方整備局○○河川国道事務所内実施予定日：別表2⑨に示す日
予備日：別表2⑨に示す日
時間：20分程度
出席者：配置予定管理技術者、予定主任技術者（事業管理、関係機関調整、調査・設計・施工管理、トンネル）予定主任技術者（施工担当）
（2）ヒアリングの時刻、詳細な場所、留意事項等は別途通知する。
（3）ヒアリングでは、技術提案書に記載された事項について質疑応答を行う。
（4）ヒアリング時の追加資料は受理しない。
（5）入札参加者の責によりヒアリングに出席できなかった場合は、技術提案書の内容について確認できないため、評価しない。

13．非特定理由に関する事項
（1）技術提案書を提出した者のうち、特定されなかった者に対しては、特定されなかった旨と、その理由（非特定理由）を電子入札システムにより通知する。なお、紙入札方式の場合は書面（非特定通知書）により通知する。
（2）上記（1）の通知を受けた者は、分任支出負担行為担当官に対して非特定理由について、次に従い、説明を求めることができる。
1）提出期限：別表2⑩に示す日。
2）提出場所：手続開始の公示○．○のとおり。
3）提出方法：電子入札システムにより提出すること。ただし、書面は持参することにより提出する

こともできる。郵送又は電送によるものは受け付けない。
（３）分任支出負担行為担当官は、説明を求められたときは、別表２⑪に示す日までに説明を求めた者に対し電子入札システムにより回答する。ただし、書面により説明を求めた者は、書面により回答する。

１４．契約書作成の要否等
○○地方整備局ホームページ(http://www.***.mlit.go.jp)の入札・契約情報の事業・施工調査業務委託契約書書式により、契約書を作成するものとする。

１５．支払い条件
前払金 無
部分払金 3回以内

１６．火災保険付保の要否　否

１７．再苦情申立
非選定理由及び非特定理由の説明に不服がある者は、８．（３）及び１３．（３）の回答を受けた日の翌日から起算して７日（土曜日、日曜日及び祝日等（行政機関の休日に関する法律（昭和 63 年法律第 91 号）第１条に規定する行政機関の休日（以下「休日等」という。））を除く）以内に、書面により、○○地方整備局長に対して、再苦情の申立を行うことができる。当該再苦情の申立については、入札監視委員会が審議を行う。
〒○○○－○○○○ ○○県○○市○○○－○－○（○○合同庁舎○階）
国土交通省○○地方整備局入札監視委員会事務局
担当：主任監査官（内線○○○○）・総務部契約課（内線○○○○） 電話：○○○－○○○－○○○○（代）
（受付時間：休日等を除く 毎日 ９時３０分から１７時００分まで）

１８．関連情報を入手するための照会窓口
手続開始の公示○．○に同じ。

１９．その他の留意事項
（１）契約等の手続において使用する言語及び通貨は、日本語及び日本国通貨に限る。
（２）手続開始の公示○．○、手続開始の公示○．○及び手続開始の公示○．○及び手続開始の公示○．○の同種業務の実績については、我が国及びＷＴＯ政府調達協定締約国その他建設市場が開放的であると認められる国等以外の国又は地域に主たる営業所を有する建設コンサルタント等にあっては、我が国における同種業務実績をもって判断するものとする。
（３）本業務を受注したコンサルタント（設計共同体の各構成員を含む）及び、本業務を受注したコンサルタント（設計共同体の各構成員を含む）と資本・人事面等において関連があると認められた製造業者又は建設業者は、本業務（設計共同体による場合は、各構成員の分担業務）に係る工事の入札に参加し又は当該工事を請け負うことができない。
上記の「本業務を受注した建設コンサルタントと資本・人事面において関連」があるとは、次の①又は②に該当することをいう。
① 本業務を受注した建設コンサルタントの発行済み株式総数の 100 分の 50 を超える株式を保有し、又はその出資の総額の 100 分の 50 を超える出資をしていることをいう。
② 製造業者又は建設業者の代表権を有する役員が本業務を受注した建設コンサルタントの代表権を有する役員を兼ねている場合におけることをいう。

（４）参加表明書及び技術提案書の作成、提出及びヒアリングに関する費用は、提出者の負担とする。
（５）参加表明書及び技術提案書に虚偽の記載をした場合には、参加表明書及び技術提案書を無効とするとともに、虚偽の記載をした者に対して指名停止の措置を行うことがある。
また、提出された技術提案書が下記のいずれかに該当する場合は、原則その技術提案書を無効とする。
・参加表明書、技術提案書の全部又は一部が提出されていない場合
・参加表明書、技術提案書と無関係な書類である場合
・他の業務の技術提案書である場合
・白紙である場合
・業務説明書に指示された項目を満たしていない場合
・発注者名に誤りがある場合
・発注案件名に誤りがある場合
・提出業者名に誤りがある場合
・その他未提出又は不備がある場合
（６）提出された参加表明書及び技術提案書は返却しない。また、提出された参加表明書及び技術提案書は、選定及び特定以外に提出者に無断で使用しない。なお、採用された技術提案書を公開する場合には、事前に提出者の同意を得るものとする。
（７）提出期限以降における参加表明書及び技術提案書及び資料の差し替え及び再提出は認めない。また、参加表明書及び技術提案書に記載した予定技術者は、原則として変更できない。ただし、病休、死亡、退職等のやむを得ない理由により変更を行う場合には、同等以上の技術者であるとの発注者の了解を得なければならない。
（８）特定された者は、参加表明書に記載した配置予定の技術者を当該業務に配置すること。
（９）同一の技術者を重複して複数業務の配置予定の技術者とする場合において、他の業務を落札したことにより（プロポーザル方式による場合は特定されたことにより）配置予定の技術者を配置できなくなったときは、直ちに技術提案書の取下げを行うこと。
(10) 特定された技術提案書の内容については、当該業務の特記仕様書に適切に反映するものとする。また、技術提案書の内容が受注者の責めにより実施されなかった場合は、業務成績評定を３点減ずる等の措置を行う。
(11) 技術提案書の特定後に、提案内容を適切に反映した特記仕様書の作成のために、業務の具体的な実施方法について提案を求めることがある。
(12) 再委託に関する相談窓口は下記のとおりとする。
国土交通省 ○○地方整備局 ○○河川国道事務所 ○○分室道路班
電話 ○○○-○○○-○○○○（工務第○課直通） 内線○○○ ＦＡＸ○○○-○○○-○○○○
(13) 電子入札システムは、休日等を除く毎日、９時００分から１８時００分まで稼働している。また、稼働時間内でシステムをやむを得ず停止する場合、稼働時間を延長する場合は、国土交通省電子入札システムホームページで公開する。
国土交通省電子入札システムホームページアドレス http://www.e-bisc.go.jp
(14) システム操作上の手引き書としては、国土交通省発行の「電子入札準備手順書」及び「操作マニュアル」を参考とすること。
「電子入札準備手順書」及び「操作マニュアル」は、国土交通省電子入札システムホームページでも公開している。
(15) 障害発生時及び電子入札システム操作等の問い合わせ先は下記のとおりとする。
・システム操作・接続確認等の問い合わせ先
国土交通省電子入札システムヘルプデスク ℡０３－３５０５－０５１４
国土交通省電子入札システムホームページ http://www.e-bisc.go.jp
・ＩＣカードの不具合等発生時の問い合わせ先

取得しているＩＣカードの認証機関
・ただし、申請書類、応札等の締め切り時間が切迫しているなど緊急を要する場合は、○○地方整備局○○河川国道事務所経理課契約係 ℡○○○－○○○－○○○○ 内線○○○へ連絡すること。

（16）消費税率については、引渡し時点における消費税法（昭和６３年法律第１０８号）及び地方税法（昭和２５年法律第２２６号）の施行内容によることとし、必要に応じて、引渡し時点における消費税率を適用して契約を変更するなどの対応を行うこととする。

別表２

①	選定通知の期日	令和○○年○月○○日を予定する。
②	「建設コンサルタント業務等における共同設計方式の取扱いについて」の７における申請期限	令和○○年○月○日
③	参加表明書及び技術提案書の提出期間	公示日から令和○○年○月○○日までの休日等を除く毎日、９時００分から１７時００分まで
④	非選定理由の説明を求める場合の受領期限	選定しなかった旨の通知をした日の翌日から起算して５日（休日を含まない。）以内の１７時まで
⑤	非選定理由の説明を求められた時の回答期日	提出期限の翌日から起算して５日以内
⑥	説明書に対する質問提出期間	公示日から令和○○年○月○○日までの土曜日、日曜日及び祝日を除く毎日、９時００分から１７時００分まで
⑦	説明書に対する質問に関する回答期限	質問を受理した日から７日（休日等を除く）以内
⑧	説明書に対する質問に関する回答閲覧期間	回答の翌日から見積り日の前日までの休日等を除く毎日、９時００分から１７時００分まで
⑨	ヒアリングの実施予定日及び予備日	実施予定日：令和○○年○月○日 予備日：平成○○年○月○日
⑩	非特定理由の説明を求める場合の提出期限	特定しなかった旨の通知をした日の翌日から起算して７日（休日を含まない。）以内の１７時まで
⑪	非特定理由の説明を求められた時の回答期日	提出期限の翌日から起算して１０日以内

5.2　共通仕様書（案）の記載例

共通仕様書（案）の記載例を以下に示す。以下は、標準的な記載方法の一例であるため、地方整備局毎の記載例、ひな形等がある場合は、それらとの整合が必要である。

第１条　適用

１．事業監理業務共通仕様書（以下「共通仕様書」という。）は、国土交通省○○地方整備局の発注する事業監理業務（以下、「業務」という。）に係る契約書及び設計図書の内容について、統一的な解釈及び運用を図るとともに、その他の必要な事項を定め、もって契約の適正な履行の確保を図るためのものである。

２．設計図書は、相互に補完しあうものとし、そのいずれかによって定められている事項は、契約の履行を拘束するものとする。

３．特記仕様書、図面、共通仕様書又は指示や協議等に間に相違がある場合、又は図面からの読み取りと図面に書かれた数字が相違する場合など業務の遂行に支障を生じたり、今後相違することが想定される場合、受注者は調査職員に確認して指示を受けなければならない。

４．設計業務等、測量業務及び地質・土質調査業務等に関する業務については、各共通仕様書によるものとする。

第２条　用語の定義

共通仕様書に使用する用語の定義は、次の各項に定めるところによる。

１．「発注者」とは、支出負担行為担当官若しくは分任支出負担行為担当官又は契約担当官若しくは分任契約担当官をいう。

２．「受注者」とは、業務の実施に関し、発注者と委託契約を締結した個人若しくは会社その他の法人をいう。又は法令の規定により認められたその一般承継人をいう。

３．「事業監理業務」とは、発注者と事業促進ＰＰＰの受注者が一体となり、事業に関するマネジメントを行う業務をいう。事業は、複数の業務、工事より構成される。

４．「監理業務受注者」とは、事業促進ＰＰＰの受注者をいう。

５．「調査職員」とは、契約図書に定められた範囲内において受注者又は管理技術者に対する指示、承諾又は協議等の職務を行う者で、契約書第９条第１項《調査職員の条項》に規定する者であり、総括調査員、主任調査員及び調査員を総称していう。

６．「総括調査員」とは、業務の総括業務を担当し、主に管理技術者に対する指示、承諾又は協議のうち重要なものの処理及び重要な業務内容の変更、一時中止の必要があると認める場合における契約担当官等（会計法第２９条の３第１項に規定する契約担当官等をいう。）への報告を行い、主任調査員、調査員の指揮監督を行う者をいう。

重要なものの処理及び重要な業務内容の変更とは、契約変更に係る指示、承諾等をいう。

７．「主任調査員」とは、業務を担当し、主に管理技術者に対する指示、承諾又は協議の処理（重要なものを除く。）、業務内容の変更(重要なものを除く。)及び総括調査員への報告、調査員への指示を行う者をいう。

８．「調査員」とは、業務を担当し、主に、総括調査員又は主任調査員が指示、承諾を行うための内容確認及び総括調査員又は主任調査員への報告を行う者をいう。

９．「検査職員」とは、業務の完了検査及び指定部分に係る検査にあたって、契約書第３２条第２項《検査等の条項》の規定に基づき、検査を行う者をいう。

10．「管理技術者」とは、契約の履行に関し、業務の管理及び統括等を行う者で、契約書第１０条第１項《管理技術者等の条項》の規定に基づき、受注者が定めた者をいう。

11．「主任技術者」とは、管理技術者のもとで業務の執行にあたり、主に技術上の監理をつかさどる者で、受注者が定めた者（ 管理技術者、担当技術者を除く。）をいう。

12. 「担当技術者」とは、管理技術者のもとで業務を担当する者で、受注者が定めた者（管理技術者、主任技術者を除く。）をいう。

13. 「委任」とは、全権を与えるものではなく、判断・意志決定については調査職員の承諾を受けて行うものとする。

14. 「契約図書」とは、 契約書及び設計図書をいう。

15. 「契約書」とは、事業・施工調査業務委託契約書をいう。

16. 「設計図書」とは、仕様書、図面、数量総括表、現場説明書及び現場説明に対する質問回答書をいう。

17. 「仕様書」とは、共通仕様書及び特記仕様書（これらにおいて明記されている適用すべき諸基準を含む。）を総称していう。

18. 「共通仕様書」とは、業務に共通する技術上の指示事項等を定める図書をいう。

19. 「特記仕様書」とは、共通仕様書を補足し、業務の実施に関する明細又は特別な事項を定める図書をいう。

20. 「数量総括表」とは、業務に関する工種、設計数量及び規格を示した書類をいう。

21. 「現場説明書」とは、業務の入札等に参加する者に対して、発注者が当該業務の契約条件を説明するための書類をいう。

22. 「質問回答書」とは、現場説明書に関する入札等参加者からの質問書に対して、発注者が回答する書面をいう。

23. 「図面」とは、入札等に際して発注者が交付した図面及び発注者から変更又は追加された図面及び図面のもとになる計算書等をいう。

24. 「指示」とは、調査職員が受注者に対し、業務の遂行上必要な事項について書面をもって示し、実施させることをいう。

25. 「請求」とは、発注者又は受注者が契約内容の履行あるいは変更に関して相手方に書面をもって行為、あるいは同意を求めることをいう。

26. 「通知」とは、発注者若しくは調査職員が受注者に対し、又は受注者が発注者若しくは調査職員に対し、業務に関する事項について書面をもって知らせることをいう。

27. 「報告」とは、受注者が調査職員に対し、業務の遂行に係わる事項について、書面をもって知らせることを言う。

28. 「申し出」とは、受注者が契約内容の履行あるいは変更に関し、発注者に対して書面をもって同意を求めることをいう。

29. 「承諾」とは、受注者が調査職員に対し、書面で申し出た業務の遂行上必要な事項について、調査職員が 書面により業務上の行為に同意することをいう。

30. 「質問」とは、不明な点に関して書面をもって問うことをいう。

31. 「回答」とは、質問に対して書面をもって答えることをいう。

32. 「協議」とは、書面により契約図書の協議事項について、発注者又は調査職員と受注者が対等の立場で合議することをいう。

33. 「提出」とは受注者が調査職員に対し、業務に係わる事項について書面又はその他の資料を説明し、差し出すことをいう。

34. 「書面」とは、手書き、印刷等の伝達物をいい、発行年月日を記録し、署名又は捺印したものを有効とする。

1）緊急を要する場合は、ファクシミリ又は電子メールにより伝達できるものとするが、後日書面と差し換えるものとする。

2）電子納品を行う場合は、別途調査職員と協議するものとする。

35. 「打合せ」とは、業務を適正かつ円滑に実施するために管理技術者と調査職員が面談により、業務の方針及び条件等の疑義を正すことをいう。

36. 「検査」とは、契約書第３２条《検査等の条項》に基づき、検査職員が業務の完了を確認することをいう。
37. 「協力者」とは、受注者が業務の遂行にあたって、再委託する者をいう。
38. 「使用人等」とは、協力者又はその代理人若しくはその使用人その他これに準ずるものをいう。
39. 「了解」とは、契約図書に基づき、調査職員が受注者に指示した処理内容・回答に対して、理解して承認することをいう。
40. 「受理」とは、契約図書に基づき、受注者、調査職員が相互に提出された書面を受け取り、内容を把握することをいう。

第３条　業務の着手

受注者は、特記仕様書に定めがある場合を除き、契約締結後１５日以内に業務等に着手しなければならない。この場合において、着手とは管理技術者が業務の実施のため調査職員との打合せを行うことをいう。

第４条　調査職員

１．発注者は、業務における調査職員を定め、受注者に通知するものとする。
２．調査職員は、契約図書に定められた事項の範囲内において、指示、承諾、協議等の職務を行うものとする。
３．契約書の規定に基づく調査職員の権限は、契約書第９条第２項《調査職員の権限の条項》に規定した事項である。
４．調査職員がその権限を行使するときは、書面により行うものとする。ただし、緊急を要する場合、調査職員が受注者に対し口頭による指示等を行った場合には、受注者はその指示等に従うものとする。調査職員は、その指示等を行った後７日以内に書面で受注者に指示するものとする。

第５条　管理技術者

１．受注者は業務における管理技術者を定め、発注者に通知するものとする。
２．管理技術者に委任できる権限は契約書第１０条第２項《管理技術者等の条項》に規定した事項のほか、業務の実施にあたって、主に測量・調査・設計業務等受注者に対する指示・承諾又は協議の調整とし、調査職員と同等な立場とする。ただし、受注者が管理技術者に委任できる権限を制限する場合は発注者に書面をもって報告しない限り、管理技術者は受注者の一切の権限（契約書第１０条第３項《管理技術者等の条項》の規定により行使できないとされた権限を除く。）を有するものとされ発注者及び調査職員は管理技術者に対して指示等を行えば足りるものとする。
３．管理技術者は、業務内容について主任技術者及び担当技術者が適切に行うように、指揮監督しなければならない。
４．受注者は、原則として競争参加資格確認申請書に記載した予定管理技術者を管理技術者に定めなければならない。ただし、病休、死亡、退職等のやむをえない理由により変更を行う場合には、同等以上の技術者であるとの発注者の承諾を得なければならない。
５．管理技術者は、業務の履行にあたり、日本語に堪能（日本語通訳が確保できれば可）でなければならない。
６．管理技術者は、調査職員 が指示する関連のある業務の受注者と十分に協議の上、相互に協力し、業務を実施しなければならない。
７．管理技術者は、主任技術者との兼務は可能とする。

第６条　主任技術者の資格

主任技術者の資格については、特記仕様書で定める。受注者は主任技術者を定めた場合は、その氏名、その他必要な事項を調査職員に提出するものとする。

なお、主任技術者は、各主任技術者とも兼務ができないものとする。

第7条　担当技術者の資格

担当技術者については、資格を規定しない。なお、受注者は担当技術者を定めた場合は、その氏名、その他必要な事項を調査職員に提出するものとする。

第8条　適正な技術者の配置

1．管理技術者、主任技術者及び技術者を定めるときは、当該業務の対象となる工事の受注者と、資本・人事面において関係がある者を置いてはならない。
2．調査職員は、必要に応じて、下記に示す事項について報告を求めることができる。
一 技術者経歴・職歴
二 資本・人事面において関係があると認められると考えられる企業（建設業許可業者、製造業者等）の名称及び受注者とその企業との関係に関する事項。

第9条　提出書類

1．受注者は、発注者が指定した様式により、契約締結後に関係書類を調査職員を経て、発注者に遅滞なく提出しなければならない。ただし、業務委託料（以下「委託料」という。）に係る請求書、請求代金代理受領承諾書、遅延利息請求書、調査職員に関する措置請求に係る書類及びその他現場説明の際に指定した書類を除く。
2．受注者が発注者に提出する書類で様式が定められていないものは、受注者において様式を定め、提出するものとする。ただし、発注者がその様式を指示した場合は、これに従わなければならない。
3．受注者は、契約時又は変更時において、契約金額が 100 万円以上の業務について、業務実績情報システム（テクリス）に基づき、受注・変更・完了時に業務実績情報として「 登録のための確認のお願い」を作成し、調査職員に確認を受けたうえ、受注時は契約後 、土曜日、日曜日、祝日等を除き 10 日以内に、登録内容の変更時は変更があった日から、土曜日、日曜日、祝日等を除き 10 日以内に、完了時は業務完了後 10 日以内に登録機関に登録申請しなければならない。なお、登録内容に訂正が必要な場合、テクリスに基づき、「訂正のための確認のお願い」を作成し、訂正があった日から 10 日以内に調査職員の確認を受けたうえ、登録機関に登録申請しなければならない。
受注者は、契約時において、予定価格が 1,000 万円を超える競争入札により調達される建設コンサルタント業務において調査基準価格を下回る金額で落札した場合、業務実績情報システム（テクリス）に業務実績情報を登録する際は、「低価格入札である」にチェックをした上で「登録のための確認のお願い」を作成し、調査職員の確認を受けること。
また、登録機関に登録後、テクリスより「登録内容確認書」をダウンロードし、直ちに調査職員に提出しなければならない。なお、変更時と完了時の間が 10 日間に満たない場合は、変更時の提出を省略できるものとする。

第10条　打合せ等

1．業務を適正かつ円滑に実施するため、管理技術者と調査職員は常に密接な連絡をとり、業務の方針及び条件等の疑義を正すものとし、その内容についてはその都度受注者が書面（打合せ記録簿）に記録し、相互に確認しなければならない。なお、連絡は積極的に電子メール等を活用し、電子メールで確認した内容については、必要に応じて打合せ記録簿を作成するものとする。
2．業務着手時及び設計図書で定める業務の区切りにおいて、管理技術者と調査職員は打合せを行うものとし、その結果について書面（打合せ記録簿）に記録し相互に確認しなければならない。
3．管理技術者は、仕様書に定めのない事項について疑義が生じた場合は、速やかに調査職員と協議するものとする。

第 11 条　業務計画書

１．受注者は契約締結後１４日（休日等を含む）以内に業務計画書を作成し、調査職員に提出しなければならない。

２．業務計画書には、契約図書に基づき下記事項を記載するものとする。

一　業務概要

二　実施方針（情報セキュリティに関する対策を含む）

三　業務工程

四　業務組織計画

五　打合せ計画

六　連絡体制（緊急時含む）

七　その他

３．受注者は、業務計画書の内容を変更する場合は、理由を明確にしたうえで、その都度調査職員に変更業務計画書を提出しなければならない。

４．調査職員が指示した事項については、受注者はさらに詳細な業務計画に係る資料を提出しなければならない。

第 12 条　官公庁への手続等

1．受注者は、業務の実施にあたって発注者が行う関係官公庁等への手続に協力しなければならない。また、受注者は、業務を実施するため、関係官公庁等に対する諸手続が必要な場合は、速やかに行うものである。

2．受注者が、関係官公庁等から再検討、要望、指示等を受けた場合は、遅延なくその旨を調査職員へ報告するものとし、調査職員の承諾を得て、測量・調査・設計業務等受注者に対し、必要な対処案の作成を指示し、その結果について調査職員と協議するものとする。

第 13 条　地元関係者との交渉

1．地元関係者への説明、交渉等は調査職員の指示・指導により行うものとする。これらの交渉に当たり、受注者は地元関係者に誠意を持って接しなければならない。

2．受注者は、業務の実施に当たり地元関係者から再検討、要望等を受けた場合は、遅滞なくその旨を調査職員に報告するものとし、調査職員の承諾を得て、測量・調査・設計業務等受注者に対し、必要な対処案の作成を指示し、その結果について調査職員と協議するものとする。説明等は原則として調査職員の指示を受けてから行うものとし、地元関係者との間に紛争が生じないように努めなければならない。

3．受注者は、設計図書の定め、あるいは調査職員の指示により受注者が行うべき地元関係者への説明、交渉等を行う場合には、交渉等の内容を書面で随時、調査職員に報告し、指示があればそれに従うものとする。

第 14 条　業務に必要な資料の取扱い

1．一般に広く流布されている各種基準及び参考図書等の業務の実施に必要な資料については、受注者の負担において適切に整備するものとする。

2．調査職員は、必要に応じて、業務の実施に必要な資料を受注者に貸与するものとする。

3．受注者は、貸与された資料の必要がなくなった場合は、ただちに調査職員に返却するものとする。

4．受注者は、貸与された資料を丁寧に扱い、損傷してはならない。万一、損傷した場合には、受注者の責任と費用負担において修復するものとする。

5．受注者は、貸与された資料については、業務に関する資料の作成以外の目的で使用、複写等してはならない。

6．受注者は、貸与された資料を第三者に貸与、閲覧、複写、譲渡又は使用させてはならない。

第 15 条　土地へ立ち入り等

1．監理業務受注者は、業務を実施するため国有地、公有地又は私有地に立入る場合は、調査職員及び関係者と十分な協調を保ち業務が円滑に進捗するように努めなければならない。なお、第三者の土地への立入について、当該土地所有者の許可は監理業務受注者が得るものとする。また、やむを得ない理由により現地への立ち入りが不可能となった場合には、ただちに調査職員に報告し指示を受けなければならない。

2．監理業務受注者は、業務実施のため植物伐採、かき、さく等の除去又は土地若しくは工作物を一時使用する時は、あらかじめ調査職員に報告するものとし、報告を受けた調査職員は、当該土地所有者及び占有者の許可を得るものとする。

3．監理業務受注者は、前項の場合において生じた損失のため必要となる経費の負担については、設計図書に示す外は調査職員と協議により定めるものとする。

4．監理業務受注者は、第三者の土地への立入にあたっては、あらかじめ身分証明書交付願を発注者に提出し身分証明書の交付を受け、現地立入に際してはこれを常に携帯しなければならない。なお、身分証明書が必要なくなった場合には延滞なく、もしくは業務完了時に発注者へ返却しなければならない。

第 16 条　成果物の提出

1．受注者は、業務が完了したときは、業務の内容及び業務実施報告書をとりまとめた報告書を作成し、調査職員に業務完了報告書とともに提出し検査を受けるものとする。

2．受注者は、設計図書に定めがある場合、又は調査職員の指示する場合で、同意した場合は履行期間途中においても、成果品の部分引き渡しを行うものとする。

3．受注者は、成果品において使用する計量単位は、国際単位系（ＳＩ）とする。

第 17 条　関係法令及び条例等の遵守

受注者は、業務の実施にあたっては、関連する関係諸法令及び条例等を遵守しなければならない

第 18 条　検査

1．受注者は、契約書第３２条第３項《検査及び引渡しの条項》の規定に基づき、業務完了報告書を発注者に提出する際には、契約図書により義務付けられた資料の整備がすべて完了し、調査職員に提出していなければならない。

2．発注者は、業務の検査に先立って受注者に対して書面をもって検査日を通知するものとする。この場合において受注者は、検査に必要な書類及び資料等を整備しなければならない。この場合検査に要する費用は受注者の負担とする。

3．検査職員は、調査職員及び管理技術者の立会の上、検査を行うものとする。

第 19 条　再委託

1．契約書第７条《一括再委託等の禁止の条項》に規定する「主たる部分」とは、次の各号に掲げるものをいい、受注者は、これを再委託することはできない。

一 業務遂行管理、業務の手法の決定及び技術的判断等

2．受注者は、コピー、ワープロ、印刷、製本、計算処理（単純な電算処理に限る）、トレース、資料整理などの簡易な業務の再委託にあたっては、発注者の承諾を必要としない。

3．受注者は、第１項及び第２項に規定する業務以外の再委託にあたっては、発注者の承諾を得なければならない。

4．受注者は、業務を再委託に付する場合、書面により協力者との契約関係を明確にしておくとともに、協力者に対して適切な指導、管理の下に業務を実施しなければならない。

なお、再委託の相手方は、国土交通省○○地方整備局の測量・建設コンサルタント等業務に係る一

般競争（指名競争）参加資格の認定を受けている者である場合は、国土交通省○○地方整備局長から測量・ 建設コンサルタント等業務に関し指名停止を受けている期間中であってはならない。

第20条　守秘義務

1．受注者は、契約書第１条第５項《秘密の保持等の条項》の規定により、業務の実施過程で知り得た秘密を第三者に漏らしてはならない。

2．受注者は、当該業務の結果（業務処理の過程において得られた記録等を含む。）を他人に閲覧させ、複写させ、又は譲渡してはならない。ただし、あらかじめ発注者の書面による承諾を得たときはこの限りではない。

3．受注者は、本業務に関して発注者から貸与された情報その他知り得た情報を第１１条に示す業務計画書の業務組織計画に記載される者以外には秘密とし、また、当該業務の遂行以外の目的に使用してはならない。

4．受注者は、当該業務に関して発注者から貸与された情報、その他知り得た情報を当該業務の終了後においても他者に漏らしてはならない。

5．取り扱う情報は、アクセス制限、パスワード管理等により適切に管理するとともに、当該業務のみに使用し、他の目的には使用しないこと。また、発注者の許可なく複製・転送等をしないこと。

6．受注者は、当該業務完了時に、業務の実施に必要な貸与資料（書面、電子媒体）について、発注者への返却若しくは消去又は破棄を確実に行うこと。

7．受注者は、当該業務の遂行において貸与された発注者の情報の外部への漏洩若しくは目的外利用が認められ又はそのおそれがある場合には、これを速やかに発注者に報告するものとする。

第21条　情報セキュリティにかかる事項

受注者は、発注者と同等以上の情報セキュリティを確保しなければならない。

第22条　安全等の確保

1．受注者は、屋外で行う業務の実施に際しては、当該業務関係者だけでなく、付近住民、通行者、通行車両等の第三者の安全確保に努めなければならない。

2．受注者は、特記仕様書に定めがある場合には所轄警察署、道路管理者、鉄道事業者、河川管理者、労働基準監督署等の関係者及び関係機関と緊密な連絡を取り、業務実施中の安全を確保しなければならない。

3．受注者は、業務の実施にあたり、事故が発生しないよう使用人等に安全教育の徹底を図り、指導、監督に努めなければならない。

4．受注者は、業務の実施にあたっては安全の確保に努めるとともに、労働安全衛生法等関係法令に基づく措置を講じておくものとする。

5．受注者は、業務の実施にあたり、災害予防のため、次の各号に掲げる事項を厳守しなければならない。

1）業務に伴い伐採した立木等を焼却する場合には、関係法令を遵守するとともに、関係官公署の指導に従い必要な措置を講じなければならない。

2）受注者は、喫煙等の場所を指定し、指定場所以外での火気の使用を禁止しなければならない。

3）受注者は、ガソリン、塗料等の可燃物を使用する必要がある場合には、周辺に火気の使用を禁止する旨の標示を行い、周辺の整理に努めなければならない。

6．受注者は、爆発物等の危険物を使用する必要がある場合には、関係法令を遵守するとともに、関係官公署の指導に従い、爆発等の防止の措置を講じなければならない。

7．受注者は、業務の実施にあたっては豪雨、豪雪、出水、地震、落雷等の自然災害に対して、常に被害を最小限にくい止めるための防災体制を確立しておかなければならない。災害発生時においては第三者及び使用人等の安全確保に努めなければならない。

８．受注者は、業務実施中に事故等が発生した場合は、直ちに調査職員に報告するとともに、調査職員が指示する様式により事故報告書を速やかに調査職員に提出し、調査職員から指示がある場合にはその指示に従わなければならない。

第23条　条件変更等

１．契約書第１８条第１項第５号《条件変更等の条項》に規定する「予期することのできない特別な状態」とは、契約書第２９条《不可抗力による損害の条項》に規定する天災その他の不可抗力による場合のほか、発注者と受注者が協議し当該規程に適合すると判断した場合とする。

２．調査職員が、受注者に対して契約書第１８条《条件変更等の条項》、１９条《設計図書等の変更等の条項》及び２１条《業務にかかる乙の提案の条項》の規定に基づく設計図書の変更又は訂正の指示を行う場合は、指示書によるものとする。

第24条　修補

１．受注者は、修補は速やかに行わなければならない。

２．検査職員は、修補の必要があると認めた場合には、受注者に対して期限を定めて修補を指示することができるものとする。

３．検査職員が修補の指示をした場合において、修補の完了の確認は検査職員の指示に従うものとする。

４．検査職員が指示した期間内に修補が完了しなかった場合には、発注者は、契約書第３１条第５項《検査及び引渡し》の規定に基づき検査の結果を受注者に通知するものとする。

第25条　契約変更

１．発注者は、次の各号に掲げる場合において、業務委託契約の変更を行うものとする。

１）業務内容の変更により委託料に変更を生じる場合

２）履行期間の変更を行う場合

３）調査職員と受注者が協議し、業務施行上必要があると認められる場合

４）契約書第３０条《業務委託料の変更に代える設計図書の変更の条項》の規定に基づき委託料の変更に代える設計図書の変更を行った場合

２．発注者は、前項の場合において、変更する契約図書を次の各号に基づき作成するものとする。

１）第２３条の規定に基づき調査職員が受注者に指示した事項

２）業務の一時中止に伴う増加費用及び履行期間の変更等決定済の事項

３）その他発注者又は調査職員と受注者との協議で決定された事項

第26条　履行期間の変更

１．発注者は、受注者に対して業務の変更の指示を行う場合において履行期間変更協議の対象であるか否かを合わせて事前に通知しなければならない。

２．発注者は、履行期間変更協議の対象であると確認された事項及び業務の一時中止を指示した事項であっても残履行期間及び残業務量等から履行期間の変更が必要でないと判断した場合は、履行期間の変更を行わない旨の協議に代えることができるものとする。

３．受注者は、契約書第２２条《受注者の請求による履行期間の延長の条項》の規定に基づき、履行期間の延長が必要と判断した場合には、履行期間の延長理由、必要とする延長日数の算定根拠、変更工程表その他必要な資料を発注者に提出しなければならない。

４．契約書第２３条《発注者の請求による履行期間の短縮等の条項》に基づき、発注者の請求により履行期限を短縮した場合には、受注者は、速やかに業務工程表を修正し提出しなければならない。

第 27 条　一時中止

１．契約書第２０条《業務の中止の条項》の規定により、次の各号に該当する場合において、発注者は、受注者に書面をもって通知し、必要と認める期間、業務の全部又は一部を一時中止させるものとする。

なお、暴風、豪雨、洪水、高潮、地震、地すべり、落盤、火災、騒乱、暴動その他自然的又は人為 的な事象（以下「天災等」という。）による業務の中断については、第３１条臨機の措置により、受注者は、適切に対応しなければならない。

１）第三者の土地への立入り許可が得られない場合

２）関連する他の業務等の進捗が遅れたため、業務の続行を不適当と認めた場合

３）環境問題等の発生により業務の続行が不適当又は不可能となった場合

４）天災等により業務の対象箇所の状態が変動した場合

５）第三者及びその財産、受注者、使用人等並びに調査職員の安全確保のため必要があると認めた場合

６）前各号に掲げるものの他、発注者が必要と認めた場合

２．発注者は、受注者が契約図書に違反し、又は調査職員の指示に従わない場合等、調査職員が必要と認めた場合には、業務の全部又は一部の一時中止をさせることができるものとする。

３．前２項の場合において、受注者は業務の現場の保全については、調査職員の指示に従わなければならない。

第 28 条　発注者の賠償責任

発注者は、以下の各号に該当する場合、損害の賠償を行わなければならない。

１）契約書第２７条《一般的損害の条項》に規定する一般的損害、契約書第２８条《第三者に及ぼした損害の条項》に 規定する第三者に及ぼした損害について、発注者の責に帰すべき損害とされた場合

２）発注者が契約に違反し、その違反により契約の履行が不可能となった場合

第 29 条　受注者の賠償責任

受注者は、以下の各号に該当する場合、損害の賠償を行わなければならない。

１）契約書第２７条《一般的損害の条項》に規定する一般的損害、契約書第２８条《第三者に及ぼした損害の条項》に規定する第三者に及ぼした損害について、受注者の責に帰すべき損害とされた場合

２）契約書第４０条《瑕疵担保の条項》に規定する瑕疵責任に係る損害

３）受注者の責により損害が生じた場合

第 30 条　部分使用

１．発注者は、次の各号に掲げる場合において、契約書第３３条《引渡前における成果物の使用》の規定に基づき、受注者に対して部分使用を請求することができるものとする。

１）別途業務の使用に供する必要がある場合

２）その他特に必要と認められた場合

２．受注者は、部分使用に同意した場合は、部分使用同意書を発注者に提出するものとする。

第 31 条　臨機の措置

１．受注者は、災害防止等のため必要があると認めるときは、臨機の措置をとらなければならない。また、受注者は、措置をとった場合には、その内容をすみやかに調査職員に報告しなければならない。

２．調査職員は、天災等に伴い成果物の品質及び履行期間の遵守に重大な影響があると認められるときは、受注者に対して臨機の措置をとることを請求することができるものとする。

第 32 条　個人情報の取り扱い

１．基本的事項

受注者は、個人情報の保護の重要性を認識し、この契約による事務を処理するための個人情報の取扱いにあたっては、個人の権利利益を侵害することのないよう、行政機関の保有する個人情報の保護に関する法律（平成 15 年 5 月 30 日法律第 58 号）及び同施行令に 基づき、個人情報の漏えい、滅失、改ざん又はき損の防止その他の個人情報の適切な管理のために必要な措置を講じなければならない。

２．秘密の保持

受注者は、この契約による事務に関して知り得た個人情報の内容をみだりに他人に知らせ、又は不当な目的に使用してはならない。この契約が終了又は解除された後においても同様とする。

３．取得の制限

受注者は、この契約による事務を処理するために個人情報を取得するときは、あらかじめ、本人に対し、その利用目的を明示しなければならない。また、当該利用目的の達成に必要な範囲内で、適正かつ公正な手段で個人情報を取得しなければならない。

４．利用及び提供の制限

受注者は、発注者の指示又は承諾があるときを除き、この契約による事務を処理するための利用目的以外の目的のために個人情報を自ら利用し、又は提供してはならない。

５．複写等の禁止

受注者は、発注者の指示又は承諾があるときを除き、この契約による事務を処理するために発注者から提供を受けた個人情報が記録された資料等を複写し、又は複製してはならない。

６．再委託の禁止

受注者は、発注者の指示又は承諾があるときを除き、この契約による事務を処理するための個人情報については自ら取り扱うものとし、第三者にその取り扱いを伴う事務を再委託してはならない。

７．事案発生時における報告

受注者は、個人情報の漏えい等の事案が発生し、又は発生するおそれがあることを知ったときは、速やかに発注者に報告し、適切な措置を講じなければならない。なお、発注者の指示があった場合はこれに従うものとする。また、契約が終了又は解除された後においても同様とする。

８，資料等の返却等

受注者は、この契約による事務を処理するために発注者から貸与又は受注者が収集し、若しくは作成した個人情報が記録された資料等を、この契約の終了後又は解除後速やかに発注者に返却又は引き渡さなければならない。ただし、発注者が、廃棄又は消去など別の方法を指示したときは、当該指示に従うものとする。

９．管理の確認等

発注者は、受注者における個人情報の管理の状況について適時確認することができる。また、発注者は必要と認めるときは、受注者に対し個人情報の取り扱い状況について報告を求め又は検査することができる。

１０．管理体制の整備

受注者は、この契約による事務に係る個人情報の管理に関する責任者を特定するなど管理体制を定めなければならない。

１１．従事者への周知

受注者は、従事者に対し、在職中及び退職後においてもこの契約による事務に関して知り得た個人情報の内容をみだりに他人に知らせ又は不当な目的に使用してはならないことなど、個人情報の保護に関して必要な事項を周知しなければならない。

第33条　行政情報流出防止対策の強化

1．受注者は、本業務の履行に関する全ての行政情報について適切な流出防止対策をとらなければならない。

2．受注者は、以下の業務における行政情報流出防止対策の基本的事項を遵守しなければならない。

（関係法令等の遵守）

行政情報の取り扱いについては、関係法令を遵守するほか、本規定及び発注者の指示する事項を遵守するものとする。

（行政情報の目的外使用の禁止）

受注者は、発注者の許可無く本業務の履行に関して取り扱う行政情報を本業務の目的以外に使用してはならない。

（社員等に対する指導）

1）受注者は、受注者の社員、短時間特別社員、特別臨時作業員、臨時雇い、嘱託及び派遣労働者並びに取締役、相談役及び顧問、その他全ての従業員（以下「社員等」という。）に対し行政情報の流出防止対策について、周知徹底を図るものとする。

2）受注者は、社員等の退職後においても行政情報の流出防止対策を徹底させるものとする。

3）受注者は、発注者が再委託を認めた業務について再委託をする場合には、再委託先業者に対し本規定に準じた行政情報の流出防止対策に関する確認を行うこと。

（契約終了時等における行政情報の返却）

受注者は、本業務の履行に関し発注者から提供を受けた行政情報（発注者の許可を得て複製した行政情報を含む。以下同じ。）については、本業務の実施完了後又は本業務の実施途中において発注者から返還を求められた場合、速やかに直接発注者に返却するものとする。本業務の実施において付加、変更、作成した行政情報についても同様とする。

（電子情報の管理体制の確保）

1）受注者は、電子情報を適正に管理し、かつ、責務を負う者（以下「情報管理責任者 」という。）を選任及び配置するものとする。

2）受注者は次の事項に関する電子情報の管理体制を確保しなければならない。

イ本業務で使用するパソコン等のハード及びソフトに関するセキュリティ対策

ロ電子情報の保存等に関するセキュリティ対策

ハ電子情報を移送する際のセキュリティ対策

（電子情報の取り扱いに関するセキュリティの確保）

受注者は、本業務の実施に際し、情報流出の原因につながる以下の行為をしてはならない。

イ情報管理責任者が使用することを認めたパソコン以外の使用

ロセキュリティ対策の施されていないパソコンの使用

ハセキュリティ対策を施さない形式での重要情報の保存

ニセキュリティ機能のない電磁的記録媒体を使用した重要情報の移送

ホ情報管理責任者の許可を得ない重要情報の移送

（事故の発生時の措置）

1）受注者は、本業務の履行に関して取り扱う行政情報について何らかの事由により情報流出事故にあった場合には、速やかに発注者に届け出るものとする。

2）この場合において、速やかに、事故の原因を明確にし、セキュリティ上の補完措置をとり、事故の再発防止の措置を講ずるものとする。

3）発注者は、受注者の行政情報の管理体制等について、必要に応じ、報告を求め、検査確認を行う場合がある。

第 34 条　暴力団員等による不当介入を受けた場合の措置

１．受注者は、暴力団員等による不当介入を受けた場合は、断固としてこれを拒否すること。また、不当介入を受けた時点で速やかに警察に通報を行うとともに、捜査上必要な協力を行うこと。下請負人等が不当介入を受けたことを認知した場合も同様とする。　２．１．により警察に通報又は捜査上必要な協力を行った場合には、速やかにその内容を記載した書面により発注者に報告すること。

３．１．及び２．の行為を怠ったことが確認された場合は、指名停止等の措置を講じることがある。

４．暴力団員等による不当介入を受けたことにより工程に遅れが生じる等の被害が生じた場合は、発注者と協議しなければならない。

第 35 条　保険加入の義務

１．受注者は、雇用保険法、労働者災害補償保険法、健康保険法及び厚生年金保険法の規定により、雇用者等の雇用形態に応じ、雇用者等を被保険者とするこれらの保険に加入しなければならない

5.3　特記仕様書の記載例

特記仕様書の記載例を以下に示す。以下は、標準的な記載方法の一例であるため、地方整備局毎の記載例、ひな形等がある場合は、それらとの整合が必要である。

第１条　適用範囲

（１）本特記仕様書は、○○事業監理業務（以下、「本業務」という。）に適用する。

（２）本業務は、契約書及び共通仕様書（案）（以下、「共通仕様書」という。）による他、本特記仕様書及び以下の１）から５）に基づき実施するものとする。

１）設計業務等共通仕様書（平成２８年３月）
２）測量業務共通仕様書（平成２８年３月）
３）地質・土質調査業務共通仕様書（平成２８年３月）
４）土木工事共通仕様書（平成２７年４月）
５）その他調査職員が指示するもの

第２条　業務目的

本業務は、○○道路等の効率的かつ確実な事業推進を図るため、測量・調査・設計業務委託等に対する指導・調整等、地元調整及び関係行政機関等に関する調整等、事業管理等を行う業務である。

第３条　業務期間

本業務は、令和○○年○月○日～令和○○年○月○日までとする。

第４条　管理技術者及び主任技術者の資格・実績

１．管理技術者に必要とされる資格及び業務実績は次のとおりとする。

【資格】

規定しない

【同種業務実績】

下記のいずれかに該当すること

① ○○に関する事業促進ＰＰＰ（※２）、ＰＭ（※３）又はＣＭ（※４）に指導的立場（※１）で従事した経験を有するもの

② ○○に関する技術提案・交渉方式の技術協力・施工タイプにおける技術協力業務若しくは設計業務又は設計交渉・施工タイプにおける設計業務に指導的立場で従事した経験を有するもの

③ ○○分野において工事・業務をマネジメントした経験（※５）を有するもの

※１「指導的立場」とは以下の立場をいう

1)事業促進ＰＰＰ、ＰＭ又はＣＭの場合には、管理技術者（当該業務の履行に関する管理及び統括を行うものをいう）の立場をいう

2)技術提案・交渉方式の技術協力業務（技術協力・施工タイプ）・設計業務（設計交渉・施工タイプ）の場合には、管理技術者（当該業務に係る契約の履行に関する管理及び統括を行うものという）の立場をいう

※２「事業促進ＰＰＰ」とは、国土交通省直轄の事業促進ＰＰＰ等に関するガイドラインの 1.4「用語の定義」に基づくものをいう

※３「ＰＭ（プロジェクト・マネジメント）」とは、事業を効率的に進めるために、事業工程管理、懸案事項管理、事業費管理、用地取得管理などを行うマネジメント業務の総称

※４「ＣＭ（コンストラクション・マネジメント）」とは、工事の円滑な履行のため、施工段階において、工程管理、施工管理、品質管理、コスト管理、工事間施工調整などを行うマネジメント業務の総称

※５「工事・業務をマネジメントした経験」とは、例えば、地方建設局請負工事監督検査事務処理要領（昭和４２年３月３０日付）第６に該当する総括監督員若しくは主任監督員、地方建設局委託設計業務等調査検査事務処理要領（平成１１年４月１日付）第６に該当する総括調査員若しくは主任調査員に相当する程度の経験をいう

【類似業務実績】

下記のいずれかに該当すること

①○○に関する技術者としての実務経験を１０年以上有し、その実務経験の中で、以下に示すいずれかの経験を有すること

１）○○の調査・設計業務に関し、指導的立場（※１）で従事した経験（１業務以上）を有するもの

２）○○の工事に関し、指導的立場（※１）で従事した経験（１工事以上）を有するもの

②○○分野において十分な技術的実務経験（※６）を有するもの

※６「十分な技術的実務経験」とは、論文、委員会活動等の優れた実績をいう

２．主任技術者（事業管理担当）に必要とされる資格及び業務経験は次のとおりとする。

【資格】

下記のいずれかの資格を有すること

①技術士（総合技術監理部門（建設）又は建設部門（土質及び基礎、鋼構造及びコンクリート、都市及び地方計画、道路、トンネル、施工計画、施工設備及び積算、建設環境のいずれか））

②土木学会認定技術者（特別上級、上級、１級）

③ＲＣＣＭ（技術士部門と同様の部門に限る）

④１級土木施工管理技士

⑤公共工事品質確保技術者（Ⅰ）

【同種業務実績】

下記のいずれかに該当すること

① ○○に関する技術者としての実務経験を１０年以上有し、その実務経験の中で、以下に示すいずれかの経験を有すること

１）○○に関する調査・設計業務に従事した経験（１業務以上）を有すること

２）○○に関する工事に従事した経験（１工事以上）を有すること

② ○○に関する事業促進ＰＰＰ（※２）、ＰＭ（※３）又はＣＭ（※４）に従事した経験を有するもの

③ ○○に関する技術提案・交渉方式の技術協力・施工タイプにおける技術協力業務若しくは設計業務又は設計交渉・施工タイプにおける設計業務に従事した経験を有するもの

④ ○○分野において工事・業務をマネジメントした経験（※５）を有するもの

【類似業務実績】

下記のいずれかに該当すること

①○○に関する技術者としての実務経験を１０年以上有し、その実務経験の中で、以下に示すいずれかの経験を有すること

１）○○の調査・設計業務に従事した経験（１業務以上）を有するもの

２）○○の工事に従事した経験（１工事以上）を有するもの

②○○において十分な技術的実務経験（※４）を有するもの

３．主任技術者（調査設計担当）に必要とされる資格及び業務経験は次のとおりとする。

【資格】

下記のいずれかの資格を有すること

①技術士（総合技術監理部門（建設）又は建設部門（土質及び基礎、鋼構造及びコンクリート、都市及び地方計画、道路、トンネル、施工計画、施工設備及び積算、建設環境のいずれか））

②土木学会認定技術者（特別上級、上級、１級）
③ＲＣＣＭ（技術士部門と同様の部門に限る）
④１級土木施工管理技士
【同種業務実績】
①○○に関する技術者としての実務経験を１０年以上有し、かつ○○に関する調査・設計業務に従事した経験（１業務以上）を有すること
②○○に関する事業促進ＰＰＰ（※２）、ＰＭ（※３）又はＣＭ（※４）に調査設計担当として従事した経験を有するもの
③○○に関する技術提案・交渉方式の技術協力・施工タイプにおける技術協力業務若しくは設計業務又は設計交渉・施工タイプにおける設計業務に従事した経験を有するもの

４．主任技術者（用地担当）に必要とされる資格及び業務経験は次のとおりとする。
【資格及び同種業務実績】
下記のいずれかを有すること
用地業務管理士（８部門のうちのいずれかの部門）
用地業務（※７）に関する実務経験を１０年以上有するもの

※７「用地業務」とは、保証コンサルタント登録規定（昭和５９年9月２１日建設省公告示第１３４１号）第２条に定める別表に掲げる登録部門に関する業務をいう

５．主任技術者（施工担当）に必要とされる資格及び業務経験は次のとおりとする。
【資格】
下記のいずれかの資格を有すること
①技術士（総合技術監理部門（建設）又は建設部門（土質及び基礎、鋼構造及びコンクリート、都市及び地方計画、道路、トンネル、施工計画、施工設備及び積算、建設環境のいずれか））
②土木学会認定技術者（特別上級、上級、１級）
③ＲＣＣＭ（技術士部門と同様の部門に限る）
④１級土木施工管理技士
【同種業務実績】
①道路に関する技術者としての実務経験を１０年以上有し、かつ○○の工事経験（１工事以上）を有するもの

６．担当技術者の資格及び業務実績は規定しない。

第５条　常駐・専任
1. 配置技術者の常駐・専任については以下のとおりとする。
【常駐】
- 管理技術者　無
- 主任技術者（○○○○担当）　有（※１）
- 主任技術者（○○○○担当）　有（※１）
- 担当技術者（○○○○担当）　有（※１）

※１：常駐する配置予定技術者は、主任技術者又は担当技術者から１名で足りるものとする。常駐する技術者は受注者の選択による。また、配置予定技術者として業務計画書に記載した担当技術者であれば、履行期間中の常駐の交替を認める。
【専任】
- 管理技術者　無

・主任技術者（○○○○担当）　有（※２）
・主任技術者（○○○○担当）　有（※２）
・担当技術者（○○○○担当）　無

※２：主任技術者は、専任を求めないが、本業務を最優先とする事とし、その他業務の管理技術者になることは認めない。

第６条　業務計画書

（１）受注者は共通仕様書第１１条に基づき業務計画書を作成し、調査職員に提出しなければならない。

（２）本業務の実施体制として、主任技術者の配置計画等を掲載するものとする。

（３）コンプライアンス対策について

１）管理技術者は、業務計画書に記載した「コンプライアンス対策」について、主任技術者、担当技術者に対して指導すること。

２）指導は四半期毎１回以上とし、管理技術者は調査職員へ実施日及び実施内容等を記載し報告するものとする。

第７条　業務場所

○○河川国道事務所（○○市○○○―○―○）

第８条　現地作業の基地

本業務に伴う現地作業の基地については本特記仕様書○条とし、交通手段はライトバン 1500cc と設定している。

第９条　打合せ協議の基地

本業務に伴う打合せ協議の基地については○市役所と設定して、交通手段は公共交通機関と設定している。

第11条　契約変更

本業務の数量は、別紙「数量総括表」のとおりとするが、数量に変更が生じた場合は、発注者、受注者協議の上、契約変更の対象とする。

第12条　業務内容

１．事業管理業務の体系は次の通りとする。

(1)体系図

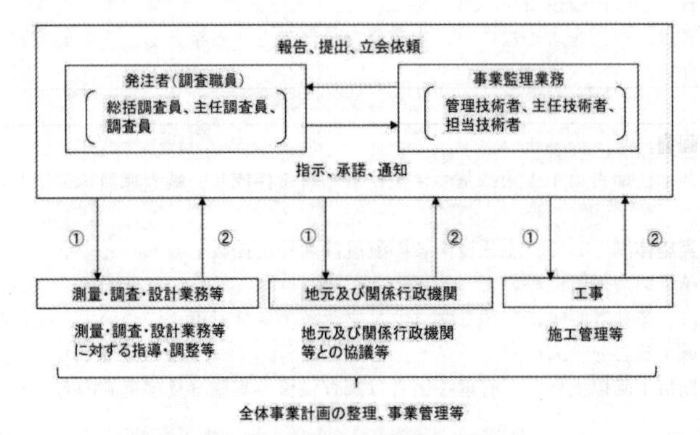

(2)受注者は、事項の業務内容について発注者と一体となって業務を遂行するものとする。

(3)業務の実施にあたっては、発注者の全体的な管理の下、密接に連携して以下の業務を分担・協力して実施するものとする。分担内容、協力内容については、発注者と調整のうえ決定し実施する。

２．主な業務は次の通りとする。

（１）全体事業計画の整理

①全体事業計画案の把握・改善

②工程表の作成

（２）測量・調査・設計業務等の指導・調整等

①設計方針等の調整

②工程の把握及び調整

③測量・調査・設計業務等の指導・助言

④測量・調査・設計業務等の指示・協議等

⑤測量・調査・設計業務成果内容の確認

⑥測量・調査・設計業務等の検査資料確認

（３）地元及び関係行政機関等との協議等

①測量・調査・設計業務等の立入に関する地元説明

②測量・調査・設計業務等に関する地元との調整・協議

③関係行政機関等との調整・協議等

④地元及び関係行政機関等との協議資料作成

（４）事業管理等

①全体事業計画の進捗状況管理

②事業期間の短縮に関する検討

③事業のコスト縮減に関する検討

④用地取得計画の検討及び用地進捗管理

⑤工事計画の検討

⑥事業に関する情報公開、広報の企画及び実施

⑦その他事業の推進に関すること

（５）施工管理等

①施工方針等の調整
②工程の把握及び調整
③施工に伴う地元及び関係行政機関等との協議
④施工に伴う地元及び関係行政機関との協議資料の作成
⑤工事の指導・助言
⑥工事の指示・協議等
⑦施工状況の確認
⑧土木工事施工管理基準の確認
⑨工事の検査資料確認
⑩その他

（6）その他
3．監理業務の業務内容は、次に示すとおりとする。
（1）全体事業計画の整理
1）全体事業計画案の把握・改善
①業務の着手にあたり、調査職員より、対象工区の全体事業計画案に関する説明等を受けるとともに、現地状況の確認等を行い、業務着手時点における対象工区内の測量・調査・設計業務、工事の実施予定、進捗状況、地元及び行政機関の関係者、不確定要素等を把握するものとする。
②把握した全体事業計画案について、より効率的な事業展開となるよう事業計画案の改善検討を行い、検討結果を調査職員に報告するものとする。
③調査職員の指示により、採用されることとなった検討結果を全体事業計画案に反映し、全体事業計画案を改善するものとする。
2）工程表の作成
業務着手後、調査職員、監理業務受注者との間で、事業の工程、進捗状況等が視覚的に共有でき、より効率的な事業展開に関する検討が円滑に実施できるよう、1）で整理した全体事業計画を踏まえ、全体事業の工程表を作成し、調査職員に報告する。なお、工程表の作成方法（記載内容、表示方法等）は、調査職員との協議の上決定する。

（2）測量・調査・設計業務等の指導・調整等
1）設計方針等の調整
測量・調査・設計業務等受注者から提出される業務計画書等の確認を行い、確認した業務計画書及び確認結果を調査職員に報告するものとする。また、隣接する区間との設計方針等の調整を行うものとする。
2）工程の把握及び調整
①測量・調査・設計業務等の工程を把握するとともに、検査時期、業務成果品の引渡し時期を確認し、調査職員に報告するものとする。
②予定工程が著しく遅れることが予想される測量・調査・設計業務等がある場合は、当該測量・調査・設計業務等受注者に対して、その理由とフォローアップの実施を求めるものとする。
③測量・調査・設計業務等の進捗の遅れが、全体工程に対して著しく影響があると判断される場合は、その旨を調査職員に報告しなければならない。また、当該測量・調査・設計業務等受注者から事情を把握し、全体業務工程の最適化を図るための是正措置を提案するものとする。また、隣接する区間との工程について、調整を図るものとする。
3）測量・調査・設計業務等の指導・助言
①工事施工の観点及び、事業期間の短縮が図られるよう、測量・調査・設計業務等受注者に対し、適切かつ的確な指導・助言を行うものとする。
②測量・調査・設計業務等が効率的、効果的に実施できるよう、測量・調査・設計業務等受注者に対

し、適切かつ的確な指導・助言を行うものとし、その内容について調査職員に報告するものとする。
4）測量・調査・設計業務等の指示・協議等
測量・調査・設計業務等の契約書及び設計図書に示された指示、承諾、協議及び受理等にあたり、不明確な事項の確認や、対応案の作成が必要となる場合には、調査職員の指示により必要に応じて現場条件等を把握し、対応案を作成し調査職員に提出するものとする。
5）測量・調査・設計業務成果内容の確認
①測量・調査・設計業務成果について、成果の妥当性、事業期間の短縮等の観点から業務内容の確認を行い、その結果を調査職員に報告するものとする。
②測量・調査・設計業務等において行う工法・施工計画について、効率的、効果的な施工方法及び施工計画となるよう代替案、改善案について検討を行い、調査職員に報告するものとし、調査職員の承諾を得て、測量・調査・設計業務等受注者に対し必要な対処案の作成を指示し、その結果について調査職員と協議するものとする。
6）測量・調査・設計業務等の検査資料確認
測量・調査・設計業務の契約図書により義務づけられた資料及び、検査に必要な書類及び資料等について確認を行うものとする。また、業務完了検査に立会うものとする。

（3）地元及び関係行政機関等との協議
地元及び関係行政機関等との協議は、調査職員の指示・指導に基づき行うものとする。
1）測量・調査・設計業務等の立入に関する地元説明
測量・調査・設計業務等の実施に伴い、地元関係者の土地に立入る必要がある場合は、調査職員の指示により、当該地元関係者に対し土地立入について了解を得るものとする。
2）測量・調査・設計業務等に関する地元との調整・協議
地元関係者等から事業に関する苦情・要望等があった場合、その内容を確認し調査職員に報告するものとし、調査職員の指示により当該関係者との協議を行うものとする。
3）関係行政機関等との調整・協議等
①設計等を実施する前に、関係行政機関と設計条件等の基本的事項を確認（計画協議）するものとし、その結果について調査職員に報告し、指示を受けるものとする。
②計画協議に基づき実施した設計内容を確認する他、工事を施工するうえで必要な設計の詳細内容及び設計施工協議の状況を確認するものとし、その結果について調査職員に報告し、指示を受けるものとする。
③（1）で整理した全体事業計画を踏まえ、関係行政機関等との速やかな調整・協議を図るものとする。なお、関係行政機関等から再検討、要望、指示等を受けた場合は、遅延なくその旨を調査職員に報告するものとし、調査職員の承諾を得て、測量・調査・設計業務等受注者に対し、必要な対処案の作成を指示し、その結果について調査職員と協議するものとする。
④保安林解除、埋蔵分解材調査、環境調査及びその他事業の推進に必要な調整・協議事項について、調査職員の指示により適切に処理するものとする。なお、関係行政機関等から再検討、要望、指示等を受けた場合は、延滞なくその旨を調査職員に報告するものとし、調査職員の承諾を得て、測量・調査・設計業務等受注者に対し、必要な対処案の作成を指示し、その結果について調査職員と協議するものとする。
4）地元及び関係行政機関との協議資料の作成
調査職員から指示があった場合には、地元及び関係行政機関との協議資料を作成するものとする。

（4）事業管理等
1）全体事業計画の進捗状況管理
①（1）の全体事業計画の整理において作成した全体事業計画の工程と、実際の事業進捗状況を常に把握し、把握した結果を調査職員に報告するものとする。

②事業進捗状況により、事業計画の変更や作業手順の見直しを必要に応じて実施し、調査職員に報告するものとする。

2）事業期間の短縮に関する検討

①供用目標が達成できるよう、事業期間を短縮するためのメニューについて提案を行い、調査職員に報告するものとする。

②調査職員の指示により、提案に基づく事業計画等の見直しを行うものとし、その結果について調査職員に報告するものとする。

3）事業のコスト縮減に関する検討

①対象業務の設計図書に定める工事目的物の機能、性能を低下させることのない、計画段階におけるコスト縮減の提案を行い、調査職員に報告するものとする。

②調査職員の指示により、提案に基づく具体的な検討を行うものとし、その結果について調査職員に報告するものとする。

4）用地取得計画の検討及び用地進捗管理

①用地取得の進捗状況を整理すると共に、法令等による土地利用制限のある土地を把握し、工事の早期着工及び事業実施期間短縮のための用地取得計画の提案を行うものとする。

②支障となる公共施設の移転時期及び移転方法の調整を行う。

5）工事計画の検討

①事業計画及び事業の進捗状況等を考慮し、効率的な工事計画の検討を行い、調査職員に報告するものとする。

②工事計画及び調査・設計業務の成果に基づき、工事発注計画の作成に必要な概略数量計算、図面の整理及び確認を行い、調査職員に提出するものとする。

③①の業務を行うにあたり、必要な資料の取りまとめを行う。

6）事業に関する情報公開、広報の企画及び実施

①当該事業区間に関する情報公開のために、必要な資料を準備するものとする。

②事業に関する広報計画の立案を行うものとし、調査職員との協議により広報計画に定める広報を実施するものとする。

7）その他事業の推進に関すること

その他、事業推進に関する事項について検討を行うものとする。

（5）施工管理等

1）施工方針等の調整

工事の受注者から提出される施工計画書等の確認を行い、確認結果を調査職員に報告するものとする。確認の結果、工事の受注者に対して、施工計画書の修正を指示すべき事項のうち、調査職員の承諾を得られた事項については、工事の受注者に、施工計画書の修正を指示するものとする。修正された施工計画書等は、再度、確認を行い、確認結果を調査職員に報告するものとする。また、隣接する区間との施工方針等の調整を行うものとする。

2）工程の把握及び調整

①工事の工程を把握するとともに、全体事業計画を踏まえ、検査時期、引渡し時期を確認し、調査職員に報告するものとする。

②監理業務受注者は、予定工程が著しく遅れることが予想される工事がある場合は、当該工事受注者に対して、その理由とフォローアップの実施を求めるものとする。

③監理業務受注者は、工事の進捗の遅れが、全体工程に対して著しく影響があると判断される場合は、その旨を調査職員に報告しなければならない。また、当該工事受注者から事情を把握し、全体工事工程の最適化を図るための是正措置を提案するものとする。また、隣接する区間との工程について、調整を図るものとする。

3）施工に伴う地元及び関係行政機関等との協議

地元及び関係行政機関等との協議にあたっては、調査職員の指示、指導に基づき行うものとする。
①工事着手時等の立入に関する地元説明
工事の実施に伴い、地元関係者の土地に立入る必要がある場合は、調査職員の指示により、当該地元関係者に対し土地立入について了解を得るものとする。
②工事に関する地元との調整・協議
地元関係者等から事業に関する苦情・要望があった場合、その内容を確認し調査職員に報告するものとし、調査職員の指示により当該関係者と協議を行うものとする。
③関係行政機関等との調整・協議
ア　工事を実施する前に、関係行政機関と設計協議事項を確認するものとし、その結果を調査職員に報告し、指示を受けるものとする。
イ　設計協議に基づき実施する工事内容を確認し、その結果について調査職員に、指示を受けるものとする。
ウ　早期の工事着手、完成を念頭におき、関係行政機関等との速やかな調整・協議を図るものとする。なお、関係行政機関等から再検討、要望、指示等を受けた場合は、遅延なくその旨を調査職員に報告するものとし、調査職員の承諾を得て、工事受注者に対し、必要な対処案の作成を指示し、その結果について調査職員と協議する。
4）施工に伴う地元及び関係行政機関との協議資料の作成
調査査職員から指示があった場合には、施工に伴う地元及び関係行政機関との協議資料を作成するものとする。
5）工事の指導・助言
施工が効率的、効果的に実施できるよう、工事受注者に対し、適切かつ的確な指導・助言を行うものとし、その内容について調査職員に報告するものとする。
6）工事の指示・協議等
工事の契約書及び設計図書に示された指示、承諾、協議及び受理等について、不明確な事項に対する確認や、対応案の検討が必要となった場合には、調査職員の指示により、必要に応じて現場条件等を把握し、対応案を作成し調査職員に提出するものとする。
7）施工状況の確認
①施工状況について、施工性、安全性等の観点から施工状況の確認を行い、その結果を調査職員に報告するものとする。
②工法・施工計画について、効率的、効果的な施工方法及び施工計画となるよう代替案、改善案について検討を行い、調査職員に報告するものとし、調査職員の承諾を得て、工事受注者に対し必要な対処案の作成を指示し、その結果について調査職員と協議するものとする。
③監理業務受注者は、工事契約図書における発注者の責務を適切に遂行するために、工事施工状況の確認及び把握等を行い、契約の適正な履行を確認するものとし、その結果を調査職員に報告するものとする。
8）土木工事施工管理基準の確認
①監理業務受注者は、工事の契約図書に定められた工事の目的物の出来形及び品質規格（工程管理、出来形管理、品質管理、工事写真等）の確保の方針等について検証し、その内容について調査職員に報告するものとする。
②監理業務受注者は、工事における主要な部分の品質管理及び出来形監理、不可視部分や重要構造物等の段階確認、協議事項等について、確認、立会、把握等を行い、結果を速やかに調査職員に報告するものとする。
9）工事の検査資料確認
工事の契約図書により義務づけられた資料及び、検査（中間技術検査、技術検査を伴う既済部分検査（性質上可分の工事の完済部分検査を含む）、完成検査）に必要な書類及び資料等について指導・助言を行うものとする。また、監理業務受注者は、工事検査に立会うものとする。

１０）その他
①工事契約上重大な事案が発見された場合は、遅延なく報告するものとする。災害発生時及び、その恐れがある場合など緊急時においては調査職員の指示により、情報の収集を行うものとする。
②施工管理の業務実施内容の詳細については、調査職員と協議の上、決定するものとする。

（６）その他
１）調査職員より指示があった事項についてその内容を把握し、適切に処理しなければならない。
２）大規模災害発生時には、発注者及び測量・調査・設計業務等受注者と連携し災害対応業務に協力しなければならない。
３）特記仕様書に明示がない事項ついては、調査職員との協議により対処方法を決定し、決定した事項を文書化し、契約図書の一部とする。

第11条　再委託

契約書第７条に規定する「主たる部分」とは、共通仕様書１９条第１項に示すほか、本特記仕様書第１０条に示す業務とする。

第12条　業務打合せ等

共通仕様書第１０条に定める調査職員との打合せは、以下を想定している。なお、打合せ回数に変更が生じる場合は、調査職員と協議のうえ契約変更の対象とする。
１）業務着手時　　　１回
２）中間打合せ　　○○回
３）成果品納入時　　１回

第13条　業務委託証明書

受注者は、発注者に業務を行う主任技術者の業務委託証明書発行申請書を提出し、業務委託証明書の発行を受けなければならない。

なお、主任技術者は業務委託証明書を携帯し、業務に当たらなければならない。

第14条　受注者の責任

受注者が、善良な管理者の注意を怠り、本業務の本旨に従った履行をしなかったことで、物的被害、人的被害、業務遅延等が発生した場合は、受注者は責任を負う。
１．債務不履行の内容
（１）受注者又は調査職員の指示・承諾に基づかない測量・調査・設計業務等受注者への権限行使により損害が生じた場合
（２）受注者の故意又は過失により、測量・調査・設計業務等に損害が生じた場合
（３）受注者の責による履行遅延により測量・調査・設計業務等の履行に支障が生じた場合
２．責任における措置
（１）債務不履行による損害賠償が生じた場合は、監理業務受注者に請求する。
（２）地方支分部局所掌の業務委託契約に関わる指名停止等の処置要領に準じる。

第15条　業務の体制

１．本業務は、「事業管理・調査・設計に関する業務」、「施工に関する業務」に同時に対応できる体制を整え、実施するものとする。
２．体制の変更が生じた場合には、発注者と受注者の協議により行うものとする。

第 16 条　業務実施報告書

1．受注者は、業務の履行の報告を次のとおり調査職員に成果として提出しなければならない。

成果品	提出時期等	成果内容
業務記録簿	１回／２週 ・毎日記録 ・監理業務者毎調査職員に提出	日々の監理業務の内容を書面で整理し報告する。 ・契約の履行の確保に関する実施内容 ・監理業務に関する実施内容
提出書、報告書等	その都度 ・実施後に記録 調査職員に提出	仕様書に基づき実施した検討事項等について、目的、経緯、結果を整理し報告する。

第 17 条　成果品

成果品には、共通仕様書第１６条に規定する事項に加え、業務履行に必要となった各種資料・調査結果等をあわせ報告書として提出するものとする。

第 18 条　施設等の使用

（1）発注者所有施設等の使用、及び光熱水料について

本業務の履行にあたり、第６条で想定する業務場所において使用する発注者所有施設の使用料、同場所で使用する光熱水料及び通信費用は原則発注者の負担とする。

（2）事務用品等について

上記業務場所において、業務を実施する上で必要となる発注者所有の備品（机・椅子等の反復使用に耐えうる事務用品をいう）については、原則、発注者との賃借契約に基づき借り受けるものとし、その他事務用品については、原則、受注者の負担とする。

なお、本業務において、受注者が準備する事務用品等は次のものとする。

1）土木工事共通仕様書、その他業務に必要な図書
2）パソコン（ＣＡＤソフト含む）：１台／人
3）プリンター：１台／人
4）業務に必要となるソフトウェア
5）業務に必要な自動車

第 19 条　疑義

本業務履行中に疑義を生じた場合又は記載なき事項については、調査職員と受注者の協議によるものとする。

第 20 条　行政情報流出防止対策の強化

（1）受注者は、業務計画書の実施方針に情報セキュリティに関する対策について記載すること。

（2）受注者は、業務計画書及び共通仕様書第３３条に記載された内容を確実に実施するとともに、実施したことを確認できる資料を作成し、調査職員に報告しなければならない。

第 21 条　その他

（1）受注者、採用された「技術提案」に基づき適切に業務を遂行するものとする。

なお、採用された技術提案については、業務契約書及び契約書に記載するものとする。

（2）本業務受注者及び本業務受注者と資本関係又は人的関係がある者は、本業務の担当工区の工事等（本契約以降以降に発注されるものに限る）の入札に参加してはならない。（工事の共同企業体の場合はその構成員となることもできない。）

また、業務の技術者の出向・派遣元及び出向・派遣元と資本関係又は人的関係がある者（※６）は、本業務の履行場所の範囲内の工事等（本契約以降以降に発注されるものに限る）の入札に参加してはならない。（工事の共同企業体の場合はその構成員となることもできない。）

なお、「参加」とは、別の工事の入札に参加すること又は工事の下請として参加することをいう。

※６　「資本関係又は人的関係がある者」とは、次の１）又は２）に該当するものをいう。

１）一方の会社が、他方の会社の発行済数式総数の 100 分の 50 を超える株式を保有又はその出資額の総数が 100 分の 50 を超える出資をしている者。

２）一方の会社の代表権を有する役員が、他方の会社の代表権を有する役員を兼ねている場合。

6.　事業促進ＰＰＰ等の導入事例

6.1　三陸沿岸道路等

平成 23 年 3 月 11 日に発生した東北地方太平洋沖地震後、約 223km の三陸沿岸道路等が新規事業化され、概ね 10 年間で既に事業化されていた区間とあわせ約 380km の事業の整備推進が必要となった。膨大な事業を円滑かつスピーディに実施するため、平成 24 年度から、事業促進ＰＰＰを導入した。

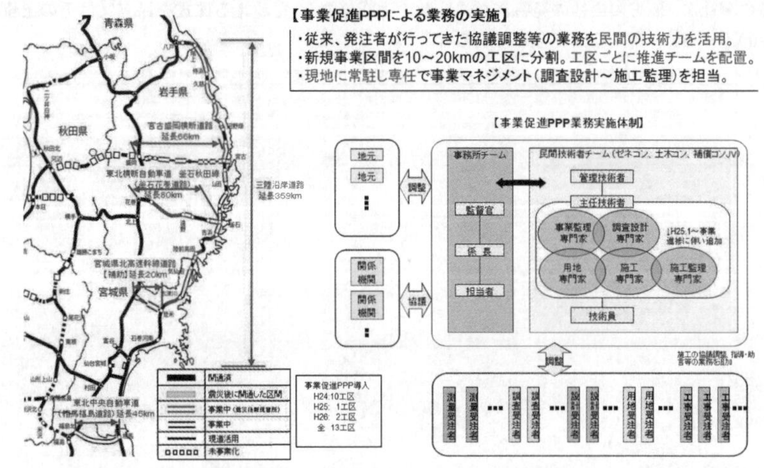

図-6.1　事業促進ＰＰＰ（三陸沿岸道路等）

6.2　熊本災害復旧・復興事業

平成 28 年 4 月 16 日に発生した熊本地震により、大規模な斜面崩壊、橋梁・トンネルの被害等が発生し、複数の幹線ルートが通行止めとなった。復旧・復興に係る事業を円滑、スピーディに進めるため、平成 28 年度から、「事業管理支援業務（ＰＭ）」、「技術支援業務（ＣＭ）」が実施された。

なお、大規模な地すべり箇所の復旧ルート（北側復旧ルート）における二重峠トンネル工事で、技術提案・交渉方式を適用した。

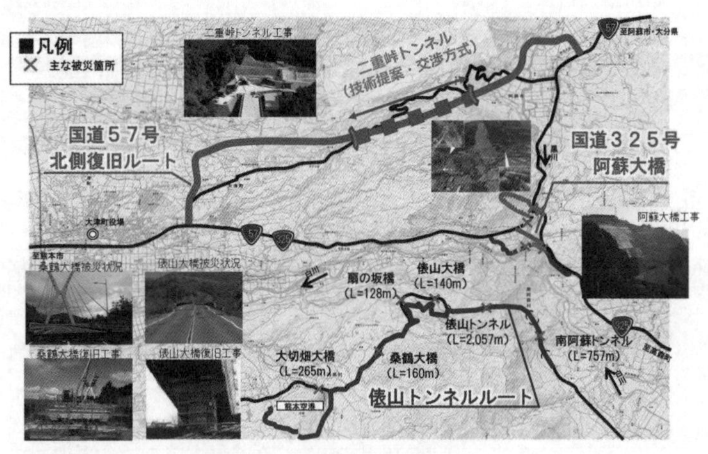

図-6.2　熊本災害復旧の箇所図

表-6.1　事業管理支援・技術支援業務の実施状況（北側復旧ルート・阿蘇大橋）

	北側復旧ルート	阿蘇大橋
H28業務	熊本57号災害復旧事業管理・技術支援業務（PM·CM）	阿蘇大橋地区外事業管理支援業務（PM） 阿蘇大橋地区阿蘇大橋技術支援業務（CM）
H29業務	熊本57号災害復旧事業管理・技術支援業務（PM·CM） 北側復旧ルート事業管理業務（H29.5～）	阿蘇地区外事業監理業務
復旧概要	・大規模な斜面崩壊を生じた国道57号の北側復旧ルート ・北側復旧ルート中の二重峠トンネル（L=3,659m）はＥＣＩ方式を採用。	・大規模な斜面崩壊により阿蘇大橋が落橋 ・旧橋の下流にて、PC３径間連続ラーメン箱桁橋（L=345m）に架け替え
写真・図	 大津工区 施工状況 大津工区　阿蘇工区　二重峠トンネル	 施工状況

表-6.2　事業管理支援・技術支援業務の実施状況（県道熊本高森線）

	県道熊本高森線				
H28業務	県道熊本高森線熊本阿蘇地区事業管理支援業務（PM）				
	俵山大橋 技術支援業務(CM)	大切畑大橋 技術支援業務(CM)	扇の坂橋 技術支援業務(CM)	桑鶴大橋 技術支援業務(CM)	すすきの原橋外 技術支援業務(CM)
H29業務	阿蘇地区外事業監理業務				
復旧概要	・上部工架替、橋台再構築、橋脚増厚・増杭、支承伸縮装置交換等	・上部工移動、橋脚増厚補強、増杭補強、支承及び伸縮装置交換等	・上部工部材交換、下部工のひび割れ補修及び断面修復	・上部工移動、ケーブル交換、増杭、支承・伸縮装置交換等	上部工横桁及びパラペット打替、支承・伸縮装置交換等
構造概要	鋼３径間連続非合成鈑桁橋 (H13年：L=165m)	鋼５径間連続非合成鈑桁橋 (H13年：L=265.4m)	３径間連続鈑桁橋 (H13年：L=128m)	2径間連続鋼斜張橋 (H10年：L=160m)	PC単純T桁橋 (H11年：L=43m)
写真・図 被災状況					
写真・図 施工状況					

6.3　大規模事業（平常時）

国土交通省直轄の事業促進ＰＰＰは。関東地方整備局の東関東自動車道水戸線（潮来～鉾田）、首都圏中央連絡自動車道（大栄～横芝）等、災害復旧・復興事業に限らず、平常時の大規模事業で、業務量が著しく増大する状況下で適用されている事例がある。

平常時の大規模事業における事業促進ＰＰＰの代表的な実施事例を図-6.3、図-6.4に示す。

図-6.3　東関道水戸線（潮来～鉾田）における実施例

図-6.4　圏央道（大栄～横芝）における実施例

施工者と契約した第三者による品質証明業務
運用ガイドライン（案）

国土交通省

大臣官房技術調査課

令和３年３月

目次

-本編-

-資料編-

1．目的

施工者と契約した第三者による品質証明は、発注者及び施工者以外の第三者が工事の施工プロセス全体を通じて工事実施状況、出来形及び品質について契約図書との適合状況の確認を行い、その結果を監督及び検査に反映させることにより、工事における品質確保体制を強化するとともに、出来高に応じた円滑な支払いを促進することを目的とする。

（1）品質証明業務の概要

施工者と契約した第三者による品質証明は、発注者及び施工者以外の第三者が工事の施工プロセス全体を通じて工事実施状況、出来形及び品質について品質証明を行い、これを監督・検査に反映させるものである。

図1に、品質証明業務における施工者、品質証明者、監督職員、検査職員の連絡体制を示す。

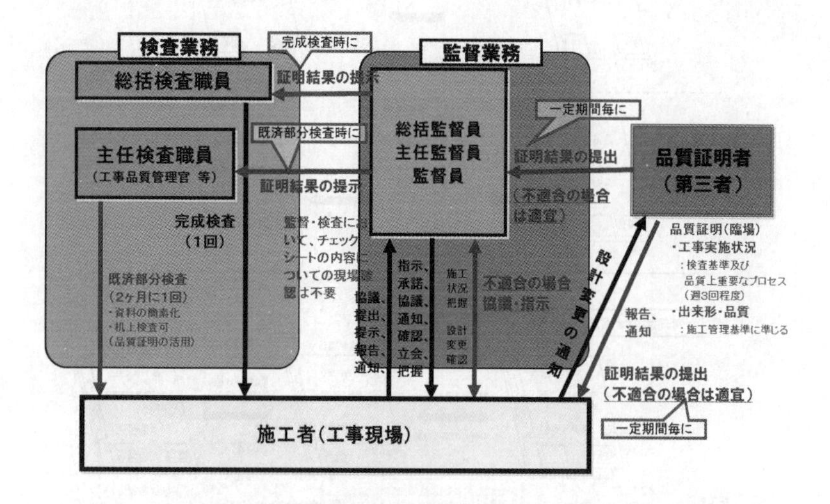

図 1　施工者と契約した第三者による品質証明における監督・検査業務の流れ
（総括検査職員、主任検査職員を任命する場合）

図１に基づく、工事書類の処理の流れは図　２のとおりである。

なお、施工者と契約した第三者による品質証明の試行対象工事においては、監督職員による「段階確認」、「指定材料確認」、「設計図書の規定による立会い」が不要となる。これらの項目については品質証明者がチェックシートにより確認し、現場代理人及び監督職員へ提出することから、施工者は、監督職員への「段階確認願」、「材料確認願」、「確認・立会願」、「設計図書に品質証明対象工事と明示された場合に施工者が選任する品質証明員（社内検査員）による品質証明書（第三者が実施した内容と重複する部分）」の提出は不要となる。

品質証明者は、工程調整会議等で立会の時期を把握し、適切な時期に臨場して確認を行う。なお、施工者は、品質証明者が立会い予定の事前把握ができるよう、メールやＦＡＸ、ＡＳＰ等を活用し、進捗状況の共有に努める

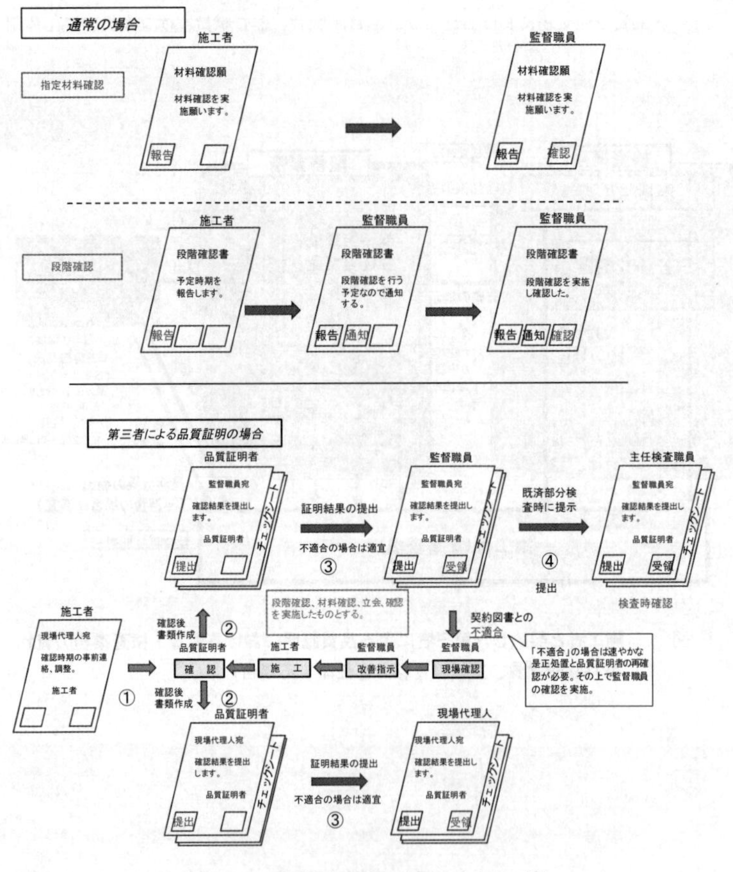

図　２　**工事書類の処理の流れ（イメージ）**

（2）期待する効果

① 工事目的物の品質確保

施工者と契約した第三者による品質証明の試行対象工事においては、品質証明者が工事実施状況等について従来よりも高い頻度で確認を行い（品質証明業務）、工事目的物の品質確保を図る。また、品質証明者は原則として施工者と事前に臨場について日程調整を行い現場の確認を行う。

② 監督・検査業務の効率化

監督職員による工事施工状況の確認（段階確認）等の臨場による確認業務は、品質証明者の品質証明結果の受理をもって実施したものとし、これを省略することで、監督業務の効率化を図る。

また、品質証明結果を監督職員が主任検査職員に提示することで、施工者から部分払請求があった際の既済部分検査事務手続の迅速化・簡素化を図る。完成検査及び中間技術検査においても、品質証明結果を活用することにより、検査職員の確認作業の効率化を図る。

監督職員は、品質証明者と同様の現地確認を原則行わないこと。

③ 出来高に応じた円滑な支払い

施工者と契約した第三者による品質証明の試行対象工事においては、部分払請求の上限回数の割り増しに加え、既済部分検査事務手続を迅速化・簡素化し、部分払の支払い回数を増加させることにより施工者のキャッシュフローの改善を図る。

2. 試行対象工事

施工者と契約した第三者による品質証明の試行対象工事については、工期が 180 日を超える工事のうち、次に掲げるものの中から、地方整備局長、開発建設部長又は事務所長が選定するものとする。

①一般土木工事（北海道開発局にあっては、一般土木。A、B、Cランク工事。）
②プレストレスト・コンクリート工事（北海道開発局にあっては、PSコンクリート）
③アスファルト舗装工事（北海道開発局にあっては、舗装。A、Bランク工事。）
④その他、当該工事に係る事務を所掌する地方整備局長、開発建設部長又は事務所長が必要と認める工事

（1）施工者と契約した第三者による品質証明に係る費用の積算方法

① 積算計上項目

施工者と契約した第三者による品質証明に係る費用は、請負工事費における共通仮設費の技術管理費に積上げ計上するものとする。

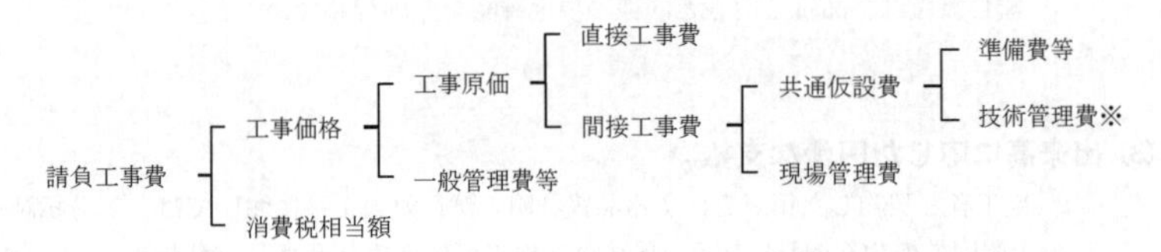

② 算出方法

施工者と契約した第三者による品質証明に係る費用は、以下により算出する。

（第三者による品質証明に係る費用）
＝（直接人件費）＋（直接経費）＋（その他原価）＋（一般管理費等）

イ）直接人件費

（直接人件費）＝｛（臨場日数）＋（現場までの移動に係る日数）｝×（基準日額）

ロ）直接経費

直接経費は、以下の項目について実費を積算し、必要に応じて次により精算する。

a 事務用品費
b 旅費交通費
　旅費交通費は「国土交通省所管旅費取扱規則」および「国土交通省日額旅費支給規則」等に準じて積算する。
c 業務用自動車損料、運転費等
d 事務室損料
e 電算機使用料

f その他

ａ～ｅのほか、電子成果品作成費が必要となる場合は、別途計上するものとし、その他の費用については、その他原価として計上する。

ハ）その他原価

（その他原価）＝（直接人件費）×α／（１－α）

ただし、αは原価（直接経費の積上計上分を除く）に占めるその原価の割合であり、２５％とする。

ニ）一般管理費等

（一般管理費等）＝（業務原価）×β／（１－β）

ただし、βは業務価格に占める一般管理費等の割合であり、３５％とする。

発注者支援業務積算基準を参考

なお、技術管理費への計上にあたっては、現場管理費、一般管理費等の対象外とする。（管理費区分を「９」に設定する。）

１）当初積算額

臨場は工期内に週３回行うものとし、１回あたりは 0.5 人日とする。

なお、歩掛（0.5 人日）には臨場、資料作成、打合せが含まれるものとし、施工現場までの移動に係る日数は、当初積算額には計上しないものとする。

（臨場日数）＝〔(工期（日）／７日）×３回／週×0.5 人日／回〕

２）基準日額

品質証明者の基準日額は、設計業務委託等技術者における技師Ｂとする。

なお、設計業務委託等技術者単価には以下の費用が含まれている。

- 基本給相当額
- 諸手当（役職、資格、通勤、住宅、家族、その他）
- 賞与相当額
- 事業主負担額（退職金積立、健康保険、厚生年金保険、雇用保険、労災保険、介護保険、児童手当）

③ 精算方法

施工者と契約した第三者による品質証明に係る費用については、以下の項目について実績と実態に応じて精算を行うものとする。

１）臨場日数

臨場日数及び現場までの移動に係る日数の実績に応じて精算を行う。但し、施工者の責めにより臨場日数が増加した場合は、精算の対象としない。

２）旅費交通費

旅費交通費については、品質証明者が組織に属している場合、実態に応じて精算を行うものとする。

3）その他の費用

早出・残業、休日・夜間、検査への立会い等の費用について、実績に応じて直接人件費の精算を行う。

④ 条件明示

品質証明者の臨場日数については、特記仕様書に明示するものとする。

また、品質証明者の技術者単価（技師Ｂ）については、見積参考資料に示すものとする。

3．定義

（施工者と契約した第三者による品質証明）

1．施工者と契約した第三者による品質証明とは、施工者と品質証明業務に係る契約を締結した、発注者及び施工者以外の第三者である品質証明者が、工事の施工プロセス全体を通じて品質証明業務を実施し、提出された品質証明結果を発注者が監督及び検査に反映することをいう。

（品質証明）

2．品質証明とは、品質証明者が当該工事の契約図書への適合状況を含む工事実施状況、出来形及び品質について臨場により確認し、その結果を品質証明チェックシート（以下「チェックシート」という。）等により品質証明結果としてとりまとめる行為をいう。

（品質証明業務）

3．品質証明業務とは、前項の品質証明を実施し、品質証明結果を一定期間ごとに当該工事の発注者（監督職員）及び施工者に原則、電子データ（やむを得ない場合は書面）をもって提出する業務をいう。

（施工者）

4．施工者とは、当該工事の受注者をいう。

（品質証明者）

5．品質証明者とは、一定の資格及び実務経験を有し、施工者と品質証明業務について契約した組織又は個人で、以下の要件に該当しないものをいう。

①組織においては、以下のいずれかに該当する者

(1) 当該工事の施工者

(2) 当該工事の施工者と資本若しくは人事面において関連のある者又は元下関係（2次以下も含む。）にある者

②個人においては、以下のいずれかに該当する者

(1) 当該工事の施工者

(2) 当該工事の施工者と資本若しくは人事面において関連のある者又は元下関係（2次以下も含む。）にある者

(3) (1)又は(2)に掲げる者のいずれかに属している者

③当該工事に係る地方整備局長又は北海道開発局の長から工事請負契約に係る指名停止等の措置要領（昭和59年3月29日付け建設省厚第91号）に基づく指名停止を受けている期間中である者

④警察当局から、暴力団員が実質的に経営を支配する者又はこれに準ずるものとして、国土交通省公共事業等からの排除要請があり、当該状態が継続している者

⑤当該工事に係る地方整備局又は北海道開発局の工事において、故意により瑕疵がある品質証明業務を行ったと認められたことのある者

なお、①及び②に規定する「資本若しくは人事面において関連のある」ことの具体的内容については、特記仕様書において明示する。

（総括検査職員）

6．総括検査職員とは、品質証明結果を踏まえ、技術検査及び完成検査を行う検査職員をいい、施工者と契約した第三者による品質証明の試行対象工事においては、本官契約の場合は地方整備局長又は開発建設部長が、分任官契約の場合は事務所長が、これを任命することができる。

（主任検査職員）

7．主任検査職員とは、品質証明結果を踏まえ、既済部分検査を行う検査職員をいい、施工者と契約した第三者による品質証明の試行対象工事においては、本官契約の場合は地方整備局長又は開発建設部長が、分任官契約の場合は事務所長が、これを任命することができる。

施工者と契約した第三者による品質証明では、円滑な支払いの促進を目的の１つとしているため、給付の検査が従来より多くなる。そのため本官契約の工事において、給付の検査を工事品質管理官等の主任検査職員が実施することで、効率化を図ることができる。

―

4．施工者と品質証明者との契約

4－1．品質証明者の選定

（品質証明者の選定）

1．試行対象工事における品質証明者の選定方法は、一定の資格及び実務経験を有する者として発注者が示した者の中から施工者が選定する方法又は一定の資格及び実務経験を有する者を施工者が選定し、発注者の確認を得る方法によるものとする。

品質証明者に求められる要素としては、工事実施状況、出来形及び品質について適切に確認できるだけの技術的能力と、品質証明業務を中立的に公平・公正に行うことの担保が必要である。後者については、中立性を担保するために、地方整備局等が品質証明者の要件を示して公募によりリストを作成することとした。また、公募の場合は、施工者の工程管理に備えて休日・夜間や緊急の立会い等の要請に対応するために複数の品質証明者を登録することが望ましい。

品質証明者に求める要件として、次の資格及び実務経験といった技術的能力の妥当性を検証するための要件を設定している。

品質証明者は、次の資格要件及び実務経験を有するものとする。

資格要件：下記の①～⑤のいずれかの資格

①技術士（総合技術監理部門（建設部門）又は建設部門）

②一級土木施工管理技士

③土木学会（特別上級、上級又は１級）技術者

④公共工事品質確保技術者（Ⅰ）若しくは（Ⅱ）又は発注者が認めた同等の資格を有する者（※１）

⑤RCCM 又は RCCM と同等の能力を有する者（※２）

※１「発注者が認めた同等の資格を有する者」とは、以下のとおり
・中部地方における「施工体制の確保に関する推進協議会」が認定した発注者支援技術者（土木）１種
※２「ＲＣＣＭと同等の能力を有する者」とは、ＲＣＣＭ試験に合格しているが、転職等により登録ができない立場にいる者

実務経験：技術者経験が10年以上であり、かつ、下記の①～③のいずれかの経験を有すること
①国土交通省発注工事の監理技術者又は主任技術者
②国土交通省発注工事の現場技術業務の現場技術員（ただし、内業は除く）
③国土交通省発注工事の総括監督員、主任監督員又は技術検査官

ただし、実施要領第３第５項に規定する下記の要件に該当しないものとする。
①組織においては、以下のいずれかに該当する者
(1) 当該工事の施工者
(2) 当該工事の施工者と資本若しくは人事面において関連のある者又は元下関係（２次以下も含む。）にある者
②個人においては、以下のいずれかに該当する者
(1) 当該工事の施工者
(2) 当該工事の施工者と資本若しくは人事面において関連のある者又は元下関係（２次以下も含む。）にある者
(3) (1)又は(2)に掲げる者のいずれかに属している者
③当該工事に係る地方整備局又は北海道開発局の長から工事請負契約に係る指名停止等の措置要領（昭和59年3月29日付け建設省厚第91号）に基づく指名停止を受けている期間中である者
④警察当局から、暴力団員が実質的に経営を支配する者又はこれに準ずるものとして、国土交通省公共事業等からの排除要請があり、当該状態が継続している者
⑤当該工事に係る地方整備局又は北海道開発局の工事において、故意により瑕疵がある品質証明業務を行ったと認められたことのある者
なお、①及び②に規定する「資本若しくは人事面において関連のある」ことの具体的内容については、特記仕様書において明示する。

施工者が上記の資格及び実務経験を有するものの中から任意に品質証明者を選定する場合には、品質証明者と契約する前に参考様式「品質証明者確認願」に氏名、資格、履歴等を記入し、監督職員に提出しその確認を得るものとする。

なお、品質証明者の選定については、施工者が行うものであることから、発注者が個々の工事に特定の者を指名することのないよう留意すること。

4－2．施工者と品質証明者との契約内容

（施工者と品質証明者との契約内容）
2．施工者と品質証明者との契約については、以下の内容を含めた契約を行うものとする。
①本実施要領及び「施工者と契約した第三者による品質証明業務運用ガイドライン（案）」に基づく品質証明業務の実施
②品質証明の範囲及び頻度並びに品質証明方法等
③品質証明の期間
④契約金額

4－3．品質証明者との契約書類等の提出

（品質証明者との契約書の写し等の提出）
3．施工者は、工事着手前までに品質証明者と品質証明業務について契約を締結し、速やかに前項の契約書の写し並びに品質証明者の氏名、資格及び実務経験等を記した原則、電子データ（やむを得ない場合は書面）を発注者（監督職員）に提出するものとする。

施工者は、様式1に品質証明者の氏名、資格及び実務経験等を記載し、品質証明者との契約書の写しを添付して監督職員に提出するものとする。

複数名登録の場合、主担当者以外は様式1の内容を記した名簿等を提出すること。

複数名登録時の人数制限は行わない。

５．品質証明者が行う品質証明業務

５－１．品質証明業務の内容

（品質証明業務の内容）
１．品質証明者は、当該工事の契約図書への適合状況を含む工事実施状況、出来形及び品質について、臨場により確認を行うものとする。
２．品質証明者は、前項の結果をチェックシート等にとりまとめて品質証明結果とし、一定期間ごとに当該工事の発注者（監督職員）及び施工者に提出するものとする。

（１）品質証明業務

① 必要な書類の借用

品質証明者は、契約図書との適合の確認に必要な書類を施工者から借用する。

② 確認項目

品質証明者は、工事実施状況、出来形、品質を臨場により確認する。

③ 確認の頻度

品質証明者による品質証明の頻度を次のとおりとする。

1)工事実施状況

該当する施工が行われている場合は毎日確認。ただし、週３日以上同様の施工が行われている場合は、２回/週確認。（１回は0.5日とする）

2)品質

「土木工事施工管理基準及び規格値（案）」と同じ頻度で確認。ただし、週３日以上同様の施工が行われている場合、下記の試験は２回/週確認。

・現場溶接の浸透探傷試験
・路床安定処理工の現場密度試験
・吹付工の表面水率試験、塩化物量試験、スランプ試験、空気量試験
・連続した盛土での現場密度試験
・覆工コンクリート（ＮＡＴＭ）のスランプ試験、単位水量試験、空気量試験
・吹付けコンクリート（ＮＡＴＭ）の表面水率試験、塩化物量試験、スランプ試験、空気量試験
・ロックボルト（ＮＡＴＭ）のモルタルフロー試験

3)出来形

「土木工事施工管理基準及び規格値（案）」と同じ頻度で確認。

なお、チェックシート内に記載されている関係基準は、直近のものを適用するものとする。

④ 具体的な実施方法

・施工者（品質証明者含む）、発注者（監督職員）は、工事着手前に臨場の確認項目、確認頻度、チェックシート以外に必要な資料の有無、資料の内容、提出方法について協議する。

　但し、既存資料の活用や添付資料を最小限とするなど業務負担軽減に努めること。

　また、工事進捗に伴い、確認頻度等に変更が必要な場合には随時、施工者（品質証明者含む）、発注者（監督職員）にて協議を行い柔軟に対応すること。

・品質証明の確認頻度は上記③を基本とするが、現場状況、工事規模、工種等から各々の現場において上記③に記載の頻度で実施することに支障がある場合は、施工者（品質証明者含む）、発注者（監督職員）で確認頻度を協議決定してから工事着手するものとする。

・チェックシートは品質証明者が作成する。

・チェックシート作成時、各々の現場に沿って臨場確認が必要と判断される項目は、施工者（品質証明者含む）、発注者（監督職員）で協議し、追加作成等柔軟に対応すること。

・施工者は、品質証明者が立会い予定の事前把握が出来るようにメールやＦＡＸ、ＡＳＰ（情報共有システム）を活用し、進捗状況の共有に努めること。

・計測は施工者が行い、必要な機材等も施工者が用意する。

・確認結果は品質証明者が記録する。

・遠隔臨場技術の利用について、施工者が希望し、動画撮影用のカメラ（ウェアラブルカメラ等）の機器を用いて、映像と音声の同時配信と双方向の通信を行うことにより、品質証明者が確認するのに十分な情報を得ることができた場合に限り、利用できるものとする。利用に際して、施工者（品質証明者含む）、発注者（監督職員）、発注者（監督職員））は、工事着手前に遠隔臨場による確認項目、確認頻度、チェックシート以外に必要な資料の有無、資料の内容、提出方法について協議する。

　但し、遠隔臨場技術では確認が困難な項目や通信環境、利用機器により十分に確認できない場合がある点に留意すること。その他参考にできる資料として、「建設現場の遠隔臨場に関する試行要領（案）令和３年３月」がある。

　また、工事進捗に伴い、確認項目や頻度等に変更が必要な場合には随時２者にて協議を行い柔軟に対応すること。

⑤ 確認結果の記録

品質証明者は、確認結果を様式２ 品質証明チェックシートに記録する。

チェックシートは、追記やコメントを記述できる書式シートとする。

チェックシートにおける確認項目は、「土木工事共通仕様書（案）」、「土木工事施工管理基準及び規格値（案）」、「土木工事監督技術基準（案）」に準拠し作成している。

なお、様式２－１　品質証明チェックシート（実施状況）には表１に示す工種を掲載している。

表　１　様式２－１品質証明チェックシート（実施状況）の記載工種

編	工種	工種細目	備考（工法等）
共通編	土工	切土、盛土、堤防等工事	
	コンクリート構造物工事		型枠工、鉄筋工含む
	法面工	現場打法枠工	
		コンクリート吹付工、モルタル吹付工	
		種子吹付工、客土吹付工、植生基材吹付工	
	基礎工及び地盤改良工	既製杭工	既製コンクリート杭･鋼管杭・Ｈ鋼杭
		場所打ち杭工	オールケーシング
		深礎工	
		地盤改良工	
	舗装工		
河川編	護岸、根固、水制工事		
砂防編	砂防構造物工事及び地滑り防止工事(集水井工事を含む)	砂防堰堤工	
		斜面対策工	地すべり対策工事
道路編	鋼橋上部工		工場製作時除く
	コンクリート橋上部工事	ＰＣ、ＲＣ橋	工場製作時除く
	トンネル工	ＮＡＴＭ	

⑥ 品質証明者が作成・提出する書類・時期

提出する書類の作成方法、提出時期及び頻度は下記のとおりとする。

提出にあたっては、様式３－１又は様式３－２に下記資料を添付して行うものとする。

表 2　提出する書類の作成方法、提出時期及び頻度

提出する書類	書類の作成方法	提出時期及び頻度
①チェックシート	・確認した工種のチェックシートを提出する。 ・なお、チェックシートだけでは確認箇所が分からない場合等、必要に応じて確認箇所を明示した図面をチェックシートに添付すること。	原則２週間毎に監督職員及び施工者に原則、電子データ（やむを得ない場合は書面）で各１部提出する。
②契約図書との不適合等の問題をまとめた資料	・必要な資料、図面、写真を添付する。	判明した時点で一報を入れ、速やかに監督職員及び施工者に原則、電子データ（やむを得ない場合は書面）で各１部提出する。

但し、添付写真の有無・添付資料の内容、提出時期・頻度・方法について事前に２者（施工者（品質証明者含む)、発注者（監督職員)）で協議すると共に工事の進捗・内容に合わせ、２者協議を適宜実施し柔軟に対応するものとする。

提出書類について、品質証明者から直接説明が必要な場合においては、Web アプリケーションを利用したオンライン会議等によることができる。

５－２．契約図書との不適合に関する対応

（契約図書との不適合に関する対応）

３．品質証明者は、当該工事の契約図書と相違する施工状況等を発見した場合は、前項の規定にかかわらず、速やかに、当該工事の発注者（監督職員）及び施工者にその確認内容を提出するものとする。

４．監督職員は、前項の提出を受けた場合、その内容を確認し、施工者に必要な指示を行うものとする。

品質証明者は、施工者に対して指示、承諾、協議を行う権限はない。品質証明者は、図１で定める連絡体制に基づき、速やかに監督職員へ確認内容を提出する。

なお、監督職員と施工者間で行われた対応結果等について、品質証明者は施工者より適宜その経過説明を受けるものとする。

6．品質証明業務に係わる監督職員の業務

（土木工事監督技術基準（案）に定める事項の取扱い）

1．監督職員は、第5第2項の提出の受理をもって、土木工事監督技術基準（案）（平成15年3月31日付け国官技第345号）第3条の表に規定する2．施工状況の確認等（2）指定材料の確認、（3）工事施工の立会い及び（4）工事施工状況の確認（段階確認）を実施したものとする。
2．当該工事の契約図書の条件変更に関する確認については、土木工事監督技術基準（案）第3条の表に規定する1．契約の履行の確保（5）条件変更に関する確認、調査、検討、通知に従い、監督職員が実施するものとする。
3．監督職員は、完成検査時及び既済部分検査時に品質証明者から提出されたチェックシート等を検査職員に提示するものとする。

監督職員の業務の1つである現場確認の業務は、品質証明者の品質証明結果の受理をもって実施したものとし、品質証明者と同様の現地確認は原則行わないものとする。

ただし、契約図書の条件変更に関する確認、品質証明者では判断が難しい事項については、監督職員が実施する。

また、監督職員は、必要に応じて受注者に対して品質証明業務の実施状況を確認する。

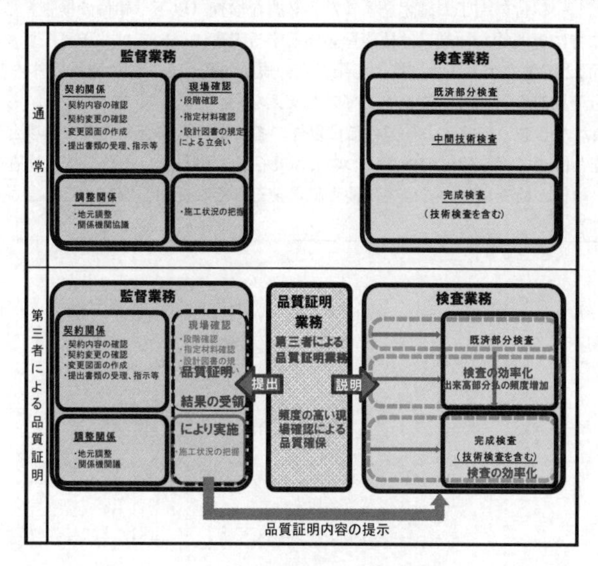

図 3　監督と検査の業務分担

7．契約図書の変更に関する通知

（契約図書の変更に関する通知）
1．施工者は、当該工事の契約図書に変更があった場合、速やかにその内容を品質証明者に通知するものとする。
2．品質証明者は、前項の通知結果に基づき、工事実施状況、出来形及び品質の確認を行うものとする。

品質証明者は契約図書に基づいて確認していることから、施工者は契約図書と品質証明者の確認内容の間に齟齬がないように、図1で定める連絡体制に基づき速やかにその内容を品質証明者へ通知する。

8．検査を実施する者

（給付の検査を実施する者）
1．検査職員は、「地方建設局請負工事監督検査事務処理要領」（(昭和42年3月30日付け建設省厚第21号）第15の規定により任命されるものであるが、同第15 第2項の検査適任者が検査職員に任命される場合にあっては、当該工事に係る事務を所掌する事務所等の工事品質管理官等を充てるものとする。
　ただし、給付の完了の確認をするため必要な検査（以下「給付の検査」という。）の実施に特に専門的な知識又は技能を必要とする工事については、予算決算及び会計令（昭和22年勅令第165号）第101条の8の規定に基づき、国の職員以外の者に委託して給付の検査を行わせることとして差し支えない。
2．前項ただし書の規定により国の職員以外の者に給付の検査を委託する場合を除き、技術検査と併せて行う給付の検査については総括検査職員を、また、技術検査と併せて行わない給付の検査については主任検査職員をそれぞれ任命し実施することができるものとする。

９．検査の実施

９－１．給付の検査の実施

（給付の検査の実施）
１．検査職員は、第５第２項の品質証明結果を踏まえて検査を行うものとする。
２．「既済部分検査技術基準について」（平成18年４月３日付け国官技第１－３号）別紙「既済部分検査技術基準（案）」に基づき行う既済部分検査については、当該基準の定めにかかわらず、各種の記録と当該工事の契約図書との対比を不要とし、品質証明結果に基づき契約内容に適合した履行がされているかどうかの判断を行うこととする。

（１）既済部分検査の効率化

① 既済部分検査の簡素化

a) 既済部分検査の実施

既済部分検査技術基準（案）第２条
（検査の内容）
第２条　検査は、原則として当該工事の既済部分のうち、既に既済部分検査を実施した部分を除いた部分を対象として行うものとし、契約図書に基づき、工事の実施状況、出来形、品質について、検査対象部分を出来高と認めるのに必要な確認を行うものとする。
　なお、検査は実地において行うのを原則とするが、机上において行うこともできる。

施工者と契約した第三者による品質証明の試行対象工事においても、他の出来高部分払方式の工事と同様に机上による検査が可能である。チェックシートなどの各種の記録を活用し、机上において行うことで、既済部分検査の簡素化を積極的に行う。

b）同一工種の検査の簡略化

既済部分検査技術基準（案）・同解説　第２条【解説】（４）３）

３）同一工種の検査の簡略化

同一工種が複数の既済部分検査に跨って検査対象となる場合において、施工条件、品質管理方法等に変化がなく同等の品質が確保されると判断される場合、当該工種に係る２回目以降の検査にあっては、監督職員の立会検査記録の確認をもって検査とする等により、検査の簡素化が可能となる。

施工者と契約した第三者による品質証明の試行対象工事においても、他の出来高部分払方式の工事と同様に同一工種が複数の既済部分検査に跨って検査対象となる場合において、施工条件、品質管理方法等に変化がなく同等の品質が確保されると判断される場合、当該工種に係る２回目以降の検査にあっては、監督職員等の立会検査記録に替えて、チェックシートの確認をもって検査することで、既済部分検査の簡素化を積極的に行う。

c）既済部分検査時の清掃・片付け等

公共工事の代価の中間前金払及び既済部分払等の手続の簡素化・迅速化の促進について　記 2.(3)

既済部分検査等に際しては、現場の清掃、片づけ等の実施を請負者に求めないものとする。なお、これらの措置は、障害物の存在等により検査の実施に支障が生じる場合に、障害物の移動等を適宜求めることを妨げるものではない。

施工者と契約した第三者による品質証明の試行対象工事においても、他の出来高部分払方式の工事と同様に既済部分検査時の清掃・片付けを不要とし、既済部分検査時の検査準備の簡素化を積極的に行う。

d）既存資料による確認

既済部分検査技術基準（案）・同解説　第２条【解説】（４）４）

既済部分検査において参照する、契約書等の履行状況及び工事施工状況等の工事管理状況に関する各種の記録は、本来、工事の進捗に応じ請負者により日常的に作成されているが、出来高部分払方式適用工事の既済部分検査においては、野帳、メモなどの現場等で作成した既存の資料により必要な事項が確認できる場合は、これらを用いることにより検査準備の簡素化が可能となる。

ただし、出来高確認に必要な資料をはじめ、検査に直接供する資料については必ず作成しておくことが必要である。

施工者と契約した第三者による品質証明の試行対象工事においても、他の出来高部分払方式の工事と同様に既済部分検査時の検査準備の簡素化を積極的に行う。準備が必要な具体的な資料は表３のとおり。

なお、既済部分検査の立会者は、原則として現場代理人とすることから、野帳、メモなどの現場等で作成した既存の資料も不要である。

e) 検査資料の代替え

公共工事の代価の中間前金払及び既済部分払等の手続の簡素化・迅速化の促進について　記 2.(5)

既済部分検査等の対象資料として準備を求めるもののうち、別途定めるものについて、当該対象資料の準備が検査の実施日までに困難な場合等には、代替する方法をもって検査を行うことができるものとする。

公共工事の代価の中間前金払及び既済部分払等の手続の簡素化・迅速化の促進について　別紙　記 2.(5)

注）本項で「別途定めるもの」としているのは、具体的には当面以下の内容とする。

b)コンクリートの４週強度検査の簡素化

検査実施時点において、コンクリートの品質確認のため、４週強度検査結果の確認が通常必要と考えられる場合において、検査時点で４週強度試験結果がでていないときは、１週強度検査結果から４週強度試験結果を推定して検査を行うことができるものとする。

施工者と契約した第三者による品質証明の試行対象工事においても、他の出来高部分払方式の工事と同様に施工者が４週強度結果を推定した資料等により既済部分検査の簡素化を積極的に行う。

なお、品質証明者が４週強度結果を推定した資料等を確認していない場合は、施工者は表３の資料に加えて、４週強度結果を推定した資料等を提示する。

f) 検査時の準備資料

公共工事の代価の中間前金払及び既済部分払等の手続の簡素化・迅速化の促進について　記 2.(6)

検査を実施する際には、契約書及び設計図書のいずれにも準備の必要の根拠を持たない必要以上の関連資料の準備を求めないものとする。

施工者と契約した第三者による品質証明の試行対象工事において、表３で示す書類以外の資料の準備は不要である。

② 既済部分検査に必要な書類の簡素化

施工者と契約した第三者による品質証明の試行対象工事においては、品質証明者により施工状況等を確認していることから、施工者が用意する書類を簡素化できる。

既済部分検査において用意する書類は表３のとおり。

表 3　施工者と契約した第三者による品質証明における既済部分検査に必要な書類

既済部分検査技術基準（案）に基づく検査の内容		施工者と契約した第三者による品質証明試行対象工事における既済部分検査に必要な書類
検査項目	検査書類	
【工事実施状況の検査】 ・契約書等の履行状況及び工事施工状況等の工事管理状況に関する各種の記録と対比し、基準に基づき実施。 **1）契約書等の履行状況** ・指示・承諾・協議事項等の処理内容、その他契約書等の履行状況。 ・関係書類：契約書、仕様書	・契約図書 ・契約関係書類	・請求書（部分払） ・工事出来高内訳書
2）工事施工状況 ・施工方法及び手戻り（災害）に対する処理状況、現場管理状況。 ・関係書類：施工計画書、工事打合せ簿、その他関係書類	・施工計画書 ・工事履行報告書 ・工事打合せ簿 ・段階確認 ・工事写真	・チェックシート　等の品質証明結果 ※
【出来形の検査】 ・位置、出来形寸法及び出来形管理に関する各種の記録と設計図書とを対比して、工種ごとに高さ、延長などを基準に基づき実施。	・出来形管理関係 ・工事写真	・出来形報告書（出来形図・数量内訳書） ・チェックシート　等の品質証明結果 ※
【品質の検査】 ・品質及び品質管理に関する各種の記録と設計図書とを対比し、工種毎、種別毎に基準に基づき実施。	・材料確認願 ・品質管理関係資料	・チェックシート　等の品質証明結果 ※

※　チェックシート等の品質証明結果は、品質証明者が監督職員に提出した資料を使用し、必要以上の書類を求めないこと。
施工者は検査受検時、チェックシートの再整理を行うことの無いよう常時整理・工夫をしておくこと。

③ 既済部分検査体制の簡素化

a）検査の立会者

既済部分検査の立会者は、原則として現場代理人とする。

b）現場作業の継続

既済部分検査中も現場の施工を中止することなく実施することを原則とする。

９－２．技術検査の実施

（技術検査の実施）
３．「地方整備局工事技術検査要領について」（昭和 42 年３月 30 日付け建設省官技第 13 号）別添「地方整備局工事技術検査要領」第４に規定する技術検査官（第８第２項の規定により任命された総括検査職員を含む。）は、第５第２項の品質証明結果を踏まえて技術検査を行うものとする。

施工者と契約した第三者による品質証明の試行対象工事において、技術検査は、チェックシートなどの品質証明結果を活用して実施する。

１０．出来高部分払方式の実施

１０－１．前払金

（前払金）
１．試行工事に係る請負代金の支払については、「出来高部分払方式の実施について」（平成 22 年９月 28 日付け国地契第 30 号、国官技第 207 号）別添「出来高部分払方式実施要領」に基づき実施する出来高部分払方式によるものとする。ただし、「工事請負契約書の制定について」（平成７年６月 30 日付け建設省厚契発第 25 号）別冊「工事請負契約書」第 34 条の前払金の支払いについては、出来高部分払方式実施要領５に定める前払金の範囲及び支払方法を標準とする方式によるものとする。

１０－２．部分払の回数

（部分払の回数）
２．試行工事については、施工者の求めに応じ、工期を通じて２箇月に１回程度の既済部分検査を行うことを基本とし、部分払請求の上限回数は、前項の規定にかかわらず、１会計年度に６回とする。この場合において、出来高部分払方式実施要領４　２）②及び③中「工期／90（端数切捨てとする。）」とあるのは「工期／60（端数切捨てとする。）」と、同４　２）③中「４になる場合」とあるのは「６になる場合」と読み替えるものとする。

１１．関係通達等

本ガイドラインにおいて関係する通達等については、以下のとおりである。

- 施工者と契約した第三者による品質証明の試行について（令和３年３月　日付け国会公契第46号、国官技第316号、国北予第63号）
-
- 土木工事監督技術基準（案）（平成15年３月31日付け国官技第345号）
- 既済部分検査技術基準（案）の制定について（平成18年４月３日付け国官技第1-3号）
- 既済部分検査技術基準（案）・同解説について（平成18年10月10日付け事務連絡）
- 出来高部分払方式の実施について（平成22年９月28日付け国地契第30号、国官技第207号）
- 公共工事の代価の中間前金払及び既済部分払等の手続の簡素化・迅速化の促進について（平成10年11月27日付け建設省厚発第47号、建設省技調発第227号、建設省営監発第84号）
- 建設現場の遠隔臨場に関する試行要領（案）（令和３年３月２４日付け、国官技第350号）
- 建設現場の遠隔臨場に関する監督・検査要領（案）（令和３年３月２４日付け、国官技第350号）

１２．入札公告の記載例等

入札公告及び入札説明書等については資料１、特記仕様書については資料２を参考に記載するものとする。また、施工者と品質証明者との契約内容のうち、品質証明の範囲及び頻度並びに品質証明方法等については、資料３を参考にするものとする。

（様式１　品質証明者契約内容提出書）

令和　　年　　月　　日

総括監督員
○○　○○　殿

（施工者（現場代理人））

品質証明者契約内容提出書

令和　　年　　月　　日に契約締結した　　　　　　　　　　　　　工事について品質証明者と下記のとおり品質証明業務に係る契約を締結しましたので、契約内容を提出します。

記

品質証明者の氏名

品質証明者の資格

品質証明者の実務経験

契約金額

添付書類
・委託契約書の写し

（品質証明者複数登録の場合）

「品質証明者」を「品質証明主担当者」と記載し、添付書類にその他品質証明者の氏名、資格、実務経験等が記載された書類（名簿等）を添付する

（様式３－１　品質証明書（監督職員への提出用））

令和　　年　　月　　日

主任監督員
○○　○○　殿

品質証明者（会社名）　　○○　○○

（氏　名）　　○○　○○

品質証明書（例　出来形）

下記の期間における品質証明結果を提出する。

工　事　名：
提出年月日：
確認実施期間：
提　出　項　目：　（例えば、チェックシートまたは契約図書との不適合）
提　出　対　象：　（例えば、Ｐ１橋脚フーチング配筋確認）

令和　　年　　月　　日

品質証明者
○○　○○　　殿

上記の品質証明書について、受領した。

主任監督員
○○　○○

（様式３－２　品質証明書（施工者への提出用））

令和　　年　　月　　日

現場代理人
○○　○○　殿

品質証明者（会社名）　　○○　○○

（氏　名）　　○○　○○

品質証明書（例　出来形）

下記の期間における品質証明結果を提出する。

工　事　名：
提出年月日：
確認実施期間：
提 出 項 目：　（例えば、チェックシートまたは契約図書との不適合）
提 出 対 象：　（例えば、Ｐ１橋脚フーチング配筋確認）

令和　　年　　月　　日

品質証明者
○○　○○　　殿

上記の品質証明書について、受領した。

現場代理人
○○　○○

（参考様式　品質証明者確認願）

令和　　年　　月　　日

総括監督員
○○ ○○ 殿

（施工者（現場代理人））

品質証明者確認願

令和　　年　　月　　日に契約締結した　　　　　　　　　　　　　　　工事の品質証明者の主担当者に下記の者を選定したく、資格及び経歴を添えて提出しますので、確認願います。又、本工事の品質証明者を合計○人登録致します。
（別紙名簿参照）

所属（法人名、部署）：

氏　　名：

生 年 月 日：　　　　　年　　月　　日

資格名及び資格番号：

職歴：

在籍期間	会社名	所在地	職種

技術者経験（合計期間）：　　年

工事経歴：

工事名	職位	業務内容	工期	従事期間

※資格者証（写し）及び顔写真を添付する。

資料編

資料１　入札公告・入札説明書等記載例

・一般競争入札方式の場合　　　　：入札公告及び入札説明書
・工事希望型競争入札方式の場合　：送付資料

（記載例）

（○）　本試行工事は、「施工者と契約した第三者による品質証明の試行について（令和3年3月　日付け国会公契第46号、国官技第316号、国北予第63号)」による「施工者と契約した第三者による品質証明」の対象工事である。
　本試行工事においては、工事施工中、受注者が委託した第三者の品質証明者が工事の実施状況、出来形及び品質について契約図書との適合状況の確認を行った上で品質証明結果としてとりまとめ、発注者はその結果を踏まえて既済部分検査及び完成検査を行うこととする。また、支払い条件は「出来形部分払方式」を採用する。
　なお、本試行工事の実施にあたっては、「施工者と契約した第三者による品質証明実施要領」及び「施工者と契約した第三者による品質証明業務運用ガイドライン（案)」に基づき行うものとする。

資料２　特記仕様書記載例

（記載例）

第○○条　施工者と契約した第三者による品質証明の試行

１．試行の実施

本工事は、「施工者と契約した第三者による品質証明」の試行対象工事であり、「施工者と契約した第三者による品質証明の試行について」（令和３年３月　日付け国会公契第46号、国官技第316号、国北予第63号）別添「施工者と契約した第三者による品質証明実施要領」（以下「要領」という。）及び「施工者と契約した第三者による品質証明業務運用ガイドライン（案）」（以下「ガイドライン」という。）（国土交通省HP http://www.mlit.go.jp/tec/tec_tk_000052.html 参照）に基づき実施するものとする。

２．品質証明業務の実施

受注者は、要領及びガイドラインに基づき、品質証明者に品質証明業務を実施させなければならない。

（品質証明者を、発注者が示した者の中から施工者が選定する場合）

３．品質証明者の選定

受注者は、ガイドラインに定める資格及び実務経験を有する者で発注者が示した者の中から品質証明者を選定しなければならない。

ただし、以下の要件に該当しないものとする。

①組織においては、以下のいずれかに該当する者

(1) 当該工事の施工者

(2) 当該工事の施工者と資本若しくは人事面において関連のある者又は元下関係（２次以下も含む。）にある者

②個人においては、以下のいずれかに該当する者

(1) 当該工事の施工者

(2) 当該工事の施工者と資本若しくは人事面において関連のある者又は元下関係（２次以下も含む。）にある者

(3) (1)又は(2)に掲げる者のいずれかに属している者

③当該工事に係る地方整備局又は北海道開発局の長から工事請負契約に係る指名停止等の措置要領（昭和59年３月29日付け建設省厚第91号）に基づく指名停止を受けている期間中である者

④警察当局から、暴力団員が実質的に経営を支配する者又はこれに準ずるものとして、国土交通省公共事業等からの排除要請があり、当該状態が継続している者

⑤当該工事に係る地方整備局又は北海道開発局の工事において、故意により瑕疵がある品質証明業務を行ったと認められたことのある者

なお、「当該工事の施工者と資本若しくは人事面において関連のある者」とは、以下の①又は②に該当する者である。

①当該工事の施工者の発行済株式総数の100分の50を超える株式を有し、又はその出資の総額の100分の50を超える出資をしている者

②品質証明者の属する組織の代表権を有する役員又は品質証明者個人が当該工事の施工者の代表権を有する役員を兼ねている場合における当該組織又は個人

（品質証明者を施工者が選定し、発注者の確認を得る場合）

3．品質証明者の選定

受注者は、ガイドラインに定める資格及び実務経験を有する者を品質証明者として選定し、品質証明者と契約する前にガイドラインに基づき監督職員の確認を得なければならない。品質証明者は複数人登録を可能とする。

ただし、以下の要件に該当しないものとする。

①組織においては、以下のいずれかに該当する者

(1) 当該工事の施工者

(2) 当該工事の施工者と資本若しくは人事面において関連のある者又は元下関係（2次以下も含む。）にある者

②個人においては、以下のいずれかに該当する者

(1) 当該工事の施工者

(2) 当該工事の施工者と資本若しくは人事面において関連のある者又は元下関係（2次以下も含む。）にある者

(3) (1)又は(2)に掲げる者のいずれかに属している者

③当該工事に係る地方整備局又は北海道開発局の長から工事請負契約に係る指名停止等の措置要領（昭和59年3月29日付け建設省厚第91号）に基づく指名停止を受けている期間中である者

④警察当局から、暴力団員が実質的に経営を支配する者又はこれに準ずるものとして、国土交通省公共事業等からの排除要請があり、当該状態が継続している者

⑤当該工事に係る地方整備局又は北海道開発局の工事において、故意により瑕疵がある品質証明業務を行ったと認められたことのある者

なお、「当該工事の施工者と資本若しくは人事面において関連のある者」とは、以下の①又は②に該当する者である。

①当該工事の施工者の発行済株式総数の100分の50を超える株式を有し、又はその出資の総額の100分の50を超える出資をしている者

②品質証明者の属する組織の代表権を有する役員又は品質証明者個人が当該工事の施工者の代表権を有する役員を兼ねている場合における当該組織又は個人

4．品質証明者との契約

受注者は、要領に基づき品質証明者と以下の内容を含めた契約を締結するものとする。

①要領及びガイドラインに基づく品質証明業務の実施

②品質証明の範囲及び頻度並びに品質証明方法等

③品質証明の期間

④契約金額

５．品質証明者との契約書の写し等の提出

受注者は、工事着手前までに品質証明者と品質証明業務について契約を締結し、速やかに当該契約書の写し並びに品質証明者の氏名、資格及び実務経験等を記した書面や複数人登録の場合は名簿等の関係書類を監督職員に提出しなければならない。

６．品質証明に必要な資機材等の提供

受注者は、品質証明者が品質証明を行うにあたり必要な労務及び資機材等を提供しなければならない。

７．契約図書の変更に関する通知

受注者は、契約図書に変更があった場合、速やかにその内容を品質証明者に通知しなければならない。

８．品質証明結果の修正

受注者は、品質証明結果に誤謬又は脱漏があった場合において、監督職員がその修正を請求したときには、品質証明者に対して、その修正を行わせなければならない。

９．アンケートへの協力

受注者は、監督職員から実施状況等の把握のためアンケート等を求められた場合、協力しなければならない。また、受注者は、品質証明者に対して、監督職員から求められたアンケート等への協力を求めるものとする。

１０．実施状況等の確認

受注者は、発注者から品質証明の実施状況等の確認を求められた場合、協力しなければならない。

１１．品質証明の期間

本工事における品質証明期間は、工事着手日から工事完了日までとする。

１２．品質証明にかかる費用

品質証明者の臨場日数は○○日を見込んでいるが、臨場日数の実績にあわせて品質証明費用に係る契約変更ができるものとする。ただし、受注者の責めに帰すべき事由により臨場日数が増加した場合は、この限りでない。

資料３　施工者が品質証明者に求める業務内容

品質証明業務

品質証明者は、「施工者と契約した第三者による品質証明の試行について」（令和 3 年 3 月 日付け国会公契第 46 号、国官技第 316 号、国北予第 63 号）別添「施工者と契約した第三者による品質証明実施要領」及び「施工者と契約した第三者による品質証明業務運用ガイドライン（案）」（以下「ガイドライン」という。）（国土交通省 HP http://www.mlit.go.jp/tec/tec_tk_000052.html 参照）に基づき、本件工事について下記の品質証明業務を行う。

①品質証明者は、工事実施状況、出来形及び品質を臨場により確認し、ガイドラインの様式2 品質証明チェックシート（以下「チェックシート」という。）に記録する。

②品質証明者は、品質証明チェックシート等にとりまとめた品質証明結果を一定期間ごとに本件工事の発注者（監督職員）及び施工者に提出する。

③品質証明者は、契約図書と相違する施工状況等を発見した場合は、速やかに、本件工事の発注者（監督職員）及び施工者にその確認内容を提出する。

④品質証明の確認項目、頻度、添付書類の有無、添付書類の内容、提出方法、提出頻度、写真の有無等について、工事着手前に２者（発注者、施工者（品質証明者含む））により協議、決定した上で着手すること。

但し、確認業務において不都合や不明瞭な事象が発生した場合には、適宜２者で協議し決定する。

なお、品質証明者は、品質証明業務を行うに当たっては、公正かつ中立に実施するものとする。

品質証明の範囲

品質証明の範囲（品質証明を実施すべき工種）については、個々の工事ごとに上記２者協議にて規定すること。

例）盛土工、築堤工、法面工、橋台工、舗装工、護岸工、…

品質証明の頻度

品質証明者による品質証明の頻度を次のとおりとする。

但し、以下の（1）～（3）を基本とするが、現場状況、工事規模、工種等により条件が違うことから、個々の工事ごとに２者協議にて決定すること。

（1）工事実施状況

該当する施工が行われている場合は毎日確認。ただし、週３日以上同様の施工が行われている場合は、２回/週確認。

（2）品質

「土木工事施工管理基準及び規格値（案）」（平成29年３月改定）と同じ頻度で確認。ただし、週３日以上同様の施工が行われている場合、下記の試験は２回/週確認。

・現場溶接の浸透探傷試験
・路床安定処理工の現場密度試験
・吹付工の表面水率試験、塩化物量試験、スランプ試験、空気量試験
・連続した盛土での現場密度試験
・覆工コンクリート（ＮＡＴＭ）のスランプ試験、単位水量試験、空気量試験
・吹付けコンクリート（ＮＡＴＭ）の表面水率試験、塩化物量試験、スランプ試験、空気量試験
・ロックボルト（ＮＡＴＭ）のモルタルフロー試験

（3）出来形

「土木工事施工管理基準及び規格値（案）」と同じ頻度で確認。

なお、チェックシート内に記載されている関係基準は、直近のものを適用するものとする。

令和５年度　品確ハンドブック

令和５年６月　発行

一般社団法人　全日本建設技術協会

〒107-0052　東京都港区赤坂3-21-13 キーストーン赤坂ビル7階

TEL：03-3585-4546(代)　E-mail：hinkaku@zenken.com（資格関係）

kikaku@zehken.com（販売関係）

ISBN978-4-921150-43-3

C3051　￥2700E

定価2,970円（本体2,700円＋税）